Der Fahrzeugantrieb

Herausgegeben von Helmut List

Wissenschaftlicher Beirat
K. Kollmann, H. P. Lenz, R. Pischinger,
R. D. Reitz, T. Suzuki

Rudolf Pischinger
Manfred Klell
Theodor Sams

Thermodynamik
der Verbrennungskraftmaschine

Zweite, überarbeitete Auflage

Der Fahrzeugantrieb

SpringerWienNewYork

Dipl.-Ing. Dr. Rudolf Pischinger
Dipl.-Ing. Dr. Manfred Klell
Institut für Verbrennungskraftmaschinen und Thermodynamik
Technische Universität Graz, Graz, Österreich

Dipl.-Ing. Dr. Theodor Sams
AVL List GmbH, Graz, Österreich

Das Werk ist urheberrechtlich geschützt.
Die dadurch begründeten Rechte, insbesondere die der Übersetzung, das Nachdruckes, der Entnahme von Abbildungen, der Funksendung, der Wiedergabe auf photomechanischem oder ähnlichem Wege und der Speicherung in Datenverarbeitungsanlagen, bleiben, auch bei nur auszugsweiser Verwertung, vorbehalten.
Produkthaftung: Sämtliche Angaben in diesem Fachbuch (wissenschaftlichen Werk) erfolgen trotz sorgfältiger Bearbeitung und Kontrolle ohne Gewähr. Insbesondere Angaben über Dosierungsanweisungen und Applikationsformen müssen vom jeweiligen Anwender im Einzelfall anhand anderer Literaturstellen auf ihre Richtigkeit überprüft werden. Eine Haftung des Autors oder des Verlages aus dem Inhalt dieses Werkes ist ausgeschlossen. Die Wiedergabe von Gebrauchsnamen, Handelsnamen, Warenbezeichnungen usw. in diesem Buch berechtigt auch ohne besondere Kennzeichnung nicht zu der Annahme, dass solche Namen im Sinne der Warenzeichen- und Markenschutz-Gesetzgebung als frei zu betrachten wären und daher von jedermann benutzt werden dürfen.
© 1989 und 2002 Springer-Verlag/Wien
Printed in Austria

Datenkonvertierung: Thomson Press (India) Ltd., Chennai
Druck: Druckerei Theiss GmbH, A-9431 St. Stefan im Lavanttal
Gedruckt auf säurefreiem, chlorfrei gebleichtem Papier – TCF
SPIN 10842250

Mit 283 Abbildungen

Die Deutsche Bibliothek – CIP-Einheitsaufnahme
Ein Titeldatensatz für diese Publikation ist bei Der Deutschen Bibliothek erhältlich.

ISSN 1617-8920
ISBN 3-211-83679-9
ISBN 3-211-82105-8 1. Aufl (Die Verbrennungskraftmaschine, N.F., Bd. 5)

Geleitwort

Die von Hans List herausgegebene Reihe „Die Verbrennungskraftmaschine" diente über Jahrzehnte den Ingenieuren in der Praxis und den Studierenden an Universitäten als unentbehrlicher Ratgeber. Mit Rücksicht auf die Schnelllebigkeit der Technik habe ich mich entschlossen, eine neue Reihe zu konzipieren und unter dem Titel „Der Fahrzeugantrieb" herauszugeben.

Im Unterschied zum Titel der ursprünglichen Reihe, „Die Verbrennungskraftmaschine", soll der neue Titel, „Der Fahrzeugantrieb", zum Ausdruck bringen, dass die heutigen Verbrennungskraftmaschinen als Bestandteile von Antriebssystemen zu sehen sind. Dieser Trend wird sich in nächster Zeit noch verstärken. In den Bänden der neuen Reihe wird versucht werden, die ganzheitlichen Zusammenhänge der einzelnen Komponenten eines Fahrzeugantriebes aufzuzeigen.

In den nächsten Jahren sollen in dieser Serie mehr als zehn Bücher erscheinen. Die Gliederung wurde entsprechend den heutigen Aufgabengebieten in der Industrie vorgenommen.

In dieser Buchserie wird versucht, den Stand des Wissens auf den verschiedenen Fachgebieten in der Industrie, ausgehend von den Grundlagen und mit Beschreibung der notwendigen Hintergrundinformation, darzustellen. Neben den technischen Inhalten werden auch Methoden und Prozesse für Neuentwicklungen sowie deren Randbedingungen dargestellt. Auch sollen die Gegebenheiten der unterschiedlichen Wirtschaftsräume und ihre jeweiligen Anforderungen an Konzepte dargelegt werden.

Diese Buchserie bietet sich sowohl den Studierenden an Universitäten und Fachhochschulen als auch den Praktikern in der Industrie als Ratgeber an, um sich aus dem aufbereiteten Erfahrungsschatz der Autoren Fachwissen anzueignen.

Ich danke den Autoren, die sich bereit erklärt haben, ihr Wissen dieser Serie zur Verfügung zu stellen, und ihre Arbeitskraft hierfür einsetzen. Auch möchte ich dem Springer-Verlag danken für die Kooperation, insbesondere Herrn Direktor Siegle, welcher die Herausgabe wohlwollend unterstützt hat. Ich bedanke mich recht herzlich beim wissenschaftlichen Beirat, der mir sowohl bei der Unterteilung des sehr umfassenden Themengebietes als auch bei der Auswahl der Autoren zur Seite stand. Die Mitglieder des Beirats sind Dr. K. Kollmann, vormals DaimlerChrysler, Univ.-Prof. Dr. H. P. Lenz, Technische Universität Wien, Univ.-Prof. Dr. R. Pischinger, Technische Universität Graz, Univ.-Prof. Dr. R. D. Reitz, University of Wisconsin-Madison, und Dr. T. Suzuki, Hino Motors.

Helmut List

Vorwort

Im Jahre 1939 erschien in der Reihe „Die Verbrennungskraftmaschine" das von Hans List verfasste Buch „Thermodynamik der Verbrennungskraftmaschine". Eine völlige Neufassung der „Thermodynamik der Verbrennungskraftmaschine" im Jahre 1989 von R. Pischinger, G. Kraßnig, G. Taucar und Th. Sams berücksichtigte insbesondere die stürmische Entwicklung der EDV für die Motorprozessrechnung. Dieses inzwischen vergriffene grundlegende Werk stellte für lange Zeit einen geschätzten Begleiter als Lehrbuch für Studierende sowie als Nachschlagwerk für Fachleute in der Praxis dar.

Die vorliegende Neuauflage, zugleich der erste Band der neuen Reihe „Der Fahrzeugantrieb", beinhaltet neben einer zusammenfassenden Darlegung der theoretischen Grundlagen eine konsistente Darstellung des derzeitigen Wissensstandes bei der Berechnung innermotorischer Vorgänge. Der enge Bezug zur Praxis ist durch das aktuelle Literaturverzeichnis sowie durch die Analyse des Arbeitsprozesses einer Reihe charakteristischer moderner Motoren gegeben. Herrn Prof. Helmut List gilt unser besonderer Dank. Durch sein Engagement und seine Unterstützung wurde diese Neuauflage ermöglicht.

Basierend auf der Auflage des Jahres 1989 wurde, der Entwicklung der letzten Jahre Rechnung tragend, eine völlige Neubearbeitung des Stoffes vorgenommen. Das erste Kapitel, „Grundlagen der Thermodynamik", wurde um einen Abschnitt über die Strömung mit Wärmetransport erweitert, um der steigenden Bedeutung der Strömungsrechnung im Motorprozess gerecht zu werden. Die in der vorigen Auflage ins erste Kapitel eingebundenen Grundlagen der chemischen Reaktionen sowie der Verbrennung wurden erweitert und in einem eigenen Kapitel „Verbrennung" zusammengefasst. Das Kapitel über idealisierte Motorprozesse wurde im Abschnitt über den vollkommenen Motors ergänzt. Völlig neu bearbeitet wurde das Kapitel über die Motorprozessrechnung. Aufbauend auf dem entsprechenden Kapitel der vorigen Auflage von G. Kraßnig, dem an dieser Stelle für seine Arbeit und Anregungen herzlich gedankt sei, beinhaltet das neue Kapitel „Analyse und Simulation des Systems Brennraum" neben nulldimensionalen Modellen, die um eine Verbrennungssimulation erweitert wurden, zusätzlich Abschnitte über die quasidimensionale und dreidimensionale Modellierung. Aufgenommen wurde auch ein Abschnitt über die Schadstoffbildung. Das Kapitel „Aufladung" wurde insbesondere um Ausführungen zum Ein- und Auslasssystem erweitert sowie aktualisiert. Völlig neu bearbeitet wurde das Kapitel über den Motorprozess ausgeführter Motoren; im Kapitel „Analyse des Arbeitsprozesses ausgeführter Motoren" wird die Methodik der Verlustanalyse im Detail beschrieben sowie anhand von aktuellen Motoren mit Beispielen belegt. Ein neues Kapitel, „Anwendung der thermodynamischen Simulation", geht kurz auf die zunehmende Bedeutung der Simulation in der Entwicklung von Motoren und Fahrzeugen ein. Dem früheren, von G. Taucar verfassten Kapitel „Messtechnik" wird ein eigener Band der neuen Reihe gewidmet.

Für diese Auflage wurden Kap. 1–3 von Pischinger und Klell, Kap. 4 von Klell, Kap. 5 von Sams, Kap. 6 von den drei Autoren gemeinsam und Kap. 7 von Sams und Klell verfasst.

Die Neuauflage konnte unter Mitwirkung zahlreicher Fachleute realisiert werden, die Abschnitte des Texts gelesen und korrigiert oder mit Anregungen zur Bereicherung des Inhalts beigetragen haben. Ihnen allen sei an dieser Stelle herzlich gedankt, insbesondere den Mitarbeitern der AVL List GmbH sowie denen des Instituts für Verbrennungskraftmaschinen und Thermodynamik der Technischen Universität Graz. Unser besonderer Dank gilt Prof. Peter DeJaegher, der in zahlreichen Diskussionen wertvolle Beiträge zur inhaltlichen Gestaltung geliefert hat und von dem wie in der vorigen Auflage die Berechnungen zu den Stoffgrößen im Anhang stammen. Wir danken Brigitte Schwarz für die sorgfältige Ausführung der Abbildungen sowie Dietmar Winkler für die Durchführung von Motorprozessrechnungen. Die Firmen, die uns Messdaten von Motoren für die Analyse des Arbeitsprozesses zur Verfügung gestellt haben, seien ebenfalls bedankt.

Wir hoffen, dass der vorliegende Band ebenso wie seine beiden Vorgänger dem Studierenden sowie dem Ingenieur in der Praxis als brauchbarer Arbeitsbehelf dienen kann.

R. Pischinger, M. Klell, Th. Sams

Inhaltsverzeichnis

Formelzeichen, Indizes und Abkürzungen XIII

1   Allgemeine Grundlagen 1
1.1   Überblick 1
1.2   Grundlagen der Thermodynamik 2
1.2.1   Erster Hauptsatz der Thermodynamik 2
1.2.2   Zweiter Hauptsatz der Thermodynamik 4
1.2.3   Kreisprozesse 5
1.2.4   Exergie und Anergie 6
1.3   Ideales Gas 7
1.3.1   Thermische Zustandsgleichung 7
1.3.2   Kalorische Zustandsgrößen 8
1.3.3   Gemische aus idealen Gasen 11
1.4   Reale Gase und Dämpfe 13
1.4.1   Reale Gase 13
1.4.2   Verdampfungsvorgang 14
1.4.3   Gas-Dampf-Gemische 14
1.5   Grundlagen der Strömung mit Wärmetransport 16
1.5.1   Beschreibung von Strömungsvorgängen 16
1.5.2   Ähnlichkeitstheorie und charakteristische Kennzahlen 17
1.5.3   Stationäre eindimensionale Strömung 23
1.5.4   Instationäre eindimensionale Strömung 27
1.5.5   Dreidimensionale Strömung 45
1.5.6   Turbulenzmodellierung 49
1.5.7   Grenzschichttheorie 54

2   Verbrennung 63
2.1   Brennstoffe 63
2.2   Luftbedarf und Luftverhältnis 67
2.3   Energiebilanz und Heizwert 69
2.4   Chemisches Gleichgewicht 74
2.5   Zusammensetzung und Stoffgrößen des Verbrennungsgases 79
2.5.1   Verbrennungsgas bei vollständiger Verbrennung 80
2.5.2   Verbrennungsgas bei chemischem Gleichgewicht 83
2.5.3   Luftverhältnis aus Abgasanalyse 87
2.6   Umsetzungsgrad 92
2.7   Reaktionskinetik 94

2.8	Zündprozesse 100
2.8.1	Thermische Explosion 100
2.8.2	Chemische Explosion und Zündverzug 101
2.8.3	Zündgrenzen und Zündbedingungen 103
2.9	Flammenausbreitung 105
2.9.1	Vorgemischte Verbrennung 105
2.9.2	Detonation 110
2.9.3	Nicht-vorgemischte Verbrennung 113
2.10	Brennstoffzelle 114
3	Idealisierte Motorprozesse 121
3.1	Kenngrößen 121
3.2	Vereinfachter Vergleichsprozess 125
3.3	Vollkommener Motor 132
3.4	Ergebnisse der genauen Berechnung 137
3.5	Einflüsse auf den Wirkungsgrad des vollkommenen Motors 140
3.6	Aufgeladener vollkommener Motor 144
3.7	Gleichraumgrad 150
3.8	Exergiebilanz des vollkommenen Motors 152
4	Analyse und Simulation des Systems Brennraum 157
4.1	Einleitung 157
4.2	Nulldimensionale Modellierung 159
4.2.1	Modellannahmen 159
4.2.2	Grundgleichungen des Einzonenmodells 160
4.2.3	Zustandsgrößen des Arbeitsgases 162
4.2.3.1	Gaszusammensetzung und Luftverhältnis 163
4.2.3.2	Gaskonstante 169
4.2.3.3	Innere Energie 170
4.2.3.4	Enthalpie 172
4.2.3.5	Realgasverhalten 172
4.2.4	Brennverlauf 173
4.2.4.1	Ideale Verbrennung 174
4.2.4.2	Ersatzbrennverläufe 175
4.2.4.3	Ersatzbrennverläufe bei geänderten Betriebsbedingungen 185
4.2.4.4	Nulldimensionale Verbrennungssimulation 189
4.2.5	Wandwärmeübergang 194
4.2.5.1	Wärmedurchgang 195
4.2.5.2	Gasseitiger konvektiver Wärmeübergang 200
4.2.5.3	Gasseitiger Wärmeübergang durch Strahlung 209
4.2.5.4	Experimentelle Erfassung des gasseitigen Wandwärmeübergangs 212
4.2.5.5	Vergleich verschiedener Ansätze für Wandwärmeübergang 220
4.2.5.6	Wärmemanagement und thermisches Netzwerk 223
4.2.6	Ladungswechsel 224
4.2.6.1	Kenngrößen des Ladungswechsels 225
4.2.6.2	Massenverläufe aus Energiesatz 228

4.2.6.3	Massenverläufe mittels Durchflussgleichung	229
4.2.6.4	Berechnung der Spülung	234
4.2.6.5	Abgasrückführung	238
4.2.7	Zusammenstellung der Gleichungen des Einzonenmodells	242
4.2.8	Zwei- und Mehrzonenmodelle	246
4.2.8.1	Modellannahmen und Grundgleichungen	246
4.2.8.2	Zweizonenmodell mit unverbrannter und verbrannter Zone	248
4.2.8.3	Modell mit mehreren Verbrennungsgaszonen	257
4.2.8.4	Kammermotoren	258
4.3	Quasidimensionale Modellierung	263
4.3.1	Ladungsbewegung	264
4.3.2	Verbrennungssimulation	271
4.3.3	Wärmeübergang	277
4.4	Schadstoffbildung	279
4.4.1	Überblick	280
4.4.2	Stickoxide	283
4.4.3	Kohlenwasserstoffe und Ruß	286
4.5	Dreidimensionale Modellierung	287
4.5.1	Rechenprogramme	287
4.5.2	Beispiele zur CFD-Simulation	289
5	Ein- und Auslasssystem, Aufladung	303
5.1	Einlass- und Auslasssystem	303
5.1.1	Berechnungsverfahren	303
5.1.2	Berechnungsbeispiele	306
5.2	Aufladung	307
5.3	Zusammenwirken von Motor und Lader	308
5.3.1	Zweitaktmotor	309
5.3.2	Viertaktmotor	310
5.3.3	Ladeluftkühlung	311
5.4	Mechanische Aufladung	312
5.5	Abgasturboaufladung	314
5.5.1	Charakteristische Betriebslinien	314
5.5.2	Beaufschlagungsarten der Turbine	315
5.5.3	Abgasturboaufladung von Viertaktmotoren	318
5.5.4	Abgasturboaufladung von Zweitaktmotoren	318
5.5.5	Kennfelddarstellung	320
5.5.6	Berechnung der Aufladung bei stationären Betriebszuständen	326
5.5.7	Berechnung der Aufladung bei instationären Betriebszuständen	330
5.6	Wellendynamische Aufladeeffekte	333
5.6.1	Schwingrohraufladung	333
5.6.2	Resonanzaufladung	333
5.6.3	Auslegungsbeispiele	334
5.6.4	Druckwellenlader	336
5.7	Sonderformen der Aufladung	337
5.7.1	Zweistufige Aufladung	337

5.7.2   Miller-Verfahren 338
5.7.3   Hyperbaraufladung 339
5.7.4   Registeraufladung 340
5.7.5   Turbocompound 341

6   Analyse des Arbeitsprozesses ausgeführter Motoren 343
6.1   Methodik 343
6.1.1   Energiebilanz des gesamten Motors 343
6.1.2   Energiebilanz des Brennraums 345
6.1.3   Wirkungsgrade und Verlustanalyse 349
6.2   Ergebnisse 361
6.2.1   Zweitakt-Ottomotor 362
6.2.2   Viertakt-Ottomotor 364
6.2.3   Ottomotor mit direkter Benzineinspritzung 366
6.2.4   PKW-Dieselmotor mit direkter Einspritzung und Turboaufladung 368
6.2.5   LKW-Dieselmotor mit direkter Einspritzung und Turboaufladung 370
6.2.6   Großmotoren 371
6.2.7   Ältere analysierte Motoren 375
6.2.8   Vergleichende Brennverlaufsanalyse 377
6.2.9   Vergleich von Wirkungsgraden und Mitteldrücken 379
6.2.10 Vergleichende Verlustanalyse 382

7   Anwendung der thermodynamischen Simulation 387
7.1   Simulation in der Motorenentwicklung 387
7.2   Simulation des gesamten Fahrzeugs 391

Anhänge 395
  A Stoffgrößen 397
  B Zylindervolumen und Volumenänderung 460

Literatur 462
Namen- und Sachverzeichnis 471

Formelzeichen, Indizes und Abkürzungen

Formelzeichen

a	Aufladegrad [–]; Abstand [m]; Schallgeschwindigkeit [m/s]; Temperaturleitfähigkeit $a = \lambda/\rho c$ [m^2/s]	F	Faraday-Konstante [As/mol], Kraft [N]
A	präexponentieller Faktor [–]; Amplitude [m]; (Querschnitts-)Fläche [m^2]	$\vec{F}$	Kraftvektor [N]
		g	Erdbeschleunigung, Normfallbeschleunigung: $g_n = 9{,}80665$ m/s^2
A_α	Massenabsorptionsquerschnitt [m^2/g]	G	Feldgröße (verschiedene Dimensionen möglich); freie Enthalpie, Gibbsenthalpie [J]
b	spezifischer Kraftstoffverbrauch [g/kWh]		
b_e	effektiver spezifischer Kraftstoffverbrauch [g/kWh]	G_m, G_m^0	molare freie Enthalpie [J/kmol], molare freie Enthalpie beim Standarddruck p_0 [J/kmol]
B	Anergie [J]	Gr	Grashof-Zahl [–]
c	Lichtgeschwindigkeit im Vakuum, $c = 2{,}997925 \cdot 10^8$ m/s; spezifische Wärmekapazität (früher kurz: spezifische Wärme), $c = \mathrm{d}q_\mathrm{rev}/\mathrm{d}T$ [J/kgK]	grad*	transponierter Gradiententensor
		h	Höhe (des Zylinderraums) [m]; spezifische Enthalpie [J/kg]; plancksches Wirkungsquantum $h = 6{,}626 \cdot 10^{-34}$ Js
c_v, c_p	spezifische Wärmekapazität bei $v =$ konst. bzw. $p =$ konst. [J/kgK]	h_u^*	Heizwert (bezogen auf 1 kg Verbrennungsgas) [J/kg]
C	Konstante (verschiedene Dimensionen); elektrische Kapazität [F]	h_V	Ventilhub [m]
		H	Enthalpie [J]
C_{mv}, C_{mp}	molare Wärmekapazität (früher auch: Molwärme) bei $v =$ konst. bzw. $p =$ konst. [J/kmol K]	$H_G, \bar{H}_G$	Gemischheizwert [J/m^3]
		H_m	molare Enthalpie [J/kmol]
		H_o	Brennwert (früher: oberer Heizwert) [J/kg]
C_S	Strahlungskonstante des schwarzen Körpers $C_S = 5{,}77$ W/m^2 (K/100)^4	ΔH_R	Reaktionsenthalpie [J/kmol]
		H_u	Heizwert (früher: unterer Heizwert) [J/kg] (alle Heizwerte auch: [kJ/kg, MJ/kg])
d	Zylinderdurchmesser [m]		
d_V	Ventildurchmesser	H_u^*	Heizwert (bezogen auf 1 kmol Verbrennungsgas) [J/kmol]
D	(charakteristischer) Durchmesser [m]		
D_SM	mittlerer Tröpfchendurchmesser nach Sauter [m]	H_v, H_p	Heizwert bei $v =$ konst. bzw. $p =$ konst. [J/kg]
e	spezifische Energie [J/kg]; spezifische Exergie [J/kg]	i	Laufvariable $(1, 2, \ldots, n)$
		I	Stromstärke [A]; Impuls [Ns]; polares Trägheitsmoment [kg m^2]
e_a	spezifische äußere Energie [J/kg]		
E	Energie [J]; Exergie [J]; Energiepotential der Zelle [V]; Elastizitätsmodul [N/m^2]	$\vec{I}$	Impulsvektor
		k	Wärmedurchgangszahl [W/m^2 K]; Boltzmann-Konstante: $k = 1{,}38054 \cdot 10^{-23}$ J/K; Geschwindigkeitskonstante chemischer Reaktionen (verschiedene Dimensionen möglich); Extinktionskoeffizient [–]; (mittlere spezifische) turbulente kinetische Energie [m^2/s^2]; Konvertierungsrate [%]
E_a	äußere Energie [J]; Aktivierungsenergie [J/kmol]		
E_kin	kinetische Energie [J]		
f	Frequenz [s^{-1}]		
f_B	Kraftstoff-Mischungsbruch [–]		
f_r	Reibungskraft je Masseneinheit (spezifische Reibungskraft) [N/kg]		
$\vec{f}$	Vektor der volumenbezogenen Kraft [N/m^3]	K_c	Gleichgewichtskonstante (bezogen auf Konzentrationen) [–]

K_p	Gleichgewichtskonstante (bezogen auf Partialdrücke) [−]	$\dot{q}$	Wärmestromdichte [W/m²]; spezifischer Wärmestrom [W/kg]
l	(charakteristische) Länge, Schubstangen-, Stromfadenlänge [m]	q^*	dimensionslose Wärmezufuhr [−]
l_I	integrale Länge [m]	Q	Wärme [J]; elektrische Ladung [C]
l_M	Mikrolänge [m]	Q_a, Q_r	äußere Wärme [J], Reibungswärme [J]
l_K	Kolmogorov-Länge [m]	Q_{rev}	reversible Wärme [J]
L	Luftbedarf [kg/kg$_B$] (auch andere Einheiten möglich)	$dQ_B/d\varphi$	Brennverlauf [J/°KW]
		$dQ_H/d\varphi$	Heizverlauf [J/°KW]
L_P	leistungsbezogener Luftdurchsatz [kg/s kW] (auch andere Einheiten möglich)	$dQ_W/d\varphi$	Wandwärmeverlauf [J/°KW]
		$\dot{Q}$	Wärmestrom [W]
L_{st}	stöchiometrischer Luftbedarf [kg/kg$_B$] (auch andere Einheiten möglich)	r	Kurbelradius [m]; spezifische Verdampfungswärme [J/kg];
m	Masse [kg] oder [kmol]; Formfaktor (des Vibe-Brennverlaufs) [−]	r_P	Reaktionsgeschwindigkeit der Spezies P [kg/m³ s]
m_A, m_E	insgesamt ausströmende, einströmende Gasmasse [kg]	R	spezifische Gaskonstante [J/kg K]; elektrischer Widerstand [Ω]
m_{AG}, m_{AGi}, m_{AGe}	Abgasmasse [kg], intern, extern rückgeführte Abgasmasse [kg]	R_m	allgemeine (molare) Gaskonstante: $R_m = 8314,3$ J/kmol K
		Re	Reynolds-Zahl [−]
		Re$_t$	turbulente Reynolds-Zahl [−]
m_B, m_L	Brennstoffmasse [kg], Luftmasse [kg]	s	Länge, Höhe, Kolbenhub, Wanddicke [m]; Schichtdicke (des Gaskörpers, der Flamme) [m]; spezifische Entropie [J/kg K]
m_{Fr}, m_{Sp}	Frischladungsmasse [kg], Spülmasse [kg]		
m_{RG}, m_{VG}	Restgasmasse [kg], Verbrennungsgasmasse [kg]		
		s_m	spezifische molare Entropie [J/kg K]
$\dot{m}$	Massenstrom [kg/s]	S	Entropie [J/K]
$\dot{m}^*$	bezogener Massenstrom (verschiedene Dimensionen möglich)	S_m	molare Entropie [J/kmol K]
		t	Zeit [s]; Temperatur [°C]
$\dot{m}_B, \dot{m}_L$	Massenstrom Brennstoff, Luft [kg/s] (auch kg/h möglich)	T	Temperatur [K]
		T_τ	Reibungstemperatur [K]
M	molare Masse [kg/kmol]; Drehimpuls [N/m]	u	spezifische innere Energie [J/kg]
M_d	(Motor-) Drehmoment [Nm]	U	innere Energie [J]; elektrische Spannung [V]
Ma	Machzahl [−]		
n	Anzahl; (Motor-)Drehzahl [min^{-1}, evtl. auch s^{-1}]; Polytropenexponent [−]; Stoffmenge, Molzahl [kmol]; stöchiometrischer Koeffizient [−]; Laufvariable [−]	U_m	molare innere Energie [J/kmol]
		v	spezifisches Volumen [m³/kg]; (Teilchen-)Geschwindigkeit [m/s]
		v_a	Geschwindigkeit in achsialer Richtung [m/s]; ungestörte Strömungsgeschwindigkeit außerhalb der Grenzschicht [m/s]
n^*	bezogene Drehzahl (verschiedene Dimensionen möglich)		
n_{el}	Anzahl der Elektronen	v_e	Einbringgeschwindigkeit [m/s]
N	(Brems-)Last [J]	v_{fl}, v_t	laminare, turbulente Flammen(aus-breitungs)geschwindigkeit [cm/s]
Nu	Nusselt-Zahl [−]		
p	Druck, Partialdruck [bar, Pa]	v_K, v_{Km}	momentane, mittlere Kolbengeschwindigkeit [m/s]
p_0	Standarddruck, $p_0 = 1$ atm $= 1,013$ bar		
p_e, p_i	effektiver Mitteldruck [bar], innerer (indizierter) Mitteldruck [bar]	v_m	mittlere Strömungsgeschwindigkeit [m/s]
		v_q	Quetschströmungsgeschwindigkeit [m/s]
p_m, p_r	Mitteldruck [bar], Reibungsmitteldruck [bar]	v_r, v_t, v_u	Geschwindigkeit in radiale Richtung, tangentiale Richtung, Umfangsrichtung [m/s]
P	Leistung [W, kW]		
P_e	effektive Leistung [kW]		
Pe	Peclet-Zahl [−]	v_τ	Schubspannungsgeschwindigkeit [m/s]
Pr	Prandtl-Zahl [−]	v_x, v_y, v_z	Geschwindigkeit in x-Richtung, y-Richtung, z-Richtung [m/s]
q	spezifische Wärme(menge) [J/kg]		
q_a, q_r	spezifische äußere Wärme(menge) [J/kg], spezifische Reibungswärme(menge) [J/kg]	$\vec{v}$	Geschwindigkeitsvektor [m/s]
		$\bar{v}$	arithmetisch gemittelte Geschwindigkeit [m/s]

Formelzeichen, Indizes und Abkürzungen   XV

$\tilde{v}$	dichtegewichtet gemittelte Geschwindigkeit (nach Favre) [m/s]	η_C	Wirkungsgrad des Carnot-Prozesses [−]
v'	turbulente Schwankungsgeschwindigkeit [m/s]	η_e, η_i	effektiver Wirkungsgrad, indizierter (innerer) Wirkungsgrad [−]
v''	turbulente Schwankungsgeschwindigkeit bei dichtegewichteter Mittelung [m/s]	η_g	Gütegrad [−]
		η_{gl}	Gleichraumgrad [−]
V	Volumen [m³], Zylindervolumen [dm³]	η_{LLK}	Ladeluftkühler-Wirkungsgrad [−]
V_c	Verdichtungsvolumen [m³]	η_m	mechanischer Wirkungsgrad [−]
V_m	Molvolumen [m³/kmol]	$\eta_{s\text{-}i,K}$,	innerer isentroper Wirkungsgrad des
V_h, V_H	Hubvolumen eines Zylinders, des gesamten Motors [m³, dm³]	$\eta_{s\text{-}i,T}$	Kompressors (Verdichters), der Turbine [−]
$\dot{V}$	Volumenstrom [m³/s]	η_{th}	thermodynamischer Wirkungsgrad [−]
w	spezifische Arbeit [J/kg]	η_v	Wirkungsgrad des vollkommenen Motors [−]
w_t	spezifische technische Arbeit [J/kg]	κ	Isentropenexponent [−]
w_V	spezifische Volumänderungsarbeit [J/kg]	λ	Schubstangenverhältnis [−]; Wärmeleitfähigkeit, Wärmeleitzahl [W/mK]; Wellenlänge [m]
W	Arbeit [J]		
W_e, W_i	effektive Arbeit, innere (indizierte) Arbeit [J]	$\lambda, \lambda_{loc},$ $\lambda_V,$ λ_{VG}	Luftverhältnis (Luftzahl), örtliches Verbrennungsluftverhältnis, Verbrennungsluftverhältnis, Luftverhältnis des Verbrennungsgases [−]
W_r, W_t	Reibungsarbeit, technische Arbeit [J]		
W_v, W_V	Arbeit des vollkommenen Motors, Volumänderungsarbeit [J]		
We	Weber-Zahl [−]	λ_a	Luftaufwand [−]
x	Feuchtegrad [−]; Strecke, (Kolben-)Weg, Koordinate [m]; Durchbrennfunktion des Brennverlaufs, Umsetzrate [−, %]	λ_f	Fanggrad [−]
		λ_l	Liefergrad [−]
		λ_r	Reibbeiwert oder Rohrreibungszahl [−]
		λ_s	Spülgrad [−]
x_{AG}, x_{RG}, x_{VG}	Abgasanteil [−]; Restgasanteil [−]; Verbrennungsgasanteil [−]	μ	Durchflusszahl [−]; Überströmkoeffizient [−]
		μ_{chem}	chemisches Potential [J/kmol]
x_{AGe}	externe Abgasrückführrate [−]	μ_i	Masseanteil der Komponente i [−]
$\dot{x}$	Kolbengeschwindigkeit [m/s]	$\mu\sigma$	Durchflusskennwert [−]
$\dot{x}$	relative Umsetzgeschwindigkeit der Verbrennung [−]	ν	kinematische Zähigkeit [m²/s]; Geschwindigkeitsfunktion [−]
$\vec{x}$	Lage- oder Ortsvektor [m]	ν_i	Molanteil der Komponente i [−]
y	Koordinate [m]	Π	Druckverhältnis [−]
z	Koordinate [m]; Zylinderzahl [−]; geodätische Höhe [m]	ρ	Dichte [kg/m³]
		ρ_D	Dichte des Wasserdampfes (absolute Feuchte) [kg/m³]
Z	Realgasfaktor, Kennzahl [−]		
α	Wärmeübergangskoeffizient [W/m² K]; Kontraktionsziffer [−]; Temperaturleitfähigkeit [m²/s]; Absorptionskoeffizient [−]	σ	Versperrungsziffer [−]; (Oberflächen-)Spannung [N/m²]
		σ_n	Standardabweichung [−]
		τ	Schubspannung [N/m²]; Zeit [s]
		$\vec{\tau}$	viskoser Spannungstensor
β	thermischer Ausdehnungskoeffizient (1/K)	τ_I	integrale Zeit [s]
γ	Ventilsitzwinkel [°]	τ_K	Kolmogorov-Zeit [s]
δ	Grenzschichtdicke [m]	τ_M	Mikrozeit [s]
δ_{ij}	Kronecker-Einheitstensor	φ	Kurbelwinkel [° KW]; Geschwindigkeitsbeiwert [−]; relative Feuchte [−]
Δ	Differenz zweier Größen; Laplace-Operator		
ε	Verdichtungsverhältnis [−]; Dissipation	ψ	Durchflussfunktion [−]
ε'	Verdichtungsverhältnis des Zweitaktmotors [−]	ω	Winkelgeschwindigkeit [s⁻¹]
		ζ	exergetischer Wirkungsgrad [−]; Verlustbeiwert [−]
ε_φ	Entspannungsgrad [−]		
ε_G	Emissionsverhältnis [−]	ζ_u	Umsetzungsgrad [−]
η	molekulare Viskosität [N s/m²]; Wirkungsgrad [−]	Γ	Diffusionskoeffizient [−]

Θ	je Raum- und Zeiteinheit entwickelte Wärmemenge [W/m³]	[P]	Konzentration der Spezies P [kmol/m³]
Φ	Equivalence Ratio [−]; Rußvolumenbruch [m³ Ruß/m³]		

Weitere Indizes und Abkürzungen

0	Bezugs- oder Standardzustand	geo	Geometrie
1	Zustand (im Querschnitt, am Punkt) 1	ges	gesamt
2	Zustand (im Querschnitt, am Punkt) 2	GR-V	Gleichraum-Verbrennung
1-D	eindimensional	GRGD-V	kombinierte Gleichraum-Gleichdruck-Verbrennung
3-D	dreidimensional		
		GSS	Gesamtsystemsimulation
a	aus, außen, äußere	HD	Hochdruck(phase)
A	(Zylinder-)Auslass	HIL	Hardware in the Loop
ab	abgeführt(e) (Wärme)	i	innen, indiziert
abs	absolut	id	ideal
AGR	Abgasrückführung	k	kritisch
AÖ	Auslass öffnet	K	Kompression; Kompressor, Verdichter; Kammer; Kanal; Kolben; Kühlmittel
AS	Auslass schließt; Arbeitsspiel		
ATL	Abgasturboaufladung	KA	Auslasskanal
B	Brennstoff, Kraftstoff, Benzindampf; Zylinderbuchse; Behälter	KE	Einlasskanal
		konst.	konstant
Bez, bez	Bezug, bezogen	Konv	Konvektion
ch	chemisch	KW	Kurbelwinkel
char	charakteristisch	L	Luft; Lade(druck)
CFD	Computational Fluid Dynamics	lam	laminar
CZ	Cetanzahl	Leck	Leckage, Blow-by
D	Wasserdampf; Zylinderdeckel	LES	Large Eddy Simulation (Grobstruktursimulation)
diff	Diffusion		
DNS	direkte numerische Simulation	LIF	Laser-induzierte Interferenz
dpf	Dampf	LL	Leerlauf
Dr	Drall, Flügelgrad	LLK	Ladeluftkühler
dyn	dynamisch	loc	lokal
e	effektiv; ein, (Behälter-)Eintritt; eingebracht	LW	Ladungswechsel
E	(Zylinder-)Einlass, einströmend; Empfänger; Explosion	m	mittel; molar
		M	Motor; Mulde
		max	maximal
EB	Einspritzbeginn	Mess	Messung
ECU	Engine Control Unit	min	minimal
EÖ	Einlass öffnet	MKS	Mehrkörpersysteme
ES	Einlass schließt	Mod	Modell
EST	Einspritzteilmenge	MZ	Methanzahl
EV	Einspritzverzug	ND	Niederdruck(phase)
f	feucht; frei; frisch; früh	NT	Nutzturbine
FB	Förderbeginn	opt	optimal
FEM	Finite-Elemente-Methode	OT	oberer Totpunkt
fl	(laminare) Flamme	OZ	Oktanzahl
Fl	Fluid(wärme)	P	Pumpe
g	getrocknet; geometrisch	q	Quetschströmung
G	Gas, gasseitig; Gemisch	r	Reibung; rück(laufende Welle)
GDI	Gasoline Direct Injection (direkte Benzineinspritzung)	R	Reaktion
		real	real
GD-V	Gleichdruck-Verbrennung		

Formelzeichen, Indizes und Abkürzungen

Rech	Rechnung	UT	unterer Totpunkt
red	reduziert	uV	unvollkommene Verbrennung
rel	relativ	v	verbrannt(e Zone); vollkommen; vor(laufende Welle)
RG	Restgas		
rL	reale Ladung	V	Ventil; Verlust
rV	realer Verbrennungsablauf	VB	Verbraucher; Verbrennungsbeginn
s	isentrop, bei $s =$ konst.; zur Spülung; spät	vd	verdampfen, verdampft
		VD	Verbrennungsdauer
S	Laufschaufel; Saug(druck); Schwerpunkt	VE	Verbrennungsende
st	stöchiometrisch; stabil; stationär; statisch	VG	Verbrennungsgas
		VL	Volllast
Str	Strahlung	VT	Verdichterturbine
SZ	Schwärzungszahl	w	wirksam
t	turbulent	W	Wand(wärme); Wasser
T	Turbine	WOT	Wechsel-OT
Tb	Tumble	Ww	Wandwärme
TCU	Traction Control Unit	Z	Zylinder
th	theoretisch; thermodynamisch	ZOT	Zünd-OT
TL	Teillast; Turbolader	zu	zugeführt(e) (Wärme)
tr	trocken	ZV	Zündverzug
Tr	Tropfen	ZZP	Zündzeitpunkt
u	unverbrannt(e Zone)		
U	Umfang; Umgebung	λ	bei $\lambda =$ konst.
um	umgesetzt(e)	φ	beim Kurbelwinkel
Ü	Überström-		

1 Allgemeine Grundlagen

1.1 Überblick

Der Arbeitsprozess der Kolbenverbrennungskraftmaschine ist ein außerordentlich komplizierter thermodynamischer Vorgang. Er beinhaltet allgemeine Zustandsänderungen mit Wärmeübergang in einem weiten Temperatur- und Druckbereich, chemische Prozesse während und nach der Verbrennung, instationäre Vorgänge und Strömungen im Arbeitsraum und beim Ladungswechsel, Verdampfungsvorgänge vor allem bei der Gemischbildung usw.

In diesem Kapitel sollen nur die für die Anwendung auf die Verbrennungskraftmaschine wichtigsten theoretischen Grundlagen zusammengefasst werden. Eine ausführliche Darstellung findet man in einschlägigen Fachbüchern [1.2, 1.8, 1.34, 1.35].

Die thermodynamischen Vorgänge lassen sich auf die beiden **Hauptsätze der Thermodynamik** zurückführen. Diese machen eine Aussage einerseits über die Energiebilanz und andererseits über die Richtung eines Prozessablaufs oder über Gleichgewichtszustände. Bei Anwendung der beiden Hauptsätze müssen die **Stoffeigenschaften** der am Arbeitsprozess beteiligten Substanzen bekannt sein.

Bei thermodynamischen Rechnungen ist es notwendig, den betrachteten Raum genau abzugrenzen. Man bezeichnet diesen als **thermodynamisches System** und unterscheidet zwischen folgenden Arten von Systemen:

– offenes System:
  instationäres offenes System: allgemeiner Fall mit instationärem Energie- und Stofftransport;
  stationäres offenes System (stationärer Fließprozess): konstanter Zu- und Abfluss von Stoffen und Energie ohne Änderung der im System gespeicherten Energie
– geschlossenes System: kein Stofftransport
– abgeschlossenes System: kein Energie- und Stofftransport

Bei Verbrennungskraftmaschinen können je nach Aufgabenstellung und Betrachtungsweise die Systemgrenzen unterschiedlich festgelegt werden, wodurch sich auch unterschiedliche Arten von Systemen ergeben können. So stellt z. B. der Motor als Ganzes bei stationärem Betrieb ein stationäres offenes System dar, der Arbeitsraum ist in der Hochdruckphase ein geschlossenes System und bei geöffneten Ventilen ein instationäres offenes System.

Die Stoffeigenschaften werden durch **Zustandsgrößen** beschrieben. Diese können unabhängig von der betrachteten Masse sein wie z. B. Druck p und Temperatur T. Man spricht dann von **intensiven** Zustandsgrößen. **Extensive** Zustandsgrößen sind proportional der Masse. Sie werden üblicherweise mit Großbuchstaben bezeichnet. Dazu gehören das Volumen V und die innere Energie U. Bezieht man diese Größen auf 1 kg Masse, werden sie **spezifische** Zustandsgrößen genannt und mit Kleinbuchstaben bezeichnet, z. B. spezifisches Volumen v, spezifische innere Energie u. Oft ist es auch vorteilhaft, auf die Stoffmenge 1 mol ($N_A = 6{,}022 \times 10^{23}$ Teilchen) bzw. 1 kmol zu beziehen. Man spricht dann von **molaren** Zustandsgrößen, z. B. Molvolumen V_m, molare innere Energie U_m.

Die molare Masse M in kg/kmol folgt aus der Masse m nach Division durch die Stoffmenge n in kmol:

$$M = m/n. \tag{1.1}$$

Bei chemisch reinen Stoffen ist der Zustand durch zwei Zustandsgrößen eindeutig gegeben. So sind z. B. die drei thermischen Zustandsgrößen Druck p, Temperatur T und spezifisches Volumen v durch die **thermische Zustandsgleichung**

$$f(p,T,v) = 0 \tag{1.2}$$

verknüpft. Auch die **kalorischen Zustandsgrößen** (innere Energie U, Enthalpie H, Entropie S u. a.) lassen sich jeweils als Funktion von zwei anderen Zustandsgrößen darstellen. Diese Funktionen müssen durch Messungen ermittelt werden und können durch oft komplizierte Gleichungen, Tabellen oder Diagramme dargestellt werden.

1.2 Grundlagen der Thermodynamik

1.2.1 Erster Hauptsatz der Thermodynamik

Das Gesetz von der **Erhaltung der Energie** wird 1. Hauptsatz der Thermodynamik genannt. Im Verbrennungsmotor tritt in einigen Phasen des Arbeitsprozesses ein instationärer Massentransport auf, z. B. beim Ladungswechsel. Man nennt ein solches System, welches mit einem Massentransport über die Systemgrenzen verbunden ist, ein instationäres **offenes System**. Für dieses lautet die Energiegleichung:

$$\underbrace{\mathrm{d}W_\mathrm{t} + \mathrm{d}Q_\mathrm{a} + \sum \mathrm{d}m_i (h_i + e_{ai})}_{\text{über die Systemgrenzen transportierte Energien}} = \underbrace{\mathrm{d}U + \mathrm{d}E_\mathrm{a}}_{\text{im System gespeicherte Energien}}. \tag{1.3}$$

Darin bedeuten W_t die über die Systemgrenze geleitete Arbeit (technische Arbeit), Q_a die über die Systemgrenze fließende Wärme (äußere Wärme), m_i die über die Systemgrenze fließende Masse, h_i die spezifische Enthalpie der über die Systemgrenze fließenden Masse m_i, e_{ai} die spezifische äußere Energie (z. B. kinetische oder potentielle Energie) der über die Systemgrenze fließenden Masse m_i, U die innere Energie des Systems und E_a die äußere Energie des Systems (z. B. kinetische oder potentielle Energie).

Vorzeichenfestlegung: $\mathrm{d}W_\mathrm{t}$, $\mathrm{d}Q_\mathrm{a}$, $\mathrm{d}m_i$ sind positiv, wenn sie dem System zugeführt, und negativ, wenn sie vom System abgeführt werden. In der technischen Thermodynamik wurde früher für die Arbeit eine umgekehrte Vorzeichenfestlegung gewählt.

Gleichung (1.3) gilt sowohl für reibungsfreie als auch für reibungsbehaftete Vorgänge. Sie sagt aus, dass die Summe der durch Arbeit, Wärme und mit dem Stoffstrom zugeführten Energien gleich den im System gespeicherten inneren und äußeren Energien ist. Dabei ist beim gespeicherten Energieanteil jeweils die innere Energie einzusetzen, bei dem mit dem Stoffstrom transportierten

Energieanteil die **Enthalpie** mit der Definition

$$h = u + pv, \qquad (1.4)$$

welche außer der inneren Energie u noch die Verschiebearbeit pv enthält. Diese ist also bei der Arbeit W_t nicht mehr zu berücksichtigen.

Solange keine chemischen Umwandlungen eintreten, kann der **Nullpunkt** von einer der beiden Zustandsgrößen u oder h beliebig gewählt werden, der Nullpunkt der anderen Zustandsgröße ergibt sich dann aus der Definitionsgleichung (1.4). Bei chemischen Reaktionen kann nur der Nullpunkt einer begrenzten Anzahl von Stoffen festgelegt werden, oder es muss die Differenz durch die Reaktionsenergie oder die Reaktionsenthalpie (Heizwert) überbrückt werden (siehe Abschn. 2.3).

Wenn kein Massentransport über die Systemgrenzen erfolgt, wie das z. B. während der Kompression und Expansion im Zylinder der Fall ist, spricht man von einem **geschlossenen System**. Gleichung (1.3) vereinfacht sich dann zu:

$$dW_t + dQ_a = dU + dE_a. \qquad (1.5)$$

Die äußere Energie des geschlossenen Systems kann bei Gasen häufig vernachlässigt werden, weil die potentielle und die kinetische Energie gegenüber der inneren Energie klein sind. Die Arbeit ist beim reibungsfreien Prozess gleich der **Volumänderungsarbeit** W_V:

$$dW_V = -p\, dV. \qquad (1.6)$$

Darin bedeuten p den Druck an der Systemgrenze und V das Volumen des Systems.

Wenn die zu- und abgeführten Energie- und Stoffströme zeitlich konstant sind und sich die im System gespeicherten Energien nicht ändern, spricht man von einem **stationären Fließprozess**. Dieser tritt z. B. bei Gasturbinen auf, aber auch die Kolbenverbrennungskraftmaschine als Ganzes kann als stationärer Fließprozess betrachtet werden. Für diesen kann Gl. (1.3) in folgende Gleichung umgeformt werden:

$$W_t + Q_a + \sum_{i=1}^{n} m_i(h_i + e_{ai}) = 0. \qquad (1.7)$$

Für den häufigen Fall, dass ein konstanter Massenstrom mit dem Zustand 1 eintritt und dem Zustand 2 austritt, ergibt sich:

$$W_t + Q_a = m(h_2 - h_1 + e_{a2} - e_{a1}). \qquad (1.8)$$

Bezogen auf 1 kg des durchströmenden Mediums lautet diese Gleichung:

$$w_t + q_a = h_2 - h_1 + e_{a2} - e_{a1}. \qquad (1.9)$$

Die äußere Energie e_a des Massenstromes besteht fast immer nur aus kinetischer und potentieller Energie. Mit der Geschwindigkeit v, der Erdbeschleunigung g und der geodätischen Höhe z gilt:

$$e_a = v^2/2 + gz. \qquad (1.10)$$

Bei Gasen kann meistens die potentielle Energie gz und oft auch die kinetische Energie $v^2/2$ vernachlässigt werden.

Die **reversible Wärme** Q_{rev} ist diejenige Wärme, welche bei einem reversiblen Prozess zugeführt werden müsste, um dieselbe Zustandsänderung wie beim tatsächlichen Prozess zu erreichen. Sie beinhaltet die **äußere Wärme** Q_a (über die Systemgrenzen fließende Wärme, positiv oder negativ) und die im Inneren entstehende **Reibungswärme** Q_r (durch Reibungsvorgänge im Inneren des Systems entstehende Wärme, immer positiv):

$$Q_{\text{rev}} = Q_a + Q_r. \tag{1.11}$$

Für chemisch reine Stoffe oder Stoffgemische mit konstanter Zusammensetzung gilt

$$dQ_{\text{rev}} = dU + p\,dV \tag{1.12}$$

und

$$dQ_{\text{rev}} = dH - V\,dp. \tag{1.13}$$

Setzt man die von außen zugeführte Wärme nach Gl. (1.11) unter Berücksichtigung von Gl. (1.13) in den 1. Hauptsatz Gl. (1.9) ein, erhält man die zweite Formulierung des Energiesatzes für den stationären Fließprozess, in der die Reibungswärme aufscheint:

$$w_t = \int_1^2 v\,dp + q_r + e_{a2} - e_{a1}. \tag{1.14}$$

1.2.2 Zweiter Hauptsatz der Thermodynamik

Der 2. Hauptsatz der Thermodynamik sagt aus, in welche Richtung Prozesse ablaufen können, oder ob sich ein System im Gleichgewicht befindet. Für ein adiabates (wärmeisoliertes) System lautet die mathematische Formulierung mit Hilfe der **Entropie** S:

$$\sum dS \geq 0. \tag{1.15}$$

Das heißt, die Entropie eines adiabaten Systems kann immer nur zunehmen. Im Grenzfall des reversiblen Prozesses bleibt sie konstant. Für den **Gleichgewichtszustand** eines adiabaten Systems muss die Entropie ein Maximum erreichen, d. h., es muss gelten:

$$\sum dS = 0. \tag{1.16}$$

Sehr häufig wird kein vollkommenes Gleichgewicht erreicht, sondern nur Gleichgewicht hinsichtlich einer oder mehrerer Zustandsgrößen. Die restlichen Zustandsgrößen sind dann „eingefroren". Man spricht in diesem Fall von einem partiellen Gleichgewicht.

Zur Berechnung des Gleichgewichtszustands von nicht adiabaten Systemen kann ebenfalls Gl. (1.16) benützt werden, wenn die Systemgrenzen so erweitert werden, dass kein Wärmefluss über diese berücksichtigt werden muss.

In der modernen Thermodynamik wird die Entropie häufig nicht mit Hilfe der Wärme definiert, trotzdem wird hier diese Definition beibehalten, weil sie sich wegen ihrer Anschaulichkeit bei der technischen Anwendung bewährt hat:

$$dS = dQ_{\text{rev}}/T. \tag{1.17}$$

Aus Gl. (1.17) folgt, dass die reversible Wärme, wie in Abb. 1.1 dargestellt, im **TS-Diagramm** als Fläche unter der Zustandsänderung abgelesen werden kann. Bei geschlossenen Systemen ist häufig $Q_r \approx 0$, so dass diese Fläche gleichzeitig die von außen zu- oder abgeführte Wärme ist.

1.2 Grundlagen der Thermodynamik

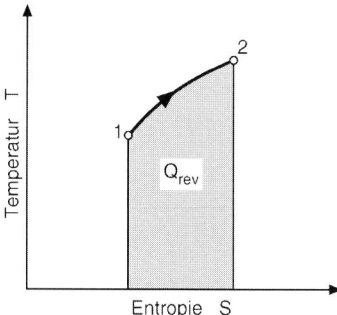

Abb. 1.1. Darstellung der reversiblen Wärme im *TS*-Diagramm

Bei adiabaten offenen Systemen kann andererseits die immer positive Reibungswärme abgelesen werden.

Aus Gl. (1.17) folgt mit den Gln. (1.12) und (1.13):

$$T\,dS = dU + p\,dV, \tag{1.18}$$

$$T\,dS = dH - V\,dp. \tag{1.19}$$

1.2.3 Kreisprozesse

Kreisprozesse dienen zur Umwandlung von Wärme in Arbeit (Wärmekraftmaschinen) oder zum Wärmetransport von einem tiefen auf ein höheres Temperaturniveau mittels Arbeit (Kältemaschinen). Die Verbrennungskraftmaschine führt zwar keinen geschlossenen Kreisprozess aus, weil Frischladung angesaugt und Abgas ausgeschoben wird. Man kann sich aber den Ladungswechsel durch eine Wärmeabfuhr ersetzt denken, so dass ein geschlossener Kreisprozess entsteht und alle Gesetze der Kreisprozesse anwendbar sind.

Die Zustandsänderungen eines Kreisprozesses sind im ***pV*- und *TS*-Diagramm** geschlossene Kurvenzüge, die bei Wärmekraftmaschinen im Uhrzeigersinn durchlaufen werden (Abb. 1.2).

Der **thermodynamische Wirkungsgrad** η_{th} eines Kreisprozesses ist als Quotient von abgegebener Arbeit $-W$ und zugeführter Wärme Q_{zu} definiert:

$$\eta_{th} = -W/Q_{zu}. \tag{1.20}$$

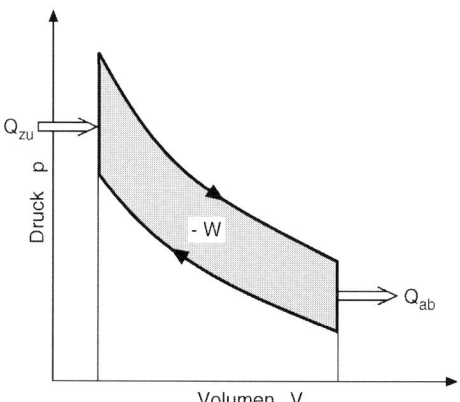 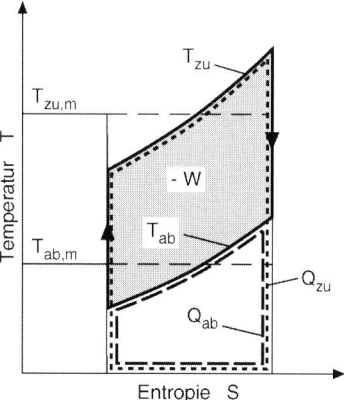

Abb. 1.2. *pV*- und *TS*-Diagramm eines Kreisprozesses am Beispiel der Verbrennungskraftmaschine

Aus der Energiebilanz ergibt sich mit der vom Prozess abgegebenen Wärme Q_{ab}:

$$-W = Q_{zu} - Q_{ab}. \tag{1.21}$$

Damit gilt für den thermodynamischen Wirkungsgrad:

$$\eta_{th} = 1 - Q_{ab}/Q_{zu}. \tag{1.22}$$

Da die Wärmeabfuhr Q_{ab} zwangsläufig zu jedem Kreisprozess gehört, muss auch der Wirkungsgrad immer wesentlich kleiner als 1 sein. Wärme kann daher niemals vollständig in Arbeit umgewandelt werden.

Für den reibungsfreien Prozess können die Wärmen durch $\int T\, dS = T_m \Delta S$ ersetzt werden. Damit folgt mit $T_{ab,m}$ als mittlerer Temperatur der Wärmeabfuhr und $T_{zu,m}$ als mittlerer Temperatur der Wärmezufuhr:

$$\eta_{th} = 1 - T_{ab,m}/T_{zu,m}. \tag{1.23}$$

Um einen möglichst hohen Wirkungsgrad zu erreichen, sollte also die Wärme bei möglichst hoher Temperatur zugeführt und bei möglichst tiefer Temperatur abgeführt werden. Bei gegebenen Temperaturgrenzen ist der **Carnot-Prozess** der Optimalprozess, bei dem die Wärmen bei konstanten Temperaturen T_{zu} bzw. T_{ab} zu- bzw. abgeführt werden, so dass sich im TS-Diagramm eine Rechteckfläche ergibt. Sein Wirkungsgrad η_C beträgt:

$$\eta_C = 1 - T_{ab}/T_{zu}. \tag{1.24}$$

1.2.4 Exergie und Anergie

Nach dem 2. Hauptsatz können mechanische Energie und Arbeit zur Gänze in jede andere Energieform umgewandelt werden; dagegen können Wärme, innere Energie und Enthalpie nicht vollständig in Arbeit umgeformt werden. Man bezeichnet die umwandelbaren Energien und Energieanteile als **Exergie** E, nicht umwandelbare Energieanteile werden als **Anergie** B bezeichnet.

Die Begriffe Exergie und Anergie werden für die Berechnung von Prozessen nicht benötigt, sie ermöglichen aber eine thermodynamisch einwandfreie **Verlustanalyse**, wie sie mit Hilfe von energetischen Wirkungsgraden nicht immer möglich ist.

Mit Hilfe von Exergie und Anergie können die beiden Hauptsätze neu formuliert werden.

1. Hauptsatz: Die Summe aus Exergie E und Anergie B ist konstant:

$$\sum(E + B) = \text{konstant}. \tag{1.25}$$

2. Hauptsatz: Die Exergie nimmt beim irreversiblen Prozess ab, beim reversiblen Prozess bleibt sie konstant und eine Zunahme ist unmöglich:

$$\sum dE \leq 0. \tag{1.26}$$

Der Exergieanteil der teilweise umwandelbaren Energien hängt u. a. vom Umgebungszustand ab. Dieser muss daher vor jeder Exergiebetrachtung festgelegt werden.

Wenn keine Stoffumwandlungen berücksichtigt werden, dann genügt es, Temperatur und Druck der Umgebung festzulegen. Bei **Stoffumwandlungen**, wie sie auch im Verbrennungsmotor stattfinden, muss auch die chemische Zusammensetzung der Umgebung definiert werden. Da der Motor mit atmosphärischer Luft betrieben wird, ist es sinnvoll, gesättigte feuchte Luft als Umgebung festzulegen.

Mechanische, kinetische und potentielle Energie, Arbeit sowie elektrische Energie sind voll umwandelbar und daher reine Exergie. Wärme kann im Idealfall mit dem Wirkungsgrad des Carnot-Prozesses Gl. (1.24) umgewandelt werden. Der Exergieanteil der Wärme beträgt daher:

$$dE = (1 - T_U/T)\, dQ. \tag{1.27}$$

Darin bedeutet T die Temperatur, bei der die Wärme dQ zugeführt wird, und T_U die Umgebungstemperatur.

Für die Exergie eines Stoffstroms lässt sich aus dem 1. Hauptsatz für den stationären Fließprozess bei reversibler Prozessführung folgende Gleichung ableiten:

$$E = H - H_U - T_U(S - S_U) + E_a. \tag{1.28}$$

Für die Exergie des geschlossenen Systems gilt:

$$E = U - U_U - T_U(S - S_U) + p_U(V - V_U). \tag{1.29}$$

In den beiden Gleichungen bedeuten H die Enthalpie des Stoffstroms, H_U die Enthalpie bei Umgebungszustand, S die Entropie des Stoffstroms, S_U die Entropie bei Umgebungszustand, E_a die äußere Energie mit $E_a = m(v^2/2 + gz)$, U die innere Energie des Systems, U_U die innere Energie bei Umgebungszustand, p_U Umgebungsdruck, V das Volumen des Systems und V_U das Volumen des Systems bei Umgebungszustand.

1.3 Ideales Gas

1.3.1 Thermische Zustandsgleichung

Bei sehr stark verdünnten Gasen werden die Wechselwirkungskräfte zwischen den einzelnen Molekülen vernachlässigbar klein. Man nennt solche Gase ideale Gase. Ihr thermodynamisches Verhalten lässt sich durch einfache Gesetze beschreiben.

Obwohl dieser Zustand ein Idealzustand ist, wird er von vielen Gasen mit guter Näherung erfüllt. Das gilt auch für die Arbeitsgase der Verbrennungskraftmaschine (Luft und Verbrennungsgas).

Die thermische Zustandsgleichung stellt eine Beziehung zwischen Druck p, spezifischem Volumen v (bzw. Molvolumen V_m) und Temperatur T dar und lässt sich je nach Bezugsgröße folgendermaßen schreiben:
Bezugsgröße 1 kg:

$$pv = RT; \tag{1.30}$$

Bezugsgröße 1 kmol:

$$pV_m = R_m T. \tag{1.31}$$

Die **allgemeine Gaskonstante** R_m ist eine für alle Gase gleiche Naturkonstante:

$$R_m = 8314{,}3\, \text{J/kmol K}.$$

Die **spezifische Gaskonstante** R kann aus der allgemeinen Gaskonstanten R_m und der molaren Masse M berechnet werden:

$$R = R_m/M. \tag{1.32}$$

Für die Masse m lautet die Gasgleichung:

$$pV = mRT \tag{1.33}$$

und für die Stoffmenge n:

$$pV = nR_\mathrm{m}T. \tag{1.34}$$

Im Anhang, Tabelle A.1, sind die wichtigsten Stoffwerte von idealen Gasen wiedergegeben, ausführliche Daten findet man z. B. in Lit. 1.37.

1.3.2 Kalorische Zustandsgrößen

Die **spezifische Wärmekapazität** (früher auch: spezifische Wärme) des idealen Gases hängt nur von der Temperatur ab und nicht von Druck oder spezifischem Volumen:

$$c_v = c_v(T), \tag{1.35}$$

$$c_p = c_p(T). \tag{1.36}$$

Dabei bedeuten c_v die spezifische Wärmekapazität bei konstantem Volumen und c_p die spezifische Wärmekapazität bei konstantem Druck.

Bei nicht zu großen Temperaturänderungen können die spezifischen Wärmekapazitäten auch als konstant angenommen werden. Bei Luft beträgt der Fehler etwa 1 % bei 100 Grad Temperaturdifferenz.

Im Arbeitsraum von Verbrennungskraftmaschinen treten sehr starke Temperaturänderungen auf, so dass nicht mit konstanten spezifischen Wärmekapazitäten gerechnet werden darf. Dagegen ergeben sich bei Turboladern und vor allem bei den Ladungswechselvorgängen nur geringe Fehler, wenn mit konstanten spezifischen Wärmekapazitäten gerechnet wird.

Für die spezifischen Wärmekapazitäten, gleichgültig ob konstant oder temperaturabhängig, gilt der Zusammenhang:

$$c_p - c_v = R. \tag{1.37}$$

Mit der Definition des dimensionslosen **Isentropenexponenten**

$$\kappa = c_p/c_v \tag{1.38}$$

wird

$$c_v = \frac{1}{\kappa - 1} R \tag{1.39}$$

und

$$c_p = \frac{\kappa}{\kappa - 1} R. \tag{1.40}$$

Von den drei Größen c_p, c_v und κ braucht also nur jeweils eine bekannt zu sein, um die beiden anderen berechnen zu können.

Mit Hilfe der spezifischen Wärmekapazitäten können die **spezifische innere Energie** u und die **spezifische Enthalpie** h berechnet werden. Sie sind daher ebenfalls reine Temperaturfunktionen:

$$du = c_v\, dT, \tag{1.41}$$

$$dh = c_p\, dT. \tag{1.42}$$

1.3 Ideales Gas

Aus den Gln. (1.4) und (1.30) lässt sich für die Enthalpie des idealen Gases

$$h = u + RT \tag{1.43}$$

ableiten. Der Nullpunkt kann nur für eine der Größen u oder h frei gewählt werden. Er liegt für beide Größen bei derselben Temperatur, wenn er bei 0 K festgelegt wird.

Anstelle der spezifischen Größen werden auch häufig **molare Größen** (bezogen auf 1 kmol) verwendet. Die Gln. (1.37) bis (1.43) gelten analog:

$$C_{\mathrm{m}p} - C_{\mathrm{m}v} = R_m, \tag{1.44}$$

$$\kappa = C_{\mathrm{m}p}/C_{\mathrm{m}v}, \tag{1.45}$$

$$C_{\mathrm{m}v} = \frac{1}{\kappa - 1} R_{\mathrm{m}}, \tag{1.46}$$

$$C_{\mathrm{m}p} = \frac{\kappa}{\kappa - 1} R_{\mathrm{m}}, \tag{1.47}$$

$$H_{\mathrm{m}} = U_{\mathrm{m}} + pV_{\mathrm{m}}, \tag{1.48}$$

$$H_{\mathrm{m}} = U_{\mathrm{m}} + R_{\mathrm{m}}T. \tag{1.49}$$

Darin bedeuten $C_{\mathrm{m}v}$ die molare Wärmekapazität (früher auch: Molwärme) bei konstantem Volumen, $C_{\mathrm{m}p}$ die molare Wärmekapazität bei konstantem Druck, U_{m} die molare innere Energie und H_{m} die molare Enthalpie.

Für die **Entropie** gilt folgendes Gleichungssystem:

$$\mathrm{d}s = c_v \frac{\mathrm{d}T}{T} + R \frac{\mathrm{d}v}{v}, \tag{1.50}$$

$$\mathrm{d}s = c_p \frac{\mathrm{d}T}{T} - R \frac{\mathrm{d}p}{p}, \tag{1.51}$$

$$\mathrm{d}s = c_v \frac{\mathrm{d}p}{p} + c_p \frac{\mathrm{d}v}{v}. \tag{1.52}$$

Die Integration ergibt:

$$s_2 - s_1 = \int_{T_1}^{T_2} \frac{c_v}{T} \mathrm{d}T + R \ln \frac{v_2}{v_1}, \tag{1.53}$$

$$s_2 - s_1 = \int_{T_1}^{T_2} \frac{c_p}{T} \mathrm{d}T + R \ln \frac{p_1}{p_2}, \tag{1.54}$$

$$s_2 - s_1 = \int_{T_1}^{T_2} \frac{c_v}{p} \mathrm{d}p + \int_{T_1}^{T_2} \frac{c_p}{v} \mathrm{d}v. \tag{1.55}$$

Bei konstanten spezifischen Wärmekapazitäten wird:

$$s_2 - s_1 = c_v \ln \frac{T_2}{T_1} + R \ln \frac{v_2}{v_1}, \tag{1.56}$$

$$s_2 - s_1 = c_p \ln \frac{T_2}{T_1} + R \ln \frac{p_1}{p_2}, \tag{1.57}$$

$$s_2 - s_1 = c_v \ln \frac{p_2}{p_1} + c_p \ln \frac{v_2}{v_1}. \tag{1.58}$$

Es ergeben sich also durchwegs logarithmische Abhängigkeiten von den Größen p, v und T.

Für die **Isentrope** ($s =$ konst.) ergeben sich bei konstanten spezifischen Wärmekapazitäten aus Gl. (1.56) bis (1.58):

$$\frac{T_2}{T_1} = \left(\frac{v_1}{v_2}\right)^{\kappa-1}, \tag{1.59}$$

$$\frac{T_2}{T_1} = \left(\frac{p_2}{p_1}\right)^{(\kappa-1)/\kappa}, \tag{1.60}$$

$$\frac{p_2}{p_1} = \left(\frac{v_1}{v_2}\right)^{\kappa} \quad \text{bzw.} \quad pv^{\kappa} = \text{konst.} \tag{1.61}$$

Für die Volumänderungsarbeit w_V des isentropen geschlossenen Systems kann für ein ideales Gas mit konstanten spezifischen Wärmekapazitäten aus Gl. (1.5) bei Vernachlässigung der äußeren Energien die Beziehung

$$w_V = c_v(T_2 - T_1) \tag{1.62}$$

abgeleitet werden. Durch Einsetzen von Gl. (1.59) bzw. (1.60) ergeben sich mit Gl. (1.39) die Gleichungen

$$w_V = \frac{1}{\kappa - 1} R T_1 \left[\left(\frac{v_1}{v_2}\right)^{\kappa-1} - 1\right] \tag{1.63}$$

beziehungsweise

$$w_V = \frac{1}{\kappa - 1} R T_1 \left[\left(\frac{p_2}{p_1}\right)^{(\kappa-1)/\kappa} - 1\right]. \tag{1.64}$$

Für die technische Arbeit w_t des isentropen stationären Fließprozesses ergibt sich aus Gl. (1.9) unter denselben Voraussetzungen:

$$w_\text{t} = c_p(T_2 - T_1), \tag{1.65}$$

$$w_\text{t} = \frac{\kappa}{\kappa - 1} R T_1 \left[\left(\frac{v_1}{v_2}\right)^{\kappa-1} - 1\right], \tag{1.66}$$

$$w_\text{t} = \frac{\kappa}{\kappa - 1} R T_1 \left[\left(\frac{p_2}{p_1}\right)^{(\kappa-1)/\kappa} - 1\right]. \tag{1.67}$$

Diese Gleichungen dienen z. B. zur Berechnung der zugeführten Arbeit des **idealen Turbokompressors**.

1.3 Ideales Gas

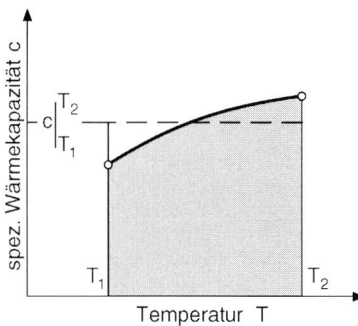

Abb. 1.3. Ermittlung der mittleren spezifischen Wärmekapazität

Für die Ermittlung der von der **idealen Gasturbine** abgegebenen Arbeit w_T muss das Vorzeichen umgedreht werden, und es gilt:

$$w_T = c_p(T_1 - T_2), \tag{1.68}$$

$$w_T = \frac{\kappa}{\kappa - 1} R T_1 \left[1 - \left(\frac{v_1}{v_2}\right)^{\kappa - 1} \right], \tag{1.69}$$

$$w_T = \frac{\kappa}{\kappa - 1} R T_1 \left[1 - \left(\frac{p_2}{p_1}\right)^{(\kappa - 1)/\kappa} \right]. \tag{1.70}$$

Bei temperaturabhängigen spezifischen Wärmekapazitäten wird häufig mit **mittleren spezifischen Wärmekapazitäten** $c\big|_{T_1}^{T_2}$ (c_p oder c_v) zwischen den Temperaturen T_1 und T_2 mit folgender Definition gerechnet (siehe Abb. 1.3):

$$c\big|_{T_1}^{T_2} = \frac{1}{T_2 - T_1} \int_{T_1}^{T_2} c \, dT. \tag{1.71}$$

Tabelle A.2 gibt die mittlere molare Wärmekapazität für einige Gase an. Als Ausgangstemperatur wurde dabei 0 °C gewählt.

Die mittlere spezifische Wärmekapazität kann zur Berechnung der inneren Energie u bzw. der Enthalpie h, bezogen auf die Temperatur T_1, verwendet werden. Sie darf aber nicht zur Berechnung eines mittleren Isentropenexponenten nach Gl. (1.38) oder zur Berechnung der Entropie nach Gl. (1.56) bis (1.58) benützt werden, da diese Größen nicht linear von der Temperatur abhängen. Der dabei entstehende Fehler ist um so größer, je stärker die Temperaturabhängigkeit der spezifischen Wärmekapazität ist.

1.3.3 Gemische aus idealen Gasen

Verbrennungskraftmaschinen arbeiten durchwegs mit Gasgemischen. Dabei verhält sich jede Komponente so, als ob sie allein im Raum wäre. Die Zusammensetzung des Gasgemisches kann in Masseanteilen μ oder Molanteilen ν angegeben werden.

Der **Masseanteil** μ_i der Komponente i ist als Verhältnis der Masse m_i der Komponente i zur Gesamtmasse m definiert:

$$\mu_i = m_i/m. \tag{1.72}$$

Der **Molanteil** v_i der Komponente i ist als Verhältnis der Stoffmenge n_i der Komponente i zur gesamten Stoffmenge n definiert:

$$v_i = n_i/n. \qquad (1.73)$$

Die Volumanteile entsprechen bei idealen Gasen den Molanteilen.

Die **Partialdrücke** addieren sich zum Gesamtdruck (Satz von Dalton):

$$p = \sum_{i=1}^{n} p_i. \qquad (1.74)$$

Darin bedeuten p den Gesamtdruck und p_i den Partialdruck der Komponente i.

Die Partialdrücke sind den Molanteilen proportional:

$$p_i/p = v_i. \qquad (1.75)$$

Gemische aus idealen Gasen verhalten sich wie ein ideales Gas mit den folgenden Stoffgrößen.

Die **Gaskonstante** des Gemisches kann entweder aus den Masseanteilen

$$R = \sum_{i=1}^{n} \mu_i R_i \qquad (1.76)$$

oder aus der molaren Masse des Gemisches

$$M = \sum_{i=1}^{n} v_i M_i \qquad (1.77)$$

in Kombination mit Gl. (1.32) berechnet werden.

Die **kalorischen Zustandsgrößen** ergeben sich durch anteilsmäßige Addition nach folgendem Schema:

$$\begin{aligned}
c_v &= \sum_{i=1}^{n} \mu_i c_{vi} & C_{\mathrm{m}v} &= \sum_{i=1}^{n} v_i C_{\mathrm{m}vi} \\
c_p &= \sum_{i=1}^{n} \mu_i c_{pi} & C_{\mathrm{m}p} &= \sum_{i=1}^{n} v_i C_{\mathrm{m}pi} \\
u &= \sum_{i=1}^{n} \mu_i u_i & U_{\mathrm{m}} &= \sum_{i=1}^{n} v_i U_{\mathrm{m}i} \\
h &= \sum_{i=1}^{n} \mu_i h_i & H_{\mathrm{m}} &= \sum_{i=1}^{n} v_i H_{\mathrm{m}i} \\
s &= \sum_{i=1}^{n} \mu_i s_i & S_{\mathrm{m}} &= \sum_{i=1}^{n} v_i S_{\mathrm{m}i}
\end{aligned} \qquad (1.78)$$

Für die Zustandsgrößen c_v, c_p, u und h sind die Stoffgrößen der Komponenten nur temperaturabhängig, für die Entropie s müssen jedoch auch die **Partialdrücke** der Komponenten berücksichtigt werden.

1.4 Reale Gase und Dämpfe

Luft kann als Gemisch idealer Gase angesehen werden. Tabelle A.3 zeigt die genaue Zusammensetzung der trockenen Luft [1.7]. Mit guter Näherung kann mit einer Zusammensetzung von 21 Mol-% Sauerstoff und 79 Mol-% Stickstoff gerechnet werden. Dazu kommt ein Wasserdampfgehalt, der zwischen 0 % und Sättigung liegen kann (siehe Abschn. 1.4.3).

Tabelle A.4 gibt einen Potenzansatz für C_{mp} von Luft und stöchiometrischem Verbrennungsgas an.

Tabelle A.5 gibt die Durchschnittswerte für Temperatur, Druck und Dichte in Abhängigkeit von der Seehöhe an [1.7]. In gemäßigten Breiten treten Abweichungen von der mittleren Luftdichte um mehr als 7 % während etwa 20 % der Zeit auf.

1.4 Reale Gase und Dämpfe

1.4.1 Reale Gase

Bei **hohen Drücken** gelten die Gesetze für ideale Gase nicht mehr. Insbesondere betrifft dies die thermische Zustandsgleichung (1.30), und in weiterer Folge sind die spezifischen Wärmekapazitäten, die innere Energie und die Enthalpie nicht nur von der Temperatur, sondern auch vom Druck abhängig.

Die Stoffeigenschaften von realen Gasen können durch Diagramme, Tabellen oder komplizierte Gleichungen wiedergegeben werden. Letztere haben durch den Einsatz der EDV sehr an Bedeutung gewonnen.

Bei Gasen mit ähnlichem Molekülaufbau besteht auch eine Ähnlichkeit der intermolekularen Kräfte und damit auch im thermodynamischen Verhalten. Wenn man die thermischen Zustandsgrößen dadurch dimensionslos macht, dass man sie durch die Zustandsgrößen des **kritischen Punktes** dividiert, dann sollte man die gleiche thermische Zustandsgleichung für alle Stoffe erhalten. Wenn dieses Theorem der übereinstimmenden Zustände auch nicht voll erfüllt ist, so gilt es doch mit guter Näherung für eine ganze Reihe von Stoffen (darunter auch N_2 und O_2, also auch Luft).

Die Abweichung von der thermischen Zustandsgleichung des idealen Gases kann durch den **Realgasfaktor** Z ausgedrückt werden:

$$Z = pv/RT. \tag{1.79}$$

Abbildung 1.4 zeigt den Realgasfaktor von Luft als Funktion von Druck und Temperatur. Man erkennt, dass dieser besonders bei hohen Drücken und mittleren Temperaturen vom Idealwert 1 abweicht.

In Abb. 1.5 ist die relative spezifische Wärmekapazität von Luft als Funktion von Temperatur und Druck dargestellt. Bei idealem Gasverhalten ($c_{v,\text{id}}$) dürfte keine Druckabhängigkeit auftreten. Man sieht jedoch, dass hohe Drücke eine geringfügige Erhöhung von c_v zur Folge haben.

Beide Einflüsse spielen aber bei der Verbrennungskraftmaschine nur eine geringe Rolle und brauchen normalerweise nicht berücksichtigt zu werden. Nur bei Motoren mit sehr hohem Verdichtungsenddruck (hochverdichtete und hochaufgeladene Motoren) kann sich ein Einfluss des Realgasverhaltens bemerkbar machen (vgl. Abschn. 4.2.3). Zacharias [1.39] gibt Gleichungen für das **Realgasverhalten** von Verbrennungsgas an. Jankov [1.14] führte mit Hilfe dieser Gleichungen Berechnungen des idealen und des realen Motorprozesses durch.

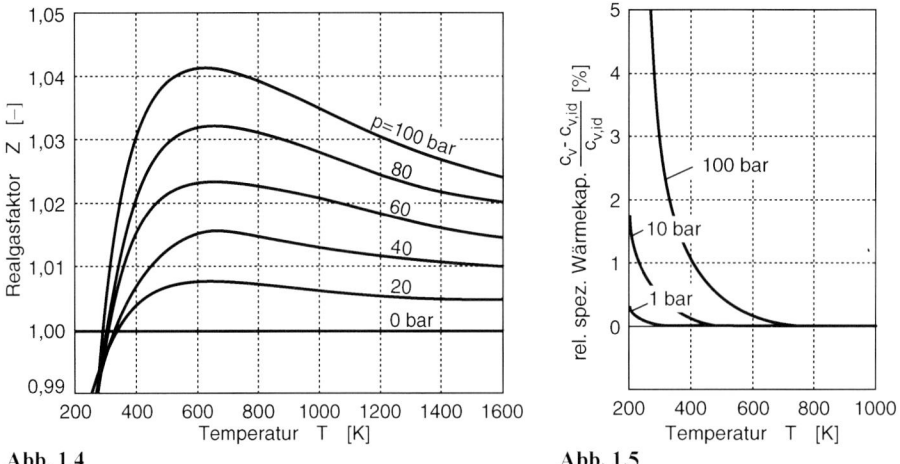

Abb. 1.4. Realgasfaktor von Luft als Funktion von Druck und Temperatur

Abb. 1.5. Relative spezifische Wärmekapazität von Luft als Funktion von Druck und Temperatur

1.4.2 Verdampfungsvorgang

Bei der Verdampfung von chemisch reinen Flüssigkeiten findet eine isotherm-isobare Wärmezufuhr statt, welche sich aus der Enthalpiedifferenz zwischen Dampf und Flüssigkeit berechnen lässt:

$$r = h'' - h'. \tag{1.80}$$

Darin bedeuten r die Verdampfungswärme, h'' die spezifische Enthalpie des Sattdampfs und h' die spezifische Enthalpie der Flüssigkeit.

Im Anhang sind das Ts-Diagramm (Abb. A.1) und das hs-Diagramm (Abb. A.2) für Wasser wiedergegeben [1.8]. Tabelle A.6 gibt einen Auszug aus den Dampftabellen für Wasser. Ausführliche Tabellen finden sich in Lit. 1.11.

1.4.3 Gas-Dampf-Gemische

Wenn in einem Gemisch aus Gasen eine Komponente **leicht kondensiert**, spricht man von einem Gas-Dampf-Gemisch. Wichtige Beispiele sind feuchte Luft und fast alle Verbrennungsgase.

Sehr häufig, z. B. auch bei feuchter Luft, ist der Partialdruck der kondensierenden Komponente so klein, dass sie bis zur Kondensationsgrenze als ideales Gas behandelt werden kann. Es gelten somit alle Gesetze für Gemische aus idealen Gasen (Abschn. 1.3.3), solange keine Kondensation auftritt. Nach dem **Satz von Dalton** gilt:

$$p = p_L + p_D. \tag{1.81}$$

Darin bedeuten p den Gesamtdruck, p_L den Partialdruck der trockenen Luft und p_D den Partialdruck des Wasserdampfs.

Bei feuchter Luft ist es üblich, die Stoffgrößen auf 1 kg trockene Luft zu beziehen, so dass sich die Bezugsmenge auch bei Kondensation nicht ändert. Dementsprechend definiert man den **Feuchtegrad** x als Verhältnis der Masse des Wasserdampfs m_D zur Masse der trockenen Luft m_L:

$$x = m_D/m_L. \tag{1.82}$$

1.4 Reale Gase und Dämpfe

Die Dichte des Wasserdampfs ρ_D wird auch als **absolute Feuchte** bezeichnet und errechnet sich aus:

$$\rho_D = m_D/V. \quad (1.83)$$

Die **relative Feuchte** φ ist definiert als Verhältnis von Partialdruck des Dampfs p_D zu Partialdruck des Dampfs bei Sättigung p'_D (bei der angegebenen Temperatur):

$$\varphi = p_D/p'_D. \quad (1.84)$$

Die Umrechnung von φ in x erfolgt nach der Gleichung:

$$x = \frac{M_D}{M_L} \frac{p'_D}{p/\varphi - p'_D}. \quad (1.85)$$

Darin sind $M_D = 18{,}02$ kg/kmol die molare Masse des Wasserdampfs und $M_L = 28{,}96$ kg/kmol die molare Masse der trockenen Luft.

Für das spezifische Volumen der feuchten Luft gilt:

$$v_{1+x} = \frac{R_L T}{p}\left(1 + x\frac{M_L}{M_D}\right) \quad (1.86)$$

oder

$$v_{1+x} = \frac{R_L T}{p}\left(1 + \frac{p'_D}{p/\varphi - p'_D}\right). \quad (1.87)$$

Darin sind v_{1+x} das spezifische Volumen, bezogen auf 1 kg trockene Luft oder $(1+x)$ kg feuchte Luft, und $R_L = 287$ J/kg K die Gaskonstante der trockenen Luft.

Für die Enthalpie der feuchten Luft gilt:

$$h_{1+x} = c_{pL}t + x(r_0 + c_{pD}t). \quad (1.88)$$

Darin sind h_{1+x} die Enthalpie bezogen auf 1 kg trockene Luft oder $(1+x)$ kg feuchte Luft, t die Temperatur in °C, $c_{pL} = 1{,}00$ kJ/kg K die spezifische Wärmekapazität der trockenen Luft, $c_{pD} = 1{,}85$ kJ/kg K die spezifische Wärmekapazität des Wasserdampfs und $r_0 = 2500$ kJ/kg die spezifische Verdampfungswärme des Wassers (Nullpunktfestlegung: $h_L = 0$ für Luft bei 0 °C, $h_W = 0$ für flüssiges Wasser bei 0 °C).

Die Messung des Feuchtegrads und der relativen Feuchte wird unter anderem nach der **psychrometrischen Methode** entsprechend Abb. 1.6 durchgeführt.

Dabei wird die Temperatur des Luftstroms mit einem nicht befeuchteten und mit einem befeuchteten Thermometer gemessen. Durch die Verdunstung wird dem befeuchteten Thermometer Wärme entzogen, so dass dieses eine niedrigere Temperatur anzeigt. Mit Hilfe des 1. Hauptsatzes kann für den adiabat gedachten Luftstrom mit guter Näherung die Gleichung

$$x = x'_f - \frac{c_{pL}}{r_0}(t_{tr} + t_f) \quad (1.89)$$

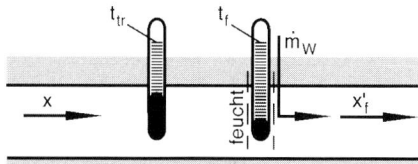

Abb. 1.6. Prinzipbild der psychrometrischen Feuchtemessung

abgeleitet werden. Darin sind x der Feuchtegrad des Luftstroms vor der Befeuchtung, x_f der Feuchtegrad bei Sättigung mit der Temperatur t_f (kann mit Hilfe des Sättigungsdruckes bei t_f ermittelt werden), t_tr die Temperatur des trockenen Thermometers und t_f die Temperatur des befeuchteten Thermometers (alle Temperaturen in °C).

Aus dem Feuchtegrad x und dem bekannten Sättigungsdruck bei t_tr kann auch die relative Feuchte φ berechnet werden. In Tabelle A.7 sind x und φ für verschiedene Paarungen von t_tr und t_f angegeben.

1.5 Grundlagen der Strömung mit Wärmetransport

In diesem Abschnitt sollen Grundlagen der Strömung mit Wärmetransport dargelegt werden, soweit sie für die Verbrennungskraftmaschine von Bedeutung sind. Für detaillierte Darstellungen sei auf die Literatur verwiesen [1.25, 1.38].

Nach einleitenden allgemeinen Betrachtungen zur Beschreibung von Strömungsvorgängen und zur Ähnlichkeitstheorie wird die eindimensionale Strömung näher besprochen, die in der Regel bei der Modellierung der Vorgänge im Ansaug- und Auspuffsystem von Verbrennungskraftmaschinen zur Anwendung kommt. Es folgt eine kurze Darstellung der dreidimensionalen Strömungsmodellierung. Die Abläufe im Brennraum sind durch sehr komplexe instationäre dreidimensionale Strömungsphänomene geprägt, wobei der Turbulenz für die Verbrennung und der Grenzschicht für den Wandwärmeübergang besondere Bedeutung zukommen. Entsprechende Abschnitte tragen dem Rechnung.

1.5.1 Beschreibung von Strömungsvorgängen

Der Ablauf von Strömungsvorgängen wird von den physikalischen Stoffgrößen des Fluids (Dichte, Viskosität, Wärmekapazität, Wärmeleitfähigkeit u. a.), vom kinematischen Verhalten (Ort, Geschwindigkeit, Beschleunigung) sowie von den dynamischen (Druck, Kraft, Impuls u. a.) und thermodynamischen Einwirkungen (Wärme, Arbeit u. a.) bestimmt. Diese zur Beschreibung des Strömungsgebiets (**Strömungsfelds**) erforderlichen physikalischen Größen (**Feldgrößen**) können skalarer oder vektorieller Natur sein. Grundsätzlich kann von zwei unterschiedlichen Betrachtungsweisen ausgegangen werden.

Die von **Lagrange** begründete Vorstellung teilt das Fluid in einzelne Elemente ein und beschreibt deren Bewegungsablauf in fluidgebundenen Koordinaten. Bei dieser substantiellen Betrachtungsweise wird jedem Fluidelement ein bestimmter Lagevektor $\vec{x}_0$ zugewiesen, etwa seine Anfangslage zur Zeit $t = 0$. Die augenblickliche Lage dieses Fluidelements $\vec{x}$ und jede sonstige Feldgröße G wird als Funktion der unabhängigen Variablen $\vec{x}_0$ und der Zeit t angegeben:

$$G = G(\vec{x}_0, t). \tag{1.90}$$

Die Lagrange'sche Betrachtungsweise eignet sich besonders für die Verfolgung der Eigenschaften einzelner Fluidelemente, etwa bei Wirbelbewegungen.

Nach **Euler** wird nicht der Bewegungsablauf jedes einzelnen Fluidelements betrachtet, sondern jede physikalische Größe zu einer bestimmten Zeit an einem bestimmten Ort. Bei dieser lokalen Betrachtungsweise in raumfesten Koordinaten erscheint die Feldgröße G als Funktion der unabhängigen Variablen Ort $\vec{x}$ und Zeit t:

$$G = G(\vec{x}, t). \tag{1.91}$$

1.5 Grundlagen der Strömung mit Wärmetransport

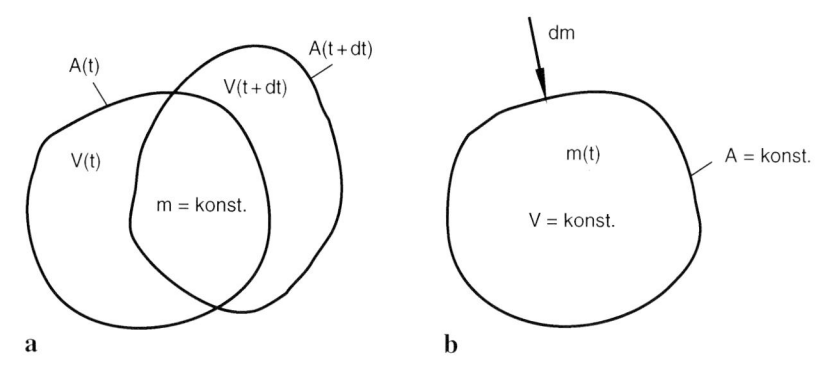

Abb. 1.7. Mitbewegte (**a**) und raumfeste (**b**) Betrachtungsweise

Zur Veranschaulichung dieser Zusammenhänge dient Abb. 1.7. Betrachtet man ein mitbewegtes Volumen *V(t)* mit der massenundurchlässigen Begrenzungsfläche *A(t)*, erhält man ein bewegtes, geschlossenes System mit konstanter Masse *m* (Lagrange'sches System, **Zeitaufnahme**) (Abb. 1.7a). Wählt man ein raumfestes, offenes System, sind Volumen *V* und Begrenzungsfläche *A* konstant (Euler'sches System, **Momentaufnahme**) (Abb. 1.7b). Für die meisten Anwendungsfälle ist die Euler'sche Betrachtungsweise vorteilhafter, sie soll im Folgenden verwendet werden.

Häufig wird die Änderung einer Feldgröße mit der Zeit, d. h. ihr **totales Differential** benötigt. Nach der Euler'schen Betrachtung besteht dieses aus dem lokalen Anteil (partielle Differentiation nach der Zeit) und dem konvektiven Anteil (partielle Differentiation nach dem Ort):

$$\frac{dG}{dt} = \left(\frac{\partial G}{\partial t}\right)_{\vec{x}} + \left(\frac{\partial G}{\partial \vec{x}}\right)_{t} \frac{d\vec{x}}{dt} = \frac{\partial G}{\partial t} + \vec{v}\,\mathrm{grad}\,G. \qquad (1.92)$$

In dieser sogenannten **Transportgleichung** kann die Feldgröße *G* konstant bleiben, also das totale Differential gleich null sein, was bedeutet, dass die lokale Änderung im Kontrollvolumen gleich der konvektiven Änderung, also gleich der Summe der Flüsse über die Systemgrenze, ist. Dies trifft etwa beim Satz von der Massenerhaltung zu, wo die Änderung der Masse im Kontrollvolumen gleich der Summe der Massenströme durch die Kontrollfläche ist, vorausgesetzt, es befinden sich keine Quellen innerhalb des Systems. Verändert sich die Feldgröße, kommen für diese Änderung äußere Quellterme wie Kraftwirkungen, innere Quellterme wie chemische Reaktionen oder Fernwirkungen wie Wärmestrahlung oder Gravitation in Frage.

Das Ansetzen der Erhaltungssätze für Gesamtmasse, Speziesmassen, Impuls und Energie besteht in der Anwendung der Transportgleichung auf die relevanten Feldgrößen. In Impuls- und Energiesatz spielen dabei Transportprozesse eine Rolle, zu denen Diffusion, Wärmeleitung und Viskosität zählen, wobei Masse infolge eines Konzentrationsgradienten, Wärme infolge eines Temperaturgradienten und Impuls infolge eines Geschwindigkeitsgradienten transportiert werden. Diese Mechanismen werden meist empirisch modelliert, lassen sich aber auch aus der kinetischen Gastheorie erklären. Entsprechend der räumlichen Einteilung des Strömungsfelds können die Gleichungen für ein endlich ausgedehntes Volumen, für einen Stromfaden oder für ein differenzielles Volumenelement formuliert werden.

1.5.2 Ähnlichkeitstheorie und charakteristische Kennzahlen

Zwei Strömungen werden als ähnlich bezeichnet, wenn die geometrischen und charakteristischen physikalischen Größen für zwei einander entsprechende Punkte der beiden Strömungsfelder zu jedem Zeitpunkt ein festes Verhältnis miteinander bilden. Bei geometrischer Ähnlichkeit bezieht sich diese Aussage auf die Längen-, Flächen- und Raumabmessungen. Vollkommene physikalische Ähnlichkeit für alle Stoffgrößen, dynamischen und thermodynamischen Größen ist praktisch kaum zu erzielen. Es ist somit notwendig, die für den betreffenden Anwendungsfall wesentlichen physikalischen Größen zu bestimmen und diese miteinander zu vergleichen. Dazu definiert man bestimmte dimensionslose **Kennzahlen** (Ähnlichkeitsparameter). Entsprechend dem Überwiegen des Einflusses der einen oder anderen Kennzahl zeigen Strömungen charakteristische Erscheinungsformen.

Die Ähnlichkeitstheorie legt die Bedingungen fest, unter denen Experimente an Modellen durchgeführt werden können, und erlaubt eine Abschätzung des Gültigkeitsbereichs von Erkenntnissen. Die charakteristischen Kennzahlen können direkt aus den Grundgleichungen oder etwa in einer **Dimensionsanalyse** [1.33] hergeleitet werden. Es folgt eine kurze Beschreibung der im vorliegenden Zusammenhang interessierenden Kennzahlen und Erscheinungsformen von Strömungen.

Dichteeinfluss

Die **Dichte** ρ stellt eine allgemein von Druck p und Temperatur T abhängige Zustandsgröße des Fluids dar und ist als die auf das Volumen bezogene Masse definiert. In der Thermodynamik wird häufig der Kehrwert der Dichte verwendet, das spezifische Volumen v.

$$\rho = \frac{\text{Masse}}{\text{Volumen}} = \frac{1}{v}. \tag{1.93}$$

Da in der Regel die Druckänderungen von größerem Einfluss sind, spricht man bei dichteveränderlichen Fluiden oft von kompressibler Strömung, bei dichtebeständigen Fluiden von inkompressibler Strömung.

In einem dichteveränderlichen Fluid breitet sich eine im Inneren des Strömungsgebietes auftretende kleine Druckstörung als schwache Druckwelle (Longitudinalwelle) allseitig mit der sogenannten **Schallgeschwindigkeit** a aus:

$$a^2 = \frac{\text{Druckänderung}}{\text{Dichteänderung}} = \frac{\mathrm{d}p}{\mathrm{d}\rho} = \left(\frac{\partial p}{\partial \rho}\right)_s. \tag{1.94}$$

Die starke Druckabhängigkeit der Dichte führt bei Gasen zu grundsätzlich unterschiedlichen Strömungsformen in Abhängigkeit von der Strömungsgeschwindigkeit v. Zur Charakterisierung der Strömung dient eine dimensionslose Kennzahl, die **Machzahl** Ma:

$$\mathrm{Ma} = v/a. \tag{1.95}$$

Bewegt sich eine Störquelle mit Unterschallgeschwindigkeit $v < a$, breiten sich Druckstörungen allseitig im Raum aus. Bei Schallgeschwindigkeit $v = a$ erzeugt die Quelle eine zur Ausbreitungsrichtung normale Stoßfront, die als **Schallmauer** bezeichnet wird. Bei Überschallgeschwindigkeit $v > a$ der Störquelle können sich die Druckstörungen nur in einem hinter der Quelle gelegenen Kegel (Machkegel) bemerkbar machen. Die Kopfwelle wird auch als Stoßfront bezeichnet (Verdichtungsstoß), weil in ihr größere Druckänderungen auftreten.

Für einen Stromfaden mit veränderlichem Querschnitt gilt bei **Unterschallströmung** (Ma < 1), dass bei zunehmender Strömungsgeschwindigkeit mit Druck und Dichte auch der Querschnitt abnimmt. Beschleunigte **Überschallströmung** (Ma > 1) erfordert jedoch eine Zunahme des Stromfadenquerschnitts, weil die mit der Druckabnahme verbundene Dichteabnahme in diesem Fall so stark ist, dass sie gegenüber der Geschwindigkeitszunahme überwiegt und aus Gründen der Erhaltung des Massenstroms eine Zunahme des Volumenstroms erforderlich macht. Zur stetigen Beschleunigung einer Strömung auf Überschall ist ein spezieller Verlauf des Strömungsquerschnitts erforderlich (Lavaldüse), die Verzögerung der Strömung kann unstetig in einem Verdichtungsstoß erfolgen (siehe dazu Abschn. 1.5.3).

Für Machzahlen ab 0,3 muss im Allgemeinen die Dichteveränderung des Fluids berücksichtigt werden. Bei Verbrennungsmotoren ist der Einfluss der Dichte von wesentlicher Bedeutung, weil die starken Druck- und Temperaturänderungen im Brennraum beträchtliche Dichteänderungen des Arbeitsgases bedingen und im Auslass – bei variabler Ventilsteuerung auch im Einlass – die Strömung Schallgeschwindigkeit erreichen kann.

Reibungseinfluss

Es wird die Strömung eines Fluids zwischen zwei parallelen ebenen Platten betrachtet, von denen eine in Ruhe ist, während die andere gleichförmig in ihrer Ebene bewegt wird (einfache Scherströmung, Couette-Strömung). Das Fluid haftet infolge der Adhäsion an beiden Platten, im einfachsten Fall (konstanter Druck, konstante Temperatur, newtonsches Fluid) herrscht zwischen den Platten ein lineares Geschwindigkeitsprofil (Abb. 1.8).

Zur Aufrechterhaltung des Bewegungszustands muss an der oberen Platte eine Tangentialkraft (Schubkraft F_S) in Bewegungsrichtung angreifen, die den Reibungskräften des Fluids das Gleichgewicht hält. Der Energiebedarf zur Aufrechterhaltung einer reibungsbehafteten Strömung wird durch die Viskosität (Zähigkeit) des Fluids bedingt.

Im Gegensatz zur trockenen Reibung zwischen Festkörpern ist die innere, molekulare Reibung eines Fluids nahezu unabhängig von der herrschenden Normalkraft und für die meisten technischen Flüssigkeiten sowie alle Gase proportional dem Geschwindigkeitsunterschied der Fluidelemente (**newtonsches Fluid**). Der empirisch zu bestimmende Proportionalitätsfaktor zwischen Schubspannung τ und Geschwindigkeitsgradienten $\partial v/\partial y$ ist die **molekulare Viskosität** η (auch Zähigkeitskoeffizient, Scherviskosität) mit der Einheit $Ns/m^2 = kg/ms$.

$$\tau = \frac{\text{Schubkraft}}{\text{Fläche}} = \eta \frac{\partial v}{\partial y}. \tag{1.96}$$

Wegen des Auftretens der Kraft in Gl. (1.96) wird η auch als **dynamische Viskosität** bezeichnet. Die Stoffgröße η hängt stark von der Temperatur und schwach vom Druck ab:

$$\eta = \eta(p,T) \approx \eta(T). \tag{1.97}$$

Die dynamische Viskosität nimmt bei Flüssigkeiten wie Wasser mit der Temperatur ab, bei Gasen wie Luft annähernd linear mit der Temperatur zu.

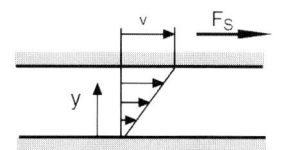

Abb. 1.8. Lineares Geschwindigkeitsprofil bei laminarer Scherströmung

Oft empfiehlt es sich, die dynamische Viskosität des Fluids auf seine Dichte zu beziehen, man erhält dadurch eine rein kinematische, vom Kraftbegriff unabhängige Größe, die **kinematische Viskosität** ν mit der Einheit m²/s:

$$\nu = \eta/\rho. \tag{1.98}$$

Bildet man aus den für die Bewegung mit Reibungseinfluss relevanten physikalischen Größen eine dimensionslose Kennzahl, erhält man die sogenannte **Reynolds-Zahl** Re:

$$\mathrm{Re} = \frac{vl}{\nu} = \frac{\rho v l}{\eta}. \tag{1.99}$$

Darin sind v eine charakteristische Geschwindigkeit, l eine charakteristische Länge und ν die kinematische Viskosität des Fluids. Die Reynolds-Zahl stellt das Verhältnis von Trägheits- zu Zähigkeitskraft dar. Als Kriterium für die Ähnlichkeit von Strömungen, die unter dem Einfluss von Reibung stehen, ist somit Gleichheit der Reynolds-Zahlen zu fordern. Innerhalb dieser Forderung sind die Werte für v, l und ν beliebig wählbar.

Bei Strömungen mit sehr kleinen Reynolds-Zahlen, so genannten schleichenden Strömungen, ist der Reibungseinfluss groß. Bei sehr großen Reynolds-Zahlen beschränkt sich der Reibungseinfluss auf eine sehr dünne Strömungsgrenzschicht (vgl. Abschn. 1.5.7). Der Grenzfall Re $= \infty$ entspricht der Strömung eines idealen Fluids, d. h. eines Fluids mit verschwindender Viskosität.

Der Einfluss der Reibung bedingt zwei grundsätzlich unterschiedliche Erscheinungsformen bei Strömungen, die als **laminar** und **turbulent** bezeichnet werden [1.29]. In langsamen Strömungen bewegen sich die Fluidelemente in parallel zueinander gleitenden geordneten Schichten. Unter Beachtung der Randbedingung, dass Fluidelemente, die eine Wand berühren, infolge der Haftbedingung dort zur Ruhe kommen, ergeben sich bei der laminaren Strömung durch Rohre oder über Platten Geschwindigkeitsprofile wie in den Darstellungen von Abb. 1.9a gezeigt.

Ab einem bestimmten Wert der Reynolds-Zahl schlägt das Erscheinungsbild der Strömung um. Das Fluid bewegt sich nicht mehr in geordneten Schichten, sondern der Hauptströmung überlagern sich zeitlich und räumlich ungeordnete **Schwankungsbewegungen**. Diese sorgen für eine mehr oder weniger starke Durchmischung des Fluids sowie für einen Austausch von Masse, Impuls und Energie quer zur Hauptströmungsrichtung. Derartige Strömungen werden turbulent genannt.

Die Mischungsbewegung ist die Ursache für die gleichmäßigere Verteilung der gemittelten Geschwindigkeiten bei turbulenter Strömung (siehe die Darstellungen in Abb. 1.9b). Zugleich vergrößert sich der **Strömungswiderstand** wesentlich. Die turbulenten Schwankungsbewegungen üben aufgrund des Impulsaustausches für die (mittlere) Grundströmung eine zusätzliche scheinbare Reibungswirkung aus, man spricht von scheinbaren Zähigkeitsspannungen der turbulenten Strömung oder von Reynolds-Spannungen.

Für durchströmte Rohre erfolgt unter normalen Bedingungen bei voll ausgebildeter Strömung der Umschlag der laminaren Strömung in eine turbulente bei einem Zahlenwert von $\mathrm{Re}_{\mathrm{krit}} = 2320$,

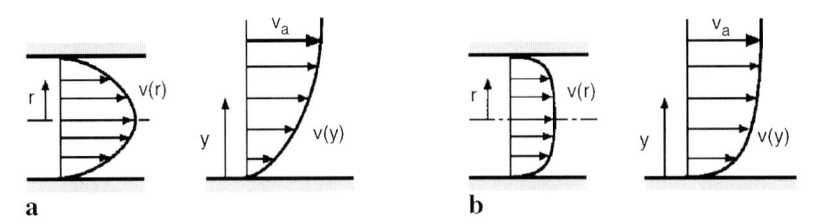

Abb. 1.9. Laminare (**a**) und turbulente (**b**) Geschwindigkeitsprofile im Rohr und auf der ebenen Platte

wobei als charakteristische Länge in die Reynolds-Zahl der Rohrdurchmesser d einzusetzen ist. Für angeströmte Körper liegt die kritische Reynolds-Zahl in der Größenordnung von 10^5 bis 10^6, wobei die Kennzahl aus der ungestörten Anströmgeschwindigkeit sowie einer charakteristischen Länge (z. B. der Längsabmessung des Körpers in Strömungsrichtung) gebildet wird. Von den technischen Anwendungen her kommt den turbulenten Strömungen gegenüber den laminaren Strömungen die weit größere Bedeutung zu.

Da turbulente Vorgänge außerordentlich komplex und sowohl physikalisch wie auch mathematisch bisher nur unvollkommen erfassbar sind, werden sie in der Regel statistisch beschrieben (vgl. Abschn. 1.5.6).

Bei Verbrennungskraftmaschinen kann der Reibungseinfluss der Strömung im Brennraum für globale energetische Betrachtungen vernachlässigt werden. Er ist jedoch von entscheidendem Einfluss, wenn die Auswirkung des dreidimensionalen turbulenten Strömungsfelds im Brennraum auf Ladungsbewegung, Gemischbildung und Verbrennung sowie Wärmeübergang erfasst werden soll, wie das in der quasidimensionalen und dreidimensionalen Berechnung der Fall ist.

Wärmeeinfluss

Besteht in der Strömung ein Temperaturgradient, tritt ein molekularer Wärmetransport vom höheren zum niedrigeren Temperaturniveau auf. Für diesen als Wärmeleitung bezeichneten Vorgang ist nach Fourier der flächenbezogene Wärmestrom $\dot{q}$ (in W/m^2, auch Wärmestromdichte) proportional dem Temperaturgradienten. Der Proportionalitätsfaktor ist eine Stoffgröße, die als **Wärmeleitfähigkeit** λ (Wärmeleitkoeffizient) bezeichnet wird. Für einen Temperaturgradienten in y-Richtung gilt:

$$\dot{q} = \frac{\text{Wärme}}{\text{Fläche} \times \text{Zeit}} = \frac{Q}{At} = -\lambda \frac{\partial T}{\partial y}. \tag{1.100}$$

Die Wärmeleitfähigkeit wird im Wesentlichen von der Temperatur beeinflusst:

$$\lambda = \lambda(p, T) \approx \lambda(T). \tag{1.101}$$

Bei Festkörpern und Flüssigkeiten ist die Wärmeleitfähigkeit nahezu temperaturunabhängig, bei Gasen nimmt sie wie die dynamische Viskosität annähernd proportional zur Temperatur zu. Auf die formale Ähnlichkeit der Gln. (1.96) für die Schubspannungen und (1.100) für die Wärmestromdichte sei hingewiesen.

Bei einem mit Wärmeleitung verbundenen Prozess ist die spezifische Wärmekapazität bei konstantem Druck c_p von Bedeutung, die mit der Wärmeleitfähigkeit λ und der Dichte ρ zur Temperaturleitfähigkeit a kombiniert wird:

$$a = \frac{\lambda}{\rho c_p}. \tag{1.102}$$

Die abgeleitete Stoffgröße a hat wie die kinematische Viskosität ν die Einheit m^2/s. Kombiniert man diese beiden Größen, erhält man als dimensionslose Kennzahl die nur von den physikalischen Stoffeigenschaften bestimmte (molekulare) **Prandtl-Zahl** Pr:

$$\text{Pr} = \frac{\nu}{a} = \frac{\eta c_p}{\lambda}. \tag{1.103}$$

Die Prandtl-Zahl zeigt bei Flüssigkeiten eine starke Temperaturabhängigkeit, bei Gasen ist sie nahezu konstant. Als Kriterium für die Ähnlichkeit bei Wärmeleitung gilt die Gleichheit der Prandtl-Zahlen.

Bei der Wärmeübertragung in einem strömenden Fluid tritt zur molekularen Wärmeleitung noch der Energietransport durch **erzwungene Konvektion** hinzu. Jedes Fluidelement ist Träger von innerer Energie, die es durch die Strömung weitertransportiert. Wegen des Strömungsvorgangs ist neben der Prandtl-Zahl die Reynolds-Zahl von Bedeutung. Als Kriterium für die Ähnlichkeit bei erzwungener Konvektion gilt die Gleichheit von Prandtl-Zahl und Reynolds-Zahl.

Das Produkt aus Prandtl-Zahl und Reynolds-Zahl kann zu einer weiteren Kennzahl zusammengefasst werden, zur **Peclet-Zahl** Pe, die das Verhältnis des Wärmestroms durch Konvektion zum Wärmestrom durch Leitung charakterisiert. Im Aufbau gleicht die Peclet-Zahl Pe der Reynolds-Zahl Re, wobei die Temperaturleitfähigkeit a anstelle der kinematischen Viskosität ν aufscheint.

$$\text{Pe} = \text{Pr}\,\text{Re} = \frac{vl}{a} = \frac{\rho c_p v l}{\lambda}. \tag{1.104}$$

Betrachtet man den Wärmeübergang durch erzwungene Konvektion zwischen Wand und Fluid, so folgt aus der Haftbedingung, dass an der Wand Wärme nur durch Wärmeleitung gemäß Gl. (1.100) $\dot{q} = -\lambda \partial T/\partial y$ übergehen kann. Dennoch spricht man von Konvektion, weil der Temperaturgradient an der Wand durch die Strömungsgeschwindigkeit des Fluids beeinflusst wird. Je mehr Wärme das Fluid (ab)transportiert, um so größer ist der Gradient.

Nach dem **Newton'schen Ansatz** wird die Wandwärmestromdichte $\dot{q}$ proportional der Temperaturdifferenz zwischen Wand und Fluid angesetzt:

$$\dot{q} = \alpha(T_\text{W} - T_\text{Fl}). \tag{1.105}$$

In der treibenden Temperaturdifferenz $T_\text{W} - T_\text{Fl}$ ist für die Fluidtemperatur T_Fl die außerhalb der Temperaturgrenzschicht (vgl. Abschn. 1.5.7) herrschende (mittlere) Temperatur des Fluids einzusetzen. Der als **Wärmeübergangskoeffizient** bezeichnete Proportionalitätsfaktor α mit der Einheit W/m^{2}K kann als Nusselt-Zahl Nu mittels einer charakteristischen Länge l und der Wärmeleitfähigkeit λ des Fluids dimensionslos dargestellt werden:

$$\text{Nu} = \frac{\alpha l}{\lambda}. \tag{1.106}$$

Beim Wärmeübergang durch erzwungene Konvektion lässt sich die **Nusselt-Zahl** Nu als Funktion von Reynolds-Zahl Re und Prandtl-Zahl Pr angeben:

$$\text{Nu} = f(\text{Re}, \text{Pr}). \tag{1.107}$$

Diese Abhängigkeit lässt sich in wenigen Sonderfällen theoretisch ermitteln, in der Regel kommen (halb)empirische Ansätze zur Anwendung (vgl. Abschn. 1.5.7).

Kommt die Strömungsbewegung durch Dichteunterschiede aufgrund von Temperaturunterschieden im Fluid zustande, spricht man von Wärmeübertragung durch **freie Konvektion**. In diesem Fall tritt die Grashof-Zahl Gr an die Stelle der Reynolds-Zahl Re, so dass für die Nusselt-Zahl Nu gilt:

$$\text{Nu} = f(\text{Gr}, \text{Pr}). \tag{1.108}$$

Die **Grashof-Zahl** Gr stellt das Verhältnis der Auftriebskräfte infolge des Temperaturunterschieds zu den Zähigkeitskräften dar:

$$\text{Gr} = \frac{l^3 g \beta \Delta T}{\nu^2}. \tag{1.109}$$

Darin sind l eine charakteristische Länge, g die Erdbeschleunigung, β der thermische Ausdehnungskoeffizient in 1/K, ΔT die treibende Temperaturdifferenz und ν die kinematische Viskosität des Fluids.

1.5 Grundlagen der Strömung mit Wärmetransport

Oberflächenspannungseinfluss

Von der Vielzahl an weiteren Kennzahlen, die bei unterschiedlichen Prozessen von Bedeutung sind, soll die Weber-Zahl erwähnt werden. Die **Weber-Zahl** We setzt sich aus der Dichte ρ, der Geschwindigkeit v, einer charakteristischen Länge l und der Oberflächenspannung σ zusammen und erfasst den Einfluss der Grenzflächenspannung (Kapillarität):

$$\mathrm{We} = \frac{\rho v^2 l}{\sigma}. \tag{1.110}$$

Die Weber-Zahl ist von Bedeutung für die Berechnung von Kapillarwellen und der Tröpfchenbildung, wie sie in Verbrennungskraftmaschinen bei der Kraftstoffeinspritzung auftritt.

1.5.3 Stationäre eindimensionale Strömung

Zunächst soll die stationäre eindimensionale Strömung behandelt werden, wobei nach dem Aufstellen der Grundgleichungen insbesondere auf die Einflüsse von Schallgeschwindigkeit und Reibung hingewiesen wird.

Grundgleichungen

Für die stationäre Strömung durch einen Kanal nach Abb. 1.10 gelten die folgenden Grundgesetze.

Erhaltung der Masse (Kontinuitätsgleichung)

Für die eindimensionale stationäre Strömung muss der Massenstrom $\dot{m}$ über die Kanallänge konstant sein. Es gilt:

$$\dot{m} = A \rho v = \mathrm{konst.} \tag{1.111}$$

Darin sind $\dot{m}$ die im Zeitelement $\mathrm{d}t$ durch die Querschnittsfläche A strömende Masse $\mathrm{d}m$, ρ die Dichte und v die Geschwindigkeit.

Erhaltung der Energie

Es gilt der 1. Hauptsatz für stationäre Fließprozesse. Ohne Arbeitsleistung wird aus den Gln. (1.9) und (1.10):

$$\frac{v_2^2}{2} - \frac{v_1^2}{2} = h_1 - h_2 + q_\mathrm{a} - g(z_2 - z_1). \tag{1.112}$$

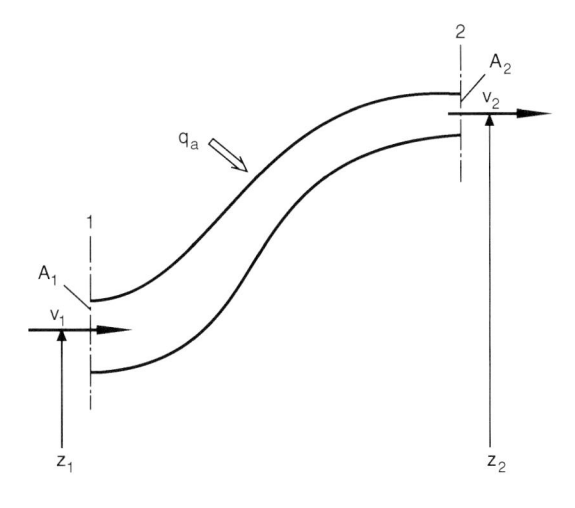

Abb. 1.10. Stromfaden der stationären eindimensionalen Strömung

Darin sind v_1 und v_2 die Geschwindigkeiten in den Querschnitten 1 und 2, h_1 und h_2 die Enthalpien in den Querschnitten 1 und 2, q_a die äußere Wärme (positiv, wenn zugeführt), g die Erdbeschleunigung sowie z_1 und z_2 die geodätischen Höhen der Querschnitte 1 und 2.

Gleichung (1.112) gilt allgemein, also für jedes Fluid (Flüssigkeiten und Gase), auch bei reibungsbehafteter Strömung.

Aus der zweiten Formulierung des Energiesatzes Gl. (1.14) erhält man für **dichtebeständige** Fluide ($v = 1/\rho =$ konst.) entsprechend:

$$\frac{p_1}{\rho} + \frac{v_1^2}{2} + gz_1 = \frac{p_2}{\rho} + \frac{v_2^2}{2} + gz_2 + q_r. \tag{1.113}$$

Diese Beziehung wird als erweiterte **Bernoulli-Gleichung** bezeichnet, Reibungseinflüsse werden über einen **Verlustbeiwert** ζ proportional zur spezifischen kinetischen Energie angesetzt:

$$q_r = \zeta \frac{v_2^2}{2}. \tag{1.114}$$

Impulssatz

Aus der Newton'schen Bewegungsgleichung folgt der Impulssatz, der als Vektorgleichung angeschrieben werden kann:

$$\vec{F} = \dot{m}(\vec{v}_2 - \vec{v}_1) = \dot{\vec{I}}_2 - \dot{\vec{I}}_1. \tag{1.115}$$

Darin sind $\vec{F}$ der Kraftvektor, $\vec{v}_1$ und $\vec{v}_2$ die Geschwindigkeitsvektoren in den Querschnitten 1 und 2 sowie $\dot{\vec{I}}_1$ und $\dot{\vec{I}}_2$ die Impulsvektoren in den Querschnitten 1 und 2 bezogen auf die Zeiteinheit.

Reibungsfreie adiabate Strömung von Gasen

Bei der adiabaten und horizontal verlaufenden Strömung von Gasen vereinfacht sich Gl. (1.112) zu:

$$\frac{v_2^2}{2} - \frac{v_1^2}{2} = h_1 - h_2. \tag{1.116}$$

Diese Gleichung gilt auch bei Reibung.

Bei Reibungsfreiheit und bei **idealen Gasen** mit konstanten spezifischen Wärmekapazitäten gelten zusätzlich folgende Gleichungen: thermische Zustandsgleichung (1.30), Gleichung für die Enthalpie (1.42) und Isentropengleichung (1.60). Wenn die Anfangsgeschwindigkeit $v_1 = v_0 = 0$ gesetzt wird, folgt für die Geschwindigkeit v mit p_0 als Druck und ρ_0 als Dichte bei der Anfangsgeschwindigkeit v_0:

$$v = \sqrt{\frac{2p_0}{\rho_0}} \nu. \tag{1.117}$$

Die **Geschwindigkeitsfunktion** ν errechnet sich mit κ als Isentropenexponent und p als Druck im betrachteten Querschnitt nach der Gleichung

$$\nu = \sqrt{\frac{\kappa}{\kappa - 1}\left[1 - \left(\frac{p}{p_0}\right)^{(\kappa-1)/\kappa}\right]}. \tag{1.118}$$

Die durch einen gegebenen Querschnitt A durchströmende Masse je Zeiteinheit errechnet sich aus

$$\dot{m} = \rho v A$$

1.5 Grundlagen der Strömung mit Wärmetransport

zu

$$\dot{m} = A\sqrt{2 p_0 \rho_0}\,\psi. \tag{1.119}$$

In dieser sog. Aus- oder Durchflussgleichung ist die **Durchflussfunktion** ψ definiert als:

$$\psi = \sqrt{\frac{\kappa}{\kappa-1}\left[\left(\frac{p}{p_0}\right)^{2/\kappa} - \left(\frac{p}{p_0}\right)^{(\kappa+1)/\kappa}\right]}. \tag{1.120}$$

In Abb. 1.11 sind die Faktoren v und ψ als Funktion von p/p_0 für $\kappa = 1{,}3$ und $\kappa = 1{,}4$ dargestellt. Die Funktion ψ hat ein Maximum bei dem **kritischen Druckverhältnis**:

$$\frac{p_k}{p_0} = \left(\frac{2}{\kappa+1}\right)^{\kappa/(\kappa-1)}. \tag{1.121}$$

Bei diesem kritischen Druckverhältnis werden folgende Werte erreicht:

$$\psi_{\max} = \left(\frac{2}{\kappa+1}\right)^{1/(\kappa-1)} \sqrt{\frac{\kappa}{\kappa+1}}, \tag{1.122}$$

$$v_k = \sqrt{\frac{\kappa}{\kappa+1}}, \tag{1.123}$$

$$v_k = \sqrt{\frac{2 p_0}{\rho_0}} \sqrt{\frac{\kappa}{\kappa+1}}. \tag{1.124}$$

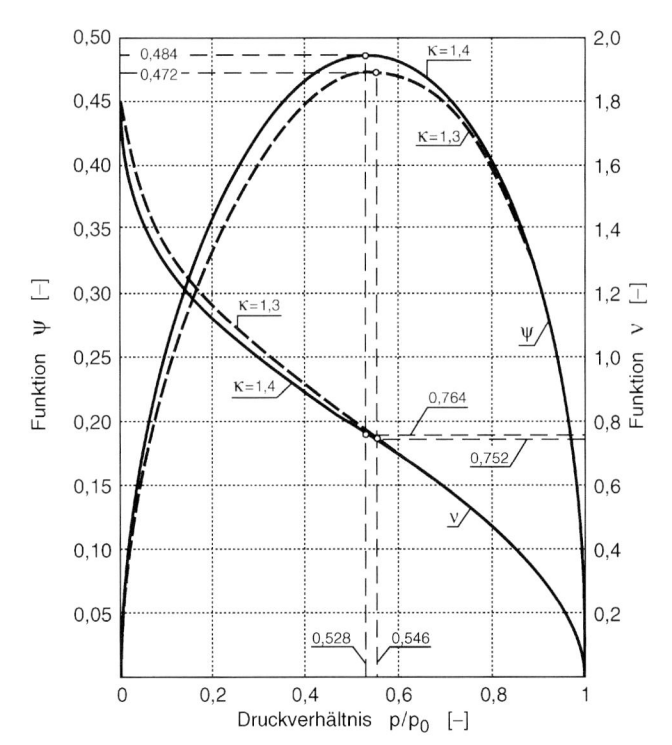

Abb. 1.11. Geschwindigkeitsfunktion v und Durchflussfunktion ψ bei isentroper Strömung

Mit den örtlichen Zustandsgrößen ergibt sich daraus für die **kritische Geschwindigkeit**:

$$v_k = \sqrt{\kappa \frac{p_k}{\rho_k}} = \sqrt{\kappa R T_k}. \tag{1.125}$$

Das entspricht der örtlichen **Schallgeschwindigkeit** nach Gl. (1.139).

Bei einem Druckverhältnis $p/p_0 < p_k/p_0$ ergäbe sich eine überkritische Geschwindigkeit $v > v_k$. Diese kann aber nur erreicht werden, wenn eine genau angepasste Düse mit einer Verengung und einer anschließenden Erweiterung angeordnet wird. Eine solche Düse heißt **Lavaldüse**. Bei einer Düse mit einer einfachen Verengung kann maximal die kritische Geschwindigkeit erreicht werden.

An den Auslassventilen von Verbrennungskraftmaschinen treten oft überkritische Druckverhältnisse auf, die in den engsten Querschnitten zu kritischen Geschwindigkeiten führen.

Reibungsbehaftete adiabate Strömung von Gasen

Bei der reibungsbehafteten adiabaten Strömung findet eine Zustandsänderung mit Entropiezunahme statt. Abbildung 1.12 zeigt das Ts-Diagramm einer reibungsbehafteten Strömung bei gegebenem Anfangszustand 1 und Enddruck p_2. Die **Reibungswärme** kann unter der Zustandsänderung abgelesen werden.

Der Verlust an Geschwindigkeitsenergie gegenüber der reibungsfreien Strömung (isentropen Strömung, Index s) ergibt sich entsprechend Gl. (1.116) aus der Enthalpiedifferenz:

$$\frac{v_{2s}^2}{2} - \frac{v_2^2}{2} = h_2 - h_{2s}. \tag{1.126}$$

Bei der in Abb. 1.12 dargestellten beschleunigten Strömung ist der Verlust an Geschwindigkeitsenergie kleiner als die Reibungswärme, bei einer verzögerten Strömung ist er größer.

Der **Exergieverlust** e_V der reibungsbehafteten adiabaten Strömung errechnet sich aus

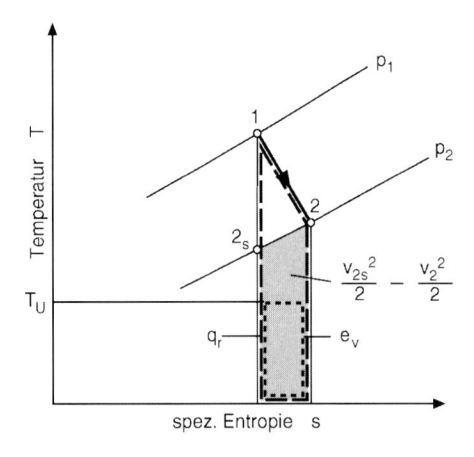

$$e_V = e_1 - e_2.$$

Abb. 1.12. Reibungswärme q_r, Verlust an Geschwindigkeitsenergie $v_{2s}^2/2 - v_2^2/2$ und Exergieverlust e_V bei reibungsbehafteter Strömung

1.5 Grundlagen der Strömung mit Wärmetransport

Darin sind e_1 und e_2 die Exergie des Stoffstroms am Eintritt 1 und Austritt 2 (siehe Gl. (1.28)). Mit der Energiegleichung (1.116) wird

$$e_V = T_U(s_2 - s_1). \qquad (1.127)$$

Der Exergieverlust unterscheidet sich vom Verlust an Geschwindigkeitsenergie und ist im Allgemeinen kleiner als dieser (siehe Abb. 1.12), weil die durch die Reibung erhöhte Temperatur des austretenden Stoffstroms einen Rückgewinn an Exergie ergibt.

Der Geschwindigkeitsverlust wird in der Praxis häufig durch einen **Geschwindigkeitsbeiwert** φ ausgedrückt:

$$v_2 = \varphi v_{2s}. \qquad (1.128)$$

Bei scharfen Öffnungen (z. B. bei Blenden) tritt zusätzlich noch eine Einschnürung der Strömung auf einen kleineren Querschnitt als den Öffnungsquerschnitt auf, die durch die **Kontraktionsziffer** α ausgedrückt werden kann:

$$A_{2e} = \alpha A_2. \qquad (1.129)$$

Darin sind A_{2e} der effektive und A_2 der geometrische Querschnitt der Strömung.

Die durch Reibung und Kontraktion verursachte Verminderung des Massenstromes wird durch die **Durchflusszahl** μ berücksichtigt:

$$\dot{m}_e = \mu \dot{m}_s. \qquad (1.130)$$

Darin sind $\dot{m}_e$ der effektive Massenstrom und $\dot{m}_s$ der Massenstrom bei isentroper Strömung durch den Querschnitt A_2 nach Gl. (1.119). Die Durchflusszahl berücksichtigt außer dem Produkt $\varphi\alpha$ noch die Dichteänderung infolge Reibung. Für eine gegebene Kanalform kann die Durchflusszahl am Strömungsprüfstand ermittelt werden.

Ein Extremfall der reibungsbehafteten Strömung ist die **adiabate Drosselung** ohne Geschwindigkeitsänderung ($v_1 = v_2$). Damit ergibt sich aus Gl. (1.116)

$$h_1 = h_2. \qquad (1.131)$$

Bei idealen Gasen ist dabei wegen $h = h(T)$ die Temperatur im Endzustand 2 gleich derjenigen im Anfangszustand 1, im Drosselquerschnitt 2s ist sie aber tiefer (siehe Abb. 1.13).

1.5.4 Instationäre eindimensionale Strömung

Für die instationäre eindimensionale Strömung werden zunächst die Grundgleichungen formuliert und in der Folge Lösungsansätze für unterschiedliche Anwendungsfälle dargestellt.

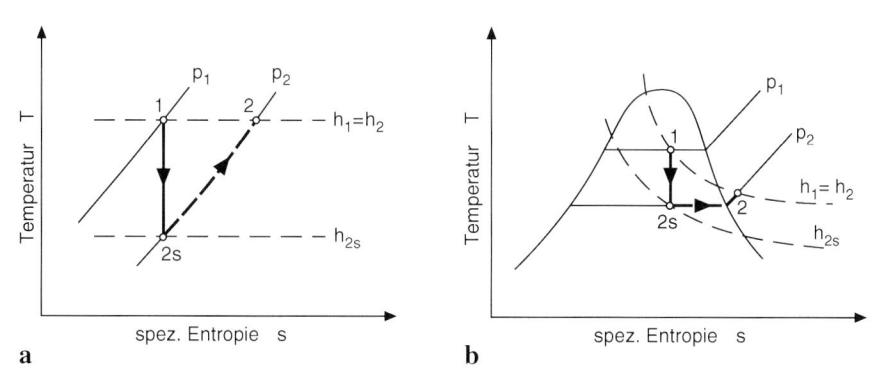

Abb. 1.13. Ts-Diagramme der adiabaten Drosselung für ideales Gas (**a**) und Dampf (**b**)

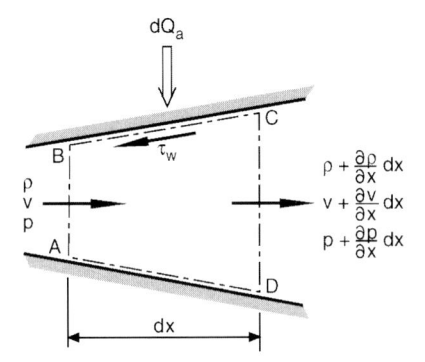

Abb. 1.14. Kontrollelement ABCD der instationären eindimensionalen Strömung

Grundgleichungen

Für die Ableitungen der Grundgleichungen der eindimensionalen instationären Strömung werden für das betrachtete Kontrollelement ABCD in Abb. 1.14 die Kontinuitäts-, die Impuls- und die Energiegleichung aufgestellt.

Kontinuitätsgleichung
Einströmende Masse durch die Fläche AB:

$$\rho v A.$$

Ausströmende Masse durch die Fläche CD:

$$\left(\rho + \frac{\partial \rho}{\partial x} dx\right)\left(v + \frac{\partial v}{\partial x} dx\right)\left(A + \frac{\partial A}{\partial x} dx\right).$$

Zunahme der Masse im Element ABCD:

$$\frac{\partial}{\partial t}(\rho A\, dx).$$

Daraus ergibt sich die Bilanz:

$$\left(\rho + \frac{\partial \rho}{\partial x} dx\right)\left(v + \frac{\partial v}{\partial x} dx\right)\left(A + \frac{\partial A}{\partial x} dx\right) - \rho v A = -\frac{\partial}{\partial t}(\rho A\, dx).$$

Diese Gleichung kann vereinfacht werden zu

$$\frac{\partial(\rho v A)}{\partial x} dx = -\frac{\partial}{\partial t}(\rho A\, dx) \tag{1.132}$$

und ergibt weiter umgeformt

$$\frac{\partial \rho}{\partial t} + \rho \frac{\partial v}{\partial x} + v \frac{\partial \rho}{\partial x} + \frac{\rho v}{A}\frac{dA}{dx} = 0. \tag{1.133}$$

Dabei wurde berücksichtigt, dass sich die Fläche nur mit x ändert, also $\partial A/\partial x = dA/dx$.

1.5 Grundlagen der Strömung mit Wärmetransport

Impulsgleichung (Trägheitsgleichung)

Die resultierenden äußeren Kräfte (Druck und Wandreibung) bewirken eine Beschleunigung des Masseelementes ABCD.

Druckkraft auf die Fläche AB:
$$pA.$$

Druckkraft auf die Fläche CD:
$$pA + \frac{\partial(pA)}{\partial x}\,dx.$$

x-Komponente der Druckkraft von der Wand:
$$p\frac{\partial A}{\partial x}\,dx.$$

Wandreibung:
$$f_r \rho A\,dx,$$

darin ist f_r die Reibungskraft je Masseeinheit in N/kg.

Beschleunigung:
$$\rho A\,dx\,\frac{dv}{dt} = \rho A\,dx\left(\frac{\partial v}{\partial t} + v\frac{\partial v}{\partial x}\right).$$

Daraus ergibt sich die Gleichung:
$$pA - \left[pA + \frac{\partial(pA)}{\partial x}\,dx\right] + p\frac{\partial A}{\partial x}\,dx - f_r \rho A\,dx = \rho A\,dx\left(\frac{\partial v}{\partial t} + v\frac{\partial v}{\partial x}\right).$$

Diese Gleichung kann vereinfacht werden zu:
$$\frac{\partial v}{\partial t} + v\frac{\partial v}{\partial x} + \frac{1}{\rho}\frac{\partial p}{\partial x} + f_r = 0. \tag{1.134}$$

Energiebilanz

Nach dem 1. Hauptsatz für ein instationäres offenes System, Gl. (1.3), gilt für das betrachtete Volumenelement ABCD, dass die in Form von Wärme, Enthalpie und Geschwindigkeitsenergie ein- und ausfließenden Energien die als innere Energie und Geschwindigkeitsenergie gespeicherten Energien verändern.

Wärmefluss:
$$dQ_a = \dot{q}\rho A\,dx\,dt,$$

darin ist $\dot{q}$ der Wärmestrom je Masseneinheit in W/kg.

Bilanz der Totalenthalpien (Enthalpie und Geschwindigkeitsenergie):
$$-\frac{\partial}{\partial x}\left[\rho v A\left(h + \frac{v^2}{2}\right)\right]dx\,dt.$$

Bilanz der gespeicherten Energien (innere Energie und Geschwindigkeitsenergie):
$$\frac{\partial}{\partial t}\left[\rho A\,dx\left(u + \frac{v^2}{2}\right)\right]dt.$$

Daraus ergibt sich die Gesamtbilanz:

$$\dot{q}\rho A\,dx\,dt - \frac{\partial}{\partial x}\left[\rho v A\left(h + \frac{v^2}{2}\right)\right]dx\,dt = \frac{\partial}{\partial t}\left[\rho A\,dx\left(u + \frac{v^2}{2}\right)\right]dt$$

oder umgeformt mit $h = u + p/\rho$:

$$\dot{q}\rho A - \frac{\partial}{\partial x}\left[\rho v A\left(u + \frac{p}{\rho} + \frac{v^2}{2}\right)\right] = \frac{\partial}{\partial t}\left[\rho A\left(u + \frac{v^2}{2}\right)\right].$$

Wenn man diese Gleichung mit der Kontinuitätsgleichung (1.133) und der Impulsgleichung (1.134) kombiniert, ergibt sich für die Energiegleichung

$$\rho\frac{du}{dt} = \frac{p}{\rho}\frac{d\rho}{dt} + (\dot{q} + v f_r)\rho \qquad (1.135)$$

und weiter

$$\rho\frac{du}{dt} = \frac{p}{\rho}\left[\left(\frac{\partial \rho}{\partial p}\right)_s\frac{dp}{dt} + \left(\frac{\partial \rho}{\partial s}\right)_p\frac{ds}{dt}\right] + (\dot{q} + v f_r)\rho. \qquad (1.136)$$

Führt man die Schallgeschwindigkeit a mit der Definition

$$a = \sqrt{(\partial p/\partial \rho)_s} \qquad (1.137)$$

ein, dann kann für die Energiegleichung geschrieben werden:

$$\rho\frac{du}{dt} = \frac{p}{\rho}\left[\frac{1}{a^2}\frac{dp}{dt} + \left(\frac{\partial \rho}{\partial s}\right)_p\frac{ds}{dt}\right] + (\dot{q} + v f_r)\rho. \qquad (1.138)$$

Diese Gleichung gilt allgemein für jedes beliebige Fluid.

Für ein **ideales Gas** mit konstanten spezifischen Wärmekapazitäten folgt für die Schallgeschwindigkeit (siehe Gl. (1.125)):

$$a = \sqrt{\kappa R T}. \qquad (1.139)$$

Damit kann Gl. (1.138) umgeformt werden in

$$\frac{dp}{dt} = a^2\frac{d\rho}{dt} + (\kappa - 1)(\dot{q} + v f_r)\rho. \qquad (1.140)$$

Durch Zerlegung in partielle Differentiale wird die Energiegleichung für das ideale Gas zu

$$\frac{\partial p}{\partial t} + v\frac{\partial p}{\partial x} - a^2\left(\frac{\partial \rho}{\partial t} + v\frac{\partial \rho}{\partial x}\right) - (\kappa - 1)(\dot{q} + v f_r)\rho = 0. \qquad (1.141)$$

Entropieänderung eines Teilchens

Die Entropieänderung eines Teilchens beim Durchgang durch das betrachtete Volumenelement ist nach Gl. (1.17):

$$ds = dq_{\text{rev}}/T.$$

Nach Gl. (1.11) ist:

$$dq_{\text{rev}} = dq_a + dq_r,$$

1.5 Grundlagen der Strömung mit Wärmetransport

darin ist

$$\mathrm{d}q_{\mathrm{a}} = \dot{q}\,\mathrm{d}t$$

und

$$\mathrm{d}q_{\mathrm{r}} = f_{\mathrm{r}}\,\mathrm{d}x = f_{\mathrm{r}} v\,\mathrm{d}t.$$

Eingesetzt ergibt das:

$$\frac{\mathrm{d}s}{\mathrm{d}t} = \frac{\dot{q} + v f_{\mathrm{r}}}{T}. \tag{1.142}$$

Zusammenfassung der Grundgleichungen für die instationäre, reibungsbehaftete, nicht adiabate Strömung:

Kontinuitätsgleichung Gl. (1.133):

$$\frac{\partial \rho}{\partial t} + \rho \frac{\partial v}{\partial x} + v \frac{\partial \rho}{\partial x} + \frac{\rho v}{A}\frac{\mathrm{d}A}{\mathrm{d}x} = 0$$

Impulsgleichung Gl. (1.134):

$$\frac{\partial v}{\partial t} + v \frac{\partial v}{\partial x} + \frac{1}{\rho}\frac{\partial p}{\partial x} + f_{\mathrm{r}} = 0$$

Energiegleichung für das ideale Gas Gl. (1.141):

$$\frac{\partial p}{\partial t} + v\frac{\partial p}{\partial x} - a^2\left(\frac{\partial \rho}{\partial t} + v\frac{\partial \rho}{\partial x}\right) - (\kappa - 1)(\dot{q} + v f_{\mathrm{r}})\rho = 0$$

Entropieänderung eines Teilchens Gl. (1.142):

$$\frac{\mathrm{d}s}{\mathrm{d}t} = \frac{\dot{q} + v f_{\mathrm{r}}}{T}$$

Je nach Anwendungsfall kommen unterschiedliche Lösungsansätze für die Grundgleichungen zur Anwendung, es folgen kurze Ausführungen zur Schalltheorie, zum Charakteristikenverfahren sowie zu numerischen Differenzenverfahren.

Schalltheorie

Die Schalltheorie hat ihren Namen von ihrer Anwendung in der **Akustik**. Zur Lösung der instationären Strömungsgleichungen werden dabei folgende Annahmen getroffen:

- Die Teilchengeschwindigkeit v ist klein gegenüber der Schallgeschwindigkeit a, das heißt, die Glieder mit v können vernachlässigt werden (nicht aber die Ableitungen von v!)
- Die Druck- und Dichteänderungen sind klein, das heißt, $\rho = \rho_0 = $ konst. (nicht aber die Ableitungen von ρ und p!)
- Die Zustandsänderungen erfolgen adiabat und reibungsfrei, also isentrop, das heißt, $\dot{q} = 0$, $f_{\mathrm{r}} = 0$
- Über die eigentliche Schalltheorie hinausgehend wird angenommen, dass die Fläche A konstant ist, das heißt, $\mathrm{d}A/\mathrm{d}x = 0$

Mit diesen Annahmen vereinfacht sich die Kontinuitätsgleichung (1.133) zu

$$\frac{\partial \rho}{\partial t} + \rho_0 \frac{\partial v}{\partial x} = 0 \tag{1.143}$$

und die Impulsgleichung (1.134) zu

$$\rho_0 \frac{\partial v}{\partial t} + \frac{\partial p}{\partial x} = 0. \tag{1.144}$$

Aus der Energiegleichung (1.141) errechnet sich unter der Voraussetzung $s =$ konst. die in Gl. (1.137) angeführte Definition der Schallgeschwindigkeit. Da die Abweichungen vom Ruhezustand jedoch vernachlässigt werden, bleibt die Schallgeschwindigkeit konstant.

Die Kombination der Gln. (1.134) und (1.135) ergibt mit Gl. (1.137) die Gleichung

$$a^2 \frac{\partial^2 p}{\partial x^2} = \frac{\partial^2 p}{\partial t^2}. \tag{1.145}$$

Die allgemeine Lösung dieser Differentialgleichung hat die Form

$$p = p_0 + \rho_0 \left[F_1\left(t - \frac{x}{a}\right) - F_2\left(t + \frac{x}{a}\right) \right]. \tag{1.146}$$

Darin sind F_1 und F_2 beliebige Funktionen. Eingesetzt in die Impulsgleichung (1.134) ergibt sich

$$v = v_0 + \frac{1}{a} \left[F_1\left(t - \frac{x}{a}\right) + F_2\left(t + \frac{x}{a}\right) \right]. \tag{1.147}$$

Die Argumente $(t - x/a)$ und $(t + x/a)$ bedeuten, dass sich die Funktionen F_1 und F_2 mit konstanter Schallgeschwindigkeit a in positiver und negativer x-Richtung ausbreiten.

Die Funktionswerte der Wellen sind:
vorlaufende Druckwelle

$$p_v = \rho_0 F_1\left(t - \frac{x}{a}\right), \tag{1.148}$$

rücklaufende Druckwelle

$$p_r = \rho_0 F_2\left(t + \frac{x}{a}\right), \tag{1.149}$$

vorlaufende Geschwindigkeitswelle

$$v_v = \frac{1}{a} F_1\left(t - \frac{x}{a}\right), \tag{1.150}$$

rücklaufende Geschwindigkeitswelle

$$v_r = \frac{1}{a} F_2\left(t + \frac{x}{a}\right). \tag{1.151}$$

Damit ergeben sich Druck und Geschwindigkeit an jeder Stelle zu

$$p = p_0 + p_v + p_r, \tag{1.152}$$

$$v = v_0 + v_v + v_r. \tag{1.153}$$

Die Druck- und Geschwindigkeitsamplituden sind einander proportional:

$$p_v = a\rho_0 v_v, \tag{1.154}$$

$$p_r = -a\rho_0 v_r. \tag{1.155}$$

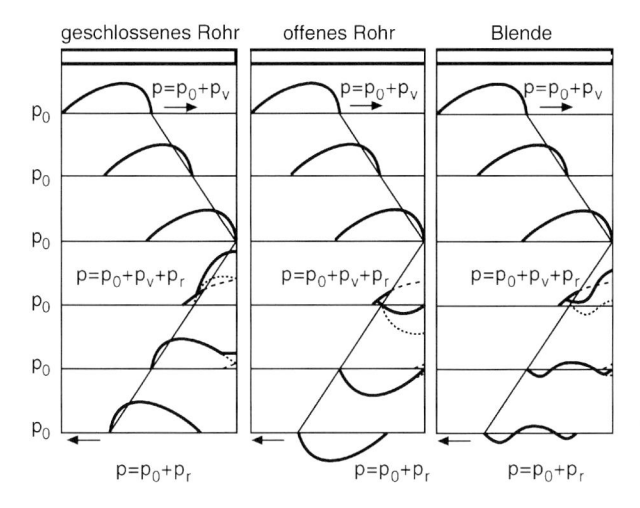

1.5 Grundlagen der Strömung mit Wärmetransport

Abb. 1.15. Reflexion einer Druckwelle bei geschlossenem und offenem Rohr sowie an einer Blende [1.24]

Die Funktionen F_1 und F_2 bzw. die Wellenform von p_v und p_r (oder v_v und v_r) müssen an die Randbedingungen an den Rohrenden angepasst werden (vgl. Abb. 1.15).

Am **geschlossenen Ende** gilt zu jedem Zeitpunkt:

$$v = 0,$$

d. h.

$$v_r = -v_v \quad \text{und}$$
$$p_r = p_v.$$

Die Geschwindigkeitswellen löschen sich aus, die Druckwellen verdoppeln sich.

Am **offenen Ende** gilt zu jedem Zeitpunkt:

$$p = p_0,$$

d. h.

$$p_r = -p_v \quad \text{und}$$
$$v_r = v_v.$$

Die Druckwellen löschen sich aus, die Geschwindigkeitswellen verdoppeln sich.

Die Rückwurfbedingung an einer **Blende** lässt sich aus der Kontinuitätsgleichung am Rohrende berechnen, wobei für die Berechnung der aus der Blende ausfließenden Masse die Ausflussgleichung (1.119) angesetzt werden kann. Bei kleinem Druckgefälle kann auch mit guter Näherung die Bernoulli-Gleichung verwendet werden.

Die Schalltheorie ist ein einfaches und anschauliches Rechenverfahren. Mit ihr lassen sich die instationären Strömungsvorgänge in Rohren bei flüssigen Medien z. B. in den Einspritzsystemen von Motoren gut berechnen [1.23]. Für die Schallgeschwindigkeit in Flüssigkeiten kann

$$a = \sqrt{E/\rho} \qquad (1.156)$$

gesetzt werden. Darin sind E der Elastizitätsmodul der Flüssigkeit und ρ die Dichte der Flüssigkeit.

Bei gasförmigen Medien, z. B. in Ansaug- und Auslassleitungen von Verbrennungsmotoren, weichen die Ergebnisse der Schalltheorie um so mehr von denen der genauen Berechnung ab, je stärker die Druckschwankungen sind. Die Schalltheorie kann daher eher beim Ansaugvorgang angewendet werden, aber auch beim Auslassvorgang ergeben sich tendenziell richtige Ergebnisse.

Charakteristiken-Verfahren

Die Lösung der partiellen Differentialgleichungen der instationären Strömung erfolgt heute in der Regel numerisch. Trotzdem soll hier die graphische Lösung mit Hilfe des Charakteristiken-Verfahrens kurz dargestellt werden, weil dieses Verfahren anschaulich ist und außerdem für die erste Näherung bei der iterativen Lösung verwendet wird.

Dabei wird für die Lösung der allgemeinen Gleichungen (1.133), (1.134), (1.141) und (1.142) zunächst reibungsfreie adiabate (also isentrope) Strömung in einem Rohr mit konstantem Querschnitt angenommen.

Damit vereinfacht sich die Kontinuitätsgleichung (1.133) zu

$$\frac{\partial \rho}{\partial t} + \rho \frac{\partial v}{\partial x} + v \frac{\partial \rho}{\partial x} = 0. \qquad (1.157)$$

Die Impulsgleichung (1.134) wird zu

$$\frac{\partial v}{\partial t} + v \frac{\partial v}{\partial x} + \frac{1}{\rho} \frac{\partial p}{\partial x} = 0. \qquad (1.158)$$

Die Energiegleichung (1.141) wird zur allgemein gültigen Definition der Schallgeschwindigkeit (1.137). Für ideales Gas ergibt sich für die **Schallgeschwindigkeit** entsprechend Gl. (1.139)

$$a = \sqrt{\kappa R T}.$$

Die Schallgeschwindigkeit ist somit eindeutig von den thermischen Zustandsgrößen abhängig und kann daher selbst als **Zustandsgröße** betrachtet werden.

Abbildung 1.16 zeigt ein *as*-Diagramm, welches wegen des eindeutigen Zusammenhanges zwischen Schallgeschwindigkeit und Temperatur große Ähnlichkeit mit dem *Ts*-Diagramm hat. Aufgrund der Annahme von isentropen Zustandsänderungen verlaufen alle Vorgänge in diesem Diagramm auf einer Vertikalen. Wenn man von einem bestimmten Bezugszustand, z. B. vom

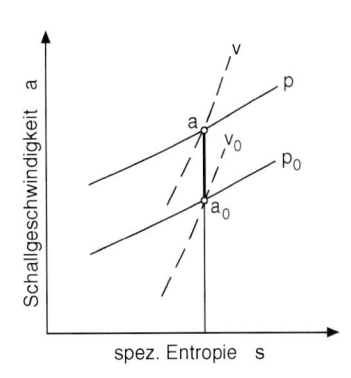

Abb. 1.16. Schallgeschwindigkeits-Entropie-Diagramm für reibungsfreie adiabate Strömung

1.5 Grundlagen der Strömung mit Wärmetransport

Ruhezustand, ausgeht, ergeben sich aufgrund der Isentropengleichungen (1.59) bis (1.61) folgende Beziehungen:

$$p/p_0 = (a/a_0)^{2\kappa/(\kappa-1)} \tag{1.159}$$

und

$$\rho/\rho_0 = (a/a_0)^{2/(\kappa-1)}. \tag{1.160}$$

Wenn man diese Gleichungen differenziert und in Gl. (1.157) einsetzt, ergibt sich für die **Kontinuitätsgleichung**:

$$\frac{\partial a}{\partial t} + v\frac{\partial a}{\partial x} + \frac{\kappa-1}{2}a\frac{\partial v}{\partial x} = 0, \tag{1.161}$$

und eingesetzt in Gl. (1.158) ergibt sich für die **Impulsgleichung**:

$$a\frac{\partial a}{\partial x} + \frac{\kappa-1}{2}\left(\frac{\partial v}{\partial t} + v\frac{\partial v}{\partial x}\right) = 0. \tag{1.162}$$

Damit wurden die beiden Bilanzgleichungen durch die örtliche Schallgeschwindigkeit a und die Teilchengeschwindigkeit v ausgedrückt.

Wenn Gl. (1.161) und Gl. (1.162) addiert oder subtrahiert werden, so ergeben sich folgende Beziehungen:

$$\left[\frac{\partial a}{\partial t} + (v+a)\frac{\partial a}{\partial x}\right] + \frac{\kappa-1}{2}\left[\frac{\partial v}{\partial t} + (v+a)\frac{\partial v}{\partial x}\right] = 0 \tag{1.163}$$

oder

$$\left[\frac{\partial a}{\partial t} + (v-a)\frac{\partial a}{\partial x}\right] - \frac{\kappa-1}{2}\left[\frac{\partial v}{\partial t} + (v-a)\frac{\partial v}{\partial x}\right] = 0. \tag{1.164}$$

Wenn man in Gl. (1.163)

$$\frac{dx}{dt} = v+a \tag{1.165}$$

setzt, dann wird

$$\frac{da}{dt} + \frac{\kappa-1}{2}\frac{dv}{dt} = 0$$

oder

$$\frac{da}{dv} = -\frac{\kappa-1}{2}. \tag{1.166}$$

Analog ergibt sich aus Gl. (1.164) mit

$$\frac{dx}{dt} = v-a \tag{1.167}$$

die Gleichung

$$\frac{da}{dv} = \frac{\kappa-1}{2}. \tag{1.168}$$

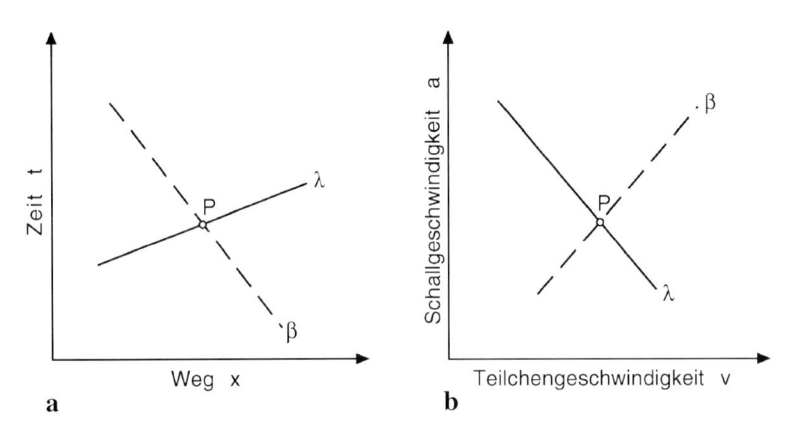

Abb. 1.17. λ- und β-Charakteristiken in Lagediagramm (**a**) und Zustandsdiagramm (**b**)

Die Gln. (1.163) und (1.164) wurden somit durch charakteristische Gleichungen (1.165) und (1.167) sowie (1.166) und (1.168) ersetzt, welche die Möglichkeit für eine graphische Lösung geben.

Entsprechend Abb. 1.17 kann man zwei einander zugeordnete Diagramme zeichnen.

Das **Lagediagramm** zeigt die Zeit-Weg-Zuordnung entsprechend den Gln. (1.165) und (1.167). Die Werte für a und v können aus dem Zustandsdiagramm entnommen werden. Der linkslaufenden λ-Charakteristik im Zustandsdiagramm entspricht eine rechtslaufende λ-Charakteristik im Lagediagramm. Die β-Charakteristiken sind ebenfalls gegenläufig geneigt. λ- und β-Charakteristiken haben im Lagediagramm unterschiedliche Neigungen.

Das **Zustandsdiagramm** gibt die Zuordnung von Schallgeschwindigkeit und Teilchengeschwindigkeit an. Aufgrund der Gln. (1.166) und (1.168) ergeben sich ausgehend von einem Punkt P eine nach links ansteigende (linkslaufende) und eine nach rechts ansteigende (rechtslaufende) Gerade gleicher Neigung $\mp(\kappa-1)/2$. Man bezeichnet die rechtslaufende Gerade als β-Charakteristik und die linkslaufende Gerade als λ-Charakteristik.

Im Folgenden sollen diese Lösungen im Vergleich zur einfacheren Schalltheorie erläutert und veranschaulicht werden.

Bei der **Schalltheorie** werden nur kleine Zustandsänderungen angenommen, so dass die Schallgeschwindigkeit konstant bleibt. Im Zustandsdiagramm treten also nur kleine Abweichungen vom Zustand P auf, d. h., es erübrigt sich die Konstruktion des Zustandsdiagramms. Statt dessen kann der proportionale Zusammenhang zwischen Druck p und Teilchengeschwindigkeit v entsprechend Gl. (1.154) oder Gl. (1.155) benützt werden. Die Geschwindigkeit v ist klein gegenüber der konstanten Schallgeschwindigkeit a. Eine in einem Rohr angeregte kleine Störung breitet sich mit Schallgeschwindigkeit sowohl in positiver als auch in negativer x-Richtung aus. Weil die Schallgeschwindigkeit konstant ist, bleibt auch die Form einer Druck- und Geschwindigkeitswelle während ihres Laufes durch ein zylindrisches Rohr gleich.

Das **Charakteristiken-Verfahren** berücksichtigt stärkere Abweichungen vom Bezugszustand. Dadurch ändert sich einerseits die Schallgeschwindigkeit und andererseits ist die Teilchengeschwindigkeit gegenüber der Schallgeschwindigkeit nicht mehr vernachlässigbar. Die Ausbreitungsgeschwindigkeit einer Störung entsteht aus der Überlagerung von Teilchengeschwindigkeit v und Schallgeschwindigkeit a. Weil die Schallgeschwindigkeit jetzt nicht mehr konstant ist, ändert sich die Form der Druck- und Geschwindigkeitswelle im zylindrischen Rohr. Die Teile der Wellen mit höherem Druck laufen schneller.

Die Randbedingungen sind durch den Anfangszustand in der Leitung und durch die Verhältnisse an den Enden gegeben (offenes oder geschlossenes Ende, Blende mit Durchflussgleichung).

1.5 Grundlagen der Strömung mit Wärmetransport

Für die praktische Durchführung ist es vorteilhaft, folgende **dimensionslose Größen** zu verwenden:

$$\alpha = a/a_0, \tag{1.169}$$

$$\omega = v/a_0, \tag{1.170}$$

$$\xi = x/x_0, \tag{1.171}$$

$$\tau = a_0 t/x_0. \tag{1.172}$$

Die Bezugsgrößen a_0 und x_0 können frei gewählt werden. Meist wird die Schallgeschwindigkeit bei Anfangs- oder Ruhezustand und die Gesamtlänge des Rohres dafür verwendet. Mit diesen Definitionen bekommen die Gl. (1.165) und (1.167) sowie (1.166) und (1.168) folgende Form:

$$\frac{d\xi}{d\tau} = v \pm \alpha, \tag{1.173}$$

$$\frac{da}{dv} = \mp \frac{\kappa - 1}{2}. \tag{1.174}$$

Abbildung 1.18a und b zeigt das Lagediagramm und das Zustandsdiagramm in dimensionslosen Koordinaten.

Bei gleichem Maßstab für α und ω hätten die λ- und β-Charakteristiken im Zustandsdiagramm eine Neigung von $\mp(\kappa - 1)/2$, also bei $\kappa = 1{,}4$ von $\mp 20°$. In der Regel wird aber das Verhältnis der Maßstäbe zu

$$\frac{M_\alpha}{M_\omega} = \frac{\kappa - 1}{2} \tag{1.175}$$

gewählt. Darin ist M_α gleich α je Längeneinheit, M_ω gleich ω je Längeneinheit.

Damit sind die λ- und β-Charakteristiken unter einem Winkel von 45° geneigt. Diese Maßstabswahl wurde auch in Abb. 1.18 getroffen.

Im Lagediagramm sind die λ- und β-Charakteristiken unterschiedlich geneigt. Bei Bezugszustand und $\omega = 0$ haben sie bei gleichem Maßstab für ξ und τ eine Steigung von $\pm 45°$. Die Neigung der Charakteristiken im Lagediagramm lässt sich aus dem Zustandsdiagramm mit Hilfe von Gl. (1.173) ermitteln. Eine graphische Lösung ist in Abb. 1.18 dargestellt. Wenn man im **Poldiagramm** (Abb. 1.18c) die dimensionslose Teilchengeschwindigkeit ω_P und die negative dimensionslose Schallgeschwindigkeit $-\alpha$ im Abstand H aufträgt, dann hat die Verbindung der Pfeilspitzen die Neigung δ_λ der λ-Charakteristik im Lagediagramm. Trägt man beide Geschwindigkeiten positiv auf, dann erhält man die Neigung δ_β der β-Charakteristik. Der Abstand H ergibt sich

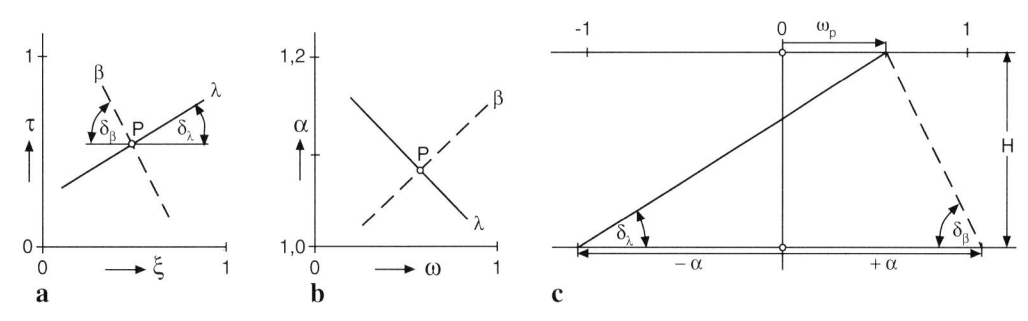

Abb. 1.18. a–c Charakteristiken-Diagramme in dimensionslosen Koordinaten. **a** Lagediagramm, **b** Zustandsdiagramm, **c** Poldiagramm

aus den verwendeten Maßstäben:

$$H = \frac{M_\xi}{M_\omega M_\tau}. \qquad (1.176)$$

Darin ist M_ξ gleich ξ je Längeneinheit, M_τ gleich τ je Längeneinheit.

Der Abstand H zwischen ω und α im Poldiagramm ergibt sich bei gleichen Maßstäben für ξ und τ einfach aus der Bedingung, dass die Polaren bei Ruhezustand unter 45° geneigt sein müssen. Das heißt, dass H gleich lang wie α_0 aufgetragen werden muss.

In Abb. 1.19 sind die Charakteristiken-Diagramme für einige Anwendungsfälle zusammengestellt.

Abbildung 1.19a zeigt eine **einfache Verdichtungswelle**, die vom linken Ende in ein Rohr läuft. Dabei wird angenommen, dass bis zum Zeitpunkt $\tau_0 = 0$ Ruhezustand herrscht, der gleichzeitig als Bezugszustand angenommen wird.

Im Zustandsschaubild liegt der Punkt 0 bei $\omega_0 = 0$, $\alpha_0 = 1$. Im Poldiagramm ist oben $\omega_0 = 0$ und unten $\alpha_0 = -1$ aufzutragen. Der Abstand H ist so zu wählen, dass $\delta_0 = 45°$ beträgt. Die im Lagediagramm von Punkt 0 weglaufende λ-Charakteristik ist ebenfalls unter $\delta_0 = 45°$ geneigt. Der im nächsten betrachteten Zeitpunkt herrschende Zustand 1 muss aus den Randbedingungen ermittelt werden. Mit Hilfe von Gl. (1.159) kann gefunden werden:

$$\alpha = \frac{a}{a_0} = \left(\frac{p}{p_0}\right)^{(\kappa-1)/2\kappa}. \qquad (1.177)$$

Damit lässt sich aus dem am Eingang zum Zeitpunkt τ_1 gegebenen Druck p_1 die dimensionslose Schallgeschwindigkeit α_1 berechnen, woraus sich der Zustand 1 im Zustandsdiagramm und damit auch ω_1 ermitteln lässt. Mit α_1 und ω_1 kann das Poldiagramm gezeichnet werden, woraus sich die Neigung δ_1 im Lagediagramm ergibt. Man sieht, dass die λ_1-Charakteristik im Lagediagramm schwächer geneigt ist als die λ_0-Charakteristik. Die λ_1-Welle läuft also schneller, wodurch die Druckwelle steiler wird, und holt schließlich die λ_0-Welle ein, so dass es zu einem unstetigen Druckanstieg, der Stoß genannt wird, kommt.

Für die Auswertung bei beliebigen Randbedingungen wird der Vorgang in mehrere Zeitintervalle zerlegt und die Charakteristiken in der beschriebenen Weise gezeichnet. Entlang einer Charakteristik wird ein gleichbleibender Zustand bis zum nächsten Schnittpunkt mit einer anderen Charakteristik angenommen.

Abbildung 1.19b zeigt eine **einfache Verdünnungswelle**, die vom rechten Rohrende ausgeht. Man kann sich vorstellen, dass das Rohr zum Zeitpunkt τ_0 gegenüber einem Behälter mit Unterdruck geöffnet wird. Der Anfangs- und Bezugszustand 0 liegt wieder bei $\omega_0 = 0$, $\alpha_0 = 1$. Im Lagediagramm ist die linkslaufende β-Charakteristik wieder unter 45° geneigt. Der Zustand 1 ergibt sich aus dem Unterdruck mit $\alpha_1 < 1$ im rechten unteren Quadranten des Zustandsdiagramms. Im Poldiagramm sind beide Geschwindigkeiten ω_1 und α_1 nach rechts aufzutragen, wodurch man die Neigung der linkslaufenden β_1-Charakteristik im Lagediagramm erhält. Man erkennt, dass die spätere β_1-Charakteristik steiler verläuft als die frühere β_0-Charakteristik, d. h., die spätere Welle läuft langsamer. Die Charakteristiken laufen also auseinander, und es tritt eine Verflachung der Verdünnungswelle ein.

Abbildung 1.19c zeigt die Reflexion einer rechtslaufenden Verdichtungswelle **am geschlossenen rechten Ende**. Gleich wie bei der Schalltheorie gilt am geschlossenen Ende die Randbedingung, dass die Teilchengeschwindigkeit null sein muss ($\omega = 0$). Die Ermittlung der Neigung der

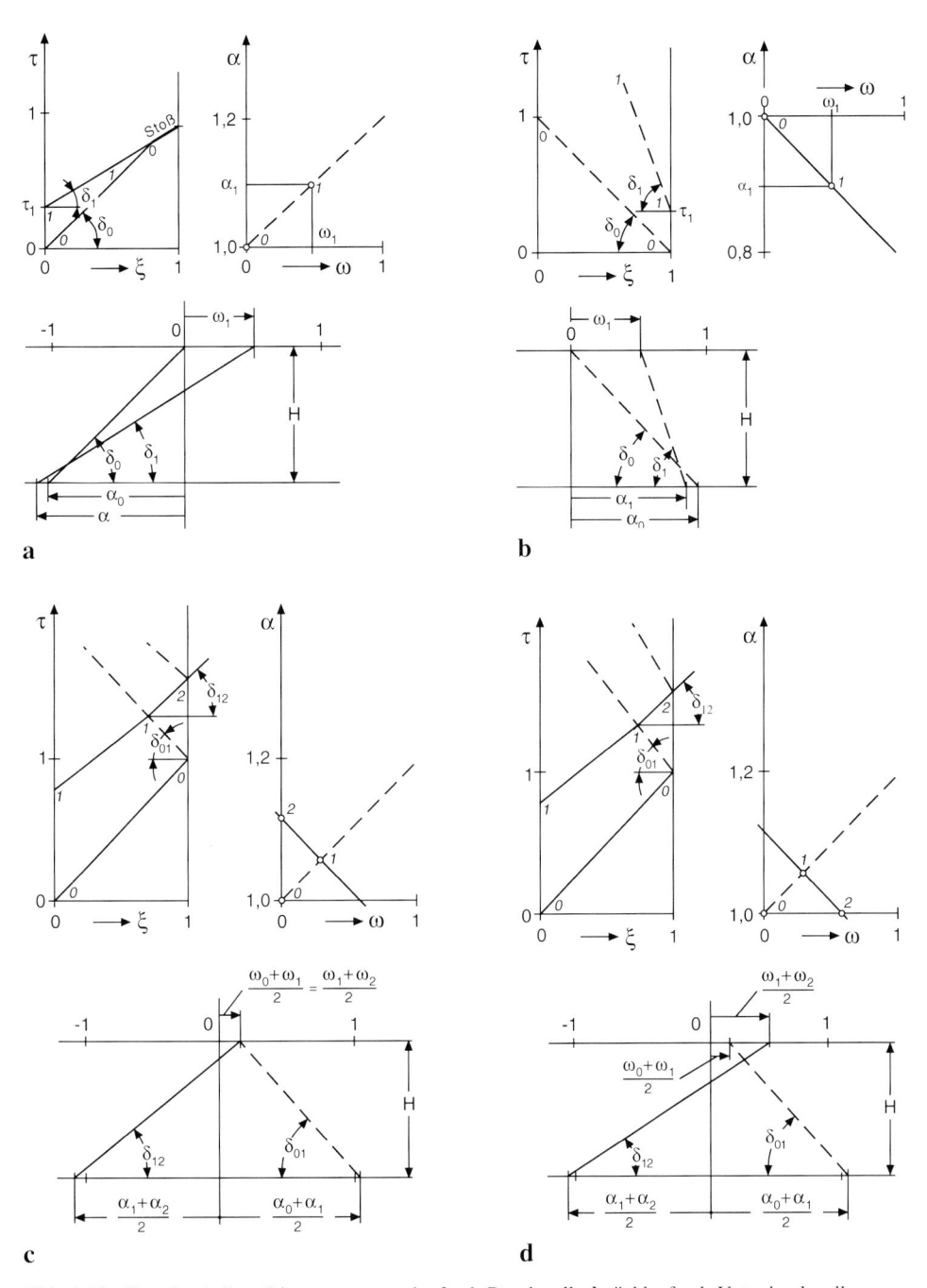

1.5 Grundlagen der Strömung mit Wärmetransport

Abb. 1.19. Charakteristiken-Diagramme: **a** vorlaufende Druckwelle, **b** rücklaufende Unterdruckwelle, **c** am geschlossenen rechten Rohrende reflektierte Druckwelle, **d** am offenen rechten Rohrende reflektierte Druckwelle

rechtslaufenden Charakteristiken 0–0 und 1–1 wurde bereits erklärt. Die Neigung der linkslaufenden Charakteristik 0–1 ergibt sich aus dem Poldiagramm, wobei eine mittlere Schallgeschwindigkeit und eine mittlere Teilchengeschwindigkeit der Zustände 0 und 1 aufgetragen werden. Der Punkt 2 muss im Zustandsdiagramm auf einer linkslaufenden λ-Charakteristik durch den Punkt 1 liegen, die der rechtslaufenden λ-Charakteristik 1–2 im Lagediagramm entspricht. Andererseits folgt aus der Randbedingung des geschlossenen Endes, dass der Punkt 2 auf der Ordinate ($\omega = 0$) liegen muss. Damit ist die Lage des Punktes 2 im Zustandsdiagramm eindeutig gegeben, und es kann das Poldiagramm mit den mittleren Geschwindigkeiten der Zustände 1 und 2 gezeichnet werden, woraus sich die Neigung der Charakteristik 1–2 im Lagediagramm ergibt. Die Abweichung von der Ruheschallgeschwindigkeit liegt beim Punkt 2 doppelt so hoch wie beim Punkt 1. Dem entspricht auch eine Erhöhung des Druckanstieges entsprechend Gl. (1.177). Eine Druckwelle wird am geschlossenen Ende – wie bereits bei der Schalltheorie gezeigt wurde – als Druckwelle reflektiert.

Abbildung 1.19d zeigt die Reflexion einer rechtslaufenden Verdichtungswelle **am offenen rechten Rohrende**. Die Randbedingung am offenen Ende lautet, dass der Druck immer dem Ruhedruck p_0 gleich sein muss. Daraus folgt, dass am rechten Ende immer $\alpha = \alpha_0 = 1$ sein muss. Punkt 2 muss also im Zustandsdiagramm auf dem Schnittpunkt der λ-Charakteristik durch 1 mit der Abszisse liegen. Es entsteht also gegenüber der vorlaufenden Welle mit α_1 und p_1 eine niedrigere Schallgeschwindigkeit $\alpha_2 = \alpha_0$ und ein niedrigerer Druck. Eine Druckwelle wird also am offenen Ende als Unterdruckwelle reflektiert.

Abbildung 1.20 zeigt eine Auswertung für eine Druckwelle, die am offenen Ende reflektiert wird und als Unterdruckwelle wieder am Anfang ankommt. Die Poldiagramme sind nicht wiedergegeben. Zur Veranschaulichung ist der Vorgang auch axonometrisch dargestellt, wobei die Druckverläufe in drei Querschnitten angegeben sind.

Für die **Reflexion an einer Blende** ist als Randbedingung die Durchflussgleichung (1.119) einzusetzen. In der Regel müssen viele Charakteristiken gezeichnet werden, wobei sich die Punkte im Zustandsdiagramm entweder aus den Randbedingungen oder aus dem Schnittpunkt einer Charakteristik mit einer Randbedingung oder aus dem Schnittpunkt zweier Charakteristiken ergeben. Die Neigungen der Charakteristiken im Lagediagramm können aus den mittleren Schall- und Teilchengeschwindigkeiten der benachbarten Punkte mit Hilfe des Poldiagramms ermittelt werden.

Genauere Darstellungen des Charakteristiken-Verfahrens sowie anderer numerischer Lösungsverfahren sind in der Literatur zu finden [1.3, 1.31, 1.32].

Differenzenverfahren

Charakteristiken-Verfahren benötigen aufgrund der bei jedem Rechenschritt nötigen iterativen Bestimmung der lokal richtigen Zustandsänderungen sowie der erforderlichen gesonderten Erfassung von Unstetigkeiten wie Verdichtungsstößen einen hohen Speicherbedarf und große Rechnerkapazität. Für die numerische Berechnung geeigneter sind Differenzenverfahren, bei denen durch eine Diskretisierung des Strömungs- oder Integrationsbereichs die partiellen Differentialgleichungen der Erhaltungssätze in **Differenzengleichungen** übergeführt werden. Das resultierende algebraische Gleichungssystem stellt eine Näherung der Differentialgleichungen dar und kann durch eine Abfolge rein arithmetischer Operationen gelöst werden. Für die Diskretisierung und die Lösung der Differenzengleichungen kommen unterschiedliche Methoden zum Einsatz [1.18, 1.32]. Im Folgenden sollen einige grundlegende Zusammenhänge für den eindimensionalen Fall dargestellt werden.

Die **Diskretisierung** der Differentialgleichungen erfolgt durch Umwandlung der Differentiale entsprechend ihrer Definition

$$\left.\frac{dF}{dx}\right|_{x=x_0} = \lim_{\Delta x \to 0} \frac{F(x_0 + \Delta x) - F(x_0)}{\Delta x} \qquad (1.178)$$

in Differenzen, indem man den Grenzübergang $\Delta x \to 0$ durch die Entwicklung der Funktion F in der Umgebung des Punktes P in eine Taylorreihe annähert (vgl. Abb. 1.21).

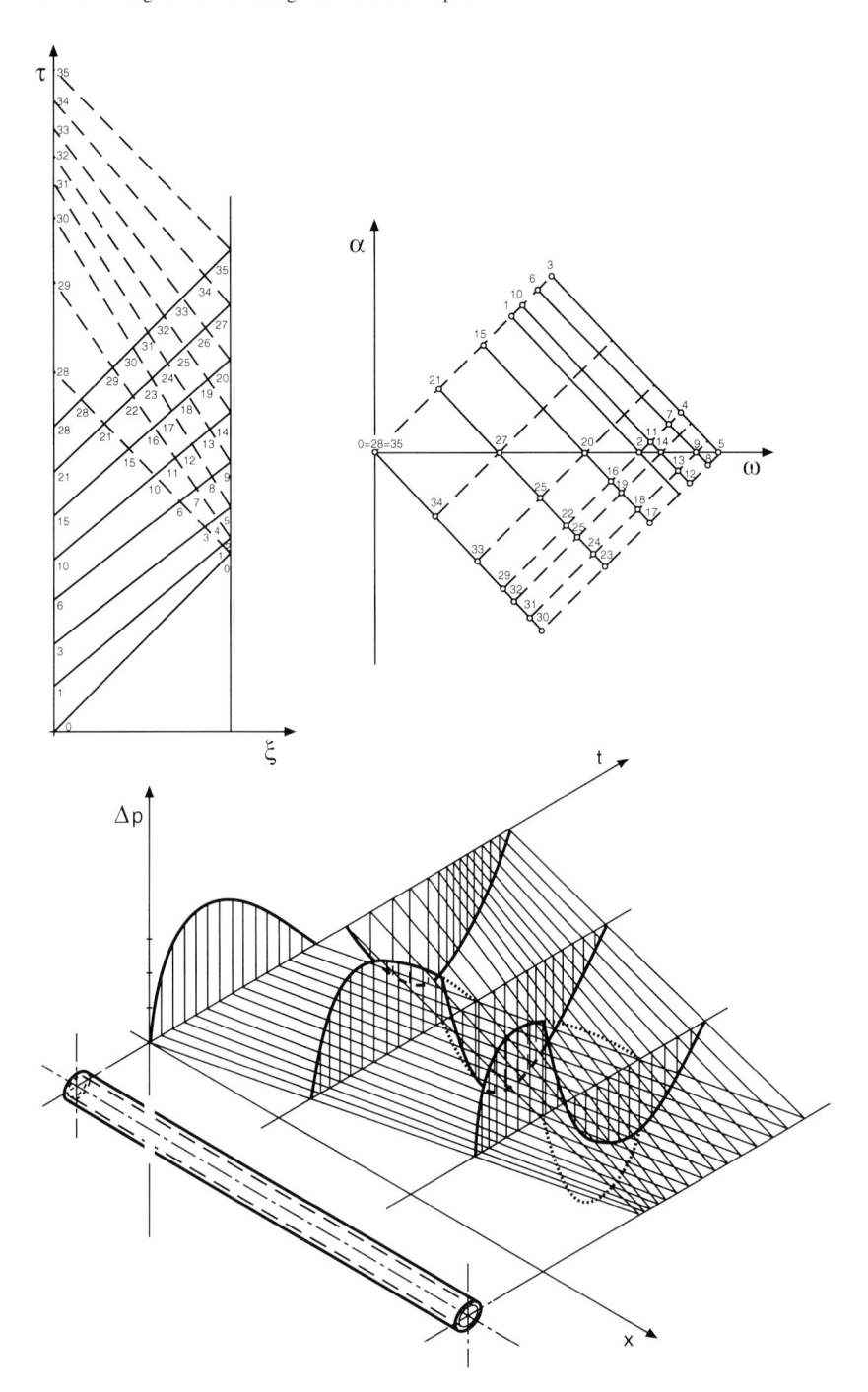

Abb. 1.20. Reflexion einer Druckwelle am offenen Rohrende

Wählt man die Abstände Δx der Einfachheit halber konstant, ergibt die Taylorreihenentwicklung:

$$F(x_B) = F(x + \Delta x) = F(x) + \Delta x F'(x) + \tfrac{1}{2}(\Delta x)^2 F''(x) + \tfrac{1}{6}(\Delta x)^3 F'''(x) + \cdots, \quad (1.179)$$

$$F(x_A) = F(x - \Delta x) = F(x) - \Delta x F'(x) + \tfrac{1}{2}(\Delta x)^2 F''(x) - \tfrac{1}{6}(\Delta x)^3 F'''(x) + \cdots \quad (1.180)$$

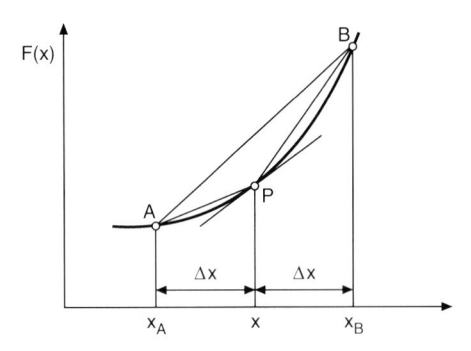

Abb. 1.21. Annäherung der Tangente einer Funktion durch Sehnen

Aus der Addition dieser beiden Gleichungen und unter Vernachlässigung von Gliedern höherer als dritter Ordnung folgt für die Annäherung der 2. Ableitung:

$$F''(x) = \frac{F(x + \Delta x) - 2F(x) + F(x - \Delta x)}{(\Delta x)^2}. \tag{1.181}$$

Aus der Subtraktion der Gleichungen ergibt sich unter Vernachlässigung von Gliedern höherer als zweiter Ordnung für die 1. Ableitung:

$$F'(x) = \frac{F(x + \Delta x) - F(x - \Delta x)}{2\Delta x}. \tag{1.182}$$

Dies bedeutet eine Approximation der Tangente an die Funktion $F(x)$ im Punkt P durch die Sehne zwischen A und B. Diese Näherung wird als zentrale Differenz bezeichnet. Die Tangente kann aber auch durch Vorwärtsdifferenzenbildung mittels der Sehne zwischen B und P approximiert werden:

$$F'(x) = \frac{F(x + \Delta x) - F(x)}{\Delta x}. \tag{1.183}$$

Die Annäherung durch die Sehne zwischen P und A schließlich stellt die Rückwärtsdifferenzenbildung dar:

$$F'(x) = \frac{F(x) - F(x - \Delta x)}{\Delta x}. \tag{1.184}$$

Durch die beschränkte Anzahl von Reihengliedern tritt dabei immer ein Fehler in der Näherung auf, der als **Abbruchfehler** bezeichnet wird. Die Wahl der Differenzenbildung hängt vom gegebenen Strömungsproblem ab sowie vom gewählten Lösungsverfahren für das resultierende Gleichungssystem, wegen der zweiseitigen Orientierung wird allgemein die zentrale Differenzenbildung bevorzugt.

Erfolgt die Diskretisierung des Strömungsfelds durch Unterteilung in einzelne diskrete Punkte in einem orthogonalen Netz, das von der Zeit- und Ortskoordinate aufgespannt wird, spricht man von **Finite-Differenzen-Verfahren** (vgl. Abb. 1.22). Die Differenzengleichungen werden von Anfangswerten ausgehend unter entsprechender Berücksichtigung der Randbedingungen für die abhängigen Variablen gelöst.

Zur Diskretisierung der partiellen Differentialgleichungen für die eindimensionale instationäre Strömung werden die oben abgeleiteten Grundgleichungen (1.133), (1.134) und (1.141) in folgender Form angeschrieben [1.1, 1.10, 1.16]:

Kontinuitätsgleichung:

$$\frac{\partial \rho}{\partial t} + \frac{\partial}{\partial x}(\rho v) = -\rho v \frac{\mathrm{d} \ln A}{\mathrm{d} x}, \tag{1.185}$$

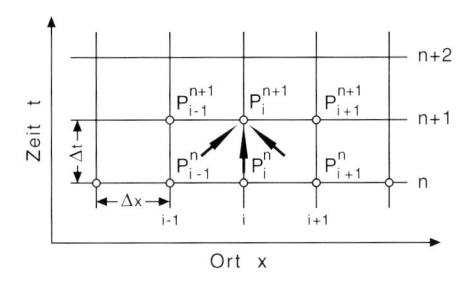

1.5 Grundlagen der Strömung mit Wärmetransport

Abb. 1.22. Gitterpunktnetz für Finite-Differenzen-Verfahren, Informationsfluss (durch Pfeile angedeutet) für explizites Verfahren

Impulsgleichung:

$$\frac{\partial}{\partial t}(\rho v) + \frac{\partial}{\partial x}(\rho v^2 + p) = -\rho v^2 \frac{\mathrm{d}\ln A}{\mathrm{d}x} - \rho f_\mathrm{r}, \tag{1.186}$$

Energiegleichung:

$$\frac{\partial}{\partial t}\left(\rho\frac{v^2}{2} + \frac{p}{\kappa - 1}\right) + \frac{\partial}{\partial x}v\left(\rho\frac{v^2}{2} + \frac{\kappa}{\kappa - 1}p\right) = -v\left(\rho\frac{v^2}{2} + \frac{\kappa}{\kappa - 1}p\right)\frac{\mathrm{d}\ln A}{\mathrm{d}x} + \rho\dot{q}. \tag{1.187}$$

Der einheitliche Aufbau dieser Gleichungen erlaubt die Darstellung als Vektorgleichung:

$$\frac{\partial \vec{D}(x,t)}{\partial t} = -\frac{\partial \vec{F}(x,t)}{\partial x} - \vec{C}(x,t). \tag{1.188}$$

Dabei ist $\vec{D}(x,t)$ der gesuchte Lösungsvektor mit den Komponenten Massendichte ρ, Impulsdichte ρv und Energiedichte $\rho v^2/2 + p/(\kappa - 1)$. Die Vektoren $\vec{F}(\vec{D})$ und $\vec{C}(\vec{D})$ sind Funktionen dieses Vektors $\vec{D}$. Der Term auf der linken Seite von Gl. (1.188) stellt die zeitliche Änderung der Zustandsgrößen dar, der erste Term auf der rechten Seite die Änderung des Flusses nach dem Ort und der zweite Term den Quellterm, der einerseits den Einfluss des mit dem Ort veränderlichen Querschnitts wiedergibt, andererseits die Auswirkung von Reibung und Wärmezufuhr.

Zur Diskretisierung von Gl. (1.188) wird die Vektorfunktion $\vec{D}(x,t)$ in eine Taylorreihe um den Punkt P_i^n nach Abb. 1.22 entwickelt:

$$\vec{D}(x, t + \Delta t) = \vec{D}(x,t) + \Delta t \frac{\partial \vec{D}}{\partial t} + \frac{1}{2}\Delta t^2 \frac{\partial^2 \vec{D}}{\partial t^2} + \cdots \tag{1.189}$$

Verwendet man nur die Glieder erster Ordnung dieser Reihe und substituiert die zeitliche Ableitung von $\vec{D}$ mittels Gl. (1.188), erhält man:

$$\vec{D}(x, t + \Delta t) = \vec{D}(x,t) - \Delta t \left[\frac{\partial \vec{F}(x,t)}{\partial x} + \vec{C}(x,t)\right]. \tag{1.190}$$

Ersetzen der örtlichen Ableitung von $\vec{F}$ durch zentrale Differenzen schließlich liefert:

$$\vec{D}_i^{n+1} = \vec{D}_i^n - \frac{\Delta t}{2\Delta x}(\vec{F}_{i+1}^n - \vec{F}_{i-1}^n) - \Delta t\, \vec{C}_i^n. \tag{1.191}$$

Ausgehend von den Startwerten für $\vec{D}(x,t)$, $\vec{F}(x,t)$ und $\vec{C}(x,t)$ an den diskreten Gitterpunkten zum Zeitpunkt n kann damit der Lösungsvektor $\vec{D}(x,t)$ nach einem folgenden Zeitintervall Δt im Zeitpunkt $n+1$ ermittelt werden. In dieser als explizit bezeichneten Formulierung wird der unbekannte Lösungsvektor $\vec{D}(x,t)$ zum Zeitpunkt $n+1$ aus den bekannten Funktionen zum Zeitpunkt n berechnet. Diese Methode erlaubt ein schrittweises Fortschreiten auf der Zeitachse, die Rechenzeit ist proportional dem Produkt aus den Zeitschritten und der Anzahl der Gitterpunkte. Der Informationsfluss der expliziten Methode ist durch die Pfeile in Abb. 1.22 verdeutlicht.

Als Nachteil der expliziten Berechnung ist anzuführen, dass die zeitliche Schrittweite begrenzt ist, weil hinsichtlich der Gitterabstände ein **Konvergenz- und Stabilitätskriterium** erfüllt sein muss. Nach Courant u. a. [1.6] ist bei vorgegebenen lokalen Differenzen Δx der Höchstwert des Zeitschritts Δt durch

$$\frac{\Delta t}{\Delta x} \leq \frac{1}{|v| + a} \tag{1.192}$$

festgelegt, wobei v die Strömungsgeschwindigkeit und a die Schallgeschwindigkeit am betrachteten Ort bedeuten. Dieses Kriterium stellt anschaulich das Minimum des Absolutwerts der Neigung von Charakteristiken dar, die das Abhängigkeitsgebiet der zur Berechnung herangezogenen Punkte P_{i+1}^n und P_{i-1}^n begrenzen.

Zur Erhöhung der Stabilität wird in Lit. 1.16 eine Mittelung der Lösungen benachbarter Punkte durchgeführt, das Konvergenzverhalten wird durch ein zweistufiges Prädiktor-Korrektor-Verfahren verbessert. Die Lösung des Gleichungssystems erfolgt nach den Methoden der Matrizenrechnung.

Um die Restriktionen des Stabilitätskriteriums zu umgehen, kann eine als implizit bezeichnete komplexere Differenzbildung vorgenommen werden, indem zur Berechnung des Zustands im Punkt P_i^{n+1} zum Zeitpunkt $t + \Delta t$ auch die (noch unbekannten) Zustände der Nachbarpunkte P_{i-1}^{n+1} und P_{i+1}^{n+1} herangezogen werden (siehe Abb. 1.23).

Das resultierende Gleichungssystem der impliziten Formulierung weist somit eine größere Anzahl von Unbekannten auf und ist simultan zu lösen. Es bleibt im gegebenen Anwendungsfall zu prüfen, ob der dazu erforderliche höhere Rechenaufwand durch die größere zulässige Zeitschrittweite kompensiert wird oder ob eventuell entsprechend effizientere Lösungsmethoden für das implizite Gleichungssystem zur Verfügung stehen.

Außer nach dem beschriebenen Finite-Differenzen-Verfahren kann die Diskretisierung der Erhaltungsgleichungen auch nach einem **Finite-Volumen-Verfahren** erfolgen. Dabei wird das Strömungsfeld in eine Anzahl endlicher Volumina unterteilt, für welche die Erhaltungssätze formuliert werden, vgl. etwa Lit. 1.1. Dieses Verfahren bietet insbesondere bei komplexeren zwei- oder dreidimensionalen Geometrien Vorteile, weil es nicht an orthogonale Gitter gebunden ist und die sonst erforderliche aufwendige Transformation auf ein rechtwinkeliges Rechengebiet vermeidet.

In jedem Fall sind für die im Funktionsvektor $\vec{C}(x,t)$ enthaltene bezogene äußere Reibungskraft f_r sowie für die bezogene zugeführte Wärmemenge $\dot{q}$ noch entsprechende Ansätze zu treffen. Setzt man den strömungsmechanischen Energieverlust (Druckverlust) infolge Wandreibung proportional dem Geschwindigkeitsdruck und dem von der Reynolds-Zahl und der Wandrauhigkeit abhängigen

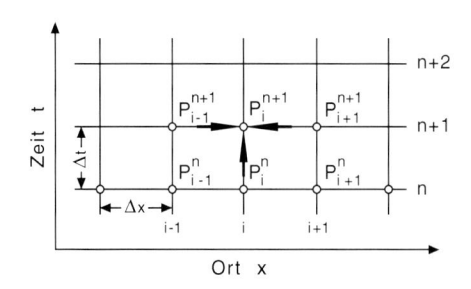

Abb. 1.23. Gitterpunktnetz und Informationsfluss (durch Pfeile angedeutet) für implizite Finite-Differenzen-Verfahren

Reibbeiwert λ_r an, erhält man für die **spezifische Reibungskraft** f_r in N/kg:

$$f_r = \frac{\lambda_r}{D} \frac{v|v|}{2}. \tag{1.193}$$

Unter Verwendung der Reynolds-Analogie, siehe Abschn. 1.5.7, Gl. (1.262), die den Wandwärmestrom mit dem Reibbeiwert verknüpft, ergibt sich für den über die Wand zugeführten **spezifischen Wärmestrom** $\dot{q}$ in W/kg:

$$\dot{q} = \frac{\lambda_r}{D} \frac{|v|}{2} c_p (T_W - T_{Fl}). \tag{1.194}$$

Darin sind λ_r der Reibbeiwert, D der Rohrdurchmesser, v die Strömungsgeschwindigkeit, c_p die spezifische Wärmekapazität des Fluids bei konstantem Druck, T_W die Wandtemperatur und T_{Fl} die Fluidtemperatur.

1.5.5 Dreidimensionale Strömung

Es sollen jetzt die Bewegungsgleichungen eines newtonschen Fluids für den dreidimensionalen instationären Fall angesetzt werden. In der Euler'schen Betrachtungsweise ist die Strömung durch den orts- wie zeitabhängigen Geschwindigkeitsvektor und durch die Skalare Druck und Temperatur bestimmt. Für diese Größen stehen die Erhaltungssätze für Masse, Impuls (drei Skalargleichungen) und Energie zur Verfügung. Diese allgemeingültigen Bilanzgleichungen sind zu ergänzen durch weitere Beziehungen für Transportprozesse wie das Fourier'sche Wärmeleitungsgesetz und entsprechende Zusammenhänge für die Druck- und Temperaturabhängigkeit der Stoffgrößen wie etwa die ideale Gasgleichung.

Grundgleichungen

Wie bereits erwähnt, besteht das Aufstellen der Bilanzgleichungen darin, von verschiedenen Feldgrößen deren zeitliche und räumliche Änderung in der sogenannten Transportgleichung nach Gl. (1.92) zu erfassen. Im Folgenden werden die Grundgleichungen für ein differentielles Fluidelement angegeben, bezüglich deren Herleitung sei auf die Literatur verwiesen [1.25, 1.38].

Massenerhaltungssatz

Betrachtet man die Masse als Feldgröße, besagt der Kontinuitätssatz, dass das totale Differential dieser Feldgröße gleich null ist, d. h., die zeitliche Änderung ist (betragsmäßig) gleich der konvektiven Änderung, also der Summe der Flüsse über die Systemgrenze. Dabei ist vorausgesetzt, dass die Systemgrenze so gelegt wird, dass sich keine Quellen innerhalb des Systems befinden.

$$dm/dt = 0 \tag{1.195}$$

Für kartesische Koordinaten stellt sich der Massenerhaltungssatz wie folgt dar:

$$\frac{\partial \rho}{\partial t} + \frac{\partial}{\partial x}(\rho v_x) + \frac{\partial}{\partial y}(\rho v_y) + \frac{\partial}{\partial z}(\rho v_z) = 0. \tag{1.196}$$

Verwendet man die abkürzende Komponentenschreibweise mit der Summationsregel nach Einstein, dass ein Index, der in einem Glied doppelt auftritt, eine Summation über die drei Koordinatenrichtungen bedeutet, erhält man:

$$\frac{\partial \rho}{\partial t} + \frac{\partial}{\partial x_i}(\rho v_i) = 0. \tag{1.197}$$

In Vektorschreibweise gilt für das Fluidelement unabhängig vom Koordinatensystem:

$$\frac{d\rho}{dt} + \rho \operatorname{div} \vec{v} = \frac{\partial \rho}{\partial t} + \vec{v} \operatorname{grad} \rho + \rho \operatorname{div} \vec{v} = \frac{\partial \rho}{\partial t} + \operatorname{div}(\rho \vec{v}) = 0. \quad (1.198)$$

Impulssatz

Das totale Differential der Feldgröße Impuls $m\vec{v}$ ist gleich der Summe der angreifenden Kräfte $\vec{F}$. Dies entspricht dem **Newton'schen Grundgesetz** der Mechanik, dass Masse mal Beschleunigung gleich der Summe der Kräfte ist:

$$d(m\vec{v})/dt = \vec{F}. \quad (1.199)$$

Die Kräfte wirken in Form von Volumenkräften (Massenkräften) und Oberflächenkräften (Spannungskräften). Die Volumenkräfte umfassen z. B. gravitatorische oder magnetische Einflüsse und können als Gradient eines Massenkraftpotentials P_M dargestellt werden. Die Oberflächenkräfte bestehen aus den Druckkräften und den Reibungskräften.

Angesetzt für ein differentielles Fluidelement erhält man mit $\vec{f}$ als volumenbezogenem resultierenden Kraftvektor in N/m³ unter Berücksichtigung des totalen Differentials für die Beschleunigung die als **Navier–Stokes'sche Bewegungsgleichung** bezeichnete Impulsgleichung. Es gilt in Komponentenschreibweise:

$$\frac{\partial(\rho v_i)}{\partial t} + \frac{\partial(\rho v_i v_j)}{\partial x_j} = f_i = -\rho \frac{\partial P_M}{\partial x_i} - \frac{\partial p}{\partial x_i} + \frac{\partial \tau_{ij}}{\partial x_j} \quad (1.200)$$

und in symbolischer Vektorschreibweise:

$$\frac{\partial(\rho \vec{v})}{\partial t} + \vec{v} \operatorname{grad}(\rho \vec{v}) = \vec{f} = -\rho \operatorname{grad} P_M - \operatorname{grad} p + \operatorname{Div} \vec{\tau}. \quad (1.201)$$

Der letzte Term auf der rechten Seite stellt die am Fluidelement angreifenden Reibungskräfte dar, ausgedrückt durch den viskosen Spannungstensor $\vec{\tau}$. In Verallgemeinerung der Newton'schen Gleichung (1.96) $\tau = \eta \partial v/\partial y$ auf den dreidimensionalen Fall wird im **Stokes'schen Reibungsgesetz** [1.36] ein linearer Zusammenhang zwischen dem Spannungszustand und dem Deformationszustand des Fluidelements angenommen. Demnach gilt für den viskosen Spannungstensor in Komponentenschreibweise:

$$\frac{\partial \tau_{ij}}{\partial x_j} = \frac{\partial}{\partial x_j}\left[\eta\left(\frac{\partial v_i}{\partial x_j} + \frac{\partial v_j}{\partial x_i}\right) - \frac{2}{3}\left(\eta \delta_{ij} \frac{\partial v_j}{\partial x_j}\right)\right] \quad (1.202)$$

und in Vektorschreibweise:

$$\operatorname{Div} \vec{\tau} = \operatorname{div}(\eta \operatorname{grad} \vec{v} + \eta \operatorname{grad}^* \vec{v}) - \tfrac{2}{3} \operatorname{grad}(\eta \operatorname{div} \vec{v}). \quad (1.203)$$

Dabei bezeichnen δ_{ij} den Kronecker-Einheitstensor ($\delta_{ij} = 1$ für $i = j$ und $\delta_{ij} = 0$ für $i \neq j$) und $\operatorname{grad}^* \vec{v}$ den transponierten Gradiententensor des Geschwindigkeitsfelds. Für ein Fluid mit konstanten Stoffeigenschaften gilt mit Δ als Laplace-Operator:

$$\operatorname{Div} \vec{\tau} = \eta \Delta \vec{v}. \quad (1.204)$$

Die Berücksichtigung der Reibungskräfte führt infolge der zweiten Ableitungen der Geschwindigkeit auf ein System partieller Differentialgleichungen zweiter Ordnung und erschwert die mathematische Behandlung wesentlich.

1.5 Grundlagen der Strömung mit Wärmetransport

Bei Vernachlässigung der Reibung vereinfacht sich die Impulsgleichung zur **Euler'schen Bewegungsgleichung**. Diese lautet in Komponentendarstellung:

$$\frac{\partial(\rho v_i)}{\partial t} + \frac{\partial(\rho v_i v_j)}{\partial x_j} = f_i = -\rho \frac{\partial P_M}{\partial x_i} - \frac{\partial p}{\partial x_i} \quad (1.205)$$

und in vektorieller Darstellung:

$$\frac{\partial(\rho \vec{v})}{\partial t} + \vec{v}\,\mathrm{grad}(\rho \vec{v}) = \vec{f} = -\rho\,\mathrm{grad}\,P_M - \mathrm{grad}\,p. \quad (1.206)$$

Energieerhaltungssatz

Spielen außer kinematischen und dynamischen Größen auch Energien (**Zustandsgrößen**) und Arbeiten (**Prozessgrößen**) eine Rolle, ist neben Kontinuitäts- und Impulssatz der Energiesatz anzuwenden.

Nach dem Arbeitssatz der Mechanik ist die verrichtete Arbeit als skalares Produkt aus Kraft und Wegänderung definiert. Multipliziert man die Vektorgleichung (1.206) komponentenweise mit dem Geschwindigkeitsvektor $\vec{v}$ und bildet die Summe der so gewonnenen Gleichungen, erhält man folgende Skalargleichung für die mechanische Energie:

$$\frac{\mathrm{d}(\vec{v}^2/2)}{\mathrm{d}t} = -\vec{v}\,\mathrm{grad}\left(P_M + \frac{p}{\rho}\right). \quad (1.207)$$

Bei Berücksichtigung der Schwerkraft als einziger Volumkraft gilt für kartesische Koordinaten:

$$-\mathrm{grad}\,P_M = \vec{g}, \quad \vec{g} = \begin{pmatrix} 0 \\ 0 \\ g \end{pmatrix}. \quad (1.208)$$

Damit lässt sich die bekannte **Bernoulli'sche Energiegleichung** für den Stromfaden herleiten (siehe Gl. (1.113)):

$$\frac{v^2}{2} + \frac{p}{\rho} + gz = \mathrm{konst.} \quad (1.209)$$

Um neben mechanischen Energien auch Wärme berücksichtigen zu können, ist eine Energiebilanz nach dem ersten Hauptsatz der Thermodynamik aufzustellen, die Temperatur T tritt neben dem Druck p und der Geschwindigkeit $\vec{v}$ als zusätzliche Variable in Erscheinung. Unter Verwendung der Definition der Enthalpie nach Gl. (1.42) lässt sich der Energiesatz als **Erhaltungssatz der Enthalpie** darstellen. Dieser lautet in komponentenweiser oder vektorieller Formulierung:

$$\frac{\partial(\rho h_\mathrm{t})}{\partial t} + \frac{\partial(\rho h_\mathrm{t} v_j)}{\partial x_j} = \frac{\partial}{\partial x_j}\left(\frac{\lambda}{c_p}\frac{\partial h_\mathrm{t}}{\partial x_j}\right) + S_h, \quad (1.210)$$

$$\frac{\partial(\rho h_\mathrm{t})}{\partial t} + \vec{v}\,\mathrm{grad}(\rho h_\mathrm{t}) = \mathrm{div}\left(\frac{\lambda}{c_p}\,\mathrm{grad}\,h_\mathrm{t}\right) + S_h. \quad (1.211)$$

Darin stellt h_t die spezifische Totalenthalpie dar:

$$h_\mathrm{t} = u + \frac{p}{\rho} + \frac{v^2}{2} + gz. \quad (1.212)$$

Der erste Term auf der rechten Seite von Gl. (1.211) berücksichtigt den Energietransport durch Wärmeleitung, der Ausdruck S_h bezeichnet den Quellterm, der die von den Oberflächenkräften verrichtete Arbeit darstellt. Mit dem viskosen Spannungstensor $\vec{\tau}$ gilt:

$$S_h = \partial p/\partial t + \mathrm{div}(\vec{\tau}\vec{v}). \tag{1.213}$$

Sollen in der Strömungsberechnung auch **chemische Reaktionen** berücksichtigt werden, sind zusätzlich Erhaltungsgleichungen für jede chemische Spezies aufzustellen:

$$\frac{\partial(\rho\mu_n)}{\partial t} + \frac{\partial(\rho\mu_n v_j)}{\partial x_j} = \frac{\partial}{\partial x_j}\left(\Gamma_n \frac{\partial \mu_n}{\partial x_j}\right) + r_n. \tag{1.214}$$

Darin bedeutet μ_n den Masseanteil (Massebruch) der Spezies n nach Gl. (1.72), der das momentane Verhältnis der Speziesmasse m_n zur Gesamtmasse m ausdrückt. Im ersten Term der rechten Seite ist Γ_n der Diffusionskoeffizient der Spezies n. Die Reaktionsgeschwindigkeit r_n gibt die Bildungsrate der Spezies n in kg/m^3 s an (vgl. Abschn. 2.7, Gl. (2.101)).

Verallgemeinernd lassen sich alle Erhaltungsgleichungen als Transportgleichung einer Feldgröße G darstellen:

$$\partial(\rho G)/\partial t + \vec{v}\,\mathrm{grad}\,(\rho G) = \mathrm{div}(\Gamma\,\mathrm{grad}\,G) + S_G. \tag{1.215}$$

Dabei stellt die linke Seite die lokale und konvektive Änderung der Feldgröße dar, der erste Term auf der rechten Seite repräsentiert die diffusiven Transportprozesse mit Γ als Diffusionskoeffizienten, S_G bezeichnet den Quellterm der Feldgröße. Für die einzelnen Erhaltungssätze gelten die Belegungen entsprechend Tabelle 1.1. Diese formale Analogie wird für die numerische Weiterverarbeitung des Gleichungssystems genutzt.

Lösung und Randbedingungen

Das System der differentiellen Erhaltungsgleichungen kann für einige Sonderfälle exakt gelöst werden, insbesondere für solche, bei denen die nichtlinearen Trägheitsglieder verschwinden. Speziell werden die Gleichungen durch bestimmte Vereinfachungen lösbar (siehe die Anwendungen in der Akustik, in der Grenzschichttheorie oder bei dichtebeständigen Strömungen).

Mit den heutigen Möglichkeiten der Großrechenanlagen und den hochentwickelten Rechenverfahren für nichtlineare partielle Differentialgleichungen können auf numerischem Wege Lösungen gefunden werden. Die dreidimensionale Strömungsrechnung wird als **Computational Fluid Dynamics** (CFD) bezeichnet und hat in den letzten Jahren mit der Weiterentwicklung der Rechenanlagen einen beachtlichen Aufschwung erfahren. Auf die numerischen Lösungsmethoden kann im Rahmen dieses Buches nicht eingegangen werden, es sei diesbezüglich auf die Fachliteratur verwiesen [1.22]. Zur Anwendung der dreidimensionalen Strömungsrechnung siehe Abschn. 4.5.

Tabelle 1.1. Transport der Feldgrößen in den Erhaltungsgleichungen

Erhaltungssatz	Feldgröße	Diffusionskoeffizient	Quellterm
Masse	1		
Impuls	$\vec{v}$	η	$\vec{f}'$
Energie	h_t	λ/c_p	S_h
Spezies	μ_n	Γ_n	r_n

1.5 Grundlagen der Strömung mit Wärmetransport

Zur eindeutigen Lösbarkeit der Erhaltungsgleichungen sind die **Rand- und Anfangsbedingungen** zu berücksichtigen, die sich aus dem betrachteten Anwendungsfall ergeben. Die Formulierung der Randbedingungen resultiert häufig aus Grenzschichtbetrachtungen (siehe Abschn. 1.5.7). Als allgemeine Randbedingungen seien hier angeführt:
- Haftbedingung – wird angenommen, dass das Fluid an den Wänden haftet, ist die tangentiale Geschwindigkeitskomponente an der Wand gleich null.
- Normalgeschwindigkeitsbedingung – verschwindet die Normalkomponente der Geschwindigkeit an der Wand, werden Strömungen mit undurchlässigen Wänden betrachtet.
- Temperatur- und Wärmestrombedingung – prinzipiell kann die Wandtemperatur oder der Wandwärmestrom vorgegeben werden.

1.5.6 Turbulenzmodellierung

Oberhalb einer bestimmten Reynolds-Zahl treten in Strömungen zeitlich und räumlich ungeordnete turbulente **Schwankungsbewegungen** auf, die sich der Hauptströmung überlagern. Durch diese Schwankungsbewegungen wird der Austausch von Masse, Impuls und Energie auch quer zur Hauptströmungsrichtung intensiviert, Energie der Hauptströmung wird dissipiert. Aufgrund der besonderen Bedeutung der turbulenten Strömung für den Motorprozess soll auf deren Behandlung kurz eingegangen werden, für detailliertere Ausführungen sei auf die Literatur verwiesen [1.12].

Zur Berechnung einer dreidimensionalen instationären Strömung im allgemeinen Fall dienen wie oben gezeigt die Erhaltungssätze für Masse, Impuls und Energie. Diese Gleichungen sind prinzipiell sowohl für laminare wie auch für turbulente Strömungen gültig. Allerdings verlangt eine direkte numerische Simulation turbulenter Strömungen eine Auflösung der kleinsten Zeit- und Raumskalen, was die Kapazität der derzeit vorhandenen Rechenanlagen um ein Vielfaches übersteigt (vgl. Abschn. 4.5). Da überdies aufgrund der ungeordneten Schwankungsbewegungen eine deterministische Beschreibung aller Vorgänge nicht möglich ist, werden turbulente Strömungen in der Regel statistisch beschrieben, indem die Feldgrößen der Strömung in einen Mittelwert und eine überlagerte Schwankungsgröße aufgeteilt werden.

Mittelwertbildung und Reynolds-Gleichungen

Bei der arithmetischen **zeitlichen Mittelung** erfolgt die Aufteilung der Feldgröße G in einen zeitlichen Mittelwert $\overline{G}$ und eine überlagerte Schwankungsgröße G':

$$G = \overline{G} + G' \qquad (1.216)$$

wobei:

$$\overline{G} = \frac{1}{\tau} \int_0^\tau G \, dt. \qquad (1.217)$$

Ist der zeitliche Mittelwert $\overline{G}$ für beliebige Integrationszeiten τ eine konstante Größe, spricht man von einer quasistationären turbulenten Strömung. Ändert sich der Mittelwert $\overline{G}$ mit der Zeit, ist die Strömung instationär und die Mittelwertbildung nach Gl. (1.217) hat für eine entsprechend zu wählende Zeitdauer zu erfolgen.

Für Kolbenmaschinen mit ihrem zyklischen Arbeitsprozess, in dem alle Größen mehr oder weniger großen zyklischen Schwankungen unterliegen, kann die momentane Feldgröße G zu einem bestimmten Kurbelwinkel φ in einem bestimmten Arbeitszyklus i als Summe von mittlerer Feldgröße und Schwankungsgröße zu diesem Kurbelwinkel in dem betreffenden Arbeitsspiel dargestellt werden:

$$G(\varphi,i) = \overline{G}(\varphi,i) + G'(\varphi,i). \tag{1.218}$$

Setzt man de in die zeitlichen Mittelwerte und die Schwankungsgrößen aufgeteilten Feldgrößen Dichte und Geschwindigkeit in die Kontinuitätsgleichung (1.197) ein und mittelt diese zeitlich, erhält man durch gliedweise Mittelung unter Beachtung von $\overline{G'} = 0$:

$$\frac{\partial \overline{(\overline{\rho} + \rho')}}{\partial t} + \frac{\partial}{\partial x_i}\overline{[(\overline{\rho} + \rho')(\overline{v_i} + v'_i)]} = \frac{\partial \overline{\rho}}{\partial t} + \frac{\partial (\overline{\rho}\,\overline{v_i})}{\partial x_i} + \frac{\partial \overline{(\rho' v'_i)}}{\partial x_i} = 0 \tag{1.219}$$

Infolge der gemischten Schwankungsglieder erfüllen die mittleren turbulenten Größen allein bei veränderlicher Dichte die Kontinuitätsgleichung nicht mehr. Um dieses Manko zu beseitigen, wird für die Geschwindigkeit nach Favre [1.9] eine **dichtegewichtete** zeitliche Mittelung (auch Favre-Mittelung) durchgeführt:

$$v_i = \tilde{v}_i + v''_i, \tag{1.220}$$

$$\tilde{v} = \frac{1}{\overline{\rho}\tau}\int_0^\tau \rho v\,\mathrm{d}t. \tag{1.221}$$

Mit dieser Mittelung gilt

$$\overline{\rho v''_i} = 0. \tag{1.222}$$

Eingesetzt in die **Kontinuitätsgleichung** erhält man:

$$\frac{\partial \overline{\rho}}{\partial t} + \frac{\partial (\overline{\rho}\tilde{v}_i)}{\partial x_i} = 0. \tag{1.223}$$

Mit der nach Favre gemittelten Geschwindigkeit genügen somit die gemittelten Feldgrößen der Kontinuitätsgleichung. Bei konstanter Dichte sind die Favre-Mittelung und die arithmetische zeitliche Mittelung ident.

Entsprechend werden die in den gemittelten Anteil und den Schwankungsanteil zerlegten Feldgrößen auch in die **Impulsgleichung** (1.200) eingesetzt, wobei für die Geschwindigkeit bei variabler Dichte wieder die Mittelung nach Favre erfolgt. Durch zeitliche Mittelung der Impulsgleichungen werden diese in die so genannten **Reynolds-Gleichungen** übergeführt.

$$\frac{\partial (\overline{\rho}\tilde{v}_i)}{\partial t} + \frac{\partial (\overline{\rho}\tilde{v}_i\tilde{v}_j)}{\partial x_j} = -\overline{\rho}\frac{\partial P_\mathrm{M}}{\partial x_i} - \frac{\partial \overline{p}}{\partial x_i} + \frac{\partial \overline{\tau}_{ij}}{\partial x_j} + \overline{f}_{\mathrm{t}i}. \tag{1.224}$$

Diese stimmen formal bis auf den Turbulenzterm $\overline{f}_{\mathrm{t}i}$ mit den Navier–Stokes'schen Gleichungen überein. Während bei der zeitlichen Mittelung die in den Schwankungsgliedern linearen Terme sowie die gemischten Terme wegfallen, bilden die in den Schwankungsgrößen quadratischen Glieder die so genannten scheinbaren Turbulenzspannungen oder Reynolds-Spannungen:

$$\overline{f}_{\mathrm{t}i} = -\partial(\overline{\rho}\,\overline{v''_i v''_j})/\partial x_j. \tag{1.225}$$

Diese Turbulenzterme stellen zusätzliche Unbekannte in den Bewegungsgleichungen dar. Zum Schließen des Gleichungssystems müssen Annahmen getroffen werden, welche die Reynolds-Spannungen in Zusammenhang mit den gemittelten Feldgrößen bringen. Dies erfolgt in der so genannten Turbulenzmodellierung durch verschiedene empirische oder halbempirische Ansätze.

1.5 Grundlagen der Strömung mit Wärmetransport

Auf die große Anzahl von **Turbulenzmodellen,** die sich vor allem durch die Anzahl der zusätzlichen Gleichungen unterscheiden, soll an dieser Stelle nicht eingegangen werden (siehe [1.17]). Weite Verbreitung hat das im nächsten Abschnitt besprochene $k\varepsilon$-Modell gefunden. Dieser Zweigleichungsansatz wird bei der Berechnung von Strömungsvorgängen in Motoren meist angewandt.

Setzt man die in die zeitlichen Mittelwerte und die Schwankungsgrößen aufgeteilten Feldgrößen Dichte und Enthalpie in die **Energiegleichung** (1.210) ein und mittelt diese zeitlich, zeigt sich, dass für die spezifische Totalenthalpie auch eine Mittelung nach Favre erfolgen muss, damit die gemittelten Größen die Energiegleichung erfüllen. Es gilt:

$$\frac{\partial (\overline{\rho} \tilde{h}_\mathrm{t})}{\partial t} + \frac{\partial (\overline{\rho} \tilde{h}_\mathrm{t} \tilde{v}_j)}{\partial x_j} = \frac{\partial}{\partial x_j} \left(\frac{\overline{\lambda}}{\overline{c}_p} \frac{\partial \tilde{h}_\mathrm{t}}{\partial x_j} \right) + \overline{S}_h. \tag{1.226}$$

$k\varepsilon$-Modell

Die Grundvorstellung des $k\varepsilon$-Modells besagt, dass Wirbel mit großem Durchmesser („Turbulenzballen", „turbulent eddies") durch Deformationsgeschwindigkeiten der Grundströmung gestreckt werden, wodurch der Grundströmung Energie entzogen und der Turbulenzbewegung der großen Wirbel zugeführt wird. Die großen Wirbel zerfallen infolge der Schwankungsbewegungen in einer **Energiekaskade** in immer kleinere Wirbel, wobei deren frequenzbezogene kinetische Energie ständig abnimmt. Schließlich werden die Schubspannungen infolge der Geschwindigkeitsgradienten so groß, dass die kinetische Energie infolge der molekularen Viskosität ganz dissipiert. In den kleinsten Wirbeln, in denen die viskose Dissipation erfolgt, ist die Turbulenz isotrop, d. h., sie ist unabhängig von der Orientierung des Koordinatensystems.

Als Maß für die Schwankungsbewegung wird die **turbulente kinetische Energie** k definiert. Es handelt sich dabei um eine spezifische Energie, nämlich um die auf die Masse bezogene mittlere kinetische Energie der turbulenten Schwankungsbewegung mit der Einheit m^2/s^2:

$$k = \tfrac{1}{2} \left(\overline{v_x'^2 + v_y'^2 + v_z'^2} \right) \tag{1.227}$$

Aus dieser Definition lässt sich eine repräsentative **mittlere Schwankungsgeschwindigkeit** v' ableiten:

$$v' = \sqrt{2k}. \tag{1.228}$$

Diese mittlere Schwankungsgeschwindigkeit ist gemeint, wenn im Kontext des vorliegenden Buches allgemein von Schwankungsgeschwindigkeit v' gesprochen wird. Sowohl k wie auch v' stellen ein Maß für die **Turbulenzintensität** dar. Für isotrope Turbulenz gilt:

$$v_x'^2 = v_y'^2 = v_z'^2 = v_\mathrm{is}'^2 \tag{1.229}$$

Damit folgt aus Gl. (1.227):

$$k = \tfrac{3}{2} \overline{v_\mathrm{is}'}^2 \tag{1.230}$$

Für die turbulente kinetische Energie k wird eine Transportgleichung angesetzt, welche die Änderung von k in Abhängigkeit von einem Produktionsterm P, einem Diffusionsterm Df und einem Dissipationsterm Ds darstellt:

$$\dot{k} = P_k + Df_k - Ds_k. \tag{1.231}$$

Der Dissipationsterm Ds_k wird als **Dissipation** ε bezeichnet. Die Dissipation gibt den Anteil der turbulenten kinetischen Energie an, der in Wärme umgewandelt wird, und hat die Einheit m²/s³. Für die Dissipation wird eine zweite Transportgleichung angesetzt:

$$\dot{\varepsilon} = P_\varepsilon + Df_\varepsilon - Ds_\varepsilon. \qquad (1.232)$$

In diesem als Zweigleichungs-Turbulenzmodell bezeichneten Ansatz sind die Terme der rechten Seiten der Gln. (1.231) und (1.232) in Abhängigkeit von k, ε und den gemittelten Feldgrößen darzustellen. Die unbekannten Reynolds-Spannungen werden als Funktionen von k und ε ausgedrückt. Zahlreiche Untermodelle der **Zweigleichungsansätze** zur Turbulenzmodellierung unterscheiden sich in der Formulierung dieser Zusammenhänge (vgl. [1.17]).

Häufig wird ein Ansatz von Boussinesq verwendet, in dem die Reynolds-Spannungen nach Gl. (1.225) über eine **turbulente Viskosität** η_t proportional dem mittleren Geschwindigkeitsgradienten gesetzt werden:

$$-\overline{\rho}\,\overline{v_i'' v_j''} = \eta_t \partial \overline{v}_i / \partial x_j. \qquad (1.233)$$

Im Gegensatz zur molekularen Viskosität η, die eine Stoffgröße darstellt, hängt die turbulente Viskosität η_t von der lokalen Turbulenz ab. Von der Vielzahl der Formulierungen der Abhängigkeit der turbulenten Viskosität von den bekannten oder berechenbaren Feldgrößen sei beispielhaft folgender Ansatz mit der experimentellen Konstante C_η angeführt:

$$\eta_t = C_\eta \overline{\rho} k^2 / \varepsilon. \qquad (1.234)$$

Unter Verwendung des Zusammenhangs (1.234) erhält man nach entsprechenden Umformungen aus den Reynolds-Gleichungen die Terme der Transportgleichungen (1.231) und (1.232) für k und ε. Ein konkretes Beispiel zur Turbulenzmodellierung im Brennraum wird in Abschn. 4.3 besprochen.

Als alternatives Turbulenzmodell soll das **Reynolds-Spannung-Modell** erwähnt werden, bei dem jede Reynolds-Spannung in den Reynolds-Gleichungen durch eine eigene Transportgleichung modelliert wird, die jeweils Terme für Produktion, Diffusion, Dissipation und Druck-Scher-Korrelation enthält [1.12]. Dieses Modell ist entsprechend aufwendiger, erlaubt dafür eine größere Flexibilität. Da die Berücksichtigung der Dichteveränderlichkeit nicht in allen Termen möglich ist, kann das Modell derzeit nur für dichtebeständige Strömungen verwendet werden, was seine Anwendbarkeit auf dem Gebiet der motorischen Strömungsrechnung einschränkt.

Turbulente Längen- und Zeitmaßstäbe

Um unterschiedliche Aspekte der turbulenten Strömung zu veranschaulichen, wird eine Reihe von Längen- und Zeitmaßstäben definiert (siehe Abb. 1.24).

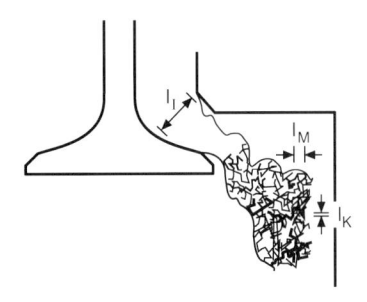

Abb. 1.24. Turbulente Längenmaßstäbe am Beispiel der Ventileinströmung [4.42]

1.5 Grundlagen der Strömung mit Wärmetransport

Die **integrale Länge** l_I (auch: „Makrolänge") ist ein Maß für die größten auftretenden Wirbel. Sie weist die Größenordnung der relevanten geometrischen Abmessungen des Systems auf, im vorliegenden Beispiel des Ventilhubs. Die Definition der integralen Länge erfolgt statistisch: Ist der Abstand zwischen zwei Punkten kleiner als die integrale Länge, besteht zwischen ihren Strömungsgrößen eine mathematische Korrelation [1.12].

Wird eine integrale Zeit τ_I nach

$$\tau_I = l_I/v' \tag{1.235}$$

definiert, so ist diese bei Bestehen einer Grundströmung ein Maß für die Zeit, die ein größter Wirbel braucht, um einen festen Punkt zu passieren, oder für die Lebenszeit eines solchen Wirbels.

Die turbulente kinetische Energie k der größten Wirbel ist nach Gl. (1.228) proportional v'^2. Die größten Wirbel verlieren den Großteil ihrer kinetischen Energie in der Zeit l_I/v'. Für die Dissipation der großen Wirbel gilt:

$$\varepsilon = \frac{k}{\tau_I} \sim \frac{v'^2}{\tau_I} \sim \frac{v'^3}{l_I}. \tag{1.236}$$

Die Dissipation großer Wirbel nimmt also mit der Turbulenzintensität zu und verhält sich indirekt proportional zur Wirbelgröße.

Die größeren Wirbel werden ständig in kleinere und kleinste Wirbel aufgebrochen. Die kleinen Wirbel reagieren rascher auf lokale Änderungen des Strömungsfelds und bilden eine homogene (ohne örtliche Gradienten) wie isotrope (ohne bevorzugte Richtung) Turbulenz. In den kleinsten Wirbeln erfolgt die Umwandlung der turbulenten Geschwindigkeitsenergie in Wärme infolge molekularer Zähigkeit. Der Gleichgewichtszustand dieser kleinsten Wirbel wird allein durch die kinematische Viskosität und die Dissipation bestimmt. Aus diesen beiden Größen erhält man die so genannte **Kolmogorov-Länge** l_K:

$$l_K = (\nu^3/\varepsilon)^{1/4}. \tag{1.237}$$

Weiters wird die **Kolmogorov-Zeit** τ_K wie folgt definiert:

$$\tau_K = (\nu/\varepsilon)^{1/2}. \tag{1.238}$$

Die Kolmogorov-Länge kennzeichnet die kleinsten auftretenden Wirbel, die Kolmogorov-Zeit charakterisiert die Impuls-Diffusion dieser kleinsten Wirbel.

Der größte Anteil kinetischer Energie steckt in Prozessen niedriger Frequenz, also in der turbulenten Bewegung großer Wirbel. Die kinetische Energie der Wirbel fällt mit steigender Frequenz von ihrem Maximum beim integralen Längenmaß l_I ab, bis sie beim Kolmogorov-Längenmaß l_K abbricht. Unterhalb des Kolmogorov-Längenmaßes erfolgt die Diffusion (molekularer Transport) schneller als der turbulente Transport, so dass keine turbulenten Prozesse mehr stattfinden.

Als dritter Maßstab ist die **Mikrolänge** l_M (englisch: Taylor length λ) gebräuchlich, welche die Spannung mit der Turbulenzintensität verknüpft:

$$l_M = \sqrt{\frac{\overline{\nu}}{v'/l_I}} \tag{1.239}$$

Für die **Mikrozeit** τ_M gilt bei homogener isotroper Turbulenz:

$$\tau_M = l_M/v' \tag{1.240}$$

Zur Charakterisierung der turbulenten Strömung wird eine **turbulente Reynolds-Zahl** Re_t mit folgender Definition eingeführt:

$$\mathrm{Re}_t = \frac{\sqrt{2k}\, l_\mathrm{I}}{\bar{\nu}} = \frac{v'\, l_\mathrm{I}}{\bar{\nu}}. \qquad (1.241)$$

Darin sind k die turbulente kinetische Energie, l_I die integrale Länge, v' die mittlere Schwankungsgeschwindigkeit nach Gl. (1.228) und $\bar{\nu}$ die mittlere kinematische Zähigkeit des Fluids. Setzt man anstelle der integralen Länge l_I die Mikrolänge l_M oder die Kolmogorov-Länge l_K ein, erhält man entsprechende Reynolds-Zahlen $\mathrm{Re}_{t\mathrm{M}}$ bzw. $\mathrm{Re}_{t\mathrm{K}}$.

Mit den obigen Beziehungen ergeben sich für die Längenmaßstäbe folgende Zusammenhänge:

$$l_\mathrm{M} = l_\mathrm{I} / \mathrm{Re}_t^{1/2}, \qquad (1.242)$$

$$l_\mathrm{K} \sim l_\mathrm{I} / \mathrm{Re}_t^{3/4}, \qquad (1.243)$$

$$l_\mathrm{K}^4 \sim l_\mathrm{M}^2 \sim l_\mathrm{I}. \qquad (1.244)$$

Die verschiedenen Maßstäbe sind bei der Modellierung der turbulenten Ladungsbewegung von Bedeutung und spielen eine Rolle bei der Simulation der Verbrennung, wobei insbesondere ihre Wechselwirkung mit den chemischen Skalen von Interesse ist (vgl. Abschn. 2.9).

1.5.7 Grenzschichttheorie

In der Grenzschichttheorie wird angenommen, dass die Fluidreibung nur in einer sehr dünnen Schicht in der Nähe eines Körpers eine wesentliche Rolle spielt [1.27, 1.30].

Die Grenzschichttheorie befasst sich mit der Beschreibung von **Strömungsgrenzschichten** (Reibungsschichten) und **Temperaturgrenzschichten**. Mathematisch handelt es sich um eine singuläre Störungsrechnung, die eine rationale asymptotische Lösung der Navier–Stokes'schen Bewegungsgleichungen für große Reynolds-Zahlen darstellt. Ausgehend von der Grenzlösung viskositätsfreier Strömung ($\mathrm{Re} = \infty$) wird die Viskosität durch eine entsprechende Korrektur dieser Lösung berücksichtigt. Die Grenzschichttheorie wird als singulär bezeichnet, weil die Haftbedingung eine Randbedingung darstellt, die von der viskositätsfreien Strömung im Allgemeinen nicht erfüllt werden kann. Grenzschichtbetrachtungen liefern häufig die zum Lösen der in Abschn. 1.5.5 beschriebenen Grundgleichungen erforderlichen Randbedingungen.

Laminare und turbulente Strömungsgrenzschicht

Ein zähigkeitsbehaftetes Fluid mit geringer Viskosität (z. B. Luft, Wasser) verhält sich außer in Wandnähe nahezu wie ein reibungsloses Fluid. Da infolge der **Haftbedingung** die Strömungsgeschwindigkeit an der Wand gleich null ist und in geringer Entfernung von der Wand bereits annähernd den Wert der ungestörten Außenströmung erreicht, existiert eine dünne Übergangsschicht, die so genannte Grenzschicht, in der ein starker Geschwindigkeitsanstieg stattfindet. Die Geschwindigkeitsgradienten bedingen entsprechende Reibungskräfte, weshalb die Grenzschicht auch als **Reibungsschicht** bezeichnet wird.

Bezüglich der Erscheinungsform können laminare und turbulente Strömungsgrenzschichten unterschieden werden. Während bei laminaren Grenzschichtströmungen die Vorgänge durch Viskosität und Trägheit bestimmt sind, treten in turbulenten Grenzschichten ungeordnete Schwankungsgrößen auf, die über die Mischbewegung u. a. turbulente Scheinspannungen auslösen.

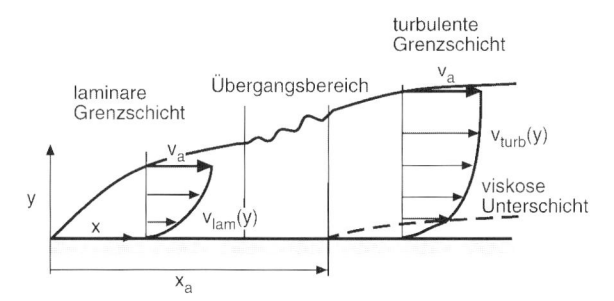

1.5 Grundlagen der Strömung mit Wärmetransport

Abb. 1.25. Laminare und turbulente Strömungsgrenzschicht

Bei turbulenten Grenzschichten beschränkt sich der Einfluss der Viskosität auf eine im Vergleich zur Grenzschicht sehr dünne **viskose Unterschicht** oder viskose Wandschicht (vgl. Abb. 1.25).

Da bei turbulenter Strömung der an der Körperwandung auftretende Reibungswiderstand wesentlich größer ist als bei laminarer Strömung, kommt der Bestimmung des **Umschlagpunktes** oder Übergangsbereichs eine wesentliche Bedeutung zu. Er liegt bei Anströmung einer ebenen Platte bei einer kritischen Reynolds-Zahl von 10^5 bis 10^6, wobei die Reynolds-Zahl $Re = v_a x_a / \nu$ mit der Geschwindigkeit der ungestörten Außenströmung v_a und der x-Koordinate des Umschlagpunktes x_a zu bilden ist.

Temperaturgrenzschicht

Infolge der Wärmeleitfähigkeit und spezifischen Wärmekapazität eines strömenden Fluids treten bei Temperaturgradienten Wärmeströme durch Leitung und Konvektion auf. Tritt eine **Wärmeübertragung** zwischen Wand und Fluid auf, beeinflusst diese die Strömungsgrenzschicht, andererseits bedingen Geschwindigkeitsänderungen in der Grenzschicht dort auch Temperaturänderungen. Bei der Berücksichtigung der Temperaturabhängigkeit der Stoffgrößen spielt das Temperaturfeld eine wichtige Rolle für den Strömungsvorgang.

Analog zur Strömungsgrenzschicht existiert eine **Temperatur- oder Wärmegrenzschicht**, innerhalb derer die Änderung der Temperatur vom Wert an der Wand zum Wert der unbeeinflussten Außenströmung erfolgt (vgl. Abb. 1.26).

Grenzschichtgleichungen und Profile

Für technisch wichtige Fluide wie Wasser oder Luft ist die Viskosität gering, so dass die Reibungsglieder wesentlich kleiner als die Trägheitsglieder sind. Dennoch darf auf die Reibungsglieder nicht verzichtet werden, weil sonst die Haftbedingung an der Wand nicht erfüllt werden könnte. Unter der Voraussetzung, dass die Dicke der Grenzschicht sehr klein gegenüber der Ausdehnung in Längsrichtung ist, lassen sich die allgemeinen Grundgleichungen für die dreidimensionale Strömung durch eine Reihe von Annahmen vereinfachen.

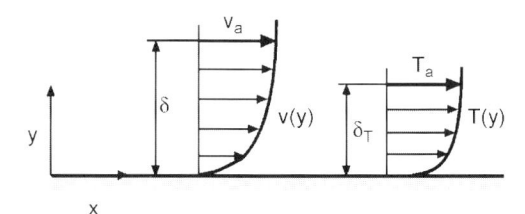

Abb. 1.26. Strömungsgrenzschicht und Temperaturgrenzschicht

Betrachtet man den Fall ebener laminarer Grenzschichten mit der x-Koordinate in Wandrichtung (von derselben Größenordnung wie eine charakteristische Körperlänge l) und der y-Koordinate normal dazu (von derselben Größenordnung wie die Grenzschichtdicke δ oder δ_T), so gelten unter der Annahme, dass die Dicke der Grenzschicht klein gegenüber der Ausdehnung in Längsrichtung ist, folgende **Grenzschichtvereinfachungen**:

$$\frac{\delta}{l} \sim \frac{y}{x} \ll 1, \quad \frac{\delta_T}{l} \sim \frac{y}{x} \ll 1;$$

$$\left|\frac{\partial}{\partial x}\right| \ll \left|\frac{\partial}{\partial y}\right| \sim \frac{1}{\delta}, \quad \left|\frac{\partial}{\partial x}\right| \ll \left|\frac{\partial}{\partial y}\right| \sim \frac{1}{\delta_T}. \tag{1.245}$$

Der Druck ändert sich innerhalb der Grenzschichtdicke kaum und wird von der Außenströmung aufgeprägt, so dass gesetzt werden kann:

$$p(x, y) \approx p(x, y = \delta) = p_a(x). \tag{1.246}$$

Für den **ebenen Fall**, der in erster Näherung auch für gekrümmte Wände wie Tragflügel zutrifft, lassen sich damit die Erhaltungsgleichungen für die **laminare Grenzschicht** ohne Berücksichtigung des Schwereeinflusses wie folgt anschreiben (vgl. z. B. [1.38]):

$$\frac{\partial \rho}{\partial t} + \frac{\partial}{\partial x}(\rho v_x) + \frac{\partial}{\partial y}(\rho v_y) = 0, \tag{1.247}$$

$$\frac{\partial v_x}{\partial t} + v_x \frac{\partial v_x}{\partial x} + v_y \frac{\partial v_y}{\partial y} = -\frac{1}{\rho}\frac{\partial p}{\partial x} + \frac{\partial}{\partial y}\frac{\eta}{\rho}\frac{\partial v_x}{\partial y}, \tag{1.248}$$

$$\rho c_p \left(\frac{\partial T}{\partial t} + v_x \frac{\partial T}{\partial x} + v_y \frac{\partial T}{\partial y}\right) = \frac{\partial p}{\partial t} + v_x \frac{\partial p}{\partial x} + \frac{\partial}{\partial y}\left(\lambda \frac{\partial T}{\partial y}\right) + \eta \left(\frac{\partial v_x}{\partial y}\right)^2. \tag{1.249}$$

Bei gegebener Druck- und Temperaturverteilung der Außenströmung $p_a(t, x)$, $T_a(t, x)$ und bei bekannten Stoffgesetzen erlauben die drei Gleichungen (1.247) bis (1.249) die Berechnung der Geschwindigkeitskomponenten $v_x(t, x, y)$ und $v_y(t, x, y)$ sowie des Temperaturfeldes $T(t, x, y)$ bei laminaren Grenzschichten. Bewegungsgleichung und Wärmetransportgleichung sowie Strömungs- und Temperaturfeld sind über die physikalischen Stoffgrößen des Fluids miteinander gekoppelt. Bei einem Fluid mit konstanten Stoffgrößen (Dichte, Viskosität, Wärmekapazität und Wärmeleitfähigkeit) können die Differentialgleichungen voneinander entkoppelt behandelt werden, die Strömungsgrenzschicht lässt sich unabhängig von der Temperaturgrenzschicht berechnen.

Für charakteristische Fälle lassen sich exakte Lösungen für die vereinfachten Grenzschichtgleichungen finden, wobei entweder durch geeignete Transformationen und Einführen einer Stromfunktion die partiellen Differentialgleichungen in gewöhnliche übergeführt und allgemein gelöst werden oder es gelingt, die Gleichungen über die Grenzschichtdicke zu integrieren. Auch eine Reihe von Näherungslösungsverfahren sind bekannt. Bezüglich derartiger Lösungen sowie der Berechnung turbulenter Grenzschichten, bei denen neben den molekularen Termen der Schubspannungen und des Wärmestroms entsprechende Turbulenzgrößen auftreten, sei auf die Literatur verwiesen [1.25, 1.30, 1.38].

Geschwindigkeits- und Temperaturprofile

Auch ohne die Grenzschichtgleichungen zu lösen, lassen sich einige Aussagen über die Profile von Geschwindigkeit und Temperatur in der Grenzschicht treffen.

1.5 Grundlagen der Strömung mit Wärmetransport

Für die stationäre Strömung eines homogenen Fluids wird aus Gl. (1.248):

$$v_x \frac{\partial v_x}{\partial x} + v_y \frac{\partial v_y}{\partial y} = -\frac{1}{\rho}\frac{\partial p}{\partial x} + \frac{\eta}{\rho}\frac{\partial^2 v_x}{\partial y^2}. \quad (1.250)$$

Für die Wand verschwinden beide Geschwindigkeitskomponenten $v_x = v_y = 0$, so dass folgt:

$$\eta\left(\frac{\partial^2 v_x}{\partial y^2}\right)_{y=0} = \frac{\mathrm{d}p_\mathrm{a}}{\mathrm{d}x}. \quad (1.251)$$

Die Krümmung des Geschwindigkeitsprofils an der Wand wird also durch den Druckgradienten bestimmt und wechselt mit diesem das Vorzeichen. Für beschleunigte Strömungen mit Druckabfall weist die Grenzschicht insgesamt eine positive Krümmung auf (konvex in Bezug auf die x-Achse). Für verzögerte Strömungen mit Druckanstieg zeigt das Geschwindigkeitsprofil einen Wendepunkt, was zur **Ablösung** der Grenzschicht mit Rückströmung in Wandnähe führen kann [1.30].

Aus der Energiegleichung (1.249) lässt sich für die stationäre Strömung eines Fluids mit konstanten Stoffgrößen für die Wand folgender Zusammenhang anschreiben:

$$\lambda\left(\frac{\partial^2 T}{\partial y^2}\right)_{y=0} = -\eta\left(\frac{\partial v_x}{\partial y}\right)_{y=0}^2. \quad (1.252)$$

Der Term auf der rechten Seite entspricht der **Dissipationsarbeit** an der Wand und bedeutet mit dem negativen Vorzeichen, dass das Temperaturprofil unmittelbar an der Wand immer konvex (in Bezug auf die x-Achse) gekrümmt ist und je nach Temperatur der Außenströmung einen Wendepunkt besitzt oder nicht.

Am Rand der Grenzschicht sollen die Profile ohne Knick in die Werte der Außenströmung übergehen, so dass gilt:

$$\left(\frac{\partial T}{\partial y}\right)_{y=\delta_T} = \left(\frac{\partial v_x}{\partial y}\right)_{y=\delta} = 0. \quad (1.253)$$

Zwischen Druck, Geschwindigkeit und Temperatur am Rand der Grenzschicht bestehen für den stationären homogenen Fall folgende Zusammenhänge:

$$\frac{\mathrm{d}p_\mathrm{a}}{\mathrm{d}x} = -\rho_\mathrm{a} v_\mathrm{a} \frac{\mathrm{d}v_\mathrm{a}}{\mathrm{d}x} = \rho_\mathrm{a} c_p \frac{\mathrm{d}T_\mathrm{a}}{\mathrm{d}x}. \quad (1.254)$$

Dimensionslose Grenzschichtgleichungen

Für die weiteren Überlegungen sollen die Grenzschichtgleichungen dimensionslos gemacht werden, indem die x- und y-Koordinaten auf eine charakteristische Körperlänge l und die Geschwindigkeitskomponenten v_x und v_y auf die charakteristische Geschwindigkeit v_a der Außenströmung bezogen werden. Mit den Substitutionen

$$\hat{x} = \frac{x}{l}, \quad \hat{y} = \frac{y}{l}, \quad \hat{v}_x = \frac{v_x}{v_\mathrm{a}}, \quad \hat{v}_y = \frac{v_y}{v_\mathrm{a}}, \quad \hat{T} = \frac{c_p T}{v_\mathrm{a}^2}, \quad \hat{p} = \frac{p}{\rho v_\mathrm{a}^2} \quad (1.255)$$

erhält man für die Grenzschichtgleichungen (1.247) bis (1.249) im **stationären laminaren Fall**:

$$\frac{\partial \hat{v}_x}{\partial \hat{x}} + \frac{\partial \hat{v}_y}{\partial \hat{y}} = 0, \quad (1.256)$$

$$\hat{v}_x \frac{\partial \hat{v}_x}{\partial \hat{x}} + \hat{v}_y \frac{\partial \hat{v}_y}{\partial \hat{y}} = -\frac{\partial \hat{p}}{\mathrm{d}\hat{x}} + \frac{1}{\mathrm{Re}} \frac{\partial^2 \hat{v}_x}{\partial \hat{y}^2}, \qquad (1.257)$$

$$\hat{v}_x \frac{\partial \hat{T}}{\partial \hat{x}} + \hat{v}_y \frac{\partial \hat{T}}{\partial \hat{y}} = \frac{1}{\mathrm{Pe}} \frac{\partial^2 \hat{T}}{\partial \hat{y}^2} + \frac{1}{\mathrm{Re}} \left(\frac{\partial \hat{v}_x}{\partial \hat{y}} \right)^2. \qquad (1.258)$$

Daraus folgt, dass die laminare Strömungsgrenzschicht bei gegebener Geschwindigkeit der ungestörten Außenströmung v_a nur von der Reynolds-Zahl $\mathrm{Re} = v_\mathrm{a} l / \nu$, die Temperaturgrenzschicht zusätzlich von der Peclet-Zahl $\mathrm{Pe} = v_\mathrm{a} l / a$ bestimmt wird.

Dicke der Grenzschichten

Die Dicke der Grenzschicht δ oder δ_T wird meist mit jener y-Koordinate festgelegt, bei der die Strömungsgeschwindigkeit oder die Temperatur 99 % des Wertes in der ungestörten Außenströmung annimmt. Eine Abschätzung der Größenordnungen unter Beachtung der Gln. (1.245) und (1.256) bis (1.258) ergibt für den **laminaren Fall** folgende Zusammenhänge:

$$v_x \sim 1, \quad v_y \sim \delta \sim \delta_T, \qquad (1.259)$$

$$\frac{\delta}{l} \sim \frac{1}{\sqrt{\mathrm{Re}}} \sim \sqrt{\nu}, \quad \frac{\delta_T}{l} \sim \frac{1}{\sqrt{\mathrm{Pe}}} \sim \sqrt{a}, \quad \frac{\delta_T}{\delta} \sim \sqrt{\frac{\mathrm{Re}}{\mathrm{Pe}}} = \frac{1}{\sqrt{\mathrm{Pr}}}. \qquad (1.260)$$

Die Aussage über das Verhältnis der Grenzschichtdicken ist nicht eindeutig und kann verallgemeinert wie folgt dargestellt werden:

$$\delta_T / \delta \sim \mathrm{Pr}^{-n}, \quad \tfrac{1}{2} > n > 0 \qquad (1.261)$$

Entsprechende Zusammenhänge lassen sich auch für den **turbulenten Fall** herleiten [1.25, 1.30, 1.38].

Wärmeübergang und Reynolds-Analogie

Wie aus den Gln. (1.256) bis (1.258) ersichtlich, lassen sich Geschwindigkeit, Druck und Temperatur der Grenzschicht als Funktionen der Reynolds-Zahl Re und der Peclet-Zahl Pe darstellen. Für den Wärmeübergang gemäß dem Newton'schen Ansatz Gl. (1.105) $\dot{q} = \alpha(T_\mathrm{W} - T_\mathrm{Fl})$ gilt, dass der dimensionslose Wärmeübergangskoeffizient – die Nusselt-Zahl Nu – als Funktion von Reynolds-Zahl Re und Prandtl-Zahl Pr ausgedrückt werden kann (siehe Gl. (1.107)).

Es besteht ein bemerkenswerter Zusammenhang zwischen Wandschubspannung und Wärmeübergang an die Wand, auf den erstmals Reynolds hingewiesen hat. Der Wärmestrom an der Wand ist nach Gl. (1.100) dem Temperaturgradienten an der Wand proportional, der seinerseits als Funktion des Geschwindigkeitsgradienten an der Wand darstellbar ist. Da der Geschwindigkeitsgradient gemäß Gl. (1.96) der Wandschubspannung proportional ist, lässt sich ein als Reynolds-Analogie (im englischen Sprachraum auch als Reynolds–Colburn-Analogie [1.5, 1.13]) bezeichneter Zusammenhang zwischen dem Wandwärmeübergang und der Wandschubspannung herstellen:

$$\frac{\mathrm{Nu}}{\mathrm{Re}\,\mathrm{Pr}} = \frac{\alpha}{v_\mathrm{a} \rho c_p} = \frac{\lambda_\mathrm{r}}{2} \mathrm{Pr}^{-2/3}. \qquad (1.262)$$

Darin sind α der Wärmeübergangskoeffizient, v_a die ungestörte Strömungsgeschwindigkeit außerhalb der Grenzschicht, ρ die Dichte des Fluids, c_p die spezifische Wärmekapazität des Fluids bei konstantem Druck und λ_r der Reibbeiwert der Wand.

1.5 Grundlagen der Strömung mit Wärmetransport

Die Herleitung erfolgt für die **stationäre laminare** Grenzschicht einer ebenen Platte unter Verwendung des aus dem Impulssatz resultierenden Zusammenhangs zwischen Wandschubspannung τ_W und Reibbeiwert λ_r:

$$\tau_W = \eta \frac{\partial v}{\partial y}\bigg|_{y=0} = \lambda_r \frac{\rho v^2}{2}. \tag{1.263}$$

Die Analogie wird auch für die **turbulente Strömung** auf Platten und in Rohren als Näherung angewendet, wobei in diesem Fall die Prandtl-Zahl in der Größenordnung von $\text{Pr} \approx 1$ sein muss, was für die meisten Gase erfüllt ist.

Die Analogie erlaubt den Schluss auf den Wandwärmestrom, wenn der Reibbeiwert (etwa aus Messungen ohne Wärmeübergang) bekannt ist. Die Reynolds-Analogie kommt in der Modellierung des Wandwärmeübergangs in folgender Form zur Anwendung:

$$\alpha = \tfrac{1}{2}\lambda_r v_{\text{char}} \rho c_p \tag{1.264}$$

Da der Reibbeiwert λ_r als Funktion der Reynolds-Zahl und der Wandbeschaffenheit dargestellt werden kann, erlaubt dieser Ansatz mit zusätzlichen Wahlmöglichkeiten für die charakteristische Geschwindigkeit v_{char} eine sehr flexible Anbindung des Wärmeübergangs an die lokalen (Strömungs-)Verhältnisse (siehe Abschn. 4.3.3).

Rohrströmung und Grenzschicht der ebenen Platte

Aus Experimenten und theoretischen Überlegungen geht hervor, dass die stationäre turbulente Rohrströmung analog zur turbulenten Grenzschichtströmung längs einer Platte verläuft. Beide Strömungen sind durch eine turbulente Kernströmung und eine viskose Unterschicht in Wandnähe gekennzeichnet und weisen gleiche Profile für Geschwindigkeits- und Temperaturverteilung auf. Die Maximalgeschwindigkeit im Rohr v_{max} entspricht der Geschwindigkeit der ungestörten Außenströmung über der Platte v_a, der Rohrradius R entspricht der Grenzschichtdicke δ. Wird der Abstand von der Wand mit y gekennzeichnet, gilt für das Rohr $y = R - r$ (vgl. Abb. 1.27). So kann die turbulente ausgebildete Rohrströmung mit den Methoden der Grenzschichttheorie behandelt werden, etliche analytische und experimentell gestützte Lösungen von der ebenen Platte werden auf das Rohr und in weiterer Folge auf den Zylinder von Verbrennungsmotoren übertragen.

Geschwindigkeitsprofile. Als näherungsweise Beschreibung der turbulenten Geschwindigkeitsprofile gilt folgender Potenzansatz:

$$\frac{\overline{v}(r)}{v_{\text{max}}} = \left[1 - \left(\frac{r}{R}\right)^m\right]^n = \left(\frac{y}{\delta}\right)^n = \frac{\overline{v}(y)}{v_a}. \tag{1.265}$$

Im Gegensatz zum laminaren Fall, für den Gl. (1.265) mit $m = 1$ und $n = 2$ die exakte Lösung der Bewegungsgleichungen darstellt, tritt bei der turbulenten Strömung eine Abhängigkeit des

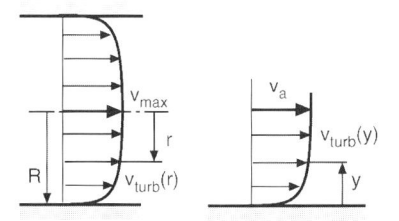

Abb. 1.27. Stationäre turbulente Strömung im Rohr und über der Platte

Geschwindigkeitsprofils von der Reynolds-Zahl auf. Die Geschwindigkeitsverteilung wird bei zunehmender Reynolds-Zahl immer gleichmäßiger. Es sei angemerkt, dass das Potenzprofil nach Gl. (1.265) die Verhältnisse in der viskosen Unterschicht nicht wiedergibt, weil die Ableitung nach r oder y und damit die Schubspannung direkt an der Wand verschwindet.

Für die aus Experimenten bestimmten Exponenten in Gl. (1.265) werden in der Literatur unterschiedliche Angaben gemacht, so etwa bei Prandtl [1.26] im sogenannten **1/7-Potenzgesetz** $m = 1$ und $n = 1/7$. Bei Karman [1.15] finden sich die Werte $1{,}25 < m < 2$ und $n = 1/7$, bei Nunner [1.20] $m = 1$ und $n = \sqrt{\lambda_r}$, wobei $\lambda_r = \lambda_r$ (Re) die Rohrreibungszahl oder den Reibbeiwert der Platte darstellt.

Anstelle des Potenzansatzes nach Gl. (1.265) ist auch ein logarithmischer Ansatz für die Geschwindigkeitsverteilung verbreitet, der als **logarithmisches Wandgesetz** der turbulenten Strömung bezeichnet wird:

$$v^+ = \frac{\overline{v}}{v_\tau} = \frac{1}{\kappa} \ln \frac{y v_\tau}{\nu} + C = \frac{1}{\kappa} \ln y^+ C. \qquad (1.266)$$

Darin steht v_τ für die **Schubspannungsgeschwindigkeit**, die als Funktion der Dichte ρ und der mittleren Schubspannung an der Wand $\overline{\tau}_W$ definiert ist:

$$v_\tau = \sqrt{\overline{\tau}_W / \rho}. \qquad (1.267)$$

Die Karman-Konstante κ hat den aus vielen Messungen gewonnenen Wert 0,41. Für die Integrationskonstante C gilt für glatte Wände $C = 5$. Gleichung (1.266) beschreibt die turbulente Grenzschicht im Bereich $50 < y v_\tau / \nu < 500$. Bei Annäherung an die Wand würde die Geschwindigkeit gegen unendlich gehen, während sie wegen der Haftbedingung gegen null gehen muss. Für die viskose Unterschicht wird folgender Ansatz verwendet:

$$v^+ = \frac{\overline{v}}{v_\tau} = \frac{y v_\tau}{\nu} = y^+. \qquad (1.268)$$

Für die technischen Anwendungen interessiert im Allgemeinen weniger das genaue Geschwindigkeitsprofil als vielmehr der auftretende fluidmechanische **Energieverlust**. Der spezifische Energieverlust durch Reibung Δe_r, der durch ein entsprechendes Druckgefälle Δp zu überwinden ist, wird mit dem Reibbeiwert λ_r proportional zur spezifischen kinetischen Energie angesetzt. Für ein Rohr mit dem Durchmesser D und der Länge l gilt:

$$\Delta p = \Delta e_r = \lambda_r \frac{l}{D} \frac{\rho v^2}{2}. \qquad (1.269)$$

Der Reibbeiwert (auch Rohrreibungszahl) λ_r hängt für **hydraulisch glatte Oberflächen** nur von der Reynolds-Zahl ab und wurde verschiedentlich experimentell bestimmt. Prandtl [1.28] und Nikuradse [1.19] geben für turbulente Rohrströmung folgende implizite Beziehung an:

$$1/\sqrt{\lambda_r} = 2{,}0 \lg(\mathrm{Re}\sqrt{\lambda_r}) - 0{,}8. \qquad (1.270)$$

Explizite Angaben finden sich für $2320 < \mathrm{Re} < 10^5$ bei Blasius [1.4] mit $\lambda_r = 0{,}316/\sqrt[4]{\mathrm{Re}}$ und für $\mathrm{Re} > 10^5$ bei Nikuradse mit $\lambda_r = 0{,}0032 + 0{,}221\, \mathrm{Re}^{-0{,}327}$.

Bei **technisch rauhen Oberflächen** beeinflusst neben der Reynolds-Zahl auch die Wandrauhigkeit die Reibung.

1.5 Grundlagen der Strömung mit Wärmetransport

Temperaturprofile und Wärmeübergang. Für das Profil der Temperaturgrenzschicht lässt sich ein zu Gl. (1.266) analoger Zusammenhang herleiten:

$$T^+ = \frac{\overline{T} - T_W}{T_\tau} = \frac{1}{\kappa_T} \ln \frac{y v_\tau}{\nu} + C_T = \frac{1}{\kappa_T} \ln y^+ + C_T. \qquad (1.271)$$

Darin stellt T_τ die sogenannte **Reibungstemperatur** dar, die als Funktion der mittleren Wandwärmestromdichte $\dot{\overline{q}}$, der Dichte ρ, der spezifischen Wärmekapazität c_p und der Schubspannungsgeschwindigkeit v_τ definiert ist:

$$T_\tau = -\frac{\dot{\overline{q}}}{\rho c_p v_\tau}. \qquad (1.272)$$

Für die Konstante κ_T wird der Wert 0,46 angegeben, die Integrationskonstante C_T ist eine Funktion der Prandtl-Zahl. Für glatte Wände und Pr $> 0,5$ gilt:

$$C_T = 13,7 \, \mathrm{Pr}^{2/3} - 7,5. \qquad (1.273)$$

Für den **Wärmeübergang durch erzwungene Konvektion** nach dem Newton'schen Ansatz Gl. (1.105) wird nach Nusselt [1.21] folgende Abhängigkeit der Nusselt-Zahl Nu von der Reynolds-Zahl Re und der Prandtl-Zahl Pr angesetzt:

$$\mathrm{Nu} = f(\mathrm{Re}, \mathrm{Pr}) = C \, \mathrm{Re}^{m_1} \, \mathrm{Pr}^{m_2}. \qquad (1.274)$$

Da die Prandtl-Zahl für Gase und Wasser im betrachteten Temperaturbereich als nahezu konstant angesehen werden kann, folgt für die Nusselt-Zahl:

$$\mathrm{Nu} = C_K \, \mathrm{Re}^m. \qquad (1.275)$$

Für die Konstante C_K finden sich für die Rohrströmung in der Literatur Werte zwischen 0,03 und 0,06, für den Exponenten m bei turbulenter Strömung Werte von 0,7 bis 0,8.

Während die vorgestellten Geschwindigkeits- und Temperaturprofile mit den getroffenen Annahmen für ausgebildete Grenzschichtströmungen in der Regel gute Näherungen darstellen, werden die Eigenschaften komplexer **instationärer Strömungen**, wie sie im Brennraum von Motoren auftreten, nicht korrekt wiedergegeben. Trotz vereinzelter Versuche, die Kompressibilität und das Instationärverhalten der Grenzschicht zu berücksichtigen (siehe etwa [4.65]), birgt die Modellierung des instationären Grenzschichtverhaltens, insbesondere des Wärmeübergangs, noch große Herausforderungen.

Obwohl der Brennraum eines Kolbenmotors nur in sehr grober Näherung einem stationär durchströmten Rohr gleicht, werden in Ermangelung geeigneter Ansätze die Ergebnisse der stationären Rohrströmung entsprechend modifiziert auch auf die Beschreibung der Strömung mit Wärmetransport im Brennraum angewandt (vgl. Abschn. 4.2.5 und 4.3.3).

2 Verbrennung

Die Verbrennung stellt den entscheidenden Vorgang im Arbeitsprozess des Verbrennungsmotors dar. Der starke Anstieg von Temperatur und Druck infolge der Verbrennung liefert die Nutzarbeit der Verbrennungskraftmaschine, verursacht aber auch den Wandwärmeverlust und ist für die Schadstoffbildung verantwortlich.

Der Verbrennungsablauf in Verbrennungskraftmaschinen ist durch hochdynamische Strömungsvorgänge, molekularen Transport und chemische Reaktionen gekennzeichnet und entzieht sich wegen seiner Komplexität einer exakten Berechnung. Unterstützt von der ständig zunehmenden Leistungsfähigkeit der Computer werden jedoch intensive Anstrengungen unternommen, die Genauigkeit der Verbrennungssimulation mit phänomenologischen wie chemischen Modellen zu verbessern.

Im Folgenden wird ein Überblick über Brennstoffe, Zündung und Verbrennung sowie über die erforderlichen chemischen Grundlagen gegeben. Zur Vertiefung sei auf die Literatur verwiesen [2.2, 2.15, 2.35]. Ein Abschnitt ist der Brennstoffzelle gewidmet, in der die Oxidation von Brennstoff ohne „heiße Verbrennung" erfolgt.

2.1 Brennstoffe

Technische Brennstoffe beinhalten als Hauptenergieträger die Elemente **Kohlenstoff** und **Wasserstoff**. Dazu kommen andere meist unerwünschte brennbare Komponenten, wie z. B. Schwefel, sowie Ballaststoffe (Sauerstoff, Wasser, Stickstoff, Asche usw.).

Brennstoffe für Verbrennungsmotoren werden auch **Kraftstoffe** genannt. Es kommen flüssige und gasförmige Brennstoffe in Frage. Wiederholte Versuche, feste Brennstoffe ohne vorherige Umwandlung im Motor zu verarbeiten, haben bisher zu keinem Erfolg geführt.

Bei der Herstellung von Kraftstoffen treten zum Teil erhebliche Umwandlungsverluste auf (siehe Abb. 2.1).

Nach ihrer **Herkunft** können die Brennstoffe eingeteilt werden in Brennstoffe auf fossiler oder nichtfossiler Basis.

Brennstoffe auf fossiler Basis
– Mineralölbasis: Die Brennstoffe werden durch Destillation und teilweise Umwandlung in der Raffinerie gewonnen.
– Kohlebasis: Die Kohle muss durch Hydrierung oder Vergasung mit anschließender Synthese verflüssigt werden.

Brennstoffe auf nichtfossiler Basis
– Biomasse: Methanol durch Vergasung, Ethanol durch Gärung, Rapsmethylester (RME)
– Elektrische Energie: Wasserstoff durch Elektrolyse
– Sonnenenergie: Wasserstoff durch Photosynthese
– Kernenergie: Wasserstoff, thermochemisch oder durch Elektrolyse

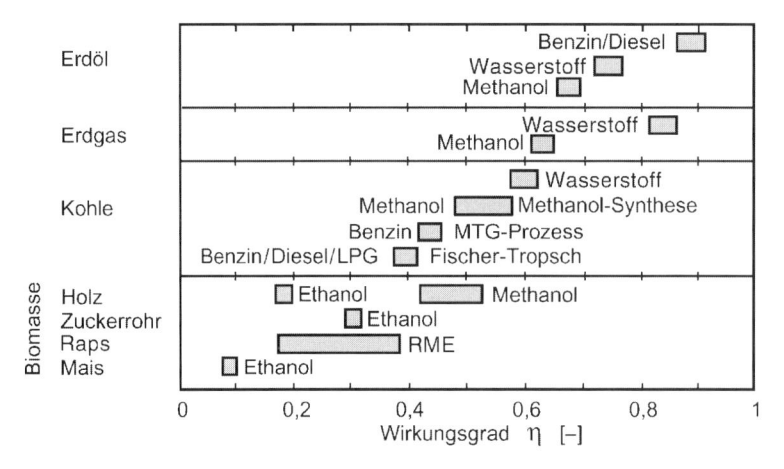

Abb. 2.1. Wirkungsgrade verschiedener Verfahren zur Kraftstoffherstellung [2.26]

Abb. 2.2. a Normal-Paraffine (ohne Verzweigung), **b** Iso-Paraffine (mit Verzweigung)

Kraftstoffe sind in der Regel Gemische aus vielen chemischen Verbindungen. Diese können nach ihrer **chemischen Struktur**, welche auch die Eigenschaften der Kraftstoffe bestimmt, eingeteilt werden.

Zu den **reinen Kohlenwasserstoffen** (HC-Verbindungen) zählen:
Paraffine (Alkane): kettenförmige einfache HC-Verbindungen, Bruttoformel C_nH_{2n+2}
– Normal-Paraffine: ohne Verzweigung (siehe Abb. 2.2a)
– Iso-Paraffine: mit Verzweigung (siehe Abb. 2.2b)
Olefine (Alkene): kettenförmige HC-Verbindungen mit Doppelbindung
– Mono-Olefine: eine Doppelbindung, Bruttoformel C_nH_{2n} (siehe Abb. 2.3a)
– Di-Olefine: zwei Doppelbindungen, Bruttoformel C_nH_{2n-2} (siehe Abb. 2.3b)
Naphthene (Zyclo-Alkane): ringförmige einfache HC-Verbindungen, Bruttoformel C_nH_{2n} (siehe Abb. 2.3c)
Aromaten: HC-Verbindungen, welche auf dem Benzolring mit sechs C-Atomen mit drei Doppelbindungen aufbauen (siehe Abb. 2.3d)

Als **Sauerstoffträger** werden Kohlenwasserstoffe mit angelagerten Sauerstoffatomen bezeichnet. Diese vermindern den Heizwert und den Luftbedarf des Brennstoffs. Dazu gehören:
Alkohole: Verbindungen mit einer an ein Kohlenstoffatom angelagerten OH-Gruppe (siehe Abb. 2.4)
Ether: Verbindungen mit einem Sauerstoffatom zwischen zwei C-Atomen

2.1 Brennstoffe

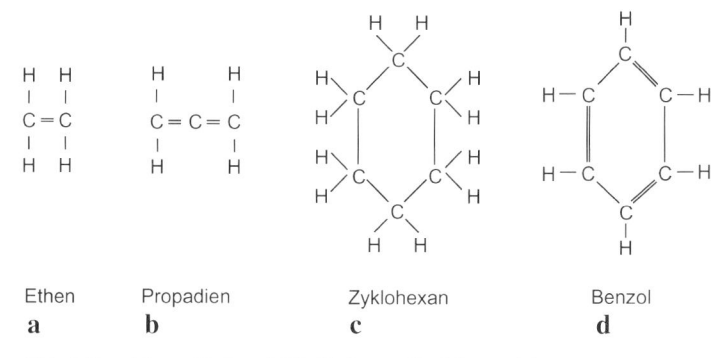

Abb. 2.3. a Mono-Olefine, b Di-Olefine, c Naphthene, d Aromaten

Abb. 2.4. Alkohole

Die chemische Struktur und vor allem die Kettenlänge, ausgedrückt durch die Zahl der Kohlenstoffatome, bestimmen die Eigenschaften der Kohlenwasserstoffe. Die **Siedetemperatur** steigt mit der Zahl der C-Atome (siehe Abb. 2.5a). Die **Dichte** steigt ebenfalls mit der Zahl der C-Atome, bei den Aromaten bleibt sie etwa konstant (siehe Abb. 2.5b). Der **Heizwert** fällt mit der Zahl der C-Atome, nur bei Aromaten nimmt er zu (siehe Abb. 2.5c).

Tabelle A.8 gibt einen Überblick über die thermodynamischen Eigenschaften von Brennstoffen. Ausführliche Angaben sind in der Literatur enthalten [2.9, 2.36].

Für den Betrieb von Ottomotoren wird in erster Linie **Benzin** verwendet. Dieses ist ein Gemisch von relativ niedrig siedenden Kohlenwasserstoffen und wird in der Regel aus Erdöl gewonnen. Der Siedebereich liegt zwischen 30 °C und 200 °C. Abbildung 2.6 zeigt die Siedekurve eines Ottokraftstoffs, sie kann aber je nach Herstellung, angepasst an die verschiedenen Einsatzzwecke (Sommer- oder Winterkraftstoff), merklich variieren.

Ottokraftstoffe sollten eine geringe Neigung zur Selbstzündung haben, damit es nicht zum Klopfen kommt. Die Oktanzahl (OZ) ist ein Maß für die Klopfneigung. Sie vergleicht die Klopfeigenschaften des zu prüfenden Kraftstoffs bei genormten Betriebsbedingungen mit denjenigen eines Gemischs aus Iso-Oktan C_8H_{18} (zündunwillig – klopffest) und n-Heptan C_7H_{16} (zündwillig – klopffreudig).

Ottokraftstoffe, vor allem bleifreies Benzin, enthalten Zusätze von Sauerstoffträgern (Alkohole, Ether) zur Erhöhung der Klopffestigkeit. Die dadurch verursachte Verminderung des Heizwerts und des Luftbedarfs kann merklich sein.

Bei **gasförmigen Kraftstoffen** wird die Klopffestigkeit durch die Methanzahl (MZ) angegeben. Der zu prüfende Kraftstoff wird unter genormten Betriebsbedingungen mit einer Mischung aus Methan (MZ, 100; klopffest) und Wasserstoff (MZ, 0; zündwillig) mit gleicher Klopfneigung verglichen, wobei die Methanzahl den Anteil an Methan in dieser Mischung in Volumsprozent angibt.

Abb. 2.5. Eigenschaften von HC-Verbindungen [2.26]: **a** Siedetemperatur, **b** Dichte, **c** Heizwert. △ Naphthene, □ Aromaten, ○ Olefine, × n-Paraffine, + i-Paraffine, ■ Mehrringaromaten

Abb. 2.6. Siedekurven von Benzin und Dieselkraftstoff

Abb. 2.7. $c_p T$-Diagramm von Benzindampf

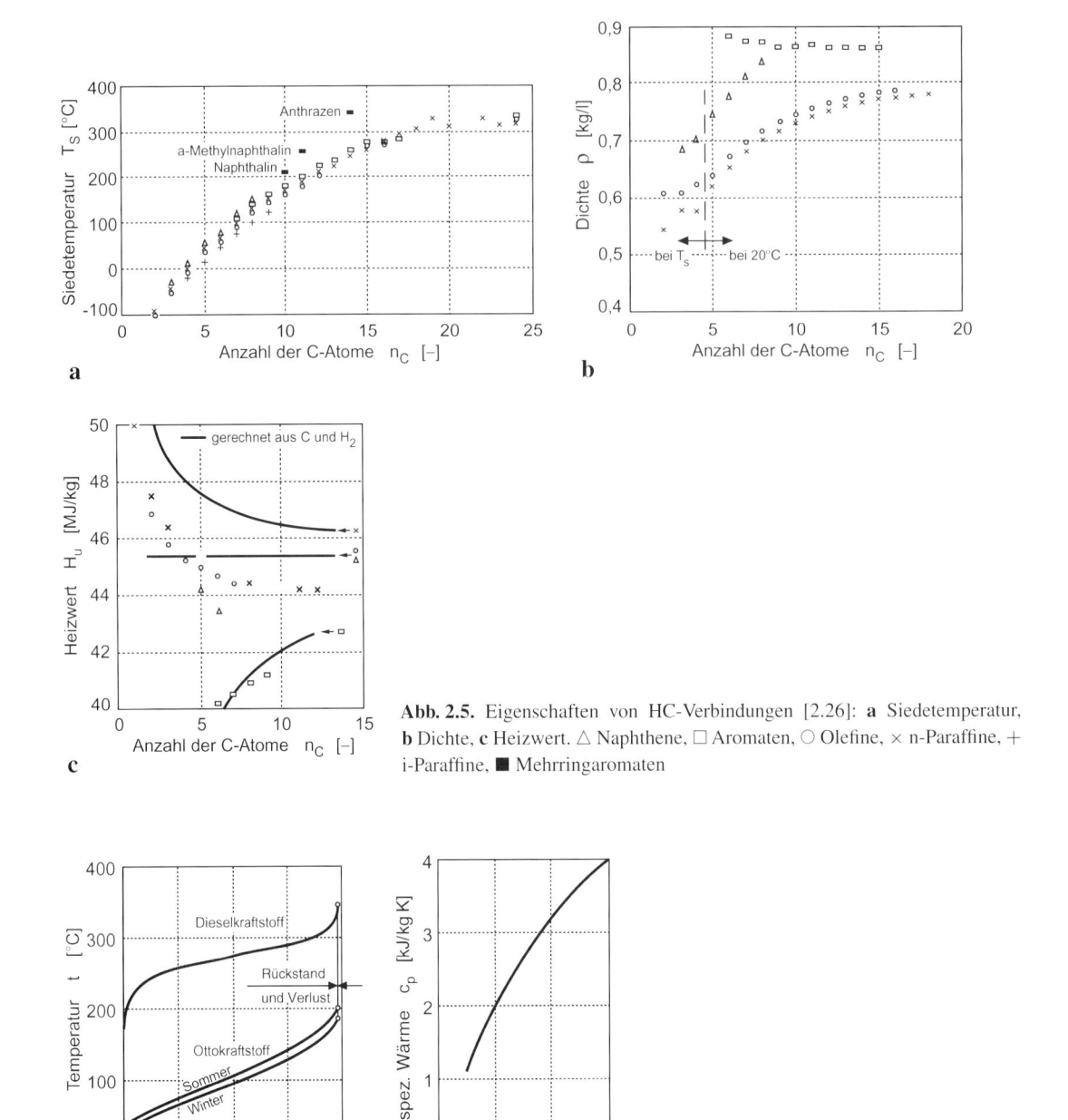

Abbildung 2.7 gibt die spezifische Wärmekapazität c_p, Tabelle A.9 darüber hinaus die innere Energie u sowie die Enthalpie h von Benzindampf in Abhängigkeit von der Temperatur an.

Dieselkraftstoff unterscheidet sich von Benzin im Wesentlichen durch den Siedebereich (siehe Abb. 2.6) und durch die Zündeigenschaften. Auch der Siedebereich von Dieselkraftstoffen wird an die klimatischen Gegebenheiten angepasst.

2.2 Luftbedarf und Luftverhältnis

Dieselkraftstoffe sollten möglichst zündwillig sein. Diese Eigenschaft wird durch die Cetanzahl (CZ) bewertet, welche den Zündverzug des zu prüfenden Kraftstoffs bei genormten Betriebsbedingungen mit demjenigen eines Gemischs aus Cetan $C_{16}H_{34}$ (zündwillig) und α-Methylnaphthalin $C_{11}H_{10}$ (zündunwillig) vergleicht.

Das C/H-Verhältnis und der Heizwert unterscheiden sich kaum von den Werten bei Benzin, so dass die energetische Rechnung und die Stoffgrößen des Verbrennungsgases bei beiden Kraftstoffen fast gleich sind.

Vor allem aus sicherheitstechnischer Sicht interessant sind zwei physikalische Eigenschaften eines Kraftstoffs, seine Zündtemperatur und sein Flammpunkt. Die **Zündtemperatur** ist die niedrigste Temperatur, bei der eine selbständige Entzündung des Kraftstoffs in einem offenen Gefäß erfolgt. Der **Flammpunkt** ist die Temperatur, bei der in einem offenen Gefäß bei Raumtemperatur gerade soviel Kraftstoff verdampft, dass ein durch Fremdzündung entflammbares Gemisch entsteht. Je nach Höhe dieses Flammpunkts erfolgt die Einteilung des Kraftstoffs in unterschiedliche Gefahrenklassen. So liegt Benzin mit einem Flammpunkt von $<0\,°C$ in der höchsten Gefahrenklasse (vgl. Tabelle A.8).

Aus motorischer Sicht relevant sind die Zündgrenzen, das sind die durch das Luftverhältnis gekennzeichneten Mischungsverhältnisse von Luft und Kraftstoff, innerhalb derer eine Zündung möglich ist (vgl. Abschn. 2.8.3).

2.2 Luftbedarf und Luftverhältnis

Stöchiometrischer Luftbedarf

Der stöchiometrische Luftbedarf L_{st} kann aus dem Sauerstoffbedarf der Reaktion und der Zusammensetzung der Luft ($N_2 : O_2 = 0{,}79 : 0{,}21$) errechnet werden:

$$L_{st} = \frac{1}{0{,}21} O_{2st} = 4{,}76\, O_{2st}. \tag{2.1}$$

Darin sind L_{st} der stöchiometrische Luftbedarf in kmol je kg Brennstoff und O_{2st} der **stöchiometrische Sauerstoffbedarf** in kmol O_2 je kg Brennstoff.

Als Beispiel sei im Folgenden die Berechnung des stöchiometrischen Luftbedarfs für einen Kohlenwasserstoff $C_xH_yO_z$ angeführt:

$$C_xH_yO_z + \left(x + \frac{y}{4} - \frac{z}{2}\right)O_2 \rightarrow xCO_2 + \frac{y}{2}H_2O. \tag{2.2}$$

Der Sauerstoffbedarf der stöchiometrischen Verbrennung beträgt:

$$O_{2st} = \left(x + \frac{y}{4} - \frac{z}{2}\right)\frac{\text{kmol}\,O_2}{\text{kmol B}}. \tag{2.3}$$

Daraus ergibt sich der stöchiometrische Luftbedarf nach Gl. (2.1) zu:

$$L_{st} = 4{,}76\left(x + \frac{y}{4} - \frac{z}{2}\right)\frac{\text{kmol L}}{\text{kmol B}}. \tag{2.4}$$

Bei flüssigen und festen Brennstoffen ist meistens die molare Masse des Brennstoffs nicht genau bekannt, sondern nur die Elementaranalyse in Masseanteilen. In diesem Fall ist es günstiger, den

Sauerstoff- und Luftbedarf auf 1 kg Brennstoff zu beziehen. Mit Berücksichtigung des Schwefelgehalts gilt:

$$O_{2st} = \frac{c}{12{,}01} + \frac{h}{4{,}032} + \frac{s}{32{,}06} - \frac{o}{32{,}00}, \qquad (2.5)$$

$$L_{st} = 4{,}76\left(\frac{c}{12{,}01} + \frac{h}{4{,}032} + \frac{s}{32{,}06} - \frac{o}{32{,}00}\right). \qquad (2.6)$$

Darin sind O_{2st} der stöchiometrische Sauerstoffbedarf in kmol O_2 je kg Brennstoff und L_{st} der stöchiometrische Luftbedarf in kmol Luft je kg Brennstoff. Die Kleinbuchstaben c, h, s und o stehen für die Masseanteile an Kohlenstoff, Wasserstoff, Schwefel und Sauerstoff.

Der stöchiometrische Luftbedarf in kg Luft je kg Brennstoff ergibt sich dann zu:

$$L_{st} = 137{,}8\left(\frac{c}{12{,}01} + \frac{h}{4{,}032} + \frac{s}{32{,}06} - \frac{o}{32{,}00}\right). \qquad (2.7)$$

Luftverhältnis

Die bei der Verbrennung zugeführte Luftmenge weicht in der Regel vom stöchiometrischen Luftbedarf ab. Diese Abweichung wird durch das Luftverhältnis λ (auch Luftzahl) gekennzeichnet. Mit O_2 als tatsächlich zugeführter Sauerstoffmenge (bezogen auf 1 kg oder 1 kmol Brennstoff) und L als tatsächlich zugeführter Luftmenge (bezogen auf 1 kg oder 1 kmol Brennstoff) gilt:

$$\lambda = O_2/O_{2st}, \qquad (2.8)$$

$$\lambda = L/L_{st}. \qquad (2.9)$$

Das Luftverhältnis ist eine wichtige Kennzahl jeder Verbrennung. Bei konventionellen Ottomotoren liegt es zwischen etwa 0,8 und 1,2, bei Dieselmotoren zwischen etwa 1,3 bei Volllast und um 5 oder mehr bei Leerlauf.

Bei Luftverhältnissen $\lambda < 1$ kann infolge Sauerstoffmangels nicht der ganze Brennstoff umgesetzt werden. Man spricht in diesem Fall von **unvollständiger Verbrennung**.

Im englischen Sprachraum wird häufig der Kehrwert des Luftverhältnisses verwendet, der als „Equivalence Ratio" bezeichnet wird:

$$\phi = L_{st}/L = 1/\lambda. \qquad (2.10)$$

Luftverhältnis aus Brennstoff- und Luftmengenmessung

Das Luftverhältnis λ lässt sich am einfachsten durch eine Brennstoff- und Luftmengenmessung mit Hilfe der Definitionsgleichung (2.9) ermitteln: $\lambda = L/L_{st}$. Darin sind L die zugeführte Luftmenge und L_{st} der stöchiometrische Luftbedarf in kg je kg Brennstoff. Umgerechnet auf die während der Beobachtungszeit zugeführte Brennstoffmasse ergibt sich:

$$\lambda = \frac{m_L}{L_{st} m_B}. \qquad (2.11)$$

Darin sind m_L und m_B die während der Beobachtungszeit zugeführten Massen an Luft und Brennstoff in kg. Anstelle der Massen können auch die Stoffmengen (in kmol) oder die Normvolumina (in m³ bei Normzustand) eingesetzt werden, wobei auch für L_{st} die entsprechende Dimension zu verwenden ist.

Der stöchiometrische Luftbedarf lässt sich aus der Elementaranalyse des Brennstoffs mit Hilfe der Gln. (2.4), (2.5) oder (2.7) berechnen. Bei sorgfältiger Messung ist diese Methode die genaueste. Sie bietet sich auch deshalb an, weil bei Prüfstandsmessungen die Brennstoffmenge fast immer und die Luftmenge häufig mitgemessen werden. Dabei ist zu beachten, dass Spülverluste und Restgasanteil bei dieser Art der Bestimmung des Luftverhältnisses nicht berücksichtigt werden (vgl. Abschn. 4.2.3).

Das Luftverhältnis kann auch aus der **Abgasanalyse** ermittelt werden (siehe Abschn. 2.5.3). Dies ist dann notwendig, wenn keine Brennstoff- und Luftmengenmessungen vorliegen oder wenn diese überprüft werden sollen.

2.3 Energiebilanz und Heizwert

Bei der Verbrennung wird chemisch gebundene Energie in fühlbare Wärme umgewandelt. Die Energiebilanz kann nach zwei Methoden aufgestellt werden.

Rechnung mit Absolutwerten

Die chemische Energie wird der inneren Energie oder der Enthalpie zugezählt. Der Nullpunkt für die einzelnen Komponenten des Verbrennungsgases (N_2, CO_2, H_2O, O_2 usw.) wird bei 0 K angenommen. Für die brennbaren Komponenten des Brennstoffs (C, H usw.) ergeben sich daher bei 0 K positive Energie- und Enthalpiewerte. Es kann aber auch der Nullpunkt für die Elemente N_2, O_2, H_2, $C_{Graphit}$ bei 0 K festgelegt werden, so dass sich für die Verbrennungsgaskomponenten CO_2, H_2O bei 0 K eine negative innere Energie oder Enthalpie ergibt. Damit ergeben sich bei adiabater Verbrennung die folgenden Energiebilanzen.

Gleichraumverbrennung in einem geschlossenen System:

$$U'_{abs} = U''_{abs}. \tag{2.12}$$

Darin sind U'_{abs} die innere Energie von Brennstoff und Luft vor der Verbrennung bezogen auf 1 kg oder 1 kmol Brennstoff und U''_{abs} die innere Energie des Verbrennungsgases bezogen auf 1 kg oder 1 kmol Brennstoff.

Gleichdruckverbrennung in einem geschlossenen System und Verbrennung in einem offenen System:

$$H'_{abs} = H''_{abs}. \tag{2.13}$$

Darin sind H'_{abs} die Enthalpie von Brennstoff und Luft vor der Verbrennung bezogen auf 1 kg oder 1 kmol Brennstoff und H''_{abs} die Enthalpie des Verbrennungsgases bezogen auf 1 kg oder 1 kmol Brennstoff.

Abbildung 2.8a zeigt diese Bilanz in einem *HT*-Diagramm. Die niedrigere Lage der Enthalpiekurve des Verbrennungsgases führt also bei gleichbleibender Enthalpie zu einer Erhöhung der Temperatur. Bei adiabater Verbrennung wird die **theoretische Verbrennungstemperatur** erreicht (vgl. [2.15]).

Rechnung mit Heizwert

In der technischen Anwendung ist es üblich, mit dem Heizwert zu rechnen. Dabei werden, wie in Abb. 2.8b dargestellt, der Nullpunkt für die innere Energie oder die Enthalpie sowohl des

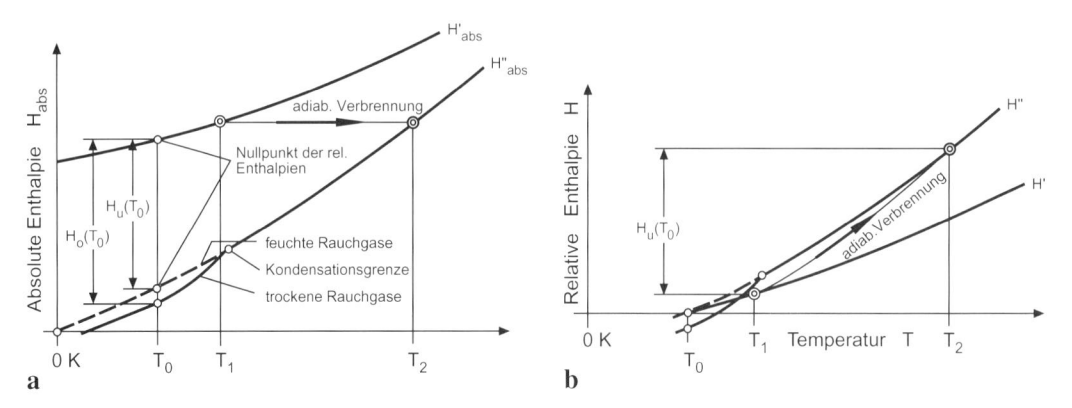

Abb. 2.8. *HT*-Diagramme der Verbrennung mit Absolutwerten (**a**), mit Relativwerten (**b**)

Brennstoffs und der Luft als auch der Produkte der vollständigen Verbrennung (CO_2, H_2O, N_2, O_2) bei derselben Temperatur T_0 (z. B. bei 0 °C) festgelegt. Die Differenz zwischen den Absolutwerten der inneren Energie oder der Enthalpie von Brennstoff und Luft einerseits und den Verbrennungsprodukten andererseits wird Heizwert bei konstantem Volumen H_v bzw. Heizwert bei konstantem Druck H_p genannt. Diese Heizwerte sind gleich der negativen Reaktionsenergie

$$H_v(T) = U'_{\text{abs}}(T) - U''_{\text{abs}}(T) = -\Delta U_R(T) \tag{2.14}$$

bzw. gleich der negativen Reaktionsenthalpie

$$H_p(T) = H'_{\text{abs}}(T) - H''_{\text{abs}}(T) = -\Delta H_R(T). \tag{2.15}$$

Darin sind $H_v(T)$ der Heizwert bei konstantem Volumen bei der Temperatur T und $\Delta U_R(T)$ die Reaktionsenergie bei der Temperatur T sowie $H_p(T)$ der Heizwert bei konstantem Druck bei der Temperatur T und $\Delta H_R(T)$ die Reaktionsenthalpie bei der Temperatur T. Alle Größen sind bezogen auf 1 kg oder 1 kmol Brennstoff.

Die Heizwerte H_v und H_p sind schwach temperaturabhängig. Wenn der Heizwert bei der gleichen Nullpunktstemperatur T_0 bestimmt wird wie die innere Energie oder die Enthalpie, folgt für die Energiebilanz der adiabaten Verbrennung von 1 kg oder 1 kmol Brennstoff
– für **Gleichraumverbrennung** in einem geschlossenen System:

$$U' + H_v(T_0) = U'' \tag{2.16}$$

– für **Gleichdruckverbrennung** in einem geschlossenen System sowie Verbrennung in einem offenen System:

$$H' + H_p(T_0) = H''. \tag{2.17}$$

Darin sind U' die innere Energie von Brennstoff und Luft bezogen auf die Temperatur T_0, U'' die innere Energie des Verbrennungsgases bezogen auf die Temperatur T_0 und $H_v(T_0)$ der Heizwert bei konstantem Volumen bei der Temperatur T_0 sowie H' die Enthalpie von Brennstoff und Luft bezogen auf die Temperatur T_0, H'' die Enthalpie des Verbrennungsgases bezogen auf die Temperatur T_0 und $H_p(T_0)$ der Heizwert bei konstantem Druck bei der Temperatur T_0. Alle Größen sind bezogen auf 1 kg oder 1 kmol Brennstoff.

Entsprechend Gl. (2.16) bzw. (2.17) kann der Heizwert bestimmt werden, indem das Verbrennungsgas auf die Bezugstemperatur T_0 abgekühlt und die abzuführende Wärme gemessen wird.

2.3 Energiebilanz und Heizwert

Zwischen dem Heizwert bei konstantem Volumen und dem Heizwert bei konstantem Druck besteht die Beziehung:

$$H_v - H_p = p\Delta V. \quad (2.18)$$

Darin sind p der Verbrennungsdruck und ΔV die Volumenvergrößerung bei der Verbrennung mit konstantem Druck nach Abkühlung auf die Bezugstemperatur T_0 bezogen auf die Brennstoffmasse.

Die Volumenvergrößerung ΔV erfolgt durch eine Änderung der Molzahl der gasförmigen Komponenten. Bei der Verbrennung von festem Kohlenstoff erfolgt keine Änderung der Molzahl, d. h., beide Heizwerte sind gleich. Bei der Verbrennung von gasförmigem Wasserstoff erfolgt eine Verkleinerung der Molzahl, und H_v ist um ca. 4‰ kleiner als H_p. Bei der Verbrennung von flüssigen Kohlenwasserstoffen erfolgt eine Vergrößerung der Molzahl, und H_v ist um ca. 3‰ größer als H_p.

Für die Berechnung technischer Feuerungen wird der Heizwert bei konstantem Druck benötigt, weshalb in der Literatur in der Regel H_p angegeben wird. Für die Berechnung des thermodynamischen Arbeitsprozesses von Verbrennungsmotoren wird allerdings der Heizwert bei konstantem Volumen benötigt. Die Unterschiede können aber meist vernachlässigt werden.

Bei der üblichen Heizwertbestimmung kondensiert der Wasserdampf in den Rauchgasen, so dass die Kondensationswärme frei wird. Man misst auf diese Weise den oberen Heizwert oder Brennwert H_o. Bei der üblichen Verbrennungsrechnung wird aber (zum Unterschied zur Rechnung mit feuchter Luft) der Nullpunkt für den Wasserdampf festgelegt, und man muss daher den Heizwert H_u (früher: unterer Heizwert) in die Rechnung einsetzen:

$$H_u = H_o - r\mu_{H_2O}. \quad (2.19)$$

Darin sind H_u der Heizwert in kJ/kg, H_o der obere Heizwert oder Brennwert in kJ/kg, r die Verdampfungswärme des Wassers ($r = 2500$ kJ/kg bei 0 °C) und μ_{H_2O} der Masseanteil des Wasserdampfs.

Heizwert bezogen auf das Verbrennungsgas

Verbrennungsrechnungen werden häufig je kg oder kmol Verbrennungsgas durchgeführt. Dementsprechend ist es auch sinnvoll, den Heizwert auf 1 kg oder 1 kmol Verbrennungsgas zu beziehen.

Bezogen auf 1 kg Verbrennungsgas gilt:

$$h_u^* = \frac{H_u}{\lambda L_{st} + 1}. \quad (2.20)$$

Darin sind h_u^* der Heizwert bezogen auf 1 kg Verbrennungsgas, H_u der Heizwert je 1 kg Brennstoff und L_{st} der stöchiometrische Luftbedarf in kg je kg Brennstoff.

Bezogen auf 1 kmol Verbrennungsgas gilt:

$$H_u^* = \frac{H_u}{\lambda L_{st} + 1} M_{VG}. \quad (2.21)$$

Darin sind H_u^* der Heizwert bezogen auf 1 kmol Verbrennungsgas, H_u der Heizwert je kg Brennstoff, L_{st} der stöchiometrische Luftbedarf in kg je kg Brennstoff, M_{VG} die molare Masse des Verbrennungsgases (siehe Abb. A.8 oder aus Tabelle A.11 über R_m errechenbar). Für einen durchschnittlichen Brennstoff H/C = 2 und $\lambda > 1$ kann mit guter Näherung $M_{VG} = 28,9$ kg/kmol gesetzt werden.

Wenn H_u und L_{st} auf 1 kmol Brennstoff bezogen sind, kann folgende Gleichung verwendet werden:

$$H_u^* = H_u/n_{VG}. \tag{2.22}$$

Darin sind H_u der Heizwert bezogen auf 1 kmol Brennstoff und n_{VG} die Stoffmenge des Verbrennungsgases in kmol je kmol Brennstoff (kann aus der Reaktionsgleichung errechnet werden).

Bei Luftmangel kann die dem Verbrennungsgas zugeführte Brennstoffenergie entsprechend Gl. (2.20), (2.21) oder (2.22) nicht zur Gänze genutzt werden, sondern es geht ein Teil durch Unverbranntes verloren (siehe Abb. 2.15).

Gemischheizwert

Bei Verbrennungsmotoren ist die in den Zylinder eingebrachte Brennstoffenergie entscheidend für den mittleren effektiven Druck und das Drehmoment.

Zur Berechnung dieser Energie wird der Gemischheizwert H_G definiert. Er ist diejenige Energie, die mit 1 m^3 Frischladung – bezogen auf den Außenzustand – in den Zylinder eingebracht werden kann. Bei gemischansaugenden Motoren (Ottomotoren) wird der Gemischheizwert auf 1 m^3 Gemisch, bei luftansaugenden Motoren auf 1 m^3 Luft bezogen.

Für **gemischansaugende** Motoren gilt:

$$H_G = \frac{m_B H_u}{V_G}.$$

Setzt man in diesem Ausdruck für

$$V_G = (m_L + m_B)/\rho_G$$

und weiters für

$$m_L = \lambda L_{st} m_B,$$

so ergibt sich der Gemischheizwert des gemischansaugenden Motors zu:

$$H_G = \frac{H_u \rho_G}{\lambda L_{st} + 1}. \tag{2.23}$$

In diesen Gleichungen sind H_G der Gemischheizwert des gemischansaugenden Motors in kJ/m^3, H_u der Heizwert in kJ/kg, m_B die Masse des Brennstoffs in kg, m_L die Masse der Luft in kg, V_G das Volumen des Gemischs in m^3, ρ_G die Dichte des Gemischs (bezogen auf Außenzustand) in kg/m^3, λ das Luftverhältnis und L_{st} der stöchiometrische Luftbedarf in kg/kg.

Analog gilt für **luftansaugende** Motoren:

$$\overline{H_G} = \frac{m_B H_u}{V_L}.$$

Unter Verwendung der Ausdrücke

$$V_L = m_L/\rho_L$$

und

$$m_L = \lambda L_{st} m_B$$

2.3 Energiebilanz und Heizwert

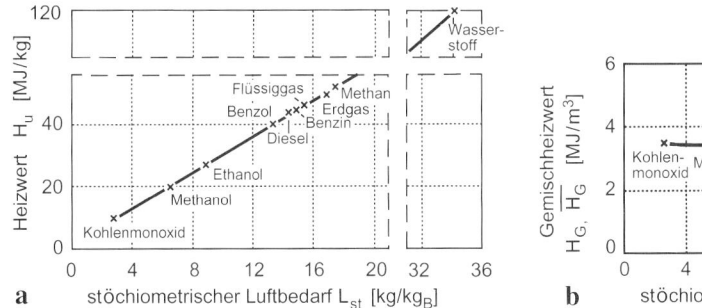

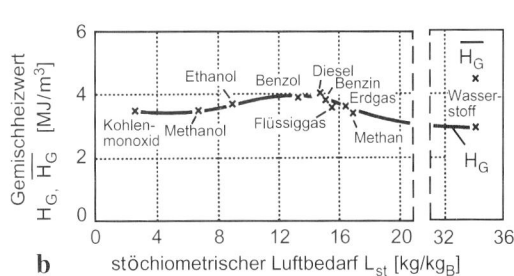

Abb. 2.9. Heizwert (**a**) und Gemischheizwerte (**b**) bei $\lambda = 1$ für verschiedene Brennstoffe

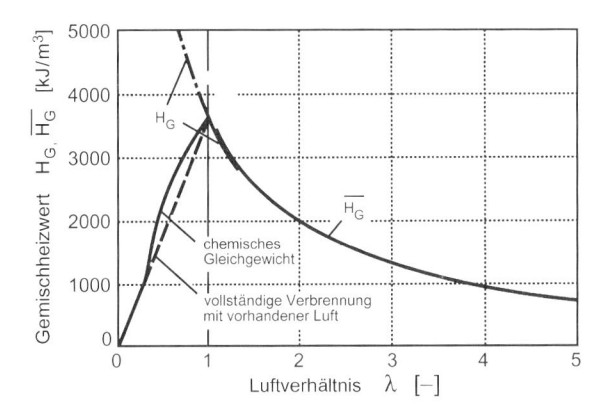

Abb. 2.10. Gemischheizwerte als Funktion des Luftverhältnisses für Benzin (Bezugszustand: 1 bar, 300 K)

folgt daraus der Gemischheizwert des luftansaugenden Motors:

$$\overline{H_G} = \frac{H_u \rho_L}{\lambda L_{st}}. \qquad (2.24)$$

In diesen Gleichungen sind $\overline{H_G}$ der Gemischheizwert des luftansaugenden Motors in kJ/m³, V_L das Volumen der Luft in m³ und ρ_L die Dichte der Luft (bezogen auf Außenzustand) in kg/m³.

Abbildung 2.9 zeigt den Heizwert und den Gemischheizwert bei stöchiometrischer Verbrennung von verschiedenen Brennstoffen. Man sieht, dass trotz sehr unterschiedlicher Heizwerte der Gemischheizwert annähernd gleich ist. Nur bei Brennstoffen mit hohem Anteil an Inertgasen (Klärgase, Gichtgase usw.) und bei Abgasrückführung ist der Gemischheizwert merklich niedriger.

Nach Gl. (2.23) und (2.24) ergibt sich ein starker Einfluss des Luftverhältnisses, der in Abb. 2.10 dargestellt ist. Der Kurventeil, der sich nach diesen Gleichungen für $\lambda < 1$ ergibt, ist allerdings unrealistisch, weil dort nicht genügend Luft zur Verfügung steht, um den gesamten Brennstoff vollständig zu verbrennen. Die tatsächlich umsetzbare Energie ergibt sich vereinfacht unter Zugrundelegung einer vollständigen Verbrennung mit der vorhandenen Luft, während der restliche Brennstoff unverbrannt bleibt. Eine genauere Rechnung muss das chemische Gleichgewicht des Verbrennungsgases berücksichtigen (siehe Abschn. 2.4), in Abb. 2.10 als durchgezogene Linie im Bereich $\lambda < 1$ eingetragen.

Verbrennung in geschlossenem System

Für die Berechnung des Verbrennungsvorgangs im Zylinder einer Verbrennungskraftmaschine ist der **1. Hauptsatz** für geschlossene Systeme anzuwenden. Im Allgemeinen findet während der

Verbrennung eine Wärmeabfuhr statt und bei Verbrennungsmotoren außerdem noch eine Arbeitsleistung. Zusätzlich muss berücksichtigt werden, dass Brennstoff und Luft wie z. B. beim Dieselmotor mit verschiedenen Temperaturen zugeführt werden können. Damit lautet die allgemeine Energiegleichung für das geschlossene System:

$$m_B u_B(T_B) + m_L u_L(T_L) + m_B H_v = m_{VG} u_{VG}(T_{VG}) + Q_{ab} + \int p \, dV. \quad (2.25)$$

Darin sind m_B und m_L die Massen an Brennstoff und Luft, $m_{VG} = m_L + m_B$ die Masse des Verbrennungsgases, $u_B(T_B)$ die spezifische innere Energie des Brennstoffs bei der Temperatur T_B, mit welcher der Brennstoff zugeführt wird, $u_L(T_L)$ die spezifische innere Energie der Luft bei der Temperatur T_L, mit der die Luft zugeführt wird, $u_{VG}(T_{VG})$ die spezifische innere Energie des Verbrennungsgases bei der Verbrennungstemperatur T_{VG}, H_v der Heizwert bei konstantem Volumen (gemessen bei der Bezugstemperatur T_0 für die inneren Energien), Q_{ab} die während der Verbrennung abgeführte Wärme und $\int p \, dV$ die Volumänderungsarbeit während der Verbrennung.

Es sind also die inneren Energien und der Heizwert bei konstantem Volumen einzusetzen. Entsprechend Gl. (2.18) unterscheidet sich dieser geringfügig vom gewöhnlich tabellierten Heizwert bei konstantem Druck. Für die inneren Energien und den Heizwert ist dieselbe Bezugstemperatur T_0 zu wählen.

Gleichung (2.25) ist zur Berechnung des Verbrennungsvorgangs im geschlossenen Zylinder eines Verbrennungsmotors anzuwenden. Sie kann z. B. dazu benützt werden, um bei bekanntem Anfangszustand, bekannter Wärmeabfuhr und bekannter Arbeitsleistung die innere Energie u_{VG} des Verbrennungsgases zu berechnen und daraus bei bekannter Funktion $u_{VG}(T_{VG})$ die Verbrennungstemperatur T_{VG} zu ermitteln.

Verbrennung in stationärem offenem System

Für die Berechnung von stationären Feuerungen, aber auch für die Erstellung einer Gesamtbilanz für einen Motor ist der 1. Hauptsatz für stationäre Fließprozesse anzuwenden. Dabei findet in der Regel eine Wärmeabfuhr statt. Beim Verbrennungsmotor ist außerdem noch die Abgabe der technischen Arbeit zu berücksichtigen. Damit lautet die allgemeine Energiegleichung:

$$m_B h_B(T_B) + m_L h_L(T_L) + m_B H_p = m_{VG} h_{VG}(T_{VG}) + Q_{ab} + W_{t,ab}. \quad (2.26)$$

Darin sind $h_B(T_B)$ die Enthalpie des Brennstoffs bei der Temperatur T_B, mit welcher der Brennstoff zugeführt wird, $h_L(T_L)$ die Enthalpie der Luft bei der Temperatur T_L, mit der die Luft zugeführt wird, $h_{VG}(T_{VG})$ die Enthalpie des Verbrennungsgases bei der Verbrennungstemperatur T_{VG}, H_p der Heizwert bei konstantem Druck, Q_{ab} die abgeführte Wärme und $W_{t,ab}$ die abgegebene technische Arbeit.

In diesem Fall sind also die Enthalpie und der Heizwert bei konstantem Druck einzusetzen, wie er gewöhnlich tabelliert ist. Für die Enthalpien und den Heizwert ist dieselbe Bezugstemperatur T_0 zu wählen.

2.4 Chemisches Gleichgewicht

Die Verbrennung ist eine chemische Reaktion, bei der aus den Ausgangsprodukten Brennstoff und Luft das Endprodukt Verbrennungsgas gebildet wird. Die Berechnung der Zusammensetzung und der Stoffgrößen dieses Verbrennungsgases erfolgt bei vollständiger Verbrennung ohne Dissoziation

2.4 Chemisches Gleichgewicht

einfach aus der chemischen Bruttoreaktionsgleichung. Bei sehr hohen Temperaturen und vor allem bei Luftmangel kann die Zusammensetzung jedoch nur mit Hilfe des chemischen Gleichgewichts ermittelt werden. Bei der Modellierung der Zündung und der Schadstoffbildung schließlich ist die Reaktionskinetik von entscheidendem Einfluss.

Eine chemische Reaktion kann allgemein durch folgende Reaktionsgleichung beschrieben werden:

$$n_A A + n_B B + \cdots \rightarrow n_E E + n_F F + \cdots \qquad (2.27)$$

oder abgekürzt:

$$0 = \sum_i n_i P_i. \qquad (2.28)$$

Üblicherweise bezieht man die Reaktion auf 1 kmol eines Ausgangsprodukts. Wählt man dafür etwa die Komponente A, erhält man nach Division durch n_A:

$$A + \nu_B B + \cdots \rightarrow \nu_E E + \nu_F F + \cdots, \qquad (2.29)$$

$$0 = \sum_i \nu_{sti} P_i. \qquad (2.30)$$

Darin sind P_i die Reaktionspartner oder Komponenten mit den Ausgangsprodukten oder Reaktanten A, B, ... und den (End)produkten E, F, ..., n_i die Molzahl der Komponente i in kmol (in Gl. (2.28) negativ für Ausgangsprodukte und positiv für Endprodukte) und ν_{sti} die stöchiometrischen Koeffizienten der Komponenten i ($\nu_{sti} = n_i/n_A$, $\nu_{st\,A} = 1$).

Jede Reaktion kann grundsätzlich in beide Richtungen ablaufen und führt schließlich zum chemischen Gleichgewicht zwischen den Reaktionspartnern, indem sich die einzelnen Komponenten entsprechend den Zustandsgrößen des Gasgemischs in Konzentrationen einstellen, die sich auch bei unendlich langer Zeit nicht mehr ändern. Für die Hin- und Rückreaktion wird geschrieben:

$$n_A A + n_B B + \cdots \rightleftarrows n_E E + n_F F + \cdots \qquad (2.31)$$

Freie Enthalpie

Wie bei jedem thermodynamischen Gleichgewichtszustand lautet die Bedingung für chemisches Gleichgewicht, dass sich bei einer chemischen Reaktion in einem adiabaten System die Entropie nicht ändern darf. Es gilt also entsprechend Gl. (1.16):

$$\sum dS = 0.$$

Zur Formulierung praktikabler Gleichgewichtsbedingungen wird – wie schon bei der Einführung der Enthalpie – eine geeignete praxisgerechte thermodynamische Zustandsgröße eingeführt, die **freie Enthalpie** oder **Gibbs-Energie** G mit der Definition:

$$G \equiv H - TS. \qquad (2.32)$$

Darin sind H die Enthalpie, T die Temperatur und S die Entropie. Für die praktische Berechnung wird die Abhängigkeit der freien Enthalpie von Druck p und Temperatur T durch Bezug auf den Standarddruck p_0 erfasst. Für ein ideales Gas gilt:

$$G(T, p) = n G_m^0(T) + n R_m T \cdot \ln(p/p_0). \qquad (2.33)$$

Darin sind G_m^0 die molare freie Enthalpie in J/kmol beim Standarddruck p_0, n die Molzahl, $R_m =$ 8314,3 J/kmol K die allgemeine Gaskonstante und p_0 der Standarddruck (meist $p_0 = 1\,\text{atm} = 1{,}01325$ bar).

Die freie Enthalpie eines Gemischs idealer Gase lässt sich als Summe der freien Enthalpien der Komponenten darstellen:

$$G = \sum_i n_i G_{mi} = \sum_i n_i G_{mi}^0 + R_m T \sum_i n_i \ln(p_i/p_0). \tag{2.34}$$

Mit G_{mi} als molarer freier Enthalpie der Komponente i, G_{mi}^0 als molarer freier Enthalpie der Komponente i beim Standarddruck p_0 und p_i als Partialdruck der Komponente i. Die molaren freien Enthalpien beim Standarddruck G_{mi}^0 sind für verschiedene Stoffe in Abhängigkeit von der Temperatur in entsprechenden Tabellen aufgelistet [2.34].

In weiterer Folge interessiert die als **freie Reaktionsenthalpie** bezeichnete Änderung der freien Enthalpie bei einer chemischen Reaktion:

$$\Delta G = \Delta H - T \Delta S. \tag{2.35}$$

Diese berechnet sich als Differenz der freien Enthalpien der End- und Anfangsprodukte:

$$\Delta G = G_\text{Endprodukte} - G_\text{Anfangsprodukte}. \tag{2.36}$$

Zur praktischen Berechnung der freien Reaktionsenthalpie definiert man ΔG_m^0 als die molare freie Reaktionsenthalpie in J/kmol bezogen auf 1 kmol z. B. des Ausgangsprodukts A beim Standarddruck p_0 für die betrachtete chemische Reaktion:

$$\begin{aligned}\Delta G_m^0 &= \left(\nu_{\text{st}\,E} G_{m\,E}^0 + \nu_{\text{st}\,F} G_{m\,F}^0 + \cdots\right) - \left(\nu_{\text{st}\,A} G_{m\,A}^0 + \nu_{\text{st}\,B} G_{m\,B}^0 + \cdots\right) \\ &= \sum_i \nu_{\text{st}\,i} G_{mi}^0.\end{aligned} \tag{2.37}$$

Damit lässt sich die auf 1 kmol eines Reaktionspartners bezogene freie Reaktionsenthalpie beliebiger chemischer Reaktionen darstellen:

$$\Delta G(T, p) = n_A \Delta G_m^0(T) + R_m T n_A \ln \frac{p_E^{n_E} p_F^{n_F} \cdots}{p_0^{\Delta n} p_A^{n_A} p_B^{n_B} \cdots}. \tag{2.38}$$

Darin sind p_A, p_E usw. die Partialdrücke der Komponenten A, E usw., Δn die Differenz der Molzahlen $\Delta n = (n_E + n_F + \cdots) - (n_A + n_B + \cdots)$ und p_0 der Standarddruck.

Um einen Zusammenhang zwischen der freien Reaktionsenthalpie und der Arbeit in einem offenen System herzustellen, verwendet man Gl. (2.32) in folgender Form:

$$dG = dH - d(TS). \tag{2.39}$$

Setzt man für ein allgemeines stationäres offenes System nach Gl. (1.3)

$$dH = dW + dQ \tag{2.40}$$

in Gl. (2.39) ein, erhält man für den reversiblen Fall mit $dQ = T\,dS$ für eine isobar-isotherme Reaktion:

$$dG = dW_\text{max}. \tag{2.41}$$

2.4 Chemisches Gleichgewicht

Dabei bezeichnet dW_{max} die maximal abgebbare Arbeit und entspricht damit der Exergieänderung. Die freie Reaktionsenthalpie ist ein Maß für die **maximale Arbeit**, die eine chemische Reaktion verrichten kann.

Nach Gl. (2.35) ist die freie Reaktionsenthalpie gleich der Änderung der Enthalpie, falls die Entropieänderung der Reaktion null ist. Dies trifft näherungsweise für Reaktionen zu, bei denen die Molzahl der gasförmigen Komponenten unverändert bleibt, weil die Entropie vom Bewegungszustand der Moleküle abhängt.

In diesem Zusammenhang ist es interessant, dass es spontane endotherme Reaktionen – bei denen die Enthalpie zunimmt $\Delta H > 0$ – gibt, die eine positive Entropieänderung aufweisen. Da nach dem 2. Hauptsatz $\Delta G \leq 0$ gelten muss, folgt aus Gl. (2.35), dass für die Entropiezunahme des Systems in diesem Fall gilt $T\Delta S > \Delta H$. Dies bedeutet, dass die Entropiezunahme im System so groß sein muss, dass sie die Entropieabnahme in der Umgebung infolge der Wärmeaufnahme aus der Umgebung kompensiert. Dieser Fall tritt bei Reaktionen auf, bei denen die Molzahl gasförmiger Endprodukte die Molzahl der Ausgangsprodukte übersteigt, wie etwa bei der Oxidation von Kohlenstoff in einer Brennstoffzelle, was zu einem thermodynamischen Wirkungsgrad von $>100\%$ führt (vgl. Abschn. 2.10). Meist übersteigt aber die Molzahl der gasförmigen Ausgangsprodukte die der gasförmigen Endprodukte, so dass die Entropie abnimmt.

Gleichgewichtskonstante

Aus dem 2. Hauptsatz der Thermodynamik (Gl. 1.15) und der Definition der reversiblen Wärme Gl. (1.13) lassen sich unter Verwendung von Gl. (2.39) die folgenden Ungleichungen ableiten, wobei das Ungleichheitszeichen für irreversible, das Gleichheitszeichen für reversible Prozesse steht:

$$T\,dS \geq dH \quad \text{bei konstantem Druck,} \tag{2.42}$$

$$dG \leq 0 \quad \text{für isobar-isotherme Reaktionen.} \tag{2.43}$$

Die Einstellung des chemischen Gleichgewichts ist ein typischer reversibler Prozess, so dass als Gleichgewichtsbedingung folgt, dass sich die freie Enthalpie nicht ändern darf:

$$dG = 0. \tag{2.44}$$

Nimmt die freie Enthalpie in einer Reaktion ab ($\Delta G < 0$), hat die Reaktion das Bestreben, tatsächlich in diese Richtung abzulaufen. Nimmt G zu ($\Delta G > 0$), läuft die Reaktion spontan nur in der umgekehrten Richtung ab. Reaktionen tendieren also zu kleineren Werten der freien Enthalpie, bis sich chemisches Gleichgewicht einstellt, bei dem das Minimum von G erreicht ist (vgl. Abb. 2.11).

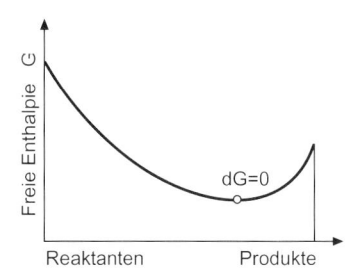

Abb. 2.11. Freie Enthalpie einer Reaktion

Für die Ableitung der freien Enthalpie eines reagierenden Gasgemischs nach Gl. (2.34) gilt:

$$dG = \left(\frac{\partial G}{\partial T}\right)_{p,n_i} dT + \left(\frac{\partial G}{\partial p}\right)_{T,n_i} dp + \sum_i \left(\frac{\partial G}{\partial n_i}\right)_{p,T,n_{j(j\neq i)}} dn_i. \quad (2.45)$$

Für die weiteren Überlegungen wird das **chemische Potential** $\mu_{\text{ch}i}$ eines Stoffs in J/kmol in einem Gemisch als die partielle Ableitung der freien Enthalpie G nach der Stoffmenge n_i definiert:

$$\mu_{\text{ch}i} \equiv \left(\frac{\partial G}{\partial n_i}\right)_{p,T,n_{j(j\neq i)}}. \quad (2.46)$$

Dabei bedeuten die Indizes, dass p, T und alle n_j außer n_i konstant gehalten werden. Für eine isobar-isotherme Reaktion berechnet sich demnach die freie Reaktionsenthalpie bei Bezug auf Reaktionspartner A ($n_A = 1$) als Summe der chemischen Potentiale der Komponenten mal deren Molzahl (vgl. Gl. (2.38)):

$$\Delta G(T,p) = \sum_i n_i G_{\text{m}i} = \sum_i n_i \mu_{\text{ch}i} = n_A \Delta G_\text{m}^0(T) + R_\text{m} T n_A \cdot \ln \frac{p_\text{E}^{n_\text{E}} p_\text{F}^{n_\text{F}} \cdots}{p_0^{\Delta n} p_\text{A}^{n_\text{A}} p_\text{B}^{n_\text{B}} \cdots}. \quad (2.47)$$

Setzt man die Bedingung für chemisches Gleichgewicht $\Delta G = 0$ in Gl. (2.47) ein, erhält man

$$\prod_i \left(\frac{p_i}{p_0}\right)^{n_i} = e^{-\Delta G_\text{m}^0/(R_\text{m} T)}. \quad (2.48)$$

Den linken Term definiert man als **Gleichgewichtskonstante** K_p bei konstantem Druck:

$$K_p \equiv \prod_i \left(\frac{p_i}{p_0}\right)^{n_i} = \frac{p_\text{E}^{n_\text{E}} p_\text{F}^{n_\text{F}} \cdots}{p_0^{\Delta n} p_\text{A}^{n_\text{A}} p_\text{B}^{n_\text{B}} \cdots}. \quad (2.49)$$

Als Bezugsdruck wird in der Regel der Standarddruck $p_0 = 1\,\text{atm}$ gewählt. Für chemisches Gleichgewicht gilt somit:

$$K_p = e^{-\Delta G_\text{m}^0/(R_\text{m} T)}. \quad (2.50)$$

Quantitative Aussagen über die Gleichgewichtszusammensetzung einer Gasmischung sind mit Hilfe von Gl. (2.49) nun möglich. Gleichung (2.50) gibt dabei an, wie man die benötigte Gleichgewichtskonstante aus thermodynamischen Daten, speziell der freien molaren Reaktionsenthalpie, bestimmen kann.

Bei einer gegebenen Temperatur sind die Drücke den Konzentrationen proportional, so dass für die auf die Konzentrationen bezogene **Gleichgewichtskonstante** K_c mit der Bezugskonzentration 1 gilt:

$$K_\text{c} = \frac{[\text{E}]^{n_\text{E}} [\text{F}]^{n_\text{F}} \cdots}{[\text{A}]^{n_\text{A}} [\text{B}]^{n_\text{B}} \cdots}. \quad (2.51)$$

Darin bedeutet [A] die Konzentration der Komponente A in kmol/m^3. Die freien Enthalpien der Komponenten sind Funktionen der Temperatur, so dass auch die freie Reaktionsenthalpie ΔG^0 und in weiterer Folge die Gleichgewichtskonstanten K_p und K_c reine Temperaturfunktionen sind. Die freie Enthalpie und die Gleichgewichtskonstante bei Normzustand finden sich in Tabellen (siehe etwa [2.34]). Tabelle A.10 nach [2.26] gibt die Enthalpie, die Entropie und die freie Enthalpie von Stoffen an, die bei der Verbrennung vorkommen.

Dissoziation

Die Dissoziation der Verbrennungsgase infolge innermolekularer Vorgänge macht sich bei Temperaturen über 1800 K bemerkbar. Das Gas speichert Energie in Form verschiedener Bewegungszustände, wodurch es bei hohen Temperaturen zur Aufspaltung der Moleküle in Atome und Atomgruppen (Radikale) kommt. Dabei stellt sich zwischen wechselseitigen Zerfalls- und Verbindungsreaktionen chemisches Gleichgewicht ein. Die Dissoziation ist ein endothermer Prozess, der die Temperatur des Verbrennungsgases absenkt.

Die Produkte eines C-H-O Systems können nach folgenden Gleichgewichtsreaktionen dissoziieren:

$$\begin{aligned} CO_2 + H_2 &\rightleftarrows CO + H_2O \quad &(I) \\ 2H_2O &\rightleftarrows H_2 + 2\dot{O}H \quad &(II) \\ 2H_2O &\rightleftarrows 2H_2 + O_2 \quad &(III) \\ 2CO_2 &\rightleftarrows 2CO + O_2 \quad &(IV) \\ H_2 &\rightleftarrows 2\dot{H} \quad &(V) \\ O_2 &\rightleftarrows 2\dot{O} \quad &(VI) \end{aligned} \qquad (2.52)$$

Der Punkt über der Spezies kennzeichnet ein aktives Radikal. Bei Abkühlung unter etwa 1500 K sinkt die Reaktionsgeschwindigkeit (vgl. Abschn. 2.7) so weit ab, dass ein Einfrieren der Gleichgewichtszusammensetzung angenommen wird, d. h., die Zusammensetzung ändert sich bei einer weiteren Temperaturabsenkung nicht mehr.

2.5 Zusammensetzung und Stoffgrößen des Verbrennungsgases

Im Abgas von Verbrennungsmotoren treten Produkte der vollständigen und der unvollständigen Verbrennung sowie in niedriger Konzentration weitere Komponenten auf.

Produkte der vollständigen Verbrennung (diese treten in hohen Konzentrationen auf):
- Stickstoff (N_2): Hauptkomponente im Abgas, wird jedoch fast nie gemessen, sondern gegebenenfalls aus der Gesamtbilanz berechnet.
- Sauerstoff (O_2): Tritt vor allem bei Luftüberschuss auf, wird manchmal gemessen.
- Wasser (H_2O): Tritt bei durchschnittlichen Kraftstoffen in etwa gleicher Konzentration wie CO_2 auf. Wird meist vor den Analysegeräten ganz oder teilweise ausgeschieden und fast nie gemessen.

Produkte der unvollständigen Verbrennung (diese treten vor allem bei Luftmangel [$\lambda < 1$] auf, in niedrigeren Konzentrationen auch bei Luftüberschuss [$\lambda > 1$]):
- Kohlenmonoxid (CO): Muss bei Luftmangel jedenfalls berücksichtigt werden und wird bei Ottomotoren meistens gemessen.
- Wasserstoff (H_2): Sollte bei Luftmangel berücksichtigt werden, wird jedoch fast nie gemessen und muss daher aus dem Wassergasgleichgewicht berechnet oder in Relation zu CO angenommen werden.

- Kohlenwasserstoffe (HC): Die chemische Zusammensetzung der im Abgas enthaltenen Kohlenwasserstoffe ist derjenigen des Brennstoffs meist ähnlich, es sind aber auch umgewandelte und teilweise oxidierte Komponenten enthalten. Die unverbrannten Kohlenwasserstoffe nehmen in Sonderfällen (Zweitakt-Ottomotoren, Zündaussetzer) hohe Werte an. Die Kohlenwasserstoffe werden zur Beurteilung der Umweltbelastung häufig gemessen. In der Abgasmesstechnik werden die Konzentrationen meist als $CH_{1,87}$ angegeben und der Sauerstoffgehalt der Kohlenwasserstoffe vernachlässigt.
- Ruß (C): Tritt vor allem im Abgas von Dieselmotoren in Form von Partikeln auf. Ruß wird bei Dieselmotoren in der Regel gemessen, wobei optische und gravimetrische Messverfahren zur Anwendung kommen. Optische Einheiten müssen näherungsweise mit einer der empirischen Beziehungen in gravimetrische Einheiten umgerechnet werden.

Sonstige Komponenten in niedriger Konzentration:
- Stickoxide (NO_x): Im Abgas von Verbrennungsmotoren tritt vor allem Stickstoffmonoxid (NO) auf und nur wenig Stickstoffdioxid (NO_2). Die Stickoxide entstehen insbesondere bei hohen Temperaturen und werden zur Beurteilung der Umweltbelastung häufig gemessen.
- Schwefelverbindungen: Der im Brennstoff vorhandene Schwefel wird größtenteils als Schwefeldioxid (SO_2) emittiert. Der Schwefelgehalt der meisten Kraftstoffe ist so niedrig, dass eine SO_2-Messung fast nie durchgeführt wird. Falls erforderlich, kann die SO_2-Konzentration aus dem Schwefelgehalt des Brennstoffs berechnet werden.

2.5.1 Verbrennungsgas bei vollständiger Verbrennung

Bei vollständiger Verbrennung ohne Dissoziation kann die **Zusammensetzung** des Verbrennungsgases einfach aus der **chemischen Bruttoreaktionsgleichung** berechnet werden.

Am Beispiel eines Kohlenwasserstoffs $C_xH_yO_z$ lautet die stöchiometrische Reaktionsgleichung für 1 kmol $C_xH_yO_z$:

$$C_xH_yO_z + \left(x + \frac{y}{4} - \frac{z}{2}\right)(O_2 + 3{,}76\,N_2) \rightarrow xCO_2 + \frac{y}{2}H_2O$$

$$+ 3{,}76\left(x + \frac{y}{4} - \frac{z}{2}\right)N_2. \quad (2.53)$$

Daraus ergibt sich entsprechend Gl. (2.4) ein stöchiometrischer Luftbedarf von

$$L_{st} = 4{,}76\left(x + \frac{y}{4} - \frac{z}{2}\right) \text{ kmol Luft je kmol Brennstoff (B)}$$

und eine Zusammensetzung des stöchiometrischen Verbrennungsgases von:

$$n_{CO_2} = x \text{ kmol } CO_2 \text{ je kmol}_B,$$
$$n_{H_2O} = \frac{y}{2} \text{ kmol } H_2O \text{ je kmol}_B,$$
$$n_{N_2} = 3{,}76\left(x + \frac{y}{4} - \frac{z}{2}\right) \text{ kmol } N_2 \text{ je kmol}_B;$$
$$n_{VG,st} = n_{CO_2} + n_{H_2O} + n_{N_2}. \quad (2.54)$$

2.5 Zusammensetzung und Stoffgrößen des Verbrennungsgases

Bei Luftüberschuss kommt dazu noch die unverbrauchte Luft n_{Lu}:

$$n_{\text{Lu}} = (\lambda - 1)L_{\text{st}} \text{ kmol Luft je kmol}_B.$$

Diese Luft besteht aus den Komponenten $N_2/O_2 = 0{,}79/0{,}21$, was bei chemischen Analysen beachtet werden muss. Für die Berechnung der thermodynamischen Stoffgrößen kann jedoch die Luft als eine Komponente betrachtet werden.

Allgemein kann nun der Molanteil der Komponente i im Verbrennungsgas nach Gl. (1.73) berechnet werden:

$$v_i = n_i/n_{\text{VG}}.$$

Darin sind v_i der Molanteil der Komponente i, n_i die Molzahl der Komponente i und n_{VG} die Molzahl des Verbrennungsgases.

Für die molare Masse gilt entsprechend Gl. (1.77):

$$M_{\text{VG}} = \sum_{i=1}^{n} v_i M_i.$$

Darin sind M_{VG} die molare Masse des Verbrennungsgases und M_i die molare Masse der Komponente i.

Damit können die **Stoffgrößen** des Verbrennungsgases berechnet werden. Entsprechend Gl. (1.32) gilt für die spezifische Gaskonstante des Verbrennungsgases R_{VG}:

$$R_{\text{VG}} = R_{\text{m}}/M_{\text{VG}}.$$

Für die molare innere Energie und die molare Enthalpie des Verbrennungsgases folgt entsprechend Gl. (1.78)

$$U_{\text{m}} = \sum_{i=1}^{n} v_i U_{\text{m}i}$$

und

$$H_{\text{m}} = \sum_{i=1}^{n} v_i H_{\text{m}i}.$$

Die molaren Werte der Komponenten können z. B. mit Hilfe der mittleren molaren Wärmekapazitäten nach Tabelle A.2 ermittelt werden:

$$U_{\text{m}i} = C_{\text{m}vi}\big|_{T_{u0}}^{T}(T - T_{u0}) \tag{2.55}$$

und

$$H_{\text{m}i} = C_{\text{m}pi}\big|_{T_{h0}}^{T}(T - T_{h0}). \tag{2.56}$$

Darin sind $U_{\text{m}i}$ die innere Energie der Komponente i bezogen auf die Temperatur T_{u0}, $H_{\text{m}i}$ die Enthalpie der Komponente i bezogen auf die Temperatur T_{h0}, $C_{\text{m}vi}\big|_{T_{u0}}^{T}$ die mittlere molare Wärmekapazität der Komponente i bei konstantem Volumen zwischen den Temperaturen T_{u0} und

T und $C_{mpi}|_{T_{h0}}^{T}$ die mittlere molare Wärmekapazität der Komponente i bei konstantem Druck zwischen den Temperaturen T_{h0} und T. Innere Energie und Enthalpie der Verbrennungsgase sind eine Funktion der Temperatur T und des Luftverhältnisses λ. Eine Druckabhängigkeit tritt bei vollständiger Verbrennung nicht auf.

Wenn bei einem gegebenen Brennstoff das Luftverhältnis variiert wird, dann ist es vorteilhaft, das Verbrennungsgas als ein Gemisch eines Verbrennungsgases mit $\lambda = 1$ und der Überschussluft zu betrachten.

Bei einer Rechnung mit kmol Verbrennungsgas je kmol oder kg Brennstoff ergibt sich folgender Molanteil des stöchiometrischen Verbrennungsgases:

$$\nu_{VG,st} = \frac{n_{VG,st}}{n_{VG,st} + (\lambda - 1)L_{st}}. \tag{2.57}$$

Für den Molanteil der Überschussluft ist:

$$\nu_{Lu} = \frac{(\lambda - 1)L_{st}}{n_{VG,st} + (\lambda - 1)L_{st}}. \tag{2.58}$$

Darin sind L_{st} der stöchiometrische Luftbedarf in kmol/kmol$_B$ oder kmol/kg$_B$ und $n_{VG,st}$ die Molzahl des stöchiometrischen Verbrennungsgases entsprechend Gl. (2.54) in kmol/kmol oder kmol/kg.

Mit den Molanteilen $\nu_{VG,st}$ und ν_{Lu} sowie den Stoffgrößen des stöchiometrischen Verbrennungsgases und der Luft können die Stoffgrößen des Verbrennungsgases bei Luftüberschuss ($\lambda > 1$) mit den Gln. (1.77) und (1.78) berechnet werden.

Bei einer Rechnung mit kg Verbrennungsgas je kg Brennstoff ergibt sich folgender Masseanteil des stöchiometrischen Verbrennungsgases:

$$\mu_{VG,st} = \frac{1 + L_{st}}{1 + \lambda L_{st}}. \tag{2.59}$$

Der Masseanteil der Überschussluft beträgt:

$$\mu_{Lu} = \frac{(\lambda - 1)L_{st}}{1 + \lambda L_{st}}. \tag{2.60}$$

Mit den Masseanteilen $\mu_{VG,st}$ und μ_{Lu} sowie den zugehörigen Stoffgrößen können die Stoffgrößen des Verbrennungsgases bei Luftüberschuss ($\lambda > 1$) mit Hilfe der Gln. (1.76) und (1.78) berechnet werden.

Mit diesen Ansätzen für vollständige Verbrennung ohne Berücksichtigung der Dissoziation lassen sich die Stoffgrößen des Verbrennungsgases bei höherem Luftüberschuss, z. B. bei Dieselmotoren, mit guter Näherung berechnen.

Die Stoffgrößen für Luft ($\lambda \approx 1000000$) und stöchiometrisches Verbrennungsgas ($\lambda = 1$) können auch aus Tabelle A.11 entnommen werden, in der die Stoffgrößen für Verbrennungsgas in Abhängigkeit von T, p und λ bei chemischem Gleichgewicht angegeben sind. Da die Dissoziation bei Temperaturen bis ca. 2000 K keinen merkbaren Einfluss hat, gelten die Tabellen in diesem Temperaturbereich auch für die vollständige Verbrennung. Die Stoffgrößen hängen dabei nicht vom Druck ab. In Tabelle A.4 finden sich Potenzansätze für die molare Wärmekapazität von Luft und stöchiometrischem Verbrennungsgas.

2.5.2 Verbrennungsgas bei chemischem Gleichgewicht

Bei hohen Temperaturen ab ca. 2000 K und vor allem bei Luftmangel kann die Zusammensetzung des Verbrennungsgases nur über das chemische Gleichgewicht unter Berücksichtigung der Dissoziation ermittelt werden.

Zur Berechnung der Gleichgewichtszusammensetzung eines Gasgemischs ist zunächst die Anzahl der relevanten vorkommenden Komponenten (Spezies) n zu bestimmen. Aus diesen Spezies sind jene m Komponenten auszuwählen, die nicht durch chemische Reaktionen umgewandelt werden können, also im allgemeinen die Elemente. Für diese Elemente können m Erhaltungsgleichungen (**Stoffbilanzen**) aufgestellt werden.

Die übrigen Komponenten des Systems können durch chemische Reaktionen gebildet oder verbraucht werden. Für jede dieser $(n-m)$ Reaktionen wird die chemische **Gleichgewichtsbedingung** formuliert. Dabei ist es gleichgültig, ob die betreffenden Reaktionen wirklich ablaufen oder ob die tatsächlichen Reaktionen anders verlaufen.

Die Lösung des resultierenden nichtlinearen inhomogenen Gleichungssystems erfolgt durch Iteration mit Hilfe eines Computerprogramms (siehe etwa [2.7, 2.16]).

Wassergasgleichgewicht

Die wichtigste Gleichgewichtsreaktion bei Luftmangel und bei der Dissoziation bei hohen Temperaturen ist die Wassergasreaktion mit folgender Reaktionsgleichung:

$$CO_2 + H_2 \rightleftarrows CO + H_2O. \tag{2.61}$$

Die zugehörige Gleichgewichtskonstante K_p

$$K_p = \frac{p_{CO}\, p_{H_2O}}{p_{CO_2}\, p_{H_2}}$$

ist in Abb. 2.12 wiedergegeben.

Für die Abgasberechnung bei Verbrennungsmotoren ist diese Definition üblich, obwohl auch der Kehrwert verwendet werden könnte. Da sich bei der Reaktion die Molzahlen nicht ändern, ist die Gleichgewichtszusammensetzung vom Druck unabhängig, und außerdem können anstelle der Drücke auch die Konzentrationen oder die Molzahlen gesetzt werden:

$$K_p = K_c = K = \frac{n_{CO}\, n_{H_2O}}{n_{CO_2}\, n_{H_2}}. \tag{2.62}$$

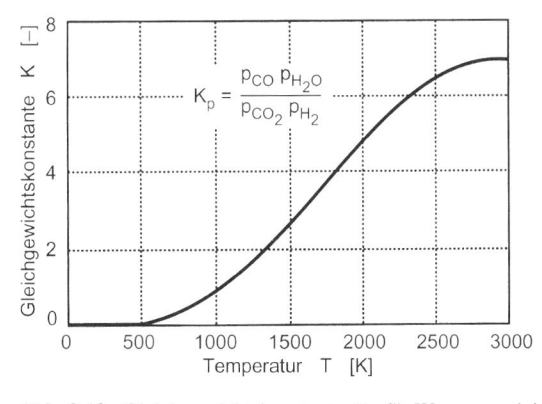

T [K]	K [–]	T [K]	K [–]
300	0,00001	1100	1,05887
400	0,00067	1200	1,43554
500	0,00793	1300	1,83992
600	0,03692	1400	2,26963
700	0,11090	1500	2,69978
800	0,24764	1750	3,78214
900	0,45372	2000	4,77554
1000	0,72780	2500	6,43086
		3000	6,95410

Abb. 2.12. Gleichgewichtskonstante K_p für Wassergasgleichgewicht als Funktion der Temperatur

Für die Stoffbilanzen (Atombilanzen) der drei beteiligten Elemente C, H und O gilt:

$$n_{CO_2} + n_{CO} = \sum C, \qquad (2.63)$$

$$2n_{H_2O} + 2n_{H_2} = \sum H, \qquad (2.64)$$

$$2n_{CO_2} + n_{CO} + n_{H_2O} = \sum O. \qquad (2.65)$$

Die Summe der Kohlenstoffatome $\sum C$ und die Summe der Wasserstoffatome $\sum H$ ist aus dem C/H-Verhältnis des Brennstoffs bekannt. Die Summe der Sauerstoffatome ergibt sich aus dem stöchiometrischen Sauerstoffbedarf und dem Luftverhältnis λ. Damit stehen vier Gleichungen für die Molzahlen n_{CO_2}, n_{H_2O}, n_{CO} und n_{H_2} zur Verfügung, und das Gleichungssystem kann gelöst werden, wobei sich in diesem einfachen Fall eine gemischt-quadratische Gleichung ergibt. Für die Berechnung der molaren Konzentrationen muss noch durch die gesamte Molzahl unter Berücksichtigung des Stickstoffs, der bei der Reaktion unverändert bleibt, dividiert werden.

Für einen durchschnittlichen Kraftstoff mit einem Atomverhältnis $C:H = 1:2$ ergibt sich:

$$\sum C = 1, \quad \sum H = 2, \quad \sum O = 3\lambda.$$

In Abb. 2.13 ist die Zusammensetzung des Verbrennungsgases eines derartigen Brennstoffs für eine Gleichgewichtskonstante $K = 3{,}5$ (entsprechend $T = 1700$ K) dargestellt.

Aus Abb. 2.13 kann das Folgende abgelesen werden.
- Die Konzentration der unvollständig verbrannten Komponenten CO und H_2 nimmt mit kleiner werdendem Luftverhältnis λ stark zu.
- Bei $\lambda = 0{,}33$ wird die Konzentration der vollständig verbrannten Komponenten CO_2 und H_2O null. Darunter reicht das Sauerstoffangebot nur mehr für die teilweise Oxidation zu CO aus,

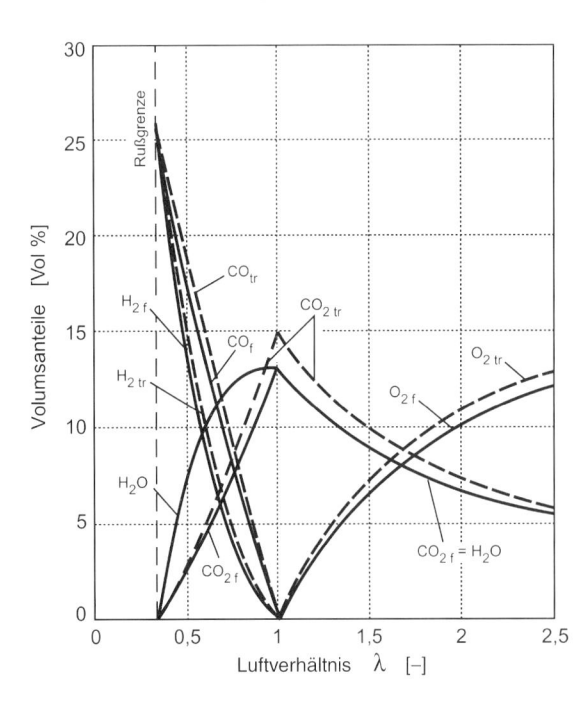

Abb. 2.13. Zusammensetzung des trockenen und feuchten Verbrennungsgases [2.26]

2.5 Zusammensetzung und Stoffgrößen des Verbrennungsgases

so dass es zwangsläufig zur Bildung von Ruß kommen muss. Diese Rußgrenze wird durch das im Folgenden beschriebene Gleichgewicht bei heterogenen Reaktionen vor allem bei tiefen Temperaturen zu höheren λ-Werten verschoben.

- Im Luftmangelbereich wird die Sauerstoffkonzentration vernachlässigbar klein. Zur Bestimmung der Abgaszusammensetzung genügt hier die Messung einer einzigen Abgaskomponente (CO oder CO_2).

Heterogene Reaktionen

Wenn bei einzelnen Komponenten des Gasgemischs eine **Kondensation** oder **Sublimation** in flüssiger oder fester Form in Frage kommt, muss beachtet werden, dass der Partialdruck den Sättigungsdruck nicht übersteigen kann. In der Rechnung ist daher ab der Kondensationsgrenze der Partialdruck gleich dem Sättigungsdruck bei dieser Temperatur zu setzen. Die Konzentration der kondensierten (sublimierten) Phase ergibt sich dann aus der Massenbilanz.

Im Verbrennungsgas können vor allem die Komponenten Wasserdampf als flüssiges **Wasser** kondensieren und atomarer Kohlenstoff als **Ruß** sublimieren.

Kondensation von Wasserdampf tritt nur bei vergleichsweise niedrigen Temperaturen (unter etwa 70 °C) auf und braucht bei der normalen Verbrennungsrechnung nicht berücksichtigt zu werden, wohl aber bei starker Abkühlung im Abgassystem. Die Sublimation von atomarem Kohlenstoff als Ruß tritt bei extremem Luftmangel auf. Dieser Luftmangel kann örtlich in nicht-vorgemischten Flammen auftreten, bei denen die Mischung von Brennstoff und Luft erst während des Verbrennungsvorgangs stattfindet wie z. B. in Dieselmotoren.

Die Rußgrenze ist in Abb. 2.14 dargestellt. Sie ist von T, p und λ abhängig. Unterhalb von $\lambda = 0,3$ tritt jedenfalls Rußbildung ein, bei Temperaturen unter etwa 1000 K auch schon darüber.

Ergebnisse genauer Berechnung

Die Abb. A.3 bis A.7 im Anhang zeigen die **Zusammensetzung des Verbrennungsgases** (nach De Jaegher [2.8]) als Funktion von Temperatur, Luftverhältnis und Druck für einen üblichen Otto- oder Dieselkraftstoff (C/H = 1/2). Bei Luftüberschuss ($\lambda > 1$) und Temperaturen bis 2000 K überwiegen die Komponenten N_2 (nicht dargestellt), CO_2, H_2O und O_2 bei weitem, und es tritt fast keine Dissoziation auf. Die im vorhergehenden Abschnitt beschriebene Rechnung mit vollständiger

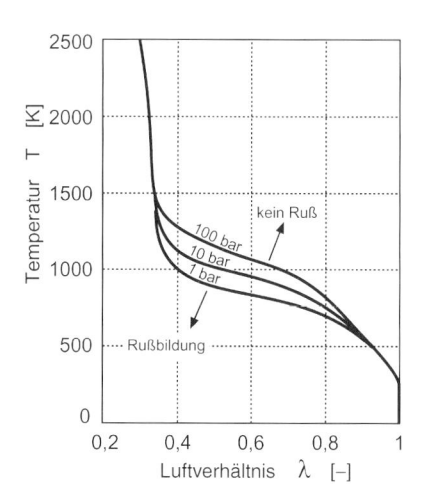

Abb. 2.14. Rußgrenze

Verbrennung ist daher bis zu dieser Temperaturgrenze energetisch weitgehend richtig. Für die Schadstoffe im Abgas, vor allem für die Konzentration von Stickstoffmonoxid (NO), ist die Gleichgewichtszusammensetzung trotzdem von Interesse. Für eine realistische Betrachtung muss dann allerdings auch die Bildungsgeschwindigkeit berücksichtigt werden (siehe Abschn. 2.7).

Bei $\lambda = 1$ tritt eine schlagartige Änderung der Abgaszusammensetzung ein, und bei Luftmangel ($\lambda < 1$) muss in jedem Fall die Gleichgewichtszusammensetzung berücksichtigt werden. Es tritt dann zusätzlich Kohlenmonoxid (CO) und Wasserstoff (H_2) in höheren Konzentrationen auf. Die übrigen unvollständig verbrannten Komponenten (CH_4, NH_3) treten erst bei stärkerem Luftmangel in höheren Konzentrationen auf, so dass das Wassergasgleichgewicht mit guter Näherung die Gleichgewichtszusammensetzung beschreibt.

Aus der Zusammensetzung des Verbrennungsgases aufgrund des chemischen Gleichgewichts können die **genauen Stoffgrößen** des Verbrennungsgases berechnet werden. Dabei ist zu beachten, dass bei niedrigeren Temperaturen die chemischen Reaktionen so langsam ablaufen, dass bei rascher Abkühlung oder Expansion die Zusammensetzung annähernd konstant bleibt und sich das chemische Gleichgewicht nicht mehr einstellen kann. Man spricht dann von einem „eingefrorenen Gleichgewicht".

Für die Diagramme und Tabellen im Anhang wurde unterhalb 1500 K eingefrorenes Gleichgewicht angenommen.

Die Abb. A.8 bis A.29 sollen einen Eindruck von den Abhängigkeiten geben und eine rasche Überschlagsrechnung ermöglichen. Sie gelten für die Verbrennung eines durchschnittlichen Otto- oder Dieselkraftstoffs (C/H = 1/2) mit trockener Luft.

Bei eingefrorenem Gleichgewicht ($T < 1500$ K) ändert sich die Gaszusammensetzung definitionsgemäß nicht, bei $\lambda > 1$ und $T < 2000$ K ändert sie sich kaum. Es gelten also in diesen Bereichen alle Gesetze der Mischungen aus idealen Gasen mit unveränderter Zusammensetzung, was auch aus diesen Diagrammen ersichtlich ist.

Die Abb. A.8 und A.9 zeigen die **Gaskonstante** bei 1 bar und 100 bar. In den Bereichen mit annähernd konstanter Gaszusammensetzung ist sie von T und p fast unabhängig und beträgt:

$$R_{VG} \approx 287{,}7\,\text{J/kg K} \quad \text{entsprechend} \quad M_{VG} \approx 28{,}9\,\text{kg/kmol}.$$

Der λ-Einfluss wirkt sich nur bei $\lambda < 1$ merklich aus.

Dementsprechend sind auch die partiellen Ableitungen von R nach T und p, welche in den Abb. A.10 bis A.13 dargestellt sind, bis 2000 K null oder sehr klein. Die partielle Ableitung nach λ (Abb. A.14 und A.15) ist bei $\lambda > 1$ und $T < 2000$ K sehr klein, sonst aber merklich.

Die Abb. A.16 und A.17 zeigen die **innere Energie** bei 1 bar und 100 bar. Der über 2000 K steiler werdende Anstieg ist auf die Dissoziation zurückzuführen. Als Folge der unvollständigen Verbrennung liegen die Kurven für $\lambda < 1$ generell höher.

Die Diagramme für die **spezifische Wärmekapazität** bei konstantem Volumen c_v (Abb. A.18 und A.19) wurden mit Hilfe von Gl. (1.78) aus der jeweiligen Gaszusammensetzung aber ohne Berücksichtigung der Änderung der Gaszusammensetzung berechnet. Sie stimmen bei temperaturunabhängiger Gaszusammensetzung z. B. bei eingefrorenem Gleichgewicht ($T < 1500$ K) mit der in den Abb. A.20 und A.21 dargestellten partiellen Ableitung $(\partial u/\partial T)_{p,\lambda}$ überein, weichen aber bei Dissoziation ($T > 2000$ K) merklich davon ab. Da die $(\partial u/\partial T)_{p,\lambda}$-Diagramme unter 1500 K schlecht abgelesen werden können, können in diesem Temperaturbereich uneingeschränkt die c_v-Diagramme, die einen günstigeren Maßstab haben, benützt werden. Die Werte für $(\partial u/\partial p)_{T,\lambda}$

(Abb. A.22 und A.23) sind bei $T < 2000$ K nahezu null, diejenigen für $(\partial u/\partial \lambda)_{T,p}$ (Abb. A.24 und A.25) sind bei $T < 2000$ K und $\lambda > 1$ sehr klein.

Die Abb. A.26 und A.27 zeigen die **Enthalpie** bei 1 bar und 100 bar. Auch hier macht sich die Dissoziation durch einen steilen Anstieg bei $T > 2000$ K bemerkbar.

Die Diagramme für c_p (Abb. A.28 und A.29) wurden analog zu c_v aus Gl. (1.78) aus der jeweiligen Gaszusammensetzung ohne Berücksichtigung der Änderung der Gaszusammensetzung berechnet.

Tabelle A.11 gibt die genauen Werte von R, c_v, u und s als Funktion von T, p und λ an.

Während für die Berechnung der stationären Verbrennung in Feuerungen und Gasturbinen die Enthalpie h benötigt wird, braucht man zur Berechnung des Arbeitsprozesses von Verbrennungsmotoren in erster Linie die innere Energie u. Sie wurde daher in die Tabellen aufgenommen, obwohl sie leicht aus der Enthalpie nach Gl. (1.43) berechnet werden kann.

Geringfügige Abweichungen des C/H-Verhältnisses vom Wert 0,5, der den Diagrammen und Tabellen zugrunde gelegt wurde, beeinflussen die Stoffgrößen kaum. Stärkere Abweichungen sind durch eigene Berechnungen des chemischen Gleichgewichts zu berücksichtigen.

2.5.3 Luftverhältnis aus Abgasanalyse

Für die Berechnung des Luftverhältnisses aus der Abgasanalyse werden die folgenden sehr allgemeinen Annahmen gemacht.

Der **Brennstoff** besteht aus den Elementen Kohlenstoff, Wasserstoff, Sauerstoff, Schwefel und Stickstoff mit den Masseanteilen c, h, o, s und n. Daraus können die Stoffmengen der Elemente je kg Brennstoff berechnet werden:

$$C_B = \frac{c}{12}, \quad H_B = \frac{h}{1,008}, \quad O_B = \frac{o}{16}, \quad S_B = \frac{s}{32}, \quad N_B = \frac{n}{14}.$$

Der Schwefel- und der Stickstoffgehalt können fast immer und der Sauerstoffgehalt häufig vernachlässigt werden.

Die **Luft** besteht aus 0,21 Molanteilen Sauerstoff und 0,79 Molanteilen Stickstoff. Zusätzlich enthält die Verbrennungsluft x kg Wasserdampf je kg trockener Luft. Daraus lässt sich der Wasserdampfgehalt X in kmol je kmol trockener Luft berechnen:

$$X = x \frac{M_L}{M_{H_2O}}.$$

Die folgende Ableitung wird für 1 kmol Verbrennungsgas durchgeführt. Gleichung (2.11) lässt sich in folgender Form schreiben:

$$\lambda = \frac{n_{O_2L}}{m_B O_{2st}}. \tag{2.66}$$

Darin sind n_{O_2L} der mit der Luft zugeführte Sauerstoff in kmol je kmol Verbrennungsgas (ohne den Sauerstoffgehalt der Luftfeuchte und des Brennstoffs), m_B der zugeführte Brennstoff in kg je kmol Verbrennungsgas und O_{2st} der stöchiometrische Sauerstoffbedarf in kmol je kg Brennstoff.

Der mit der Luft, der Luftfeuchte und dem Brennstoff zugeführte Sauerstoff muss dem Sauerstoffgehalt der einzelnen Abgaskomponenten gleich sein:

$$2n_{O_2L} + \frac{n_{O_2L}}{0,21} X + m_B O_B = 2\nu_{CO_2} + \nu_{CO} + \nu_{H_2O} + 2\nu_{O_2} + \nu_{NO} + 2\nu_{NO_2} + 2\nu_{SO_2}.$$

Daraus folgt:

$$n_{\text{O}_2\text{L}} = A\left(\nu_{\text{CO}_2} + \tfrac{1}{2}\nu_{\text{CO}} + \tfrac{1}{2}\nu_{\text{H}_2\text{O}} + \nu_{\text{O}_2} + \tfrac{1}{2}\nu_{\text{NO}} + \nu_{\text{NO}_2} + \nu_{\text{SO}_2} - \tfrac{1}{2}m_{\text{B}}\text{O}_{\text{B}}\right). \qquad (2.67)$$

Darin sind ν_i die Molanteile (= Volumanteile) der jeweiligen Komponente. Die Konstante A für die Korrektur der Luftfeuchte beträgt:

$$A = \frac{1}{1 + X/0{,}42}.$$

Die zugeführte Brennstoffmasse lässt sich aus dem Kohlenstoffgehalt des Abgases berechnen:

$$m_{\text{B}} = \frac{1}{\text{C}_{\text{B}}}(\nu_{\text{CO}_2} + \nu_{\text{CO}} + a\,\nu_{\text{C}_a\text{H}_b} + \nu_{\text{C}}). \qquad (2.68)$$

Darin sind $\nu_{\text{C}_a\text{H}_b}$ der Molanteil der unverbrannten Kohlenwasserstoffe C_aH_b, $\nu_{\text{C}} = m_{\text{C}}/12$ der Molanteil des in Partikelform vorliegenden Rußes mit m_{C} als Masse des Rußes je kmol Abgas.

Der stöchiometrische Sauerstoffbedarf des Brennstoffs beträgt:

$$\text{O}_{2\text{st}} = \text{C}_{\text{B}} + \frac{\text{H}_{\text{B}}}{4} + \text{S}_{\text{B}} - \frac{\text{O}_{\text{B}}}{2}\left[\frac{\text{kmol O}_2}{\text{kg}_{\text{B}}}\right]. \qquad (2.69)$$

Wenn man die Gln. (2.67) und (2.69) in Gl. (2.66) einsetzt, erhält man

$$\lambda = A\frac{\nu_{\text{CO}_2} + \tfrac{1}{2}\nu_{\text{CO}} + \tfrac{1}{2}\nu_{\text{H}_2\text{O}} + \nu_{\text{O}_2} + \tfrac{1}{2}\nu_{\text{NO}} + \nu_{\text{NO}_2} + \nu_{\text{SO}_2} - \tfrac{1}{2}m_{\text{B}}\text{O}_{\text{B}}}{(\nu_{\text{CO}_2} + \nu_{\text{CO}} + a\,\nu_{\text{C}_a\text{H}_b} + \nu_{\text{C}})\left(1 + \tfrac{1}{4}\text{H}_{\text{B}}/\text{C}_{\text{B}} + \text{S}_{\text{B}}/\text{C}_{\text{B}} - \tfrac{1}{2}\text{O}_{\text{B}}/\text{C}_{\text{B}}\right)}, \qquad (2.70)$$

worin der Ausdruck für m_{B} aus Gl. (2.68) entnommen werden kann.

Zusätzlich können die **Bilanzgleichungen** für jedes Element sowie die Gesamtbilanz aufgestellt werden. Die Sauerstoffbilanz wurde bereits in Gl. (2.67) und die Kohlenstoffbilanz in Gl. (2.68) aufgestellt.

Wasserstoffbilanz:

$$2\nu_{\text{H}_2\text{O}} + 2\nu_{\text{H}_2} + b\nu_{\text{C}_a\text{H}_b} = m_{\text{B}}\text{H}_{\text{B}} + 2X\frac{n_{\text{O}_2\text{L}}}{0{,}21}. \qquad (2.71)$$

Stickstoffbilanz:

$$2\nu_{\text{N}_2} + \nu_{\text{NO}} + \nu_{\text{NO}_2} = 2\frac{0{,}79}{0{,}21}n_{\text{O}_2\text{L}} + m_{\text{B}}\text{N}_{\text{B}}. \qquad (2.72)$$

Schwefelbilanz:

$$\nu_{\text{SO}_2} = m_{\text{B}}\text{S}_{\text{B}}. \qquad (2.73)$$

Gesamtbilanz:

$$\nu_{\text{N}_2} + \nu_{\text{CO}_2} + \nu_{\text{H}_2\text{O}} + \nu_{\text{O}_2} + \nu_{\text{CO}} + \nu_{\text{C}_a\text{H}_b} + \nu_{\text{NO}} + \nu_{\text{NO}_2} + \nu_{\text{SO}_2} = 1. \qquad (2.74)$$

Der **Rußgehalt** scheint in der Gesamtbilanz nicht auf, da alle Abgasmessungen auf rußfreies Abgas bezogen sind. Die in diese Gleichungen einzusetzenden Molanteile sind auf **feuchtes Abgas** bezogen.

In der Praxis werden die Molanteile jedoch häufig im **getrockneten Abgas** gemessen, bei dem der größte Teil des Wasserdampfs als Kondensat ausgeschieden wurde und nur ein Rest an

Wasserdampf enthalten ist, der sich aus dem Partialdruck des Wasserdampfs bei der gemessenen Abgastemperatur berechnen lässt:

$$\nu_{H_2O,R} = p_D/p_{ges}. \tag{2.75}$$

Darin sind $\nu_{H_2O,R}$ der Molanteil des Restgehalts an Wasserdampf im getrockneten Abgas, p_D der Dampfdruck des Wasserdampfs (Sättigungsdruck, kann als Funktion der Temperatur aus der Dampftabelle A.6 entnommen werden) und p_{ges} der Gesamtdruck des Abgases (meist 1 atm).

Im Grenzfall der vollständigen Entfernung des Wasserdampfs spricht man von **trockenem Abgas**.

Die Umrechnung der Molanteile im getrockneten Abgas in feuchte Molanteile erfolgt mit der Beziehung:

$$\nu_i = \nu_{gi} \frac{1 - \nu_{H_2O}}{1 - \nu_{H_2O,R}}. \tag{2.76}$$

Darin sind ν_i der Molanteil der Komponente i des feuchten Abgases und ν_{gi} der Molanteil der Komponente i des getrockneten Abgases.

Damit kann von den Molanteilen im getrockneten oder trockenen Abgas auf diejenigen im feuchten Abgas umgerechnet werden, falls der Wassergehalt im feuchten Abgas bekannt ist. Dieser wird allerdings fast nie gemessen und der Wasserdampfgehalt muss daher bei bekannter Brennstoffzusammensetzung aus der Wasserstoffbilanz Gl. (2.71) berechnet werden. Aus dieser Gleichung kann nur die Summe aus ν_{H_2O} und ν_{H_2} errechnet werden. Da auch der Wasserstoffgehalt selten gemessen wird, dieser jedoch bei unvollständiger Verbrennung nicht vernachlässigt werden kann, müssen Annahmen über den Wasserstoffgehalt gemacht werden.

Als grobe Näherung kann $\nu_{H_2} \approx 0.5 \, \nu_{CO}$ gesetzt werden. Für genauere Rechnungen wird oft das **Wassergasgleichgewicht** Gl. (2.62) angenommen:

$$K = \frac{\nu_{CO} \nu_{H_2O}}{\nu_{CO_2} \nu_{H_2}}.$$

Wenn man diese Gleichung in Gl. (2.71) einsetzt, erhält man:

$$\nu_{H_2O} = \frac{m_B H_B + 2X \frac{n_{O_2L}}{0.21} - b\nu_{C_aH_b}}{2\left(1 + \frac{1}{K} \frac{\nu_{CO}}{\nu_{CO_2}}\right)}. \tag{2.77}$$

Bei der Bestimmung der Gleichgewichtskonstanten muss berücksichtigt werden, dass eingefrorenes Gleichgewicht vorliegt. Aus zahlreichen Analysen wurden mittlere Werte von $K = 3{,}4$ bis $3{,}8$ ermittelt (entsprechend einer Einfriertemperatur von ca. 1400 bis 1500 °C).

Im Folgenden werden einige Verfahren zur λ-Berechnung dargestellt, welche auf mehr oder weniger starken Vereinfachungen aufbauen.

Luftverhältnis bei vollständiger Verbrennung

Es werden die folgende Annahmen getroffen.
- Vollständige Verbrennung ($\lambda \geq 1$).
- Der Brennstoff ist ein Kohlenwasserstoff ohne Sauerstoffgehalt mit gegebenem H_B/C_B-Verhältnis.
- Die Verbrennungsluft ist trocken.

In diesem einfachsten Fall besteht das Abgas nur aus den Komponenten CO_2, H_2O, O_2 und N_2. Die Molanteile sind eine eindeutige Funktion von λ, und es genügt die Messung einer einzigen Abgaskomponente zur λ-Bestimmung, wobei vor allem CO_2 oder O_2 in Frage kommen.

Mit den Gln. (2.68) bis (2.74) können unter Verwendung von Gl. (2.66) die folgende Beziehungen für das **feuchte Abgas** abgeleitet werden:

Für das Luftverhältnis gilt als Funktion des Kohlendioxidgehalts:

$$\lambda = 0{,}21 \frac{1 - \frac{1}{4}\frac{H_B}{C_B} \nu_{CO_2}}{\left(1 + \frac{1}{4}\frac{H_B}{C_B}\right)\nu_{CO_2}} \tag{2.78}$$

oder für den Kohlendioxidgehalt als Funktion von λ:

$$\nu_{CO_2} = \frac{1}{4{,}76\left(1 + \frac{1}{4}\frac{H_B}{C_B}\right)\lambda + \frac{1}{4}\frac{H_B}{C_B}}. \tag{2.79}$$

Die entsprechenden Gleichungen für den Sauerstoffgehalt lauten:

$$\lambda = \frac{1 + \frac{H_B/C_B}{H_B/C_B + 4}\nu_{O_2}}{1 - 4{,}76\,\nu_{O_2}}, \tag{2.80}$$

$$\nu_{O_2} = \frac{\lambda - 1}{4{,}76\,\lambda + \frac{H_B/C_B}{H_B/C_B + 4}}. \tag{2.81}$$

Für **trockenes Abgas** lauten die entsprechenden Gleichungen:

$$\lambda = 0{,}21 \frac{1 + \frac{1}{4}\frac{H_B}{C_B}\nu_{CO_2tr}}{\left(1 + \frac{1}{4}\frac{H_B}{C_B}\right)\nu_{CO_2tr}}, \tag{2.82}$$

$$\nu_{CO_2tr} = \frac{1}{4{,}76\left(1 + \frac{1}{4}\frac{H_B}{C_B}\right)\lambda - \frac{1}{4}\frac{H_B}{C_B}} \tag{2.83}$$

und

$$\lambda = \frac{1 - \frac{H_B/C_B}{H_B/C_B + 4}\nu_{O_2tr}}{1 - 4{,}76\,\nu_{O_2tr}}, \tag{2.84}$$

$$\nu_{O_2tr} = \frac{\lambda - 1}{4{,}76\,\lambda - \frac{H_B/C_B}{H_B/C_B + 4}}. \tag{2.85}$$

Diese Gleichungen können bei Dieselmotoren mit guter Näherung verwendet werden. Im rechten Teil von Abb. 2.13 ($\lambda > 1$) sind die CO_2- und O_2-Konzentrationen im feuchten und trockenen Abgas eines Brennstoffs mit $H_B/C_B = 2$ als Funktion von λ aufgetragen.

Luftverhältnis bei unvollständiger Verbrennung

Es werden die folgenden Annahmen getroffen.
- Außer den Komponenten der vollständigen Verbrennung werden CO und H_2 berücksichtigt.
- Es werden die Komponenten CO_2, O_2 und CO gemessen.
- Der Brennstoff ist ein Kohlenwasserstoff ohne Sauerstoffgehalt mit gegebenem H_B/C_B-Verhältnis.
- Die Luftfeuchtigkeit wird vernachlässigt.

Mit diesen Annahmen kann aus den Gln. (2.68) sowie (2.70) bis (2.74) folgende Beziehung abgeleitet werden:

$$\lambda = 1 + \frac{\nu_{O_2} - \frac{1}{2}(\nu_{CO} + \nu_{H_2})}{\left(1 + \frac{1}{4}\frac{H_B}{C_B}\right)(\nu_{CO_2} + \nu_{CO})}. \tag{2.86}$$

Da der Wasserstoffgehalt fast nie gemessen wird, müssen Annahmen für ν_{H_2} gemacht werden.

Wenn Wassergasgleichgewicht angenommen wird, erhält man

$$\lambda = 1 + \frac{\nu_{O_2} - \frac{1}{2}\nu_{CO}\left(1 + \frac{1}{2}\frac{H_B}{C_B}\frac{\nu_{CO_2} + \nu_{CO}}{\nu_{CO_2}/K + \nu_{CO}}\right)}{\left(1 + \frac{1}{4}\frac{H_B}{C_B}\right)(\nu_{CO_2} + \nu_{CO})}, \tag{2.87}$$

worin K die Gleichgewichtskonstante ist ($K = 3{,}4$ bis $3{,}8$). Die Gln. (2.86) und (2.87) wurden für feuchtes Abgas abgeleitet. Sie gelten aber auch unverändert für getrocknetes oder trockenes Abgas, da sich der Umrechnungsfaktor herauskürzt.

Dieses Verfahren eignet sich als erste Näherung für die λ-Berechnung bei Ottomotoren. Im linken Teil von Abb. 2.13 ($\lambda < 1$) sind die CO- und CO_2- Konzentrationen im feuchten und trockenen Abgas eines Brennstoffs mit $H_B/C_B = 2$ als Funktion von λ aufgetragen, die Sauerstoffkonzentration wird bei Luftmangel vernachlässigbar klein. Damit ist die Abgaszusammensetzung bei Messung einer einzigen Abgaskomponente (CO oder CO_2) gegeben. Bei Mehrzylindermotoren, bei denen einzelne Zylinder mit Luftüberschuss, andere mit Luftmangel arbeiten können, treffen diese Annahmen jedoch nicht zu.

Genaue Berechnung des Luftverhältnisses

Für eine genaue Berechnung sind die folgenden Voraussetzungen zu erfüllen.
- Es sind jedenfalls CO_2, CO, O_2 und C_aH_b zu messen, eventuell auch der Ruß (C).
- Die Stickoxide können berücksichtigt werden, spielen aber eine geringe Rolle.
- Die Kraftstoffanalyse muss bekannt sein, wobei gegebenenfalls der Sauerstoffgehalt zu berücksichtigen ist.
- Die Luftfeuchtigkeit kann berücksichtigt werden, spielt aber nur eine geringe Rolle.

Es wurden Berechnungsverfahren mit unterschiedlichen Annahmen vor allem hinsichtlich des Wasserstoffgehaltes entwickelt. Brettschneider [2.5] verwendet dafür das Wassergasgleichgewicht. Wenn diese Annahme nicht erfüllt ist oder wenn Messfehler vorliegen, dann ist bei diesem Verfahren die Gesamtbilanz unter Umständen nicht erfüllt. Simons [2.32] berechnet daher den Wasserstoffgehalt aus der Gesamtbilanz. Als Folge von Messfehlern kann sich dabei ein unglaubwürdiger oder unmöglicher (z. B. negativer) Wasserstoffgehalt ergeben. Kordesch [2.22] grenzt daher einen

2.6 Umsetzungsgrad

Durch die unvollständige bzw. unvollkommene Verbrennung entsteht ein Verlust, der in Abb. 2.15 dargestellt ist. Darin ist als oberste Kurve der auf 1 kg Verbrennungsgas bezogene Heizwert h_u^* als Funktion von λ entsprechend Gl. (2.20) dargestellt. Bei Luftmangel ($\lambda < 1$) kann die Brennstoffenergie nicht voll genutzt werden, im Optimalfall kann eine **unvollständige Verbrennung** bis zum chemischen Gleichgewicht stattfinden.

Bei jeder Verbrennung treten darüber hinaus weitere Verluste auf, nämlich die der **unvollkommenen Verbrennung**, die dadurch entstehen, dass die Verbrennung nicht bis zum chemischen Gleichgewicht erfolgt. Unabhängig vom Luftverhältnis entstehen also in jedem Fall unvollständig verbrannte Komponenten.

Die gesamten Verluste durch unvollständige Verbrennung und unvollkommene Verbrennung lassen sich durch den **gesamten Umsetzungsgrad** $\zeta_{u,ges}$ quantifizieren. Mit h_u^* als Heizwert des Brennstoffs bezogen auf 1 kg Verbrennungsgas nach Gl. (2.20) und $q_{u,ges}$ als gesamter Energie der unvollständig und unvollkommen verbrannten Komponenten gilt:

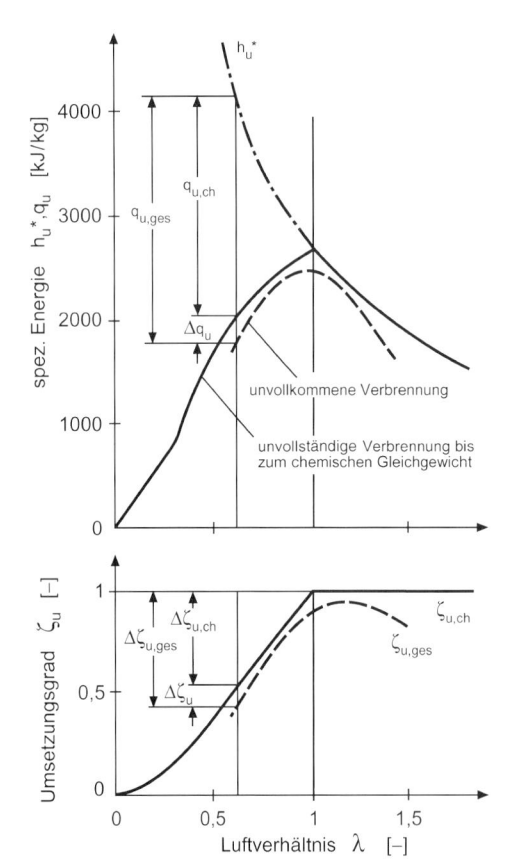

$$\zeta_{u,ges} = (h_u^* - q_{u,ges})/h_u^*. \tag{2.88}$$

Abb. 2.15. Verluste durch unvollständige und unvollkommene Verbrennung

Die Berechnung von $q_{u,ges}$ und damit von $\zeta_{u,ges}$ erfolgt durch Bestimmung der chemischen Energie der im Abgas enthaltenen Komponenten der unvollständigen und unvollkommenen Verbrennung, nämlich von Kohlenmonoxid (CO), Wasserstoff (H_2), Kohlenwasserstoffen und Ruß (angenommen als C). Die aus einer Abgasanalyse vorliegenden Komponentenmengen sind dazu mit ihren entsprechenden Heizwerten zu multiplizieren:

$$q_{u,ges} = (\nu_{CO} H_{u\,CO} + \nu_{H_2} H_{u\,H_2} + \nu_{CH_2} H_{u\,CH_2} + \nu_C H_{u\,C}) 1/M_{VG}. \tag{2.89}$$

Darin sind ν_i der Molanteil der Komponente i (feucht), M_{VG} die molare Masse des Verbrennungsgases (Abb. A.8) und H_{ui} die Heizwerte bezogen auf 1 kmol der jeweiligen Abgaskomponente mit folgenden Werten:

$$H_{u\,CO} = 282{,}9\,\text{MJ/kmol}, \quad H_{u\,H_2} = 241{,}7\,\text{MJ/kmol},$$
$$H_{u\,CH_2} \approx 600\,\text{MJ/kmol}, \quad H_{u\,C} = 406{,}9\,\text{MJ/kmol}.$$

Die Kohlenwasserstoffe werden im Allgemeinen summarisch als CH_2 angenommen, Ölabbrand sowie etwaige Spülverluste, die sich in einer Erhöhung der Kohlenwasserstoffe im Abgas äußern, sind im Umsetzungsgrad inkludiert.

Im **Luftmangelbereich** ($\lambda < 1$) kann der gesamte Umsetzungsgrad in folgende zwei Faktoren zerlegt werden:

$$\zeta_{u,ges} = \zeta_{u,ch}\, \zeta_u. \tag{2.90}$$

Darin berücksichtigt $\zeta_{u,ch}$ die unvollständige Verbrennung bis zum chemischen Gleichgewicht und ζ_u die zusätzlichen Verluste durch unvollkommene Verbrennung.

Entsprechend Gl. (2.88) gilt:

$$\zeta_{u,ch} = (h_u^* - q_{u,ch})/h_u^*. \tag{2.91}$$

Darin ist $q_{u,ch}$ die Energie der unvollständig verbrannten Komponenten bei chemischem Gleichgewicht.

Es kann angenommen werden, dass bei chemischem Gleichgewicht nur die Komponenten CO und H_2 energetisch relevant sind, so dass geschrieben werden kann:

$$q_{u,ch} = (\nu_{COch} H_{uCO} + \nu_{H_2ch} H_{uH_2}) 1/M_{VG}. \tag{2.92}$$

Der **Umsetzungsgrad** bezogen auf das chemische Gleichgewicht ist nach Gl. (2.90)

$$\zeta_u = \zeta_{u,ges}/\zeta_{u,ch}$$

oder

$$\zeta_u = (h_u^* - q_{u,ges})/(h_u^* - q_{u,ch}). \tag{2.93}$$

Es können auch die Verluste durch Unverbranntes nach folgenden Definitionen auf den Heizwert bezogen werden:

$$\Delta\zeta_{u,ges} = q_{u,ges}/h_u^*, \tag{2.94}$$

$$\Delta\zeta_{u,ch} = q_{u,ch}/h_u^*, \tag{2.95}$$

$$\Delta\zeta_u = (q_{u,ges} - q_{u,ch})/h_u^*. \tag{2.96}$$

Darin bezeichnet $\Delta\zeta_{u,ges}$ den gesamten Verlust durch Unverbranntes, $\Delta\zeta_{u,ch}$ den Verlust durch Unverbranntes bei Verbrennung bis zum chemischen Gleichgewicht und $\Delta\zeta_u$ den Verlust durch Unverbranntes im Vergleich zum chemischen Gleichgewicht.

Mit diesen Definitionen wird

$$\zeta_{u,ges} = 1 - \Delta\zeta_{u,ges} \tag{2.97}$$

und

$$\Delta\zeta_{u,ges} = \Delta\zeta_{u,ch} + \Delta\zeta_u. \tag{2.98}$$

Die in Abb. A.8 bis A.29 sowie in Tabelle A.11 wiedergegebenen Stoffgrößen des Verbrennungsgases berücksichtigen das chemische Gleichgewicht. Aus diesem kann $q_{u,ch}$ als innere Energie bei der Bezugstemperatur $t = 20\,°C$ entnommen werden.

Es sei darauf hingewiesen, dass der Umsetzungsgrad ein Verhältnis von Wärmen (Energien) darstellt und hier mit ζ anstatt mit η wie in Lit. 4.83 bezeichnet wird, um eine Verwechslung mit dem Umsetzungsverlust durch unvollkommene Verbrennung $\Delta\eta_{uV}$ zu vermeiden, der ein Verhältnis von Arbeit zu Energie darstellt (siehe Abschn. 6.1.3).

2.7 Reaktionskinetik

Die **Gleichgewichtsthermodynamik** kann nur Aussagen über den Endzustand einer chemischen Reaktion machen. Nimmt man an, dass die chemischen Reaktionen sehr schnell gegenüber den anderen Prozessen, wie z. B. Diffusion, Wärmeleitung und Strömung, ablaufen, so ermöglicht die Gleichgewichtsthermodynamik allein die Beschreibung eines Systems. Laufen die chemischen Reaktionen jedoch mit einer Geschwindigkeit ab, die vergleichbar ist mit der Geschwindigkeit der Strömung und der molekularen Transportprozesse, werden Informationen über die Geschwindigkeit chemischer Reaktionen benötigt. Eine Aussage über die Geschwindigkeit der Reaktionen und darüber, ob das chemische Gleichgewicht überhaupt erreicht wird, kann nur mit Hilfe der **Reaktionskinetik** gemacht werden. Von entscheidendem Einfluss für den Ablauf der Reaktionen sind die Konzentrationen der beteiligten Spezies, die Temperatur und die Anwesenheit von Katalysatoren oder Inhibitoren. Die Beschreibung des Reaktionsablaufs erfolgt in der Regel mittels des Verlaufs der Konzentration der beteiligten Reaktanten als Funktion der Zeit.

Die für die Verbrennung im Motor zur Verfügung stehende Zeit ist äußerst kurz, so dass die Vorgänge wesentlich von der Reaktionskinetik bestimmt werden. Das gilt für die Verbrennung selbst wie auch für einige als Folge der Verbrennung ablaufende Umwandlungsprozesse, die für die Abgaszusammensetzung von Bedeutung sind. Dabei sind die Vorgänge vor allem bei der Verbrennung so komplex, dass sie derzeit nur tendenziell erfasst und nicht exakt vorausberechnet werden können. Dementsprechend sollen an dieser Stelle nur die Grundlagen der Reaktionskinetik dargestellt werden. Für ein vertieftes Studium sei auf die Literatur verwiesen [2.3, 2.18].

Zeitgesetz und Reaktionsordnung

Unter dem Zeitgesetz für eine chemische Reaktion, die in allgemeiner Schreibweise gegeben sein soll durch

$$A + B + \cdots \xrightarrow{k_h} E + F + \cdots, \tag{2.99}$$

wobei A, B, ... verschiedene an der Reaktion beteiligte Stoffe bezeichnen, versteht man einen empirischen Ansatz für die **Reaktionsgeschwindigkeit**, das ist die Geschwindigkeit, mit der ein an der Reaktion beteiligter Stoff gebildet oder verbraucht wird. Betrachtet man den Stoff A, so lässt sich seine Reaktionsgeschwindigkeit als zeitliche Änderung der Konzentration in der Form

$$d[A]/dt = -k_h [A]^a [B]^b \ldots \quad (2.100)$$

darstellen. Dabei sind $a, b, \ldots$ die Reaktionsordnungen bezüglich der Stoffe A, B, $\ldots$ und k_h ist der Geschwindigkeitskoeffizient der chemischen (Hin-)Reaktion. Die Summe aller Exponenten ist die Gesamt-Reaktionsordnung der Reaktion.

Durch Multiplikation mit der molaren Masse M_A erhält man die Reaktionsgeschwindigkeit in kg/m³s, wie sie etwa in Gl. (1.214) benötigt wird:

$$r_A = M_A \, d[A]/dt \quad (2.101)$$

Oft liegen einige Stoffe im Überschuss vor. In diesem Fall ändern sich ihre Konzentrationen nur unmerklich. Bleibt z. B. [B] während der Reaktion annähernd konstant, so lässt sich aus dem Geschwindigkeitskoeffizienten und der Konzentration des Stoffs im Überschuss ein neuer Geschwindigkeitskoeffizient definieren, und man erhält z. B. mit $k = k_h [B]^b$

$$d[A]/dt = -k[A]^a. \quad (2.102)$$

Aus diesem Zeitgesetz lässt sich durch Integration (Lösung der Differentialgleichung) leicht der zeitliche Verlauf der Konzentration des Stoffs A bestimmen.

Für **Reaktionen 1. Ordnung** ($a = 1$) ergibt sich durch Integration aus Gl. (2.102) das Zeitgesetz 1. Ordnung:

$$\ln([A]_t/[A]_0) = -k(t - t_0), \quad (2.103)$$

wobei $[A]_0$ und $[A]_t$ die Konzentration des Stoffs A zur Zeit t_0 bzw. t bezeichnen. Auf ganz entsprechende Weise ergibt sich für **Reaktionen 2. Ordnung** ($a = 2$) das Zeitgesetz

$$(1/[A]_t) - (1/[A]_0) = k(t - t_0) \quad (2.104)$$

und für **Reaktionen 3. Ordnung** ($a = 3$) das Zeitgesetz

$$(1/[A]_t^2) - (1/[A]_0^2) = 2k(t - t_0). \quad (2.105)$$

Wird der zeitliche Verlauf der Konzentration während einer chemischen Reaktion experimentell bestimmt, so lässt sich daraus die Reaktionsordnung ermitteln. Eine logarithmische Auftragung der Konzentration über der Zeit für Reaktionen 1. Ordnung oder eine Auftragung von $1/[A]_t$ über der Zeit für Reaktionen 2. Ordnung ergeben lineare Verläufe (siehe Abb. 2.16).

Reaktionsarten

Eine **Elementarreaktion** ist eine Reaktion, die auf molekularer Ebene genauso abläuft, wie es die Reaktionsgleichung beschreibt. Treten Zwischenprodukte auf, spricht man von **Bruttoreaktionen**. Bruttoreaktionen haben meist recht komplizierte Zeitgesetze der Form (2.100), die Reaktionsordnungen $a, b, \ldots$ sind meist nicht ganzzahlig, können auch negative Werte annehmen (Inhibierung) und hängen von der Zeit und von den Versuchsbedingungen ab. Eine Extrapolation auf Bereiche, in denen keine Messungen vorliegen, ist äußerst unzuverlässig. Zusammengesetzte Reaktionen lassen sich jedoch (zumindest im Prinzip) in eine Vielzahl von Elementarreaktionen zerlegen.

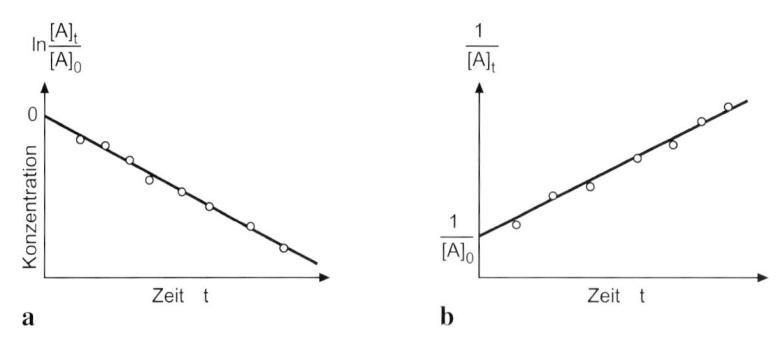

Abb. 2.16. Zeitliche Verläufe der Konzentrationen bei einer Reaktion 1. Ordnung (**a**), einer Reaktion 2. Ordnung (**b**)

Das Konzept, Elementarreaktionen zu benutzen, ist äußerst vorteilhaft: Die Reaktionsordnung von Elementarreaktionen ist unabhängig von der Zeit sowie von den Versuchsbedingungen und leicht zu ermitteln. Dazu betrachtet man die **Molekularität** einer Reaktion als Zahl der zum Reaktionskomplex (das ist der Übergangszustand der Moleküle während der Reaktion) führenden Teilchen. Es gibt nur drei in der Praxis wesentliche Werte der Reaktionsmolekularität: uni-, bi- und trimolekulare Reaktionen.

Unimolekulare Reaktionen beschreiben den Zerfall oder die Umlagerung eines Moleküls. Sie besitzen ein Zeitgesetz erster Ordnung. Bei Verdoppelung der Ausgangskonzentration verdoppelt sich auch die Reaktionsgeschwindigkeit:

$$A \rightarrow \text{Produkte}. \tag{2.106}$$

Bimolekulare Reaktionen sind der am häufigsten vorkommende Reaktionstyp. Ihr Ablauf wird durch die Kollision zweier Spezies bestimmt, welche die Fähigkeit zur Reaktion aufweisen. Bimolekulare Reaktionen haben immer ein Zeitgesetz zweiter Ordnung. Die Verdoppelung der Konzentration jedes einzelnen Partners trägt jeweils zur Verdoppelung der Reaktionsgeschwindigkeit bei:

$$A + B \rightarrow \text{Produkte}. \tag{2.107}$$

Trimolekulare Reaktionen sind meist Rekombinationsreaktionen und befolgen grundsätzlich ein Zeitgesetz dritter Ordnung (z. B. $H + H + M \rightarrow H_2 + M$; M steht für ein neutrales Molekül oder die Wand):

$$A + B + C \rightarrow \text{Produkte}. \tag{2.108}$$

Hin- und Rückreaktion

Jede Reaktion kann wie erwähnt in beide Richtungen ablaufen und führt schließlich zum chemischen Gleichgewicht zwischen den Reaktionspartnern, bei dem Hin- und Rückreaktion gleich schnell verlaufen. Für eine Reaktion

$$n_A A + n_B B + \cdots \rightleftarrows n_E E + n_F F + \cdots$$

gilt daher für den Gleichgewichtszustand

$$\overrightarrow{k}\,[A]^{n_A}[B]^{n_B}\ldots = \overleftarrow{k}\,[E]^{n_E}[F]^{n_F}\ldots \tag{2.109}$$

oder mit der Gleichgewichtskonstanten K_c:

$$K_c = \frac{[E]^{n_E}[F]^{n_F}}{[A]^{n_A}[B]^{n_B}} = \frac{\overleftarrow{k}}{\overrightarrow{k}}. \qquad (2.110)$$

Zwischen den Geschwindigkeitskoeffizienten der Hin- und Rückreaktion besteht also ein eindeutiger Zusammenhang. Gleichung (2.110) gilt in dieser einfachen Form allerdings nur für Elementarreaktionen, die in einem Schritt ablaufen. Bei Bruttoreaktionen, die über Zwischenreaktionen ablaufen, kann diese Gleichung nicht angewendet werden.

Temperaturabhängigkeit der Reaktionsgeschwindigkeit

Ein wichtiges und typisches Charakteristikum chemischer Reaktionen ist, dass ihre **Geschwindigkeitskoeffizienten** extrem stark und nichtlinear von der Temperatur abhängen. Nach Arrhenius [2.1] kann man diese Temperaturabhängigkeit für viele Reaktionen mit guter Näherung in relativ einfacher Weise durch den **Arrhenius-Ansatz** beschreiben:

$$k = A \cdot e^{-E_a/(R_m T)}. \qquad (2.111)$$

Darin sind E_a die Aktivierungsenergie in J/kmol, $R_m = 8314{,}3$ J/kmol K die allgemeine Gaskonstante und T die Temperatur. Bei genauen Messungen bemerkt man oft auch noch eine (im Vergleich zur exponentiellen Abhängigkeit geringe) Temperaturabhängigkeit des **präexponentiellen Faktors** A:

$$k = A' T^b \cdot e^{-E_a/(R_m T)}. \qquad (2.112)$$

Aus der Arrhenius-Gleichung (2.111) folgt, dass die Temperatur einen außerordentlich starken Einfluss auf den Geschwindigkeitskoeffizienten hat, dieser aber unabhängig von der Konzentration der beteiligten Spezies ist.

In Gl. (2.111) wird E_a als **Aktivierungsenergie** bezeichnet. Diese kann als Energieschwelle interpretiert werden, die überschritten werden muss, damit eine Reaktion stattfinden kann (siehe die schematische Darstellung einer exothermen [Hin-]Reaktion in Abb. 2.17). Reaktionen laufen nur dann ab, wenn die reagierenden Moleküle energetisch angeregt sind, z. B. thermisch oder durch vorherigen Zusammenstoß mit neutralen Molekülen im Gas oder an der Gefäßwand. Mit ΔH_R als Reaktionsenthalpie gilt:

$$\overleftarrow{E}_a - \overrightarrow{E}_a = \Delta H_R. \qquad (2.113)$$

Trägt man $\ln k$ über $1/T$ auf, erhält man das sogenannte **Arrhenius-Diagramm**, dem die Aktivierungsenergie als Steigung der Geraden zu entnehmen ist (siehe Abb. 2.18).

Die Druckabhängigkeit der Geschwindigkeitskoeffizienten ist gegenüber der Temperaturabhängigkeit gering und tritt dann auf, wenn die chemischen Reaktionen zusammengesetzt sind und nicht elementar ablaufen. Bei der Verbrennung von Kohlenwasserstoffen kann die Reaktionsordnung und damit die Geschwindigkeit vom Druck abhängen, was insbesondere beim Zerfall langer Radikale in stabile Spezies und kürzere Radikale der Fall ist [2.15].

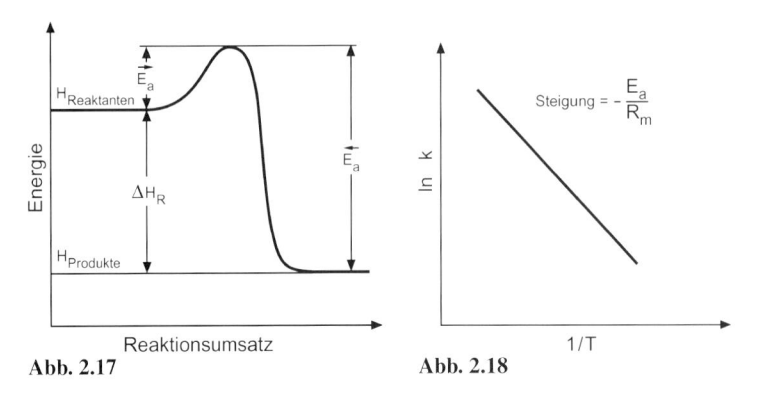

Abb. 2.17. Energiediagramm einer chemischen Reaktion

Abb. 2.18. Arrhenius-Diagramm

Katalyse

Die Erfahrung zeigt, dass es möglich ist, durch Zusatz geringer Mengen geeigneter Stoffe die Reaktionsgeschwindigkeit stark zu erhöhen (**homogene Katalyse**). Wenn der die Reaktionsgeschwindigkeit beeinflussende Stoff nach der Reaktion im wesentlichen unverändert vorliegt, wird er als **Katalysator** bezeichnet. Die Wirkungsweise des Katalysators beruht meist darauf, dass er die Aktivierungsenergie herabsetzt, indem der Reaktionsablauf bei gleichen Ausgangs- und Endprodukten über andere Zwischenprodukte erfolgt.

Es gibt aber auch Stoffe, die verzögernd auf den Reaktionsablauf wirken. Man spricht dann von einer negativen Katalyse (**Inhibition**). Diese kann etwa durch Förderung des Kettenabbruches hervorgerufen werden. Blei hat z. B. eine reaktionshemmende Wirkung bei der Verbrennung von Kohlenwasserstoffen.

Viele Reaktionen, vor allem bei niedrigen Temperaturen, werden sehr wesentlich von der Wand beeinflusst. Durch eine Vergrößerung der Oberfläche können derartige Reaktionen beschleunigt werden (**Oberflächen- oder Kontaktkatalyse**). Dieser Vorgang beruht häufig auf einer Adsorption von Reaktionspartnern an den Wänden, so dass die Bindungen der Moleküle geschwächt werden. Dadurch kann die Reaktion in eine andere Richtung gelenkt und die Aktivierungsenergie herabgesetzt werden. Dabei ist es wichtig, dass die adsorbierten Stoffe nicht zu fest an die Katalysatoroberfläche gebunden werden. Ein weiterer Effekt ergibt sich aus der Erhöhung der lokalen Konzentrationen der Reaktionspartner durch die Adsorption am Katalysator. Derartige Katalysatoren haben für die Abgasentgiftung von Verbrennungsmotoren große Bedeutung erlangt (siehe Abschn. 4.4.1).

Entscheidend für die Wirksamkeit eines Kontaktkatalysators sind Größe und chemische Zusammensetzung der Oberfläche. Bestimmte Substanzen, die vom Katalysator vorzugsweise adsorbiert werden, können seine Wirkung verringern oder sogar aufheben. Derartige Stoffe werden Kontaktgifte genannt. Blei ist z. B. ein sehr unangenehmes Kontaktgift.

Durch unterschiedliche chemische Zusammensetzung der Katalysatoroberfläche kann die Reaktion in verschiedene Richtungen gelenkt werden, so dass bei begrenzter Reaktionszeit unterschiedliche Reaktionsprodukte entstehen. Der Katalysator ist aber nicht in der Lage, das chemische Gleichgewicht zu verändern. Bei unendlich langer Reaktionszeit würde sich also mit jedem Katalysator immer dasselbe chemische Gleichgewicht wie auch ohne Katalysator einstellen.

Kettenreaktionen

Bei einer Kettenreaktion tritt ein reaktionsfähiges Zwischenprodukt auf, das in einem Schritt gebildet wird und in vielen Folgeschritten weiterreagiert. Häufig ist das reaktive Zwischenprodukt ein **freies Radikal**, ein Atom- oder Molekülfragment mit einem ungepaarten Elektron.

Die **Schritte einer Kettenreaktion** lassen sich in fünf Reaktionsarten einteilen. Beim Kettenstart (Initiierung) werden aus stabilen Molekülen aktive Radikale gebildet, etwa durch Ionisation oder durch thermische Anregung. Diese aktiven Radikale reagieren in Folgereaktionen mit anderen Molekülen, wobei weitere Radikale gebildet werden. Bleibt dabei die Zahl der Radikale gleich, bezeichnet man die Reaktion als Kettenfortpflanzung. Werden bei einer Folgereaktion mehrere neue Radikale produziert, spricht man von Kettenverzweigung. Greift ein Radikal ein bereits gebildetes Produkt an, verzögert sich die Produktbildung, es tritt Inhibierung auf. Kettenabbruch bedeutet, dass reaktive Teilchen zu stabilen Molekülen reagieren, was an den Begrenzungswänden oder in der Gasphase auftreten kann.

Kettenreaktionen führen oft zu sehr komplizierten Geschwindigkeitsgesetzen, wenn für jede Zwischenreaktion die Reaktionsgeschwindigkeit nach Gl. (2.100) ausgewertet werden soll. In der Regel beschränkt man sich daher auf die Beschreibung einer begrenzten Zahl relevanter Reaktionen, deren Auswahl in Übereinstimmung mit Experimenten erfolgt.

Eine Kettenreaktion kann folgendermaßen ablaufen:

$$
\begin{aligned}
&1. \quad A_1 + X_1 \to B_1 + X_2 \\
&2. \quad X_2 + A_2 \to B_2 + X_3 \\
&\vdots \\
&n. \quad X_n + A_n \to B_n
\end{aligned}
\tag{2.114}
$$

Darin sind A_i stabile Ausgangsprodukte, B_i stabile Endprodukte und X_i aktive Zwischenprodukte. Bei einer derartigen Reaktionsfolge wird das aktive Zwischenprodukt X_i jeweils in der nächstfolgenden Reaktion verbraucht. Es wird kein aktives Zwischenprodukt gebildet, das bei einer vorhergehenden Reaktion beteiligt ist und diese damit beschleunigen könnte. Man spricht von einer **offenen Reaktionsfolge**.

Anders ist es bei folgender Kettenreaktion:

$$
\begin{aligned}
&1. \quad A_1 + X_1 \to B_1 + X_2 \\
&2. \quad X_2 + A_2 \to B_2 + X_3 \\
&\vdots \\
&n. \quad X_n + A_n \to B_n + X_1
\end{aligned}
\tag{2.115}
$$

Hier schließt sich an die n-te Reaktion wieder die 1. Reaktion an. Diese **geschlossene Reaktionsfolge** kann immer wieder ablaufen. Die für die 1. Reaktion erforderlichen aktiven Teilchen müssen zunächst einmal gebildet werden, wofür eine Einleitungsreaktion notwendig ist. Dann würde die Kettenreaktion bis zum völligen Umsatz der Ausgangsprodukte weiterlaufen, wenn nicht eine Abbruchsreaktion für den Verbrauch der aktiven Teilchen X_1 sorgen würde.

Steigt bei einer Kettenreaktion die Reaktionsgeschwindigkeit immer mehr an, spricht man von einer Explosion. Bei der **thermischen Explosion** wird die Temperatur des Systems durch exotherme Reaktionen erhöht, dadurch die Reaktionsgeschwindigkeit gesteigert und so wiederum mehr Wärme freigesetzt. Von einer **chemischen Explosion** spricht man, wenn in einer Kettenverzweigungsreaktionen die Anzahl der Radikale zunimmt und die Reaktion dadurch weiter beschleunigt wird.

Kettenreaktionen und Explosionen sind von wesentlicher Bedeutung für Zündprozesse und die Flammenausbreitung bei der motorischen Verbrennung.

2.8 Zündprozesse

Aus naheliegenden Gründen ist es von besonderem Interesse zu klären, bei welchen Werten von Druck, Temperatur und Zusammensetzung ein gegebenes Gemisch zündet. Neben der Kraftstoffart an sich sind noch weitere Faktoren, wie etwa das umgebende Geschwindigkeitsfeld, von entscheidender Bedeutung für die Zündung und die folgende Flammenausbreitung.

Die Zündung ist eine infolge thermischer und chemischer Vorgänge beschleunigte **Kettenreaktion**, die zu einem sehr raschen Anstieg der Temperatur führt. Die Simulation der komplexen Zündvorgänge mit molekularem Transport, chemischen Reaktionen und Strömungsvorgängen ist sehr aufwendig und nur näherungsweise möglich, grundlegende Zusammenhänge lassen sich aber anhand stark vereinfachter Modelle zeigen.

2.8.1 Thermische Explosion

Es wird angenommen, dass in einem System Zündung eintritt, wenn die thermische Energiefreisetzung durch chemische Reaktionen die Wärmeabfuhr übersteigt und die resultierende Erwärmung die exothermen Reaktionen weiter beschleunigt. Für homogene Systeme mit örtlich konstanten Werten von Druck, Temperatur und Gaszusammensetzung kann Semenovs Theorie der Explosion angewandt werden [2.30]. Dabei wird in der Energiegleichung die Erwärmung des Systems gleich der Differenz aus einem Wärmeproduktionsterm $\dot{Q}_P$ und einem Wärmeverlustterm $\dot{Q}_V$ angesetzt:

$$\rho V c_p \frac{\partial T}{\partial t} = \dot{Q}_P - \dot{Q}_V. \qquad (2.116)$$

Die Wärmefreisetzung infolge der chemischen Reaktionen wird vereinfachend als Produkt von Wärmefreisetzung und Reaktionsrate einer Einschrittreaktion Brennstoff – Produkte beschrieben. Unter Verwendung der Gleichungen (2.100) und (2.111) gilt dafür:

$$\dot{Q}_P = \dot{q}_{ch} V [B]^a A \, e^{-E/(RT)}. \qquad (2.117)$$

Darin sind $\dot{Q}_P$ die Wärmeproduktion in W, $\dot{q}_{ch}$ die Wärmefreisetzung der Reaktion in W/kmol, V das Systemvolumen in m^3, [B] die Konzentration des Brennstoffs in kmol/m^3, a die Ordnung der Bruttoreaktion und $A \, e^{-E/RT}$ der Arrheniusansatz für den Geschwindigkeitskoeffizienten nach Gl. (2.111).

Die Wärmeabfuhr des Systems wird nach dem Newton'schen Ansatz proportional der Temperaturdifferenz zwischen Gas und Wand angesetzt:

$$\dot{Q}_V = \alpha A (T - T_W). \qquad (2.118)$$

Darin sind $\dot{Q}_V$ der Wärmeverlust in W, α der Wärmeübergangskoeffizient in W/m^{2}K, A die Wandoberfläche, T die Systemtemperatur und T_W die Wandtemperatur. Damit gilt:

$$\rho V c_p \frac{\partial T}{\partial t} = \dot{Q}_P - \dot{Q}_V = \dot{q}_{ch} V [B]^n A \, e^{-E/(RT)} - \alpha A (T - T_W). \qquad (2.119)$$

Das qualitative Verhalten des Systems lässt sich grafisch veranschaulichen (siehe Abb. 2.19). Der **Produktionsterm** $\dot{Q}_P$ steigt für gegebene Werte von Aktivierungsenergie E und Faktor A exponentiell mit der Temperatur an. Der **Verlustterm** $\dot{Q}_V$ nimmt linear mit der Temperatur zu. Betrachtet

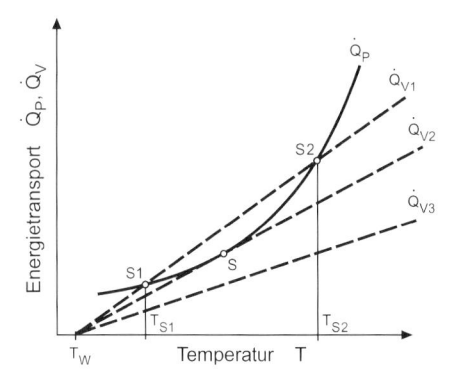

Abb. 2.19. Bedingungen für thermische Explosion

man die Kurve $\dot{Q}_{V1}$, findet man zwei Schnittpunkte bei den Temperaturen T_{S1} und T_{S2}, wo Wärmeproduktion und Wärmeverluste gleich groß sind. Für Temperaturen $T < T_{S1}$ überwiegt die Wärmeproduktion die Verluste, das System erwärmt sich auf T_{S1}. Für Temperaturen zwischen T_{S1} und T_{S2} überwiegen die Wärmeverluste, das System kühlt sich auf T_{S1} ab, weshalb dieser Punkt einen stabilen stationären Zustand kennzeichnet. T_{S2} bezeichnet einen stationären Zustand, der allerdings instabil ist, weil geringe Abweichungen von T_{S2} wegführen. Für Temperaturen $T > T_{S2}$ überwiegt die Wärmeproduktion, das System erwärmt sich immer mehr und eine Explosion findet statt.

Bei der Wärmeabfuhr nach Kurve $\dot{Q}_{V2}$ gibt es nur einen Berührungspunkt S mit der Wärmeproduktionskurve. Für Kurven $\dot{Q}_{V3}$ ist die Reaktion hinreichend exotherm und die Wärmeabfuhr hinreichend klein, so dass die Wärmeproduktion die Wärmeverluste immer übersteigt. Es kommt zu einem Anstieg von Temperatur und Umsatzgeschwindigkeit bis zum völligen Umsatz der Reaktionspartner. Das System explodiert für jeden Anfangszustand.

Eine Erweiterung der thermischen Explosionstheorie unter Berücksichtigung lokaler Temperaturunterschiede bei idealem Wärmeaustauschs des Systems mit der Umgebung findet sich in Lit. 2.12.

2.8.2 Chemische Explosion und Zündverzug

Analog zur thermischen Explosion ist bei der chemischen Kettenexplosion die Beschleunigung der Reaktion Bedingung für die Zündung. Es müssen in diesem Fall die Kettenverzweigungsreaktionen gegenüber den Kettenabbruchreaktionen überwiegen (vgl. Abschn. 2.7).

Im Folgenden wird beispielhaft als einfachste Verbrennungsreaktion die Oxidation im **Wasserstoff-Sauerstoff-System** dargestellt. Als entscheidend werden dabei folgende Reaktionen angesehen [2.15]:

$$
\begin{aligned}
H_2 + O_2 &\rightarrow 2\dot{O}H & &\text{(I)} \\
\dot{O}H + H_2 &\rightarrow H_2O + \dot{H} & &\text{(II)} \\
\dot{H} + O_2 &\rightarrow \dot{O}H + \dot{O} & &\text{(III)} \\
\dot{O} + H_2 &\rightarrow \dot{O}H + \dot{H} & &\text{(IV)} \\
\dot{H} &\rightarrow 1/2 H_2 & &\text{(V)} \\
\dot{H} + O_2 + M &\rightarrow HO_2 + M & &\text{(VI)}
\end{aligned}
\quad (2.120)
$$

Darin bezeichnet M ein beliebiges neutrales Molekül, die aktiven Radikale H, O und OH sind durch Punkte gekennzeichnet. Der Kettenstart erfolgt durch die Bildung aktiver Radikale in Reaktion I, wobei diese wegen der stabilen Ausgangsprodukte relativ langsam abläuft. Eine Selbstzündung kann somit nur bei hohen Temperaturen erfolgen ($T_\text{Selbstzündung} = 850\,\text{K}$). Werden Radikale auf andere Weise zugeführt, etwa durch einen Zündfunken, wird die Reaktion wesentlich beschleunigt. Die Kettenfortpflanzung erfolgt nach Reaktion II, die Reaktionen III und IV bilden Kettenverzweigungen, bei der für jedes Radikal zwei neue gebildet werden. Der Kettenabbruch erfolgt durch Stabilisierung von Radikalen an den Gefäßwänden nach Reaktion V sowie in der Gasphase nach Reaktion VI.

Während bei einer thermischen Zündung eine Temperaturerhöhung sofort eintritt, beobachtet man bei der chemischen Reaktion, dass die Explosion erst nach einer sogenannten **Zündverzugszeit** eintritt. Dieses Phänomen ist typisch für Kettenreaktionen. Während der Zündverzugszeit laufen Kettenverzweigungsreaktionen mit der Bildung von Radikalen ab, die Temperatur des Systems ändert sich jedoch nicht merklich. Die Zündverzugszeit ist wegen der starken Temperaturabhängigkeit der Reaktionsgeschwindigkeiten stark temperaturabhängig. Für verschiedene Kraftstoffe und Kraftstoff-Luft-Gemische wurden eine Reihe von empirischen Abhängigkeiten vom Druck p und der Temperatur T des Gemischs angegeben. Weiteste Verbreitung fand ein exponentieller Ansatz, der die **Temperaturabhängigkeit** nach dem Arrheniusansatz widerspiegelt:

$$\tau = A p^{-n}\, \mathrm{e}^{B/T}. \tag{2.121}$$

Darin sind τ die Zündverzugszeit in Millisekunden, A ein präexponentieller Faktor in ms bar^n, p der Druck in bar, n der Druckexponent, T die Temperatur und B ein der Aktivierungsenergie proportionaler Faktor in K. Die teils dimensionsbehafteten Konstanten A, B und n sind aus Experimenten zu bestimmen und hängen u. a. vom verwendeten Kraftstoff ab.

Die Verbrennung von **Kohlenwasserstoffen** läuft nach einem wesentlich komplizierteren und im Detail noch nicht vollständig geklärten Reaktionsschema ab. Ebenso wie bei der Wasserstoffoxidation sind zur Reaktionseinleitung aktive Radikale notwendig, deren Bildung zunächst nur relativ langsam voranschreitet (Zündverzug), falls sie nicht auf andere Weise (z. B. durch einen Zündfunken) beschleunigt wird.

Es gibt Versuche, für einfache Kohlenwasserstoffe eine möglichst vollständige Modellierung dieser Vorgänge darzustellen, was die Beschreibung mehrerer tausend Elementarreaktionen bedingt (siehe etwa [2.6]). Für praktische Anwendungen ist jedoch in der Regel eine Reduktion auf einige bestimmende Reaktionen angebracht, etwa auf jene, welche die Zündverzugszeit beeinflussen. Die demnach wichtigsten Reaktionen bei der Oxidation von Kohlenwasserstoffen stellen sich nach Semenov wie folgt dar [2.31]:

$$\begin{aligned}
\mathrm{RH} + \mathrm{O}_2 &\rightarrow \dot{\mathrm{R}} + \dot{\mathrm{H}}\mathrm{O}_2 & &\mathrm{(I)} \\
\dot{\mathrm{R}} + \mathrm{O}_2 &\rightarrow \mathrm{Olefin} + \dot{\mathrm{H}}\mathrm{O}_2 & &\mathrm{(II)} \\
\dot{\mathrm{R}} + \mathrm{O}_2 &\rightarrow \dot{\mathrm{R}}\mathrm{O}_2 & &\mathrm{(III)} \\
\dot{\mathrm{R}}\mathrm{O}_2 + \mathrm{RH} &\rightarrow \mathrm{ROOH} + \dot{\mathrm{R}} & &\mathrm{(IV)} \\
\dot{\mathrm{R}}\mathrm{O}_2 &\rightarrow \mathrm{R'CHO} + \mathrm{R''}\dot{\mathrm{O}} & &\mathrm{(V)} \\
\dot{\mathrm{H}}\mathrm{O}_2 + \mathrm{RH} &\rightarrow \mathrm{H}_2\mathrm{O}_2 + \dot{\mathrm{R}} & &\mathrm{(VI)} \\
\mathrm{ROOH} &\rightarrow \dot{\mathrm{R}}\mathrm{O} + \dot{\mathrm{O}}\mathrm{H} & &\mathrm{(VII)} \\
\mathrm{R'CHO} + \mathrm{O}_2 &\rightarrow \mathrm{R'}\dot{\mathrm{C}}\mathrm{O} + \dot{\mathrm{H}}\mathrm{O}_2 & &\mathrm{(VIII)} \\
\dot{\mathrm{R}}\mathrm{O}_2 &\rightarrow \mathrm{Auflösung} & &\mathrm{(IX)}
\end{aligned} \tag{2.122}$$

R, R' und R'' bezeichnen dabei unterschiedliche organische Radikale, die aus Kohlenwasserstoff durch Entzug eines Wasserstoffatoms entstehen, die Punkte bezeichnen aktive Radikale.

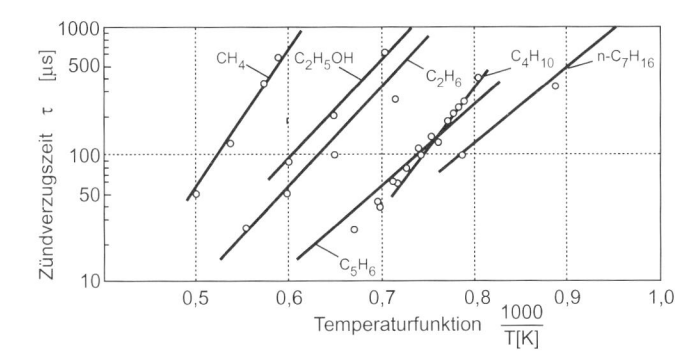

Abb. 2.20. Berechnete und gemessene Zündverzugszeiten verschiedener Kohlenwasserstoff-Luft-Mischungen bei Umgebungsdruck in Abhängigkeit von der Temperatur [2.35]

Die erste Reaktion (I) läuft langsam ab und stellt den **Kettenstart** dar. Sauerstoff spaltet ein Wasserstoffatom ab und bildet ein aktives Radikal. Der um das Wasserstoffatom reduzierte Kohlenwasserstoff stellt seinerseits ein zweites aktives Radikal dar, so dass in diesem ersten Schritt zwei aktive Radikale gebildet werden. Die **Kettenfortpflanzung** erfolgt nach den Reaktionen II bis VI. II erfolgt rasch und erfordert fast keine Aktivierungsenergie. IV stellt eine Wasserstoffabspaltung dar, die sich im Folgenden wiederholt. IV und V bilden als Hauptzwischenprodukte Wasserstoffperoxide, Aldehyde und Ketone, die instabil, aber relativ langlebig sind. Bei allen diesen Reaktionen bleibt die Anzahl der Radikale gleich, die Kettenfortpflanzung verursacht einen langen Zündverzug. Die **Kettenverzweigung** erfolgt nach VII und VIII durch die Bildung je zweier Radikale aus den entstandenen Zwischenprodukten. Bei der **Kettenabbruchreaktion** (IX) werden Radikale inaktiviert.

Die Zündverzugszeiten verschiedener Kohlenwasserstoff-Luft-Mischungen sind in Abb. 2.20 dargestellt.

Als Beispiel zur Berechnung der Zündverzugszeit für Kohlenwasserstoffe unter Einbeziehung der Oktanzahl OZ des Kraftstoffs sei die Beziehung von Douaud und Eyzat [2.10] angegeben:

$$\tau = 0{,}01768 (OZ/100)^{3{,}402} p^{-1{,}7} e^{3800/T}. \tag{2.123}$$

2.8.3 Zündgrenzen und Zündbedingungen

Grundsätzlich ist zwischen **Selbstzündung** und **Fremdzündung** zu unterscheiden, je nachdem, ob die Energie zur Initialisierung der Verbrennung aus einer Kompression stammt oder ob die Energie von einer externen Quelle wie einem Zündfunken kommt. Bei der Fremdzündung oder induzierten Zündung wird ein von sich aus nicht selbst zündendes Gemisch durch eine Zündquelle lokal zum Zünden gebracht. Durch Einbringung einer Energiemenge, die größer oder gleich der Mindestzündenergie sein muss, wird innerhalb des Zündvolumens lokal die Temperatur soweit erhöht, dass thermische (Selbst-)Zündung eintritt, bzw. wird die Konzentration von Radikalen soweit erhöht, dass eine chemische Explosion stattfindet. Die Mindestzündenergie nimmt mit der zu erwärmenden Stoffmenge und deren Wärmekapazität zu und ist somit proportional zum Zündvolumen und dem herrschenden Druck.

Die **Zündgrenzen** oder Explosionsgrenzen geben die Grenzwerte des Mischungsverhältnisses an, innerhalb derer ein Kraftstoff-Luft-Gemisch zündfähig ist, d. h., dass Selbst- oder Fremdzündung möglich ist und sich die Flamme ausbreiten kann. Die Zündgrenzen liegen je nach Kraftstoffart mehr oder weniger weit um das stöchiometrische Luftverhältnis. Dabei ist zwischen den lokalen und über dem Brennraum örtlich gemittelten Bedingungen zu unterscheiden. Da auch das

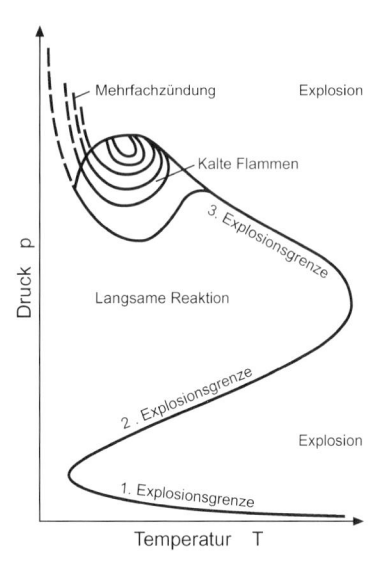

Abb. 2.21. Zünd- oder Explosionsdiagramm für ein Kohlenwasserstoff-Luft-Gemisch

lokale Strömungsfeld von entscheidender Bedeutung ist, sind allgemeingültige Aussagen schwer zu treffen. Bei durchschnittlichen motorischen Bedingungen gibt Tabelle A.8 für eine Reihe von Kraftstoffen Anhaltswerte für die Zündgrenzen. Durch besondere Maßnahmen können die Zündgrenzen erweitert werden, wie etwa die magere Zündgrenze bei Ottomotoren durch erhöhte Verdichtung und Turbulenz sowie durch Hochenergiezündung.

Liegt ein Gemisch innerhalb der Zündgrenzen, kommt es je nach Druck und Temperatur zu unterschiedlichen chemischen Reaktionen, die sich in einem pT-**Zünd-** oder **Explosionsdiagramm** darstellen lassen, in dem Bereiche mit (Selbst-)Zündung von solchen getrennt sind, in denen keine Zündung auftreten kann. Die Prinzipdarstellung eines Explosionsdiagramms für ein zündfähiges Kohlenwasserstoff-Luft-Gemisch zeigt Abb. 2.21.

In Bereichen niedriger Drücke und Temperaturen ist eine Zündung nicht möglich, weil die durch chemische Reaktionen in der Gasphase gebildeten Radikale durch Diffusion an die Brennraumwände wieder in stabile Moleküle umgewandelt werden. Bei steigendem Druck bzw. steigender Temperatur erreicht man die **1. Explosionsgrenze**, wo spontane Zündung eintritt, weil die Produktion von Radikalen deren Stabilisierung übertrifft. Diese Zündgrenze ist stark von der Brennraumgeometrie und der Wandbeschaffenheit abhängig. Bei weiter steigendem Druck erreicht man die **2. Explosionsgrenze**, bei deren Überschreiten eine Zündung wiederum verhindert wird, weil Kettenabbruchsreaktionen in der Gasphase gegenüber Kettenverzweigungsreaktionen überwiegen. Steigt der Druck weiter an, erreicht man die **3. Explosionsgrenze**. Diese stellt die thermische Zündgrenze dar, oberhalb derer die Wärmeerzeugung durch chemische Reaktionen jedenfalls größer ist als die Wärmeverluste an die Wand. Es kommt zu der bereits besprochenen thermischen Explosion.

Wie aus dem Explosionsdiagramm ersichtlich, kommt es außerdem bei niedrigen Temperaturen und hohen Drücken zum Phänomen der „**kalten blauen Flammen**", in denen eine langsame Verbrennung bei niedrigen Temperaturen abläuft, was durch „degenerierte" Kettenverzweigungsreaktionen verursacht wird, bei denen die Produktion von Radikalen bei Temperaturzunahme aufhört. Ebenso tritt ein Bereich der **Mehrstufenzündung** auf, in der eine Zündung erst nach einigen Lichtblitzen erfolgt.

Im Verbrennungsmotor ist die Zündung eine Kombination aus thermischen und chemischen

Vorgängen, so wird bei der Verbrennungseinleitung durch einen Zündfunken oder bei Selbstentzündung einerseits Wärme zugeführt, andererseits werden aktive Radikale gebildet.

2.9 Flammenausbreitung

Wenn in einem zündfähigen Gemisch an einer Stelle Zündung eingetreten ist, breitet sich die Flammenfront vom Zündvolumen aus, vorausgesetzt die entsprechenden Mischungsvorgänge und Kettenreaktionen laufen genügend rasch ab.

Grundsätzlich wird zwischen vorgemischter und nicht-vorgemischter Verbrennung unterschieden. Von **vorgemischter Verbrennung** spricht man, wenn Brennstoff und Oxidationsmittel weitgehend homogen vorgemischt sind. Die Flammenfront läuft durch den Brennraum, hinter ihr entsteht die verbrannte Zone. Das vorgemischte Kraftstoff-Luft-Gemisch verbrennt im Fall von Kohlenwasserstoffen oberhalb der Rußgrenze mit einem charakteristischen bläulichen Leuchten, das durch die Lichtemission von angeregtem CH und C_2 verursacht wird. Bei **nicht-vorgemischter Verbrennung** werden Brennstoff und Oxidationsmittel erst während der Verbrennung vermischt. Da Mischung und Verbrennung gleichzeitig ablaufen und dabei Gebiete reiner Luft und reinen Kraftstoffs auftreten, stellt sich die Verbrennung insgesamt komplexer dar. Gewöhnlich leuchten nicht-vorgemischte Flammen intensiv gelblich, was von der Strahlung glühender Rußteilchen herrührt, die in den fetten Bereichen der Flamme gebildet werden.

Die Berechnung eines chemisch reagierenden Systems erfordert das Aufstellen und Lösen der Erhaltungssätze für Masse, Impuls und Energie unter Einbeziehung der Zustandsänderungen und der chemischen Reaktionen, wobei die Strömungsverhältnisse, molekulare Transportprozesse, Gleichgewichtskriterien und eventuell die Reaktionskinetik zu berücksichtigen sind. Die resultierenden Differentialgleichungssysteme sind in der Regel sehr komplex und können nur unter stark vereinfachenden Annahmen für charakteristische Sonderfälle gelöst werden. Als zeit- und ortsabhängige Variable sind im Allgemeinen Druck, Temperatur, Strömungsgeschwindigkeit, Flammenausbreitungsgeschwindigkeit und Konzentrationsverteilungen von Interesse.

Es folgen einige grundlegende Hinweise zur Flammenausbreitung, für weitere Ausführungen sei auf die Literatur verwiesen [2.15, 2.35]. Konkrete Verbrennungsmodelle für die motorische Anwendung finden sich in Kap. 4.

2.9.1 Vorgemischte Verbrennung

Betrachtet man ein an beiden Enden offenes Rohr mit einem in Ruhe befindlichen homogenen Luft-Kraftstoff-Gemisch innerhalb der Zündgrenzen und entzündet dieses an einem Ende, beobachtet man eine geschlossene Flammenfront, die mit einer bestimmten Geschwindigkeit durch das Rohr läuft. Dieser Vorgang wird als **laminare Flammenausbreitung** bezeichnet. Die laminare Flammen(ausbreitungs)geschwindigkeit hängt von Transportprozessen ab, nämlich von der Wärmeleitung und der Diffusion von Radikalen. Besteht in dem Rohr ein turbulentes Strömungsfeld, wird die Flammenfront räumlich verzerrt und bei zunehmender Turbulenz schließlich aufgerissen. Man spricht in diesem Fall von **turbulenter Flammenausbreitung**. Für die turbulente Flammen(ausbreitungs)geschwindigkeit ist neben den laminaren Transportprozessen auch die Turbulenz der Strömung von Bedeutung. Diese beiden Arten der Flammenausbreitung, die auf Transportprozessen basieren, werden als **Deflagration** bezeichnet.

Ist das Rohr am gezündeten Ende geschlossen, kann eine Stoßwelle entstehen, deren steile Gradienten von Druck und Temperatur die Verbrennung als **Detonation** unterhalten. Tritt eine

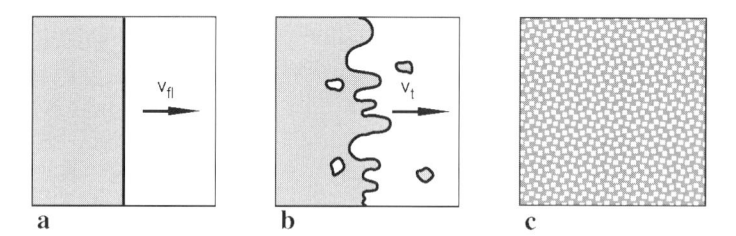

Abb. 2.22. Arten der Flammenausbreitung: **a** laminar, **b** turbulent, **c** homogen

derartige Verbrennung im Motor auf, wird sie als „Klopfen" bezeichnet. Aufgrund ihrer Bedeutung für den Verbrennungsmotor wird die Detonation in Abschn. 2.9.2 gesondert behandelt.

Bei den meisten technischen Anwendungen wird der Ablauf der Verbrennung durch das umgebende **turbulente Strömungsfeld** geprägt, wobei sowohl die turbulente kinetische Energie wie auch die Größe der Wirbel von entscheidendem Einfluss sind. Zur Beschreibung des turbulenten Strömungsfelds werden die turbulenten Längen- und Zeitmaßstäbe nach Abschn. 1.5.6 herangezogen. Zur Charakterisierung der laminaren bzw. turbulenten Flammenausbreitung erweisen sich zwei dimensionslose Kennzahlen als hilfreich, die turbulente Reynolds-Zahl Re_t und die turbulente Damköhler-Zahl Da.

Liegt die **turbulente Reynolds-Zahl** $Re_t = v'l_I/\bar{v}$ nach Gl. (1.241) im Bereich $Re_t < 1$, erfolgt die Flammenausbreitung laminar – eine geschlossene dünne Flammenfront mit der Stärke δ_{fl} breitet sich mit der laminaren Flammengeschwindigkeit v_{fl} aus (vgl. Abb. 2.22a).

Im Bereich der turbulenten Flammenausbreitung für $Re_t > 1$ führen die Wirbel zunächst zu einer Faltung der Flammenfront. Bei zunehmender Turbulenz bilden sich einzelne Flammeninseln („**Flamelets**") aus, die Flammenfront bleibt jedoch insgesamt noch geschlossen und breitet sich mit der turbulenten Flammengeschwindigkeit v_t aus (siehe Abb. 2.22b).

Bei weiter zunehmender Turbulenz reißen die Wirbel die Flammenfront auf und führen schließlich zu einer homogenen Verteilung von Verbranntem und Unverbranntem, so dass man nicht mehr von einer Flammenfront, sondern von einem homogenen **idealen Rührreaktor** spricht (siehe Abb. 2.22c).

Die mathematische Beschreibung der Flammenausbreitung richtet sich nach dem Verhältnis der turbulenten Zeitskala zur chemischen Zeitskala. Als charakteristische Kennzahl dafür wird die **turbulente Damköhler-Zahl** Da als das Verhältnis von turbulenter integraler Zeit τ_I zur Zeitskala der chemischen Reaktionen τ_{ch} definiert:

$$\text{Da} = \frac{\tau_I}{\tau_{ch}} = \frac{l_I v_{fl}}{v' l_{ch}}. \tag{2.124}$$

Darin sind $\tau_I = l_I/v'$ die turbulente integrale Zeit nach Gl. (1.235) und $\tau_{ch} = l_{ch}/v_{fl}$ die Zeitskala der chemischen Reaktionen mit l_{ch} als Längenskala der chemischen Reaktionen und v_{fl} als laminarer Flammengeschwindigkeit (siehe dazu Gl. (2.127)).

Für große Damköhler-Zahlen Da $\gg 1$ laufen die chemischen Reaktionen im Vergleich zu den Strömungsphänomenen sehr rasch ab, die Flammenfront ist geschlossen und dünn. Die Verbrennung wird durch die Mischungsvorgänge von Reaktanten und Produkten bestimmt. Man spricht von **turbulenzkontrollierter** oder **mischungskontrollierter Verbrennung** mit schneller Chemie („vermischt ist verbrannt", vgl. [2.24, 2.33, 4.100] und Abschn. 4.3.2). Eine detaillierte Erfassung der chemischen Vorgänge erübrigt sich, die Reaktionen werden vereinfacht durch Ein-

2.9 Flammenausbreitung

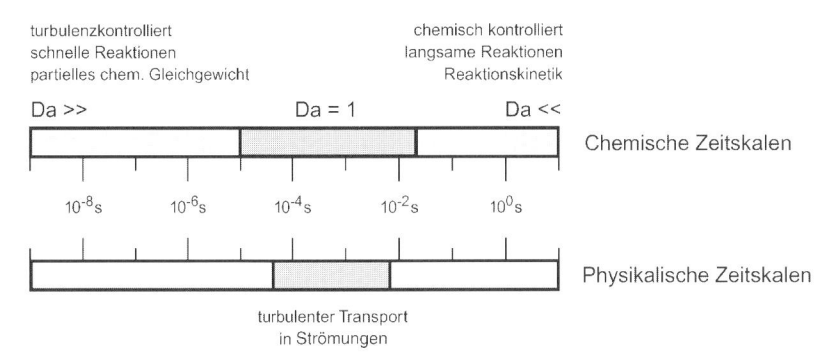

Abb. 2.23. Chemische und physikalische Zeitskalen

oder Mehrschritt-Reaktionen modelliert, wobei die Geschwindigkeitskoeffizienten dieser Globalreaktionen durch Experimente an das jeweilige System anzupassen sind.

Sind die chemischen und physikalischen Prozesse von gleicher zeitlicher Größenordnung bei Da ≈ 1, müssen sowohl strömungsdynamische wie auch chemische Phänomene simultan modelliert werden. Derartige Berechnungen sind sehr aufwendig, weil die Reaktionsordnungen und damit die Zeitgesetze nur für Elementarreaktionen bekannt sind und die komplexen chemischen Vorgänge bei der Verbrennung in Hunderte solcher Elementarreaktionen aufzuspalten sind. Für diesen Fall kommen meist **statistische Modelle** zum Einsatz, bei denen die Variablen mittels ihrer Wahrscheinlichkeitsdichtefunktion beschrieben werden (probability density function, PDF-Modelle) [2.23].

Für kleine Damköhler-Zahlen Da ≪ 1 laufen die chemischen Reaktionen langsamer ab als die Durchmischung, das System verhält sich wie homogen durchmischt (idealer Rührreaktor). Die **Reaktionskinetik** bestimmt die Abläufe. Zur Modellierung wird das turbulente Strömungsfeld in der Regel mit einem gröberen Gitter aufgelöst, die kleinen Längenskalen werden mittels eines Turbulenzmodells separat behandelt (Grobstruktursimulation, vgl. [4.40, 4.85] und Abschn. 4.5.1).

Zur Veranschaulichung dient Abb. 2.23. Die turbulenten Strömungsvorgänge spielen sich in dem relativ engen, dunkelgrau dargestellten Bereich der physikalischen Zeitskalen ab, die chemischen Reaktionen umfassen den gesamten Bereich der chemischen Zeitskalen. Für chemische Reaktionen in dem dunkelgrau dargestellten Bereich sind die turbulenten Strömungsvorgänge und die chemischen Reaktionen von gleicher zeitlicher Ordnung (Da = 1) und daher simultan zu modellieren. Für chemische Reaktionen in den hellgrauen Bereichen ist eine entkoppelte Behandlung von Strömung und Chemie möglich.

Laminare Flammenausbreitung

Für den einfachsten Fall der stationären eindimensionalen laminaren Flammenausbreitung lassen sich geschlossene Lösungen der Grundgleichungen angeben. Setzt man die Erhaltungssätze von Gesamtmasse, Speziesmassen, Impuls und Energie an, erhält man für die **Temperatur** und den **Mischungsbruch** des Brennstoffs zwei Differentialgleichungen folgender Form [2.15, 2.35]:

$$\frac{\partial G}{\partial t} = A \frac{\partial^2 G}{\partial x^2} + B \frac{\partial G}{\partial x} + C. \quad (2.125)$$

Der linke Term bezeichnet dabei die zeitliche Änderung der betreffenden Feldgröße G am Ort x. Die zweite Ableitung beschreibt diffusive Vorgänge, und zwar den Wärmetransport durch Leitung infolge von Temperaturgradienten bzw. den Stofftransport durch Diffusion infolge von

Konzentrationsgradienten, die erste Ableitung quantifiziert konvektive Strömungseinflüsse und der ableitungsfreie Term stellt den Quellterm infolge der chemischen Reaktionen dar.

Die Geschwindigkeiten von Wärme- und Stofftransport bestimmen die Flammengeschwindigkeit v_fl sowie die Dicke der Flammenfront δ_fl. Wird die Verbrennung vereinfachend als Einschrittreaktion Reaktanten – Produkte beschrieben, erhält man:

$$\delta_\text{fl} = a/v_\text{fl}, \tag{2.126}$$

$$v_\text{fl} = \sqrt{a/\tau_\text{ch}}. \tag{2.127}$$

Diese Zusammenhänge zeigen, dass die laminare Flammengeschwindigkeit v_fl einerseits von der Temperaturleitfähigkeit $a = \lambda \rho / c_p$ des Gemischs abhängt und andererseits von der Reaktionszeit τ_ch. Die Längenskala der chemischen Reaktionen l_ch nach Gl. (2.124) entspricht hier der Dicke der laminaren Flammenfront δ_fl. Die Flammenfront breitet sich also durch diffusive Prozesse aus, die dazu nötigen Gradienten werden durch chemische Reaktionen aufgebaut. Für die chemische Reaktionszeit kann ein Ansatz nach Gl. (2.121), $\tau_\text{ch} = A p^{-n} e^{B/T}$ getroffen werden.

In laminaren Flammen kann die Dicke der Flammenfront gegenüber den anderen geometrischen Abmessungen vernachlässigt werden. Für die umgesetzte Brennstoffmasse dm_B folgt aus Kontinuitätsgründen:

$$dm_B/dt = \rho_u v_\text{fl} A_\text{fl}. \tag{2.128}$$

Darin sind ρ_u die Dichte des unverbrannten Gases, v_fl die laminare Flammengeschwindigkeit und A_fl die Fläche der laminaren Flammenfront.

Die **laminare Flammengeschwindigkeit** v_fl der meisten Kohlenwasserstoff-Luft-Gemische liegt um 40 cm/s, sie steigt mit der Temperatur und sinkt mit zunehmendem Druck, wie dies in Abb. 2.24 exemplarisch für eine stöchiometrische Methan-Luft-Mischung dargestellt ist.

Die Verläufe der laminaren Flammengeschwindigkeiten verschiedener Brennstoffe in Abhängigkeit vom Luftverhältnis λ bzw. von dessen Kehrwert ϕ zeigt Abb. 2.25.

Turbulente Flammenausbreitung

Turbulente Flammen, wie sie in Verbrennungsmotoren auftreten, haben dreidimensionalen und stark instationären Charakter, so dass sie sich einer direkten Berechnung im Allgemeinen entziehen.

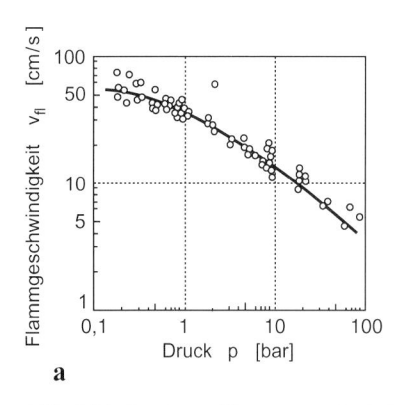

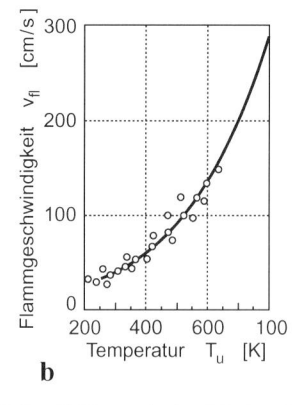

Abb. 2.24. Laminare Flammengeschwindigkeit stöchiometrischer Methan-Luft-Mischung in Abhängigkeit von Druck und Temperatur. **a** $T_u = 298$ K; **b** $p_u = 1$ bar [2.35]

2.9 Flammenausbreitung

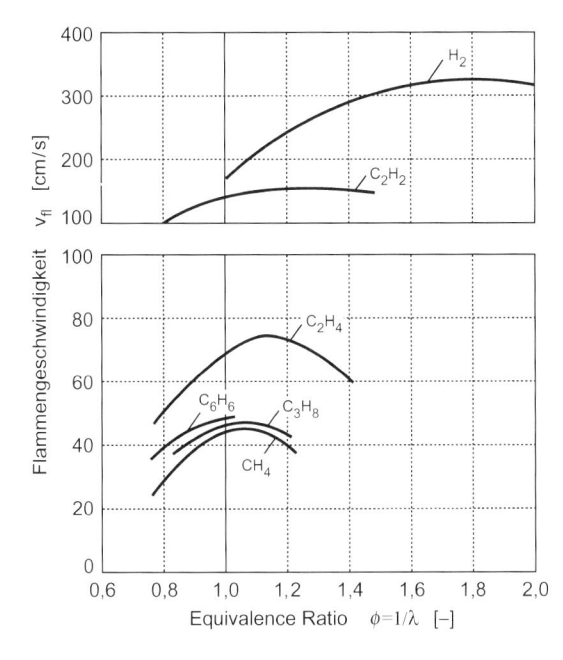

Abb. 2.25. Laminare Flammengeschwindigkeiten in Abhängigkeit vom Luftverhältnis λ bzw. von dessen Kehrwert φ bei Standardbedingungen [2.15]

In Anlehnung an die laminare Flammenausbreitung wurden Modelle zur Beschreibung einzelner wichtiger Eigenschaften der Flammenausbreitung entwickelt.

Ist die turbulente Schwankungsgeschwindigkeit kleiner als die laminare Flammengeschwindigkeit $v'/v_{fl} < 1$, liegt eine einzige geschlossene Flammenfront vor. Bei höherer Turbulenzintensität $v'/v_{fl} > 1$ bilden sich zusätzlich einzelne Flammeninseln aus, ohne dass die Flammenfront insgesamt aufreißt (Flamelets).

In den so genannten **Flamelet-Modellen** wird angenommen, dass sich die turbulente Flammenfront wie ein Ensemble laminarer Flammenfronten ausbreitet [2.4]. Dieser Ansatz erlaubt es, die relativ einfachen Zusammenhänge der laminaren Flammenausbreitung anzuwenden.

Durch die Auffaltung der laminaren Flammenfront bei zunehmender Turbulenz verbreitert sich die Reaktionszone. Nimmt man vereinfachend an, dass sich die gefaltete laminare Flammenfront A_{fl} mit der laminaren Flammengeschwindigkeit v_{fl} ausdehnt, kann nach Einführung der **turbulenten Flammengeschwindigkeit** v_t sowie der turbulenten Flammenfront A_t nach Abb. 2.26 aus

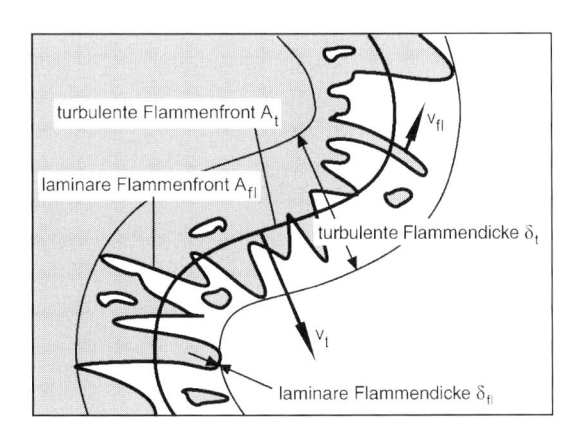

Abb. 2.26. Laminare und turbulente Flammenausbreitung

Kontinuitätsgründen gesetzt werden:

$$\rho_u v_t A_t = \rho_u v_{fl} A_{fl}. \quad (2.129)$$

Für nicht zu große Turbulenzintensität gilt für das Flächenverhältnis von laminarer zu turbulenter Flammenfront nach Damköhler:

$$A_{fl}/A_t = 1 + v'/v_{fl}. \quad (2.130)$$

Damit ergibt sich folgende Abhängigkeit der turbulenten Flammengeschwindigkeit v_t von der laminaren Flammengeschwindigkeit v_{fl} und der turbulenten Schwankungsgeschwindigkeit im unverbrannten Gas v':

$$v_t = v_{fl} + v' = v_{fl}(1 + v'/v_{fl}). \quad (2.131)$$

Für den Massenumsatz folgt:

$$dm_B/dt = \rho_u v_t A_t. \quad (2.132)$$

Die Ausbreitungsgeschwindigkeit der Flamme nimmt mit steigender Turbulenz zu. Bei steigender Motordrehzahl nehmen die Strömungsgeschwindigkeiten und damit die turbulente Schwankungsgeschwindigkeit im Brennraum zu, womit auch die Flammengeschwindigkeit steigt, so dass die Verbrennung beinahe immer denselben Kurbelwinkelbereich umfasst.

Im Brennraum wird die Flammenausbreitung außer durch das Strömungsfeld auch durch die **Brennraumgeometrie** geprägt. An der Wand verlischt die Flamme infolge hoher Wärmeableitung. Besonders leicht verlöschen magere Gemische, was zu den hohen Kohlenwasserstoffemissionen von Magermotoren führt. Es ist zu beachten, dass die Flammen bei zu großer Turbulenzintensität durch sogenannte **Streckung** ausgelöscht werden.

Im konventionellen Ottomotor wird das homogene Kraftstoff-Luft-Gemisch nahe dem OT durch einen Funken entzündet. Es entsteht eine turbulente Flammenfront, die sich von der Zündkerzenposition ausbreitet, bis sie die Brennraumwände erreicht (vgl. Abschn. 4.3). Es ist darauf zu achten, dass das explosionsfähige Gemisch kontrolliert in einer Deflagration verbrennt und keine Detonation auftritt. Die vorgemischte Verbrennung läuft bei hohen Temperaturen mit hoher Geschwindigkeit ab und hat den Vorteil, dass sie oberhalb der Rußgrenze weitgehend **rußfrei** ist. Aufgrund dieser Qualitäten gibt es jüngst Bestrebungen, die vorgemischte Verbrennung auch in Dieselmotoren anzuwenden (HCCI, homogeneous charge compression ignition [2.28]).

2.9.2 Detonation

Wie erwähnt versteht man unter Detonation eine **Stoßwelle**, die durch chemische Reaktionen und die damit verbundene Wärmefreisetzung entsteht. Charakteristisch für Detonationen sind die großen Flammenausbreitungsgeschwindigkeiten, die aufgrund der hohen Schallgeschwindigkeit des Gases Werte von über 1000 m/s annehmen können.

In der (otto)motorischen Verbrennung werden Detonationen im Brennraum als „**Klopfen**" bezeichnet. Die klopfende Verbrennung entsteht durch eine Selbstzündung des noch nicht von der Flamme erfassten Gemischs im Brennraum, dem so genannten **Endgas**. Durch die plötzliche Freisetzung hoher Anteile der chemischen Energie kommt es zu einem starken Anstieg des Drucks sowie der Temperatur und zur Ausbreitung von Druckwellen mit großen Amplituden. Dies verursacht das hochfrequente Geräusch, von dem die Bezeichnung Klopfen herrührt, und führt zu Materialschäden, die den Motor unter Umständen innerhalb kurzer Zeit zerstören können.

Abbildung 2.27 zeigt Druckverläufe bei normaler und klopfender Verbrennung, die durch Vorverlegen des Zündzeitpunkts hervorgerufen wurde.

2.9 Flammenausbreitung

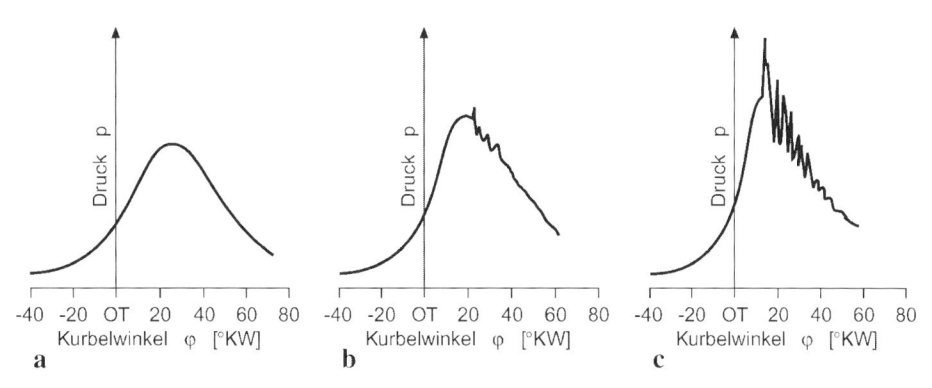

Abb. 2.27. Druckverläufe: **a** normale Verbrennung, **b** leicht klopfende Verbrennung, **c** intensiv klopfende Verbrennung

Im Endgas schreiten die Vorreaktionen zur Verbrennung aufgrund von Inhomogenitäten durch lokal unterschiedliche Verteilungen von Druck, Temperatur und Luftverhältnis verschieden weit fort. Kommen die **Vorreaktionen** an einer Stelle zum Abschluss – meist an heißen Stellen des Brennraums – erfolgt dort die Selbstzündung. Herrschen im Endgas relativ niedrige Temperaturen, breiten sich vom Selbstzündungsherd schwache Druckwellen aus, die Ausbreitungsgeschwindigkeit der Flammenfront liegt in der Größenordnung normaler Verbrennung (Deflagration). Bei hohen Werten von Druck und Temperatur und entsprechend beschleunigtem Ablauf der chemischen Reaktionen erfolgt die Flammenausbreitung um einige Zehnerpotenzen schneller (Detonation).

Zu Entstehung und Ablauf des Phänomens „Klopfen" wurden eine Reihe von Theorien veröffentlicht, die Verdichtungs-, die Detonations- und die Kombinationstheorie [2.14].

Verdichtungstheorie. Durch Kolbenverdichtung und Kompressionswirkung der Flammenfront wird im Endgasbereich der Selbstzündungszustand an jenen Stellen erreicht, wo Gemischzusammensetzung und Temperatur eine geringe Zündenergie erfordern. Die von den einzelnen Selbstzündungsherden ausgehenden Druckwellen bewirken eine plötzliche Verbrennung des Endgases.

Detonationstheorie. Aufgrund der Aufsteilung der Druckwellen, die von der normalen Flammenfront ausgehen, kommt es zu Stoßwellen. In der Stoßfront werden Selbstzündungsbedingungen erreicht, so dass das Endgas zündet. Es ist eine gewisse Anlaufstrecke notwendig, in der sich die Druckwelle zur Stoßwelle aufsteilt. Deshalb geschieht dies in der Regel in einigem Abstand von der Primärflamme oder der Brennraumwand. Die mit der Stoßwelle gekoppelte Reaktionszone durchläuft das Endgas als Detonationswelle mit Überschallgeschwindigkeit.

Kombinationstheorie. Die Kombinationstheorie vereinigt die Detonations- und Verdichtungstheorie. Ihr zufolge soll es, ausgehend von der Selbstzündung, zu einer schnellen Flammenausbreitung im Endgasbereich und bei stärker klopfenden Arbeitsspielen zu einer Stoß- und Detonationswelle kommen. Untersuchungen ergaben, dass sich die Sekundärflammenfronten im Endgasbereich meist zuerst mit Unterschallgeschwindigkeit (Deflagration) ausbreiten und bei stärker klopfenden Zyklen plötzlich eine Beschleunigung der Flammenausbreitung auf Überschall (Detonation) erfolgt.

Zur Quantifizierung der Klopfintensität wird der Begriff **Klopfhärte** verwendet, das ist der Betrag der maximalen hochfrequenten Druckamplituden. Je nach Intensität hört sich Klopfen an wie feines Klingeln bis zu harten Hammerschlägen. Tritt Klopfen stark oder über längere Zeit auf, sind die Motorbauteile gefährdet. Außer den heftigen erosiv wirkenden Druckwellen treten auch hohe thermische Belastungen auf. Durch die lokal hohen Geschwindigkeiten aufgrund des Klopfvorgangs steigt überdies die Wärmeübergangszahl so stark an, dass z. B. der Kolben überhitzt werden und verreiben kann. Häufig kann die erste Klopffront im Quetschspalt an der Zylinderwand gegenüber dem heißen Auslassventil beobachtet werden.

Für Ottomotoren begrenzt das Klopfen das Verdichtungsverhältnis und hat somit entscheidenden Einfluss auf den Wirkungsgrad und die Leistung. Über eine **Antiklopfregelung** kann motorschädigendes Klopfen vermieden werden. Dabei wird etwa durch einen piezokeramischen Klopfsensor am Motorblock der Körperschall in ein elektrisches Signal umgewandelt und einem elektronischen Steuergerät zugeführt. Die klopfende Verbrennung erzeugt charakteristische hochfrequente Geräusche. Sobald der Klopfsensor leichtes Klopfen erkennt, wird die Zündung etwas in Richtung spät verstellt, bis kein Klopfen mehr auftritt. Dann verstellt die Antiklopfregelung die Zündung wieder nach vor, bis leichtes Klopfen auftritt usw. Damit wird der Betrieb nahe an der Klopfgrenze gewährleistet, was mit einem optimalen Wirkungsgrad einhergeht, ohne dem Motor zu schaden. Die Antiklopfregelung ermöglicht einen derartigen Motorbetrieb auch mit Kraftstoffen von unterschiedlicher Oktan- oder Methanzahl und auch bei serienbedingten Abweichungen und betriebsbedingten Veränderungen wie z. B. Ablagerungen im Brennraum. Neben der Spätlegung des Zündzeitpunkts kann die **Klopfneigung** durch eine Reihe inner- und außermotorischer Parameter vermindert werden.

Hohe Oktan- oder Methanzahlen kennzeichnen klopffeste Kraftstoffe. Niedrige Ansauglufttemperaturen, Abgasrückführung und gute Kühlung senken das Temperaturniveau bei Verdichtungsende. Ablagerungen, die den Wärmeübergang verringern, sollen vermieden werden. Kleinere Motoren haben gegenüber größeren eine geringere Klopfneigung, weil das Verhältnis Volumen zu Oberfläche kleiner ist. Hohe Strömungs- und Flammengeschwindigkeiten durch gezielte Ladungsbewegung verringern die für Vorreaktionen zur Verfügung stehende Zeit. Aus diesem Grund sinkt die Klopfneigung auch mit steigender Motordrehzahl. Eine Erhöhung des Luftverhältnisses verlängert den Zündverzug. Kompakte Brennraumformen mit zentraler Zündkerze und optimierte Quetschspalte verkürzen die Flammenwege. Möglichst geringe zyklische Schwankungen erlauben stabilen Motorbetrieb nahe der Klopfgrenze.

Zur Modellierung des Klopfens sind phänomenologische Ansätze zur Berechnung des Selbstzündverzugs ebenso in Verwendung wie chemisch fundierte Modelle, welche die ablaufenden chemischen Reaktionen oder relevante Parameter der Detonation wie Ausbreitungsgeschwindigkeit, Druck und Temperatur beschreiben. **Phänomenologische Modelle** gehen davon aus, dass klopfende Verbrennung auftritt, wenn die entsprechenden Vorreaktionen im Endgas abgeschlossen sind. Der Vorreaktionsfortschritt wird durch Druck, Temperatur, Luftverhältnis und Kraftstoffart bestimmt. Die ablaufenden chemischen Vorgänge sind sehr komplex und wären durch Hunderte chemische Reaktionsgleichungen unter Berücksichtigung einer Vielzahl von Spezies zu beschreiben. Ohne auf diese Reaktionen im Detail einzugehen, wird in der phänomenologischen Modellierung angenommen, dass Selbstzündung eintritt, wenn gilt:

$$\int_{t=0}^{t_{SZ}} \frac{dt}{\tau} = 1. \qquad (2.133)$$

Dabei ist τ die Selbstzündungszeit in Abhängigkeit von Druck und Temperatur im Endgas für einen bestimmten Kraftstoff oder für ein Gemisch, t bedeutet die Zeit ab der Kompression des Endgases und t_{SZ} steht für den Zeitpunkt der Selbstzündung. Damit kann berechnet werden, ob Selbstzündung auftritt, bevor die normale Flamme das Endgas durchläuft, wenn für die Zeit zur Selbstzündung τ

2.9 Flammenausbreitung

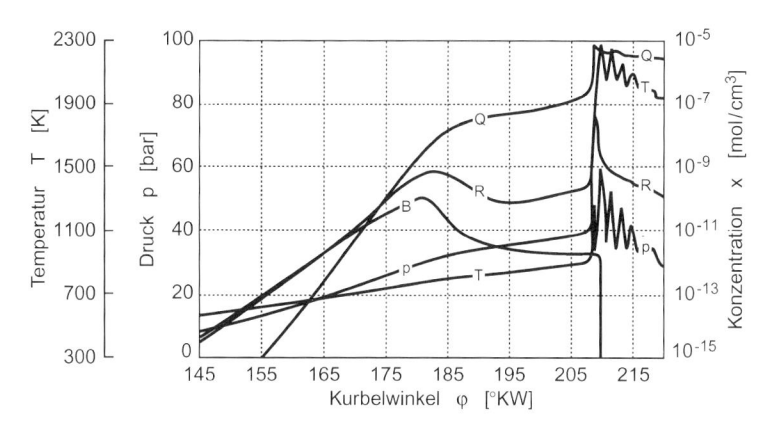

Abb. 2.28. Ergebnisse des Shell-Modells bei klopfender Verbrennung [2.17]

ein Ansatz wie etwa nach (2.123)

$$\tau = 0{,}01768 \, (OZ/100)^{3{,}402} \, p^{-1{,}7} \, e^{3800/T}$$

getroffen wird. Von entscheidender Bedeutung für die Rechnung ist eine entsprechend feine Auflösung des inhomogenen Temperaturfelds im Brennraum, das durch Strömungseffekte und Wärmeübergang bestimmt ist.

Chemische Modelle beschreiben meist eine Vielzahl von Reaktionen, die teils unabhängig voneinander, teils als Kettenreaktionen ablaufen. Basierend auf den Reaktionen Gl. (2.122) wurden einige Modelle zur Oxidation von Kohlenwasserstoffen vorgestellt. Von diesen soll das Shell-Modell [2.17] erwähnt werden, in dem die oben genannten Reaktionen unter Berücksichtigung der Reaktionskinetik generalisiert beschrieben werden. Wie bei allen derartigen Ansätzen ist eine Kalibrierung durch Anpassung der Modellkonstanten an die Ergebnisse von Experimenten erforderlich. Abbildung 2.28 zeigt die mit dem Shell-Ansatz berechneten Verläufe von Druck, Temperatur und der generalisierten Spezies [R] für Radikale, [Q] für Zwischenprodukte und [B] für Verzweigungsprodukte in einer klopfenden Verbrennung.

2.9.3 Nicht-vorgemischte Verbrennung

Sind Kraftstoff und Luft nicht homogen vorgemischt, sondern vermischen sich erst während der Verbrennung durch molekulare und turbulente Diffusion, spricht man von nicht-vorgemischter Verbrennung. Da die **Mischungsvorgänge** langsamer ablaufen als die chemischen Reaktionen, die Diffusion von Kraftstoff und Sauerstoff zur Flammenzone damit also geschwindigkeitsbestimmend ist, wurden solche Flammen früher als „Diffusionsflammen" bezeichnet. Da die Diffusion aber auch bei vorgemischten Flammen eine Voraussetzung für die Verbrennung darstellt, ist der Begriff „nicht-vorgemischt" vorzuziehen. Turbulente nicht-vorgemischte Flammen sind in technischen Anwendungen weit verbreitet, etwa in Öfen, Düsen- und Raketentriebwerken sowie Motoren – nicht zuletzt, weil sie sicherheitstechnisch einfacher zu handhaben sind.

Die nicht-vorgemischte Verbrennung im Motor stellt sich überaus komplex dar, weil auch die **Gemischaufbereitung** im Brennraum erfolgen muss und alle Phänomene dreidimensionalen Charakter aufweisen, indem sie stark von der Brennraumgeometrie und dem turbulenten Strömungsfeld bestimmt werden.

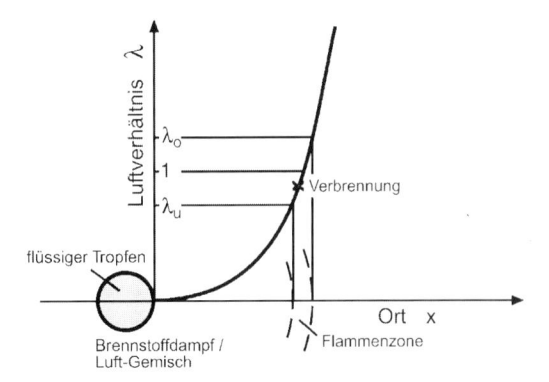

Abb. 2.29. Prinzipdarstellung der nicht-vorgemischten Verbrennung

Gemischbildung und Verbrennung beeinflussen sich gegenseitig. Nach der Einspritzung des flüssigen Kraftstoffs in das heiße komprimierte Gas im Brennraum erfolgt zunächst die Zerstäubung in unterschiedlich kleine Tropfen. Durch Wärmezufuhr erreicht der Kraftstoff an den Oberflächen der Tröpfchen Dampf-Sättigungsdruck entsprechend der umgebenden Temperatur. Der Kraftstoffstrahl und die Luft im Brennraum stellen eine Zweiphasenströmung dar, in der neben der Tröpfchenverdampfung auch Filmverdampfung auftritt, wenn der Kraftstoffstrahl auf einer Wand auftrifft.

Der sich bildende Kraftstoffdampf mischt sich mit der umgebenden Luft zu einem brennbaren Kraftstoff-Luft-Gemisch, dessen Zusammensetzung in der Flammenzone unabhängig vom Brennstoff in der Nähe des stöchiometrischen Luftverhältnisses liegt. Aus Versuchen geht hervor, dass die Entflammung dabei zwischen den unteren und oberen Werten des Luftverhältnisses, welche die Zündgrenzen darstellen, in kraftstoffreichen Gebieten erfolgt (siehe Prinzipdarstellung Abb. 2.29). Dies verursacht die Rußbildung bei der nicht-vorgemischten Verbrennung, obwohl im örtlichen Mittel Luftüberschuss herrscht.

Der vorgemischte Teil des eingespritzten Kraftstoffs verbrennt nach dem entsprechenden Zündverzug spontan mit hohem Druckanstieg. Nach dieser von der Reaktionskinetik bestimmten vorgemischten Verbrennung folgt die diffusionskontrollierte nicht-vorgemischte Hauptverbrennung, deren Geschwindigkeit durch die Mischung von Luft und Kraftstoff bestimmt wird, während die Reaktionskinetik in dieser Phase wesentlich rascher abläuft.

Durch optische Lasermessverfahren und die zunehmend detaillierte Modellierung dreidimensionaler reaktiver Strömungen konnte das Verständnis der nicht-vorgemischten Verbrennung wesentlich vertieft werden. Eine Reihe von Modellen zur Berechnung der nicht-vorgemischten Verbrennung im Motor befinden sich in Erprobung (vgl. [2.27] oder Abschn. 4.3.2). Einen Überblick über den Stand der Erkenntnisse bezüglich der Verbrennung in direkteinspritzenden Dieselmotoren geben Flynn u. a. [2.13].

Als Verbrennungsverfahren bietet die nicht-vorgemischte Verbrennung den Vorteil der Laststeuerung durch Variation der eingespritzten Kraftstoffmenge. Als Nachteil ist die in den fetten Mischungszonen auftretende Rußbildung zu nennen (siehe Abschn. 4.4.3). Direkte Kraftstoffeinspritzung kommt im konventionellen Dieselmotor zur Anwendung, in letzter Zeit auch bei Ottomotoren. Beim Ottomotor kommt es aufgrund der rascheren Verdampfung und des längeren Zündverzugs kaum zu Rußbildung.

2.10 Brennstoffzelle

Sir William R. Grove meldete 1839 eine „**Wasserstoff-Sauerstoff-Batterie**" zum Patent an. Diese erste Brennstoffzelle konnte sich jedoch gegen die zeitgleich entwickelten mechanisch angetriebe-

2.10 Brennstoffzelle

nen Dynamomaschinen zur Stromerzeugung nicht durchsetzen. In den letzten Jahrzehnten ist die Brennstoffzelle dank technischer Weiterentwicklung wieder im Gespräch, ihre Anwendung war zunächst jedoch auf Spezialgebiete beschränkt – so hat sich die Brennstoffzelle etwa als Energiequelle in der Raumfahrt bewährt.

Die Brennstoffzelle liefert aus der Oxidation von Wasserstoff auf chemischem Wege Nutzenergie und weist eine Reihe von **Vorteilen** gegenüber den Verbrennungskraftmaschinen auf, in denen die chemische Energie des Brennstoffs zunächst in Wärme umgewandelt werden muss:
– Der Wirkungsgrad ist nicht durch den Carnot-Prozess nach Gl. (1.24) begrenzt.
– Es treten keine Emissionen von Schadstoffen oder Lärm auf, bei Wasserstoff als Brennstoff auch keine CO_2-Emissionen.
– Die Brennstoffzelle kommt ohne bewegte Bauteile aus.
– Die Elektrolyse von Wasserstoff etwa durch Solar- oder Wasserkraft ermöglicht theoretisch einen Energiekreislauf, der ausschließlich auf erneuerbaren Energien basiert.

Als **Nachteile** der Brennstoffzelle beim derzeitigen Stand der Technik sind anzuführen:
– Die Brennstoffzelle weist hohe Herstellungskosten auf.
– Die Erzeugung, Verteilung und Speicherung des Brennstoffs Wasserstoff ist teuer und problematisch.
– In der praktischen Anwendung konnte der Wirkungsgradvorteil noch nicht ausreichend demonstriert werden.
– Es stehen wenig Informationen über Langzeitverhalten und Lebensdauer zur Verfügung.

Aufgrund der Vorteile gilt die Brennstoffzelle als zukunftsweisende Technologie und findet derzeit großes Interesse in Forschung und Industrie. Es folgt eine kurze Übersicht über die Grundlagen der Brennstoffzelle, zur Vertiefung sei auf die Literatur verwiesen [2.21].

Funktionsprinzip und Bauformen

Am Beispiel einer Wasserstoff-Sauerstoff-Zelle wird die prinzipielle **Arbeitsweise** einer Brennstoffzelle erläutert (siehe Abb. 2.30).

Wasserstoff und Sauerstoff werden gasförmig beiderseits der Elektroden der Zelle zugeführt. Zwischen den Elektroden befindet sich ein Elektrolyt als Ionenträger. An der **Brennstoffelektrode** (Anode) reagiert der Wasserstoff mit negativ geladenen OH-Ionen zu Wasser, wobei 2 Elektronen

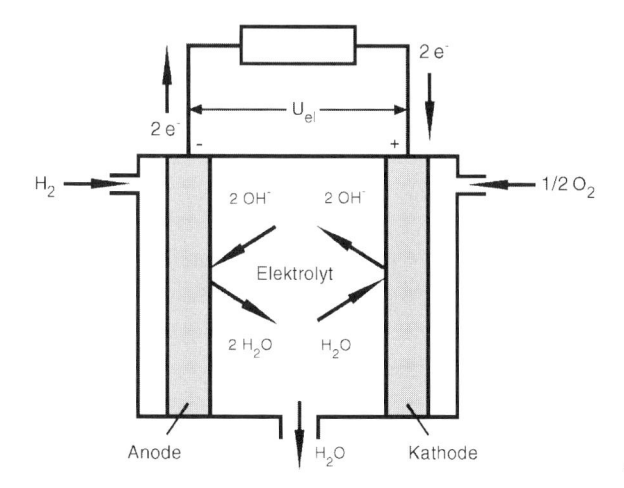

Abb. 2.30. Prinzipbild Brennstoffzelle

Tabelle 2.1. Bauformen von H_2-Brennstoffzellen

Brennstoffzelle	Elektrolyt	Ladungs-träger	Betriebs-temperatur (°C)	Anwendung
AFC (Alkaline Fuel Cell)	35–50 % KOH	OH^-	60–90	Raumfahrt, Fahrzeuge
PEFC (Polymer Electrolyte FC)	Polymermembran	H^+	50–80	Raumfahrt, Fahrzeuge
PAFC (Phosphoric Acid FC)	Phosphorsäure	H^+	160–220	Kleinkraftwerke
MCFC (Molten Carbonat FC)	Karbonatschmelze	CO_3^{--}	620–660	Kraftwerke
SOFC (Solid Oxide FC)	Zirkondioxid	O^{--}	800–1000	Kraftwerke

abgegeben werden:

$$H_2 + 2OH^- \to 2H_2O + 2e^-. \qquad (2.134)$$

Die Elektronen werden über einen externen Kreis, an dem die Zellenspannung abgenommen werden kann, der **Sauerstoffelektrode** (Kathode) zugeführt. An der Kathode reagiert Wasser mit Sauerstoff unter Aufnahme negativer Ladungen zu OH-Ionen:

$$H_2O + \tfrac{1}{2}O_2 + 2e^- \to 2OH^- \qquad (2.135)$$

Der Kreis wird geschlossen durch den Transport der OH-Ionen durch den Elektrolyten. Die **Gesamtreaktion**, bei der ein Strom von $2e^-$ je Molekül H_2 fließt, lautet:

$$H_2 + \tfrac{1}{2}O_2 \to H_2O \qquad (2.136)$$

Die Elektroden sind porös ausgeführt, um die Diffusion der gasförmigen Reaktanten zum Elektrolyten zu ermöglichen und eine möglichst große Oberfläche für die Reaktion bereitzustellen. Zur Beschleunigung der Reaktion ist diese Oberfläche bei den Niedrigtemperatur-Brennstoffzellen mit einem Katalysator aus Edelmetall beschichtet. Je nach verwendetem **Elektrolyten** lassen sich bei H_2/O_2-Brennstoffzellen eine Reihe von Bauformen unterscheiden, die unter ihrer üblichen englischen Bezeichnung in Tabelle 2.1 charakterisiert sind.

Energiepotential und Wirkungsgrad

Unter der Annahme, dass die Brennstoffzelle bei konstanter Temperatur und konstantem Druck arbeitet, berechnet sich die maximal abgebbare elektrische Arbeit W_{el} nach Gl. (2.41) aus der Änderung der freien Enthalpie:

$$W_{el} = \Delta G. \qquad (2.137)$$

In der Wasserstoff-Sauerstoff-Brennstoffzelle erhält man für die Bruttoreaktion (2.136) bei Standardbedingungen (25 °C und 1 atm) für die Arbeit je mol H_2:

$$W_{el,m} = \Delta G_m^0 = G_{mH_2O}^0 - G_{mH_2}^0 - \tfrac{1}{2}G_{mO_2}^0 = -237{,}3\,\text{kJ/mol}\,H_2. \qquad (2.138)$$

Die elektrische Arbeit ist andererseits über die Faraday-Konstante $F_K = 96439\,\text{As/mol}$ proportional

2.10 Brennstoffzelle

der Anzahl der Elektronen n_{el} und dem Energiepotential E der Zelle:

$$W_{\text{el}} = -n_{\text{el}} F_{\text{K}}\, E. \tag{2.139}$$

Aus den Gln. (2.137) und (2.139) erhält man:

$$E = -\frac{\Delta G}{n_{\text{el}} F_{\text{K}}}. \tag{2.140}$$

Für eine allgemeine chemische Reaktion läßt sich das Energiepotential E der Zelle aus dem Energiepotential bei Referenzbedingungen E^0 unter Einsetzen von Gl. (2.38) wie folgt berechnen:

$$E = E^0 + \frac{R_{\text{m}} T}{n_{\text{el}} F_{\text{K}}} \cdot \ln \frac{[\text{E}]^{n_{\text{E}}} [\text{F}]^{n_{\text{F}}} \ldots}{[\text{A}]^{n_{\text{A}}} [\text{B}]^{n_{\text{B}}} \ldots}. \tag{2.141}$$

Dabei ist

$$E^0 = -\frac{\Delta G^0_{\text{m}}}{n_{\text{el}} F_{\text{K}}}. \tag{2.142}$$

Für die Wasserstoff-Sauerstoff-Brennstoffzelle erhält man für $n_{\text{el}} = 2$ Elektronen ein Energiepotential E^0 von 1,23 V. Zur Erhöhung der Spannung werden in der praktischen Ausführung mehrere Brennstoffzellen in bipolarer Bauweise zu Paketen zusammengefasst.

Neben der elektrischen Arbeit und dem Energiepotential der Brennstoffzelle interessiert ihr **Wirkungsgrad**. Für den thermodynamischen Wirkungsgrad einer elektrochemischen Umwandlung gilt:

$$\eta_{\text{th}} = \frac{\Delta G}{\Delta H} = 1 - \frac{T \Delta S}{\Delta H}. \tag{2.143}$$

Neben den bisher besprochenen und praktisch ausgeführten O_2/H_2-Brennstoffzellen ist es denkbar, Brennstoffzellen auch mit einer Reihe **anderer Brennstoffe** zu betreiben. Für einige mögliche Brennstoffe gibt Tabelle 2.2 einen Überblick über die betreffende Gesamtreaktion und die dabei frei werdende Anzahl von Elektronen n_{el}, die auf 1 mol Brennstoff bezogene Enthalpiedifferenz $-\Delta H^0$ sowie die maximale elektrische Arbeit $-\Delta G^0_{\text{m}}$ bei Standardbedingungen, das entsprechende Energiepotential E^0 und den thermodynamischen Wirkungsgrad η_{th} bezogen auf den oberen Heizwert.

In Tabelle 2.2 fällt auf, dass die thermodynamischen Wirkungsgrade von Brennstoffzellen mit Kohlenwasserstoffen als Brennstoff sehr hoch sind, im Fall von reinem Kohlenstoff liegt der Wert sogar über 100 % (vgl. dazu die Ausführungen in Abschn. 2.4).

Obige Überlegungen gelten für den reversiblen Prozess. In Wirklichkeit treten in der Brennstoffzelle eine Reihe von **Verlusten** auf. Der ohmsche Verlust entsteht durch den Widerstand, den die Ionen im Elektrolyten und die Elektronen im äußeren Stromkreis zu überwinden haben. Weitere

Tabelle 2.2. Brennstoffe für Brennstoffzellen [2.21]

Brennstoff	Gesamtreaktion	n_{el}	$-\Delta H^0$ [kJ/mol]	$-\Delta G^0_{\text{m}}$ [kJ/mol]	E^0 [V]	η_{th} [%]
Wasserstoff	$H_2 + \frac{1}{2} O_2 \to H_2O$	2	286,0	237,3	1,23	83,0
Methan	$CH_4 + 2 O_2 \to CO_2 + 2 H_2O$	8	890,8	818,4	1,06	91,9
Methanol	$CH_3OH + \frac{3}{2} O_2 \to CO_2 + 2 H_2O$	6	726,6	702,5	1,21	96,7
Kohlenstoff	$C + O_2 \to CO_2$	4	393,7	394,6	1,02	100,2

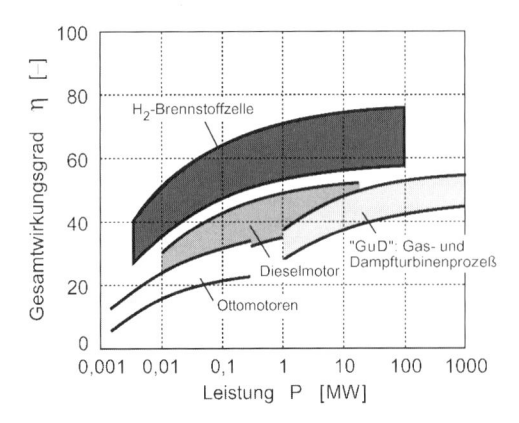

Abb. 2.31. Gesamtwirkungsgrade von Kraftmaschinen [2.21]

Verluste entstehen durch den gegenüber der chemischen Reaktion langsamen Diffusionsprozess der Reaktanten zum Reaktionsort, durch Konzentrationsgradienten (Polarisation) und durch die erforderliche Überwindung von Aktivierungspotentialen. Der Gesamtwirkungsgrad der Brennstoffzelle hängt von der Ausführung ab, er sinkt mit der Lebensdauer, der Temperatur und der anliegenden Stromdichte [2.21].

Einen Vergleich der Gesamtwirkungsgrade verschiedener Kraftmaschinen über der elektrischen Leistung bezogen auf den (unteren) Heizwert zeigt Abb. 2.31. Die Bereitstellung der Brennstoffe ist in den Vergleich nicht einbezogen.

Anwendung

Aufgrund ihrer theoretischen Vorteile ist die Brennstoffzelle als Fahrzeugantrieb von Interesse, die meisten großen Automobilhersteller haben die Markteinführung eines Brennstoffzellen-Fahrzeugs angekündigt [2.19, 2.20, 2.25]. Die elektrische Energie kann über Elektromotore auf die Räder übertragen werden, wobei das maximale Drehmoment beim Anfahren zur Verfügung stehen kann. Bei entsprechender Regelung ist auch eine Rückgewinnung der Bremsenergie möglich. Neben Konzepten mit reinem Brennstoffzellenantrieb, bei denen die derzeit teuren Brennstoffzellen auf die Nennleistung des Fahrzeugs ausgelegt sein müssen, werden **Hybridfahrzeuge** mit Brennstoffzellen und einer elektrischen Batterie zur Abdeckung von Verbrauchsspitzen erprobt.

Die hohen Fahrzeugkosten, insbesondere aber die teure und komplizierte Herstellung, Verteilung und Speicherung des Brennstoffs **Wasserstoff** stellen derzeit die Hauptprobleme der Brennstoffzelle dar. Wasserstoff ist das kleinste und am häufigsten vorkommende Element, steht jedoch in der Natur nur in gebundener Form zur Verfügung. Wasserstoff neigt zur Diffusion, was zu Leckverlusten bei der Speicherung führt. Wasserstoff verdampft bei Umgebungsdruck bei $-250\,°C$ und kann in flüssiger Form mit entsprechend hoher Energiedichte nur bei sehr tiefen Temperaturen und/oder hohen Drücken gespeichert werden. Die Erzeugung von Wasserstoff kann auf verschiedene Arten erfolgen, etwa durch Elektrolyse oder durch chemische Umwandlung aus Kohlenwasserstoffen (Reformierung). Für den Einsatz in Fahrzeugen wird einerseits die direkte Speicherung von Wasserstoff in Druckbehältern oder Flüssigtanks erprobt, andererseits die Reformierung aus Kohlenwasserstoffen an Bord. Dabei ist allerdings zu bedenken, dass durch die Reformierung die Komplexität der Anlage steigt, der Gesamtwirkungsgrad sinkt und wie bisher Kohlenwasserstoffe benötigt werden.

Es soll erwähnt werden, dass Wasserstoff auch direkt als Kraftstoff in Hubkolbenmotoren verbrannt wird. Dies erlaubt die Nutzung des bewährten Hubkolbenmotors ohne Emission kohlenstoffhältiger Verbindungen. Neben fremdgezündeten Verbrennungsverfahren, die aufgrund der niedrigen Klopfgrenze nur relativ geringe Mitteldrücke erreichen, werden selbstzündende Verfahren eingesetzt [2.11].

3 Idealisierte Motorprozesse

3.1 Kenngrößen

In diesem Abschnitt sollen die wichtigsten Kenngrößen des motorischen Arbeitsprozesses definiert und die Beziehungen zwischen ihnen abgeleitet werden (vgl. DIN 1940 [3.1]).

Verdichtungsverhältnis

Eine wichtige konstruktive Größe ist das Verdichtungsverhältnis ε mit der Definition

$$\varepsilon = \frac{V_h + V_c}{V_c}. \tag{3.1}$$

Darin sind V_h das Hubvolumen je Zylinder und V_c das Verdichtungsvolumen. Diese Definition gilt entsprechend DIN 1940 auch für Zweitaktmotoren, obwohl die tatsächliche Verdichtung erst nach dem Abschluss des Auslasskanals einsetzt. Das tatsächliche Verdichtungsverhältnis des Zweitaktmotors ε' kann mit der Beziehung

$$\varepsilon' = \frac{V_h' + V_c}{V_c} \tag{3.2}$$

berechnet werden, wobei V_h' das nach Abschluss des Auslasskanals überstrichene Hubvolumen bezeichnet (vgl. Abb. 3.1a).

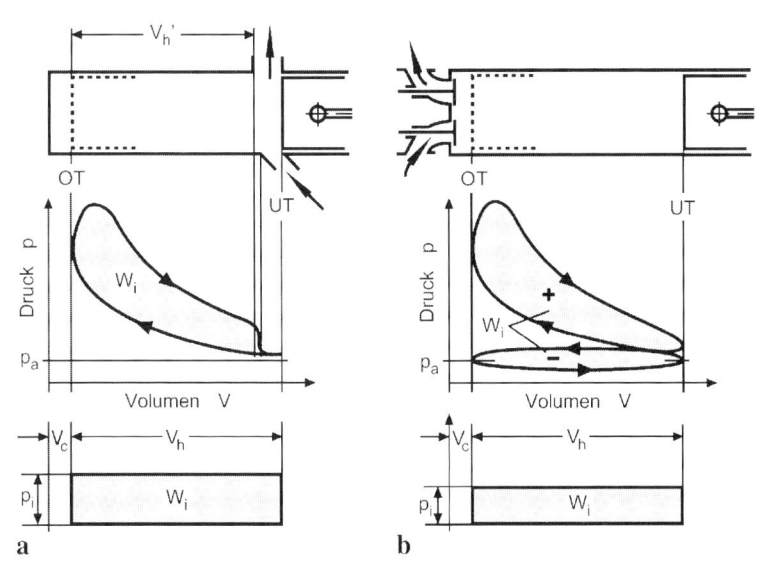

Abb. 3.1. pV-Diagramm und indizierter Mitteldruck: **a** Zweitaktmotor, **b** Viertaktmotor

Mitteldrücke (spezifische Arbeit)

Es ist üblich, die bei einem Arbeitsspiel abgegebene Arbeit W auf das Hubvolumen zu beziehen. Diese spezifische Arbeit hat die Dimension eines Drucks und wird daher als Mitteldruck p_m bezeichnet. Es gilt also:

$$p_m = W/V_h. \tag{3.3}$$

Die SI-Einheit des Mitteldrucks ist J/m^3 oder N/m^2 (Pa), häufiger wird er jedoch in bar angegeben.

Wenn man in Gl. (3.3) für die Arbeit die effektiv geleistete Arbeit W_e einsetzt, dann erhält man den effektiven Mitteldruck p_e:

$$p_e = W_e/V_h. \tag{3.4}$$

Setzt man dagegen die vom Gas an den Kolben abgegebene Arbeit, welche als innere Arbeit W_i bezeichnet wird, ein, so erhält man den inneren (indizierten) Mitteldruck p_i:

$$p_i = W_i/V_h. \tag{3.5}$$

Die **innere (indizierte) Arbeit** W_i kann im pV-Diagramm als eingeschlossene Fläche ermittelt werden.

Beim Zweitaktmotor entsteht eine Schleife, welche im Normalfall der Arbeitsabgabe im Uhrzeigersinn durchlaufen wird (siehe Abb. 3.1a). Beim Viertaktmotor entstehen zwei Schleifen, von denen die Hochdruckschleife im Normalfall positiv und die Ladungswechselschleife meist negativ ist (siehe Abb. 3.1b). Bei aufgeladenen Motoren kann die Ladungswechselschleife aber auch positiv werden. Bei Ermittlung der inneren Arbeit sind die beiden Flächen unter Berücksichtigung der Vorzeichen zu addieren.

Der **innere Mitteldruck** lässt sich veranschaulichen, indem aus der Arbeitsfläche im pV-Diagramm ein flächengleiches Rechteck mit der gleichen Basis V_h gebildet wird, dessen Höhe der innere Mitteldruck ist (siehe Abb. 3.1). Dabei wird beim Viertaktmotor die Summe der beiden Flächen verwendet. Für besondere Untersuchungen können aber auch getrennte Mitteldrücke für die Hochdruckschleife und die Ladungswechselschleife gebildet werden.

Die Differenz zwischen der an den Kolben abgegebenen inneren Arbeit und der effektiv geleisteten Arbeit ist die durch die mechanischen Verluste verursachte Reibungsarbeit W_r:

$$W_r = W_i - W_e. \tag{3.6}$$

Aus dieser Reibungsarbeit kann entsprechend Gl. (3.3) ein **Reibungsmitteldruck** p_r berechnet werden:

$$p_r = W_r/V_h. \tag{3.7}$$

Entsprechend Gl. (3.6) besteht zwischen den Mitteldrücken der Zusammenhang:

$$p_e = p_i - p_r. \tag{3.8}$$

Leistung

Für die Leistungen gelten die bekannten Gleichungen:

Zweitaktmotor:
$$P = n V_H p_m; \tag{3.9}$$

Viertaktmotor:
$$P = \frac{n}{2} V_H p_m. \tag{3.10}$$

Darin sind P die Leistung (je nach Index effektive, innere oder Reibungsleistung), n die Motordrehzahl, $V_H = zV_h$ das Gesamthubvolumen (mit z als Zylinderzahl) und p_m der Mitteldruck (je nach Index effektiver, innerer oder Reibungsmitteldruck). Alle Größen sind in kohärenten Einheiten einzusetzen, also P in W, n in s^{-1}, V_H in m^3 und p_m in N/m^2. Werden jedoch die üblichen Einheiten verwendet, also P in kW, n in min^{-1}, V_H in dm^3 und p_m in bar, ergeben sich folgende Zahlenwertgleichungen:

Zweitaktmotor:
$$P = \frac{nV_H p_m}{600};$$

Viertaktmotor:
$$P = \frac{nV_H p_m}{1200}.$$

Drehmoment

Das Drehmoment M_d (je nach Index effektives, inneres oder Reibungsmoment) errechnet sich aus folgenden Gleichungen:

Zweitaktmotor:
$$M_d = \frac{V_H p_m}{2\pi}; \tag{3.11}$$

Viertaktmotor:
$$M_d = \frac{V_H p_m}{4\pi}. \tag{3.12}$$

Wirkungsgrade

Der **effektive Wirkungsgrad** η_e gibt das Verhältnis von effektiv gewonnener Arbeit W_e zur zugeführten Brennstoffenergie $Q_B = H_u m_B$ an. Bezogen auf den Arbeitszyklus gilt:
$$\eta_e = W_e/Q_B. \tag{3.13}$$

Bezogen auf die Zeiteinheit lautet die Gleichung:
$$\eta_e = P_e/\dot{Q}_B. \tag{3.14}$$

Für den **Innenwirkungsgrad** η_i gilt mit $W_i = \int p\,dV$ als innerer Arbeit je Zyklus die analoge Definition:
$$\eta_i = W_i/Q_B. \tag{3.15}$$

Für den **mechanischen Wirkungsgrad** η_m gilt die Definition:
$$\eta_m = \frac{W_e}{W_i} = \frac{P_e}{P_i} = \frac{p_e}{p_i}. \tag{3.16}$$

Zusammen mit Gl. (3.8) kann für den Reibungsmitteldruck p_r
$$p_r = p_e(1/\eta_m - 1) \tag{3.17}$$

abgeleitet werden. Da der Reibungsmitteldruck weniger von der Last abhängt als der mechanische Wirkungsgrad, ist es meist vorteilhaft, mit dem Reibungsmitteldruck zu rechnen. Für den effektiven Wirkungsgrad gilt:
$$\eta_e = \eta_i \eta_m. \tag{3.18}$$

In der Praxis ist es meist üblich, mit dem **spezifischen Kraftstoffverbrauch** zu rechnen. Dieser kann allerdings nur dann eindeutig angegeben werden, wenn der Heizwert bekannt ist, was bei den üblichen flüssigen Kraftstoffen weitgehend der Fall ist. Bei Ottokraftstoffen ist zu beachten, dass diesen häufig Sauerstoffträger beigemengt werden, die ihren Heizwert merklich herabsetzen.

Für den effektiven spezifischen Kraftstoffverbrauch b_e gilt:

$$b_e = \frac{\dot{m}_B}{P_e} = \frac{1}{\eta_e H_u}. \tag{3.19}$$

Für den inneren spezifischen Kraftstoffverbrauch b_i gilt analog:

$$b_i = \frac{\dot{m}_B}{P_i} = \frac{1}{\eta_i H_u}. \tag{3.20}$$

Die zugehörige Größengleichung lautet $b = 3{,}6 \cdot 10^6/(\eta H_u)$, worin b in g/kWh und H_u in kJ/kg einzusetzen sind.

Der Innenwirkungsgrad kann noch aufgeteilt werden in diejenigen Verluste, die grundsätzlich mit dem Arbeitsprozess des Verbrennungsmotors verbunden sind, und diejenigen Verluste, die durch die spezielle Motorkonstruktion und -einstellung verursacht werden.

Zu diesem Zweck wird der idealisierte Prozess des **vollkommenen Motors** definiert, bei dem ein vorgegebener Brennverlauf angenommen wird und Wärmeübergangs- sowie Ladungswechselverluste vernachlässigt werden. Dieser Prozess wird in Abschn. 3.3 genauer beschrieben. Die Verluste des vollkommenen Motors werden durch den Wirkungsgrad η_v erfasst. Der Gütegrad η_g beinhaltet alle übrigen Verluste (realer Brennverlauf, Wärmeübergang, Ladungswechsel) mit Ausnahme der mechanischen Verluste (siehe Abschn. 6.1). Damit ergibt sich folgende Aufteilung:

$$\eta_i = \eta_v \eta_g. \tag{3.21}$$

Eingesetzt in Gl. (3.18) ergibt sich:

$$\eta_e = \eta_v \eta_g \eta_m. \tag{3.22}$$

Ladungswechsel

Nach DIN 1940 ist der **Liefergrad** λ_l definiert mit

$$\lambda_l = m_{Fr}/m_{th} \tag{3.23}$$

und der **Luftaufwand** (oder Gemischaufwand) λ_a mit

$$\lambda_a = m_E/m_{th}. \tag{3.24}$$

Darin sind m_{Fr} die im Zylinder verbleibende Frischladung (Luft oder Gemisch) je Arbeitsspiel, m_E die gesamte zugeführte Frischladung (Luft oder Gemisch) je Arbeitsspiel und m_{th} die theoretische Ladung je Arbeitsspiel bei Füllung des Hubvolumens mit Luft oder Gemisch bei Außenzustand.

Der Luftaufwand ist einfacher zu ermitteln als der Liefergrad und wird in der Praxis oft auch in Widerspruch zur Norm als Liefergrad bezeichnet. Wenn keine Spülverluste auftreten, dann ist $\lambda_l = \lambda_a$.

Für die zugeführte Brennstoffenergie Q_B gilt:

$$Q_B = \lambda_a V_h H_G.$$

Darin steht H_G für den Gemischheizwert entsprechend Gl. (2.23) und Gl. (2.24).

Setzt man $W_e = Q_B \eta_e$ nach Gl. (3.13) mit obigem Ausdruck für Q_B in die Definitionsgleichung (3.4) ein, so erhält man für den effektiven Mitteldruck:

$$p_e = \lambda_a H_G \eta_e. \tag{3.25}$$

Analog ergibt sich für den indizierten Mitteldruck:

$$p_i = \lambda_a H_G \eta_i. \tag{3.26}$$

Über diese drei den Mitteldruck bestimmende Faktoren kann das Folgende gesagt werden.

Der Luftaufwand bzw. Liefergrad kann bei Saugmotoren durch eine Optimierung des Ladungswechsels nur begrenzt angehoben werden. Bei aufgeladenen Motoren kann er jedoch entscheidend erhöht werden. Andererseits wird der Liefergrad zur Regelung von konventionellen Ottomotoren durch Drosselung bewusst abgesenkt (**Füllungsregelung**).

Der Gemischheizwert H_G ist im Wesentlichen vom Luftverhältnis abhängig. Bei Dieselmotoren erfolgt die Regelung durch eine Veränderung der Einspritzmenge, wodurch das Luftverhältnis und der Gemischheizwert beeinflusst werden (**Gemischregelung**).

Der Wirkungsgrad η sollte nicht nur aus energetischen Gründen, sondern auch zur Erzielung eines hohen Mitteldrucks möglichst hoch sein.

3.2 Vereinfachter Vergleichsprozess

Um den Motorprozess unabhängig von den mehr oder weniger unterschiedlichen Vorgängen analysieren zu können, ist es üblich, vereinfachende Annahmen zu machen. Diese betreffen den Verbrennungsablauf, den Wärmeübergang, den Ladungswechsel und die Stoffgrößen. Für den auf diese Weise idealisierten Prozess können das pv-Diagramm und das Ts-Diagramm auf relativ einfache Weise berechnet sowie wichtige Kenndaten (Wirkungsgrad, Mitteldruck usw.) ermittelt werden.

Beim **Verbrennungsablauf** ist es üblich, einen Gleichraumprozess, einen Gleichdruckprozess oder einen kombinierten Gleichraum-Gleichdruck-Prozess (Seiliger-Prozess) anzunehmen; aber auch andere, eindeutig definierbare Abläufe (z. B. Vibe-Brennverlauf) sind möglich.

Der **Wärmeübergang** wird null gesetzt, d. h., es wird mit adiabaten Vorgängen gerechnet. Daher können auch die Auswirkungen des Wärmeübergangs mit diesen idealisierten Annahmen in keiner Weise erfasst werden.

Der **Ladungswechsel** wird ohne Drosselung beim Ein- und Ausströmen angenommen. Die Steuerzeiten liegen in den Totpunkten. Außerdem wird angenommen, dass der Ladungswechsel vollständig erfolgt, d. h., dass kein Restgas im Zylinder bleibt.

Bei den **Stoffgrößen** des Arbeitsgases sind die folgenden unterschiedliche Annahmen möglich. Beim vereinfachten Vergleichsprozess wird ideales Gas mit unveränderlicher Zusammensetzung und konstanten spezifischen Wärmekapazitäten angenommen. Dadurch wird eine geschlossene Lösung möglich, und die Ergebnisse können analytisch dargestellt werden. Die dabei gemachten Fehler können allerdings erheblich sein, und die Ergebnisse können nur hinsichtlich ihrer Tendenz und nicht in ihren Absolutwerten als gültig angesehen werden. Bei dem in Abschn. 3.3 behandelten vollkommenen Motor wird mit variablen Stoffgrößen gerechnet, wodurch der Rechenaufwand erheblich steigt und die Genauigkeit erhöht wird.

Die Annahmen des **vereinfachten Vergleichsprozesses** werden im folgenden noch einmal zusammengestellt:

– Die Ladung ist ein ideales Gas mit konstanten Stoffgrößen (R, c_p, c_v, κ). Dabei werden in der Regel die Stoffgrößen von Luft bei mäßiger Temperatur angenommen ($R = 287\,\text{J/kgK}$; $\kappa = 1,4$).
– Verbrennung mit gegebener Gesetzmäßigkeit (Gleichraum- oder Gleichdruckprozess oder eine Kombination von beiden).
– Wärmedichte Wandungen (adiabater Prozess).
– Reibungsfreiheit im Zylinder (ergibt mit der vorigen Annahme zusammen isentrope Kompression und Expansion).
– Keine Strömungs- und Lässigkeitsverluste, Steuerzeiten in den Totpunkten.

Mit diesen Annahmen lässt sich für die kombinierte Gleichraum-Gleichdruck-Verbrennung ein pv- und Ts-Diagramm nach Abb. 3.2 darstellen. Die Verbrennung kann durch eine Wärmezufuhr und der Ladungswechsel durch eine Wärmeabfuhr ersetzt werden, wodurch sich ein geschlossener **Kreisprozess** ergibt, auf den alle Gesetzmäßigkeiten für Kreisprozesse anwendbar sind (siehe Abschn. 1.2.3).

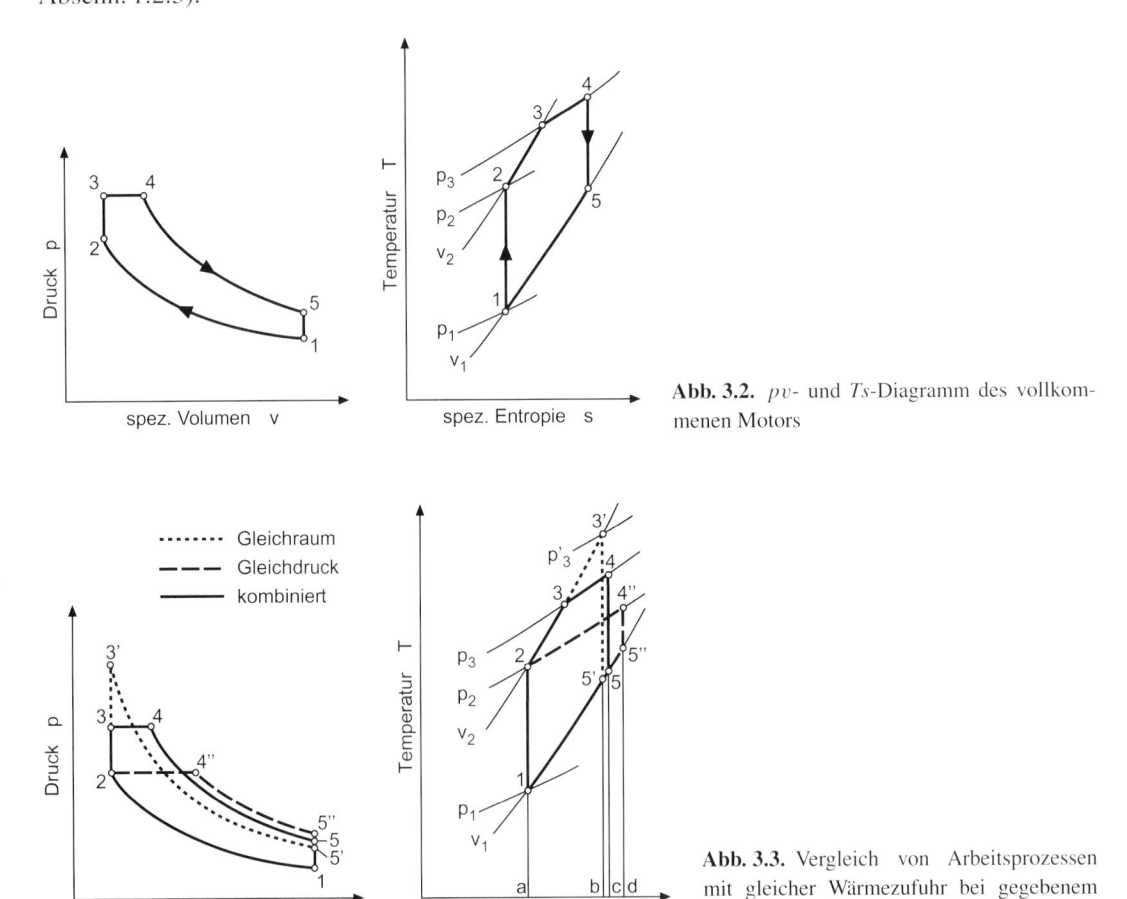

Abb. 3.2. pv- und Ts-Diagramm des vollkommenen Motors

Abb. 3.3. Vergleich von Arbeitsprozessen mit gleicher Wärmezufuhr bei gegebenem Verdichtungsverhältnis

3.2 Vereinfachter Vergleichsprozess

Schon aus diesem vereinfachten Vergleichsprozess lassen sich wichtige Erkenntnisse ableiten. In Abb. 3.3 sind die drei Sonderfälle **Gleichraum-, Gleichdruck- und kombinierter Prozess** im pv- und Ts-Diagramm dargestellt. Das Verdichtungsverhältnis ist in allen drei Fällen gleich, die Wärmezufuhr sei ebenfalls gleich groß. Dann sind im Ts-Diagramm die Flächen unter der Wärmezufuhr gleich: a–2–3'–b = a–2–3–4–c = a–2–4''–d. Die im Gleichraumprozess abgeführte Verlustwärme a–1–5'–b ist kleiner als diejenige des kombinierten Prozesses a–1–5–c und des Gleichdruckprozesses a–1–5''–d. Der Gleichraumprozess hat daher den besten thermodynamischen Wirkungsgrad, der Gleichdruckprozess den schlechtesten.

Aus Abb. 3.3 können außerdem noch folgende Gesetzmäßigkeiten abgelesen werden: Der Gleichraumprozess hat die höchste Temperatur bei Verbrennungsende und gleichzeitig die tiefste Temperatur bei Expansionsende; dasselbe gilt für die Drücke. Aus diesem Grund müssen sich die Verbrennungs- und Expansionslinien der verschiedenen Prozesse überschneiden. Der Gleichraumprozess hat die höchste thermische Belastung des Brennraums und die niedrigste thermische Belastung des Abgasstrangs zur Folge.

Ist aus Festigkeitsgründen der Zylinderdruck p_{max} begrenzt, so kann aus Abb. 3.4 der Optimalprozess abgeleitet werden. Wenn man beim Verdichtungsverhältnis nicht begrenzt ist, dann ist das höchstmögliche Verdichtungsverhältnis anzustreben, so dass bereits durch die Verdichtung p_{max} erreicht wird. Anschließend erfolgt eine Gleichdruckverbrennung bei p_{max}. Ist man aber beim Verdichtungsverhältnis etwa durch die Klopffestigkeit limitiert, dann sind eine Gleichraumverbrennung vom Verdichtungsenddruck bis zum zulässigen Maximaldruck und anschließend eine Gleichdruckverbrennung anzustreben.

Man sieht also, dass je nach Aufgabenstellung und Randbedingung unterschiedliche Verbrennungsabläufe optimal sind. Außerdem ist der Gleichraumprozess, der ohne Randbedingungen optimal wäre, nicht ohne weiteres zu verwirklichen und führt zu einer hohen Stoßbelastung und damit zu hoher Geräuschemission sowie zu hohen Stickoxidemissionen.

Die **zugeführte Wärme** q_{zu} (je kg Arbeitsgas) entspricht dem Heizwert je kg Arbeitsgas nach Gl. (2.20) und kann aus dem Heizwert und dem Luftverhältnis errechnet werden:

gemischansaugender Motor (Ottomotor):

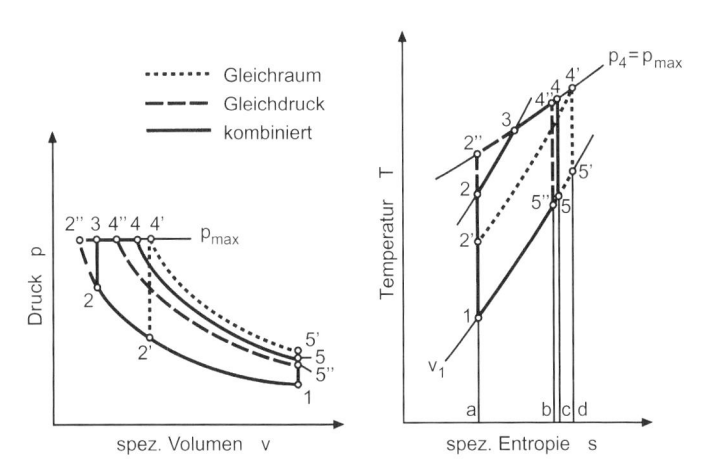

$$q_{zu} = \frac{H_u}{\lambda L_{st} + 1}; \qquad (3.27)$$

Abb. 3.4. Vergleich von Arbeitsprozessen mit gleicher Wärmezufuhr bei Druckbegrenzung

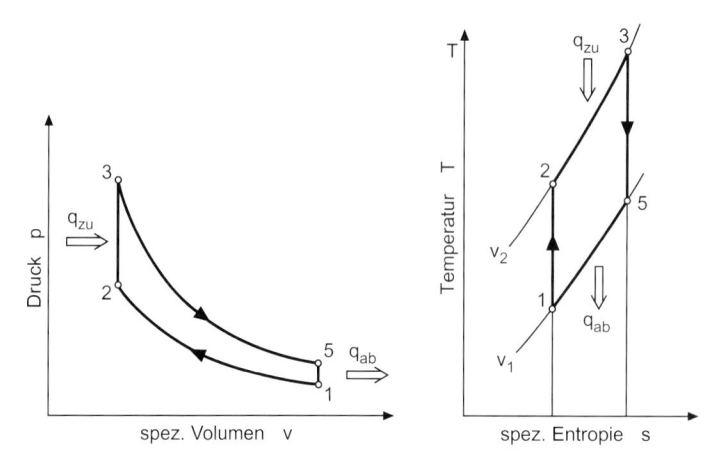

Abb. 3.5. pv- und Ts-Diagramm des Gleichraumprozesses

luftansaugender Motor (Dieselmotor):

$$q_{zu} = \frac{H_u}{\lambda L_{st}}. \tag{3.28}$$

Der Unterschied zwischen diesen beiden Gleichungen kann im Rahmen dieser Betrachtungen vernachlässigt werden.

Im Folgenden wird der thermodynamische Wirkungsgrad des **Gleichraumprozesses** $\eta_{th,v}$ mit den in diesem Abschnitt gemachten vereinfachenden Annahmen (konstante spezifische Wärmekapazitäten) berechnet. Das pv- und Ts-Diagramm dieses Prozesses zeigt Abb. 3.5.

Es gilt nach Gl. (1.22):

$$\eta_{th} = 1 - q_{ab}/q_{zu}$$

Darin ist

$$q_{ab} = c_v(T_5 - T_1) \tag{3.29}$$

und

$$q_{zu} = c_v(T_3 - T_2). \tag{3.30}$$

Für die isentrope Kompression gilt

$$T_2/T_1 = (v_1/v_2)^{\kappa-1} = \varepsilon^{\kappa-1}. \tag{3.31}$$

Ebenso gilt für die isentrope Expansion

$$T_3/T_5 = (v_5/v_3)^{\kappa-1} = \varepsilon^{\kappa-1}. \tag{3.32}$$

Mit diesen Beziehungen wird

$$\eta_{th,v} = 1 - 1/\varepsilon^{\kappa-1}. \tag{3.33}$$

Der thermodynamische Wirkungsgrad des Gleichraumprozesses $\eta_{th,v}$ hängt bei gegebenem κ nur vom **Verdichtungsverhältnis** ab (siehe Abb. 3.6), wobei beim Zweitaktmotor das vom Abschluss des Auslasskanals gerechnete Zweitaktverdichtungsverhältnis ε' nach Gl. (3.2) einzusetzen ist. Der Wirkungsgrad steigt mit zunehmendem Verdichtungsverhältnis zunächst steiler, später flacher an.

3.2 Vereinfachter Vergleichsprozess

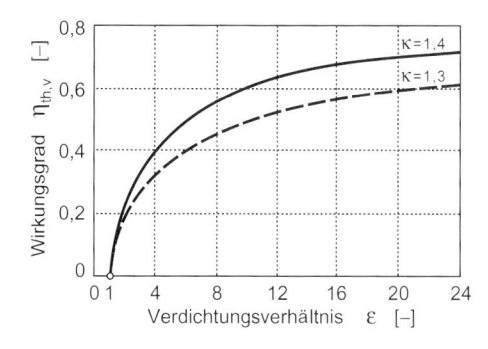

Abb. 3.6. Thermodynamischer Wirkungsgrad des Gleichraumprozesses für $\kappa = 1{,}4$ und $\kappa = 1{,}3$

Der Arbeitsbereich des Ottomotors liegt im steileren Teil dieser Kurve. Es ist daher besonders beim Ottomotor ein hohes Verdichtungsverhältnis anzustreben. Der Dieselmotor arbeitet bereits im flachen Teil dieser Kurve, so dass eine weitere Erhöhung des Verdichtungsverhältnisses nur mehr geringfügige Wirkungsgradverbesserungen bringt, welche oft durch andere Nachteile aufgewogen werden.

Der **Isentropenexponent** des Arbeitsgases beträgt bei niedrigen Temperaturen $\kappa = 1{,}4$ und fällt bei hohen Temperaturen unter $\kappa = 1{,}3$. Mit dieser Abnahme des Isentropenexponenten ist auch, wie aus Abb. 3.6 ersichtlich, eine Verschlechterung des Wirkungsgrads verbunden.

Der Wirkungsgrad des **Gleichdruckprozesses** $\eta_{\text{th},p}$ lässt sich mit Hilfe der in Abb. 3.7 dargestellten pv- und Ts-Diagramme berechnen.

Die Gln. (1.22), (3.29) und (3.31) gelten unverändert. Die zugeführte Wärme beträgt:

$$q_{\text{zu}} = c_p (T_4 - T_2). \tag{3.34}$$

Dabei ist für die Gleichdruckverbrennung:

$$T_4/T_2 = v_4/v_2. \tag{3.35}$$

Für die isentrope Expansion gilt:

$$T_4/T_5 = (v_5/v_4)^{\kappa-1}. \tag{3.36}$$

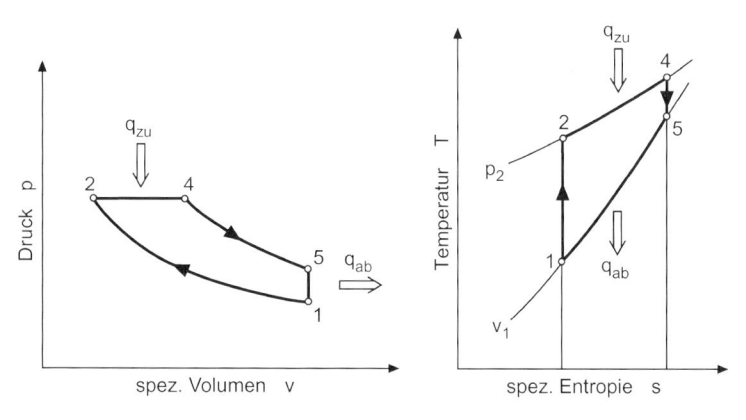

Abb. 3.7. pv- und Ts-Diagramm des Gleichdruckprozesses

Mit diesen Beziehungen kann die Gleichung für den Wirkungsgrad des Gleichdruckprozesses abgeleitet werden:

$$\eta_{\text{th},p} = 1 - \frac{1}{\kappa q^*}\left[\left(\frac{q^*}{\varepsilon^{\kappa-1}} + 1\right)^\kappa - 1\right]. \tag{3.37}$$

Darin ist q^* die dimensionslose Wärmezufuhr nach folgender Gleichung:

$$q^* = \frac{q_{\text{zu}}}{c_p T_1}. \tag{3.38}$$

Die zugeführte Wärme q_{zu} kann für einen gegebenen Brennstoff als Funktion des Luftverhältnisses mit Hilfe von Gl. (3.27) oder (3.28) berechnet werden. Den Wirkungsgrad des Gleichdruckprozesses $\eta_{\text{th},p}$ zeigt Abb. 3.8. Wie bereits erwähnt ist er niedriger als der des Gleichraumprozesses. Der Nachteil des Gleichdruckprozesses ist bei niedrigem Verdichtungsverhältnis und hoher Wärmezufuhr (niedriges Luftverhältnis) stärker ausgeprägt.

Der Wirkungsgrad des **kombinierten Gleichraum-Gleichdruck-Prozesses** (Seiliger-Prozess) lässt sich anhand von Abb. 3.9 berechnen.

Die Wärmezufuhr teilt sich in zwei Anteile auf:

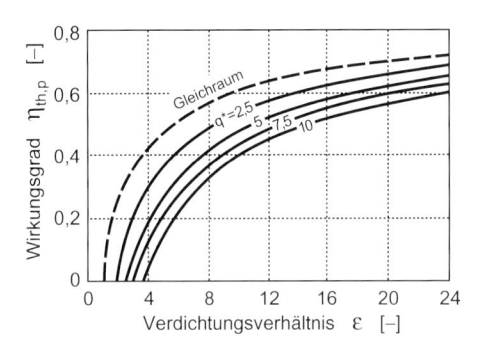

$$q_{\text{zu}} = q_{23} + q_{34}. \tag{3.39}$$

Abb. 3.8. Thermodynamischer Wirkungsgrad des Gleichdruckprozesses für $\kappa = 1{,}4$

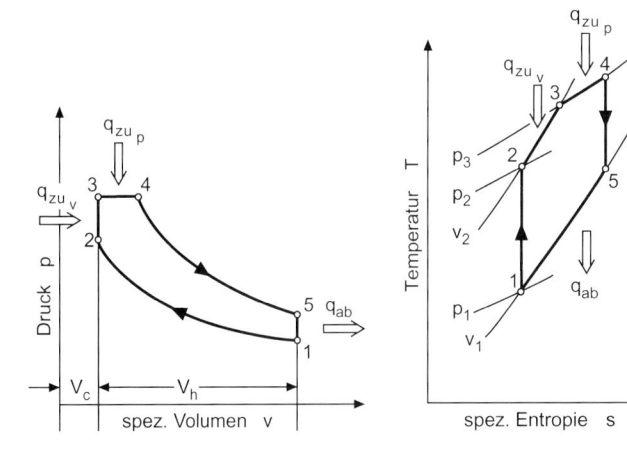

Abb. 3.9. pv- und Ts-Diagramm des kombinierten Prozesses

Darin ist die isochor zugeführte Wärme

$$q_{23} = c_v(T_3 - T_2) \tag{3.40}$$

und die isobar zugeführte Wärme

$$q_{34} = c_p(T_4 - T_3). \tag{3.41}$$

Für die isentrope Verdichtung gilt Gl. (3.31) unverändert.

Für die Isochore 2–3 gilt

$$T_3/T_2 = p_3/p_2 \tag{3.42}$$

und für die Isobare 3–4

$$T_4/T_3 = v_4/v_3. \tag{3.43}$$

Für die isentrope Expansion ist Gl. (3.36) unverändert anzuwenden. Außerdem ist $v_3 = v_2$ und $v_5 = v_1$. Mit diesen Beziehungen wird:

$$\eta_{\text{th}} = 1 - \frac{\left[q^* - \frac{1}{\kappa\varepsilon}\left(\frac{p_3}{p_1} - \varepsilon^\kappa\right) + \frac{p_3}{p_1}\frac{1}{\varepsilon}\right]^\kappa \left(\frac{p_1}{p_3}\right)^{\kappa-1} - 1}{\kappa q^*}. \tag{3.44}$$

In Gl. (3.44) scheinen das Verdichtungsverhältnis ε, die dimensionslose Wärmezufuhr q^* nach Gl. (3.38) und das Druckverhältnis p_3/p_1 auf. Letzteres ist unter Umständen durch die Motorkonstruktion begrenzt. Die entsprechenden Abhängigkeiten zeigt Abb. 3.10. Ein hohes Verdichtungsverhältnis ε, ein hoher Spitzendruck p_3 und eine niedrige Wärmezufuhr q^* (hohes Luftverhältnis λ) ergeben einen guten Wirkungsgrad.

Die Gl. (3.33) für den Gleichraumprozess sowie Gl. (3.37) für den Gleichdruckprozess sind Sonderfälle der allgemeinen Gl. (3.44).

Die Annahmen des vereinfachten Vergleichsprozesses (R, c_p, c_v, $\kappa =$ konst.) treffen in Wirklichkeit nicht zu, weil sich der Arbeitsprozess der Verbrennungskraftmaschine in einem sehr weiten Temperatur- und Druckbereich abspielt und außerdem durch die Verbrennung Stoffumwandlungen stattfinden. Trotzdem werden die Tendenzen mit der vereinfachten Rechnung richtig wiedergegeben. Die Absolutwerte für den Wirkungsgrad werden nur bei hohem Luftüberschuss einigermaßen richtig errechnet. Bei den Temperaturen und Drücken treten jedenfalls merkliche Abweichungen von der genauen Berechnung auf.

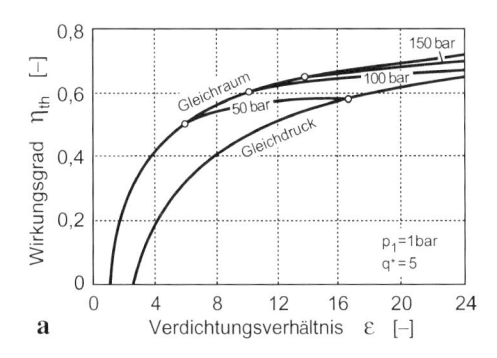

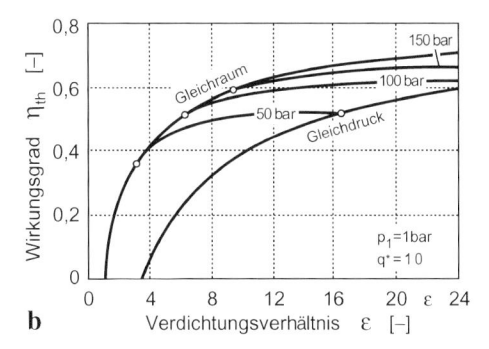

Abb. 3.10. Thermodynamischer Wirkungsgrad des kombinierten Prozesses für $\kappa = 1{,}4$ und eine dimensionslose Wärmezufuhr q^*: **a** $q^* = 5$, **b** $q^* = 10$

3.3 Vollkommener Motor

Nach DIN 1940 ist der vollkommene Motor wie folgt definiert: „Ein dem wirklichen Motor geometrisch gleicher Motor, der folgende Eigenschaften besitzt:

a) reine Ladung (ohne Restgase)
b) gleiches Luftverhältnis wie der wirkliche Motor
c) vollständige Verbrennung
d) Verbrennungsablauf nach vorgegebener Gesetzmäßigkeit
e) wärmedichte Wandungen
f) keine Strömungs- und Lässigkeitsverluste
g) ohne Ladungswechsel arbeitet

Der Kreisprozess des vollkommenen Motors wird mit idealen Gasen, jedoch mit temperaturabhängigen spezifischen Wärmekapazitäten berechnet."

Der Idealprozess des vollkommenen Motors ist ein Maß dafür, welche Arbeit in einem bestimmten Motor bei einem gegebenem Luftverhältnis verrichtet werden könnte.

Die Forderungen a, „reine Ladung", und f, „keine Strömungs- und Lässigkeitsverluste", bedingen im vollkommenen Motor eine größere Ladungsmasse als im wirklichen Prozess. Um die für die Praxis wichtige Forderung b, „gleiches Luftverhältnis", erfüllen zu können, muss der Idealprozess mit einer Brennstoffmasse Q_{Bv} geführt werden, die in der Regel größer als die Brennstoffmenge Q_B des wirklichen Motors ist. Dies muss bei der Berechnung des vollkommenen Motors berücksichtigt werden (siehe auch Abschn. 6.1.3).

Da die wirklich zugeführte Brennstoffmasse Q_B ein eindeutiges und praktisch leicht messbares Maß für den eingesetzten Energieaufwand darstellt, scheint es als Alternative ebenso sinnvoll, anstelle der Forderung nach gleichem Luftverhältnis die gleiche zugeführte Brennstoffmenge als Basis für einen idealen Vergleichsprozess zu wählen, wie dies Pflaum [3.4] vorschlägt. Dieser Vergleichsprozess ist ein Maß dafür, welche Arbeit die zugeführte Brennstoffenergie in einem gegebenen Motor verrichten könnte. Pflaum argumentiert, dass die Wahl eines bestimmten Luftverhältnisses aus betriebstechnischen Gründen erfolgt, die nicht dem Idealprozess angelastet werden dürfen. Unter der Annahme idealer Füllung weist dieser Vergleichsprozess im Allgemeinen ein höheres Luftverhältnis als der wirkliche Motorprozess auf. Dies bedingt eine Erhöhung des Wirkungsgrads, die insbesondere bei Luftmangel ($\lambda < 1$) deutlich ausfallen kann (vgl. Abb. 3.12–3.14).

Die Forderung c, „vollständige Verbrennung", kann nach den in Kap. 2 gewählten Bezeichnungen im Luftmangelbereich nicht erfüllt werden (vgl. Abb. 2.15) und wird daher ersetzt durch die Forderung „unvollständige Verbrennung bis zum chemischen Gleichgewicht".

Die Forderung g, „ohne Ladungswechsel arbeitet", ist insofern irreführend, als das Ersetzen der Verbrennungsgase in UT durch reine Ladung sehr wohl einen (idealen) Ladungswechsel darstellt, der auch in den veränderten Stoffgrößen seinen Niederschlag findet.

Im Weiteren wird der Idealprozess in Anlehnung an die Definition nach DIN 1940 herangezogen, wobei für den **vollkommenen Motor** zusammenfassend gelten soll:

– geometrisch gleich wie der wirkliche Motor
– vollkommene Füllung des Zylinder volumens im UT mit reiner Ladung (Luft oder Gemisch vom Zustand vor Einlass – Druck und Temperatur wie im Saugrohr ungedrosselt und nach einem etwaigem Verdichter, kein Restgas)
– gleiches Luftverhältnis wie der wirkliche Motor

- unvollständige Verbrennung bis zum chemischen Gleichgewicht
- idealer Verbrennungsablauf nach vorgegebener Gesetzmäßigkeit (Gleichraumverbrennung, Gleichdruckverbrennung oder eine Kombination der beiden)
- wärmedichte Wandungen (adiabater Prozess)
- keine Reibungskräfte im Arbeitsgas (ergibt zusammen mit der vorigen Annahme isentrope Kompression und Expansion)
- keine Lässigkeitsverluste
- idealer Ladungswechsel in UT (isochorer Austausch der Verbrennungsgase gegen reine Ladung) oder ideale Ladungswechselschleife bei aufgeladenen Viertaktmotoren
- Ladung angenommen als Gemisch idealer Gase unter Berücksichtigung der Temperaturabhängigkeit der kalorischen Stoffgrößen

Die genaue Berechnung des vollkommenen Motors erfordert also die Berücksichtigung der tatsächlichen **Stoffeigenschaften** des Arbeitsgases. Dazu gehören die Temperaturabhängigkeit der spezifischen Wärmekapazitäten und die Änderung der Gaszusammensetzung durch die Verbrennung. Dabei muss in gewissen Bereichen die Dissoziation aufgrund des chemischen Gleichgewichts berücksichtigt werden. Damit wird eine analytische Lösung unmöglich, und die Berechnung hat numerisch zu erfolgen, wobei zwischen dem luftansaugenden (Diesel)- und gemischansaugenden (Otto)motor zu unterscheiden ist.

Wenn die Berechnung für 1 kg Frischladung durchgeführt wird, können die Zustandsgrößen der einzelnen Punkte entsprechend Abb. 3.2 mit den folgenden Ansätzen berechnet werden.

Punkt 1: Kompressionsbeginn

Es gelten die Gleichungen:

$$p_1 v_1 = R T_1, \quad h_1 = \int_{T_0}^{T_1} c_p \, \mathrm{d}T, \quad u_1 = h_1 - R T_1.$$

Darin ist T_0 die Temperatur bei der die Enthalpie null gesetzt wird (häufig wird $T_0 = 0$ K oder $T_0 = 273{,}15$ K gewählt). Für die Stoffgrößen kann gesetzt werden:

- Luftansaugender Motor

Die Zylinderladung ist reine Luft.

$$R = R_\mathrm{L} = 287 \, \mathrm{J/kgK},$$

$c_p = c_{p\mathrm{L}}$, siehe Tabelle A.4, in der ein Potenzansatz angegeben ist.

- Gemischansaugender Motor

Es wird angenommen, dass der Kraftstoffanteil vollständig verdampft als ideales Gas vorliegt. Somit gilt für die Gaskonstante Gl. (1.76):

$$R = R_\mathrm{G} = \mu_\mathrm{L} R_\mathrm{L} + \mu_\mathrm{B} R_\mathrm{B}.$$

Darin sind R_G, R_L und R_B die Gaskonstanten von Gemisch, Luft und Brennstoff, μ_L der Masseanteil der Luft und μ_B der Masseanteil des Brennstoffs. Der Masseanteil des Brennstoffs kann aus dem

Luftverhältnis λ und dem stöchiometrischen Luftbedarf L_{st} berechnet werden:

$$\mu_{\mathrm{B}} = \frac{1}{\lambda L_{\mathrm{st}} + 1}.$$

Für durchschnittliches Benzin ist $L_{\mathrm{st}} \approx 14{,}7\,\mathrm{kg/kg}$ (wegen der Zugabe von Sauerstoffträgern oft auch kleiner). Für andere Kraftstoffe kann L_{st} mit Hilfe der Reaktionsgleichung ermittelt oder aus Tabelle A.8 entnommen werden. Der Masseanteil der Luft ergibt sich aus

$$\mu_{\mathrm{L}} = 1 - \mu_{\mathrm{B}}.$$

Die Gaskonstante des Kraftstoffs errechnet sich aus

$$R_{\mathrm{B}} = R_{\mathrm{m}}/M_{\mathrm{B}}.$$

Für durchschnittliches Benzin beträgt die molare Masse $M_{\mathrm{B}} \approx 98\,\mathrm{kg/kmol}$ (für andere Brennstoffe siehe Tabelle A.8).

Punkt 2: Kompressionsende

Für die isentrope Verdichtung von 1 nach 2 gilt

$$\mathrm{d}s = 0.$$

Mit Gl. (1.53) wird daraus

$$\int_{T_1}^{T_2} \frac{c_v}{T}\,\mathrm{d}T - R\ln\frac{v_1}{v_2} = 0. \tag{3.45}$$

Darin ist

$$\frac{v_1}{v_2} = \frac{V_1}{V_2} = \varepsilon.$$

Die Ermittlung von R und c_v erfolgt wie bei Punkt 1 unterschiedlich für den luftansaugenden und den gemischansaugenden Motor. Damit kann T_2 durch Iteration berechnet werden. Der Druck p_2 ergibt sich aus der Gasgleichung.

Punkt 3: Ende der Gleichraumverbrennung

Für die Berechnung des Punktes 3 muss entweder der während der Gleichraumverbrennung zugeführte Anteil der Verbrennungswärme oder der Höchstdruck gegeben sein.

Wenn die bei der Gleichraumverbrennung zugeführte Wärme Q_{23} gegeben ist, dann kann der Punkt 3 folgendermaßen berechnet werden:

– Luftansaugender Motor

Beim luftansaugenden Motor ändert sich die Masse im Zylinder durch die Einbringung des Brennstoffs. Es wird angenommen, dass der Brennstoff sofort nach der Einspritzung verbrennt, so dass sich kein flüssiger oder dampfförmiger Brennstoff im Brennraum befindet.

Zusätzlich zu Q_{23} ist die Enthalpie des zugeführten Brennstoffs (ohne Heizwert) einzusetzen:

$$U_3 = U_2 + Q_{23} + H_{\mathrm{B}23}.$$

Darin ist

$$U_3 = m_3 u_3 \quad \text{mit}$$
$$m_3 = m_2 + m_{B23}$$

($m_2 = 1$ kg bei Rechnung für 1 kg Frischluft),

$$U_2 = m_2 u_2,$$
$$Q_{23} = m_{B23} H_u,$$
$$H_{B23} = m_{B23} h_B$$

mit h_B als Enthalpie des meist flüssig eingebrachten Brennstoffs.

– Gemischansaugender Motor
Beim gemischansaugenden Motor bleibt die Masse konstant (1 kg):

$$u_3 = u_2 + q_{23}.$$

Aus u_3 kann T_3 und mit Hilfe von $v_3 = v_2$ auch p_3 berechnet werden.

Meistens ist an Stelle der bei konstantem Volumen zugeführten Wärme Q_{23} der Höchstdruck p_3 vorgegeben. Dann kann aus p_3 und $V_3 = V_2$ die Temperatur T_3 und weiter U_3 ermittelt werden. Daraus folgt Q_{23} bzw. m_{B23}.

Punkt 4: Ende der Gleichdruckverbrennung (Verbrennungsende)
– Luftansaugender Motor

$$H_4 = H_3 + Q_{34} + H_{B34}.$$

Darin ist

$$H_4 = m_4 h_4 \quad \text{mit}$$
$$m_4 = m_3 + m_{B34},$$
$$H_3 = m_3 h_3,$$
$$Q_{34} = m_{B34} H_u,$$
$$H_{B34} = m_{B34} h_B.$$

– Gemischansaugender Motor
Mit der konstant bleibenden Masse ist

$$h_4 = h_3 + q_{34}.$$

Damit kann der Zustand 4 berechnet werden.

Punkt 5: Expansionsende
Von 4 nach 5 erfolgt eine isentrope Expansion bis zum vorgegebenen Volumen $V_5 = V_1$. Entsprechend Gl. (3.45) bei der isentropen Kompression gilt:

$$\int_{T_4}^{T_5} \frac{c_v}{T} \, dT - R \ln \frac{V_4}{V_5} = 0.$$

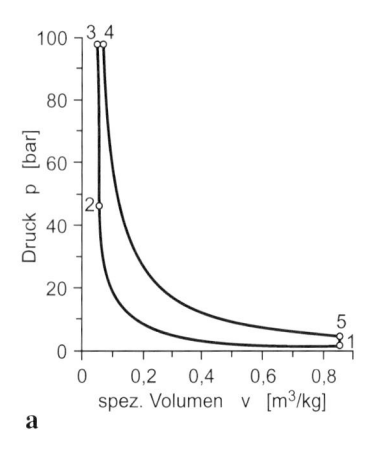

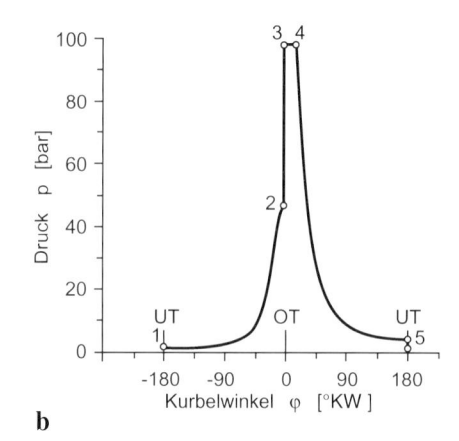

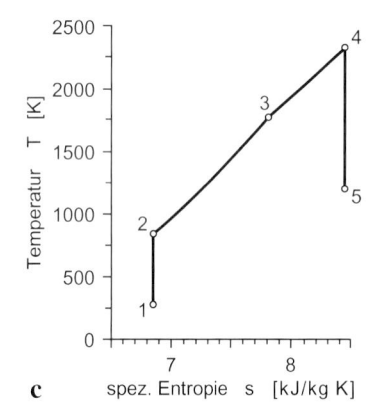

Abb. 3.11. Maßstäbliches pv-Diagramm (**a**), $p\varphi$-Diagramm (**b**), Ts-Diagramm (**c**), für Dieselmotor mit $\varepsilon = 16$, $\lambda = 1{,}6$ und $p_3 = 99$ bar, kombinierte Verbrennung

Darin ist

$$V_5 = V_1.$$

Wenn auf diese Weise alle 5 Punkte des vollkommenen Motors berechnet sind, können das pv- und das Ts-Diagramm gezeichnet werden. Durch Umrechnen des Volumens V in den Kurbelwinkel φ kann auch das $p\varphi$-Diagramm ermittelt werden (siehe Abb. 3.11).

Für den **Wirkungsgrad** des vollkommenen Motors gilt nach Gl. (1.22):

$$\eta_v = 1 - Q_{ab}/Q_{zu}.$$

Darin ist

$$Q_{zu} = U_3 - U_2 + H_4 - H_3 \quad \text{und} \quad Q_{ab} = U_5 - U_1,$$

so dass mit $H = U + pV$ folgt:

$$\eta_v = 1 - \frac{U_5 - U_1}{U_4 - U_2 + p_3(V_4 - V_3)}. \tag{3.46}$$

Für den **Mitteldruck** des vollkommenen Motors gilt entsprechend Gl. (3.3):

$$p_v = W_v/V_h.$$

Mit $W_v = Q_{zu} - Q_{ab}$ und $V_h = V_1 - V_2$ ergibt sich

$$p_v = \frac{U_4 - U_2 + p_3(V_4 - V_3) - (U_5 - U_1)}{V_1 - V_2}.$$

Der Mitteldruck kann auch entsprechend Gl. (3.25) aus

$$p_v = \lambda_{lv} H_G \eta_v$$

berechnet werden. Dabei ist zu beachten, dass beim vollkommenen Motor ein vollständiger Gaswechsel angenommen wird, so dass der Liefergrad (= Luftaufwand) entsprechend

$$\lambda_{lv} = \frac{1}{1 - 1/\varepsilon} \tag{3.47}$$

größer als 1 wird. Abbildungen 3.15 und 3.20 wurden mit diesem Liefergrad berechnet.

3.4 Ergebnisse der genauen Berechnung

In Abb. 3.12–3.14 sind die **Wirkungsgrade** des **vollkommenen Motors** über dem Verdichtungsverhältnis ε bei folgenden Standardbedingungen dargestellt: Saugmotor; $p_1 = 1$ bar; $T_1 = 293$ K; Brennstoff C_nH_{2n}.

Die in diesen Abbildungen wiedergegebenen Werte wurden von Hirschbichler [3.2] mit aktuellen Stoffgrößen unter Berücksichtigung der Dissoziation, aber ohne Berücksichtigung des Realgasverhaltens berechnet. Sie weichen nicht wesentlich von den Werten anderer Autoren ab [3.3, 3.5].

Abbildung 3.12a zeigt den Wirkungsgrad bei **Gleichraumverbrennung** für gemischansaugende Motoren. Bei hohem λ ist der Unterschied zur vereinfachten Berechnung mit $\kappa = 1,4$ nicht sehr groß. Nach der vereinfachten Berechnung mit konstanten spezifischen Wärmekapazitäten dürfte das Luftverhältnis λ keinen Einfluss auf den Wirkungsgrad haben (siehe Gl. (3.33)). Durch die Temperaturabhängigkeit der spezifischen Wärmekapazitäten und zum Teil auch durch die Dissoziation ergibt sich jedoch ein wesentlicher Einfluss des Luftverhältnisses, der im Luftmangelgebiet ($\lambda < 1$) durch die unvollständige Verbrennung noch verstärkt wird. Abbildung 3.12b zeigt dasselbe Diagramm für den luftansaugenden Motor.

Abbildung 3.12c zeigt die Wirkungsgrade für **Gleichdruckverbrennung** bei Gemischansaugung. Der Einfluss des Luftverhältnisses λ ist bei der Gleichdruckverbrennung, wie schon durch die vereinfachte Rechnung gezeigt werden konnte, stärker ausgeprägt. Die Ursache liegt in dem Umstand, dass bei kleiner werdendem λ die Wärmezufuhr steigt, so dass die Verbrennung zunehmend verschleppt wird.

Der Unterschied zwischen gemisch- und luftansaugendem Motor ist, wie Abb. 3.13a zeigt, nicht sehr groß. Das lässt sich mit dem geringen Kraftstoffanteil im Gemisch erklären, der auch die Stoffgrößen nicht wesentlich verändert. Abbildung 3.13b zeigt den Wirkungsgradunterschied bei Gleichraum- und Gleichdruckverbrennung bei Gemischansaugung. Bei hohem λ und entsprechend

Abb. 3.12. Wirkungsgrade des vollkommenen Motors: **a** Gleichraumverbrennung gemischansaugend, **b** Gleichraumverbrennung luftansaugend, **c** Gleichdruckverbrennung gemischansaugend

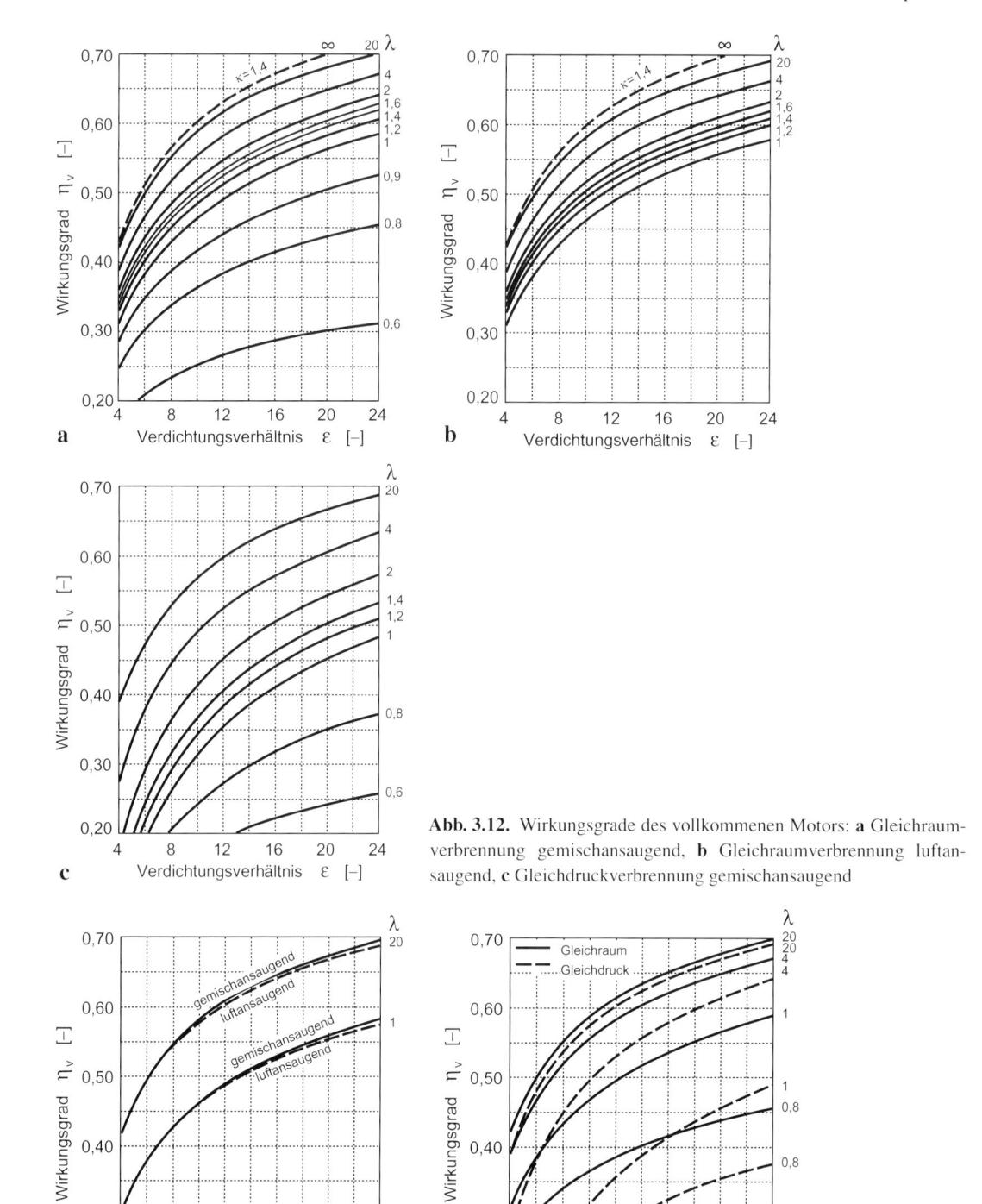

Abb. 3.13. Vergleich der Wirkungsgrade des vollkommenen Motors: **a** gemischansaugend und luftansaugend bei Gleichraumverbrennung, **b** Gleichraum- und Gleichdruckverbrennung bei Gemischansaugung

3.4 Ergebnisse der genauen Berechnung

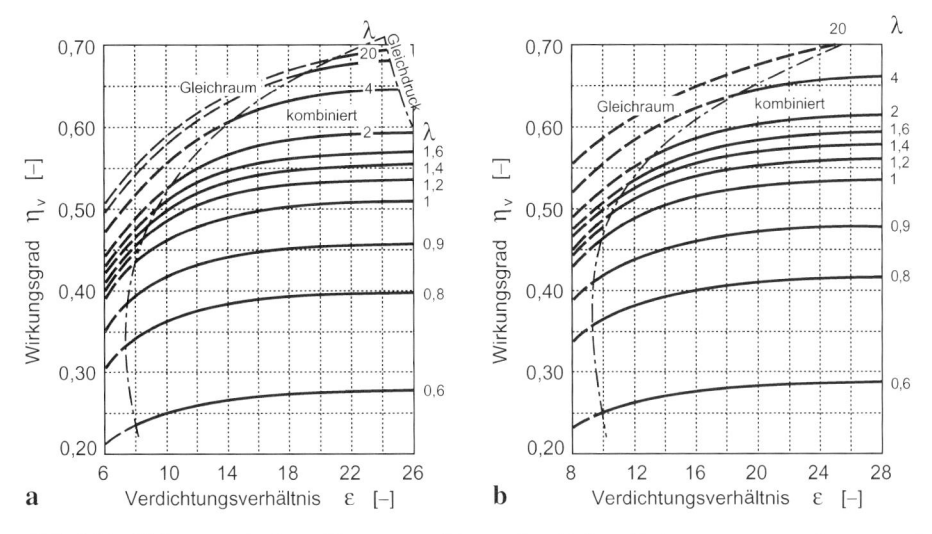

Abb. 3.14. Wirkungsgrade des vollkommenen Motors, kombinierte Verbrennung, gemischansaugend: **a** $p_{max} = 80$ bar, **b** $p_{max} = 100$ bar

niedriger Wärmezufuhr ist der Unterschied nur klein. Er steigt bei kleiner werdendem λ, wobei der Unterschied bei niedrigem Verdichtungsverhältnis größer wird.

Die Wirkungsgrade des vollkommenen Motors bei **kombinierter Verbrennung** (Seiliger-Prozess) zeigt Abb. 3.14, wobei der Spitzendruck einmal mit $p_{max} = 80$ bar, das andere Mal mit $p_{max} = 100$ bar begrenzt ist. In dem Feld links von der linken strichpunktierten Linie wird der zulässige Maximaldruck auch bei Gleichraumverbrennung nicht erreicht. Rechts von der rechten strichpunktierten Linie übersteigt bereits der Kompressionsenddruck den zulässigen Maximaldruck. Durch die Druckbegrenzung wird der positive Einfluss des Verdichtungsverhältnisses merklich herabgesetzt, weil bei höherem Verdichtungsenddruck nur ein kleinerer Anteil der Brennstoffenergie bei konstantem Volumen umgesetzt werden kann.

In Abb. 3.15a ist der Wirkungsgrad η_v bei **Gleichraumverbrennung** über dem Luftverhältnis λ aufgetragen. In dieser Darstellung ist der Abfall des Wirkungsgrads mit kleiner werdendem λ

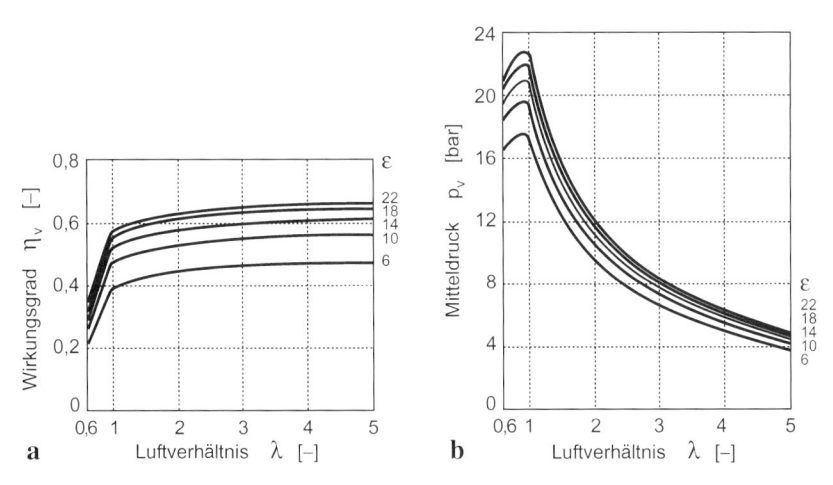

Abb. 3.15. Vollkommener Motor, Gleichraumverbrennung, gemischansaugend: **a** Wirkungsgrad als Funktion von λ, **b** Mitteldruck als Funktion von λ. Umgebungszustand: 1 bar, 293 K, Liefergrad nach Gl. (3.47)

ersichtlich. Oberhalb $\lambda = 1$ ist dieser Abfall relativ flach und durch die mit kleiner werdendem λ steigenden Verbrennungstemperaturen, die zu steigenden spezifischen Wärmekapazitäten führen, verursacht. Unterhalb von $\lambda = 1$ wird der Abfall des Wirkungsgrads als Folge der unvollständigen Verbrennung sehr steil. Dabei ist zu beachten, dass η_v auf die gesamte zugeführte Wärme bezogen ist, also auch bei Luftmangel auf den Gemischheizwert entsprechend den Gln. (2.23) und (2.24) (in Abb. 2.10 strichpunktiert gezeichnet).

Abbildung 3.15b zeigt den **Mitteldruck** p_v bei Gleichraumverbrennung als Funktion des Luftverhältnisses. Das Maximum wird bei $\lambda \approx 0{,}9$ erreicht. Dieses Maximum liegt deshalb unter $\lambda = 1$, weil zwar der Wirkungsgrad unter $\lambda = 1$ abfällt, aber der Gemischheizwert entsprechend Gl. (2.23) und (2.24) weiter steigt, so dass das entsprechend Gl. (3.25) für den Mitteldruck maßgebende Produkt dort sein Maximum hat. Diese Lage bleibt auch beim realen Motor ungefähr erhalten.

3.5 Einflüsse auf Wirkungsgrad des vollkommenen Motors

In weiterer Folge ist die Frage von Interesse, inwieweit Änderungen von Temperatur, Druck und Zusammensetzung der Ladung den Wirkungsgrad des vollkommenen Motors beeinflussen (siehe dazu auch Abschn. 6.1.3). Die Beeinflussung des Wirkungsgrads erfolgt dabei ausschließlich über die geänderten Stoffgrößen des Arbeitsgases.

Ansaugtemperatur

Die bei List [3.3] zu findende systematische Darstellung der Wirkungsgradänderung infolge der Ansaugtemperatur hat auch bei genauer Durchrechnung mit den heute zur Verfügung stehenden Stoffgrößen noch Gültigkeit. Abbildung 3.16 zeigt den Einfluss der Ansaugtemperatur auf den

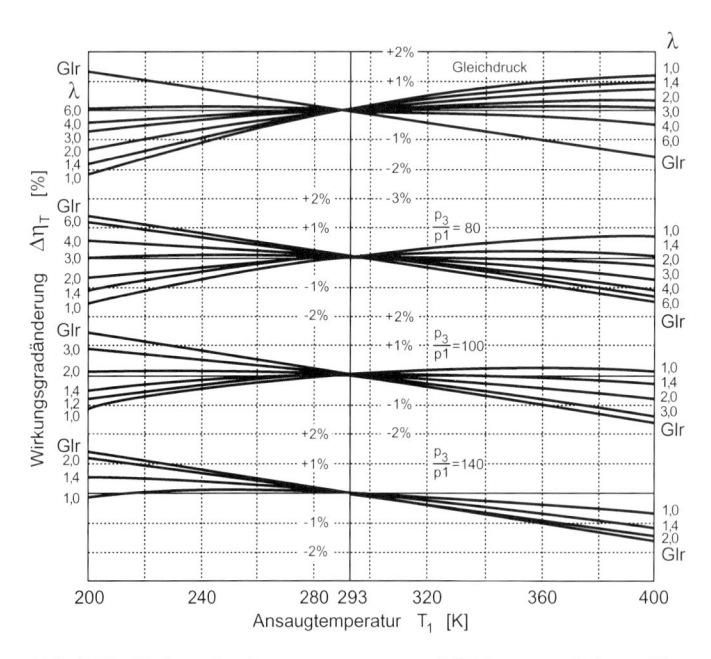

Abb. 3.16. Einfluss der Ansaugtemperatur auf Wirkungsgrad des vollkommenen Motors, kombinierte Verbrennung, luftansaugend [3.3]

3.5 Einflüsse auf Wirkungsgrad des vollkommenen Motors

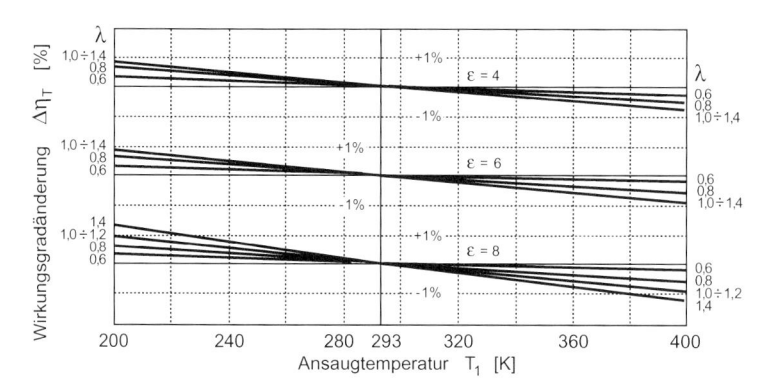

Abb. 3.17. Einfluss der Ansaugtemperatur auf Wirkungsgrad des vollkommenen Motors, Gleichraumverbrennung, gemischansaugend [3.3]

Wirkungsgrad des vollkommenen Motors beim Dieselmotor mit $\varepsilon = 18$ und kombinierter Verbrennung, Abb. 3.17 den Einfluss beim Ottomotor (Gleichraumverbrennung, gemischansaugend).

Ansaugdruck

Abbildung 3.18a zeigt den Druckeinfluss bei Ottomotoren und Abb. 3.18b denjenigen bei Dieselmotoren nach List [3.3]. Bei Dieselmotoren haben das Verdichtungsverhältnis und der Höchstdruck fast keinen Einfluss auf die Wirkungsgradänderung.

Restgasgehalt

Insbesondere bei hohen Abgasrückführraten (vgl. Abschn. 4.2.6.5) beeinflusst der Restgasgehalt den Arbeitsprozess und dessen Wirkungsgrad. Unter Konstanthaltung von Ladungsmasse, Anfangstemperatur, Anfangsdruck und Luftverhältnis wurde die Veränderung des thermodynamischen Wirkungsgrads des vollkommenen Motors bei Gleichraumverbrennung für verschiedene Restgasgehalte berechnet. Abbildung 3.19 zeigt den deutlichen Einfluss des Restgasgehalts auf den Wirkungsgrad. Wegen des vergleichsweise geringen Einflusses des Verdichtungsverhältnisses scheint dieses in Abb. 3.19 nicht auf.

Da außer der Ladungszusammensetzung alle relevanten Parameter konstant gehalten

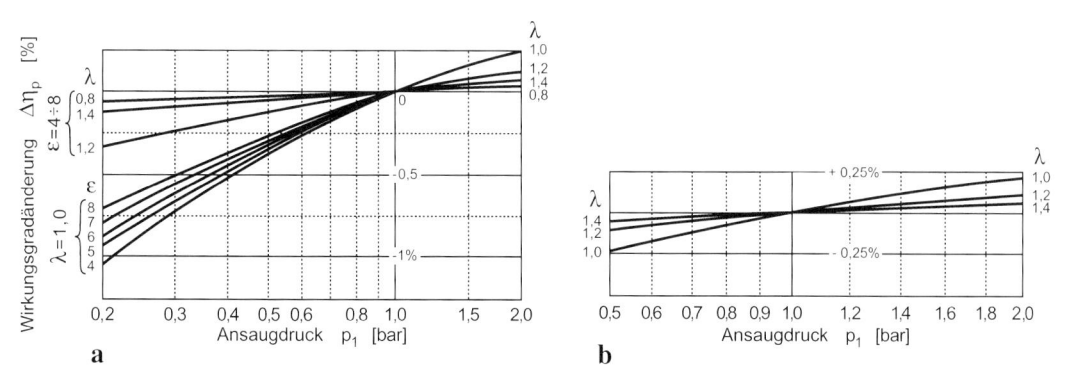

Abb. 3.18. Einfluss des Ansaugdrucks auf den Wirkungsgrad des vollkommenen Motors: **a** Gleichraumverbrennung, gemischansaugend, **b** kombinierte Verbrennung, luftansaugend [3.3]

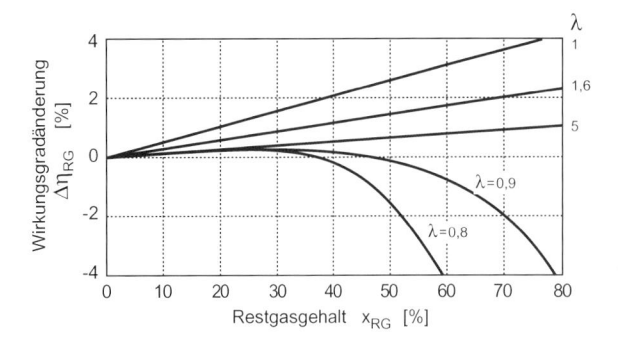

Abb. 3.19. Einfluss des Restgasgehalts auf Wirkungsgrad des vollkommenen Motors bei Gleichraumverbrennung

wurden, sind die Veränderungen des Wirkungsgrads wie erwähnt ausschließlich auf geänderte Stoffeigenschaften zurückzuführen. Das Restgas weist gegenüber der reinen Ladung eine höhere spezifische Wärmekapazität auf und somit einen niedrigeren Isentropenexponenten. Dies gilt jedoch nur für die Kompression. Um bei steigendem Restgasgehalt gleiches Luftverhältnis zu erreichen, ist bei gleicher Ladungsmasse die zugeführte Kraftstoffmenge entsprechend zu mindern, was eine deutliche Absenkung des Temperaturniveaus und ein entsprechendes Ansteigen des Isentropenexponenten in der Expansionsphase bedeutet. Diese Effekte addieren sich und führen außer bei Luftmangel mit hohen Restgasgehalten zu der in Abb. 3.19 dargestellten Erhöhung des Wirkungsgrads bei Gleichraumverbrennung.

Kraftstoff

Die chemische Zusammensetzung des Kraftstoffs beeinflusst seinen Heizwert, den Luftbedarf und die Stoffeigenschaften des Verbrennungsgases. Damit werden auch der Wirkungsgrad und der indizierte Mitteldruck des vollkommenen Motors beeinflusst. Sekundäre Einflüsse, die durch die geänderte Klopffestigkeit des Kraftstoffs und dadurch mögliche Änderungen der Motorauslegung, vor allem des Verdichtungsverhältnisses, verursacht werden, bleiben hier außer Betracht.

Unter dieser Voraussetzung ist nur die Bruttozusammensetzung des Kraftstoffs entscheidend, also bei reinen Kohlenwasserstoffen das C/H-Verhältnis. Abbildung 3.20a zeigt die Abhängigkeit des Wirkungsgrads vom C/H-Verhältnis bei einem Verdichtungsverhältnis $\varepsilon = 10$. Die üblichen Kraftstoffe (Benzin, Dieselkraftstoff) mit C/H = 0,5 haben den besten Wirkungsgrad. Der bei Wasserstoff vor allem bei Luftüberschuss auftretende schlechtere Wirkungsgrad wird durch die erhöhte Kompressionsarbeit für das Gemisch verursacht. Daher tritt bei luftansaugenden Motoren dieser Wirkungsgradabfall nicht auf. Der Sauerstoffgehalt von Methanol hat nur bei starkem Luftmangel einen Einfluss auf den Wirkungsgrad.

Der Mitteldruck des gemischansaugenden Motors ist in Abb. 3.20b über dem C/H-Verhältnis dargestellt. Er ist bei Wasserstoff am niedrigsten und steigt wegen des höheren Gemischheizwerts mit dem Kohlenstoffgehalt des Brennstoffs. Nur bei dem (nur theoretisch möglichen) reinen Kohlenstoffmotor ist der Mitteldruck wieder niedriger.

Teillastverhalten bei Füllungsregelung

Bei Ottomotoren mit Füllungsregelung erfolgt die Teillastregelung durch Drosselung im Saugrohr. Bei Viertaktmotoren entsteht dadurch ein Unterdruck in der Ansaugleitung. Dieser Betriebszustand widerspricht zwar der ursprünglichen Definition des vollkommenen Motors, er kann aber mit folgenden Annahmen idealisiert werden:

3.5 Einflüsse auf Wirkungsgrad des vollkommenen Motors

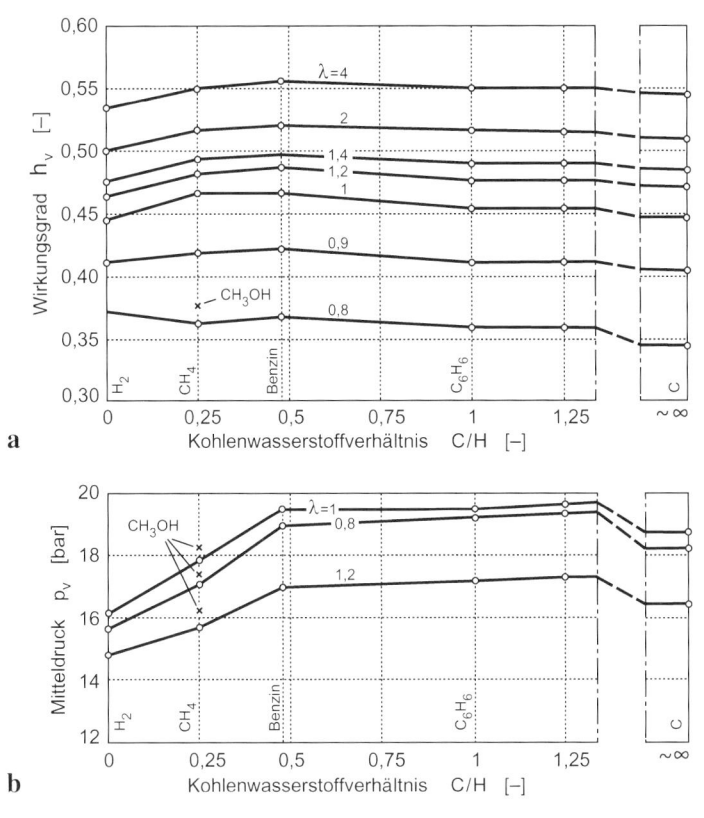

Abb. 3.20. Gleichraumverbrennung, gemischansaugend, $\varepsilon = 10$, Einfluss des C/H-Verhältnisses des Kraftstoffs auf Wirkungsgrad (**a**) und indizierten Mitteldruck (**b**) des vollkommenen Motors, Umgebungszustand: 1 bar, 293 K, Liefergrad nach Gl. (3.47)

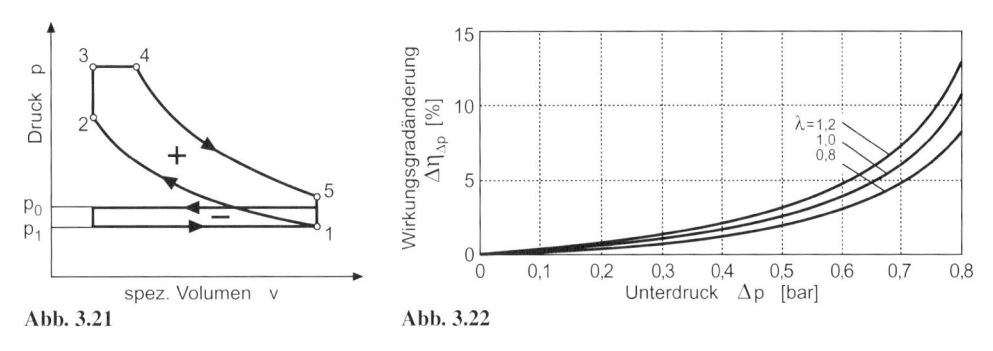

Abb. 3.21. pv-Diagramm des vollkommenen Motors mit Drosselung im Saugrohr

Abb. 3.22. Einfluss der Drosselung im Saugrohr auf Wirkungsgrad des vollkommenen Motors mit Drosselung im Saugrohr

- Die Drosselung erfolgt adiabat, d. h., die Enthalpie und damit bei idealem Gas auch die Temperatur bleiben konstant.
- Der übrige Motorprozess wird mit den Annahmen des vollkommenen Motors gerechnet.
- Durch den Unterdruck im Saugrohr entsteht eine negative Ladungswechselschleife (siehe Abb. 3.21), die einen zusätzlichen Verlust verursacht, der in der Arbeitsbilanz berücksichtigt wird.

Wie bereits gezeigt wurde, hat der geänderte Anfangsdruck nur geringen Einfluss, die negative Ladungswechselschleife bringt aber, wie Abb. 3.22 zeigt, besonders bei hohen Unterdrücken (untere Teillast) merkliche Verluste (vgl. dazu auch Kap. 6).

3.6 Aufgeladener vollkommener Motor

Bei der Aufladung wird die Ladung (Luft oder Gemisch) vor dem Einbringen in den Zylinder verdichtet. Auf diese Weise kann auch mehr Brennstoff zugeführt und ein höherer Mitteldruck erreicht werden. Dementsprechend dient die Aufladung primär der Erhöhung von Drehmoment und Leistung.

Die Aufladung kann auf verschiedene Weise durchgeführt werden: Bei der **mechanischen Aufladung** wird der Verdichter mechanisch von der Kurbelwelle angetrieben. Energetisch vorteilhafter ist die heute überwiegend eingesetzte **Abgasturboaufladung**, bei welcher der Verdichter von einer Turbine angetrieben wird, welche die Abgasenergie des Motors ausnützt. Beide Varianten können ohne und mit Rückkühlung der Zylinderladung ausgeführt werden.

Für den Grad der Aufladung gibt es verschiedene Definitionen (Erhöhung der Ladungsdichte, des Mitteldrucks oder der Leistung). Hier wird der **Aufladegrad** als Erhöhung der Ladungsdichte definiert, welche bei gleichbleibendem Luftverhältnis und Wirkungsgrad der Steigerung des Mitteldrucks und des Drehmoments entspricht:

$$a = \frac{\rho_1}{\rho_0} = \frac{v_0}{v_1}. \tag{3.48}$$

Darin bezeichnet der Index 0 den Außenzustand, der Index 1 den Zustand vor dem Einlassventil.

Mechanische Aufladung

Abbildung 3.23 zeigt das Schema der mechanischen Aufladung **ohne Rückkühlung**. Dabei wird die Ladung im Verdichter vom Außenzustand 0 auf den Ansaugzustand 1 verdichtet. Als Idealprozess wird eine isentrope Verdichtung von 0 nach 1 angenommen. Die thermodynamisch noch günstigere isotherme Verdichtung wird wegen der schlechten Kühlmöglichkeit während der Verdichtung nicht in Betracht gezogen. Die nachträgliche Kühlung wird später behandelt.

Abbildung 3.24 zeigt das pv- und Ts-Diagramm dieses idealisierten Prozesses. Daraus ist eine positive Ladungswechselarbeit ersichtlich, welche allerdings durch die Antriebsarbeit des Verdichters aufgebracht werden muss. Dabei tritt, wie folgende Rechnung zeigt, in der Gesamtbilanz ein Verlust auf. Für die isentrope Kompression im Verdichter können mit guter Näherung konstante spezifische Wärmekapazitäten, also konstantes κ, angenommen werden.

Die aufzuwendende Verdichterarbeit für 1 kg Ladung beträgt entsprechend Gl. (1.66)

$$w_K = \frac{\kappa}{\kappa - 1} R T_0 \left[\left(\frac{v_0}{v_1} \right)^{\kappa - 1} - 1 \right]. \tag{3.49}$$

Die gewonnene Ladungswechselarbeit beträgt für 1 kg Ladung

$$w_{\text{Lad}} = (p_1 - p_0)(v_1 - v_2). \tag{3.50}$$

3.6 Aufgeladener vollkommener Motor

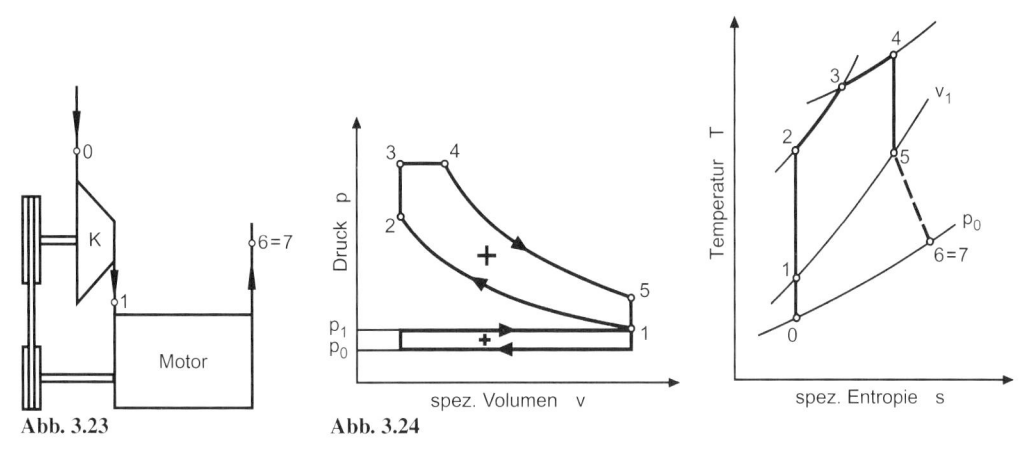

Abb. 3.23. Schema mechanischer Aufladung ohne Rückkühlung

Abb. 3.24. pv- und Ts-Diagramm mechanischer Aufladung ohne Rückkühlung

Mit $a = v_0/v_1$ und $\varepsilon = v_1/v_2$ kann aus Gl. (3.49) und Gl. (3.50) der Arbeitsverlust berechnet werden:

$$\Delta w = RT_0 \left[\frac{\kappa}{\kappa - 1}(a^{\kappa-1} - 1) - \frac{1}{a}(a^\kappa - 1)\left(1 - \frac{1}{\varepsilon}\right) \right]. \tag{3.51}$$

Darin ist $\Delta w = w_K - w_{Lad}$ der Arbeitsverlust für 1 kg Ladung. Der dadurch verursachte Wirkungsgradverlust ergibt sich aus

$$\Delta \eta_v = \Delta w / q_{zu}. \tag{3.52}$$

Darin kann q_{zu} nach Gl. (3.27) bzw. Gl. (3.28) als Funktion von λ ausgedrückt werden.

Abbildung 3.25 zeigt diesen Wirkungsgradverlust. Dabei sind nur die Bilanzen des Verdichters und der Ladungswechselschleife berücksichtigt. Veränderungen im Hochdruckteil, die durch den geänderten Anfangszustand 1 verursacht werden, sind nicht berücksichtigt. Sie können mit Hilfe der Abb. 3.16–3.19 ermittelt werden.

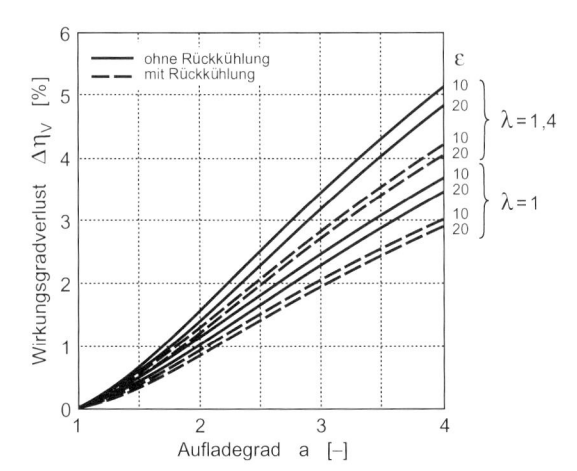

Abb. 3.25. Wirkungsgradverlust bei mechanischer Aufladung ohne und mit Rückkühlung

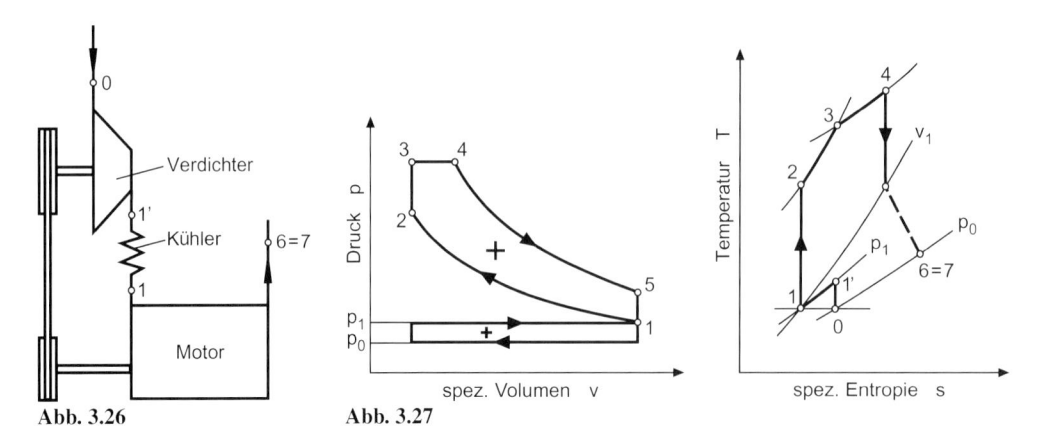

Abb. 3.26. Schema mechanischer Aufladung mit Rückkühlung

Abb. 3.27. pv- und Ts-Diagramm mechanischer Aufladung mit Rückkühlung

Mechanische Aufladung mit Rückkühlung

Abbildung 3.26 zeigt das Schema der mechanischen Aufladung mit Rückkühlung. Dabei wird angenommen, dass im Anschluss an die isentrope Verdichtung 0–1′ eine Rückkühlung 1′–1 bis auf die Anfangstemperatur $T_1 = T_0$ erfolgt. Damit ergibt sich ein pv- und Ts-Diagramm nach Abb. 3.27.

Unter diesen Voraussetzungen ist

$$a = \frac{v_0}{v_1} = \frac{p_1}{p_0}. \tag{3.53}$$

Die aufzuwendende Verdichterarbeit ist entsprechend Gl. (1.67)

$$w_K = \frac{\kappa}{\kappa - 1} R T_0 \left[\left(\frac{p_1}{p_0} \right)^{(\kappa-1)/\kappa} - 1 \right] \tag{3.54}$$

Zusammen mit Gl. (3.50) für die gewonnene Ladungswechselarbeit ergibt das einen Arbeitsverlust von:

$$\Delta w = R T_0 \left[\frac{\kappa}{\kappa - 1} (a^{(\kappa-1)/\kappa} - 1) - \left(1 - \frac{1}{a} \right) \left(1 - \frac{1}{\varepsilon} \right) \right]. \tag{3.55}$$

Mit Gl. (3.52) und Gl. (3.27) oder (3.28) kann der Wirkungsgradverlust als Funktion von a, ε und λ berechnet werden. Wie Abb. 3.25 zeigt, ist der Verlust mit Rückkühlung etwas niedriger als ohne Rückkühlung.

Abgasturboaufladung

Bei der am häufigsten angewendeten Form der Aufladung, der Abgasturboaufladung (ATL), wird der Verdichter von einer Turbine angetrieben, welche die Abgasenergie ausnützt.

Bei der **Stauaufladung** werden die Abgase der einzelnen Zylinder in ein großvolumiges Auspuffsystem geleitet, in dem sich ein annähernd konstanter Zustand einstellt, mit dem die Turbine beaufschlagt wird.

3.6 Aufgeladener vollkommener Motor

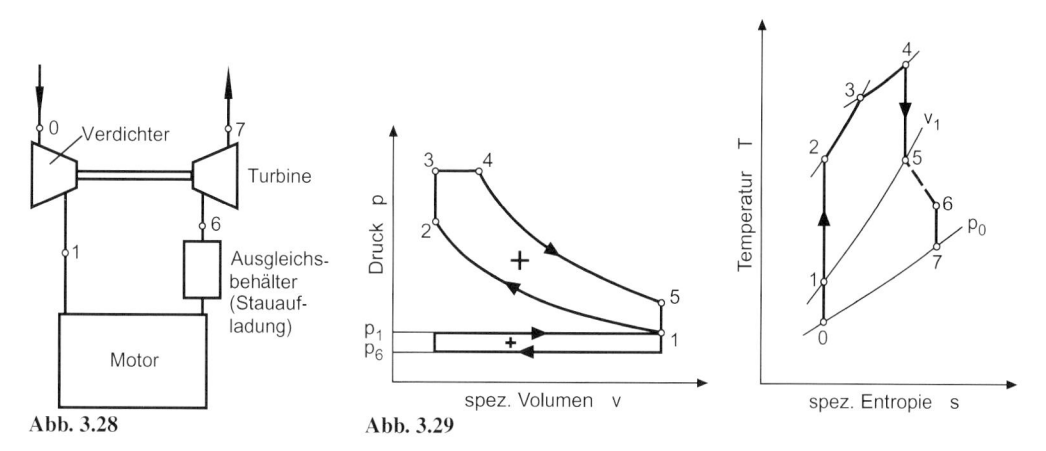

Abb. 3.28. Schema der Abgasturboaufladung ohne Rückkühlung

Abb. 3.29. pv- und Ts-Diagramm der Abgasturboaufladung ohne Rückkühlung

Bei der **Stoßaufladung** werden dagegen die Druck- und Geschwindigkeitsimpulse der einzelnen Zylinder möglichst ausgenützt, so dass die Turbine ungleichmäßig beaufschlagt wird. Zu diesem Zweck ist ein speziell angepasstes kleinvolumiges Auspuffsystem erforderlich.

Da die Stauaufladung leichter zu idealisieren und klarer zu berechnen ist, wird sie dem vollkommenen Motor mit ATL zugrunde gelegt.

Ohne Ladeluftkühlung ergibt sich damit ein Schema nach Abb. 3.28. Dabei wird isentrope Kompression von 0 nach 1 und isentrope Expansion von 6 nach 7 angenommen. Das entsprechende pv- und Ts-Diagramm ist in Abb. 3.29 dargestellt. Im pv-Diagramm ist eine positive Ladungswechselschleife ersichtlich, welche bei der ATL einen echten Gewinn darstellt.

Für die Verdichterarbeit gilt Gl. (3.49) unverändert.

Mit Ladeluftkühlung ergibt sich ein Schema nach Abb. 3.30. Es wird Rückkühlung bis auf die Anfangstemperatur $T_1 = T_0$ angenommen. Das entsprechende pv- und Ts-Diagramm ist in Abb. 3.31 dargestellt.

Für den Verdichter gelten Gl. (3.53) und Gl. (3.54) wie bei der mechanischen Aufladung.

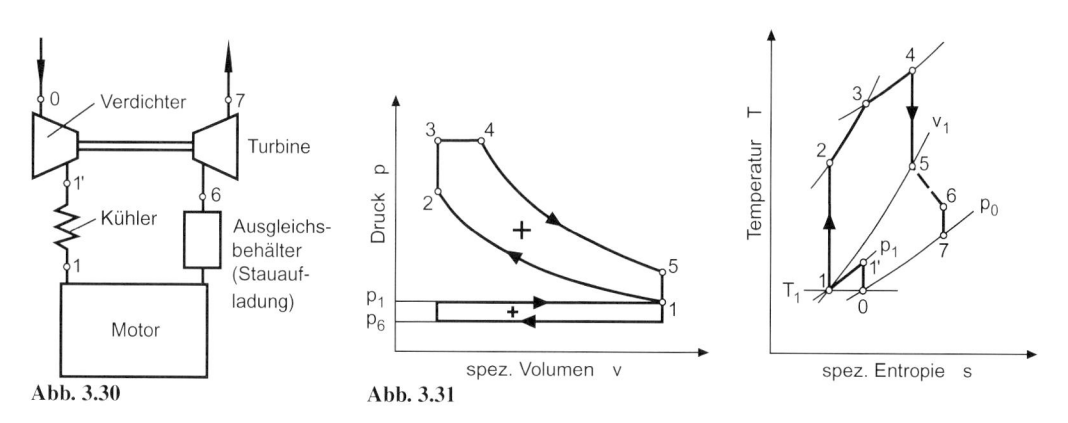

Abb. 3.30. Schema der Abgasturboaufladung mit Rückkühlung

Abb. 3.31. pv- und Ts-Diagramm der Abgasturboaufladung mit Rückkühlung

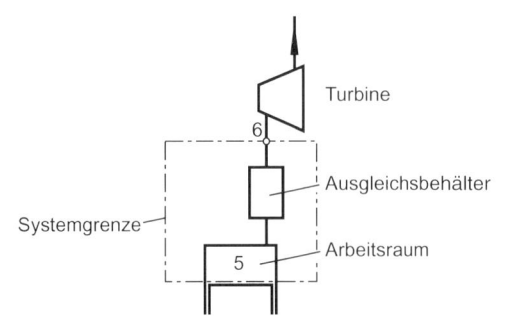

Abb. 3.32. Instationäres System des Auspuffvorgangs bei Stauaufladung

Die folgenden Gleichungen für die Turbine und für den Zustand 6 vor der Turbine gelten unabhängig von der Rückkühlung.

Für die spezifische Turbinenarbeit gilt entsprechend Gl. (1.70):

$$w_\mathrm{T} = \frac{\kappa}{\kappa - 1} R T_6 \left[1 - \left(\frac{p_7}{p_6} \right)^{(\kappa-1)/\kappa} \right] \tag{3.56}$$

Darin ist $p_7 = p_0$.

Am Turbolader muss Arbeitsgleichgewicht herrschen. Es ist also

$$m_1 w_\mathrm{K} = m_6 w_\mathrm{T}. \tag{3.57}$$

Darin ist

für den gemischansaugenden Motor: $m_6 = m_1 = 1$ kg.
für den luftansaugenden Motor: $m_1 = 1$ kg und $m_6 = \bigl(1 + 1/(\lambda L_\mathrm{st})\bigr)$ kg.

Der Zustand 6 im Ausgleichsbehälter und am Eintritt in die Turbine folgt aus einer kombinierten **Expansion** und **Drosselung**. Er lässt sich aus dem in Abb. 3.32 dargestellten instationären System berechnen.

Dabei wird beim vollkommenen Motor angenommen, dass die gesamte Zylinderladung ausgeschoben wird. Eine Möglichkeit, dieses vollständige Ausschieben zu interpretieren, besteht in der Annahme, dass der Kolben beim Ausschieben nicht nur den Hubraum, sondern auch das Kompressionsvolumen überstreicht. Die durch das fiktive Überstreichen des Kompressionsvolumens gewonnene Arbeit $V_2(p_1 - p_6)$ kann natürlich nicht als Nutzarbeit gewertet werden, wodurch ein gewisser innerer Widerspruch entsteht, der aber zahlenmäßig keine Rolle spielt. Die zweite Möglichkeit, das vollständige Ausschieben zu erklären, besteht in der Annahme, dass die Ventile im Ladungswechsel-OT gleichzeitig offen sind und dass während dieser Ventilüberschneidung die Frischladung das Restgas gegen den Druck p_6 hinausdrückt.

Wenn der Druck vor dem Einlass und nach dem Auslass gleich ist, sind auch beide Annahmen gleichwertig, weil beim Ladungswechsel keine Arbeit geleistet wird. Sind jedoch diese Drücke unterschiedlich, dann ergibt sich bei der ersten Annahme die angeführte Diskrepanz bei der Arbeit, bei der zweiten Annahme ergibt sich im Anschluss an die Spülung eine innere Verdichtung, die dazu führt, dass der Zustand (1) am Einlassende auch bei isentropem Einströmen nicht mehr exakt dem Zustand im Einlassbehälter entspricht. Dieser Unterschied ist jedoch vernachlässigbar. Die folgende Berechnung des Zustands vor der **Turbine** gilt für beide Annahmen.

Entsprechend Gl. (1.3) ist

$$\mathrm{d}W_\mathrm{t} + \mathrm{d}Q_\mathrm{a} + \sum \mathrm{d}m_i (h_i + e_{a_i}) = \mathrm{d}U + \mathrm{d}E_\mathrm{a}.$$

3.6 Aufgeladener vollkommener Motor

Bei der adiabaten Stauaufladung ist

$$dQ_a = 0, \quad e_a = 0, \quad dE_a = 0.$$

Damit wird

$$dW_Z + h\,dm = dU$$

und für einen Zyklus

$$W_Z + \int h\,dm = \Delta U. \tag{3.58}$$

Darin sind W_Z die Arbeit während des Ausschiebens aus dem Zylinder mit dem Volumen V_5 gegen den konstanten Druck p_6 (keine Drosselung, $W_Z = V_5\,p_6 = m_5 v_5 p_6$), $\int h\,dm = -m_6 h_6$ die aus dem Ausgleichsvolumen in die Turbine strömende Enthalpie und $\Delta U = -m_5 u_5$ die Änderung der inneren Energie des Systems, die um die innere Energie der ausgeschobenen Masse abnimmt.

Wegen des vollständigen Ladungswechsels ist $m_6 = m_5$. Eingesetzt in Gl. (3.58) ergibt sich

$$h_6 = u_5 + p_6 v_5$$

und mit $h = u + pv$ wird

$$h_6 = h_5 - v_5(p_5 - p_6). \tag{3.59}$$

Mit Gl. (3.59) und Gl. (3.57) kann der Punkt 6 durch Iteration berechnet werden. Damit ist auch der Gesamtprozess gegeben. Abbildung 3.33 zeigt ein maßstäbliches Ts-Diagramm eines aufgeladenen Motors ohne und mit **Rückkühlung**. Daraus ist ersichtlich, dass durch den Überströmvorgang in den Ausgleichsbehälter ein beträchtlicher Temperatur- und Druckabfall auftritt, der einen entsprechenden Energieverlust zur Folge hat.

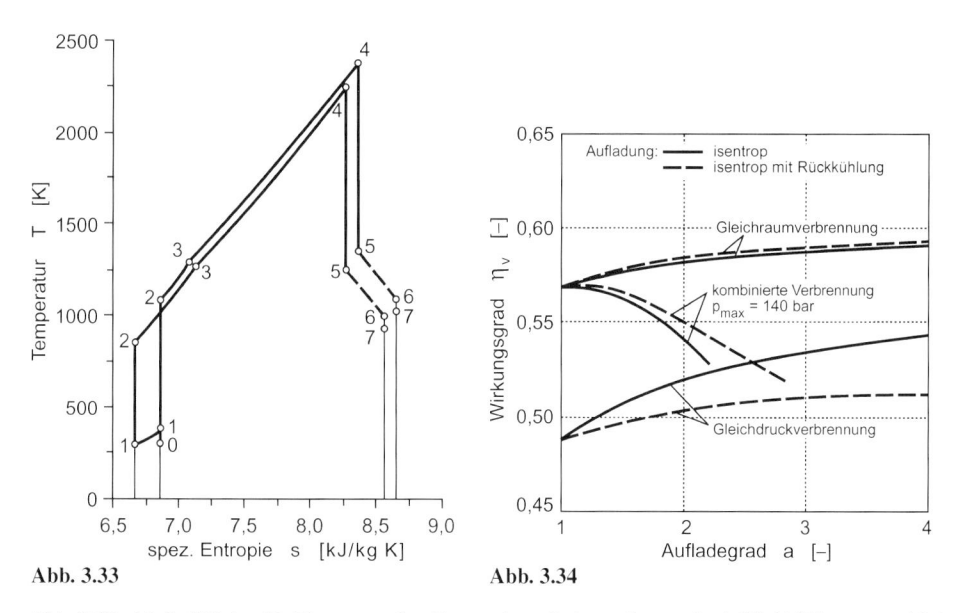

Abb. 3.33. Maßstäbliches Ts-Diagramm der Abgasturboaufladung ohne und mit Rückkühlung, $\varepsilon = 16$, $\lambda = 1{,}6$; $p_{max} = 140$ bar; $a = 2$

Abb. 3.34. Einfluss des Aufladegrads auf Wirkungsgrad des vollkommenen Motors, $\varepsilon = 16$, $\lambda = 1{,}6$

Abbildung 3.34 zeigt den Einfluss des **Aufladegrads** a auf den Wirkungsgrad. Bei der Gleichraumverbrennung steigt der Wirkungsgrad ohne und mit Rückkühlung fast gleich an. Bei der Gleichdruckverbrennung wird ohne Rückkühlung ein besserer Wirkungsgrad erreicht. Bei der kombinierten Verbrennung mit Druckbegrenzung wirkt sich die Aufladung negativ aus, weil der Gleichraumanteil verringert werden muss. Hier schneidet die Aufladung mit Rückkühlung besser ab.

3.7 Gleichraumgrad

Es wurde gezeigt, dass bei Gleichraumverbrennung der beste Wirkungsgrad erreicht wird. Der tatsächliche Brennverlauf weicht aber immer von der Gleichraumverbrennung ab, so dass selbst bei vollständiger Verbrennung **thermodynamische Verluste** entstehen. Die Höhe dieser Verluste kann nach List [3.3] durch den Gleichraumgrad η_{gl} angegeben werden. Der Gleichraumgrad lässt sich für einen gegebenen Brennverlauf folgendermaßen mit guter Näherung berechnen:

Mit der für die vereinfachte Berechnung gemachten Annahme von konstanten spezifischen Wärmekapazitäten und daraus resultierendem konstanten Isentropenexponent κ wurde für den Gleichraumprozess Gl. (3.33) abgeleitet: $\eta_{th,v} = 1 - 1/\varepsilon^{\kappa-1}$.

Ein realer Brennverlauf kann nun entsprechend Abb. 3.35 in der Weise in elementare Teilprozesse zerlegt werden, dass die während eines Kurbelwinkel-Elements dφ zugeführte Wärme dQ_B den im pV-Diagramm strichliert eingezeichneten Gleichraumprozess durchführt. Die Wärme dQ_B wird dann mit dem Wirkungsgrad

$$\eta_{th,\varphi} = 1 - 1/\varepsilon_\varphi^{\kappa-1} \qquad (3.60)$$

umgesetzt. Darin sind $\eta_{th,\varphi}$ der Wirkungsgrad, mit dem beim Kurbelwinkel φ umgesetzte Brennstoffwärme $Q_{B\varphi}$ in Arbeit verwandelt wird, und $\varepsilon_\varphi = (V_h + V_c)/V_\varphi$ der Entspannungsgrad.

Multipliziert man die Ordinaten dQ_B/dφ des Brennverlaufs mit den entsprechenden Wirkungsgraden $\eta_{th,\varphi}$, kann die gewonnene Arbeit und daraus auch der Wirkungsgrad des Gesamtprozesses ermittelt werden.

Der **Gleichraumgrad** gibt das Verhältnis der Arbeit bei realem Brennverlauf zur Arbeit bei Gleichraumverbrennung an, das dem Verhältnis der entsprechenden Wirkungsgrade entspricht. Für

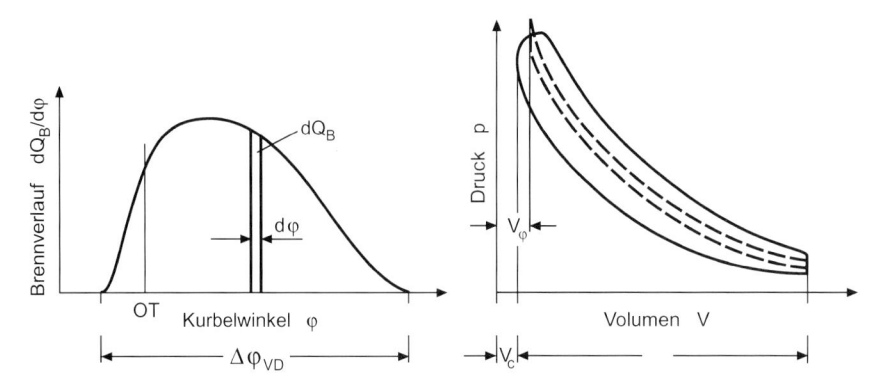

Abb. 3.35. Zerlegung des Prozesses mit realem Brennverlauf in elementare Gleichraumprozesse [3.3]

3.7 Gleichraumgrad

den Kurbelwinkel φ gilt also

$$\eta_{gl,\varphi} = \eta_{th,\varphi}/\eta_{th,v} \tag{3.61}$$

und mit den Gln. (3.33) und (3.60)

$$\eta_{gl,\varphi} = \frac{1 - 1/\varepsilon_\varphi^{\kappa-1}}{1 - 1/\varepsilon^{\kappa-1}}. \tag{3.62}$$

In Abb. 3.36 ist dieser Wert $\eta_{gl,\varphi}$ aufgetragen. Das untere Diagramm ist für $\kappa = 1{,}3$ gezeichnet. Andere κ-Werte können mit Hilfe des oberen Diagramms nach der Gleichung

$$\eta_{gl,\varphi} = \eta_{gl,\varphi,\kappa=1,3} + 10(\kappa - 1{,}3)\Delta\eta_{gl,\varphi}$$

berechnet werden.

Aus diesem Diagramm ist ersichtlich, dass Brennstoff, der bei 20° KW nach OT umgesetzt wird, noch ca. 90 % des Wirkungsgrads der Gleichraumverbrennung erreicht. Bei einer Verbrennung 60° KW nach OT werden aber nur mehr ca. 50 % der Gleichraumverbrennung erreicht. Als Faustregel kann man sagen, dass die Verbrennung bei ca. 50° KW weitgehend abgeschlossen sein sollte.

Werden nun die Gleichraumgrade $\eta_{gl,\varphi}$ mit dem Betrag der jeweils umgesetzten Energie multipliziert und über die gesamte Brenndauer integriert, so erhält man den **Gleichraumgrad der**

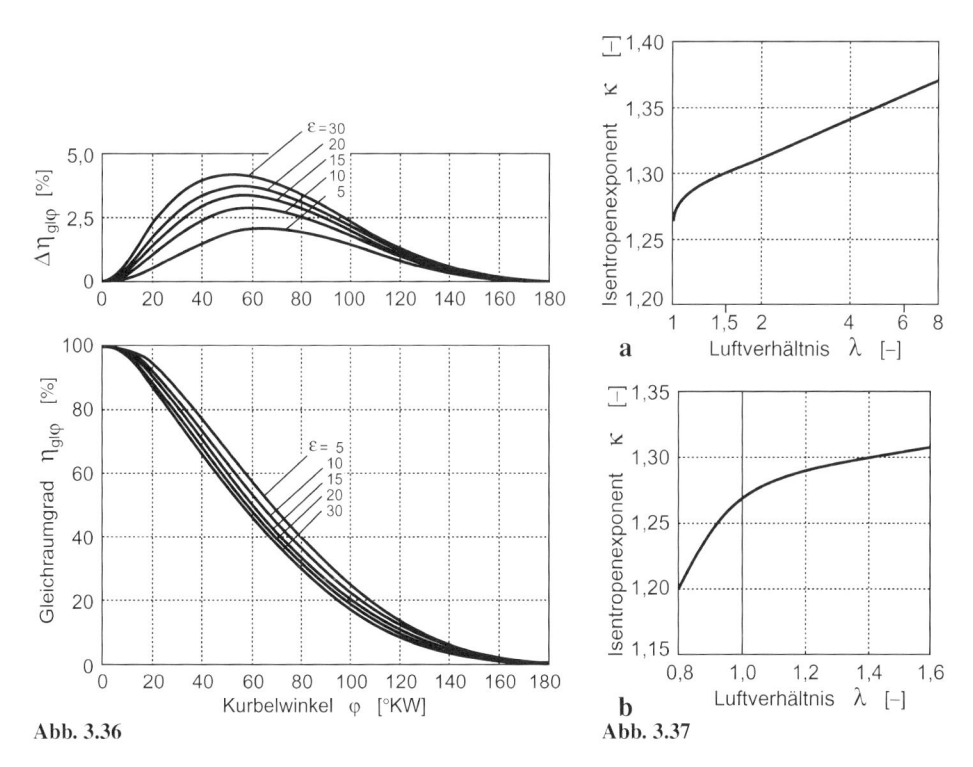

Abb. 3.36. Gleichraumgrad als Funktion des Kurbelwinkels [3.3]

Abb. 3.37. Mittlerer Isentropenexponent κ bei Gleichraumverbrennung für Dieselmotor (**a**) und Ottomotor (**b**) [3.3]

Verbrennung:

$$\eta_{\text{gl}} = \frac{1}{Q_B} \int \frac{\mathrm{d}Q_B}{\mathrm{d}\varphi} \eta_{\text{gl},\varphi}\, \mathrm{d}\varphi. \tag{3.63}$$

Bei konstantem Isentropenexponent κ ist diese Ableitung exakt und die Berechnung eindeutig. Bei variablem κ ist nicht mehr eindeutig, welcher κ-Wert einzusetzen ist. Man erhält gute Übereinstimmung, wenn man mittlere κ-Werte aus dem mit den realen Stoffgrößen berechneten Wirkungsgrad des Gleichraumprozesses (siehe Abb. 3.12) mit Hilfe der Gl. (3.33) rückrechnet. Dieser mittlere κ-Wert kann dann für den ganzen Brennverlauf beibehalten werden. Die auf diese Weise berechneten mittleren κ-Werte sind in Abb. 3.37a für Dieselmotoren (luftansaugend) und in Abb. 3.37b für Ottomotoren (gemischansaugend) dargestellt. Sie sind vom Verdichtungsverhältnis fast unabhängig.

Die gleichen Gesetzmäßigkeiten gelten mit umgekehrten Vorzeichen auch für die an die Wand übergehende **Wärme**.

3.8 Exergiebilanz des vollkommenen Motors

Die Berechnung der Exergien ist für eine Erfassung des thermodynamischen Arbeitsprozesses nicht unbedingt erforderlich. Sie ist außerdem ziemlich aufwendig, da Übergänge zwischen dem geschlossenen System des Arbeitszylinders und den offenen Systemen der Ansaug- und Abgasleitung stattfinden. Noch verwickelter werden die Verhältnisse bei aufgeladenen Motoren.

Trotzdem sind Exergiebetrachtungen nützlich, weil sie einen grundsätzlichen Einblick in die **thermodynamischen Verluste** geben. Es sollen daher auch hier einige Exergiebetrachtungen angestellt werden. Eine einfache und anschauliche Exergiebetrachtung kann nach S. Pischinger [2.26] aus dem in Abb. 3.38 dargestellten pv- und Ts-Diagramm des Gleichraumprozesses abgeleitet werden.

Die Exergie des Brennstoffs entspricht annähernd der zugeführten Wärme, die als Fläche a–2–3–b im Ts-Diagramm ersichtlich ist. Die abgegebene Exergie entspricht der Arbeit, die als eingeschlossene Fläche 1–2–3–5 im pv- und Ts-Diagramm abgelesen werden kann. Der Exergieverlust entspricht annähernd der abgegebenen Wärme (Fläche a–1–5–b), falls diese nicht weiter genutzt wird. Diese Gesamtbilanz der Exergie entspricht weitgehend der energetischen Betrachtung, und der exergetische Gesamtwirkungsgrad entspricht ungefähr dem thermischen Wirkungsgrad des Prozesses:

$$\varsigma_{\text{ges}} \approx \eta_{\text{th}}. \tag{3.64}$$

Die Exergiebilanz bietet allerdings die Möglichkeit einer weiteren Aufgliederung der Verluste für beliebig kleine Elemente des Prozesses.

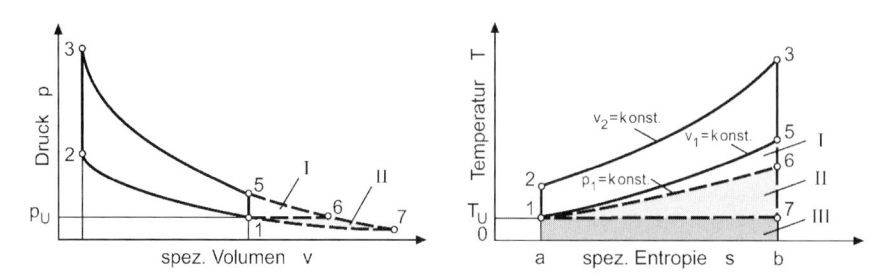

Abb. 3.38. Exergieverluste des Gleichraumprozesses

3.8 Exergiebilanz des vollkommenen Motors

Durch eine weitere isentrope Expansion auf Umgebungsdruck (Punkt 6) könnte zusätzlich die Arbeitsfläche I gewonnen werden. Eine noch weitere Arbeitsgewinnung wäre durch isentrope Expansion auf Umgebungstemperatur T_U (Punkt 7) und anschließende isotherme Kompression auf den Anfangszustand 1 möglich. Diese Arbeit entspricht der Fläche II im pv- und Ts-Diagramm. Der verbleibende **Exergieverlust** (Fläche III) entsteht durch die beim Verbrennungsvorgang stattfindende Umwandlung der Brennstoffexergie in Wärme. Dieser Verlust tritt zwangsläufig bei jeder mit Brennstoff betriebenen Wärmekraftmaschine auf und könnte nur durch die direkte isotherme Umwandlung der Brennstoffexergie in elektrische Energie mit Hilfe einer Brennstoffzelle vermieden werden.

Die detaillierte Berechnung der **Exergiebilanz** kann mit den Gln. (1.28) und (1.29) durchgeführt werden. Dabei gilt für die Exergie des zugeführten Brennstoffs ebenfalls Gl. (1.28). Wird der Brennstoff bei Umgebungszustand (T_U, p_U) zugeführt, dann entspricht das Glied $H - H_U$ dem (unteren) Heizwert. Das Glied $T_U(S - S_U)$ ist verhältnismäßig klein, so dass die Exergie des Brennstoffs annähernd gleich dem Heizwert ist. Jede Arbeit ist reine Exergie. Der Rechengang der detaillierten Berechnung wurde z. B. von Hirschbichler [3.2] genau beschrieben. Es sollen hier nur drei Exergieflussbilder als Ergebnis dieser Berechnung dargestellt und diskutiert werden.

Abbildung 3.39 zeigt das **Exergieflussbild eines Ottomotors** mit Gleichraumverbrennung. Die Prozentangaben beziehen sich auf die Exergie des Brennstoffs. Man sieht, dass durch die Verbrennung 19,5 % verlorengehen. Mit dem Abgas gehen weitere 36,3 % verloren. 7,4 % werden über Verdichtungs- und Expansionsarbeit im Kreis geführt und 44 % als Nutzarbeit gewonnen.

Abbildung 3.40 zeigt das **Exergieflussbild eines Dieselmotors** mit kombinierter Verbrennung ($p_{max} = 99$ bar). Die Verbrennungsverluste sind höher als beim Ottomotor, aber die Abgasverluste wesentlich niedriger, so dass die Nutzarbeit auf 52,8 % steigt. Die im Kreis geführte Verdichtungs- und Expansionsarbeit ist ebenfalls wesentlich höher.

Das in Abb. 3.41 dargestellte **Exergieflussbild eines aufgeladenen Dieselmotors** mit Ladeluftkühlung zeigt folgende Bilanz: Die Exergie der Abgase beträgt am Expansionsende 26,5 %. Davon gehen 4,4 % beim Auspuffvorgang verloren, so dass an der Turbine 22,1 % zur Verfügung stehen. Diese nützt davon nur 3,3 % und gibt sie an den Verdichter weiter. Die Exergie der von

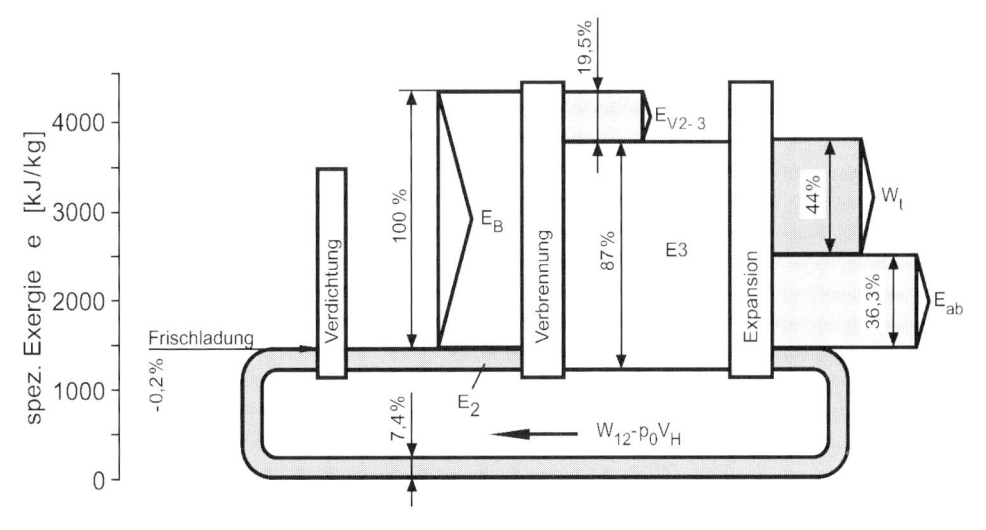

Abb. 3.39. Exergieflussbild des vollkommenen Motors, gemischansaugend, Gleichraumverbrennung, $\varepsilon = 10$, $\lambda = 1$

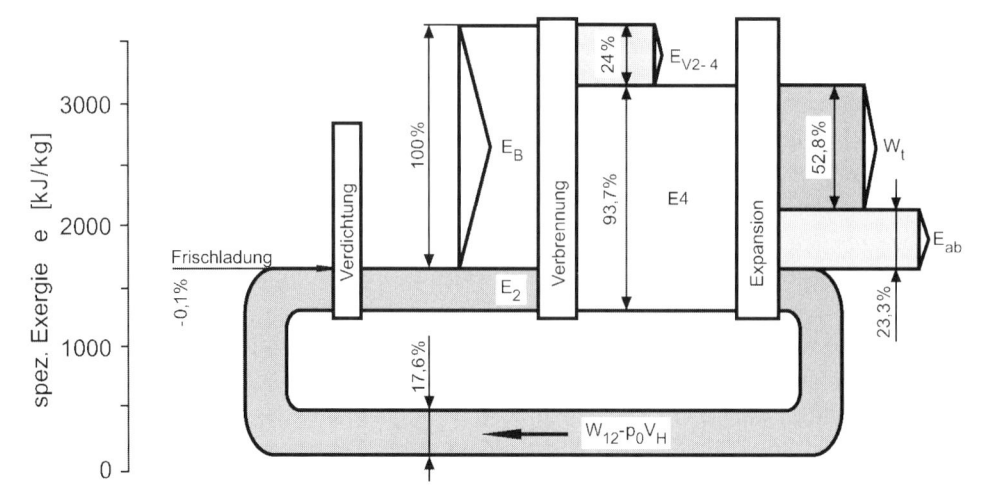

Abb. 3.40. Exergieflussbild des vollkommenen Motors, luftansaugend, kombinierte Verbrennung, $\varepsilon = 16, \lambda = 1{,}6$; $p_{max} = 99$ bar

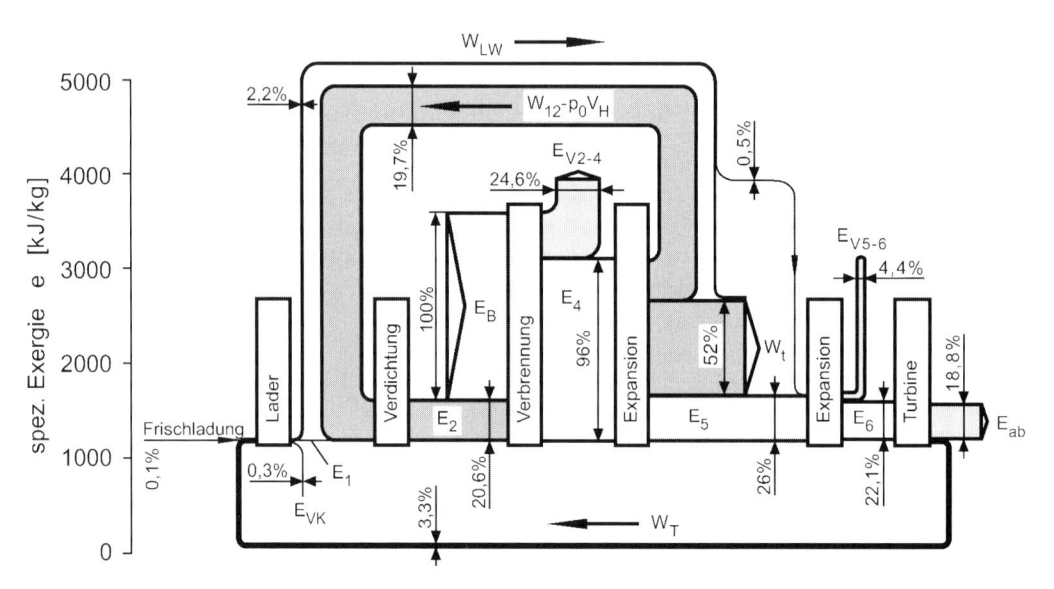

Abb. 3.41. Exergieflussbild des vollkommenen Motors, luftansaugend, Aufladung mit Rückkühlung, kombinierte Verbrennung, $\varepsilon = 16, \lambda = 1{,}6$; $p_{max} = 140$ bar; $a = 2$

diesem verdichteten Frischladung wird zum größeren Teil beim Ladungswechsel in Nutzarbeit verwandelt, der andere Teil wird in den Hochdruckteil eingebracht und nur ein ganz geringer Teil wird bei der Ladeluftkühlung abgeführt. Die Gesamtbilanz des aufgeladenen Dieselmotors ist bei den gewählten Randbedingungen ähnlich derjenigen des Saugdieselmotors, d. h. die Nutzarbeit, der Exergieverlust bei der Verbrennung und die Exergie der Abgase (einschließlich Ausschiebeverlust) sind nahezu gleich.

Zusammenfassend ergeben die Exergiebilanzen des vollkommenen Motors folgende wesentliche Punkte:

- Die Exergieverluste bei der Verbrennung sind zwar merklich (ca. 20 %), verglichen mit anderen Wärmekraftmaschinen sind sie aber als Folge der hohen Verbrennungstemperaturen deutlich niedriger.
- Der Exergiegehalt der Abgase ist hoch. Es bestehen also gute Voraussetzungen für eine Nutzung der Abwärme.
- Bei der Abgasturboaufladung wird nur ein geringer Teil der Abgasexergie genützt. Der größere Teil der vom Turbolader genützten Exergie wird beim Ladungswechsel oder im Hochdruckteil in Nutzarbeit verwandelt.

4 Analyse und Simulation des Systems Brennraum

4.1 Einleitung

Gelingt es, durch Beobachtung eines Systems auf die Gesetzmäßigkeiten seiner Abläufe zu schließen und diese unter Einbeziehung der wesentlichen Parameter mathematisch zu formulieren, ist ein Rechenmodell für das betreffende System gefunden. Der Vorgang der Beschreibung eines existierenden Systems wird als **Analyse** bezeichnet. Nach entsprechender Validierung des Modells durch Experimente kann es auch zur **Simulation** herangezogen werden, d. h. zur Vorhersage des Verhaltens ähnlicher Systeme.

Betrachtet man das System Brennraum und in weiterer Folge den gesamten Arbeitsprozess der Verbrennungskraftmaschine unter Berücksichtigung von Einlass- und Auslasssystem, gegebenenfalls mit Aufladung und Abgasrückführung, so stellen sich die Abläufe außerordentlich komplex dar. Bisher ist es nicht möglich, die strömungsdynamischen, thermodynamischen und chemischen Vorgänge in ihrer Gesamtheit oder auch nur in allen Einzelaspekten genau zu berechnen. Teils fehlt die mathematische Formulierung der Abläufe, teils sind die beschreibenden Gleichungssysteme so umfangreich, dass sie nicht in vertretbarer Zeit gelöst werden können. Die Variablen zur Beschreibung des instationären Systems Brennraum sind im allgemeinen Fall als Funktionen der Zeit t und der drei Ortskoordinaten x, y, z zu betrachten. Wegen der Komplexität der Vorgänge und deren Zeit- wie Ortsabhängigkeit stellt die Formulierung und Lösung der beschreibenden partiellen Differentialgleichungen mit den benötigten Rand- und Anfangsbedingungen den Anwender vor beträchtliche Schwierigkeiten. Je nach Erfordernis und Rechnerkapazität sind daher in der Motorprozessrechnung unterschiedliche Vereinfachungen zu treffen, um den Aufwand für Modellierung und Berechnung in Grenzen zu halten. Die Kunst dabei liegt in der Wahl geeigneter Annahmen, so dass das resultierende Modell die interessierenden Einflüsse auf das System genügend genau erfasst, ohne komplizierter zu sein als notwendig. Die Vielzahl der verwendeten Rechenmodelle lässt sich nach verschiedenen Gesichtspunkten einteilen.

Phänomenologische Modelle beschreiben ein Phänomen als empirische oder halbempirische Funktion relevanter Parameter, ohne die physikalischen Erhaltungsgleichungen direkt mathematisch zu formulieren. Derartige Modelle präsentieren sich in der Regel einfach in Aufbau und Handhabung, benötigen aber oft für jeden Anwendungsfall entsprechende aus Experimenten zu bestimmende Beiwerte. Als Beispiel seien die auf dem Newton'schen Ansatz beruhenden Modelle für den Wandwärmeübergang im Brennraum angeführt.

Physikalische Modelle beruhen auf der mathematischen Formulierung grundlegender physikalischer Gesetzmäßigkeiten, insbesondere der Erhaltungssätze von Masse, Energie und Impuls, und besitzen allgemeine Gültigkeit. In **deterministischen** physikalischen Modellen wird angenommen, dass bei entsprechend umfassender Formulierung unter Einbeziehung der Rand- und

Anfangsbedingungen jeder Vorgang vollständig und eindeutig beschrieben werden kann. Als Beispiel sei die Beschreibung der Wärmeleitung in den Brennraumwänden durch die Fourier'sche Differentialgleichung genannt. Die Darstellung der für das Modell relevanten Bedingungen ist eine Frage der Auflösbarkeit der zeitlichen und örtlichen Maßstäbe. Die Modellierung stößt rasch an ihre Grenzen, wenn sehr kleine Elementvolumina erforderlich sind, deren numerische Berechnung sowie experimentelle Erfassung außerordentlich aufwendig sind, wie dies etwa bei turbulenten Strömungsvorgängen der Fall ist. Genau genommen können Phänomene nicht deterministisch, sondern nur **statistisch** beschrieben werden, also mit einer bestimmten Wahrscheinlichkeit für bestimmte Abläufe. Dies spiegelt die auch in anderen Wissensgebieten erlangte Erkenntnis wider, dass sich die Wirklichkeit bei näherer Analyse nicht beliebig genau festlegen lässt [4.18, 4.41]. Als statistisches Modell sei beispielsweise die Beschreibung des Verbrennungsablaufs durch Wahrscheinlichkeitsdichtefunktionen (probability density functions, PDF-Modell) genannt.

Wird eine örtliche Variabilität der Größen nicht berücksichtigt, sondern nur deren Zeitabhängigkeit, spricht man von **nulldimensionalen Modellen** – zutreffender wäre wohl der Begriff „zeitdimensional". Für die Berechnung des Systems Brennraum werden häufig solche nulldimensionale Modelle eingesetzt, die auf dem 1. Hauptsatz der Thermodynamik basieren. Derartige Modelle haben den Vorteil, einfach und rasch Ergebnisse zu liefern. Sie erlauben eine energetisch richtige Beurteilung des Motorprozesses, ohne das räumliche Strömungsfeld im Brennraum oder lokale Phänomene auflösen zu können. Wird der Brennraum als eine einzige Zone mit homogenen Stoffeigenschaften betrachtet, spricht man vom Einzonenmodell. In Zweizonenmodellen wird der Brennraum in zwei Zonen unterteilt, ohne dabei eine räumliche Zuordnung vorzunehmen – meist wird eine Zone mit verbrannter von einer mit unverbrannter Ladung unterschieden. Analog ist eine Aufteilung des Brennraums auch in mehrere Zonen möglich.

In jüngerer Zeit wurden **quasidimensionale Ansätze** entwickelt, bei denen lokale Phänomene und geometrische Charakteristika im Rahmen einer sonst nulldimensionalen Modellierung Berücksichtigung finden, indem ortsabhängige Variable als Funktion der Zeit eingeführt werden. Anwendung findet die quasidimensionale Modellierung insbesondere bei der Berechnung von Strömung, Verbrennung und Wärmeübergang im Brennraum.

Wird die Abhängigkeit aller Variablen von einer oder mehreren Ortskoordinaten explizit formuliert, spricht man von **ein- oder mehrdimensionalen Ansätzen**. Eindimensionale Modelle werden häufig zur Berechnung der Rohrströmung im Einlass- und Auslasssystem eingesetzt. Bei komplexeren Strömungsfeldern kommen mehrdimensionale strömungsdynamische Modelle (computational fluid dynamics, CFD-Modelle) zur Anwendung. Bei der mehrdimensionalen Berechnung des Systems Brennraum wird zunächst die räumliche turbulente Ladungsbewegung bestimmt, die dann als Basis für die Modellierung von Kraftstoffaufbereitung, Verbrennung und Schadstoffbildung dient. CFD-Modelle teilen den Brennraum in eine große Anzahl finiter Elemente oder Volumina ein und lösen die Erhaltungssätze numerisch für deren Gesamtheit. Grenzen erfährt die dreidimensionale Berechnung des realen Motorprozesses durch die Genauigkeit der verwendeten Rechenmodelle sowie durch die entsprechend der gewählten Diskretisierung erforderliche lange Rechenzeit.

Zur **Lösung** von Differentialgleichungen kommen generell differentielle oder integrale Lösungsverfahren in Frage. Bei differentiellen Methoden wird eine allgemeine unbestimmte Lösung der Gleichungen gesucht und diese dann an die Anfangs- und Randbedingungen angepasst. Bei integralen Verfahren werden die Differentialgleichungen unter Beachtung der Rand- und Anfangsbedingungen über die Grenzen des betrachteten Kontrollvolumens bestimmt integriert.

4.2 Nulldimensionale Modellierung

Beide Vorgehensweisen gelingen nur in Ausnahmefällen. In der Regel kommen numerische Verfahren zum Einsatz, bei denen die Differentialgleichungen durch algebraische Differenzengleichungen angenähert werden.

Ziel dieses Kapitels ist eine möglichst konsistente Darstellung des derzeitigen Wissensstands bei der thermodynamischen Berechnung des Systems Brennraum. Dabei sollen insbesondere die unterschiedlichen Vorgehensweisen bei der Modellierung komplexer Prozesse verdeutlicht werden. Ohne Anspruch auf Vollständigkeit oder Endgültigkeit erheben zu wollen, wird eine Auswahl der immer detaillierteren Modelle besprochen, die zur Analyse und Simulation des Motorprozesses eingesetzt werden.

4.2 Nulldimensionale Modellierung

4.2.1 Modellannahmen

Der Brennraum stellt ein instationäres, offenes System dar, in dem alle Größen zeitlich wie örtlich stark veränderlich sind. Während jedes Arbeitsspiels laufen eine Reihe komplexer Prozesse ab, die sich thermodynamisch wie folgt einteilen lassen (vgl. Abb. 4.1):

– Stofftransport: über die Systemgrenzen werden die einströmende, dm_E, und die ausströmende Gasmasse, dm_A, die Leckage dm_{Leck} und bei luftansaugenden Motoren die Brennstoffmasse dm_B transportiert.
– Energietransport: der chemische Prozess der Verbrennung des Kraftstoffs setzt Wärme dQ_B frei; vom Arbeitsgas wird Wärme dQ_W und Arbeit dW über die Systemgrenzen abgegeben; alle Massenströme tragen mit ihrer Enthalpie und äußeren Energie zum Energietransport bei.
– Änderung der im System gespeicherten inneren Energie dU wie äußeren Energie dE_a.

Zur Berechnung dieses Systems stehen grundsätzlich die **Erhaltungssätze** für Masse, Energie und Impuls sowie die thermische **Zustandsgleichung** des Arbeitsgases zur Verfügung. Wie einleitend erwähnt, erfahren die Gleichungen durch Vernachlässigung der Ortsabhängigkeit der Variablen eine wesentliche Vereinfachung. Die resultierende null- oder zeitdimensionale thermodynamische Modellierung des Systems Brennraums soll wegen ihrer Anschaulichkeit und weiten Verbreitung in der Analyse und Simulation des realen Motorprozesses zunächst ausführlich besprochen

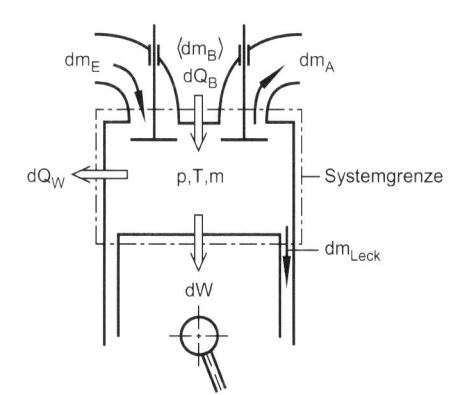

Abb. 4.1. System Brennraum

werden. Sie findet seit langem großes Interesse [4.42, 4.67, 4.68, 4.80, 4.83, 4.92, 4.123] und beruht üblicherweise auf den folgenden Voraussetzungen.

- Das System Brennraum wird in Zonen unterteilt, die für sich als homogen betrachtet werden. Durch diese Annahme werden alle Größen innerhalb jeder Zone auf ihre Zeit- oder Kurbelwinkelabhängigkeit reduziert, örtliche Unterschiede innerhalb einer Zone werden nicht berücksichtigt.
- Das Arbeitsgas im Brennraum wird als Gemisch idealer Gase behandelt, dessen Komponenten Luft, verbranntes Gas und bei Gemischansaugung Kraftstoffdampf zu jedem Zeitpunkt als vollständig durchmischt angenommen werden. Alle Stoffgrößen können gemäß den in Kap. 1 besprochenen Mischungsregeln berechnet werden.
- Reibungskräfte im Arbeitsgas werden vernachlässigt, so dass mit der Voraussetzung konstanten Drucks innerhalb jeder Zone der Impulssatz keine Aussage liefert.
- Die Verbrennung wird im Energieerhaltungssatz durch die Zufuhr der Brennstoffwärme dQ_B dargestellt, die der Energiefreisetzung des chemisch reagierenden Kraftstoffs entspricht, ohne dass Kraftstoffaufbereitung, Verdampfung oder Zündverzug separat modelliert werden.

Nur die erste dieser Annahmen stellt eine unbedingte Voraussetzung der nulldimensionalen Modellierung dar, die übrigen Annahmen werden vorerst zur Vereinfachung der Berechnung beibehalten.

Wird der gesamte Brennraum als eine einzige homogene Zone betrachtet, spricht man vom **Einzonenmodell** (vgl. Abb. 4.1). Dieses Modell eignet sich für die thermodynamische Berechnung realer Motorprozesse, wenn eine globale energetische Beurteilung erwünscht ist und örtlich differenzierte Aussagen, etwa über die Temperaturverteilung im Brennraum, nicht benötigt werden. In diesem Fall liefert das Einzonenmodell für luftansaugende Motoren zufriedenstellende Ergebnisse, obwohl Gemischverteilung und Verbrennung sehr inhomogen ablaufen. Bei gemischansaugenden Motoren kann das Einzonenmodell bei Luftüberschuss und im stöchiometrischen Betrieb angewendet werden. Bei Luftmangel bleibt die chemische Energie des unverbrannten Kraftstoffs als innere Energie gebunden. Um dies berücksichtigen zu können, ist eine Einteilung des Brennraums in eine Zone mit verbranntem und eine mit unverbranntem Gemisch erforderlich. Die Unterteilung des Brennraums in derartigen **Zwei- oder Mehrzonenmodellen** kann nach verschiedenen Gesichtspunkten und zu unterschiedlichen Zwecken erfolgen, neben der Berechnung von Ottomotoren im Luftmangelbereich etwa zur Auflösung der örtlichen Temperaturverteilung, wie sie bei Aussagen über die Schadstoffbildung von Bedeutung ist, oder zur Berechnung von Kammermotoren (siehe dazu Abschn. 4.2.8).

Sollen geometrische Einflüsse Berücksichtigung finden, ohne eine direkte Abhängigkeit der Variablen von einer Ortskoordinate zu formulieren, stellen sogenannte **quasidimensionale Modelle** eine geeignete Wahl dar. Dabei wird im Rahmen der an sich nulldimensionalen Modellierung die Abhängigkeit gewisser Phänomene von örtlichen Gegebenheiten dargestellt (siehe Abschn. 4.3).

4.2.2 Grundgleichungen des Einzonenmodells

Anhand des Einzonenmodells nach Abb. 4.1 sollen die Erhaltungssätze für Masse und Energie sowie die thermische Zustandsgleichung formuliert und in der Folge im Detail besprochen werden.

Massenerhaltung

Das allgemeine Kontinuitätsgesetz $\dot{m} = \sum_i \dot{m}_i$ besagt, dass die Änderung der Masse m im Kontrollraum gleich der Summe der zu- und abfließenden Massenströme $\dot{m}_i$ ist. Bezogen auf den

4.2 Nulldimensionale Modellierung

Kurbelwinkel φ stellt sich der Massenerhaltungssatz für das System Brennraum in differentieller Form wie folgt dar:

für luftansaugende Motoren gilt

$$\frac{dm}{d\varphi} = \frac{dm_E}{d\varphi} - \frac{dm_A}{d\varphi} - \frac{dm_{Leck}}{d\varphi} + \frac{dm_B}{d\varphi}; \qquad (4.1)$$

für gemischansaugende Motoren gilt

$$\frac{dm}{d\varphi} = \frac{dm_E}{d\varphi} - \frac{dm_A}{d\varphi} - \frac{dm_{Leck}}{d\varphi}. \qquad (4.2)$$

Die Änderung der Arbeitsgasmasse m im Brennraum erfolgt hauptsächlich durch die Verläufe von einströmender Masse m_E und ausströmender Masse m_A während des Ladungswechsels, deren Berechnung mittels der Durchflussgleichung erfolgen kann (siehe Abschn. 4.2.6).

Während des Hochdruckteils des Arbeitsspiels ergeben sich Änderungen der Ladungsmasse durch die **Leckagemasse** m_{Leck}, die vorwiegend über die Kolbenringe verloren geht. Eine Berechnung der Leckage ermöglicht die Durchflussgleichung unter Verwendung der momentanen Druckdifferenz zwischen Brennraum und Umgebung. Durchflussfläche bzw. Durchflussbeiwerte sind dabei so zu wählen, dass das Integral des Leckageverlaufs mit der gemessenen Blow-by-Masse für ein Arbeitsspiel übereinstimmt. Liegen keine Blow-by-Messungen vor, ist eine Orientierung an Erfahrungswerten möglich, wobei je nach Motor und Betriebspunkt etwa 0,5 bis 1,5 % der Ansaugmenge als Leckage angenommen werden können [4.30].

Während bei gemischansaugenden Motoren die zugeführte Brennstoffmasse m_B in der einströmenden Masse enthalten ist, muss die Kraftstoffeinbringung bei luftansaugenden Motoren in der Massenbilanz durch den Einspritzverlauf $dm_B/d\varphi$ berücksichtigt werden. Der Einspritzverlauf ausgeführter Motoren kann etwa über die Durchflussgleichung berechnet werden, wenn Einspritznadelhub und Einspritzdruck bekannt sind. Die Durchflussbeiwerte sind dabei so festzusetzen, dass das Integral des Einspritzverlaufs der Brennstoffmasse entspricht, die während eines Arbeitsspiels zugeführt wird. Diese Kraftstoffmasse ist bei Untersuchungen am Prüfstand gravimetrisch relativ einfach zu messen.

Energieerhaltung

Der 1. Hauptsatz der Thermodynamik für instationäre offene Systeme Gl. (1.3) lässt sich unter Berücksichtigung der oben genannten Voraussetzungen für den Brennraum nach Abb. 4.1 abgeleitet nach dem Kurbelwinkel φ wie folgt anschreiben:

$$-p\frac{dV}{d\varphi} + \frac{dQ_B}{d\varphi} - \frac{dQ_W}{d\varphi} + h_E\frac{dm_E}{d\varphi} - h_A\frac{dm_A}{d\varphi} - h_A\frac{dm_{Leck}}{d\varphi} = \frac{dU}{d\varphi}. \qquad (4.3)$$

Der erste Term der linken Seite, $p\,dV/d\varphi$, steht für die abgegebene technische Arbeit in Form der Volumänderungsarbeit, die sich als Produkt aus dem momentanen Zylinderdruck und der Änderung des Zylindervolumens ergibt. Zur Berechnung des Zylindervolumens und dessen Ableitung als Funktion des Kurbelwinkels siehe Anhang B. Die nächsten beiden Terme stellen in ihrer Summe den sogenannten Heizverlauf dar, die dem System zugeführte Wärme. Diese setzt sich zusammen aus der freigesetzten Brennstoffwärme, dem Brennverlauf $dQ_B/d\varphi$, der Gegenstand von Abschn. 4.2.4 ist, sowie der abgeführten Wandwärme $dQ_W/d\varphi$, die in Abschn. 4.2.5 besprochen wird. Die nächsten drei Terme stellen die Enthalpieströme von ein- und ausströmender Masse sowie der Leckage dar. Auf der rechten Seite der Energiegleichung findet sich die Änderung der inneren Energie im Brennraum $dU/d\varphi$. Die Bestimmung der Zustandsgrößen Enthalpie und innere Energie wird in Abschn. 4.2.3 erläutert.

Zustandsgleichung

Voraussetzungsgemäß gilt für das Arbeitsgas im Brennraum die thermische Zustandsgleichung (1.33) für ideale Gase: $pV = mRT$. Für die Ableitung dieser Gleichung nach dem Kurbelwinkel folgt unter Berücksichtigung der Abhängigkeit der Gaskonstanten des Gemischs von dessen momentaner Zusammensetzung:

$$p\frac{dV}{d\varphi} + V\frac{dp}{d\varphi} = mR\frac{dT}{d\varphi} + mT\frac{dR}{d\varphi} + RT\frac{dm}{d\varphi}. \tag{4.4}$$

Die Gln. (4.1) bzw. (4.2) bis (4.4) stehen grundsätzlich für die Berechnung des Systems Brennraum zur Verfügung. Durch entsprechende Annahmen in der Modellierung sind die Terme dieser drei Gleichungen durch eine möglichst geringe Zahl von Unbekannten auszudrücken. Zusätzlich ist zu beachten, dass zur eindeutigen Lösbarkeit für jede Differentialgleichung eine Anfangsbedingung erforderlich ist, d. h., zu einem bestimmten Kurbelwinkel müssen die Werte aller Variablen bekannt sein. Wie die folgenden Abschnitte zeigen werden, ist im Einzonenmodell mit folgenden Unbekannten zu rechnen: der Zustand des Arbeitsgases (festgelegt durch die Verläufe von Temperatur T und Druck p), die momentane Zusammensetzung des Arbeitsgases (charakterisiert durch das Luftverhältnis λ) sowie die umgesetzte Brennstoffwärme dQ_B. Als wichtigste Anfangsbedingung der Motorprozessrechnung sind die Arbeitsgasmasse m, deren Zusammensetzung und deren Zustand zu einem bestimmten Kurbelwinkel, gewöhnlich zu Einlassschluss, anzugeben.

Ist eine dieser vier Variablen bekannt, können die anderen drei berechnet werden. Bei der **Analyse** ausgeführter Motoren wird der gemessene Zylinderdruckverlauf vorgegeben. Damit können die anderen Größen bestimmt werden, wobei insbesondere der Brennverlauf von Interesse ist, der Aufschluss über verbrennungsspezifische Parameter wie Beginn, Dauer, Verlauf und Geschwindigkeit der Verbrennung liefert. Die Analyse der Verluste des realen Motorprozesses gegenüber dem Idealprozess zeigt Vor- und Nachteile des Motors sowie dessen Potential für Verbesserungen auf (vgl. Kap. 6). Für die **Simulation** ist der Brennverlauf vorzugeben, was mittels eines Ersatzbrennverlaufs oder mit Hilfe einer Verbrennungssimulation geschieht. Daraus folgen die Verläufe von Druck, Temperatur und Massenzusammensetzung im Brennraum, womit Aussagen über die zu erwartende indizierte Arbeit, den Verbrauch usw. möglich werden, was insbesondere für die Entwicklung von Bedeutung ist (vgl. Kap. 7).

4.2.3 Zustandsgrößen des Arbeitsgases

Das Arbeitsgas im Brennraum wird vereinbarungsgemäß als **homogenes Gemisch idealer Gase** mit den Komponenten Frischluft, verbranntes Gas und bei gemischansaugenden Motoren frischer Kraftstoffdampf betrachtet. Während für ein ideales Gas jeder Zustand durch zwei unabhängige thermodynamische Zustandsgrößen festgelegt ist, etwa durch Temperatur T und Druck p, muss bei einem Gemisch idealer Gase zusätzlich dessen Zusammensetzung bekannt sein, um die kalorischen Zustandsgrößen berechnen zu können. Dementsprechend ist die Zusammensetzung des Arbeitsgases während des Arbeitsspiels als unabhängige Variable der Motorprozessrechnung anzusehen.

Bei der Berechnung der Zustandsgrößen des Arbeitsgases sind die in den voranstehenden Kapiteln besprochenen Grundlagen zu beachten. Für ideale Gase sind die kalorischen Zustandsgrößen reine Temperaturfunktionen. Bei Berücksichtigung des chemischen Gleichgewichts eines reagierenden Gasgemischs ist die **Gaszusammensetzung**, die durch das momentane Luftverhältnis charakterisiert wird, allerdings zusätzlich vom Druck abhängig, so dass die Stoffgrößen über die Mischungsregeln auch eine Druckabhängigkeit aufweisen.

Für das Verbrennungsgas als ideales Gasgemisch können die Stoffgrößen und deren Ableitungen für chemisches Gleichgewicht unter Berücksichtigung der Dissoziation aus dem Massenwirkungsgesetz, den Stoffbilanzgleichungen und dem Gesetz von Dalton in Abhängigkeit von den Eingabegrößen Temperatur T, Druck p und Luftverhältnis λ in entsprechenden **Stoffgrößenprogrammen** berechnet werden. Berechnungen nach De Jaegher [4.27], deren Ergebnisse in den Tabellen und Abbildungen im Anhang enthalten sind, erfolgten für die Verbrennung eines Kohlenwasserstoffs mit einem Atomverhältnis von $C:H = 1:2$ unter Berücksichtigung von 19 Reaktionskomponenten in einem Temperaturbereich von 298 K bis 4000 K für Drücke zwischen 1 bar und 200 bar und für einen Luftverhältnisbereich von 0,6 bis 10^6 (entspricht reiner Luft). Unter 1500 K wurde das Einfrieren des chemischen Gleichgewichts angenommen, d. h., die Gaszusammensetzung ändert sich nicht mehr.

4.2.3.1 Gaszusammensetzung und Luftverhältnis

Neben der besonderen Bedeutung des Luftverhältnisses λ für eine ganze Reihe von Parametern des Motorprozesses soll diese Größe in der Folge auch zur Charakterisierung der Zusammensetzung des Arbeitsgases herangezogen werden. Nach DIN 1940 [3.1] ist das Luftverhältnis λ definiert als Verhältnis der für die Verbrennung einer Mengeneinheit des zugeführten Kraftstoffs zugeführten Luftmenge m_L zu der für die vollkommene Verbrennung erforderlichen Mindestluftmenge $m_{L,st}$. In Übereinstimmung mit Gl. (2.11) gilt somit:

$$\lambda = \frac{m_L}{m_{L,st}} = \frac{m_L}{L_{st} m_B}. \tag{4.5}$$

Das Luftverhältnis ist mit den tatsächlich zugeführten Mengen an Luft m_L und Brennstoff m_B zu bilden, die in der Regel am Motorprüfstand gemessen werden. Es ist zu beachten, dass dabei der (innere) Restgasgehalt nicht berücksichtigt wird und die zugeführte Luftmenge auch die während des Ladungswechsels direkt in den Auspuff strömenden Spülverluste beinhaltet.

Neben diesem Luftverhältnis λ, das für einen bestimmten Betriebspunkt einen konstanten Wert darstellt, wird das momentan tatsächlich im Brennraum herrschende Luftverhältnis als Verbrennungsluftverhältnis λ_V bezeichnet. Es kennzeichnet die Zusammensetzung der gesamten Ladungsmasse und kann sich während des Arbeitsspiels verändern. Zusätzlich wird noch ein Luftverhältnis des Verbrennungsgases λ_{VG} eingeführt, das zur Berechnung der Stoffgrößen der Ladung herangezogen wird.

Verbrennungsluftverhältnis

Um die tatsächliche Zusammensetzung des Arbeitsgases im Brennraum zu bestimmen, wird das so genannte Verbrennungsluftverhältnis λ_V definiert. Nach DIN 1940 ist dieses das Verhältnis der im Zylinder eingeschlossenen Luftmenge zu der zur Verbrennung der zugeführten Kraftstoffmenge erforderlichen Mindestluftmenge. Das Verbrennungsluftverhältnis λ_V stellt im Gegensatz zum obigen Luftverhältnis λ einen Momentanwert dar, der sich mit dem Kurbelwinkel ändern kann, wie dies beim luftansaugenden Motor der Fall ist. In die Definitionsgleichung (4.5) sind die aktuell im Brennraum enthaltenen Massen an Luft m_L und Brennstoff m_B einzusetzen. Diese stellen zunächst zwei weitere Unbekannte in der Motorprozessrechnung dar.

Denkt man sich die gesamte Arbeitsgasmasse m im Brennraum in Luft und Brennstoff aufgeteilt vor, so gilt:

$$m = m_L + m_B. \tag{4.6}$$

Eliminiert man m_L aus (4.5) und (4.6), erhält man:

$$m = (1 + \lambda_V L_{st}) m_B. \tag{4.7}$$

Wie vereinfachend vorausgesetzt, wird die Verbrennung durch die Zufuhr der Brennstoffwärme dQ_B modelliert. Diese ist über den Heizwert H_u direkt der umgesetzten Brennstoffmasse dm_B proportional, so dass man als weitere Gleichung erhält:

$$\frac{dm_B}{d\varphi} = \frac{1}{H_u} \frac{dQ_B}{d\varphi}. \tag{4.8}$$

Für die ab Verbrennungsbeginn φ_{VB} bis zu einem bestimmten Kurbelwinkel φ insgesamt verbrannte Kraftstoffmasse $m_B(\varphi)$ folgt daraus:

$$m_B(\varphi) = \frac{1}{H_u} \int_{\varphi_{VB}}^{\varphi} dQ_B \tag{4.9}$$

Den weiteren Überlegungen ist eine detaillierte Betrachtung der möglichen **Zusammensetzungen des Arbeitsgases** im Brennraum dienlich, wobei zwischen luft- und gemischansaugenden Motoren zu unterscheiden ist. Leckage und etwaige Ölanteile sollen hierbei nicht berücksichtigt werden. Der Index u kennzeichnet im Folgenden den unverbrannten oder frischen Zustand (von Luft oder Brennstoff), der Index v steht für den verbrannten Zustand.

Bei Luftansaugung setzt sich die gesamte Arbeitsgasmasse m zu **Einlassschluss** aus der Restgasmasse m_{RG}, die auch den von einer eventuellen Abgasrückführung stammenden Masseanteil m_{AGR} beinhalten soll, und der (unverbrannten) Frischluftmasse m_{Lu} zusammen (vgl. Abb. 4.2a). Bei Gemischansaugung ist zusätzlich die enthaltene unverbrannte Brennstoffmasse m_{Bu} zu berücksichtigen, die bei Gas- und Benzin-Ottomotoren als gasförmig bzw. vollständig verdampft angesehen wird (vgl. Abb. 4.2b).

Wie erwähnt sind als **Anfangsbedingungen** der Motorprozessrechnung die Masse des Arbeitsgases m und dessen Zusammensetzung bei Einlassschluss vorzugeben. Diese Größen müssen unter

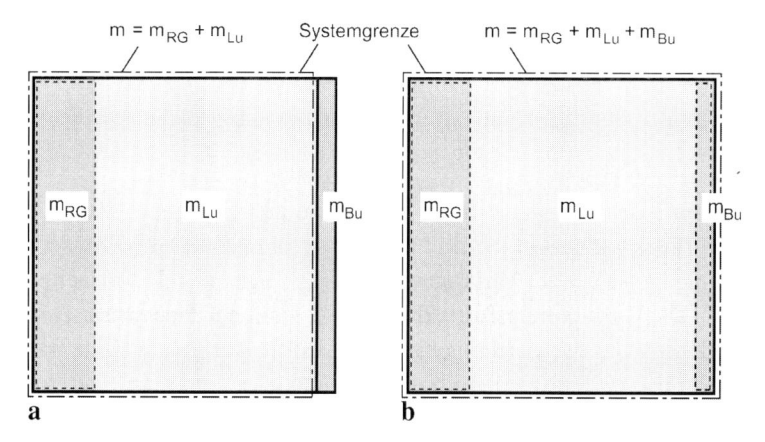

Abb. 4.2. Massenzusammensetzung im Brennraum bei Einlassschluss: **a** bei Luftansaugung, **b** bei Gemischansaugung

4.2 Nulldimensionale Modellierung

Berücksichtigung von Restgas und Spülverlusten aus der Berechnung von Ladungswechsel und Spülung bestimmt werden (vgl. Abschn. 4.2.6) oder durch Erfahrungswerte bezüglich Restgasgehalt und Spülgrad aus der Messung der zugeführten Mengen abgeschätzt werden.

Während der Verbrennung wird ein nach Gl. (4.8) dem Brennverlauf proportionaler Anteil der Brennstoffmasse umgesetzt. Der Brennstoff erfährt eine chemische Umwandlung vom unverbrannten gasförmigen Zustand m_{Bu} in den verbrannten Zustand m_{Bv}, was zu einer Änderung der Stoffeigenschaften führt. Nur bei Gemischansaugung ist der unverbrannte Kraftstoff m_{Bu} Teil des Systems Brennraum, bei Luftansaugung wird der Kraftstoff wie vereinbart unmittelbar bei der Einspritzung umgesetzt. Für die Zunahme der verbrannten Brennstoffmasse m_{Bv} gilt aus Gründen der Massenerhaltung und mit Gl. (4.8):

für **luftansaugende** Motoren

$$\frac{dm_{Bv}}{d\varphi} = \frac{1}{H_u}\frac{dQ_B}{d\varphi}; \tag{4.10}$$

für **gemischansaugende** Motoren

$$\frac{dm_{Bv}}{d\varphi} = \frac{1}{H_u}\frac{dQ_B}{d\varphi} = -\frac{dm_{Bu}}{d\varphi}. \tag{4.11}$$

An der Verbrennung ist überdies ein dem Luftverhältnis der Verbrennung entsprechender Anteil an Frischluft m_{Lu} beteiligt, der chemisch reagiert, für die weitere Rechnung aber als verbrannte Luftmasse m_{Lv} bezeichnet wird:

$$-\frac{dm_{Lu}}{d\varphi} = \frac{dm_{Lv}}{d\varphi}. \tag{4.12}$$

Das **Restgas** wird als inertes Gas behandelt, dessen Masse und Zusammensetzung sich während der Verbrennung nicht ändern, jedoch stellt man sich zur Bestimmung des Verbrennungsluftverhältnisses λ_V die Restgasmasse m_{RG} in ihre Anteile an Luft $m_{L,RG}$ und Brennstoff $m_{B,RG}$ zerlegt vor.

Während der **Verbrennung** setzt sich somit die gesamte Arbeitsgasmasse m bei Luftansaugung zusammen aus der konstanten Restgasmasse m_{RG}, die aus der Verbrennung der Brennstoffmasse $m_{B,RG}$ mit der Luftmasse $m_{L,RG}$ entstanden ist, der verbleibenden abnehmenden unverbrannten Frischluftmasse m_{Lu} und den zunehmenden Massen an verbranntem Brennstoff m_{Bv} sowie der zugehörigen verbrannten Luft m_{Lv} (vgl. Abb. 4.3a). Aus Gründen der Massenerhaltung bleibt

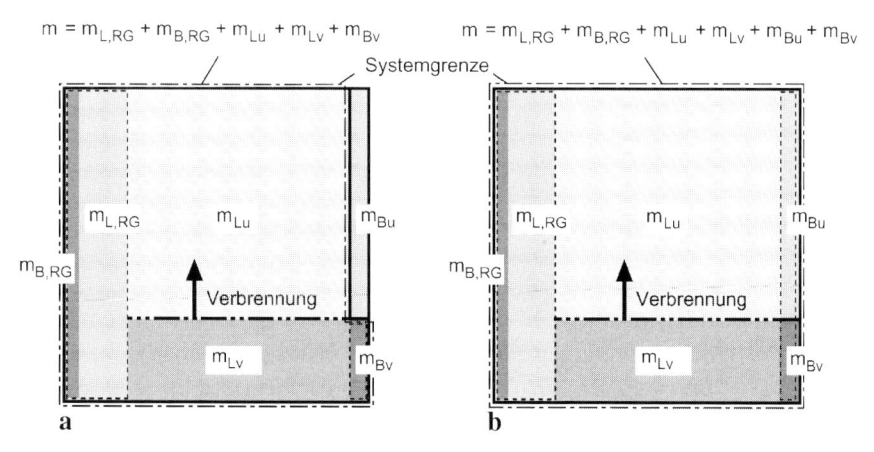

Abb. 4.3. Massenzusammensetzung im Brennraum während der Verbrennung: **a** bei Luftansaugung, **b** bei Gemischansaugung

natürlich die aus frischen und verbrannten Anteilen bestehende Luftmasse insgesamt im Hochdruckteil konstant. Bei Gemischansaugung ist zusätzlich die verbleibende abnehmende unverbrannte Brennstoffmasse m_{Bu} zu berücksichtigen (vgl. Abb. 4.3b).

Das Verbrennungsluftverhältnis λ_V lässt sich nunmehr berechnen, indem man in Gl. (4.5) die gesamten im Brennraum vorhandenen Massen an Luft und Brennstoff einsetzt.

Für **luftansaugende** Motoren, bei denen der Kraftstoff direkt eingespritzt wird, besteht unter der Annahme, dass der Kraftstoff sofort verdampft und verbrennt, die gesamte Brennstoffmasse $m_{B,ges}$ im Brennraum aus der im Restgas enthaltenen verbrannten Kraftstoffmasse $m_{B,RG}$ sowie der im Arbeitsspiel momentan verbrannte Kraftstoffmasse m_{Bv}. Die Luftmasse $m_{L,ges}$ setzt sich aus der im Restgas enthaltenen verbrannten Luftmasse $m_{L,RG}$ und den veränderlichen Massen an verbleibender Frischluft m_{Lu} und bereits verbrannter Luft m_{Lv} zusammen. Für das Verbrennungsluftverhältnis gilt somit:

$$\lambda_V = \frac{m_{L,ges}}{L_{st} m_{B,ges}} = \frac{m_{L,RG} + m_{Lu} + m_{Lv}}{L_{st}(m_{B,RG} + m_{Bv})}. \tag{4.13}$$

Für die in der Motorprozessrechnung benötigte Ableitung des Luftverhältnisses nach dem Kurbelwinkel erhält man den Ausdruck:

$$\frac{d\lambda_V}{d\varphi} = -\lambda_V \frac{1}{m_{B,RG} + m_{Bv}} \frac{dm_{Bv}}{d\varphi}. \tag{4.14}$$

Bei **gemischansaugenden** Motoren besteht der Unterschied darin, dass sich die gesamte gas- oder dampfförmig angenommene unverbrannte Brennstoffmasse m_{Bu} zusätzlich im Brennraum befindet. Das System Brennraum ist während des Hochdruckteils geschlossen und enthält immer dieselben Mengen an Luft und Brennstoff, so dass sich das Verbrennungsluftverhältnis im Brennraum nicht ändert. Überdies wird angenommen, dass die Verbrennung des Gemischs mit dem Verbrennungsluftverhältnis erfolgt und dass sowohl das frische Gemisch aus Luft und Brennstoff wie auch die verbrannten Gase und das Restgas stets dieses Luftverhältnis aufweisen. Für das konstante Verbrennungsluftverhältnis λ_V und dessen Ableitung nach dem Kurbelwinkel gelten somit die Gleichungen:

$$\lambda_V = \frac{m_{L,ges}}{L_{st} m_{B,ges}} = \frac{m_{L,RG} + m_{Lu} + m_{Lv}}{L_{st}(m_{B,RG} + m_{Bu} + m_{Bv})} = \frac{m - m_{B,ges}}{L_{st} m_{B,ges}} = \text{konst.}, \tag{4.15}$$

$$d\lambda_V/d\varphi = 0. \tag{4.16}$$

Das Verbrennungsluftverhältnis λ_V charakterisiert die momentane Zusammensetzung des Arbeitsgases. Es kann allerdings für die Berechnung der Stoffgrößen bei gemischansaugenden Motoren nicht herangezogen werden, weil in der gesamten Brennstoffmasse sowohl die unverbrannte wie auch die verbrannte Kraftstoffmasse enthalten sind und diese wegen ihrer sehr unterschiedlichen Eigenschaften nicht als eine einzige homogene Komponente behandelt werden dürfen. Aus diesem Grund wird ein Luftverhältnis des Verbrennungsgases definiert.

Luftverhältnis des Verbrennungsgases

Die Berechnung der Stoffgrößen des Verbrennungsgases hat nach den Mischungsregeln für ideale Gasgemische zu erfolgen (vgl. Abschn. 1.3.3). Entsprechend der Vorgehensweise im verwendeten Stoffgrößenprogramm von De Jaegher [4.27] werden im Folgenden die unverbrannte Frischluft m_{Lu}, das Restgas m_{RG} und die aktuell verbrannten Massen an Luft m_{Lv} und Brennstoff m_{Bv} zu einer einzigen homogenen Komponente zusammengefasst, zum **fiktiven Verbrennungsgas** m_{VG}.

4.2 Nulldimensionale Modellierung

Dies bietet in der Berechnung der Stoffgrößen sowie in der Prozessrechnung im Allgemeinen den Vorteil, dass anstelle von mehreren Massentermen nur ein einziger vorkommt, was einerseits zu einer erheblichen Reduktion der partiellen Ableitungen führt und andererseits die Berechnung der Stoffgrößen für eine einzige homogene Komponente erlaubt, anstatt mehrere Komponenten nach den Mischungsregeln idealer Gase berücksichtigen zu müssen. Untersuchungen haben gezeigt, dass es selbst bei sehr hoher Rechengenauigkeit gleichwertig ist, ob die Stoffgrößen für eine ideale Gasmischung aus Restgas, Frischluft und verbranntem Gas bestimmt werden oder ob eine homogene Mischung dieser Komponenten zu einem Verbrennungsgas mit denselben Anteilen an Luft und verbranntem Kraftstoff angenommen wird und dafür die Stoffgrößen ermittelt werden [4.91]. Dies gilt allerdings nicht für den Luftmangelbereich.

Die Berechnung der Stoffgrößen kann somit für das fiktive Verbrennungsgas erfolgen. Bei gemischansaugenden Motoren ist der noch unverbrannte Brennstoff m_{Bu} aufgrund seiner abweichenden Eigenschaften als separate Komponente nach den Mischungsregeln für ideale Gase zu berücksichtigen.

Zur Charakterisierung des fiktiven Verbrennungsgases im Arbeitsraum wird das Luftverhältnis des Verbrennungsgases λ_{VG} definiert, das sich aus dem Quotienten aller im Brennraum vorhandenen Luftmassen zu allen an einer Verbrennung teilgenommenen Brennstoffmassen berechnet.

Die gesamte Luftmasse $m_{L,ges}$ bleibt gleich und setzt sich aus der im Restgas enthaltenen verbrannten Luftmasse $m_{L,RG}$ und den variablen Massen an verbleibender Frischluft m_{Lu} und bereits verbrannter Luft m_{Lv} zusammen. Die gesamten an einer Verbrennung teilgenommenen Brennstoffmassen bestehen aus der im Restgas enthaltenen verbrannten Kraftstoffmasse $m_{B,RG}$ sowie der im Arbeitsspiel momentan verbrannten Kraftstoffmasse m_{Bv} (vgl. Abb. 4.4).

Für das Luftverhältnis des Verbrennungsgases λ_{VG} gilt:

$$\lambda_{VG} = \frac{m_{L,ges}}{L_{st}(m_{B,RG} + m_{Bv})} = \frac{m_{L,RG} + m_{Lu} + m_{Lv}}{L_{st}(m_{B,RG} + m_{Bv})}. \quad (4.17)$$

Für die in der Motorprozessrechnung benötigte Ableitung des Luftverhältnisses nach dem Kurbelwinkel erhält man den Ausdruck:

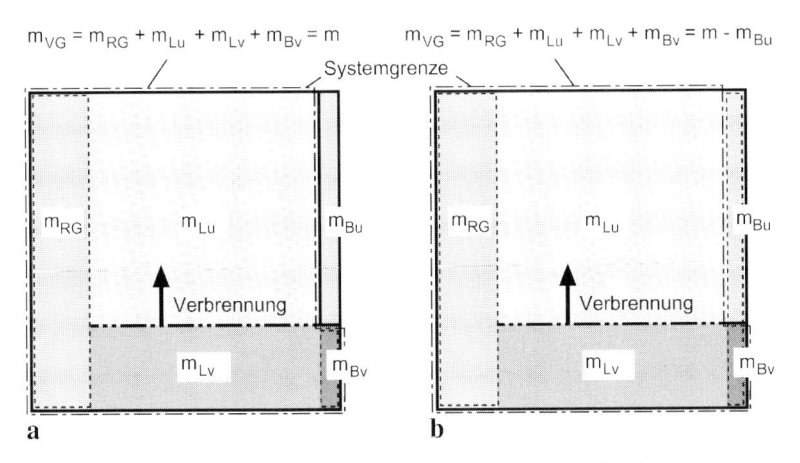

$$\frac{d\lambda_{VG}}{d\varphi} = -\lambda_{VG} \frac{1}{m_{B,RG} + m_{Bv}} \frac{dm_{Bv}}{d\varphi}. \quad (4.18)$$

Abb. 4.4. Fiktives Verbrennungsgas: **a** bei Luftansaugung, **b** bei Gemischansaugung

Unter Beachtung der Gln. (4.10) und (4.9) sind damit das Luftverhältnis des Verbrennungsgases λ_{VG} sowie dessen Ableitung als Funktion des Kurbelwinkels für luft- wie gemischansaugende Motoren festgelegt, womit die Voraussetzungen für die einfache Berechnung der Stoffgrößen des Arbeitsgases geschaffen sind. Alle Überlegungen zum Verbrennungsgas gelten in gleicher Weise für luftansaugende wie auch für gemischansaugende Motoren, wobei sich im ersten Fall der noch nicht verbrannte Kraftstoff in flüssiger Form außerhalb des Systems, im zweiten Fall als separate Komponente gasförmig innerhalb des Systems befindet (vgl. Abb. 4.4).

Bei luftansaugenden Motoren, bei denen der Kraftstoff direkt eingespritzt wird, ist unter der Annahme, dass der Kraftstoff sofort verdampft und verbrennt, das Luftverhältnis des Verbrennungsgases λ_{VG} zu jedem Zeitpunkt ident mit dem Verbrennungsluftverhältnis λ_V, die Gesamtmasse im Brennraum m stimmt mit der Verbrennungsgasmasse m_{VG} überein. Bei gemischansaugenden Motoren beinhaltet die Gesamtmasse im Brennraum m neben der Verbrennungsgasmasse m_{VG} noch die unverbrannte Brennstoffmasse m_{Bu}, zur Berechnung der Stoffgrößen ist eine ideale Gasmischung aus diesen beiden Komponenten anzusetzen.

Zum **Verlauf** des Luftverhältnisses λ_{VG} kann gesagt werden, dass es bei Einlassschluss ES seinen höchsten Wert aufweist. Dieser folgt aus dem Restgasgehalt und der angesaugten Frischluftmasse und bleibt bis Verbrennungsbeginn VB unverändert:

$$\lambda_{VG,VB} = \frac{m_{L,RG} + m_{Lu}}{L_{st} m_{B,RG}}. \tag{4.19}$$

Ab Verbrennungsbeginn VB sinkt das Luftverhältnis des Verbrennungsgases infolge der umgesetzten Brennstoffmasse entsprechend Gl. (4.17), bis es bei Verbrennungsende VE, wenn die gesamte Brennstoffmasse $m_{Bv,ges}$ umgesetzt worden ist, sein Minimum erreicht (vgl. Abb. 4.5):

$$\lambda_{VG,VE} = \frac{m_{L,ges}}{L_{st}(m_{B,RG} + m_{Bv,ges})} = \frac{m - (m_{B,RG} + m_{Bv,ges})}{L_{st}(m_{B,RG} + m_{Bv,ges})}. \tag{4.20}$$

Auch während des Ladungswechsels verändert sich das Luftverhältnis. Beim Viertaktzyklus kann von gleichbleibender Gaszusammensetzung während des Ausschiebens ausgegangen werden, beim Ansaugen von Frischladung vergrößert sich das Luftverhältnis wieder bis zum Wert $\lambda_{VG,VB}$.

Obwohl das Gasgemisch im Brennraum sehr inhomogen sein kann und lokal Luftverhältnisse von null (reiner Kraftstoff) bis unendlich (reine Luft) vorkommen können, werden die energetischen Abläufe des Motorprozesses durch die hier beschriebenen örtlich gemittelten Luftverhältnisse

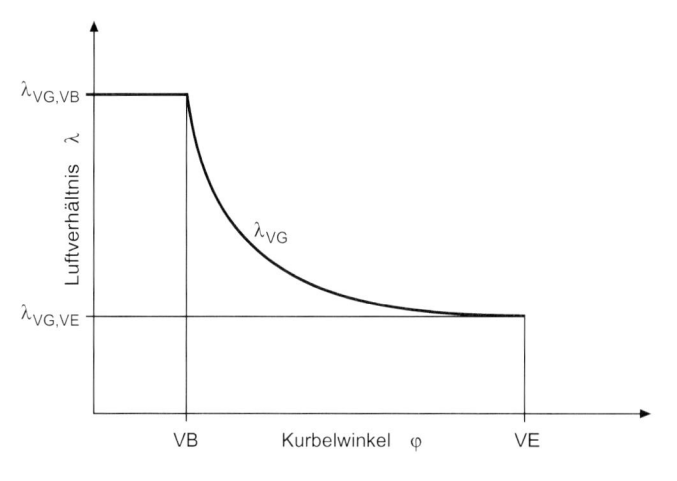

Abb. 4.5. Verlauf des Luftverhältnisses des Verbrennungsgases

sehr gut wiedergegeben. Wie erwähnt gelten die Überlegungen des Einzonenmodells nicht für den Luftmangelbereich bei $\lambda < 1$, in dem zur Berücksichtigung der chemischen Energie des unverbrannten Kraftstoffs mit einem Zweizonenmodell gerechnet werden muss (vgl. Abschn. 4.2.8).

4.2.3.2 Gaskonstante

In der realen Motorprozessrechnung ist zu berücksichtigen, dass sich die Stoffgrößen des Arbeitsgases mit dessen Zustand und Zusammensetzung ständig ändern.

Anstatt die kurbelwinkelabhängigen Stoffgrößen des Arbeitsgases nach den **Mischungsregeln** für ideale Gase aus den Komponenten Restgas, unverbrannter Frischluft, unverbranntem Kraftstoff bei Gemischansaugung und den verbrannten Anteilen an Luft und Brennstoff zu berechnen, was insbesondere bei der Ableitung zu komplizierten Ausdrücken führt, können wie oben dargelegt alle Luftmassen und alle umgesetzten Kraftstoffmassen zu einem fiktiven Verbrennungsgas mit dem entsprechenden Luftverhältnis λ_{VG} zusammengefasst werden. In dem verwendeten Stoffgrößenprogramm werden die Stoffeigenschaften auf der Basis dieses Luftverhältnisses des Verbrennungsgases bestimmt.

Für **luftansaugende** Motoren ist das fiktive Verbrennungsgas mit dem Arbeitsgas ident, alle Stoffeigenschaften lassen sich in Abhängigkeit von Temperatur T, Druck p sowie vom Luftverhältnis λ_{VG} des Verbrennungsgases direkt berechnen. Für die Gaskonstante und deren Ableitung folgt:

$$R = R_{VG} = R_{VG}(T, p, \lambda_{VG}), \tag{4.21}$$

$$\frac{dR}{d\varphi} = \frac{dR_{VG}}{d\varphi} = \left(\frac{\partial R_{VG}}{\partial T}\right)_{p,\lambda_{VG}} \frac{dT}{d\varphi} + \left(\frac{\partial R_{VG}}{\partial p}\right)_{T,\lambda_{VG}} \frac{dp}{d\varphi} + \left(\frac{\partial R_{VG}}{\partial \lambda_{VG}}\right)_{p,T} \frac{d\lambda_{VG}}{d\varphi}. \tag{4.22}$$

Zahlenwerte für die Gaskonstante und deren Ableitungen sind in Abhängigkeit von T, p und λ_{VG} den Abb. A.3 bis A.29 sowie Tabelle A.11 im Anhang zu entnehmen. Die Abb. A.8 und A.9 zeigen, dass die Gaskonstante des Verbrennungsgases vom Luftverhältnis nur im Bereich $\lambda_{VG} < 1$ und von Temperatur und Druck erst bei $T > 2000$ K beeinflusst wird. Aus den Abb. A.10 bis A.15 mit den Darstellungen der partiellen Ableitungen von R_{VG} nach T, p und λ_{VG} geht weiters hervor, dass lediglich bei Temperaturen über 1800 K die Ableitungen nach T und p sowie bei Luftverhältnissen unter 1,2 die partielle Ableitung nach λ_{VG} merkliche Beeinflussung erfahren. Daraus folgt, dass die Veränderlichkeit der Gaskonstanten bei der Prozessrechnung (zumindest mit dem Einzonenmodell) keine große Rolle spielt und praktisch nur die Temperaturabhängigkeit bei hohen Temperaturen zu berücksichtigen ist.

Bei **gemischansaugenden** Motoren enthält das Arbeitsgas außer dem fiktiven Verbrennungsgas m_{VG} gas- oder dampfförmig angenommene unverbrannte Brennstoffmasse m_{Bu}. Die Stoffgrößen des unverbrannten Kraftstoffs weichen meist erheblich von denen des Verbrennungsgases ab (vgl. etwa die Tabelle A.9 für Benzindampf). Der unverbrannte Brennstoff ist daher als separate Komponente des Arbeitsgases zu behandeln, alle Stoffgrößen des Arbeitsgases sind nach den Mischungsregeln für ideale Gase aus den entsprechenden Werten des Verbrennungsgases und des unverbrannten Brennstoffs zusammenzusetzen. Für die Gaskonstante gilt:

$$R = \frac{m_{VG}}{m} R_{VG} + \frac{m_{Bu}}{m} R_{Bu}. \tag{4.23}$$

Während diese Berechnung für gasförmige Brennstoffe oder Alkohole keine Schwierigkeiten bereitet, sind für Kohlenwasserstoffe zusätzliche Überlegungen erforderlich. Zunächst wird angenommen, dass bei Benzin-Ottomotoren die Kraftstoffmasse auch bei den hohen Temperaturen während der Verbrennungsphase als stabile gasförmige Komponente mit idealem Gasverhalten bestehen bleibt. Da der Masseanteil des Kraftstoffs am Arbeitsgas gering ist und während der Verbrennung zudem rasch abnimmt, können die Fehler infolge dieser in Ermangelung einer besseren Modellierung der chemischen Vorgänge getroffenen Vereinfachung vernachlässigt werden. Die Gaskonstante des Kraftstoffdampfs lässt sich unter dieser Voraussetzung bei bekannter chemischer Zusammensetzung des Kraftstoffs aus der allgemeinen molaren Gaskonstanten $R_m = 8314{,}3\,\text{J/kmol\,K}$ errechnen, wenn die molare Masse des Kraftstoffdampfs M_{Bu} bekannt ist. Bei Wahl eines Wertes von $M_{Bu} = 106{,}06\,\text{kg/kmol}$ [4.78] für den (fiktiven) Benzindampf wird:

$$R_{Bu} = R_m / M_{Bu} = 78{,}39\,\text{J/kg\,K}. \tag{4.24}$$

Für die Gaskonstante des Arbeitsgases bei Gemischansaugung und deren Ableitung folgt:

$$R = \frac{m_{VG}}{m} R_{VG}(p, T, \lambda_{VG}) + \frac{m_{Bu}}{m} R_{Bu}, \tag{4.25}$$

$$\frac{dR}{d\varphi} = \frac{1}{m}\left(m_{VG}\frac{dR_{VG}}{d\varphi} + R_{VG}\frac{dm_{VG}}{d\varphi} + R_{Bu}\frac{dm_{Bu}}{d\varphi} \right). \tag{4.26}$$

Bedenkt man, dass im Hochdruckteil bei Vernachlässigung der Leckage zu jeder Zeit gilt, dass

$$m = m_{VG} + m_{Bu} = \text{konst.}, \tag{4.27}$$

$$\frac{dm}{d\varphi} = \frac{dm_{VG}}{d\varphi} + \frac{dm_{Bu}}{d\varphi} = 0, \tag{4.28}$$

erhält man durch Substitution von m_{VG} und dm_{VG} für die Ableitung der Gaskonstanten

$$\frac{dR}{d\varphi} = \frac{1}{m}\left[\frac{dm_{Bu}}{d\varphi}(R_{Bu} - R_{VG}) + (m - m_{Bu})\frac{dR_{VG}}{d\varphi} \right]. \tag{4.29}$$

Unter Beachtung der Zusammenhänge (4.10), (4.21) und (4.22) sind alle Terme der Gln. (4.25) wie (4.29) bekannt und die Gaskonstante des Arbeitsgases sowie deren Ableitung für gemischansaugende Motoren bestimmt.

4.2.3.3 Innere Energie

Auf der rechten Seite des Energiesatzes (4.3) ist die Änderung der inneren Energie im Brennraum über dem Kurbelwinkel einzusetzen. Für die innere Energie U des Arbeitsgases und deren Ableitung gilt, wenn u die spezifische innere Energie bedeutet:

$$U = mu, \tag{4.30}$$

$$\frac{dU}{d\varphi} = m\frac{du}{d\varphi} + u\frac{dm}{d\varphi}. \tag{4.31}$$

Beim **luftansaugenden** Motor sind die spezifische innere Energie und deren Ableitungen wieder direkt in Abhängigkeit von Druck p, Temperatur T und Luftverhältnis λ_{VG} den Abbildungen im Anhang oder entsprechenden Stoffgrößenprogrammen zu entnehmen, wenn das Arbeitsgas als fiktives Verbrennungsgas mit dem entsprechenden momentanen Luftverhältnis λ_{VG} betrachtet wird. Für die spezifische innere Energie und deren Ableitung gelten die Gleichungen

$$u = u_{VG} = u_{VG}(p, T, \lambda_{VG}), \tag{4.32}$$

$$\frac{du}{d\varphi} = \frac{du_{VG}}{d\varphi} = \left(\frac{\partial u_{VG}}{\partial T}\right)_{p, \lambda_{VG}}\frac{dT}{d\varphi} + \left(\frac{\partial u_{VG}}{\partial p}\right)_{T, \lambda_{VG}}\frac{dp}{d\varphi} + \left(\frac{\partial u_{VG}}{\partial \lambda_{VG}}\right)_{p, T}\frac{d\lambda_{VG}}{d\varphi}. \tag{4.33}$$

4.2 Nulldimensionale Modellierung

Aus den Abb. A.16 und A.17 geht hervor, dass die Abhängigkeit der inneren Energie u von der Temperatur groß ist, wobei diese bei Temperaturen über 2000 K durch die Dissoziation noch verstärkt wird. Weiters ist ersichtlich, dass das Luftverhältnis λ_{VG} bei Werten über 1 einen geringen, bei Werten unter 1 aber einen großen Einfluss hat. Die Abhängigkeit vom Druck, der indirekt über die Beeinflussung der chemischen Zusammensetzung auf die Stoffgrößen wirkt, ist gering. Nähere Angaben über die drei partiellen Ableitungen finden sich im Anhang unter den Abb. A.20 bis A.25.

Beim **gemischansaugenden** Motor kann die innere Energie der gesamten Zylinderladung wieder nach den Mischungsregeln für ideale Gase aus den inneren Energien des fiktiven Verbrennungsgases und des unverbrannten Kraftstoffs berechnet werden:

$$U = m_{VG} u_{VG} + m_{Bu} u_{Bu}. \tag{4.34}$$

Für die Ableitung nach dem Kurbelwinkel gilt:

$$\frac{dU}{d\varphi} = m_{VG} \frac{du_{VG}}{d\varphi} + u_{VG} \frac{dm_{VG}}{d\varphi} + m_{Bu} \frac{du_{Bu}}{d\varphi} + u_{Bu} \frac{dm_{Bu}}{d\varphi}. \tag{4.35}$$

Darin können die spezifische innere Energie des Verbrennungsgases und deren Ableitungen gemäß Gln. (4.32) und (4.33) direkt aus den Tabellen im Anhang oder aus entsprechenden Stoffgrößenprogrammen entnommen werden.

Für den Kraftstoff gilt wie zuvor stabiles ideales Gasverhalten, so dass für die Änderung der inneren Energie $du_{Bu}/d\varphi$ unter Verwendung der nur von der Temperatur abhängigen spezifischen Wärmekapazität bei konstantem Volumen $c_{v,B}$ geschrieben werden kann:

$$\frac{du_{Bu}}{d\varphi} = c_{v,B}(T) \frac{dT}{d\varphi}. \tag{4.36}$$

Durch Integration von Gl. (4.36) zwischen den Temperaturen $T_0 = 298$ K und T ergibt sich sodann für die innere Energie des Brennstoffs:

$$u_{Bu} = \int_{T_0}^{T} c_{v,B} \, dT. \tag{4.37}$$

In Tabelle A.9 sowie in Abb. 2.7 ist der Verlauf der spezifischen Wärmekapazität für Benzindampf bei konstantem Druck $c_{p,B}$ als Funktion der Temperatur dargestellt. Für die Verarbeitung am Computer besser geeignet sind Polynome, wie sie z. B. bei Pflaum [4.78] zu finden sind. Dabei gilt für Benzindampf als angenommene stabile gasförmige Komponente im Bereich von 300 bis 1200 K:

$$c_{p,B} = 0{,}03948(-4{,}3248 + 0{,}176T - 1{,}0161 \cdot 10^{-4} T^2 \\ + 2{,}337 \cdot 10^{-8} T^3) 10^3 \quad [\text{J/kg K}].$$

Für den Bereich 1200 bis 2800 K lautet die entsprechende Beziehung:

$$c_{p,B} = 0{,}03948(36{,}861 + 8{,}1629 \cdot 10^{-2} T \\ - 2{,}7761 \cdot 10^{-5} T^2 + 3{,}5055 \cdot 10^{-9} T^3) 10^3 \quad [\text{J/kg K}].$$

Die Umrechnung auf die in den Gleichungen (4.36) und (4.37) benötigte spezifische Wärmekapazität bei konstantem Volumen ist bei idealem Gasverhalten nach Gl. (1.37), $c_v = c_p - R$, in einfacher Weise möglich. Die Änderung der unverbrannten Kraftstoffmasse während der Verbrennung folgt wieder aus Gl. (4.11), $dm_{Bu}/d\varphi = -(1/H_u)(dQ_B/d\varphi)$. Damit sind alle Glieder der Gleichungen (4.34) und (4.35) bekannt, so dass die innere Energie des Arbeitsgases und deren Ableitung bestimmt sind.

4.2.3.4 Enthalpie

Zur Berechnung der Enthalpieströme $\sum_i h_i \, dm_i/d\varphi$ in Gl. (4.3) müssen die spezifischen Enthalpien der strömenden Massen bekannt sein. Für die Rechnung ist es dabei zweckmäßig, die Enthalpie durch die innere Energie gemäß Gl. (1.43) zu ersetzen:

$$h = u + RT.$$

Damit ist die Bestimmung der spezifischen Enthalpien auf die bereits besprochene Berechnung der spezifischen inneren Energie und der Gaskonstanten zurückgeführt.

Als aus dem System Brennraum ausströmende Massen sind das Abgas m_A und die Leckage m_{Leck} zu berücksichtigen. Bezeichnet der Index A den Zustand knapp hinter dem Auslassorgan oder der Drosselstelle, so gilt:

$$h_A \frac{dm_{A,Leck}}{d\varphi} = (u_A + R_A T_A) \frac{dm_{A,Leck}}{d\varphi}. \tag{4.38}$$

Unter der Annahme einer isenthalpen Drosselströmung können in dieser Gleichung anstelle der inneren Energie u_A, der Gaskonstanten R_A und der Gastemperatur T_A die entsprechenden Größen im Zylinder gesetzt werden:

$$h_A \frac{dm_{A,Leck}}{d\varphi} = (u + RT) \frac{dm_{A,Leck}}{d\varphi}. \tag{4.39}$$

Für die einströmenden Massen folgt in analoger Weise, wenn der Index E den Zustand knapp vor dem Einlassorgan kennzeichnet:

$$h_E \frac{dm_E}{d\varphi} = (u_E + R_E T_E) \frac{dm_E}{d\varphi}. \tag{4.40}$$

Eine Erscheinung, die relativ häufig am Beginn oder am Ende der Einlassperiode auftritt, ist ein geringfügiges Rückströmen von Masse in den Einlasskanal. In diesem Fall sind anstelle von u_E, R_E und T_E die entsprechenden, jeweils aktuellen Werte der Zylinderladung zu setzen.

Die Leckage kann wie erwähnt über die Durchflussgleichung und Blow-by-Messungen berechnet werden, die Berechnung der während des Ladungswechsels ein- und ausströmenden Massen wird in Abschn. 4.2.6 erläutert.

Die äußere Energie der strömenden Gase wird in der nulldimensionalen Modellierung meist vernachlässigt. Soll sie dennoch berücksichtigt werden, ist anstelle der Enthalpie die Totalenthalpie einzusetzen.

Für den bei luftansaugenden Motoren eingespritzten flüssigen Brennstoff wird im Allgemeinen kein separater Enthalpieterm im Energiesatz angeführt.

4.2.3.5 Realgasverhalten

Bei hohen Drücken verliert die ideale Gasgleichung ihre Gültigkeit und die kalorischen Zustandsgrößen hängen neben der Temperatur auch vom Druck ab. Die Berücksichtigung des Realgasverhaltens kann mit Hilfe mathematischer Näherungsgleichungen erfolgen, etwa nach Zacharias [4.126] durch Darstellung der Gasgleichung in der Form:

$$\frac{pv}{RT} = Z = Z_{id} + \Delta Z_{Diss} + \Delta Z_{real}. \tag{4.41}$$

4.2 Nulldimensionale Modellierung

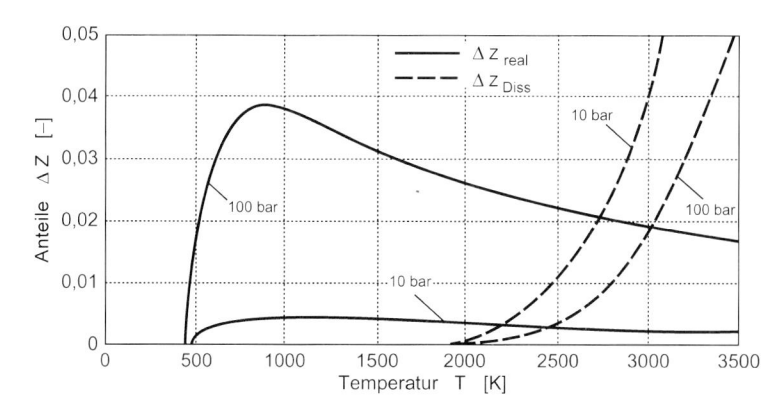

Abb. 4.6. Dissoziationsanteil und Realgasanteil für Verbrennungsgas

Dabei wird der **Realgasfaktor** Z aufgeteilt in einen Idealgasanteil Z_{id} mit dem Zahlenwert 1, einen Dissoziationsanteil ΔZ_{Diss} entsprechend dem chemischen Gleichgewicht sowie einen druckabhängigen Realgasanteil ΔZ_{real}. Bei Anwendung auf das Arbeitsgas werden auch die übrigen kalorischen Zustandsgrößen durch eine analoge Summe von Idealverhalten, Dissoziation und Realgaseigenschaften dargestellt.

Die Anteile von ΔZ_{Diss} und ΔZ_{real} am Realgasfaktor Z für stöchiometrisches Verbrennungsgas zeigt Abb. 4.6 [4.124]. Der Dissoziationsanteil ΔZ_{Diss} wird bei der Behandlung des Arbeitsgases als Gemisch idealer Gase nach dem chemischen Gleichgewicht berücksichtigt, er steigt über 2000 K steil an.

Aus Abb. 4.6 geht hervor, dass bei hohen Drücken und moderaten Temperaturen der druckabhängige Realgasanteil ΔZ_{real} einige Prozent beträgt. Die Berücksichtigung des Realgasverhaltens führt bei hohen Drücken und mittleren Temperaturen, etwa bei der Berechnung aufgeladener Dieselmotoren, zu einem etwas höheren Verdichtungsenddruck, die Auswirkungen auf Temperatur und innere Arbeit sind gering [4.91].

Bei der Quantifizierung des Realgasanteils ΔZ_{real} ist zu bedenken, dass dessen Bestimmung bei dreiatomigen Gasen, wie sie im Verbrennungsgas enthalten sind, einige Schwierigkeiten bereitet und auf schwer überprüfbaren Annahmen beruht. Da für reale Gasgemische das Dalton'sche Gesetz nicht gilt, setzt die Validierung des Realgasfaktors darüber hinaus aufwendige Messungen der Zustandsgrößen des betreffenden Gasgemischs im relevanten Bereich der Parameter Temperatur, Druck und Luftverhältnis voraus. Aus diesen Gründen und weil in der nulldimensionalen Motorprozessrechnung ohnehin eine Reihe vereinfachender Voraussetzungen getroffen werden, wird in der Regel auf eine Berücksichtigung der druckabhängigen Realgaseigenschaften verzichtet.

4.2.4 Brennverlauf

Die komplexen physikalischen und chemischen Vorgänge während der Verbrennung werden in der Motorprozessrechnung voraussetzungsgemäß durch die Zufuhr der Brennstoffwärme Q_B dargestellt. Der zweite Term in der Energiegleichung (4.3), $dQ_B/d\varphi$ in J/°KW, stellt die als Brennverlauf (früher auch: Brenngesetz) bezeichnete Ableitung dieser Wärmeeinbringung nach dem Kurbelwinkel dar. Diese wird nach Gl. (4.10) direkt proportional zur umgesetzten Kraftstoffmasse angesetzt:

$$\frac{dQ_B}{d\varphi} = H_u \frac{dm_{Bv}}{d\varphi}. \tag{4.42}$$

Um einen Vergleich unterschiedlicher Motoren zu erleichtern, wird der Brennverlauf häufig auf das Hubvolumen bezogen und in J/°KW dm³ angegeben oder nach Division durch die gesamte umgesetzte Brennstoffenergie als relativer Brennverlauf in %/°KW dargestellt.

Bei der **Analyse** bestehender Motoren wird der Brennverlauf auf Basis des gemessenen Zylinderdruckverlaufs berechnet. Der berechnete Verlauf der eingebrachten Brennstoffwärme über dem Kurbelwinkel hängt von den Annahmen bezüglich des Wandwärmeübergangs ab und ist daher mit entsprechenden Unsicherheiten behaftet. Der Integralwert des Brennverlaufs entspricht der umgesetzten Brennstoffwärme Q_B und kann über die am Prüfstand gemessene Brennstoffzufuhr oder über eine Energiebilanz geprüft werden (vgl. Abschn. 6.1).

Bei der Optimierung von bestehenden Motoren oder bei der **Simulation** in der Motorenentwicklung müssen für die Prozessrechnung Brennverläufe vorgegeben werden. Diese sind entweder aus der Analyse eines entsprechenden Motors punktweise bekannt, werden durch mathematische Funktionen in Form von Ersatzbrennverläufen angenähert oder mit Hilfe von Modellen zur Verbrennungssimulation direkt berechnet.

Der Brennverlauf wird beeinflusst von der Geometrie des Brennraums, vom Verbrennungsverfahren, von Motorlast, Motordrehzahl, Aufladegrad und Verdichtungsverhältnis. Trotz der Vernachlässigung räumlicher Phänomene ist der Brennverlauf in der nulldimensionalen Modellierung von grundlegender Bedeutung. Beginn, Dauer und Gestalt des Brennverlaufs mit Winkellage und Betrag der maximalen Energieumsetzung haben Auswirkungen auf wichtige Parameter wie inneren Wirkungsgrad und Mitteldruck sowie Maximalwerte und Anstiege von Druck und Temperatur. Dabei stellt der innere Wirkungsgrad ein Maß für die Energieausnützung dar, der innere Mitteldruck ist ein Maß für die erreichbare spezifische Leistung. Während der Spitzendruck für die Ermittlung der Bauteilbeanspruchung benötigt wird, ist die Ableitung des Druckverlaufs u. a. für die Geräuschentwicklung durch die Verbrennung ausschlaggebend. Die Spitzentemperatur bestimmt wesentlich die Entstehung von Stickoxiden.

Bildet man das Verhältnis der bis zu einem Zeitpunkt umgesetzten Brennstoffwärme Q_B, das ist das Integral des Brennverlaufs vom Verbrennungsbeginn φ_{VB} bis zum jeweiligen Kurbelwinkel φ, zur insgesamt eingebrachten Brennstoffwärme $Q_{B,ges}$, erhält man die so genannte **Umsetzrate** x, die den Anteil der umgesetzten Energie darstellt:

$$x(\varphi) = \frac{Q_B(\varphi)}{Q_{B,ges}} = \frac{\int_{\varphi_{VB}}^{\varphi} dQ_B(\varphi)}{m_{B,ges} H_u}. \tag{4.43}$$

4.2.4.1 Ideale Verbrennung

Bei der Berechnung des vollkommenen Motors werden Gleichraumverbrennung (GR-V), Gleichdruckverbrennung (GD-V) oder die kombinierte Verbrennung (GRGD-V) als Idealfälle der Verbrennung angenommen (siehe Abschn. 3.2). Die prinzipiellen Verläufe von Druck, Brennverlauf und Umsetzrate für diese drei Fälle zeigt Abb. 4.7.

In der GR-V wird die gesamte Brennstoffenergie im OT umgesetzt, der Brennverlauf ist ein unendlich dünnes und hohes Rechteck. Bei der GD-V dauert die Verbrennung in den Expansionshub, der Brennverlauf steigt mit einer leichten Krümmung an, wobei die maximale Wärmefreisetzung erst zum Schluss erreicht wird. Die kombinierte Verbrennung setzt sich aus je einem GR und GD Anteil zusammen.

Wie in Kap. 3 ausgeführt, liefert die Gleichraumverbrennung den besten Wirkungsgrad. Der heftige Verbrennungsstoß der GR-V führt aber auch zu den höchsten Absolutwerten sowie

4.2 Nulldimensionale Modellierung 175

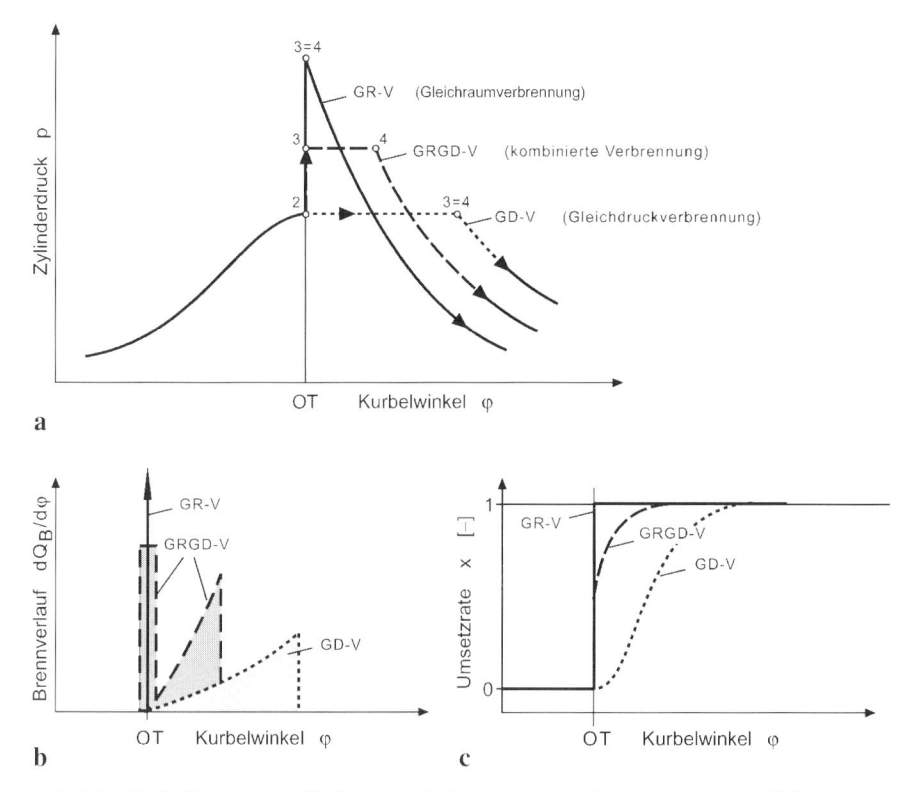

Abb. 4.7. Ideale Verbrennung. Verläufe von Zylinderdruck (**a**), Brennverlauf (**b**) und Umsetzrate (**c**)

Gradienten bei Drücken und Temperaturen und verursacht damit hohe thermische wie mechanische Belastungen. Um möglichst geringe Wandwärmeverluste und Emissionen von Lärm und Stickoxiden zu erhalten, ist eine langsamere Verbrennung erstrebenswert. Die thermodynamischen Verluste, die gegenüber der GR-V dadurch entstehen, dass die Verbrennung verzögert und nicht im OT stattfindet, werden im Gleichraumgrad der Verbrennung quantifiziert (siehe Abschn. 3.7).

4.2.4.2 Ersatzbrennverläufe

Bei der Simulation des Motorprozesses ist die Wärmefreisetzung durch die Verbrennung vorzugeben. Dies kann neben einer punktweisen Vorgabe oder einer direkten Verbrennungssimulation durch sogenannte Ersatzbrennverläufe erfolgen, die den Brennverlauf durch **mathematische Funktionen** annähern.

Wählt man für den Brennverlauf einfache mathematische Funktionen, die eine Variation von Brennbeginn, Brenndauer und Brenngeschwindigkeit erlauben, kann deren Auswirkung auf verschiedene Motorparameter rasch untersucht und beurteilt werden. In frühen prinzipiellen Untersuchungen wurden die Brennverläufe der idealen Verbrennung durch **Dreiecksfunktionen** dargestellt (siehe List [4.68]), wobei die Grundlinie des Dreiecks der Verbrennungsdauer und die Dreieckshöhe der maximalen Energieumsetzung entsprach. Eine Variation von Verbrennungsdauer, Lage und Größe der maximalen Energieumsetzung bei gleichbleibender Dreiecksfläche erlaubte eine grundsätzliche Beurteilung des Einflusses des Brennverlaufs auf motorische und betriebliche

Parameter. Um detailliertere Aussagen zu ermöglichen, wurde in der Folge eine Reihe verschiedener Ersatzbrennverläufe vorgeschlagen.

Vibe-Brennverlauf

Weite Verbreitung fanden wegen ihrer Anschaulichkeit und einfachen Handhabung **Exponentialfunktionen** zur Beschreibung des Brennverlaufs nach Vibe [4.107]. Vibe wählte für die Umsetzrate, die er als Durchbrennfunktion x bezeichnet, den Ansatz:

$$\frac{Q_\mathrm{B}}{Q_\mathrm{B,ges}} = x = 1 - \exp\left[C\left(\frac{t}{t_\mathrm{ges}}\right)^{m+1}\right] \tag{4.44}$$

In Gl. (4.44) ist m der **Formfaktor** oder Kennwert der Durchbrennfunktion, t die Brenndauer ab Brennbeginn und t_ges die gesamte Brenndauer. Unter der Festlegung, dass bei Umsetzung von 99,9 % der Brennstoffenergie ($Q_\mathrm{B}/Q_\mathrm{B,ges} = 0{,}999$) das Brennende erreicht ist ($t = t_\mathrm{ges}$), erhält man aus Gl. (4.44) für die Konstante C den Zahlenwert $-6{,}908$.

Für die praktische Anwendung wird die Brenndauer meist in Grad Kurbelwinkel ausgedrückt. Mit dem **Verbrennungsbeginn** bei φ_VB und der **Verbrennungsdauer** $\Delta\varphi_\mathrm{VD}$ folgt aus Gl. (4.44) für die Umsetzrate:

$$\frac{Q_\mathrm{B}(\varphi)}{Q_\mathrm{B,ges}} = 1 - \exp\left[-6{,}908\left(\frac{\varphi - \varphi_\mathrm{VB}}{\Delta\varphi_\mathrm{VD}}\right)^{m+1}\right]. \tag{4.45}$$

Differenziert man Gl. (4.45) nach dem Kurbelwinkel, erhält man den Brennverlauf zu

$$\frac{dQ_\mathrm{B}}{d\varphi} = \frac{Q_\mathrm{B,ges}}{\Delta\varphi_\mathrm{VD}} 6{,}908(m+1)\left(\frac{\varphi - \varphi_\mathrm{VB}}{\Delta\varphi_\mathrm{VD}}\right)^m \exp\left[-6{,}908\left(\frac{\varphi - \varphi_\mathrm{VB}}{\Delta\varphi_\mathrm{VD}}\right)^{m+1}\right]. \tag{4.46}$$

Für verschiedene Formfaktoren m zeigt Abb. 4.8a die Umsetzrate und Abb. 4.8b die Umsetzgeschwindigkeit (entspricht dem Brennverlauf) über der relativen Brenndauer. Man erkennt, dass die Energieumsetzung um so später erfolgt, je größer der Formfaktor ist.

Für die Annäherung eines realen Brennverlaufs durch Vibe-Funktionen stehen die drei Parameter Verbrennungsbeginn φ_VB, Verbrennungsdauer $\Delta\varphi_\mathrm{VD}$ und Formfaktor m zur Verfügung.

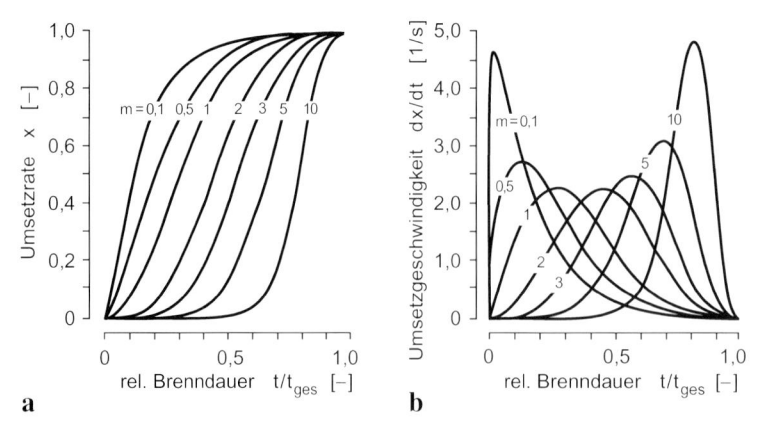

Abb. 4.8. **a** Umsetzrate, **b** Umsetzgeschwindigkeit über der relativen Brenndauer

4.2 Nulldimensionale Modellierung

Um die **Vibe-Parameter** für vorgegebene Brennverläufe zu bestimmen, schlug Vibe die Methode der kleinsten Quadrate vor. Diese sowie die von Albers u. a. [4.2] vorgeschlagene Methode gleichen Energieumsatzes seien hier kurz wiedergegeben (siehe auch Krenn [4.60]).

Methode der kleinsten Quadrate

Durch zweimaliges Logarithmieren der Gl. (4.45) und Umwandlung in den dekadischen Logarithmus erhält man:

$$\log(\varphi - \varphi_{\text{VB}}) = \frac{1}{m+1}\left[\log\left(-2{,}3\log\left(1 - \frac{Q_{\text{B}}}{Q_{\text{B,ges}}}\right)\right) - \log 6{,}908\right] + \log(\Delta\varphi_{\text{VD}}). \tag{4.47}$$

Dies ist die Gleichung einer Geraden mit der Steigung $1/(m+1)$ und dem Abschnitt auf der Ordinatenachse $\log(\Delta\varphi_{\text{VD}})$. Setzt man

$$X = \log\left(-2{,}3\log\left(1 - \frac{Q_{\text{B}}}{Q_{\text{B,ges}}}\right)\right) - \log 6{,}908, \tag{4.48}$$

$$Y = \log(\varphi - \varphi_{\text{VB}}), \tag{4.49}$$

$$d = \log(\Delta\varphi_{\text{VD}}) \tag{4.50}$$

so wird aus Gl. (4.47)

$$Y = \frac{1}{m+1}X + d. \tag{4.51}$$

Dieser Geradengleichung genügen alle Wertepaare X, Y der Vibe-Funktion. Soll nun ein realer Brennverlauf durch eine Vibe-Funktion angenähert werden, teilt man ihn in i Wertepaare $\varphi - \varphi_{\text{VB}}$, Q_{B} und bildet gemäß Gln. (4.48) und (4.49) i Wertepaare X, Y. Mit diesen berechnet man nach Gln. (4.52) und (4.53) die Steigung und den Ordinatenabschnitt einer Näherungsgeraden so, dass die Summe der Abstandsquadrate ein Minimum wird.

$$\frac{1}{m+1} = \frac{i\sum_i XY - \sum_i X \sum_i Y}{i\sum_i XX - \left(\sum_i X\right)^2}, \tag{4.52}$$

$$d = \frac{\sum_i Y \sum_i XX - \sum_i X \sum_i XY}{i\sum_i XX - \left(\sum_i X\right)^2}. \tag{4.53}$$

Damit können für die Näherungsfunktion nach Vibe der Formfaktor m aus Gl. (4.52), die Verbrennungsdauer $\Delta\varphi_{\text{VD}}$ aus Gl. (4.50) und der Verbrennungsbeginn φ_{VB} aus Gl. (4.49) ermittelt werden.

Methode gleichen Energieumsatzes

Dieses zweite Verfahren zur Bestimmung des Ersatzbrennverlaufs basiert darauf, dass Übereinstimmung des maximalen Anstiegs des Brennverlaufs $(dQ_{\text{B}}/d\varphi)_{\text{max}}$ und der insgesamt umgesetzten Energie $Q_{\text{B,ges}}$ bei realem und angepasstem Brennverlauf gefordert wird. Dazu wird zunächst durch Differentiation und Nullsetzen der Gl. (4.46) die Stelle der maximalen Verbrennungsgeschwindigkeit $\varphi_{v,max}$ der Vibe-Funktion ermittelt. Man erhält für diese, wenn an Stelle der Zeit der Kurbelwinkel verwendet wird:

$$\varphi_{v,max} = \varphi_{VB} + \Delta\varphi_{VD}\left(\frac{m}{6{,}908(m+1)}\right)^{1/(m+1)}. \tag{4.54}$$

Damit ergibt sich die maximale Verbrennungsgeschwindigkeit zu:

$$\left(\frac{dQ_B}{d\varphi}\right)_{max} = \frac{Q_{B,ges}}{\Delta\varphi_{VD}} 6{,}908(m+1)\left(\frac{m}{6{,}908(m+1)e}\right)^{m/(m+1)}. \tag{4.55}$$

Die Bestimmung des Formfaktors m erfolgt aus Gl. (4.54) durch Iteration, wobei man für $\Delta\varphi_{VD}$, φ_{VB} und $\varphi_{v,max}$ zunächst die entsprechenden Werte des realen Brennverlaufs einsetzt. Mit dem so gewonnenen m berechnet man aus Gl. (4.55) die maximale Verbrennungsgeschwindigkeit. Die für die Berechnung von m eingesetzten Werte für $\Delta\varphi_{VD}$, φ_{VB} und $\varphi_{v,max}$ müssen überprüft werden. Dazu dient die vorgegebene Bedingung, dass die maximale Umsetzrate $(dQ_B/d\varphi)_{max}$ und die Gesamtenergie $Q_{B,ges}$ auch vom Ersatzbrennverlauf richtig wiedergegeben werden sollen.

Doppel-Vibe-Funktion

Um Brennverläufe mit ausgeprägtem vorgemischten Anteil darzustellen, können Doppel-Vibe-Funktionen eingesetzt werden. Deren Anpassung an reale Brennverläufe erfordert etwas mehr Aufwand, dieser wird jedoch durch die verbesserte Übereinstimmung gerechtfertigt [4.60].

Abbildung 4.9 zeigt schematisch einen realen Brennverlauf und den dazu berechneten Ersatzbrennverlauf, der aus zwei Vibe-Funktionen Vibe 1 (V1) und Vibe 2 (V2) mit dem gemeinsamen Verbrennungsbeginn im Punkt A besteht.

Den beiden gesuchten Vibe-Funktionen V1 und V2 entsprechen die Wärmemengen $Q_{B1,ges}$,

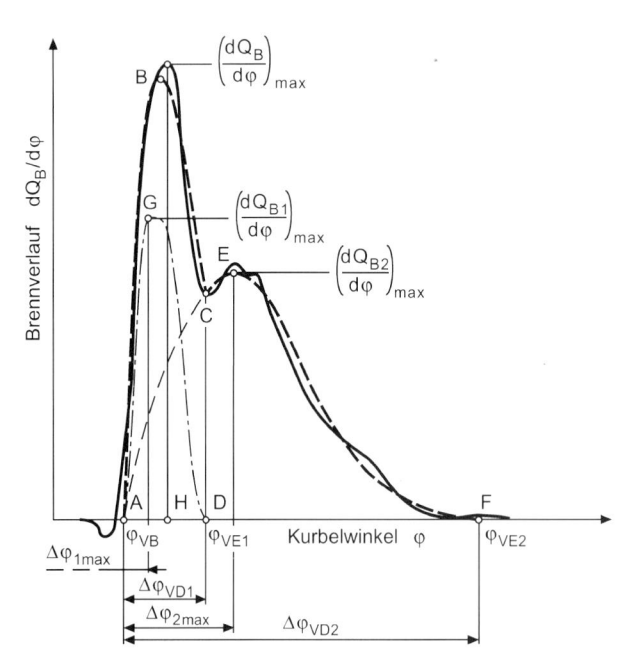

Abb. 4.9. Realer Brennverlauf (volle Linie) und Doppel-Vibe-Näherung (gebrochene Linie)

4.2 Nulldimensionale Modellierung

$Q_{B2,ges}$, die durch die Flächen ABCA und ACEFA festgelegt sind. Das Verbrennungsende von V1 ist näherungsweise durch den Kurbelwinkel φ_{VE1}, der zum Sattelpunkt C gehört, bestimmt, weshalb die Verbrennungsdauer φ_{VD1} der Strecke AD entspricht. Ist ein Sattelpunkt beim tatsächlichen Brennverlauf nicht vorhanden, so wird der Punkt C bzw. das Verbrennungsende von V1 derart festgesetzt, dass dieses symmetrisch zur maximalen Umsetzgeschwindigkeit $(dQ_B/d\varphi)_{max}$ liegt, also die Strecke AH gleich groß wie die Strecke HD ist. Zunächst wird die Vibe-Funktion V2 (Kurvenzug ACEF) entsprechend den obigen Ausführungen wie eine einfache Vibe-Funktion bestimmt. Demnach sind mit den Werten des tatsächlichen Brennverlaufs $\Delta\varphi_{2max}$ und φ_{VD2} der Formfaktor m_2 gemäß Gl. (4.54) und $(dQ_B/d\varphi)_{max}$ aus Gl. (4.55) zu errechnen. Die Berechnung ist so lange zu wiederholen, bis Verbrennungsdauer und Verbrennungsgeschwindigkeit von realem und angenähertem Brennverlauf übereinstimmen.

Um zur Vibe-Funktion V1 (Kurvenzug AGD) zu gelangen, ist vom tatsächlichen Brennverlauf $dQ_B/d\varphi$ schrittweise zwischen den Kurbelstellungen φ_{VB} und φ_{VE1} der bereits ermittelte und durch φ_{VD2}, m_2 sowie Q_{B2ges} festgelegte Brennverlauf V2

$$\frac{dQ_{B2}}{d\varphi} = \frac{Q_{B2,ges}}{\Delta\varphi_{VD2}} 6{,}908(m_2+1)\left(\frac{\Delta\varphi}{\Delta\varphi_{VD2}}\right)^{m_2} \exp\left[-6{,}908\left(\frac{\Delta\varphi}{\Delta\varphi_{VD2}}\right)^{m_2+1}\right] \quad (4.56)$$

abzuziehen. Die Integration des so gewonnenen Brennverlaufs $(dQ_B/d\varphi - dQ_{B2}/d\varphi)$ liefert überdies die gesamte von V1 freigesetzte Wärmemenge $Q_{B1,ges}$. Da andererseits $Q_{B1,ges}$ zusammen mit $Q_{B2,ges}$ die aus dem realen Brennverlauf bekannte Gesamtenergie $Q_{B,ges}$ ergeben muss, kann die eingangs für V2 geschätzte Wärmemenge $Q_{B2,ges}$ überprüft und allenfalls durch eine Neuberechnung korrigiert werden. Den noch fehlenden Formfaktor m_1 erhält man aus Gl. (4.52), indem die unter dem Kurvenzug AGD gelegene Fläche durch schrittweises Aufsummieren bestimmt wird, so dass die benötigten X-Werte der einzelnen Kurvenpunkte bestimmt werden können.

Bildet man einen tatsächlichen Brennverlauf nach Vibe mit den beiden oben genannten Verfahren oder mit einer Doppel-Vibe-Funktion nach, zeigen die errechneten Ersatzbrennverläufe deutliche Unterschiede (siehe Abb. 4.10). Dementsprechend weichen auch die mit den jeweiligen Ersatzbrennverläufen berechneten Motorprozesse vor allem bezüglich des Druck- und Temperaturverlaufs voneinander ab.

Aus Abb. 4.10 ist zu erkennen, dass der reale Brennverlauf durch keinen der Vibe-Ersatzbrennverläufe in allen Einzelheiten richtig wiedergeben wird. Dennoch kommen Vibe-Funktionen

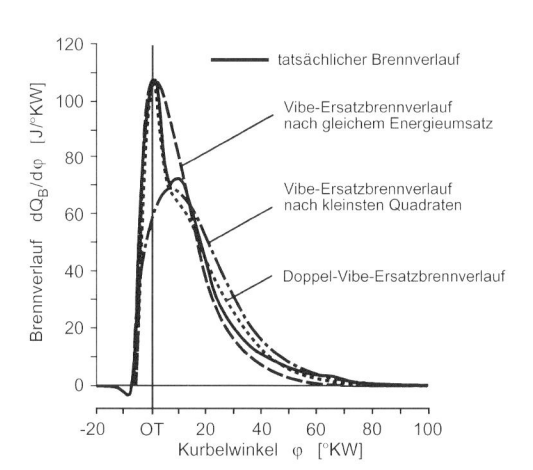

Abb. 4.10. Unterschiedliche Vibe-Ersatzbrennverläufe

in ihrer Form vielen Brennverläufen nahe und sind insbesondere für Variationsrechnungen gut geeignet.

Variationsrechnungen

Um den Einfluss einer Variation der Vibe-Parameter Verbrennungsbeginn φ_{VB}, Verbrennungsdauer $\Delta\varphi_{VD}$ sowie des Formfaktors m auf die Prozessgrößen p_{max}, $(dp/d\varphi)_{max}$, T_{max}, p_i, b_i und η_i näher zu analysieren und die Frage zu stellen, welcher Brennverlauf den optimalen Prozess ergibt, wurde eine Parameterstudie durchgeführt.

Die Berechnungen beziehen sich ausschließlich auf die Hochdruckphase des Motorprozesses (von 180 Grad Kurbelwinkel vor bis 180 Grad Kurbelwinkel nach OT) unter Berücksichtigung des Wärmeübergangs. Die Untersuchungen erfolgten für einen Ottomotor und einen Dieselmotor für einen jeweils nahe dem Bestpunkt liegenden Betriebspunkt [4.83].

Unter Konstanthaltung der pro Arbeitsspiel zugeführten Kraftstoffenergie wurden folgende Abstufungen für die Variation der drei Vibe-Parameter Verbrennungsbeginn (VB), Verbrennungsdauer (VD) und Formfaktor (m) vorgenommen, womit die im praktischen Motorbetrieb auftretenden Veränderungen im Brennverlauf bei weitem abgedeckt werden:

VB: -25; -20; -15; -10; -5; 0; 5; 10 Grad Kurbelwinkel bezogen auf OT
VD: 10; 25; 50; 80; 120 Grad Kurbelwinkel
m: 0,2; 0,7; 1,2; 2,3; 5

Abbildung 4.11a gilt für den Dieselmotor und zeigt für die drei Formfaktoren $m = 0,2$; 2,3; 5 sowie die Verbrennungsbeginne VB $= -10$; 0; 10 Grad Kurbelwinkel bei einer Verbrennungsdauer

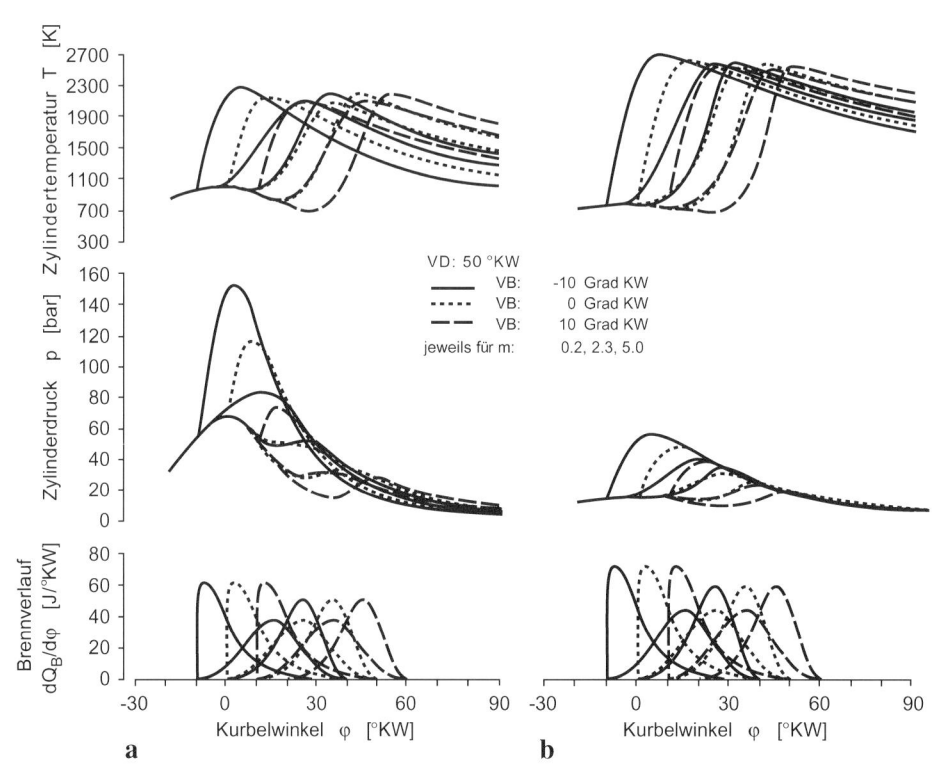

Abb. 4.11. Vibe-Ersatzbrennverläufe mit Parametervariationen: **a** Dieselmotor, **b** Ottomotor [4.83]

VD = 50 Grad Kurbelwinkel die entsprechenden Brennverläufe (unterste Kurvenschar), die Zylinderdruckverläufe (mittlere Kurvenschar) und die örtlich mittleren Gastemperaturen im Zylinder („Zylindertemperatur", obere Kurvenschar). Der Formfaktor bestimmt die Form des Brennverlaufs derart, dass beim kleinen m-Wert die maximale Umsetzrate sowie der Schwerpunkt der Brennverlaufsfläche nahe dem Verbrennungsbeginn, beim mittleren m-Wert genau in der Mitte der Verbrennungsdauer und beim großen m-Wert nahe dem Verbrennungsende liegen. Man erkennt aus Abb. 4.11a den starken Einfluss der Schwerpunktslage auf den Spitzendruck und den maximalen Druckanstieg. Beide sind beim frühen VB (-10 Grad Kurbelwinkel) und beim kleinsten m-Wert (0,2) am größten. Umgekehrt verringert sich der Spitzendruck, wenn der VB nach später verschoben oder (und) der m-Wert vergrößert wird. Hinsichtlich des Temperaturverlaufs sind die Auswirkungen der Schwerpunktslage und des Formfaktors anders geartet. So hängt die Spitzentemperatur, obgleich der Temperaturanstieg am Beginn der Verbrennung bei sehr unterschiedlichen Kurbelstellungen auftritt, nur wenig von diesen beiden Größen ab. Allerdings ergeben sich deutliche Unterschiede in den Expansionstemperaturen, welche bei gleicher Kurbelstellung zunehmen, wenn der Schwerpunkt nach „spät" wandert.

In Abb. 4.11b sind die entsprechenden Kurven für den Ottomotor bei identischen Werten für m, VB, VD und Energiezufuhr wiedergegeben. Hauptunterschied zum Dieselmotor ist das wegen des kleineren Verdichtungsverhältnisses wesentlich geringere Druckniveau und die wegen des kleineren Luftverhältnisses durchwegs höheren Spitzentemperaturen. Die Tendenzen der einzelnen Varianten sind ähnlich wie beim Dieselmotor. Trotzdem ist festzustellen, dass Spitzendruck und maximaler Druckanstieg immer über den Werten der reinen Kompressionslinie liegen und die Expansionstemperaturen der verschiedenen Varianten weniger voneinander abweichen als dies beim Dieselmotor der Fall ist.

Innerhalb der einzelnen Varianten ergeben sich für die Spitzentemperaturen, Spitzendrücke und maximalen Druckanstiege folgende Wertebereiche:

	Dieselmotor	Ottomotor
T_{max}	1900 bis 2300 K	2500 bis 2700 K
p_{max}	70 bis 150 bar	15 bis 65 bar
$dp/d\varphi_{max}$	2,5 bis 35 bar/°KW	0,3 bis 20 bar/°KW

Aus diesen Werten geht hervor, dass die Unterschiede hinsichtlich Bauteilbeanspruchung, Verbrennungsgeräusch sowie Abgasverlust und Abgasemission erheblich sind, weshalb eine gegenseitige Abstimmung der Parameter wichtig ist.

Bezüglich Wirkungsgrad, Kraftstoffverbrauch und Motorleistung ermöglichen die gezeigten Diagramme allerdings noch keine direkten Aussagen. Dazu müssen zunächst die indizierten Wirkungsgrade η_i der einzelnen Varianten mit den entsprechenden Wirkungsgraden η_v des vollkommenen Motors mit Gleichraumverbrennung verglichen werden. Entsprechende Berechnungen wurden wieder für verschiedene Verbrennungsbeginne, Brenndauern und Formfaktoren mit und ohne Berücksichtigung der Wandwärme vorgenommen.

Um den Einfluss der **Wandwärme** besser erfassen zu können, wurde diese mit der Beziehung nach Woschni Gl. (4.103) berechnet und einmal in einfacher, das andere Mal in zweifacher Höhe (doppelter Wärmeübergang) berücksichtigt. Die Einbußen an indiziertem Wirkungsgrad gegenüber dem idealen Motor sind als Trendlinien in Abb. 4.12a für den Dieselmotor ($\varepsilon = 23{,}5$) und in Abb. 4.12b für den Ottomotor ($\varepsilon = 8$) für die drei Fälle kein, einfacher und doppelter Wärmeübergang in Abhängigkeit von dem auf den OT bezogenen Schwerpunktabstand φ_S der Brennverlaufsfläche angegeben. Wie zu erwarten, ergibt zunehmender Wärmeübergang zunehmende Verluste.

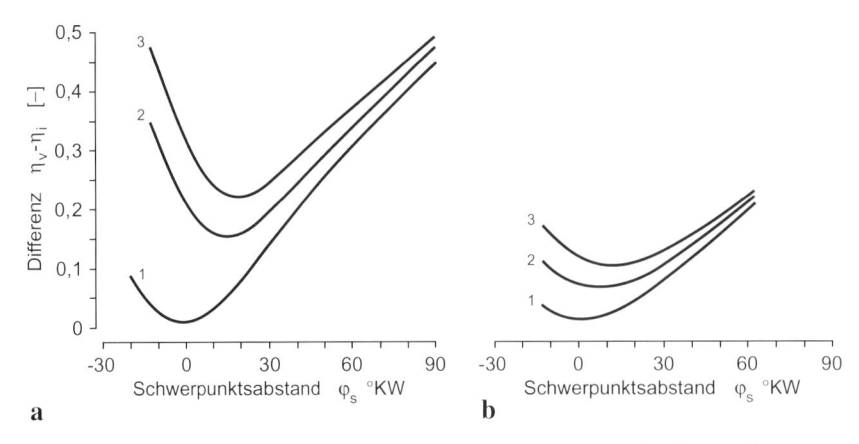

Abb. 4.12. Wirkungsgradeinbußen durch Wandwärmeübergang: **a** Dieselmotor, **b** Ottomotor [4.83]. *1* Kein Wärmeübergang, *2* einfacher Wärmeübergang, *3* doppelter Wärmeübergang

Die geringsten Einbußen ergeben sich ohne Wärmeübergang, wenn der Schwerpunkt sich im OT befindet. Mit zunehmendem Wärmeübergang wandert die günstigste Schwerpunktlage nach „später", weil bei früheren Schwerpunktlagen durch höhere Drücke und Temperaturen die Verluste durch Wärmeübergang größer werden. Zu früh liegende Schwerpunkte sind aber nicht nur wegen des schlechten Wirkungsgrads, sondern auch wegen der Stickoxidbildung und aus Festigkeitsgründen möglichst zu vermeiden. Bei spät liegenden Schwerpunkten nehmen die mechanischen wie thermischen Beanspruchungen ab, weil vor allem die Spitzendrücke sinken, in geringerem Masse auch die Spitzentemperaturen. Diese Aussagen gelten allgemein für Diesel- und Ottomotoren. Unterschiede ergeben sich nur in quantitativer Hinsicht, weil durch das kleinere Verdichtungsverhältnis des Ottomotors auch die Einbußen gegenüber dem vollkommenen Motor geringer sind.

Neben der Schwerpunktlage beeinflussen auch die Verbrennungsdauer und der Formfaktor den **Innenwirkungsgrad** maßgeblich. Dies deshalb, weil mit zunehmender Verbrennungsdauer der Anteil der vor und nach dem OT umgesetzten Kraftstoffenergie größer wird, so dass sich der Verbrennungswirkungsgrad gegenüber dem der Gleichraumverbrennung verschlechtert. Dies bedeutet, dass unter sonst gleichen Bedingungen im Bestpunkt bei gleicher Schwerpunktlage eine Verbrennungsdauer von 25 Grad Kurbelwinkel gegenüber einer von 120 Grad Kurbelwinkel einen je nach Wärmeübergang um 3,5 % bis 8 % besseren Innenwirkungsgrad aufweist. Dieser Wirkungsgradgewinn bei kurzen Verbrennungsdauern wird kleiner, wenn sich der Schwerpunkt von der Bestpunktlage entfernt. Die zunehmenden Verbrennungsverluste zusammen mit den Verlusten durch Wärmeübergang bewirken dann nämlich, dass der Gesamtverlust bei kurzer Verbrennungsdauer relativ stärker ins Gewicht fällt als bei langer Verbrennungsdauer. Dies folgt auch aus der Definition des Gleichraumgrads nach Gl. (3.63), die sowohl für die Verbrennung $\eta_{gl,V}$ wie auch für die Wandwärme $\eta_{gl,W}$ entsprechend

$$\eta_{gl,V} = \frac{1}{Q_B} \int \frac{dQ_B}{d\varphi} \eta_{gl,\varphi} \, d\varphi, \tag{4.57}$$

$$\eta_{gl,W} = \frac{1}{Q_W} \int \frac{dQ_W}{d\varphi} \eta_{gl,\varphi} \, d\varphi, \tag{4.58}$$

anwendbar ist. Beim Ottomotor liegt der Gleichraumgrad der Verbrennung $\eta_{\text{gl,V}}$ durchwegs über, der Gleichraumgrad der Wandwärme $\eta_{\text{gl,W}}$ durchwegs unter den Werten des Dieselmotors. Dies wird verursacht durch das kleinere Verdichtungsverhältnis des Ottomotors, wodurch einerseits der Vergleichsprozess einen geringeren Wirkungsgrad aufweist und andererseits als Folge kleinerer Zylinderdrücke die Wandwärme abnimmt.

Hohe Gleichraumgrade für die Verbrennung und möglichst geringe für die Wandwärme sind also eine wichtige Voraussetzung für einen guten Innenwirkungsgrad η_i und einen hohen indizierten Mitteldruck p_i. Beide Größen sind einander proportional, so dass es für die Beurteilung der Güte eines Motorprozesses genügt, neben den schon genannten Parametern $p_{\max}$ und $T_{\max}$ nur eine dieser beiden Größen heranzuziehen. Überdies erkennt man die Vorteile einer kurzen Verbrennungsdauer. Zusammenfassend lassen sich die folgenden allgemeingültigen Aussagen machen.

1. Eine kurze Verbrennungsdauer und ein möglichst intensiver Energieumsatz am Anfang der Verbrennung ergeben hohe Innenwirkungsgrade η_i. Umgekehrt führen lange Verbrennungsdauern mit spätem Energieumsatz zu geringen Innenwirkungsgraden, weil vor allem der Gleichraumgrad der Verbrennung stark abnimmt. Kurze Verbrennungsdauern bedeuten aber hohe Spitzendrücke, Spitzentemperaturen und Druckanstiege, so dass in der Praxis gewisse Wirkungsgradeinbußen in Kauf genommen werden und Verbrennungsdauern um 50 Grad Kurbelwinkel noch als gute Kompromisslösungen anzusehen sind.
2. Jeder durch Brenndauer und Formfaktor festgelegte Brennverlauf besitzt einen optimalen Verbrennungsbeginn VB_{opt}, welcher einen maximalen Innenwirkungsgrad $\eta_{i,\max}$ (maximalen indizierten Mitteldruck $p_{i,\max}$), d. h., einen minimalen spezifischen Kraftstoffverbrauch $b_{i,\min}$ ergibt. Der Brennverlauf mit dem günstigsten Verbrennungsbeginn VB_{opt} führt automatisch auf einen Spitzendruck, über den es nicht lohnt hinauszugehen, weil dann der Innenwirkungsgrad wieder kleiner wird.
3. Der maximale Innenwirkungsgrad $\eta_{i,\max}$ wird für eine bestimmte Brenndauer dann erreicht, wenn der Flächenschwerpunkt des Brennverlaufs nicht bei OT, sondern einige Grad Kurbelwinkel danach liegt, was auf den Wärmeübergang zurückzuführen ist.
4. Symmetrisch zum OT liegende Schwerpunkte der Brennverlaufsfläche ergeben gleich große Gleichraumgrade der Verbrennung. Trotzdem sind die vor dem OT liegenden Schwerpunkte erheblich ungünstiger, weil durch höhere Brennraumdrücke und Gastemperaturen der Wärmeübergang stark zunimmt, so dass der Innenwirkungsgrad dementsprechend sinkt.
5. Links oder rechts vom jeweiligen Bestwert VB_{opt} liegende Verbrennungsbeginne bedeuten zusätzliche Wirkungsgradeinbußen, weil entweder durch höhere Drücke und Temperaturen die Verluste durch Wärmeübergang steigen oder durch spätere Energieumsetzung die Gleichraumgrade der Verbrennung sinken.
6. Die getroffenen Aussagen gelten im Wesentlichen sowohl für den Diesel- als auch für den Ottomotor. Allerdings spielen beim Ottomotors aufgrund des niedrigeren Druckniveaus Überlegungen hinsichtlich einer Begrenzung des Spitzendrucks und des maximalen Druckanstiegs eine geringere Rolle.

In der praktischen Anwendung der Vibe-Ersatzbrennverläufe hat sich gezeigt, dass die annähernd symmetrischen Brennverläufe konventioneller Ottomotoren durch einfache Vibe-Funktionen ausreichend genau beschrieben werden können. Beim Ersatz von dieselmotorischen Brennverläufen kann wegen deren komplexerer Form nur bedingt eine befriedigende Übereinstimmung erwartet werden. Um eine detailliertere Modellierung der Verbrennung zu realisieren, wurden in weiterer Folge verschiedene andere Ersatzbrennverläufe entwickelt.

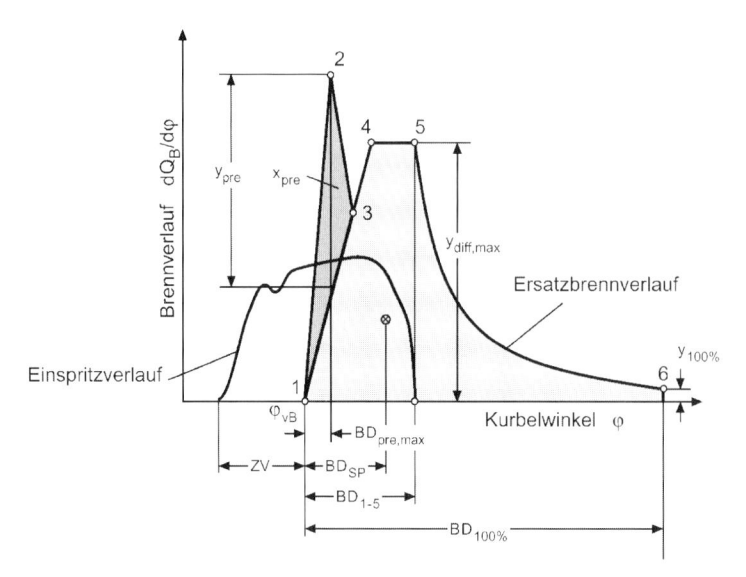

Abb. 4.13. Polygon-Hyperbel-Ersatzbrennverlauf

Polygon-Hyperbel-Ersatzbrennverlauf

Für direkteinspritzende Dieselmotoren schlug Schreiner [4.94] einen Ersatzbrennverlauf nach Abb. 4.13 vor, der aus einem Polygonzug (1–4–5) und einer anschließenden Hyperbel (5–6) besteht. Diesem Kurvenzug ist ein Dreieck (1–2–3) überlagert, das zur Darstellung der vorgemischten Verbrennung dient.

Zur Festlegung dieses Polygon-Hyperbel-Ersatzbrennverlaufs werden folgende 9 Parameter herangezogen [4.93] (vgl. Abb. 4.13): Verbrennungsbeginn φ_{VB}, Maximalwert des Brennverlaufs in der vorgemischten Phase y_{pre}, Maximalwert des Brennverlaufs in der Diffusionsphase $y_{diff,\,max}$, vorgemischter Anteil an der Gesamtverbrennung x_{pre}, relative Lage des Maximums in der vorgemischten Phase $BD_{pre,\,max}$, Brenndauer bis zum Verbrennungsschwerpunkt BD_{SP}, Brenndauer bis zum Ende der Plateauphase BD_{1-5}, Brenndauer bis zum Verbrennungsende $BD_{100\,\%}$ und die Höhe des Brennverlaufs am Verbrennungsende $y_{100\,\%}$.

Diese große Zahl an Parametern bietet eine hohe Flexibilität und erlaubt eine gute Angleichung des Ersatzbrennverlaufs an den tatsächlichen Brennverlauf. Die Anpassung der Parameter an einen realen Brennverlauf erfordert dafür einen entsprechenden mathematischen Aufwand und hat durch nichtlineare Parameteroptimierung zu erfolgen. Der vorgeschlagene Ersatzbrennverlauf lässt sich um weitere Polygonanteile erweitern, etwa um die Beschreibung einer Verbrennung mit Voreinspritzung zu ermöglichen.

Als Beispiel zeigt Abb. 4.14 den tatsächlichen relativen Brennverlauf und den Ersatzbrennverlauf für einen direkt einspritzenden Dieselmotor.

Vibe-Hyperbel-Ersatzbrennverlauf

Bei Einspritzverfahren mit Common-Rail oder bei Verwendung von Pumpe-Düse-Systemen mit entsprechender Steuerung, die eine Vor- oder Nacheinspritzung zur Optimierung des Verbrennungsablaufs erlauben, kann der Brennverlauf neben dem vorgemischten und nicht-vorgemischten Anteil auch eine entsprechende Vor- oder Spätverbrennung enthalten. Zur Darstellung derartiger Brennverläufe wird von Barba u. a. [4.4] ein Ersatzbrennverlauf vorgeschlagen, der aus einer

4.2 Nulldimensionale Modellierung   185

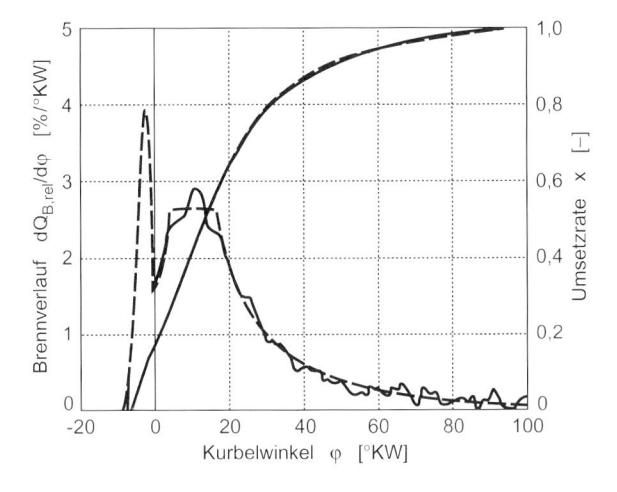

Abb. 4.14. Tatsächlicher relativer Brennverlauf (volle Linie) und Ersatzbrennverlauf durch Polygon-Hyperbel (gebrochene Linie) für direkteinspritzenden Dieselmotor [4.94]

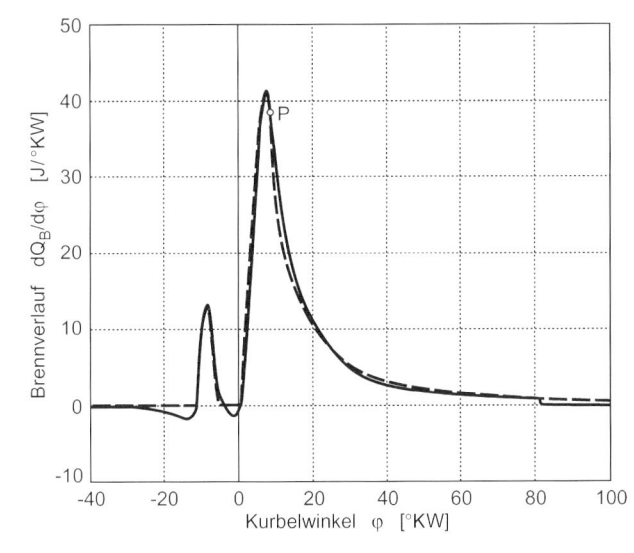

Abb. 4.15. Tatsächlicher Brennverlauf (volle Linie) und Ersatzbrennverlauf durch Vibe-Hyperbel (gebrochene Linie) für direkteinspritzenden Dieselmotor mit Voreinspritzung [4.4]

Vibe-Funktion mit dem Formfaktor $m = 2$ für die Vorverbrennung und einer Kombination aus Vibe-Funktion und einer Hyperbel für die Hauptverbrennung besteht.

Um den Brennverlauf der Hauptverbrennung sowohl bezüglich Spitzendruck wie auch innerer Arbeit richtig nachbilden zu können, wird bis zu einem Übergangspunkt P kurz nach dem Maximum des Brennverlaufes eine Vibe-Funktion, ab Punkt P eine Hyperbel angesetzt. Abbildung 4.15 zeigt den realen Brennverlauf und den Vibe-Hyperbel-Ersatzbrennverlauf für einen direkteinspritzenden Dieselmotor mit Common-Rail bei Voreinspritzung.

Die Kurvenparameter des Ersatzbrennverlaufs werden über eine nichtlineare Parameteroptimierung aus folgenden 6 Verbrennungskenngrößen bestimmt: Betrag und Winkellage der maximalen Brennstoffumsetzung, Winkellage der 50%- und 90%-Umsetzpunkte der Hauptverbrennung, Verbrennungsbeginn und umgesetzte Brennstoffmasse.

4.2.4.3 Ersatzbrennverläufe bei geänderten Betriebsbedingungen

Brennverläufe eines gegebenen Motors zeigen bei unterschiedlichen Betriebsbedingungen charakteristische Veränderungen. Die Modellierung dieser Veränderungen ist einer der wichtigsten

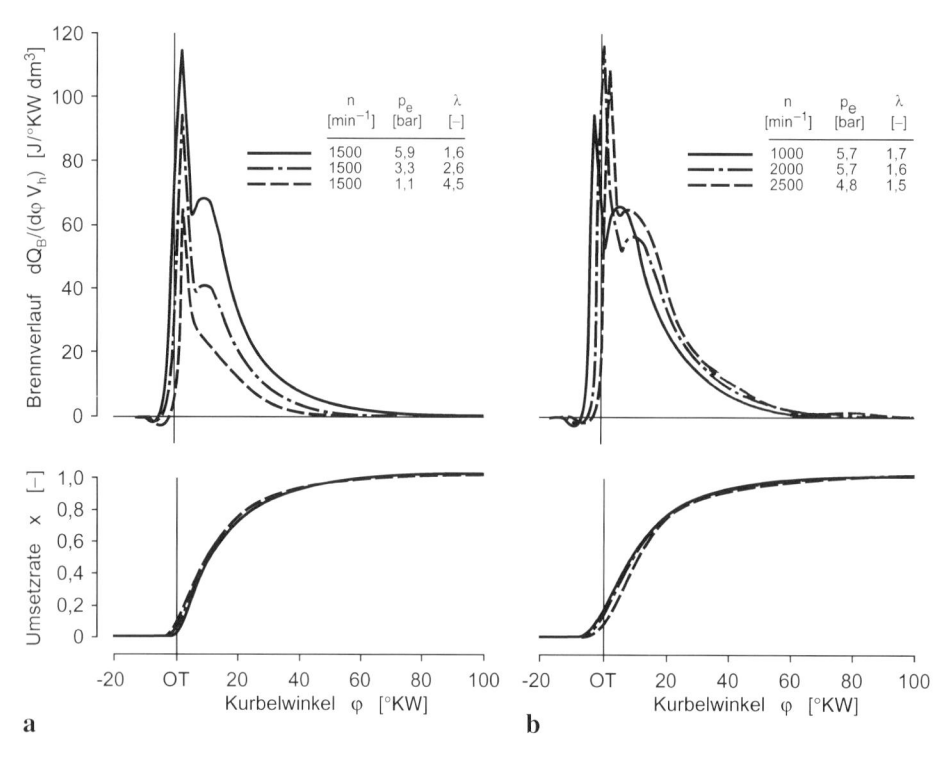

Abb. 4.16. Brennverläufe und Umsetzraten eines Forschungs-Dieselmotors: **a** über Last, **b** über Drehzahl [4.83]

Anwendungsfälle der Simulation zur Optimierung der Verbrennung eines bestehenden Motors.

Um den Einfluss geänderter Betriebsbedingungen zu veranschaulichen, zeigt Abb. 4.16 für einen direkteinspritzenden Forschungs-Diesel-Saugmotor die aus gemessenen Zylinderdruckverläufen errechneten auf das Hubvolumen bezogenen Brennverläufe sowie die zugehörigen Umsetzraten für Volllast und für zwei Teillasten bei 1500 min^{-1} sowie für 1000, 2000 und 2500 min^{-1} bei Volllast [4.83].

Der Einfluss der Last auf den Brennverlauf ist beträchtlich. Die Unterschiede resultieren vor allem aus der Betriebspunktabhängigkeit von Luftverhältnis, Zündverzug und Förder- oder Einspritzbeginn. So beträgt bei 1500 min^{-1} und Volllast die Verbrennungsdauer etwa 80 Grad Kurbelwinkel, bei mittlerer Last 60 Grad Kurbelwinkel und bei kleiner Last nur mehr 45 Grad Kurbelwinkel, wobei das Luftverhältnis von 1,6 auf 4,5 zunimmt.

Die Veränderungen von Förderbeginn, den zeitlichen Mittelwerten von Zylinderdruck und Zylindertemperatur sowie Zündverzug über Last und Drehzahl sind Abb. 4.17 zu entnehmen.

Durch Verringerung des Gasdrucks und der Gastemperatur bei sinkender Last vergrößert sich der Zündverzug. Dies hat zur Folge, dass relativ mehr Kraftstoff während des Zündverzugs aufbereitet wird und der erste Verbrennungsstoß bei Teillast, wieder relativ betrachtet, heftiger als bei Volllast in Erscheinung tritt. Allgemein gilt für ein und denselben Kraftstoff, dass ein größeres Luftverhältnis die Brenndauer verkürzt und größere Brennraumdrücke, Gastemperaturen und Motordrehzahlen den Zündverzug vermindern.

Darüber hinaus beeinflusst die Ladungsbewegung im Brennraum (Turbulenz, Drall, Tumble) den Zündverzug merklich. Die Strömungsverhältnisse im Brennraum wirken sich beim Dieselmotor nicht nur auf die Gemischbildung, sondern auch auf die Verbrennung und die von ihr abhängigen Größen Verbrauch, Abgasemission sowie Schallabstrahlung maßgeblich aus. In Verbindung mit

4.2 Nulldimensionale Modellierung

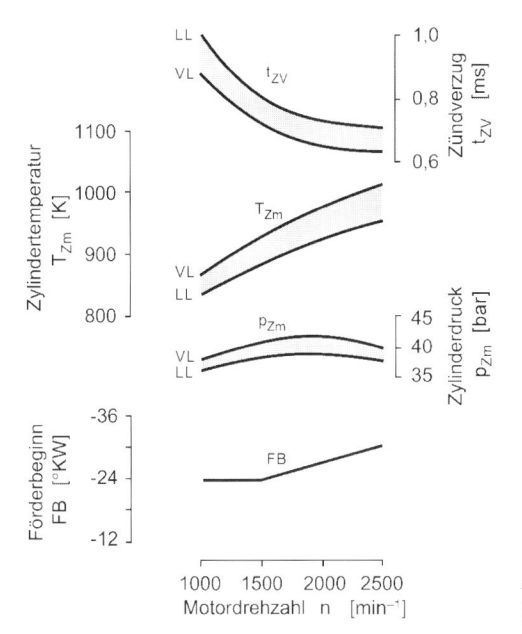

Abb. 4.17. Parameter bei verschiedenen Betriebszuständen [4.83]

der Strahlausbreitung des eingespritzten Kraftstoffs besteht daher die Möglichkeit, über Brennraumgeometrie und Strömung die Verbrennung in Hinblick auf Verbrauch, Abgas und Geräusch optimal abzustimmen. Derartige Abstimmungsarbeiten erfolgten früher vorwiegend experimentell und bedingten hohe Kosten und großen Zeitaufwand, heute werden dafür zunehmend Simulationsrechnungen eingesetzt.

Die Vorausberechnung von **Ersatzbrennverläufen** bei geänderten Betriebsbedingungen findet seit langem Interesse [4.11, 4.25, 4.115, 4.117] und beruht grundsätzlich auf der folgenden Vorgehensweise.

Basierend auf einem gemessenen **Referenzpunkt** und dem dafür berechneten Brennverlauf kann der Brennverlauf eines anderen, nicht vermessenen Betriebspunkts mit einer Reihe von Einflussfunktionen vorausberechnet werden. Diese Gleichungen berücksichtigen in der Regel die Änderung des Brennverlaufs aufgrund der Variation der Parameter Last, Drehzahl, Luftverhältnis, Restgasgehalt und Zündzeitpunkt.

Beispielhaft sollen die Veränderungen der Vibe-Parameter bei geänderten Betriebsbedingungen dargestellt werden. Der Brennverlauf des Referenzpunkts sei bestimmt durch die Vibe-Parameter Formfaktor m, Verbrennungsdauer $\Delta\varphi_{VD}$ und Verbrennungsbeginn $\Delta\varphi_{VB}$. Anstatt des Verbrennungsbeginns φ_{VB} wird aus praktischen Gründen in der Regel bei fremdgezündeten Motoren der **Zündzeitpunkt** φ_{ZZ},

$$\varphi_{VB} = \varphi_{ZZ} + \Delta\varphi_{ZV}, \tag{4.59}$$

bei luftansaugenden Motoren der **Einspritzbeginn** φ_{EB} herangezogen,

$$\varphi_{VB} = \varphi_{EB} + \Delta\varphi_{ZV}. \tag{4.60}$$

In beiden Fällen muss der **Zündverzug** $\Delta\varphi_{ZV}$ bekannt sein. Der Zündverzug wird von einer Reihe von Parametern beeinflusst, die zum Teil nur schwer erfassbar sind (vgl. Abschn. 2.8.2). In der Literatur sind unterschiedliche Beziehungen zu finden [4.39, 4.97]. Vielfach wird für Dieselmotoren ein halbempirischer Ansatz nach Gl. (2.121) verwendet, der den Zündverzug in Abhängigkeit von

Drehzahl, Temperatur und Druck ansetzt:

$$\Delta\varphi_{ZV} = 6nap^{-c}e^{b/T}. \qquad (4.61)$$

Darin sind $\Delta\varphi_{ZV}$ der Zündverzug in $°$KW, n die Motordrehzahl in min^{-1}, p der Druck im Brennraum in bar und T die Temperatur im Brennraum in K. Die teilweise dimensionsbehafteten Konstanten a, b und c sind aus Messungen für den betreffenden Motor festzulegen. Bei Wolfer [4.116] sind für Dieselmotoren die Werte $a = 0{,}44 \cdot 10^{-3}$; $b = 4650$; $c = 1{,}19$ angegeben.

Die Vibe-Parameter für einen beliebigen Betriebspunkt können aus den bekannten Vibe-Parametern des Referenzpunkts berechnet werden, indem die Änderungen der einzelnen Betriebsparameter durch entsprechende **Einflussfunktionen** berücksichtigt werden. Diese stellen sich als Verknüpfung von Einzeleinflüssen wie folgt dar:

$$\begin{aligned}
\Delta\varphi_{VD} &= \Delta\varphi_{VD,\text{ref}}\, f_{\text{Last}}\, f_{\text{Drehzahl}}\, f_{\text{Luftverhältnis}}\, f_{\text{Restgas}}\, f_{\text{Verbrennungsbeginn}} \\
&= \Delta\varphi_{VD,\text{ref}} f_L f_n f_\lambda f_{RG} f_{VB}, \\
\varphi_{VB} &= \varphi_{VB,\text{ref}}\, g_{\text{Last}}\, g_{\text{Drehzahl}}\, g_{\text{Luftverhältnis}}\, g_{\text{Restgas}}\, g_{\text{Verbrennungsbeginn}} \\
&= \varphi_{VB,\text{ref}} g_L g_n g_\lambda g_{RG} g_{VB}, \\
m &= m_{\text{ref}}\, h_{\text{Last}}\, h_{\text{Drehzahl}}\, h_{\text{Luftverhältnis}}\, h_{\text{Restgas}}\, h_{\text{Verbrennungsbeginn}} \\
&= m_{\text{ref}} h_L h_n h_\lambda h_{RG} h_{VB}.
\end{aligned} \qquad (4.62)$$

Die Einflussfunktionen f_i, g_i und h_i sind aus einer hinreichend großen Anzahl von Messungen, bei denen der jeweilige Betriebsparameter variiert wird, mit entsprechend statistischer Absicherung zu ermitteln. Schwierigkeiten können dadurch auftreten, dass bei der Variation eines Betriebsparameters, z. B. des Restgasgehalts, teilweise auch andere Parameter, wie etwa der Verbrennungsbeginn, verändert werden. Aus der Vielfalt von Ansätzen in der Literatur seien beispielhaft Ergebnisse angeführt.

Für Ottomotoren finden sich bei Csallner und Woschni [4.25] für die einzelnen Funktionen gemäß der Gln. (4.62) folgende Einflussgleichungen, wobei die Lastabhängigkeit durch die Einflussfunktionen von Druck p_{300} und Temperatur T_{300} bei 300 Grad Kurbelwinkel (bei einer Zuordnung von 360 Grad Kurbelwinkel = Zünd-OT) beschrieben werden:

$$\begin{array}{lll}
f_p = \left(\dfrac{p_{300}}{p_{300,\text{ref}}}\right)^{-0{,}47} & g_p = \left(\dfrac{p_{300}}{p_{300,\text{ref}}}\right)^{-0{,}28} & h_p = 1 \\[2mm]
f_T = 2{,}16\dfrac{T_{300,\text{ref}}}{T_{300}} - 1{,}16 & g_T = 1{,}33\dfrac{T_{300,\text{ref}}}{T_{300}} - 0{,}33 & h_T = 1 \\[2mm]
f_n = \dfrac{1 + 400/n - 8{.}10^5/n^2}{1 + 400/n_{\text{ref}} - 8{.}10^5/n_{\text{ref}}^2} & g_n = \dfrac{1{,}33 - 660/n}{1{,}33 - 660/n_{\text{ref}}} & h_n = \dfrac{0{,}625 + 750/n}{0{,}625 + 750/n_{\text{ref}}} \\[2mm]
f_\lambda = \dfrac{2{,}2\lambda^2 - 3{,}74\lambda + 2{,}54}{2{,}2\lambda_{\text{ref}}^2 - 3{,}74\lambda_{\text{ref}} + 2{,}54} & g_\lambda = \dfrac{2\lambda^2 - 3{,}4\lambda + 2{,}4}{2\lambda_{\text{ref}}^2 - 3{,}4\lambda_{\text{ref}} + 2{,}4} & h_\lambda = 1 \\[2mm]
f_{RG} = 0{,}088\dfrac{x_{RG}}{x_{RG,\text{ref}}} + 0{,}912 & g_{RG} = 0{,}237\dfrac{x_{RG}}{x_{RG,\text{ref}}} + 0{,}763 & h_{RG} = 1 \\[2mm]
f_{ZZ} = \dfrac{430 - \varphi_{ZZ}}{430 - \varphi_{ZZ,\text{ref}}} & g_{ZZ} = 1 & h_{ZZ} = 1
\end{array}$$

$$(4.63)$$

~~1.2.1~~   1.1   1 – 13   12
            1.2
            1.3

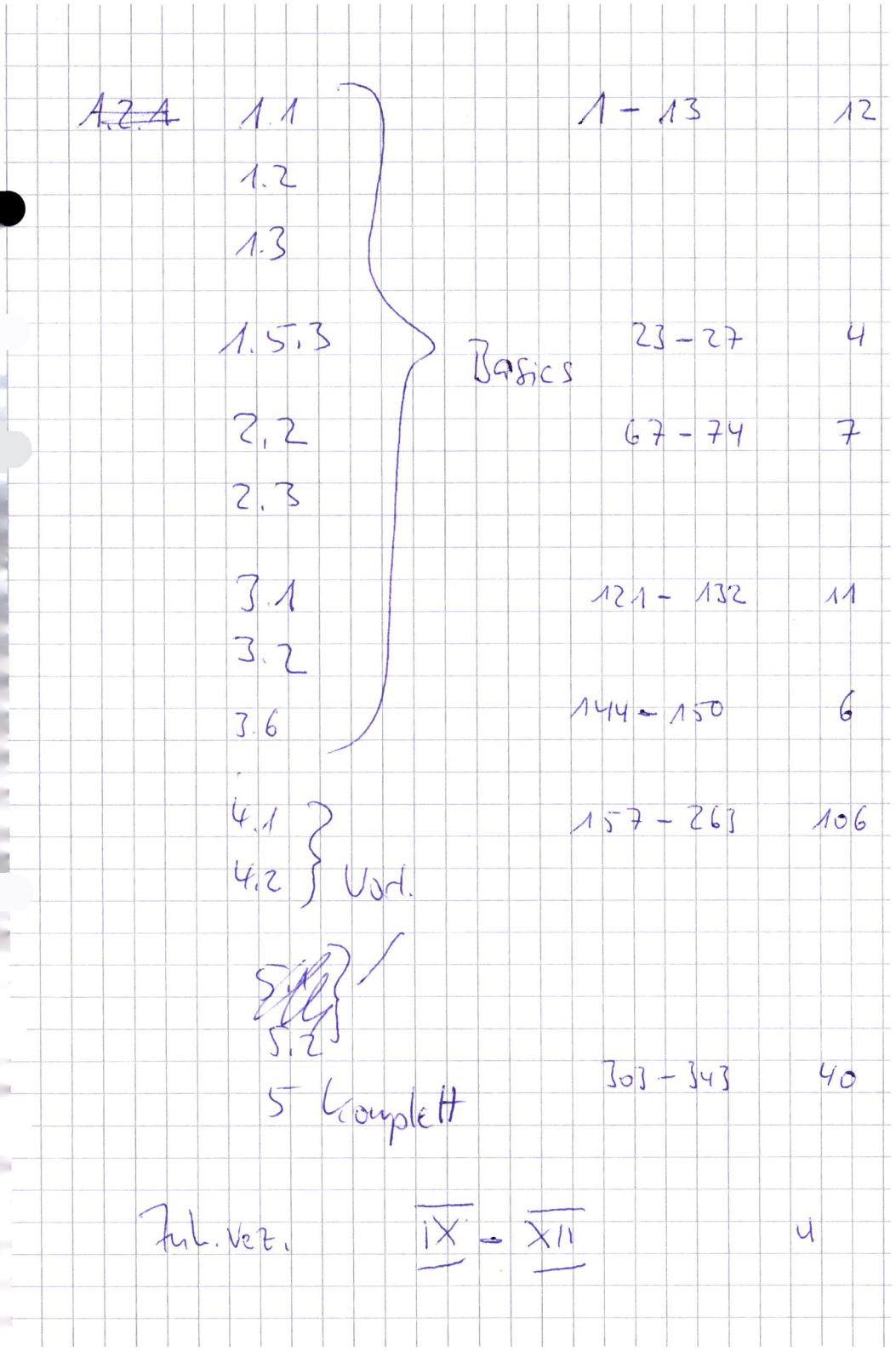

            1.5.3 ⎫   23 – 27   4
                   ⎪
            2.2   ⎬ Basics 67 – 74   7
            2.3   ⎪
                   ⎪
            3.1   ⎬   121 – 132   11
            3.2   ⎪
            3.6   ⎭   144 – 150   6

            4.1 ⎫ Vert.   157 – 263   106
            4.2 ⎭

            ~~5.1~~
            ~~5.2~~
            5 komplett   303 – 343   40

  Zul.Vet.   IX – XII   4

4.2 Nulldimensionale Modellierung

Für gedrosselte und ungedrosselte Ottomotoren mit variabler Ventilsteuerung finden sich entsprechende Einflussgleichungen basierend auf Messungen an ca. 400 Betriebspunkten bei Witt [4.115]. Als lastbeschreibende Einflussgröße fand dabei die innere Arbeit Anwendung, die Abhängigkeit vom Luftverhältnis wurde nicht untersucht.

Für einen direkteinspritzenden Dieselmotor seien Ergebnisse von Woschni und Anisits [4.117] angeführt. Für die Verbrennungsdauer $\Delta\varphi_{VD}$ wird folgende Abhängigkeit vom Referenzwert unter Einbeziehung von Luftverhältnis λ und Motordrehzahl n angegeben:

$$\Delta\varphi_{VD} = \Delta\varphi_{VD,ref} \left(\frac{\lambda_{ref}}{\lambda}\right)^{0,6} \left(\frac{n}{n_{ref}}\right)^{0,5}. \tag{4.64}$$

Der Vibe-Formfaktor m wird mittels Zündverzug $\Delta\varphi_{ZV}$, Druck p, Temperatur T und Drehzahl n auf den Referenzwert bezogen:

$$m = m_{ref} \left(\frac{\Delta\varphi_{ZV,ref}}{\Delta\varphi_{ZV}}\right)^{0,5} \frac{p}{p_{ref}} \frac{T_{ref}}{T} \left(\frac{n_{ref}}{n}\right)^{0,3}. \tag{4.65}$$

Neben der Umrechnung der Vibe-Parameter werden auch für die anderen vorgestellten Ersatzbrennverläufe Beziehungen zur Berücksichtigung geänderter Betriebsbedingungen angegeben, die den angeführten Veröffentlichungen entnommen werden können.

4.2.4.4 Nulldimensionale Verbrennungssimulation

Für Simulationsrechnungen kann der Brennverlauf punktweise oder durch Ersatzbrennverläufe wie oben beschrieben vorgegeben werden. Da die dafür nötigen Informationen nicht immer zur Verfügung stehen und da außerdem die Ansprüche an Allgemeingültigkeit und Genauigkeit der Modellierung ständig steigen, werden seit längerer Zeit Versuche unternommen, die komplizierten Vorgänge der Verbrennung direkt zu modellieren anstatt den Verlauf der Wärmefreisetzung vorzugeben. Neben sehr komplexen Modellen zur Verbrennungssimulation in dreidimensionalen Rechenprogrammen finden quasidimensionale und nulldimensionale Ansätze, die den Vorteil kurzer Rechenzeiten bieten, zunehmend Interesse (vgl. dazu auch Abschn. 2.9 und 4.3).

Bei der Simulation der **vorgemischten Verbrennung** in gemischansaugenden Motoren wird der Zündzeitpunkt vorgegeben, Zündverzug und Wärmefreisetzung sind zu berechnen. Meist wird von einer kugelförmigen Ausbreitung der Flammenfront ausgegangen. Da bei diesen Modellen die Berücksichtigung der geometrischen Verhältnisse im Brennraum eine Rolle spielt, sind sie der quasidimensionalen Modellierung zuzuordnen (siehe Abschn. 4.3).

Bei direkt einspritzenden Brennverfahren mit **nicht-vorgemischter Verbrennung** werden Einspritzzeitpunkt und Einspritzverlauf vorgegeben, Zündverzug und Wärmefreisetzung sind zu berechnen. Wege zur nulldimensionalen Simulation der Dieselverbrennung sollen hier anhand von zwei Beispielen phänomenologischer Modelle aufgezeigt werden.

Die jüngere Entwicklung des Dieselmotors ist von einer Verkürzung des Zündverzugs durch immer höhere Einspritzdrücke wegen deren rußmindernden Wirkung gekennzeichnet. Damit wird der kausale und zeitliche Zusammenhang zwischen Einspritzung und Verbrennung immer enger, was eine Berechnung des Brennverlaufs auf Basis des **Einspritzverlaufs** möglich erscheinen lässt. Ein nulldimensionales derartiges Modell, das Verdampfung und Zündverzug zur Simulation des Verbrennungsablaufs berücksichtigt, stammt von Constien und Woschni [4.23].

Dabei wird der eingespritzte Kraftstoff in **Teilmengen** unterteilt (siehe Abb. 4.18). Für jede Teilmenge wird ein mittlerer Tröpfchendurchmesser bestimmt. Sofort ab Eintritt in den Zylinder

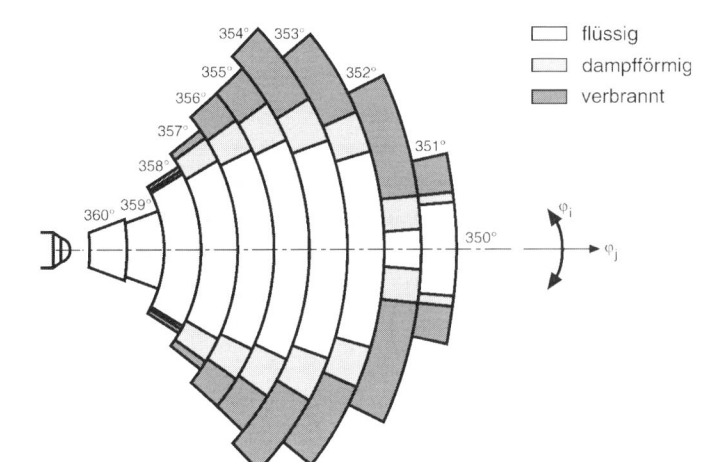

Abb. 4.18. Schematische Modelldarstellung der Unterteilung eingespritzen Kraftstoffs

beginnt das Tropfengemisch zu verdampfen. Für jede verdampfte Teilmenge wird der Zündverzug in Abhängigkeit von Druck und Temperatur im Brennraum berechnet und gegebenenfalls deren vollständige Verbrennung angesetzt. Die Aufsummierung der Wärmefreisetzung aller zu einem bestimmten Rechenschritt verbrannter Teilmengen ergibt den Brennverlauf. Im Einzelnen werden zu jedem Grad Kurbelwinkel die folgenden Rechenschritte durchgeführt.

Die **Einspritzteilmenge** m_{EST} des betrachteten Zeitschritts berechnet sich zunächst aus der Brennstoffdichte ρ_B und aus dem Integral des eingespritzten Kraftstoffvolumens dV_B entsprechend dem Einspritzverlauf:

$$m_{\text{EST}}(\varphi) = \rho_B \int_{t(\varphi_i)}^{t(\varphi_{i+1})} \frac{dV_B(t)}{dt} dt. \tag{4.66}$$

Für diese eingespritzte Teilmenge wird der mittlere Tröpfchendurchmesser nach Sauter D_{SM} (der **mittlere Sauterdurchmesser** ist definiert als Durchmesser eines Tröpfchens, für welches das Verhältnis von Volumen zu Oberfläche gleich jenem des Gesamtstrahls ist) nach Varde u. a. [4.105] berechnet:

$$D_{\text{SM}}(\varphi) = 8,7 \cdot 10^{-6} D_D (\text{Re We})^{-0,28}. \tag{4.67}$$

Darin bedeuten D_D den Durchmesser der Düsenaustrittsbohrung, $\text{Re} = v_{\text{ein}} D_D / \nu$ die Reynolds-Zahl mit v_{ein} als Strömungsgeschwindigkeit an der Düsenbohrung und $\text{We} = v_{\text{ein}}^2 D_D \rho_B / \sigma$ die Weber-Zahl mit σ als Oberflächenspannung des Mediums.

Für jede Einspritzteilmenge wird nun mit Hilfe des mittleren Tröpfchendurchmessers D_{SM} die Tropfenanzahl n_{Tr} bestimmt:

$$n_{\text{Tr}}(\varphi) = \frac{m_{\text{EST}}}{\frac{\pi}{6} D_{\text{SM}}^3 \rho_B}. \tag{4.68}$$

Für die **Verdampfung** wird angenommen, dass der Tropfendurchmesser der betrachteten Teilmenge abnimmt, ihre Tropfenanzahl aber gleich bleibt. Für jede Einspritzteilmenge wird zunächst die momentane Gesamtoberfläche A_{EST} aus der Tropfenanzahl und der augenblicklichen Tropfengröße berechnet:

$$A_{\text{EST}}(\varphi) = n_{\text{Tr}} \pi D_{\text{SM}}^2. \tag{4.69}$$

4.2 Nulldimensionale Modellierung

Nunmehr wird angesetzt, dass entsprechend dem momentanen Zylinderdruck p ein Anteil der Einspritzteilmenge $m_{\text{dpf},i}$ verdampft, der proportional zur Gesamtoberfläche A_{EST} ist:

$$m_{\text{dpf},i}(\varphi) = C_{\text{diff}} A_{\text{EST}} p^{m_p} \frac{1}{D_{\text{SM}}} \frac{1}{n}. \tag{4.70}$$

Die Diffusionskonstante C_{diff} und der Druckexponent m_p sind empirische Konstanten. Die Verdampfung ist somit proportional dem Konzentrationsgefälle an der Tropfenoberfläche, das seinerseits indirekt proportional dem Tropfendurchmesser D_{SM} ist. Über die Motordrehzahl n wird die zeitabhängige Verdampfung auf Grad Kurbelwinkel bezogen.

Aus der um diesen verdampften Kraftstoffanteil verringerten Einspritzteilmenge wird der neue Tropfendurchmesser berechnet:

$$D_{\text{SM}}(\varphi) = \sqrt[3]{\frac{m_{\text{EST}} - m_{\text{dpf},i}}{(\pi/6)n_{\text{Tr}}\rho_{\text{B}}}}. \tag{4.71}$$

Aus der Aufsummierung aller Einzelverdampfungsmengen von Einspritzbeginn bis zum aktuellen Kurbelwinkel ergibt sich die Gesamtverdampfungsmenge $m_{\text{dpf,ges}}$ für diesen Rechenschritt:

$$m_{\text{dpf,ges}}(\varphi) = \sum_{\varphi_i = \varphi_{\text{EB}}}^{\varphi_i} m_{\text{dpf},i}. \tag{4.72}$$

Für alle bisher verdampften Kraftstoffteilmengen wird nunmehr nachgeprüft, ob der Zündverzug τ_{ZV} zu dem betrachteten Zeitschritt überschritten wird. Der Zündverzug wird für jede betrachtete Teilmenge zu jedem Rechenschritt nach dem Ansatz von Wolfer [4.116] als Funktion von Druck p und Temperatur T im Brennraum berechnet. Druck und Temperatur werden aus den bisher errechneten Werten von der Verdampfung der jeweiligen Teilmenge bis zum aktuellen Rechenschritt gemittelt. Ist der so berechnete Zündverzug kleiner als die Zeit seit der Verdampfung, so verbrennt diese Teilmenge vollständig. Die Aufsummierung aller Teilmengen $m_{\text{vb},i}$, die bis zum aktuellen Rechenschritt verbrannt sind, ergibt die **Gesamtenergieumsetzung** Q_{B}:

$$Q_{\text{B}}(\varphi) = H_u \sum_{\varphi_i = \varphi_{\text{EB}}}^{\varphi_i} m_{\text{vb},i}. \tag{4.73}$$

Die Berechnung wird so lange fortgesetzt, bis der ganze Kraftstoff eingespritzt, verdampft und verbrannt ist.

An einem direkteinspritzenden Einzylinder-Dieselmotor wurden Untersuchungen zur Verifizierung des vorgestellten Modells durchgeführt. Dabei wurde aus der Messung von Nadelhub und Anschlagkraft der Düsennadel nach Constien [4.24] der Einspritzverlauf berechnet und daraus wie beschrieben der Brennverlauf bestimmt. Dieser wurde mit dem Brennverlauf aus einer thermodynamischen Analyse auf Basis des gemessenen Zylinderdruckverlaufs verglichen. Bei Variation von Drehzahl, Last, Aufladegrad und Einspritzzeitpunkt konstatieren die Autoren eine prinzipiell zufriedenstellende Übereinstimmung über dem gesamten Kennfeld. Für die dimensionsbehaftete Konstante C_{diff} in Gl. (4.70) wird folgende empirische Abhängigkeit von gesamter eingespritzter Kraftstoffmasse m_{B}, Luftmasse m_{L} und mittlerer Kolbengeschwindigkeit v_{Km} angegeben:

$$C_{\text{diff}} = \left(12{,}8 + 0{,}3\left[\frac{s}{gm}\right] \cdot v_{\text{Km}} \cdot m_{\text{L}} - 0{,}113\left[\frac{1}{gm}\right] \cdot m_{\text{B}}\right) \cdot 10^{-5} \quad \left[\frac{\text{kg min}}{\text{m}}\right]. \tag{4.74}$$

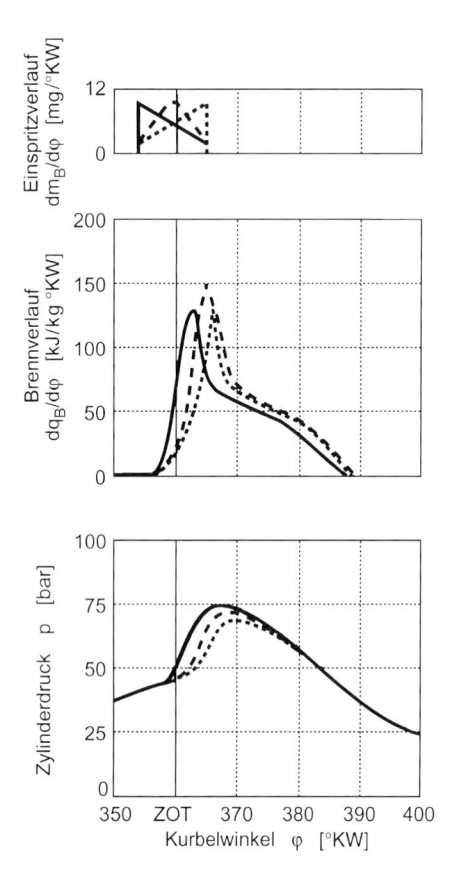

Abb. 4.19. Variation des rechnerischen Einspritzverlaufs [4.23]

Beträchtliches Potential zur Verbesserung der dieselmotorischen Verbrennung und Reduktion der Schadstoffe orten die Autoren in der Anwendung von Einspritzsystemen, die eine Beeinflussung des Einspritzverlaufs durch Trennung von Druckerzeugung und Einspritzvorgang erlauben. Damit wäre eine Variation der Einspritzverläufe nach Abb. 4.19 möglich, wobei Tröpfchengröße und Einspritzdauer für alle Varianten konstant gehalten werden könnten.

Aus diesen Einspritzverläufen errechnen sich nach dem vorliegenden Modell die Brennverläufe und Druckverläufe im unteren Teil von Abb. 4.19. Es zeigt sich, dass ein „weicher" Einspritzverlauf mit während der Einspritzung flach zunehmendem Druckverlauf auch eine entsprechend „weiche" Verbrennung liefert. Diese weist bei nahezu unveränderten Werten von Brenndauer, Kraftstoffverbrauch und Mitteldruck niedrigere Druckspitzen und Druckanstiege auf.

Neben der Beschreibung der einzelnen physikalischen Teilprozesse von Gemischbildung und Verbrennung gibt es Bestrebungen, den Brennverlauf in Abhängigkeit von übergeordneten prägenden Einflüssen darzustellen. Als Beispiel soll ein Ansatz zur **mischungskontrollierten Verbrennung** für direkt einspritzende Dieselmotoren nach Chmela u. a. [4.20, 4.21] angeführt werden, in dem der Brennverlauf proportional zu einem Masseterm M_K und einem Turbulenzterm T_B angesetzt wird:

$$dQ_B/d\varphi = C_{Mod} M_K T_B. \tag{4.75}$$

Der Masseterm M_K stellt die zum betrachteten Zeitpunkt **verfügbare Kraftstoffmasse** $m_{B,vfg}$ dar, die als Differenz zwischen der bis zu diesem Zeitpunkt eingespritzten Kraftstoffmasse $m_{B,e}$ und der bis zu demselben Zeitpunkt verbrannten Kraftstoffmasse $m_{B,v}$ berechnet wird:

$$M_K = m_{B,vfg}(\varphi) = m_{B,e}(\varphi) - m_{B,v}(\varphi). \quad (4.76)$$

Die eingespritzte Kraftstoffmasse $m_{B,e}$ ist das Integral des Einspritzverlaufs, der mittels Bernoulli-Gleichung aus den gemessenen Verläufen von Einspritzdruck und Nadelhub ermittelt wird. Die verbrannte Kraftstoffmasse $m_{B,v}$ wird als Quotient von umgesetzter Brennstoffenergie Q_B zum Heizwert H_u ausgedrückt.

Der **Turbulenzterm** T_B beinhaltet die turbulente kinetische Energie k sowie eine charakteristische Länge, die aus dem veränderlichen Zylindervolumen V gebildet wird:

$$T_B = \sqrt{k(\varphi)} / \sqrt[3]{V(\varphi)}. \quad (4.77)$$

Diese Annahme drückt aus, dass die chemischen Umsetzungsreaktionen wesentlich schneller ablaufen als die Vorgänge der Gemischaufbereitung und somit die lokale Mischungsgeschwindigkeit den Verbrennungsablauf bestimmt.

Die Berechnung der turbulenten kinetischen Energie k erfolgt aus der kinetischen Energie E_{kin} der Zylinderladung. Während beim Ottomotor die Ladungsbewegung durch die Einlassströmung, die Kolbenbewegung und eventuelle Quetschströmungen verursacht wird, kommt beim Dieselmotor zusätzlich die kinetische Energie des Einspritzstrahls hinzu. Bei Einspritzdrücken von über 1000 bar überwiegt dieser Anteil bei weitem, so dass die kinetische Energie nur aus der Einspritzgeschwindigkeit v_{ein} berechnet wird:

$$\frac{dE_{kin}}{d\varphi} = \frac{v_{ein}^2}{2} \rho_B \frac{dV_B}{d\varphi}. \quad (4.78)$$

Bezieht man diese kinetische Energie auf die bis zu dem betreffenden Zeitpunkt eingespritzte Kraftstoffmasse und die entsprechend dem Luftverhältnis verbrauchte Luftmasse, erhält man die turbulente kinetische Energie k, die in Gl. (4.77) einzusetzen ist. Die Turbulenzkonstante C_t beinhaltet unter anderem den Wirkungsgrad der Umwandlung von kinetischer in turbulente kinetische Energie.

$$k = C_t \frac{E_{kin}}{m_{B,e}(1 + \lambda L_{st})}. \quad (4.79)$$

In der angegebenen Literatur sind Anwendungsbeispiele zur Verifizierung angeführt, Aussagen über die Modellkonstanten werden nicht getroffen. Das Modell ist ein rein **mischungsgesteuerter Ansatz** (mixing controlled combustion, MCC), der ohne explizite Berücksichtigung von Verdampfung oder chemischer Reaktionen das Auslangen findet.

Bei der Frage, welche Ansätze in einer Prozessrechnung zum Einsatz kommen sollen, können die einleitend angestellten Betrachtungen über die Art der Modelle und die Ziele der Berechnung als Entscheidungshilfe herangezogen werden. In jedem Fall gilt, dass ein praktisch verwendbares Modell nicht so genau wie möglich, sondern so genau wie notwendig zu sein hat. Allgemein ist auch festzuhalten, dass mit empirischen Gleichungen und Konstanten – zumal mit dimensionsbehafteten – zwar im Einzelfall eine gute Übereinstimmung mit Messwerten erreicht werden kann, eine Allgemeingültigkeit im Sinne einer Übertragbarkeit auf geänderte Randbedingungen dabei aber nicht vorausgesetzt werden kann. Einfache nulldimensionale Modelle sind als gute Wahl anzusehen, wenn es gilt, mit eher geringem zeitlichen Aufwand globale Einflüsse darzustellen. Höhere Anforderungen bezüglich allgemeiner Gültigkeit und Genauigkeit erfordern jedoch eine möglichst realitätsnahe Modellierung der physikalischen Abläufe. Weitere Modelle zur Verbrennungssimulation werden im Rahmen der quasidimensionalen Modellierung in Abschn. 4.3 besprochen.

4.2.5 Wandwärmeübergang

Der dritte Term in der Energiegleichung (4.3), $dQ_W/d\varphi$, stellt den Verlauf des Wandwärmeübergangs dar. Der Wärmestrom vom Arbeitsgas an das Kühlmedium beeinflusst den Druck- und Temperaturverlauf im Zylinder, den Kraftstoffverbrauch, die Schadstoffemission, das Energieangebot im Abgas und bestimmt die thermische Belastung der Bauteile. Für den Arbeitsprozess des Verbrennungsmotors stellt der Wandwärmeübergang einen erheblichen Verlust dar, dessen Bestimmung seit vielen Jahren zahlreiche Untersuchungen in der Motorenforschung gelten. Dem Wärmeübergang in der Verbrennungskraftmaschine ist ein eigener Band dieser Buchreihe gewidmet [4.76].

Je nach Betriebszustand des Motors beträgt die Wärme, die dem Arbeitsgas durch die im Allgemeinen notwendige Kühlung der Bauteile entzogen wird, zwischen etwa 10 und 30 % der eingebrachten Kraftstoffenergie. Abbildung 4.20 zeigt die Verhältnisse am Beispiel eines wassergekühlten Vierzylinder-PKW-Ottomotors.

Da es thermodynamisch günstiger wäre, die aus Festigkeitsgründen erforderliche Absenkung der Bauteiltemperatur nicht durch Kühlung, sondern durch brennraumseitige **Isolierung** zu erreichen, gab es Bestrebungen, den Wärmeübergang durch Aufbringen keramischer Isolierschichten zu verringern oder durch die Ausführung einzelner Bauteile oder des ganzen Motors aus keramischem Material weitgehend zu verhindern [4.17]. Man erhoffte sich dadurch folgende positive Effekte:

– Verbesserung des Wirkungsgrads des Arbeitsprozesses durch Verringerung der Wandwärmeverluste,
– Verkleinerung des Kühlsystems,
– Erhöhung der Abgasenergie, die gegebenenfalls durch Nachschaltprozesse genutzt werden kann.

Es hat sich jedoch gezeigt, dass die erwarteten Vorteile nicht entsprechend umgesetzt werden konnten. Der Arbeitsprozess verschob sich insgesamt auf ein höheres Temperaturniveau, was zu einem Absinken des Liefergrads und damit der Motorleistung führte. Im Zuge der zunehmend geforderten Verringerung der Emission von Stickoxiden sind heutzutage überdies Verfahren mit hohen Arbeitsgastemperaturen nicht akzeptabel. Für den theoretischen Fall einer gänzlichen Vermeidung des Wärmeübergangs ist zudem zu beachten, dass die gewonnene Wandwärme nur entsprechend ihrem Gleichraumgrad zu einer Verbesserung des Wirkungsgrads beitragen kann (vgl. Gl. (4.58)).

Eine kritische Betrachtung zur Isolierung der Brennraumwände findet sich bei Woschni u. a. [4.119]: Für den idealisierten Fall des **adiabaten Arbeitsprozesses** könnten Steigerungen

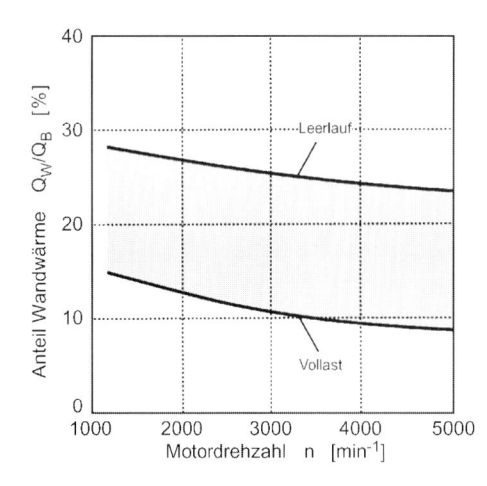

Abb. 4.20. Anteil der Wandwärme an umgesetzter Kraftstoffenergie über Drehzahl und Last für PKW-Ottomotor

4.2 Nulldimensionale Modellierung

des Wirkungsgrads in der Größenordnung von 15 % erwartet werden. Unter Berücksichtigung des Umstands, dass auch bei einem nach außen vollständig isolierten Motor immer noch ein Wärmeaustausch mit Zwischenspeicherung zwischen Gas und Wand stattfinden müsste, verringert sich das Potential auf etwa 5 %. In der Praxis lassen sich allerdings durch Isolierung kaum Verbrauchsvorteile erreichen. Mit der Anhebung des Temperaturniveaus des Arbeitsprozesses wurde sogar eine Vergrößerung des Wärmeübergangs beobachtet. Dies kann darauf zurückgeführt werden, dass bei höheren Wandtemperaturen die Flamme näher an die Wand heranbrennen kann, das wandnahe Strömungsfeld intensiviert und damit den Wärmeübergangskoeffizienten erhöht.

Die Komplexität der Vorgänge im Brennraum und deren ständige zeitliche und örtliche Veränderlichkeit verhindern eine exakte analytische Beschreibung des Wandwärmeübergangs. Je nach Anwendungszweck sind eine Vielzahl von Wärmeübergangsmodellen in Verwendung.

Ein zeitlich und örtlich mittlerer Wärmeübergang kann durch die Erstellung einer Energiebilanz des Motors bestimmt werden (vgl. Abschn. 6.1). Für die thermodynamische Modellierung des Arbeitsprozesses ist die Berechnung des zeitlichen Verlaufs des örtlich gemittelten Wandwärmeübergangs relevant, wofür verschiedene null- oder quasidimensionale Rechenansätze zur Anwendung kommen. Für die Bestimmung der thermischen Belastung der Bauteile wiederum ist es notwendig, die örtlichen Unterschiede zu berücksichtigen, während die zeitlichen Änderungen hierbei eine untergeordnete Rolle spielen. Die sowohl zeitliche als auch örtliche Auflösung des Wärmeübergangs kann in aufwendigen dreidimensionalen strömungsdynamischen Berechnungen dargestellt werden (siehe Abschn. 4.5).

4.2.5.1 Wärmedurchgang

Der gesamte Wärmetransport vom Arbeitsgas über die Brennraumwände an das Kühlmedium wird als Wärmedurchgang bezeichnet. Ein prinzipielles Modell des Wärmedurchgangs in Verbrennungskraftmaschinen zeigt Abb. 4.21.

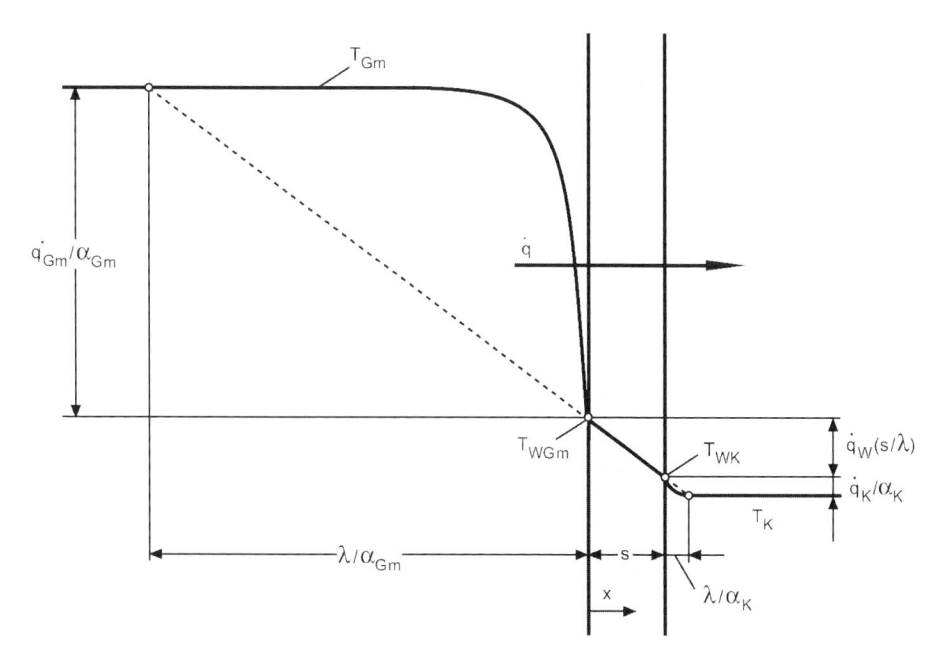

Abb. 4.21. Wärmedurchgang im Verbrennungsmotor

Der für die Motorprozessrechnung relevante örtlich gemittelte Gastemperaturverlauf $T_G(\varphi)$ führt wegen seiner hohen Mitteltemperatur T_{Gm} und seiner beträchtlichen Schwankungen während des Arbeitsspiels zu einem instationären Wärmestromeintritt $\dot{Q}_G(\varphi)$ in die Brennraumwände. Die Schwankungen der gasseitigen Wandoberflächentemperatur $T_{WG}(\varphi)$ klingen in den Brennraumwänden mit der Tiefe rasch ab, die Wärmeübertragung ins Kühlmittel erfolgt stationär.

Brennraumseitig wirken die beiden Wärmeübertragungsarten Konvektion und Strahlung. In der Wand selbst erfolgt der Wärmeübergang ausschließlich durch Leitung. Auf der Kühlmittelseite tritt bei Wasserkühlung vorwiegend Konvektion, bei Luftkühlung Konvektion und Strahlung auf. Es folgen einige grundsätzliche Überlegungen zum Wärmedurchgang, bevor der instationäre gasseitige Wärmeübergang im Detail besprochen werden soll.

Gasseitiger Wärmeübergang

Der instationäre gasseitige Wärmeübergang erfolgt überwiegend durch erzwungene Konvektion. Zu seiner Beschreibung wird in der Regel der **Newton'sche Ansatz** nach Gl. (1.105) herangezogen:

$$\dot{Q}_G(\varphi) = A_G \dot{q}_G = A_G \alpha_G(\varphi)[T_G(\varphi) - T_{WG}(\varphi)]. \tag{4.80}$$

Darin sind $\dot{Q}_G$ der gasseitige Wandwärmestrom, $\dot{q}_G$ die gasseitige Wandwärmestromdichte, A_G die Oberfläche für den gasseitigen Wärmeübergang, α_G der gasseitige Wärmeübergangskoeffizient, T_G die örtlich gemittelte Temperatur des Arbeitsgases und T_{WG} die gasseitige Wandoberflächentemperatur. Wegen der gegenüber den Schwankungen der Gastemperatur geringen zyklischen Änderungen der Wandoberflächentemperatur wird diese meist zeitlich konstant angenommen.

Der Anteil der Strahlungswärme am gasseitigen Wärmeübergang ist vor allem bei Ottomotoren infolge der dort vorherrschenden selektiven Gasstrahlung nur von untergeordneter Bedeutung. Bei Dieselmotoren ist der Strahlungsanteil durch die auftretende Rußstrahlung größer. Die Berücksichtigung des Wärmeübergangs durch Strahlung kann gemäß dem **Stefan–Boltzmann'schen Strahlungsgesetz** durch folgenden Ansatz geschehen:

$$\dot{Q}_{Str}(\varphi) = A_{Str} \dot{q}_{Str}(\varphi) = A_{Str} \varepsilon_G C_S \left[\left(\frac{T_G(\varphi)}{100}\right)^4 - \left(\frac{T_{WG}}{100}\right)^4 \right]. \tag{4.81}$$

Darin sind $\dot{Q}_{Str}$ der Wärmestrom durch Strahlung, $\dot{q}_{Str}$ die Wärmestromdichte durch Strahlung, A_{Str} die Oberfläche für Wärmeübergang durch Strahlung, ε_G das Emissionsverhältnis, C_S die Strahlungskonstante des schwarzen Körpers, T_G die örtlich gemittelte Temperatur des Arbeitsgases und T_{WG} die gasseitige Wandoberflächentemperatur.

Der gesamte gasseitige Wandwärmestrom $\dot{Q}_{G,ges}$ setzt sich also aus einem konvektiven Anteil $\dot{Q}_G$ und einem Strahlungsanteil $\dot{Q}_{Str}$ zusammen. In der Praxis wird vereinfachend oft mit einem einzigen Wärmeübergangskoeffizienten $\alpha_{G,ges}$ für den gesamten gasseitigen Wärmeübergang gerechnet, der nach einem konvektiven Ansatz berechnet und zur Berücksichtigung der Strahlung entsprechend aufgewertet wird:

$$\begin{aligned}\dot{Q}_{G,ges}(\varphi) &= \dot{Q}_G(\varphi) + \dot{Q}_{Str}(\varphi) = A_{G,ges} \dot{q}_{G,ges}(\varphi) \\ &= A_{G,ges} \alpha_{G,ges}(\varphi)[T_G(\varphi) - T_{WG}].\end{aligned} \tag{4.82}$$

4.2 Nulldimensionale Modellierung

Falls der Strahlungsanteil explizit formuliert wird, gilt für den gesamten Wärmeübergangskoeffizienten:

$$\alpha_{G,\text{ges}} = \alpha_G + \frac{1}{T_G - T_{WG}} \varepsilon_G C_S \left[\left(\frac{T_G}{100}\right)^4 - \left(\frac{T_{WG}}{100}\right)^4 \right]. \tag{4.83}$$

Wärmeleitung

In den Brennraumwänden erfolgt der Wärmetransport durch Wärmeleitung, die allgemein durch die **Fourier'sche Wärmeleitungsgleichung** beschrieben wird:

$$\frac{\partial T}{\partial t} = \frac{\Theta}{\rho c} + a \left(\frac{\partial^2 T}{\partial x^2} + \frac{\partial^2 T}{\partial y^2} + \frac{\partial^2 T}{\partial z^2} \right) = \frac{\Theta}{\rho c} + a \Delta T. \tag{4.84}$$

Darin sind T die Temperatur der Wand, Θ die je Raum- und Zeiteinheit entwickelte Wärmemenge, c die spezifische Wärmekapazität des Wandmaterials, ρ die Dichte des Wandmaterials und a die Temperaturleitfähigkeit des Wandmaterials.

Durch die Lösung der Differentialgleichung (4.84) unter Berücksichtigung der vorliegenden Anfangs- und Randbedingungen erhält man das instationäre Temperaturfeld an jeder Stelle des betrachteten Körpers und daraus das instationäre Wärmestromdichtefeld:

$$\dot{q}(\vec{x},t) = -\lambda \, \text{grad} \, T(\vec{x},t). \tag{4.85}$$

Unter bestimmten Annahmen lassen sich für die Brennraumwände exakte Lösungen der Gln. (4.84) und (4.85) finden, wozu eine Messung des Verlaufs der Temperatur oder des Wärmestroms an der Wandoberfläche als Randbedingung benötigt wird. Diese experimentelle Methode bietet bei entsprechender Sorgfalt eine Möglichkeit zur Validierung der in der Motorprozessrechnung getroffenen Annahmen über den gasseitigen Wärmeübergang.

Die zyklischen Schwankungen an der Brennraumoberfläche klingen mit der Tiefe rasch ab, so dass im Großteil der Wand von stationären Bedingungen ausgegangen werden kann. Die Wandwärmestromdichte ist nach Gl. (4.85) proportional dem Temperaturgradienten in der Wand, für den stationären Anteil des Wandwärmestroms $\dot{Q}_W$ gilt:

$$\dot{Q}_W = \frac{\lambda}{s} A_W (T_{WGm} - T_{WK}) \tag{4.86}$$

Dabei sind λ die Wärmeleitfähigkeit des Wandmaterials, s die Wandstärke, A_W die Wandoberfläche, T_{WGm} die mittlere gasseitige Wandoberflächentemperatur und T_{WK} die kühlmittelseitige Wandoberflächentemperatur.

Kühlmittelseitiger Wärmeübergang

Kühlmittelseitig liegen stationäre Verhältnisse vor, der Wärmeübergang erfolgt primär durch erzwungene Konvektion. Bei Wasserkühlung steigt die Temperatur des Kühlmittels in einer dünnen Grenzschicht auf die kühlmittelseitige Wandoberflächentemperatur an. Der kühlmittelseitige Wandwärmestrom $\dot{Q}_K$ kann nach dem Newton'schen Ansatz mit dem örtlich und zeitlich mittleren Wärmeübergangskoeffizienten α_K proportional der Oberfläche A_K und der Temperaturdifferenz aus Wandtemperatur T_{WK} und Temperatur des Kühlmediums T_K angesetzt werden:

$$\dot{Q}_K = A_K \dot{q}_K = A_K \alpha_K (T_{WK} - T_K). \tag{4.87}$$

Für den Wärmeübergangskoeffizienten sind Ansätze aus der Theorie der **Rohrströmung** gebräuchlich (vgl. Abschn. 1.5). Nach der Ähnlichkeitstheorie wird dabei der konvektive Wärmeübergangskoeffizient durch die Nusselt-Zahl Nu beschrieben, die als Funktion der Reynolds-Zahl Re und Prandtl-Zahl Pr dargestellt werden kann (siehe Gl. (1.274)):

$$\mathrm{Nu} = f(\mathrm{Re}, \mathrm{Pr}) = C\,\mathrm{Re}^{m_1}\,\mathrm{Pr}^{m_2}.$$

Da die Prandtl-Zahl im betrachteten Temperaturbereich als konstant angesehen werden kann, resultiert für die Nusselt-Zahl Gl. (1.275): $\mathrm{Nu} = C_K\,\mathrm{Re}^m$. Wie in Abschn. 1.5.7 erwähnt, sind in der Literatur für die Konstante C_K Werte zwischen 0,03 und 0,06 angegeben, für den Exponenten m finden sich bei turbulenter Strömung Werte von 0,7 bis 0,8.

Eine Vervielfachung des Wärmeübergangskoeffizienten kann erreicht werden, indem **Blasensieden** zugelassen wird, was eine Verringerung des erforderlichen Wasserdurchsatzes bei gleichzeitiger Erhöhung der Kühlleistung erlaubt [4.19].

Die Optimierung der Kühlung von Verbrennungsmotoren und des Wärmemanagements insgesamt gewinnt zunehmend an Bedeutung (vgl. Abschn. 4.2.5.6).

Gesamtwärmeübergang

Bei Mittelung der instationären Größen über ein Arbeitsspiel und Auflösung nach der Temperaturdifferenz lassen sich Gln. (4.82), (4.86) und (4.87) in folgender Form anschreiben:

$$T_{Gm} - T_{WGm} = \frac{\dot{Q}_m}{A_m}\frac{1}{\alpha_{Gm}}, \tag{4.88}$$

$$T_{WGm} - T_{WK} = \frac{\dot{Q}_m}{A_m}\frac{s}{\lambda}, \tag{4.89}$$

$$T_{WK} - T_K = \frac{\dot{Q}_m}{A_m}\frac{1}{\alpha_K}. \tag{4.90}$$

Darin sind T_{Gm} die örtlich und zeitlich gemittelte Temperatur des Arbeitsgases, T_{WGm} die mittlere gasseitige Wandoberflächentemperatur, α_{Gm} der mittlere gasseitige Wärmeübergangskoeffizient und $\dot{Q}_m$ der mittlere stationäre Wärmestrom, der gasseitig, in der Wand sowie kühlmittelseitig transportiert wird. Bei der Bildung der gasseitigen Mittelwerte ist zu beachten, dass aus Gründen der Erhaltung der Energie vom arithmetisch gebildeten zeitlichen Mittelwert des Wandwärmestroms auszugehen ist, so dass mit N als Anzahl der Werte je Arbeitsspiel gilt:

$$\dot{Q}_m = A_m \alpha_{Gm}(T_{Gm} - T_{WGm}) = \frac{1}{N}\sum_{i=1}^{N}\dot{Q}_{Gi} = \frac{1}{N}\sum_{i=1}^{N} A_i \alpha_{Gi}(T_{Gi} - T_{WGi}), \quad A_m = \frac{1}{N}\sum_{i=1}^{N} A_i. \tag{4.91}$$

Die Aufspaltung der Terme liefert:

$$A_m \alpha_{Gm} T_{WGm} = \frac{1}{N}\sum_{i=1}^{N} A_i \alpha_{Gi} T_{WGi} \tag{4.92}$$

$$A_m \alpha_{Gm} T_{Gm} = \frac{1}{N}\sum_{i=1}^{N} A_i \alpha_{Gi} T_{Gi} \tag{4.93}$$

4.2 Nulldimensionale Modellierung

Vernachlässigt man die Temperaturschwankungen an der gasseitigen Wandoberfläche gegenüber den Schwankungen von Gastemperatur und Wärmeübergangskoeffizient ($T_{WG_i} \approx T_{WGm}$), liefert Gl. (4.92) für α_{Gm} folgende Mittelung:

$$\alpha_{Gm} = \frac{1}{NA_m} \sum_{i=1}^{N} A_i \alpha_{Gi}. \qquad (4.94)$$

Damit folgt aus (4.93) für die Berechnung der mittleren Gastemperatur folgende Wichtung:

$$T_{Gm} = \frac{1}{NA_m \alpha_{Gm}} \sum_{i=1}^{N} A_i \alpha_{Gi} T_{Gi} \qquad (4.95)$$

Durch Addition der drei Gln. (4.88), (4.89) und (4.90) erhält man für das gesamte Temperaturgefälle zwischen Gas und Kühlmittel:

$$T_{Gm} - T_K = \frac{\dot{Q}_m}{A_m} \left(\frac{1}{\alpha_{Gm}} + \frac{s}{\lambda} + \frac{1}{\alpha_K} \right). \qquad (4.96)$$

Der Klammerausdruck ist ein Maß für den Wärmewiderstand der Zylinderwand und wird mit $1/k$ bezeichnet. Der Kehrwert k stellt die sogenannte **Wärmedurchgangszahl** dar und berücksichtigt alle Einflüsse des Wärmetransports vom Gas an das Kühlmittel. Das Temperaturfeld in der Wand mit seinen Gradienten, welche die thermische Belastung bestimmen, ist außer vom Wärmestrom an sich durch die Stoffeigenschaften der Fluide und des Wandmaterials festgelegt.

Aus Gln. (4.88), (4.89) und (4.90) lassen sich durch Eliminieren von $\dot{Q}_m$ auch die kühlmittelseitige und mittlere gasseitige **Wandoberflächentemperaturen** berechnen, wenn neben der mittleren Gas- und Kühlmitteltemperatur die Wanddicke, die Wärmeleitfähigkeit der Wand und die (mittleren) Wärmeübergangskoeffizienten für Gas und Kühlmittel bekannt sind.

$$T_{WGm} = \frac{\alpha_{Gm} T_{Gm} + T_K/(1/\alpha_K + s/\lambda)}{\alpha_{Gm} + 1/(1/\alpha_K + s/\lambda)}, \qquad (4.97)$$

$$T_{WK} = T_{WGm} - \frac{s}{\lambda} \frac{1}{1/\alpha_K + s/\lambda} (T_{WGm} - T_K). \qquad (4.98)$$

Gleichungen (4.89), (4.96), (4.97) und (4.98) gelten auch für Doppel- und Mehrschichtwände sowie für beschichtete Wände, etwa bei Rußablagerungen, wenn anstelle von s/λ die Summen der Quotienten der einzelnen Schichten eingesetzt werden, also

$$\frac{s}{\lambda} = \sum_{i=1}^{n} \frac{s_i}{\lambda_i}. \qquad (4.99)$$

Die Temperaturverteilung in den Brennraumwänden bei Verwendung verschiedener Werkstoffe (Stahl, Leichtmetall, Keramik u.a.) oder bei Beschichtung (Isolierung, Rußbelag, Kesselstein u.dgl.) kann auf diese Weise abgeschätzt werden. Dies ist nicht nur in Hinsicht auf Auswirkungen bei der Motorprozessrechnung von Interesse, sondern auch zur Berechnung der thermischen Beanspruchung.

4.2.5.2 Gasseitiger konvektiver Wärmeübergang

Der gasseitige Wärmeübergang im Brennraum erfolgt vorwiegend durch **erzwungene Konvektion**. Der Energietransport ist dabei durch turbulenten Stofftransport und durch Wärmeleitung in der Grenzschicht bestimmt, also durch die Ladungsbewegung sowie den Temperaturgradienten des Arbeitsgases an den Brennraumwänden. Es ist bisher nicht gelungen, die komplexen Vorgänge in der Grenzschicht zufriedenstellend zu beschreiben, insbesondere unter den hochdynamischen Verhältnissen im Brennraum. Wegen seiner grundlegenden Bedeutung für den Motorprozess findet der gasseitige Wärmeübergang aber seit Langem reges Interesse. Anhand einer Auswahl der vorgeschlagenen phänomenologischen und physikalischen Berechnungsmodelle soll die Entwicklung in der Modellierung des gasseitigen Wärmeübergangs gezeigt werden.

Phänomenologische Modelle

Wegen ihrer einfachen Handhabung haben sich in der Praxis phänomenologische Modelle nach dem **Newton'schen Ansatz** bewährt, bei denen wie bereits erwähnt die Wandwärmestromdichte $\dot{q}$ als Produkt eines Wärmeübergangskoeffizienten α und der Differenz zwischen der örtlich mittleren Gastemperatur T_G und der Wandtemperatur T_W dargestellt wird (siehe Gl. (4.80)):

$$\dot{q}(\varphi) = \alpha_G(\varphi)[T_G(\varphi) - T_{WG}]$$

Die Wandoberflächentemperatur T_{WG} wird zwar über dem Arbeitszyklus konstant angenommen, allerdings werden in der Regel für die Oberflächentemperaturen von Zylinderkopf, Zylinderbuchse und Kolben unterschiedliche Werte eingesetzt, die im Allgemeinen aus der Erfahrung oder aus Oberflächentemperaturmessungen stammen.

Da der Newton'sche Ansatz für den stationären konvektiven Wärmeübergang entwickelt wurde und die örtlich gemittelte Gastemperatur eine fiktive Größe darstellt, ist dieser Ansatz als phänomenologisch zu bezeichnen, d. h., er beschreibt das Phänomen, ohne direkt auf die physikalischen Gegebenheiten einzugehen.

Der zeitlich veränderliche **Wärmeübergangskoeffizient** $\alpha_G(\varphi)$ hängt von einer Reihe von Parametern wie Druck, Temperatur und Strömungsgeschwindigkeit ab. Die Ermittlung dieser Abhängigkeiten ist schon lange das Ziel verschiedener Forschungsarbeiten, deren Ergebnisse zum Teil erheblich voneinander abweichen. Die vorgeschlagenen phänomenologischen Ansätze können grundsätzlich in dimensionsbehaftete experimentelle Ansätze und in dimensionslose Ansätze nach der Ähnlichkeitstheorie eingeteilt werden.

Dimensionsbehaftete experimentelle Ansätze

Prinzipielle Schwachstellen dieser Ansätze liegen darin, dass sie einerseits rein empirischer Natur sind und dass andererseits die dimensionsbehafteten experimentellen Konstanten eine Übertragung auf geänderte (Größen)verhältnisse nicht ohne Weiteres erlauben.

Erste grundlegende Untersuchungen über den gasseitigen Wärmeübergang in der Verbrennungskraftmaschine wurden von **Nusselt** 1923 [4.75] veröffentlicht. Aus Experimenten mit einer kugelförmigen Verbrennungsbombe extrapolierte Nusselt seine Ergebnisse für den Wärmeübergang und schlug für den Verbrennungsmotor folgende Abhängigkeit des Wärmeübergangskoeffizienten α von Druck p und Temperatur T im Brennraum sowie von der mittleren Kolbengeschwindigkeit v_{Km} vor:

$$\alpha_G = C_1 \sqrt[3]{p^2 T}(C_2 + C_3 v_{Km}). \tag{4.100}$$

Die experimentellen Konstanten C_1, C_2 und C_3 sind aus Versuchen zu bestimmen. Nach Umrechnung auf SI-Einheiten stellen sich die von Nusselt basierend auf verschiedenen Versuchsergebnissen angegebenen Konstanten wie folgt dar:

$$C_1 = 1{,}166 \sqrt[3]{\frac{\text{kg}\,\text{m}^2}{\text{s}^2\text{K}^4}}, \quad C_2 = 1, \quad C_3 = 1{,}24\,\text{s/m}$$

Es mag überraschen, dass sich Nusselt bei seinen Untersuchungen über den Wärmeübergang im Verbrennungsmotor nicht auf seine Ergebnisse aus den stationären Rohrversuchen und der Ähnlichkeitstheorie bezogen hat, offensichtlich war er aber der Ansicht, bei den verwickelten instationären Vorgängen im Brennraum sei die Ähnlichkeit mit stationären Rohrströmungen nicht gegeben. Jedenfalls stand der Ansatz von Nusselt über viele Jahre in Verwendung, wobei spätere Autoren bei der Untersuchung unterschiedlicher Motoren für die Konstanten vielfach andere Werte angegeben haben.

Insbesondere für Großdieselmotoren fand in weiterer Folge die von **Eichelberg** [4.31] veröffentlichte Beziehung weite Verbreitung:

$$\alpha_G = C \sqrt[3]{v_{Km}} \sqrt{pT}. \tag{4.101}$$

In SI-Einheiten gilt für die Konstante: $C = 2{,}47\,\text{s}^{3/4}\,\text{m}^{1/6}\,\text{kg}^{-1/2}\,\text{K}^{-1/2}$.

Der Entwicklung im Motorenbau nach höheren Mitteldrücken und Kolbengeschwindigkeiten Rechnung tragend, erweiterte **Pflaum** [4.77] die Abhängigkeit durch Funktionen für Aufladedruck p_L und Motorgröße (Zylinderdurchmesser d) in der Form

$$\alpha_G = \sqrt{pT}\, f_1(v_{Km}) f_2(p_L) f_3(d). \tag{4.102}$$

Mit (alle Größen in SI-Einheiten):

$f_1(v_{Km}) = 6{,}2 - 5{,}2 \cdot 5{,}7^{-(0{,}1 v_{Km})^2} + 0{,}025 v_{Km}$
$f_2(p_L) = 2{,}71 p_L^{0{,}25}$ für Zylinderkopf und Kolben
$f_2(p_L) = 0{,}95 p_L^{0{,}66}$ für die Zylinderbuchse
$f_3(d) = 0{,}62\, d^{-0{,}25}$

Dimensionslose Ansätze nach Ähnlichkeitstheorie

Gewissermaßen als zweite Generation der Wärmeübergangsbeziehungen können jene angesehen werden, die auf Ähnlichkeitsbetrachtungen basieren. In der Ähnlichkeitstheorie werden alle ein Phänomen bestimmende Parameter zu dimensionslosen Kennzahlen zusammengefasst und die interessierenden Abhängigkeiten als Funktionen dieser Kennzahlen ausgedrückt (siehe dazu Abschn. 1.5.2). Dies hat den Vorteil, dass sich allgemein gültige Aussagen treffen lassen, die für alle „ähnlichen" Systeme gelten, das sind solche, bei denen sich trotz unterschiedlicher Einzelgrößen gleiche Kennzahlen ergeben.

Wie bereits dargelegt, sind für den Wärmeübergang durch erzwungene Konvektion folgende Kennzahlen von Bedeutung: Gleiche Reynolds-Zahlen $\text{Re} = vl/\nu$ bedeuten ähnliche Strömungszustände, die Nusselt-Zahl $\text{Nu} = \alpha l/\lambda$ stellt den dimensionslosen Wärmeübergangskoeffizienten dar und kennzeichnet bei Gleichheit ähnliche Temperaturfelder, die Prandtl-Zahl $\text{Pr} = \nu/a$ schließlich vereint die physikalischen Stoffeigenschaften, die für das Temperaturfeld maßgeblich sind. Der Wärmeübergangskoeffizient kann bei turbulenter stationärer Rohrströmung als Funktion von Reynolds-Zahl und Prandtl-Zahl dargestellt werden (siehe Gl. (1.274)):

$$\mathrm{Nu} = \alpha \lambda / d = f(\mathrm{Re}, \mathrm{Pr}) = C\,\mathrm{Re}^{m_1}\,\mathrm{Pr}^{m_2}.$$

Für zweiatomige Gase, also näherungsweise auch für Luft und Verbrennungsgase, ist die Prandtl-Zahl proportional dem Verhältnis der spezifischen Wärmekapazitäten c_p/c_v und kann im betrachteten Temperaturbereich als konstant mit einem Zahlenwert um 0,7 betrachtet werden [4.120], so dass für den Wärmeübergang Gl. (1.275) folgt:

$$\mathrm{Nu} = C_K\,\mathrm{Re}^m.$$

Die darin aufscheinende Konstante C_K hat gegenüber den zuvor besprochenen Beziehungen den Vorteil, dimensionslos zu sein. Bei Anwendung dieser Beziehung auf den instationären Wärmeübergang im Verbrennungsmotor ist zu beachten, dass alle Zustandsgrößen in Abhängigkeit von Druck, Temperatur und Luftverhältnis im Brennraum dargestellt werden können, wobei die Temperaturabhängigkeit überwiegt. Ein weiter Spielraum für unterschiedliche Ansätze eröffnet sich durch die Wahlmöglichkeiten bei der Festlegung der charakteristischen Längen in Nusselt-Zahl und Reynolds-Zahl sowie durch die Wahl der charakteristischen Geschwindigkeit in der Reynolds-Zahl.

Einen ersten dimensionslosen Ansatz für den konvektiven Wärmeübergang veröffentlichte **Elser** 1954 [4.34], wobei er einen kontroversiellen „Entropieänderungsterm" einführte. **Sitkei** [4.96] und **Annand** [4.3] gelangten durch Ähnlichkeitsbetrachtungen beide zur oben dargestellten Form $\mathrm{Nu} = C_K\,\mathrm{Re}^m$. Für die dimensionslosen Konstanten C_K und m sowie für die Stoffgrößen finden sich dabei unterschiedliche Angaben, bei Sitkei $m = 0{,}7$ und $C_K = 0{,}04$–$0{,}06$ je nach Motorart, bei Annand $m = 0{,}8$ und $C_K = 0{,}35$–$0{,}8$ je nach Motorart und „Intensität der Ladungsbewegung". Als charakteristische Geschwindigkeit in der Reynolds-Zahl wird die mittlere Kolbengeschwindigkeit v_{Km} eingesetzt. Für die Stoffgrößen Wärmeleitfähigkeit λ und dynamische Zähigkeit η gibt Sitkei für „Rauchgase allgemeiner Zusammensetzung" folgende Abhängigkeiten von der Temperatur an:

$$\lambda = 8{,}56\cdot 10^{-5} T\ [\mathrm{W/m\,K}],$$

$$\eta = 3{,}24\cdot 10^{-7} T^{0{,}7}\ [\mathrm{Ns/m^2}].$$

Ein von **Woschni** [4.120] vorgeschlagener Ansatz für den Wärmeübergangskoeffizienten fand im praktischen Einsatz der Motorprozessrechnung weite Verbreitung. Basierend auf Ähnlichkeitsbetrachtungen und temperaturabhängigen Polynomansätzen für die Stoffgrößen gelangte Woschni zu einer im Ansatz sauberen und leicht anwendbaren Gleichung. Auch Woschni blieb es allerdings nicht erspart, für verschiedene Motorarten und Betriebsbereiche unterschiedliche Konstanten einzuführen. Die Gleichung wurde 1965 für die Anwendung an Dieselmotoren entwickelt, 1970 modifiziert und erweitert [4.121] und 1981 auch für Ottomotoren als gültig erklärt [4.118]. Woschnis Ansatz für den Wärmeübergangskoeffizienten stellt sich wie folgt dar:

$$\alpha_G = 130\, d^{-0{,}2}\, p^{0{,}8}\, T^{-0{,}53}\, (C_1 v)^{0{,}8} \qquad (4.103)$$

mit

$$v = v_{Km} + \frac{C_2}{C_1}\frac{V_h T_1}{p_1 V_1}(p - p_0). \qquad (4.104)$$

Dabei sind d der Bohrungsdurchmesser, p der Zylinderdruck, T die momentane örtlich mittlere Gastemperatur, v eine charakteristische Geschwindigkeit, v_{Km} die mittlere Kolbengeschwindigkeit, V_h das Hubvolumen, C_1 und C_2 Konstante.

Als charakteristische Geschwindigkeit v in der Reynolds-Zahl wählte Woschni die mittlere Kolbengeschwindigkeit, die er allerdings um ein sogenanntes Verbrennungsglied erweiterte. Dieser zweite Term in Gl. (4.104) soll den erhöhten Wärmeübergang während der Verbrennung berücksichtigen und basiert auf dem Druckunterschied zwischen gefeuertem (p) und geschlepptem (p_0) Motorbetrieb. Der Index 1 in diesem Term bezieht sich auf den Zustand des Arbeitsgases zu Beginn der Verdichtung.

Für die dimensionslosen Konstanten C_1 und C_2 sind folgende Werte angegeben:

$C_1 = 2{,}28 + 0{,}308 v_u/v_{Km}$ für den Hochdruckteil
$C_1 = 6{,}18 + 0{,}417 v_u/v_{Km}$ für den Ladungswechsel
$\quad v_u$ stellt die Drallgeschwindigkeit zur Berücksichtigung von Eintrittsdrall dar mit
$\quad v_u = d\pi n_D$, wobei n_D die Drehzahl in s^{-1} eines Flügelradanemometers im stationären
$\quad$ Drallversuch ist, dessen Durchmesser 70 % des Zylinderdurchmessers d beträgt
$C_2 = 0{,}00622$ für Diesel-Kammermotoren
$C_2 = 0{,}00324$ für Dieselmotoren mit direkter Einspritzung und Ottomotoren
$C_2 = 2{,}3 \cdot 10^{-5} (T_W - 600) + 0{,}005$ bei Wandtemperaturen T_W von ≥ 600 K.

Da sich bei experimentellen Untersuchungen wiederholt gezeigt hatte, dass die Werte für den Wärmeübergangskoeffizienten besonders im Schleppbetrieb und bei geringer Last zu niedrig waren, wurde der Geschwindigkeitsterm von **Woschni** und **Huber** [4.47, 4.122] nochmals adaptiert zu:

$$v = v_{Km}\left[1 + 2\left(\frac{V_c}{V}\right)^2 p_i^{-0{,}2}\right]. \qquad (4.105)$$

Dabei bezeichnet p_i den indizierten Mitteldruck in bar, der immer als ≥ 1 einzusetzen ist. In Gl. (4.103) ist jeweils die größere der nach Gl. (4.104) oder Gl. (4.105) berechneten Geschwindigkeiten v zu verwenden. Als Neuerung scheint in (4.105) das mit dem Kurbelwinkel veränderliche Hubvolumen V auf.

Wenn auch der Wärmeübergang in der Hochdruckphase bei weitem überwiegt, ist der gasseitige Wandwärmeübergang im **Ladungswechsel** von Bedeutung für die Ladungswechselrechnung und wirkt sich insbesondere auf den Liefergrad aus. Wenngleich Woschni für die Konstante C_1 in Gl. (4.103) einen eigenen Wert für die Ladungswechselphase angibt, haben neuere Untersuchungen gezeigt, dass der Wärmeübergang im Ladungswechsel damit nicht immer befriedigend wiedergegeben werden kann. Eine Verbesserung der Berechnung konnte dadurch erzielt werden, dass anstelle der mittleren Kolbengeschwindigkeit die Einströmgeschwindigkeit in den Brennraum als charakteristische Geschwindigkeit für die Reynolds-Zahl gewählt wurde [4.114].

Das mit dem Kurbelwinkel veränderliche Hubvolumen V verwendet **Hohenberg** [4.44] als charakteristische Länge in seinem Wärmeübergangsansatz, der aus Untersuchungen an einem direkteinspritzenden Dieselmotor entstand:

$$\alpha_G = 130 V^{-0{,}06} p^{0{,}8} T^{-0{,}4} (v_{Km} + 1{,}4)^{0{,}8}. \qquad (4.106)$$

Obgleich die genannten auf Ähnlichkeitsbetrachtungen basierenden phänomenologischen Ansätze in gewissen Maßen die physikalischen Gegebenheiten berücksichtigen und sich in der Praxis über viele Jahre bewährt haben, zeigt sich mit den steigenden Anforderungen an Allgemeingültigkeit und Genauigkeit doch, dass damit nicht das Auslangen gefunden werden kann. Da der Wärmeübergang entscheidend vom momentanen Strömungsfeld geprägt wird, ist die mittlere Kolbengeschwindigkeit in der Reynolds-Zahl nicht geeignet, die Kurbelwinkelabhängigkeit von Turbulenz und Wärmeübergang genügend genau abzubilden. Überdies können Konstruktionseigenheiten der Brennraumgeometrie, die das Strömungsfeld und damit den Wärmeübergang signifikant beeinflussen, nicht berücksichtigt werden. Aus diesen Gründen entstand eine dritte Generation von Wärmeübergangsbeziehungen, die sich basierend auf obigen Ähnlichkeitsbetrachtungen bei der Wahl der charakteristischen Geschwindigkeit in der Reynolds-Zahl am **instationären Strömungsfeld** im Brennraum orientieren.

Durch die Einbeziehung der kinetischen Energie und der turbulenten kinetischen Energie im Brennraum fallen die eingangs getroffenen Vereinfachungen, dass äußere Energie und Reibungseinflüsse der Ladung vernachlässigt werden. An dieser Stelle sollen zunächst nulldimensionale derartige Ansätze besprochen werden, eine weitere Verbesserung der Modellierung kann mit quasidimensionalen Ansätzen erreicht werden (siehe Abschn. 4.3).

Strömungsfeldorientierte Ansätze nach Ähnlichkeitstheorie

Als erster Schritt zur Berücksichtigung des instationären Strömungsfelds beim konvektiven Wärmeübergang kann der Vorschlag von Knight 1964 [4.58] gelten, die mittlere Kolbengeschwindigkeit als charakteristische Größe der Reynolds-Zahl durch eine **momentane Gasgeschwindigkeit** v_{Gas} zu ersetzen, die sich aus der örtlich gemittelten kinetischen Energie E im Brennraum errechnet.

$$v_{Gas} = \sqrt{2E/m}. \tag{4.107}$$

Die Berechnung der mittleren kinetischen Energie E erfolgt aus einer Differentialgleichung unter Berücksichtigung der einströmenden Masse, der Quetschströmung, der Einspritzenergie sowie der ausströmenden Masse.

Auf der Grundlage ihrer Untersuchungen eines direkt einspritzenden Dieselmotors mit starkem Drall verwendeten Dent und Suliaman [4.28] als charakteristische Geschwindigkeit in der Reynolds-Zahl die **Umfangsgeschwindigkeit** des Dralls ωr und als charakteristische Länge den Zylinderradius r:

$$\text{Re} = \frac{\omega r \cdot r}{\nu} \tag{4.108}$$

Wegen der daraus resultierenden Abhängigkeit des Wärmeübergangskoeffizienten vom Zylinderradius kann dieser Ansatz infolge der Berücksichtigung geometrischer Verhältnisse gewissermaßen bereits als quasidimensional bezeichnet werden.

Ein allgemeinerer Ansatz findet sich bei Borgnakke u. a. [4.16], die ihre Berechnung des Strömungsfelds im Brennraum auf ein Turbulenzmodell mit einem globalen $k\varepsilon$-**Zweigleichungsansatz** gründeten (vgl. Abschn. 1.5.6). Auf Basis dieses Modells schlugen Davis und Borgnakke [4.26] für die Reynolds-Zahl folgenden Ansatz vor:

$$\text{Re} = \frac{\sqrt{k}\, l}{\nu}. \tag{4.109}$$

Als charakteristische Geschwindigkeit wird dabei die Wurzel der turbulenten kinetischen Energie k angesetzt. Die charakteristische Länge l repräsentiert eine turbulente Länge, die mittels der turbulenten kinetischen Energie k und der Dissipation ε wie folgt definiert wird:

$$l \equiv k^{1,5}/\varepsilon. \tag{4.110}$$

4.2 Nulldimensionale Modellierung

Die beiden Turbulenzgleichungen werden in einem Zweizonenmodell für die verbrannte und die unverbrannte Zone getrennt gelöst, so dass sich für jede Zone ein eigener Verlauf des jeweils örtlich mittleren Wärmeübergangskoeffizienten ergibt.

Ein Ansatz für den Wärmeübergangskoeffizienten, der sowohl die **Turbulenz** als auch die **Hauptströmung** im Brennraum berücksichtigt, wurde von Poulos und Heywood [4.86] präsentiert. Die charakteristische Geschwindigkeit in der Reynolds-Zahl berücksichtigt dabei die mittlere Strömungsgeschwindigkeit im Brennraum v_m, die turbulente Schwankungsgeschwindigkeit v' sowie die momentane Kolbengeschwindigkeit v_K:

$$v = \sqrt{v_\mathrm{m}^2 + v'^2 + (v_\mathrm{K}/2)^2}. \qquad (4.111)$$

Als charakteristische Länge l in der Reynolds-Zahl wird der momentane Abstand zwischen Kolben und Zylinderkopf eingesetzt:

$$l(\varphi) = \frac{D^2 \pi}{4 V(\varphi)}. \qquad (4.112)$$

Bargende et al. [4.5, 4.6] präsentierten einen Ansatz, in dem als charakteristische Geschwindigkeit in der Reynolds-Zahl sowohl die turbulente kinetische Energie k aus einem globalen $k\varepsilon$-Modell als auch die momentane Kolbengeschwindigkeit v_K Berücksichtigung fanden:

$$v = 0{,}5\sqrt{8k/3 + v_\mathrm{K}^2}. \qquad (4.113)$$

Für den Wärmeübergangskoeffizienten wird folgende Beziehung angegeben:

$$\alpha_\mathrm{G} = 253{,}5\, V^{-0{,}073}\, p^{0{,}78}\, T_\mathrm{m}^{-0{,}477}\, v^{0{,}78}\, \Delta \qquad (4.114)$$

Die charakteristische Länge wird durch das momentane Zylindervolumen V dargestellt, die Temperaturabhängigkeit der Stoffgrößen wird durch den Mittelwert aus mittlerer Gas- und Wandtemperatur in K berücksichtigt $T_\mathrm{m} = (T_\mathrm{G} + T_\mathrm{W})/2$. Als Neuerung ist der Term Δ zu sehen, der unter Berücksichtigung der unterschiedlichen treibenden Temperaturdifferenzen zwischen verbranntem ($T_\mathrm{v} - T_\mathrm{W}$) und unverbranntem ($T_\mathrm{u} - T_\mathrm{W}$) Arbeitsgas und der Wand formuliert ist:

$$\Delta = \left[x \frac{T_\mathrm{v}}{T_\mathrm{G}} \frac{T_\mathrm{v} - T_\mathrm{W}}{T_\mathrm{G} - T_\mathrm{W}} + (1-x) \frac{T_\mathrm{u}}{T_\mathrm{G}} \frac{T_\mathrm{u} - T_\mathrm{W}}{T_\mathrm{G} - T_\mathrm{W}} \right]^2 \qquad (4.115)$$

Dabei ist x die Umsetzrate oder Durchbrennfunktion $x = Q_\mathrm{B}/Q_\mathrm{B,ges}$ nach Gl. (4.43) mit Q_B als umgesetzter Kraftstoffenergie und $Q_\mathrm{B,ges}$ als insgesamt umgesetzter Kraftstoffenergie.

Eine umfassende Modellierung des Strömungsfelds und des darauf basierenden Wärmeübergangs findet sich bei Morel und Keribar [4.71]. Dabei werden auch geometrische Spezifikationen des Brennraums berücksichtigt, so dass dieser Ansatz in Abschn. 4.3 als quasidimensionales Modell besprochen wird.

Während alle bisher besprochenen Wärmeübergangsbeziehungen nach der Ähnlichkeitstheorie auf dem Ansatz nach Nusselt Gl. (1.274), $\mathrm{Nu} = f(\mathrm{Re},\mathrm{Pr}) = C\mathrm{Re}^{m_1}\mathrm{Pr}^{m_2}$, beruhen, kann als Alternative dazu die **Reynolds–Colburn-Analogie** verwendet werden. Diese stellt einen Zusammenhang zwischen Wärmeaustausch und Reibungswiderstand her (vgl. Abschn. 1.5.7). Bei bekanntem Reibungsbeiwert λ_r berechnet sich der Wärmeübergangskoeffizient α nach Gl. (1.264) zu

$$\alpha = \tfrac{1}{2}\lambda_\mathrm{r}|v_\mathrm{char}|\rho c_p.$$

Diese Abhängigkeit erlaubt eine flexiblere Anbindung des Wärmeübergangskoeffizienten an die lokalen Strömungsverhältnisse und kommt insbesondere in der quasidimensionalen Modellierung zur Anwendung (siehe Abschn. 4.3).

Physikalische Modelle

Manchmal wird die Anwendbarkeit des Newton'schen Ansatzes auf die turbulente, instationäre Strömung im Brennraum in Frage gestellt, etwa auf der Basis einer beobachteten Phasenverschiebung zwischen der als treibend angenommenen Temperaturdifferenz $T_G - T_W$ und dem Wandwärmestrom [4.53]. Diese Phasenverschiebung kann von thermischen Effekten innerhalb der Grenzschicht oder auch von Verzögerungen im Ansprechverhalten der eingesetzten Messaufnehmer herrühren, sie ist jedoch im Allgemeinen nicht signifikant genug, um die Brauchbarkeit des Newton'schen Ansatzes grundsätzlich anzuzweifeln [4.71].

Dennoch wurden als Alternative zum Newton'schen Ansatz immer wieder physikalische Modelle zur Berechnung des gasseitigen Wärmeübergangs in Verbrennungsmotoren vorgeschlagen. Frühe Versuche von Pfriem [4.79] und Elser [4.34], Gesetzmäßigkeiten für den Wärmeübergang aus den partiellen Differentialgleichungen des Systems abzuleiten, führten zu theoretischen Grundsatzüberlegungen, die aber wenig Resonanz in der praktischen Motorprozessrechnung fanden. In einem neueren Ansatz schlug Kleinschmidt 1993 [4.55] ein physikalisches Modell zur Berechnung des Wärmeübergangs vor, das beispielhaft für derartige Ansätze hier kurz dargestellt werden soll.

Um die partiellen Differentialgleichungen zur Beschreibung der physikalischen Vorgänge aufstellen und lösen zu können, müssen bei der physikalischen Modellierung vereinfachende Annahmen getroffen werden. Kleinschmidt geht in seinem Modell von den folgenden Voraussetzungen aus (vgl. Abb. 4.22).

1. Das Temperaturfeld in der Brennraumwand sei linear, zum Zeitpunkt $t_0 = 0$ herrsche an der Wandoberfläche die Temperatur T_{W0}.
2. Die Brennraumwand sei zum Zeitpunkt $t_0 = 0$ in Kontakt mit einer als ruhend und turbulenzfrei vorausgesetzten Gasschicht von homogener Temperatur T_0 und Druck p_0.
3. Für $t > t_0$ überlagere sich dem wegen $T_{W0} \neq T_0$ einsetzenden thermischen Ausgleichsvorgang zwischen Wand und Gas eine schnelle zeitliche Druckänderung $p(t)$.
4. Wandparalleler Wärmetransport wird vernachlässigt, Temperaturgradienten treten nur normal zur Wandoberfläche auf. Unter der Voraussetzung, dass die entscheidenden Vorgänge jeweils nur in einer dünnen Grenzschicht des Gases und der Wand ablaufen, und diese im Vergleich zum Krümmungsradius der (Zylinder)wand klein sind, wird das Problem eindimensional betrachtet.
5. Von einer Ortsveränderlichkeit des Drucks p wird abgesehen.
6. Chemische Reaktionsvorgänge werden durch eine Bruttoreaktionsgleichung der Form $C_xH_y + \nu_{O_2}O_2 \rightarrow$ Produkte mit der Reaktionsgeschwindigkeit r und der Reaktionsenthalpie ΔH_m^0 modelliert.
7. Turbulenz und Wärmestrahlung werden später durch Zusatzterme in der Lösung berücksichtigt.

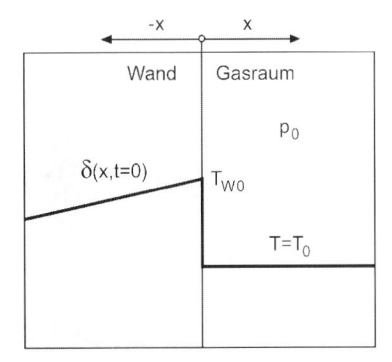

Abb. 4.22. Anfangssituation instationärer Wärmeübertragung zwischen Wand und Gas

4.2 Nulldimensionale Modellierung

Damit kann für den Kontrollbereich Wand – Gasraum das folgende System partieller Differentialgleichungen aufgestellt werden.

Energiebilanz in der Wand:
$$\frac{\partial \vartheta}{\partial t} = a_W \frac{\partial^2 \vartheta}{\partial x^2} \tag{4.116}$$

Energiebilanz im Gasraum:
$$\frac{\partial T}{\partial t} - \frac{1}{\rho c_p}\frac{dp}{dt} + v\frac{\partial T}{\partial x} = \frac{1}{\rho c_p}\frac{\partial}{\partial x}\lambda(T)\frac{\partial T}{\partial x} - \frac{1}{\rho c_p}\Delta H_m^0 r \tag{4.117}$$

Massenbilanz:
$$\frac{\partial \rho}{\partial t} = -\rho \frac{\partial v}{\partial x} - v\frac{\partial \rho}{\partial x} \tag{4.118}$$

Dabei sind ϑ die Temperatur innerhalb der Wand, a_W die Temperaturleitfähigkeit der Wand, T die Temperatur im Gasraum, p der Druck im Gasraum, ρ die Dichte des Gases, c_p die spezifische Wärmekapazität des Gases, v die Strömungsgeschwindigkeit, λ die Wärmeleitfähigkeit des Gases, ΔH_m^0 die Reaktionsenthalpie und r die Reaktionsgeschwindigkeit. Zusammen mit den Randbedingungen

$$\vartheta(-x = 0, t) = T(x = 0, t) = T_W(t), \tag{4.119}$$

$$-\lambda_W \left(\frac{\partial \vartheta}{\partial x}\right)_{-x=0} = -\lambda(T_W)\left(\frac{\partial T}{\partial x}\right)_{x=0} = \dot{q}_W(t) \tag{4.120}$$

und bei Vorgabe der genannten Anfangsbedingungen für die Wandtemperatur ϑ, die Gastemperatur T und die Strömungsgeschwindigkeit v sowie von Funktionszusammenhängen für $p(t)$ und $r(x,t)$ sind die Lösungsfunktionen $T(x,t)$, $\vartheta(x,t)$, $v(x,t)$ sowie $\dot{q}_W(t)$ festgelegt.

Bezüglich der mathematischen Transformationen zur Lösung des Gleichungssystems sei auf Lit. 4.55 verwiesen. Ohne auf Details oder auf die Bedeutung der Formelzeichen im Einzelnen eingehen zu wollen, seien an dieser Stelle die Lösungsfunktionen für die Verläufe von Temperatur und Wärmestrom an der Brennraumoberfläche angeführt:

$$\frac{T_W}{T_{W0}} = 1 - \frac{1}{\sqrt{2\pi} T_{W0} \sqrt{\lambda_W c_W \rho_W n}} \int_{\varphi_0}^{\varphi} \frac{\dot{q}_W(\gamma) - \bar{\dot{q}}_W}{\sqrt{\varphi - \gamma}} d\gamma, \tag{4.121}$$

$$\frac{\dot{q}_W - \dot{q}_S}{T_0\sqrt{\lambda_0 c_{p0} \rho_0 n}} = -\sqrt{2}\left(\frac{T_0}{T_W}\right)^{(1-\gamma_\lambda)/2}\left(\frac{p}{p_0}\right)^{1+R/c_{p0}} \sqrt{1 + f(\varphi) \mathrm{Re}_M^x \left(\frac{2}{1 + T_{W0}/T_0}\right)^{\gamma_\mu x}}$$

$$\times \left[\frac{1 - \frac{T_{W0}}{T_0}}{\sqrt{\Phi}} + \frac{T_{W0}}{T_0} \int_0^\Phi \frac{\frac{R}{c_{p0}}\frac{p'(\gamma)}{p} - \frac{T'_W(\gamma)}{T_W}}{\sqrt{\Phi - \gamma \frac{T_{W0}}{T_0}\left(\frac{p}{p_0}\right)^{R/c_{p0}}}} d\gamma + \frac{T_{W0}}{T_0}\frac{\bar{Z}_R}{\pi p_0 n} H(\Phi)\right]. \tag{4.122}$$

Diese Gleichungen sind miteinander gekoppelt, was bedingt, dass in der Motorprozessrechnung der Wärmeübergang eine iterative Auswertung erfordert. Die linke Seite von Gl. (4.122) stellt die dimensionslose Wandwärmestromdichte dar, die auch den Strahlungsanteil enthält, der im nächsten Abschnitt definiert wird, und in deren Nenner die Stoffgrößen des Ansaugzustands sowie die Drehzahl des Motors aufscheinen. Den Faktoren auf der rechten Seite von Gl. (4.122) kommen die folgenden physikalischen Bedeutungen zu:

Die Potenz des Druckverhältnisses p/p_0 erfasst den Einfluss der pulsartigen **Konvektionsbewegung** senkrecht zur Wand sowie die Temperaturänderung durch Kompression oder Expansion.

Der Wurzelausdruck stellt den **Turbulenzfaktor** zur Berücksichtigung von Ladungs- und Verbrennungsturbulenz dar, der unter Verwendung der Motor-Reynolds-Zahl Re_M durch Ähnlichkeitsüberlegungen aus der stationären Rohrströmung abgeleitet wurde.

Der Klammerausdruck besteht seinerseits aus drei Termen:

– **Wandheizwirkung:** Diese tritt auf, wenn die Anfangsgastemperatur T_0 von der Anfangswandtemperatur T_{W0} abweicht. Im Allgemeinen ist die Wandtemperatur bei Einlassschluss höher als die Gastemperatur, so dass dieser Term eine Wärmezufuhr für den Arbeitsraum bedeutet. Dieser Effekt wird mit zunehmendem Kurbelwinkel abgeschwächt, er bleibt jedoch über das gesamte Arbeitsspiel erhalten.

– **Druck- und Wandtemperaturdynamik:** Der erste Term mit der zeitlichen Ableitung des Zylinderdrucks beschreibt die Expansions- bzw. Kompressionswärme, welche dem Gas in wandnahen Schichten bei konstant gedachter Wandtemperatur in isothermer Expansion oder Kompression zugeführt oder entzogen wird. Der zweite Term mit der zeitlichen Ableitung der Wandtemperatur besagt, dass durch eine Änderung der Wandtemperatur auch der Wärmestrom beeinflusst wird, also ein Temperaturpuls einen Wärmestrompuls an der Wand auslöst.

– **Chemische Reaktionswirkung:** Diese tritt dann in Erscheinung, wenn in der Nähe der Brennraumwand eine exotherme Reaktion abläuft. Die Funktion $H(\Phi)$ bestimmt den Verlauf des Reaktionsbeitrages über den Kurbelwinkel.

In der Lösung (4.122) sind noch die Parameterfunktionen $f(\varphi)$ und $H(\Phi)$ sowie die Konstante $\bar{Z}_R$ zu bestimmen. Dies hat durch Vergleich mit gemessenen Wandwärmestromverläufen zu erfolgen, wobei die Resultate teils allgemein gültigen Charakter aufweisen, teils nur für den jeweils untersuchten Motor zutreffen.

Die besprochenen einzelnen Anteile des Wandwärmestroms sind in Abb. 4.23 für einen direkt einspritzenden Dieselmotor (Bohrung mal Hub, 105 mal 120 mm), bei dem Betriebspunkt $p_i = 7$ bar, $n = 2000\,\text{min}^{-1}$, über dem Kurbelwinkel dargestellt. Die Wandwärmestromdichte ist positiv

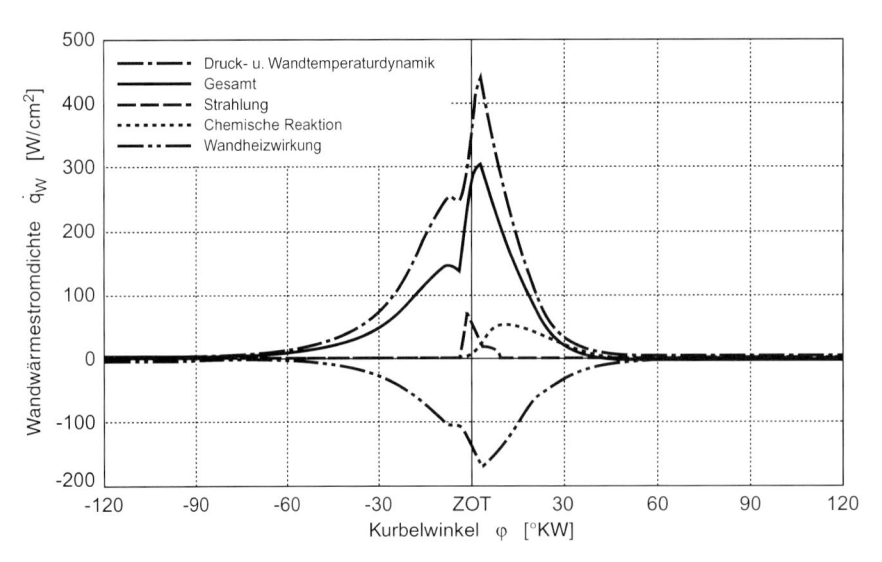

Abb. 4.23. Verlauf der einzelnen Beiträge zum Gesamtwärmestrom [4.55]

aufgetragen, wenn der Wärmestrom vom Gas an die Wand fließt. Der Vollständigkeit halber ist hier der erst zu besprechende Strahlungsanteil bereits enthalten.

Wie bereits erwähnt und wie sich in obigem Beispiel zeigt, bereitet die Formulierung und Lösung der relevanten partiellen Differentialgleichungen bei der physikalischen Modellierung komplexer Vorgänge einige Schwierigkeiten. Oft muss eine Vielzahl von vereinfachenden Annahmen getroffen werden, deren Gültigkeit und Sinnhaftigkeit jeweils kritisch zu hinterfragen ist. Trotz derartiger Vereinfachungen stellt sich die Lösung meist recht kompliziert dar. Im vorliegenden Fall erfordert das physikalische Modell für den Wärmeübergang verglichen mit dem Ansatz nach Newton erheblich mehr Aufwand für Programmierung und Berechnung. Obgleich eine physikalische Modellierung für das Verständnis der physikalischen Vorgänge letztlich unabdingbar ist, scheint in der auf rasche Ergebnisse ausgerichteten thermodynamischen Prozessrechnung der Einsatz z. B. quasidimensionaler Modelle meist zielführender.

4.2.5.3 Gasseitiger Wärmeübergang durch Strahlung

Neben dem Wärmeübergang durch Konvektion ist gasseitig noch die durch Strahlung ausgetauschte Wärme zu berücksichtigen. Vom Arbeitsgas wird Energie in Form elektromagnetischer Wellen verschiedener Wellenlänge ausgesandt. Treffen diese Wellen auf die Brennraumwände auf, werden sie teilweise reflektiert, teilweise absorbiert. Die absorbierte Strahlung wird in Wärme umgewandelt und erhöht die Temperatur der Wandungen. Der Anteil an Strahlungswärme wird durch das Emissionsvermögen des Verbrennungsgases bestimmt. Dabei ist zwischen der Gasstrahlung und der durch das Vorhandensein von Rußteilchen verursachten Partikelstrahlung zu unterscheiden, beide zusammen ergeben die Flammenstrahlung.

Die **Gasstrahlung** tritt hauptsächlich im Ottomotor auf, wo die Verbrennung des Gasgemischs ohne wesentliche Leuchterscheinung vor sich geht. Die Strahlung wird vor allem durch die Gase H_2O, CO_2 und CO verursacht, die als selektive Strahler bezeichnet werden, weil sie nur bei bestimmten Wellenlängen strahlen oder absorbieren. Der Anteil der Strahlung am Wärmeübergang wird bei Ottomotoren im Bereich einiger Prozent der Konvektionswärme angegeben und spielt erst bei Bohrungsdurchmessern ab 300 mm eine Rolle.

Die **Ruß- oder Partikelstrahlung** ist für den Dieselmotor spezifisch, wo durch winzige Kraftstofftröpfchen und örtlichen Luftmangel eine rußende Verbrennung mit leuchtender Flamme entsteht. Ruß ähnelt einem grauen Strahler, der über den gesamten Wellenbereich Strahlung emittiert. Dies ist auch der Grund, warum die Rußstrahlung wesentlich stärker als die Gasstrahlung ist. Eine Berücksichtigung der Partikelstrahlung ist auch bei kleinen Dieselmotoren von praktischem Interesse, sie kann bei Saugmotoren und hoher Last bis zu 50 % des konvektiven Wärmeübergangs ausmachen.

Beide Strahlungsarten werden von der Schichtdicke der strahlenden Gase und Flammen bestimmt, ab einer gewissen Schichtdicke wirkt die leuchtende Flamme nahezu wie ein schwarzer Körper. Die Strahlungswärme hängt von der Strahlungsart, der Schichtdicke sowie dem wechselseitigen Emissions- und Absorptionsvermögen zwischen Gaskörper und Wand ab, welches durch das so genannte Emissionsverhältnis ε ausgedrückt wird. Absorbiert ein Körper die gesamte einfallende Strahlung, wird er als schwarz bezeichnet. Im Gegensatz dazu handelt es sich um einen weißen Körper, wenn die gesamte Strahlung reflektiert wird. Man nennt einen Körper farbig, wenn er nur bestimmte Wellenlängen, und grau, wenn er von allen Wellenlängen den gleichen Anteil reflektiert und daher unabhängig von der Wellenlänge strahlt. Das Verhältnis der abgestrahlten Energie eines grauen oder farbigen Körpers zu der des schwarzen Körpers wird als Emissionszahl ε bezeichnet. Diese ist daher beim schwarzen Körper 1, bei allen übrigen Körpern kleiner als 1.

Nach dem **Stefan–Boltzmann'schen Strahlungsgesetz** gilt für die von einem Körper mit der Emissionszahl ε bei der Temperatur T in der Zeit dt pro Bezugsfläche A abgestrahlte Energie dQ_{Str}:

$$dQ_{Str} = \varepsilon C_S A \left(\frac{T}{100}\right)^4 dt. \quad (4.123)$$

Darin beträgt die **Strahlungskonstante** des schwarzen Körpers $C_S = 5{,}77$ W/m^{2}K^4. Für den einfachsten Fall, dass zwei parallele Wände mit den Temperaturen T_1 und $T_2 (T_1 > T_2)$ sich gegenüberstehen und die Emissionsverhältnisse als konstant angenommen werden, gilt für die ausgetauschte Strahlungswärme:

$$dQ_{Str} = \varepsilon_{12} C_S A \left[\left(\frac{T_1}{100}\right)^4 - \left(\frac{T_2}{100}\right)^4\right] dt. \quad (4.124)$$

Darin ist ε_{12} das gemeinsame Emissionsverhältnis, welches sich mit den Emissionsverhältnissen ε_1 und ε_2 der beiden Wände aus

$$\varepsilon_{12} = \frac{1}{1/\varepsilon_1 + 1/\varepsilon_2 - 1} \quad (4.125)$$

errechnet. Die Verhältnisse im Brennraum eines Verbrennungsmotors sind erheblich verwickelter. Wie bereits ausgeführt, findet hier der Strahlungsaustausch nicht nur an der Oberfläche statt und ist außerdem abhängig von den schon genannten Parametern des Gaskörpers. Trotzdem wird für die Berechnung der Strahlungswärme meist eine zu Gl. (4.124) analoge Beziehung verwendet. Dabei werden die beiden Wandtemperaturen T_1 und T_2 durch die mittlere Gastemperatur T_G und die jeweiligen Wandtemperaturen T_{Wi} der den Brennraum bildenden Begrenzungswände von Kolben, Kopf und Zylinderbuchse ersetzt, anstelle der Gesamtoberfläche A tritt die jeweilige Einzelfläche A_i. Für das gemeinsame Emissionsverhältnis ε_{12} wird jenes Emissionsverhältnis ε_i eingesetzt, das die vorherrschende Strahlung beschreibt, nämlich Gas- (ε_G), Ruß- (ε_R) oder die aus beiden Anteilen zusammengesetzte Flammenstrahlung (ε_F):

$$dQ_{W.Stri} = \varepsilon_i C_S A_i \left[\left(\frac{T_G}{100}\right)^4 - \left(\frac{T_{Wi}}{100}\right)^4\right] dt. \quad (4.126)$$

Das **Emissionsverhältnis** ε_G eines strahlenden Gases ist außer von der Wellenlänge noch von der Gasart, von der Temperatur, vom Partialdruck p_G und vom Gesamtdruck sowie von der Schichtdicke s des strahlenden Gaskörpers abhängig:

$$\varepsilon_G = 1 - e^{-k_G p_G s}. \quad (4.127)$$

Darin ist k_G eine von Gasart, Gas- und Wandtemperatur abhängige Konstante. Die **Schichtdicke** s wird in Analogie zum hydraulischen Durchmesser bestimmt, wobei für den zylindrischen Brennraum des Kolbenmotors anstelle des 4-fachen meist nur das 3,6-fache Verhältnis aus Brennraumvolumen V und Brennraumoberfläche A gesetzt wird:

$$s = 3{,}6 V/A. \quad (4.128)$$

Darin ist s vom Kurbelwinkel abhängig und hat im OT ein Minimum. Da k_G nicht einfach zu bestimmen ist, andererseits aber in der Literatur für die im Verbrennungsmotor wichtigen Gase H$_2$O

4.2 Nulldimensionale Modellierung

und CO_2 weitgehend gesicherte Angaben für die von der Gastemperatur T_G und dem Produkt $p_G s$ abhängigen Strahlungswerte vorliegen (siehe etwa [4.106, 4.45]), ist es einfacher, das Emissionsverhältnis der **Gasstrahlung** näherungsweise nach der Beziehung

$$\varepsilon_G = \varepsilon_{CO_2} + \varepsilon_{H_2O} - \Delta\varepsilon_G \tag{4.129}$$

zu ermitteln. Darin ist $\Delta\varepsilon_G$ ein Abminderungsfaktor, der wie ε_{CO_2} und ε_{H_2O} von T_G und $p_G s$ abhängt und der berücksichtigt, dass bei einem Gasgemisch durch die spektrale Überlagerung der Einzelkomponenten eine Verringerung der Strahlung entsteht.

Für das Emissionsverhältnis der durch die **Rußteilchen** verursachten Strahlung ε_R gilt ein ähnlicher Zusammenhang wie für die Gasstrahlung:

$$\varepsilon_R = 1 - e^{-k_R \rho_R s}. \tag{4.130}$$

Darin sind k_R eine von Größe und Form der Rußpartikel abhängige Konstante, ρ_R die Konzentration des Rußes im Abgas und s die Schichtdicke des strahlenden Gaskörpers. In Lit. 4.76 findet man für k_R Werte zwischen 1,6 bei großvolumigen Auflademotoren und 9,6 bei kleinvolumigen Saugmotoren.

Für den **gesamten Emissionsgrad** ε_F einer leuchtenden Flamme gilt schließlich:

$$\varepsilon_F = \varepsilon_G + \varepsilon_R - \varepsilon_G \varepsilon_R. \tag{4.131}$$

Das Abminderungsglied berücksichtigt, dass die Rußstrahlung über das gesamte Spektrum reicht und damit natürlich auch die Bereiche der Gasstrahlung überdeckt, so dass diese zweifach erfasst wird.

Allgemein gilt, dass die Flammenstrahlung mit dem Zylinderdurchmesser zunimmt, d. h. mit größerer Schichtdicke s sowie mit höherer Last. Je nach Belastung und Zylinderdurchmesser werden innerhalb eines Arbeitsspiels maximale ε_F-Werte von 0,8 bis 0,99, also fast der Strahlungswert des schwarzen Körpers erreicht. Damit ist ε_F, wie schon erwähnt, erheblich größer als ε_G, wobei in Lit. 4.76 als Richtwerte $\varepsilon_F/\varepsilon_G = 8$ bei Zylinderdurchmessern um 100 mm und $\varepsilon_F/\varepsilon_G = 4$ bei solchen von 400 mm angegeben werden.

Von den Autoren der im vorigen Abschnitt besprochenen Beziehungen für den konvektiven Wärmeübergang wird der Strahlungsanteil unterschiedlich bewertet. Oft werden keine eigenen Strahlungsterme angeführt, so dass die angegebenen Wärmeübergangskoeffizienten den gesamten gasseitigen Wärmeübergang im Sinne von Gl. (4.83) beschreiben. Findet die Strahlung separate Berücksichtigung, wird meist der konvektive Wärmeübergangskoeffizient α_{Konv} additiv um eine Wärmeübergangszahl durch Strahlung α_{Str} erweitert, die auf Gl. (4.126) basiert:

$$\alpha_{Str} = \frac{C_S \varepsilon}{T_G - T_W} \left[\left(\frac{T_G}{100}\right)^4 - \left(\frac{T_{Wi}}{100}\right)^4 \right]. \tag{4.132}$$

Für das Produkt $C_S \varepsilon$ findet man bei Nusselt [4.75] den Wert 0,421 W/m² K⁴, womit bei seinen Versuchen, die für reine Gasstrahlung durchgeführt wurden, der Strahlungsanteil gering war und nur ca. 7,5 % der Strahlung des schwarzen Körpers ausmachte. Den gleichen Wert für den Strahlungsanteil gibt auch Annand [4.3] für Ottomotoren (Gasstrahlung) an, für Dieselmotoren (Rußstrahlung) schlägt er einen mehr als siebenfach höheren Wert vor, nämlich 3,21 W/m² K⁴ für das Produkt $C_S \varepsilon$.

Kleinschmidt [4.55] nimmt an, dass der Wärmeübergang durch Strahlung als quasistationär betrachtet werden kann und durch den Strahlungswärmetausch zweier konzentrischer grauer Körper

– der strahlenden Rußwolke und dem umgebenden Arbeitsraum – beschrieben wird. Damit ergibt sich für den in Gl. (4.122) aufscheinenden Strahlungsterm $\dot{q}_S$:

$$\dot{q}_S = C_S \frac{(T_W^4 - T_S^4)\frac{A_S}{A_W}}{\frac{1}{\varepsilon_S} + \frac{A_S}{A_W}\left(\frac{1}{\varepsilon_W} - 1\right)}. \tag{4.133}$$

Darin sind $\dot{q}_S$ die Wärmestromdichte durch Strahlung, C_S die Strahlungskonstante des schwarzen Körpers, T_W die gasseitige Wandoberflächentemperatur, T_S die momentane Temperatur der strahlenden Rußwolke, A_S die momentane Oberfläche der strahlenden Rußwolke, A_W die Wandoberfläche für Wärmeübergang durch Strahlung, ε_S das Emissionsverhältnis der strahlenden Rußwolke und ε_W das Emissionsverhältnis der Wandoberfläche.

Die Temperatur der strahlenden Partikel T_S wird proportional zur Temperatur der verbrannten Zone einer Zweizonenprozessrechnung angesetzt, wobei für den Proportionalitätsfaktor ein Wert von 0,9 gewählt wird. Weiters wird davon ausgegangen, dass sich das Emissionsverhältnis der strahlenden Rußwolke ε_S vergrößert, sobald das Luftverhältnis der verbrannten Zone λ_v einen gewissen Mindestwert λ_{v0} überschreitet, für den der Zahlenwert 1 angenommen wird. Gegen Ende der Verbrennung fällt das Emissionsverhältnis von einem maximalen Wert ε_{S0} von 0,6 bis 0,8 rasch ab:

$$\varepsilon_S = \varepsilon_{S0} - C_\varepsilon(\lambda_v - \lambda_{v0}). \tag{4.134}$$

Für den Koeffizienten C_ε setzt Kleinschmidt den Wert 1 ein. Der Quotient der Oberflächen von Rußwolke A_S zu Arbeitsraum A_W wird durch den Quotienten der momentanen Volumina von verbrannter Zone V_v zu Arbeitsraum V ausgedrückt,

$$\frac{A_S}{A_W} = \left(\frac{V_v}{V}\right)^{2/3}, \tag{4.135}$$

wobei der Exponent von 2/3 aus der überschlägigen Annahme folgt, dass Verbrennungsbereich und Arbeitsbereich zueinander geometrisch ähnlich sind.

Die Erfassung der Strahlungswärme in Dieselmotoren ist eng an die Frage der Rußbildung geknüpft, an die geometrische Ausdehnung der Rußwolke sowie an strahlungsintensitätsmindernde und -stärkende Einflüsse. Eine überblicksmäßige Behandlung dieser Fragen findet sich etwa bei Morel und Keribar [4.70] oder Eiglmeier und Merker [4.33].

4.2.5.4 Experimentelle Erfassung des gasseitigen Wandwärmeübergangs

Als Alternative zu den rechnerischen Methoden sollen im Folgenden zwei messtechnisch gestützte Verfahren zur Bestimmung des instationären gasseitigen Wärmeübergangs besprochen werden.

Der instationäre gasseitige Wandwärmeübergang kann auch aus den instationären Temperatur- und Wärmestromdichtefeldern in der Brennraumwand bestimmt werden, die man als Lösung der Differentialgleichungen der Wärmeleitung (4.84) und (4.85)

$$\frac{\partial T}{\partial t} = \frac{\Theta}{\rho c} + a\left(\frac{\partial^2 T}{\partial x^2} + \frac{\partial^2 T}{\partial y^2} + \frac{\partial^2 T}{\partial z^2}\right) = \frac{\Theta}{\rho c} + a\Delta T,$$

$$\dot{q}(\vec{x},t) = -\lambda \operatorname{grad} T(\vec{x},t)$$

4.2 Nulldimensionale Modellierung

erhält. Im Allgemeinen ist die Lösung dieser Gleichungen nur auf numerischem Wege möglich, entsprechende Anfangs- und Randbedingungen sind zur eindeutigen Lösbarkeit vorzugeben. Geschlossene Lösungen lassen sich unter bestimmten **vereinfachenden Annahmen** finden: Setzt man voraus, dass die Wärmeleitung in den Brennraumwänden eindimensional erfolgt, d. h., dass ein Temperaturgradient nur in x-Richtung normal zur Brennraumoberfläche auftritt, reduzieren sich beim Fehlen innerer Wärmequellen die Differentialgleichungen auf folgende Form:

$$\frac{\partial T}{\partial t} = a\frac{\partial^2 T}{\partial x^2}, \tag{4.136}$$

$$\dot{q} = -\lambda \frac{\partial t}{\partial x}. \tag{4.137}$$

Für den periodischen Arbeitsprozess des Verbrennungsmotors und unter der Voraussetzung einer unendlich ausgedehnten Wand lassen sich diese Differentialgleichungen mit Hilfe von Reihen exakt lösen [4.32]. Die Lösungsgleichungen für das instationäre Temperaturfeld sowie für das instationäre Wärmestromdichtefeld lauten:

$$T_{\text{WG}}(x,t) = T_{\text{WOm}} - \frac{C}{\lambda}x + \sum_{i=1}^{\infty} e^{-x\sqrt{i\omega/2a}}\left[A_i \cos\left(i\omega t - x\sqrt{\frac{i\omega}{2a}}\right) \right.$$
$$\left. + B_i \sin\left(i\omega t - x\sqrt{\frac{i\omega}{2a}}\right)\right], \tag{4.138}$$

$$\dot{q}_{\text{WG}}(x,t) = C + \lambda \sum_{i=1}^{\infty} \sqrt{\frac{i\omega}{2a}} e^{-x\sqrt{i\omega/2a}}\left[(A_i + B_i) \cos\left(i\omega t - x\sqrt{\frac{i\omega}{2a}}\right) \right.$$
$$\left. + (-A_i + B_i) \sin\left(i\omega t - x\sqrt{\frac{i\omega}{2a}}\right)\right]. \tag{4.139}$$

Darin sind T_{WG} die gasseitige Wandtemperatur, $\dot{q}_{\text{WG}}$ die gasseitige Wärmestromdichte, ω die Winkelgeschwindigkeit in s^{-1} bezogen auf den Arbeitszyklus (Zweitakt: $\omega = n\pi/30$; Viertakt: $\omega = n\pi/60$ mit der Motordrehzahl n in min^{-1}), x die Wandtiefe von der gasseitigen Oberfläche, i die Ordnung, A_i und B_i Konstante (Fourierkoeffizienten) und C die Konstante für die mittlere Wandwärmestromdichte.

Für $x = 0$ geben Gln. (4.138) und (4.139) die Verläufe von Temperatur und Wärmestromdichte an der brennraumseitigen Wandoberfläche. In den Lösungsgleichungen sind noch die Konstanten A_i, B_i und C aus den **Randbedingungen** festzulegen, was durch entsprechende Messungen geschieht.

Oberflächentemperaturmethode

Bei der Oberflächentemperaturmethode wird mit einem geeigneten Sensor der instationäre Verlauf der Temperatur an der Wandoberfläche gemessen, woraus über eine Fourieranalyse die Konstanten A_i und B_i berechnet werden können. Die verbleibende Konstante C, welche die mittlere Wandwärmestromdichte darstellt, kann entweder messtechnisch oder rechnerisch bestimmt werden. Nach Einsetzen der Materialkonstanten sind alle Größen bekannt, so dass der instationäre Temperatur- und Wärmestromdichteverlauf in jeder Tiefe der Brennraumwand – insbesondere auch an der brennraumseitigen Oberfläche – angegeben werden kann. Die Lösung ist für die Stelle zutreffend, an der die Messung erfolgte.

Setzt man in Gl. (4.138) $x = 0$, so erhält man den Wandoberflächentemperaturverlauf:

$$T_{\text{WG}}(x=0,t) = T_{\text{WOm}} + \sum_{i=1}^{\infty}[A_i \cos(i\omega t) + B_i \sin(i\omega t)]. \qquad (4.140)$$

Gelingt es mit Hilfe entsprechender **Oberflächentemperatursensoren**, die an der Brennraumoberfläche auftretenden Temperaturänderungen ausreichend schnell und ohne wesentliche Beeinträchtigung der getroffenen Annahmen messtechnisch zu erfassen, so können die Konstanten A_i und B_i über eine Fourieranalyse bestimmt werden. Dazu wird der gemessene Temperaturverlauf, dessen Periode mit einem geeigneten Maßstab der x-Achse auf den Wert 2π zu bringen ist, in Form einer Summe harmonischer Funktionen dargestellt:

$$f(x) = a_0 + \sum_{i=1}^{\infty}[a_i \cos(ix) + b_i \sin(ix)]. \qquad (4.141)$$

Die Bestimmung der **Fourierkoeffizienten** des Oberflächentemperaturverlaufs geschieht durch Vergleich zwischen der Funktion $f(x)$ Gl. (4.141) und der trigonometrischen Reihe nach Gl. (4.140) etwa nach der Methode der kleinsten quadratischen Abweichungen. Ist der Oberflächentemperaturverlauf an $2N$ Stützstellen durch die Messwerte f_n vorgegeben, berechnen sich die Fourierkoeffizienten nach Gln. (4.142) bis (4.144) aus einer Summation über alle Stützwerte für jede Ordnung. Es können maximal so viele Fourierkoeffizienten berechnet werden, wie Stützstellen vorhanden sind. Die Fourierkoeffizienten sind dabei unabhängig von der Anzahl der Ordnung, mit der die Analyse erfolgt [4.129]. Die quadratische Fehlerabweichung lässt sich mit steigender Ordnung i beliebig verkleinern. In den meisten Fällen erweist sich eine Analyse bis zur 20. Ordnung als ausreichend (vgl. Abb. 4.24).

$$A_i = \frac{1}{N}\sum_{n=1}^{2N} f_n \cos(ix_n), \qquad (4.142)$$

$$B_i = \frac{1}{N}\sum_{n=1}^{2N} f_n \sin(ix_n), \qquad (4.143)$$

$$T_{\text{WOm}} = \frac{1}{2N}\sum_{n=1}^{2N} f_n. \qquad (4.144)$$

Darin sind $2N$ die Anzahl der Stützstellen und f_n die Stützwerte der Funktion $f = T_{\text{W}}(x=0)$.

Besonders hohe Anforderungen werden an die **Sensoren** gestellt, mit denen die instationären Oberflächentemperaturverläufe im Brennraum gemessen werden sollen. Um die raschen Wandtemperaturänderungen erfassen zu können, müssen die Messelemente sehr geringe Ansprechzeiten aufweisen: Dies wird durch Sensorschichtstärken unter $1\,\mu\text{m}$ erreicht, die in Dünnschichttechnologie hergestellt werden. Gleichzeitig haben die Sensoren aber den hohen thermischen und mechanischen Belastungen im Brennraum standzuhalten. Da die zu messenden Temperaturschwankungen vor allem im Schleppbetrieb und bei niedrigen Lasten sehr gering sein können, wird ein hohes Messsignal gefordert. Schließlich sollen die Aufnehmer möglichst klein sein, um die gleichzeitige Messung an mehreren Stellen des Brennraumes zu ermöglichen. Durch örtliche

4.2 Nulldimensionale Modellierung   215

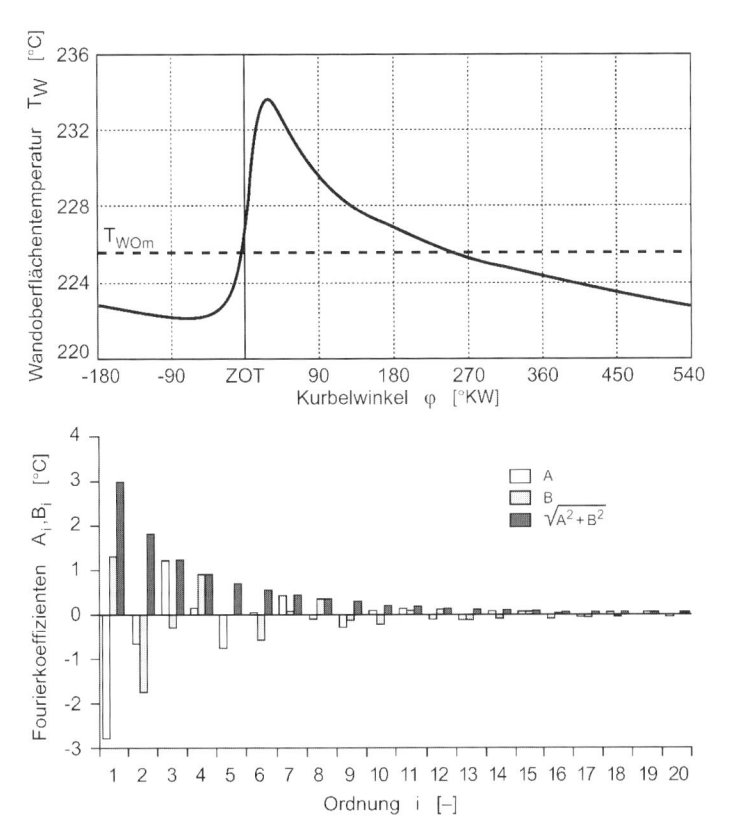

Abb. 4.24. Gemessener Oberflächentemperaturverlauf und Fourierkoeffizienten A_i und B_i

Mittelung der lokalen Messergebnisse kann auf den Wandwärmestromverlauf geschlossen werden, wie er in der thermodynamischen Motorprozessrechnung verwendet wird.

Insbesondere ist bei der Konstruktion der Aufnehmer auf die weitestgehende Einhaltung der für die Anwendung der Oberflächentemperaturmethode getroffenen Voraussetzungen zu achten. Da die instationären Anteile von Temperatur und Wärmestrom exponentiell mit der Wandtiefe sehr schnell abklingen, ist die Annahme einer unendlich ausgedehnten Wand gerechtfertigt. Schwieriger zu realisieren ist die vorausgesetzte Eindimensionalität im Bereich der Messstelle. Durch den Einbau des Sensors werden die Kühlbedingungen lokal verändert, vom Wandmaterial verschiedene thermische Stoffgrößen des Sensors können erhebliche Veränderungen des lokalen Temperaturfelds verursachen.

Im Rahmen umfangreicher Forschungs- und Entwicklungsarbeiten wurde die Tauglichkeit unterschiedlicher Sensoren mit Thermoelementen sowie mit Widerstandselementen für verschiedene Anwendungsfälle untersucht und bewertet [4.57, 4.112, 4.114].

Sind in dieser Weise die Koeffizienten A_i und B_i in Gln. (4.138) und (4.139) festgelegt, ist noch die Konstante C offen, die dem zeitlichen **Mittelwert der Wärmestromdichte** $\dot{q}_{Wm}$ entspricht. Diese kann rein messtechnisch oder unter Verwendung der Ergebnisse der Motorprozessrechnung bestimmt werden.

Zur **Messung** des stationären lokalen Wandwärmestroms eignen sich Wärmebilanzsonden oder Wärmestromsonden. In entsprechend ausgeführten Wärmebilanzsonden [4.48] wird der durch Kühlung nach außen abgeführte Wandwärmestrom aus dem Massendurchsatz und der

Temperaturerhöhung des Kühlmittels bestimmt. In Wärmestromsonden, etwa nach Hohenberg [4.44], sind zwei Temperaturmessstellen in einem definierten Abstand s hintereinander angebracht. Bei bekannter Wärmeleitfähigkeit λ des Sensormaterials errechnet sich die mittlere Wärmestromdichte $\dot{q}_{Wm}$ gemäß

$$C = \dot{q}_{Wm} = \lambda \frac{T_1 - T_2}{s}. \quad (4.145)$$

Die dabei vorausgesetzte Eindimensionalität des Wärmestrom wird durch einen isolierenden Luftspalt gegenüber der Brennraumwand und eine variable Kühlung angestrebt.

Wird ohnehin eine Oberflächentemperaturmessung durchgeführt, kann die mittlere Wandtemperatur T_{WOm} als Temperatur T_1 herangezogen werden. Eine kombinierte Messsonde, mit der auch die mittlere Wärmestromdichte bestimmt werden kann, muss zusätzlich eine zweite Temperaturmessstelle in der definierten Tiefe s aufweisen, wobei wieder auf die Eindimensionnalität des Temperaturfelds zu achten ist.

Zur **rechnerischen Bestimmung** der mittleren Wandwärmestromdichte dienen der in einer Prozessrechnung errechnete Verlauf der Gastemperatur T_G und der gemessene Wandoberflächentemperaturverlauf. Sind Gastemperatur T_G und Wandtemperatur T_W gleich groß, nimmt der Wandwärmestrom den Wert null an. Zu diesem Zeitpunkt t_s muss der stationäre Wärmestromdichteanteil $\dot{q}_{Wm}$ dem über die Fourieranalyse ermittelten instationären Wärmestromdichteanteil gleichen (siehe Abb. 4.25).

$$q_W(x=0, t=t_s) = 0 = C + \lambda \sum_{i=1}^{\infty} \sqrt{\frac{i\omega}{2a}} [(A_i + B_i)\cos(i\omega t_s) + (-A_i + B_i)\sin(i\omega t_s)]. \quad (4.146)$$

Obwohl die in der Motorprozessrechnung ermittelte Gastemperatur T_G nur einen örtlich gemittelten fiktiven Rechenwert darstellt und örtliche Unterschiede sowie die in der Grenzschicht auftretenden instationären Vorgänge unberücksichtigt bleiben, liefert diese Methode bei Verwendung des Schnittpunkts S_1 in der Kompressionsphase gute Ergebnisse [4.113].

Oberflächenwärmestrommethode

Eine direkte instationäre Wärmestromdichtemessung wird möglich, wenn zwei Temperaturmessstellen T_1 und T_2 durch eine derart dünne Schicht voneinander getrennt sind, dass eine **dynamische Temperaturdifferenz** $T_1 - T_2$ angezeigt wird, die nach Gl. (4.145) der einfallenden

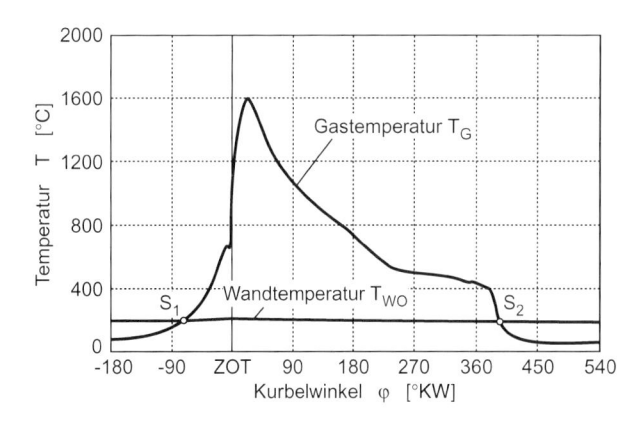

Abb. 4.25. Niveaueinpassung mit Hilfe berechneter Gastemperatur

4.2 Nulldimensionale Modellierung

Wärmestromdichte proportional ist. Dies kann etwa durch die spezielle Schaltung von zwei Thermopaarungen erreicht werden, wenn eine Thermopaarung oberhalb, die zweite unterhalb einer sehr dünnen isolierenden Zwischenschicht angebracht ist. Unter der Voraussetzung der Eindimensionalität und bei bekannter Stärke und Wärmeleitfähigkeit der Trennschicht kann die der Oberflächenwandwärmestromdichte proportionale Temperaturdifferenz direkt als Thermospannung abgenommen werden. Um ein hinreichend großes Messsignal zu erhalten, ist eine ausreichende Anzahl von Thermopaarungen in Serie zu schalten [4.73].

Falls die zeit- und ortsabhängigen Felder von Temperatur und Wärmestromdichte in der Brennraumwand interessieren, können aus einer Fourieranalyse des Oberflächenwärmestromverlaufs die Konstanten A_i und B_i in den Lösungsgleichungen (4.138) und (4.139) wie bei der Oberflächentemperaturmethode über eine Fourieranalyse bestimmt werden. Die Konstante C ergibt sich als Mittelwert aus dem gemessenen Oberflächenwärmestromverlauf.

Instationäres Temperatur- und Wärmestromfeld
Mit der Bestimmung der Konstanten A_i, B_i und C sind das instationäre Temperaturfeld sowie das Wärmestromdichtefeld in der Brennraumwand bekannt. Zur anschaulicheren Darstellung werden die Gleichungen (4.138) und (4.139) in die Form (4.147) und (4.148) gebracht. Man erkennt darin die **Phasenverschiebung** der Verläufe mit zunehmender Wandtiefe um $x\sqrt{i\omega/2a}$ und das **Abklingen der Amplitude** mit dem Faktor $\mathrm{e}^{-x\sqrt{i\omega/2a}}$.

$$T_W(x,t) = T_{WOm} - \frac{\dot{q}_{Wm}}{\lambda}x + \sum_{i=1}^{\infty} \mathrm{e}^{-x\sqrt{i\omega/2a}}$$
$$\times \sqrt{A_i^2 + B_i^2}\sin\left(i\omega t - x\sqrt{\frac{i\omega}{2a}} + \arctan\frac{A_i}{B_i}\right), \quad (4.147)$$

$$\dot{q}_W(x,t) = \dot{q}_{Wm} + \lambda\sum_{i=1}^{\infty}\sqrt{\frac{i\omega}{2a}}\,\mathrm{e}^{-x\sqrt{i\omega/2a}}\sqrt{2}\sqrt{A_i^2 + B_i^2}\sin\left(i\omega t - x\sqrt{\frac{i\omega}{2a}} + \arctan\frac{A_i}{B_i} + \frac{\pi}{2}\right).$$
$$(4.148)$$

Diese Zusammenhänge veranschaulicht Abb. 4.26 für eine Wand aus Grauguss in einem direkt einspritzenden Einzylinder-Diesel-Forschungsmotor bei einem Betriebspunkt von 1500 min^{-1} und einem effektiven Mitteldruck von 2,2 bar.

Der instationäre gasseitige Wärmeübergang verursacht für den vorliegenden Fall in der Brennraumwand zyklische Oberflächentemperaturschwankungen mit einer Amplitude von ca. 12 °C. Wie aus dem schattiert dargestellten Bereich der Temperaturverläufe in der Brennraumwand ersichtlich ist, klingen die Temperaturschwankungen mit der Wandtiefe innerhalb weniger Zehntelmillimeter rasch ab, so dass sich im Großteil der Brennraumwand ein stationäres Temperaturfeld ausbildet.

Aus Gln. (4.147) und (4.148) folgt für jede Ordnung i für die Amplituden von Wärmestromdichte $\Delta\dot{q}_{W_i}$ und Temperatur ΔT_{W_i} der Zusammenhang:

$$\Delta\dot{q}_{W_i} = \sqrt{i}\sqrt{\omega\lambda\rho c}\,\Delta T_{W_i}. \quad (4.149)$$

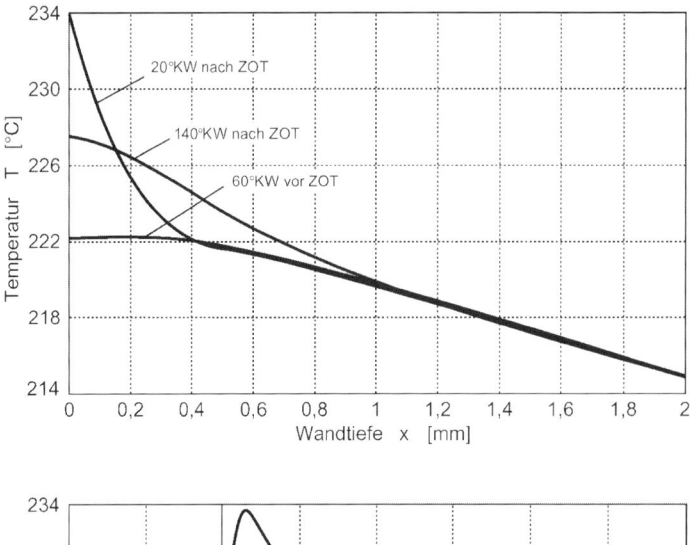

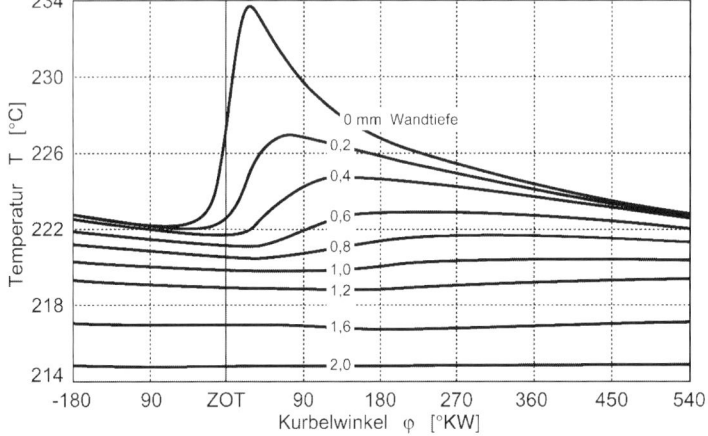

Abb. 4.26. Abklingen der Oberflächentemperaturschwankung in Brennraumwand aus Grauguss [4.57]

Wegen der konstanten Phasenverschiebung zwischen Temperatur- und Wärmestromschwankung gilt für die Gesamtamplituden:

$$\Delta \dot{q}_W \sim \sqrt{n \lambda \rho c} \Delta T_W. \tag{4.150}$$

Damit kann der Einfluss der thermischen Stoffgrößen und der Motordrehzahl auf die Amplituden von Oberflächenwärmestrom und Temperatur abgeschätzt werden. Bei Annahme gleicher Wärmestromamplituden gilt für die Oberflächentemperaturen:

$$\frac{\Delta T_{W1}}{\Delta T_{W2}} \sim \frac{\sqrt{n_2 \lambda_2 \rho_2 c_2}}{\sqrt{n_1 \lambda_1 \rho_1 c_1}}. \tag{4.151}$$

Verwendet man etwa Aluminiumguss anstelle von Grauguss als Wandwerkstoff, ergibt sich unter sonst gleichen Bedingungen aufgrund der unterschiedlichen Stoffgrößen eine Minderung der Oberflächentemperaturamplitude um etwa 30 %.

Einfluss der Berußung

Im praktischen Messbetrieb ist bei Anwendung der Oberflächenmethoden neben der Erfüllung der getroffenen Voraussetzungen wie der Eindimensionalität insbesondere auch auf den Einfluss der

4.2 Nulldimensionale Modellierung   219

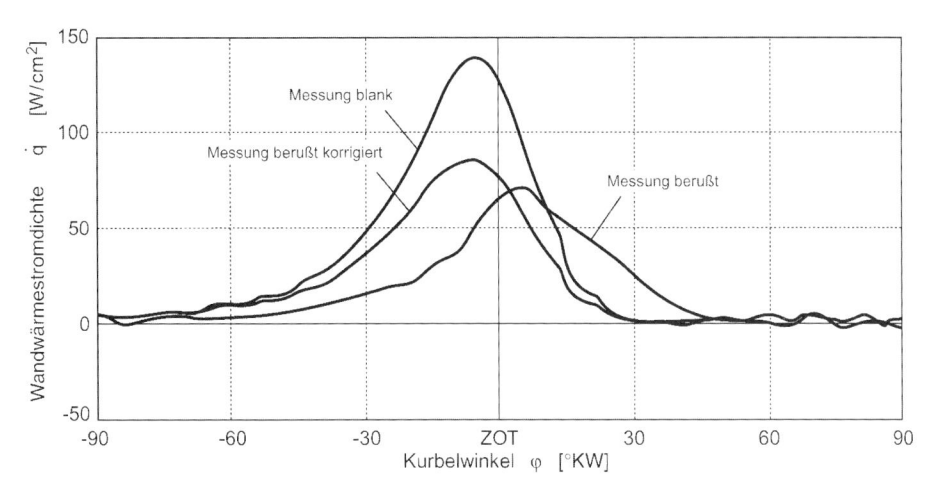

Abb. 4.27. Verläufe der Wandwärmestromdichten ohne und mit Rußschicht [4.113]

Berußung zu achten. Besonders bei Dieselmotoren lagert sich Ruß an den Brennraumwänden an, der aufgrund seiner Stoffeigenschaften wie eine **Isolierschicht** wirkt. Diese verursacht grundsätzlich eine höhere Wandoberflächentemperatur und damit über die Minderung der treibenden Temperaturdifferenz im Newton'schen Ansatz eine Verringerung des Wandwärmestroms.

Überdies bedeutet eine Rußschicht auf dem Messsensor, dass der Temperaturverlauf nicht an der Oberfläche, sondern in einer der Stärke der Rußschicht entsprechenden Tiefe gemessen wird. Daher weist der gemessene Verlauf eine gedämpfte und phasenverschobene Amplitude auf. Sind Stärke und Stoffeigenschaften der Rußschicht bekannt, kann nach Gl. (4.147) aus dem gemessenen Temperaturverlauf auf den Temperaturverlauf an der Rußoberfläche geschlossen werden. Ein entsprechendes Verfahren, das eine Kalibriereinrichtung für dynamische Wärmeströme zur Bestimmung von Stärke und Stoffgrößen der Rußschicht benutzt, wird bei Wimmer [4.113] beschrieben.

Zur Verdeutlichung der Zusammenhänge zeigt Abb. 4.27 beispielhaft den mittels eines berußten Oberflächentemperatursensors bestimmten Verlauf der Wandwärmestromdichte (Messung berußt) und den entsprechend der Rußschicht in Phasenlage und Amplitude auf die Rußoberfläche korrigierten Verlauf (Messung berußt korrigiert). Eingetragen ist auch der höhere Wärmestromdichteverlauf, der mit einem blanken Sensor ohne isolierende Rußschicht bestimmt wurde (Messung blank). Da sich der Berußungszustand je nach Messort und Betriebspunkt verändert, ist seine Berücksichtigung entsprechend aufwendig. Die dargestellten Messungen stammen von einem luftgekühlten direkteinspritzenden Dreizylinder-Dieselmotor im Schleppbetrieb.

Einfluss der Messposition

Bei Anwendung der Oberflächenmethoden ist zu beachten, dass die resultierenden Verläufe für die Stelle gelten, an der die Messung durchgeführt wurde. Um einen Vergleich mit dem in der Motorprozessrechnung bestimmten örtlichen Mittelwert des Wandwärmestroms zu ermöglichen, ist eine größere Anzahl von Messsonden im Brennraum anzubringen, um aus den verschiedenen **lokalen Verläufen** einen örtlichen Mittelwert bilden zu können.

Um einen Eindruck der örtlichen Unterschiede zu vermitteln, zeigt Abb. 4.28 für einen PKW-Ottomotor die unter Korrektur des jeweiligen Berußungszustands der Sensoren berechneten Verläufe der Wandwärmestromdichte an vier Messstellen bei einer Motordrehzahl von 3000 min^{-1} und einem Mitteldruck von 5 bar. Fett eingezeichnet ist der mittels **Flächenwichtung** gemittelte

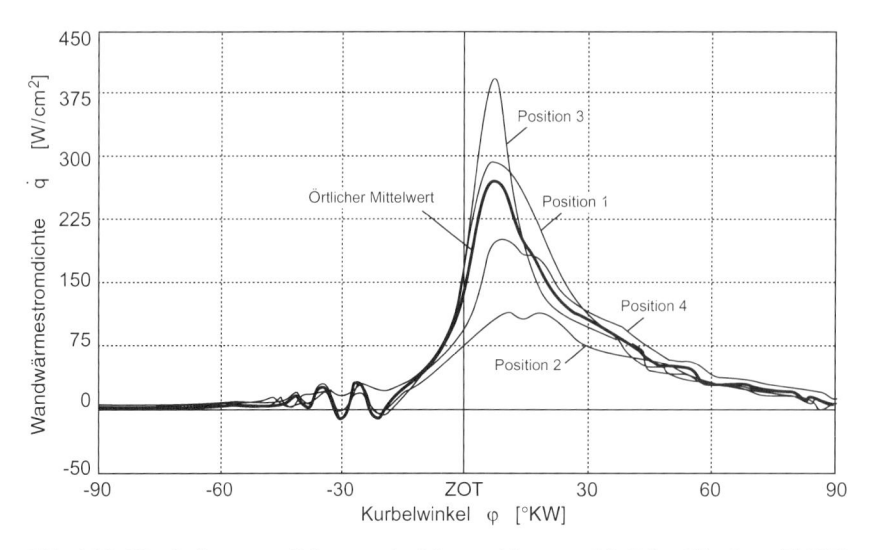

Abb. 4.28. Wandwärmestromdichten an vier Messpositionen und örtlicher Mittelwert [4.113]

Wandwärmestrom, der in weiterer Folge zum Vergleich mit dem örtlichen Mittelwert des Wärmestroms aus einer Motorprozessrechnung herangezogen werden kann.

Die Messpositionen 1, 2, und 3 befinden sich im Zylinderkopf des Motors (siehe dazu Abb. 4.77). Die größte Oberflächenamplitude ergibt sich an der Messposition 3, die nahe der Quetschkante gelegen ist. Messposition 4 liegt im oberen Teil der Zylinderbuchse. Die flächengewichtete Mittelung erfolgte unter Berücksichtigung der über dem Arbeitsspiel veränderlichen Brennraumoberfläche, wobei für die Messpositionen im Zylinderkopf eine Drittelung der Kopffläche vorgenommen wurde:

$$\dot{q}_{Wm}(\varphi) = \frac{\dot{q}_{W_1}(\varphi)A_1 + \dot{q}_{W_2}(\varphi)A_2 + \dot{q}_{W_3}(\varphi)A_3 + \dot{q}_{W_4}(\varphi)A_4(\varphi)}{A_1 + A_2 + A_3 + A_4(\varphi)}. \quad (4.152)$$

4.2.5.5 Vergleich verschiedener Ansätze für Wandwärmeübergang

Der in der Motorprozessrechnung gewählte Ansatz für den Wandwärmeübergang bestimmt Verlauf. Integralwert der Wandwärme und beeinflusst auch den Heizverlauf bzw. Brennverlauf. Aufgrund der Bedeutung des Wandwärmeübergangs ist ein Vergleich der unterschiedlichen Berechnungsmodelle von besonderem Interesse. Im Folgenden seien Ergebnisse der Wandwärmebestimmung für den Hochdruckteil nach verschiedenen Ansätzen untereinander und mit Messergebnissen nach der Oberflächentemperaturmethode verglichen [4.114].

Als **Versuchsträger** der wiedergegebenen Wärmeübergangsuntersuchungen dienten ein Vierzylinder-PKW-Ottomotor sowie ein luftgekühlter Dieselmotor mit Direkteinspritzung, bezüglich der technischen Daten siehe Tabelle 4.1.

Für die Untersuchungen wurden an den vier im vorigen Abschnitt beschriebenen Messpositionen des Ottomotors und an acht Stellen im Zylinderkopf des Dieselmotors Oberflächentemperaturverläufe gemessen. Die daraus nach der Oberflächentemperaturmethode bestimmten Verläufe der Wandwärmestromdichte wurden nach ihrem Berußungszustand korrigiert, flächengewichtet gemittelt und mit Ergebnissen der nulldimensionalen Motorprozessrechnung verglichen.

Die Verläufe der Wandwärmestromdichte für den untersuchten **Ottomotor** zeigt Abb. 4.29a für einen geschleppten und Abb. 4.29b für einen gefeuerten Betriebspunkt, die entsprechenden Verläufe

4.2 Nulldimensionale Modellierung

Tabelle 4.1. Technische Daten der Versuchsträger

Parameter	Wert für:	
	Ottomotor DOHC - 16V	Dieselmotor mit direkter Einspritzung
Zylinderanzahl	4	3
Bohrung/Hub [mm]	80.6/88.0	100/105
Hubvolumen [cm^3]	1796	2474
Verdichtungsverhältnis [–]	10.0	16.5
Maximale Leistung [kW]	85 (5750 min^{-1})	37 (3000 min^{-1})
Maximales Drehmoment [Nm]	158 (3750 min^{-1})	150 (1800 min^{-1})
Ventildurchmesser – Einlass [mm]	32	38
Ventildurchmesser – Auslass [mm]	28	35
Kühlung	Wasser	Luft

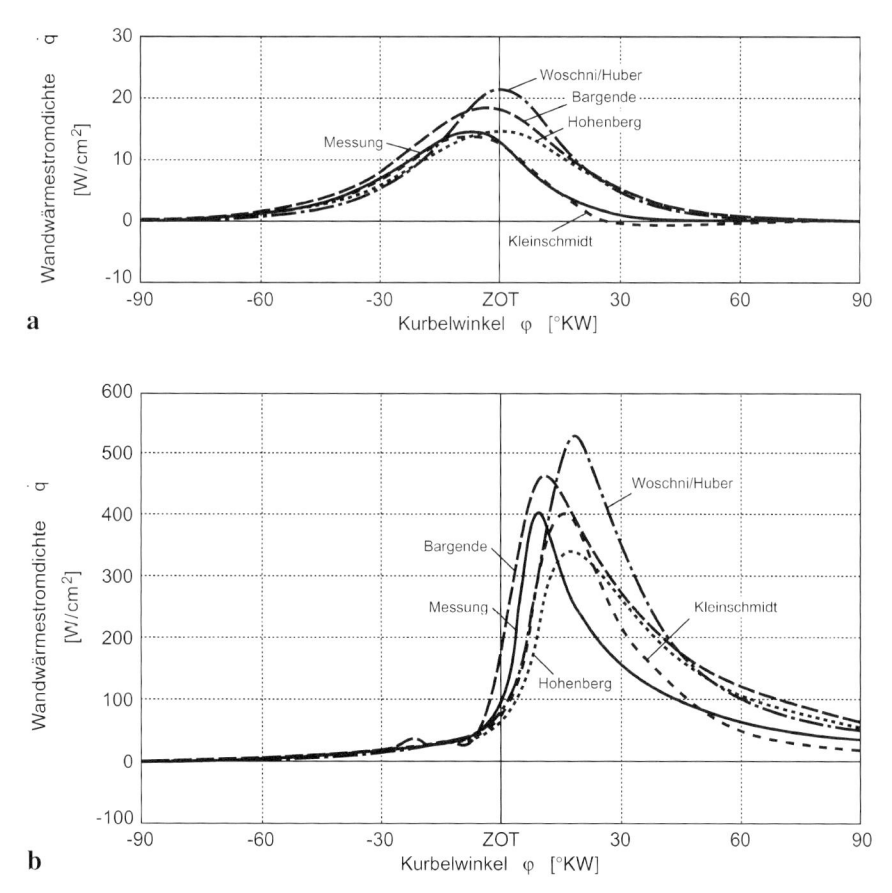

Abb. 4.29. Vergleich der Wandwärmestromdichten im Ottomotor: **a** $n = 1500$ min^{-1}, Schlepp; **b** $n = 3000$ min^{-1}, Volllast [4.114]

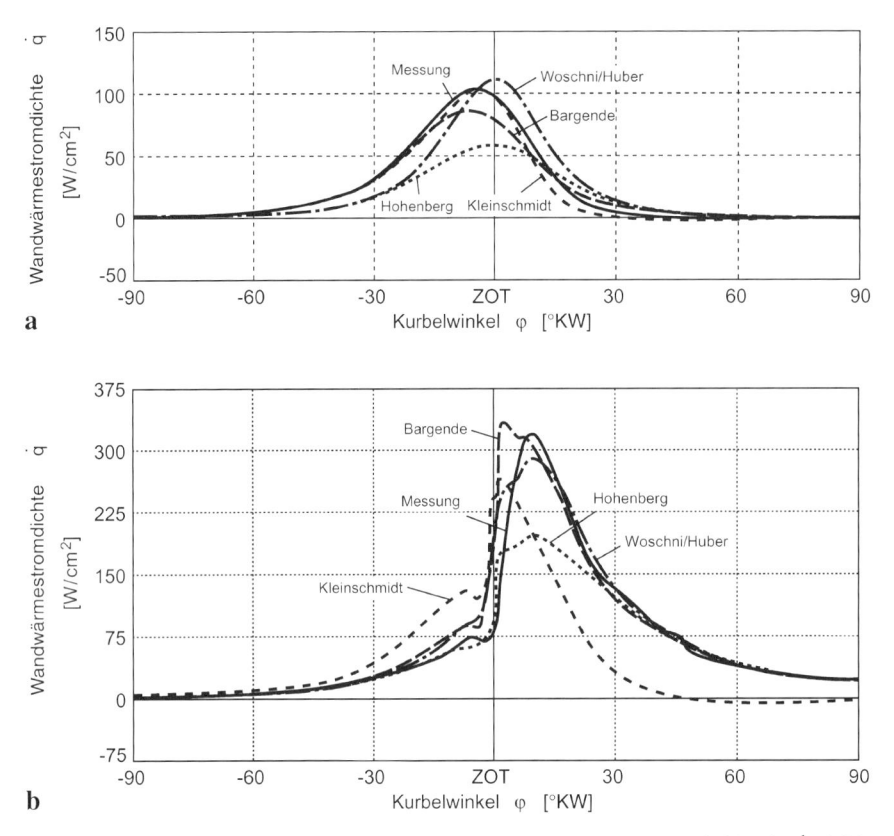

Abb. 4.30. Vergleich der Wandwärmestromdichten im Dieselmotor: **a** $n = 2100$ min^{-1}, Schlepp; **b** $n = 2100$ min^{-1}, mittlere Last [4.114]

für den **Dieselmotor** sind in Abb. 4.30 dargestellt. Die Kurve „Messung" bezieht sich auf die aus den einzelnen Messpositionen flächengewichtet gemittelten Wandwärmestromdichten nach der Oberflächentemperaturmethode. Für den Vergleich mit der Motorprozessrechnung wurden die Wärmeübergangsbeziehungen nach Woschni und Huber, Gl. (4.103), Hohenberg, Gl. (4.106), Bargende, Gl. (4.114), und Kleinschmidt, Gl. (4.122), herangezogen. Wie erwähnt werden die vom Gas an die Wand übergehenden Wärmeströme positiv aufgetragen.

Deutlich ist zu erkennen, dass die Messungen im **geschleppten Motorbetrieb** für beide Motorvarianten zum ZOT asymmetrische Wärmeübergangsverläufe liefern, die mit der Wärmeübergangsbeziehung von Kleinschmidt gut wiedergegeben werden können. Die Gleichung nach Bargende liefert ebenfalls einen asymmetrischen Verlauf, jedoch in wesentlich geringerem Ausmaß. Die Gleichungen nach Woschni und Huber sowie Hohenberg ergeben prinzipbedingt annähernd symmetrische Verläufe. Die Amplituden der einzelnen Wärmestomverläufe zeigen ebenfalls große Unterschiede. Im **gefeuerten Betrieb** ergeben sich in Abhängigkeit von Drehzahl, Last und Motorart sehr unterschiedliche Verhältnisse, so dass keine eindeutigen Aussagen getroffen werden können.

Der über das Arbeitsspiel gemittelte Wert der an die Brennraumwand übergehenden Wärme ist für die Gesamtbilanz des Motors von Bedeutung sowie als Randbedingung für die Festigkeitsberechnung der Bauteile. Die Unterschiede der mittleren Wärmeströme, die sich für die verschiedenen Wärmeübergangsbeziehungen ergeben, sind zum Teil beträchtlich und liegen zwischen ca. -50 bis $+30\%$.

4.2 Nulldimensionale Modellierung

Trotz großer Fortschritte im Verständnis der Zusammenhänge zeigt die Praxis, dass die Wärmeübergangsverhältnisse mit den oben angeführten Ansätzen nicht bei allen Betriebszuständen und Motoren ausreichend genau beschrieben werden können. Ein Vergleich der verschiedenen Beziehungen zur Berechnung des Wärmeübergangskoeffizienten zeigt oft erhebliche Unterschiede in Verlauf und Integralwert des Wandwärmestroms. Weitere Vergleiche unter Einbeziehung quasidimensionaler und dreidimensionaler Rechenergebnisse finden sich in den Abschn. 4.3 und 4.5.

4.2.5.6 Wärmemanagement und thermisches Netzwerk

Auf die Bedeutung des Wandwärmeübergangs für den Motorprozess, für die Auslegung der Kühlung und als Randbedingung für die Festigkeitsrechnung wurde bereits hingewiesen. Darüber hinaus wirkt sich insbesondere das **Aufwärmverhalten** des Motors vom Kaltstart bis zum Erreichen der Betriebstemperatur auf die Reibung des Motors und damit auf den Kraftstoffverbrauch aus und bestimmt die Schadstoffemission. Ein Großteil der in den verschiedenen Fahrzyklen emittierten Schadstoffe stammt aus dieser Warmlaufphase, weil der Katalysator bei niedrigen Temperaturen ein unzureichendes Konvertierungsverhalten aufweist.

Obwohl das Wärmemanagement über das System Brennraum hinausgeht, soll es dennoch an dieser Stelle kurz erwähnt werden. Für die Berechnung des thermischen Verhaltens eines Motors sind dreidimensionale Strömungsprogramme (CFD) und Finite-Elemente-Programme (FEM) prinzipiell geeignet, wegen des hohen erforderlichen Aufwands für Modellierung und Berechnung werden jedoch einfachere Methoden bevorzugt.

Zur Simulation des thermischen Verhaltens eines Motors kann dieser als **thermisches Netzwerk** abgebildet werden. Dies erlaubt auf relativ einfache Weise detaillierte Untersuchungen hinsichtlich thermischer Dauerfestigkeit sowie Warmlaufverhalten von Motoren [4.15, 4.89]. Der Motor wird dazu in einzelne Bauteile oder Bereiche eingeteilt, die durch Ersatzmassen in sogenannten Knoten zusammengefasst werden. Die Zahl dieser Knoten ist deutlich geringer als die Anzahl der Elemente in CFD- oder FEM-Programmen. Die Knoten können Wärme aufnehmen oder abgeben und sind durch Wärmeübertragungsbeziehungen miteinander verbunden (siehe Abb. 4.31).

Für jeden Knoten i gilt der 1. Hauptsatz der Thermodynamik in folgender Form:

$$m_i \cdot c_{pi} \cdot \frac{\partial T_i}{\partial t} = \dot{Q}_i + \sum_j \frac{T_j - T_i}{R_{ij}} + \sum_j \dot{m}_{zu} \cdot c_{p,zu} \cdot T_j - \sum_j \dot{m}_{ab} \cdot c_{p,ab} \cdot T_i. \quad (4.153)$$

Dabei bezeichnet der Term auf der linken Seite die thermische Trägheit des Knotens i mit der Masse m_i, der spezifischen Wärmekapazität c_{pi} und der Temperatur T_i. Der erste Term auf der rechten Seite steht für die dem Knoten i direkt zugeführten Wärmeströme. Der zweite Term beschreibt den Energietransport durch Wärmeübertragung vom Knoten j mit der Temperatur T_j. Dabei bedeutet R_{ij} den Übertragungswiderstand, der je nach Art der Wärmeübertragung einzusetzen ist.

Bei Wärmeleitung ist der Übertragungswiderstand mit der Länge l und der normal zur Wärmestromrichtung liegenden Fläche A_L sowie der Temperaturleitfähigkeit λ_{ij} zu bilden:

$$R_{ij} = \frac{l}{\lambda_{ij} A_L}. \quad (4.154)$$

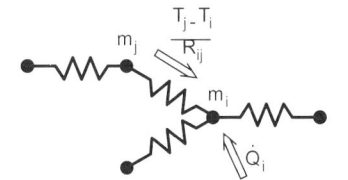

Abb. 4.31. Knotenmodell

Bei Konvektion ist der Übertragungswiderstand indirekt proportional dem Wärmeübergangskoeffizienten α_{ij} und der fluidseitigen Oberfläche A_K:

$$R_{ij} = \frac{1}{\alpha_{ij} A_K}. \tag{4.155}$$

Bei Strahlung ist der Übertragungswiderstand eine Funktion der Temperaturdifferenz, des gemeinsamen Emissionsverhältnisses ε_{ij}, der Strahlungskonstanten C_S und der Fläche A_S:

$$R_{ij} = \frac{T_j - T_i}{\varepsilon_{ij} C_S A_S (T_j^4 - T_i^4)}. \tag{4.156}$$

Die beiden letzten Terme der rechten Seite von Gl. (4.153) stellen den Energiefluss durch Massentransport über die Systemgrenze dar. Diese Terme treten nur bei Knoten auf, die ein Fluid repräsentieren.

Das Ansetzen der Energiegleichung für jeden Knoten ergibt ein Gleichungssystem, das für jeden Zeitschritt gelöst das thermische Verhalten des Motors beschreibt. In das Modell einzubinden sind insbesondere der Wärmeübergang im Brennraum sowie die Kreisläufe von Öl und Kühlwasser. Ausgehend von einem bestimmten Anfangszustand erlaubt das Modell die Berechnung des zeitlichen Temperaturverlaufs für jede Ersatzmasse bei vorgegebenem Motorbetrieb. Thermische Netzwerke können in einer geeigneten Form programmiert auch in die Simulation des Gesamtfahrzeugs eingebunden werden (vgl. Kap. 7).

4.2.6 Ladungswechsel

Die Bestimmung der Verläufe der ein- und ausströmenden Massen $dm_E/d\varphi$ und $dm_A/d\varphi$ in Gl. (4.3) sowie des Verlaufs der Zylindermasse $dm/d\varphi$ vom Öffnen des Auslasses bis zum Schließen des Einlasses ist Aufgabe der **Ladungswechselrechnung**. Die möglichst genaue Simulation des Ladungswechsels ist von besonderer Bedeutung, weil damit einerseits der Restgasgehalt berechnet wird und andererseits die Zylindermasse bei Einlassschluss, die als Anfangsbedingung für die Hochdruckrechnung einen der wesentlichsten Parameter des gesamten Motorprozesses darstellt.

Für eine genaue Berechnung des Ladungswechsels von Motoren ist die Modellierung des Gesamtsystems Verbrennungskraftmaschine mit den Drosselstellen im Ansaug- und Auspuffsystem erforderlich. Dafür kommt in der nulldimensionalen Modellierung die Füll- und Entleermethode zur Anwendung. Sollen gasdynamische Phänomene im Ansaug- und Auspuffsystem berücksichtigt werden, sind Methoden der Schalltheorie, Charakteristikenverfahren oder instationäre ein- wie mehrdimensionale numerische Strömungsprogramme anzuwenden (vgl. Kap. 5).

Im vorliegenden Abschnitt wird die Ladungswechselrechnung nur vom System Brennraum aus betrachtet. Für die Berechnung der Ladungsmasse mittels Durchflussgleichung wird angenommen, dass die Druckverläufe vor dem Einlass- und nach dem Auslassorgan aus entsprechenden Messungen oder einer gasdynamischen Berechnung des Gesamtsystems bekannt sind.

Der Ladungswechsel hat generell die Aufgabe, die verbrannten Gase aus dem Brennraum zu entfernen, und zwar in der Regel möglichst vollständig, und ein Maximum an **Frischladungsmasse** zuzuführen, welche die mögliche Arbeitsleistung des folgenden Zyklus bestimmt. Bei Viertaktmotoren steht dafür eine ganze Kurbelwellenumdrehung zur Verfügung, bei Zweitaktmotoren muss die Spülung innerhalb viel kürzerer Zeit erfolgen. Weiters soll der Ladungswechsel ein günstiges Strömungsfeld für Gemischbildung und Verbrennung erzeugen.

4.2 Nulldimensionale Modellierung

Die **Steuerzeiten** des Ladungswechsels bestimmen die Zylinderfüllung und deren Zusammensetzung. Voll variable Ventilsteuerzeiten zur Lastregelung können bei gemischansaugenden Ottomotoren Drosselverluste im Ladungswechsel reduzieren. Durch entsprechendes Ausnutzen der Überschneidungsphase, das ist jener Abschnitt des Ladungswechsels, wo Ein- und Auslassorgane gleichzeitig geöffnet sind, kann überdies durch interne Abgasrückführung eine Absenkung der Spitzentemperaturen der Verbrennung und damit der Stickoxidbildung oder durch interne Spülung eine zusätzliche Kühlung des Brennraums erreicht werden.

4.2.6.1 Kenngrößen des Ladungswechsels

Einige zur Charakterisierung des Ladungswechsels gebräuchliche Kenngrößen sollen in Anlehnung an DIN 1940 [3.1] definiert und anhand der Prinzipdarstellung der Massenaufteilung im Ladungswechsel nach Abb. 4.32 veranschaulicht werden. Die Abbildung gilt grundsätzlich sowohl für Saugmotoren wie auch für Aufladung bei ventilgesteuerten wie schlitzgesteuerten Motoren. Die Abgasrückführung wird gesondert behandelt. Der Einfluss der Leckage ist in den folgenden Betrachtungen vernachlässigt.

Die gesamte während eines Ladungswechsels geförderte Luft- oder Gemischmenge wird als **einströmende Ladungsmasse** m_E bezeichnet und setzt sich zusammen aus der **Frischladung** m_{Fr}, die im Zylinderraum verbleibt, und aus der **Spülmasse** m_{Sp}, die während der Überschneidungsphase, ohne an der Verbrennung teilzunehmen, direkt in den Auslass abfließt:

$$m_E = m_{Fr} + m_{Sp}. \tag{4.157}$$

Beim luftansaugenden Motor entspricht die einströmende Masse m_E der angesaugten Luftmasse m_L, bei einem Motor mit Gemischansaugung ist zusätzlich die zyklisch zugeführte Brennstoffmasse m_B in m_E enthalten. Die Spülmasse m_{Sp} ist beim Viertakt-Saugmotor wegen der in der Ventilüberschneidungsphase geringen Durchströmquerschnitte unbedeutend und wird auch bei Aufladung mit längerer Überschneidungsphase nicht sehr groß. Dagegen bedarf es vor allem beim schlitzgesteuerten Zweitaktmotor großer Erfahrung und besonderen konstruktiven Geschicks bei der Ausbildung und Anordnung der Schlitze, um die Spülmasse m_{Sp} und das am Ende des Ladungswechsels im Zylinder verbleibende Restgas in Grenzen zu halten. Vor allem beim großvolumigen aufgeladenen Zweitaktmotor ergeben sich Nachteile, wenn große Spülmassen zu einer starken Abkühlung der Auspuffgase führen und eine Reduktion der Leistung der Abgasturbine bedingen. Auch beim kleinvolumigen Motor, der fast ausschließlich als Ottomotor gebaut wird, soll die Spülmasse gering gehalten werden, weil unverbranntes Gemisch im Auspuff erhöhten Verbrauch sowie vermehrte Kohlenwasserstoffemissionen verursacht.

Die pro Zyklus angesaugte Frischladung m_{Fr} bildet zusammen mit dem im Zylinder verbliebenen oder aus dem Auspuff zurückgeflossenen **Restgas** m_{RG} am Beginn der Verdichtung die gesamte

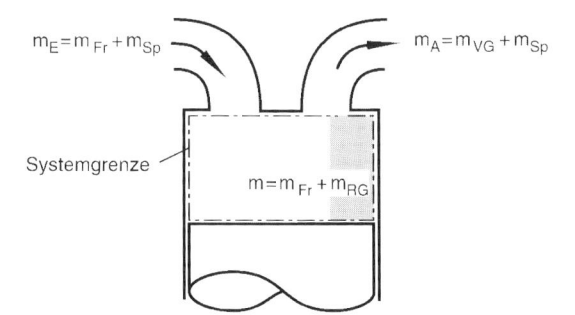

Abb. 4.32. Massenaufteilung im Ladungswechsel

Zylindermasse m:

$$m = m_{Fr} + m_{RG}. \quad (4.158)$$

Die Restgasmasse wird von den Druck- und Strömungsverhältnissen, von der Motordrehzahl, dem Verdichtungsverhältnis und den Steuerzeiten bestimmt. Bei Ottomotoren kann bei Volllast mit Restgasgehalten in der Größenordnung von etwa 10 % gerechnet werden, bei Dieselmotoren liegt der Wert wegen der Luftansaugung und dem höheren Verdichtungsverhältnis wesentlich niedriger [4.42].

Die pro Arbeitsspiel in den Auspuff **abfließende Gasmasse** m_A beinhaltet die **Verbrennungsgasmasse** m_{VG} und die in der Überschneidungsphase direkt in den Auslasskanal strömende Spülmasse m_{Sp}. Beim gemischansaugenden Motor ist m_A gleich groß wie m_E, bei einem Motor mit Luftansaugung ist m_A um die zyklisch eingespritzte Brennstoffmasse m_B größer als m_E.

$$m_A = m_{VG} + m_{Sp}. \quad (4.159)$$

Die angeführten Größen m_E, m_{Fr}, m_{Sp}, m_{RG}, m_{VG} und m_A sind voneinander abhängig und charakterisieren den Ladungswechsel. Für eine nähere Betrachtung ist es zweckmäßig, dimensionslose **Kenngrößen** zu definieren.

Der **Luftaufwand** λ_a (auch: Luftdurchsatz, Englisch: volumetric efficiency η_v oder air delivery ratio) kennzeichnet die Güte des Ladungswechsels und ist definiert als Quotient aus gesamter, pro Zyklus geförderter Ladungsmasse m_E zu theoretisch möglicher Ladungsmasse m_{th}:

$$\lambda_a = m_E/m_{th}. \quad (4.160)$$

Die theoretisch mögliche Ladungsmasse bedeutet eine Füllung des Hubvolumens V_h mit Ladung entweder von Umgebungszustand (ρ_0, T_0)

$$m_{th1} = \rho_0 V_h, \quad \lambda_{a1} = m_E/m_{th1} \quad (4.161)$$

oder von Zustand unmittelbar vor Einlass (ρ_E, T_E):

$$m_{th2} = \rho_E V_h, \quad \lambda_{a2} = m_E/m_{th2}. \quad (4.162)$$

Der Luftaufwand kann über die Messung der geförderten Ladungsmasse m_E z. B. mittels Drehkolbengaszählers oder Normblende recht genau bestimmt werden und bewertet gewissermaßen die Güte der Kolbenmaschine als Pumpe. Dabei gilt, dass λ_{a1} ein Maß für die Verluste im gesamten Ansaugsystem sowie im Zylinderbereich ist und λ_{a2} nur die Verluste in Einlassventilbereich und Zylinder berücksichtigt. Bei Aufladung kann der auf den Umgebungszustand bezogene Luftaufwand λ_{a1} je nach Aufladegrad auch Werte über 1 annehmen.

Neben der konstruktiven Ausführung des Motors, speziell der Strömungswege, beeinflussen Betriebszustand und Kraftstoff den Luftaufwand. Für einen Viertakt-Saugmotor mit voll geöffneter Drosselklappe gibt Abb. 4.33 Anhaltswerte für den Luftaufwand λ_{a1} über der mittleren Kolbengeschwindigkeit unter Berücksichtigung folgender Einflüsse: Dampfdruck des Kraftstoffs, Wärmeübergang im Einlass und Zylinderbereich, Strömungsverluste in Drosselstellen, Erreichen der Schallgeschwindigkeit, Rückschieben von Ladung in den Einlass im niederen Drehzahlbereich bei nicht variablen Steuerzeiten, gasdynamische Abstimmung von Saug- wie Auspuffsystem.

Der **Liefergrad** λ_l (Englisch: charging efficiency η_{ch}) kennzeichnet den Erfolg des Ladungswechsels und ist das Verhältnis der im Zylinder verbleibenden, neu eingeströmten Frischladung m_{Fr} zur theoretischen Ladungsmasse m_{th1} oder m_{th2}:

$$\lambda_{l1} = m_{Fr}/m_{th1}. \quad (4.163)$$

4.2 Nulldimensionale Modellierung

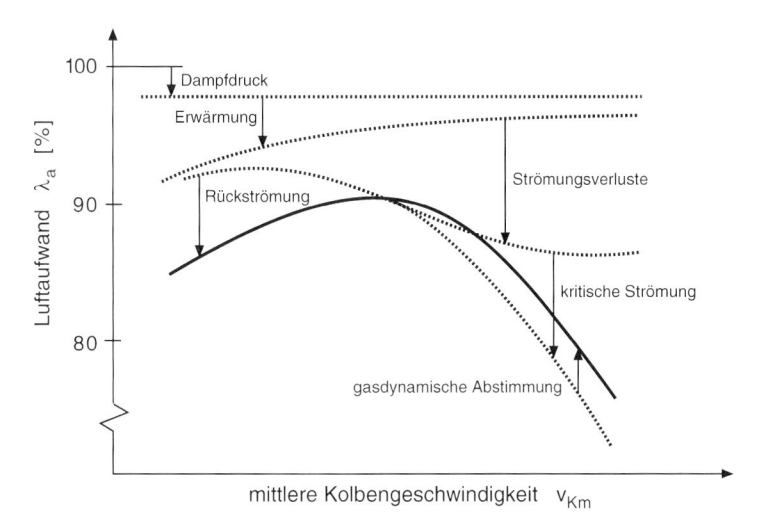

Abb. 4.33. Luftaufwand λ_{a1} über mittlerer Kolbengeschwindigkeit für Viertakt-Saugmotor mit voll geöffneter Drosselklappe [4.42]

Für den Liefergrad λ_{l1} werden bei Viertakt-Saugmotoren ohne Drosselung Werte bis 90 % erreicht. Bei Aufladung kann der auf den Umgebungszustand bezogene Liefergrad λ_{l1} Werte größer 1 annehmen. Speziell in solchen Fällen wird der Liefergrad oft auf den Zustand im Einlass bezogen. Dieser Liefergrad wird mit λ_{l2} bezeichnet, er ist immer kleiner 1:

$$\lambda_{12} = m_{Fr}/m_{th2}. \tag{4.164}$$

Der **Fanggrad** λ_f (auch: Ladegrad λ_z, Englisch: trapping efficiency η_{tr}) ist das Verhältnis von Frischladung m_{Fr} zur gesamten angesaugten Ladungsmasse m_E und gibt somit jenen Anteil der Ladungsmasse an, der tatsächlich im Zylinder verbleibt:

$$\lambda_f = \frac{m_{Fr}}{m_E} = \frac{m_{Fr}}{m_{Fr} + m_{Sp}}. \tag{4.165}$$

Der **Spülgrad** λ_s (Englisch: scavenging efficiency η_{sc}) stellt ein Maß für die Reinheit der Ladung dar, er ist als Quotient aus Frischladung m_{Fr} und gesamter Zylindermasse m definiert und bezeichnet somit den Frischgasanteil der Zylindermasse:

$$\lambda_s = \frac{m_{Fr}}{m} = \frac{m_{Fr}}{m_{Fr} + m_{RG}}. \tag{4.166}$$

Der **Restgasanteil** x_{RG} (Englisch: residual gas fraction x_r) wird durch den Quotienten aus Restgas m_{RG} und gesamter Zylindermasse m gebildet:

$$x_{RG} = m_{RG}/m = \frac{m_{RG}}{m_{Fr} + m_{RG}}. \tag{4.167}$$

Wie unschwer zu erkennen ist, bestehen zwischen den Kenngrößen folgende Zusammenhänge:

$$\lambda_f = \lambda_{l1}/\lambda_{a1} = \lambda_{l2}/\lambda_{a2}, \tag{4.168}$$

$$x_{RG} = 1 - \lambda_s. \tag{4.169}$$

Die Ermittlung der Kenngrößen des Ladungswechsels ist sowohl messtechnisch wie auch rechnerisch möglich, in beiden Fällen jedoch mit Schwierigkeiten verbunden.

Die gesamte angesaugte Ladungsmasse m_E und der Luftaufwand λ_a können wie erwähnt durch eine **Messung** mit Drehkolbengaszähler oder Normblende relativ einfach und genau erfasst werden. Die Spülmasse m_{Sp} kann wie das Restgas m_{RG} nur durch aufwendige Messverfahren über chemische Analysen bestimmt werden.

Die **Berechnung** des Ladungswechsels dient der Bestimmung der momentan über die Steuerorgane zu- und abfließenden Massen dm_E und dm_A oder ihrer momentanen Integralwerte sowie der Festlegung von Verlauf und Integralwert der Zylindermasse. Für die Berechnung des Ladungswechsels kommen hauptsächlich zwei Verfahren in Frage:

– Liegt für die Analyse ausgeführter Motoren ein gemessener Zylinderdruckverlauf vor, kann aus diesem mittels des **Energiesatzes** die Änderung der Masse im Zylinder berechnet werden.
– Sind die Verläufe der Gegendrücke ansaug- und auspuffseitig aus einer Messung oder Simulationsrechnung des Gesamtsystems verfügbar, können die ein- und ausströmenden Massen und damit die Zylindermasse (sowie auch der Zylinderdruck) mit Hilfe der **Durchflussgleichung** berechnet werden.

Die Spülmasse und das Restgas können nur durch eine eigene **Berechnung der Spülung** abgeschätzt werden. Aufgrund der komplizierten Strömungsverhältnisse hat diese Berechnung entweder mit Hilfe ein- oder dreidimensionaler Strömungsprogramme zu erfolgen oder muss auf entsprechenden Vereinfachungen basieren.

4.2.6.2 Massenverläufe aus Energiesatz

Liegt der gemessene Verlauf des Zylinderdrucks vor, können aus dem Energiesatz

$$mc_v \, dT = (h_E - u) \, dm_E - (h_A - u) \, dm_A - dQ_W - p \, dV$$

unter Heranziehung der differentiellen Gasgleichung

$$V \, dp + p \, dV = RT (dm_E - dm_A) + mR \, dT$$

die Änderungen von Temperatur und Masse im Zylinder berechnet werden.

Ausgehend von einem gegebenen Ladungszustand, etwa beim Öffnen des Auslasses, ergibt sich die momentane Zusammensetzung der Zylindermasse in Verbrennungsgas, Frischluft und Brennstoff eindeutig, wenn entweder nur das Einlass- oder nur das Auslassventil offen ist.

In der Phase der **Ventilüberschneidung** muss über die Aufteilung der Änderung der Zylindermasse auf dm_E und dm_A im Ein- und Auslasskanal entsprechend der Öffnungsquerschnitte der Ventile verfügt werden. Dies ist bei Viertaktmotoren mit geringer Ventilüberschneidung ausreichend genau möglich. Bei langer Überschneidungsdauer und bei Zweitaktmotoren hängt der Ladungszustand zunehmend von den Annahmen über die Massenaufteilung ab. Für Zweitaktmotoren ist diese Art der Ladungswechselrechnung ungeeignet.

Der hauptsächliche Nutzen dieser Methode liegt darin, dass mit **geringem Aufwand** der Ladungszustand am Beginn der Hochdruckphase berechnet werden kann. Bei gegebenem Druck und Volumen wird die Zylindermasse von der Temperatur bestimmt. Diese wiederum hängt von der Einlasstemperatur ab, wobei Einflüsse von Restgas, der Drosselung im Einlassbereich und der Wandwärme zu berücksichtigen sind (siehe [4.91]). Überdies sind die effektiven Ventilsteuerzeiten beim Öffnen des Auslasses und Schließen des Einlasses aus den berechneten Massenverläufen recht genau zu entnehmen.

Ungenauigkeiten bei dieser Art der Ladungswechselrechnung entstehen durch allfällige Fehler im gemessenen Zylinderdruckverlauf. Vor allem in der Auslassphase ist bei piezoelektrischen Druckaufnehmern oft eine Temperaturdrift vorhanden, die auch noch in den Einlasstakt reicht [4.112]. Fehldruckanzeigen im Bereich von hundertstel Bar können Abweichungen in der Ladungsmasse von einigen Prozent bewirken, weshalb diese Methode der Ladungswechselrechnung nur zur Anwendung kommt, wenn keine Gegendruckmessungen vorliegen oder keine gasdynamische Berechnung des Gesamtsystems möglich ist.

4.2.6.3 Massenverläufe mittels Durchflussgleichung

Sind die Verläufe der Gegendrücke im Einlass- und Auslasskanal aus einer Messung oder Simulation des Gesamtsystems bekannt, kann zusätzlich zu Energie- und Kontinuitätssatz die Durchflussgleichung zur Ladungswechselrechnung herangezogen werden. Dies ermöglicht neben der Bestimmung des Verlaufs der ein- wie ausströmenden Massen und damit der Zylindermasse auch die Berechnung des Druckverlaufs im Zylinder. Obwohl für die Bereitstellung der Gegendrücke zwei Druckverläufe gemessen oder aus einer Simulation des Gesamtprozesses berechnet werden müssen, bietet diese Methode einige Vorteile.

Bei der Messung der Gegendrücke vor dem Einlass- und nach dem Auslassventil mit piezoelektrischen Druckaufnehmern ist eine hohe Genauigkeit erzielbar, die Niveauzuordnung der Verläufe ist über eine zusätzliche statische Druckmessung etwa mittels U-Rohr problemlos möglich. Wegen der stabileren Temperaturen tritt praktisch keine Kurzzeittemperaturdrift auf. Besonders bei Saugrohrdrücken mit relativ zum Mittelwert hohen Amplituden, wie sie bei Ottomotoren in der Regel auftreten, ist auf möglichst nahe am Einlassventil liegende Messstellen zu achten, um Fehler durch gasdynamische Phänomene zu vermeiden.

Diese Art der Ladungswechselrechnung ist außerdem geeignet, die Qualität der Zylinderdruckmessung, insbesondere das Kurzzeittemperaturdriftverhalten des Aufnehmers, zu beurteilen. Die maximalen Druckverfälschungen infolge Temperaturschocks treten zwar während der Verbrennung auf, die Drift klingt aber verzögert ab, so dass in der Auslass- und manchmal noch zu Beginn der Einlassphase Druckabweichungen vorhanden sind. Diese können bei einer Gegenüberstellung des gemessenen und des über die Ladungswechselrechnung berechneten Druckverlaufs erkannt und quantifiziert werden [4.56].

Für eine stark vereinfachte Berechnung des Ladungswechsels können die Gegendrücke konstant angenommen werden, was für prinzipielle Untersuchungen in Simulationen manchmal angewendet wird.

Durchflussgleichung

Wie in Kap. 1 ausgeführt, kann der effektive Massenstrom $\dot{m}_e$ durch einen gegebenen Querschnitt mittels der so genannten Durchflussgleichung (1.119) berechnet werden. Es gilt:

$$\dot{m}_e = \mu \, \dot{m}_{th} = \mu A_2 \sqrt{2 p_{01} \rho_{01}} \sqrt{\frac{\kappa}{\kappa - 1} \left[\left(\frac{p_2}{p_{01}} \right)^{2/\kappa} - \left(\frac{p_2}{p_{01}} \right)^{(\kappa+1)/\kappa} \right]}. \quad (4.170)$$

Dabei stellt $\dot{m}_{th}$ den theoretischen Massenstrom bei isentroper Strömung eines vollkommenen Gases nach Gl. (1.119) dar, μ ist die so genannte Durchflusszahl zur Berücksichtigung von Reibung und Strahlkontraktion. Weiters bedeuten A_2 den geometrischen Querschnitt in oder nach der Drosselstelle, p_{01} den Ruhedruck bei der Anfangsgeschwindigkeit $v = 0$, ρ_{01} die Dichte bei der Anfangsgeschwindigkeit $v = 0$, κ den Isentropenexponenten und p_2 den Druck im betrachteten Querschnitt A_2.

Zur Berechnung der Strömung durch die Steuerorgane im Ladungswechsel wird die Durchflussgleichung in folgender Form verwendet:

$$\dot{m}_{E,A} = \mu \sigma_{E,A} A_{VE,A} \frac{p_{E,Z}}{\sqrt{RT_{E,Z}}} \sqrt{\frac{2\kappa}{\kappa - 1}\left[\left(\frac{p_{Z,A}}{p_{E,Z}}\right)^{2/\kappa} - \left(\frac{p_{Z,A}}{p_{E,Z}}\right)^{(\kappa+1)/\kappa}\right]}. \quad (4.171)$$

Beim Einströmen in den Zylinder werden statt des Ruhedrucks und der Dichte bei Ruhezustand die Werte im Saugrohr verwendet, beim Ausströmen die Werte im Zylinder. Je nach Druckgefälle kommt Gl. (4.171) sowohl einlass- wie auslassseitig auch bei Rückströmen zur Anwendung. Entsprechend Abb. 4.34 stehen die Indizes Z für Zylinder, E für Einlass knapp vor und A für Auslass knapp nach dem Steuerorgan, $A_{VE,A}$ bedeutet den konstanten Ventilsitzdurchmesser oder die konstante Schlitzfläche im Ein- oder Auslass. Das Produkt aus Durchflusszahl μ und Versperrungsziffer σ wird als Durchflusskennwert $\mu\sigma$ bezeichnet (siehe unten).

Das Druckverhältnis p_Z/p_E oder p_A/p_Z entscheidet über die Strömungsrichtung und ob im engsten Kanalquerschnitt die **Schallgeschwindigkeit** (kritische Geschwindigkeit bei kritischem Druckverhältnis) erreicht wird. Im überwiegenden Teil des Ladungswechsels wird über den Einlass Gas zu- und über den Auslass Gas abgeführt. Das Druckverhältnis ist dann jeweils kleiner als 1. Wird ein Druckverhältnis größer als 1, so kehrt die Strömung um, und es tritt **Rückströmen** auf. In diesem Fall müssen die Indizes in Gl. (4.171) entsprechend getauscht werden. Insgesamt sind bei der Bestimmung des Massenstroms vier Fälle, und zwar unterkritische und kritische Strömung in beiden Richtungen zu unterscheiden. Dabei tritt am Beginn der Auslassphase fast immer kritisches Ausströmen auf, weil der Zylinderdruck p_Z wesentlich größer als der Gegendruck im Auslass p_A ist. Das Druckverhältnis liegt dann einige Zeit über dem kritischen Wert, im engsten Querschnitt tritt Schallgeschwindigkeit auf. Einlassseitig ist das Druckverhältnis im Allgemeinen kleiner, bei variablen Ventilsteuerzeiten kann das Druckverhältnis bei spätem Einlassschluss den kritischen Wert übersteigen.

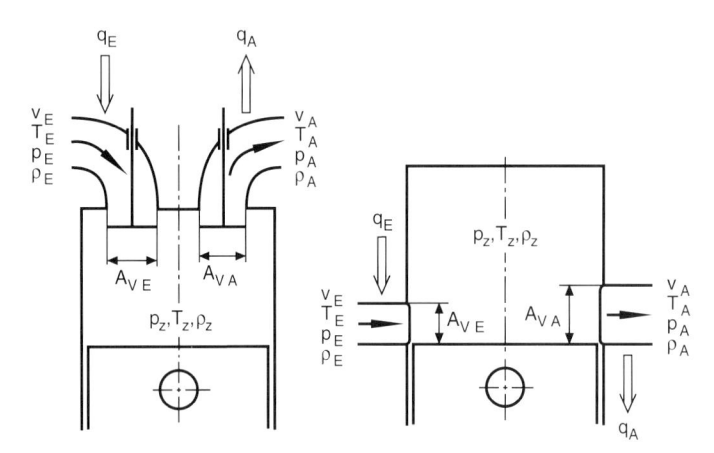

Abb. 4.34. Bezeichnungen für Durchflussgleichung

Durchflusskennwert

Für die praktische Rechnung hat es sich bewährt, die Durchflusszahl μ und die Versperrungsziffer σ zum so genannten Durchflusskennwert $\mu\sigma$ zusammenzufassen.

Die **Durchflusszahl** μ ist wie erwähnt ein Maß für den Strömungswiderstand und berücksichtigt Verluste durch Reibung und Strahlkontraktion. Sie ist in diesem Zusammenhang eine Funktion der Geometrie der Drosselstelle, der Reynolds-Zahl und der Mach-Zahl der Strömung sowie des strömenden Mediums. Für Machzahlen unter 0,7 und ähnliche geometrische Verhältnisse ist μ nur von der Reynolds-Zahl abhängig, wobei wegen der turbulenten Strömung der Einfluss der Strömungsgeschwindigkeit nur gering ist. Die Bestimmung der Durchflusszahl erfolgt meist im Stationärversuch auf einem Strömungsprüfstand. Dabei wird mittels eines Gebläses ein Massenstrom erzeugt, der je nach Stellung der Regelklappen durch den Einlasskanal ein- oder durch den Auslasskanal ausströmt. Bei verschiedenen Ventilstellungen wird mit einer Mengenmessvorrichtung (z. B. Normblendenmessung) die tatsächlich durchströmende Masse $\dot{m}$ gemessen und durch den theoretischen Massenstrom $\dot{m}_{\text{th}}$ nach der Durchflussgleichung (4.170) dividiert.

Die **Versperrungsziffer** σ berücksichtigt die kurbelwinkelabhängige Veränderung des momentanen freien geometrischen Durchströmquerschnitts A_g, indem dieser als Produkt aus der Versperrungsziffer σ und einem konstanten Bezugsquerschnitt A_V dargestellt wird.

$$A_g = \sigma A_V. \tag{4.172}$$

Für den Bezugsquerschnitt wird üblicherweise der innere Ventilsitzquerschnitt ohne Berücksichtigung des Ventilschafts bzw. die gesamte Schlitzfläche herangezogen. Für einen Ventiltrieb gelten für den momentanen freien geometrischen Durchströmquerschnitt A_g und für die Versperrungsziffer σ folgende Zusammenhänge gemäß Abb. 4.35:

$$s = h_V \cos\gamma, \quad d_2 = d_1 + s \sin\gamma, \quad d_1 \approx 0{,}97 d_V, \quad A_V = d_V^2 \pi/4$$

$$A_g = d_2 \pi s = \sigma A_V, \quad \sigma = \frac{4 h_V}{d_V} \cos\gamma \left(0{,}97 + \frac{h_V}{2 d_V} \sin 2\gamma\right).$$

Am Strömungsprüfstand kann für einen bestimmten Ventilhub (und damit für einen bestimmten Kurbelwinkel, weil nach der Ventilerhebungskurve jedem Ventilhub ein entsprechender Kurbelwinkel zugeordnet ist) direkt der Durchflusskennwert $\mu\sigma$ gemessen werden.

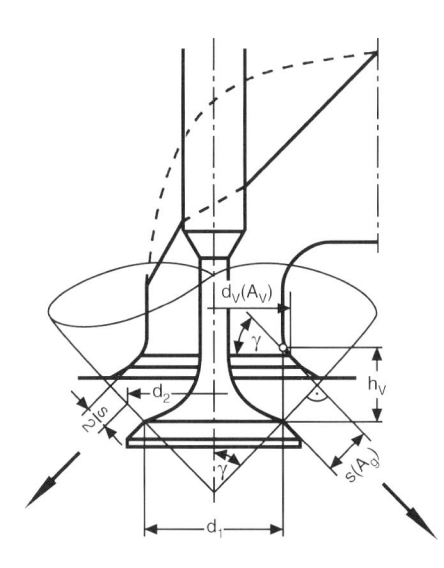

Abb. 4.35. Momentaner geometrischer Durchströmquerschnitt A_g und Versperrungsziffer σ

Der **Durchflusskennwert** $\mu\sigma$ ist ein dimensionsloses Maß für die bei einem bestimmten Ventilhub durchströmende Gasmasse und ermöglicht, sofern die Strömungsprüfstandsmessungen bei gleichen Reynolds-Zahlen durchgeführt wurden, einen unmittelbaren Vergleich beliebiger Ventilkanäle. Die strömungstechnischen Eigenschaften von Ventilkanälen wurden sehr eingehend unter anderem von Thien [4.104] untersucht. Ergebnisse dieser Untersuchungen sind in Abb. 4.36 wiedergegeben.

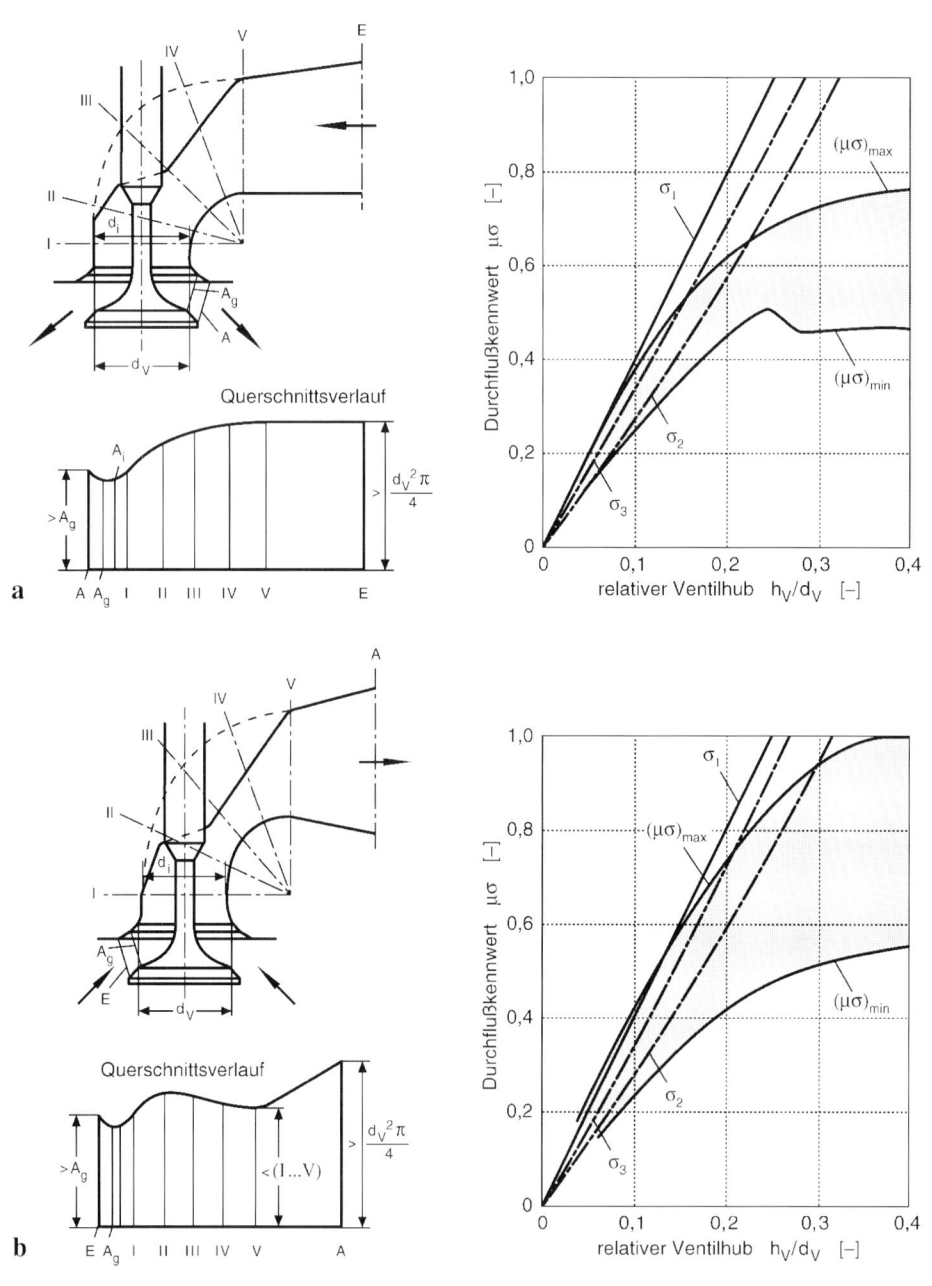

Abb. 4.36. Kanalgestaltung und Durchflusskennwerte: **a** Einlasskanäle, **b** Auslasskanäle nach [4.104]

4.2 Nulldimensionale Modellierung

Abbildung 4.36a zeigt den Streubereich der im Stationärversuch gemessenen und über dem relativen Ventilhub h_V/d_V aufgetragenen Durchflusskennwerte $\mu\sigma$ für 18 **Einlasskanäle** verschiedener Größe und Ausführung sowie den Verlauf der Versperrungsziffern σ_1 für ein Flachventil (Ventilschaft unendlich dünn), σ_2 für einen 45-grädigen und σ_3 für einen 30-grädigen Ventilsitz.

Ein im Hinblick auf hohen Durchfluss günstiger Querschnittsverlauf ist in Abb. 4.36a für einen Einlasskanal dargestellt. Er ist gekennzeichnet einerseits durch eine Querschnittsabnahme bis zum Querschnitt A_i (knapp nach Krümmerende), der kleiner sein soll als der innere Ventilsitzquerschnitt $A_V = (d_V^2 \pi)/4$, und andererseits durch einen kurzen Diffusor von $A_i = (d_i^2 \pi)/4$ bis zum Austritt bei A für den Druckrückgewinn.

In Abb. 4.36b sind entsprechende Ergebnisse für 40 **Auslasskanäle** wiedergegeben. Man erkennt die großen Unterschiede der $\mu\sigma$-Werte, die zwischen guten und schlechten Kanälen auftreten, d. h. bei Kanälen mit und ohne Diffusor. Es fällt auf, dass bei guten Kanälen, besonders bei kleinen Ventilhüben, die gemessenen Werte teilweise über der σ_1-Geraden liegen, woraus hervorgeht, dass die Durchflusszahlen μ Werte von über 1 erreichen können. Dies ist auf den durch einen günstigen Querschnittsverlauf möglichen Druckrückgewinn zurückzuführen.

Für den Auslasskanal ist es ebenfalls wichtig, dass die Querschnitte am Kanalanfang – hier also zunächst im Sitzbereich und etwas danach im Kanalkrümmer – abnehmen, damit es zu keiner Ablösung der Strömung kommt. Anschließend sollen sich die Querschnitte (V bis A im Querschnittsverlauf) diffusorartig erweitern. Gegenüber einem Einlasskanal werden wegen des längeren Diffusors höhere $\mu\sigma$-Werte erzielt. Es sei angemerkt, dass bei schnelllaufenden Dieselmotoren in PKW und Nutzfahrzeugen üblicherweise auf eine Diffusorausbildung der Kanäle verzichtet wird – zugunsten des besseren Turboladers bei Stoßaufladung werden enge Kanalflansche enge Kanalflansche bevorzugt.

Die höheren Durchflusskennwerte der Auslasskanäle sind oft auch darauf zurückzuführen, dass die Reibungsverluste geringer sind als beim Einlass, bei dem oft zur Verbesserung der Gemischbildung durch entsprechende Kanalformgebung eine drehende Strömung (Drall oder Tumble) erzeugt wird.

Wandwärmeübergang in Ventilkanälen

Die Durchflussgleichung wurde unter der Voraussetzung idealen Gasverhaltens für eine reibungsfreie Kanalströmung ohne Wärmezu- oder -abfuhr hergeleitet, auch werden die stationären Strömungsversuche zur Bestimmung von Durchflusszahl oder Durchflusskennwert im Allgemeinen ohne Berücksichtigung des Wärmeübergangs im Ein- und im Auslasskanal durchgeführt. Wenngleich dieses Kapitel dem System Brennraum gewidmet ist, seien an dieser Stelle einige Bemerkungen zum Wärmeübergang in den Kanälen eingefügt, der den **Liefergrad** und damit die erzielbare Leistung des Motors mindert. Im praktischen Motorbetrieb ist zwar der Einfluss des Wärmeübergangs nicht sehr groß [4.91, 4.114], dennoch ist eine Abschätzung der Wirkung der übergehenden Wärme auf die durchströmende Masse von Interesse.

Angaben zum Wärmeübergang in Ventilkanälen finden sich etwa bei Zapf [4.127], der aufgrund von Untersuchungen an einem Viertakt-Dieselmotor für den Einlass- und den Auslasskanal (Indizes KE bzw. KA) in Abhängigkeit vom Ventilhub h_V und dem inneren Ventilsitzdurchmesser d_i folgende zwei Gleichungen für den **Wärmeübergangskoeffizienten** angibt:

$$\alpha_{KE} = 2{,}152(1 - 0{,}765 h_V/d_{i,KE})\dot{m}^{0,68}T^{0,33}d_{KE}^{1,68}, \qquad (4.173)$$

$$\alpha_{KA} = 1{,}785(1 - 0{,}797 h_V/d_{i,KA})\dot{m}^{0,5}T^{0,41}d_{KA}^{1,5}. \qquad (4.174)$$

Neuere Untersuchungen zeigen, dass für eine detailliertere Beschreibung eine Aufteilung des Wandwärmeübergangs auf den Kanalbereich und den Ventilbereich sinnvoll ist [4.84]. Die Berücksichtigung getrennter Wärmeübergangsbeziehungen für Kanal- und Ventilbereich empfiehlt sich insbesondere zur Bestimmung der thermischen Randbedingungen für Festigkeitsberechnungen.

Ist in dieser Weise die Wandwärmestromdichte $\dot{q}$ für Einlass (E) und Auslass (A) aus der Wärmeübergangszahl α und der Temperaturdifferenz zwischen Gas und Wand ($T_G - T_W$) gemäß

$$\dot{q}_{E,A} = \alpha_{E,A}(T_G - T_{W_{E,A}}) \tag{4.175}$$

bekannt, kann damit die Änderung des Massenstroms in der Durchflussgleichung abgeschätzt werden. Dazu wird die Durchflussgleichung unter Berücksichtigung der Wandwärme aus dem 1. Hauptsatz der Thermodynamik hergeleitet. Aus

$$h_1 - h_2 + q = \tfrac{1}{2}(v_2^2 - v_1^2) \tag{4.176}$$

folgt

$$\dot{m} = \mu A \rho_2 \sqrt{2} \sqrt{c_p T_1(1 - T_2/T_1) + q}. \tag{4.177}$$

Drückt man die spezifische Wandwärme q durch die Temperaturen T_1 und T_2 oder durch die zugehörigen Entropien s_1 und s_2 gemäß

$$q = \frac{T_1 + T_2}{2}(s_2 - s_1)$$

aus und setzt man nach Gl. (1.57)

$$s_2 - s_1 = c_p \ln \frac{T_2}{T_1} + R \ln \frac{p_1}{p_2},$$

erhält man nach Eliminieren von $s_2 - s_1$ für das Temperaturverhältnis T_2/T_1:

$$\frac{T_2}{T_1} = \left(\frac{p_2}{p_1}\right)^{R/c_p} \exp\left[\frac{2q}{c_p(T_1+T_2)}\right] \tag{4.178}$$

Mit den Ausdrücken $R/c_p = (\kappa-1)/\kappa$, $\rho_2 = \rho_1(p_2/p_1)(T_1/T_2)$ sowie mit der Abkürzung $\bar{q} = (2q)/(c_p(T_1+T_2))$ folgt nach Einsetzen von Gl. (4.178) in Gl. (4.177) für die Durchflussgleichung mit Berücksichtigung des Wärmeübergangs:

$$\dot{m}_{E,A} = \mu_{E,A} A_{gE,A} \frac{p_{E,Z}}{\sqrt{R T_{E,Z}}} e^{-\bar{q}_{E,A}}$$

$$\times \sqrt{\frac{2\kappa}{\kappa-1}\left[\left(\frac{p_{Z,A}}{p_{E,Z}}\right)^{2/\kappa} - e^{\bar{q}_{E,A}}\left(\frac{p_{Z,A}}{p_{E,Z}}\right)^{(\kappa+1)/\kappa}\right] + q_{E,A}\left(\frac{p_{Z,A}}{p_{E,Z}}\right)^{2/\kappa}\frac{\rho_{E,A}}{p_{E,A}}}. \tag{4.179}$$

4.2.6.4 Berechnung der Spülung

Liegen aus der Berechnung des Ladungswechsels die Verläufe und Integralwerte der ausgetauschten Massen sowie der Zylindermasse vor, sind noch die **Spülmasse** m_{Sp} und der nach Abschluss des Ladungswechsels im Zylinder verbleibenden **Restgasanteil** m_{RG} von Interesse. Die Ermitt-

4.2 Nulldimensionale Modellierung

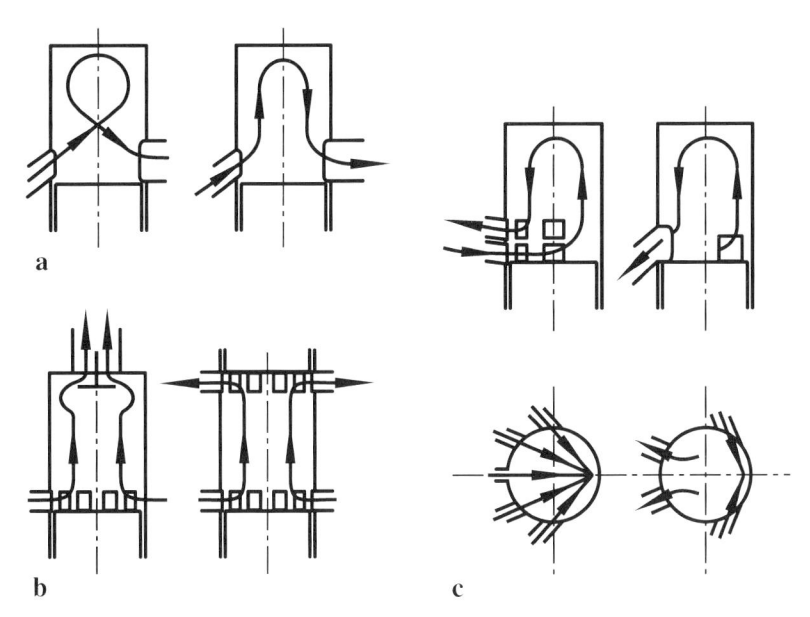

Abb. 4.37. Spülungsarten bei Zweitaktmotoren: **a** Querspülung, **b** Längsspülung, **c** Umkehrspülung

lung von m_{Sp} und m_{RG} stößt wegen der komplizierten Mischungsvorgänge während der Spülung auf Schwierigkeiten. Die Messung der entsprechenden Größen bedarf großen Aufwands [4.67], auch eine genaue Berechnung ist nur mit mehrdimensionalen Strömungsprogrammen möglich und entsprechend zeitintensiv bezüglich Modellierung und Durchführung [4.61, 4.62].

Dies gilt für den Viertaktmotor bei großer Ventilüberschneidungsphase, hauptsächlich aber für den **Zweitaktmotor**, bei dem sich die Strömungsverhältnisse je nach Spülverfahren sehr voneinander unterscheiden. Die unterschiedliche Kanalanzahl, die oft unsymmetrische Lage der Steuerschlitze und die Verwendung zusätzlicher Steuereinrichtungen wie Membranen, Drehschiebern, Aufrichtkanälen, Kolbennasen u. ä. verstärkt noch die Vielfalt der Strömungsverhältnisse. Eine schematische Darstellung der gebräuchlichsten Zweitakt-Spülungsarten zeigt Abb. 4.37.

Bei vielen Untersuchungen begnügt man sich wegen des viel geringeren Zeit- und Kostenaufwands mit einer näherungsweisen Berechnung, der stark vereinfachte Annahmen zugrunde liegen. Diese führt allerdings nur dann auf wirklichkeitsnahe Aussagen, wenn genügend Erfahrungswerte über das zu untersuchende Spülverfahren vorliegen und eine Kontrolle der Ergebnisse anhand einer genauen Berechnung oder Messung zumindest einzelner Betriebspunkte möglich ist.

Die nachfolgend beschriebene Berechnung der Spülung beruht auf solchen stark vereinfachten Modellannahmen und kann unter Berücksichtigung der unterschiedlichen Randbedingungen sowohl beim Zweitaktmotor als auch beim Viertaktmotor angewendet werden [4.83].

Während des Ladungswechsels enthält der Zylinder kurbelwinkelabhängige Anteile an Frischladung und Verbrennungsgas. Der **Anteil an Verbrennungsgas** x_{VG} im Zylinder wird durch den momentanen Quotienten von Verbrennungsgasmasse m_{VG} zu gesamter Zylindermasse m definiert, wobei letztere aus der Verbrennungsgasmasse m_{VG} und der Frischladung m_{Fr} besteht:

$$x_{VG} = \frac{m_{VG}}{m} = \frac{m_{VG}}{m_{Fr} + m_{VG}}. \tag{4.180}$$

Nach Beendigung des Ladungswechsels bildet das im Zylinder verbliebene Verbrennungsgas das Restgas (vgl. Abb. 4.32), der Verbrennungsgasanteil x_{VG} wird ab diesem Zeitpunkt als **Restgasanteil** x_{RG} bezeichnet.

Der während des Ladungswechsels über den Auslasskanal **abströmende** Anteil des Verbrennungsgases $x_{VG,A}$ wird durch

$$x_{VG,A} = \mathrm{d}m_{VG,A}/\mathrm{d}m_A \tag{4.181}$$

festgelegt. Dabei stellt $\mathrm{d}m_{VG,A}/\mathrm{d}\varphi$ die verbrannte Gasmasse dar, die in der gesamten momentan auspuffseitig ausströmenden Gasmasse $\mathrm{d}m_A/\mathrm{d}\varphi$ enthalten ist. Da aus Kontinuitätsgründen die Änderung der Verbrennungsgasmasse $\mathrm{d}m_{VG}/\mathrm{d}\varphi$ im Zylinder gleich der momentan in den Auslass strömenden Verbrennungsgasmasse sein muss, folgt:

$$\frac{\mathrm{d}(x_{VG} m)}{\mathrm{d}\varphi} = -x_{VG,A} \frac{\mathrm{d}m_A}{\mathrm{d}\varphi}, \tag{4.182}$$

$$\frac{\mathrm{d}x_{VG}}{\mathrm{d}\varphi} = \frac{1}{m}\left(-x_{VG,A} \frac{\mathrm{d}m_A}{\mathrm{d}\varphi} - x_{VG} \frac{\mathrm{d}m}{\mathrm{d}\varphi}\right). \tag{4.183}$$

Diese Gleichung beschreibt die laufende Änderung des Verbrennungsgasanteils x_{VG} im Zylinder. Ihre Lösung ist schrittweise möglich und man erhält zu jeder Kurbelstellung den Anteil des Verbrennungsgases im Zylinder x_{VG}, wenn der momentane Anteil an Verbrennungsgas im Auspuff $x_{VG,A}$ bekannt ist. Über dessen Verlauf sind geeignete Annahmen zu treffen, wobei die drei **idealisierten Spülverfahren** nach Abb. 4.38 als Anhalt dienen.

Die **Verdrängungsspülung** stellt den günstigsten Spülungsfall dar, das Frischgas verdrängt das Verbrennungsgas ohne Durchmischung. Die ausströmende Masse besteht zur Gänze aus Verbrennungsgas und es gilt:

$$x_{VG,A} = 1. \tag{4.184}$$

Bei der **Verdünnungsspülung** wird angenommen, dass sich das einströmende Frischgas sofort vollständig mit dem Gas im Brennraum vermischt. Die ausströmende Masse hat daher zu jedem Zeitpunkt die gleiche Zusammensetzung wie der Zylinderinhalt und es gilt:

$$x_{VG,A} = x_{VG}. \tag{4.185}$$

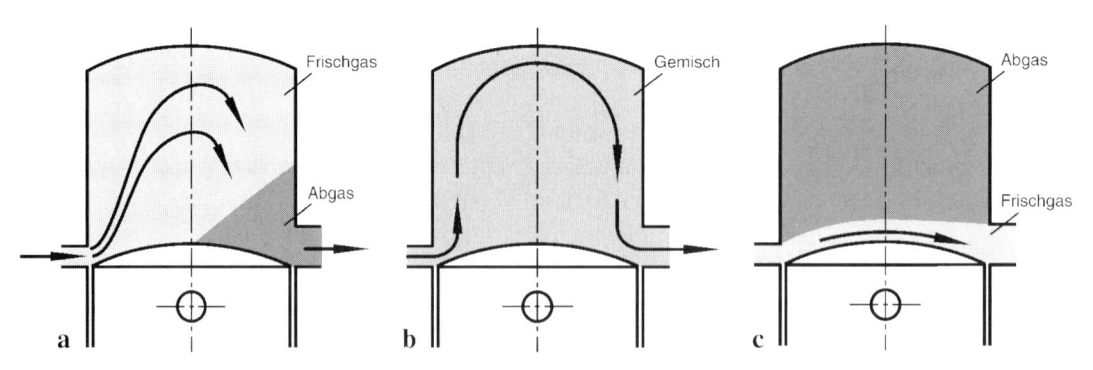

Abb. 4.38. Idealisierte Spülverfahren: **a** Verdrängungsspülung, **b** Verdünnungsspülung, **c** Kurzschlussspülung

4.2 Nulldimensionale Modellierung

Den ungünstigsten Fall der Spülung stellt die **Kurzschlussspülung** dar, bei der die Frischladung direkt in den Auspuff strömt und das ganze Verbrennungsgas im Zylinder verbleibt. Dafür gilt:

$$x_{\text{VG,A}} = 0 \quad \text{und} \quad x_{\text{VG}} = \text{konstant}. \tag{4.186}$$

Für jedes dieser drei Spülverfahren kann Gl. (4.183) in der Ladungswechselrechnung durch Einsetzen von $x_{\text{VG,A}}$ schrittweise gelöst werden und liefert den Verlauf des Verbrennungsgasanteils x_{VG} während des Ladungswechsels.

Da die Annahme der **Verdünnungsspülung**, dass die Zylinderladung jeweils als vollkommen durchmischt angesehen wird, den bei der thermodynamischen Prozessrechnung für das Einzonenmodell getroffenen Voraussetzungen entspricht, soll dieser Fall weiter betrachtet werden. Setzt man in Gl. (4.183) $x_{\text{VG,A}} = x_{\text{VG}} = x$, ergibt sich wegen

$$\frac{\mathrm{d}m_{\text{E}}}{\mathrm{d}\varphi} = \frac{\mathrm{d}m}{\mathrm{d}\varphi} + \frac{\mathrm{d}m_{\text{A}}}{\mathrm{d}\varphi} \tag{4.187}$$

für den Verlauf von x

$$\frac{\mathrm{d}x}{\mathrm{d}\varphi} = -\frac{x}{m}\frac{\mathrm{d}m_{\text{E}}}{\mathrm{d}\varphi}. \tag{4.188}$$

Diese Gleichung ist zusammen mit Kontinuitäts- und Energiesatz aus der Ladungswechselrechnung zu lösen. Auf diese Weise erhält man den Verlauf des Verbrennungsgasanteils. Damit können auch die Verläufe von Spülgasanteil und Restgasanteil bestimmt werden sowie der Restgasgehalt am Ende des Ladungswechsels bei Einlassschluss, der als Anfangsbedingung für die Hochdruckrechnung dient.

In der praktischen Berechnung des Ladungswechsels mit Spülung gilt vom Beginn des Ladungswechsels bei Auslass öffnet (AÖ) bis zu dem Zeitpunkt, wo der Einlass öffnet (EÖ), jedenfalls $x_{\text{VG,A}} = x_{\text{VG}} = 1$. Diese Bedingung trifft auch dann noch zu, wenn am Beginn der Einlassperiode Rückströmen von Zylinderladung in den Einlasskanal auftreten sollte, und zwar unter der Annahme, dass sich das rückgeschobene Verbrennungsgas so lange nicht mit Frischluft vermischt, bis sich die rückgeschobene Masse wieder im Zylinder befindet und Frischladung angesaugt wird. Ab diesem Zeitpunkt ist Gl. (4.188) anzuwenden, wobei die Annahme der Verdünnungsspülung speziell beim Viertaktmotor eine gute Näherung der tatsächlichen Verhältnisse darstellt. Überdies ist es in einfacher Weise möglich, die Rechenergebnisse für x an allenfalls vorliegende Messergebnisse anzupassen. Man hat dazu lediglich die berechneten x-Werte je nach Größe der tatsächlichen gemessenen Werte zu erhöhen oder abzusenken.

Spülkurven

Zur Beurteilung der Spülung ist es üblich, in Spülkurven den Spülgrad $\lambda_{\text{s}} = m_{\text{Fr}}/m$ über dem Luftaufwand $\lambda_{\text{a}} = m_{\text{E}}/m_{\text{th}}$ darzustellen. Abbildung 4.39 zeigt die Bereiche für Längs-, Umkehr- und Querspülung, woraus die deutlich geringere Spülwirkung der Querspülung ersichtlich ist. Nach Gl. (4.169) $x_{\text{RG}} = 1 - \lambda_{\text{s}}$ ist aus dem Diagramm auch der jeweilige Restgasgehalt ersichtlich. Strichliert sind die Spülkurven der drei idealisierten Spülverfahren Verdrängungs-, Verdünnungs- und Kurzschlussspülung eingezeichnet.

Während die Spülkurven von Verdrängungs- und Kurzschlussspülung einen linearen Verlauf aufweisen, lässt sich für die Spülkurve der Verdünnungsspülung eine Exponentialfunktion ableiten (siehe [4.67]).

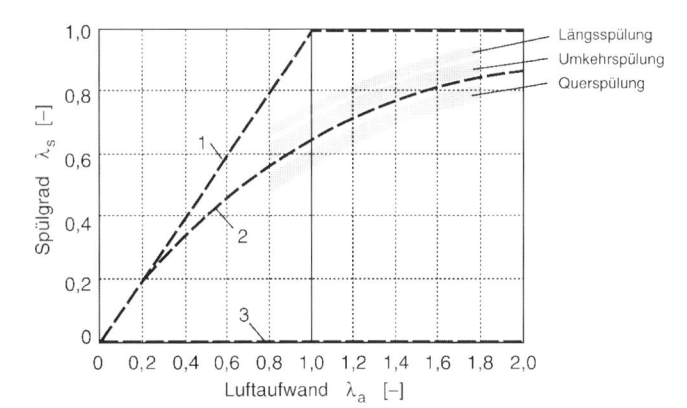

Abb. 4.39. Spülkurven verschiedener Spülverfahren: *1* Verdrängungsspülung, *2* Verdünnungsspülung, *3* Kurzschlussspülung

Differentiation von Gl. (4.157) liefert:

$$\frac{dm_{Fr}}{d\varphi} = \frac{dm_E}{d\varphi} - \frac{dm_{Sp}}{d\varphi}. \tag{4.189}$$

Bedenkt man, dass sich vereinbarungsgemäß bei der Verdünnungsspülung die in den Zylinder eingebrachte Ladungsmasse sofort mit dem Verbrennungsgas durchmischt und dass eine entsprechende Menge Gas in den Auslass strömt, deren Zusammensetzung jener im Zylinder entspricht und die proportional dem Verhältnis m_{Fr}/m ist, folgt:

$$\frac{dm_{Fr}}{d\varphi} = \frac{dm_E}{d\varphi} - \frac{dm_E}{d\varphi}\frac{m_{Fr}}{m}. \tag{4.190}$$

Wird für die Berechnung vereinfachend angenommen, dass m näherungsweise durch $\rho_0 V_h$ oder $\rho_E V_h$ ersetzt werden kann und so wie der Druck und die Temperatur der Zylinderladung konstant bleibt, erhält man bei Division von Gl. (4.190) durch $\rho_{0,E} V_h$ unter Berücksichtigung der Gln. (4.161) und (4.166):

$$d\lambda_{s1,2} \approx d\lambda_{a1,2}(1 - \lambda_{s1,2}). \tag{4.191}$$

Mit der Anfangsbedingung $\lambda_s = \lambda_a$ folgt daraus schließlich nach Integration die gesuchte Exponentialfunktion für den **Spülgrad der Verdünnungsspülung**:

$$\lambda_s = 1 - e^{-\lambda_a}. \tag{4.192}$$

Die dieser Gleichung entsprechende Spülkurve liegt zwischen Umkehr- und Querspülung und kann daher als eine Art Grenze zwischen guter und weniger guter Spülung angesehen werden. Die Annahme einer Verdünnungsspülung eignet sich gut für Vorausberechnungen, bei welchen grundsätzliche Zusammenhänge untersucht werden sollen.

4.2.6.5 Abgasrückführung

Zur Erhöhung des Inertgasanteils der Zylinderladung kann intern oder extern Abgas rückgeführt werden. Bei der **internen Abgasrückführung** wird der Abgasgehalt der Ladung beispielsweise mittels variabler Ventilsteuerung während des Ladungswechsels variiert. Bei der **externen Abgasrückführung** wird Abgas der einströmenden Ladungsmasse beigemischt. Bei Einlassschluss besteht die Zylinderladung m aus der Frischladung m_{Fr} und der Abgasmasse m_{AG}. Die Abgasmasse

4.2 Nulldimensionale Modellierung

m_{AG} setzt sich zusammen aus der bei der Spülung nicht ausgeschobenen oder aus dem Auspuff rückgeströmten Restgasmasse m_{RG} sowie den intern und extern rückgeführten Abgasmengen m_{AGi} und m_{AGe}. Als **Abgasgehalt** x_{AG} der Ladung wird der Anteil der Abgasmasse m_{AG} an der gesamten Zylinderladung m definiert:

$$x_{AG} = \frac{m_{AG}}{m_{Fr} + m_{AG}} = \frac{m_{RG} + m_{AGi} + m_{AGe}}{m}. \quad (4.193)$$

Der Abgasgehalt kann bei Abgasrückführung in der Teillast Werte von über 50 % erreichen. Zur Berechnung der Stoffgrößen der Zylinderladung sind gegebenenfalls die unterschiedlichen Temperaturen des internen und externen Abgasstroms zu berücksichtigen.

Die genaue Bestimmung der einzelnen Anteile der Abgasmasse erweist sich als schwierig. Die Mengen an Restgasmasse und intern rückgeführtem Abgas können aus der Berechnung der Spülung abgeschätzt werden, deren Genauigkeit aber wie in Abschn. 4.2.6.4 ausgeführt von den verwendeten Spül- und Mischungsmodellen abhängt. Für die externe Abgasrückführung ist es üblich, eine externe **Abgasrückführrate** x_{AGe} als Verhältnis von extern rückgeführter Abgasmenge m_{AGe} zu gesamter einströmender Ladungsmasse m_E zu definieren. Mit der Frischladung m_{Fr} und der Spülmasse m_{Sp} gilt (vgl. Abb. 4.32):

$$x_{AGe} = \frac{m_{AGe}}{m_E} = \frac{m_{AGe}}{m_{Fr} + m_{Sp} + m_{AGe}}. \quad (4.194)$$

Manchmal wird die externe Abgasrückführrate anstatt auf die einströmende Ladungsmasse m_E auch auf die ausgeschobene Gasmenge m_A oder auf die gesamte Zylinderladungsmasse m bezogen.

Da die sonst üblichen Messverfahren zur Massenbestimmung wegen der hohen Temperaturen und der Verschmutzung auf Schwierigkeiten stoßen, wird die extern rückgeführte Abgasmasse m_{AGe} und die externe Abgasrückführrate x_{AGe} oft durch die **Messung des CO_2-Gehalts** im Saugrohr, im Abgas und in der Umgebungsluft bestimmt. Die CO_2-Massenbilanz im Saugrohr liefert:

$$[CO_2]_A \dot{m}_{AGe} + [CO_2]_L (\dot{m}_{Fr} + \dot{m}_{Sp}) = [CO_2]_E (\dot{m}_{AGe} + \dot{m}_{Fr} + \dot{m}_{Sp}). \quad (4.195)$$

Dabei bezeichnen $[CO_2]_A$, $[CO_2]_L$ und $[CO_2]_E$ die in Prozent trocken angegebenen CO_2-Konzentrationen im Abgas, in der Umgebungsluft und im Saugrohr, $\dot{m}_{Fr}$, $\dot{m}_{Sp}$ und $\dot{m}_{AGe}$ sind die Massenströme an Frischgas, Spülmasse und rückgeführtem Abgas. Nach Umformung erhält man für die externe Abgasrückführrate x_{AGe}:

$$x_{AGe} = \frac{1}{(\dot{m}_{Fr} + \dot{m}_{Sp})/\dot{m}_{AGe} + 1} = \frac{[CO_2]_E - [CO_2]_L}{[CO_2]_A - [CO_2]_L}. \quad (4.196)$$

Im praktischen Betrieb erfolgt die Bestimmung des Abgasgehalts oft näherungsweise aus der Änderung der zugeführten **Frischladungsmassen**. Nimmt man vereinfachend an, dass die Ladungsmasse m von der (gekühlten) Abgasrückführung unabhängig gleich bleibt, gilt bei Betrieb ohne und mit Abgasrückführung:

$$m = m_{Fr1} + m_{RG1} = m_{Fr2} + m_{RG2} + m_{AGi} + m_{AGe}. \quad (4.197)$$

Bei Vernachlässigung der Restgasmasse m_{RG1} wird daraus mit Gl. (4.193):

$$x_{AG} = \frac{m_{Fr1}}{m} - \frac{m_{Fr2}}{m}. \quad (4.198)$$

Dies entspricht der Differenz der Spülgrade nach Gl. (4.166).

Der Einfluss der Abgasrückführung auf das Luftverhältnis und die Spitzentemperatur der Zylinderladung soll für luftansaugende und gemischansaugende Motoren getrennt betrachtet werden (siehe Abb. 4.40).

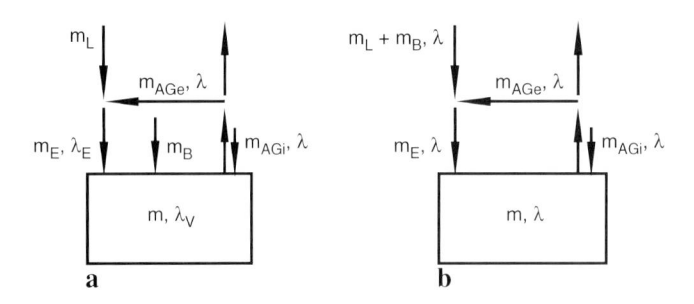

Abb. 4.40. Schema der internen und externen Abgasrückführung: **a** bei Luftansaugung, **b** bei Gemischansaugung

Abgasrückführung bei Luftansaugung

Für externe rückgekühlte Abgasrückführung gilt bei Annahme gleicher zugeführter Brennstoffmenge m_B und gleicher Zylinderladungsmasse m unter Vernachlässigung der Spülmasse, dass die zugeführte Frischluftmenge m_L und damit das nach der Definitionsgleichung (4.5) aus m_L und m_B gebildete **Luftverhältnis** λ mit steigendem Abgasgehalt x_{AG} linear sinken:

$$\lambda = \frac{m_L}{L_{st}m_B} = \frac{m(1 - x_{AG})}{L_{st}m_B}. \tag{4.199}$$

Aus Gründen der Masseerhaltung müssen unabhängig von der Abgasrückführrate die zugeführten Massen an Luft und Brennstoff wieder abgeführt werden, wenn auch durch die Verbrennung chemisch in Verbrennungsgas umgewandelt. Daher ist das Luftverhältnis des Verbrennungsgases im Abgasstrang und somit auch das Luftverhältnis des rückgeführten Abgases gleich dem aus den zugeführten Massen an Frischluft und Brennstoff resultierenden Luftverhältnis λ.

Das Luftverhältnis der angesaugten Ladungsmasse λ_E ist eine Funktion von externer Abgasrückführrate x_{AGe} und Luftverhältnis λ. Es lässt sich aus der zugeführten Frischluftmenge m_L und den im rückgeführten Abgas enthaltenen (verbrannten) Massen an Luft $m_{L,AGe}$ und Brennstoff $m_{B,AGe}$ berechnen (vgl. auch Abschn. 4.2.3.1).

$$\lambda_E = \frac{m_L + m_{L,AGe}}{L_{st}m_{B,AGe}} = \frac{m_L}{L_{st}\,m_{B,AGe}} + \lambda. \tag{4.200}$$

Der Ausdruck $m_L/m_{B,AGe}$ kann unter Verwendung der Beziehungen (4.194) und (4.7) umgeformt werden und man erhält:

$$\lambda_E = \frac{1}{x_{AGe}}\left(\lambda + \frac{1}{L_{st}}\right) - \frac{1}{L_{st}}. \tag{4.201}$$

Das im Brennraum zu Einlassschluss tatsächlich vorhandene Verbrennungsluftverhältnis $\lambda_{V,ES}$ hängt noch vom Restgasgehalt und der inneren Abgasrückführung ab. Ersetzt man in Gl. (4.201) die externe Abgasrückführrate x_{AGe} durch den gesamten Abgasgehalt der Zylinderladung x_{AG}, erhält man für das Verbrennungsluftverhältnis $\lambda_{V,ES}$:

$$\lambda_{V,ES} = \frac{1}{x_{AG}}\left(\lambda + \frac{1}{L_{st}}\right) - \frac{1}{L_{st}}. \tag{4.202}$$

Von diesem Wert verringert sich das Verbrennungsluftverhältnis ab dem Einspritzbeginn, um nach Zufuhr des gesamten Brennstoffs den Wert des Luftverhältnisses λ anzunehmen.

Bei Betrachtung der mittleren **Temperatur** des Arbeitsgases ist die gegenüber der Luft höhere spezifische Wärmekapazität des rückgeführten Abgases zu bedenken, die zur temperaturabsenkenden Wirkung der Abgasrückführung beiträgt. Insbesondere aber wird durch die Abgasrück-

4.2 Nulldimensionale Modellierung

führung der Sauerstoffgehalt der Ladung verringert. Bei gleicher umgesetzter Brennstoffmasse muss deswegen eine größere Menge an Ladung erwärmt werden, was die Spitzentemperatur senkt.

Abgasrückführung bei Gemischansaugung

Für externe rückgekühlte Abgasrückführung sinkt bei gemischansaugenden Motoren bei gegebener Drosselklappenstellung und angenommener gleicher Zylinderladungsmasse die zugeführte Gemischmenge unter Vernachlässigung der Spülmasse linear mit dem Abgasgehalt:

$$m_L + m_B = m(1 - x_{AG}). \tag{4.203}$$

Das **Luftverhältnis** wird durch die Abgasrückführung nicht beeinflusst und hat im angesaugten Gemisch, im Brennraum und im Abgasstrang stets denselben Wert. Für den stöchiometrisch betriebenen Ottomotor bedeutet dies, dass bei gleicher Drosselklappenstellung die zugeführte frische Brennstoffmenge bei steigender Abgasrückführung entsprechend abnimmt. Dies bewirkt eine deutliche Absenkung der **Spitzentemperatur** und eine entsprechende Zunahme des thermodynamischen Wirkungsgrads (vgl. Abb. 3.19).

Im praktischen Betrieb stöchiometrischer Ottomotoren kommt die Abgasrückführung bei gegebener Teillast und damit näherungsweise gleich bleibender Brennstoffzufuhr und gleicher Frischluftmenge zum Einsatz. Dabei wird die Zylinderladung durch eine entsprechende Entdrosselung um die rückgeführte Abgasmenge vermehrt. Weil eine größere Ladungsmasse aufzuheizen ist, führt diese Abgasrückführung zu einer Absenkung der Spitzentemperatur. Die mit dem erhöhten Abgasanteil zunehmende spezifische Wärmekapazität der Zylinderladung trägt ebenfalls zur temperatursenkenden Wirkung bei.

Anwendungsbeispiele

Die Abgasrückführung wird bei Ottomotoren zur **Lastregelung** herangezogen, wobei sich Drosselverluste in der Teillast verringern lassen. Grenzen erfährt die Abgasrückführung durch die daraus resultierende Verschleppung der Verbrennung.

Wegen ihrer temperatursenkenden Wirkung ist die Abgasrückführung in luft- wie gemischansaugenden Motoren eine effiziente Maßnahme zur Absenkung der **Stickoxidbildung**.

Zwei konstruktive Varianten der externen gekühlten Abgasrückführung bei Dieselmotoren zeigt Abb. 4.41.

Bei der **hochdruckseitigen** Abgasrückführung nach Abb. 4.41a erfolgt die Abgasentnahme vor der Turbine und die Zumischung des gekühlten Abgases zur Verbrennungsluft nach dem Verdichter.

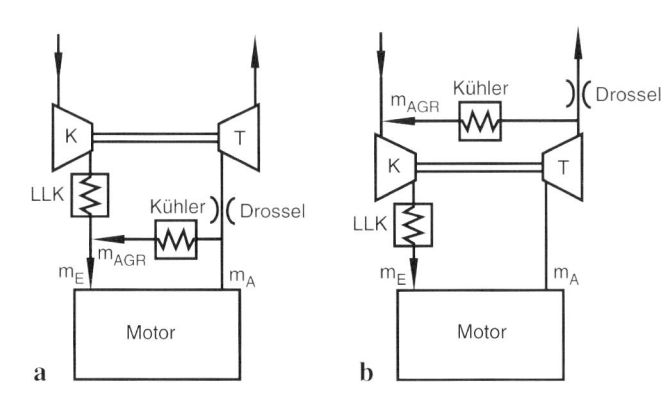

Abb. 4.41. Abgasrückführung: **a** hochdruckseitig, **b** niederdruckseitig

Bei niedriger Last und entsprechend geringen Ladedrücken reicht der Abgasgegendruck aus, um die Abgasrückführung zu bewerkstelligen. Bei Hochleistungsmotoren liegt der Ladeluftdruck in weiten Kennfeldbereichen über dem Abgasgegendruck, so dass entweder Fördereinrichtungen wie Bypass-Venturi-Systeme vorzusehen sind [4.7] oder der Abgasstrom gedrosselt werden muss, was zu einer deutlichen Erhöhung des spezifischen Kraftstoffverbrauchs führt.

Bei der **niederdruckseitigen** Abgasrückführung nach Abb. 4.41b erfolgt die Abgasentnahme nach der Turbine und die Zumischung des gekühlten Abgases zur Verbrennungsluft vor dem Verdichter. Da aufgrund der Strömungsverluste in den Leitungen, im Luftfilter und Schalldämpfer der Abgasgegendruck stets über dem Druck im Luftsystem liegt, lässt sich die Abgasrückführung ohne zusätzlichen Energieaufwand realisieren. Je nach den Strömungsverlusten im Abgaskühler kann bei höheren Rückführraten allerdings auch eine Drosselung des Abgasstroms notwendig werden. Die Beaufschlagung von Verdichter und Ladeluftkühler mit partikelhältigem Luft-Abgasgemisch bedingt die Verwendung temperatur- und korrosionsbeständiger Werkstoffe und den Einsatz entsprechender Filter- und Reinigungseinrichtungen.

Zur Minderung der Stickoxidemission bei luftansaugenden Motoren trägt neben der temperatursenkenden Wirkung der Abgasrückführung bei, dass bei gleicher zugeführter Brennstoffmasse der ausgestoßene Abgasmassenstrom linear mit dem Abgasgehalt abnimmt. Bei Abgasrückführraten um 20 % lassen sich in Dieselmotoren Reduktionen der Stickoxidemission von 40–80 % realisieren [4.69]. Durch die Absenkung des Sauerstoffgehalts und der Temperatur wird allerdings die Emission von Ruß erhöht.

4.2.7 Zusammenstellung der Gleichungen des Einzonenmodells

Nach der Besprechung aller Terme der Grundgleichungen der nulldimensionalen thermodynamischen Modellierung sollen nunmehr für das Einzonenmodell, bei dem der gesamte Brennraum als eine einzige homogene Zone betrachtet wird, beispielhaft die Gleichungen zusammengestellt und Lösungsverfahren aufgezeigt werden.

Zur Berechnung des Systems Brennraum für einen **luftansaugenden** Motor stehen die Gleichungen zur Erhaltung der Masse (4.1), der Energie (4.3) und die ideale Gasgleichung (4.4) zur Verfügung:

$$\frac{dm}{d\varphi} = \frac{dm_E}{d\varphi} - \frac{dm_A}{d\varphi} - \frac{dm_{Leck}}{d\varphi} + \frac{dm_B}{d\varphi},$$

$$-p\frac{dV}{d\varphi} + \frac{dQ_B}{d\varphi} - \frac{dQ_W}{d\varphi} + h_E\frac{dm_E}{d\varphi} - h_A\frac{dm_A}{d\varphi} - h_A\frac{dm_{Leck}}{d\varphi} = \frac{dU}{d\varphi},$$

$$\frac{p\,dV}{d\varphi} + V\frac{dp}{d\varphi} = mR\frac{dT}{d\varphi} + mT\frac{dR}{d\varphi} + RT\frac{dm}{d\varphi}.$$

Wie in den vorangegangenen Abschnitten dargelegt, können durch entsprechende Modellannahmen alle Terme dieser Gleichungen als Funktionen der Variablen Druck p, Temperatur T, Brennverlauf $dQ_B/d\varphi$ und Luftverhältnis des Verbrennungsgases λ_{VG} ausgedrückt werden. Bei Vorgabe der erforderlichen Randbedingungen und einer dieser vier Unbekannten können die anderen drei aus obigen Gleichungen berechnet werden. Die erforderlichen Umformungen und Lösungswege unterscheiden sich je nach Anwendungsfall.

4.2 Nulldimensionale Modellierung

Berechnung des Brennverlaufs

Bei der **Analyse** bestehender Motoren liegt der gemessene **Zylinderdruckverlauf** vor. Interessiert nur der Brennverlauf, beschränkt sich die Rechnung auf den Hochdruckteil. Zunächst wird der Energiesatz nach der gesuchten Größe aufgelöst:

$$\frac{dQ_B}{d\varphi} = \frac{dU}{d\varphi} + \frac{pdV}{d\varphi} + \frac{dQ_W}{d\varphi} + h_A \frac{dm_{\text{Leck}}}{d\varphi}. \tag{4.204}$$

Die Leckage soll im Folgenden der Einfachheit halber vernachlässigt werden. Für die innere Energie und deren Ableitung gelten unter der in Abschn. 4.2.3 wegen des verwendeten Stoffgrößenprogramms getroffenen Vereinbarung, dass die Ladungsmasse als homogenes Verbrennungsgas mit dem momentanen Luftverhältnis λ_{VG} betrachtet wird, die Gln. (4.31) und (4.33):

$$\frac{dU}{d\varphi} = m \frac{du_{VG}}{d\varphi} + u_{VG} \frac{dm}{d\varphi},$$

$$\frac{du_{VG}}{d\varphi} = \left(\frac{\partial u_{VG}}{\partial T}\right)_{p,\lambda_{VG}} \frac{dT}{d\varphi} + \left(\frac{\partial u_{VG}}{\partial p}\right)_{T,\lambda_{VG}} \frac{dp}{d\varphi} + \left(\frac{\partial u_{VG}}{\partial \lambda_{VG}}\right)_{p,T} \frac{d\lambda_{VG}}{d\varphi}.$$

Setzt man diese Beziehungen in (4.204) ein, erhält man unter Beachtung von Gl. (4.18),

$$\frac{d\lambda_{VG}}{d\varphi} = -\lambda_{VG} \frac{1}{m_{B,RG} + m_{Bv}} \frac{dm_{Bv}}{d\varphi},$$

und unter Berücksichtigung des Massenerhaltungssatzes und von Gl. (4.10),

$$\frac{dm}{d\varphi} = \frac{dm_{Bv}}{d\varphi} = \frac{1}{H_u} \frac{dQ_B}{d\varphi},$$

den Ausdruck

$$\frac{dQ_B}{d\varphi}\left(1 - \frac{u_{VG}}{H_u} + \frac{m\lambda_{VG}}{H_u(m_{B,RG} + m_{Bv})} \frac{\partial u_{VG}}{\partial \lambda_{VG}}\right) = m\frac{\partial u_{VG}}{\partial T}\frac{dT}{d\varphi} + m\frac{\partial u_{VG}}{\partial p}\frac{dp}{d\varphi} + \frac{pdV}{d\varphi} + \frac{dQ_W}{d\varphi}. \tag{4.205}$$

Ersetzt man in Gl. (4.205) im ersten Term der rechten Seite die Ableitung der Temperatur unter Verwendung der idealen Gasgleichung und beachtet man, dass für die Gaskonstante und deren Ableitung die Gln. (4.21) und (4.22),

$$R = R_{VG} = R_{VG}(T, p, \lambda_{VG}),$$

$$\frac{dR}{d\varphi} = \frac{dR_{VG}}{d\varphi} = \left(\frac{\partial R_{VG}}{\partial T}\right)_{p,\lambda_{VG}} \frac{dT}{d\varphi} + \left(\frac{\partial R_{VG}}{\partial p}\right)_{T,\lambda_{VG}} \frac{dp}{d\varphi} + \left(\frac{\partial R_{VG}}{\partial \lambda_{VG}}\right)_{p,T} \frac{d\lambda_{VG}}{d\varphi},$$

gelten, wobei die Ableitung der Gaskonstanten beim luftansaugenden Motor wie erwähnt praktisch vernachlässigt werden kann, erhält man nach einigen Umformungen für den Brennverlauf:

$$\frac{dQ_B}{d\varphi} = \frac{p\dfrac{dV}{d\varphi}\left(1 + \dfrac{1}{R_{VG}}\dfrac{\partial u_{VG}}{\partial T}\right) + \dfrac{dp}{d\varphi}\left(\dfrac{V}{R_{VG}}\dfrac{\partial u_{VG}}{\partial T} + m\dfrac{\partial u_{VG}}{\partial \varphi}\right) + \dfrac{dQ_W}{d\varphi}}{1 - \dfrac{u_{VG}}{H_u} + \dfrac{T}{H_u}\dfrac{\partial u_{VG}}{\partial T} + \dfrac{m\lambda_{VG}}{H_u(m_{B,RG} + m_{Bv})}\dfrac{\partial u_{VG}}{\partial \lambda_{VG}}}. \qquad (4.206)$$

Für das Zylindervolumen und dessen Ableitung gelten die Gln. (B.1) und (B.2) im Anhang:

$$V = V_c + \frac{V_h}{2r}\left[r(1 - \cos\varphi) + l\left(1 - \sqrt{1 - \lambda^2 \sin^2\varphi}\right)\right],$$

$$p\frac{dV}{d\varphi} = p\, V_h\left(\frac{\sin\varphi}{2} + \frac{\lambda}{4}\frac{\sin 2\varphi}{\sqrt{1 - \lambda^2 \sin^2\varphi}}\right).$$

Wählt man für die Wandwärme einen entsprechenden Ansatz, etwa gemäß der Gln. (4.80) und (4.103),

$$dQ_W/dt = \alpha_G A(T - T_W), \quad \alpha_G = 130\, d^{-0.2}\, p^{0.8}\, T^{-0.53}(C_1 v)^{0.8},$$

und ersetzt man die Temperatur nach der Gasgleichung

$$T = \frac{pV}{mR_{VG}},$$

ist damit der Brennverlauf nach Gl. (4.206) bestimmt.

Für **gemischansaugende** Motoren gestaltet sich die Ableitung der Gleichung für den Brennverlauf etwas komplizierter, weil die Zustandsgrößen gemäß Abschn. 4.2.3 nicht für die homogene Komponente Verbrennungsgas, sondern für ein ideales Gasgemisch aus (fiktivem) Verbrennungsgas und frischem Kraftstoff zu berechnen sind.

Interessiert neben dem Brennverlauf eine **Verlustanalyse** oder sollen die Anfangsbedingungen für die Hochdruckrechnung überprüft werden, ist die Berechnung des gesamten Arbeitsspiels einschließlich des Ladungswechsels erforderlich.

Berechnung des Temperaturverlaufs bzw. Druckverlaufs

In der **Simulation** kann bei Vorgabe des Brennverlaufs der Temperatur- bzw. Druckverlauf für den Hochdruckteil berechnet werden, bei Vorgabe der Niederdrücke auch der Ladungswechsel. Im Energiesatz nach Gl. (4.255) sind dabei auch die Terme, welche die differentiellen Massenströme $dm_A/d\varphi$ und $dm_E/d\varphi$ enthalten, zu berücksichtigen. Die Ableitung erfolgt in analoger Weise wie zuvor unterschiedlich bei Luft- oder Gemischansaugung, wobei diesmal Druck und Druckänderung mit Hilfe der Gasgleichung durch die gesuchte Temperatur bzw. Temperaturänderung ausgedrückt werden. Mit dem Temperaturverlauf ist über die thermische Zustandsgleichung auch der Druckverlauf im Brennraum errechenbar.

Lösungsverfahren

Die oben angeführten Gleichungen, die nach dem Einzonenmodell die Berechnung der umgesetzten Energie $dQ_B/d\varphi$ aus dem gemessenen Zylinderdruckverlauf oder umgekehrt des Zylindertemperaturverlaufs $dT/d\varphi$ bzw. des Zylinderdruckverlaufs $dp/d\varphi$ aus gegebener Energieumsetzung ermöglichen, bilden ein Differentialgleichungssystem 1. Ordnung der allgemeinen Form

$$dy_i/d\varphi = f_i(\varphi, y_1, y_2, \ldots, y_k), \qquad (4.207)$$

4.2 Nulldimensionale Modellierung

worin f_i ($i = 1, 2, \ldots, n$) die genannten Funktionen und $y_1, y_2, \ldots, y_k$ die zugehörigen Funktionswerte darstellen.

Da eine geschlossene Integration dieses Gleichungssystems nicht möglich ist, muss diese schrittweise in Abhängigkeit von der momentanen Kurbelstellung φ nach einem numerischen Verfahren erfolgen. Wegen seiner relativ hohen Genauigkeit wird das **Runge–Kutta-Verfahren** [4.22, 4.99] häufig verwendet. Zweckmäßigerweise beginnt man die Rechnung bei Einlassschluss. Bei dieser Kurbelstellung werden zunächst als Anfangsbedingungen Druck p und Temperatur T im Zylinder, die gesamte Ladungsmasse m und das Luftverhältnis λ angenommen und mit diesen Schätzwerten ein vollständiges Arbeitsspiel durchgerechnet. War die Schätzung richtig, so stimmen Anfangs- und Endwerte überein. Anderenfalls ist die Rechnung mit den Endwerten des jeweils letzten Durchgangs so oft zu wiederholen, bis innerhalb geforderter Genauigkeitsgrenzen Übereinstimmung erzielt wird. Diese Bedingung ist im Allgemeinen wegen der guten Konvergenz des Verfahrens nach wenigen Durchgängen erfüllt.

Wird nur der Brennverlauf im Hochdruckteil berechnet, sind ebenfalls Druck, Temperatur, Ladungsmasse und Luftverhältnis entsprechend der am Prüfstand gemessenen Werte als Anfangsbedingung vorzugeben, wobei eine Kontrolle dieser bei Einlassschluss gewählten Werte in diesem Fall nicht möglich ist. Aus diesem Grund sollte für genauere Untersuchungen zur Überprüfung der Anfangsbedingungen jeder Brennverlaufsrechnung eine Berechnung des ganzen Arbeitsprozesses vorausgehen, die unter Umständen mit dem ermittelten Brennverlauf wiederholt werden muss. Beide Berechnungen zusammen liefern alle jene Daten, die für die Erstellung einer thermodynamischen Motoranalyse erforderlich sind (vgl. Kap. 6).

Das beschriebene **differentielle Lösungsverfahren** bedingt wegen der erforderlichen Ableitung nach der Kettenregel

$$\frac{\mathrm{d} f(p, T, \lambda)}{\mathrm{d}\varphi} = \frac{\partial f}{\partial p} \frac{\mathrm{d}p}{\mathrm{d}\varphi} + \frac{\partial f}{\partial T} \frac{\mathrm{d}T}{\mathrm{d}\varphi} + \frac{\partial f}{\partial \lambda} \frac{\mathrm{d}\lambda}{\mathrm{d}\varphi} \tag{4.208}$$

eine große Anzahl von Gleichungstermen. Als Alternative soll die Möglichkeit einer **integralen Lösungsmethode** erwähnt werden, die insbesondere wegen ihrer größeren Übersichtlichkeit Vorteile bei der Programmierung aufweisen kann. Anstatt die entsprechende Differentialgleichung zu lösen, wird ausgehend von einem bekannten Funktionswert $f(\varphi_1)$ der gesuchte Funktionswert $f(\varphi_2)$ über das bestimmte Integral von $f(\varphi)$ in den Grenzen von φ_1 bis φ_2 berechnet:

$$f(\varphi_2) = f(\varphi_1) + \int_{\varphi_1}^{\varphi_2} f(\varphi) \, \mathrm{d}\varphi. \tag{4.209}$$

Das bestimmte Integral der Funktion $f(\varphi)$ wird dabei etwa nach der Trapezregel numerisch bestimmt, indem bei äquidistanten Stützstellen der Funktionsverlauf durch die Sekante ersetzt wird:

$$\int_{\varphi_1}^{\varphi_2} f(\varphi) \, \mathrm{d}\varphi \approx \frac{f_1 + f_2}{2} \Delta\varphi. \tag{4.210}$$

Bei Anwendung des integralen Lösungsverfahrens auf die Motorprozessrechnung kann ausgehend von einem bekannten Zustand 1 beim Kurbelwinkel φ der unbekannte Zustand 2 beim Kurbelwinkel $\varphi + \Delta\varphi$ unter Verwendung von Zustandsgleichung, Massen- und Energieerhaltungssatz iterativ berechnet werden. Dazu wird zunächst ein Zustand 2 geschätzt, mit dem die Integrale der drei verwendeten Gleichungen bestimmt werden. Mit diesen Integralen wird nun ein Zustand 2' berechnet. Stimmt dieser mit dem geschätzten Zustand 2 innerhalb der geforderten Iterationsgenauigkeit überein, ist die Berechnung des betreffenden Rechenschritts beendet, ansonsten erfolgt eine neue Integralbildung ausgehend vom Zustand 2′, damit die Berechnung eines Zustands 2″ und der Vergleich von 2′ mit 2″ usw. [4.36].

4.2.8 Zwei- und Mehrzonenmodelle

Eine wesentliche Vereinfachung des Einzonenmodells besteht darin, dass die Gastemperatur innerhalb des gesamten Brennraums als konstant angenommen wird, örtliche Temperaturunterschiede also nicht berücksichtigt werden. Besonders in der Hochdruckphase trifft dies jedoch nicht zu, weil während der Verbrennung zwischen verbranntem und unverbranntem Gas **Temperaturdifferenzen** von weit mehr als 1000 °C auftreten können. Bei allen Vorgängen, die eine nichtlineare Temperaturabhängigkeit aufweisen (z. B. Wandwärmeübergang, Schadstoffbildung), ist es für eine realitätsnahe Modellierung erforderlich, für die Verbrennungsphase eine genauere Temperaturberechnung vorzusehen. Dabei ist es nahe liegend, in einem Zweizonenmodell den Brennraum in je eine Zone mit unverbranntem und verbranntem Gas zu unterteilen. Durch eine Verfeinerung in Mehrzonenmodellen kann eine weitere Temperaturschichtung im verbranntem Gas modelliert werden.

Mehrzonenmodelle können aber auch aus anderen Gründen eingesetzt werden, etwa um Gebiete mit bestimmten Strömungseigenschaften separat zu behandeln oder zur Berechnung von Kammermotoren.

4.2.8.1 Modellannahmen und Grundgleichungen

Beim Mehrzonenmodell wird der Brennraum in N homogene Zonen eingeteilt. Für jede dieser Zonen können zunächst die drei **Grundgleichungen** angesetzt werden, nämlich die Zustandsgleichung sowie die Erhaltungssätze für Masse und Energie. Die Zonen sind als offene Systeme anzusehen, ein Austausch von Masse und Wärme ist im allgemeinen Fall sowohl zwischen den Zonen untereinander als auch von den Zonen über die Systemgrenze zu berücksichtigen (vgl. Abb. 4.42).

Die Grundgleichungen für die Zone i lauten wie folgt.
Zustandsgleichung:
$$p_i V_i = m_i R_i T_i. \tag{4.211}$$

Massenbilanz ⟨bei Luftansaugung⟩:
$$\frac{dm_i}{d\varphi} = \sum_j \frac{dm_{j \to i}}{d\varphi} + \sum_i \frac{dm_{Ei}}{d\varphi} - \sum_i \frac{dm_{Ai}}{d\varphi} \left\langle + \frac{dm_{Bi}}{d\varphi} \right\rangle. \tag{4.212}$$

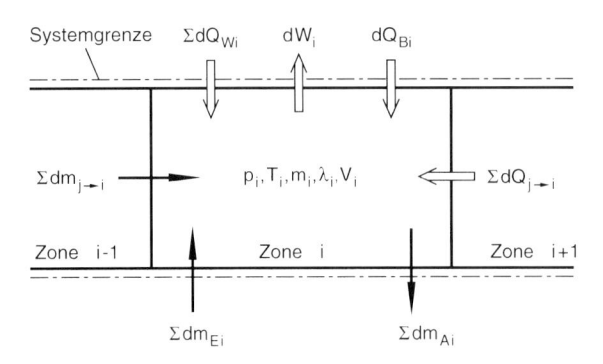

Abb. 4.42. Prinzipbild Mehrzonenmodell

4.2 Nulldimensionale Modellierung

Die Massenbilanz besagt, dass sich die Änderung der Zonenmasse m_i zusammensetzt aus der Summe der Massentransporte aus allen anderen Zonen $\sum_{j=1}^{N} \mathrm{d}m_{j \to i}$, $j \neq i$, aus der Summe der über die Systemgrenze zugeführten Massenströme $\sum \mathrm{d}m_{Ei}$ und der Summe der über die Systemgrenze abgeführten Massenströme $\sum \mathrm{d}m_{Ai}$. Bei luftansaugenden Motoren (⟨ ⟩) ist in der betreffenden Zone die Zufuhr der umgesetzten Kraftstoffmasse $\mathrm{d}m_{Bi}$ zu berücksichtigen.

Energiebilanz:

$$\frac{\mathrm{d}U_i}{\mathrm{d}\varphi} = -p_i \frac{\mathrm{d}V_i}{\mathrm{d}\varphi} + \sum_j \frac{\mathrm{d}Q_{j \to i}}{\mathrm{d}\varphi} + \sum \frac{\mathrm{d}Q_{Wi}}{\mathrm{d}\varphi} + \frac{\mathrm{d}Q_{Bi}}{\mathrm{d}\varphi} + \sum_j h_j \frac{\mathrm{d}m_{j \to i}}{\mathrm{d}\varphi}$$

$$+ \sum_i h_{Ei} \frac{\mathrm{d}m_{Ei}}{\mathrm{d}\varphi} - \sum_i h_{Ai} \frac{\mathrm{d}m_{Ai}}{\mathrm{d}\varphi}. \tag{4.213}$$

Die Energiebilanz drückt aus, dass die Änderung der inneren Energie U_i in der Zone i gleich sein muss der abgegebenen Volumänderungsarbeit $p_i\,\mathrm{d}V_i$ plus der Summe der Wärmeströme von allen anderen Zonen $\sum_{j=1}^{N} \mathrm{d}Q_{j \to i}$, $j \neq i$, plus der Summe der über die Systemgrenze ausgetauschten Wärmeströme $\sum \mathrm{d}Q_{Wi}$ plus eventuell freiwerdende Brennstoffwärme $\mathrm{d}Q_{Bi}$ plus der Summe der Enthalpieströme aus allen anderen Zonen $\sum_{j=1}^{N} h_j\,\mathrm{d}m_{j \to i}$, $j \neq i$, plus etwaiger über die Systemgrenze zugeführter oder abgeführter Enthalpieströme $\sum h_{Ei}\,\mathrm{d}m_{Ei} - \sum h_{Ai}\,\mathrm{d}m_{Ai}$.

Somit stehen für jede der N Zonen 3 Gleichungen zur Verfügung:

$$N_{Gl} = 3N. \tag{4.214}$$

Es ist zu bedenken, dass für jede Differentialgleichung eine **Anfangsbedingung** zur eindeutigen Lösbarkeit erforderlich ist, d. h., es müssen zu einem bestimmten Kurbelwinkel alle Größen der betreffenden Gleichung bekannt sein. Durch entsprechende Annahmen in der Modellierung wird nunmehr versucht, möglichst viele Terme der Grundgleichungen durch eine möglichst geringe Anzahl an unabhängigen Unbekannten auszudrücken. Gelingt es, für die ausgetauschten Massen- und Wärmeströme entsprechende Ansätze zu finden und bedenkt man, dass alle Stoffeigenschaften gemäß den Ausführungen von Abschn. 4.2.3 als Funktion von Druck, Temperatur und Luftverhältnis in der betreffenden Zone dargestellt werden können, ergeben sich folgende Unbekannte in jeder Zone: der Gaszustand, gegeben durch Druck p_i und Temperatur T_i, die Gaszusammensetzung, festgelegt durch das Luftverhältnis λ_i, die Gasmasse m_i und das Volumen der Zone V_i sowie die Wärmefreisetzung durch die Verbrennung Q_{Bi}. Somit beläuft sich die Anzahl an **Unbekannten** zunächst auf $6\,N$:

$$N_{Ub} = 6N. \tag{4.215}$$

Die überzähligen Unbekannten ($N_{Ub} - N_{Gl} = 3N$) müssen durch weitere Gleichungen oder Vorgaben festgelegt werden. Da die Wahl der erforderlichen **Vorgaben** wie auch der Anfangsbedingungen mit steigender Zonenzahl zunehmende Unsicherheiten birgt, ist für die jeweilige Anwendung die Frage zu erwägen, ob durch Erhöhung der Zonenzahl auch wirklich eine Verbesserung der Genauigkeit zu erwarten ist, zumal der Rechenaufwand entsprechend steigt.

Oft werden in der Motorprozessrechnung **vereinfachte Mehrzonenmodelle** eingesetzt, bei denen durch einschränkende Annahmen die Anzahl der Unbekannten verringert wird. So wird meist der Druck in allen Zonen gleich angenommen und der Austausch von Wärme oder Masse auf ausgewählte Zonen beschränkt (siehe etwa [4.109]).

Im Folgenden werden ein Zweizonenmodell mit Unterteilung des Brennraums in je eine Zone mit unverbranntem und verbranntem Gas, ein Mehrzonenmodell mit weiterer Unterteilung des Verbrennungsgasbereichs sowie ein Modell für Kammermotoren besprochen.

4.2.8.2 Zweizonenmodell mit unverbrannter und verbrannter Zone

Am gebräuchlichsten ist ein Zweizonenmodell, bei dem der Brennraum von Brennbeginn bis Brennende in eine „**unverbrannte**" Zone (Index u, Frischgaszone) und eine „**verbrannte**" Zone (Index v, Verbrennungsgaszone) unterteilt wird. Ab Brennbeginn reagieren Luft aus der unverbrannten Zone und Kraftstoff zu Verbrennungsgasen, welche die verbrannte Zone bilden. Diese unterscheidet sich in ihrer Temperatur und Gaszusammensetzung von der unverbrannten Zone. Während der Verbrennung tritt ein Massentransport von der unverbrannten in die verbrannte Zone auf sowie ein Wärmetransport in umgekehrter Richtung (siehe die Prinzipdarstellung in Abb. 4.43).

Da nur während der Verbrennung mit zwei Zonen gerechnet wird, sind die entsprechenden Gleichungen nur für den Hochdruckteil zu formulieren. Folgende Vorgaben und Annahmen werden vereinbart:

- Die zwei Zonen sind durch eine unendlich dünne Reaktionszone (Verbrennungszone) getrennt.
- Leckage, äußere Energie der Ladung und die Enthalpie der zwischen den Zonen ausgetauschten Masse werden vernachlässigt.
- Der Druck p wird im gesamten Brennraum als örtlich konstant angenommen:

$$p_u = p_v = p(\varphi). \qquad (4.216)$$

- Die Summe der Volumina der beiden Zonen ergibt das aus der Kinematik bekannte Brennraumvolumen V:

$$V_u + V_v = V(\varphi). \qquad (4.217)$$

- In der Frischgaszone findet keine Verbrennung statt ($dQ_{Bu} = 0$).
- Die Wärmefreisetzung durch die Verbrennung ist durch den Brennstoffmassenumsatz und den Heizwert gegeben:

$$dQ_{Bv} = dQ_B = dm_B H_u. \qquad (4.218)$$

- Alle Zustandsgrößen lassen sich für jede Zone als Funktion von Druck, Temperatur und dem momentanen Luftverhältnis berechnen.

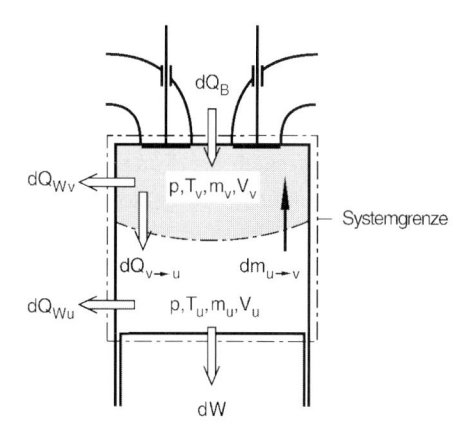

Abb. 4.43. Zweizonenmodell

4.2 Nulldimensionale Modellierung

– Die Massenaufteilung zwischen den beiden Zonen wird über eine Vorgabe festgelegt, und zwar wird meist ein lokales Luftverhältnis in der Verbrennungszone gewählt.
– Der Wärmeübergang zwischen den Zonen untereinander und über die Systemgrenze lässt sich nach einem der bekannten Ansätze darstellen.

Zur Beschreibung des Systems dienen demnach die Grundgleichungen in der folgenden Form.

Zustandsgleichungen:

$$pV_\mathrm{u} = m_\mathrm{u} R_\mathrm{u} T_\mathrm{u}, \tag{4.219}$$

$$pV_\mathrm{v} = m_\mathrm{v} R_\mathrm{v} T_\mathrm{v}. \tag{4.220}$$

Massenbilanzen ⟨bei Luftansaugung⟩:

$$\frac{\mathrm{d}m_\mathrm{u}}{\mathrm{d}\varphi} = -\frac{\mathrm{d}m_\mathrm{u \to v}}{\mathrm{d}\varphi}, \tag{4.221}$$

$$\frac{\mathrm{d}m_\mathrm{v}}{\mathrm{d}\varphi} = \frac{\mathrm{d}m_\mathrm{u \to v}}{\mathrm{d}\varphi} \left\langle + \frac{\mathrm{d}m_\mathrm{B}}{\mathrm{d}\varphi} \right\rangle. \tag{4.222}$$

Energiebilanzen:

$$\frac{\mathrm{d}U_\mathrm{u}}{\mathrm{d}\varphi} = -p\frac{\mathrm{d}V_\mathrm{u}}{\mathrm{d}\varphi} + \frac{\mathrm{d}Q_\mathrm{v \to u}}{\mathrm{d}\varphi} - \frac{\mathrm{d}Q_\mathrm{Wu}}{\mathrm{d}\varphi} - h_\mathrm{u}\frac{\mathrm{d}m_\mathrm{u \to v}}{\mathrm{d}\varphi}, \tag{4.223}$$

$$\frac{\mathrm{d}U_\mathrm{v}}{\mathrm{d}\varphi} = -p\frac{\mathrm{d}V_\mathrm{v}}{\mathrm{d}\varphi} - \frac{\mathrm{d}Q_\mathrm{v \to u}}{\mathrm{d}\varphi} - \frac{\mathrm{d}Q_\mathrm{Wv}}{\mathrm{d}\varphi} + \frac{\mathrm{d}Q_\mathrm{B}}{\mathrm{d}\varphi} + h_\mathrm{u}\frac{\mathrm{d}m_\mathrm{u \to v}}{\mathrm{d}\varphi}. \tag{4.224}$$

Zusammen mit Gl. (4.217) stehen somit 7 Gleichungen zur Berechnung folgender 8 Unbekannter zur Verfügung: Druck im Brennraum p, Temperatur in beiden Zonen T_u und T_v, Verlauf der Massen und der Luftverhältnisse in beiden Zonen, die Volumina beider Zonen V_u und V_v und schließlich der Brennverlauf in der verbrannten Zone $\mathrm{d}Q_\mathrm{B}$. Wie beim Einzonenmodell kann entweder eine Analyse des Motors aus einem gemessenen Druckverlauf oder eine Simulation des Motorprozesses bei Vorgabe des Brennverlaufs durchgeführt werden.

Von den oben angeführten Annahmen und Vorgaben sind die letzten drei für die Modellierung von besonderer Bedeutung, zu Luftverhältnis, Massenaufteilung und Wärmeübergang sollen daher weitere Überlegungen angestellt werden.

Luftverhältnis und Massenaufteilung

Entsprechend den Ausführungen von Abschn. 4.2.3 kann man auch bei Mehrzonenmodellen für jede Zone ein **Verbrennungsluftverhältnis** λ_V, das die Gaszusammensetzung der Zone im Ganzen charakterisiert, sowie ein **Luftverhältnis des Verbrennungsgases** λ_VG, das für die Berechnung der Stoffeigenschaften der betreffenden Zone relevant ist, bestimmen. Ein Unterschied zwischen den beiden Luftverhältnissen besteht nur in der unverbrannten Zone von gemischansaugenden Motoren. Zur Verdeutlichung zeigt Abb. 4.44 eine prinzipielle Darstellung der Massenverteilung im Zweizonenmodell für luft- und gemischansaugende Motoren.

In der unverbrannten Zone befinden sich Restgas m_RGu und unverbrannte Frischluft m_Lu, bei gemischansaugenden Motoren zusätzlich unverbrannter Brennstoff m_Bu. Zur Berechnung des Luftverhältnisses des Verbrennungsgases in der unverbrannten Zone λ_VGu werden die gesamte Luftmasse $m_\mathrm{Lu,ges}$, die sich aus den Anteilen der Luftmasse im Restgas m_LuRG und der Frischluft m_Lu zusammensetzt, sowie der Brennstoffanteil im Restgas m_BuRG herangezogen. Das Verbrennungsluftverhältnis λ_Vu ist bei Luftansaugung ident mit dem Luftverhältnis des Verbrennungsgases,

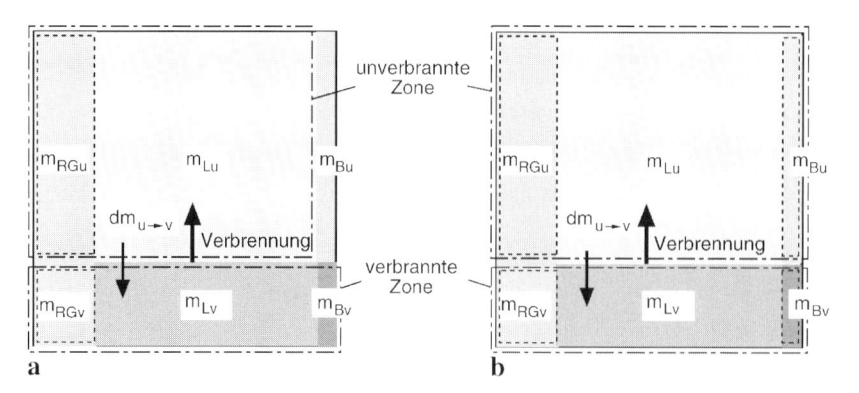

Abb. 4.44. Massenaufteilung im Brennraum, Zweizonenmodell: **a** Luftansaugung, **b** Gemischansaugung

bei Gemischansaugung ist zusätzlich die unverbrannte Brennstoffmasse m_{Bu} zu berücksichtigen. Somit gilt für die beiden Luftverhältnisse ⟨bei Gemischansaugung⟩:

$$\lambda_{VGu} = \frac{m_{Lu,ges}}{L_{st} m_{Bu,ges}} = \frac{m_{LuRG} + m_{Lu}}{L_{st} m_{BuRG}}, \qquad (4.225)$$

$$\lambda_{Vu} = \frac{m_{Lu,ges}}{L_{st} m_{Bu,ges}} = \frac{m_{LuRG} + m_{Lu}}{L_{st} m_{BuRG} \langle + L_{st} m_{Bu}\rangle}. \qquad (4.226)$$

Durch entsprechende Überlegungen ergibt sich das Luftverhältnis des Verbrennungsgases in der verbrannten Zone λ_{VGv} unter Heranziehung der gesamten Luftmasse $m_{Lv,ges}$, die sich aus der anteiligen Luftmasse im Restgas m_{LvRG} und aktuell verbrauchter Luft m_{Lv} zusammensetzt, sowie der gesamten Brennstoffmasse $m_{Bv,ges}$, die aus der anteiligen Brennstoffmasse im Restgas m_{BvRG} und aktuell verbranntem Brennstoff m_{Bv} besteht. Da die verbrannte Zone vereinbarungsgemäß nur aus Verbrennungsgas besteht, ist in der verbrannten Zone das Verbrennungsluftverhältnis λ_{Vv} ident mit dem Luftverhältnis des Verbrennungsgases λ_{VGv}. Sowohl für luft- als auch für gemischansaugende Motoren gilt:

$$\lambda_{VGv} = \lambda_{Vv} = \frac{m_{Lv,ges}}{L_{st} m_{Bv,ges}} = \frac{m_{LvRG} + m_{Lv}}{L_{st}(m_{BvRG} + m_{Bv})}. \qquad (4.227)$$

Die Annahme über den Stofftransport $dm_{u \to v}$ und damit über die **Massenaufteilung** in den beiden Zonen ist die ausschlaggebende Vorgabe beim Zweizonenmodell. Im vorliegenden Modell wird der Massentransport von der unverbrannten in die verbrannte Zone durch die Wahl eines **lokalen Luftverhältnisses** λ_{loc} in der Reaktionszone der Verbrennung festgelegt. Dieses Luftverhältnis λ_{loc} wird als das Luftverhältnis des differentiellen Massenelements $dm_{u \to v}$ definiert, das die (ansonst unendlich dünn vorausgesetzte) Verbrennungszone bildet. Es sagt aus, bei welchem Luftverhältnis die Verbrennung tatsächlich abläuft, also welche Menge Frischluft mit der durch den Brennverlauf festgelegten Brennstoffmasse im jeweils betrachteten Zeitschritt reagiert.

Das differentielle Massenelement $dm_{u \to v}$ besteht aus dem Restgasanteil dm_{RG}, der unverbrannten Frischluft dm_{Lu} und dem unverbranntem Kraftstoff dm_{Bu}. Bei **luftansaugenden** Motoren stammen Restgas und Frischluft aus dem übergehenden Massenelement der unverbrannten Zone dm_u, der Kraftstoff kommt aus dem Einspritzsystem. Bei **gemischansaugenden** Motoren ist das Massenelement der Verbrennungszone $dm_{u \to v}$ ident mit dem Massenelement der unverbrannten Zone dm_u (siehe Abb. 4.45).

4.2 Nulldimensionale Modellierung

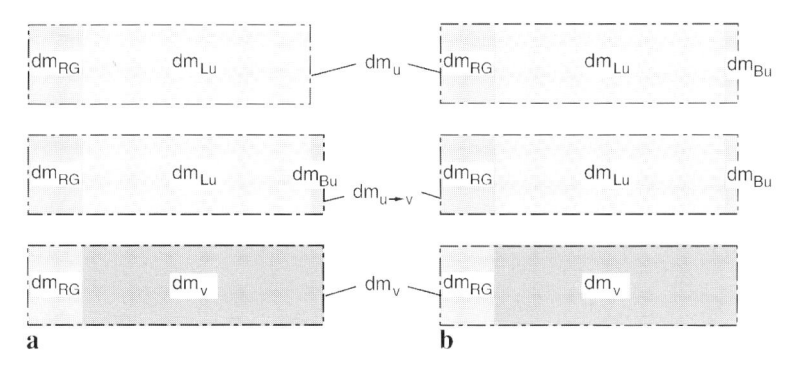

Abb. 4.45. Reagierendes Massenelement $dm_{u\to v}$: **a** bei Luftansaugung, **b** bei Gemischansaugung

In jedem Fall stellt das reagierende Massenelement $dm_{u\to v}$ den Massenzuwachs der verbrannten Zone dm_v dar. Nach der Verbrennung besteht das Massenelement dm_v aus dem Restgasanteil dm_{RG} und dem frisch gebildeten Verbrennungsgas dm_v. Das interessierende lokale Luftverhältnis λ_{loc} folgt aus den im Element $dm_{u\to v}$ insgesamt enthaltenen Massen an Luft $dm_{L,u\to v}$ und Brennstoff $dm_{B,u\to v}$ zu:

$$\lambda_{loc} = \frac{dm_{L,u\to v}}{L_{st} dm_{B,u\to v}} = \frac{\dfrac{dm_{L,RG}}{d\varphi} + \dfrac{dm_{Lu}}{d\varphi}}{L_{st}\left(\dfrac{dm_{B,RG}}{d\varphi} + \dfrac{dm_{Bu}}{d\varphi}\right)} = \frac{\dfrac{dm_{L,RG}}{d\varphi} + \dfrac{dm_{Lv}}{d\varphi}}{L_{st}\left(\dfrac{dm_{B,RG}}{d\varphi} + \dfrac{dm_{Bv}}{d\varphi}\right)}$$

$$= \frac{\dfrac{dm_{u\to v}}{d\varphi} - \left(\dfrac{dm_{B,RG}}{d\varphi} + \dfrac{dm_{Bv}}{d\varphi}\right)}{L_{st}\left(\dfrac{dm_{B,RG}}{d\varphi} + \dfrac{dm_{Bv}}{d\varphi}\right)}. \tag{4.228}$$

Um die Abhängigkeit zwischen lokalem Luftverhältnis λ_{loc} und dem Massentransport $dm_{u\to v}$ explizit darstellen zu können, sind einige zusätzliche Überlegungen erforderlich. Zunächst ist ein Zusammenhang zwischen der Brennstoffmenge im Restgas $dm_{B,RG}$ und der Gesamtmasse des Massenelements $dm_{u\to v}$ herzustellen. Dies gelingt unter der Annahme, dass das Verhältnis von Restgasmasse zu Gesamtmasse in der unverbrannten Zone konstant bleibt und dem Restgasgehalt zu Einlassschluss entspricht:

$$\frac{m_{RGu}}{m_u} = \frac{dm_{RG}}{dm_u} = x_{RG}. \tag{4.229}$$

Für die Änderung der Restgasmasse folgt somit:

$$\frac{dm_{RG}}{d\varphi} = \frac{dm_u}{d\varphi} x_{RG}. \tag{4.230}$$

Der Anteil an Brennstoff im Restgas beträgt nach der allgemeinen Definition des Luftverhältnisses nach Gl. (4.7):

$$m_{BR,G} = \frac{m_{RG}}{1 + \lambda_{RG} L_{st}}. \tag{4.231}$$

Nimmt man nunmehr an, dass das Luftverhältnis im Restgas konstant bleibt, so folgt mit Beachtung von (4.230):

$$\frac{dm_{B,RG}}{d\varphi} = \frac{x_{RG}}{1 + \lambda_{RG} L_{st}} \frac{dm_u}{d\varphi}. \qquad (4.232)$$

Setzt man dies in die Beziehung (4.228) ein, erhält man:

$$\frac{dm_{u \to v}}{d\varphi} = (1 + \lambda_{loc} L_{st}) \left(\frac{x_{RG}}{1 + \lambda_{RG} L_{st}} \frac{dm_u}{d\varphi} + \frac{dm_{Bv}}{d\varphi} \right). \qquad (4.233)$$

Die Beziehungen zwischen den Massenelementen $dm_{u \to v}$, dm_u und dm_v lassen sich gemäß Abb. 4.45 und der Massenbilanz gemäß der Gln. (4.221) und (4.222) in einfacher Weise darstellen, sind allerdings für luft- und gemischansaugende Motoren verschieden. Es gilt ⟨für Luftansaugung⟩:

$$\frac{dm_u}{d\varphi} = -\frac{dm_{u \to v}}{d\varphi} \left\langle + \frac{dm_{Bu}}{d\varphi} \right\rangle = -\frac{dm_v}{d\varphi} \left\langle + \frac{dm_{Bu}}{d\varphi} \right\rangle. \qquad (4.234)$$

Formt man Gl. (4.233) unter Beachtung der Beziehungen (4.234) um, ergeben sich für die Massenänderungen in der verbrannten bzw. unverbrannten Zone folgende Abhängigkeiten vom lokalen Luftverhältnis λ_{loc} in der Reaktionszone:

$$\frac{dm_u}{d\varphi} = -\lambda_{loc} L_{st} F_u \frac{dm_B}{d\varphi}, \qquad (4.235)$$

$$\frac{dm_v}{d\varphi} = (1 + \lambda_{loc} L_{st}) F_v \frac{dm_B}{d\varphi}. \qquad (4.236)$$

Für den Faktor F_u, der den Einfluss der Restgasmenge in der unverbrannten Zone beschreibt, gilt dabei:

$$F_u = \frac{1}{1 - [x_{RG}/(1 + \lambda_{RG} L_{st})](1 + \lambda_{loc} L_{st})}. \qquad (4.237)$$

Beim Faktor für den Einfluss der Restgasmenge in der verbrannten Zone F_v erhält man bei Luftansaugung

$$F_v = \frac{1 - x_{RG}/(1 + \lambda_{RG} L_{st})}{1 - [x_{RG}/(1 + \lambda_{RG} L_{st})](1 + \lambda_{loc} L_{st})} \qquad (4.238)$$

und bei Gemischansaugung

$$F_v = \frac{1}{1 - [x_{RG}/(1 + \lambda_{RG} L_{st})](1 + \lambda_{loc} L_{st})} = F_u. \qquad (4.239)$$

Die aktuell verbrannte Kraftstoffmasse ist wie beim Einzonenmodell durch den Brennverlauf nach Gl. (4.8) gegeben:

$$\frac{dm_B}{d\varphi} = \frac{1}{H_u} \frac{dQ_B}{d\varphi}.$$

Damit ist die Massenaufteilung beider Zonen in Abhängigkeit vom gewählten Verlauf des lokalen Luftverhältnisses λ_{loc} dargestellt. Luftmasse, Brennstoffmasse sowie Masse und Luftverhältnis des Restgases bei Einlassschluss sind als nötige Anfangsbedingung vorzugeben. Sie folgen aus einer Berechnung von Ladungswechsel und Spülung (siehe Abschn. 4.2.6) oder müssen aufgrund von Erfahrungswerten und aus der Messung der zugeführten Mengen am Prüfstand festgelegt werden.

Die Wahl des Verlaufs des lokalen Luftverhältnisses λ_{loc} in der Reaktionszone ist mehr oder weniger willkürlich und kann sich nur auf Plausibilitätsüberlegungen stützen. Das Luftverhältnis

4.2 Nulldimensionale Modellierung

kann entweder konstant (λ-**konstant-Modell**) oder kurbelwinkelabhängig variabel (λ-**variabel-Modell**) angenommen werden.

Bei **gemischansaugenden** Motoren erfolgt die Verbrennung nahezu homogen. Für die Berechnung hat sich das λ-konstant-Modell bewährt, wobei gesetzt wird:

$$\lambda_{loc} = \lambda_{Vu} = \lambda_{Vv} = \lambda_{RG} = \lambda. \tag{4.240}$$

Dabei bezeichnet λ wie beim Einzonenmodell das Luftverhältnis aus den zugeführten Luft- und Kraftstoffmengen, die am Prüfstand gemessen werden. Meist sind derartige Angaben aber nicht genau genug, weil bereits geringfügige Ungenauigkeiten starke Abweichungen in der inneren Energie verursachen, so dass entweder die gesamte Frischluft bereits vor Brennende aufgebraucht oder aber zu diesem Zeitpunkt noch unverbranntes Gasgemisch im Brennraum vorhanden ist. Besondere Probleme können sich im Luftmangelbereich bei Luftverhältnissen von <1 dadurch ergeben, dass die zugeführte Brennstoffenergie aufgrund des Sauerstoffmangels nicht als Wärme freigesetzt werden kann, sondern in chemisch gebundener Form im Verbrennungsgas verbleibt. Für solche Fälle empfiehlt es sich, über entsprechende Rechenprogramme eine iterative Einpassung für das Luftverhältnis vornehmen zu lassen [4.109].

Bei **luftansaugenden** Motoren erfolgt die Verbrennung örtlich wie zeitlich sehr inhomogen, sie läuft verglichen zu gemischansaugenden Motoren langsamer und mit geringerer Temperaturdifferenz zwischen unverbrannter und verbrannter Zone ab. Zu Beginn der Verbrennung entsteht viel Ruß, also unverbrannter Kohlenstoff, was auf eine mangelhafte Vermischung von Luft und Kraftstoff hindeutet. Es wird ein variables lokales Luftverhältnis in der Reaktionszone gewählt, wobei (willkürlich) angenommen wird, dass ausgehend von einer fetten Verbrennung mit niedrigem λ_{loc} ein Anstieg zu magerer Verbrennung mit höherem λ_{loc} erfolgt. Das Verbrennungsluftverhältnis in der unverbrannten Zone λ_{Vu} ist durch den Restgasgehalt in der Frischladung festgelegt und entsprechend hoch, es bleibt während der ganzen Verbrennungsphase gleich. Das Verbrennungsluftverhältnis in der verbrannten Zone λ_{Vv} beginnt beim Anfangswert des lokalen Luftverhältnisses und folgt diesem entsprechend dem Massentransport. Zum Ende der Verbrennung muss λ_{Vv} das Luftverhältnis λ nach DIN 1940 erreichen, was gegebenenfalls iterativ durch die Wahl des Verlaufs des lokalen Luftverhältnisses λ_{loc} sicherzustellen ist. Eine prinzipielle Darstellung der Verläufe der Luftverhältnisse im Zweizonenmodell von Verbrennungsbeginn VB bis Verbrennungsende VE zeigt Abb. 4.46. Zum Vergleich ist punktiert das Verbrennungsluftverhältnis des Einzonenmodells $\lambda_{V,EZ}$ eingezeichnet.

Bei Anwendung des Zweizonenmodells ist zu bedenken, dass die Annahmen über den Verlauf des lokalen Luftverhältnisses die Ergebnisse der Berechnungen entscheidend beeinflussen, deren

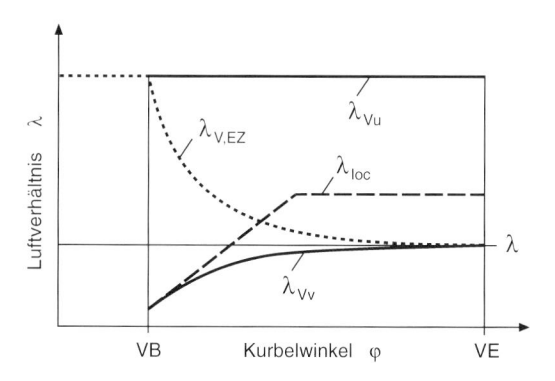

Abb. 4.46. Beispiel für Luftverhältnisse im Zweizonenmodell bei Luftansaugung

Verifizierung aber kaum möglich ist. Dies bedingt insbesondere beim λ-variabel-Modell einige Unsicherheiten. Eine gewisse Überprüfung der getroffenen Annahmen ist etwa durch den Vergleich mit Messergebnissen spezieller optischer Messverfahren möglich, die den Gastemperaturverlauf während der Verbrennungsphase aufzeichnen.

Wärmeübergang
Neben dem Massetransport zwischen den Zonen ist die Modellierung des Wärmeübergangs von Bedeutung für die Zweizonenrechnung. Wegen der großen Temperaturunterschiede zwischen den beiden Zonen ist neben dem Wärmeübergang an die Brennraumwände auch der Wärmetransport zwischen den Zonen zu berücksichtigen.

Der **Wärmeübergang an die Brennraumwände** erfolgt durch Konvektion und Strahlung und wird für jede Zone wie beim Einzonenmodell üblicherweise phänomenologisch nach dem Newton'schen Ansatz nach Gl. (4.80) modelliert:

$$dQ_W/dt = \alpha A (T_G - T_W).$$

Für den Wärmeübergangskoeffizienten kommt dabei einer der besprochenen Ansätze zur Anwendung, wobei für beide Zonen die jeweilige (fiktive) mittlere Gastemperatur eingesetzt wird. Es ist zu beachten, dass aufgrund der wesentlich höheren Temperaturen in der verbrannten Zone der Strahlung ein größerer Anteil als beim Einzonenmodell zukommen kann. Die Gesamtfläche A wird meist in Zylinderkopf, Kolben und Zylinder aufgeteilt. Um eine Zuordnung vornehmen zu können, welcher Flächenanteil der unverbrannten, A_u, und der verbrannten Zone, A_v, zugerechnet wird, sind entsprechende Annahmen zu treffen. Da in der nulldimensionalen Modellierung auf geometrische Verhältnisse und die Ausbreitung der Flammenfront nicht eingegangen wird, erfolgt diese Zuordnung meist näherungsweise proportional zur Größe der jeweiligen Zonenvolumina V_u und V_v und abhängig von den Momentanwerten von Brennraumvolumen $V(\varphi)$ und gesamter Brennraumoberfläche $A(\varphi)$ nach:

$$A_{W u,v} = \frac{V_{u,v}}{V} A. \qquad (4.241)$$

Somit gilt für den Wandwärmeübergang in der unverbrannten, dQ_{Wu}, oder verbrannten Zone, dQ_{Wv}:

$$dQ_{Wu,v}/dt = \alpha_{u,v} A_{W u,v} (T_{u,v} - T_{W_i}). \qquad (4.242)$$

Der **Wärmeübergang zwischen den beiden Zonen** zeigt auf den Brennverlauf und dessen Integral praktisch zwar kaum Auswirkungen, beeinflusst aber die Temperaturen der beiden Zonen sehr wohl, was sich etwa auf die Berechnung der Stickoxidbildung entsprechend auswirkt. Der Wärmetransport zwischen verbrannter und unverbrannter Zone wird als Wärmedurchgang durch die – vernachlässigbar dünn angenommene – Trennfläche der Reaktionszone modelliert:

$$dQ_{Wv \to u}/dt = k A_{v \to u} (T_v - T_u). \qquad (4.243)$$

Entsprechende Annahmen sind sowohl für die Wärmedurchgangszahl k als auch für die Wärmeaustauschfläche $A_{v \to u}$ zwischen den beiden Zonen erforderlich. Bei vernachlässigbarer Stärke der Trennzone zwischen verbranntem und unverbranntem Gas lässt sich nach Gl. (4.96) für k ansetzen:

$$k = \frac{1}{1/\alpha_v + 1/\alpha_u}. \qquad (4.244)$$

4.2 Nulldimensionale Modellierung

Für die Wärmeübergangskoeffizienten α_v und α_u in der verbrannten und der unverbrannten Zone werden dieselben Beziehungen verwendet wie für den Wärmeübergang an die Wand. Die Bestimmung der zeitabhängigen Zonentrennfläche $A_{v\rightarrow u}$ bereitet ebenso wie die der Flächen A_{Wu} und A_{Wv} einige Schwierigkeiten und ist Gegenstand (quasi-)dimensionaler Überlegungen. Eine grundsätzliche Vorstellung über die Ausbreitung der Flamme sowie über Größe und Form der beiden Zonen gewinnt man messtechnisch etwa mittels der Hochgeschwindigkeitsfotografie oder rechnerisch mittels dreidimensionaler Simulation. In Übereinstimmung mit den daraus gewonnenen Erkenntnissen ist in der nulldimensionalen Rechnung ein plausibler Verlauf von $A_{v\rightarrow u}$ anzunehmen. Hinsichtlich der Fläche der Flammenfront $A_{v\rightarrow u}$ ist bekannt, dass diese bei Verbrennungsbeginn und am Verbrennungsende den Wert null hat. Zwischen diesen beiden Zeitpunkten erreicht die Fläche der Flammenfront ihren Größtwert, der vom Verbrennungsverfahren abhängig ist.

Um größere Fehler infolge der getroffenen Annahmen bei der Berechnung der Wärmeströme zu vermeiden, sollten auf jeden Fall die Ergebnisse des Zweizonenmodells mit denen einer entsprechenden Einzonenrechnung verglichen werden.

Vergleich von Einzonen- mit Zweizonenmodell

Um eine Vorstellung über die Unterschiede in der Prozessrechnung zu erhalten, sollen in Abb. 4.47 und 4.48 Ergebnisse aus dem Ein- und Zweizonenmodell für einen Otto- und einen Dieselmotor

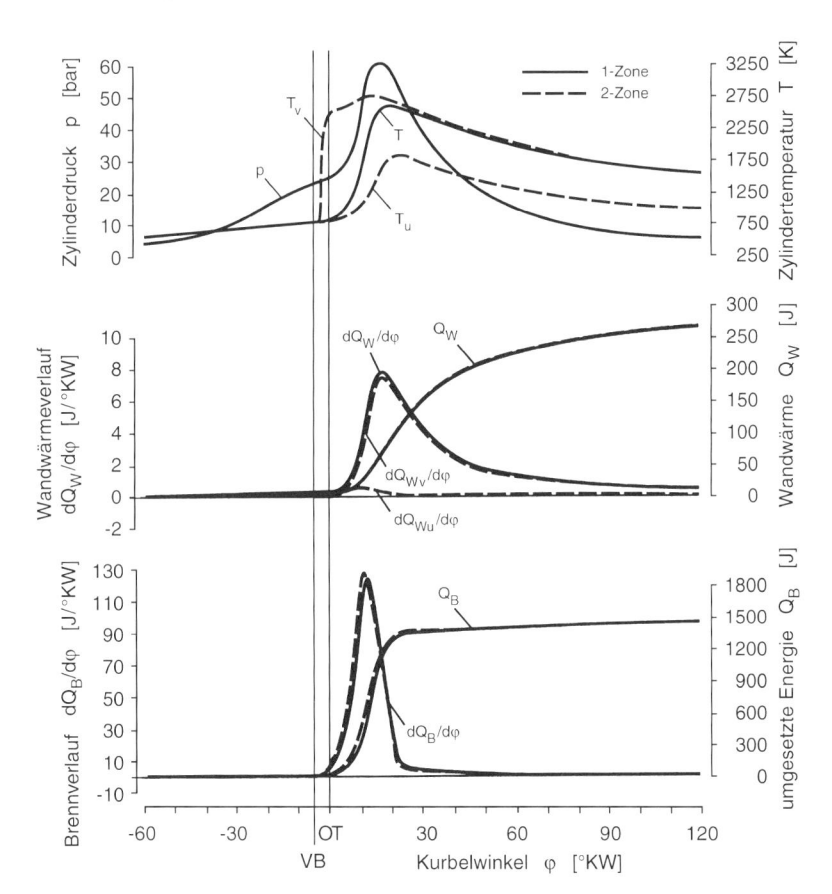

Abb. 4.47. Vergleich zwischen Ein- und Zweizonenmodell für Ottomotor

verglichen werden, wobei die voll ausgezogenen Linien die Ergebnisse des Einzonenmodells, die strichlierten die des Zweizonenmodells darstellen [4.83].

Ausgangsbasis ist jeweils der **gemessene Druckverlauf** im Zylinder, der für eine Analyse des Motorprozesses herangezogen wurde. Der Hauptunterschied zwischen den beiden Modellen ist wie erwähnt, dass anstelle einer örtlich gemittelten Temperatur T im Brennraum für die Dauer der Verbrennung getrennte mittlere Temperaturen für die unverbrannte Zone T_u und die verbrannte Zone T_v berechnet werden.

Abbildung 4.47 zeigt die Verläufe für einen **Ottomotor** mit 85 mm Bohrung, 82 mm Hub, einem Verdichtungsverhältnis von 11,8 mit Benzineinspritzung bei einem Betriebspunkt von $n = 1500\,\text{min}^{-1}$, $p_e = 6$ bar und einem Luftverhältnis von $\lambda = 0{,}9$. Die größten Abweichungen treten naturgemäß um den oberen Totpunkt auf, wo die Temperaturdifferenzen zwischen verbranntem

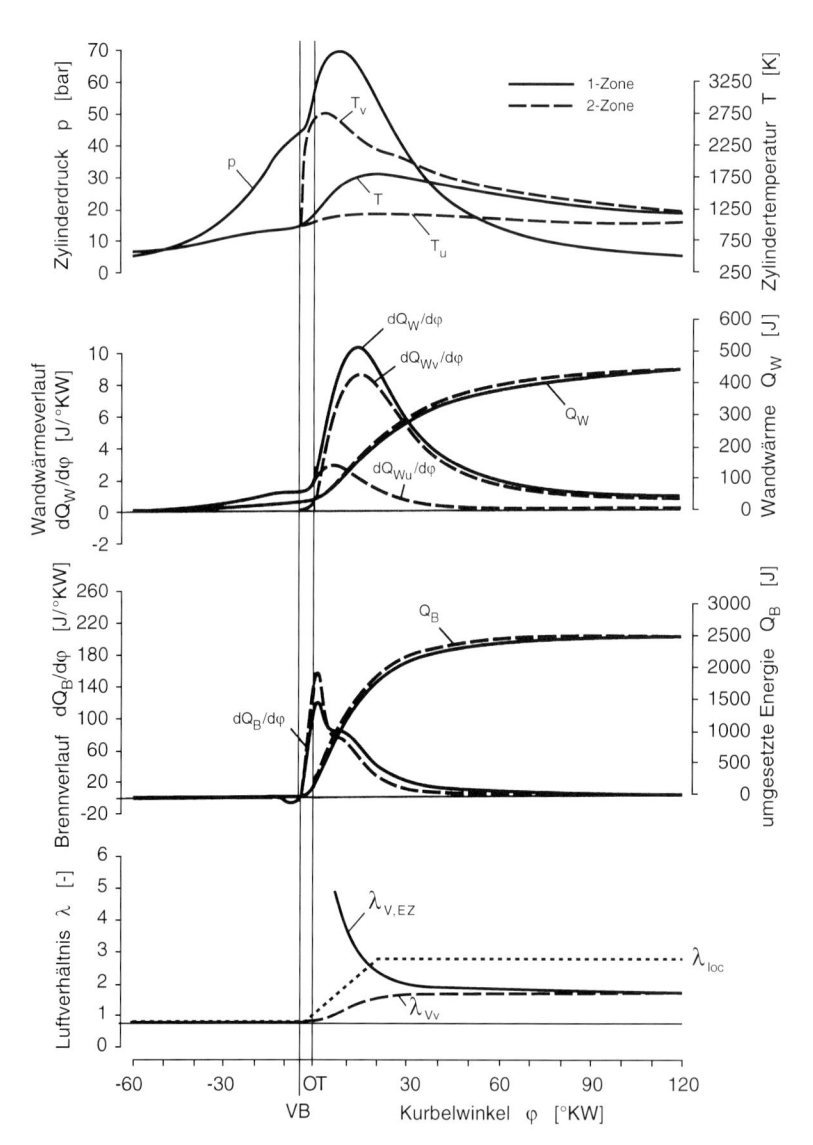

Abb. 4.48. Vergleich zwischen Ein- und Zweizonenmodell für Dieselmotor

4.2 Nulldimensionale Modellierung

und unverbranntem Gas am größten sind. Dort zeigen vor allem die Temperaturverläufe deutliche Unterschiede, wobei der Temperaturanstieg in der verbrannten Zone vom energetischen Mittelwert des Einzonenmodells auch infolge der Dissoziation stark abweicht. Die Wandwärmeverläufe zeigen nur unwesentliche Differenzen. Die Brennverläufe hingegen lassen deutliche Unterschiede erkennen, wobei insbesondere die Verbrennungsgeschwindigkeit bei der Zweizonenrechnung anfangs höher berechnet wird. Auch dies ist auf die höhere Dissoziation sowie die veränderten Stoffgrößen zurückzuführen.

Abbildung 4.48 zeigt den entsprechenden Vergleich für einen **Dieselmotor** mit 120 mm Bohrung, 120 mm Hub, einem Verdichtungsverhältnis von 16,3 mit direkter Einspritzung und freier Ansaugung bei einem Betriebspunkt von $n = 1500 \text{ min}^{-1}$, $p_e = 5,7$ bar und einem Luftverhältnis von $\lambda = 1,7$.

Prinzipiell zeigen die Verläufe der Temperaturen und Wärmeströme sowie die Brennverläufe die gleichen Tendenzen wie beim Ottomotor, die Abweichungen fallen aber deutlicher aus. Der wesentliche Unterschied zum Ottomotor ergibt sich durch das variabel gewählte lokale Luftverhältnis λ_{loc} des Dieselmotors, das im vorliegenden Fall bei Verbrennungsbeginn im fetten Bereich bei 0,7 angenommen wurde, um dann in den mageren Bereich auf einen Wert von 2,8 anzusteigen. Das Verbrennungsluftverhältnis λ_{Vv} in der verbrannten Zone steigt von einem Wert von 0,7 entsprechend dem lokalen Luftverhältnis bis Verbrennungsende auf das mittlere Luftverhältnis an, das sich aus der im Brennraum eingeschlossenen Luftmenge und der insgesamt zugeführten Kraftstoffmenge ergibt. Diesem Wert nähert sich bei Brennende auch das Verbrennungsluftverhältnis $\lambda_{V,EZ}$ des Einzonenmodells, das von sehr hohen Werten entsprechend der Luftansaugung und dem Restgasgehalt abfällt. Konstant auf diesem hohen Wert bleibt auch das Verbrennungsluftverhältnis in der unverbrannten Zone λ_{Vu}, das in Abb. 4.47 nicht dargestellt ist.

4.2.8.3 Modell mit mehreren Verbrennungsgaszonen

Wie Messungen und dreidimensionale Strömungsrechnungen zeigen, bestehen innerhalb des verbrannten Gases im Brennraum beträchtliche Temperaturunterschiede von bis zu einigen Hundert Grad. Während für energetische Betrachtungen mit einem örtlichen Temperaturmittelwert das Auslangen gefunden werden kann, ist etwa für die Berechnung der Bildung von Stickoxiden eine möglichst genaue Erfassung der örtlichen Temperaturverteilung von Bedeutung. Aus diesem Grund werden Mehrzonenmodelle eingesetzt, bei denen das verbrannte Gas in eine größere Anzahl homogener Zonen unterteilt wird. Wie erwähnt sind dabei die mit der Zahl der Zonen zunehmenden Unsicherheiten sowie der steigende Aufwand in Modellierung und Berechnung zu bedenken.

Ein von Heywood [4.42] beschriebenes Mehrzonenmodell definiert **mehrere Verbrennungsgaszonen**, indem die während eines bestimmten Zeitintervalls Δt umgesetzten Brennstoffmassen Δm_{Bi} mit den entsprechenden Luftmassen jeweils eigene homogene Verbrennungsgaszonen bilden. Bei isobarer, adiabater Verbrennung erfährt das Massenelement m_i aufgrund der Freisetzung der chemischen Energie eine Temperaturerhöhung, die dem hT-Diagramm für Verbrennungsgase entnommen werden kann, wenn das lokale Luftverhältnis λ_{loc} bekannt ist. Die freiwerdende Energie führt durch sofortige Mischung zu einem neuen einheitlichen Zustand der jeweiligen Verbrennungsgaszone. Die näherungsweise Berechnung der Temperaturzunahme der Zone i erfolgt mittels der umgesetzten Brennstoffmasse Δm_{Bi}, der Masse der Zone m_i und dem entsprechenden Wert der spezifischen Wärmekapazität bei konstantem Druck c_p:

$$T_i(t + \Delta t) = T_i(t) + \frac{H_u \Delta m_{Bi}}{c_p m_i} \quad (4.245)$$

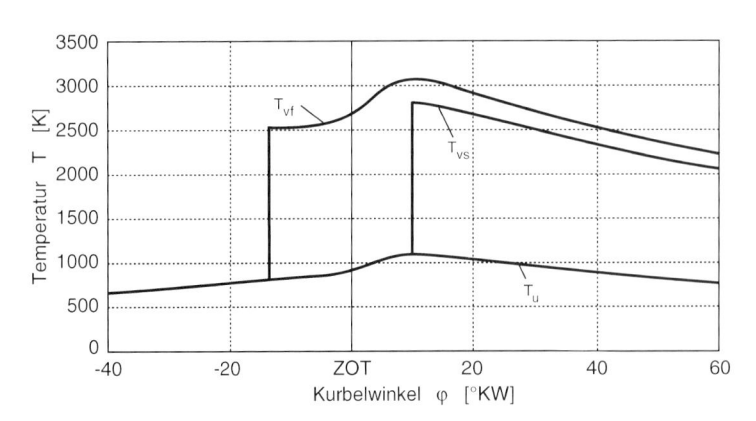

Abb. 4.49. Temperaturverläufe Mehrzonenmodell

Der Einfluss des Zylinderdrucks auf die Temperatur jeder Zone wird durch die Isentropenbeziehung

$$T_i(t + \Delta t) = T_i(t) \left(\frac{p(t + \Delta t)}{p(t)} \right)^{(\kappa - 1)/\kappa} \tag{4.246}$$

beschrieben. Die Berechnung erfolgt zunächst isentrop, der Wärmeübergang wird nachträglich proportional zur Masse der Zone angesetzt. Für alle Zonen wird gleicher Druck angenommen, ein Massenaustausch zwischen den Zonen ist nicht vorgesehen. Wenn eine hinreichend kleine Zone betrachtet wird, lässt sich in dieser Weise die maximale Verbrennungstemperatur abschätzen. Abbildung 4.49 zeigt die berechneten Temperaturverläufe für eine früh (T_{vf}) und eine spät (T_{vs}) gebildete Verbrennungsgaszone, die jeweils 1 % der Zylindermasse umfasst.

Das früh verbrennende Massenelement erfährt durch die Verbrennung einen steilen Temperaturanstieg. Während der Druck im Brennraum durch die Kompression und die Verbrennung anderer Massenelemente weiter ansteigt, nimmt auch die Temperatur des verbrannten Massenelements zu, um nach Abschluss der Verbrennung zusammen mit dem Zylinderdruck abzufallen. Das später verbrennende Massenelement erfährt zunächst eine Kompression und verbrennt dann mit steilem Temperaturanstieg. Betrachtet man die Kompression näherungsweise als isentrop, so erfährt ein verbranntes Massenelement eine stärkere Erwärmung als ein unverbranntes, weil die Erwärmung durch isentrope Kompression proportional der Ausgangstemperatur ist. Daher ist die Spitzentemperatur eines früh verbrannten Massenelements deutlich höher als die maximale Temperatur eines später verbrannten.

Ein aufwendigeres Rechenmodell mit mehreren Rauchgaszonen, das auch eine quasidimensionale Verbrennungssimulation beinhaltet und chemische Reaktionen zur Stickoxidbildung berücksichtigt, findet sich bei Weisser und Boulouchos [4.111].

4.2.8.4 Kammermotoren

Um den Verbrennungsablauf besser steuern zu können, wurden Verfahren entwickelt, bei denen die Verbrennung nicht in einem einzigen, sondern in einem **geteilten Brennraum** abläuft. Vorkammern oder Wirbelkammern waren lange Zeit bei PKW-Dieselmotoren üblich, um den heftigen Stoß der vorgemischten Verbrennung bei direkter Dieseleinspritzung zu vermeiden. Durch Einspritzung in eine gegenüber dem Hauptbrennraum wesentlich kleinere Vor- oder Wirbelkammer konnte ein sanfterer Druck- und Temperaturanstieg bei der Verbrennung realisiert werden. Da andererseits infolge von Wärme- und Strömungsverlusten der Wirkungsgrad von Kammerverfahren

4.2 Nulldimensionale Modellierung

sinkt, haben sich heutzutage auch bei kleinen Dieselmotoren direkte Verbrennungsverfahren durchgesetzt. Die Verbrennungsführung erfordert dabei ein geeignetes Strömungsfeld im Brennraum, zur Steuerung des Verbrennungsablaufs kommt manchmal auch Voreinspritzung (Piloteinspritzung) zur Anwendung.

Kammerverfahren sind nach wie vor bei großvolumigen Gas-Ottomotoren üblich, wo bei Bohrungsdurchmessern über 200 mm die Verbrennung in einem einzigen Brennraum zu langsam ablaufen würde. Gasmotoren verfügen daher häufig über eine **Zündkammer**, in der die (annähernd stöchiometrische) Verbrennung durch eine Zündkerze oder das Einbringen eines Kraftstoffzündstrahls initiiert wird. Durch Überströmbohrungen dringen Zündfackeln mit sehr hoher Energie in den Hauptbrennraum ein und ermöglichen dort eine rasche, thermodynamisch günstige Verbrennung bei magerem Gesamtluftverhältnis (vgl. Abschn. 4.5.2).

Abbildung 4.50 zeigt ein Prinzipbild des Systems **Kammermotor**, das als Sonderfall eines Zweizonenmodells aufgefasst werden kann. Der Brennraum ist während des gesamten Arbeitsspiels (und nicht nur während der Verbrennung) in zwei Zonen unterteilt, in die Kammer (Index K) und den Zylinder (Index Z).

Der Formulierung der Gleichungen für die Berechnung des Kammermotors liegen folgende Annahmen und Vorgaben zu Grunde:

- Das Volumen der Kammer V_K ist konstant, das Volumen im Zylinder V_Z ist durch die Kinematik festgelegt.
- Die Wärmefreisetzung durch die Verbrennung ist in beiden Zonen durch den Brennstoffmassenumsatz und den Heizwert gegeben:

$$dQ_{BK,Z} = dm_{BK,Z} H_u. \tag{4.247}$$

- Leckage und äußere Energie der Ladung werden vernachlässigt.
- Alle Zustandsgrößen lassen sich für jede Zone als Funktion von Druck, Temperatur und dem momentanen Gesamtluftverhältnis λ_K oder λ_Z berechnen.
- Der Wärmeübergang über die Systemgrenze lässt sich nach einem der bekannten Ansätze darstellen, zwischen den Zonen wird er nicht modelliert.
- Der Massentransport zwischen Kammer und Zylinder wird mittels der Durchflussgleichung bestimmt.

Zur Beschreibung des Systems stehen demnach für den Hochdruckteil die folgenden Gleichungen zur Verfügung.

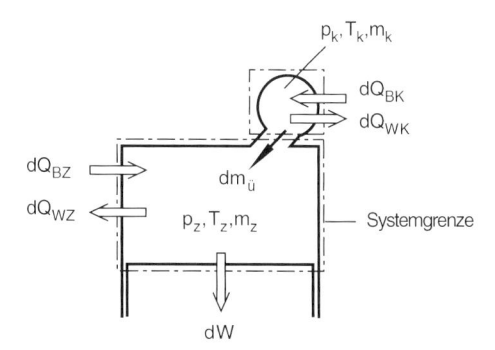

Abb. 4.50. System Kammermotor

Zustandsgleichungen:
$$p_K V_K = m_K R_K T_K, \tag{4.248}$$
$$p_Z V_Z = m_Z R_Z T_Z. \tag{4.249}$$

Massenbilanzen:
$$dm_K = dm_{Z \to K} + dQ_{BK}/H_u, \tag{4.250}$$
$$dm_Z = dm_{K \to Z} + dQ_{BZ}/H_u. \tag{4.251}$$

Energiebilanzen:
$$dU_K = dQ_{BK} - dQ_{WK} + h_Z\, dm_{Z \to K}, \tag{4.252}$$
$$dU_Z = -p_Z\, dV_Z + dQ_{BZ} - dQ_{WZ} + h_K\, dm_{K \to Z}. \tag{4.253}$$

Durchflussgleichung:
$$\frac{dm_{\ddot{u}}}{d\varphi} = \frac{dm_{K \to Z}}{d\varphi} = -\frac{dm_{Z \to K}}{d\varphi} = \frac{dm_{\ddot{u}}}{dt}\frac{dt}{d\varphi}$$
$$= \frac{1}{360\,n} \mu A_{\ddot{u}} \frac{p_1}{\sqrt{R T_1}} \sqrt{\frac{2\kappa}{\kappa - 1}\left[\left(\frac{p_2}{p_1}\right)^{2/\kappa} - \left(\frac{p_2}{p_1}\right)^{(\kappa+1)/\kappa}\right]}. \tag{4.254}$$

Dabei sind μ die Durchflusszahl zur Berücksichtigung von Reibung und Strahlkontraktion, $A_{\ddot{u}}$ der geometrische Überströmquerschnitt, p_1 der höhere und p_2 der niedrigere Gasdruck.

Mit diesen sieben Gleichungen sollen folgende acht Unbekannte berechnet werden: Druck in der Kammer p_K und im Zylinder p_Z, Temperatur in beiden Zonen T_K und T_Z, Verlauf der Massen bzw. der Luftverhältnisse in beiden Zonen λ_K und λ_Z und die Brennverläufe in beiden Zonen dQ_{BK} und dQ_{BZ}.

Wieder kann entweder eine Analyse des Motors aus einem gemessenen Druckverlauf oder eine Simulation des Motorprozesses bei Vorgabe des Brennverlaufs erfolgen. Aufgrund seiner besonderen Bedeutung für die Berechnung von Kammermotoren soll der Ansatz der Durchflussgleichung für den Massentransport näher besprochen werden.

Durchflussgleichung

Um die für stationäre isentrope Strömung hergeleitete Durchflussgleichung auf die hochdynamischen Vorgänge in Kammermotoren anwenden zu können, sind einige zusätzliche Überlegungen erforderlich. Während der Kompression ist die Strömung vom Hauptbrennraum in die Kammer gerichtet, in Gl. (4.254) ist für p_1 der höhere Druck im Zylinder einzusetzen. In der Expansion kehrt sich die Strömung um, so dass der Kammerdruck zum höheren Druck p_1 wird. Bei Verwendung der Durchflussgleichung ist zu bedenken, dass bei Druckgleichheit die Wurzel einen undefinierten Ausdruck annimmt. Überdies haben eingehende Untersuchungen gezeigt, dass im Motorbetrieb speziell bei höheren Drehzahlen der Kammerdruck um Zünd-OT trotz bereits sinkenden Zylinderdrucks weiter ansteigt [4.82]. Dies bedeutet, dass die Strömungsumkehr erst nach der Druckumkehr erfolgt, was auf die Trägheit der strömenden Masse zurückzuführen ist. Der Punkt der Strömungsumkehr als Funktion der Drehzahl kann aus sehr genauen Druckindizierungen im Schleppbetrieb bestimmt werden.

Zur Berücksichtigung der Trägheit der überströmenden Gasmasse kann ein Beschleunigungsglied $\int_l \partial v/\partial t\, dl$ in den Energiesatz eingefügt werden [4.82]:

$$h_1 - h_2 = \frac{v_2^2}{2} - \frac{v_1^2}{2} + \int_l \frac{\partial v}{\partial t} dl. \tag{4.255}$$

4.2 Nulldimensionale Modellierung

Berechnet man daraus für $v_1 = 0$ die überströmende Masse, erhält man die erweiterte Durchflussgleichung:

$$\frac{dm_{\ddot{u}}}{d\varphi} = \frac{1}{360\,n} \mu A_{\ddot{u}} \frac{p_1}{\sqrt{RT_1}} \sqrt{\frac{2\kappa}{\kappa - 1}\left[\left(\frac{p_2}{p_1}\right)^{2/\kappa} - \left(\frac{p_2}{p_1}\right)^{(\kappa+1)/\kappa}\right] - \left(\frac{p_2}{p_1}\right)^{2/\kappa} \frac{2}{RT_1} \frac{\partial v}{\partial t} l}. \quad (4.256)$$

Darin berücksichtigt der Term $\partial v/\partial t$ die Beschleunigung der Gasmasse, l ist die Länge des Stromfadens von 1 bis 2. Wählt man für die zunächst unbekannte Länge l einen mit der Motordrehzahl linear zunehmenden Verlauf, lässt sich gute Übereinstimmung mit Messergebnissen erzielen.

Die Anwendung der Durchflussgleichung stößt jedoch in jedem Fall auf Schwierigkeiten. Die Druckdifferenzen zwischen Kammer und Hauptbrennraum sind im Allgemeinen sehr klein und treten im Bereich hoher Temperaturschwankungen auf, so dass an die Messaufnehmer kaum erfüllbare Anforderungen bezüglich Genauigkeit gestellt werden. Trotz umfangreicher Arbeiten auf dem Gebiet, in denen verschiedene Verfahren zur Verbesserung der Berechenbarkeit von Kammermotoren vorgeschlagen wurden, wie etwa einen empirisch zu bestimmenden variablen Verlauf des Überströmkoeffizienten μ [4.110], bleibt die Berechnung von Kammermotoren mit Unsicherheiten behaftet.

Neben dem Verlauf der überströmenden Masse interessieren noch deren kinetische Energie $E_{\ddot{u}}$, der Energieverlust durch den Überströmvorgang $\Delta E_{\ddot{u}}$ sowie die Überströmgeschwindigkeit $v_{\ddot{u}}$.

Für die **Überströmgeschwindigkeit** $v_{\ddot{u}}$ folgt aus der Kontinuitätsgleichung:

$$v_{\ddot{u}} = \frac{1}{\rho A_{\ddot{u}}} \frac{dm_{\ddot{u}}}{dt}. \quad (4.257)$$

Durch Integration über ein Arbeitsspiel erhält man für die kinetische Energie der Überströmmasse $E_{\ddot{u}}$:

$$E_{\ddot{u}} = \int \frac{v_{\ddot{u}}^2}{2} \frac{dm_{\ddot{u}}}{d\varphi} d\varphi. \quad (4.258)$$

Diese Energie wird beim Überströmen durch Verwirbelung in Enthalpie verwandelt, die teilweise in Arbeit umgesetzt werden kann. Der tatsächliche **Überströmverlust** $\Delta E_{\ddot{u}}$ berechnet sich, indem die indizierte Arbeit eines fiktiven Einkammermotors mit gleichem Verdichtungsverhältnis von der indizierten Arbeit des tatsächlichen Kammermotors subtrahiert wird:

$$\Delta E_{\ddot{u}} = W_{i(Z+K)} - W_{i(Z)}. \quad (4.259)$$

Dabei wird die indizierte Arbeit des fiktiven Einkammermotors $W_{i(Z+K)}$ durch Prozessrechnung mittels des Brennverlaufs bestimmt, der sich aus Addition der Einzelbrennverläufe von Kammer und Zylinder des tatsächlichen Motors ergibt.

Luftverhältnis

Gaszusammensetzung und Stoffgrößen in Kammer und Zylinder lassen sich wieder in Abhängigkeit vom Verbrennungsluftverhältnis und vom Luftverhältnis des Verbrennungsgases berechnen. Die Berechnung der Luftverhältnisse erfolgt analog zu den bereits besprochenen Fällen. Für den Verlauf des jeweiligen **Verbrennungsluftverhältnisses** $\lambda_{VK,Z}$ gilt:

$$\lambda_{VK,Z} = \frac{m_{K,Z} - m_{B,ges\,K,Z}}{L_{st} m_{B,ges\,K,Z}}. \quad (4.260)$$

Die gesamte im jeweiligen Brennraum befindliche verbrannte Kraftstoffmasse $m_{B,\text{ges}K,Z}$ setzt sich aus dem Anteil, der in der jeweiligen Zone verbrennt $m_{BK,Z}$, aus dem in der überströmenden Masse enthaltenen Anteil $m_{B,\text{ü}KZ}$ und aus dem Restgasanteil $m_{B,RGK,Z}$ zusammen:

$$m_{B,\text{ges}K,Z} = m_{BK,Z} + m_{B,\text{ü}K,Z} + m_{B,RGK,Z}. \tag{4.261}$$

Für die Ableitungen gilt:

$$\frac{dm_{B,\text{ges}Z}}{d\varphi} = \frac{dm_{BZ}}{d\varphi} + \frac{m_{B,\text{ges}Z/K}}{m_{Z/K}}\frac{dm_{\text{ü}}}{d\varphi}, \tag{4.262}$$

$$\frac{dm_{B,\text{ges}K}}{d\varphi} = \frac{dm_{BK}}{d\varphi} + \frac{m_{B,\text{ges}K/Z}}{m_{K/Z}}\frac{dm_{\text{ü}}}{d\varphi}. \tag{4.263}$$

Die Indizes Z/K und K/Z deuten an, dass je nach Strömungsrichtung der entsprechende Index Z für den Zylinder oder K für die Kammer gültig ist. Damit erhält man für die Ableitungen des Verbrennungsluftverhältnisses im Zylinder und in der Kammer:

$$\frac{d\lambda_{VZ}}{d\varphi} = \frac{1}{L_{st}m_{B,\text{ges}Z}}\frac{dm_Z}{d\varphi} - \frac{m_Z}{L_{st}m_{B,\text{ges}Z}{}^2}\left(\frac{dm_{BZ}}{d\varphi} + \frac{m_{B,\text{ges}Z/K}}{m_{Z/K}}\frac{dm_{\text{ü}}}{d\varphi}\right), \tag{4.264}$$

$$\frac{d\lambda_{VK}}{d\varphi} = \frac{1}{L_{st}m_{B,\text{ges}K}}\frac{dm_K}{d\varphi} - \frac{m_K}{L_{st}m_{B,\text{ges}K}{}^2}\left(\frac{dm_{BK}}{d\varphi} + \frac{m_{B,\text{ges}K/Z}}{m_{K/Z}}\frac{dm_{\text{ü}}}{d\varphi}\right) \tag{4.265}$$

Einzonenrechnung

Aufgrund der Unsicherheiten bei den zu treffenden Annahmen, insbesondere bezüglich der überströmenden Massen, wird oft auf eine getrennte Berechnung von Kammer und Hauptbrennraum verzichtet und auch für den Kammermotor ein Einzonenmodell eingesetzt, indem das Kammervolumen dem Hauptbrennraum einfach zugeschlagen und mit einem Summenbrennverlauf gerechnet wird.

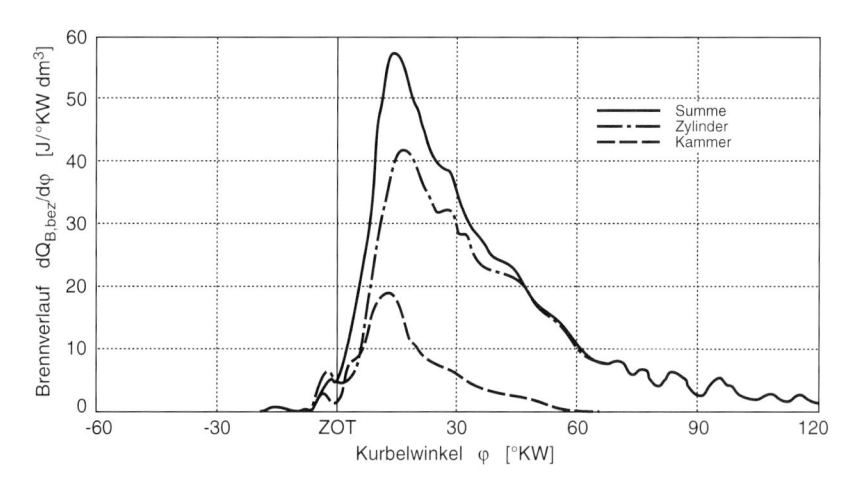

Abb. 4.51. Brennverläufe Kammermotor und Einzonenrechnung [4.90]

Dies erscheint bei großen Gasmotoren ohne weiteres zulässig, weil in der Zündkammer nur ein kleiner Bruchteil der Brennstoffenergie umgesetzt wird. Auch bei den früher üblichen PKW-Dieselmotoren liefert die summarische Betrachtung aus energetischer Sicht hinreichend gute Ergebnisse. Einen Vergleich der unterschiedlichen auf das jeweilige Brennraumvolumen bezogenen Brennverläufe für Hauptbrennraum und Wirbelkammer einer Zweizonenrechnung sowie den Summenbrennverlauf einer Einzonenrechnung für einen PKW-Dieselmotor bei 3000 min^{-1} und Volllast zeigt Abb. 4.51.

4.3 Quasidimensionale Modellierung

Mit den steigenden Anforderungen an die Motorprozessrechnung hinsichtlich Genauigkeit und Allgemeingültigkeit bei kurzen Rechenzeiten wurden in den letzten Jahren so genannte quasidimensionale Modelle entwickelt, bei denen lokale Phänomene und geometrische Charakteristika im Rahmen einer sonst nulldimensionalen Rechnung modelliert werden. Insbesondere sollen unter quasidimensionalen Ansätzen solche verstanden werden, bei denen im Gegensatz zu den meist in der nulldimensionalen Rechnung getroffenen Modellannahmen die kinetische Energie und die Reibung im Arbeitsgas in Abhängigkeit von geometrischen Parametern Berücksichtigung finden.

Als Ausgangspunkt der quasidimensionalen Modellierung ist die Beschreibung der **Ladungsbewegung** im Brennraum zu sehen. Diese stellt sich sehr komplex dar, mit einer von Brennraumgeometrie und Betriebszustand bestimmten Grundströmung, der sich eine durch das Einlasssystem erzeugte Drall- oder Tumblebewegung sowie eine Quetschströmung überlagern können. Das instationäre turbulente Strömungsfeld im Brennraum wird unter Einbeziehung geometrischer Abmessungen durch globale charakteristische Größen wie die turbulente kinetische Energie k und die Dissipation ε beschrieben.

Zentrale Bedeutung kommt der quasidimensionalen Modellierung der **Verbrennung** zu, die das Ziel verfolgt, Simulationsrechnungen ohne die Vorgabe von (Ersatz-)Brennverläufen zu ermöglichen. Für fremdgezündete homogene Gemische erfolgt die Modellierung der vorgemischten Verbrennung durch Berechnung der Ausbreitung der Flammenfront im Brennraum unter Berücksichtigung der Brennraumgeometrie. Zur Berechnung der nicht-vorgemischten Verbrennung bei direkter Kraftstoffeinspritzung stehen eine Reihe von Modellen zur Auswahl, die je nach Komplexität Strahlausbreitung, Strahlaufbruch und Verdampfung einbeziehen.

Die Berechnung des **Wandwärmeübergangs** erfolgt in der Regel nach dem Newton'schen Ansatz, wobei der Wärmestrom proportional zur Differenz aus der fiktiven örtlich gemittelten Gastemperatur und der Wandtemperatur berechnet wird. Der Einfluss der Ladungsbewegung wird im Ansatz für den Wärmeübergangskoeffizienten berücksichtigt.

Quasidimensionale Modelle kommen meist im Rahmen einer **Mehrzonenrechnung** zur Anwendung. Basierend auf einer möglichst wirklichkeitsnahen Modellierung der physikalischen und chemischen Abläufe im Brennraum bieten quasidimensionale Ansätze bei relativ kurzen Rechenzeiten die Möglichkeit, in der Vorentwicklung von Motoren eine Vielzahl von Geometrievarianten und Betriebspunkten rasch zu simulieren und so eine Vorauswahl für detailliertere Untersuchungen unter Verwendung aufwendiger dreidimensionaler Rechenprogramme zu treffen. Dennoch nimmt der Rechenaufwand gegenüber der nulldimensionalen Modellierung deutlich zu, es sind geometrischer Parameter einzubeziehen und in der Regel zusätzliche experimentelle Konstante zu bestimmen. Es gilt daher kritisch abzuwägen, wie detailliert im interessierenden Fall die quasidimensionale Modellierung sein soll, um tatsächlich eine Verbesserung zu erreichen.

4.3.1 Ladungsbewegung

Die Ladungsbewegung im Brennraum ist einer der bestimmenden Einflussfaktoren für die Gemischbildung, die Verbrennung und den Wandwärmeübergang. Eine gezielte Ladungsbewegung zur verbesserten Gemischbildung und Beschleunigung der Verbrennung stellt die Voraussetzung für eine Reihe moderner Verbrennungsverfahren dar, wie für Magerkonzepte oder Schichtladeverfahren. Es ist zu beachten, dass die Erzeugung einer gerichteten Ladungsbewegung Energie erfordert und überdies den Wärmeübergang intensiviert.

Grundströmung im Brennraum

Die Grundbewegung der Ladung im Brennraum wird im Allgemeinen in Anlehnung an die eingehend untersuchte stationäre Rohrströmung beschrieben. Zur Charakterisierung der Strömung wird die Reynolds-Zahl $\mathrm{Re} = vl/\nu$ herangezogen, wobei in der nulldimensionalen Rechnung als charakteristische Geschwindigkeit v die mittlere oder momentane Kolbengeschwindigkeit oder eine Funktion davon und als charakteristische Länge l der Zylinderdurchmesser oder eine Funktion des momentanen Brennraumvolumens gewählt werden. In der quasidimensionalen Modellierung werden in der Regel die charakteristische Geschwindigkeit und die charakteristische Länge in der Reynolds-Zahl in Abhängigkeit von der kinetischen sowie der turbulenten kinetischen Energie im Brennraum unter Einbeziehung relevanter geometrischer Parameter formuliert.

Für die Grundströmung wird meist angenommen, dass durch die Kolbenbewegung eine eindimensionale Strömung in Richtung Zylinderachse induziert wird. Die axiale Geschwindigkeit v_a im Abstand x_a vom OT ist durch die momentane Kolbengeschwindigkeit $\dot{x}$ im Abstand x vom OT gegeben (zur Bestimmung der Kurbelwinkelabhängigkeit von x und $\dot{x}$ siehe Anhang B):

$$v_\mathrm{a}(x_\mathrm{a}) = x_\mathrm{a}\frac{\dot{x}}{x}. \tag{4.266}$$

Die charakteristische Geschwindigkeit v der Reynolds-Zahl wird in weiterer Folge als Kombination der Grundströmungsgeschwindigkeit v_a und der Turbulenzintensität – ausgedrückt durch die turbulente kinetische Energie k oder die turbulente Schwankungsgeschwindigkeit v' – dargestellt. Von entscheidendem Einfluss auf die Modellierung ist die Wahl des Turbulenzmodells, das den Verlauf von k über dem Arbeitsspiel festlegt. Meist wird dafür ein $k\varepsilon$-Zweigleichungsansatz gewählt (vgl. dazu auch die Abschn. 1.5.6, 4.2.5 und 4.5.2).

Als Beispiel sei im Folgenden das bei Jungbluth und Noske [4.49] beschriebene Modell skizziert. Für die charakteristische Geschwindigkeit v in der Reynolds-Zahl wird folgender Ansatz getroffen:

$$v = \sqrt{(v_\mathrm{a}/2)^2 + v'^2}. \tag{4.267}$$

Die Bestimmung von v' erfolgt aus der turbulenten kinetischen Energie k nach Gl. (1.230), $v'^2 = \frac{2}{3}k$, und beruht auf folgenden Annahmen: die Grundströmung sei eindimensional in Zylinderachse, es existiere kein Einlassdrall, die Turbulenz sei isotrop, sie werde durch den Einlassvorgang erzeugt und weder durch Diffusionsvorgänge noch durch Grenzschichtströmungen beeinflusst.

Zur Berechnung der Veränderung der turbulenten kinetischen Energie nach Gl. (1.231), $\dot{k} = P_k + Df_k - Ds_k$, wird zunächst der Produktionsterm P_k infolge Kompression proportional zur bezogenen Änderung der Dichte $\dot{\rho}/\rho$ angesetzt:

$$P_k = \frac{2}{3}k\frac{\dot{\rho}}{\rho}. \tag{4.268}$$

4.3 Quasidimensionale Modellierung

Unter der Annahme, dass die Turbulenz nicht durch Diffusionsvorgänge infolge von Dichte- oder Konzentrationsänderungen beeinflusst wird, liefert der Diffusionsterm Df_k keinen Beitrag. Der Dissipationsterm Ds_k entspricht der viskosen Dissipation ε. Dafür kann eine weitere Transportgleichung nach Gl. (1.232) angesetzt werden. In der vorliegenden Turbulenzmodellierung nach [4.49] erfolgt für ε folgender Ansatz:

$$Ds_k = \varepsilon = Ck^{3/2}/l_\mathrm{I}. \tag{4.269}$$

Die Dissipation wird als Funktion von k und einem integralen **turbulenten Längenmaß** l_I ausgedrückt, wobei für die Konstante C ein Zahlenwert von 0,08 angegeben wird. Damit nimmt die Transportgleichung für k folgende Form an:

$$\dot{k} = \frac{2}{3}k\frac{\dot{\rho}}{\rho} - 0{,}08\,k^{3/2}/l_\mathrm{I}. \tag{4.270}$$

Die Bestimmung des Verlaufs des turbulenten Längenmaßes über dem Arbeitsspiel berücksichtigt Änderungen während der Kompression und der Verbrennung.

In der **Kompression** wird die Länge l_I indirekt proportional zur turbulenten kinetischen Energie k angesetzt:

$$l_\mathrm{I} = l_\mathrm{ES}\sqrt{k_\mathrm{ES}/k} \tag{4.271}$$

Die Bezugsgrößen für die Werte von l_I und k bei Einlassschluss ES werden proportional einer mittleren Einlassgeschwindigkeit und dem maximalen Ventilhub h_V gewählt:

$$k_\mathrm{ES} = \left(\frac{v_\mathrm{Km}\lambda_\mathrm{l}D^2 C_k}{4d_\mathrm{v}h_\mathrm{v}\sin\alpha}\right)^2, \tag{4.272}$$

$$l_\mathrm{ES} = C_l h_\mathrm{v}. \tag{4.273}$$

Darin sind v_Km die mittlere Kolbengeschwindigkeit, λ_l der Liefergrad, D der Zylinderdurchmesser, C_k eine Konstante für die turbulente kinetische Energie, d_V der Ventildurchmesser, h_V der Ventilhub, α der Ventilsitzwinkel und C_l eine Konstante für das turbulente Längenmaß. Die Konstanten C_l und C_k sind für einen gegebenen Motor aus Versuchen festzulegen.

Während der **Verbrennung** wird die Turbulenz durch die Flammenausbreitung verstärkt. Die Massenerhaltung eines unverbrannten Wirbels bezogen auf den Zündzeitpunkt ZZP ergibt:

$$V_\mathrm{u}\rho_\mathrm{u} = V_\mathrm{u,ZZP}\rho_\mathrm{u,ZZP}. \tag{4.274}$$

Ersetzt man darin das Volumen durch die dritte Potenz einer charakteristischen Länge, so folgt für das turbulente Längenmaß l_I:

$$l_\mathrm{I} = l_\mathrm{I,ZZP}(\rho_\mathrm{u,ZZP}/\rho_\mathrm{u})^{1/3}. \tag{4.275}$$

Die Impulserhaltung führt zur Gleichung:

$$\omega_\mathrm{u,ZZP}l_\mathrm{I,ZZP} = \omega_\mathrm{u} l_\mathrm{I}. \tag{4.276}$$

Mit der Bedingung, dass die Winkelgeschwindigkeit proportional der Schwankungsgeschwindigkeit angesetzt wird, folgt schließlich für die Turbulenzintensität während der Verbrennung:

$$v' = v'_\mathrm{ZZP}(\rho_\mathrm{u}/\rho_\mathrm{u,ZZP})^{1/3} \tag{4.277}$$

Damit ist der Verlauf der Turbulenzintensität im Brennraum und damit der charakteristischen Geschwindigkeit nach Gl. (4.267) über dem Arbeitsspiel bestimmt.

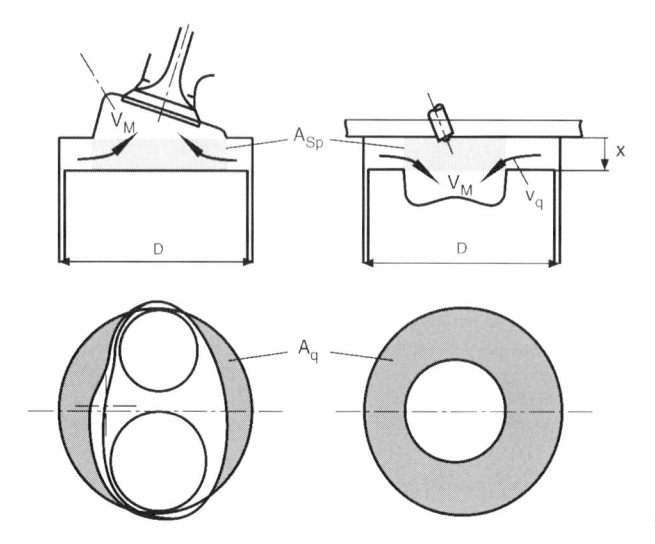

Abb. 4.52. Quetschströmungen

Quetschströmung

Bei Annäherung des Kolbens an den OT erzeugt bei entsprechenden geometrischen Verhältnissen der sogenannte Quetschflächenanteil, der in Prozent der Kolbenfläche angegeben werden kann, eine nach innen gerichtete Strömung mit hoher Geschwindigkeit.

Eine theoretische Strömungsgeschwindigkeit v_q kann aus dem Kontinuitätssatz abgeleitet werden, indem die über der Quetschfläche A_q entsprechend der momentanen Kolbengeschwindigkeit $\dot{x}$ verdrängte Masse gleichgesetzt wird der Masse, die mit der Quetschströmungsgeschwindigkeit v_q durch den Quetschspalt A_{Sp} strömt (vgl. Abb. 4.52).

$$v_q = \dot{x} \frac{A_q}{A_{Sp}} \frac{\rho_q}{\rho_{Sp}} \frac{V_M}{V_M + (D^2\pi/4)x}. \tag{4.278}$$

Der rechte Term in Gl. (4.278) berücksichtigt den Einfluss der Verbrennungsmulde, indem deren Volumen V_M zum gesamten Brennraumvolumen ins Verhältnis gesetzt wird.

Der Einfluss der Motordrehzahl kann mit dieser einfachen Beziehung gut wiedergegeben werden. Dies zeigt Abb. 4.53 mit einem Vergleich von berechneten und gemessenen Quetschströmungsgeschwindigkeiten für zwei verschiedene Brennraumgeometrien. Man erkennt, dass die Strömungsgeschwindigkeiten Maxima um 10 Grad Kurbelwinkel vor OT aufweisen und ab dem

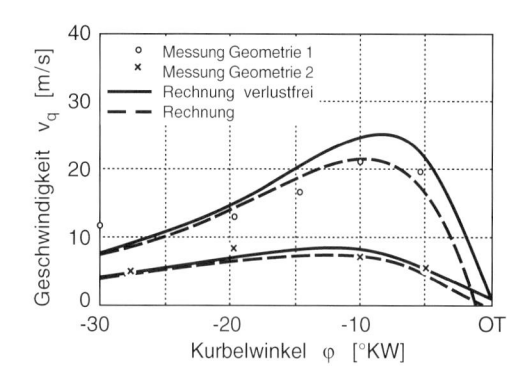

Abb. 4.53. Quetschströmungsgeschwindigkeiten für zwei Geometrievarianten [4.42]

4.3 Quasidimensionale Modellierung

oberen Totpunkt eine Richtungsumkehr erfahren. Durch Berücksichtigung von Leckage und Wärmeübergang ergeben sich etwas niedrigere Strömungsgeschwindigkeiten, die strichliert dargestellt sind.

Einlassdrall und Tumble

Drall bezeichnet eine Ladungsbewegung um die Zylinderlängsachse, von Tumble spricht man, wenn die Ladung um eine Achse normal dazu rotiert. Drall und Tumble dienen der Verbesserung und Steuerung von Gemischbildung und Verbrennung, sie erhöhen aber wie erwähnt auch den Wärmeübergang und benötigen Energie zu ihrer Erzeugung. Es ist daher sinnvoll, nur so viel Ladungsbewegung zu erzeugen, wie unbedingt erforderlich ist.

Drall und Tumble können durch eine Reihe von Maßnahmen hervorgerufen werden, etwa durch asymmetrische Anordnung der Einlasskanäle im Zylinderkopf, durch Umlenken der einströmenden Ladung an der Zylinderwand (Tangentialkanal) oder durch die geometrische Formgebung des Kanals (Drallkanal).

Die Drehbewegung im Brennraum ist sehr komplex und wird vereinfachend durch Angabe einer **Drallzahl Z_D** oder **Tumblezahl Z_T** beschrieben, die als Verhältnis der Winkelgeschwindigkeit der Ladungsbewegung ω_D oder ω_T zur Winkelgeschwindigkeit der Kurbelwelle ω_K definiert ist:

$$Z_{D,T} = \omega_{D,T}/\omega_K. \tag{4.279}$$

Zur Messung von ω_D und ω_T dienen stationäre Strömungsversuche mit einem Flügelrad im Zylinder oder mit einem Drehimpulsmeter. Zur Bestimmung der Wirbeldrehzahl wird nach Thien [4.104] die Flügelraddrehzahl n_D ins Verhältnis zu einer gedachten Motordrehzahl n gesetzt, die man erhält, wenn die mittlere axiale Strömungsgeschwindigkeit v_a aus dem Stationärversuch mit der mittleren Kolbengeschwindigkeit v_{Km} gleichgesetzt wird. Dieses Drall-Drehzahl-Verhältnis n_D/n ist zunächst abhängig vom Ventilhub und muss über diesem gemittelt werden, wenn der gesamte mittlere Drall eines bestimmten Ventilkanals gesucht ist. Für diese Mittelung ist dabei anzunehmen, dass die Summe aller Drehimpulse beim Einströmen während des Saughubs gleich dem Drehimpuls der gesamten Zylinderladung sei. Wird dabei die Kompressibilität der Luft vernachlässigt und zur Vereinfachung nur zwischen OT und UT integriert, so ergibt sich für die mittlere Drallzahl:

$$Z_D = \left(\frac{n_D}{n}\right)_m = \frac{1}{\pi} \int_{OT}^{UT} \frac{n_D}{n} \left(\frac{\dot{x}}{v_{Km}}\right)^2 d\varphi. \tag{4.280}$$

Darin ist $\dot{x}$ die der jeweiligen Kurbelstellung φ zugeordnete momentane Kolbengeschwindigkeit.

Zur differentiellen Erfassung von Tumble-Strömungsfeldern siehe Glanz [4.38]. Die Drall- oder Tumbelzahl stellt einen wichtigen Kennwert für die Beurteilung der Strömungseigenschaften von Einlasskanälen dar.

Die während des Einlasstakts induzierte Drallbewegung wird durch Reibung an den Brennraumwänden und turbulente Dissipation während der Kompression teilweise abgebremst, bleibt jedoch während Kompression, Verbrennung und Expansion im Wesentlichen erhalten. Durch eine entsprechende Brennraumgeometrie kann die Ladungsbewegung noch verstärkt werden. Bei Muldenkolben etwa wird während der Kompression ein Großteil der Ladung in die Mulde gedrängt und die Tangentialgeschwindigkeit infolge der Drehimpulserhaltung wesentlich erhöht. Die Veränderung des Drehimpulses M der Ladung wird berechnet aus der Impulszunahme M_{zu} vermindert um die Impulsabnahme M_{ab}:

$$dM/dt = M_{zu} - M_{ab}. \tag{4.281}$$

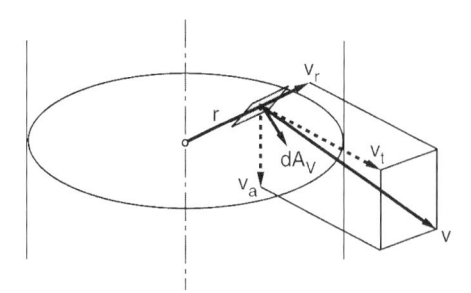

Abb. 4.54. Impulszunahme durch Einlassströmung

Der Drehimpuls zu einem bestimmten Zeitpunkt t_i ergibt sich durch Integration von Gl. (4.281) über die Zeit vom Öffnen des Einlasses bis t_i.

Die **Impulszunahme** resultiert aus dem Impuls der einströmenden Masse. Bezeichnet A_V die durch das Ventil freigegebene Fläche, gilt für das Moment M_{zu} mit den Zusammenhängen nach Abb. 4.54:

$$M_{zu} = \int_{A_V} \rho r v_t \vec{v} \, d\vec{A}_V. \tag{4.282}$$

Die **Impulsabnahme** erfolgt durch Reibung an den Flächen der Brennraumwände A_i.

$$M_{ab} = \int_{A_i} r \tau \, dA. \tag{4.283}$$

Für die Wandschubspannung τ werden Ansätze analog zur Reibung an der ebenen Platte verwendet:

$$\tau = \frac{1}{2} \rho \left(\frac{\omega_D D}{2} \right)^2 \lambda_r. \tag{4.284}$$

Dabei gilt für die Winkelgeschwindigkeit des Dralls

$$\omega_D = v_t / r \tag{4.285}$$

und für den Reibbeiwert der Wand

$$\lambda_r = C_{geo} 0{,}037 \, Re_W^{-0.2}. \tag{4.286}$$

Um die Reibung am Zylinderkopf, an der Kolbenfläche oder in der Mulde zu bestimmen, sind entsprechende Annahmen für die Geometriekonstante C_{geo} sowie die Reynolds-Zahl der Wand Re_W zu treffen (siehe z. B. [4.42]).

Bei Veränderung der radialen Ausdehnung eines Wirbels während der Kompression, wie sie für den Drall im Falle eines Muldenkolbens oder bei jedem Tumble auftritt, kann die **Impulsänderung** abgeschätzt werden. Am Ende des Einlasstakts gilt:

$$M_D = I_D \omega_D. \tag{4.287}$$

Das **Trägheitsmoment** I_D der Ladung um die Zylinderachse berechnet sich bei einem flachen Kolben wie für eine Scheibe:

$$I_D = m \frac{D^2}{8}. \tag{4.288}$$

Wird der Radius des Wirbels und damit sein Trägheitsmoment verkleinert, muss wegen der Erhaltung des Impulses seine Winkelgeschwindigkeit zunehmen. Für das Trägheitsmoment eines

4.3 Quasidimensionale Modellierung

Wirbels, der vom Zylinderdurchmesser D auf den Muldendurchmesser d_M komprimiert wird, gilt, wenn x der Abstand der Kolbenoberfläche vom Zylinderkopf und h_M die Höhe der Mulde ist:

$$I_D = m \frac{D^2}{8} \frac{x/h_M + (d_M/D)^4}{x/h_M + (d_M/D)^2}. \tag{4.289}$$

Die Zunahme der Winkelgeschwindigkeit von UT bis OT beträgt demnach etwa $(D/d_M)^2$, wobei dieser Wert durch innere und äußere Reibung auf etwa die Hälfte reduziert wird. Da zusätzliche Einflüsse hinzukommen, kann diese Rechnung nur näherungsweise gelten.

Gesamtmodell zur Ladungsbewegung im Brennraum

Das komplexe Strömungsfeld im Brennraum kann durch die oben dargelegte Modellierung nur angenähert beschrieben werden, Asymmetrien und Details der geometrischen Verhältnisse, die Beeinflussung der Grenzschicht im Zylinder durch die Kolbenbewegung sowie Verluste durch Blow-by können dadurch nicht erfasst werden. Dennoch erlaubt diese quasidimensionale Modellierung eine Abschätzung der Auswirkungen von Variationen verschiedener geometrischer Parameter.

Zur Veranschaulichung soll ein quasidimensionales Gesamtmodell zur Darstellung der Ladungsbewegung für direkteinspritzende Dieselmotoren nach Morel und Keribar [4.71] angeführt werden. Der Brennraum wird in drei Strömungsbereiche eingeteilt: über der Quetschfläche (I), über der Kolbenmulde (II) und in der Kolbenmulde (III) (siehe Abb. 4.55).

Für jeden der drei Bereiche werden die Verläufe folgender Strömungsparameter berechnet: charakteristische Strömungsgeschwindigkeiten, Drall, Turbulenzintensität und Dissipation. Diese Größen dienen in der Folge der Berechnung von Wärmeübergang und Verbrennung in den drei Bereichen. Für die Verbrennung wird ein Zweizonenmodell gewählt, bei dem die verbrannte Zone auf die drei Strömungsbereiche aufgeteilt und in ihrer geometrischen Ausdehnung bestimmt wird.

Zunächst wird eine **charakteristische Geschwindigkeit** bestimmt, wozu in jedem Strömungsbereich eine weitere Aufteilung in die einzelnen Teilflächen Zylinderkopf, Zylinderbuchse und Kolben erfolgt. Für jede Teilfläche wird die charakteristische Geschwindigkeit aus zwei oberflächenparallelen Komponenten v_x und v_y sowie der turbulenten kinetischen Energie k gebildet:

$$v = \sqrt{v_x^2 + v_y^2 + 2k}. \tag{4.290}$$

Als oberflächenparallele Komponenten v_x und v_y sind axiale v_a, radiale v_r und tangentiale v_t Geschwindigkeiten einzusetzen, je nachdem, um welche Teilfläche es sich handelt.

Für die durch die Kolbenbewegung verursachte axiale Geschwindigkeit v_a im Abstand x_a vom OT gilt Gl. (4.266).

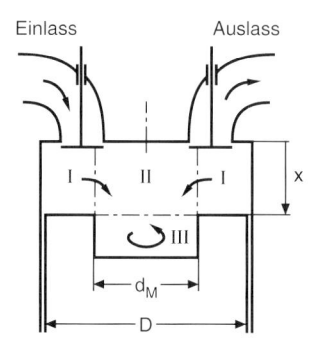

Abb. 4.55. Modell zur Ladungsbewegung

Die radiale Geschwindigkeitskomponente v_r entspricht der Quetschströmungsgeschwindigkeit v_q gemäß Gl. (4.278).

Die tangentiale Geschwindigkeitskomponente v_t folgt wegen $v_t = r\omega$ aus der Änderung des Drehimpulses nach Gl. (4.281). Für den Strömungsbereich I gilt:

$$\frac{d(I_I \omega_I)}{dt} = \dot{m}_E C_T v_{is} \frac{D}{2} - \dot{m}_A \omega_I r_I^2 + \dot{m}_{II-I} \omega_{II} \frac{I_{II}}{m_{II}}$$
$$+ \rho \frac{\sqrt{k} l_M}{L} (\omega_{II} - \omega_I) \int r^2 \, dA - \frac{\rho}{2} \int C_R r^3 \omega_I^2 \, dA. \qquad (4.291)$$

Der erste Term auf der rechten Seite beschreibt die Drallzunahme im Einlass, v_{is} ist die isentrope Einströmgeschwindigkeit. Der zweite Ausdruck stellt die Drallabnahme im Auslass dar, es folgen Terme für den Massentransport zwischen den Strömungsbereichen I und II, für die Diffusion infolge der Turbulenz sowie für die Reibung an der Wand. Entsprechend ergeben sich für die Strömungsbereiche II und III die Gleichungen:

$$\frac{d(I_{II} \omega_{II})}{dt} = \dot{m}_E C_T v_{is} \frac{D}{2} - \dot{m}_A \omega_{II} r_{II}^2 + \dot{m}_{I-II} \omega_I \frac{I_I}{m_I} + \dot{m}_{III-II} \omega_{III} \frac{I_{III}}{m_{III}} + \rho \frac{\sqrt{k} l_M}{L} (\omega_I - \omega_{II})$$
$$\times \int r^2 \, dA + \rho \frac{\sqrt{k} l_M}{L} (\omega_{III} - \omega_{II}) \int r^2 \, dA - \frac{\rho}{2} \int C_R r^3 \omega_{II}^2 \, dA, \qquad (4.292)$$

$$\frac{d(I_{III} \omega_{III})}{dt} = \dot{m}_{II-III} \omega_{II} \frac{I_I}{m_I} + \rho \frac{\sqrt{k} l_M}{L} (\omega_{II} - \omega_{III}) \int r^2 \, dA - \frac{\rho}{2} \int C_R r^3 \omega_{III}^2 \, dA. \qquad (4.293)$$

Die durch die Drallzahl beschriebene Drehgeschwindigkeit wird während des Ansaugtakts aufgebaut, durch die Quetschströmung verstärkt und durch Reibungseffekte abgebremst. Für eine nähere Diskussion der einzelnen Terme sowie der experimentellen Konstanten C_T und C_R siehe Lit. 4.71. Als Ergebnis zeigt Abb. 4.56 den Verlauf der **Drallzahl** Z_D in den drei Strömungsbereichen über einem Arbeitsspiel.

Für die turbulente kinetische Energie k und für die Dissipation ε werden für jeden Strömungsbereich Gleichungen nach (1.231) und (1.232) angesetzt, die jeweils einen Produktionsterm, einen Diffusionsterm und einen Dissipationsterm enthalten. Der Produktionsterm berücksichtigt die Einlassströmung, Quetschströmung und die Einspritzung, den Einfluss der Grundströmung mit der Kompression sowie die Wechselwirkung mit den angrenzenden Strömungsbereichen. Für Einzelheiten sei auf Lit. 4.71 verwiesen, zur Veranschaulichung seien zwei weitere Ergebnisse für die drei Strömungsbereiche über einem Arbeitsspiel wiedergegeben. In Abb. 4.57 ist der Verlauf des

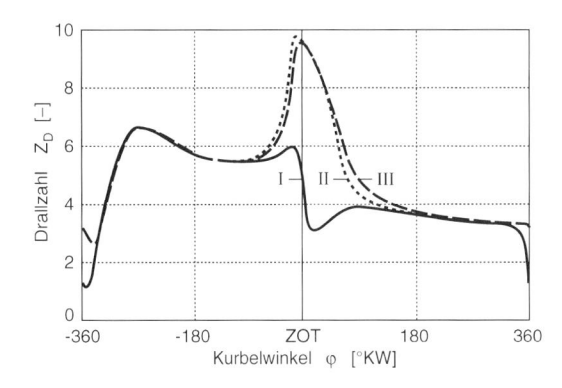

Abb. 4.56. Verlauf der Drallzahlen [4.71]

4.3 Quasidimensionale Modellierung 271

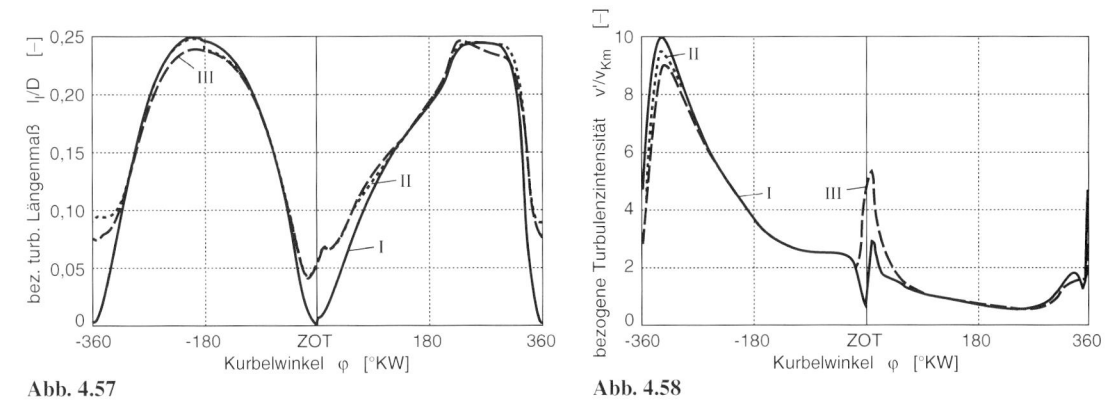

Abb. 4.57. Verlauf des bezogenen turbulenten Längenmaßes [4.71]

Abb. 4.58. Verlauf der bezogenen Turbulenzintensität [4.71]

auf die Zylinderbohrung D bezogenen charakteristischen turbulenten **Längenmaßes** l_I dargestellt, das gemäß Gln. (4.271) und (4.275) angesetzt wird; Abb. 4.58 zeigt die auf die mittlere Kolbengeschwindigkeit v_Km bezogene turbulente **Schwankungsgeschwindigkeit** v'. Basierend auf diesen charakteristischen turbulenten Strömungsparametern werden die Verbrennung und der Wärmeübergang modelliert, wobei der Einfluss unterschiedlicher Geometrievarianten untersucht wurde. Es ist anzumerken, dass die abgebildeten Verläufe Rechenwerte darstellen, ein Vergleich mit Messergebnissen liegt nicht vor.

4.3.2 Verbrennungssimulation

Anstatt die Verbrennung durch Vorgabe eines (Ersatz-)Brennverlaufs zu modellieren (siehe Abschn. 4.2.4) wird in der quasidimensionalen Simulation die Verbrennung durch entsprechende Ansätze direkt berechnet, wobei das lokale Strömungsfeld sowie geometrische Charakteristika des Brennraums Berücksichtigung finden. Basierend auf den allgemeinen Ausführungen zur Flammenausbreitung in Abschn. 2.9 werden hier aus der Fülle von Verbrennungsmodellen zwei konkrete Ansätze zur Simulation der fremdgezündeten vorgemischten sowie der selbstzündenden nichtvorgemischten Verbrennung beispielhaft besprochen. Die Darstellung soll der Illustration dienen, wie bei der Simulation der Verbrennung vorgegangen werden kann, und keine Bewertung gegenüber anderen Modellansätzen darstellen.

Vorgemischte Verbrennung

Zur Simulation der vorgemischten Verbrennung im Ottomotor wird ein für große Damköhler-Zahlen gültiges **mischungskontrolliertes** Verbrennungsmodell beschrieben (Eddy-Burning-Modell) (siehe [4.12, 4.101, 4.74]). Die Modellvorstellung besagt, dass sich ausgehend von der Position der Zündkerze eine turbulente Flammenfront kugelförmig durch den Brennraum ausbreitet. Einflüsse durch Drall, Quetschströmung oder zyklische Schwankungen werden nicht berücksichtigt. In diesem Zusammenhang sei erwähnt, dass die unterschiedlichen Strömungsbedingungen zum Zeitpunkt der Zündung und frühen Flammenausbreitung die relativ großen zyklischen Schwankungen des Ottomotors hervorrufen [4.50].

Das Verbrennungsmodell beruht auf der Vorstellung, dass die Turbulenz zu einer Zerklüftung

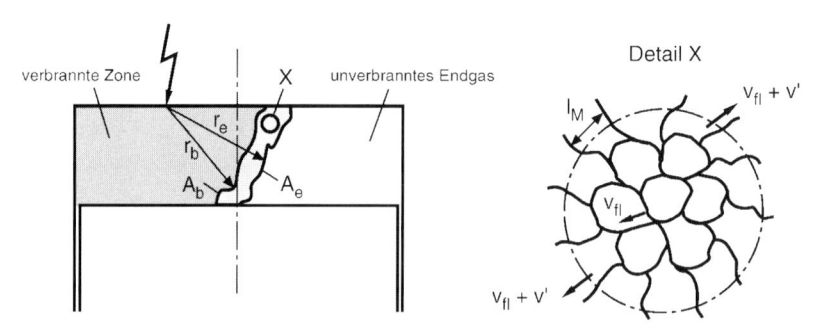

Abb. 4.59. Schematische Darstellung zum mischungskontrollierten Verbrennungsmodell

der dünnen Flammenfront und damit zur Vergrößerung ihrer Oberfläche führt. Durch die Verbindung vieler laminarer Flammen innerhalb der Reaktionszone wird diejenige Flammengeschwindigkeit erreicht, die der turbulenten Flamme entspricht (siehe Abb. 4.59).

Die als gefaltet laminar angenommene Flammenfront breitet sich durch das Einbringen (Entrainment) unverbrannter Ladung aus. Die Kontinuitätsgleichung liefert für den eingebrachten Massestrom $\dot{m}_e$:

$$\dot{m}_e = \rho_u A_e v_e. \tag{4.294}$$

Darin sind ρ_u die Dichte der unverbrannten Zone, A_e die äußere Begrenzungsfläche der Flammenfront und v_e die **Einbringgeschwindigkeit**. Diese wird als Summe einer Diffusionskomponente (der laminaren Flammengeschwindigkeit v_{fl}) und einer konvektiven Komponente (der Turbulenzintensität v') dargestellt:

$$v_e = v_{fl} + v' \tag{4.295}$$

Die eingebrachte Ladung verbrennt innerhalb der Reaktionszone, wobei angenommen wird, dass die Verbrennung einzelner Turbulenzballen der Größe der Mikrolänge l_M nach Gl. (1.239) mit der laminaren Flammengeschwindigkeit v_{fl} erfolgt (vgl. Abb. 4.59). Für die charakteristische Verbrennungszeit τ_v gilt somit:

$$\tau_v = l_M / v_{fl}. \tag{4.296}$$

Der als **Massenumsatzrate** bezeichnete verbrannte Massenstrom $\dot{m}_v$ errechnet sich aus der gesamten unverbrannten Masse innerhalb der Flammenfront, das ist die eingebrachte Masse m_e minus der verbrannten Masse m_v, dividiert durch die charakteristische Verbrennungszeit:

$$\dot{m}_v = \frac{m_e - m_v}{\tau_v}. \tag{4.297}$$

Auf der Basis umfangreicher experimenteller Daten wurde Gl. (4.294) modifiziert, um insbesondere die Modellierung der frühen Flammenausbreitung zu verbessern. Es gilt [4.50]:

$$\dot{m}_e = \rho_u A_e (v_{fl} + v')(1 - e^{-t/\tau_{ZZP}}) \tag{4.298}$$

Darin sind t die Zeit und τ_{ZZP} die charakteristische Verbrennungszeit zum Zündzeitpunkt nach Gl. (4.291) $\tau_{ZZP} = l_{M,ZZP}/v_{fl,ZZP}$.

Die **Turbulenzintensität** v' folgt entsprechend dem gewählten Turbulenzmodell aus der Berechnung der Ladungsbewegung (vgl. Abschn. 1.5.6 und 4.3.1).

Die **laminare Flammengeschwindigkeit** v_{fl} ist vom Kraftstoff, von Luftverhältnis, Druck

4.3 Quasidimensionale Modellierung

und Temperatur abhängig (vgl. Abschn. 2.9.1), wobei sich in der Literatur teils stark voneinander abweichende Angaben finden. Rhodes und Keck [4.87] geben für Benzin folgenden Zusammenhang an:

$$v_{\text{fl}} = v_{\text{fl}0} \left(\frac{T_{\text{u}}}{T_{\text{u}0}} \right)^{\alpha} \left(\frac{p_{\text{u}}}{p_{\text{u}0}} \right)^{\beta} (1 - 2{,}06 x_{\text{RG}}^{0{,}733}). \tag{4.299}$$

Darin sind $v_{\text{fl}0}$ die laminare Flammengeschwindigkeit bei Referenzzustand (1 atm, 25 °C), T_{u} die Temperatur der unverbrannten Zone, $T_{\text{u}0}$ die Temperatur der unverbrannten Zone bei Referenzzustand, p_{u} der Druck in der unverbrannten Zone, $p_{\text{u}0}$ der Druck in der unverbrannten Zone bei Referenzzustand, x_{RG} der Restgasanteil, α ein Temperaturexponent und β ein Druckexponent. Für die laminare Flammengeschwindigkeit bei Standardzustand $v_{\text{fl}0}$ und für die Exponenten α und β werden dabei folgende Abhängigkeiten vom Luftverhältnis λ verwendet:

$$v_{\text{fl}0} = 30{,}5 - 54{,}9(1/\lambda - 1{,}21). \tag{4.300}$$

$$\alpha = 2{,}4 - 0{,}271 \lambda^{-0{,}351} \tag{4.301}$$

$$\beta = -0{,}357 + 0{,}14 \lambda^{-2{,}77} \tag{4.302}$$

Für die Simulation werden die momentane **Flammenfrontaußenfläche** A_{e} sowie in weiterer Folge die von der verbrannten Zone berührten Brennraumflächen $A_{\text{v},i}$ benötigt. Unter der Annahme, dass sich die Flamme kugelförmig von der Zündkerzenposition ausbreitet, können mit entsprechenden Rechenprogrammen für eine gegebene Brennraumgeometrie Datensätze

$$A_{\text{e}}(\varphi) = f_{\text{e}}(\varphi, V_{\text{v}}/V), \tag{4.303}$$

$$A_{\text{v},i}(\varphi) = f_{\text{v},i}(\varphi, V_{\text{v}}/V), \tag{4.304}$$

in Abhängigkeit von Kurbelwinkel φ und verbranntem Volumenanteil V_{v} berechnet werden (siehe z. B. [4.74]).

Zur Veranschaulichung zeigt Abb. 4.60 Ergebnisse der beschriebenen Verbrennungssimulation. Für einen Ottomotor sind bei einem Betriebspunkt von 1580 min^{-1} und einem indizierten Mitteldruck von 3,3 bar für drei verschiedene Abgasrückführraten berechnete Werte der Umsetzrate über dem Kurbelwinkel dargestellt. Zum Vergleich sind als durchgezogene Linien die Umsetzraten aus der Analyse der gemessenen Zylinderdruckverläufe mit einem nulldimensionalen Zweizonenmodell eingetragen.

Vereinfacht man das beschriebene Modell durch die Annahme, dass die eingebrachte Masse sofort vollständig verbrennt und vernachlässigt man den Zusammenhang zwischen Turbulenzintensität und Wirbelgröße, so erhält man:

$$dm_{\text{e}}/dt = dm_{\text{v}}/dt = \rho_{\text{u}} A_{\text{e}} v_{\text{t}}. \tag{4.305}$$

Das Modell entspricht damit den in Abschn. 2.9 angesprochenen **Flamelet-Modellen**. Der Massenumsatz wächst proportional mit der Flammenoberfläche und der Flammengeschwindigkeit. Die turbulente Flammengeschwindigkeit v_{t} wird üblicherweise über eine Konstante C proportional der Summe aus laminarer Flammengeschwindigkeit v_{fl} und der turbulenten Schwankungsgeschwindigkeit v' angesetzt:

$$v_{\text{t}} = C(v_{\text{fl}} + v'). \tag{4.306}$$

Die Flammengeschwindigkeit v_{t} ist die Geschwindigkeit, mit der sich die Flamme relativ zum unverbrannten Gemisch ausbreitet. Sie beträgt ein Vielfaches der laminaren Flammengeschwindigkeit

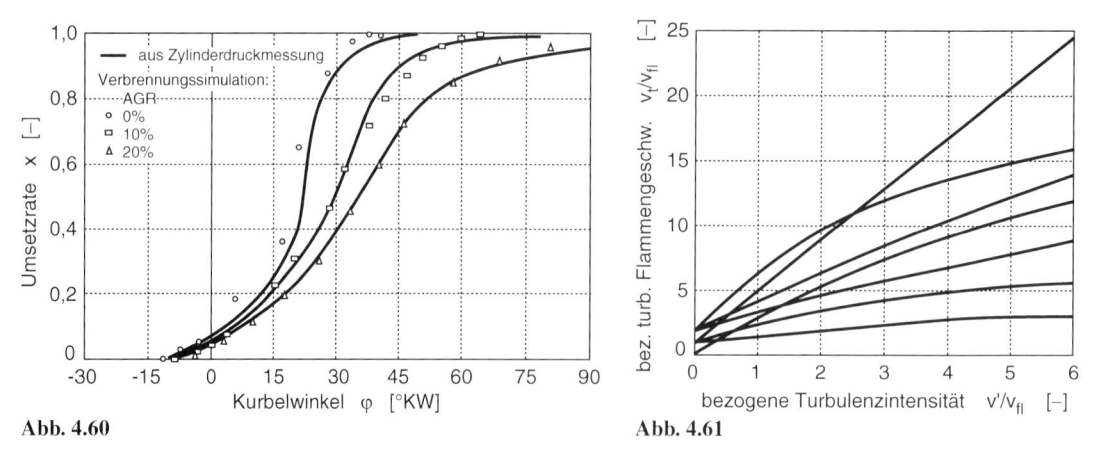

Abb. 4.60. Umsetzraten bei verschiedenen Abgasrückführraten [4.101]

Abb. 4.61. Verschiedene Ansätze für bezogene turbulente Flammengeschwindigkeit [4.49]

v_{fl}, wobei sich in der Literatur teils stark voneinander abweichende Angaben finden. Eine Reihe empirischer und theoretisch basierter Beziehungen verschiedener Autoren für das Verhältnis von v_t/v_{fl} in Abhängigkeit von der bezogenen Turbulenzintensität v_t/v_{fl} zeigt Abb. 4.61.

Nicht-vorgemischte Verbrennung

Die quasidimensionale Modellierung der nicht-vorgemischten Verbrennung stellt sich äußerst komplex dar, weil Strahlaufbruch, Verdampfung und Gemischbildung sowie die Verbrennung einschließlich des vorgemischten Anteils zu beschreiben sind. Bei Dieselmotoren wird bei der steigenden Tendenz der Einspritzdrücke die Verbrennung weitgehend durch den Einspritzverlauf bestimmt. Ein Überblick über die Vielzahl der verwendeten Verbrennungsmodelle findet sich bei Stisch u. a. [4.100].

Beispielhaft soll hier auf Modelle hingewiesen werden, bei denen der eingespritzte Kraftstoffstrahl in eine Anzahl von N Paketen eingeteilt wird, deren Verteilung, Verdampfung und Verbrennung beschrieben wird (siehe auch [4.8, 4.59]). Derartige Ansätze, die manchmal auch als N-**Zonenmodelle** bezeichnet werden, bieten mit der Wahl der Paketzahl die Möglichkeit, kurze Rechenzeiten mit einer genügend feinen Unterteilung des Brennraums zu verbinden. Dies ist insbesondere für die Berechnung der Schadstoffbildung von Interesse, wo bereits geringe Temperaturdifferenzen einen deutlichen Einfluss haben. Ohne auf Einzelheiten eingehen zu wollen, soll eine mögliche Vorgangsweise bei der Modellierung von Gemischbildung und Verbrennung nach Hiroyasu u. a. [4.43, 4.125] skizziert werden.

Der eingespritzte Kraftstoff breitet sich in einem Strahl aus, der in eine Anzahl von N Paketen eingeteilt wird (vgl. Abb. 4.62). Jedes Paket wird als eigene Rechenzone betrachtet, deren Zustandsgrößen wie Temperatur und Luftverhältnis über dem Kurbelwinkel berechnet werden. Der Druck wird im gesamten Brennraum als örtlich konstant angenommen.

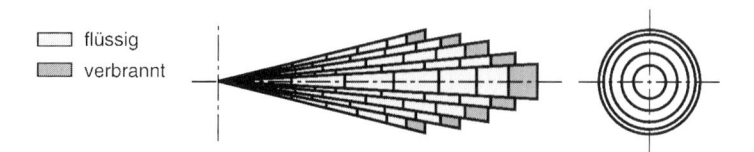

Abb. 4.62. Diskretisierung des Einspritzstrahls

4.3 Quasidimensionale Modellierung

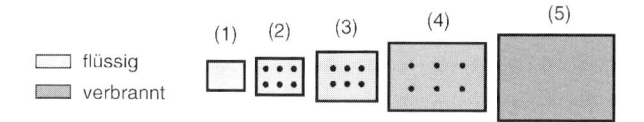

☐ flüssig
▨ verbrannt

(1) ☐ (2) ▦ (3) ▦ (4) ▦ (5) ▨

Abb. 4.63. Modell zur nicht-vorgemischten Verbrennung

Den schematischen Ablauf der Entwicklung für jedes Paket stellt Abb. 4.63 dar. Unmittelbar nach der Einspritzung (1) beginnt das aus kleinen Kraftstofftropfen bestehende Paket Luft aufzunehmen (2) („air entrainment"). Die Tropfen mischen sich mit Luft und verdampfen (3). Die Pakete setzen sich zu diesem Zeitpunkt aus flüssigem und dampfförmigen Kraftstoff sowie Luft zusammen, homogene Durchmischung aller Komponenten wird angenommen. Sind die Bedingungen für Selbstzündung an einer Stelle des Pakets erreicht, setzt die Verbrennung ein (4). Es folgt eine starke Expansion und weitere Vermischung mit Luft und Verbrennungsprodukten (5).

Im Einzelnen ergeben sich die folgenden Schritte.

Strahlausbreitung: Die Einspritzdauer wird in eine Anzahl von Zeitschritten unterteilt. Während jedes Zeitschritts wird eine bestimmte Teilmenge Kraftstoff eingespritzt. Diese Teilmenge wird so in ein kegelförmiges axiales Paket und mehrere ringförmige radiale Pakete aufgeteilt, dass jedes Paket dieselbe Kraftstoffmenge enthält. Jedes Kraftstoffpaket $P(N_a, N_r)$ ist durch seine axiale Kennzahl N_a sowie durch die radiale Kennzahl N_r festgelegt, wobei $N_r = 1$ das Paket in Strahlmitte bezeichnet (vgl. Abb. 4.64a). Die Gesamtzahl der Zeitschritte $N_{a,\text{ges}}$ sowie die maximale Anzahl der radialen Schichten $N_{r,\text{max}}$ kann gewählt werden. Die N Pakete breiten sich unter der Annahme aus, dass sie untereinander ständig in Kontakt bleiben, ohne sich zu überlappen. Jedes Paket nimmt aus der Umgebung Luft auf und tauscht mit der Umgebung Wärme aus, ohne dass ein Austausch von Masse, Wärme und Impuls zwischen den Paketen untereinander erfolgt.

Die Ausbreitung des Kraftstoffstrahls wird durch empirische Gleichungen beschrieben. Die Eindringtiefe und die Eindringgeschwindigkeit als deren Ableitung werden in der Anfangsphase proportional der Zeit, später proportional der Quadratwurzel der Zeit angesetzt. Trifft ein Strahl auf eine Wand auf, wird angenommen, dass er sich als Film konstanter Stärke entlang der Wand fortpflanzt, bis er auf den Strahl eines anderen Düsenlochs trifft, und dann nur noch in seiner Stärke zunimmt (vgl. Abb. 4.64b und c).

In jedem Paket zerfällt der eingespritzte Kraftstoff in Tröpfchen, deren Größe für jedes Paket durch einen einheitlich angenommenen mittleren Sauter-Durchmesser D_{SM} beschrieben wird. Der Sauter-Durchmesser wird als empirische Funktion von Reynolds-Zahl Re, Weber-Zahl We und der Verhältnisse von Dichten ρ und Viskositäten η des flüssigen Kraftstoffs und der Luft angesetzt.

Lufteinbringung (Air Entrainment): Die Aufnahme von Luft in den Strahl wird aus der Impulserhaltung für jedes Paket des Strahls berechnet. Verlässt ein Paket mit der Brennstoffmasse m_B die Einspritzdüse mit einer Geschwindigkeit v_0 und nimmt das Paket eine Luftmasse m_L auf,

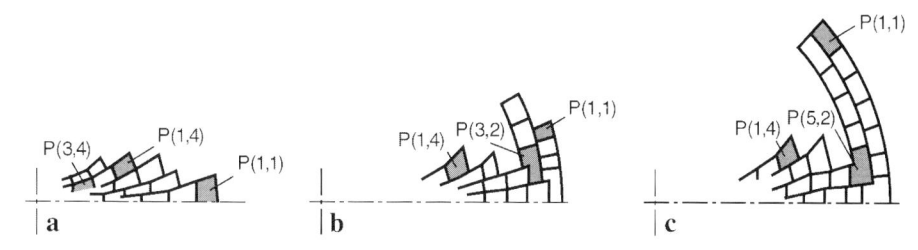

Abb. 4.64. a Strahlausbreitung, b und c Wandinteraktion

so gilt der Impulssatz:

$$\dot{m}_B v_0 = (\dot{m}_B + \dot{m}_L)v. \tag{4.307}$$

Daraus folgt für die während der Strahlausbreitung aufgenommene Luftmasse:

$$\dot{m}_L = \dot{m}_B \left(\frac{v_0}{dS/dt} - 1 \right). \tag{4.308}$$

Für die Eindringtiefe S sind wie oben erwähnt empirischen Beziehungen einzusetzen.

Entflammt ein Paket, wird die Lufteinbringung durch die Flamme vermindert und für die Änderung der in das Paket eingebrachten Luftmenge $m_{L,f}$ gilt:

$$\frac{dm_{L,f}}{dt} = C_f \frac{dm_L}{dt}. \tag{4.309}$$

Trifft ein Paket auf die Wand des Brennraums auf, wird es umgelenkt und sein Impuls durch den Aufprall verringert. Für die eingebrachte Luftmenge gilt dann:

$$\frac{dm_{L,W}}{dt} = C_W \frac{dm_L}{dt}. \tag{4.310}$$

Die Konstanten sind durch Experimente zu bestimmen, angeführte Zahlenwerte für C_f bzw. C_W liegen zwischen 0,5–0,7 bzw. 1,2–1,5.

Verdampfung: Es wird angenommen, dass die Verdampfung unmittelbar ab der Einspritzung einsetzt. Für die einzelnen Tropfen wird die Verdampfung durch ein Differentialgleichungssystem für die Änderungen von Temperatur T_{Tr}, Durchmesser D_{Tr} und Masse m_{Tr} beschrieben. Dieses Gleichungssystem wird für jedes Paket numerisch gelöst und ergibt die verdampfte Kraftstoffmasse pro Paket $m_{B,vd}$.

Verbrennung: Für den verdampften Kraftstoff in jedem Paket wird aus Experimenten ein Zündverzug τ_{ZV} als Funktion von Druck p, Temperatur T_P und Luftverhältnis im Paket λ_P angegeben:

$$\tau_{ZV} = 0{,}004 p^{-2{,}5} \lambda_P^{-1{,}04} e^{4000/T_P}. \tag{4.311}$$

Das Luftverhältnis im Paket λ_P berechnet sich aus den im Paket insgesamt vorhandenen Massen an Luft $m_{L,P}$ und verdampftem Brennstoff $m_{B,vd}$:

$$\lambda_P = \frac{m_{L,P}}{m_{B,vd} L_{st}}. \tag{4.312}$$

Seit der Veröffentlichung von Yoshizaki et al. [4.125] wird angenommen, dass Verbrennung in einem Paket eintritt, wenn das Gemisch innerhalb der Zündgrenzen liegt und die Reaktionsrate – das ist der Kehrwert des Zündverzugs bei gegebenen Bedingungen – integriert für den Zündverzug des verwendeten Kraftstoffs τ_{ZV} den Wert 1 erreicht:

$$X_R = \int_0^{\tau_i} \frac{1}{\tau_{ZV}} dt = 1. \tag{4.313}$$

Für die Verbrennung sind die folgenden zwei Abläufe innerhalb eines Pakets möglich. Bei Luftüberschuss (Luftverhältnis $\lambda \geq 1$) verbrennt die gesamte verdampfte Brennstoffmenge $\Delta m_{B,vd}$, die Verbrennung wird durch die Verdampfungsrate begrenzt (evaporation entrainment controlled). Bei Luftmangel (Luftverhältnis $\lambda < 1$) erfolgt die Verbrennung gemäß der vorhandenen Luftmenge nach einer experimentell bestimmten Beziehung, die Verbrennung wird durch die aufgenommene Luftmenge begrenzt (air entrainment controlled).

Durch die Verbrennung wird eine Wärmemenge ΔQ_P freigesetzt, die aus dem Heizwert des verwendeten Kraftstoffs und dem verbrannten Massenanteil folgt:

$$\Delta Q_P = H_u \Delta m_{B,vb,P}. \tag{4.314}$$

Für die gesamte Wärmefreisetzung im Brennraum gilt mit N_{br} als Anzahl der brennenden Pakete:

$$\Delta Q_B = H_u \sum_{P=1}^{N_{br}} \Delta m_{B,vb,P}. \tag{4.315}$$

Damit ist der **Brennverlauf** bestimmt. Wie bereits im Abschnitt über den Wandwärmeübergang ausgeführt, geht ein Teil der freigesetzten Wärme dQ_B als Wandwärme dQ_W verloren, der als Heizverlauf bezeichnete Rest dQ_H heizt das Arbeitsgas auf: $dQ_H/d\varphi = dQ_B/d\varphi - dQ_W/d\varphi$.

Für den Wandwärmestrom ist einer der besprochenen Ansätze zu wählen, Hiroyasu gibt die Beziehung nach Woschni, Gl. (4.103), an. Somit können auch die Verläufe von Druck und Temperatur im Brennraum berechnet werden.

Hiroyasu u. a. [4.43, 4.125] berichten über Parameterstudien und Vergleiche der berechneten Brennverläufe mit Ergebnissen aus Messungen, wobei sich im Allgemeinen eine gute Übereinstimmung zeigt. Dabei ist zu beachten, dass die Rechnung auf der Anpassung der experimentellen Modellkonstanten an den gegenständlichen Motor beruht.

4.3.3 Wärmeübergang

Im Rahmen der quasidimensionalen Modellierung sollen auch örtliche Unterschiede im Wärmeübergang erfasst werden. Dies ermöglicht einerseits genauere Aussagen in der Prozessrechnung und liefert andererseits notwendige Randbedingungen für Festigkeitsberechnungen.

Die Berücksichtigung geometrischer Parameter sowie des örtlichen Strömungsfelds erfolgt wie oben erwähnt durch Aufteilung des Brennraums in mehrere **Strömungsbereiche**. In Verbindung mit einem Zweizonenmodell unter Berücksichtigung der räumlichen Ausdehnung der verbrannten Zone sowie deren Aufteilung auf die Strömungsbereiche lässt sich der Wärmeübergang nach dem Newton'schen Ansatz Gl. (4.80).

$$\dot{q}(t,A) = \alpha_G(t,A)\big(T_{Gu,v}(t) - T_{Wi}\big)$$

räumlich differenziert berechnen. Für die Gastemperatur wird jeweils der räumliche (fiktive) Mittelwert T_{Gu} oder T_{Gv} für die unverbrannte und verbrannte Zone eingesetzt. Die Wandtemperatur T_{Wi} wird für Kolben, Zylinder und Kopf getrennt angegeben. Der Wärmeübergangskoeffizient α_G wird für jeden Strömungsbereich und für jede Oberfläche separat nach einem strömungsfeldorientierten Ansatz bestimmt.

Der **Wärmeübergangskoeffizient** wird dabei entweder nach dem Ansatz von Nusselt, Gl. (1.275), als Funktion der Reynolds-Zahl berechnet, $Nu = \alpha \lambda / d = C_K Re^m$ oder nach der Reynolds–Coleburn-Analogie, Gl. (1.264), $\alpha_G = \frac{1}{2} \lambda_r \rho v_{char} c_p$. Von entscheidender Bedeutung ist in jedem Fall die Berücksichtigung des Strömungsfelds, das über die charakteristische Geschwindigkeit v_{char} bzw. über die Reynolds-Zahl den Wärmeübergangskoeffizienten prägt. Die charakteristische Geschwindigkeit wird als Kombination der Strömungsgeschwindigkeit an der entsprechenden Oberfläche sowie der turbulenten kinetischen Energie im entsprechenden Strömungsbereich gebildet (siehe die Ausführungen in Abschn. 4.2.5 und 4.3.1).

In der quasidimensionalen Modellierung wird bevorzugt die Reynolds–Coleburn-Analogie zur Berechnung des Wärmeübergangskoeffizienten herangezogen. Dieser Ansatz erlaubt einen engeren Bezug auf die lokalen Strömungsverhältnisse, weil der Reibbeiwert λ_r nach der Grenzschichttheorie seinerseits als Funktion der charakteristischen Geschwindigkeit v_{char} und der Grenzschichtdicke δ angesetzt wird:

$$\lambda_r = C \left(\rho v_{char} \frac{\delta}{\eta} \right)^{-1/4}. \tag{4.316}$$

Durch Wahl der Konstanten C und einen von geometrischen Parametern abhängigen Ansatz für die Grenzschichtdicke δ sind zusätzliche Möglichkeiten zur Anbindung an die örtlichen geometrischen und strömungsdynamischen Verhältnisse gegeben. Dabei ist allerdings zu bedenken, dass die Zahl der experimentell zu kalibrierenden Konstanten in dieser Weise deutlich zunimmt.

Beschreibungen quasidimensionaler Modelle finden sich u. a. bei Eigelmeier und Merker [4.33], Wimmer [4.112] sowie Morel und Keribar [4.71]. Beispielhaft sollen Ergebnisse des von Morel u. a. [4.72] auf einen Ottomotor angewendeten Modells für den Wärmeübergang angeführt werden. Der Brennraum wird in eine verbrannte und eine unverbrannte Zone eingeteilt, wobei sich die beiden Zonen auf die in Abb. 4.65 dargestellten vier Bereiche aufteilen.

Zunächst wird die Ladungsbewegung mit dem Verlauf der turbulenten Parameter bestimmt, wie in Abschn. 4.3.1 dargelegt. Der Wärmeübergang wird nach dem Newton'schen Ansatz berechnet, wobei der Wärmeübergangskoeffizient nach der Reynolds–Coleburn-Analogie für jeden Bereich jeweils für die Flächen Kolben, Zylinderwand und Kopf separat bestimmt wird. Durch die Wahl unterschiedlicher Wandtemperaturen für jede Strömungsbereichsbegrenzungsfläche und durch unterschiedliche Grenzschichtdicken für die Flächen von Zylinderkopf, Zylinderbuchse und Kolben in den jeweiligen Bereichen wird eine detaillierte räumliche Aufteilung des Wandwärmeübergangs erreicht.

Mit dem Modell können die Auswirkungen unterschiedlicher geometrischer Brennraumvarianten auf den Wärmeübergang und damit auf den Motorprozess rasch beurteilt werden. Ohne hier auf Einzelheiten eingehen zu wollen, werden in Abb. 4.66 Ergebnisse der quasidimensionalen Modellierung jenen der nulldimensionalen Rechnung gegenübergestellt. Der über alle Strömungsbereiche, Zonen und Oberflächen räumlich gemittelte Verlauf des Wärmeübergangskoeffizienten nach der quasidimensionalen Rechnung (Kurve 1) wird verglichen mit den Verläufen, die sich aus den nulldimensionalen Ansätzen von Woschni (Kurve 2) und Annand (Kurve 3) ergeben. Zur Verdeutlichung der Verläufe in der Niederdruckphase ist die Ordinate in der rechten Bildhälfte

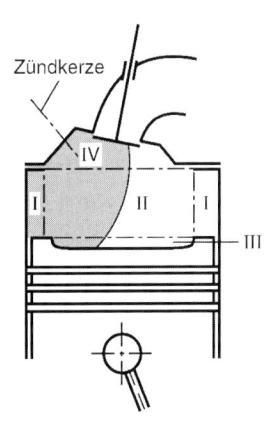

Abb. 4.65. Quasidimensionales Zweizonenmodell des Brennraums

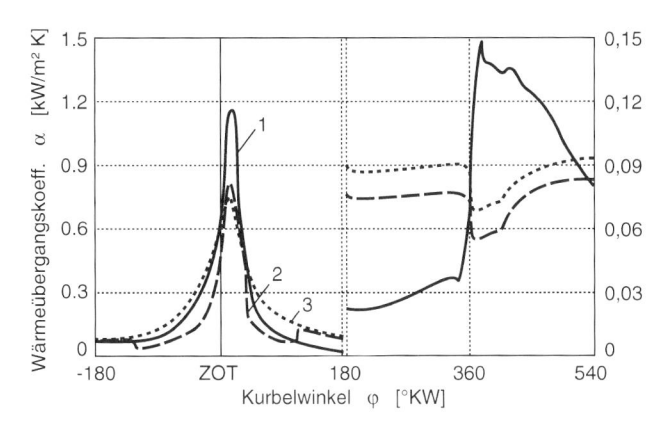

Abb. 4.66. Verlauf der örtlich gemittelten Wärmeübergangskoeffizienten: *1* quasidimensionales Modell, *2* nach Woschni, *3* nach Annand [4.72]

um das Zehnfache gespreizt. Es fällt auf, dass die quasidimensionale Rechnung gegenüber den nulldimensionalen Ansätzen einen erheblich höheren Wärmeübergang ergibt. Ein Vergleich mit Messergebnissen liegt nicht vor.

Wie schon in Abschn. 4.2.5 gezeigt, ergeben unterschiedliche Ansätze teilweise deutliche Unterschiede im berechneten Wärmestromverlauf. Trotz bemerkenswerter Fortschritte im Verständnis der Zusammenhänge stellt die Berechnung des Wandwärmeübergangs eine der großen Herausforderungen der Motorprozessrechnung dar (vgl. auch Abschn. 4.5.2).

4.4 Schadstoffbildung

Der weltweite intensive Einsatz von Verbrennungskraftmaschinen hat in den letzten Jahrzehnten einige Probleme aufgeworfen, wie die Minderung fossiler Brennstoffressourcen und insbesondere die Belastung der Umwelt durch die **Emission** von Lärm und Schadstoffen.

Die Verbrennung kohlenwasserstoffhältiger Substanzen in Luft, die seit der Nutzbarmachung des Feuers durch unsere Vorfahren den technischen Fortschritt der Menschheit begleitet, verursacht verfahrensbedingt die Bildung von Kohlenstoffoxiden, Kohlenwasserstoffen sowie Stickoxiden. Diese haben sich als schädlich für Mensch und Umwelt erwiesen, so dass in den letzten Jahren immer restriktivere Emissionsvorschriften für Verbrennungskraftmaschinen erlassen worden sind, die durch Reduktion der Schadstoffbildung bei der Verbrennung oder durch Nachbehandlung des Abgases erfüllt werden.

Zur Minimierung der Schadstoffemission sind oft Maßnahmen erforderlich, die anderen Entwicklungszielen wie hoher Leistung oder gutem Wirkungsgrad entgegenlaufen. Um in dieser Hinsicht bereits in der Entwurfs- und Konstruktionsphase Vorkehrungen zur Optimierung eines Motors treffen zu können, ist die rechnerische Simulation der Schadstoffbildung von besonderem Interesse. Durch das verbesserte Verständnis der Vorgänge sowie die ständig steigende Leistungsfähigkeit der Rechenanlagen rückt die Vorausberechnung bestimmter Emissionen in den Bereich des Möglichen.

Die mathematische Beschreibung sowie die experimentelle Erfassung der relevanten Transport-, Mischungs- und Reaktionsprozesse erweisen sich im Detail als äußerst kompliziert. Die chemischen Reaktionen zur Bildung von Schadstoffen im Brennraum werden für manche Spezies – etwa für organische Verbindungen und Partikel – durch den Ablauf der Verbrennung bestimmt, so dass Ansätze zu deren Bildung mit Modellen zur Verbrennungssimulation verknüpft sein müssen. Für andere Spezies wie z.B. für Stickoxide läuft die Bildung wesentlich langsamer ab als die

Verbrennung selbst, so dass die beiden Vorgänge entkoppelt betrachtet werden können. In der Regel ist die Reaktionskinetik in der Berechnung zu berücksichtigen.

Es folgen einige grundsätzliche Hinweise zur Schadstoffbildung im Brennraum sowie die Darstellung von Modellen, die auf stark vereinfachenden Annahmen beruhen, aber zumindest tendenzmäßig Aussagen über die Bildung von **Stickoxiden** und **Ruß** erlauben. Die Modelle werden einerseits in dreidimensionalen Rechenprogrammen eingesetzt, die auf der Basis des turbulenten Strömungsfelds im Brennraum und des Verbrennungsablaufs die chemischen Reaktionen zur Schadstoffbildung simulieren, andererseits stehen Varianten für null- oder quasidimensionale Modelle zur Verfügung. Nähere Ausführungen sind der umfangreichen Fachliteratur zu entnehmen [2.15, 2.35].

4.4.1 Überblick

Die Verbrennung von Kohlenwasserstoffen in Luft ist eine exotherme Reaktion, bei der im Idealfall eine vollständige Oxidation des Kohlenstoffs zu CO_2 und des Wasserstoffs zu H_2O erfolgt, wobei der Stickstoffanteil der Luft nicht reagiert (vgl. Kap. 2). Auch in diesem Idealfall entsteht dem Kohlenstoffgehalt des Kraftstoffs entsprechend **Kohlendioxid** CO_2, das als so genanntes Treibhausgas mitverantwortlich für den globalen Anstieg der Temperatur gemacht wird.

Bei der motorischen Verbrennung entstehen praktisch immer Produkte der unvollständigen Verbrennung wie Kohlenmonoxid CO und unverbrannte oder teilweise unverbrannte Kohlenwasserstoffe HC sowie Ruß. Gewissermaßen als Produkte einer übervollständigen Verbrennung entstehen die Stickoxide NO und NO_2, gemeinsam als NO_x bezeichnet.

Kohlenmonoxid ist ein farb-, geruch- und geschmackloses Atemgift, das sich bei der Verbrennung unter Luftmangel bildet. Seine Konzentration im Abgas steigt bei Luftverhältnissen unter 1 steil an. Auch bei magerer Verbrennung führt die Dissoziation bei höheren Temperaturen zu merklichen CO-Konzentrationen. Teilweise wird CO im weiteren Verlauf der Expansion oxidiert, diese Reaktionen verlangsamen sich allerdings beim Absinken der Ladungstemperatur, was zum Einfrieren der Konzentrationen führt.

Giftige **Stickoxide** entstehen vor allem bei hohen Temperaturen, wenn genügend Sauerstoff vorhanden ist. Ihre Konzentration erreicht nahe dem stöchiometrischen Luftverhältnis ihr Maximum. Wie bei Kohlenmonoxid werden bei der Abkühlung der Ladung die Stickoxidreaktionen eingefroren, so dass deren Konzentration nach der Expansion weit über dem nach dem chemischen Gleichgewicht zu erwartenden Wert liegt, was besonders auf die dieselmotorische Verbrennung zutrifft.

Kohlenwasserstoffe treten bei Verbrennungsaussetzern auf oder bei schlechter Verbrennung nahe den Zündgrenzen. Die Flamme erlischt an den kalten Brennraumwänden und insbesondere in engen Spalten, so dass von dort Kohlenwasserstoffe unverbrannt ins Abgas gelangen können. Dazu kommen Kohlenwasserstoffe aus dem Schmierfilm, die durch die Kolbenbewegung abgeschabt werden. Ein Teil der unverbrannten Kohlenwasserstoffe wird in Abhängigkeit von Temperatur und Sauerstoffkonzentration während der Expansion und des Ladungswechsels oxidiert. Die oft hochreaktiven Kohlenwasserstoffe werden für sich alleine als gesundheitsschädlich betrachtet und bilden zudem mit Stickoxiden in Sonnenlicht irritierende Oxide, den so genannten Smog.

Ruß entsteht bei hohen Temperaturen und örtlichem Luftmangel durch komplizierte Prozesse der Koagulation von Kohlenstoff unter Anlagerung weiterer Verbindungen. Die Bildung von Ruß ist typisch für die inhomogene nicht-vorgemischte Verbrennung.

Bei der **vorgemischten Verbrennung** im konventionellen Ottomotor wird ein homogenes Kraftstoff-Luft-Gemisch verbrannt. Die Verbrennung läuft relativ rasch und rußfrei ab. Die

4.4 Schadstoffbildung

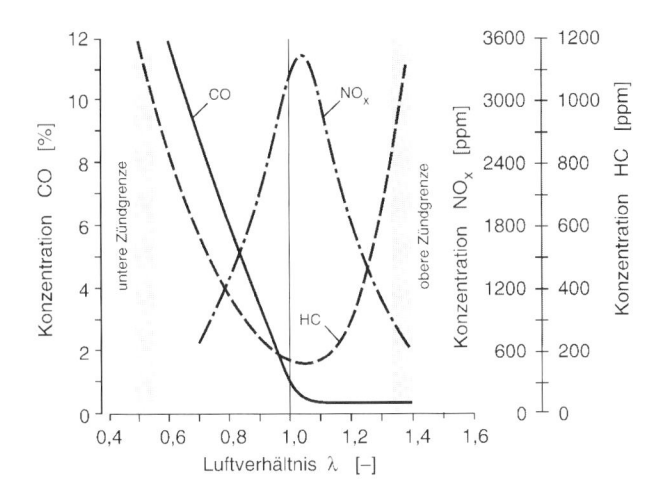

Abb. 4.67. Schadstoffbildung im Ottomotor über Luftverhältnis [4.81]

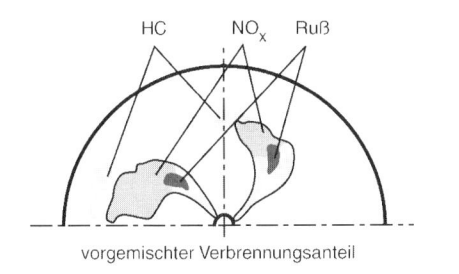

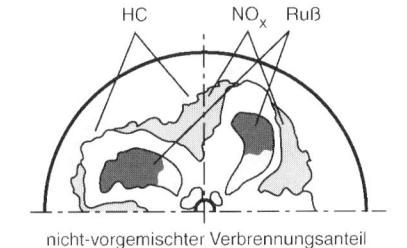

Abb. 4.68. Schadstoffbildung im direkt einspritzenden Dieselmotor [4.42]

Bildung der verschiedenen Schadstoffe wird wesentlich durch das Gesamtluftverhältnis im Brennraum bestimmt (siehe Abb. 4.67). Naturgemäß steigt die CO-Emission bei Luftmangel steil an, die NO_x-Emissionen erreichen ihr Maximum im knapp mageren Bereich höchster Temperaturen, die HC-Emissionen weisen ein Minimum im knapp mageren Bereich auf und steigen gegen die Zündgrenzen stark an. Durch eine entsprechende Ladungsbewegung oder Schichtung der Ladung kann die obere Zündgrenze zu höheren Luftverhältnissen verschoben werden.

In einer prinzipiellen Darstellung veranschaulicht Abb. 4.68 die Bildung von Schadstoffen bei der großteils **nicht-vorgemischten Verbrennung** im konventionellen Dieselmotor. Die höchsten NO_x-Bildungsraten weisen die nahezu stöchiometrischen Flammenzonen mit ihren hohen Temperaturen auf. HC entsteht in stark mageren Zonen, wo die Bedingungen für Selbstzündung nicht erreicht werden oder die Flamme erlischt. In der Mitte der Kraftstoffstrahlen bilden sich Rußpartikel, die teilweise durch den Luftsauerstoff in den Flammenzonen oxidiert werden. Die Rußpartikel verursachen die gelbliche Strahlung der Flammen.

Trotz der sehr inhomogenen Verbrennung kann auch beim Dieselmotor die Schadstoffbildung als Funktion des mittleren Luftverhältnisses dargestellt werden (siehe Abb. 4.69). Gegenüber dem Ottomotor liegen die Rohemissionen des Dieselmotors insgesamt niedriger. Bei niedrigem Luftverhältnis steigen die Emissionen von CO und Ruß (Rauch) wegen des örtlichen Luftmangels stark an, was die Leistungsgrenze des Dieselmotors darstellt.

Das Temperatur-Luftverhältnis-Diagramm in Abb. 4.70 zeigt die Zonen der Rußbildung und Rußoxidation sowie die Zustände von Gemisch und Verbranntem in der Nähe des Verbren-

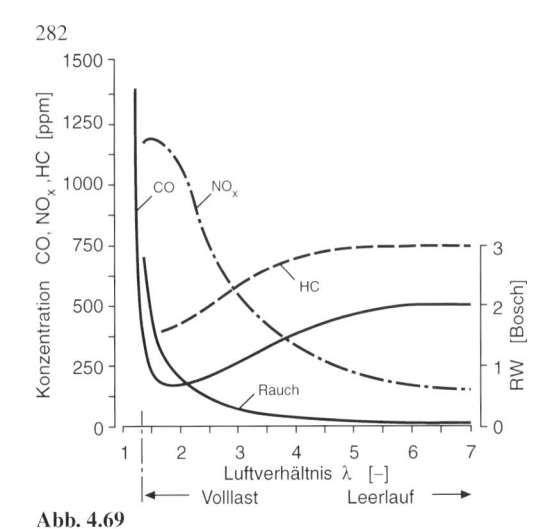

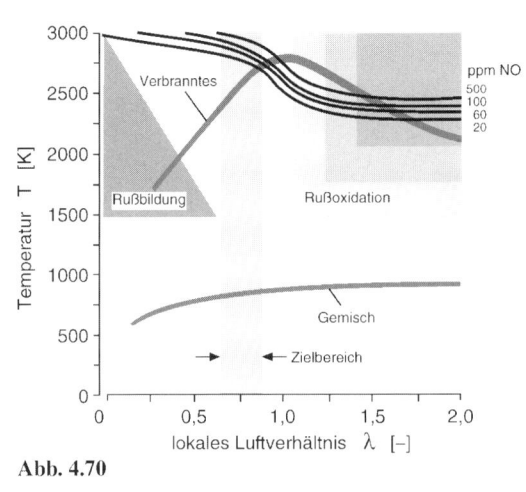

Abb. 4.69. Schadstoffbildung im Dieselmotor über Luftverhältnis [4.81]

Abb. 4.70. Rußbildung bei dieselmotorischer Verbrennung [2.26]

nungstotpunkts eines Dieselmotors. Ruß wird bei lokalem Luftmangel und hohen Temperaturen gebildet. Solche Zonen der Rußbildung dehnen sich bei Steigerung der Einspritzmenge aus. Bei Luftüberschuss und hohen Temperaturen wird Ruß oxidiert, allerdings bilden sich in diesem Bereich der Rußoxidation mit steigender Temperatur zunehmend Stickoxide. Um die Bildung von Ruß und Stickoxiden möglichst gering zu halten, soll die dieselmotorische Verbrennung in dem grau eingezeichneten relativ engen Zielbereich des lokalen Luftverhältnisses ablaufen. Dies kann durch entsprechende Anpassung der zeitlichen Verläufe von Einspritzmenge und Einspritzdruck gefördert werden.

Zur **Absenkung der Emissionen** kommen eine Reihe inner- wie außermotorischer Maßnahmen zur Anwendung. Die auch aus Gründen der Wirtschaftlichkeit erwünschte Verbrauchsminimierung führt zu einer proportionalen Minderung des CO_2-Ausstoßes, der auch von der C:H-Zusammensetzung des Kraftstoffs abhängt. Um die HC-Emissionen niedrig zu halten, wird eine rasche Verbrennung angestrebt, die ohne Zündaussetzer in einem möglichst kompakten Brennraum abläuft. Um den Ausstoß von CO gering zu halten, empfiehlt es sich, den Motor möglichst nicht im Luftmangelbereich zu betreiben, wo allerdings der Punkt maximaler Leistung des Ottomotors liegt. Der Motorbetrieb bei hohem Luftüberschuss senkt die Bildung von NO_x, wegen der schlechteren Verbrennung steigen jedoch im Allgemeinen die HC-Emissionen. Bei der nicht-vorgemischten Verbrennung ist eine gute Gemischaufbereitung mit kleinen Tröpfchen anzustreben. Zur Minderung der NO_x-Emissionen hat sich die Rückführung von Abgas ins Saugsystem bewährt.

Zur Nachbehandlung der Abgase werden **Katalysatoren** sowie Filter eingesetzt (vgl. etwa [4.95]). Die Wirksamkeit eines Katalysators wird durch die Konvertierungsrate k ausgedrückt:

$$k = \frac{\text{Eingangskonzentration} - \text{Ausgangskonzentration}}{\text{Eingangskonzentration}}. \quad (4.317)$$

Die Schadstoffe CO und HC benötigen Sauerstoff, um durch Oxidation in CO_2 und H_2O umgewandelt zu werden, Stickoxide hingegen müssen Sauerstoff abgeben.

Für Verbrennungskraftmaschinen werden Oberflächenkatalysatoren mit Edelmetallen (Platin, Rhodium, Palladium) eingesetzt. Die Konvertierungsraten sind vom Luftverhältnis abhängig (siehe Abb. 4.71). Nahe dem stöchiometrischen Luftverhältnis können alle drei Schadstoffe zu 90 %

4.4 Schadstoffbildung   283

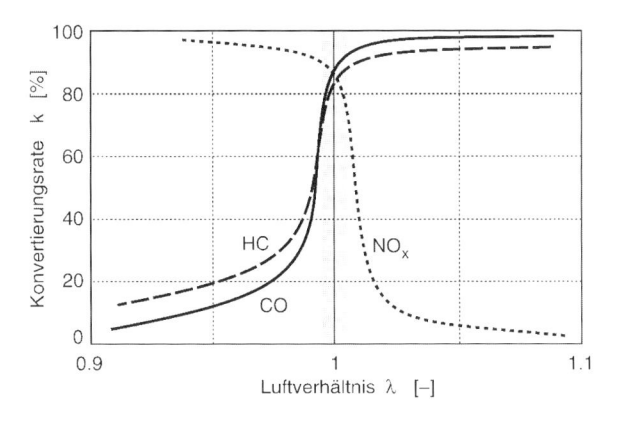

Abb. 4.71. Konvertierungsraten eines Katalysators

konvertiert werden (**Dreiwegkatalysator**). Da der betreffende Bereich sehr schmal ist, kann er nur in einem geschlossenen Regelkreis eingehalten werden. Bei konventionellen Ottomotoren werden geregelte Dreiwegkatalysatoren mit λ-Sonden eingesetzt. Der Katalysator benötigt eine Mindestbetriebstemperaturtemperatur (light-off) und reagiert empfindlich auf eine Reihe von Zusätzen in Kraftstoff und Schmieröl (Blei, Schwefel, Phosphor).

Bei Verbrennung mit Luftüberschuss wie bei Ottomotoren mit Magerverbrennung oder bei Dieselmotoren kommen Oxidationskatalysatoren zur Verringerung von CO und HC zum Einsatz. Zur Reduktion der Stickoxide sind zusätzliche Maßnahmen notwendig, in Erprobung sind Speicherkatalysatoren, DeNO$_x$-Katalysatoren und selektiv katalytische Systeme.

Zur Verringerung des Rußausstoßes bei Dieselmotoren werden **Rußfilter** aus Stahlwolle oder Keramik entwickelt. Zur Regeneration der Filter müssen die angesammelten Partikel regelmäßig abgebrannt werden.

4.4.2 Stickoxide

Bei den während der Verbrennung auftretenden hohen Temperaturen erfolgt in Gebieten mit Luftüberschuss eine Oxidation des in der Verbrennungsluft vorhandenen Stickstoffs zu vornehmlich Stickstoffmonoxid sowie zu Stickstoffdioxid. Neben diesem als **thermische Stickoxidbildung** bekannten Prozess kommt es unter gewissen Bedingungen in kraftstoffreichen Gebieten der Flamme zur Bildung von **promptem NO** aus CN-Verbindungen sowie von **Kraftstoff-NO** bei der Verwendung von stickstoffhältigem Kraftstoff. Die letzten beiden Mechanismen tragen in der Regel keinen signifikanten Anteil zur NO-Bildung bei. Geschlossene Lösungsansätze zur quantitativen Berechnung der Schadstoffemissionen sind derzeit nur für die thermische Bildung von Stickoxiden bekannt.

Thermisches Stickstoffmonoxid NO

Die meisten Verbrennungsreaktionen laufen so schnell ab, dass man mit guter Näherung hinter der Flammenfront chemisches Gleichgewicht annehmen kann. Einige Reaktionen laufen jedoch so langsam ab, dass das chemische Gleichgewicht während des Durchlaufens der Flammenfront nicht erreicht wird und die Reaktionskinetik berücksichtigt werden muss. Das spielt zwar energetisch eine nur untergeordnete Rolle, ist aber für die Schadstoffemission von ausschlaggebender Bedeutung. Vor allem die Stickoxidbildung wird von derartigen **Nachflammenreaktionen** bestimmt.

Zur Berechnung der Bildung von thermischem Stickstoffmonoxid werden die folgenden als erweiterter **Zeldovich-Mechanismus** bezeichneten drei Reaktionen herangezogen, wobei für die

Geschwindigkeitskoeffizienten Werte in cm^3/mols nach Heywood [4.42] angegeben sind:

$$N_2 + O \underset{k_{-1}}{\overset{k_1}{\Leftrightarrow}} NO + N, \quad k_1 = 7{,}6 \cdot 10^{13}\, e^{-38500/T},\ k_{-1} = 1{,}6 \cdot 10^{13}; \quad (4.318)$$

$$N + O_2 \underset{k_{-2}}{\overset{k_2}{\Leftrightarrow}} NO + O, \quad k_2 = 6{,}4 \cdot 10^9 T\, e^{-3150/T},\ k_{-2} = 1{,}5 \cdot 10^9 T\, e^{-19500/T}; \quad (4.319)$$

$$N + OH \underset{k_{-3}}{\overset{k_3}{\Leftrightarrow}} NO + H, \quad k_3 = 4{,}1 \cdot 10^{13},\ k_{-3} = 2{,}0 \cdot 10^{14}\, e^{-23600/T}. \quad (4.320)$$

Die beiden ersten Reaktionen wurden von Zeldovich [4.128] 1946 veröffentlicht, auf die zusätzliche Bedeutung der dritten Reaktion wiesen Lavoie u. a. [4.64] 1970 hin. Gemäß der Ausführungen in Abschn. 2.7 ergibt sich aus obigen Gleichungen für die Reaktionsgeschwindigkeit von NO in mol/m^3 s:

$$d[NO]/dt = k_1[O][N_2] + k_2[N][O_2] + k_3[N][OH] - k_{-1}[NO][N] \\ - k_{-2}[NO][O] - k_{-3}[NO][H]. \quad (4.321)$$

Analog folgt für die Reaktionsgeschwindigkeit von N:

$$d[N]/dt = k_1[O][N_2] - k_2[N][O_2] - k_3[N][OH] - k_{-1}[NO][N] \\ + k_{-2}[NO][O] + k_3[NO][H]. \quad (4.322)$$

Dieses Differentialgleichungssystem ist unter bestimmten Voraussetzungen geschlossen lösbar. Die erste Reaktion (4.318) des Mechanismus ist der geschwindigkeitsbestimmende Schritt, weil diese Reaktion im Vergleich zu den anderen Reaktionen eine sehr hohe Aktivierungsenergie benötigt, um die stabile Dreifachbindung des molekularen Stickstoffs zu lösen, und erst bei hohen Temperaturen entsprechend rasch abläuft. Aufgrund der schnellen Weiterreaktionen von atomarem Stickstoff in den Reaktionen (4.319) und (4.320) kann ein quasistationärer Zustand für die gegenüber den anderen Spezies sehr geringe Konzentration an Stickstoff angenommen werden (d[N]/dt = 0). Gleichung (4.322) wird zum Eliminieren der Stickstoffkonzentration [N] in Gl. (4.321) eingesetzt. Damit erhält man für die Reaktionsgeschwindigkeit für thermisches NO:

$$\frac{d[NO]}{dt} = 2k_1[N_2][O]\frac{1 - [NO]^2/\{(k_1 k_2/k_{-1} k_{-2})[N_2][O_2]\}}{1 + k_{-1}[NO]/k_2[O_2] + k_3[OH]}. \quad (4.323)$$

Die NO-Bildung hängt demnach von den lokalen Konzentrationen von O$_2$, O, H, OH und N$_2$ ab, die ihrerseits von den lokalen Temperaturen bestimmt werden. Da die thermische Stickoxidbildung wesentlich langsamer abläuft als die Verbrennung selbst, kann die NO-Bildung von der Verbrennung entkoppelt betrachtet werden. Daher können die Konzentrationen von O$_2$, O, H und OH aus dem partiellen chemischen Gleichgewicht der geschwindigkeitsbestimmenden Reaktion des O/H-Systems H + O$_2$ = OH + O berechnet werden.

Eine weitere Vereinfachung kann dadurch erfolgen, dass die OH-Konzentration als sehr klein angenommen wird. Dies wurde in den meisten mageren Flammen beobachtet. Da die erste Reaktion (4.318) sehr langsam abläuft, wird die Gleichgewichtskonzentration für NO erst nach Zeiten erreicht, die um mehrere Größenordnungen länger sind als jene, die in realen Motorprozessen zur Verfügung stehen. Mit der Annahme [NO] $\ll$ [NO]$_\text{Gleichgewicht}$ kann das Zeitgesetz für die thermische NO-Bildung wie folgt reduziert werden:

$$d[NO]/dt = 2k_1[N_2][O]. \quad (4.324)$$

4.4 Schadstoffbildung

Dieses Ergebnis bedeutet, dass eine Minderung der NO-Konzentration durch eine Minderung von k_1 (d. h. der Temperatur) oder der Konzentration von atomarem Sauerstoff oder Stickstoff erreicht werden kann.

Um die nötige atomare Sauerstoffkonzentration in Gl. (4.324) als Funktion der Konzentrationen stabiler Komponenten darzustellen, kann im einfachsten Fall chemisches Gleichgewicht der Reaktion $\frac{1}{2}O_2 = O$ angenommen werden. Die Reaktionsgeschwindigkeit von NO lässt sich dann als Funktion der Gleichgewichtskonzentrationen von N_2 und O_2 darstellen [4.42]:

$$d[NO]/dt = 2k_1 K_{c_O}[O_2][N_2]. \qquad (4.325)$$

Es wurde jedoch eine gegenüber dem Gleichgewicht erhöhte Konzentration von Sauerstoffatomen beobachtet. Um diesem Umstand Rechnung zu tragen, wird oft partielles Gleichgewicht des O/H-Systems angenommen, woraus folgt [2.35]:

$$[O] = K_{c_{OH}} \frac{[O_2][H_2]}{[H_2O]}. \qquad (4.326)$$

Die Konzentration von O ist somit auf die leicht messbaren oder genügend gut abschätzbaren Konzentrationen der stabilen Komponenten O_2, H_2 und H_2O zurückgeführt.

Thermisches Stickstoffdioxid NO_2

Chemische Gleichgewichtsbetrachtungen lassen erwarten, dass der Anteil von NO_2 an den Stickoxiden NO_x vernachlässigbar gering ist. Aus Messungen geht hervor, dass dies für den konventionellen Ottomotor annähernd zutrifft, der NO_2-Anteil in Dieselmotoren aber bis zu 30 % ausmachen kann. Zur Erklärung dient das folgende Modell.

In der Flammenzone gebildetes NO wird rasch zu NO_2 oxidiert:

$$NO + HO_2 \rightarrow NO_2 + OH. \qquad (4.327)$$

Das so gebildete NO_2 wird wieder zu NO reduziert, wobei die Reaktion

$$NO_2 + O \rightarrow NO + O_2 \qquad (4.328)$$

um zwei Größenordnungen langsamer abläuft als die Oxidation. Dies wirkt sich insbesondere im Dieselmotor mit seinem örtlich stark inhomogenen, insgesamt niedrigeren Temperaturniveau aus.

Ergebnisse von Berechnungen

Über die hier dargestellten Grundlagen hinaus werden in manchen Rechenmodellen die chemischen Reaktionen sehr detailliert dargestellt, indem Hunderte von Reaktionsgleichungen berücksichtigt werden (vgl. [2.35]). Die Modelle zur Stickoxidbildung werden in nulldimensionalen Mehrzonenmodellen ebenso wie in mehrdimensionalen Ansätzen sowohl bei vorgemischter wie bei nichtvorgemischter Verbrennung eingesetzt. Wegen des bestimmenden Einflusses der Temperatur ist eine möglichst genaue Erfassung der zeitlichen wie räumlichen Temperaturverteilung im Brennraum erforderlich, um relevante Aussagen über die Stickoxidbildung treffen zu können.

Über die Berechnung von Stickoxidemissionen wird in der Literatur vielfach berichtet (siehe u. a. [4.8, 4.29, 4.43, 4.59, 4.102, 4.111, 4.125]).

Es soll erwähnt werden, dass die Berücksichtigung von weiteren Nachflammreaktionen auch eine Abschätzung der **Bildung von CO** erlaubt (siehe z. B. [4.29, 4.42]).

4.4.3 Kohlenwasserstoffe und Ruß

Die Bildung von gasförmigen Kohlenwasserstoffen und festem Ruß erfolgt nach sehr komplexen Mechanismen, die trotz intensiver Arbeit auf dem Gebiet derzeit im Detail nicht geklärt sind. Rechenmodelle ermöglichen in der Regel lediglich eine qualitative Modellierung der Vorgänge (vgl. [2.15, 4.13, 4.42]).

Unverbrannte Kohlenwasserstoffe

Diese entstehen dadurch, dass Kraftstoff nicht oder nicht vollständig verbrannt wird, was insbesondere in mageren Gemischen oder bei schlechter Gemischaufbereitung der Fall ist. Lokale Flammenlöschung kann einerseits durch die starke Streckung von Flammenfronten durch intensive Turbulenz erfolgen, was etwa zu den hohen HC-Emissionen bei Magermotoren beiträgt. Andererseits verlöschen Flammen an der Wand und in engen Spalten, was auf die Abkühlung infolge Wärmeableitung durch die Wand zurückzuführen ist sowie auf die Zerstörung aktiver Radikale durch Reaktionen an der Wandoberfläche.

Polyzyklische aromatische Kohlenwasserstoffe

Bei Verbrennung unter Luftmangel werden aus kleinen Kohlenwasserstoff-Bausteinen höhere Kohlenwasserstoffe – insbesondere polyzyklische aromatische Kohlenwasserstoffe – aufgebaut, die teilweise karzinogen sind (z. B. Benzpyren) und eine wichtige Vorläuferrolle bei der Rußbildung spielen.

Die gängige Modellvorstellung geht davon aus, dass in kraftstoffreichen Flammen in hohen Konzentrationen Ethin (Acetylen, C_2H_2) gebildet wird, das durch Reaktion mit CH oder CH_2 unter Bildung von C_3H_3 infolge Rekombination und Umlagerung eine Ringstruktur bildet. Diesem Ring lagern sich in einem Kondensationsprozess mit C_2H_2 weitere Ringe an. Derartige Strukturen dienen in weiterer Folge als Keime der Rußbildung.

Ruß

Kohlenwasserstoffe neigen bei der Verbrennung unter (lokalem) Luftmangel zur Bildung von Ruß. In einer komplizierten Abfolge physikalischer und chemischer Prozesse wandeln sich dabei Kohlenwasserstoffe mit wenigen Kohlenstoffatomen von der Gasphase in ein **festes Agglomerat** mit einigen Millionen von Kohlenstoffatomen um, das Graphit ähnelt. Die Vorgänge umfassen die Bildung und das Wachstum großer aromatischer Kohlenwasserstoffe, deren Umwandlung in Partikel, die Koagulation primärer Partikel zu größeren Aggregaten und das Wachstum der festen Partikel durch Aufnahme von Komponenten aus der Gasphase.

Die Rußbildung zeigt eine typische Temperaturabhängigkeit, weil die zur Rußbildung benötigten Radikale wie C_2H_2 erst ab Temperaturen von etwa 1000 K gebildet werden und bei hohen Temperaturen ab etwa 2300 K zerfallen oder oxidiert werden.

Die Vorgänge der Rußbildung werden meist durch sehr vereinfachende Annahmen auf globale Verbrennungsparameter wie Mischungsbruch, Temperatur und Druck zurückgeführt. Anstatt eine große Zahl einzelner Spezies in einem nicht zu bewältigenden Mechanismus von Reaktionen einzubeziehen, wird mit Hilfe von Verteilungsfunktionen der Polymerisationsgrad und mittels wiederholt durchlaufener Reaktionszyklen das Teilchenwachstum berechnet (siehe z. B. [2.15]). Allgemein hat sich zur Beschreibung der Rußkonzentration im Brennraum der Rußvolumenbruch Φ in m^3 Ruß je m^3 durchgesetzt, der das Verhältnis von Gesamtvolumen der Rußpartikel zum momentanen Zylindervolumen darstellt.

4.5 Dreidimensionale Modellierung

Als Beispiel für die mathematische Formulierung sei ein Rußbildungsmodell skizziert, in dem die Entwicklung der Rußkonzentration über eine Erhaltungsgleichung für den Rußvolumenbruch Φ beschrieben wird [4.88]:

$$\frac{\partial \Phi}{\partial t} + v_i \frac{\partial \Phi}{\partial x_i} = W_K + W_O - W_A. \qquad (4.329)$$

In dieser skalaren Transportgleichung stehen auf der rechten Seite die Terme zur Beschreibung der Rußkeimbildung W_K, des Oberflächenwachstums W_O und des Rußabbrands W_A.

Die Schwierigkeit besteht in der Festlegung der Abhängigkeiten der Einzelterme von den Verbrennungsparametern, die durch reaktionskinetische Überlegungen und entsprechende Experimente erfolgt. Nach einem empirischen Modell von Kennedy u. a. [4.51] werden im vorliegenden Fall die Quell- und Senkenterme in Abhängigkeit von den globalen Verbrennungsparametern Mischungsbruch f_B (Masse Brennstoff verbrannt plus Masse Brennstoff unverbrannt zu Gesamtmasse) und Temperatur T dargestellt.

Der Term für die **Keimbildung** W_K wird durch eine gaußsche Verteilungsfunktion mit einer maximalen Keimbildungsrate von $C_n = 10^{18}$ Keimen je m^{3}s bei einem Mischungsbruch von $f_{Bn} = 0,12$ und einer Standardabweichung des Mischungsbruchs von $\sigma_n = 0,02$ beschrieben. Die angegebenen Werte beziehen sich auf Ethen als Kraftstoff:

$$W_K = C_n \, e^{-(f_B - f_{Bn})^2 / \sigma_n^2}. \qquad (4.330)$$

Der Term für das **Oberflächenwachstum** W_O enthält die mittlere Anzahldichte $N_m = 10^{16}$ Partikel je m^3, den Rußvolumenbruch Φ in m^3 Ruß je m^3 Gas sowie eine Funktion F von Mischungsbruch f_B und Temperatur T. Die Vorfaktoren repräsentieren die für das Wachstum zur Verfügung stehende Oberfläche:

$$W_O = 6^{2/3} \pi^{1/3} N_m \Phi^{2/3} F(f_B, T). \qquad (4.331)$$

Der Term für den **Rußabbrand** W_A berücksichtigt den Angriff durch OH-Radikale und den direkten Abbrand durch Sauerstoff, der durch eine Temperaturfunktion bestimmt ist. Diese enthält neben den Konstanten C_1 und C_2 den Sauerstoff Partialdruck p_{O_2}.

$$W_A = \Phi^{2/3} \big([OH](f_B) + C_1 p_{O_2} T^{-1/2} e^{-C_2/T}\big). \qquad (4.332)$$

Ergebnisse von Berechnungen

Zur Rußbildung finden sich in der Literatur zahlreiche Modelle, Berechnungen und Vergleiche mit Messdaten (siehe u. a. [4.108, 4.125]). Als kontrollierende Faktoren für die Reaktionsgeschwindigkeit werden allgemein die lokalen Brennstoffdampf- und Sauerstoffkonzentrationen betrachtet. Untersuchungen zeigen eine Korrelation von Zonen hoher Rußkonzentration mit Gebieten hoher Temperatur und Kraftstoffkonzentration [4.103] (vgl. Abschn. 4.5.2).

4.5 Dreidimensionale Modellierung

4.5.1 Rechenprogramme

Zur Diskretisierung des Strömungsfelds in finite Strukturen, für welche die Erhaltungsgleichungen nach Abschn. 1.5.5 angesetzt und gelöst werden, stehen unterschiedliche Methoden zur Verfügung. Unter **direkter numerischer Simulation** (DNS) versteht man die vollständige räumliche und zeitliche Auflösung des Strömungsfelds [4.46]. Dabei müssen auch die kleinsten zeitlichen und örtlichen Vorgänge erfasst werden, was bei turbulenten Strömungsvorgängen beträchtlichen Aufwand bedeutet. Zum Auflösen der Kolmogorov-Maßstäbe (siehe Abschn. 1.5.6) entspricht die erforderliche Anzahl von Volumenelementen etwa Re^3. In der direkten numerischen Simulation erübrigt sich zwar die Anwendung von Mittelungen oder Turbulenzmodellen, allerdings sind dieser Methode bei der hohen erforderlichen räumlichen und zeitlichen Diskretisierung enge Grenzen gesetzt. Aus Stabilitätsgründen sind in der Regel die Zeitschritte umgekehrt proportional zum Quadrat der Stützstellenabstände zu wählen. Selbst für Forschungseinrichtungen mit eigenen Großrechenanlagen gelten derzeit Strömungen mit einer Reynolds-Zahl in der Größenordnung von 10^3 als Grenze für die direkte numerischen Simulation.

In Verbrennungsmotoren ablaufende Vorgänge weisen Reynolds-Zahlen von 10^5 bis über 10^7 auf. Es ist derzeit nicht abzusehen, wann direkte numerische Simulation zur Berechnung innermotorischer Vorgänge eingesetzt werden kann, zumal außer den Strömungsvorgängen noch die chemischen Reaktionen zu modellieren sind. Selbst wenn die technischen Voraussetzungen dafür gegeben wären, stellt sich wegen des Umfangs der anfallenden Datenmenge die Frage nach der Sinnhaftigkeit direkter numerischer Simulation des Motorprozesses, zumal bei Auflösung der turbulenten und zyklischen Schwankungsbewegungen über viele Arbeitsspiele gemittelt werden müsste, um relevante Aussagen zu erhalten.

Anstatt das gesamte System in direkter numerischer Simulation aufzulösen, genügt bei Identifizierung der wesentlichen Bereiche des Strömungsfelds oder des Turbulenzspektrums deren selektive Simulation, was den erforderlichen numerischen Aufwand wesentlich reduziert. Als selektive Methode wird in der Simulation des motorischen Arbeitsprozesses die **Grobstruktursimulation** (Large Eddy Simulation) eingesetzt. Dabei wird das System mit einem den größeren Turbulenzstrukturen entsprechenden Gitter direkt numerisch aufgelöst. Der Einfluss der turbulenten Feinstruktur auf diese Grobstruktur wird durch entsprechende Turbulenzansätze modelliert. Da die Turbulenz in kleineren Wirbeln als homogen und isotrop angesehen werden kann, sind derartige Modelle relativ einfach und zuverlässig. Der Rechenaufwand für die Grobstruktursimulation ist immer noch beträchtlich, die Berechnung motorischer Verhältnisse aber prinzipiell möglich [4.40, 4.85].

Verzichtet man auf eine direkte Beschreibung der Strömung zugunsten einer **statistischen Betrachtungsweise**, können die Strömungsgrößen in Mittelwerte und Schwankungsgrößen aufgeteilt werden. Dies erlaubt die Verwendung gröberer Gitter. Die Schwankungsgrößen stellen jedoch zusätzliche Unbekannte in der Simulation dar. Zur Schließung des Gleichungssystems dienen mathematische Turbulenzmodelle, die empirische oder halbempirische Zusammenhänge zwischen den Schwankungsgrößen und den übrigen Feldgrößen herstellen. Derzeit am gebräuchlichsten ist das $k\varepsilon$-Modell, das auf der Erstellung von Transportgleichungen für die turbulente kinetische Energie k und die Dissipation ε beruht (vgl. Abschn. 1.5.6). Derartige Berechnungsmethoden gewannen in den letzten Jahren als **Computational Fluid Dynamics** (CFD) zunehmend an Bedeutung. Je nach Komplexität des Programmpakets sind neben der Berechnung von Strömung mit Wärmetransport auch Modelle zu Strahlausbreitung, Verdampfung, Verbrennung und Schadstoffbildung verfügbar.

Die dreidimensionale CFD-Simulation soll bei der Entwicklung und Optimierung von Motoren teure Prototypenherstellung und aufwendige Prüfstandstests teilweise ersetzen. Die dreidimensionale Berechnung liefert die örtlich aufgelösten zeitlichen Verläufe aller relevanten Feldgrößen und soll dazu beitragen, die Entwicklungszeit zu verkürzen, die Entwicklungskosten zu reduzieren und die Qualität zu verbessern.

Der Erfolg der Rechnung hängt einerseits von der geschickten Wahl der Systemgrenzen und der Diskretisierung ab, andererseits von den eingesetzten Simulationsmodellen. In den CFD-Codes wird darauf Bedacht genommen, möglichst wirklichkeitsnahe **physikalische Ansätze** zu verwenden. In der Regel enthalten die Ansätze jedoch experimentelle Konstante, die Messungen zur Kalibrierung des Modells für den konkreten Anwendungsfall erforderlich machen. Überdies sind für die Simulation entsprechende Randbedingungen vorzugeben, die letztlich auch nur über den Versuch abgesichert werden können. Die CFD-Berechnung ist zur Zeit für qualitative Aussagen und Parameterstudien gut geeignet. Die reine Strömungsberechnung liefert in der Regel auch quantitativ zufriedenstellende Aussagen. Die hinreichend genaue Berechnung des instationären Wärmeübergangs im Brennraum erfordert eine Weiterentwicklung der bestehenden Modelle, die Berechnung von Verbrennung und Schadstoffbildung gelingt derzeit nur tendenzmäßig.

Eine besonders anspruchsvolle Aufgabe ist die **Validierung** dreidimensionaler Ansätze, die den Einsatz hochdynamischer dreidimensionaler Messverfahren bedingt. Neben der Frage der Zuverlässigkeit der Rechenmodelle an sich ist der oft beträchtliche Aufwand für die Modellerstellung und Durchführung der CFD-Berechnung zu bedenken. Mit den steigenden Ansprüchen an die Auflösung und mit dem Zunehmen der Rechnerkapazitäten fallen auch immer größere Datenmengen an, die gesichtet und interpretiert werden müssen.

In zunehmendem Maße könnte die CFD-Rechnung für null- oder quasidimensionale Ansätze Impulse setzen, indem dreidimensionale Ergebnisse durch entsprechende räumliche Mittelung auf **globale zeitabhängige Größen** reduziert werden, die zur Validierung oder als Parameter der null- oder quasidimensionalen Modellierung dienen können.

Die Formulierung der Grundgleichungen, deren Diskretisierung und Lösung im dreidimensionalen Raum unter Einbeziehung spezieller Rechenmodule für die Gemischaufbereitung, Verbrennung und Schadstoffbildung stellt ein sehr komplexes Fachgebiet dar [4.35]. Die grundlegenden Zusammenhänge wurden in den einleitenden Kapiteln angesprochen, auf weitere Einzelheiten einzugehen würde den Rahmen dieses Buchs sprengen. Etliche CFD-**Programme** werden am Markt angeboten, wie etwa FIRE [4.37], KIVA [4.52] oder STAR-CD [4.98], deren Entwickler und Vertreiber über eigene Serviceabteilungen zur Information und Schulung von Anwendern verfügen.

4.5.2 Beispiele zur CFD-Simulation

Zur Veranschaulichung der Einsatzmöglichkeiten der dreidimensionalen Modellierung folgen ausgewählte Ergebnisse der Berechnung der Strömungsverhältnisse während der Spülung eines Zweitakt-Ottomotors, des Wärmeübergangs in einem PKW-Ottomotor, von Varianten der vorgemischten Verbrennung in einem Großgasmotor sowie der nicht-vorgemischten Verbrennung und Schadstoffbildung in einem direkt einspritzenden Dieselmotor.

Strömungsvorgänge bei Spülung eines Zweitaktmotors
Bei schlitzgesteuerten Zweitaktmotoren werden die abgegebene Leistung wie auch die Emissionen wesentlich vom Spülprozess im Ladungswechsel bestimmt. Die Spülung wird von der Anordnung der Kanäle und Schlitze sowie durch die **Auspuffabstimmung** geprägt. Zur Berechnung der Druckwellen im Auspuffsystem ist eine instationäre gasdynamische Rechnung erforderlich, die prinzipiell eindimensional sein kann (vgl. Kap. 5). Um jedoch den Einfluss der komplexen geometrischen Verhältnisse besser erfassen zu können, sind dreidimensionale Simulationen des Gesamtsystems Brennraum, Kanäle, Kurbelkasten und Auspuff durchzuführen, was entsprechenden Aufwand in Modellierung und Berechnung bedingt.

Beispielhaft seien Ergebnisse für die **Optimierung der Spülung** mittels CFD für einen umkehrgespülten Einzylinder-Zweitaktmotor mit 125 cm^3 Hubraum angeführt [4.61, 4.63]. Die wichtigsten Motordaten sind Tabelle 4.2 zu entnehmen.

Tabelle 4.2. Technische Daten des schlitzgesteuerten Zweitakt-Ottomotors

Parameter	Wert
Bohrung/Hub [mm]	54/54,5
Hubvolumen [cm^3]	124,8
Verdichtungsverhältnis [−]	11.0
Maximale Leistung [kW]	11,2 (7500 min^{-1})
Spüldauer [°KW]	113
Auslassdauer [°KW]	165

Abbildung 4.72 zeigt die **Druckverteilung** im Auspuffsystem während einer Motorumdrehung bei 7500 min^{-1} Volllast bei 120, 140, 160, 180, 200, 220, 240 und 260 Grad Kurbelwinkel nach OT. Bei Öffnen des Auslasses bei einem Zylinderdruck von etwa 6 bar entsteht eine Druckwelle im Auspuff, der Diffusor unterstützt die Leerung des Zylinders durch Unterdruck. Bei 160 Grad Kurbelwinkel hat die Druckwelle den Gegenkonus erreicht und wird dort reflektiert. Die rücklaufende Druckwelle erreicht den Zylinder bei 240 Grad Kurbelwinkel und verringert die Spülverluste durch Rückschieben von Spülmasse in den Zylinder.

In Abb. 4.73 sind für denselben Betriebspunkt die **Spülverhältnisse** im Brennraum bei 180, 210 und 240 Grad Kurbelwinkel dargestellt. Man erkennt, dass die in Abb. 4.73 a–c dargestellte Brennraumform eine gute Spülung ergibt, während die in Abb. 4.73 d–f dargestellte Geometrie durch eine ungünstige Wirbelbildung zum Einschluss von Restgas in dem kugelförmigen Brennraum führt. Achtung: Die blaue Farbe bedeutet reines Verbrennungsgas oder Restgas, die rote Farbe reine Frischluft.

Wärmeübergang an Ottomotor
Der lokale instationäre Wandwärmeübergang durch Konvektion, wie er im Verbrennungsmotor vorwiegend von Bedeutung ist, wird in der dreidimensionalen numerischen Simulation standardmäßig durch logarithmische Ansätze für Geschwindigkeits- und Temperaturprofile in der Grenzschicht modelliert (vgl. Abschn. 1.5.7).

Diese Ansätze liefern für voll ausgebildete Grenzschichtströmungen gute Ergebnisse. In komplexen instationären Strömungssituationen – etwa bei Rezirkulation, Strömungsablösung oder Staupunktströmungen – können die physikalischen Gegebenheiten mit dem Standardmodell aber nicht befriedigend wiedergegeben werden. Aus diesem Grund werden für Untersuchungen des Wärmeübergangs im Motor modifizierte Modelle entwickelt und erprobt. Als Beispiel seien hier Ergebnisse der Wärmeübergangsberechnung mit einem so genannten transienten Modell (Berücksichtigung eines Instationärterms in den Grenzschichtgleichungen) und mit einem Nicht-Gleichgewichts-Modell wiedergegeben [4.66]. Die dreidimensionalen Berechnungen wurden im Rahmen umfangreicher Wärmeübergangsuntersuchungen durchgeführt, bei denen verschiedene null-, quasi- und mehrdimensionale Ansätze untereinander und mit Ergebnissen von Messungen verglichen wurden [4.65].

Die hier wiedergegebenen Ergebnisse gelten für den Vierzylinder-PKW-Ottomotor (1,8 l, DOHC, 16V), der bereits in Abschn. 4.2.5 als Versuchsträger beschrieben wurde (vgl. Tabelle 4.1). Abbildung 4.74 zeigt das **Oberflächennetz** des Brennraums und der Kanäle für die CFD-Simulation. Aus Symmetriegründen wurde nur eine Hälfte der Geometrie modelliert. Das Halbmodell verfügt über etwa 210.000 interne Hexaederelemente im UT und reduziert sich im OT auf etwa 130.000 Elemente.

4.5 Dreidimensionale Modellierung

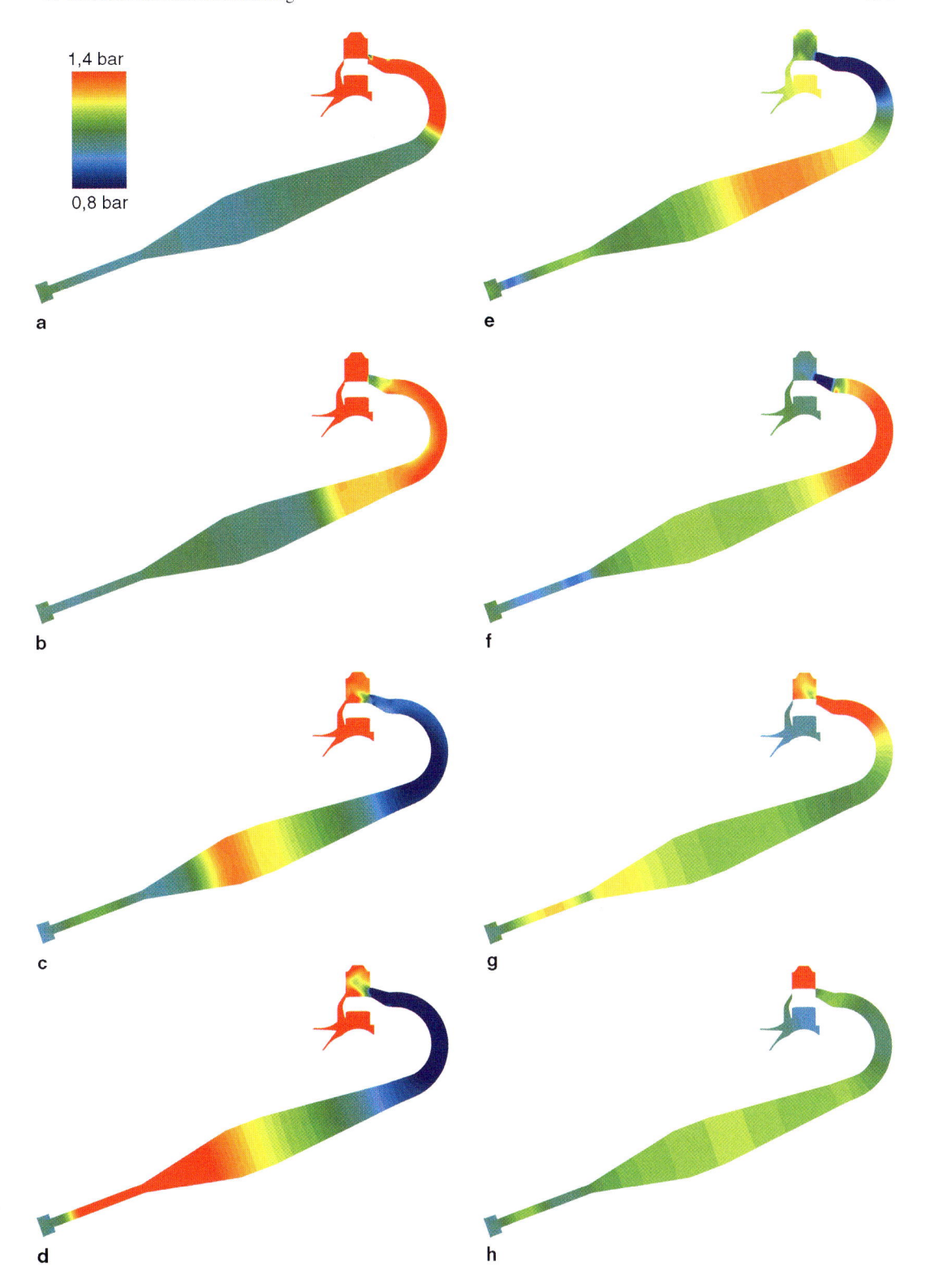

Abb. 4.72a–h. Druckverteilungen bei 7500 min^{-1} und Volllast bei 120, 140, 160, 180, 200, 220, 240 und 260° KW nach OT [4.61]

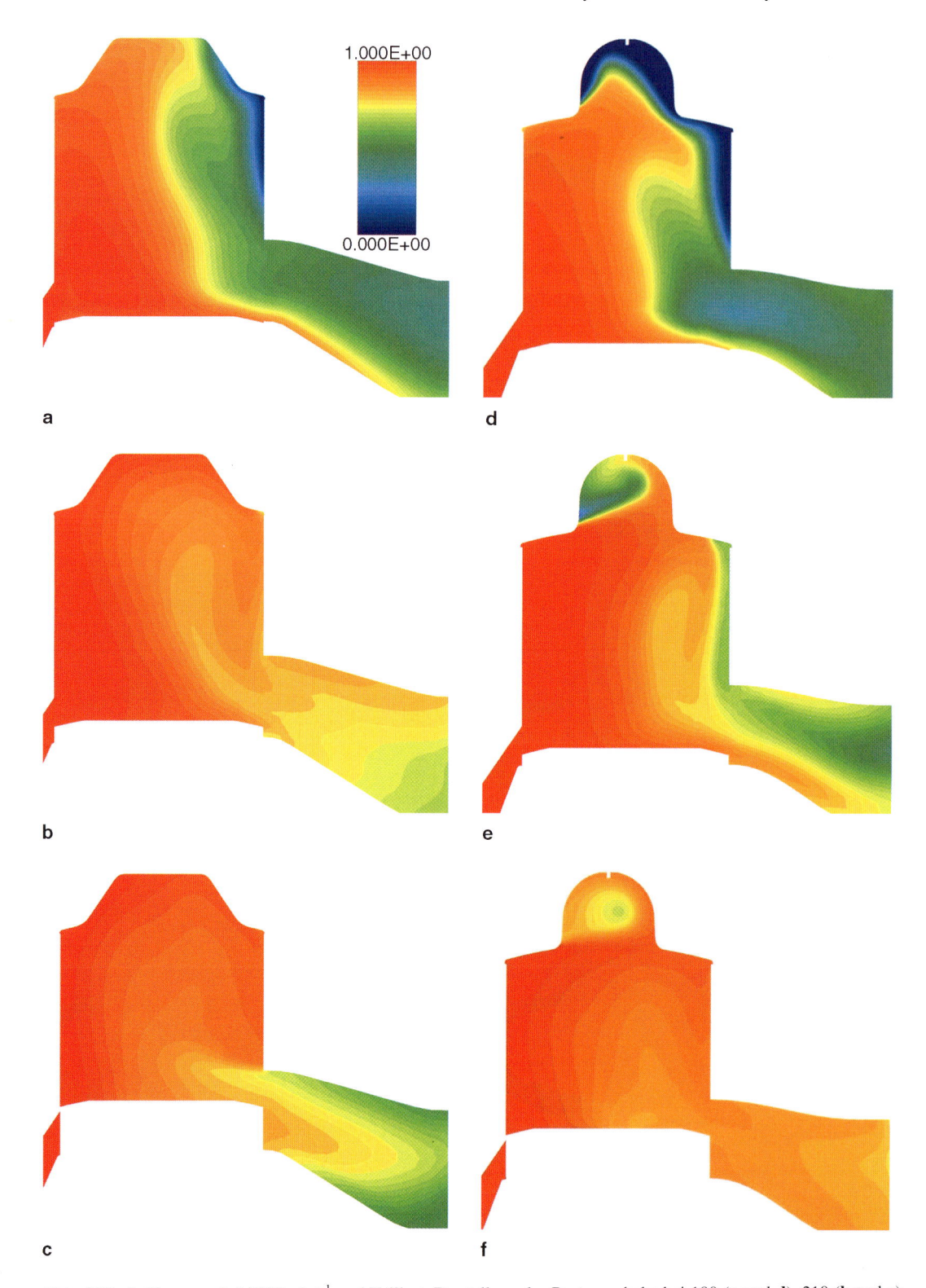

Abb. 4.73. Spülvorgang bei 7500 min^{-1} und Volllast, Darstellung des Restgasgehalts bei 180 (**a** und **d**), 210 (**b** und **e**) und 240° KW (**c** und **f**) bei günstiger Brennraumform (**a**–**c**) und ungünstiger Brennraumform (**d**–**f**) [4.63]

4.5 Dreidimensionale Modellierung

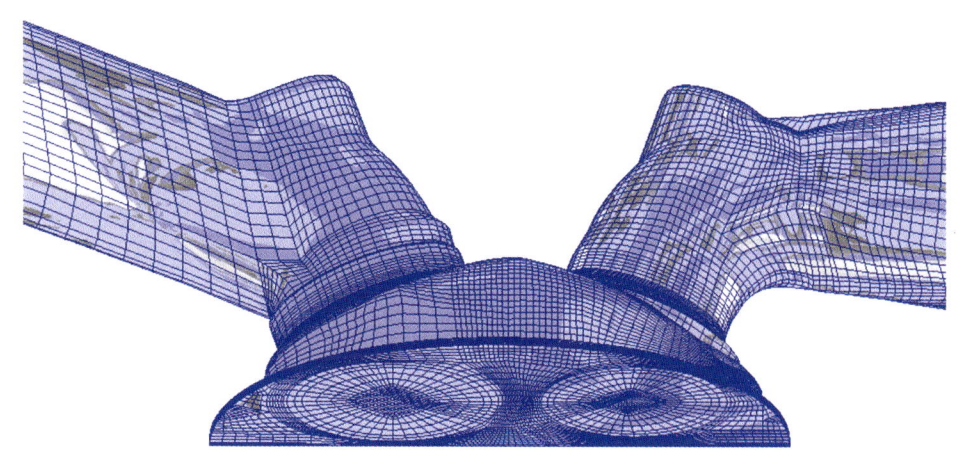

Abb. 4.74. Gitterstruktur von Brennraum und Kanälen (Halbmodell) eines Ottomotors

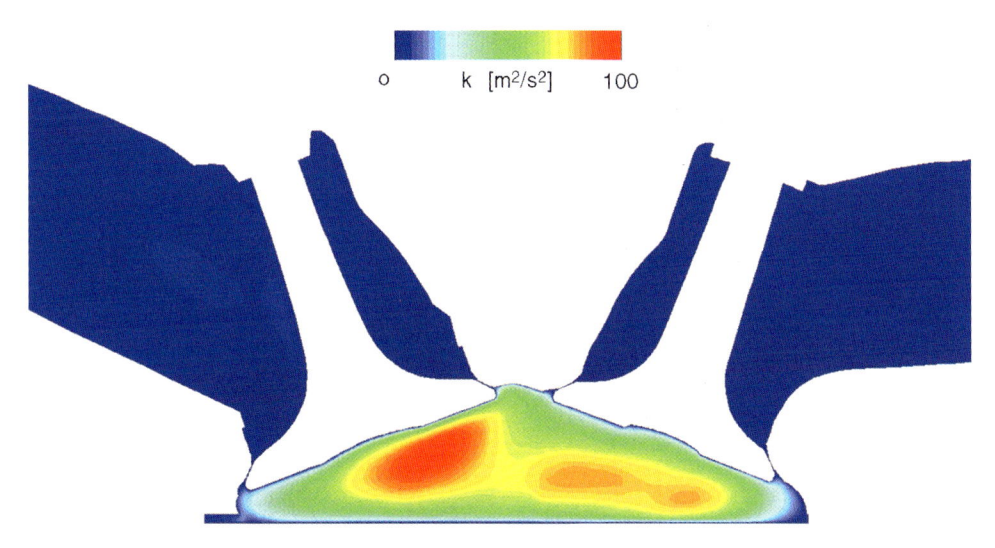

Abb. 4.75. Verteilung der turbulenten kinetischen Energie in einem Zylinderlängsschnitt bei 4800 min^{-1} und Volllast 10° KW nach OT

Die Turbulenz wurde mit einem $k\varepsilon$-Modell beschrieben, für die Verbrennungssimulation wurde ein mischungskontrollierter Ansatz verwendet. Wegen der Bedeutung des **turbulenten Strömungsfelds** im Brennraum für den Wärmeübergang ist in Abb. 4.75 die berechnete Verteilung der turbulenten kinetischen Energie im Brennraum dargestellt. Die Verteilung gilt für einen Zylinderlängsschnitt 10 Grad Kurbelwinkel nach ZOT bei Volllast ($p_e = 12,5$ bar) und 4800 min^{-1}.

Bei örtlicher Mittelung über den gesamten Brennraum erhält man den Verlauf der turbulenten kinetischen Energie über dem Arbeitsspiel, wie er als „3-D-Simulation" in Abb. 4.76 abgebildet ist. Zum Vergleich sind die Verläufe der turbulenten kinetischen Energie eingetragen, wie sie sich nach den null- und quasidimensionalen Ansätzen nach Bargende [4.6], Borgnakke u. a. [4.16], Poulos und Heywood [4.86] sowie Wimmer u. a. [4.112] ergeben (vgl. Abschn. 4.2.5 und 4.3). Es zeigt sich, dass die berechneten Verläufe der Turbulenzintensität deutlich voneinander abweichen.

Die errechnete Verteilung der momentanen Wärmestromdichte am Zylinderkopf für denselben Betriebspunkt bei 4800 min^{-1} und Volllast ($p_e = 12,5$ bar) bei 10 Grad Kurbelwinkel nach

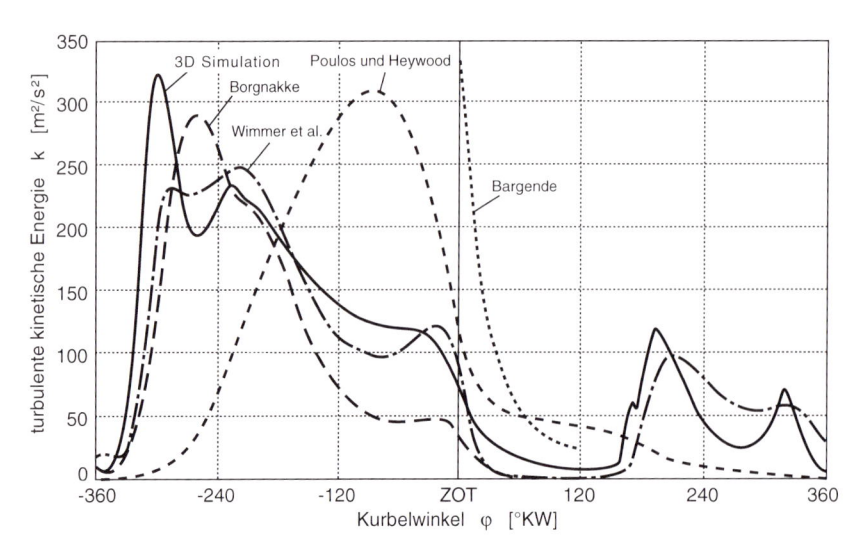

Abb. 4.76. Verläufe der räumlich gemittelten turbulenten kinetischen Energie im Brennraum bei 4800 min^{-1} und Volllast nach verschiedenen Ansätzen [4.112]

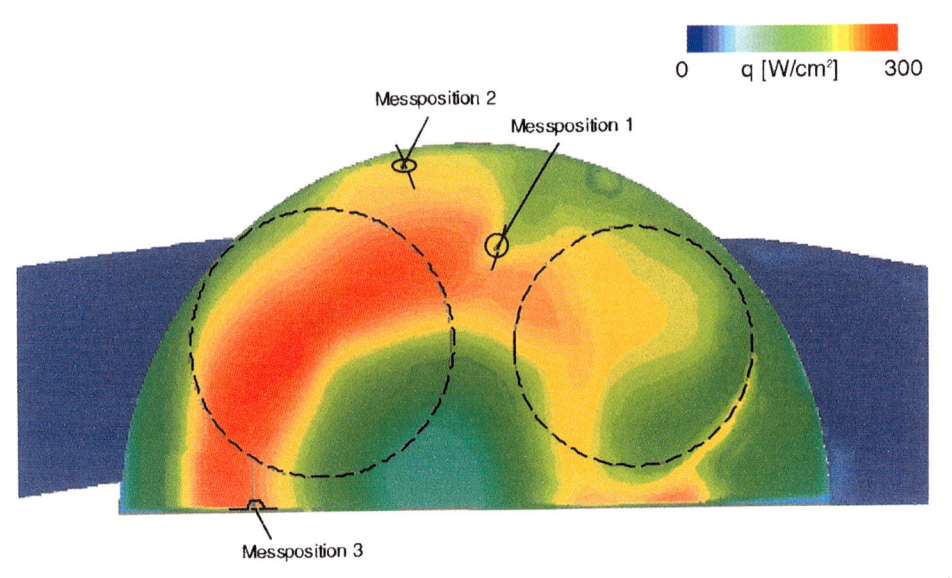

Abb. 4.77. Räumliche Verteilung der momentanen Wärmestromdichte am Zylinderkopf bei 4800 min^{-1} und Volllast 10° KW nach OT und Lage der Messpositionen 1, 2 und 3 für die Oberflächentemperaturmessungen

OT ist in Abb. 4.77 dargestellt. Eingezeichnet sind drei der vier Messstellen, an denen nach der Oberflächentemperaturmethode Messungen und Auswertungen durchgeführt wurden, eine vierte Messposition befindet sich an der Zylinderbuchse.

Den Vergleich zwischen den unter Korrektur des Berußungszustands nach der Oberflächentemperaturmethode gewonnenen Verläufen der **Oberflächenwandwärmestromdichten** („Messung") mit den Ergebnissen der 3-D-CFD-Simulation unter Berücksichtigung von Instationärverhalten und Nicht-Gleichgewicht („3-D-Simulation") für diese vier Messpositionen bei einer Motordrehzahl von 4800 min^{-1} und Volllast zeigt Abb. 4.78. Es fällt auf, dass die gemessenen Wärmestromdichteamplituden sehr unterschiedlich sind und dass die Phasenlage der Verläufe durch die Rechnung gut wiedergegeben wird, in den Amplituden aber Abweichungen auftreten.

4.5 Dreidimensionale Modellierung

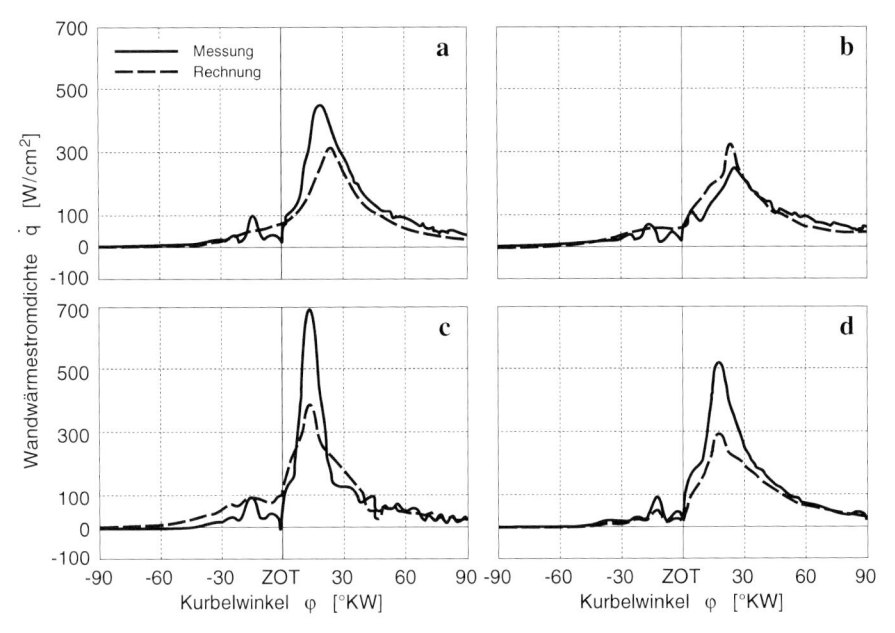

Abb. 4.78. Vergleich der Wandwärmestromdichten nach der 3-D-CFD-Simulation mit Messergebnissen nach der Oberflächentemperaturmethode für vier Messpositionen bei 4800 min^{-1} und Volllast [4.65]: **a** Position 1, **b** Position 2, **c** Position 3, **d** Position 4

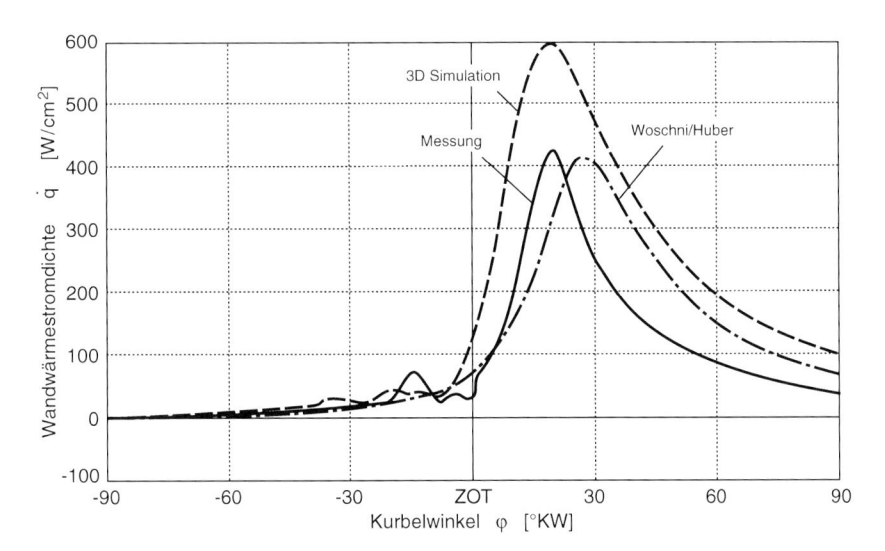

Abb. 4.79. Vergleich der örtlich gemittelten Wandwärmestromdichteverläufe von 3-D-Simulation, Messung und dem nulldimensionalen Ansatz nach Woschni und Huber bei 4800 min^{-1} und Volllast [4.65]

Durch eine räumliche Mittelung können die dreidimensionalen Rechenergebnisse sowie die Messergebnisse mit der nulldimensionalen Prozessrechnung verglichen werden. Abbildung 4.79 zeigt für gefeuerten Betrieb bei 4800 min^{-1} und Volllast den Vergleich der über den Brennraum räumlich **gemittelten Wandwärmestromdichten** der Messung, der 3-D-Simulation und des nulldimensionalen Ansatzes nach Woschni und Huber, Gl. (4.103). Wie schon in Abschn. 4.2.5 erwähnt, treten bei der Berechnung des Wandwärmeübergangs nach verschiedenen Ansätzen oft erhebliche Unterschiede in Verlauf und Integralwert auf.

Tabelle 4.3. Technische Daten des Groß-V12-(V16 V20)-Ottogasmotors

Parameter	Wert
Bohrung/Hub [mm]	190/220
Hubvolumen/Zylinder [cm^3]	6230
Verdichtungsverhältnis [−]	11.0
Leistung/Zylinder [kW]	150 (1500 min^{-1})

Vorgemischte Verbrennungsverfahren eines Großgasmotors

Der Einsatz von 3-D-CFD-Methoden zur Untersuchung verschiedener Verbrennungsverfahren soll am Beispiel eines mit Erdgas betriebenen Großgasmotors gezeigt werden [4.9, 4.10]. Die wichtigsten Motordaten sind Tabelle 4.3 zu entnehmen.

Entwicklungsziele für derartige Motoren sind möglichst hohe **Wirkungsgrade** bei geringen **NO$_x$-Emissionen**, wobei diese Ziele teils gegenläufig wirkende Maßnahmen erfordern (Wirkungsgrad–NO-Trade-off). Grundsätzlich steigt der Wirkungsgrad mit dem Verdichtungsverhältnis sowie dem Luftverhältnis und erreicht die höchsten Werte für die Gleichraumverbrennung. Die dabei auftretenden hohen Spitzentemperaturen führen aber auch zu den höchsten NO$_x$-Emissionen. Das Verdichtungsverhältnis des Ottomotors ist durch seine Klopfneigung begrenzt. Großgasmotoren werden in der Regel mit Luftverhältnissen bis über 2 betrieben. Dieser Magerbetrieb erlaubt eine Absenkung der NO$_x$-Emissionen bei steigendem Wirkungsgrad, setzt allerdings eine Optimierung des Verbrennungsverfahrens voraus. Durch Erhöhung der Zündenergie sowie der Ladungsbewegung sollen eine stabile Zündung sowie eine rasche Verbrennung mit geringen HC-Emissionen gewährleistet werden.

Für den Großgasmotor wurden Verbrennungsvarianten mit Zündkammer sowie zwei Varianten mit direkter Zündung ohne und mit Drall am Prüfstand sowie mithilfe der 3-D-CFD-Simulation untersucht.

Die aus Druckindizierungen mittels nulldimensionaler Motorprozessrechnung bestimmten **Brennverläufe** und **Umsetzraten** für die drei Varianten bei 1500 min^{-1} und Volllast zeigt Abb. 4.80. Die Brennverläufe sind nach Division durch die gesamte umgesetzte Brennstoffenergie relativ

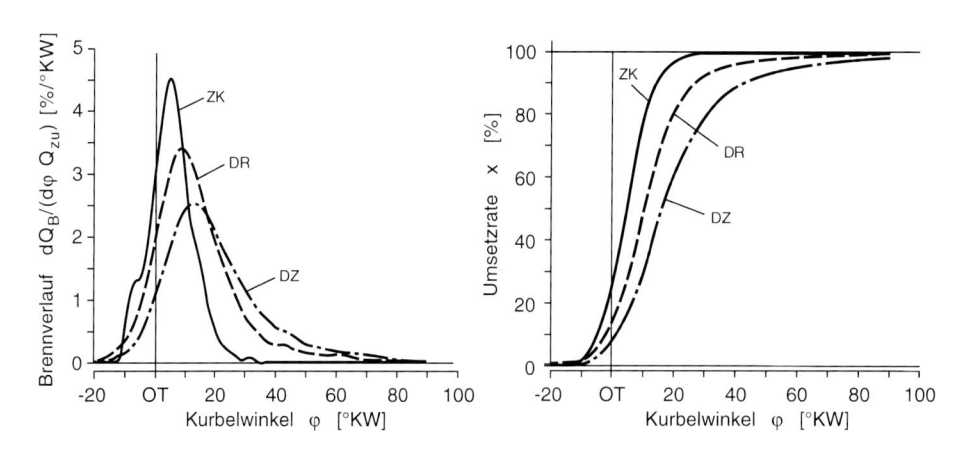

Abb. 4.80. Brennverläufe und Umsetzraten bei 1500 min^{-1} und Volllast für einen Großgasmotor mit Zündkammer (ZK), als Direktzünder (DZ) und als Direktzünder mit Drall (DR)

4.5 Dreidimensionale Modellierung

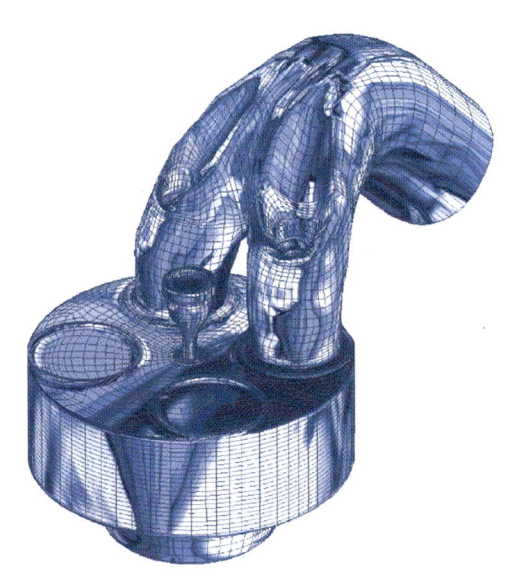

Abb. 4.81. Gitterstruktur von Brennraum und Ansaugkanälen eines Großgasmotor

in %/°KW dargestellt. Man erkennt, dass die Verbrennung mit Zündkammer die schnellste Verbrennung liefert. Durch den Drall kann die Verbrennung des Direktzünders wesentlich beschleunigt werden.

Die 3-D-CFD-Simulationen wurde eingesetzt, um die unterschiedliche Flammenausbreitung in den verschiedenen Verbrennungsvarianten zu untersuchen sowie um geometrische Parameter zu optimieren. Die Struktur des **Rechengitters** für den Brennraum einschließlich der Einlasskanäle mit etwa 150.000 Zellen ist in Abb. 4.81 für die Motorvariante mit Zündkammer dargestellt.

Verbrennung und Flammenausbreitung wurden nach einem PDF-Ansatz (probability density function) berechnet. Die **Flammenausbreitung** der drei unterschiedlichen Verbrennungsvarianten zeigt Abb. 4.82. Wie zuvor erwähnt, läuft die Verbrennung mit der Zündkammer am schnellsten ab, die Flammenausbreitung ist in Abb. 4.82a in Abständen von 6 Grad Kurbelwinkel dargestellt. Die beiden Direktzünder verbrennen langsamer, weshalb die Schnittbilder Abstände von 10 Grad Kurbelwinkel aufweisen. Gegenüber der direkt zündenden Variante ohne Drall in Abb. 4.82b erfolgt die Flammenausbreitung in der Variante mit Drall in Abb. 4.82c insgesamt gleichmäßiger und rascher.

Obwohl die Erzeugung der Ladungsbewegung Energie erfordert und den Wärmeübergang erhöht, erreicht die direkt einspritzende Drallvariante bei gleichen NO_x-Emissionen von unter $0{,}25\ g/m_n^3$ einen höheren Wirkungsgrad als die Ausführung ohne Drall. In der Version mit Zündkammer, die mit einer separaten Gaszufuhr nahezu stöchiometrisches Luftverhältnis aufweist, dringen Zündfackeln durch Überströmbohrungen mit hoher Energie in den Hauptbrennraum ein und führen dort zu einer sehr raschen und intensiven Verbrennung des mageren Gemisches. Die Vorteile infolge der besseren Verbrennung überwiegen die Nachteile infolge von Überströmverlusten und erhöhtem Wärmeübergang und führen zum höchsten Wirkungsgrad der drei Varianten.

Gemischbildung, Verbrennung und Schadstoffbildung in direkteinspritzendem Dieselmotor

Die komplexen Transport-, Mischungs- und Reaktionsprozesse bei der Strahlausbreitung, Verdampfung und Verbrennung unter dieselmotorischen Verhältnissen stellen besonders hohe Anforderungen an die dreidimensionale Modellierung. Basierend auf der Strömung und Gemischbildung

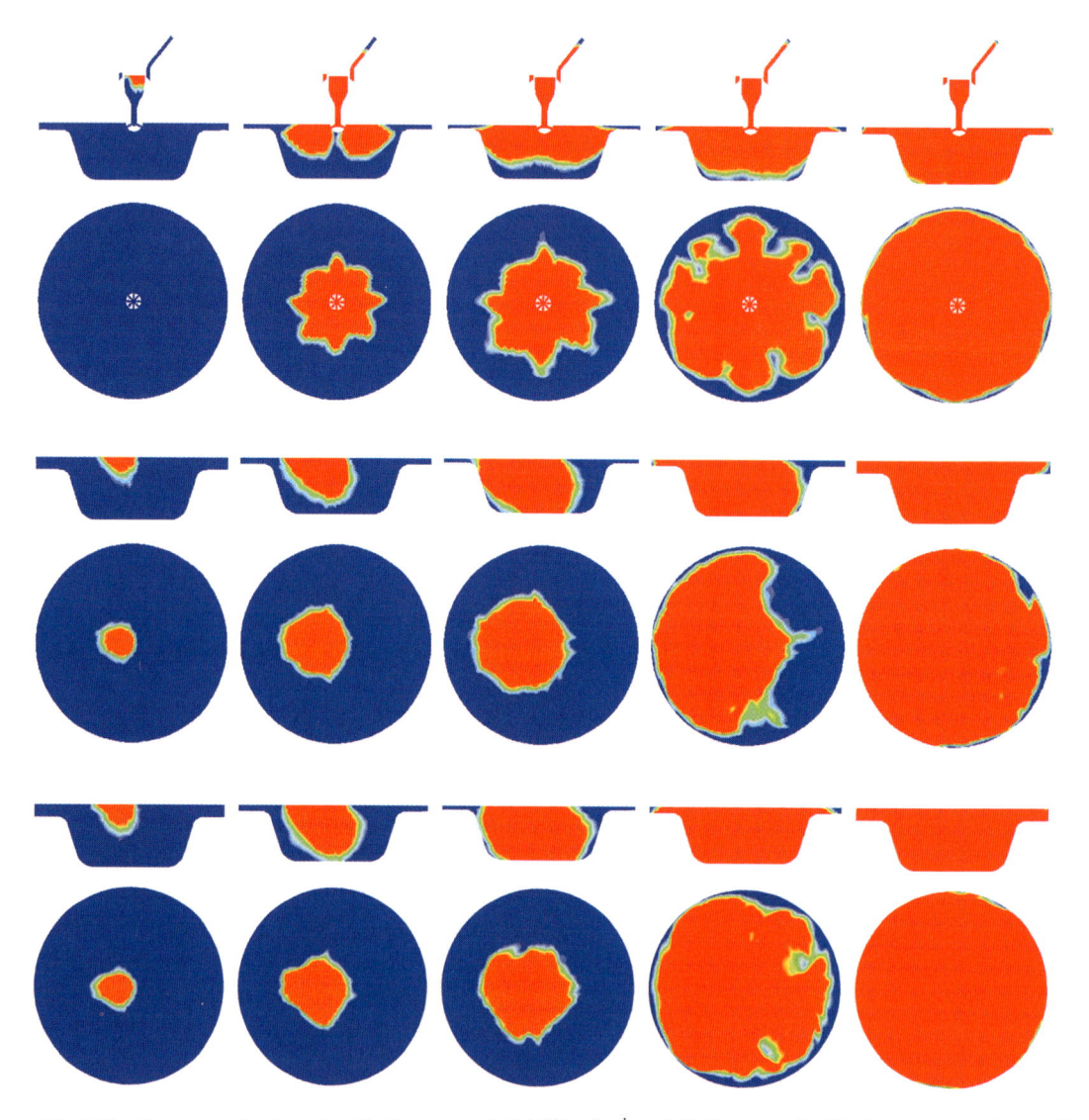

Abb. 4.82. Flammenausbreitung im Großgasmotor bei 1500 min^{-1} und Volllast: **a** mit Zündkammer (ZK; Intervall, 6° KW), **b** als Direktzünder (DZ; Intervall, 10° KW) und **c** als Direktzünder mit Drall (DR; Intervall, 10° KW)

wird die Verbrennung modelliert, auf welcher in weiterer Folge die Simulation der Schadstoffbildung aufbaut. Zur Modellkalibrierung sind eine Reihe von Modellkonstanten zu bestimmen, was den Einsatz aufwendiger dreidimensionaler Messverfahren bedingt.

Beispielhaft sollen Ergebnisse von 3-D-CFD-Simulationen für einen direkteinspritzenden Einzylinder-Diesel-Forschungsmotor angeführt werden [4.102]. Die wichtigsten Daten des Versuchsträgers sind in Tabelle 4.4 zusammengefasst.

Die numerische Beschreibung der Ausbreitung und Verdampfung des flüssigen Einspritzstrahls erfolgt über die statistisch repräsentative Verteilung diskreter Tropfengruppen. Jede dieser Gruppen besteht aus einer Anzahl identischer Kraftstofftropfen, die durch Temperatur, Dichte, Durchmesser und Geschwindigkeit beschrieben werden. Die berechnete **Tropfenverteilung** zu

4.5 Dreidimensionale Modellierung

Tabelle 4.4. Technische Daten des Einzylinder-DI-Dieselmotors

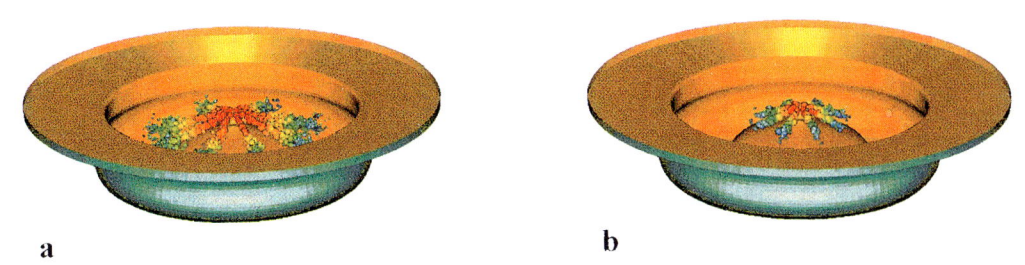

Parameter	Wert
Bohrung/Hub [mm]	123/164
Hubvolumen [cm^3]	2000
Verdichtungsverhältnis [−]	17.7
Leistung [kW]	50 (3000 min^{-1})

a **b**

Abb. 4.83. Berechnete Tropfenverteilung: **a** in OT, **b** 3° KW nach OT [4.102]

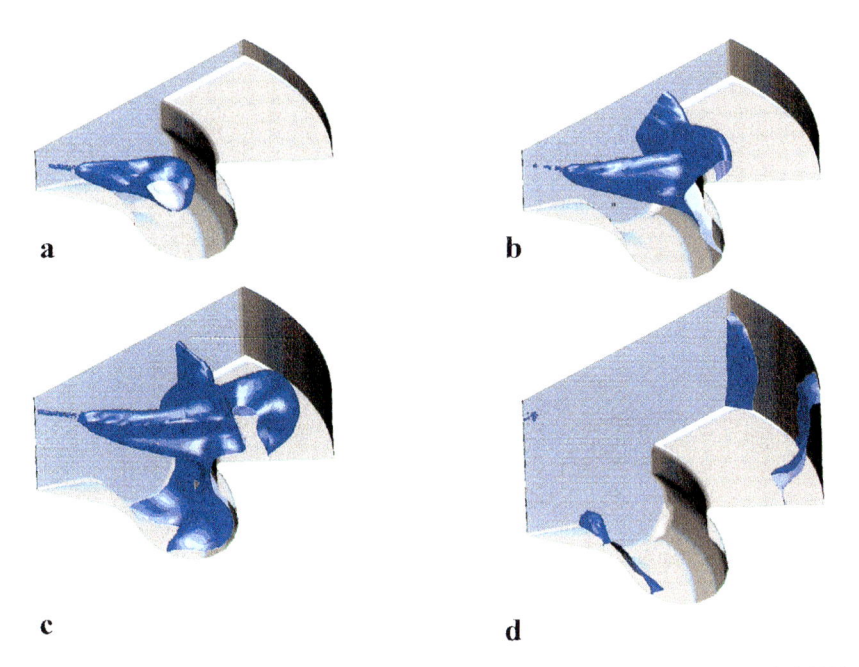

a **b**

c **d**

Abb. 4.84. Ausbreitung der Isofläche stöchiometrischer Gemischzusammensetzung bei 1000 min^{-1} und 75 % Last: **a** 10, **b** 20, **c** 30 und **d** 40° KW nach OT [4.102]

zwei Zeitpunkten zeigt Abb. 4.83, wobei die unterschiedlichen Farben unterschiedliche Tropfengruppen repräsentieren.

Der zeitliche und örtliche Verlauf der Gemischzusammensetzung wird aus der Kraftstoffdampfverteilung unter Berücksichtigung der Interaktion mit den Brennraumwänden und chemischer Reaktionen berechnet. Die berechnete **Gemischzusammensetzung** im Brennraum ist in Abb. 4.84 für vier Zeitpunkte durch stöchiometrische Isoflächen dargestellt.

Mittels eines Selbstzündungsmodells wird die Verbrennung modelliert, wobei angenommen wird, dass die chemischen Reaktionen wesentlich rascher ablaufen als die Mischungsvorgänge (mischungskontrollierter Ansatz). Die errechnete qualitative Entwicklung des resultierenden **Temperaturfelds** im Brennraum zeigt Abb. 4.85.

In der Berechnung der **Schadstoffemissionen** wird die Bildung von NO_x nach dem erweiterten Zeldovich-Mechanismus entkoppelt von der Verbrennung bestimmt. Die Rußbildung wird durch die

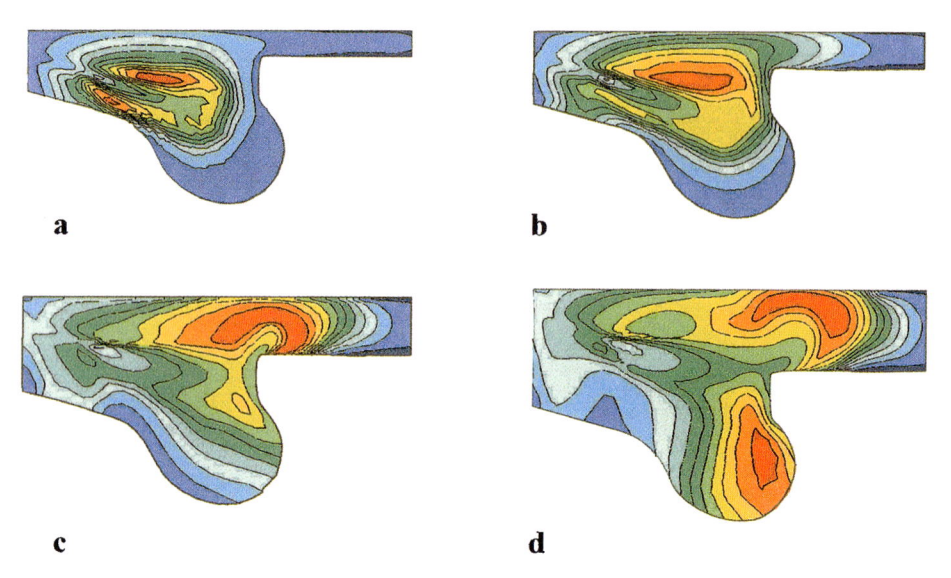

Abb. 4.85. Qualitative Temperaturfelder in Einspritzstrahlachse bei 1000 min^{-1} und 75 % Last: **a** 10, **b** 15, **c** 20 und **d** 25° KW nach OT [4.102]

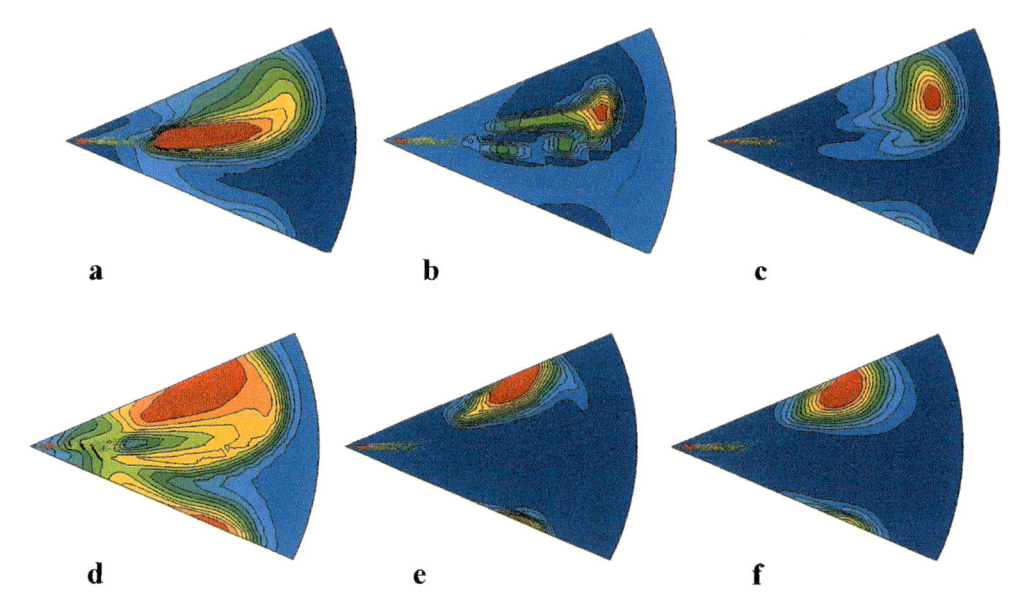

Abb. 4.86. Qualitative Verteilungen von Temperatur und Konzentrationen in Einspritzstrahlachse bei 1000 min^{-1} und 75 % Last 15° KW nach OT: **a** Kraftstoffdampf, **b** Rußbildung, **c** Rußkonzentration, **d** Temperatur, **e** NO-Bildung, **f** NO-Konzentration [4.102]

4.5 Dreidimensionale Modellierung

Teilprozesse Keimbildung, Oberflächenwachstum und Oxidation beschrieben, die ihrerseits über globale, aus der Verbrennungsrechnung verfügbare Parameter beschrieben werden. Abbildung 4.86 zeigt die errechneten qualitativen Verteilungen von Kraftstoffkonzentration, Temperatur und Schadstoffen in einem Schnitt durch die Einspritzstrahlachse. Man erkennt den ausgeprägten Zusammenhang zwischen den örtlichen Verteilungen der Konzentrationen von Kraftstoffdampf und Temperatur sowie dem lokalen Entstehen von Ruß und Stickoxiden in der dieselmotorischen Flamme.

Der Vergleich der Rechenansätze mit experimentellen Daten zeigt die prinzipielle Gültigkeit der verwendeten Ansätze. Die steigenden Anforderungen an die Genauigkeit und Allgemeingültigkeit von Rechenergebnissen machen eine konsequente Weiterentwicklung der Simulationsmodelle und die entsprechende experimentelle Absicherung notwendig.

5 Ein- und Auslasssystem, Aufladung

5.1 Einlass- und Auslasssystem

Für die Berechnung des Ladungswechsels nach Abschn. 4.2.6 sind die Verläufe der Temperaturen und Drücke an den Systemgrenzen des Brennraums als Randbedingungen vorzugeben. Die Bestimmung dieser Temperaturen und Drücke kann messtechnisch oder rechnerisch erfolgen. Die Berechnung des gesamten Einlass- und Auslasssystems stellt aufgrund der Bedeutung des Ladungswechsels und der davon abhängigen Größen wie Luftaufwand, Luftverhältnis, Restgasanteil, Motorleistung, Kraftstoffverbrauch und Abgasemission eine wichtige Aufgabe dar. Diese kann auf verschiedene Weisen mit unterschiedlicher Genauigkeit, aber auch unterschiedlichem Aufwand gelöst werden.

5.1.1 Berechnungsverfahren

Füll- und Entleermethode

Die Füll- und Entleermethode stellt gewissermaßen eine nulldimensionale Berechnungsmethode für Rohrsysteme dar. Die gasführenden Rohrleitungen werden durch Volumina ersetzt, in denen die Zustandsänderungen unter Berücksichtigung instationärer Füll- und Entleerungsvorgänge berechnet werden. So wird etwa ein Auspuffbehälter durch die angeschlossenen Zylinder entsprechend ihrer Zündfolge gefüllt und über die Turbine entleert.

Für die Rechnung wird angenommen, dass die instationären Vorgänge für kleine Zeitintervalle jeweils stationär behandelt werden können und dass sich Druck und Temperatur in den Volumina ohne Verzögerung ausgleichen. Zu jedem Zeitpunkt herrscht somit überall im Behälter derselbe Zustand – zeitliche Druckschwankungen werden berücksichtigt, örtliche Unterschiede und gasdynamische Vorgänge jedoch nicht. Die entscheidende Vereinfachung besteht darin, dass sofortige vollständige Durchmischung des Behälterinhalts angenommen wird und unendlich kurze Wellenlaufzeiten vorausgesetzt werden, d. h. unendlich große Schallgeschwindigkeiten. Die Annahme des sofortigen Druck- und Temperaturausgleichs führt zu Abweichungen gegenüber den tatsächlichen Gegebenheiten, die mit steigenden Drehzahlen und größeren Volumina zunehmen.

Mit der Füll- und Entleermethode können gasdynamische Einflüsse wie z. B. Druckpulse bei der Schwingrohr- oder Resonanzaufladung nicht wiedergegeben werden. Für Auslegungsrechnungen von Turboladern sowie für Parameterstudien wie Steuerzeitvariationen und Simulationen von Betriebszuständen reicht die mit diesem relativ einfachen Rechenverfahren erreichbare Genauigkeit abhängig von der Motoranwendung und dem Betriebszustand jedoch oft aus.

Eindimensionale gasdynamische Betrachtung

Sollen die instationären Vorgänge und die tatsächlichen Verläufe der Drücke und Temperaturen im Ein- und Auslasssystem errechnet werden, so ist der Einsatz wesentlich aufwendigerer instationärer gasdynamischer Rechenverfahren erforderlich, bei denen die Rohrleitungen entsprechend ihrer tatsächlichen Ausführung berücksichtigt werden. Dies ist besonders bei schnelllaufenden Motoren unbedingt erforderlich, da mit zunehmender Drehzahl die Schwingungen in den Rohrleitungen stärker in Erscheinung treten und die richtige Dimensionierung der Ein- und Auslassleitungen eine große Rolle zur Erzielung möglichst guter Werte für Liefergrad, Leistung und Motorwirkungsgrad spielt.

Nimmt man an, dass die Zustandsgrößen durch Mittelwerte über die Rohrquerschnitte genügend genau beschrieben werden, können die in den Grundlagen erläuterten Erhaltungssätze der instationären, eindimensionalen, kompressiblen Fadenströmung mit Reibung und Wärmeübergang angewendet werden. Das resultierende System nichtlinearer inhomogener partieller Differentialgleichungen ist in geschlossener Form nur unter vereinfachenden Voraussetzungen lösbar.

Wie in Abschn. 1.5.4 besprochenen, können in der **Schalltheorie** anschauliche Lösungen der instationären Fadenströmung gefunden werden. Dabei wird angenommen, dass die Teilchengeschwindigkeit v gegenüber der Schallgeschwindigkeit a klein ist, keine Querschnittsänderungen auftreten, die Zustandsänderungen adiabat und reibungsfrei erfolgen und die Dichte sowie die Schallgeschwindigkeit entlang des Stromfadens gleich bleiben. Damit können der Druck p und die Geschwindigkeit v an jeder Rohrstelle aus einem Konstantbetrag und den Anteilen aus vor- und rücklaufender Welle ermittelt werden. Wegen der angenommenen Vereinfachungen bleibt die Form der vor- und der rücklaufenden Wellen erhalten, solange die Rohrströmung nicht durch Störstellen wie Querschnittssprünge, Rohrverzweigungen, Rohrenden, Drosseln (Blenden), Ventile, Behälter u. dgl. beeinflusst wird. An diesen Störstellen sind die jeweiligen Randbedingungen zu beachten.

Die Reflexionsbedingungen für offene und geschlossene Rohrenden wurden bereits ausführlich besprochen. Die Verhältnisse an den Ventilen während ihres Öffnungs- oder Schließvorganges erhält man, wenn neben den Gln. (1.148) bis (1.151) als Zusatzbedingung die Kontinuitätsgleichung an den Ventilen entsprechend

$$v = v_\mathrm{v} + v_\mathrm{r} = \frac{\mathrm{d}m/\mathrm{d}\varphi}{A_\mathrm{V}\rho_0} \tag{5.1}$$

berücksichtigt wird. Darin ist $\mathrm{d}m/\mathrm{d}\varphi$ die momentan durch den aktuellen Ventilöffnungsquerschnitt A_V strömende Gasmasse, die nach der Durchflussgleichung zu bestimmen ist (vgl. Abschn. 4.2.6).

Durchflussgleichung, Kontinuitätsgleichung und Polytropengleichung liefern auch bei allen übrigen Störstellen die Bedingungen zur Berechnung der stattfindenden Veränderungen der ankommenden Wellen. Sind die Reflexionsbedingungen an den verschiedenen Bauelementen eines Rohrsystems bekannt und wird beachtet, dass sich die Wellen innerhalb der Rohrleitungen mit konstanter Schallgeschwindigkeit a fortbewegen, so erhält man nach der Schalltheorie durch einfache Addition der vor- und rücklaufenden Wellen an jeder Rohrstelle und zu jedem beliebigen Zeitpunkt des Arbeitsspieles den durch den Druck p und die Geschwindigkeit v festgelegten Zustand des im Rohr befindlichen Gases. Auf diese Weise kann beurteilt werden, ob z. B. die am Zylindereintritt auftretenden Wellen in ihrer Form und zeitlichen Lage eine für den Saugvorgang positive oder negative Wirkung haben.

Die der Schalltheorie zugrunde liegenden Voraussetzungen kleiner Schwingungsamplituden und konstanter Dichte und Temperatur des Gases schränken jedoch den Anwendungsbereich erheblich ein, so dass ihr Einsatz vorwiegend auf Saugleitungen und langsam laufende Dieselmotoren beschränkt ist.

Für kompliziertere Auspuffsysteme und bei höheren Motordrehzahlen werden entweder das **Charakteristikenverfahren** oder ein **Differenzenverfahren** verwendet (siehe Abschn. 1.5.4).

5.1 Einlass- und Auslasssystem

Eines der ersten derartigen Programme zur Berechnung der eindimensionalen gasdynamischen Vorgänge im Ein- und Auslasssystem war das im Auftrag der Forschungsvereinigung Verbrennungskraftmaschine erstellte Programmsystem PROMO [5.1]. Dieses löst die Grundgleichungen mit Hilfe eines Differenzenverfahrens, kombiniert mit dem Charakteristikenverfahren [5.22], und erlaubt die Berechnung beliebiger Rohrsysteme.

Aufgrund der Bedeutung von Ein- und Auslasssystem auf den Ladungswechsel und den Motorprozess zählen eindimensionale gasdynamische Rechenprogramme zum Standard in der Motorenentwicklung. Eine Reihe derartiger Programmsysteme werden auch kommerziell angeboten, wie etwa GT-Power [5.12] oder BOOST [5.4].

Befinden sich im Rohrleitungssystem Bauelemente, die als Stör- oder Drosselstellen wirken und die Ausbildung einer eindimensionalen instationären Rohrströmung verhindern, sind diese separat zu modellieren.

Bauelemente in Rohrsystemen

Bauelemente in Rohrsystemen wie Blenden, Rohrverzweigungen, Querschnittssprünge und Behälter, z. B. Schalldämpfer, Filter, Katalysatoren, verursachen mehrdimensionale Effekte und sind von entscheidendem Einfluss auf die gasdynamischen Vorgänge im Ein- und Auslasssystem.

Die Strömungsvorgänge in diesen Bauelementen sind in der Regel einer genauen Analyse schwer zugänglich. Meist betrachtet man diese Störstellen vereinfachend als quasistationäre Drosselstellen, d. h. stationär für kleine Zeitabschnitte und nulldimensional. Unabhängig davon, ob die Rohrströmung selbst null- oder eindimensional berechnet wird, werden die jeweiligen Bauelemente separat modelliert, indem sie durch einen Kontrollraum abgegrenzt werden, an dessen Ein- und Austrittsquerschnitt zu jedem Zeitpunkt die Zustandsgrößen p, a und v zu ermitteln sind. Die Bauelemente werden durch mathematische Ersatzmodelle angenähert. Je nach Ausdehnung der Drosselstelle wird diese mit oder ohne Speicherwirkung berechnet, d. h., die Feldgrößen verändern sich innerhalb der Drosselstelle oder nicht [5.22].

Die an den Drosselstellen auftretenden Verluste werden im Allgemeinen über Durchflussbeiwerte berücksichtigt. Diese sind von der Art der Drosselstelle und der Durchströmung abhängig und müssen in aufwendigen Versuchen am Strömungsprüfstand oder in 3-D-CFD-Simulationen bestimmt werden. Ein häufig vorkommendes Bauelement stellen Rohrverzweigungen dar, deren Strömungsverluste von der geometrischen Ausführung, dem jeweiligen Durchströmungsfall und den Massenflüssen abhängen [5.13].

Zur genauen Berücksichtigung der Störstellen besteht bei den kommerziell verfügbaren eindimensionalen gasdynamischen Rechenprogrammen meist die Möglichkeit, dreidimensionale Elemente in die sonst eindimensionale Rechnung zu integrieren. Diese 1-D/3-D-Kopplung erlaubt die rechnerische Optimierung von Einbauten im Ein- oder Auslasssystem wie etwa die Auslegung motornah eingebauter Katalysatoren [5.15].

Dreidimensionale gasdynamische Betrachtung

Im Zuge der immer dichter bepackten Bauräume und der resultierenden komplizierten geometrischen Elemente erlangt der Einsatz dreidimensionaler Berechnungsmethoden auch im Ein- und Auslasssystem zunehmend Bedeutung [5.8]. Auf die dreidimensionale gasdynamische Berechnung von Ladungswechsel und Spülung mit CFD-Programmen wurde in Abschn. 4.5 hingewiesen. Wie erwähnt, kann die 3-D-CFD-Rechnung zur Bestimmung von Verlustbeiwerten für den eindimensionalen Fall herangezogen werden. Andererseits kann die eindimensionale

5.1.2 Berechnungsbeispiele

Einen Vergleich zwischen den Ergebnissen der Füll- und Entleermethode und der eindimensionalen gasdynamischen Berechnung zeigt Abb. 5.1. Für einen abgasturboaufgeladenen Sechszylinder-LKW-Dieselmotor mit Zwillingsstromturbine sind die Druckverläufe im Zylinder und Auslassbehälter im Ladungswechsel bei Volllast für zwei Drehzahlen dargestellt.

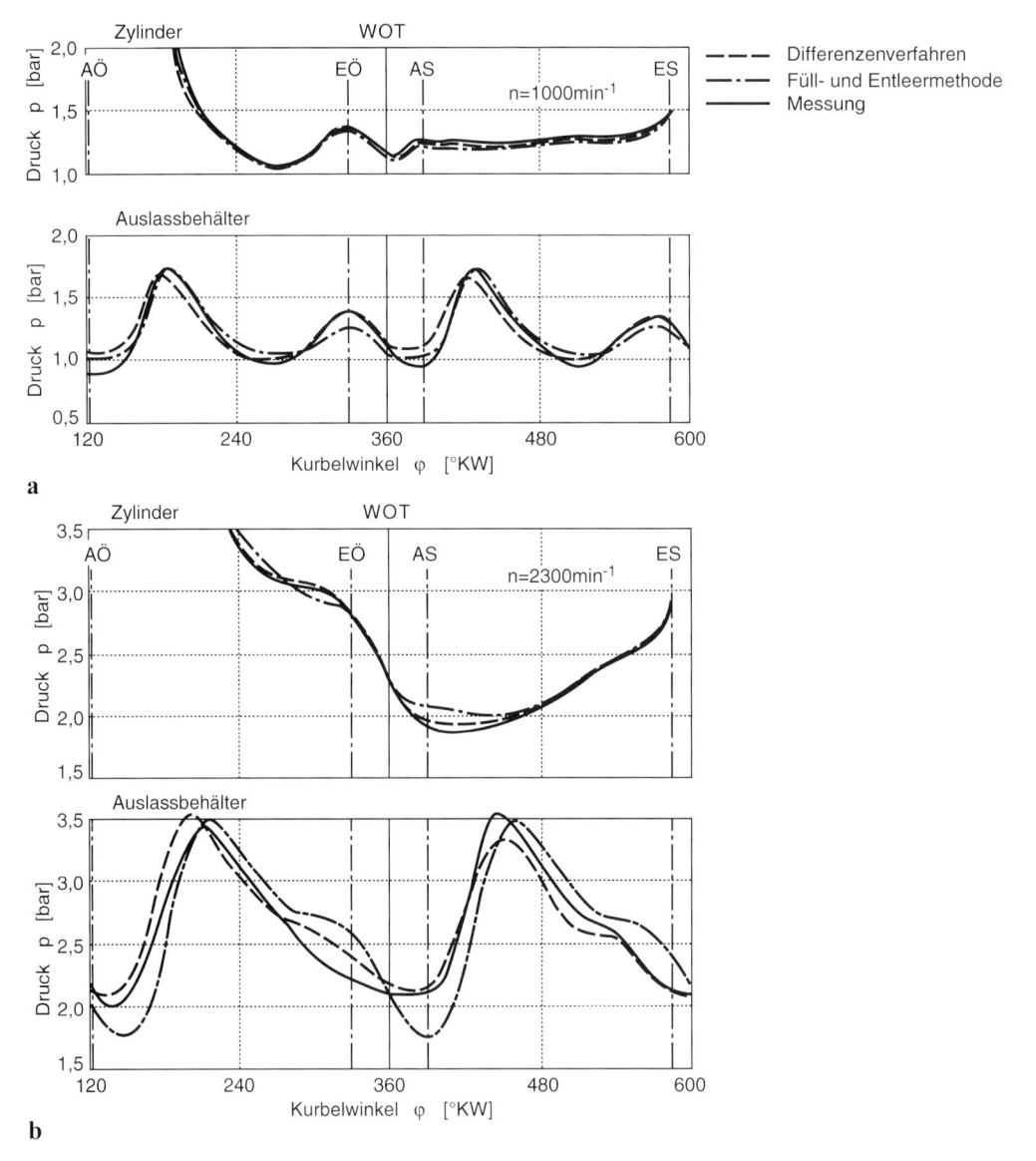

Abb. 5.1. Druckverläufe im Zylinder und Auslassbehälter nach Messung und Rechnung für LKW-Motor bei Volllast: **a** 1000 min^{-1}, **b** 2300 min^{-1} [5.27]

5.2 Auflading

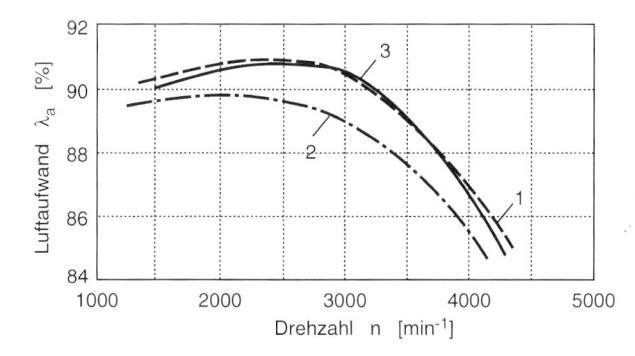

Abb. 5.2. Verläufe des Luftaufwands über Drehzahl für PKW-Motor aus Messung und Rechnung: *1* Differenzenverfahren, *2* Füll- und Entleermethode, *3* Messung

Bei der niedrigeren Drehzahl von 1000 min^{-1} treten nach Abb. 5.1a in Zylinder und Auslassbehälter während des Ladungswechsels nur geringe Unterschiede zwischen Messung, der Berechnung nach der Füll- und Entleermethode und der eindimensionalen gasdynamischen Rechnung auf. Wie Abb. 5.1b zeigt, weicht bei der höheren Drehzahl von 2300 min^{-1} der nach der Füll- und Entleermethode berechnete Druckverlauf merklich von den Ergebnissen der Messung und der eindimensionalen gasdynamischen Rechnung ab. Dies rührt wie erwähnt daher, dass die bei der Füll- und Entleermethode getroffene Annahme unendlich kurzer Wellenlaufzeiten mit sofortiger Durchmischung des Behälterinhalts nur bei niedrigen Drehzahlen und kurzen Rohrlängen annähernd zutreffen.

Bei Ottomotoren mit ihren in der Regel höheren Drehzahlen spielen gasdynamische Effekte im Rohrsystem eine entscheidende Rolle. Als Beispiel zeigt Abb. 5.2 anhand des Vergleichs des Luftaufwands aus Messung und Rechnung für einen Vierzylinder-PKW-Ottomotor mit 2,2 l Hubraum, dass die Genauigkeit der Füll- und Entleermethode in diesem Fall nicht ausreicht.

Weitere Anwendungsbeispiele der eindimensionalen gasdynamischen Strömungsrechnung finden sich in Abschn. 5.6.3.

5.2 Auflading

Die vorrangige Aufgabe der Auflading besteht in einer wesentlichen Verbesserung der **Drehmoment- und Leistungscharakteristik** von Verbrennungskraftmaschinen. Damit verbunden sind Vorteile wie

kleinerer Raumbedarf des Motors,
besseres Leistungsgewicht,
geringerer Preis je Leistungseinheit.

Außerdem bewirkt die Auflading im Allgemeinen weitere Verbesserungen

beim Wirkungsgrad des Motors (vor allem bei Abgasturboauflading, ATL),
in den Schadstoffemissionen,
in der Geräuschemission.

Wegen dieser Vorteile wird die Auflading heute bei Großmotoren und Nutzfahrzeugen fast immer, bei PKW-Dieselmotoren zunehmend angewendet.

Weiterentwicklungen der Ladereinheiten, wie Verbesserung des Ansprech- und Beschleunigungsverhaltens, einwandfreie Beherrschung der höheren thermischen Belastung sowie Senkung der Kosten werden den Einsatzbereich des Ladermotors auch auf PKW-Ottomotoren ausweiten. Konstruktive Lösungen und spezielle Probleme der Aufladung werden im Rahmen dieses Buches nicht behandelt. Dazu kann auf die einschlägige Literatur verwiesen werden [5.11, 5.26, 5.29].

Die thermodynamischen Beziehungen für den **aufgeladenen vollkommenen Motor** mit und ohne Rückkühlung sind in Abschn. 3.6 angeführt. Hier sollen in erster Linie die grundsätzlichen Überlegungen für das Zusammenwirken von Lader und Motor sowie die thermodynamischen Grundlagen für die Berechnung des Arbeitsprozesses turboaufgeladener Motoren sowohl für den Stationär- als auch Instationärbetrieb beschrieben werden. Die Prozessrechnung ist erfahrungsgemäß ein bewährtes Mittel, das Zusammenspiel von Verbraucher, Motor und Lader wesentlich schneller und kostengünstiger zu optimieren, als dies mit reinem Prüfstandsbetrieb möglich ist.

In kurzer Form werden neben der ATL auch die wichtigsten Merkmale einiger Sonderformen der Aufladung, wie Comprex- oder die Hochdruckaufladung, besprochen.

5.3 Zusammenwirken von Motor und Lader

Den im Folgenden angeführten Gleichungen über das Zusammenwirken von Motor und Aufladesystem, einschließlich der Beziehungen für die Prozessrechnung, sind folgende Bezeichnungen und Indizes zugrunde gelegt (siehe auch Abb. 5.3): 0 für Außen-, Umgebungs- oder Bezugszustand; 1 für Zustand vor Verdichter; 2 für Zustand nach Verdichter und im Einlassbehälter; 3 für Zustand vor Turbine und im Auslassbehälter; 4 für Zustand nach Turbine; a für Austritt, Ein- oder Auslassbehälter; e für Eintritt, Ein- oder Auslassbehälter; s für isentrop; th für theoretisch; K für Verdichter; M für Motor; T für Turbine; TL für Turbolader; W für Wand; Z für Zylinder; VB für Verbraucher.

Die aufladetechnischen Forderungen an das **Ladesystem** werden durch den für eine geforderte Motorleistung notwendigen Luftdurchsatz, das dafür erforderliche Druckverhältnis und durch den Einsatz des aufgeladenen Motors bestimmt. Überschlägig lässt sich der erforderliche **Luftdurchsatz** L_P, bezogen auf die Leistungseinheit, aus der Beziehung

$$L_P = \frac{\dot{m}_L}{P_e} = \frac{\dot{m}_B}{P_e} \lambda L_{st} = b_e \lambda L_{st} \qquad (5.2)$$

ermitteln, wobei für den spezifischen Kraftstoffverbrauch b_e und für das Luftverhältnis λ Erfahrungswerte ähnlicher Motoren unter Berücksichtigung der Emissionsanforderungen eingesetzt werden können. In dieser Gleichung bedeuten L_P den bezogenen Luftdurchsatz in kg/kWh, $\dot{m}_L$ den Luftdurchsatz in kg/h, $\dot{m}_B$ die eingebrachte Brennstoffmasse in kg/h, λ das Luftverhältnis

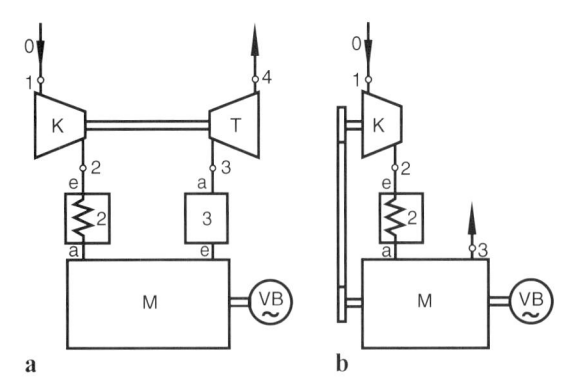

Abb. 5.3. Bezeichnungen und Indizes für Abgasturboaufladung (**a**) und mechanische Aufladung (**b**)

(gebildet aus Zylinderluft- und Spülluftmasse), L_{st} den stöchiometrischen Luftbedarf (ca. 14,7 kg Luft je kg Kraftstoff für Benzin und 14,4 kg Luft je kg Kraftstoff für Dieselkraftstoff), P_e die effektive Leistung in kW und b_e den effektiver spezifischer Kraftstoffverbrauch in kg/kWh.

Der vom Betriebspunkt abhängige Luftdurchsatz des Dieselmotors und Gemischdurchsatz des Ottomotors kann am besten im Druckverhältnis-Volumenstrom-Kennfeld dargestellt werden. Dabei wird der notwendige Durchsatz (**Motorschlucklinie**), bezogen auf den Zustand vor dem Verdichter, abhängig vom Ladedruck und der Motordrehzahl als Parameter, aufgetragen. Diese Motorschlucklinien sind für Zwei- und Viertaktverfahren verschieden.

5.3.1 Zweitaktmotor

Beim Zweitaktmotor in Normalausführung ist während der Öffnungzeit des Einlasses auch der Auslass offen. Der Ladungswechsel stellt deshalb einen **Spülvorgang** dar und wird durch das Druckgefälle (Einlass–Auslass), die Drosselung, die Erwärmung und die Dichte vor dem Einlassschlitz bestimmt. Der vom Verdichter zu liefernde Durchsatz teilt sich in Zylinderladung und durchgespülte Masse auf. Während, wie anschließend gezeigt wird, der Gesamtdurchsatz weitgehend drehzahlunabhängig ist, wird die Aufteilung in Zylinderladungsmasse und durchgespülte Masse sehr wohl von der Motordrehzahl und auch von den Steuerzeiten des Auslasses, d. h. vom Vorauslass, mitbestimmt.

Die erforderlichen Beziehungen für eine genaue Berechnung des **Ladungswechselvorgangs** wurden in Abschn. 4.2.6 beschrieben. Näherungsweise kann die durchströmende Masse für die Erstellung der Motorschlucklinien auch mit einer stark vereinfachten Rechnung ermittelt werden [5.29, 5.16]. Dabei werden die tatsächlichen Öffnungsquerschnitte und Durchflusszahlen der Auslass- und Einlassschlitze unter weitgehender Vernachlässigung der thermischen Verhältnisse im Zylinder durch einen reduzierten Querschnitt A_{red} und eine gemeinsame Durchflusszahl μ_{red} ersetzt. Diese Durchflusszahl wird so festgelegt, dass sich der gleiche Strömungswiderstand wie bei hintereinandergeschalteten Ein- (A_E) und Auslassquerschnitten (A_A) ergibt (siehe Abb. 5.4), der reduzierte Querschnitt A_{red} wird, abhängig vom Kurbelwinkel, während der Öffnungzeit des Einlassschlitzes errechnet. Es gilt:

$$\mu_{red} A_{red} = \frac{\mu_E A_E \mu_A A_A}{\sqrt{\mu_E^2 A_E^2 + \mu_A^2 A_A^2}}. \tag{5.3}$$

Wird der reduzierte Winkelquerschnitt $\int \mu_{red} A_{red} d\varphi$ auf die Dauer eines Arbeitsspieles bezogen, beim Zweitaktmotor 360° KW, ergibt sich aus der Durchflussgleichung (2.35) ein relativ einfaches **Volumenstrom-Kennfeld**

$$\dot{V}_1 = \psi_{23} \frac{\rho_2}{\rho_1} \sqrt{2RT_2} \frac{\int \mu_{red} A_{red} \, d\varphi}{360} \tag{5.4}$$

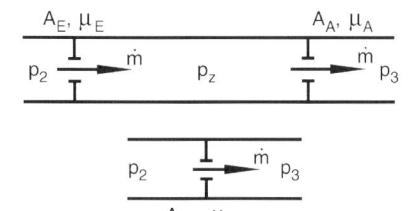

Abb. 5.4. Reduzierter Querschnitt zweier hintereinander durchströmter Öffnungen

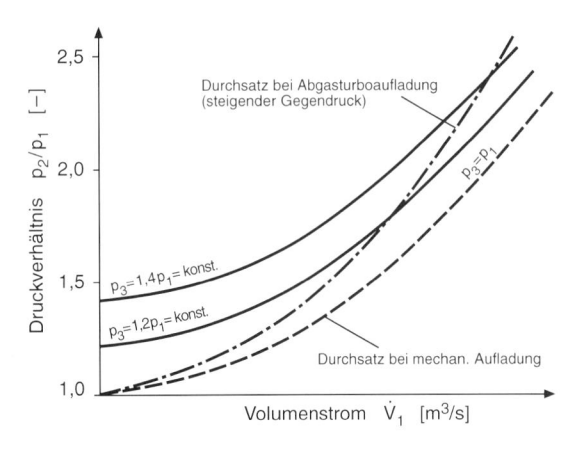

Abb. 5.5. Druck-Volumenstrom-Kennfeld eines Zweitaktmotors bei verschiedenen Gegendrücken

mit

$$\psi_{23} = \sqrt{\frac{\kappa}{\kappa-1}\left[\left(\frac{p_3}{p_2}\right)^{2/\kappa} - \left(\frac{p_3}{p_2}\right)^{(\kappa+1)/\kappa}\right]}. \tag{5.5}$$

Darin sind $\dot{V}_1$ der Volumenstrom bezogen auf Zustand vor Verdichter in m³/s, ρ_1 bzw. ρ_2 die Dichten vor Verdichter bzw. vor Einlassschlitz in kg/m³, R die Gaskonstante der Luft bzw. des Gemisches in J/kgK, T_2 die Temperatur vor Einlassschlitz in K, A_red die reduzierte Querschnittsfläche in m², μ_red die Durchflusszahl für den reduzierten Querschnitt, φ der Kurbelwinkel in Grad, ψ_{23} die Durchflussfunktion, κ der Isentropenexponent von Luft oder Gemisch und p_2 bzw. p_3 die Drücke vor bzw. nach dem reduzierten Querschnitt.

Aus Gl. (5.4) kann abgeleitet werden, dass die durchgesetzte Masse bei gegebenen geometrischen Verhältnissen und bestimmtem Ladedruck vom Gegendruck am Auslassschlitz (p_3) und geringfügig vom Laderwirkungsgrad – dieser beeinflusst über T_2 die Ladungsdichte – abhängt.

Sieht man vom Einfluss der drehzahlabhängigen Pulsation auf den Gesamtdruck vor und nach dem reduzierten Querschnitt ab, so ist es gleichgültig, ob die Schlitze in der Zeiteinheit wenige Male langsam oder oft schnell geöffnet werden. Es ergibt sich ein drehzahlunabhängiger Durchsatz und damit bei bestimmtem Gegendruck nur eine **Motorbetriebslinie**.

In Abb. 5.5 sind die Volumenströme durch einen Zweitaktmotor, abhängig vom **Ladedruckverhältnis** p_2/p_1 und vom **Gegendruck** p_3 als Parameter, schematisch dargestellt. Die Steigung der Kennlinien wird etwas vom Laderwirkungsgrad beeinflusst. Für einen bei einer bestimmten Leistung geforderten Frischluft- oder Gemischvolumenstrom $\dot{V}_1$ sind, abhängig vom Druck p_3 im Auslasskanal, unterschiedliche Ladedruckverhältnisse erforderlich, um das notwendige Druckgefälle zwischen Ein- und Auslass aufzubringen. Die strichpunktierte Linie entspricht schematisch der Betriebslinie eines Zweitaktmotors mit ATL. Bei ATL steigt mit zunehmendem Ladedruck auch der Abgasgegendruck, weshalb diese Betriebslinie steiler als jene mit konstanten Gegendrücken verläuft. Die strichlierte Linie entspricht der mechanischen Aufladung bei Druckgleichheit vor Verdichter und nach dem Auslass.

5.3.2 Viertaktmotor

Beim Viertaktmotor errechnet sich der Volumenstrom aus der angesaugten und der während der Ventilüberschneidung durchgespülten Masse.

5.3 Zusammenwirken von Motor und Lader   311

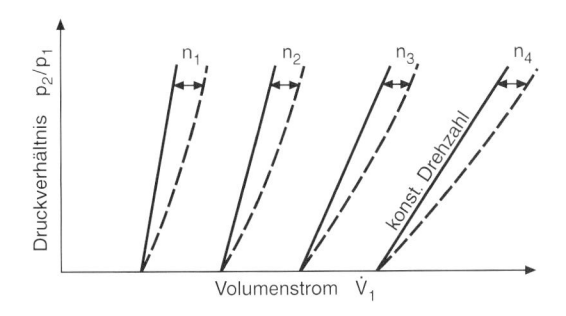

Abb. 5.6. Druck-Volumenstrom-Kennfeld eines Viertaktmotors bei verschiedenen Drehzahlen $n_1 < n_2 < n_3 < n_4$. Volle Linie, ohne Ventilüberschneidung; gebrochene Linie, mit Ventilüberschneidung

Der Volumendurchsatz $\dot{V}_1$ errechnet sich näherungsweise aus dem Hubvolumen V_h, der Motordrehzahl n und dem Liefergrad λ_1:

$$\dot{V}_1 = V_h \frac{n}{2} \frac{\rho_2}{\rho_1} \lambda_1 + \psi_{23} \frac{\rho_2}{\rho_1} \sqrt{2RT_2} \frac{\int \mu_{red} A_{red}\, d\varphi}{720} \tag{5.6}$$

Bei aufgeladenen Viertaktmotoren mit großer Ventilüberschneidung kann der Liefergrad mit guter Näherung durch die empirisch gefundene Beziehung [5.29]

$$\lambda_1 \approx \frac{\varepsilon}{\varepsilon - 1} \frac{T_2}{313 + \frac{5}{6}t_2} \tag{5.7}$$

ersetzt werden. Darin ist ε das Verdichtungsverhältnis, T_2 die Temperatur vor dem Einlassventil in K und t_2 in °C. Der Ausdruck $\varepsilon/(\varepsilon - 1)$ berücksichtigt, dass bei großer Ventilüberschneidung keine nennenswerte Rückexpansion des Restgases stattfindet, und $T_2/[313 + (5/6)t_2]$ bewertet die Erwärmung der Ladeluft während des Ansaugvorganges. Bei kleiner Ventilüberschneidung und der dadurch bedingten Restgasverdichtung kann der tatsächliche Liefergrad mit dieser vereinfachten Betrachtungsweise nicht ausreichend genau bestimmt werden, die Liefergradbestimmung erfolgt durch die Ladungswechselrechnung (siehe Abschn. 4.2.6).

Der erste Term der Gl. (5.6) ist der Motordrehzahl proportional, der zweite ist vom Druckverhältnis und von der Ventilüberschneidung – diese geht über A_{red} in die Rechnung ein – abhängig. Die durchgespülte Masse ist von der Drehzahl weitgehend unabhängig.

Typische **Viertaktmotor-Betriebslinien** sind in Abb. 5.6 mit der Motordrehzahl als Parameter für Motoren mit und ohne Ventilüberschneidung eingetragen. Der horizontale Abstand der beiden Linien bei einer bestimmten Drehzahl entspricht der Spülmasse.

Die Auswahl eines Laders oder Ladersystems erfolgt nun so, dass die für einen gewünschten Momentenverlauf des Motors erforderliche Frischladung für den ganzen Drehzahlbereich vom Lader bestmöglich aufgebracht wird.

5.3.3 Ladeluftkühlung

Die Verdichtung der Ansaugluft führt zwangsläufig zu einer **Temperaturerhöhung**, die, abgesehen von der Wärmeabgabe durch die Verdichterwandungen, vom Druckverhältnis und vom Verdichterwirkungsgrad bestimmt wird (siehe Abb. 5.7):

$$T_{2e} = T_1 + \frac{T_1}{\eta_{s\text{-}i.K}} \left[\left(\frac{p_{2e}}{p_1} \right)^{(\kappa-1)/\kappa} - 1 \right]. \tag{5.8}$$

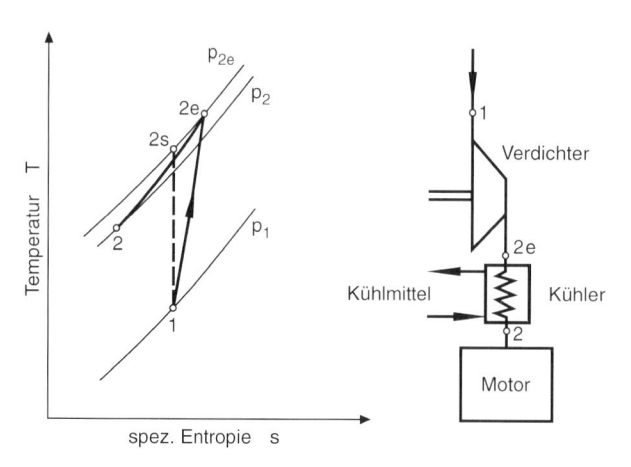

Abb. 5.7. Schema der Ladeluftkühlung mit Druckverlusten

Darin sind T_1 und T_{2e} Temperatur vor bzw. nach dem Verdichter, $\eta_{s\text{-}i,K}$ der innere isentrope Verdichterwirkungsgrad und p_1 und p_{2e} die Drücke vor bzw. nach dem Verdichter.

Diese Temperaturerhöhung vermindert den Aufladegrad und führt darüber hinaus zu erhöhten Prozesstemperaturen mit allen damit verbundenen Nachteilen. Die durch Ladeluftkühlung erreichbare Temperaturabsenkung ist von der **Kühlmitteltemperatur** und vom **Kühlerwirkungsgrad** abhängig. Der Kühlerwirkungsgrad η_{LLK} errechnet sich aus dem Verhältnis der tatsächlichen zur theoretisch möglichen Wärmeabfuhr:

$$\eta_{LLK} = \frac{T_{2e} - T_2}{T_{2e} - T_K}. \tag{5.9}$$

Darin sind T_{2e} die Ladelufteintrittstemperatur, T_2 die Ladeluftaustrittstemperatur und T_K die Kühlmedium-Eintrittstemperatur.

Die Ladeluftkühlung bringt im Wesentlichen die folgenden Vorteile.

Die **Leistung** aufgeladener Motoren wird gesteigert, weil bei gleichem Verbrennungsluftverhältnis entsprechend der größeren Ladungsmasse mehr Kraftstoff umgesetzt werden kann.

Eine niedrigere Ladungstemperatur am Verdichtungsbeginn führt zu **niedrigerer Temperatur** während des gesamten Arbeitsspieles und somit zu geringerer thermischer Belastung der Bauteile.

Die abgeminderten Wandwärmeverluste bei niedrigeren Prozesstemperaturen und die bei höherer Leistung prozentuell geringeren mechanischen Verluste führen zu einem verringerten **Kraftstoffverbrauch**.

Beim Ottomotor wirkt sich die Ladelufttemperatur entscheidend auf die erzielbare Leistung aus, da durch diese Temperatur auch die **Klopfneigung** beeinflusst wird. Abhängig von der Ladelufttemperatur sind dem Ladedruck und damit auch der Leistungserhöhung Grenzen gesetzt.

Die **NO$_x$-Emission** sinkt bei niedrigeren Prozesstemperaturen.

5.4 Mechanische Aufladung

Bei der mechanischen Aufladung wird der Lader vom Motor angetrieben, Motor- und Laderdrehzahl haben entweder ein festes oder ein über ein Getriebe festlegbares Übersetzungsverhältnis.

5.4 Mechanische Aufladung

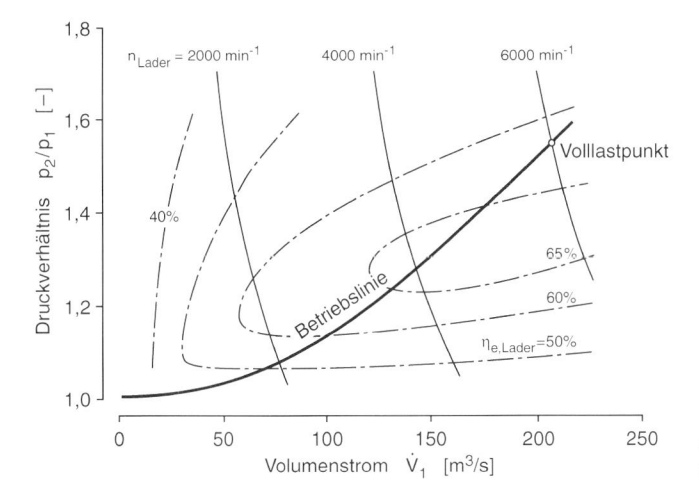

Abb. 5.8. Betriebslinie eines Zweitaktmotors im Kennfeld eines Roots-Laders

Mechanische Lader arbeiten entweder nach dem **Verdrängerprinzip**, wie Roots-Gebläse, Flügelzellenrad, Hubkolbenlader, Spirallader und Schraubenverdichter, oder nach dem Prinzip der **Strömungsmaschinen**, wie Radial- oder Axialgebläse. Waren in den Anfängen der Aufladung ausschließlich mechanische Lader im Einsatz, so werden sie heute eher vereinzelt, als Roots- oder Flügelzellenlader für PKW-Motoren und andere Motoren kleinerer Baugröße, verwendet. Roots- oder Flügelzellenlader sind nur bis zu einem relativ niedrigen Druckverhältnis von ca. 1,6 wirtschaftlich einsetzbar, haben aber den Vorteil, dass das erreichbare **Druckverhältnis** weitgehend unabhängig von der Drehzahl ist, so dass also bereits bei niedriger Last und Drehzahl hohe Aufladegrade erreicht werden. Außerdem bringt der verzögerungsfreie Druckaufbau durch die starre Koppelung mit dem Motor Vorteile beim **Beschleunigungsverhalten**, die besonders beim PKW- und Motorradantrieb zum Tragen kommen.

In Abb. 5.8 ist die Betriebslinie eines mit einem **Roots-Gebläse** aufgeladenen Zweitaktmotors dargestellt. Beim Zweitaktmotor gibt es, wie in Abschn. 5.3.1 beschrieben, nur eine im Wesentlichen vom Druckverhältnis bestimmte und von der Motordrehzahl unabhängige Schlucklinie. Die Durchsatzmasse des Laders ist hingegen hauptsächlich der Lader- und damit der Motordrehzahl proportional. Der **Ladedruck** stellt sich automatisch als Gleichgewichtszustand auf der Betriebslinie des Motors ein, weil die durch den Motor strömende Masse vom Druckgefälle zwischen Ein- und Auslassschlitz bestimmt wird. Beim Zweitaktmotor kann praktisch nichts von der aufgewendeten Antriebsleistung des Laders durch eine positive Ladungswechselarbeit zurückgewonnen werden. Um eine dem Ladedruck entsprechende Frischladung im Zylinder zu erreichen, müsste die Auslasssteuerzeit angepasst werden. Deshalb wird eine rein mechanische Aufladung bei Zweitaktmotoren kaum ausgeführt.

In Abb. 5.9 ist das **Druckverhältnis-Volumenstrom-Kennfeld** eines Viertaktmotors im Kennfeld eines Roots-Laders dargestellt. Das erforderliche **Übersetzungsverhältnis** zwischen der Drehzahl des Motors und der des verwendeten Laders wird so bestimmt, dass beim Volllastpunkt das gewünschte – durch das erforderliche Motormoment bedingte – Druckverhältnis (in Abb. 5.9 mit einem Kreis gekennzeichnet) erreicht wird. Bei festgelegtem Übersetzungsverhältnis Motor–Lader sind alle weiteren Betriebspunkte im Kennfeld durch die Schnittpunkte der jeweiligen Drehzahllinien n_{Lader} und n_{Motor} bestimmt.

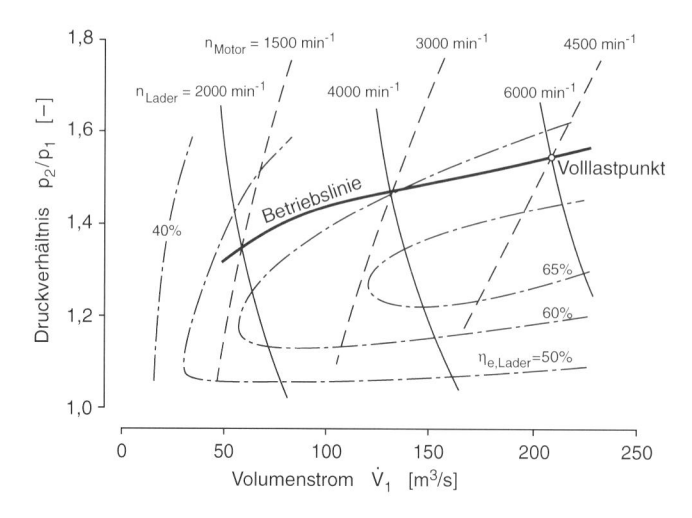

Abb. 5.9. Betriebslinie eines Viertaktmotors im Kennfeld eines Roots-Laders

5.5 Abgasturboaufladung

Die Abgasturboaufladung (ATL) ist das mit Abstand am meisten angewendete und am vielseitigsten einsetzbare Aufladesystem.

Zum einen sind die **Wirkungsgrade** von Turbine und Verdichter durch die Entwicklungen über viele Jahre noch erheblich verbessert worden, zum anderen können mit ATL hohe Druckverhältnisse mit **großen Durchsatzspannen** erreicht werden.

Im Gegensatz zur mechanischen Aufladung ist die Drehzahl des Abgasturboladers und damit der Ladedruck nicht unmittelbar durch ein starres Übersetzungsverhältnis von der Motordrehzahl abhängig. Der Betriebspunkt des Turboladers stellt sich als Gleichgewichtszustand zwischen Verdichter- und Turbinenleistung ein.

5.5.1 Charakteristische Betriebslinien

Für einige charakteristische Betriebszustände sind die Betriebslinien bei ATL für das Zwei- und Viertaktverfahren in Abb. 5.10 schematisch dargestellt.

Zweitaktmotor

Wenn beim Zweitaktmotor der Einlass offen ist, ist im Normalfall auch der Auslass offen, so dass der Durchsatz, abgesehen von kleineren Einflüssen, nur vom **Druckgefälle** zwischen

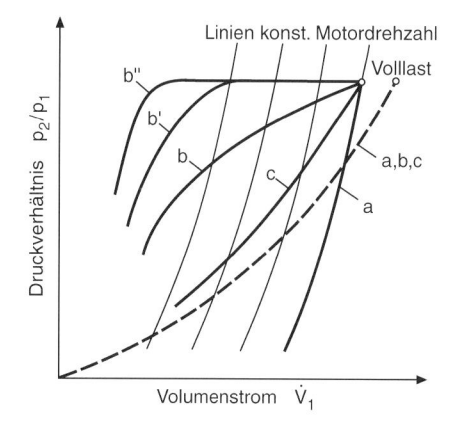

Abb. 5.10. Charakteristische Betriebslinien für Zwei- (gebrochene Linie) und Viertaktmotoren (volle Linien). *a* Generatorbetrieb bei konstanter Motordrehzahl; *b* Fahrzeug, Volllastkurve ohne Abblaseventil; *b'* Fahrzeug, Volllastkurve mit Abblaseventil; *b''* Fahrzeug, Volllastkurve mit variabler Turbinengeometrie; *c* Betrieb entlang einer Propellerkurve

Ein- und Auslass bestimmt wird. Es ergibt sich daher ein von der Drehzahl beinahe unbeeinflusster Frischluftvolumenstrom $\dot{V}_l$. Die unterschiedenen Lastfälle für Generatorbetrieb, Fahrzeuge und die Propellerkurve liegen deshalb auf einer Linie (Abb. 5.10), die bei ATL steiler verläuft als im Saugbetrieb oder unter bestimmtem konstantem Gegendruck (vgl. Abb. 5.5). Mit wachsendem Durchsatz steigt der Gegendruck nach dem Motor, also vor der Turbine, und verringert damit das wirksame Druckgefälle. Der Ladedruck stellt sich nach dem Leistungsgleichgewicht Turbine–Verdichter ein.

Viertaktmotor
Generatorbetrieb (Abb. 5.10, Linie a). Bei Generatorbetrieb liegen die Betriebspunkte auf einer zur Motordrehzahl gehörenden Durchsatzlinie. Mit fallendem Drehmoment nimmt die Temperatur des Abgases und damit die Enthalpie an der Turbine rasch ab, das energetische Gleichgewicht Turbine–Verdichter pendelt sich auf niedrigem Druckniveau ein.
Fahrzeugbetrieb ohne Abblaseventil (Abb. 5.10, Linie b). Bei maximalem Moment im Fahrzeugbetrieb sinkt zwar der Ladedruck mit abnehmender Drehzahl, weil der Durchsatz geringer wird, der Druckabfall erfolgt anfangs aber nur langsam, weil die Abgastemperatur hoch bleibt.
Fahrzeugbetrieb mit Abblaseventil (Abb. 5.10, Linie b′). Im Fahrzeugbetrieb ist ein hohes Motormoment im mittleren Drehzahlbereich erwünscht. Die Auslegung des Turboladers erfolgt dann so, dass bereits bei niedrigen Motordrehzahlen ein hoher Ladedruck erreicht wird. Dadurch steigt bei hohen Drehzahlen trotz des schlechteren Ladewirkungsgrades der Ladedruck so stark an, dass die Druckbelastung und beim Ottomotor die Füllung zu groß werden. In solchen Fällen wird, aus thermodynamischen Gründen, meist abgasseitig, ein Abblaseventil (Waste-gate) angeordnet, welches das wirksame Druckgefälle vor der Turbine begrenzt, so dass auch der Ladedruck annähernd konstant bleibt.
Fahrzeugbetrieb mit variabler Turbinengeometrie (Abb. 5.10, Linie b″). Einen noch wirksameren Weg, die Leistung der Abgasturbine bei kleinen Abgasturbinen und niedriger Abgastemperatur zu steigern, stellt der Abgasturbolader mit variabler Turbinengeometrie (VTG) dar. Bei diesen Ladern wird die starre Einlaufspirale zum Turbinenrad durch ein verstellbares Schaufelgitter ersetzt. Damit können die Zuströmbedingungen zur Turbine über einen großen Durchsatzbereich weitgehend optimal gestaltet werden. Als Folge baut ein VTG-Lader bereits im unteren Motorbetriebsbereich Ladedruck auf und stellt auch bei hohen Motordrehzahlen die notwendige Turbinenleistung mit guten Wirkungsgraden, also mit möglichst niedrigem Abgas-Staudruck, zur Verfügung.
Betrieb entlang einer Propellerkurve (Abb. 5.10, Linie c). Entlang einer Propellercharakteristik nehmen mit fallender Drehzahl der Durchsatz und das Drehmoment ab. Als Folge davon sinken die Abgasenthalpie und der Ladedruck rasch.

5.5.2 Beaufschlagungsarten der Turbine

Stauaufladung
Bei der Stauaufladung werden die Auspuffgase aus den einzelnen Zylindern in einen gemeinsamen Behälter geleitet, wo sich die Druckstöße der einzelnen Zylinder vergleichmäßigen und das Gas mit nahezu **konstantem Druck** zur Turbine strömt. Es ist prinzipiell nur ein Turbolader mit einem einfachen Eintritt in die Turbine notwendig. Das für eine ausreichende Dämpfung der Druckpulsationen erforderliche Volumen des Auslassbehälters ist vom Zylinderdruck beim Öffnen der Auslassventile und von der Frequenz der Pulsationen, das heißt von der Anzahl der Zylinder, die in den Behälter münden, abhängig.

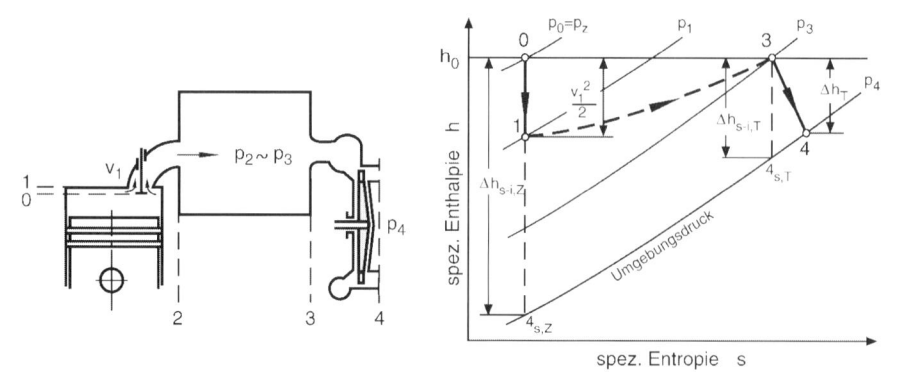

Abb. 5.11. hs-Diagramm für Stauaufladung bei überkritischem Druckverhältnis

Die thermodynamischen Zustandsänderungen des Verbrennungsgases sind für ein **überkritisches Druckverhältnis**, Zylinderdruck p_Z zu Behälterdruck p_3, vereinfacht im hs-Diagramm in Abb. 5.11 dargestellt. Der Darstellung im hs-Diagramm liegen die Annahme eines wärmeisolierten Behälters und die Voraussetzung zugrunde, dass h_0 die mittlere spezifische Enthalpie der gesamten während eines Arbeitsspiels ausgeschobenen Masse darstellt. Die Bezugnahme auf die mittlere spezifische Enthalpie ist deshalb notwendig, weil die ausströmende Masse am Beginn des Ausschiebetakts eine höhere, am Ende jedoch eine niedrigere Temperatur als jene im Behälter aufweist. Die vom Zylinder in den Behälter austretende Gesamtenthalpie bleibt aber erhalten.

Abhängig vom Druckverhältnis p_Z/p_3 strömt das Gas mit kritischer oder unterkritischer Geschwindigkeit durch den Ventilspalt und expandiert im Abgasbehälter unter Verwirbelung der Geschwindigkeitsenergie $v_1^2/2$ auf den annähernd konstanten Behälterdruck p_3. Obwohl die Totalenthalpie erhalten bleibt, führen die Durchmischung des Behälterinhaltes mit der einströmenden Masse veränderlicher Temperatur, die Verwirbelung der Geschwindigkeitsenergie und die Drosselung abhängig vom Druckgefälle zu einer starken **Entropiezunahme**. Dadurch steht der Turbine bei isentroper Expansion auf Umgebungsdruckniveau nur mehr das verhältnismäßig geringe Enthalpiegefälle $\Delta h_{s\text{-}i,T}$ zur Verfügung, während bei isentroper Expansion vom Zylinderdruckniveau aus die theoretisch verfügbare Enthalpiedifferenz $\Delta h_{s\text{-}i,Z}$ beträgt. Wegen der Turbinenverluste kann vom vorhandenen isentropen Enthalpiegefälle $\Delta h_{s\text{-}i,T}$ nur Δh_T für den Antrieb des Verdichters genutzt werden.

Die schlechte Nutzung der Abgasenthalpie wird durch die besseren Turbinenwirkungsgrade bei praktisch konstanter Druckbeaufschlagung teilweise wieder aufgewogen.

Die Vorteile der Stauaufladung bestehen

- in der einfacheren konstruktiven Gestaltung des Auspuffsystems und der Abgasturbine,
- im geringfügig niedrigeren Kraftstoffverbrauch des Motors infolge geringerer Ausschiebearbeit gegenüber der anschließend beschriebenen Stoßaufladung.

Nachteile ergeben sich

- durch das geringe Energieangebot an der Turbine bei Teillast,
- bei Beschleunigungs- und Lastzuschaltvorgängen, weil der Druck im relativ großen Abgasbehälter nur langsam steigt und die an der Turbine verfügbare Energie entsprechend langsam zunimmt.

5.5 Abgasturboaufladung

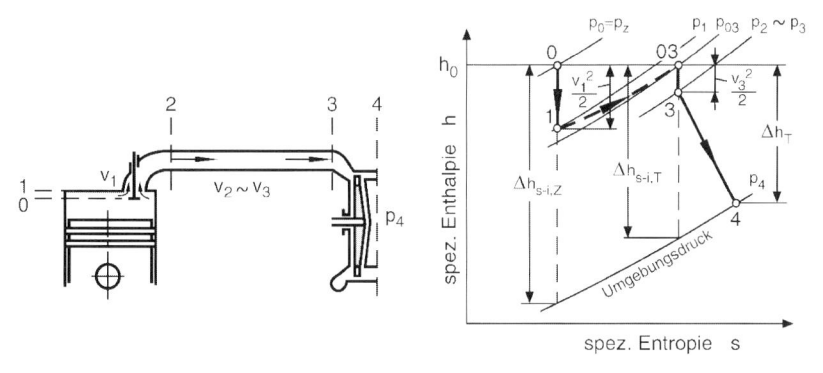

Abb. 5.12. hs-Diagramm für Stoßaufladung bei überkritischem Druckverhältnis

Stoßaufladung

Bei der Stoßaufladung fehlt ein Ausgleichsbehälter. Wegen des kleinen Volumens der Auspuffleitung steigt in dieser der Druck nach dem Öffnen des Auslassventils rasch während der Druckabsenkung im Zylinder.

Die charakteristischen Merkmale der thermodynamischen Zustandsänderungen des Abgases sind vereinfacht in Abb. 5.12 im hs-Diagramm dargestellt, wobei h_0 wieder die mittlere spezifische Enthalpie der aus dem Zylinder austretenden Masse bedeutet. In der ersten Phase nach dem Öffnen des Auslassventils (Vorauslass) herrscht zwischen dem Zylinderdruck p_Z und dem Behälterdruck p_3 ein überkritisches Druckverhältnis. Das mit **Schallgeschwindigkeit** durch den Ventilspalt strömende Verbrennungsgas wird am Beginn der Auspuffleitung auf den momentanen Druck p_2 gedrosselt, wobei abhängig vom Verhältnis Leitungs- zu Ventildurchtrittsquerschnitt ein Teil der **Geschwindigkeitsenergie**, $v_2^2/2$, erhalten bleibt. Die Druckwelle läuft nun mit Schallgeschwindigkeit zum Rohraustritt, wo unter der Voraussetzung eines kurzen wärmeisolierten Rohres und der Vernachlässigung der Reibungsverluste das Gas mit der Geschwindigkeit $v_3 \approx v_2$ in die Turbine strömt.

Am Beginn des Auslasstakts ist wegen des hohen Druckverhältnisses p_Z/p_2 die Einströmgeschwindigkeit v_1 wesentlich größer als die Ausströmgeschwindigkeit v_3. Dies führt zu einem raschen Anstieg des Auslassrohrdrucks, wodurch das Druckgefälle zwischen Zylinder und Auslassrohr sinkt und die **Drosselverluste** wesentlich abnehmen. Die geringeren Drosselverluste und die teilweise Erhaltung der Geschwindigkeitsenergie bewirken eine geringere Entropiezunahme, als dies bei der Stauaufladung der Fall ist. Somit kann vom theoretisch möglichen Enthalpiegefälle $\Delta h_{s-i,Z}$ ein größerer Anteil Δh_T für den Antrieb des Verdichters genutzt werden.

Der größte Teil der Energie wird als **Druckwelle**, ein wesentlich kleinerer Teil als **Geschwindigkeitswelle** zur Turbine transportiert. Diese Druckschwankungen wirken sich wegen des Rückstaus auch auf die Ausschiebearbeit des Motors aus, wodurch sich bei stoßaufgeladenen Motoren im Allgemeinen der Verbrauch geringfügig erhöht.

Die ungleichmäßige Beaufschlagung bringt für die Turbine nur Nachteile, wie geringeres Schluckvermögen, stärkere Anregung der Schaufelschwingungen und schlechteren Wirkungsgrad. Der Nachteil des schlechteren Wirkungsgrades wird jedoch vom höheren Energieangebot normalerweise überwogen. Die Auswirkungen der Stoßaufladung auf die Anordnung der Auspuffleitungen und die Ausführung des Turboladers werden im anschließenden Abschnitt kurz beschrieben.

5.5.3 Abgasturboaufladung von Viertaktmotoren

Bei Viertaktmotoren erfolgt der Ladungswechsel mit Hilfe der **Kolbenbewegung**. Die Hauptaufgabe der Aufladung besteht deshalb darin, die Ansaugluft in **gewünschter Dichte** zur Verfügung zu stellen. Außerdem sollte ein **positives Druckgefälle** zwischen Ein- und Auslassbehälter erreicht werden. Dies bringt Vorteile im Verbrauch und sorgt im Gegensatz zu Saugmotoren während der Ventilüberschneidung für eine Spülung des Restgases. Eine geringere Restgasmasse erlaubt eine Leistungssteigerung ohne Zunahme der thermischen und mechanischen Belastung und bewirkt eine Verringerung der Rußemission.

Ein deutlich positives Druckgefälle kann mit Hilfe der **Stauaufladung** nur bei hoher Last und hohen Aufladegraden erreicht werden. Im Teillastbetrieb sinkt das Druckgefälle, es wird sogar negativ, so dass eine Spülung nicht mehr möglich ist. Die Stauaufladung wird deshalb nur angewendet, wenn große Lader mit hohen Wirkungsgraden eingesetzt werden können und der Motor hauptsächlich im Auslegungsbereich betrieben wird. Bei Motoren mit großer Zylinderzahl sind die einfachere Anordnung der Auspuffleitungen und der etwas niedrigere Verbrauch für die Anwendung dieses Verfahrens ausschlaggebend.

Der größte Teil der Motoren, besonders wenn sie auch im Teillastbetrieb arbeiten, oder wenn ein gutes Beschleunigungsverhalten verlangt ist, wird im **Stoßbetrieb** aufgeladen. Dabei werden die Abgase aus den Zylindern mit geeigneten Zündabständen in jeweils eine gemeinsame Leitung zusammengefasst. Bei Motoren mit größerer Zylinderzahl werden die einzelnen Sammelleitungen in getrennte Kammern des Turbinengehäuses oder überhaupt zu zwei oder mehr Turbinen geführt [5.29, 5.26]. Die Zusammenfassung der Abgase der einzelnen Zylinder erfolgt so, dass der Druckstoß aus einem Zylinder nicht den Spülvorgang eines anderen, in die gleiche Sammelleitung mündenden, behindert. Für die Auslegung von Motoren mit Stoßaufladung gilt, dass nur die Abgase von Zylindern mit mindestens 180° KW Zündabstand zusammengefasst werden dürfen. Optimales Zusammenwirken von Motor und Turbolader ergibt sich, wenn die Zylinder mit Zündabständen von 240° KW in eine Leitung münden. Diese Anordnung wird als symmetrischer Dreierstoß bezeichnet und kann bei Drei-, Sechs- oder Neunzylindermotoren verwirklicht werden.

Die Vorteile ergeben sich hauptsächlich aus den folgenden Gründen.

Wie aus Abb. 5.13 zu ersehen ist, tritt noch keine negative Beeinflussung des Spülvorganges des jeweils vorher ausschiebenden Zylinders auf. Es bleibt ein deutlich **positives Spülgefälle** – die im Bild schraffierte Fläche – während der Ventilüberschneidung erhalten.

Bei Leitungsanordnungen, wo die Auslassperiode zeitlich ungefähr dem Zündabstand entspricht, bleibt immer ein deutliches Druckgefälle zwischen Turbinenein- und -austritt erhalten. Mit dieser Anordnung wird verhindert, dass sich zwischen den Druckstößen der Auslassbehälter entleert und vom folgenden Auspuffstoß erst wieder aufgefüllt werden muss. Mit **Dreierstößen** werden deshalb am ehesten die ATL-Wirkungsgrade wie im Staubetrieb erreicht.

5.5.4 Abgasturboaufladung von Zweitaktmotoren

Da Zweitaktmotoren keinen eigenen Ansaug- und Ausschiebetakt haben, wird Frischluft nur in der Phase, in der die Ein- und Auslasskanäle gleichzeitig offen sind und positives Druckgefälle zwischen Ein- und Auslasssystem herrscht, angesaugt. Die Güte des Spülvorgangs, in dem frische Luft ein- und verbranntes Gas ausgeschoben werden, ist entscheidend für den Arbeitsprozess eines Zweitaktmotors. Die Qualität der Spülung wird weitgehend von der Auslegung des verwendeten Spülsystems bestimmt.

5.5 Abgasturboaufladung

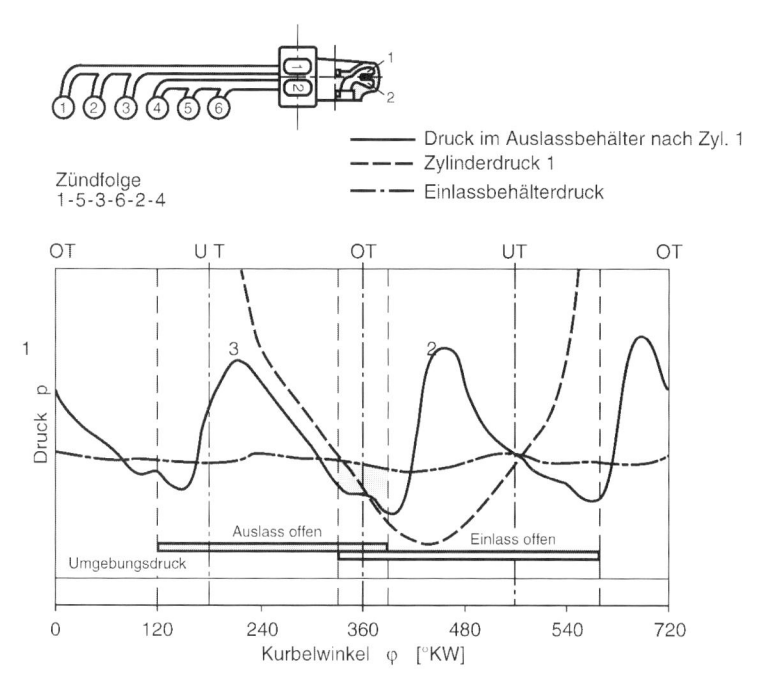

Abb. 5.13. Druckverläufe bei Stoßaufladung eines 6-Zylinder-LKW-Dieselmotors mit symmetrischem Dreierstoß und Radial-Zwillingsstrom-Turbine

Die gebräuchlichsten Systeme sind, wie in Abschn. 4.2.6 beschrieben, die Längs- oder Gleichstrom-, die Umkehr- und die Querspülung. Der Spülvorgang wird mit Hilfe des **Spülgrades**, dem Verhältnis der im Zylinder verbleibenden Frischluft zur gesamten Zylinderladungsmasse (Frischluft plus Restgas), beurteilt. Um ausreichende Spülgrade zu erreichen, müssen abhängig vom Spülsystem unterschiedlich hohe Anteile (von ca. 10 % bei Gleichstrom bis zu 40 % bei Querspülung) der im Zylinder verbleibenden Frischluft durchgespült werden.

Dies wirkt sich ungünstig auf die Abgasturboaufladung aus, weil einerseits die Abgastemperatur gesenkt wird und andererseits die für die Verdichtung der Spülluft notwendige Arbeit in der Turbine nur teilweise wiedergewonnen wird. Trotz der gegenüber dem Viertaktmotor schlechteren Randbedingungen für den Turbolader muss beim Zweitaktmotor über den gesamten Einsatzbereich ein positives Spülgefälle aufrecht erhalten werden. Dies ist mit Stauaufladung praktisch nur bei großen, langsam laufenden Motoren bei hoher Last und sehr guten ATL-Wirkungsgraden möglich. Im Teillastbetrieb sinken die Abgastemperaturen und die Wirkungsgrade gegenüber dem Auslegungspunkt. In ähnlicher Weise erreichen schnelllaufende Motoren mit kleinen Ladern auch nur niedrigere Laderwirkungsgrade, wobei zusätzlich die Druckverluste an den Ein- und Auslasskanälen steigen.

Deshalb müssen stauaufgeladene Zweitaktmotoren zur Mithilfe bei der Spülluftbeschaffung für den Startvorgang und für Teillastbetrieb mit zusätzlichen Verdichtereinrichtungen ausgerüstet werden, die bei höherer Last in der Regel weggeschaltet werden. Als **zusätzliche Spülgebläse** kommen Rotations-, Turbo- oder Kolbenverdichter zum Einsatz, die meist in Serie mit dem ATL geschalten werden und entweder vor oder nach diesem eingebaut sind. Wird das Spülgebläse vor dem ATL angeordnet, so wird bei großen Volumenströmen meist ein Turboverdichter verwendet, bei Anordnung nach dem ATL erfolgt die zusätzliche Verdichtung der Ansaugluft häufig mit Hilfe der Kolbenunterseite [5.18].

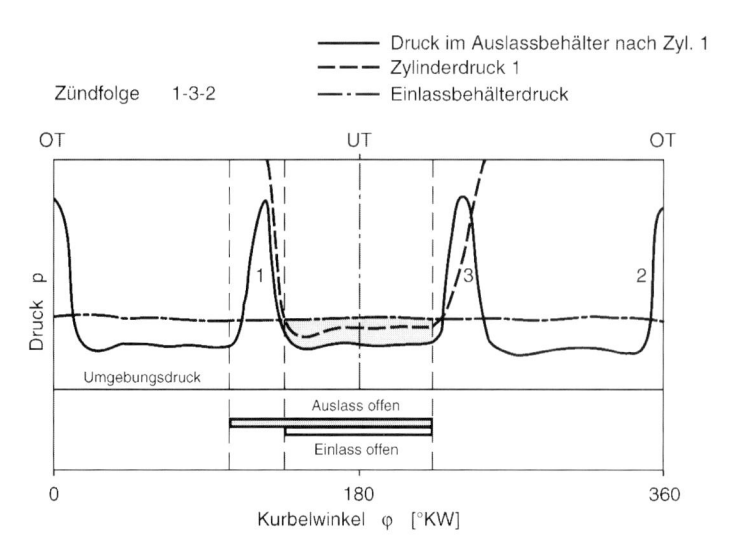

Abb. 5.14. Druckverläufe bei Stoßaufladung eines Zweitaktmotors mit symmetrischem Dreierstoß

Während im Staubetrieb der ATL nicht in der Lage ist, über den ganzen Betriebsbereich des Motors den Ladungswechselvorgang ohne Zusatzeinrichtung aufrecht zu erhalten, steht im Stoßbetrieb vor allem im **Teillastbereich** wesentlich mehr Energie an der Turbine zur Verfügung. Bei gut abgestimmtem Spülsystem, hohem Energieangebot an der Turbine und hohen ATL-Wirkungsgraden kann der Zweitaktmotor über den ganzen Betriebsbereich ein positives Druckgefälle erreichen. Er kann damit ohne Spülpumpe betrieben werden, der Start erfolgt normalerweise mit Pressluft. Ähnlich wie bei Viertakt- liefert auch bei Zweitaktmotoren der **symmetrische Dreierstoß** die besten Ladungswechselergebnisse. Bei Zündabständen von 120° KW ist noch über die gesamte Spüldauer ein positives Druckgefälle möglich (Abb. 5.14). Zudem sind bei dieser Anordnung die Zündabstände nicht wesentlich länger als die Auslassperioden. Dadurch wird verhindert, dass sich das Leitungssystem entleert. Es müsste sonst erst vom nächsten Auspuffstoß wieder aufgefüllt werden, bevor sich ein wirksames Druckgefälle zwischen Turbinenein- und -austritt aufbaut.

5.5.5 Kennfelddarstellung

In den Kennfeldern für Turbine und Verdichter werden immer **bezogene Größen** dargestellt. Dies hat den Vorteil, dass die Eigenschaften des Turboladers unabhängig von den Einsatzbedingungen (Eintrittsdruck und -temperatur) angegeben werden. Die verwendeten Größen sind entweder dimensionslos (Druckverhältnis Π, Wirkungsgrad η, Durchflusszahl μ) oder basieren, wie bezogene Drehzahl n^* und bezogener Massenstrom $\dot{m}^*$, auf dimensionslosen Größen. Unter **Druckverhältnis Π** versteht man beim Verdichter Ausgangs- dividiert durch Eingangsdruck und bei der Turbine Eingangs- zu Ausgangsdruck. Die im Folgenden verwendeten Indizes entsprechen der üblichen Darstellung und weichen von der in Abschn. 5.3 getroffenen Vereinbarung dahin gehend ab, dass für den Eintritts- oder Bezugszustand, unabhängig ob Turbine oder Verdichter, der Index 0 und für den Austrittszustand der Index 1 verwendet werden.

Das Verhalten von Turbine und Verdichter als Strömungsmaschine wird durch die Kontinuitätsgleichung, die isentrope Zustandsänderung als Vergleichsbasis sowie durch die Energiegleichung beschrieben [5.25]. Aus diesen Gleichungen geht hervor, dass der Massenstrom und der

5.5 Abgasturboaufladung

Wirkungsgrad eine Funktion des Eintrittszustandes (p_0, T_0), des Druckverhältnisses (p_1/p_0), der Drehzahl (n), eines charakteristischen Durchmessers (D) und des strömenden Mediums (R, κ) sind:

$$\dot{m}, \eta = f(p_0, T_0, p_1, n, D, R, \kappa). \tag{5.10}$$

Werden diese unabhängigen Größen in dimensionslose Gruppen zusammengefasst, so gilt:

$$\frac{\dot{m}\sqrt{RT_0}}{p_0 D^2}, \eta = f\left(\frac{p_1}{p_0}, \frac{nD}{\sqrt{RT_0}}, \kappa\right). \tag{5.11}$$

Bei der Darstellung der Kennfelder betrachtet man die Stoffgrößen des jeweilig strömenden Mediums (R und κ für Luft oder Abgas) sowie den durch die Geometrie bestimmten Durchmesser D als Konstante, so dass sich der bezogene Massenstrom

$$\dot{m}^* = \frac{\dot{m}\sqrt{T_0}}{p_0} \tag{5.12}$$

und η nur noch als Funktion des Druckverhältnisses und der bezogenen Drehzahl $n^* = n/\sqrt{T_0}$ ergeben:

$$\frac{\dot{m}\sqrt{T_0}}{p_0}, \eta = f\left(\frac{p_1}{p_0}, \frac{n}{\sqrt{T_0}}\right). \tag{5.13}$$

Diese Größen haben nun zwar den Nachteil, dass sie nicht mehr dimensionslos sind, beschreiben aber unabhängig vom Eintrittszustand die Eigenschaften von Turbine und Verdichter.

Turbinenkennfelder

Für die Darstellung der Turbinenkennfelder sind zwei Arten üblich.

1. Die Durchflusszahl μ_T und der Wirkungsgrad $\eta_{s\text{-}i,T}$ werden über der **Laufzahl** v_u/v_0 dargestellt, wobei die bezogene Turbinendrehzahl n^*_{TL} oder das Druckverhältnis Π_T Parameter sind (siehe Abb. 5.15).

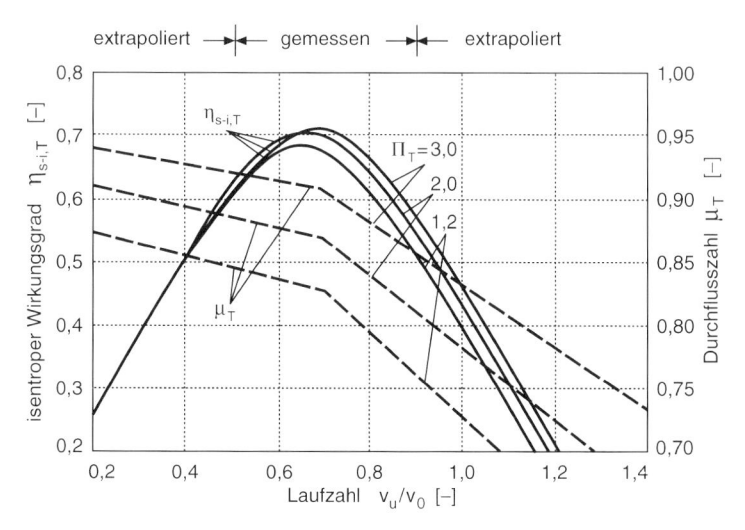

Abb. 5.15. Kennfeld einer Radialturbine über Laufzahl

Die Laufzahl v_u/v_0 ist definiert als der Quotient der Umfangsgeschwindigkeit des Turbinenrades v_u

$$v_\mathrm{u} = D\pi n_\mathrm{TL} \tag{5.14}$$

und der theoretischen Gasgeschwindigkeit v_0 an der Turbine bei isentroper Expansion vom Zustand vor der Turbine p_3, T_3 auf den Druck p_4 nach der Turbine:

$$v_0 = \sqrt{2(h_3 - h_{4\mathrm{s}})}. \tag{5.15}$$

Darin ist D bei Radialturbinen der Turbinenradaußendurchmesser, bei Axialturbinen der Durchmesser des Schaufelmittenkreises und n_TL die Turbinendrehzahl in s^{-1}.

Die **Durchflusszahl** μ_T wird am Turbinenprüfstand stationär ermittelt:

$$\mu_\mathrm{T} = \dot{m}_\mathrm{T}/\dot{m}_\mathrm{th}. \tag{5.16}$$

Darin ist $\dot{m}_\mathrm{T}$ der aus den Messungen bestimmte tatsächliche Massenstrom. Die bei einem geometrischen Bezugsquerschnitt und dem angelegten Druckverhältnis theoretisch durchsetzbare Masse beträgt

$$\dot{m}_\mathrm{th} = A_\mathrm{T} p_0 \sqrt{\frac{2}{RT_0}} \psi. \tag{5.17}$$

wobei ψ eine Funktion von κ und vom Druckverhältnis Π sowie A_T ein konstanter, nur von der Turbinengeometrie abhängiger Bezugsquerschnitt ist, der vom Turbinenhersteller zum jeweiligen Kennfeld angegeben wird.

Als **Bezugsquerschnitt** wird oft eine Ersatzfläche der hintereinander durchströmten Düsenringfläche A_D und der freien Laufschaufelfläche A_S definiert [5.29]:

$$A_\mathrm{T} = \frac{A_\mathrm{D} A_\mathrm{S}}{\sqrt{A_\mathrm{D}^2 + A_\mathrm{S}^2}}. \tag{5.18}$$

Der Bezugsquerschnitt wird in der Berechnung oft etwas korrigiert, um die Abweichungen des Rechenmodells gegenüber den tatsächlichen Verhältnissen zu kompensieren.

Der isentrope Turbinenwirkungsgrad $\eta_\mathrm{s\text{-}i,T}$ und die Durchflusszahl μ_T werden am Turbinenprüfstand im Stationärbetrieb nur über einem sehr engen Bereich von v_u/v_0 erfasst. Am Motor treten jedoch, vor allem bei Stoßaufladung, sehr hohe periodische Druckschwankungen auf, denen der Läufer nicht trägheitslos folgt. Als Folge ergeben sich Betriebsbedingungen, für die gemessene Wirkungsgrade und Durchflusszahlen nicht mehr vorliegen. Um die Wirkungsgradänderungen bei höheren und niedrigeren Laufzahlen zu erfassen, werden die gemessenen Werte, ausgehend vom Wirkungsgradmaximum, durch Parabeln zweiten Grades extrapoliert [5.5]. Die Durchflusszahlen μ_T werden analog, ausgehend von den gemessenen Werten, zu höheren und niedrigeren v_u/v_0-Werten linear extrapoliert (siehe Abb. 5.15).

Bei Verwendung dieser Art von Turbinenkennfeldern werden die aktuellen $\eta_\mathrm{s\text{-}i,T}$- und μ_T-Werte abhängig von der Laufzahl v_u/v_0 und dem Druckverhältnis Π_T ermittelt.

$$\eta_\mathrm{s\text{-}i,T} = f(v_\mathrm{u}/v_0, \Pi_\mathrm{T}), \tag{5.19}$$

$$\mu_\mathrm{T} = f(v_\mathrm{u}/v_0, \Pi_\mathrm{T}). \tag{5.20}$$

5.5 Abgasturboaufladung

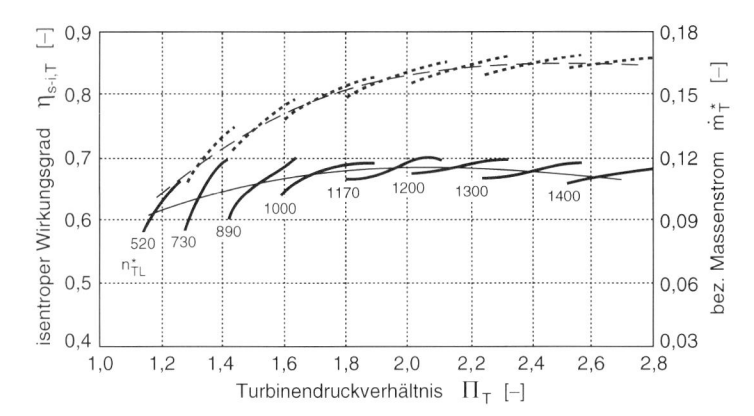

Abb. 5.16. Kennfeld einer Radialturbine über Turbinendruckverhältnis (gebrochene Linienstücke, $\dot{m}_T^*$; volle Linienstücke, n_{TL}^*; dünne Linien, Mittelwerte)

2. Der bezogene Massenstrom $\dot{m}_T^*$ und der Wirkungsgrad $\eta_{s-i,T}$ werden über dem **Druckverhältnis** Π_T dargestellt, wobei die bezogene Drehzahl n_{TL}^* Parameter ist (siehe Abb. 5.16).

Die im Kennfeld eingetragenen Werte werden an einem stationären Turbinenprüfstand ermittelt, indem abhängig vom anliegenden Druckverhältnis bei einer bestimmten Turbinendrehzahl die durch die Turbine strömende Masse gemessen und der isentrope Wirkungsgrad aus der verlustbedingten Temperaturerhöhung errechnet werden. Am Prüfstand wird die Turbine mit konstantem Druck und konstanter Temperatur beaufschlagt. Aus versuchstechnischen Gründen können für ein und dasselbe Turbinenrad bei einer bestimmten Drehzahl nur für sehr schmale Druckverhältnisbereiche $\dot{m}_T^*$ und $\eta_{s-i,T}$ bestimmt werden.

Bei der Bestimmung des Massenstromes und des Turbinenwirkungsgrades aus dem in Abb. 5.16 dargestellten Kennfeld werden die Werte $\dot{m}_T^*$ und $\eta_{s-i,T}$ nicht exakt für jede Turbinendrehzahl, sondern nur deren Mittelwerte, abhängig vom jeweiligen Druckverhältnis, entnommen.

Der ins Turbinenkennfeld eingetragene bezogene Massenstrom $\dot{m}_T^*$ und die Turbinendrehzahl n_{TL}^* sind auf einen vom Hersteller angegebenen Zustand (Druck p_0 und Temperatur T_0) bezogen. Der tatsächliche Massenstrom $\dot{m}_T$ und die tatsächliche Drehzahl n_{TL} errechnen sich bei einer Abgaseintrittstemperatur T_3 und einem Eintrittsdruck p_3 aus:

$$\dot{m}_T = \dot{m}_T^* \frac{p_3/p_0}{\sqrt{T_3/T_0}}, \qquad (5.21)$$

$$n_{TL} = n_{TL}^* \sqrt{T_3/T_0}. \qquad (5.22)$$

Verdichterkennfelder

Ähnlich dem zuletzt beschriebenen Turbinenkennfeld sind auch die Verdichterkennfelder aufgebaut (siehe Abb. 5.17). Über dem **bezogenen Massenstrom** $\dot{m}_K^*$ werden die **Druckverhältnisse** Π_K für konstante bezogene Drehzahlen n_{TL}^* aufgetragen. Zusätzlich sind dem Kennfeld noch die Linien gleichen Verdichterwirkungsgrads $\eta_{s-i,K}$ überlagert.

Sowohl für den Axial- als auch für den Radialverdichter ergeben sich im Wesentlichen vier Kennfeldbereiche. Der mittlere stellt den **stabilen Arbeitsbereich** dar. Dieser wird links vom instabilen Bereich durch die **Pumpgrenze** getrennt. Vereinfacht kann diese Instabilität damit erklärt werden, dass an der Pumpgrenze der Verdichter bereits bei einer leichten Abnahme des Massenstroms nicht mehr den Druck im Behälter erzeugen kann. Dadurch nimmt die Durchflussmasse weiter ab, bis Rückströmen des Arbeitsmittels eintritt. Infolge der daraus resultierenden

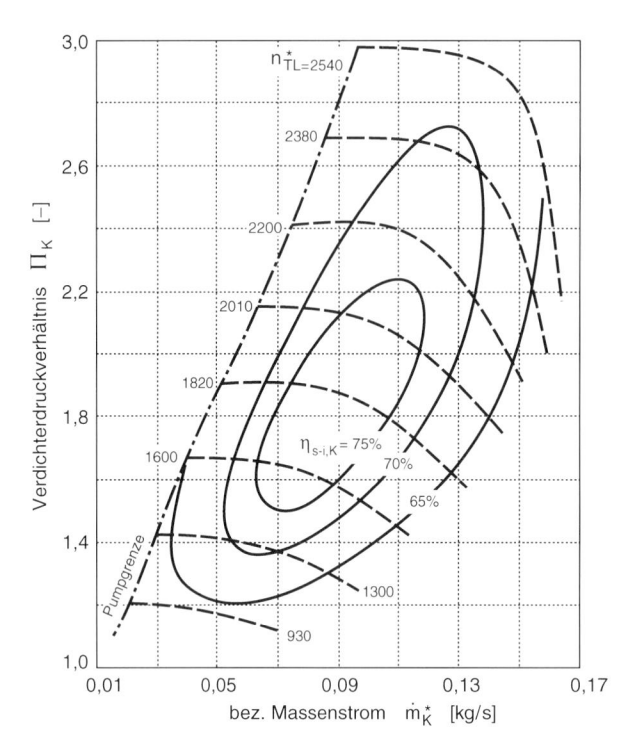

Abb. 5.17. Kennfeld eines Radialverdichters

Druckabsenkung im Behälter kann der Verdichter die normale Förderung wieder aufnehmen und den Druck im System steigern, bis der Vorgang von neuem beginnt.

Rechts vom eigentlichen Arbeitsbereich treten sehr hohe Strömungsgeschwindigkeiten auf. Deshalb wird drehzahlabhängig der Massenstrom durch die Versperrung des Durchflussquerschnitts infolge von **Verdichtungsstößen** begrenzt. Nach oben hin ist das erreichbare Druckverhältnis durch die, infolge der Massenkräfte, maximal mögliche Läuferdrehzahl und **Umfangsgeschwindigkeit** begrenzt.

Die Kennlinien konstanter Laderdrehzahl liegen trotz unterschiedlicher Fördermengen über einem relativ weiten Bereich auf ähnlichem Druckverhältnis. Mit weiter steigendem Massenstrom nimmt infolge von Fehlanströmung von Laufrad und gegebenenfalls Diffusorbeschaufelung das erreichbare Druckverhältnis ab. Die Drehzahlkennlinien fallen immer steiler auf einen maximalen Durchsatz ab, bis infolge Versperrung die Stopfgrenze erreicht wird.

Der für die Motorprozessrechnung erforderliche Massenstrom und der Verdichterwirkungsgrad werden aus dem Kennfeld, abhängig vom Druckverhältnis und von der bezogenen Drehzahl, bestimmt.

$$\dot{m}_K^* = f(\Pi_K, n_{TL}^*), \tag{5.23}$$

$$\eta_{\text{s-i,K}} = f(\Pi_K, n_{TL}^*). \tag{5.24}$$

Die tatsächlichen Drehzahlen und Massenströme werden wie bei der Turbine mit den jeweiligen Eintrittszuständen T_1 und p_1 errechnet.

Die Massenströme pro Sekunde müssen für die Massenänderung pro Grad Kurbelwinkel im Ein- und Auslassbehälter mit

$$\frac{\mathrm{d}m}{\mathrm{d}\varphi} = \frac{\dot{m}}{360\,n} \tag{5.25}$$

umgerechnet werden.

Motorbetriebslinien im Verdichterkennfeld

Bei der Abstimmung von Motor und Turbolader ist das Hauptaugenmerk auf die Anpassung des Verdichters an die Schlucklinien des Motors zu legen, weil die Turbine normalerweise mit guten Wirkungsgraden über einen größeren Durchsatzbereich arbeitet, als dies beim Verdichter der Fall ist. Die im Motorbetrieb auftretenden Durchsatzlinien sollten im Verdichterkennfeld so liegen, dass der häufigste Einsatz möglichst im Wirkungsgradoptimum erfolgt.

In Abb. 5.18 sind die **Durchsatzlinien** eines Viertakt-Kraftfahrzeug- und eines Zweitaktmotors einem Verdichterkennfeld überlagert.

Entsprechend den in Abschn. 5.5.1 unterschiedenen charakteristischen Betriebszuständen sind für den Kraftfahrzeugmotor Linien konstanter Last und Drehzahl eingetragen. Dabei sollte der gesamte Betriebsbereich so liegen, dass einerseits ein ausreichender Sicherheitsabstand zur Pumpgrenze gewährleistet ist und andererseits noch im Bereich einigermaßen guter Wirkungsgrade gearbeitet wird. Der Abstand zur Pumpgrenze ist notwendig, weil sonst bereits geringe Druckschwankungen im Einlasssystem, verringerte Durchsatzmengen bei verschmutzten Filtern oder der Höhenbetrieb das Pumpen, d. h. Instabilitäten im Verdichterbetrieb verursachen können. Bei Motoren für Generator- oder Schiffsantrieb wird man die entsprechenden Schlucklinien (siehe Abb. 5.10) so in das Kennfeld legen, dass sich möglichst hohe Verdichterwirkungsgrade ergeben.

Die Durchsatzlinien eines Zweitaktmotors ohne Spülpumpe sind, wie bereits beschrieben, sowohl für konstante Last und Drehzahl als auch für den Propellerbetrieb im Wesentlichen gleich. Die Anpassung eines Verdichters an den Motor ist daher verhältnismäßig einfach. Wird der Zweitaktmotor mit in Serie geschalteter Spülpumpe betrieben, so beeinflusst deren Fördercharakteristik die Schlucklinien. Bei ATL kombiniert mit einer Verdrängerpumpe ergeben sich ähnliche Schlucklinien wie beim Viertaktmotor.

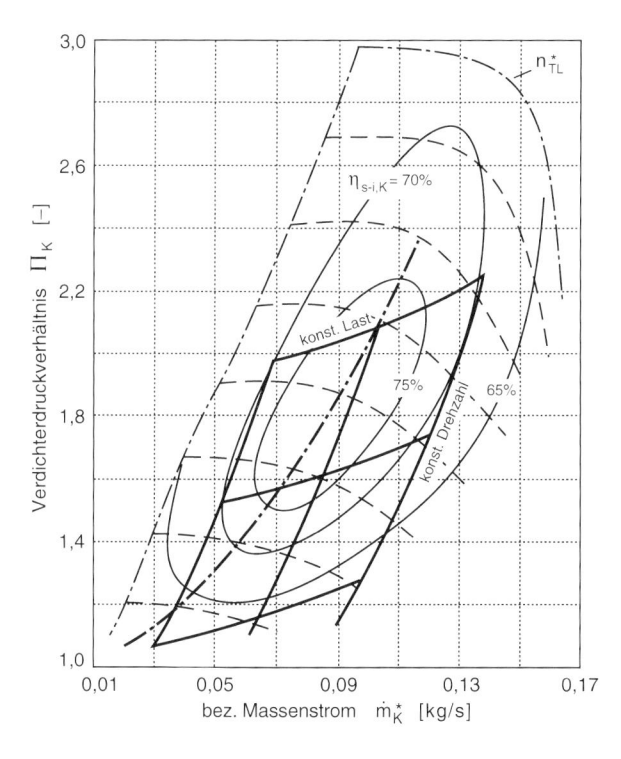

Abb. 5.18. Motorbetriebslinien im Verdichterkennfeld (dicke volle Linien, Viertaktmotor; dicke punktiert strichlierte Linie, Zweitaktmotor)

5.5.6 Berechnung der Aufladung bei stationären Betriebszuständen

Die thermodynamischen Gesetzmäßigkeiten zur Darstellung der Vorgänge im Zylinder wie auch die Übergangsbedingungen an Ein- und Auslass wurden bereits eingehend behandelt. Hier werden demnach nur die zusätzlichen Beziehungen für das Ein- und Auslasssystem sowie für den Turbolader angeführt, wobei die Berechnung nach der Füll- und Entleermethode beschrieben wird.

Es wird davon ausgegangen, dass die tatsächlichen oder diesen ähnliche Verdichter- und Turbinenkennfelder vorhanden sind. Sind die tatsächlichen Durchflusszahlen und Wirkungsgrade des Abgasturboladers nicht bekannt, so müssen die erforderlichen Daten aus Ähnlichkeitsüberlegungen abgeleitet oder geschätzt werden [5.29].

Für die Berechnung stationärer Betriebszustände bei Stauaufladung müssen nur die Zustandsänderungen eines Zylinders erfasst werden, weil davon ausgegangen wird, dass sich hinter dem Auslassventil konstanter Druck und konstante Temperatur einstellen. Hingegen müssen im Stoßbetrieb die periodischen Druckschwankungen, die von den Druckstößen des Vorauslasses der zusammengefassten Zylinder ausgehen, mit einbezogen werden. Es sind also alle Zylinder, die zu einer Turbine führen, mit ihren richtigen Zündabständen zu berücksichtigen.

In Abb. 5.19 ist das System Motor–Lader mit den wichtigsten Größen für den Stationärbetrieb dargestellt.

Auslassbehälter

Der zeitliche Verlauf der einzelnen Zustandsgrößen im Auslassbehälter errechnet sich aus dem Massen- und Energieerhaltungssatz sowie den Übergangsbedingungen am Behälterein- und -austritt.

Für die Massenänderung pro Grad Kurbelwinkel im Auslassbehälter gilt (siehe auch Abb. 5.19):

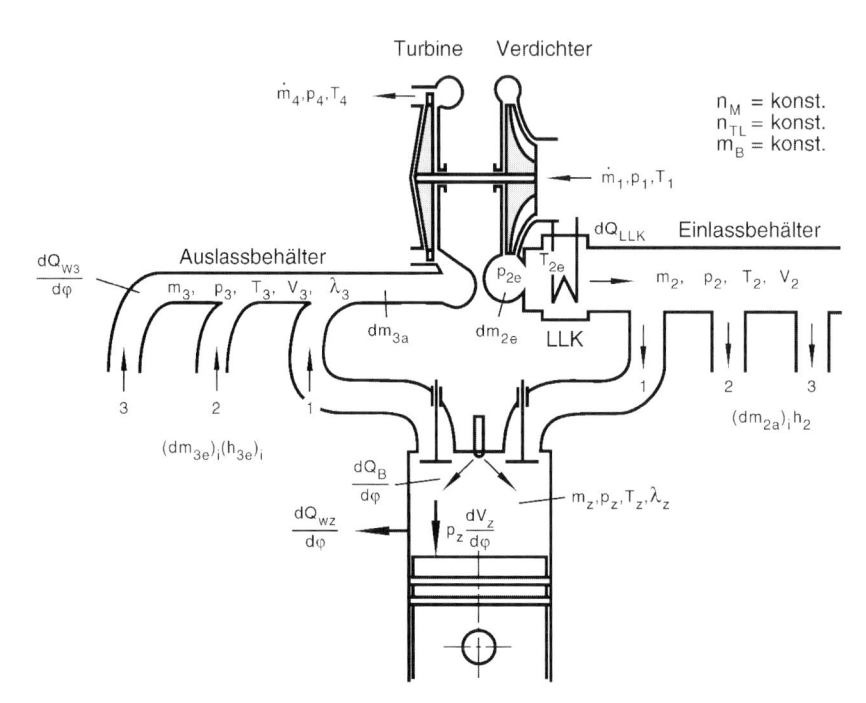

$$\frac{dm_3}{d\varphi} = \frac{dm_{3e}}{d\varphi} - \frac{dm_{3a}}{d\varphi}. \tag{5.26}$$

Abb. 5.19. Bezeichnungen für Prozessrechnung für Motor–Turbolader

Die in den Behälter eintretende Masse dm_{3e} errechnet sich aus der Summe der einzelnen Zylinderströme, die durch den Zustand im Zylinder und die Überströmbedingungen an den Auslassventilen bestimmt sind:

$$\frac{dm_{3e}}{d\varphi} = \sum_{i=1}^{n_Z} \left(\frac{dm_{3e}}{d\varphi}\right)_i. \tag{5.27}$$

Darin bedeutet n_Z die Anzahl der Zylinder, die in einen Behälter münden.

Der aus dem Behälter zur Turbine austretende Massenstrom dm_{3a} folgt entweder direkt aus dem an einem Turbinenprüfstand aufgenommenen Turbinendurchsatz-Diagramm, oder man betrachtet die Turbine als veränderlichen Drosselquerschnitt

$$\overline{A_T} = A_T\, \mu_T, \tag{5.28}$$

wobei A_T in m^2 den charakteristischen geometrischen Turbinenquerschnitt darstellt und μ_T die von verschiedenen Parametern abhängige Durchflusszahl ist. Die Bestimmung von A_T und μ_T wird etwas später behandelt.

Der Turbinendurchsatz folgt aus der Durchflussgleichung

$$\frac{dm_{3a}}{d\varphi} = \frac{dm_T}{d\varphi} = \frac{1}{360\,n}\mu_T A_T \sqrt{2\,p_3\,\rho_3}\,\psi_{34}, \tag{5.29}$$

worin für ψ_{34} gilt:

$$\psi_{34} = \sqrt{\frac{\kappa_3}{\kappa_3-1}\left[\left(\frac{p_4}{p_3}\right)^{2/\kappa_3} - \left(\frac{p_4}{p_3}\right)^{(\kappa_3+1)/\kappa_3}\right]}. \tag{5.30}$$

Darin sind $dm_T/d\varphi$ der Turbinendurchsatz in kg/°KW, n die Motordrehzahl in s^{-1}, p_3 der Druck im Auslassbehälter in N/m^2, ρ_3 die Dichte im Auslassbehälter in kg/m^3, κ_3 der Isentropenexponent des Abgases und p_4 der Druck nach der Turbine in N/m^2.

Die Änderung der inneren Energie im Auslassbehälter folgt aus

$$\frac{d(u_3\,m_3)}{d\varphi} = \frac{dH_{3e}}{d\varphi} - \frac{dQ_{W3}}{d\varphi} - h_3\frac{dm_{3a}}{d\varphi}, \tag{5.31}$$

wobei die eintretenden Massen positives, die austretenden Massen negatives Vorzeichen erhalten.

Die spezifische innere Energie u_3 in J/kg ist vor allem abhängig von der Temperatur T_3 und geringfügig vom Luftverhältnis λ_3 im Behälter, während der Druck p_3 bei den hier herrschenden Bedingungen keinen Einfluss hat. Sie wird aus Stoffwerteprogrammen wie in Abschn. 4.2.3 oder wie in der Literatur [4.27, 4.78, 4.126] beschrieben ermittelt. Die Änderung der spezifischen inneren Energie ergibt sich aus

$$du = \frac{\partial u}{\partial T}dT + \frac{\partial u}{\partial \lambda}d\lambda. \tag{5.32}$$

Aus der Summe der einzelnen Teilenthalpien resultiert die in den Behälter einströmende Enthalpie $dH_{3e}/d\varphi$ in J/°KW,

$$\frac{dH_{3e}}{d\varphi} = \sum_{i=1}^{n_Z} \left(\frac{dm_{3e}}{d\varphi}\right)_i (h_{3e})_i. \tag{5.33}$$

Sie wird aus der die Zylinder verlassenden Enthalpie, abgemindert um die über die Auslasskanäle und die Behälterwände abgeführte Wärme errechnet. Die Beziehungen zur Berechnung der Wandwärme sind in Abschn. 4.2.5 und 4.3.3 angeführt.

Die über die Behälterwände abgeführte Wärme $\mathrm{d}Q_{\mathrm{W3}}/\mathrm{d}\varphi$ in J/°KW folgt aus

$$\frac{\mathrm{d}Q_{\mathrm{W3}}}{\mathrm{d}\varphi} = \frac{1}{360\,n}\alpha_3 A_3 (T_3 - T_{\mathrm{W3}}). \tag{5.34}$$

Darin sind α_3 die Wärmeübergangszahl in W/m²K, T_{W3} die mittlere Wandtemperatur des Auslassbehälters in K und A_3 die Oberfläche des Behälters in m². Aus obigen Gleichungen ergibt sich die Änderung der Temperatur im Auslassbehälter aus

$$\frac{\mathrm{d}T_3}{\mathrm{d}\varphi} = \frac{1}{m_3 \partial u_3/\partial T} \left[\frac{\mathrm{d}H_{3\mathrm{e}}}{\mathrm{d}\varphi} - \frac{\mathrm{d}m_{3\mathrm{e}}}{\mathrm{d}\varphi}u_3 - \frac{\mathrm{d}Q_{\mathrm{W3}}}{\mathrm{d}\varphi} - \frac{\mathrm{d}m_{3\mathrm{a}}}{\mathrm{d}\varphi} R_3 T_3 - m_3 \frac{\partial u_3}{\partial \lambda_3}\frac{\mathrm{d}\lambda_3}{\mathrm{d}\varphi}\right]. \tag{5.35}$$

Der Druck p_3 im Auslassbehälter folgt aus der Zustandsgleichung

$$p_3 = \frac{m_3 R_3 T_3}{V_3}. \tag{5.36}$$

Einlassbehälter
Während vor allem bei Stoßaufladung große Druckschwankungen im Auslassbehälter auftreten, sind im Einlassbehälter bei normaler Abgasturboaufladung nur sehr kleine Druckamplituden vorhanden. Deshalb sind im Stationärbetrieb kaum Ungenauigkeiten zu erwarten, wenn man mit konstanten Drücken rechnet. Wird das Programmsystem auch für Instationärrechnungen angewendet, ist es angebracht, auch den Einlassbehälter nach der Füll- und Entleermethode zu berechnen, weil dieser bei Instationärvorgängen als Dämpfer wirkt und einen verzögernden Einfluss auf das dynamische Betriebsverhalten hat. Der Einlassbehälter besteht aus dem Ladeluftkühler (LLK) und dem Leitungssystem.

Die Massenänderung $\mathrm{d}m_2$ ergibt sich gemäß Abb. 5.19 aus

$$\frac{\mathrm{d}m_2}{\mathrm{d}\varphi} = \frac{\mathrm{d}m_{2\mathrm{e}}}{\mathrm{d}\varphi} - \sum_{i=1}^{n_Z}\left(\frac{\mathrm{d}m_{2\mathrm{a}}}{\mathrm{d}\varphi}\right)_i, \tag{5.37}$$

wobei die eintretende Masse $\mathrm{d}m_{2\mathrm{e}}$ vom Verdichter geliefert wird und aus dem Verdichterkennfeld, wie später besprochen, ermittelt werden kann.

$$\frac{\mathrm{d}m_{2\mathrm{e}}}{\mathrm{d}\varphi} = \frac{\mathrm{d}m_{\mathrm{K}}}{\mathrm{d}\varphi}. \tag{5.38}$$

Die austretende Masse $\mathrm{d}m_{2\mathrm{a}}$ errechnet sich aus der Summe der in die Zylinder strömenden Massen.

Die Änderung der inneren Energie im Einlassbehälter errechnet sich aus

$$\frac{\mathrm{d}(u_2 m_2)}{\mathrm{d}\varphi} = \frac{\mathrm{d}m_{2\mathrm{e}} h_{2\mathrm{e}}}{\mathrm{d}\varphi} - \frac{\mathrm{d}Q_{\mathrm{LLK}}}{\mathrm{d}\varphi} - \frac{\mathrm{d}m_{2\mathrm{a}} h_2}{\mathrm{d}\varphi}. \tag{5.39}$$

Die Wärmeabfuhr erfolgt im Einlasssystem hauptsächlich durch den LLK. Die erreichbare Temperaturabnahme im LLK ist eine Funktion der Kühlmitteltemperatur T_{W} und des Kühlerwirkungsgrades η_{LLK} (vgl. Abschn. 5.3.3).

Die Kühlwärme folgt aus

$$\frac{\mathrm{d}Q_{\mathrm{LLK}}}{\mathrm{d}\varphi} = \frac{1}{360\,n}\dot{m}_1 c_{p1} \eta_{\mathrm{LLK}} (T_{2\mathrm{e}} - T_{\mathrm{W}}). \tag{5.40}$$

Darin ist $\dot{m}_1$ der Luft- oder Gemischdurchsatz in kg/s und c_{p1} die spezifische Wärmekapazität in J/kgK.

Die Temperatur T_{2e} erhält man über die Isentropengleichung

$$T_{2s} = T_1 \left(\frac{p_{2e}}{p_1}\right)^{(\kappa_1-1)/\kappa_1} \tag{5.41}$$

und den inneren isentropen Verdichterwirkungsgrad $\eta_{s\text{-}i,K}$, wenn die mittlere spezifische Wärmekapazität als konstant vorausgesetzt wird, aus:

$$T_{2e} = T_1 + \frac{T_{2s} - T_1}{\eta_{s\text{-}i,K}}. \tag{5.42}$$

Dabei wird $\eta_{s\text{-}i,K}$ aus dem Verdichterkennfeld abhängig vom Druckverhältnis und von der Laderdrehzahl ermittelt.

Der Druck nach dem Verdichter p_{2e} folgt aus dem Einlassbehälterdruck p_2, vermehrt um die Druckverluste Δp_{LLK}, die in erster Linie durch den LLK verursacht werden:

$$p_{2e} = p_2 + \Delta p_{LLK}. \tag{5.43}$$

Für diese Druckverluste, im Normalfall einige 1/100 bar, liegen meist Anhaltswerte vor.

Der Behälterdruck p_2 errechnet sich aus der Zustandsgleichung

$$p_2 = \frac{m_2 R_2 T_2}{V_2}. \tag{5.44}$$

Mit diesen Gleichungen wird die Änderung der Temperatur im Einlassbehälter ermittelt:

$$\frac{dT_2}{d\varphi} = \frac{1}{m_2 \partial u_2/\partial T} \left[\frac{dm_{2e}}{d\varphi} h_{2e} - \frac{dQ_{LLK}}{d\varphi} - \frac{dm_{2a}}{d\varphi} h_2 - \frac{dm_2}{d\varphi} u_2\right] \tag{5.45}$$

Abgasturbolader

Bei der Abgasturboaufladung wird ein Teil der Abgasenthalpie in der Turbine in mechanische Arbeit umgesetzt, die der Verdichter benötigt, um einen entsprechenden Ladedruck zu erzeugen.

Für den Stationärbetrieb gilt, dass im ATL Gleichgewicht zwischen Turbinenleistung P_T und Verdichterleistung P_K bestehen muss, also gilt:

$$P_T = P_K. \tag{5.46}$$

Die Turbinenleistung errechnet sich aus

$$P_T = \dot{m}_T \eta_{s\text{-}i,T} \eta_{mT} h_3 \left[1 - \left(\frac{p_4}{p_3}\right)^{(\kappa_3-1)/\kappa_3}\right] \tag{5.47}$$

und die vom Verdichter aufgenommene Leistung aus

$$P_K = \dot{m}_K \frac{1}{\eta_{s\text{-}i,K} \eta_{mK}} h_1 \left[\left(\frac{p_{2e}}{p_1}\right)^{(\kappa_1-1)/\kappa_1} - 1\right]. \tag{5.48}$$

In Gl. (5.47) bedeuten p_3, h_3 und κ_3 den Druck, die spezifische Enthalpie und den Isentropenexponenten des Abgases im Auslassbehälter. Der Zustand vor dem Verdichter (T_1, p_1) weicht vom

Umgebungszustand dann ab, wenn Druckverluste durch den Filter, bei aufgeladenen Ottomotoren an der Drosselklappe oder eine Erwärmung im Ansaugsystem berücksichtigt werden müssen. Nach Gl. (5.43) ist p_{2e} durch den Druck im Einlassbehälter festgelegt. Der isentrope Wirkungsgrad $\eta_{s-i,T}$ und die mechanischen Wirkungsgrade η_{mT}, η_{mK} werden bei kleineren Turboladern meist nicht getrennt, sondern gemeinsam als Produkt $\eta_T = \eta_{s-i,T}\,\eta_{mT}\,\eta_{mK}$ angegeben. Für die Bestimmung der Wirkungsgrade sowie der durchströmenden Massen $\dot m_T$ und $\dot m_K$ stehen verschiedene Ausführungen von Kennfeldern zur Verfügung, wobei die Art der Reduzierung der einzelnen Kenngrößen von der Laderherstellerfirma abhängig ist.

5.5.7 Berechnung der Aufladung bei instationären Betriebszuständen

Für die schrittweise Berechnung des dynamischen Verhaltens von Motor–Verbraucher und Turbine–Verdichter nach der Füll- und Entleermethode braucht man die polaren Massenträgheitsmomente von Motor, Verbraucher und Turbolader und die entsprechenden Momentendifferenzen. Die zeitliche Drehzahländerung von Motor und Turbolader errechnet sich aus der augenblicklichen Momentenbilanz und den Trägheitsmomenten des Systems (siehe Abb. 5.20). Für die Berechnung des momentanen Motor- und Turboladermoments müssen alle Zylinder, die einen Turbolader beaufschlagen, um die Zündabstände versetzt, simultan berechnet werden.

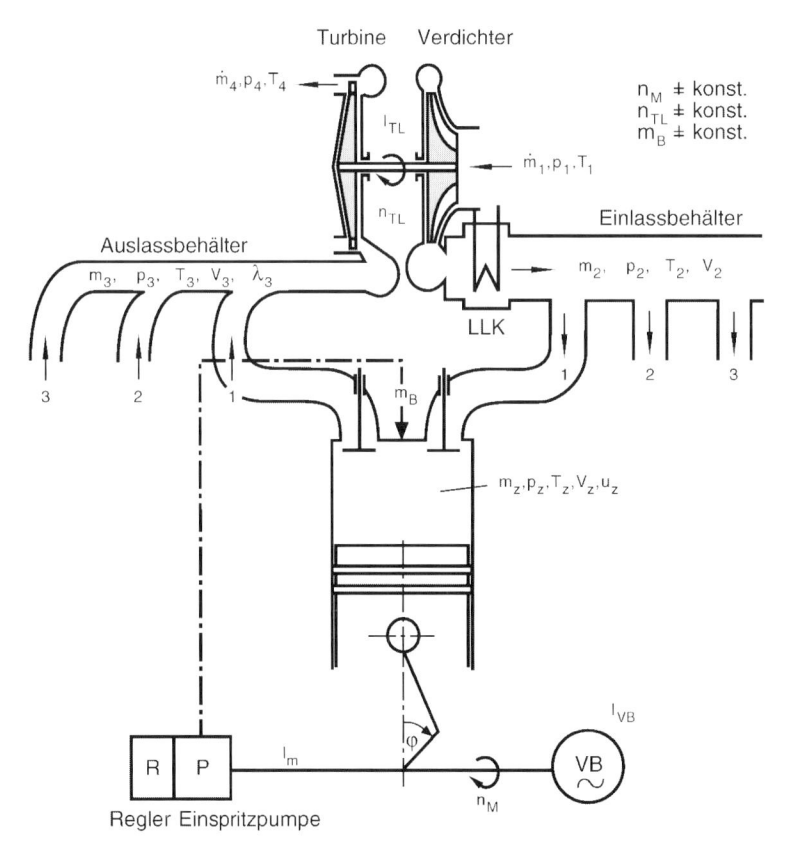

Abb. 5.20. Bezeichnungen für Berechnung des instationären Betriebsverhaltens von Motor–Turbolader–Verbraucher

Brennstoffmasse und Verbrennung

Für die realitätsnahe Berechnung des instationären Betriebsverhaltens stellt die momentan verfügbare Brennstoffmasse mit der daraus resultierenden Verbrennung die weitaus wichtigste Einflussgröße dar. Je nach Art und Zweck der Rechnung ergeben sich zwei unterschiedliche Ansätze, die Analyse bestehender Systeme oder die Simulation neuer Systeme.

Liegen aus Messungen an einem bereits bestehenden System Motor–Lader lastabhängige Brennverläufe vor, so werden die Verbrennungsabläufe im Zylinder am einfachsten mit Ersatzbrennverläufen (z. B. nach Vibe, siehe Abschn. 4.2.4) oder mit auf physikalischen Grundsätzen basierenden Verbrennungssimulationen so nachgebildet, dass der Wirkungsgrad des Motors, die Abgastemperatur und der Zünddruck mit den gemessenen Werten bestmöglich übereinstimmen. Darauf aufbauend können Parametervariationen durchgeführt werden, wobei die wichtigsten Betriebsparameter wie Luftverhältnis, Mitteldruck, Drehzahl etc. realitätsnah abgebildet werden. Allfällige Umsetzungsverluste werden abhängig vom Verbrennungsluftverhältnis λ_V durch Umsetzungsgrade vorgegeben. Deren Bestimmung erfolgt am besten aus einer Abgasanalyse, die stationär für die gleichen Luftverhältnisse durchzuführen ist, wie sie im wirklichen instationären Betrieb auftreten [5.3, 5.21]. Mit dieser Vorgangsweise lassen sich Parameterstudien in beschränktem Ausmaß durchführen.

Eine wesentlich weiter reichende Aufgabe stellt die Berechnung neuer Motor-Verbraucher-Systeme dar, wobei die Einspritzverläufe aus Simulationen oder Messungen vorliegen müssen. Handelt es sich um einen neuen Motor, für den die geometrischen Daten festgelegt sind, aber noch keine Messungen zur Verfügung stehen, so müssen Brennverläufe und Umsetzungsverluste last- und drehzahlabhängig vorgegeben werden. Lastpunktabhängige Änderungen im Zündverzug und in der Verbrennung können nach den in Abschn. 4.2.4 angeführten Beziehungen sowie nach Lit. 4.117, lastpunktabhängige Änderungen im Umsetzungsgrad nach den in Lit. 5.3 angegebenen Beziehungen berücksichtigt werden. Dabei werden die dem System zur Verfügung stehenden Brennstoffmassen und Einspritzverläufe abhängig vom Einspritzsystem und den zu berücksichtigenden Motorparametern vorgegeben. Bei einfachen mechanischen Einspritzsystemen wird die eingespritzte Kraftstoffmasse abhängig von Reglerweg und Motordrehzahl aus Einspritzpumpenfeldern ermittelt. Handelt es sich um die Simulation von Motoren mit elektronisch geregelten Einspritzsystemen, so werden die aktuelle Einspritzmenge und die Einspritzverläufe analog zur Motorelektronik abhängig von der Fahrpedalstellung unter Berücksichtigung relevanten Betriebsparameter wie Drehzahl, Ladedruck, Mitteldruck und Motortemperatur berechnet.

Leistungsgleichgewicht am Turbolader

Für die Berechnung der Aufladung gelten auch die für den Stationärbetrieb angeführten Beziehungen, lediglich das Trägheitsglied muss beim Leistungsgleichgewicht zusätzlich berücksichtigt werden. Für den Turbolader gilt (vgl. Abb. 5.20):

$$I_{TL} \omega_{TL} \frac{d\omega_{TL}}{dt} = P_T - P_K. \tag{5.49}$$

Die Drehzahländerung des Turboladers dn_{TL}, bezogen auf Grad Kurbelwinkel, ergibt sich mit der Definitionsgleichung für die Winkelgeschwindigkeit des Motors

$$\omega_M = d\varphi/dt = 2\pi n \tag{5.50}$$

aus

$$\frac{dn_{TL}}{d\varphi} = \frac{P_T - P_K}{360 \, I_{TL} \omega_{TL} \omega_M}. \tag{5.51}$$

Darin sind I_{TL} das polare Trägheitsmoment des Läufers in kgm², ω_{TL} die Winkelgeschwindigkeit des Turboladers in s⁻¹ und ω_M die Winkelgeschwindigkeit des Motors in s⁻¹.

Für das Leistungsgleichgewicht an der Kurbelwelle gilt analog

$$(I_M + I_{VB})\omega_M \frac{d\omega_M}{dt} = P_{e,M} - P_{VB}, \tag{5.52}$$

wobei die Trägheitsmomente des Motors I_M und des Verbrauchers I_{VB} auf die Kurbelwellendrehzahl bezogen werden müssen.

Die Drehzahländerung des Motors je Grad Kurbelwinkel errechnet sich nach Gl. (5.52) und (5.50) aus

$$\frac{dn}{d\varphi} = \frac{P_{e,M} - P_{VB}}{360(I_M + I_{VB})\omega_M^2}. \tag{5.53}$$

Die effektive Motorleistung $P_{e,M}$ wird ermittelt aus der Summe der einzelnen indizierten Zylinderleistungen,

$$P_{i,M} = \left(\sum_{i=1}^{n_Z} \int_0^{720} \frac{dW_i}{d\varphi}\right)\frac{n}{2} \tag{5.54}$$

für den Viertaktmotor und

$$P_{i,M} = \left(\sum_{i=1}^{n_Z} \int_0^{360} \frac{dW_i}{d\varphi}\right)n \tag{5.55}$$

für den Zweitaktmotor, abgemindert um die Reibungsleistung $P_{r,M}$:

$$P_{e,M} = P_{i,M} - P_{r,M} \tag{5.56}$$

Darin ist $dW_i/d\varphi$ die je Grad Kurbelwinkel indizierte Arbeit.

Die Reibungsleistung kann entweder aus analytischen Ansätzen [5.10] errechnet oder geschätzt werden. Eine weitere Möglichkeit besteht darin, aus einem Kennfeld für den Reibungsmitteldruck des vermessenen Motors oder ähnlicher Motoren, abhängig von der mittleren Kolbengeschwindigkeit und vom indizierten Mitteldruck, die Reibleistung zu bestimmen.

Die vom Verbraucher aufgenommene Leistung P_{VB} ist entweder aus Messungen bekannt oder kann, abhängig von der Verbrauchercharakteristik, mathematisch simuliert werden.

Für den Generatorbetrieb gilt ab dem Zeitpunkt der Lastaufschaltung oder der Lastwegnahme mit guter Näherung

$$P_{VB} = \text{konst.}, \tag{5.57}$$

d. h., die durch die plötzlich auftretende Laständerung hervorgerufene Drehzahlabweichung muss durch ein entsprechend erhöhtes oder abgesenktes Motormoment aufgefangen werden.

Der Propellerbetrieb wird näherungsweise durch den Ansatz

$$P_{VB} = k n_{VB}^3 \tag{5.58}$$

wiedergegeben, wobei k die Charakteristik des Propellers (z. B. Fest- oder Verstellpropeller) berücksichtigt.

Für den Fahrzeugbetrieb können die einzelnen Fahrwiderstände mit dem Ansatz

$$P_{VB} = k_1 v + k_2 v \frac{dv}{dt} + k_3 v^3 \tag{5.59}$$

mit v als Fahrzeuggeschwindigkeit simuliert werden, wobei mit k_1 der Roll- und der Steigungswiderstand, mit k_2 (Massen und reduzierte Trägheitsmomente) der Beschleunigungswiderstand und mit k_3 der Luftwiderstand berücksichtigt werden.

5.6 Wellendynamische Aufladeeffekte

Die Schwingrohr- und die Resonanzaufladung sind **Selbstaufladungen** des Motors ohne Einsatz eines Verdichters. Durch das periodische Öffnen der Einlassventile des Motors werden im Saugrohr Schwingungen angeregt, die je nach Phasenlage und Frequenz drehzahlabhängig den Liefergrad erhöhen oder absenken [5.24]. In ähnlicher Weise werden wellendynamische Effekte auch beim **Druckwellenlader** genutzt. Dabei wird die Saugarbeit des Kolbens in kinetische Energie der Gassäule und diese in Verdichtungsarbeit der Zylinderladung umgewandelt.

5.6.1 Schwingrohraufladung

Physikalisch wird bei der Schwingrohraufladung der Aufladeeffekt von **Druckwellen** genutzt, die in den Saugrohren vom Ansaugverteiler oder bei Einzelrohren vom offenen Rohrende zu den einzelnen Zylindern laufen (siehe Abb. 5.21a). Durch die Saugwirkung des abwärtsgehenden Kolbens läuft nach dem Öffnen des Einlasses eine Unterdruckwelle in das Saugrohr und wird am offenen Rohrende als Überdruckwelle reflektiert. Die Saugrohrlänge muss nun so abgestimmt sein, dass bei einer gewünschten Drehzahl die reflektierte Überdruckwelle das Einlassventil erreicht, wenn die Saugwirkung des Kolbens nachlässt. Diese Druckwelle sorgt auch dafür, dass, kurz bevor der Einlass schließt, das Rückströmen aus dem Zylinder verringert wird.

Die Saugrohrabstimmung kann durch **abgestimmte Auspuffrohre** unterstützt werden. Die beim Öffnen des Auslasses angeregte Druckwelle wird am offenen Rohrende reflektiert und kommt als Unterdruckwelle zum Zylinder zurück. Wird die Leitungslänge so dimensioniert, dass die reflektierte Unterdruckwelle kurz vor dem Schließen des Auslassventils für niedrigen Gegendruck sorgt, so kann mehr Restgas ausgeschoben werden, wodurch sich die Zylinderladung erhöht. Verwirklicht wird die Schwingrohraufladung in erster Linie bei Fahrzeugmotoren mit Benzineinspritzung in Form von **Schaltsaugrohren** und vor allem bei Saug-Rennmotoren, wodurch deutliche Leistungssteigerungen erzielt werden.

5.6.2 Resonanzaufladung

Bei der Resonanzaufladung wird ein schwingungsfähiges **Behälter-Rohr-System** saugseitig an mehrere Zylinder angeschlossen und geometrisch so ausgelegt, dass die periodischen Saugzyklen der Zylinder mit der **Eigenfrequenz** des Behälter-Rohr-Systems übereinstimmen (siehe Abb. 5.21b). Dies hat zur Folge, dass alle angeschlossenen Zylinder bei Resonanzdrehzahl eine Aufladung im Vergleich zum reinen Saugmotor erfahren.

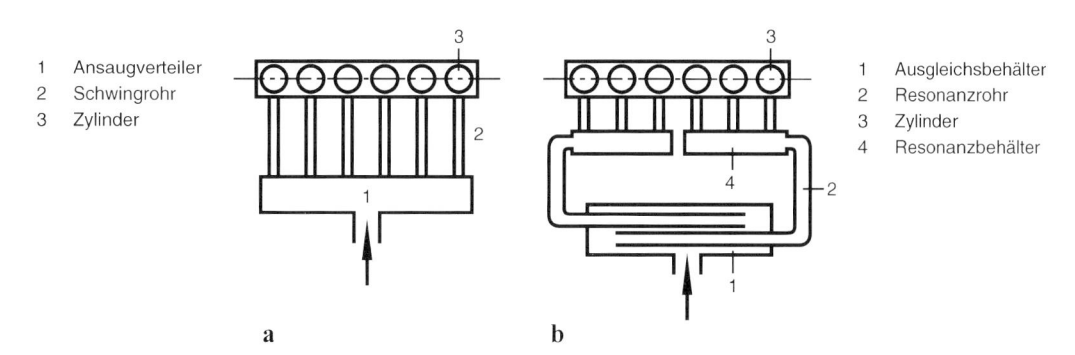

1 Ansaugverteiler	1 Ausgleichsbehälter
2 Schwingrohr	2 Resonanzrohr
3 Zylinder	3 Zylinder
	4 Resonanzbehälter

Abb. 5.21. Schema der Schwingrohr- (**a**) und Resonanzaufladung (**b**)

Die Resonanzaufladung hat kombiniert mit der Abgasturboaufladung praktische Bedeutung erlangt, weil dadurch die Drehmomentschwäche des Motors bei reiner Abgasturboaufladung im unteren Drehzahlbereich wesentlich verringert werden kann.

Die Dimensionierung optimierter Saugsysteme kann vereinfacht über die Theorie der linearen Wellenausbreitung, wie in Lit. 5.9 beschrieben, erfolgen. Die genaue Erfassung der Vorgänge ist nur über die schrittweise Berechnung nach dem Charakteristikenverfahren oder dem Differenzenverfahren möglich [5.23].

5.6.3 Auslegungsbeispiele

Anhand einiger Beispiele soll die dynamische Einlasssystemoptimierung mithilfe der eindimensionalen gasdynamischen Berechnung veranschaulicht werden. In Abb. 5.22 ist schematisch die typische Motorkonfiguration eines Mehrzylinder-Saugmotors dargestellt. Für die Systemoptimierung sind folgende Parameter abzustimmen:

Volumen des Einlasssystems,
Länge und Durchmesser der so genannten Vorrohre 2 und 3 zum Sammler,
Länge und Durchmesser der Saugrohre 4 bis 9 vom Sammler zu den Zylindern,
Zusammenschaltung oder Trennung der beiden Sammler.

Ergebnisse der Systemoptimierung zeigt schematisch Abb. 5.23 anhand der Verläufe des Luftaufwands über der Drehzahl für einen Nutzfahrzeug-Dieselsaugmotor mit sechs Zylindern und 6 l Hubraum.

Die nicht optimierte Ausgangsbasis mit einem gemeinsamen Sammler und kurzen Rohren ergibt die Linie 1. Durch entsprechende Abstimmung langer Saugrohre kann der Luftaufwand und damit das Motordrehmoment im oberen Drehzahlbereich deutlich angehoben werden, siehe die Linie 2. Durch längere Vorrohre und eine Trennung in zwei Sammler lässt sich der Luftaufwand im niederen

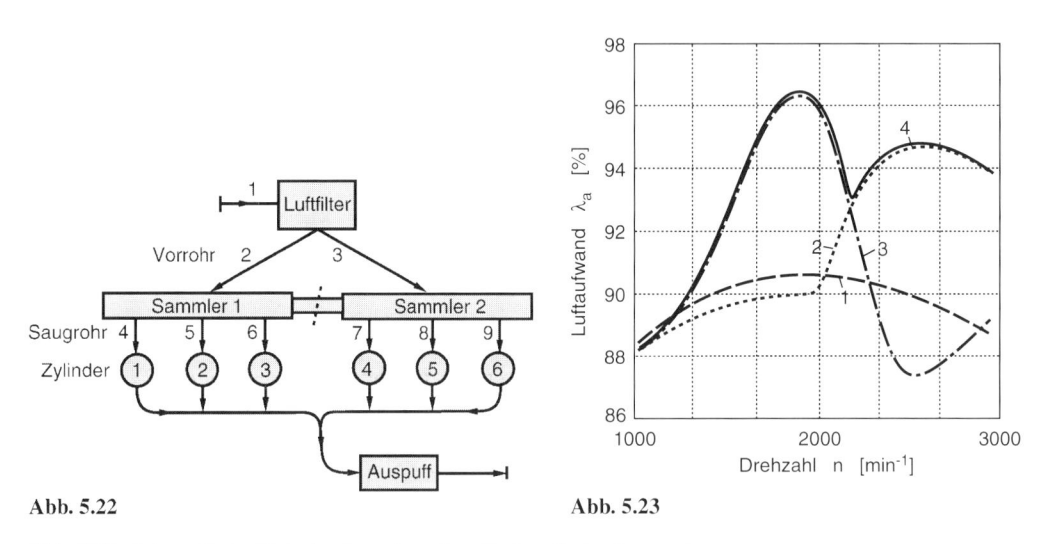

Abb. 5.22   **Abb. 5.23**

Abb. 5.22. Schematische Motorkonfiguration eines Sechszylinder-Saugmotors

Abb. 5.23. Verlauf des Luftaufwands für verschiedene Einlasssystemvarianten eines Sechszylinder-Nutzfahrzeug-Dieselsaugmotors. *1*, ein Sammler und nicht optimierte Rohre (Standard); *2*, ein Sammler und lange Saugrohre; *3*, getrennte Sammler, lange Saugrohre und optimierte Vorrohre; *4*, Schaltsystem aus 2 und 3

5.6 Wellendynamische Aufladeeffekte

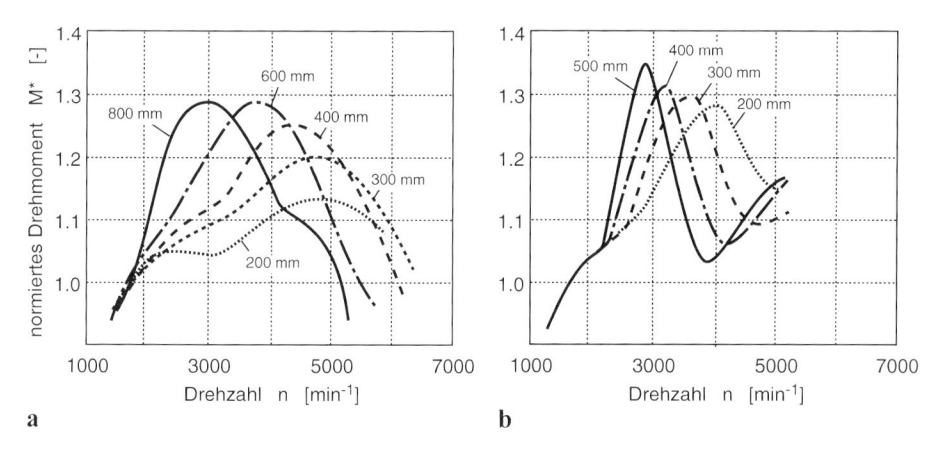

Abb. 5.24. Verlauf des normierten Drehmoments über Drehzahl für unterschiedliche Längen der Saugrohre (**a**) oder der Vorrohre (**b**) eines Sechszylinder-Ottomotors

Drehzahlbereich steigern, siehe die Linie 3. Durch ein in Abb. 5.22 angedeutetes Schaltsystem für einen gemeinsamen oder zwei getrennte Sammler und die entsprechende Abstimmung der Rohrlängen kann schließlich der durchgezogen gezeichnete Verlauf des Luftaufwands (Linie 4) realisiert werden, der die Vorteile der beiden oben genannten Maßnahmen verbindet.

Bei Hochleistungsottomotoren kommt der Optimierung des Einlasssystems aufgrund der höheren Drehzahl noch größere Bedeutung zu. Um die Auswirkungen der Auslegung zu quantifizieren, zeigt Abb. 5.24a die Veränderung des normierten Drehmomentverlaufs über der Drehzahl bei verschiedenen Längen der Saugrohre, Abb. 5.24b die Auswirkung unterschiedlicher Längen der Vorrohre. Als Versuchsträger diente dabei ein Sechszylinder-Ottosaugmotor, wobei die Konfiguration des Saugsystems ebenfalls dem Schema in Abb. 5.22 entspricht.

Systembedingt zeigen die Verläufe des Luftaufwands und des Drehmoments über der Drehzahl bei der Umschaltung von zwei getrennten Sammlern auf einen gemeinsamen Sammler einen entsprechenden Einbruch, vgl. Linie 4 in Abb. 5.23 und Linie 2 in Abb. 5.25. Dieser unerwünschte Effekt kann durch einen variablen Ventiltrieb vermieden werden. In Kombination mit einem optimierten Schaltsystem lässt sich damit eine Erhöhung des Drehmoments im ganzen Drehzahlbereich erreichen, wie dies in Kurve 3 der Abb. 5.25 für einen Achtzylinder-Ottomotor mit zwei Turboladern dargestellt ist.

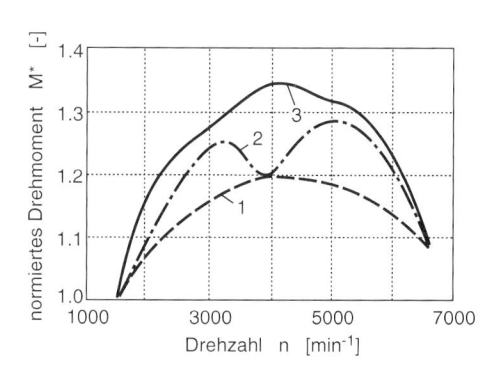

Abb. 5.25. Verlauf des normierten Drehmoments über Drehzahl für Achtzylinder-Ottomotor. *1*, Standard; *2*, optimiertes Schaltsystem; *3*, optimiertes Schaltsystem mit variablem Ventiltrieb

5.6.4 Druckwellenlader

Die Unzulänglichkeiten abgasturboaufgeladener Motoren hinsichtlich Beschleunigungs- und Drehmomentverhalten werden bei Aufladung mit Druckwellenladern, welche die **gasdynamischen Druckwellen** nutzen, gemindert. Wie beim Abgasturbolader, jedoch nach einem anderen Prinzip, wird auch hier die Energie des Abgases zur Verdichtung der Ansaugluft genutzt. Wesentlich ist dabei, dass der Druckauf- und -abbau mit der Geschwindigkeit des sich bildenden Verdichtungsstoßes, also mit minimalem Zeitverzug, von der Hochdruck-Abgas- auf die Hochdruck-Ladeluftseite übertragen wird. Massen- und Impulsströme reagieren auf der Luftseite unmittelbar auf eine Druckwelle, während sich der Energiestrom nur mit der langsameren Geschwindigkeit des Mediums bewegt.

Der Lader (Comprex), dargestellt in Abb. 5.26, besteht im Wesentlichen aus einem mechanisch angetriebenen Zellenrad. Stirnseitig münden in es zwei Hochdruck-Abgasleitungen und auf derselben Seite führen zwei Auspuffleitungen aus ihm heraus. Auf der anderen Seite sind zwei Ladeluft- und zwei Ansaugleitungen angebracht. Die paarweise Anordnung der Kanäle sorgt für eine symmetrische Erwärmung der Bauteile.

Der Kompressions- und Expansionsvorgang wird von Saug- und Druckwellen in denjenigen Zellen gesteuert, die sich an den Öffnungen vorbeibewegen. An Hand einer Abwicklung des Zellenrades (Abb. 5.27) soll der Ladevorgang prinzipiell erklärt werden. An der Stelle 1 befindet sich bei Zyklusbeginn Ansaugluft mit etwas niedrigerem Druck als Umgebungsdruck. Werden nun die Zellen mit Ansaugluft an der Mündung der Hochdruck-Abgasleitung (3) vorbeibewegt, so läuft eine Druckwelle mit Schallgeschwindigkeit in die Zelle. Hinter der Welle strömt Abgas nach. Die Druckwelle erreicht das Zellenende (2) etwa zu dem Zeitpunkt, zu dem die Ladeluftleitung von der Steuerkante freigegeben wird. Bis nun die Zelle die Schließkante der Ladeluftmündung

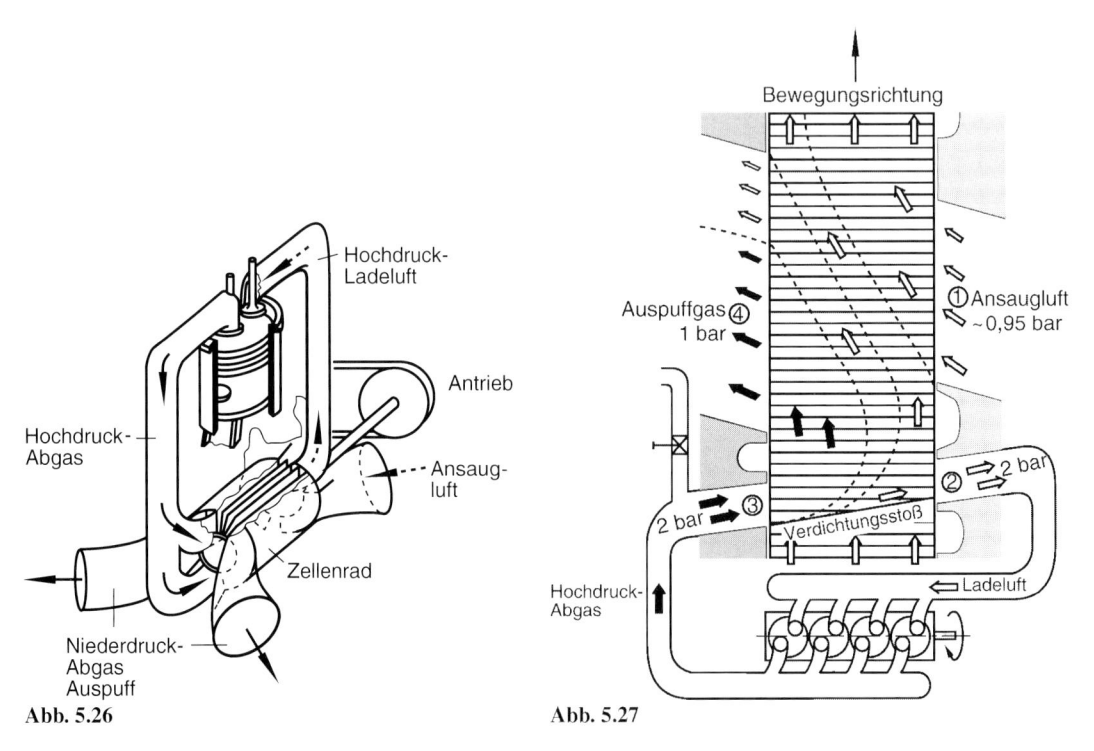

Abb. 5.26 **Abb. 5.27**

Abb. 5.26. Schematischer Aufbau des Comprex-Laders

Abb. 5.27. Strömungsbild im abgewickelten Zellenrad eines Comprex-Laders

erreicht, strömt verdichtete Ansaugluft zum Motor. Um ein weiteres Nachströmen des Abgases zu verhindern, wird nach dem Schließen auf der Luftseite auch die Hochdruck-Gasseite geschlossen. In den Zellen befindet sich großteils Abgas und wenig Ansaugluft mit hohem Druck. Zum Zeitpunkt, in dem die Zelle die Steuerkante zum Auspuffkanal erreicht, läuft eine Saugwelle in die Zelle, und das Abgas strömt in den Auspuff (4). Die Saugwelle erreicht das saugseitige Zellenende in dem Augenblick, wenn die Zelle die Steuerkante zur Ansaugluft überstreicht. Dadurch strömt Ansaugluft in die Zelle und drückt das Abgas in den Auspuffkanal. Die Zelle soll durch die Steuerkante des Auspuffkanals erst dann geschlossen werden, wenn das Abgas und die Mischzone Abgas–Ansaugluft in den Auspuff geströmt sind. Mit Hilfe der in Abb. 5.27 zwischen den Aus- und Einlasskanälen im Stator eingezeichneten Ausnehmungen („Taschen") wird dieser Lader über einen weiten Last- und Drehzahlbereich [5.17] anwendbar.

Die Vorgänge im Lader und der Weg der einzelnen Wellen lassen sich anschaulich mit dem graphischen Charakteristikenverfahren [5.24], wie in Abschn. 1.5.4 beschrieben, darstellen. Eine genaue Berechnung ist nur über die Theorie der eindimensionalen instationären Strömung möglich. Die Auslegung des Laders und die Kennfelddarstellung ist in Lit. 5.19 beschrieben.

5.7 Sonderformen der Aufladung

Eine Leistungssteigerung kann durch höhere **Kolbengeschwindigkeiten** oder durch höhere **Mitteldrücke** erreicht werden. Nachdem der Geschwindigkeitszunahme aufgrund der Trägheitskräfte der bewegten Teile, der Verschlechterung des Liefergrades und des Wirkungsgrades enge Grenzen gesetzt sind, hat sich die Mitteldrucksteigerung durch Aufladung als erfolgreichste Methode zur Leistungserhöhung von Dieselmotoren erwiesen. Höhere Mitteldrücke bewirken allerdings eine größere mechanische und thermische Belastung der Bauteile und können dadurch zu Festigkeitsproblemen führen.

Der **Spitzendruck** ist eine wichtige Größe für die mechanische Belastung. Eine Möglichkeit, bei hoher Aufladung und hohen Mitteldrücken den Spitzendruck zu begrenzen, besteht in der Reduktion des **Verdichtungsverhältnisses**. Die thermische Belastung kann durch höhere Luftverhältnisse und die daraus resultierenden niedrigeren Prozesstemperaturen sowie durch Rückkühlung gesenkt werden. Diese Wege werden bei den meisten Hochaufladeverfahren beschritten.

5.7.1 Zweistufige Aufladung

Bei der zweistufigen Aufladung werden zwei Turbolader mit Zwischenkühlung in Serie geschaltet, wobei die Niederdruckstufe von der Abgasenergie, welche die Hochdruckstufe verlässt, angetrieben wird (siehe Abb. 5.28). Angewendet wird die zweistufige Aufladung dort, wo ein bedeutend höheres Ladedruckniveau erforderlich ist, als dies mit einstufiger Aufladung bei gutem Wirkungsgrad erreicht werden kann.

Die wichtigsten Vorteile der zweistufigen Aufladung sind:

– Es können **herkömmliche Turbolader** verwendet werden, die bei normalem Druckverhältnis und Wirkungsgrad arbeiten.
– Gegenüber der einstufigen Aufladung ergibt sich selbst bei gleichem Ladedruck ein besserer **Gesamtwirkungsgrad**, weil Turbine und Verdichter in einem günstigeren Kennfeldbereich betrieben werden, als dies bei höheren Druckverhältnissen der Fall ist. Da die Verdichterarbeit eine Funktion der Eintrittstemperatur ist, reduziert die Zwischenkühlung zusätzlich die Verdichterarbeit der Hochdruckstufe.

Abb. 5.28. Schema einer zweistufigen Aufladung

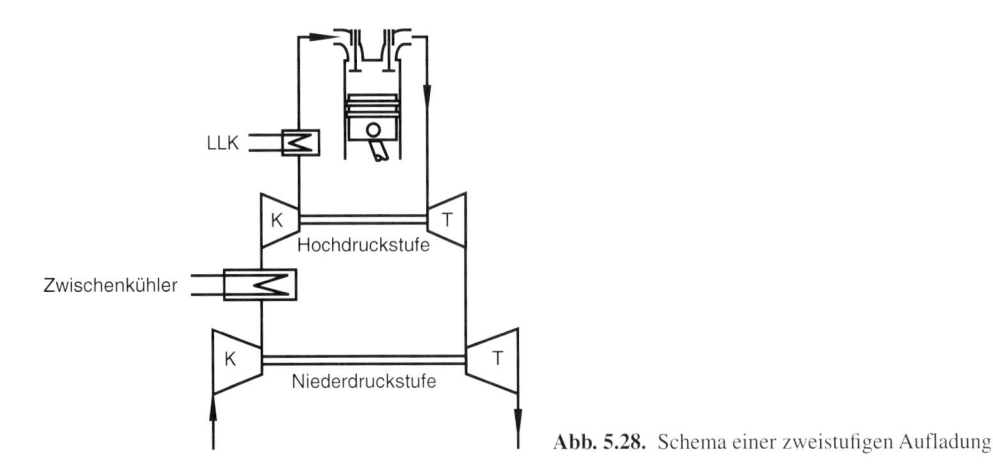

- Ein **breiteres Kennfeld** infolge der Verwendung von zwei Ladern ermöglicht eine bessere Anpassung an den Betriebsbereich des Motors.
- Die **Umfangsgeschwindigkeiten** der Läufer sind wesentlich niedriger als jene, welche bei einstufiger Aufladung und bei gleichem Druckverhältnis notwendig wären. Dies führt zu einer geringeren Beanspruchung der Turbinenschaufeln sowie der Lager und senkt das Turboladergeräusch.
- Im Fahrzeugeinsatz können durch entsprechende Auslegung, besonders der Hochdruckstufe, ein verbessertes Anfahrmoment und ein besseres Beschleunigungsverhalten erzielt werden.

Neben den höheren Kosten liegen die Nachteile der zweistufigen Aufladung im größeren Platzbedarf und im Packaging, besonders durch die notwendigen Rohrverbindungen für die Zwischenkühlung. Bei Motoren mit hohen Mitteldrücken und den erforderlichen hohen Aufladegraden muss unter Umständen, um die thermische und mechanische Belastung zu begrenzen, die Verdichtung gesenkt werden. Das führt ohne Zusatzeinrichtungen zu Problemen im Start- und Leerlaufverhalten [5.7]. Deshalb wird die zweistufige Aufladung oft in Kombination mit anderen Verfahren, wie Miller-, Hyperbarverfahren und Registeraufladung, die anschließend beschrieben werden, angewendet.

5.7.2 Miller-Verfahren

Hochaufgeladene Motoren erreichen die Grenzen der thermischen und mechanischen Belastbarkeit. Hohe Temperaturen bei Verdichtungsende sind nachteilig hinsichtlich Stickoxidemission und Klopfen bei Ottomotoren.

Zur Vermeidung dieser Nachteile wird beim Miller-Verfahren durch **veränderliche Schließzeitpunkte** der Einlassventile der Verdichtungszustand je nach Betriebszustand variiert. Mit steigender Last, also mit steigender Aufladung, wird das Einlassventil immer früher, zum Teil noch vor dem unteren Totpunkt geschlossen, so dass der Zylinder nur unvollständig mit Frischluft gefüllt wird. Noch während des verbleibenden Ansaughubes expandiert die Ladung im Zylinder und kühlt sich dabei ab. Die Verdichtung beginnt auf Kosten einer geringeren Ladungsmasse von einem niedrigeren Druck- und Temperaturniveau aus, die mechanische und die thermische Belastung nehmen ab.

5.7 Sonderformen der Auflading

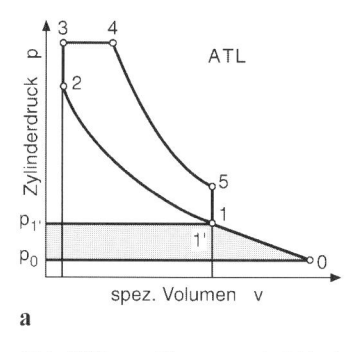

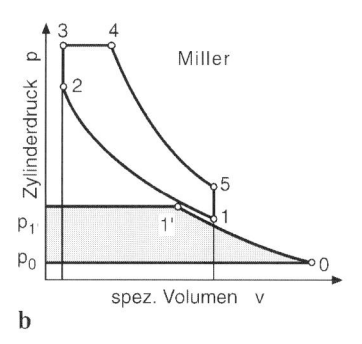

Abb. 5.29. pv-Diagramme bei idealer Gleichraum-Gleichdruck-Verbrennung mit ATL (**a**) und Miller-Verfahren (**b**)

Der Nachteil der verringerten Ladung kann durch höheren Ladedruck kompensiert werden. Betrachtet man den Zustand nach dem LLK unter der Voraussetzung gleicher Ladelufttemperatur bei Abgasturboauflading und beim Miller-Verfahren, so gilt das Folgende (vgl. auch Abb. 5.29).

In einem vollkommenen Viertakt-Vergleichsprozess beginnt bei normaler Abgasturboauflading die Kompression (1) auf dem Niveau des Ladedruckes (1'). Beim Miller-Verfahren sinkt durch das vorzeitige Schließen des Einlassventils der Zylinderdruck bei Verdichtungsbeginn (1) unter das Niveau des Ladedruckes (1'). Unter der Voraussetzung gleichen Zylinderdruckes bei Verdichtungsbeginn befindet sich nun beim Miller-Verfahren mehr Ladung mit geringerer Temperatur im Zylinder als bei der Abgasturboauflading. Die dadurch in der Hochdruckphase bei gleichem Luftverhältnis gewonnene Mehrarbeit wird aber zu einem beachtlichen Teil durch die höhere Ladungswechselarbeit wieder aufgebraucht. Deshalb bringt das Miller-Verfahren bei Dieselmotoren aus thermodynamischer Sicht nur geringe Vorteile. Es wird daher hauptsächlich bei Gasmotoren angewendet, weil hier die niedrigere Kompressionsendtemperatur echte Vorteile bezüglich des Klopfens bringt und deshalb deutlich höhere Leistungen gefahren werden können.

5.7.3 Hyperbarauflading

Die Hyperbarauflading ist für Motoren konzipiert, bei denen neben einem hohen effektiven Mitteldruck über einen weiten Drehzahlbereich auch ein gutes Beschleunigungsverhalten verlangt wird. Bei diesem Aufladeverfahren ist in der Auspuffleitung vor der Turbine eine **Brennkammer** angeordnet (siehe Abb. 5.30). Der Abgasturbine wird zusätzlich zum Auspuffgas, abhängig vom Betriebspunkt, von der Brennkammer vorgeheizte Luft zugeführt. Die Luft wird durch eine Bypass-Regelung direkt vom Verdichter zur Turbine geleitet.

Das Hyperbarverfahren wird bei Dieselmotoren mit sehr niedriger Verdichtung ($\varepsilon \approx 7$) und sehr hoher Auflading (bei zweistufiger Auflading Druckverhältnisse bis 7 : 1) angewendet. Beim Startvorgang wird der Lader von einem Elektromotor in Drehung versetzt und unter Einspritzung von Kraftstoff in die Brennkammer bei stehendem Motor hochgefahren. Der als Gasturbine arbeitende Lader liefert für den Startvorgang die notwendige Vorverdichtung der den Zylindern zugeführten Luft. Während des Startens und bei niedriger Last wird der LLK mit einer Bypass-Regelung umgangen. Der Motor weist auch bei niedriger Last und Drehzahl trotz der extrem niedrigen Verdichtung ein gutes Drehmoment- und Beschleunigungsverhalten auf, weil in diesem Betriebsbereich der Ladedruck durch Zusatzverbrennung hoch gehalten wird. Der über dem gesamten Lastbereich, infolge der niedrigen Verdichtung, hohe Verbrauch steigt bei Teillast wegen der Zusatzverbrennung gegenüber anderen hochaufgeladenen Motoren noch deutlich an. Wegen der höheren

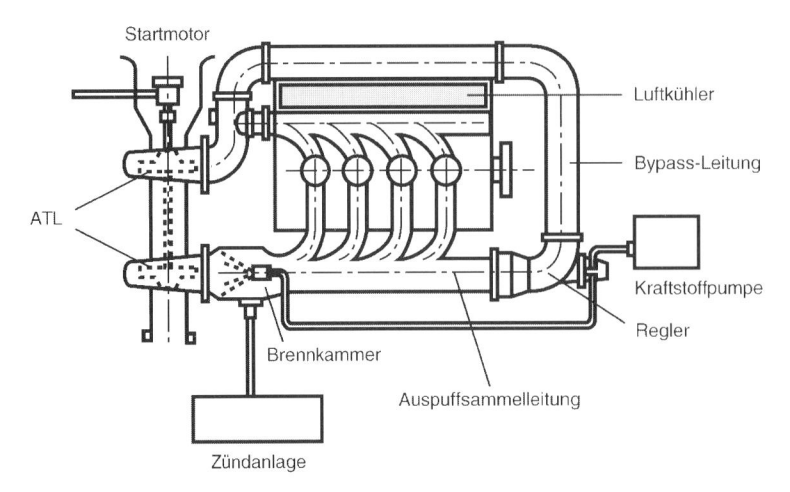

Abb. 5.30. Schema einer Hyperbar-Turboaufladung [5.20]

Kosten und dem höheren Verbrauch liegt das Einsatzgebiet dieser Form der Aufladung vor allem dort, wo niedriges Gewicht, geringer Platzbedarf bei hoher Leistungsdichte und gutes Beschleunigungsvermögen entscheidend sind.

5.7.4 Registeraufladung

Während bei hochaufgeladenen Motoren die Stau-Abgasturboaufladung für den Auslegungspunkt sehr gute Betriebswerte ergibt, bereitet sie im Teillastgebiet Schwierigkeiten. Es ist daher nahe liegend, den Betriebsbereich des Motors zu unterteilen und mehrere kleinere Turbolader im Staubetrieb anzuordnen. Dies geschieht bei der Registeraufladung, bei welcher der Motor mit mehreren parallel geschalteten Turboladern ausgerüstet ist, die lastabhängig zu- oder abgeschaltet werden (siehe Abb. 5.31).

Die Registeraufladung wird sowohl ein- als auch zweistufig ausgeführt. Die Zu- und Abschaltung der Turbinen wird durch extern gesteuerte Abgasklappen last- und drehzahlabhängig gesteuert. Saugseitig ist vor dem Verdichter eine ungesteuerte Rückschlagklappe angebracht, die das abgeschaltete System, welches mit dem arbeitenden System verbunden ist, gegen die Umgebung abdichtet.

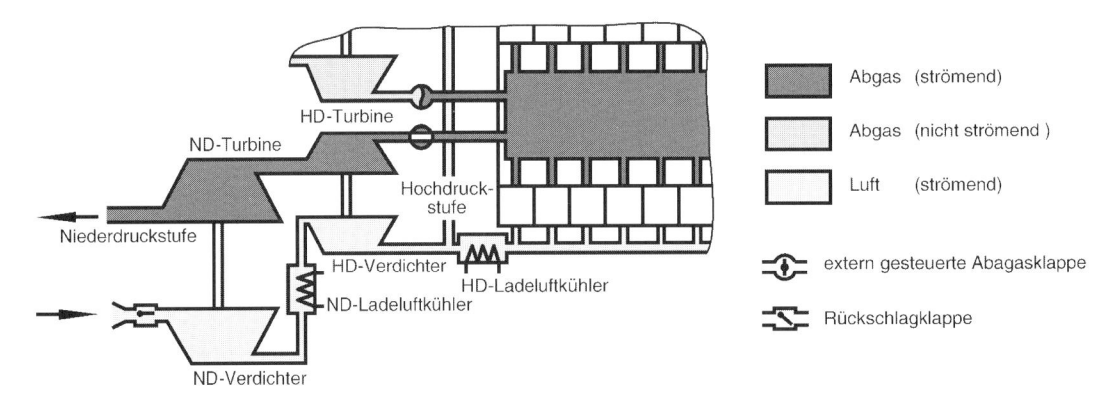

Abb. 5.31. Schema einer zweistufigen Registeraufladung [5.6]

5.7 Sonderformen der Aufladung

Die Registeraufladung bietet im Vergleich zur herkömmlichen Aufladung eine Reihe von Vorteilen:

– Beim Start und bei niedriger Last strömt das ganze Abgas durch eine Turbine mit kleinerem Querschnitt und liefert bei größerem Druckgefälle höhere Ladedrücke, als dies bei der Anwendung nur einer Turbine mit größerem Querschnitt der Fall wäre.
– Durch die Verwendung kleinerer Lader ergibt sich ein besseres Beschleunigungsverhalten.
– Die Abstimmung Motor–Lader kann wesentlich besser erfolgen, weil je Schaltstufe ein Verbrauchsoptimum vorliegt.
– Das Arbeiten der verbleibenden Lader im optimalen Betriebsbereich verbessert den Verbrauch in der Teillast wesentlich.
– Es können eine bessere Drehmoment-Charakteristik und ein breiteres Kennfeld erreicht werden.

5.7.5 Turbocompound

Ein Turbocompound-Motor liegt vor, wenn die Abgasturbine oder eine weitere nachgeschaltete Turbine Leistung an die Kurbelwelle oder an einen Generator abgibt. Der Sinn des Verfahrens liegt in der möglichst vollständigen Nutzung der Abgasenergie und einer dadurch bedingten Verbrauchsreduzierung. Je nach Systemauslegung und Motoranwendungsgebiet wird über Verbrauchsverbesserungen von bis zu 5 % berichtet [5.14, 5.28]. Da dies vor allem bei langer, hoher Motorauslastung der Fall ist, finden Turbocompound-Motoren in erster Linie in der Schifffahrt, vereinzelt auch bei Nutzfahrzeugen Verwendung.

Es gibt zwei Arten der Anwendung:

– **Mechanischer Turbocompound:** Ein Teil der Abgasenergie wird über die Nutzturbine über einen Rädertrieb direkt der Kurbelwelle des Motors zugeführt (siehe Abb. 5.32a). Die Verdichterturbine treibt den Kompressor.
– **Elektrischer Turbocompound:** Das System ist als geregelte Nutzturbinen-Generator-Anlage ausgeführt, d. h., die Nutzturbine ist direkt mit dem Verbraucher, einem Generator, gekoppelt (siehe Abb. 5.32b).

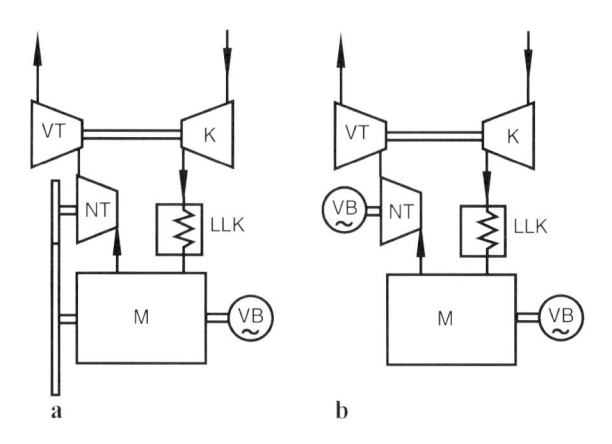

Abb. 5.32. Schema von Turbocompound-Anlagen: **a** mechanischer Turbocompound, **b** elektrischer Turbocompound. *VT* Verdichterturbine, *K* Kompressor, *NT* Nutzturbine, *LLK* Ladeluftkühler, *M* Motor, *VB* Verbraucher

6 Analyse des Arbeitsprozesses ausgeführter Motoren

6.1 Methodik

Eine globale Beurteilung des Arbeitsprozesses ausgeführter Motoren kann in Energiebilanzen nach dem 1. Hauptsatz der Thermodynamik erfolgen, wobei je nach Aufgabenstellung und Festlegung der Systemgrenzen der gesamte Motor oder nur ein Teilbereich des Motors wie z. B. der Brennraum untersucht wird. Eine detaillierte Auflistung und Quantifizierung theoretisch vermeidbarer Einzelverluste des Arbeitsprozesses erlaubt die Verlustanalyse, die das Verbesserungspotential für Teilbereiche der Prozessführung aufzeigt.

6.1.1 Energiebilanz des gesamten Motors

Betrachtet man den gesamten Motor als stationäres offenes System, setzen sich die über die Systemgrenze zugeführten Energien aus dem Kraftstoffenergiestrom $\dot{Q}_B$ und dem Enthalpiestrom der Luft $\dot{H}_E$ zusammen (siehe Abb. 6.1). Im dargestellten Fall eines hochbelasteten aufgeladenen LKW-Dieselmotors wird über ein Drittel bis knapp die Hälfte der zugeführten Kraftstoffenergie $\dot{Q}_B$ in Nutzleistung P_e umgewandelt. Etwa ein Drittel wird als Abgasenthalpie $\dot{H}_A$ abgeführt. Der Rest wird als Wärme über das Kühlmedium $\dot{Q}_K$, den Ölkreislauf $\dot{Q}_{Öl}$ und durch Konvektion und Strahlung an die Umgebung $\dot{Q}_U$ abgegeben. Dieser in Gl. (6.1) gemeinsam als $\dot{Q}_{ab}$ bezeichnete Anteil enthält auch die zur Überwindung der mechanischen Reibung und zum Antrieb der Hilfsaggregate des Motors erforderliche Reibungsleistung P_r.

In Gl. (6.1) sind die Enthalpieströme auf der rechten Seite zusammengefasst, weil deren Absolutwerte vom Bezugspunkt abhängen.

$$\dot{Q}_B = P_e + (\dot{H}_A - \dot{H}_E) + \dot{Q}_{ab} \tag{6.1}$$

Als Beispiele für Energiebilanzen zeigt Abb. 6.2a und b die Aufteilung der Energieströme über der Last für einen aufgeladenen Sechszylinder-PKW-Dieselmotor und für einen Vierzylinder-PKW-Ottomotor.

Aus Abb. 6.2 sind einige allgemein gültige Eigenheiten ersichtlich: Der auf die zugeführte Brennstoffwärme bezogene Anteil der Nutzleistung P_e (d. h. der effektive Wirkungsgrad) liegt beim Dieselmotor durchwegs höher als beim Ottomotor. Dies ist auf das höhere Verdichtungsverhältnis und das höhere Luftverhältnis des Dieselmotors zurückzuführen. Insbesondere wirken sich beim konventionellen Ottomotor die Drosselverluste in der Teillast nachteilig aus. Wegen seiner deutlich höheren Zylinderdrücke weist der Dieselmotor größere abgegebene Wärmeströme $\dot{Q}_{ab}$ auf, obwohl die vom Luftverhältnis bestimmte mittlere Temperatur im Brennraum beim Ottomotor wesentlich höher liegt. Dies bedingt dort auch den großen Anteil der Abgasenthalpie. Gegenüber

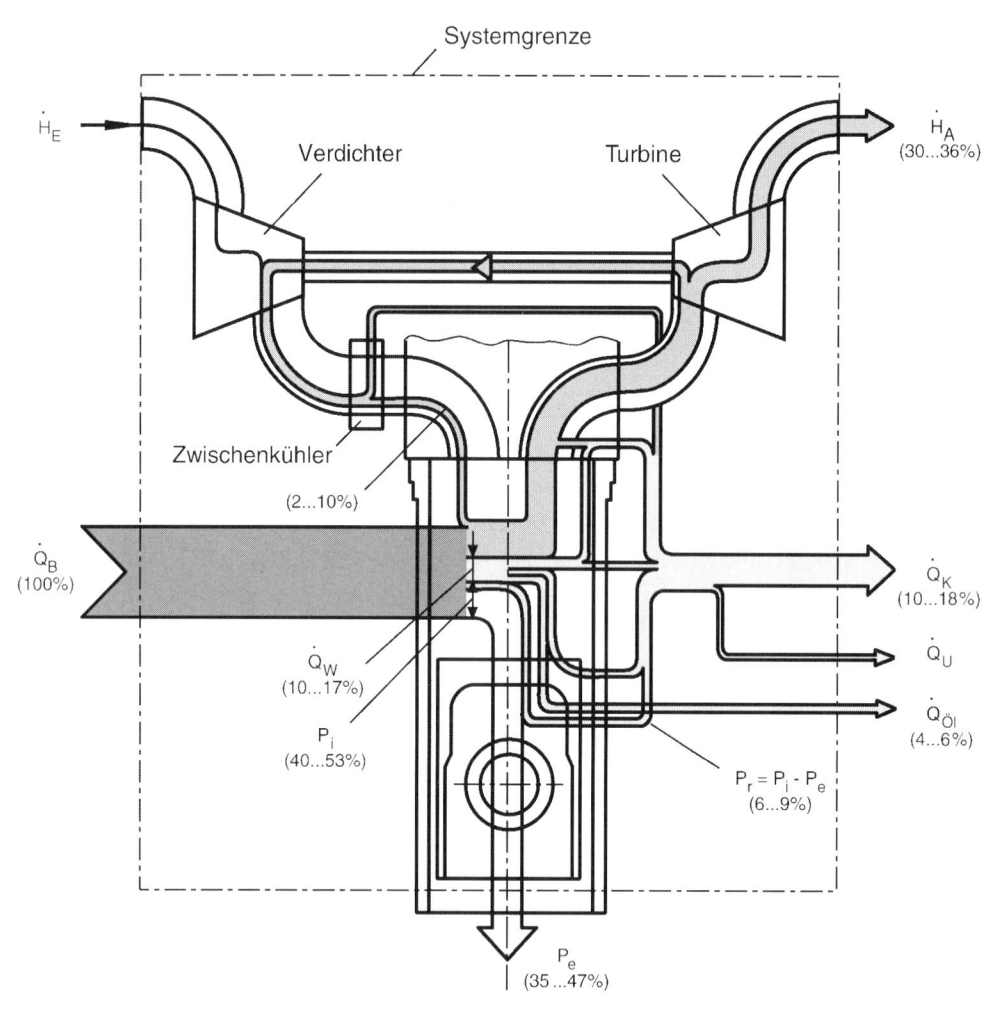

Abb. 6.1. Energieflussdiagramm für hochbelasteten aufgeladenen LKW-Dieselmotor

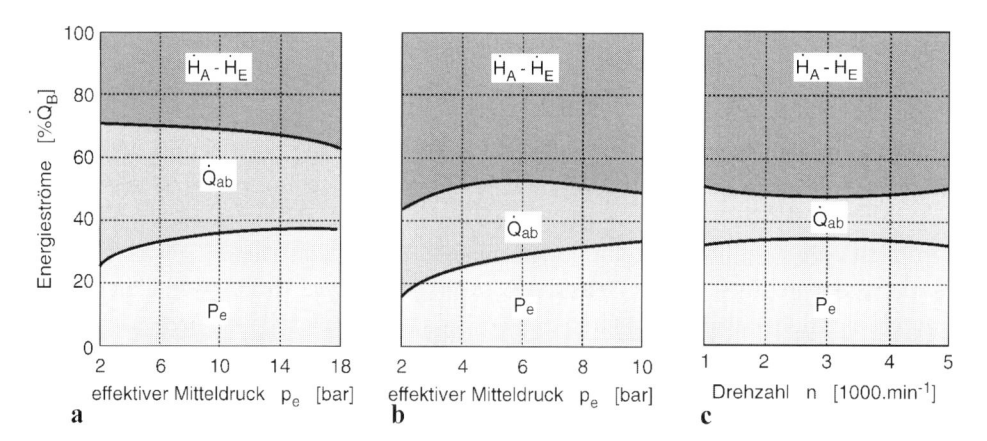

Abb. 6.2. Energiebilanzen über der Last für aufgeladenen PKW-Dieselmotor bei 2500 mim^{-1} (**a**), PKW-Ottomotor bei 3000 min^{-1} (**b**) sowie über der Drehzahl für PKW-Ottomotor bei Volllast (**c**)

der Lastabhängigkeit der Energiebilanzen ist deren Drehzahlabhängigkeit gering, wie dies beispielhaft für den Ottomotor Abb. 6.2c zeigt.

Die **messtechnische Bestimmung** der Größe der einzelnen Energieströme erfordert einigen Aufwand. Die Bestimmung der zugeführten Kraftstoffenergie erfolgt in der Regel über eine gravimetrische Kraftstoffmengenmessung. Der Enthalpiestrom der Ansaugluft kann mit Hilfe der Ansaugtemperatur und der spezifischen Wärmekapazität aus dem Luftmassenstrom bestimmt werden, gleiches gilt für die Abgasenthalpie. Die Messung der effektiven Motorleistung mittels einer Bremseinrichtung gehört zum Standard jedes Motorprüfstands. Die im Wasser- und Ölkreislauf abgeführten Wärmeströme können aus den Massendurchsätzen und den entsprechenden Ein- und Austrittstemperaturen bestimmt werden. Die Messung der in die Umgebung durch Konvektion und Strahlung abgegebenen Wärmemenge ist kaum möglich, sie kann aus Gl. (6.1) berechnet werden, wenn alle übrigen Größen bekannt sind.

Jede dieser Messgößen ist mit Messfehlern behaftet, die erreichbare Genauigkeit des Verfahrens ist daher besonders bei kleinen Lasten begrenzt. Energiebilanzen des Gesamtsystems werden für die grundsätzliche Beurteilung von Motorkonzepten eingesetzt sowie für die Auslegung von Pumpen und Kühlern.

6.1.2 Energiebilanz des Brennraums

Wird der Brennraum für sich als instationäres offenes System betrachtet, stellt die thermodynamische Motorprozessrechnung nach Kap. 4 gewissermaßen eine zeitveränderliche Energiebilanz dar, die auf dem 1. Hauptsatzes der Thermodynamik nach Gl. (4.3) basiert:

$$-\frac{p\,dV}{d\varphi} + \frac{dQ_B}{d\varphi} - \frac{dQ_W}{d\varphi} + h_E \frac{dm_E}{d\varphi} - h_A \frac{dm_A}{d\varphi} - h_A \frac{dm_{Leck}}{d\varphi} = \frac{dU}{d\varphi}.$$

Für die Analyse des Arbeitsprozesses eines Motors werden folgende **Daten** benötigt:
- **Programmsteuerdaten** zur Festlegung des Rechnungsablaufs
- **Umgebungsbedingungen** am Prüfstand: Luftdruck, Temparatur und Luftfeuchte
- **Motordaten:** Hub, Bohrung, Pleuellänge, Verdichtungsverhältnis, Steuerzeiten der Ventile oder Schlitze
- **Kraftstoffdaten:** Heizwert, stöchiometrischer Luftbedarf, Verdampfungswärme, evtl. Kraftstoffanalyse
- **kurbelwinkelabhängige Daten:** gemessener Druckverlauf im Zylinder für die Brennverlaufsbestimmung, Verlauf der Gegendrücke im Ein- und Auslass für die Ladungswechselrechnung (aus Messung oder Simulation), Durchflusskennwerte der Ventil- oder Schlitzsteuerung für die Ladungswechselrechnung
- **stationäre Prüfstandsdaten:** Drehzahl und Last (z. B. effektiver Mitteldruck aus dem Drehmoment an der Bremse), mittlere Drücke und Temperaturen im Ein- und Auslass, zugeführte Kraftstoffmenge (i. Allg. gravimetrisch gemessen), zugeführte Luftmenge (meist mittels Drehkolbengaszähler oder Hitzedrahtsonde bestimmt), mittlere Temperaturen von Zylinderkopf, Kolben und Zylinderbuchse sowie die entsprechenden Flächen für den Wärmeübergang (Messdaten oder Erfahrungswerte), Blow-by-Messwerte mit Druck und Temperatur im Kurbelgehäuse sowie der Fläche des Kolbenringspalts zur Leckageberechnung, Abgasrückführrate bei Abgasrückführung, Abgasanalyse vor Katalysator zur Bestimmung der Umsetzungsverluste.

Brennverlaufbestimmung

Zur Berechnung des Hochdruckteils des Arbeitsprozesses dient der 1. Hauptsatz in folgender Form:

$$\frac{dQ_H}{d\varphi} = \frac{dQ_B}{d\varphi} - \frac{dQ_W}{d\varphi} = \frac{dU}{d\varphi} + \frac{p\,dV}{d\varphi} + h_A \frac{dm_{Leck}}{d\varphi}. \quad (6.2)$$

Die linke Seite von Gl. (6.2) stellt den als **Heizverlauf** $dQ_H/d\varphi$ bezeichneten gesamten Wärmetransport über die Systemgrenze dar, der den Brennverlauf $dQ_B/d\varphi$ und den Verlauf des örtlich mittleren Wandwärmestroms $dQ_W/d\varphi$ umfasst. Auf Basis der Druckindizierung liefert die Motorprozessrechnung diesen Heizverlauf.

Im **Schleppbetrieb** des Motors ist der Heizverlauf wegen $dQ_B/d\varphi = 0$ mit dem Verlauf des Wandwärmestroms $dQ_W/d\varphi$ ident. Wird in der Motorprozessrechnung ein Ansatz für den Wandwärmeübergang getroffen, soll die Rechnung einen Nullbrennverlauf liefern. In dieser Weise wird eine Beurteilung von in der Motorprozessrechnung getroffenen Annahmen für den Wandwärmeübergangskoeffizienten $\alpha(\varphi)$ im Schleppbetrieb möglich.

Im **gefeuerten Betrieb** beinhaltet der Heizverlauf sowohl die freigesetzte Brennstoffwärme wie auch die übergehende Wandwärme. Die Wahl eines Ansatzes für den Wandwärmeübergang in der Motorprozessrechnung beeinflusst somit Verlauf wie Integralwert des berechneten Brennverlaufs $dQ_B/d\varphi$. Das Integral des Brennverlaufs stellt die laut Prozessrechnung umgesetzte Brennstoffenergie $Q_{B,um}$ dar. Dieser Wert kann mit der gemessenen zugeführten Brennstoffenergie Q_B verglichen werden. Nach Abschluss der Verbrennung bleibt in der Regel eine Differenz ΔQ_B zwischen den beiden Werten Q_B und $Q_{B,um}$ bestehen, die auf Messfehler, Verluste durch unvollkommene Verbrennung oder Fehler im Ansatz für den Wandwärmeübergang zurückzuführen ist.

Als Beispiel zeigt Abb. 6.3 für einen PKW-Ottomotor den aus der Druckindizierung berechneten Brennverlauf und dessen Integral, die gesamte umgesetzte Brennstoffenergie $Q_{B,um}$, die etwas unter der laut Messung zugeführten Kraftstoffenergie Q_B liegt.

Von entscheidendem Einfluss auf die Ergebnisse der Brennverlaufbestimmung ist die Qualität der zugrunde liegenden Messungen. Die gravimetrische Kraftstoffmengenmessung kann sehr genau erfolgen, so dass **Messfehler** vor allem von der Druckindizierung herrühren [4.112]. Dabei können Fehler durch Kurzzeittemperaturdrift der piezoelektrischen Druckaufnehmer sowie Fehler bei der Zuordnung von Kurbelwinkellage oder Druckniveau eine Rolle spielen.

Als Anhaltswerte für die Größe dieser Fehler zeigt Abb. 6.4a die Auswirkung von Abweichungen in der Druckniveauzuordnung, Abb. 6.4b von Abweichungen in der Zuordnung des OT auf die

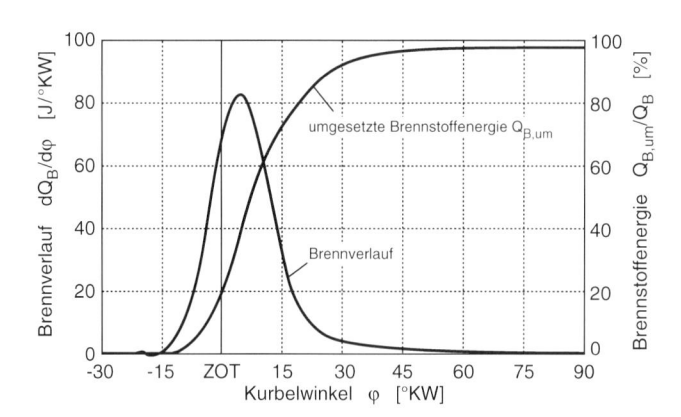

Abb. 6.3. Brennverlauf und Brennstoffenergie für PKW-Ottomotor bei Drehzahl von 3000 min^{-1} und Volllast

6.1 Methodik

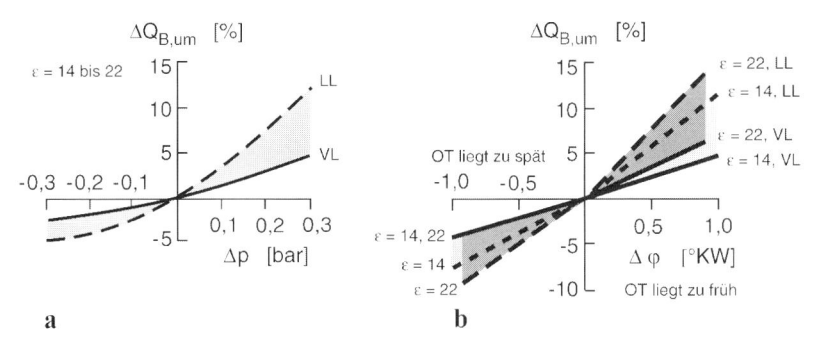

Abb. 6.4. Auswirkung von Abweichungen im Druckniveau (**a**) und in der Winkelzuordnung (**b**) auf berechnete umgesetzte Brennstoffenergie. *LL* Leerlast, *VL* Volllast

berechnete umgesetzte Kraftstoffenergie $Q_{B,um}$. Es zeigt sich, dass die Abweichungen beträchtlich sein können. Die Werte wurden für Dieselmotoren bei einer Variation des Verdichtungsverhältnisses zwischen 14 und 22 berechnet; für Ottomotoren sind sie etwas geringer. Fehler in der Winkelzuordnung wirken sich außerdem auf die berechnete indizierte Arbeit aus und können diese um einige Prozent verfälschen.

Über die quantitativen Auswirkungen von Fehlern im Verdichtungsverhältnis oder im Ansatz für den Wärmeübergang siehe etwa Lit. 4.90. Das in den vorliegenden Analysen verwendete Motorprozessprogramm erlaubt eine automatische thermodynamische Einpassung von Winkellage und Niveau der Druckmessung sowie des Verdichtungsverhältnisses, die auf dem Vergleich der gemessenen mit gerechneten Kompressionslinien beruht [4.36].

Bei der Druckindizierung von Mehrzylindermotoren ist überdies zu beachten, dass als Folge ungleicher Kraftstoffaufteilung und unterschiedlicher innerer Wirkungsgrade die inneren Arbeiten der einzelnen Zylinder um einige Prozent differieren können. Zur möglichst genauen Bestimmung von innerer Arbeit und umgesetzter Brennstoffenergie sind daher alle Zylinder zu indizieren.

Die Verluste durch **unvollkommene Verbrennung** entstehen durch Nichterreichen des chemischen Gleichgewichts. Die Bestimmung dieser Verluste erfolgt aus einer Abgasanalyse, wobei die unvollständige Verbrennung im Luftmangelbereich bei der Berechnung nach dem chemischen Gleichgewicht bereits berücksichtigt ist (vgl. die Ausführungen über den Umsetzungsgrad in Abschn. 2.6 und den Umsetzungsverlust in Abschn. 6.1.3). Die Verluste durch unvollkommene Verbrennung sind in der Regel gering.

Zur Korrektur der in der Motorprozessrechnung gewählten und immer mit Unsicherheiten behafteten **Wandwärmeübergangsbeziehung** ist es denkbar, den Wandwärmeübergang durch einen multiplikativen Faktor so auf- oder abzuwerten, dass das Integral des errechneten Brennverlaufs $Q_{B,um}$ mit der laut Messung zugeführten Kraftstoffenergie Q_B bei Abzug der Verluste durch unvollkommene Verbrennung in Übereinstimmung gebracht wird. Diese Art der Skalierung des Wandwärmestroms erfordert jedoch Vorsicht und entsprechende Erfahrung, weil sonst etwaige Fehler und Unsicherheiten aus der Druckindizierung und der Kraftstoffumsetzung fälschlicherweise dem Ansatz für den Wandwärmestrom angelastet werden.

Die Verläufe der örtlich mittleren Wandwärme über dem Kurbelwinkel sowie des Integralwerts der Wandwärme (Gesamtwandwärme) für einen PKW-Ottomotor zeigt Abb. 6.5, wobei die abgeführte Wandwärme positiv aufgetragen ist. Die Berechnung des Wärmeübergangs erfolgte durch ein in Abschn. 4.3.3 beschriebenes quasidimensionales Wärmeübergangsmodell unter Berücksichtigung der turbulenten Ladungsbewegung [4.112]. Während des Ladungswechsels

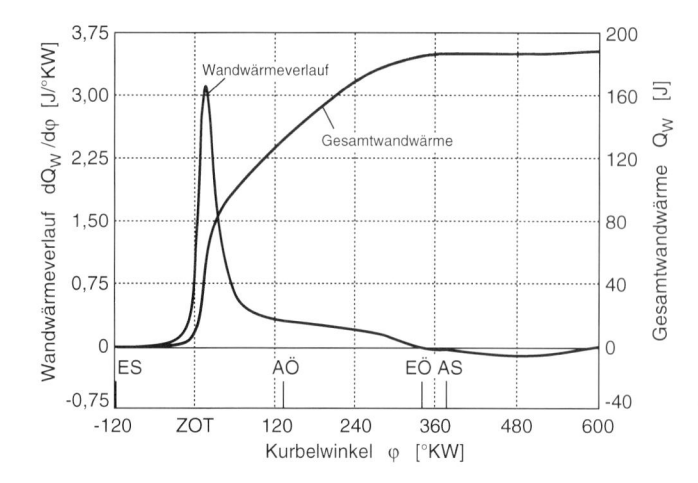

Abb. 6.5. Wandwärmeverlauf und Gesamtwandwärme für PKW-Ottomotor bei Drehzahl von 3000 min^{-1} und Volllast

heizen die Brennraumwände das Gas im Zylinder auf, so dass die Wandwärme in diesem Bereich negative Werte annimmt.

Neben der Qualität der Druckindizierung und der Berechnung des Wandwärmeübergangs sind die **Anfangsbedingungen** für die Motorprozessrechnung von grundlegender Bedeutung, nämlich Masse, Zustand und Zusammensetzung des Arbeitsgases zu Einlassschluss. Die zugeführte Masse sowie der Gaszustand vor Einlass werden den stationären Prüfstandsdaten entnommen. Für den Abgasgehalt im Brennraum können vorerst nur Annahmen getroffen werden. Alle Anfangsbedingungen sind mittels einer Ladungswechselrechnung zu überprüfen.

Ladungswechselrechnung

Die Ladungswechselrechnung erfolgt in der Regel under Verwendung der Durchflussgleichung und der ansaug- wie auspuffseitigen Druckverläufe, die entweder aus einer Niederdruckindizierung oder aus einer Simulation des Ein- und Auslasssystems bekannt sein müssen (vgl. Abschn. 4.2.6).

Für einen PKW-Ottomotor zeigt Abb. 6.6 Niederdruckverläufe in der Teillast, wobei das infolge der Drosselung niedrigere Druckniveau im Einlass auffällt. Es zeigt sich eine sehr gute

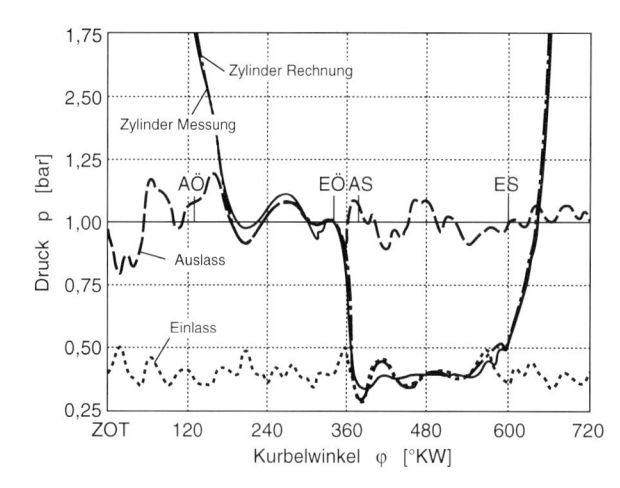

Abb. 6.6. Niederdruckverläufe für PKW-Ottomotor bei 3000 min^{-1} und 2 bar effektivem Mitteldruck

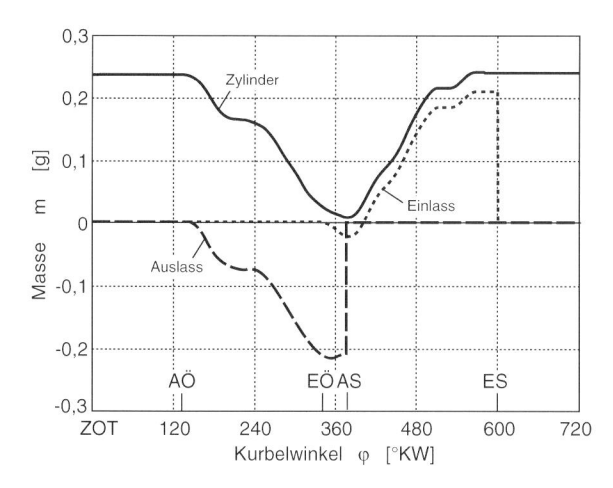

Abb. 6.7. Massenverläufe im Ladungswechsel für PKW-Ottomotor bei 3000 min^{-1} und 2 bar effektivem Mitteldruck

Übereinstimmung des gemessenen und des mittels der Durchflussgleichung berechneten Druckverlaufs im Zylinder während des Ladungswechsels. Dies bildet die Voraussetzung für eine korrekte Berechnung der Massenströme im Ladungswechsel.

Die berechneten Verläufe der insgesamt ein- und ausströmenden Massen sowie den Verlauf der Masse im Zylinder zeigt Abb. 6.7. Die in der Ladungswechselrechnung für das Ende des Arbeitsspiels berechnete Zylindermasse muss mit der in der Brennverlaufrechnung vorgegebenen Masse zu Einlassschluss übereinstimmen. Ebenso soll der im Ladungswechsel berechnete Restgasgehalt dem als Anfangsbedingung für die Brennverlaufbestimmung geschätzten Wert entsprechen. Gegebenenfalls ist die Motorprozessrechnung so oft zu wiederholen, bis Übereinstimmung zwischen den Ergebnissen der Hochdruckprozessrechnung und der Ladungswechselrechnung erzielt ist.

6.1.3 Wirkungsgrade und Verlustanalyse

Bei der Analyse eines Verbrennungsmotors ist insbesondere die Frage von Interesse, mit welchem Wirkungsgrad die durch die Verbrennung freigesetzte Brennstoffwärme im Idealfall in Nutzarbeit umgewandelt werden kann und welche Verluste beim wirklichen Motor auftreten.

Nach **Carnot** wird der maximal mögliche Wirkungsgrad für die Umwandlung von Wärme in mechanische Arbeit in einem Kreisprozess erreicht, wenn die Wärme bei möglichst hoher konstanter Temperatur zugeführt und bei möglichst niedriger konstanter Temperatur abgeführt wird (siehe Gl. (1.24)): $\eta_C = 1 - T_{ab}/T_{zu}$. Da im Fall der Verbrennungskraftmaschine aus konstruktiven und betriebstechnischen Gründen die Zu- und Abfuhr der Wärme nicht isotherm erfolgen kann, wird anstelle des Carnot-Prozesses als Idealprozess zunächst der **vereinfachte Vergleichsprozess** nach Abschn. 3.2 herangezogen, bei dem das Arbeitsmedium als ideales Gas mit konstanten spezifischen Wärmekapazitäten betrachtet wird. Für dessen Wirkungsgrad η_{th} gilt bei Gleichraumverbrennung nach Gl. (3.33): $\eta_{th,v} = 1 - 1/\varepsilon^{\kappa-1}$. Der thermodynamische Wirkungsgrad steigt also mit dem Verdichtungsverhältnis ε und zunehmendem Isentropenexponenten κ. Der Isentropenexponent seinerseits sinkt mit steigender Temperatur.

Um den wesentlich komplexeren Verhältnissen des wirklichen Motors näherzukommen, wird in Abschn. 3.3 als Idealprozess für den Verbrennungsmotor der **vollkommene Motor** definiert. Den Wirkungsgrad des vollkommenen Motors η_v bestimmt man aus der numerisch zu berechnenden abgegebenen Volumänderungsarbeit des vollkommenen Motors W_v, indem diese auf die zugeführte Brennstoffenergie Q_Bv bezogen wird:

$$\eta_\text{v} = W_\text{v}/Q_\text{Bv}. \tag{6.3}$$

Wie den Ausführungen und Abbildungen in Kap. 3 zu entnehmen ist, lassen sich bezüglich des thermodynamischen Wirkungsgrads η_v des vollkommenen Motors die folgenden allgemein gültigen Aussagen zusammenfassen.

– Der Wirkungsgrad nimmt mit steigendem Verdichtungsverhältnis zu.
– Zunehmendes Luftverhältnis bedeutet zunehmenden Wirkungsgrad.
– Der Wirkungsgrad des gemischverdichtenden Motors ist unter sonst gleichen Bedingungen aufgrund der Stoffwerte geringfügig höher als der des luftverdichtenden Motors.
– Der Gleichraum-Prozess hat bei gegebener zugeführter Brennstoffwärme die beste Energieausnützung und daher den höchsten Wirkungsgrad.
– Der Gleichdruck-Prozess ergibt den höchsten Wirkungsgrad, wenn der Spitzendruck im Zylinder (z. B. aus Festigkeitsgründen) begrenzt werden muss, das Verdichtungsverhältnis aber keinen Einschränkungen unterliegt.
– Der kombinierte Gleichraum-Gleichdruck-Prozess erreicht dann den besten Wirkungsgrad, wenn ein bestimmtes Verdichtungsverhältnis (z. B. zur Vermeidung von Klopfen) und ein gegebener Höchstdruck nicht überschritten werden dürfen.

Gegenüber dem Idealprozess des vollkommenen Motors weist der wirkliche Motor eine Reihe von Verlusten auf, deren Bestimmung Aufgabe der sogenannten Verlustanalyse ist. Diese zeigt das Potential auf, das bestenfalls zur Optimierung eines Motors durch konstruktive oder verfahrenstechnische Maßnahmen zur Verfügung steht. Die allgemeine Vorgehensweise zur Messung oder Berechnung der einzelnen Verluste sowie deren beispielhafte Quantifizierung sind Gegenstand des folgenden Abschnitts.

Verlustanalyse des wirklichen Arbeitsprozesses

Im Gegensatz zu den zuvor beschriebenen Energiebilanzen, die nur eine globale Aufteilung der zugeführten Brennstoffenergie in Arbeit, Wandwärme und Abgasenthalpie erlauben, stellt die Verlustanalyse eine detaillierte Auflistung und Quantifizierung theoretisch vermeidbarer Einzelverluste dar. So bewirkt etwa ein verschleppter Brennverlauf in der Energiebilanz eine niedrigere Nutzleistung und eine Erhöhung der Abgasenthalpie, in der Verlustanalyse kann er jedoch als Verbrennungsverlust quantifiziert werden.

Es sei darauf hingewiesen, dass die Verluste in der Verlustanalyse Wirkungsgraddifferenzen darstellen, also Arbeitsdifferenzen bezogen auf die Brennstoffwärme. Sollen Ergebnisse von Verlustanalysen mit denen von Energiebilanzen verglichen werden, sind die Werte der Verlustanalyse durch den Wirkungsgrad (des vollkommenen Motors) zu dividieren, um die entsprechenden Energiegrößen zu erhalten. Dies folgt aus der Definition des Wirkungsgrads, der angibt, welcher Anteil der Energie (Wärme) in Arbeit umsetzbar ist. Ein Wandwärmeverlust von 5 % in der Verlustanalyse entspricht somit bei einem angenommenen Wirkungsgrad von 50 % einem Wandwärmeverlust von 10 % in der Energiebilanz.

Der innere oder indizierte Wirkungsgrad des wirklichen Motors η_i berechnet sich nach Gl. (3.15) aus der während eines Arbeitsspiels abgegebenen inneren Arbeit W_i (die als $W_\text{i} = \int p\,dV$ aus einer Zylinderdruckindizierung bestimmt wird) und der zugeführten Brennstoffwärme Q_B:
$\eta_\text{i} = W_\text{i}/Q_\text{B}$.

6.1 Methodik

Als Maß für die Annäherung an das Ideal stellt der **Gütegrad** η_g nach DIN 1940 das Verhältnis von innerem Wirkungsgrad zum Wirkungsgrad des vollkommenen Motors dar:

$$\eta_g = \eta_i / \eta_v. \tag{6.4}$$

Der Gütegrad umfasst alle Verluste, die der wirkliche Arbeitsprozess gegenüber dem vollkommenen Motor aufweist und stellt das relevante Maß dar, um die Güte eines Motorprozesses relativ zum Idealprozess zu quantifizieren. In der **Verlustanalyse** wird der Gütegrad in eine Reihe von Einzelverlusten unterteilt, die eine Beurteilung von Teilbereichen der Prozessführung erlauben. Für eine Darstellung ist eine Aufteilung der Verluste in eine additive Kette von Einzelverlusten vorteilhaft:

$$\eta_i = \eta_v - \Delta\eta_g, \quad \Delta\eta_g = \Delta\eta_{rL} + \Delta\eta_{uV} + \Delta\eta_{rV} + \Delta\eta_{Ww} + \Delta\eta_{Leck} + \Delta\eta_{Ü} + \Delta\eta_{LW}. \tag{6.5}$$

Im Einzelnen unterscheidet man Einflüsse und Verluste durch

reale Ladung $\Delta\eta_{rL}$ (Einfluss des Ladungszustands)
unvollkommene Verbrennung $\Delta\eta_{uV}$ (Umsetzungsverlust)
realen Verbrennungsablauf $\Delta\eta_{rV}$ (Verbrennungsverlust)
Wärmeübergang an die Brennraumwände $\Delta\eta_{Ww}$ (Wandwärmeverlust)
Leckage $\Delta\eta_{Leck}$ (Leckageverlust)
Überströmen zwischen Haupt- und Nebenbrennraum bei Kammermotoren $\Delta\eta_{Ü}$ (Überströmverlust)
realen Ladungswechsel $\Delta\eta_{LW}$ (Ladungswechselverlust)

Wegen der Komplexität der Zusammenhänge ist es nicht möglich, alle Einflüsse getrennt messtechnisch oder rechnerisch exakt zu erfassen. Da sich die einzelnen Verluste gegenseitig beeinflussen, ist neben der Art der Berechnung auch deren Reihenfolge von Bedeutung. Die Erstellung der Verlustanalyse erfolgt mittels wiederholter Prozessrechnung, wobei in der nachfolgend beschriebenen Vorgehensweise die inneren Arbeiten ohne und mit dem jeweiligen Verlust sukzessive berechnet und auf die zugeführte Brennstoffenergie bezogen als Wirkungsgrade dargestellt werden. Die Differenz zweier entsprechender Wirkungsgrade stellt den jeweiligen Einzelverlust dar. Für die Verlustanalyse wird die Gleichraumverbrennung aufgrund ihrer optimalen Energieausnutzung als Idealprozess gewählt.

Einfluss durch reale Ladung

Beim vollkommenen Motor wird definitionsgemäß vollkommene Füllung des Zylindervolumens in UT mit reiner Frischladung vom Zustand vor Einlass angenommen. In der Prinzipdarstellung des pV-Diagramms in Abb. 6.8 beginnt die Kompressionslinie des vollkommenen Motors im Punkt 1_v in UT beim Einlassdruck p_E.

Masse und Zustand der realen Ladung werden durch Drosselverluste im Einlass (Strömungsverluste z. B. am Ventil, Erzeugung einer Ladungsbewegung oder die Teillastregelung bei Ottomotoren), durch Erwärmung sowie durch innere und äußere Abgasrückführung beeinflusst. Der Einfluss durch reale Ladung auf den Wirkungsgrad kann positiv oder negativ sein und ist in der Regel gering. Er ist ausschließlich auf die veränderten Stoffeigenschaften des Arbeitsgases zurückzuführen. Bezüglich der Größe der Einzeleinflüsse von Druck, Temperatur und Restgasanteil auf den Wirkungsgrad siehe Abschn. 3.5. Der Einfluss durch reale Ladung bezieht sich nur auf den Hochdruckteil des Arbeitsspiels und ist vom später behandelten Ladungswechselverlust zu unterscheiden.

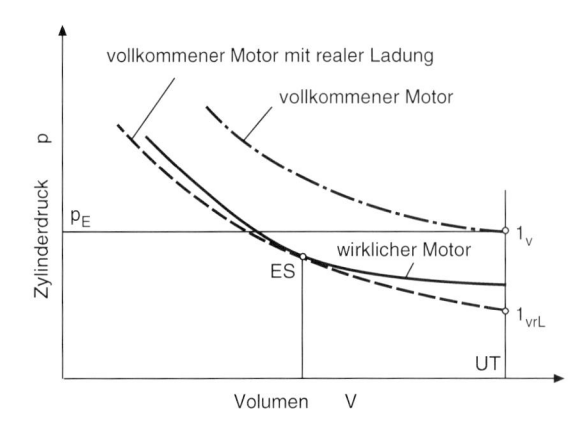

Abb. 6.8. Kompressionslinien des vollkommenen Motors, des vollkommenen Motors mit realer Ladung und des wirklichen Motors

Die Kompressionslinie des wirklichen Motors liegt wegen der Drosselverluste im pV-Diagramm im Allgemeinen etwas tiefer als diejenige des vollkommenen Motors und läuft durch den Punkt ES bei Einlassschluss, der als Anfangsbedingung für die Prozessrechnung bekannt ist (siehe Abb. 6.8).

Zur Quantifizierung der Verluste durch reale Ladung wird nunmehr ein Prozess definiert, der die reale Ladung des wirklichen Motors aufweist und in allen anderen Annahmen dem vollkommenen Motor entspricht. Dieser **„vollkommene Motor mit realer Ladung"** und der wirkliche Motor weisen bei Einlassschluss gleiche Ladungsmassen mit gleichem Druck, gleicher Temperatur und gleicher Gaszusammensetzung – damit also gleichem Luftverhältnis und gleichem Restgasanteil – auf. Im pV-Diagramm ist die Kompressionslinie dieses Vergleichsprozesses durch den Punkt ES bei Einlassschluss festgelegt. Um den Anfangszustand des Vergleichsprozesses zu erhalten, muss dessen Kompressionslinie vom gegebenen Punkt ES isentrop in den Punkt 1_{vrL} in UT rückgerechnet werden. Der vollkommene Motor mit realer Ladung gibt an, welcher Wirkungsgrad mit der tatsächlichen Ladungsmasse in einem gegebenen Motor erreicht werden könnte.

Es sei angemerkt, dass List [4.68] die Wirkungsgradänderung durch veränderten Anfangszustand ebenfalls durch die Verschiebung des pV-Diagramms des vollkommenen Motors in einen Punkt des realen Motors berücksichtigt, allerdings wählte List für das angeglichene Diagramm anstelle des Zustands bei Einlassschluss den Zustand bei Verdichtungsende.

Der Einfluss durch reale Ladung $\Delta\eta_{rL}$ ergibt sich als Differenz der Wirkungsgrade des vollkommenen Motors mit idealer Ladung und des vollkommenen Motors mit realer Ladung:

$$\Delta\eta_{rL} = \eta_v - \eta_{vrL} = \frac{W_v}{Q_{Bv}} - \frac{W_{vrL}}{Q_B}. \tag{6.6}$$

Dabei ist zu beachten, dass diese beiden Prozesse mit unterschiedlichen Brennstoffmengen geführt werden. Da der vollkommene Motor mit idealer Ladung im Allgemeinen über eine größere Ladungsmasse verfügt, vereinbarungsgemäß die ideale Ladung aber gleiches Luftverhältnis λ wie die reale Ladung aufweisen soll, ist dem vollkommenen Motor eine entsprechend größere Brennstoffenergie Q_{Bv} zuzuführen. Für diese gilt mit V_{UT} als Zylindervolumen in UT:

$$Q_{Bv} = H_u \frac{\rho_E V_{UT}}{1 + \lambda L_{st}} \tag{6.7}$$

Verlust durch unvollkommene Verbrennung

Wie in Abschn. 2.6 erörtert, entsteht bei Luftmangel ein Energieverlust $\Delta\zeta_{u,ch}$ durch unvollständige Verbrennung, der bei der Berechnung des vollkommenen Motors nach dem chemischen

Gleichgewicht voraussetzungsgemäß berücksichtigt wird. Im wirklichen Prozess wird das chemische Gleichgewicht jedoch nicht erreicht, wodurch ein weiterer Energieverlust $\Delta\zeta_u$ durch unvollkommene Verbrennung auftritt (vgl. Abb. 2.15).

Der Verlust durch unvollkommene Verbrennung $\Delta\eta_{uV}$ (auch: Umsetzungsverlust) errechnet sich aus der Differenz der Wirkungsgrade des vollkommenen Motors mit realer Ladung und eines Vergleichsprozesses, bei dem die unvollkommene Verbrennung berücksichtigt wird:

$$\Delta\eta_{uV} = \eta_{vrL} - \eta_{uV} = \frac{W_{vrL} - W_{uV}}{Q_B}. \tag{6.8}$$

Darin ist W_{vrL} die innere Arbeit eines adiabaten Hochdruckprozesses von UT bis UT bei Gleichraumverbrennung unter Berücksichtigung der unvollständigen Verbrennung entsprechend dem vorangehenden Abschnitt. W_{uV} berechnet sich als innere Arbeit eines Hochdruckprozesses von UT zu UT mit Gleichraumverbrennung, adiabat und ohne Leckage, wobei nur die wirklich umgesetzte Kraftstoffenergie $Q_{B,um}$ zur Verfügung steht. Die Berechnung von $Q_{B,um}$ setzt eine **Abgasanalyse** vor Katalysator zur Bestimmung der unverbrannten Komponenten durch unvollständige und unvollkommene Verbrennung $Q_{u,ges}$ voraus (vgl. Abschn. 2.6, Gl. (2.89)): $Q_{B,um} = Q_B - Q_{u,ges}$. Als gemeinsame Bezugsgröße wird in Gl. (6.8) wie bei allen weiteren Verlusten die leicht messbare tatsächlich zugeführte Kraftstoffenergie Q_B herangezogen.

Der Verlust durch unvollkommene Verbrennung $\Delta\eta_{uV}$ ist bei ausgeführten Motoren gering und liegt in der Regel unter 1 %. Bei Annäherung an die Zündgrenzen sowie bei Zweitakt-Ottomotoren können allerdings deutlichere Wirkungsgradeinbußen entstehen.

Im Gegensatz zum **Umsetzungsgrad** ζ_u von Abschn. 2.6, der eine auf den Heizwert bezogene Energie darstellt, wird hier der Umsetzungsverlust $\Delta\eta_{uV}$ besprochen, eine Differenz zweier Wirkungsgrade, d. h. eine auf die Brennstoffwärme bezogene Arbeitsdifferenz. Umsetzungsverlust $\Delta\eta_{uV}$ und der Energieverlust durch unvollkommene Verbrennung $\Delta\zeta_u$ hängen über den Wirkungsgrad des vollkommenen Motors zusammen:

$$\Delta\eta_{uV} = \eta_v \Delta\zeta_u. \tag{6.9}$$

Verlust durch realen Verbrennungsablauf

Von den drei charakteristischen Verbrennungsarten des vollkommenen Motors kann beim wirklichen Motor praktisch keine realisiert werden, weil beim Gleichraumprozess für die Verbrennung nur eine unendlich kurze Zeit zur Verfügung stünde und beim Gleichdruckprozess die Abnahme des Zylinderdrucks durch die Kolbenabwärtsbewegung mit der Druckzunahme infolge der Verbrennung übereinstimmen müsste.

Der Verlust durch realen Verbrennungsablauf $\Delta\eta_{rV}$ (auch: Verbrennungsverlust) errechnet sich aus der Differenz der Wirkungsgrade der adiabaten Hochdruckprozesse mit Gleichraumverbrennung und realer Verbrennung:

$$\Delta\eta_{rV} = \eta_{uV} - \eta_{rV} = \frac{W_{uV} - W_{rV}}{Q_B}. \tag{6.10}$$

Darin ist W_{uV} die innere Arbeit unter Berücksichtigung der unvollkommenen Verbrennung entsprechend dem vorangehenden Abschnitt und W_{rV} die innere Arbeit eines Hochdruckprozesses mit realem Verbrennungsblauf, adiabat und ohne Leckage von UT bis UT.

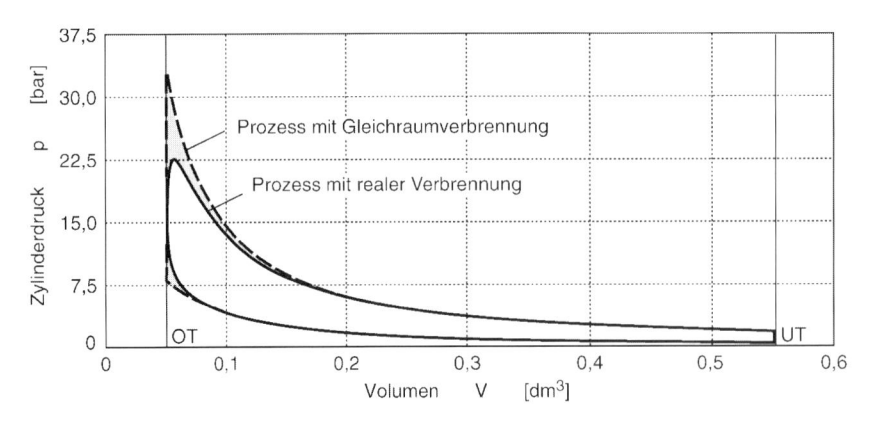

Abb. 6.9. Verbrennungsverlust proportional der Flächendifferenz der pV-Schleifen der Hochdruckprozesse mit Gleichraumverbrennung und realer Verbrennung

Zur Berechnung von W_{rV} wird zunächst aus dem gemessenen Zylinderdruckverlauf der **reale Brennverlauf** bestimmt. Dieser wird in einem nächsten Schritt in einer Prozesssimulation zur Berechnung des Druckverlaufs eines Hochdruckprozesses ohne Wandwärme und Leckage von UT bis UT durch den gegebenen Punkt bei Einlassschluss vorgegeben. Das Integral $\int p\,dV$ dieses Druckverlaufs stellt die innere Arbeit W_{rV} dar.

Im pV-Diagramm ist der Verlust durch realen Verbrennungsablauf proportional der Flächendifferenz der beiden Arbeiten im Hochdruckteil (siehe Abb. 6.9). Um einen Eindruck von der Größe der einzelnen Verluste zu geben, sind in Abb. 6.9 bis 6.11 maßstäbliche pV-Diagramme für den untersuchten PKW-Ottomotor (O4T, vgl. Abschn. 6.2) bei einer Drehzahl von 3000 min^{-1} und 5 bar effektivem Mitteldruck wiedergegeben.

Gegenüber der Gleichraumverbrennung, die bei gegebener Energiezufuhr den besten Wirkungsgrad ergibt, ist der wirkliche Verbrennungsablauf erheblich verzögert und thermodynamisch gesehen ungünstiger, weil der in Arbeit umwandelbare Anteil der umgesetzten Energie um so kleiner ist, je weiter sich der Kolben vom OT entfernt (vgl. Abschn. 3.7).

Die durch den wirklichen Verbrennungsablauf verursachten Verluste können beträchtlich sein. Es ist zu beachten, dass die Verbrennungsverluste mit den **Wandwärmeverlusten** zusammenhängen. So können durch eine rasche, um den OT liegende Verbrennung zwar die Verbrennungsverluste reduziert werden, es ist aber eine Vergrößerung der Wandwärmeverluste in Kauf zu nehmen. Die Verbrennungs- und Wandwärmeverluste eines Motors werden von Verbrennungsbeginn, Verbrennungsdauer und Form sowie Schwerpunktslage des Brennverlaufs maßgeblich beeinflusst, so dass die Optimierung eine gemeinsame Betrachtung dieser beiden Verluste erfordert.

Verlust durch Wärmeübergang

Die über die Brennraumwände abfließende Wärme verursacht einen nicht unerheblichen Verlust. Der Verlust durch Wärmeübergang $\Delta\eta_{Ww}$ (auch: Wandwärmeverlust) errechnet sich aus der Differenz der Wirkungsgrade zweier Hochdruckprozesse ohne und mit Wandwärmeübergang:

$$\Delta\eta_{Ww} = \eta_{rV} - \eta_{Ww} = \frac{W_{rV} - W_{Ww}}{Q_B} \qquad (6.11)$$

Dabei entspricht die innere Arbeit W_{rV} der im vorangehenden Abschnitt berechneten inneren Arbeit des Hochdruckprozesses mit realem Verbrennungsablauf ohne Wandwärme und ohne Leckage.

6.1 Methodik

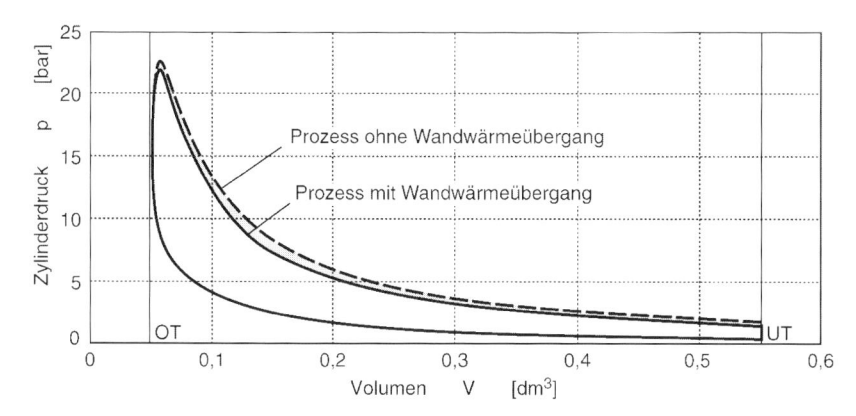

Abb. 6.10. Wandwärmeverlust proportional der Flächendifferenz der pV-Schleifen der Prozesse ohne und mit Wandwärmeübergang

Zur Bestimmung der inneren Arbeit des Hochdruckprozesses mit realer Wandwärme W_{Ww} wird durch Vorgabe des tatsächlichen Brennverlaufs unter Berücksichtigung des Wandwärmeübergangs und ohne Leckage der Druckverlauf durch den Punkt bei ES von UT zu UT berechnet. Abbildung 6.10 zeigt die beiden Arbeitsschleifen ohne und mit Wandwärmeübergang im pV-Diagramm.

Aus den Überlegungen zum Gleichraumgrad in Abschn. 3.7 folgt, dass nur ein Teil der verlorengehenden Wärmeenergie in Arbeit umgewandelt werden könnte und dass dieser Anteil abnimmt, je weiter sich der Kolben vom OT entfernt. Dies bedeutet aber, dass für eine energetische Bewertung der zeitliche Verlauf der Wandwärme relevant ist, weil Wandwärme, die im OT verloren geht, einen größeren Verlust ergibt, als Wandwärme, die vor oder nach OT abgeführt wird.

Es soll in diesem Zusammenhang angemerkt werden, dass die Berechnung der Verbrennungsverluste wie der Wandwärmeverluste auch mithilfe des Gleichraumgrads nach Abschn. 3.7 möglich ist (vgl. [4.90]).

Verlust durch Leckage

Die Berechnung der ausströmenden Leckagemasse $dm_{Leck}/d\varphi$ erfolgt in einer Prozessrechnung mittels der Durchflussgleichung schrittweise zu jeder Kurbelstellung. Die durch die Leckage im Brennraum hervorgerufene Druckabsenkung verursacht einen Verlust.

Der Verlust durch Leckage $\Delta\eta_{Leck}$ (auch: Leckageverlust) ergibt sich als Differenz der Wirkungsgrade zweier Hochdruckprozesse ohne und mit Leckage:

$$\Delta\eta_{Leck} = \eta_{Ww} - \eta_{Leck} = \frac{W_{Ww} - W_{Leck}}{Q_B}. \tag{6.12}$$

Dabei stellt W_{Ww} die im vorigen Abschnitt berechnete innere Arbeit des Hochdruckprozesses mit wirklichem Brennverlauf und realem Wandwärmeübergang ohne Leckage dar. Die innere Arbeit mit realer Leckage W_{Leck} wird unter Vorgabe des tatsächlichen Brennverlaufs unter Berücksichtigung des Wandwärmeübergangs und der Leckage aus dem Druckverlauf durch den Punkt bei ES von UT zu UT berechnet.

Die pro Arbeitsspiel verlorengehende Masse bleibt bei nicht zu fortgeschrittenem Verschleißzustand im Allgemeinen sehr klein, wie Messungen der Durchblasemenge zeigen [4.30]. Wegen der geringen Blow-by-Masse m_{Leck} sind die zugehörigen Wirkungsgradverluste bei gut gewarteten Motoren klein und bleiben meist sogar deutlich unter dem 1%-Wert.

Verlust durch Überströmen

Bei **Kammermotoren** treten gegenüber dem Einkammermotor zusätzliche Verluste durch den Überströmvorgang zwischen Haupt- und Nebenbrennraum auf. Zur Bestimmung des Überströmverlusts sind die Heizverläufe in beiden Brennräumen aus entsprechenden Druckmessungen zu berechnen (vgl. Abschn. 4.2.8.4). Beide Heizverläufe werden sodann zu einem Summenheizverlauf addiert, der einem Einkammermotor mit gleichem Hub-Bohrungs- und gleichem Verdichtungsverhältnis zugrunde gelegt wird. Die Prozessrechnung liefert für den Einkammermotor mit diesem Summenheizverlauf einen Zylinderdruckverlauf und die zugehörige innere Arbeit $W_{H(Z+K)}$. Sie ist gegenüber der inneren Arbeit des gemessenen Zylinderdruckverlaufs im Hauptbrennraum des Kammermotors $W_{H(Z)}$ um den Energieverlust beim Überströmvorgang größer. Der gesuchte Überströmverlust $\Delta\eta_{\text{Ü}}$ errechnet sich als Differenz von $W_{H(Z+K)}$ (innere Arbeit des fiktiven Prozesses eines Einkammermotors) und $W_{H(Z)}$ (innere Arbeit des wirklichen Prozesses im Hauptbrennraum) bezogen auf die zugeführte Brennstoffwärme Q_B. Dieser Verlust ist außer bei sehr engen Überströmbohrungen meist gering.

$$\Delta\eta_{\text{Ü}} = \frac{W_{H(Z+K)} - W_{H(Z)}}{Q_B}. \tag{6.13}$$

Verlust durch realen Ladungswechsel

Nach der Berechnung aller Verluste im Hochdruckteil des Arbeitsspiels verbleibt die Berücksichtigung der Verluste durch den realen Ladungswechsel.

Bei **Saugmotoren** wird der Ladungswechsel des vollkommenen Motors definitionsgemäß durch einen isochoren Ladungsaustausch in UT ohne Arbeitsaufwand idealisiert. Demgegenüber benötigt der reale Ladungswechsel immer einen Arbeitsaufwand.

Der Verlust durch realen Ladungswechsel $\Delta\eta_{\text{LW}}$ (auch: Ladungswechselverlust) errechnet sich aus der Differenz der Wirkungsgrade zweier Prozesse mit idealem und realem Ladungswechsel:

$$\Delta\eta_{\text{LW}} = \eta_{i,\text{iLW}} - \eta_i = \frac{W_{i,\text{iLW}} - W_i}{Q_B}. \tag{6.14}$$

Darin berechnet man $W_{i,\text{iLW}}$ als innere Arbeit mit idealem Ladungswechsel durch Vorgabe des realen Brennverlaufs unter Berücksichtigung von Wärmeübergang und Leckage in einem Hochdruckprozess von UT bis UT, der durch den Punkt bei Einlassschluss geht. Dies entspricht der oben als W_{Leck} bezeichneten Arbeit. W_i ist die tatsächlich geleistete innere Arbeit, die das Integral $\int p\,dV$ des gemessenen Zylinderdruckverlaufs über dem gesamten Arbeitsspiel mit den realen Steuerzeiten darstellt.

Der Verlust durch realen Ladungswechsel ist im pV-Diagramm ersichtlich und der Flächendifferenz zwischen der Hochdruckarbeit von UT zu UT $W_{i,\text{iLW}}$ und der tatsächlichen inneren Arbeit W_i proportional (siehe Abb. 6.11).

Falls eine detailliertere Betachtung von Interesse ist, kann der Ladungswechselverlust weiter aufgeteilt werden (vgl. Abb. 6.11). Da beim wirklichen Motor zur Verbesserung der Füllung in der Regel das Auslassventil vor UT öffnet und das Einlassventil nach UT schließt, ergibt sich ein **Expansionsverlust** $\Delta W_{\text{LW,Ex}}$ am Ende des Hochdruckteils und ein **Kompressionsverlust** $\Delta W_{\text{LW,Kp}}$ zu Beginn der Kompression. Infolge von Drosselung entstehen beim Viertakt-Saugmotor Verluste beim Ausschieben und Ansaugen, die über eine negative Arbeitsschleife von UT bis UT einen **Niederdruckverlust** $\Delta W_{\text{LW,ND}}$ bedingen.

Der Expansionsverlust $\Delta W_{\text{LW,Ex}}$ errechnet sich aus der Differenz der inneren Arbeiten zweier Hochdruckprozesse bei Vorgabe des wirklichen Brennverlaufs unter Berücksichtigung von

6.1 Methodik

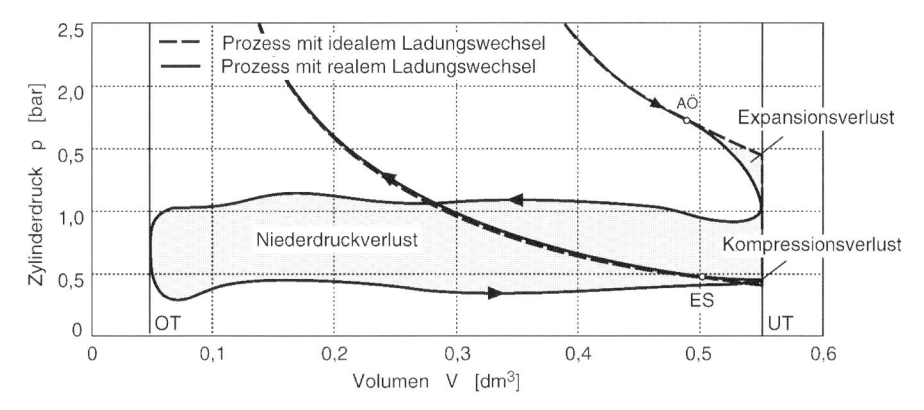

Abb. 6.11. Arbeitsverluste eines Viertakt-Ottomotors im Ladungswechsel: Aufteilung in Expansionsverlust, Kompressionsverlust und Niederdruckverlust

Wärmeübergang und Leckage von UT bis UT, wobei die Expansion in einem Fall bis UT erfolgt und im zweiten Fall das wirkliche Öffnen des Auslassventils berücksichtigt wird. Den Kompressionsverlust $\Delta W_{\mathrm{LW,Kp}}$ bestimmt man auf analoge Weise aus der Differenz der inneren Arbeiten zweier Hochdruckprozesse bei Vorgabe des wirklichen Brennverlaufs unter Berücksichtigung von Wärmeübergang und Leckage von UT bis UT, wobei die Kompression einmal in UT beginnt, das andere Mal entsprechend dem realen Druckverlauf bis zum wirklichen Einlassschluss durch die Strömungsverhältnisse in den Steuerorganen bestimmt ist. Der Kompressionsverlust ist im pV-Diagramm Abb. 6.11 als die sehr kleine Fläche zwischen den Kompressionslinien der Prozesse mit idealem und realem Ladungswechsel zwischen UT und ES ersichtlich. Der Niederdruckverlust $\Delta W_{\mathrm{LW,ND}}$ entspricht bei Viertakt-Saugmotoren dem Betrag der inneren Arbeit im Niederdruckteil $W_{\mathrm{i,ND}}$ von UT bis UT.

Insgesamt gilt also für die Verlustarbeit im Ladungswechsel ΔW_{LW}:

$$\Delta W_{\mathrm{LW}} = W_{\mathrm{i,iLW}} - W_{\mathrm{i}} = \Delta W_{\mathrm{LW,Ex}} + \Delta W_{\mathrm{LW,Kp}} + \Delta W_{\mathrm{LW,ND}}. \tag{6.15}$$

Um die entsprechenden Wirkungsgradverluste zu erhalten, sind die Arbeitsverluste auf die zugeführte Brennstoffenergie zu beziehen.

Bei Lastregelung durch Drosselung wird der Niederdruckverlust $\Delta W_{\mathrm{LW,ND}}$ durch die Absenkung des Saugrohrdrucks p_S unter den Umgebungsdruck p_0 wesentlich vergrößert (siehe Abb. 6.12). Zur Größe der Verluste durch Drosselung siehe Abb. 3.22.

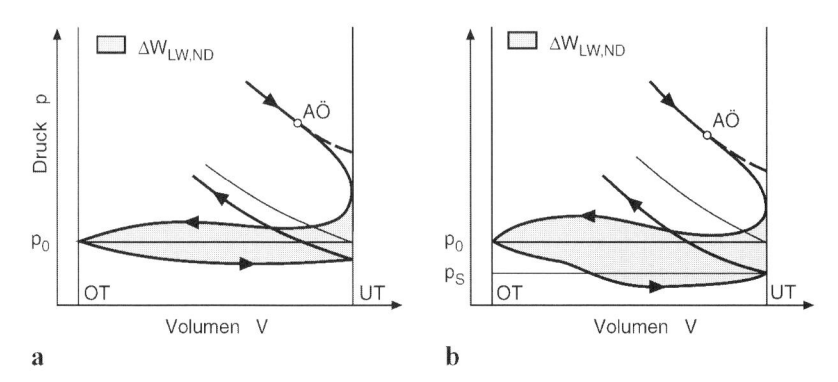

Abb. 6.12. pV-Diagramm mit Niederdruckverlust $\Delta W_{\mathrm{LW,ND}}$ für Viertakt-Saugmotor ohne (**a**) und mit Drosselung (**b**)

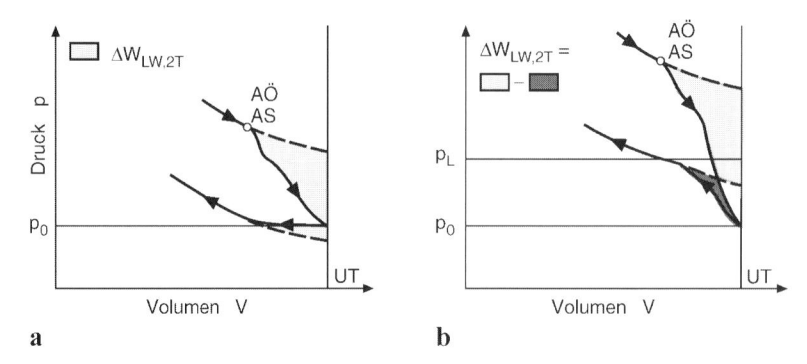

Abb. 6.13. Verlustarbeit im Zweitakt-Ladungswechsel $\Delta W_{\text{LW,2T}}$ für Saugmotor (**a**) und aufgeladenen Motor (**b**)

Beim **vollkommenen Zweitaktmotor** mit realer Ladung erfolgt der Ladungswechsel ebenso wie beim vollkommenen Viertaktmotor in unendlich kurzer Zeit durch eine isochore Zustandsänderung im UT vom Expansionsenddruck auf den Kompressionsanfangsdruck. Sowohl für Saugmotoren wie für aufgeladene Motoren berechnen sich die Zweitakt-Ladungswechselverluste $\Delta \eta_{\text{LW,2T}}$ entsprechend Gl. (6.14). Bei der Unterteilung der Ladungswechselverluste nach Gl. (6.15) ist zu beachten, dass bei Zweitaktmotoren der letzte Term entfällt, weil keine Niederdruckschleife durchlaufen wird.

Die aus dem Expansionsverlust und dem Kompressionsverlust zusammengesetzte Verlustarbeit $\Delta W_{\text{LW,2T}}$ des Zweitakt-Ladungswechsels ist in Abb. 6.13a für Saugmotoren, in Abb. 6.13b für aufgeladene Motoren als Fläche im pV-Diagramm ersichtlich.

Für **aufgeladene Viertaktmotoren** sind zusätzliche Überlegungen erforderlich. Beim aufgeladenen vollkommenen Viertaktmotor ergibt sich wegen des höheren Ladedrucks p_L, der in der Regel über dem Druck auf der Abgasseite p_A liegt, eine positive innere Arbeit $W_{\text{i,ND,ideal}}$ im Niederdruckteil von UT bis UT, die der Druckdifferenz $p_L - p_A$ proportional ist (siehe Abb. 6.14). Es gilt:

$$W_{\text{i,ND,ideal}} = (p_L - p_A) V_h \tag{6.16}$$

Zur Berechnung der idealen Niederdruckarbeit wird isentrope Verdichtung und isentrope Expansion bei Turboaufladung angenommen (vgl. Abschn. 3.6). Die ideale Niederdruckarbeit $W_{\text{i,ND,ideal}}$ ist bei der Berechnung der gesamten inneren Arbeit des aufgeladenen vollkommenen Viertaktmotors zur idealen Nutzarbeit der Hochdruckphase hinzuzuzählen.

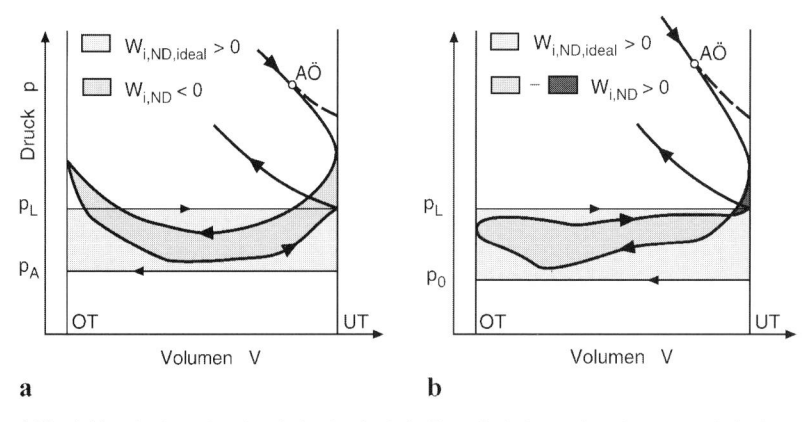

Abb. 6.14. Ideale und reale Niederdruckarbeit für aufgeladene Viertaktmotoren bei Abgasturboaufladung (**a**) und mechanischer Aufladung (**b**)

Die Berechnung der Ladungswechselverluste kann auch bei aufgeladenen Motoren nach Gln. (6.14) und (6.15) erfolgen.

Beim wirklichen aufgeladenen Viertaktmotor kann außer im optimalen Auslegungsbereich des Turboladers im Allgemeinen keine positive Ladungswechselarbeit realisiert werden, was auf die Wirkungsgrade von Verdichter und Turbine sowie auf Strömungswiderstände zurückzuführen ist. Besonders bei hohen Motordrehzahlen und kleinen Lasten ergeben sich bei Abgasturboaufladung größere negative Arbeiten $W_{i,ND}$ im Niederdruckteil, was hohe Ladungswechselverluste bedingt (siehe Abb. 6.14a). Der Abstimmung und Optimierung von Verdichtern und Turbinen kommt daher beim turbogeladenen Motor große Bedeutung zu. Bei mechanischen Ladern sind real positive Arbeiten $W_{i,ND}$ im Niederdruckteil eher und in einem größeren Betriebsbereich möglich, weil der Auspuffgegendruck nicht angehoben werden muss (siehe Abb. 6.14b). Dabei ist allerdings die Verdichterarbeit vom Motor aufzubringen (vgl. Abschn. 3.6), sie wird den mechanischen Verlusten angerechnet.

Es sei nochmals darauf hingewiesen, dass die im Ladungswechsel durch Drosselung, Ladungserwärmung sowie vom Restgas verursachten Einflüsse über die Stoffwerte Wirkungsgradänderungen in der Hochdruckphase bedingen, die in der vorliegenden Verlustteilung als Einfluss durch reale Ladung $\Delta\eta_{rL}$ Berücksichtigung finden.

Mechanische Verluste

Die vom Arbeitsgas geleistete innere Arbeit muss in mechanische Arbeit der Kurbelwelle umgeformt werden. Die Differenz zwischen der an den Kolben abgegebenen inneren Arbeit W_i und der an der Kurbelwelle zur Verfügung stehenden effektiven Nutzarbeit W_e wird als **Reibungsarbeit** W_r des Motors bezeichnet. Sie dient zur Überwindung der mechanischen Reibung und aller zum Antrieb des Motors erforderlichen Hilfseinrichtungen, wobei auch mechanisch von der Motorwelle angetriebene Lader und/oder Spülgebläse zu berücksichtigen sind.

$$W_r = W_i - W_e. \tag{6.17}$$

Bei Division durch das Hubvolumen erhält man als Maß für die mechanischen Verluste den **Reibungsmitteldruck** gemäß Gl. (3.4): $p_r = p_i - p_e$.

Der **Verlust durch Reibung** $\Delta\eta_m$ wird als Differenz von innerer und effektiver Arbeit bezogen auf die zugeführte Brennstoffmenge Q_B dargestellt:

$$\Delta\eta_m = \frac{W_i - W_e}{Q_B} = \eta_i - \eta_e. \tag{6.18}$$

Zur Ermittlung der mechanischen Verluste dient das **Indizierverfahren**: Über eine Zylinderdruckindizierung wird die innere Arbeit W_i bestimmt. Mit der effektiven Arbeit W_e an der Kurbelwelle können damit die Reibungsverluste berechnet werden. Das Indizierverfahren kann bei gefeuertem Motor an beliebigen Betriebspunkten angewendet werden, bedingt allerdings einigen Aufwand und birgt Unsicherheiten, die hauptsächlich von der Bestimmung der inneren Arbeit herrühren. Es sind die bereits erwähnten möglichen Messfehler bei der Druckindizierung, die Ungleichverteilung des Kraftstoffs auf die einzelnen Zylinder von Mehrzylindermotoren sowie die zyklischen Druckschwankungen im gefeuerten Motorbetrieb zu bedenken. Da die mechanischen Verluste im Allgemeinen nur einen Bruchteil der inneren Arbeit ausmachen, verursachen prozentuell kleine Fehler in der inneren Arbeit bereits deutliche Verfälschungen in der Reibungsarbeit. Das Indizierverfahren erfordert daher eine entsprechende Sorgfalt bei der Messung, die Indizierung aller Zylinder sowie eine Mittelung der gemessenen Druckverläufe über eine größere Anzahl von Arbeitsspielen.

Eine Erhöhung der Genauigkeit erreicht man durch eine Variante des Indizierverfahrens, in dem die beiden Wirkungsgrade $\eta_{i,um}$ und η_e zur mechanischen Verlustbestimmung herangezogen werden [4.90]:

$$W_r = (\eta_{i,um} - \eta_e)Q_B = \left(\frac{W_i}{Q_{B,um}} - \frac{W_e}{Q_B}\right)Q_B. \tag{6.19}$$

Während die effektive Arbeit W_e und die gemessene zugeführte Kraftstoffenergie Q_B für den gesamten Motor gelten, wird für die Ermittlung von $\eta_{i,um}$ ein bestimmter Zylinder indiziert. Dessen innere Arbeit W_i wird auf die im betreffenden Zylinder als Integralwert des zugehörigen Brennverlaufs berechnete umgesetzte Kraftstoffenergie $Q_{B,um}$ bezogen. Der Vorteil dieser Methode liegt darin, dass der Innenwirkungsgrad $\eta_{i,um}$ weniger als die innere Arbeit von Messfehlern oder von einer ungleichmäßigen Kraftstoffaufteilung verändert wird. Dies rührt daher, dass eine höhere umgesetzte Kraftstoffmasse auch eine höhere indizierte Arbeit bedingt und umgekehrt. Eine wichtige Rolle bei dieser Ermittlung des Reibungsmitteldrucks spielt allerdings der Wandwärmeübergang, der die errechnete Kraftstoffenergie $Q_{B,um}$ und damit unmittelbar den Innenwirkungsgrad $\eta_{i,um}$ beeinflusst.

Da das Indizierverfahren aufwendig ist und große Sorgfalt verlangt, werden manchmal in der Praxis einige weitere Methoden zur näherungsweisen Ermittlung der mechanischen Verluste eingesetzt, der Auslauf-, der Schlepp- und der Abschaltversuch sowie die Willans-Linien. Diese bergen jedoch prinzipbedingte Ungenauigkeiten, weil entweder durch das Fehlen des Verbrennungsdrucks oder durch das geänderte Temperaturniveau die tatsächlichen Verhältinisse nur annähernd nachvollzogen werden können. Überdies ist zu beachten, dass beim Schleppen nicht nur im Niederdruckteil, sondern auch in der Hochdruckphase infolge Leckage und Wärmeübergang Arbeit geleistet werden muss und diese Verluste in den folgenden Verfahren der Reibung angelastet werden.

Beim **Auslaufversuch** wird der Motor im Beharrungszustand abgestellt und der Drehzahlabfall gemessen, welcher multipliziert mit dem Massenträgheitsmoment der bewegten Massen das Reibungsmoment M_r liefert.

Im **Schleppversuch** wird der an eine Bremse angeschlossene Motor betriebswarm gefahren und unmittelbar darauf bei abgestellter Kraftstoffzufuhr fremdangetrieben. Die aufzubringende Schleppleistung wird als Reibungsleistung angesehen.

Der **Abschaltversuch** kann nur bei Mehrzylindermotoren durchgeführt werden und ähnelt dem Schleppversuch. Durch Abschaltung der Kraftstoffzufuhr eines Zylinders wird dieser von den arbeitenden Zylindern mitgeschleppt. Aus der effektiven Motorleistung vor und nach der Kraftstoffabschaltung kann auf die Reibungsleistung geschlossen werden.

Die **Willans-Linien** werden aufgenommen, indem man für verschiedene konstante Motordrehzahlen über dem effektiven Mitteldruck p_e auf der Ordinate den stündlichen Kraftstoffverbrauch aufträgt und die so gewonnenen Kurven durch lineare Extrapolation bis zum Kraftstoffverbrauch null verlängert. Die auf diese Weise gefundenen Abschnitte auf der negativen p_e-Achse können näherungsweise als Reibungsmitteldrücke bei der jeweiligen Motordrehzahl angesehen werden.

Um einen quantitativen **Überblick über die einzelnen Verluste** zu geben, sind in Abb. 6.15 Wirkungsgrade und Einzelverluste für einen Betriebspunkt des untersuchten PKW-Ottomotors

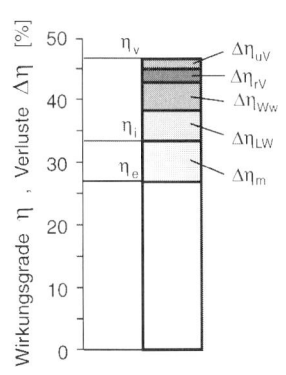

Abb. 6.15. Wirkungsgrade und Verluste für PKW-Ottomotor bei 3000 min^{-1} und 5 bar effektivem Mitteldruck

angegeben. Nicht separat dargestellt sind dabei der Einfluss durch reale Ladung $\Delta\eta_{rL}$ sowie der Verlust durch Leckage $\Delta\eta_{Leck}$, die beide under 1 % ausmachen. Weitere Ergebnisse finden sich in Abschn. 6.2.

6.2 Ergebnisse

Um die Besonderheiten und Unterschiede von Motorkonzepten und Verbrennungsverfahren zu verdeutlichen, wurden entsprechend der im vorigen Abschnitt ausgeführten Methodik eine Reihe von Motoren analysiert. Die verschiedenen Einsatzbereiche dieser Motoren bedingen, dass bei deren Entwicklung unterschiedliche Kriterien wie geringe Geräusch- und Abgasemissionen, hoher Gesamtwirkungsgrad, große spezifische Leistung, lange Lebensdauer u. a. vorrangig zu beachten waren. Es wurde versucht, zu den wichtigsten Kategorien jeweils aktuelle Serienmotoren oder zumindest seriennahe Entwicklungsmotoren heranzuziehen, wobei sich die Auswahl auch nach der Verfügbarkeit der Messdaten richten musste. Eine Zusammenstellung der wichtigsten Kenndaten der untersuchten Motoren findet sich in Tabelle 6.1.

Bei den Zweitaktmotoren konnten ein kleinvolumiger Einzylinder-Zweirad-Ottomotor (O2T) sowie ein langsamlaufender Achtzylinder-Großdieselmotor (G2T) in die Analyse aufgenommen werden, bei den Viertaktmotoren reicht die Auswahl von zwei Vierzylinder-PKW-Ottomotoren mit Saugrohreinspritzung (O4T) und mit direkter Einspritzung (ODE) über zwei Sechszylinder-Dieselmotoren mit Turboaufladung für PKW (DTP) und LKW (DTL) bis zu den Großmotoren, einem schnelllaufenden Sechzehnzylinder-Gasottomotor (GGO) und einem hochaufgeladenen mittelschnelllaufenden Neunzylinder-Dieselmotor (G4T). Ebenfalls in die Auswertung einbezogen wurden zu Vergleichszwecken einige der in der ersten Auflage des vorliegenden Bands [4.83] untersuchten Motoren, ein Vergaser-PKW-Ottomotor (OM), ein PKW-Dieselmotor mit Wirbelkammer (WK) und ein direkt einspritzender Sechszylinder-PKW-Dieselmotor in Saugversion (DS) und mit Turboaufladung (DT).

Es folgen kurze Beschreibungen der Motoren entsprechend der Herstellerangaben. Die Ergebnisse der Analysen sind in Abbildungen zusammengefasst, die jeweils folgende Verläufe über dem Kurbelwinkel zeigen: den gemessenen Zylinderdruck in bar, die berechnete Zylindertemperatur in K (d. h. die über den gesamten Brennraum örtlich gemittelte Gastemperatur), den Brennverlauf sowie die Umsetzrate. Um von der Motorgröße unabhängig zu sein, sind die Brennverläufe auf das Hubvolumen bezogen und in J/($^\circ$KWdm^3) angegeben.

Im unteren Teil der Abbildungen finden sich die zugehörigen Verlustanalysen. Als idealer Vergleichsprozess wurde der vollkommene Motor mit realer Ladung und Gleichraumverbrennung

Tabelle 6.1. Kenndaten der untersuchten Motoren

Motor	z [–]	d [mm]	h [mm]	V_h [dm³]	ε [–]	P_e/n [kW/min⁻¹]	$p_{e,max}/n$ [bar/min⁻¹]	$n_{Ventile}$ ein/aus [–]
O2T Ottomotor, Zweitakt	1	53,5	55,0	0,124	10,5	11/7500	6,4/7000	Schlitze
O4T Ottomotor, Viertakt	4R	88,0	80,6	0,449	10,0	74/4800	10,6/3000	2/2
ODE Ottomotor mit direkter Einspritzung	4R	86,0	86,0	0,499	11,2	100/5500	11,8/3500	2/2
DTP Dieselmotor mit Turboaufladung, PKW	6V	78,3	86,4	0,416	20,5	110/4200	16,0/2000	2/2
DTL Dieselmotor mit Turboaufladung, LKW	6R	127	140	1,773	18,0	250/1900	23,0/1600	2/2
GGO Großgasottomotor	16V	190	220	6,238	11,0	2240/1500	18,0/1500	2/2
G4T Großdieselmotor, Viertakt	9R	400	540	67,86	14,5	6480/550	23,2/550	2/2
G2T Großdieselmotor, Zweitakt	8R	600	2400	678,6	18,0	18040/105	19,0/105	Schlitz/1
OM Ottomotor	4R	75,0	72,0	0,325	8,0	40/5800	8,4/3400	1/1
WK Wirbelkammer-dieselmotor	4R	76,5	80,0	0,375	23,5	37/5000	6,7/3000	1/1
DS Dieselsaugmotor	4R	85,0	94,0	0,600	22,0	73/4300	7,3/2000	1/1
DT Dieselmotor mit Turboaufladung	4R	85,0	94,0	0,600	22,0	100/4300	13,0/2500	1/1

angenommen (η_{vrL}). Nicht separat ausgewiesen sind der in der Regel unter 1 % liegende Einfluss durch reale Ladung $\Delta\eta_{rL}$ sowie der Verlust durch Leckage $\Delta\eta_{Leck}$, der immer deutlich unter der 1%-Marke liegt.

Die wichtigsten Betriebsparameter wie Drehzahl, Last und Luftverhältnis sowie gegebenenfalls Aufladegrad und NO_x-Emissionen sind den beigefügten Legenden zu entnehmen.

6.2.1 Zweitakt-Ottomotor

Bei dem schlitzgesteuerten Zweitakt-Ottomotor handelt es sich um einen mit den Zielen niedriger Verbrauch sowie niedrige Emissionen von Lärm und Schadstoffen seriennah entwickelten Zweiradmotor. Um Verbrauch und Schadstoffemissionen gering zu halten, verfügt der Motor über eine Umkehrspülung mit Frischluft. Die Benzineinspritzung erfolgt luftgestützt direkt in den Zylinder. Die wichtigsten Daten des Motors sind in Tabelle 6.2 nochmals angeführt.

In Abb. 6.16 sind Ergebnisse der Untersuchungen an drei Volllastpunkten bei 2000, 5000 und 7500 min⁻¹ dargestellt. Wegen des großen Drehzahlbereichs des Motors wird die Analyse über der Drehzahl dargestellt.

Tabelle 6.2. Daten des Zweitakt-Ottomotors (O2T)

Parameter	Wert	Parameter	Wert	Parameter	Wert
z [–]	1	ε [–]	10,5	EÖ [°KW vUT]	57
d [mm]	53,5	P_e/n [kW/min⁻¹]	11/7500	ES [°KW nUT]	57
h [mm]	55,0	$p_{e,max}/n$ [bar/min⁻¹]	6,4/7000	AÖ [°KW vUT]	87
V_h [dm³]	0,124	$n_{Ventile}$, ein/aus [–]	Schlitze	AS [°KW nUT]	87

6.2 Ergebnisse 363

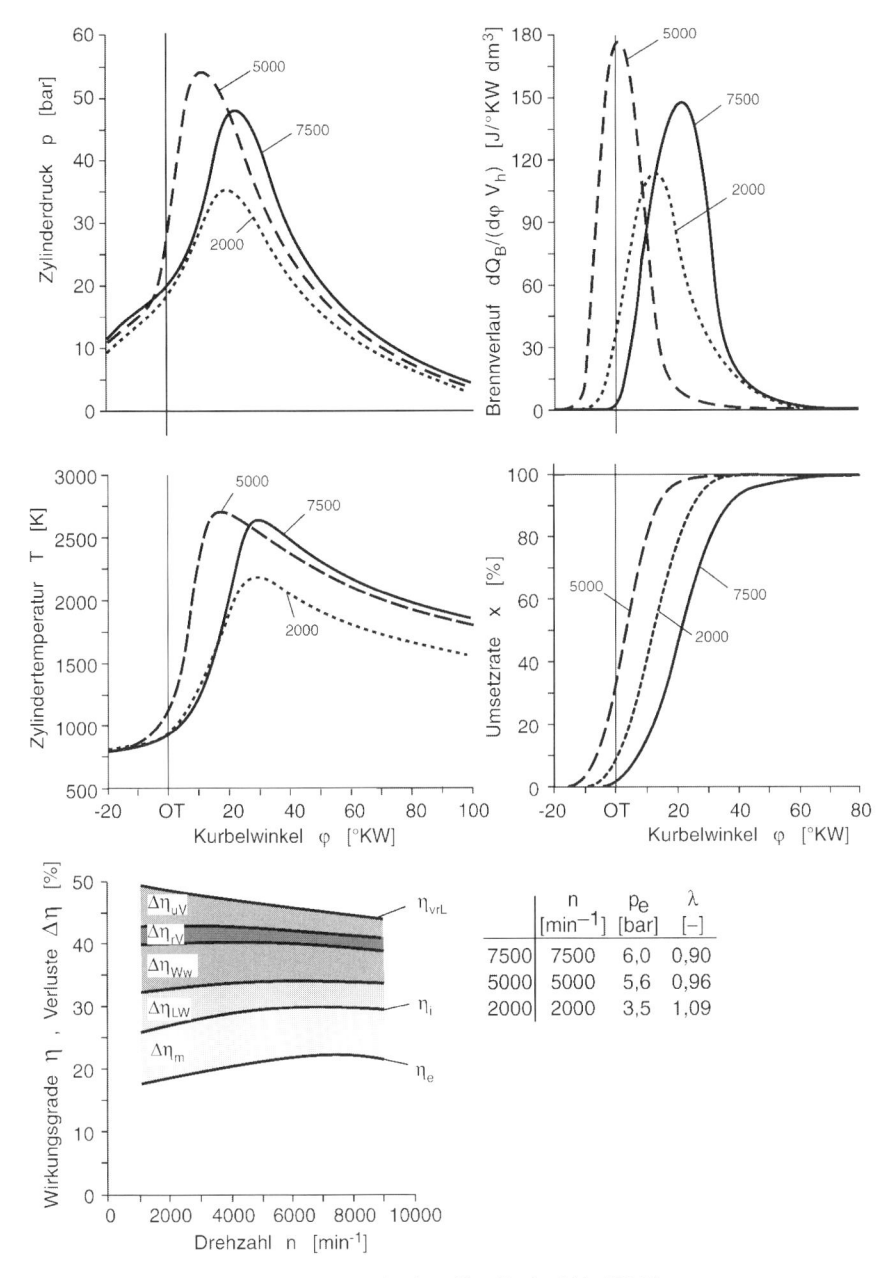

Abb. 6.16. Zweitakt-Ottomotor (O2T), Analyse über Drehzahl bei Vollast

Die Drücke nehmen in der Kompressionsphase mit steigender Drehzahl leicht zu. Dies ist auf die bessere Zylinderfüllung infolge der gasdynamischen Abstimmung des Auspuffsystems zurückzuführen (vgl. Abschn. 4.5.2). Die Temperaturen liegen in der Kompression auf gleichem Niveau und erreichen während der Verbrennung wegen des geringen Luftverhältnisses durchwegs hohe Spitzenwerte. Es fällt auf, dass die Drücke und Temperaturen für die drei Punkte stark variieren. Dies ist einerseits auf den unterschiedlichen Liefergrad zurückzuführen, andererseits auf die betriebsbedingte Abstimmung des Zündzeitpunkts. Dieser wird wie hier bei 5000 min^{-1} auf maximale Leistung justiert. Bei der Drehzahl von 7500 min^{-1} musste der Zündzeitpunkt wegen thermischer Überlastung nach später gestellt werden. Dies bewirkt ein Absinken von Spitzendruck und Spitzentemperatur, aber auch eine Minderung des Drehmoments. Bei der Drehzahl von 2000 min^{-1} erfolgte eine Späterstellung der Zündung wegen des durch den hohen Restgasgehalt sonst instabilen Laufs.

Die Verbrennung ist stark turbulenzbestimmt und läuft mit zunehmender Drehzahl derart rasch ab, dass sie einen kleineren Kurbelwinkelbereich umfasst.

Die Verlustanalyse zeigt, dass der Wirkungsgrad des vollkommenen Motors mit realer Ladung mit steigender Drehzahl sinkt, was auf das kleiner werdende Luftverhältnis zurückzuführen ist. Allgemein ändern sich die Verlustanteile über der Drehzahl wenig. Nur die Verluste durch unvollkommene Verbrennung, die in diesem Fall insgesamt beträchtlich sind, nehmen mit zunehmender Drehzahl ab.

6.2.2 Viertakt-Ottomotor

Als typischer Vertreter eines als PKW-Antrieb eingesetzten Ottomotors wurde ein Vierzylinder-Viertakt-Serienmotor analysiert, dessen wichtigste Daten in Tabelle 6.3 zusammengefasst sind. Die Steuerzeiten sind für die beiden Ein- und Auslassventile unterschiedlich, um die maximalen Kräfte im Ventiltrieb zu reduzieren.

In Abb. 6.17 sind für eine Drehzahl von 3000 min^{-1} die Verläufe der drei Betriebspunkte Leerlast (LL, $p_e = 1{,}0$ bar), Teillast (TL, $p_e = 5$ bar) und Volllast (VL, $p_e = 10{,}6$ bar) dargestellt.

Die Zylinderdruckverläufe weisen im Verdichtungstakt entsprechend der Drosselung mit sinkender Last ein niedrigeres Niveau auf und zeigen mit der Last zunehmende Druckanstiege während der Verbrennung. Verglichen dazu ist die Lastabhängigkeit der Zylindertemperaturverläufe gering, diese werden vor allem durch das Luftverhältnis bestimmt, das bei dem konventionell betriebenen Ottomotor immer um den stöchiometrischen Wert liegt.

Der grundsätzliche Vorteil dieses Motorkonzepts liegt darin, dass durch den stöchiometrischen Betrieb ein Dreiwegkatalysator eingesetzt werden kann und bezüglich des Zündzeitpunkts keine Kompromisse hinsichtlich der Emissionen insbesondere von Stickoxiden eingegangen werden müssen. Die Verbrennungsgeschwindigkeit ist durch die Turbulenz und den Restgasgehalt bestimmt und steigt wie für Ottomotoren typisch mit zunehmender Last.

Die Verlustanalyse über der Last gibt einen detaillierten Einblick in die Verluste der Prozessführung. Der Wirkungsgrad des vollkommenen Motors mit realer Ladung ist relativ niedrig, was auf das wegen der Klopfgefahr niedrige Verdichtungsverhältnis und das stöchiometrische Luftverhältnis des konventionellen Ottomotors zurückzuführen ist. Die Verluste durch unvollkommene Verbrennung, realen Verbrennungsablauf und Wandwärme sind relativ gering und ändern sich mit der Last

Tabelle 6.3. Daten des Viertakt-PKW-Ottomotors (O4T)

Parameter	Wert	Parameter	Wert	Parameter	Wert
z [–]	4R	P_e/n [kW/min^{-1}]	74/4800	EÖ [°KW vOT]	8
d [mm]	88,0	p_e/n [bar/min^{-1}]	10,6/3000	ES [°KW nUT]	44/48
h [mm]	80,6	$n_{Ventile}$, ein/aus [–]	2/2	AÖ [°KW vUT]	44
V [dm^3]	0,449	d_V, ein/aus [mm]	32,0/28,0	AS [°KW nUT]	8/12
ε [–]	10,0				

6.2 Ergebnisse

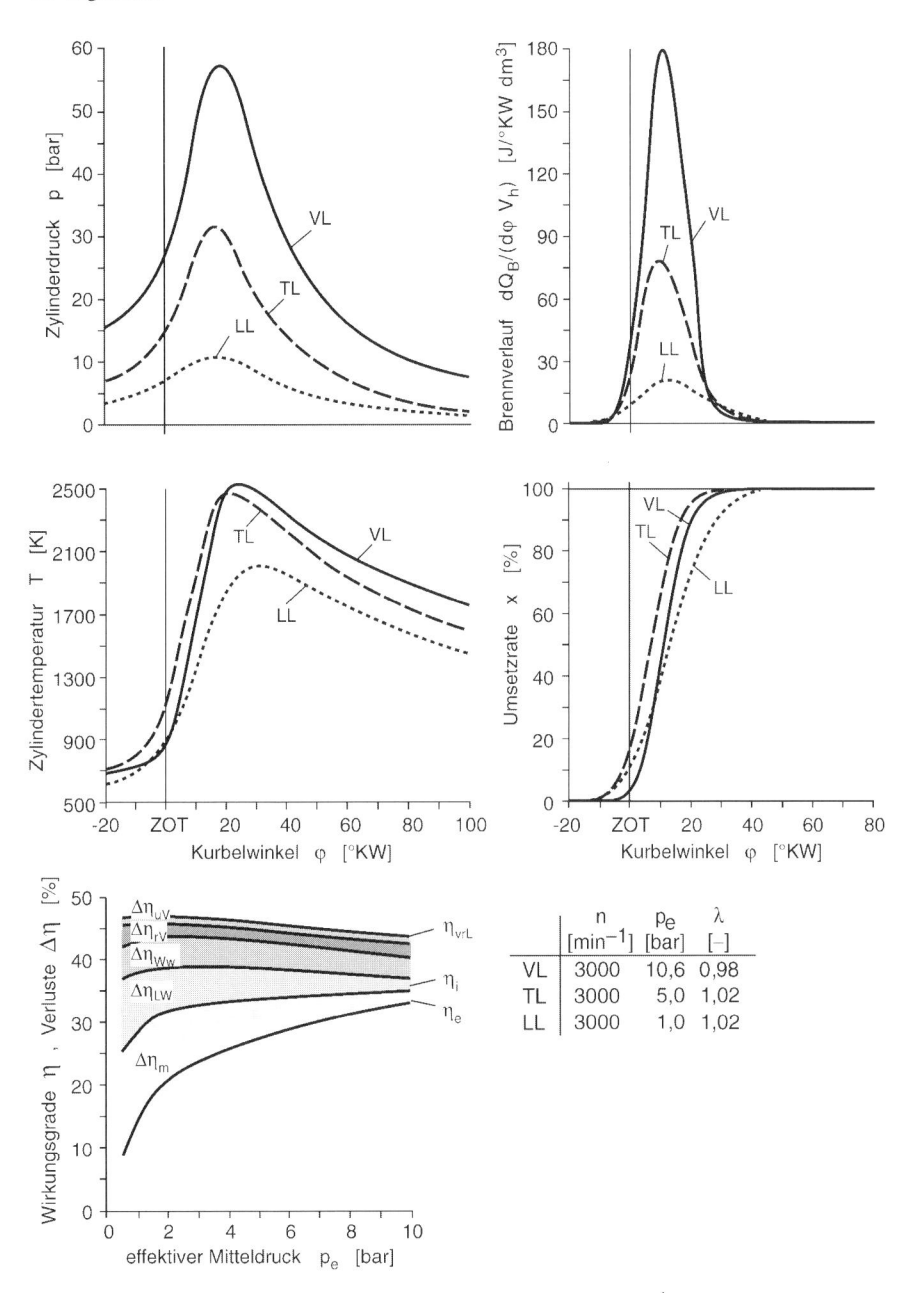

Abb. 6.17. Viertakt-Ottomotor (O4T), Analyse über Last bei 3000 min^{-1}

wenig. Auffallend ist der große Anteil der Ladungswechselverluste infolge der Drosselung bei niedriger Last. Auch die mechanischen Verluste sind bei niedriger Last am größten.

Das größte Potenzial zur Verbesserung des Ottomotors liegt einerseits in der Erhöhung des Wirkungsgrads des vollkommenen Motors und andererseits in der Minderung der Ladungswechselverluste (vgl. [6.4]). Ersteres kann durch Abgasrückführung erreicht werden (vgl. Abb. 3.19) oder durch eine variable Verdichtung mit einem höheren Verdichtungsverhältnis in der Teillast. Eine drosselfreie Laststeuerung wird durch variable Ventilsteuerzeiten erreicht.

Verzichtet man auf den stöchiometrischen Betrieb und damit auf den Vorteil der Abgasnachbehandlung in einem Dreiwegkatalysator, bietet das Magerkonzept ein weiteres Verbesserungspotenzial, das insbesondere bei direkter Benzineinspritzung genutzt werden kann.

6.2.3 Ottomotor mit direkter Benzineinspritzung

Es wurde ein seriennaher Ottomotor mit direkter Benzineinspritzung in die Analyse aufgenommen. Es handelt sich um einen in der Serie bewährten Vierzylinder-PKW-Ottomotor mit Saugrohreinspritzung, der auf direkte Benzineinspritzung umgebaut wurde. Die wichtigsten Motordaten zeigt Tabelle 6.4.

Der Motor kann im **homogenen Betrieb** wie ein konventioneller Ottomotor mit stöchiometrischem Luftverhältnis betrieben werden. Dabei erfolgt die Lastregelung über die Drosselung der Luftzufuhr, die für stöchiometrischen Betrieb nötige Benzinmenge wird während des Ansaugtakts direkt in den Zylinder eingespritzt. Gegenüber dem konventionell betriebenen Ottomotor kann die Verdichtung etwas angehoben werden, die direkte Benzineinspritzung ergibt wegen der Innenkühlwirkung gegenüber der Saugrohreinspritzung auch einen etwas besseren Liefergrad (vgl. etwa [6.1]). Der Motor unterscheidet sich im homogenen Betrieb dennoch nicht wesentlich von einem konventionellen Ottomotor mit Saugrohreinspritzung. Im Bereich hoher Last wird der Motor ausschließlich homogen gefahren.

Im Teillastbereich kann der Motor wahlweise auch im **geschichteten Betrieb** sowie im geschichteten Betrieb mit **Abgasrückführung** betrieben werden. Dabei saugt der Motor nahezu ungedrosselt Luft (und rückgeführtes Abgas) an, der benötigte Brennstoff wird während der Kompression direkt in den Zylinder eingespritzt. Die Lastregelung erfolgt somit über die eingespritzte Kraftstoffmenge bei annähernd konstanter angesaugter Ladungsmenge, wodurch das Luftverhältnis in der Teillast ansteigt. Dies bedingt deutliche Wirkungsgradvorteile, bringt für die Nachbehandlung der Abgase allerdings den Nachteil, dass kein Dreiwegekatalysator mehr eingesetzt werden kann. Um trotz des hohen Luftverhältnisses zündfähiges Gemisch an der Zündkerze vorliegen zu haben, muss die Ladung entsprechend geschichtet sein. Dies wird durch eine gezielte Ladungsbewegung erreicht, wobei im vorliegenden Fall der eingespritzte Kraftstoff durch eine Mulde im Kolben zur Kerze umgelenkt wird (wandgeführtes Verfahren).

Für einen Betriebspunkt bei einer Drehzahl von 2000 min^{-1} und einem effektiven Mitteldruck von 2 bar zeigt Abb. 6.18 einen Vergleich der drei Betriebszustände homogen betriebener Motor, geschichteter Betrieb des Motors, sowie geschichteter Betrieb des Motors mit Abgasrückführung, wobei die äußere Abgasrückführrate etwa 30 % beträgt.

Die Zylinderdruckverläufe zeigen das infolge der Drosselung niedrigere Druckniveau im homogenen Betriebszustand. Die Zylindertemperatur während der Verbrennung ist aufgrund des stöchiometrischen Luftverhältnisses im homogenen Betrieb mit Abstand am höchsten. An

Tabelle 6.4. Daten des PKW-Ottomotors mit direkter Benzineinspritzung (ODE)

Parameter	Wert	Parameter	Wert	Parameter	Wert
z [–]	4R	P_e/n [kW/min^{-1}]	100/5500	EÖ [°KW vOT]	20
d [mm]	86,0	$p_{e,max}/n$ [bar/min^{-1}]	11,8/3500	ES [°KW nUT]	60
h [mm]	86,0	$n_{Ventile}$, ein/aus [–]	2/2	AÖ [°KW vUT]	50
V_h [dm^3]	0,499	d_V, ein/aus [mm]	31,0/26,0	AS [°KW nOT]	20
ε [–]	11,2				

6.2 Ergebnisse 367

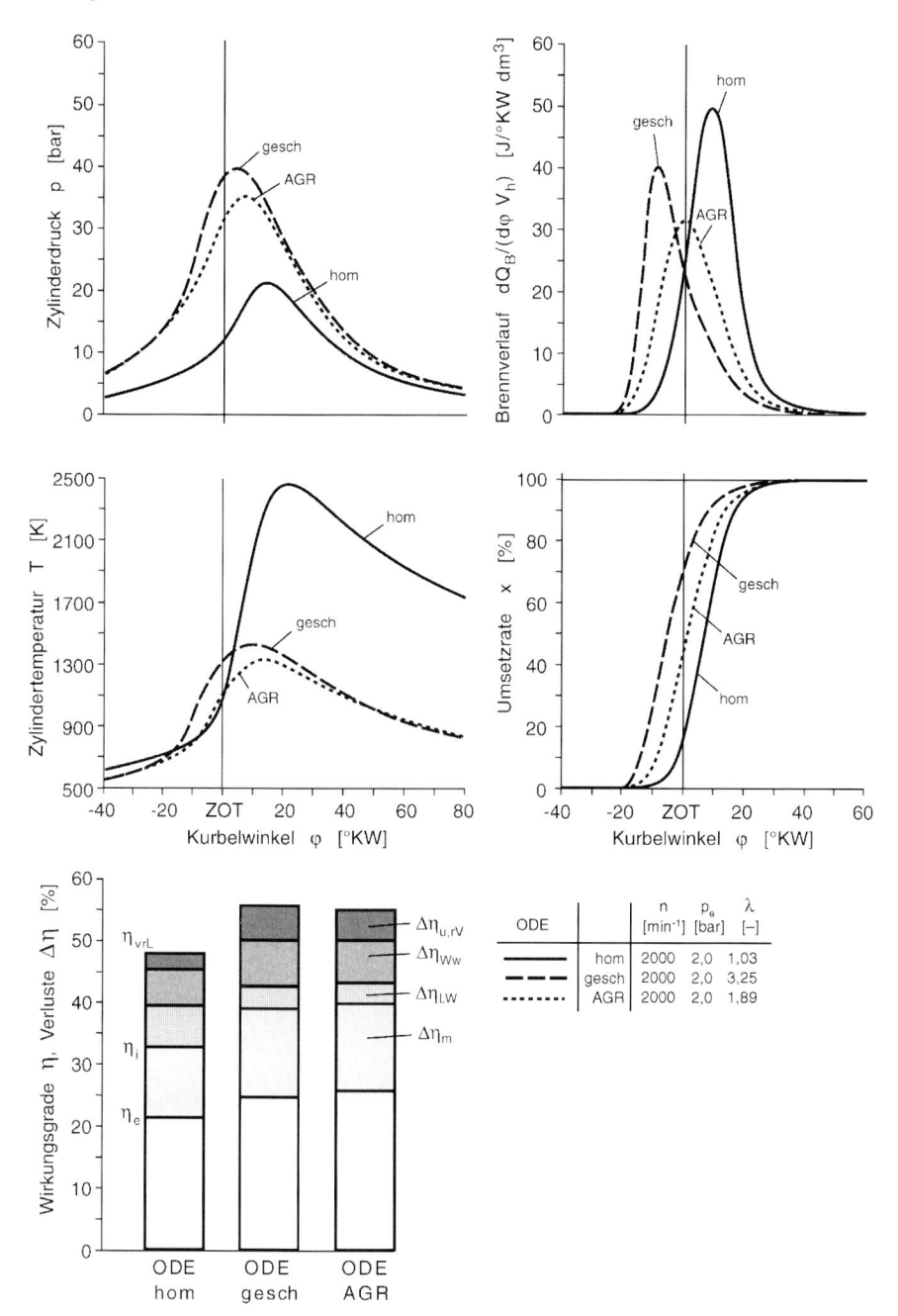

Abb. 6.18. Ottomotor mit Direkteinspritzung: Vergleich des homogenen (*hom*) mit dem geschichteten (*gesch*) Betrieb und dem geschichteten Betrieb mit Abgasrückführung (*AGR*)

den Brennverläufen sind deutlich die charakteristischen Unterschiede der drei Betriebszustände zu erkennen: das wandgeführte Verbrennungsverfahren im geschichteten Betrieb erfordert eine sehr frühe Verbrennung, deren Schwerpunkt wie maximaler Energieumsatz vor dem oberen Totpunkt gelegen sind. Diese thermodynamisch ungünstige frühe Verbrennung wird durch die Rückführung von Abgas verzögert und in einen günstigeren Kurbelwinkelbereich verschoben.

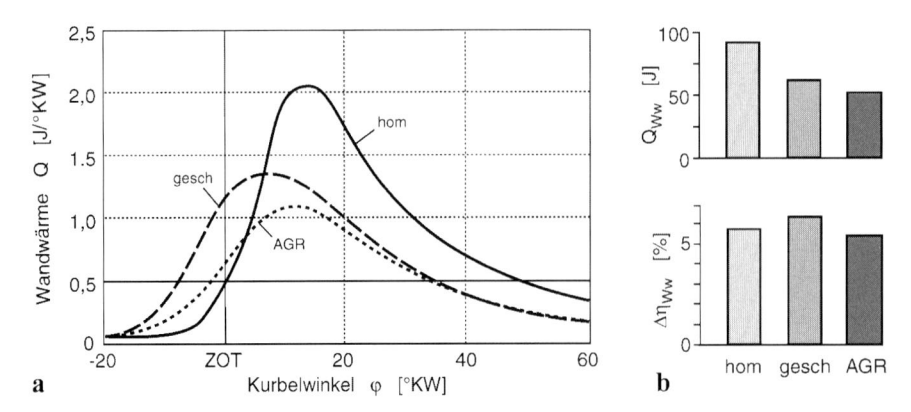

Abb. 6.19. **a** Verlauf der Wandwärmen über Kurbelwinkel, **b** insgesamt abgeführte Wandwärmen Q_{Ww} und Wirkungsgradverluste $\Delta\eta_{Ww}$

Die Unterschiede in den drei Betriebszuständen kommen in den Verlustteilungen deutlich zum Ausdruck. Im geschichteten Betrieb kann von einem hohen Wirkungsgrad des vollkommen Motors ausgegangen werden, der vor allem im höheren Luftverhältnis begründet liegt.

Die Verluste durch unvollkommene Verbrennung sind im geschichteten Betrieb merklich höher (vgl. [6.2]). Dies deutet auf ein Verbesserungspotenzial bei der wandgeführten Verbrennung hin.

Im analysierten Motor nehmen die Verluste durch Wandwärme im geschichteten Betrieb gegenüber dem homogenen Betrieb zu, obwohl die absolut übergehenden Wandwärmen infolge des niedrigeren Niveaus der Zylindertemperaturen im geschichteten Betrieb deutlich abnehmen (siehe Abb. 6.19). Dies ist auf die bereits erwähnte Eigenheit der Verlustteilung zurückzuführen, dass nicht Energien, sondern Arbeitsdifferenzen bezogen auf die eingebrachte Brennstoffenergie betrachtet werden. Daher spielt neben den Absolutwerten der Wandwärme auch deren Kurbelwinkellage eine Rolle. Die thermodynamisch ungünstig frühe Lage des maximalen Wandwärmeübergangs im geschichteten Betrieb verursacht einen relativ hohen Wirkungsgradverlust (vgl. die Ausführungen über den Gleichraumgrad in Abschn. 3.7).

Die Ladungswechselverluste sind wie erwartet im geschichteten Betrieb wesentlich niedriger.

Bei den mechanischen Verlusten ist im geschichteten Betrieb eine Zunahme zu verzeichnen. Die größere Reibung ist prinzipiell auf das höhere Zylinderdruckniveau beim Wegfallen der Drosselung zurückzuführen. Das Ausmaß der Zunahme ist jedoch motorspezifisch und aufgrund der niedrigen Last im gegenständlichen Fall relativ hoch.

Insgesamt ergibt sich eine Erhöhung des effektiven Wirkungsgrads von 22 % im homogenen Betrieb auf 25 % im geschichteten Betrieb und auf 26 % beim geschichteten Betrieb mit Abgasrückführung. Diese merkliche Wirkungsgradsteigerung muss allerdings durch eine aufwendige Abgasnachbehandlung erkauft werden.

6.2.4 PKW-Dieselmotor mit direkter Einspritzung und Turboaufladung

Bei dem untersuchten PKW-Dieselmotor handelt es sich um einen Sechszylinder-Serienmotor mit einem Gesamthubvolumen von 2,5 l mit direkter Kraftstoffeinspritzung und Abgasturboaufladung,

6.2 Ergebnisse

Tabelle 6.5. Daten des PKW-Dieselmotors mit Turboaufladung (DTP)

Parameter	Wert	Parameter	Wert	Parameter	Wert
z [−]	6V	P_e/n [kW/min^{-1}]	110/4200	EÖ [°KW vOT]	10
d [mm]	78,3	$p_{e,max}/n$ [bar/min^{-1}]	15,0/2000	ES [°KW nUT]	40
h [mm]	86,4	$n_{Ventile}$, ein/aus [−]	2/2	AÖ [°KW vUT]	55
V_h [dm^3]	0,416	d_V, ein/aus [mm]	25,4/22,1	AS [°KW nOT]	22
ε [−]	20,5				

Ladeluftkühlung und Abgasrückführung. Die wichtigsten Motorkenndaten sind Tabelle 6.5 zu entnehmen.

Abbildung 6.20 zeigt die Analyse über der Last für die im PKW-Betrieb relevante Drehzahl von 2500 min^{-1}. In der Legende zur Charakterisierung der Betriebspunkte sind neben der Motordrehzahl n, dem effektiven Mitteldruck p_e und dem Luftverhältnis λ auch der Aufladegrad a nach Gl. (3.48) sowie die Stickoxidemission angegeben.

Die Druckverläufe zeigen eine Zunahme des Kompressionsdrucks mit der Last entsprechend dem steigenden Ladedruck. Auffällig ist der für PKW-Motoren hohe Spitzendruck von 150 bar. Dieser resultiert aus dem Verdichtungsverhältnis und dem hohen Mitteldruck. Um die dafür notwendige Einspritzmenge bei der erforderlichen niedrigen Rußemission verbrennen zu können, ist ein hoher Aufladegrad für den entsprechenden Luftüberschuss ($\lambda = 1,6$) erforderlich. Die Zylindertemperaturen weisen wegen der Ladeluftkühlung in der Kompression gleiches Niveau auf, die Spitzentemperaturen steigen entsprechend dem sinkenden Luftverhältnis mit der Last.

Der Beginn der Einspritzung und der Verbrennung wird normalerweise vom Stickoxidniveau und vom Verbrennungsgeräusch bestimmt. Die hier angegebenen Betriebspunkte sind nicht einer bestimmten Abgasgesetzgebung zuzuordnen, sondern zeigen prinzipielle Zusammenhänge. Die Verbrennung beginnt mit zunehmender Last früher, um bei zunehmender Brenndauer ein rechtzeitiges Ende der Verbrennung bei guten Wirkungsgraden zu gewährleisten. Dies bedingt die angegebenen hohen Stickoxidemissionen. Der besonders hohe spezifische Wert im Leerlauf ist auf die geringe Motorleistung zurückzuführen und spielt absolut gesehen nur eine untergeordnete Rolle.

Die Verlustanalyse kann wegen des hohen Verdichtungs- und Luftverhältnisses von einem sehr hohen Wirkungsgrad des vollkommenen Motors ausgehen. Die Verluste durch unvollkommene Verbrennung sind niedrig, die Verluste durch realen Verbrennungsablauf dagegen hoch. Dies rührt daher, dass die Verbrennung wegen der Geräusch- und Stickoxidemissionen nicht beliebig früh gelegt werden kann und die Verzögerung der Verbrennung kaum zu vermeiden ist. Aufgrund des hohen Temperatur- und Druckniveaus sind die Verluste durch den Wärmeübergang über dem ganzen Lastbereich relativ hoch. Die Ladungswechselverluste sind trotz der drosselfreien Lastregelung beträchtlich, weil hier die Verluste des Turboladers zugerechnet werden. Die mechanischen Verluste des Dieselmotors sind eher hoch.

Insgesamt sind vom Wirkungsgrad des vollkommenen Motors relativ hohe Verluste abzuziehen, so dass bei Volllast ein effektiver Wirkungsgrad von 37 %, bei Teillast von knapp 32 % resultiert. Verbesserungspotenzial birgt der Dieselmotor vor allem in der Verbrennungsführung sowie im Ladungswechsel. Die theoretisch positive Arbeitsschleife im Ladungswechsel bei Aufladung lässt sich aufgrund der begrenzten Laderwirkungsgrade und der Strömungswiderstände besonders bei hohen Drehzahlen und niedrigen Lasten in der Praxis kaum umsetzen, so dass der Abstimmung und Optimierung des Turboladers große Bedeutung zukommt.

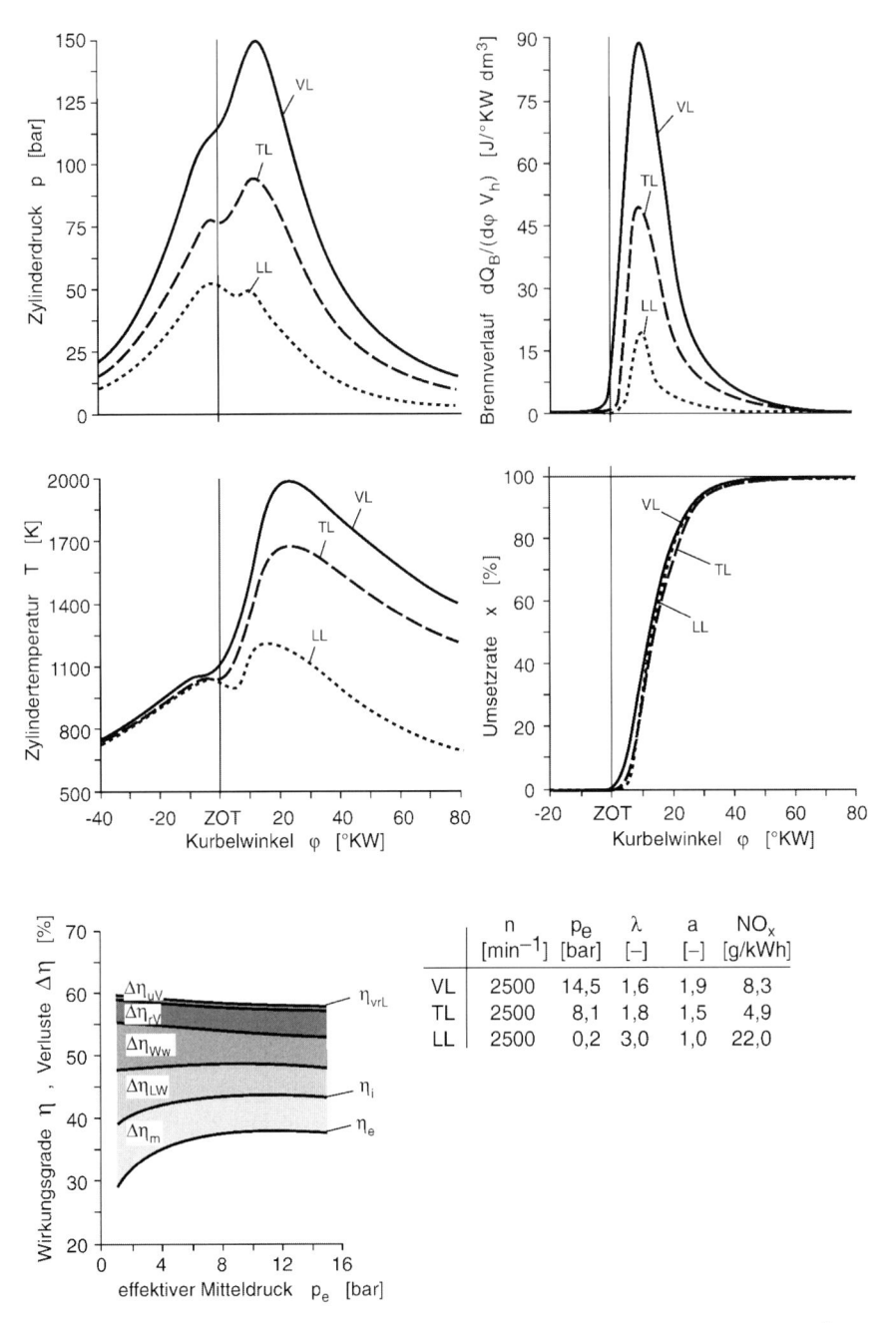

Abb. 6.20. PKW-Dieselmotor mit Turboaufladung (DTP), Analyse über Last bei 2500 min^{-1}

6.2.5 LKW-Dieselmotor mit direkter Einspritzung und Turboaufladung

Der analysierte LKW-Dieselmotor ist ein Reihensechszylinder-Serienmotor mit einem Gesamthubvolumen von 10,6 l mit direkter Kraftstoffeinspritzung und Abgasturboaufladung mit Ladeluftkühlung. Die wichtigsten Motorkenndaten sind in Tabelle 6.6 zusammengefasst.

6.2 Ergebnisse 371

Tabelle 6.6. Daten des LKW-Dieselmotors mit Turboaufladung (DTL)

Parameter	Wert	Parameter	Wert	Parameter	Wert
z [–]	6R	P_e/n [kW/min^{-1}]	250/1900	EÖ [°KW vOT]	20
d [mm]	127	$p_{e,max}/n$ [bar/min^{-1}]	23,0/1600	ES [°KW nUT]	30
h [mm]	140	$n_{Ventile}$, ein/aus [–]	2/2	AÖ [°KW vUT]	40
V_h [dm^3]	1,773	d_V, ein/aus [mm]	31,0/26,0	AS [°KW nOT]	30
ε [–]	18,0				

Für eine Motordrehzahl von 1600 min^{-1} zeigt Abb. 6.21 die Analyse über der Last. Vor allem der Bereich mittlerer und höherer Last in diesem Drehzahlbereich ist ausschlaggebend für das Verbrauchsverhalten im praktischen Betrieb eines Nutzfahrzeugs. In der Legende zur Charakterisierung der Betriebspunkte sind neben der Motordrehzahl n, dem effektiven Mitteldruck p_e und dem Luftverhältnis λ wieder der Aufladegrad a nach Gl. (3.48) sowie die Stickoxidemission angeführt.

Der effektive Mitteldruck von 23 bar ist charakteristisch für Motoren dieser Bauart. Der hohe Aufladegrad und das relativ hohe Luftverhältnis bei Volllast werden durch das erforderliche niedrige Rußniveau bestimmt. Daraus resultieren trotz des im Vergleich zu PKW-Dieselmotoren niedrigeren Verdichtungsverhältnisses je nach Motorabstimmung hohe Spitzendrücke bis 180 bar.

Die Druckverläufe zeigen wegen des steigenden Aufladegrads mit zunehmender Last bereits in der Kompression deutliche Niveauunterschiede. Demgegenüber ist infolge der Ladeluftkühlung die Lastabhängigkeit der örtlich mittleren Zylindertemperatur während der Kompression gering, die Spitzentemperaturen werden vom Luftverhältnis bestimmt.

Der Beginn der Einspritzung und der Verbrennung wird auch beim LKW-Dieselmotor wesentlich von der Stickoxidemission bestimmt. Im vorliegenden Fall sind die Emissionen aber nicht einer bestimmten Abgasregelung zuzuordnen. Es sollen prinzipielle Zusammenhänge bei gleichem Brennbeginn dargestellt werden. Die Verbrennungsdauer nimmt mit steigender Last zu. Deutlich kommt zum Ausdruck, dass bei einer derartigen Motorabstimmung die Stickoxidemissionen mit sinkenden Last wegen der kleiner werdenden Bezugsbasis stark ansteigen.

Die Verlustanalyse zeigt, dass ähnlich wie beim PKW-Dieselmotor die Verluste durch realen Brennverlauf mit der Last leicht ansteigen, die Wandwärmeverluste und insbesondere die Reibungsverluste sind bei niedrigen Lasten anteilsmäßig größer.

6.2.6 Großmotoren

In den Vergleich der Großmotoren wurden drei Serienmotoren aufgenommen, ein mit Erdgas betriebener schnelllaufender Ottomotor mit Zündkammer (GGO) (siehe dazu auch Abschn. 4.5.2), ein mittelschnelllaufender Viertakt-Dieselmotor (G4T) sowie ein langsamlaufender Zweitakt-Dieselmotor mit Kreuzkopf (G2T). Entsprechend ihrem Einsatzzweck wurde bei diesen Motoren jeweils nur der Auslegungsbetriebspunkt analysiert. Die wichtigsten Motordaten sind Tabelle 6.7 zu entnehmen.

In der Legende zur Charakterisierung der Betriebspunkte sind neben der Motordrehzahl n, dem effektiven Mitteldruck p_e und dem Luftverhältnis λ auch der Aufladegrad a nach Gl. (3.48) sowie die Stickoxidemission angegeben.

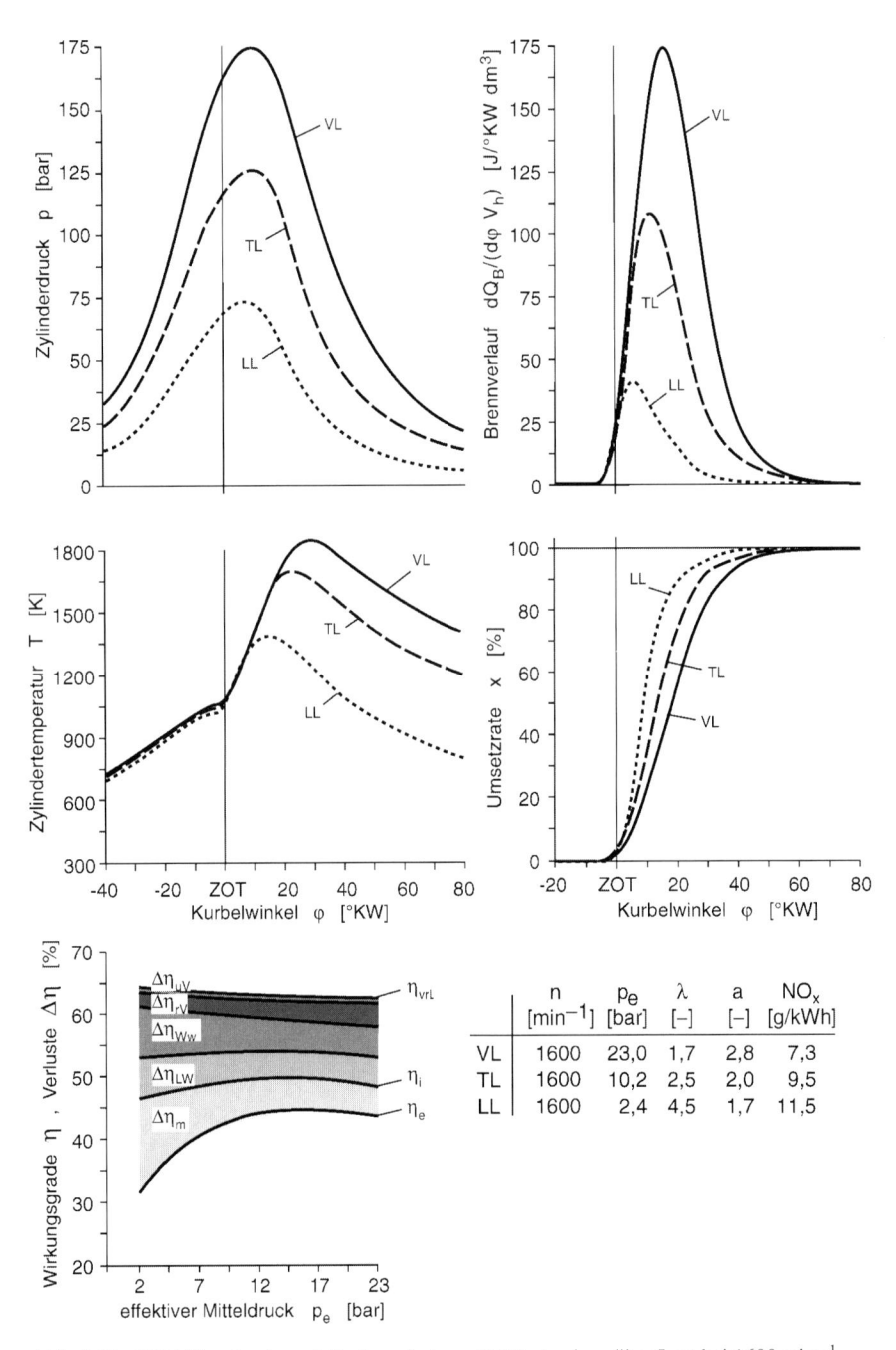

Abb. 6.21. LKW-Dieselmotor mit Turboaufladung (DTL), Analyse über Last bei 1600 min^{-1}

An den Druckverläufen in Abb. 6.22 ist zu ersehen, dass der mittelschnelllaufende Viertaktmotor G4T mit dem höchsten Aufladegrad und dem höchsten effektiven Mitteldruck erwartungsgemäß die höchsten Drücke aufweist. Es ergeben sich bereits in der Kompression motorbedingte Unterschiede. Obwohl der Zweitaktmotor das größte geometrische Verdichtungsverhältnis aufweist, liegt der Kompressionsdruckverlauf bis unmittelbar vor OT deutlich unter denen der beiden anderen Motoren. Dies ist auf den späten Auslassschluss zurückzuführen, der wegen der erforderlichen

6.2 Ergebnisse

Tabelle 6.7. Daten der Großmotoren (GGO, G4T, G2T)

Parameter	Wert für:		
	GGO	G4T	G2T
z [–]	16V	9R	8R
d [mm]	190	400	600
h [mm]	220	540	2400
V [dm^3]	6,238	67,86	678,6
ε [–]	11,0	14,5	18,0
P_e/n [kW/min^{-1}]	2240/1500	6480/550	18040/105
$p_{e,max}/n$ [bar/min^{-1}]	18,0/1500	23,2/550	19,0/105
n_Ventile, ein/aus [–]	2/2	2/2	Schlitz/1
EÖ [°KW vOT]	1	40	48 [°KW vUT]
ES [°KW nUT]	33	20	48
AÖ [°KW vUT]	35	50	72
AS [°KW nOT]	1	40	100 [°KW nUT]

Spülung für Zweitakt-Großmotoren typisch ist. Beim Gasmotor liegt die Kompressionslinie wegen des geringeren Verdichtungsverhältnisses deutlich niedriger als beim Viertakt-Dieselmotor.

Die mittleren Zylindertemperaturen in der Kompression sind trotz der unterschiedlichen Drücke für alle drei Motoren annähernd gleich. Beim Gasottomotor sorgt der höhere Restgasgehalt trotz des niedrigeren Verdichtungsverhältnisses dafür, dass die Temperaturen vor Brennbeginn auf gleichem Niveau liegen.

Interessante thermodynamische Zusammenhänge lassen sich aus dem Temperaturniveau während der Verbrennung und den Brennverläufen in Verbindung mit den angegebenen Stickoxidemissionen ableiten. Die Verbrennung des Gasmotors erfolgt bei gleicher Ausgangstemperatur deutlich früher als bei den Dieselmotoren. Daher erreicht die mittlere Zylindertemperatur bei ähnlichem Gesamtluftverhältnis wesentlich höhere Werte. Für die Stickoxidbildung ist aber nicht die mittlere Temperatur, sondern die Temperatur während der Verbrennung und im Nachflammenbereich ausschlaggebend. Diese liegt beim mager betriebenen Gasmotor niedriger als bei den Dieselmotoren, bei denen die Verbrennung lokal teilweise bei einem niedrigeren Luftverhältnis abläuft. Dies ist der Grund, warum der Gasmotor trotz höherer mittlerer Temperaturwerte nur einen Bruchteil der NO$_x$-Emissionen der Dieselmotoren aufweist.

Während bei den Dieselmotoren das Luftverhältnis um $\lambda = 2$ durch die thermische und mechanische Belastung sowie durch das Rußniveau bestimmt wird, ist das für mager betriebene Ottomotoren hohe Luftverhältnis von $\lambda = 2$ hauptsächlich notwendig, um einen günstigen Trade-off von NO$_x$-Emissionen zum Verbrauch zu erreichen (vgl. Abschn. 4.3.2).

An den Brennverläufen und Umsatzraten ist die frühe und rasche Verbrennung des mit einer Vorkammer ausgestatteten Gasottomotors zu erkennen (vgl. dazu auch Abb. 4.80). Bei den mit Diesel betriebenen Großmotoren nimmt die Verbrennung des Viertaktmotors einen etwas größeren Kurbelwinkelbereich in Anspruch. Bei Großmotoren ist der Wirkungsgrad die entscheidende Größe, weshalb die Brennbeginne so früh wie möglich gelegt werden. Eingeschränkt wird dies in der Praxis durch die zulässigen Höchstwerte von Druck und Temperatur sowie das zulässige Stickoxidniveau. Infolge des höheren Verdichtungsverhältnisses der Dieselmotoren sind bei diesen spätere Brennbeginne notwendig.

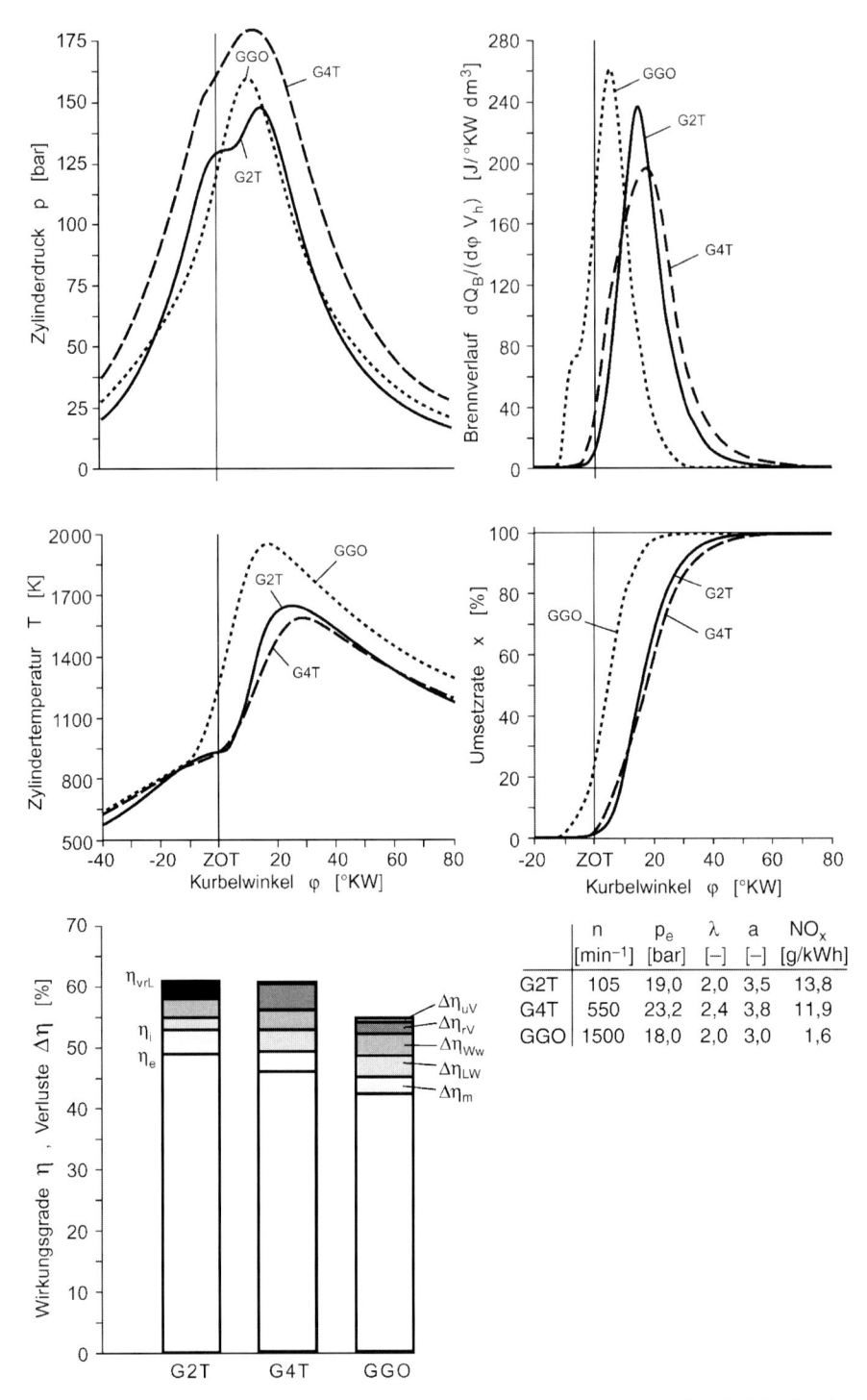

Abb. 6.22. Vergleich von Großmotoren: Zweitakt-Dieselgroßmotor (G2T), Viertakt-Dieselgroßmotor (G4T) und Großgasottomotor (GGO)

Aus den Verlustanalysen geht hervor, dass der Wirkungsgrad des vollkommenen Motors mit realer Ladung für die beiden Dieselmotoren nahezu gleich ist. Das niedrigere Verdichtungsverhältnis des Viertaktmotors wird durch dessen höheres Luftverhältnis, insbesondere aber durch die positive ideale Ladungswechselarbeit wettgemacht. Der Wirkungsgrad des vollkommenen Motors liegt für den Gasottomotor aufgrund seines durch die Klopfneigung begrenzen Verdichtungsverhältnisses deutlich niedriger.

Die Verluste durch unvollständige Verbrennung sind bei den beiden Dieselmotoren vernachlässigbar und auch beim Gasottomotor gering. Der Verlust durch realen Verbrennungsablauf ist beim Diesel-Viertaktmotor am größten. Die Verluste durch Wandwärme, Ladungswechsel und Reibung liegen bei allen Motoren in der gleichen Größenordnung zwischen 3 und 5 %, wobei der Zweitaktmotor die höchsten Reibungsverluste und die geringsten Ladungswechselverluste aufweist. Die Ladungswechselverluste sind bei Zweitaktmotoren geringer, weil infolge der fehlenden Ladungswechselschleife keine Verluste im Niederdruckteil anfallen. Der Zweitaktmotor erreicht den höchsten effektiven Wirkungsgrad von knapp 50 %.

6.2.7 Ältere analysierte Motoren

Zu Vergleichszwecken sind auch Ergebnisse der im Rahmen der ersten Auflage des vorliegenden Bands [4.83] analysierten Motoren dargestellt, die einen etwa zwölf Jahre älteren Entwicklungsstand repräsentieren. Ausgewählt wurden ein Vierzylinder-PKW-Ottomotor mit Vergaser (OM) und 1,3 l Gesamthubraum sowie drei Dieselmotoren mit unterschiedlichen Brennverfahren, und zwar ein PKW-Vierzylindermotor mit knapp 1,5 l Gesamthubvolumen mit Wirbelkammer (WK) sowie ein PKW-Reihensechszylinder mit 3,2 l Gesamthubraum in einer Saugversion (DS) und mit Abgasturboaufladung (DT). Die wichtigsten Motorkenndaten sind in Tabelle 6.8 angeführt. Beim Vergleich der älteren Motoren mit den aktuellen ist zu bedenken, dass für den Betrieb der Motoren teilweise geänderte Bedingungen gelten, insbesondere durch die wesentlich verschärften Emissionsvorschriften.

Vergleiche der Hochdruckanalysen der genannten Motoren bei Teillast und Volllast sind in Abb. 6.23 bzw. 6.24 dargestellt. Bei den Druckverläufen zeigt sich das infolge des niedrigeren Verdichtungsverhältnisses und der Drosselung in der Teillast wesentlich niedrigere Niveau des Ottomotors. Die beiden Saugdieselmotoren haben ein ähnliches Druckniveau, der aufgeladene Dieselmotor weist bei einem Aufladegrad von $a = 1,6$ bei Volllast deutlich höhere Drücke auf. Trotz

Tabelle 6.8. Kenndaten älterer analysierter Motoren (OM, WK, DS, DT)

Parameter	Wert für:			
	OM	WK	DS	DT
z [–]	4R	4R	4R	4R
d [mm]	75,0	76,5	85,0	85,0
h [mm]	72,0	80,0	94,0	94,0
V_h [dm³]	0,325	0,375	0,600	0,600
ε [–]	8,0	23,5	22,0	22,0
P_e/n [kW/min^{-1}]	40/5800	37/5000	73/4300	100/4300
$p_{e,max}/n$ [bar/min^{-1}]	8,4/3400	6,7/3000	7,3/2000	13,0/2500
$n_{Ventile}$, ein/aus [–]	1/1	1/1	1/1	1/1

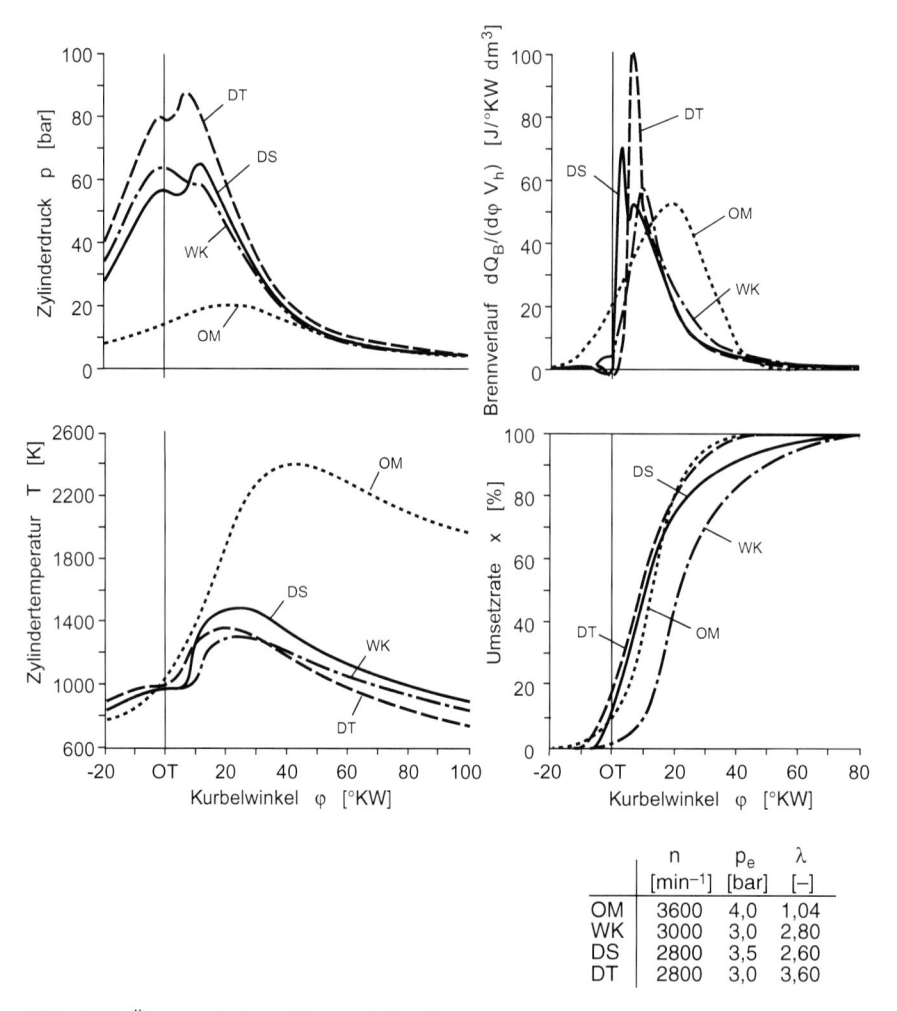

Abb. 6.23. Ältere analysierte Motoren bei Teillast

	n [min⁻¹]	p_e [bar]	λ [–]
OM	3600	4,0	1,04
WK	3000	3,0	2,80
DS	2800	3,5	2,60
DT	2800	3,0	3,60

der unterschiedlichen Zylinderdrücke liegen die mittleren Zylindertemperaturen der Dieselmotoren auf vergleichbarem Niveau, der Ottomotor mit seinem stöchiometrischen Luftverhältnis erreicht um etliche Hundert Grad höhere Temperaturen.

Deutliche Unterschiede zeigen die Brennverläufe der untersuchten Motoren. Während die stöchiometrische homogene Verbrennung des Ottomotors zum Verbrennungsschwerpunkt annähernd symmetrische Brennverläufe liefert, tritt der steile Verbrennungsstoß der vorgemischten Verbrennung des direkteinspritzenden Dieselmotors besonders in der Teillast deutlich hervor. Dies ist darauf zurückzuführen, dass während der Zündverzugsphase vergleichsweise viel Kraftstoff eingespritzt und aufbereitet wird.

Dieser Verbrennungsstoß wird durch den verkürzten Zündverzug bei der Aufladung vermieden. Der Wirbelkammermotor liefert eine sanfte und langsame Verbrennung. Diese bringt Vorteile bei Geräusch- und Stickoxidemission. Wegen ihrer thermodynamisch ungünstigen Verbrennung und der Überströmverluste wurden die indirekten Dieseleinspritzverfahren durch die direkte Dieseleinspritzung verdrängt.

6.2 Ergebnisse   377

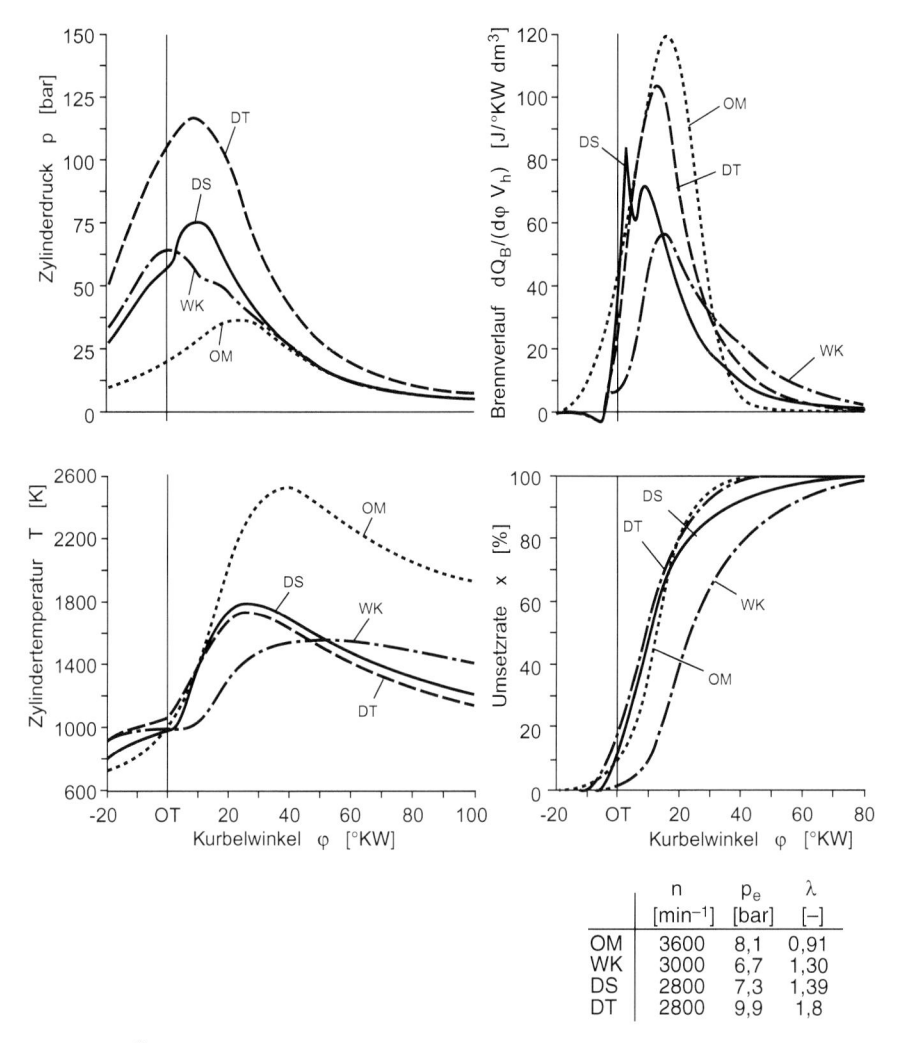

Abb. 6.24. Ältere analysierte Motoren bei Volllast

	n [min^{-1}]	p_e [bar]	λ [–]
OM	3600	8,1	0,91
WK	3000	6,7	1,30
DS	2800	7,3	1,39
DT	2800	9,9	1,8

6.2.8 Vergleichende Brennverlaufsanalyse

Wie in Abschn. 4.2.4 dargelegt, haben Beginn, Dauer und Gestalt des Brennverlaufs bestimmende Auswirkungen auf wichtige Betriebsparameter des Motors, und zwar auf Maximalwerte und Anstiege von Druck und Temperatur im Zylinder und damit auf die Emissionen von Lärm und Stickoxiden sowie auf den inneren Wirkungsgrad und damit im Weiteren auf den indizierten Mitteldruck. Auch im Bemühen um möglichst hohe Mitteldrücke bei Einhaltung vorgegebener maximaler Werte für Spitzendruck und Druckanstieg spielt der Verbrennungsablauf eine entscheidende Rolle. Die Brennverlaufsanalyse ist daher von grundlegender Bedeutung in der Entwicklung, Beurteilung und Optimierung von Motoren.

Ein Vergleich der Brennverläufe der in den vorhergehenden Abschnitten analysierten älteren Motoren mit den aktuellen Motoren zeigt insgesamt eine Entwicklung zur Verkürzung der Verbrennungsdauer, was Vorteile in Bezug auf den inneren Wirkungsgrad bringt. Aus der Lage des Schwerpunkts der Verbrennung, d. h. aus der Winkellage des 50%igen Energieumsatzes, lassen

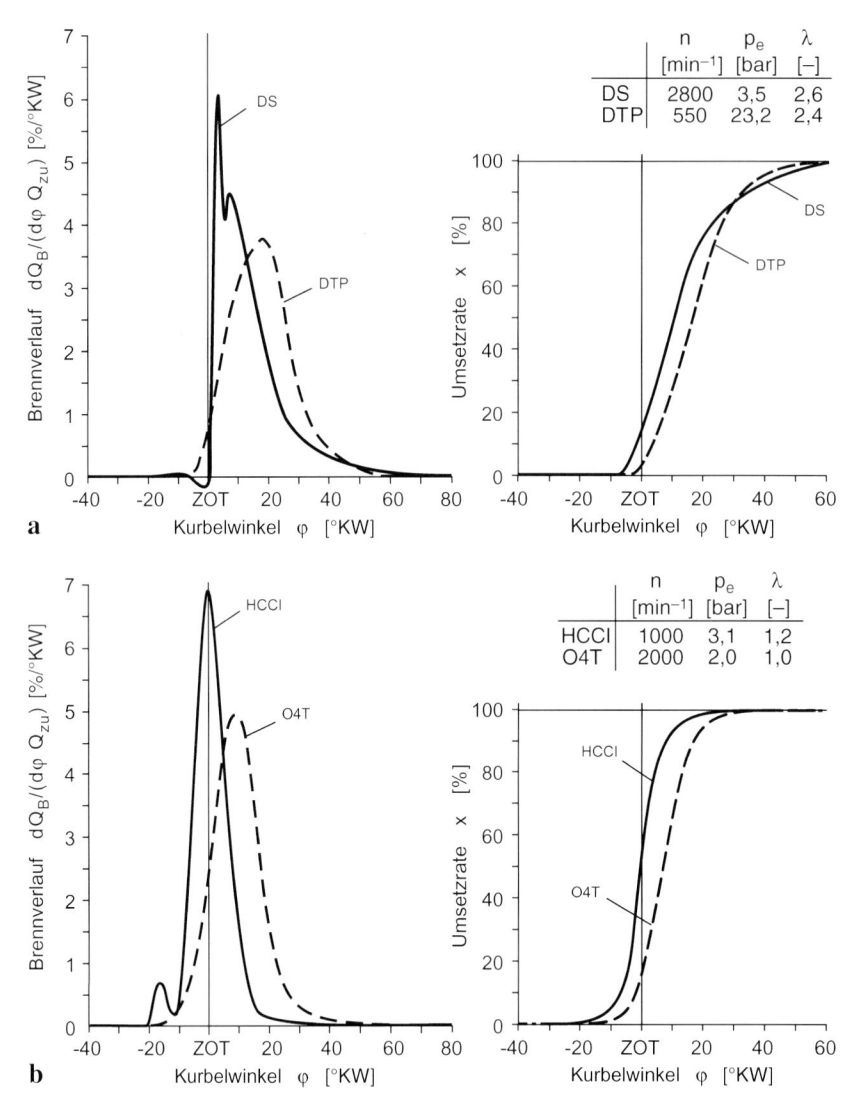

Abb. 6.25. Brennverläufe und Umsetzraten zweier Dieselmotoren (**a**) und eines Ottomotors und einer homogenen Dieselverbrennung (**b**)

sich Rückschlüsse auf den Wirkungsgrad ziehen (vgl. Abb. 4.12), aber auch auf das Niveau der NO_x-Emissionen. Bei Ottomotoren kann davon ausgegangen werden, dass der Zündzeitpunkt unabhängig vom Betriebszustand dann wirkungsgrad optimal eingestellt ist, wenn der Schwerpunkt der Verbrennung bei etwa 8 °KW nach OT liegt [6.3].

Um die charakteristischen Verbrennungsabläufe unterschiedlicher Brennverfahren zu vergleichen, sind in Abb. 6.25 Brennverläufe sowie zugehörige Umsetzraten von vier ausgewählten Motoren zusammengestellt. Abbildung 6.25a zeigt die Brennverläufe zweier direkteinspritzender Dieselmotoren, nämlich des Dieselsaugmotors älterer Bauart (DS) und des aktuellen PKW-Dieselmotors mit Turboaufladung (DTP). In Abb. 6.25b sind die rasch ablaufende Verbrennung des untersuchten PKW-Ottomotors (O4T) und die homogene Dieselverbrennung (HCCI) eines Einzylinder-Forschungsmotors bei hoher Abgasrückführrate dargestellt.

Um einen direkten Vergleich der unterschiedlichen Brennverfahren und Betriebszustände zu ermöglichen, sind die Brennverläufe auf die insgesamt umgesetzte Brennstoffenergie bezogen und in %/°KW dargestellt. Die jeweiligen Betriebsparameter sind den beigefügten Legenden zu entnehmen. Man erkennt die großen Unterschiede der Brennverläufe hinsichtlich Form, Zeitpunkt der maximalen Umsetzrate und Verbrennungsende. Auf einige besonders augenfällige Besonderheiten sei im Folgenden hingewiesen.

Direkt einspritzende **Dieselmotoren** älterer Bauart (DS) wiesen infolge der während der langen Zündverzugsphase großen eingespritzten Kraftstoffmenge einen stark ausgeprägten vorgemischten Verbrennungsanteil mit einer ausgeprägten Spitze im Brennverlauf auf, was sich negativ auf Geräusch und Abgasemission auswirkte. Die bei modernen Motoren übliche Aufladung verkürzt den Zündverzug, so dass der anfängliche Verbrennungsstoß der vorgemischten Verbrennung kaum oder gar nicht mehr in Erscheinung tritt. Deutliche Fortschritte in der Einspritztechnik erlauben die zunehmende Beeinflussung des Einspritzverlaufs und damit des Verbrennungsablaufs (Zweifederhalter, Voreinspritzung, Common Rail).

Beim **Ottomotor** (O4T) läuft die Verbrennung gleichmäßiger und rascher als beim Dieselmotor ab und ergibt einen fast symmetrisch um den Höchstwert des Energieumsatzes liegenden Brennverlauf mit bei optimalem Zündzeitpunkt minimalen Verbrennungsverlusten.

Die **homogene Dieselverbrennung** (HCCI) zeigt zuerst eine charakteristische Verbrennung mit kalten Flammen (vgl. Abschn. 2.8.3 und etwa [2.28]), die Hauptverbrennung läuft bei richtiger Abstimmung rasch und nahezu symmetrisch zum OT ab. Die thermodynamisch günstige homogene Verbrennung erfolgt praktisch rußfrei (vgl. [6.4]). Die hohe Abgasrückführrate verlangsamt die Verbrennung und führt zu extrem niedrigen NO_x-Emissionen.

Die um mehr als 10 °KW voneinander abweichenden **Verbrennungsbeginne** der dargestellten Brennverläufe sind teilweise verfahrensbedingt und darauf zurückzuführen, dass je nach Verwendungszweck der einzelnen Motoren unterschiedliche Forderungen hinsichtlich Verbrauch, Abgas- und Geräuschemission bestehen.

6.2.9 Vergleich von Wirkungsgraden und Mitteldrücken

Zur Abschätzung des Potenzials unterschiedlicher Motorkonzepte sollen zunächst die Wirkungsgrade des vollkommenen Motors betrachtet werden. Während bisher immer die Gleichraumverbrennung als Idealprozess herangezogen wurde, die den höchsten Wirkungsgrad ergibt, ist es im realen Prozess erforderlich, den Spitzendruck zu begrenzen. Daher wurde der Berechnung der Wirkungsgrade in Abb. 6.26 eine kombinierte Gleichraum-Gleichdruck-Verbrennung zugrunde gelegt, wobei der Gleichraumanteil durch den vorgegebenen maximalen Spitzendruck festgelegt ist. Zum Vergleich ebenfalls eingezeichnet sind die Verläufe der Wirkungsgrade des vollkommenen Saugmotors mit Gleichraumverbrennung für verschiedene Luftverhältnisse.

In der Praxis übersteigen die Spitzendrücke bei PKW-Dieselmotoren kaum 160 bar und bei PKW-Ottomotoren wegen der Klopfgefahr kaum 90 bar. Aus Gründen der Wirtschaftlichkeit sowie der Festigkeit sind die Spitzendrücke bei LKW- und Großmotoren mit etwa 180 bzw. 200 bar limitiert, wobei die Großmotoren die höchsten Aufladegrade und etwas niedrigere Verdichtungsverhältnisse aufweisen.

Entsprechend dem bestimmenden Einfluss des Verdichtungsverhältnisses und des Luftverhältnisses erzielt der vollkommene Ottomotor teilweise nur halb so große Wirkungsgrade wie der vollkommene Dieselmotor, der Werte bis 70 % erreichen kann.

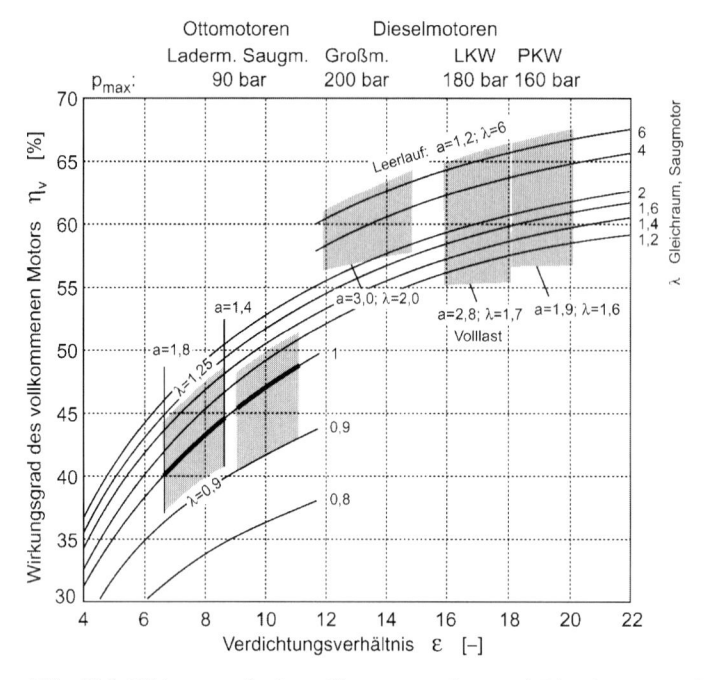

Abb. 6.26. Wirkungsgrade der vollkommenen Otto- und Dieselmotoren mit Gleichraum-Gleichdruck-Verbrennung in Abhängigkeit von Verdichtungsverhältnis ε, Luftverhältnis λ, Aufladegrad a und Spitzendruck p_{max}

Das Luftverhältnis kann beim kleinvolumigen Dieselmotor kleiner sein, was beim PKW-Dieselmotor trotz des deutlich höheren Verdichtungsverhältnisses gegenüber dem Großmotor bei Volllast zu einem geringeren Wirkungsgrad des vollkommenen Motors führt.

Von diesem theoretischen Potenzial der Motoren kann nur ein dem Gütegrad η_g entsprechender Anteil genutzt werden. Der Gütegrad als Verhältnis von innerem Wirkungsgrad zum Wirkungsgrad des vollkommenen Motors nach Gl. (6.4) stellt das Maß für die gesamten motorspezifischen thermodynamischen Verluste dar.

In Abb. 6.27 ist der **Gütegrad** für einige der untersuchten Motoren über der mittleren Kolbengeschwindigkeit mit der Last als Parameter dargestellt. Wie auch in den folgenden Abbildungen wird zwischen Saugmotoren und Ladermotoren unterschieden, als Idealprozess gilt wieder die Gleichraumverbrennung.

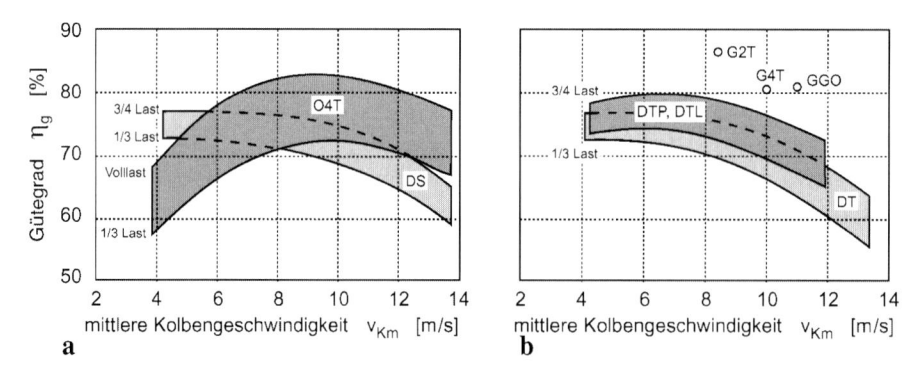

Abb. 6.27. Gütegrade von Saugmotoren (**a**) und Ladermotoren (**b**)

6.2 Ergebnisse   381

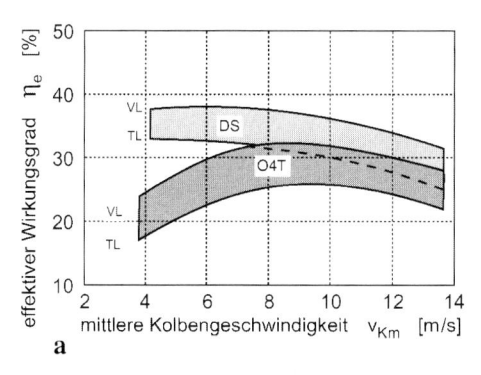

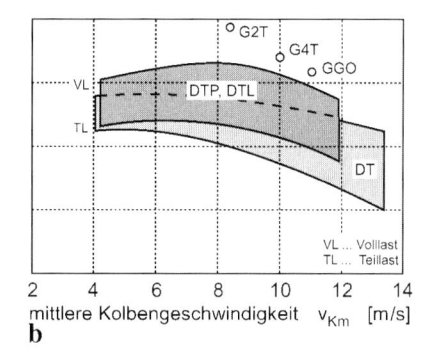

Abb. 6.28. Effektive Wirkungsgrade von Saugmotoren (**a**) und Ladermotoren (**b**)

Abbildung 6.27 zeigt, dass der Gütegrad moderner Ottomotoren Werte von über 80 % erreichen kann. Die grau schattierten Felder decken den gesamten Lastbereich ab, wobei die höchsten Gütegrade der Ottomotoren bei Volllast, die der Dieselmotoren bei 3/4 der Volllast erreicht werden. Dies rührt daher, dass die Verbrennungsverluste bei steigender Last und sinkenden Luftverhältnissen zunehmen. Zusammen mit den steigenden Ladungswechselverlusten ist das auch der Grund für das Absinken der Gütegrade mit steigender Kolbengeschwindigkeit. Die von Dieselmotoren erreichten Gütegrade liegen wegen deren höherem Druckniveau und insgesamt etwas größeren Verlusten in der Regel unter 80 %. Bei den auf einen Betriebspunkt ausgelegten Großmotoren weist der langsam laufende Zweitaktmotor einen besonders hohen Gütegrad auf.

Insgesamt ist der **effektive Wirkungsgrad** als Maß für den in Nutzarbeit umwandelbaren Anteil der zugeführten Brennstoffenergie von größter Bedeutung. Dieser enthält außer den thermodynamischen Verlusten auch die mechanischen Verluste. Eine Zusammenstellung des effektiven Wirkungsgrads einiger der untersuchten Motoren zeigt Abb. 6.28.

Es zeigt sich, dass beim Ottomotor der effektive Wirkungsgrad in der Teillast kaum Werte über 25 %, in der Volllast knapp über 30 % erreicht. Die Bezeichnung „Teillast" wird in diesem Abschnitt für Betriebszustände mit 2 bar effektivem Mitteldruck verwendet. Der geringe Wirkungsgrad in der Teillast kann durch Entdrosselung (Direkteinspritzung, variabler Ventiltrieb, Abgasrückführung) gesteigert werden. Höhere effektive Wirkungsgrade erreichen Dieselsaugmotoren. Obwohl Ottomotoren wegen ihrer leichteren Bauweise gegenüber Dieselmotoren insgesamt oft geringere mechanische Verluste aufweisen, können sie ihre niedrigeren vollkommenen Wirkungsgrade infolge der geringeren Verdichtung und des kleineren Luftverhältnisses nicht wettmachen.

Bei den aufgeladenen Motoren erreichen moderne direkt einspritzende Dieselmotoren sowohl für PKW wie auch für LKW bei Volllast effektive Wirkungsgrade von über 40 %. Die Werte liegen durchwegs höher als bei älteren Modellen. Noch höhere effektive Wirkungsgrade von 50 % und mehr können bei den auf einen Betriebspunkt optimierten Großmotoren erzielt werden.

Eine wichtige Bewertungsgröße des Motors stellt der **effektive Mitteldruck** p_e als Maß für das abgegebene Drehmoment dar. In Abb. 6.29 sind die mittleren effektiven Drücke für alle untersuchten Motoren über der mittleren Kolbengeschwindigkeit aufgetragen. Zusätzlich eingetragen wurde der Mitteldruck eines aufgeladenen PKW-Ottomotors. Deutlich ersichtlich ist die Zunahme der Mitteldrücke der aktuellen Motoren gegenüber denen älterer Bauart.

Die Mitteldrücke erreichen mit Ausnahme der auf hohe Drehzahlen ausgelegten Ottomotoren bei mittleren Kolbengeschwindigkeiten ihr Maximum. Bei niedrigeren Drehzahlen nehmen die Mitteldrücke ab, weil die Wandwärmeverluste relativ zunehmen und die Füllung bei

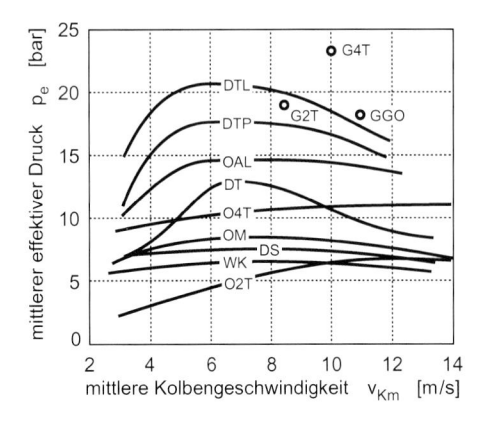

Abb. 6.29. Mittlere effektive Drücke über Kolbengeschwindigkeit

Saugmotoren geringer wird. Bei aufgeladenen Motoren können aufgrund des zu geringen Energieangebots an der Turbine bei niederen Drehzahlen nur geringe Aufladegrade realisiert werden. Die Ursachen für die sinkenden Mitteldrücke bei höheren Drehzahlen liegen in der Abnahme des effektiven Wirkungsgrads infolge der höheren Ladungswechsel-, Reibungs- und Verbrennungsverluste. Bei Saugmotoren nimmt auch der Liefergrad ab. Bei Aufladung ist aufgrund der zunehmenden mechanischen und thermischen Belastung mit der Drehzahl eine Begrenzung des Aufladegrads notwendig.

Ottomotoren weisen aufgrund des stöchiometrischen Betriebs bei Volllast gegenüber vergleichbaren Dieselmotoren einen etwa 30 % höheren Gemischheizwert auf. Der Mitteldruck aufgeladener Ottomotoren liegt dennoch unter dem moderner Dieselmotoren, weil der Aufladegrad von Ottomotoren durch die Klopfgrenze beschränkt ist.

6.2.10 Vergleichende Verlustanalyse

Für eine detaillierte vergleichende Verlustanalyse sollen nunmehr die entsprechend Abschn. 6.1.3 berechneten Einzelverluste der untersuchten Motoren unter Einbeziehung weiterer Analyseergebnisse zusammenfassend betrachtet werden.

Unter Berücksichtigung der mechanischen Verluste $\Delta\eta_m$ lässt sich nach Gl. (6.5) die Summe aller Verluste als Differenz zwischen dem Wirkungsgrad des vollkommenen Motors η_v und dem effektiven Wirkungsgrad η_e darstellen. Es gilt:

$$\eta_e = \eta_i \eta_m = \eta_v \eta_g \eta_m, \tag{6.20}$$

$$\eta_e = \eta_v - \Delta\eta_{rL} - \Delta\eta_{uV} - \Delta\eta_{rV} - \Delta\eta_{Ww} - \Delta\eta_{Leck} - \Delta\eta_{\ddot{U}} - \Delta\eta_{LW} - \Delta\eta_m \tag{6.21}$$

Darin bedeuten:
$\Delta\eta_{rL}$ Einfluss durch reale Ladung
$\Delta\eta_{uV}$ Verlust durch unvollkommene Verbrennung (Umsetzungsverlust)
$\Delta\eta_{rV}$ Verlust durch realen Verbrennungsablauf (Verbrennungsverlust)
$\Delta\eta_{Ww}$ Verlust durch Wärmeübergang an die Brennraumwände (Wandwärmeverlust)
$\Delta\eta_{Leck}$ Verlust durch Leckage (Leckageverlust)

$\Delta\eta_{\text{Ü}}$ Verlust durch Überströmen zwischen Haupt- und Nebenbrennraum bei Kammermotoren (Überströmverlust)

$\Delta\eta_{\text{LW}}$ Verlust durch realen Ladungswechsel (Ladungswechselverlust)

$\Delta\eta_{\text{m}}$ Verlust durch mechanische Reibung (Reibungsverlust)

Der Einfluss durch **reale Ladung** liegt in der Regel außer bei hohen Abgasrückführraten unter 1 %, auf eine separate Darstellung wird daher verzichtet. Die einzelnen Auswirkungen von Änderungen in Temperatur, Druckniveau und Abgasrückführrate können den Abbildungen in Abschn. 3.5 entnommen werden.

Die Verluste durch **unvollkommene Verbrennung** sind bei Dieselmotoren im Stationärbetrieb meist vernachlässigbar und liegen auch bei konventionellen Viertakt-Ottomotoren in der Regel unter 1 %, so dass sie hier nicht separat dargestellt werden.

Nicht dargestellt sind die Verluste durch **Leckage**, die im Allgemeinen unter 1 % betragen. Ebenfalls nicht abgebildet sind Verluste durch **Überströmen**, die nur bei Kammermotoren auftreten und lastabhängig zwischen 1 % bei Volllast bis zu etwa 5 % bei niedriger Last ausmachen.

In den folgenden Abbildungen sind typische Werte der übrigen Einzelverluste über der mittleren Kolbengeschwindigkeit mit der Last als Parameter dargestellt. In den linken Teilabbildungen sind dabei jeweils die Ergebnisse für Saug-Ottomotoren abgebildet, in den rechten Teilabbildungen die Ergebnisse für Diesel-Ladermotoren von PKW und LKW sowie der untersuchten Großmotoren. Wie erwähnt bezieht sich der Begriff „Teillast" auf den Betrieb bei 2 bar effektivem Mitteldruck.

Die Verluste durch den **realen Verbrennungsablauf**, der mit dem Ideal der Gleichraumverbrennung verglichen wird, können recht deutlich ausfallen (siehe Abb. 6.30). Es zeigt sich, dass Ottomotoren in der Teillast mit ihrer raschen Verbrennung und günstigen Schwerpunktlage die geringsten Verluste aufweisen. Nicht dargestellt sind die hohen Verluste der Ottomotoren in der Leerlast, die auf starke Drosselung und hohe Restgasgehalte mit einer entsprechend verschlechterten und verschleppten Verbrennung zurückzuführen sind. Die geringsten Verluste durch den realen Verbrennungsablauf weisen die Großmotoren auf. Bei den PKW- und LKW-Dieselmotoren liegen die Verluste durchwegs höher. Sie steigen mit Last und Drehzahl an, weil die Verbrennungsdauer zunimmt und in der Praxis zur Begrenzung von Spitzendruck und Stickoxidemission die Verbrennung meist nach spät verschoben werden muss.

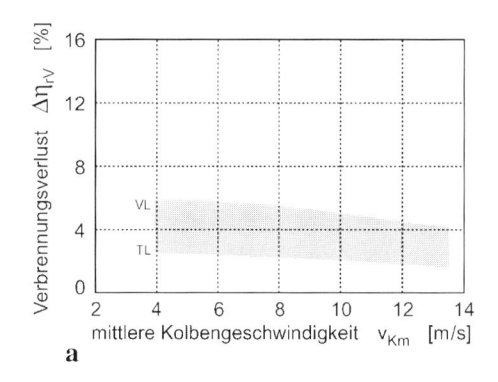

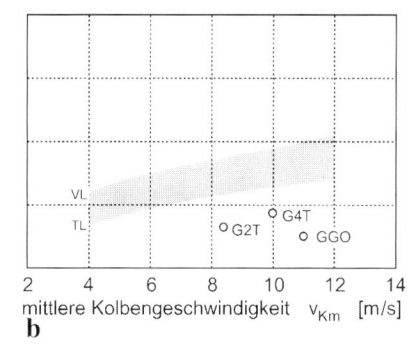

Abb. 6.30. Typische Verbrennungsverluste: **a** Viertakt-Saug-Ottomotoren, **b** Diesel-Ladermotoren und Großmotoren. *VL* Volllast, *TL* Teillast

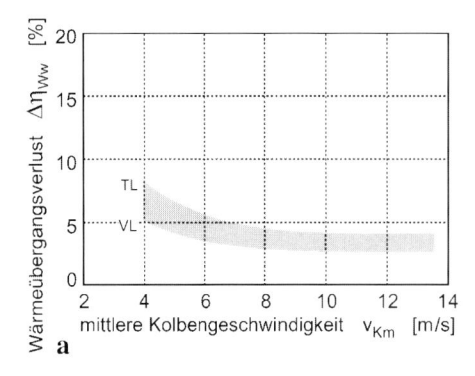

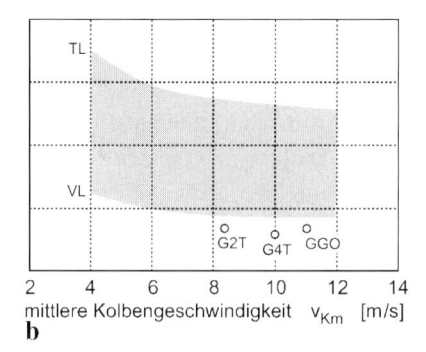

Abb. 6.31. Typische Wandwärmeverluste: **a** Viertakt-Saug-Ottomotoren, **b** Diesel-Ladermotoren und Großmotoren. *TL* Teillast, *VL* Volllast

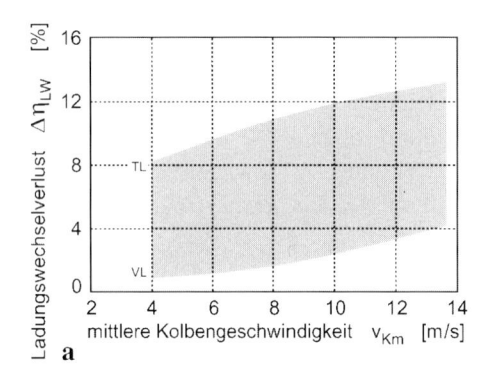

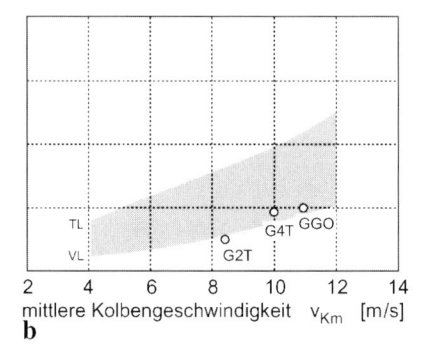

Abb. 6.32. Typische Ladungswechselverluste: **a** Viertakt-Saug-Ottomotoren, **b** Diesel-Ladermotoren und Großmotoren. *TL* Teillast, *VL* Volllast

Als größter Einzelverlust spielt der Wandwärmeübergang eine besondere Rolle. Hohe Verdichtungsverhältnisse und eine um den OT konzentrierte Verbrennung mit hohen Drücken sind zwar thermodynamisch günstig und ergeben geringe Verbrennungsverluste, die **Wandwärmeverluste** steigen dabei allerdings deutlich an. So ist aus Abb. 6.31 ersichtlich, dass die Wandwärmeverluste in der Teillast bei Dieselmotoren Werte bis 20% erreichen. Wesentlich geringer sind die Verluste bei den Ottomotoren mit ihrem deutlich niedrigeren Druckniveau. Prinzipiell nehmen die Wandwärmeverluste bei niedrigerer Drehzahl zu, weil mehr Zeit zur Wärmeabfuhr zur Verfügung steht, sowie mit sinkender Last, weil anteilsmäßig mehr Wärme abgeführt wird.

Die Betrachtung der **Ladungswechselverluste** in Abb. 6.32 zeigt die infolge der Drosselung in der Teillast beträchtlichen Verluste des Ottomotors. Durch steigende Strömungswiderstände nehmen bei allen Motoren die Ladungswechselverluste mit der Drehzahl zu. Da die absolute Ladungswechselarbeit nur wenig von der Last abhängt, steigt der relative Ladungswechselverlust bei sinkender Last an. Bei Aufladung ergibt sich beim vollkommenen Motor eine positive Ladungswechselarbeit. Diese kann bei ausgeführten Motoren in der Regel vor allem wegen der Verluste der Turbinen und Verdichter sowie der Strömungswiderstände im Ein- und Auslasssystem nicht realisiert werden. Die Ladungswechselverluste fallen dadurch deutlich aus, insbesondere wieder in der Teillast.

Die geleistete innere Arbeit vermindert um die mechanische Reibungsarbeit steht als effektive Arbeit an der Kurbelwelle zur Verfügung. Die Absolutwerte der Reibungsarbeit hängen nur wenig

6.2 Ergebnisse

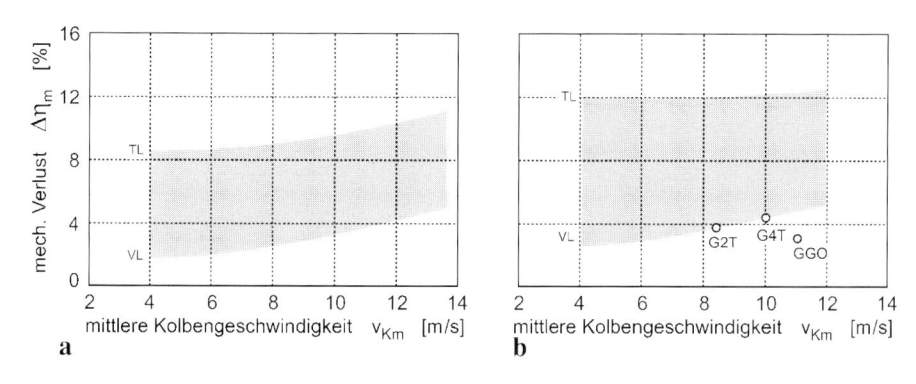

Abb. 6.33. Typische mechanische Verluste: **a** Viertakt-Saug-Ottomotoren, **b** Diesel-Ladermotoren und Großmotoren. *TL* Teillast, *VL* Volllast

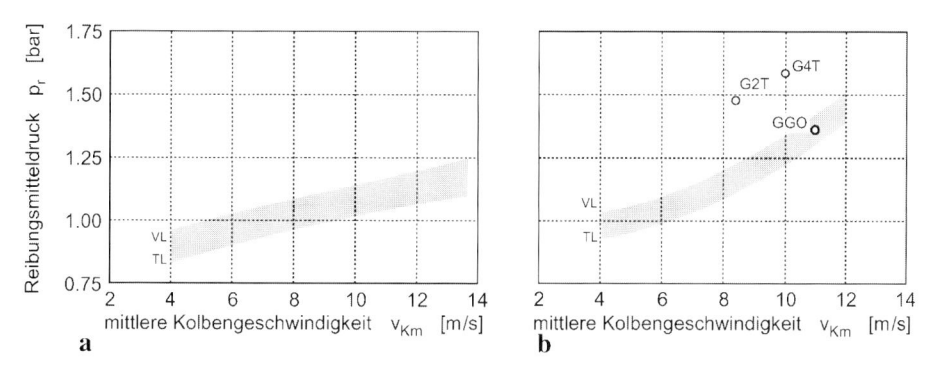

Abb. 6.34. Typische Reibungsmitteldrücke: **a** Viertakt-Saug-Ottomotoren, **b** Diesel-Ladermotoren und Großmotoren. *TL* Teillast, *VL* Volllast

von der Last ab, so dass die mechanischen Verluste anteilsmäßig in der Teillast größer sind als bei Volllast (siehe Abb. 6.33). Die **mechanischen Verluste** nehmen überdies mit der Drehzahl zu. Wegen des leichteren Triebwerks und der geringeren Brennraumdrücke sind die mechanischen Verluste bei Ottomotoren tendenziell geringer als bei Dieselmotoren. Zur Beurteilung der mechanischen Verluste ist insbesondere auch die Darstellung der Absolutwerte der Reibungsmitteldrücke von Interesse (siehe Abb. 6.34).

7 Anwendung der thermodynamischen Simulation

Die thermodynamische **Analyse** ausgeführter Motoren beruht auf der Vorgabe von im Brennraum gemessenen Druckverläufen. Damit können in der Motorprozessrechnung einerseits Heiz- und Brennverläufe bestimmt werden, andererseits kann über eine Verlustanalyse die Effizienz des Motors in Relation zu einem Idealprozess beurteilt werden (vgl. Kap. 6).

Zur Validierung der eingesetzten thermodynamischen Modelle müssen die Ergebnisse der Rechnung mit entsprechenden Messergebnissen verglichen werden. Dies erfordert in der Regel die Anwendung aufwendiger hochdynamischer Messverfahren. Ist die Eignung für die Analyse nachgewiesen, können die Modelle auch für die **Simulation**, also für die Vorausberechnung eingesetzt werden.

Diese Vorausberechnung gewinnt in der Motor- und Fahrzeugentwicklung zunehmend an Bedeutung, sie verspricht neben einer Verkürzung der Entwicklungszeit und damit einer Reduzierung der Entwicklungskosten auch eine Steigerung der Qualität. So basiert etwa die Entwicklung und Optimierung von Verbrennungsverfahren auf umfangreichen Simulationsrechnungen. Auch können auf Basis fundierter Modelle die mechanische und thermische Festigkeit wie Dauerhaltbarkeit der Materialien und Baugruppen immer besser ausgenutzt werden.

Je nach Wahl der Systemgrenzen umfasst die Simulation außer dem Brennraum zusätzlich das Ein- und Auslasssystem einschließlich des Laders, den gesamten Motor mit seinen Komponenten oder das gesamte Fahrzeug mit seinem Fahrverhalten. Die Simulation wird künftig außerdem im serienfertigen Produkt bei modellbasierten Regelungssystemen im elektronischen Motor- oder Fahrzeugmanagement eingesetzt.

In diesem abschließenden Kapitel soll kurz auf die Anwendung der thermodynamischen Simulation bei der Entwicklung des gesamten Motors und des gesamten Fahrzeugs hingewiesen werden. Die Vision der Entwicklungsingenieure liegt dabei in der Schaffung des virtuellen Motors und des virtuellen Fahrzeugs. Abhängig von der Zielsetzung und dem Stadium des Entwicklungsprozesses kommen sehr unterschiedliche Simulationsprogramme zum Einsatz.

7.1 Simulation in der Motorenentwicklung

Einen Überblick über die Phasen bei der Entwicklung eines Motors und den Einsatz entsprechender Simulationswerkzeuge gibt Abb. 7.1 (vgl. auch [7.4, 7.6]).

Konzeptphase

In der Konzeptphase der Entwicklung eines Motors werden Studien erarbeitet, aus denen aufgrund von Erfahrung und auf Basis umfangreicher Variantenrechnungen ein bestimmtes Konzept

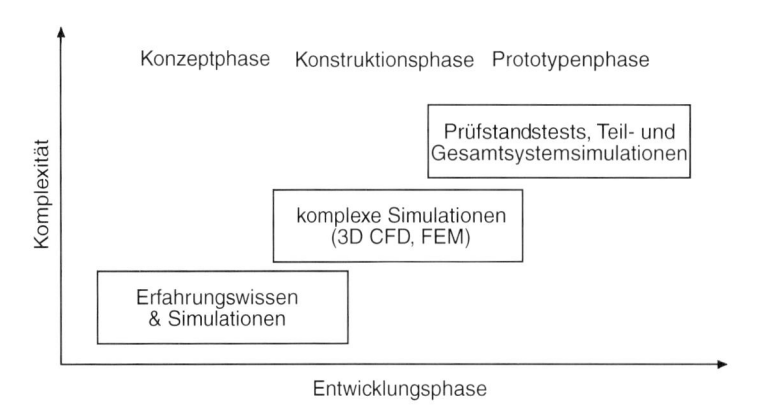

Abb. 7.1. Schema des Entwicklungsablaufs

ausgewählt wird. In dieser Phase der strategischen Entscheidung kommen Simulationsmodelle zum Einsatz, die zu Trendaussagen und zur Festlegung der grundsätzlichen Entwicklungsrichtung führen. Die thermodynamische Simulation liefert grundsätzliche Angaben über die mechanische und thermische Belastung und deckt insbesondere folgende Bereiche im Gesamtsystem Motor ab:

– Luft- und Kraftstoffversorgung (Strömungsrechnung, Aufladung, Abgasrückführung, Einspritzsystem)
– Verbrennung
– Schadstoffbildung
– Wärmehaushalt (Wärmeübergang, Kühlung)

Einen Überblick über die eingesetzten Simulationsprogramme gibt Tabelle 7.1.

Die Hauptanwendung der Simulation liegt in der **rechnerischen Optimierung** eines Motors bezüglich einer auszuwählenden Zielfunktion unter Beachtung gegebener Restriktionen, wobei die integrierte Simulation der verschiedenen innermotorischen Vorgänge mit einer mehrdimensionalen Optimierung zu verbinden ist.

Als **Zielfunktionen** können etwa vorgegeben sein:
minimaler Kraftstoffverbrauch in einem Testzyklus
maximale Leistung
maximales Drehmoment

Tabelle 7.1. Thermodynamische Simulationsprogramme

Simulationen	Modelle	Anwendungen	Charakteristika
Null- und quasidimensionale Motorprozessrechnung	physikalisch/empirisch, Thermodynamik	Brennraum	geringe Auflösung, kurze Rechenzeit
Füll- und Entleermethode	vereinfacht physikalisch	Prinzipstudien Ein- und Auslasssystem	geringe örtliche Auflösung, kurze Rechenzeit
1-D-Fluiddynamik	physikalisch, Strömungsrechnung	Ein- und Auslasssystem mit Lader, Einspritzhydraulik	mittlere Auflösung, mittlere Rechenzeit
3-D-CFD (Computational Fluid Dynamics)	physikalisch, reaktive Strömungsrechnung	Brennraum, Spülung, Ein- und Auslasssystem	hohe Auflösung, lange Rechenzeit

7.1 Simulation in der Motorenentwicklung

Als **Restriktionen** gelten etwa
Spitzendruck
Druckanstieg
Auslasstemperaturen
Emissionen
Luftverhältnis

Zunächst sind die **Variationsparameter** wie Verdichtungsverhältnis, Luftverhältnis, Abgasrückführrate, Einspritzparameter etc. sowie deren Variationsbreite festzulegen. In einer Variantenrechnung werden diese Parameter in der Simulation systematisch variiert, die jeweiligen Rechenergebnisse wie Mitteldruck, spezifischer Verbrauch, Spitzendruck, Druckanstieg, Temperaturen, Emissionen etc. werden in Feldern abgelegt. Ein mehrdimensionales Optimierungsprogramm bestimmt daraus unter Berücksichtigung der vorgegebenen Restriktionen die entsprechenden Optima der Variationsparameter.

Beispielhaft zeigt Abb. 7.2 schematisch ausgewählte Ergebnisse der Optimierung eines aufgeladenen Dieselmotors hinsichtlich des spezifischen Verbrauchs bei Vorgabe des maximalen Spitzendrucks [7.8].

Über den beiden Variationsparametern Einspritzbeginn und Einspritzdauer sind die aus der Variationsrechnung erhaltenen Felder für die Zielfunktion spezifischer Verbrauch, für die einschränkende Bedingung Spitzendruck sowie für die Felder Mitteldruck und NO_x-Emission

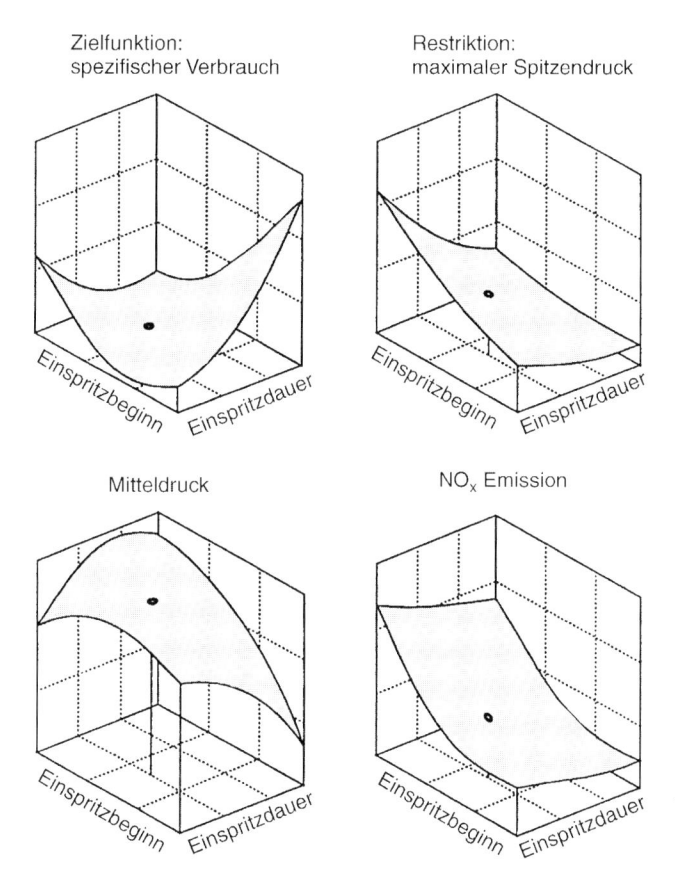

Abb. 7.2. Ausgewählte Ergebnisse der Optimierung hinsichtlich spezifischen Verbrauchs bei Spitzendruckbeschränkung nach Lit. 7.8

dargestellt. In die jeweiligen Felder eingezeichnet ist als Ergebnis der mehrdimensionalen Optimierung der Punkt minimalen spezifischen Verbrauchs.

Konstruktionsphase

Es folgt die Konstruktionsphase mit dem Schwerpunkt Simulation, wobei sehr komplexe Programme eingesetzt werden. Im Sinne von CAE (Computer-aided Engineering) sollen die Daten der mittels CAD (Computer-aided Design) entworfenen Konstruktionen direkt in die entsprechenden Simulationsprogramme übernommen werden. In dreidimensionalen CFD-(Computational Fluid Dynamics-) und FEM-(Finite Elemente Methode-)Programmen werden die Konstruktionen auf Basis thermodynamischer Kriterien auf mechanische und thermische Haltbarkeit optimiert. Die eingesetzten Programme verwenden meist physikalische Ansätze und erfordern einen hohen Zeitaufwand für Diskretisierung und Berechnung. Eine Verkürzung der Rechenzeit soll durch automatische Netzgenerierung, leistungsstärkere Vektor- und Parallelrechner sowie einfachere und benutzerfreundlichere Grafikoberflächen erreicht werden. Die Simulationsrechnungen in dieser Phase werden ohne Prototypen durchgeführt („Offline"). Einen Überblick über die eingesetzten Simulationsprogramme gibt Tabelle 7.2.

Prototypenphase

Die Herstellung erster Komponenten und Prototypen erfolgt mittels CAM (Computer-aided Manufacturing) direkt mit den Daten aus dem CAD. In dieser Prototypenphase erfolgt die Kopplung von Rechnersimulationen und Prüfstandstests. Messdaten von Versuchen am Prüfstand stehen zur Verifizierung und Anpassung der Simulationsrechnungen zur Verfügung („Online"). In dieser Phase dominiert der Versuch, der allerdings laufend von der Simulation begleitet wird. Die Vernetzung von Simulation und Test führt zur Einbindung von Erfahrungswissen, Ergebnissen der Simulation und Prüfstandsergebnissen. Ziel der thermodynamischen Berechnung ist die Optimierung von Verbrennungsverfahren, Gemischbildung, Emissionen und Ladungswechsel. Überdies liefert die Berechnung Daten für die Auslegung von Motormanagement, Wärmemanagement und für die Akustik. Die eingesetzten Rechenmodelle beruhen auf empirischen Ansätzen oder abgespeicherten Kennfeldern und erlauben teilweise Echtzeitsimulationen des gesamten Systems (Gesamtsystemsimulation, GSS). Mit der Verfügbarkeit von Komponenten können diese in den Entwicklungsprozess einbezogen werden, indem sie als Modul direkt in die Simulationen eingebunden werden (Hardware in the Loop, HIL). Zu den eingesetzten Simulationsprogrammen siehe Tabelle 7.3.

Zur Beschleunigung trägt besonders in der Prototypenphase die simultane Entwicklung mit enger Kopplung der einzelnen Abläufe bei. Voraussetzung dafür sind gut funktionierende zeit- und datenflussgerechte Schnittstellen zum Austausch von Rechen- und Messdaten zwischen

Tabelle 7.2. Simulationswerkzeuge in der Konstruktionsphase

Simulationen	Modelle	Anwendungen	Charakteristika
3-D-FEM (Finite Elemente Methode)	physikalisch, Festigkeitsrechnung	mechanische und thermische Belastung	hohe örtliche Auflösung, lange Rechenzeit
Mehrkörpersysteme (MKS)	Maschinendynamik	Schwingungen, Stabilität, Sicherheit	hohe Auflösung, mittlere Rechenzeit
Anwendungsspezifische Rechenprogramme	physikalisch/empirisch, kennfeldgestützt	Komponentenauslegung, Kühlung, Schmierung, Akustik, Lagerung	unterschiedliche Auflösung und Rechenzeit

7.2 Simulation des gesamten Fahrzeugs

Tabelle 7.3. Simulationswerkzeuge in der Prototypenphase

Simulationen	Modelle	Anwendungen	Charakteristika
Fahrzeugdynamik	physikalisch/empirisch, kennfeldgestützt	Leistungs-, Verbrauchs- und Emissionsrechnung	mittlere örtliche Auflösung, mittlere Rechenzeit
Hardware in the Loop (HIL)	physikalisch/empirisch, kennfeldgestützt	Motor, Fahrzeug, Komponentenauslegung	mittlere Auflösung, auch Echtzeit
Gesamtsystemsimulation (GSS)	physikalisch/empirisch, kennfeldgestützt	Motor, Antriebskonzepte, Fahrzeug	mittlere Auflösung, auch Echtzeit

den verschiedenen Simulationsprogrammen untereinander sowie zwischen Simulation und Versuch.

7.2 Simulation des gesamten Fahrzeugs

Für die Gesamtsystemsimulation des Fahrzeugs unter Abbildung von Motor, Antriebsstrang und Karosserie unter Berücksichtigung von Fahrbedingungen und Fahrverhalten werden die einzelnen Komponenten mittels relativ einfacher Module simuliert. Diese Modelle werden in geeigneten Programmen gekoppelt, die Simulationen in Echtzeit erlauben. Bezüglich allgemeiner Darstellungen sowie spezieller Anwendungen der Gesamtsystemsimulation sei auf die Literatur verwiesen [7.1, 7.3–7.5, 7.7].

Zur Veranschaulichung zeigt Abb. 7.3 ein prinzipielles Schema der **Gesamtsystemsimulation** eines Fahrzeugs.

Als Vorgabe dient ein projektspezifisches Streckenprofil oder ein vorgegebener Testzyklus, d. h., die Simulation wird für transienten Betrieb durchgeführt. Die Sollwerte werden zusammen mit den Istwerten aus dem Fahrzeugmodell dem Fahrermodell übergeben. Das Fahrermodell setzt damit den Fahrerwunsch über einen Regelalgorithmus in eine Drehmomentanforderung um, die an das Motormodell weitergeleitet wird.

Im Motormodell wird mittels eines Modells der Motorsteuerung (Engine Control Unit, ECU) der Arbeitspunkt im Motorkennfeld in Abhängigkeit von Motorparametern wie eingespritzte

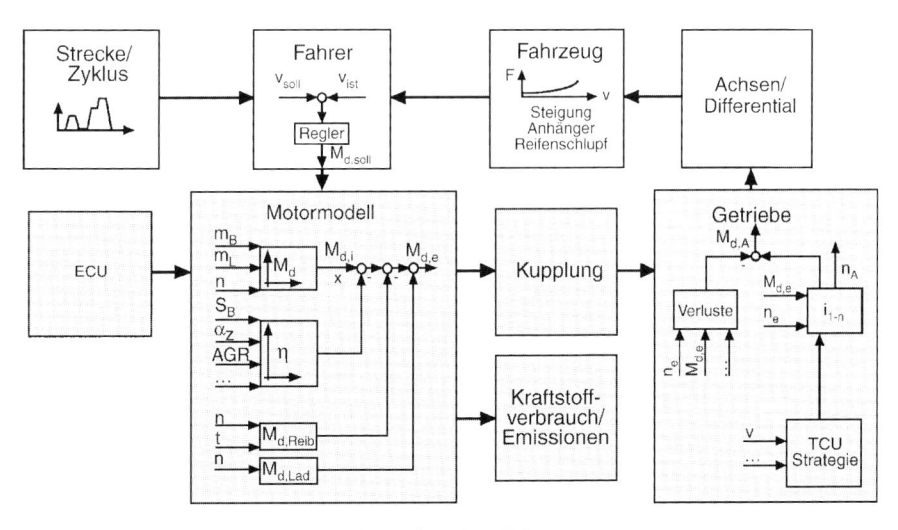

Abb. 7.3. Schema der Gesamtsystemsimulation eines Fahrzeugs

Kraftstoffmasse, Luftverbrauch und Drehzahl bestimmt. Um eine Echtzeitsimulation zu ermöglichen, wird der Motorprozess in derartigen Simulationen nicht nach den thermodynamischen Gesetzen, sondern mittels vereinfachter Polynomansätze oder durch Interpolation aus gespeicherten Kennfeldern berechnet. Die Betriebszustände des Motors werden in Lastkollektiven gesammelt. Mit deren Hilfe und mittels verschiedener Motorkennfelder können Kraftstoffverbrauch und Emissionen für jeden Motorzustand interpoliert werden. Über entsprechende Kennfelder werden die Einflüsse von Spritzbeginn, Zündzeitpunkt, Abgasrückführung, Reibung, Ladungswechsel etc. berücksichtigt.

Über ein Kupplungmodell wird der Betriebszustand, d. h. das Motordrehmoment, an ein Getriebemodell weitergegeben. Der Strategieblock (Traction Control Unit, TCU), dessen Eingänge je nach Anwendung frei belegbar sind, gibt die gewünschte Gangübersetzung an den Übersetzungsblock weiter. Übertragungs- und Reibungsverluste werden berücksichtigt.

Die Informationen aus dem Getriebemodell werden über Achsen- und Differentialmodelle dem Fahrzeugmodell übergeben. Im Fahrzeugmodell werden die fahrzeugspezifischen Eigenschaften wie Rollwiderstand, Luftwiderstand, Reifenschlupf, aber auch Streckeneigenschaften wie Steigungen zu einem Gesamtwiderstand zusammengefasst. Aus Antriebsmoment und Widerstand wird die aktuelle Fahrzeuggeschwindigkeit berechnet und an das Fahrermodell weitergegeben.

Die thermodynamische Simulation kommt in folgenden Bereichen der Gesamtsimulation zur Anwendung:

Fahrleistungsberechnungen für Höchstgeschwindigkeit, Beschleunigung und Elastizität;
Verbrauchs- und Emissionsprognosen;
Optimierung von Komponenten und Parametern;
Ermittlung von Lastkollektiven für Dauerhaltbarkeitsrechnungen.

Liegen ganze Module der Gesamtsystemsimulation oder Teile davon als reale Bauteile vor, können diese in den Regelkreis eingebracht werden. Wenn in einer regeltechnischen Schleife (Regler und Strecke, Regelgröße, Führungsgröße, Störgröße, Stellgröße), die als mathematisches Modell vorliegt, eine Komponente wie der Regler oder die Strecke oder auch nur Teile davon als reales Bauteil (Hardware) eingebunden ist (**Hardware in the Loop**, HIL), muss das Gesamtmodell folgende Voraussetzungen erfüllen:

weitgehend physikalisches Modell unter Berücksichtigung aller relevanter Parameter;
modularer Aufbau des Modells mit entsprechenden Schnittstellen zwischen den Modulen;
Wiedergabe der dynamischen Eigenschaften des Systems;
das Modell muss in Echtzeit auf einer HIL-Plattform laufen.

Klassisches Anwendungsgebiet der HIL-Simulation ist die Entwicklung von Systemen zur Regelung des Motors (ECU) oder des Getriebes (TCU), typische Anwendungen liegen weiters in der Optimierung von Ladern oder der Abgasrückführung. Im Überblick ergeben sich folgende Möglichkeiten:

Anwendung von Streckenmodellen:
ECU real, alles andere simuliert
TCU real, alles andere simuliert
Motor und ECU real, alles andere simuliert
Getriebe und TCU real, alles andere simuliert
Motor und Getriebe real, Fahrzeug simuliert

Anwendung von Reglermodellen:
Motor real, ECU simuliert
Getriebe real, TCU simuliert

Die Verbindungen der einzelnen Module untereinander und die Schnittstellen zwischen Modell und Hardware stellen Schlüsselelemente der Gesamtsystemsimulation dar. Über „virtuelle Steckerleisten", die bezüglich der Ein- und Ausgaben frei programmierbar sind, können Mess- oder Rechendaten zwischen den Modulen ausgetauscht werden.

Sensoren und **Aktuatoren** müssen im Regelkreis ebenfalls modelliert werden, wobei die Berücksichtigung ihres Übertragungsverhaltens von Bedeutung für die Dynamik und die Stabilität der Gesamtsimulation ist.

Über das Setzen oder Entfernen von virtuellen Messstellen können entsprechend programmierte **interaktive Simulationen** überwacht werden. Neben der Überwachung kann außerdem während des Programmablaufs über die Benutzeroberfläche in das Berechnungsmodell eingegriffen werden. So können Ein- oder Ausgänge über Schieber eingestellt oder Modellparameter und Kennfelder modifiziert werden.

Neben den traditionellen Entwicklungszielen wie Leistung/Drehmoment, Emissionen und Verbrauch gibt es Bestrebungen, auch die Größe Fahrkomfort für Mess- und Simulationssysteme zugänglich zu machen. Nach der Erstellung von Beurteilungskriterien und einer Quantifizierung der „**Driveability**" können entsprechende Modelle in die Fahrzeugentwicklung integriert werden [7.2].

Insgesamt werden durch die steigenden Rechnerleistungen und die Fortschritte in der Modellierung Simulationswerkzeuge zunehmend Einsatz in der Motor- und Fahrzeugentwicklung finden.

Anhänge

A Stoffgrößen

Abb. A.1 T,s-Diagramm für Wasser
Abb. A.2 h,s-Diagramm für Wasser
Abb. A.3. Zusammensetzung des Verbrennungsgases für $p = 1$ bar und $\lambda = 0{,}8$
Abb. A.4. Zusammensetzung des Verbrennungsgases für $p = 1$ bar und $\lambda = 1{,}0$
Abb. A.5. Zusammensetzung des Verbrennungsgases für $p = 1$ bar und $\lambda = 1{,}4$
Abb. A.6. Zusammensetzung des Verbrennungsgases für $p = 1$ bar und $T = 1000$ K
Abb. A.7. Zusammensetzung des Verbrennungsgases für $p = 1$ bar und $T = 2000$ K
Abb. A.8. R,T-Diagramm für Verbrennungsgas bei 1 bar
Abb. A.9. R,T-Diagramm für Verbrennungsgas bei 100 bar
Abb. A.10. $(\partial R/\partial T)_{p,\lambda}$, T-Diagramm für Verbrennungsgas bei 1 bar
Abb. A.11. $(\partial R/\partial T)_{p,\lambda}$, T-Diagramm für Verbrennungsgas bei 100 bar
Abb. A.12. $(\partial R/\partial p)_{T,\lambda}$, T-Diagramm für Verbrennungsgas bei 1 bar
Abb. A.13. $(\partial R/\partial p)_{T,\lambda}$, T-Diagramm für Verbrennungsgas bei 100 bar
Abb. A.14. $(\partial R/\partial \lambda)_{T,p}$, T-Diagramm für Verbrennungsgas bei 1 bar
Abb. A.15. $(\partial R/\partial \lambda)_{T,p}$, T-Diagramm für Verbrennungsgas bei 100 bar
Abb. A.16. u,T-Diagramm für Verbrennungsgas bei 1 bar
Abb. A.17. u,T-Diagramm für Verbrennungsgas bei 100 bar
Abb. A.18. c_v, T-Diagramm für Verbrennungsgas bei 1 bar
Abb. A.19. c_v, T-Diagramm für Verbrennungsgas bei 100 bar
Abb. A.20. $(\partial u/\partial T)_{p,\lambda}$, T-Diagramm für Verbrennungsgas bei 1 bar
Abb. A.21. $(\partial u/\partial T)_{p,\lambda}$, T-Diagramm für Verbrennungsgas bei 100 bar
Abb. A.22. $(\partial u/\partial p)_{T,\lambda}$, T-Diagramm für Verbrennungsgas bei 1 bar
Abb. A.23. $(\partial u/\partial p)_{T,\lambda}$, T-Diagramm für Verbrennungsgas bei 100 bar
Abb. A.24. $(\partial u/\partial \lambda)_{T,p}$, T-Diagramm für Verbrennungsgas bei 1 bar
Abb. A.25. $(\partial u/\partial \lambda)_{T,p}$, T-Diagramm für Verbrennungsgas bei 100 bar
Abb. A.26. h,T-Diagramm für Verbrennungsgas bei 1 bar
Abb. A.27. h,T-Diagramm für Verbrennungsgas bei 100 bar
Abb. A.28. c_p, T-Diagramm für Verbrennungsgas bei 1 bar
Abb. A.29. c_p, T-Diagramm für Verbrennungsgas bei 100 bar

Tabelle A.1. Wichtige Stoffwerte einiger idealer Gase
Tabelle A.2. Mittlere molare Wärmekapazität einiger Gase
Tabelle A.3. Zusammensetzung der trockenen Luft
Tabelle A.4. Potenzansatz für C_{mp} von Luft und stöchiometr. Verbrennungsgas
Tabelle A.5. T, p und ϱ von Luft als Funktion der Seehöhe
Tabelle A.6. Auszug aus den Dampftabellen von Wasser
Tabelle A.7. x und φ für verschiedene Paarungen t_{tr}/t_f
Tabelle A.8. Thermodynamische Eigenschaften verschiedener Brennstoffe
Tabelle A.9. u, h und c_p von Benzindampf als Funktion von T
Tabelle A.10. H, S und G von Verbrennungsgaskomponenten als Funktion von T
Tabelle A.11. R, c_v, u und s von Verbrennungsgas als Funktion von T, p und λ

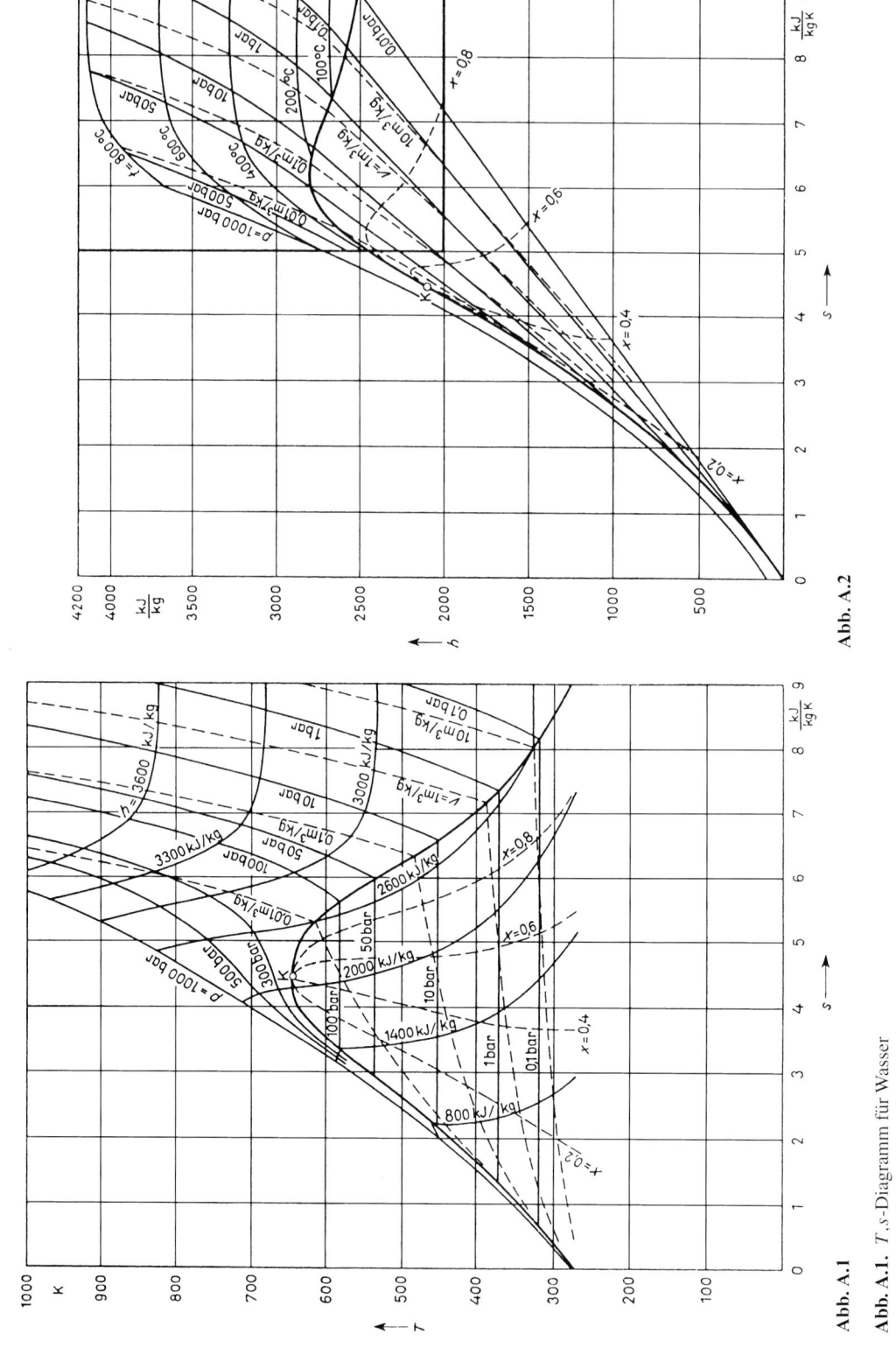

Abb. A.1. T,s-Diagramm für Wasser
Abb. A.2. h,s-Diagramm für Wasser

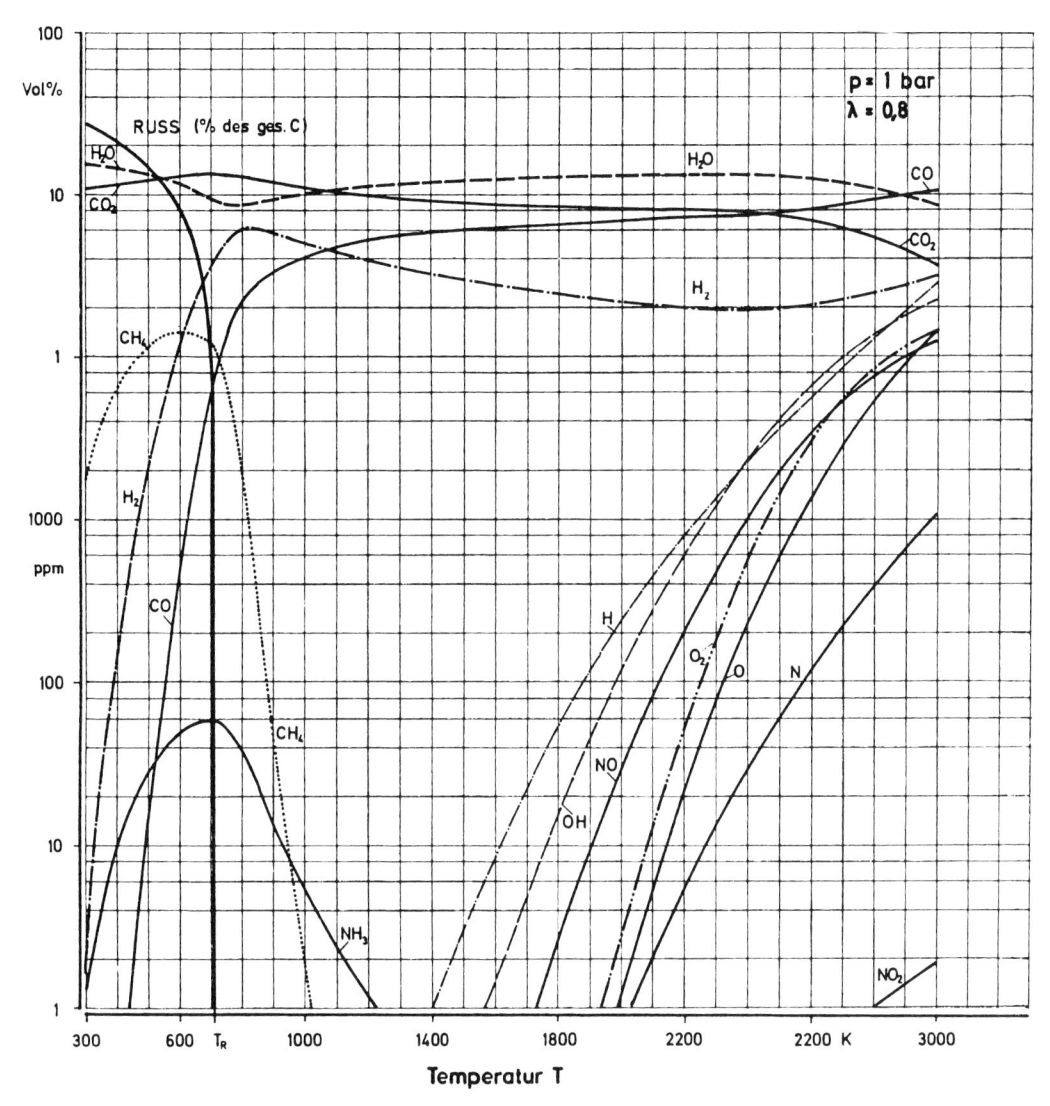

Abb. A.3. Zusammensetzung des Verbrennungsgases für $p = 1$ bar und $\lambda = 0{,}8$

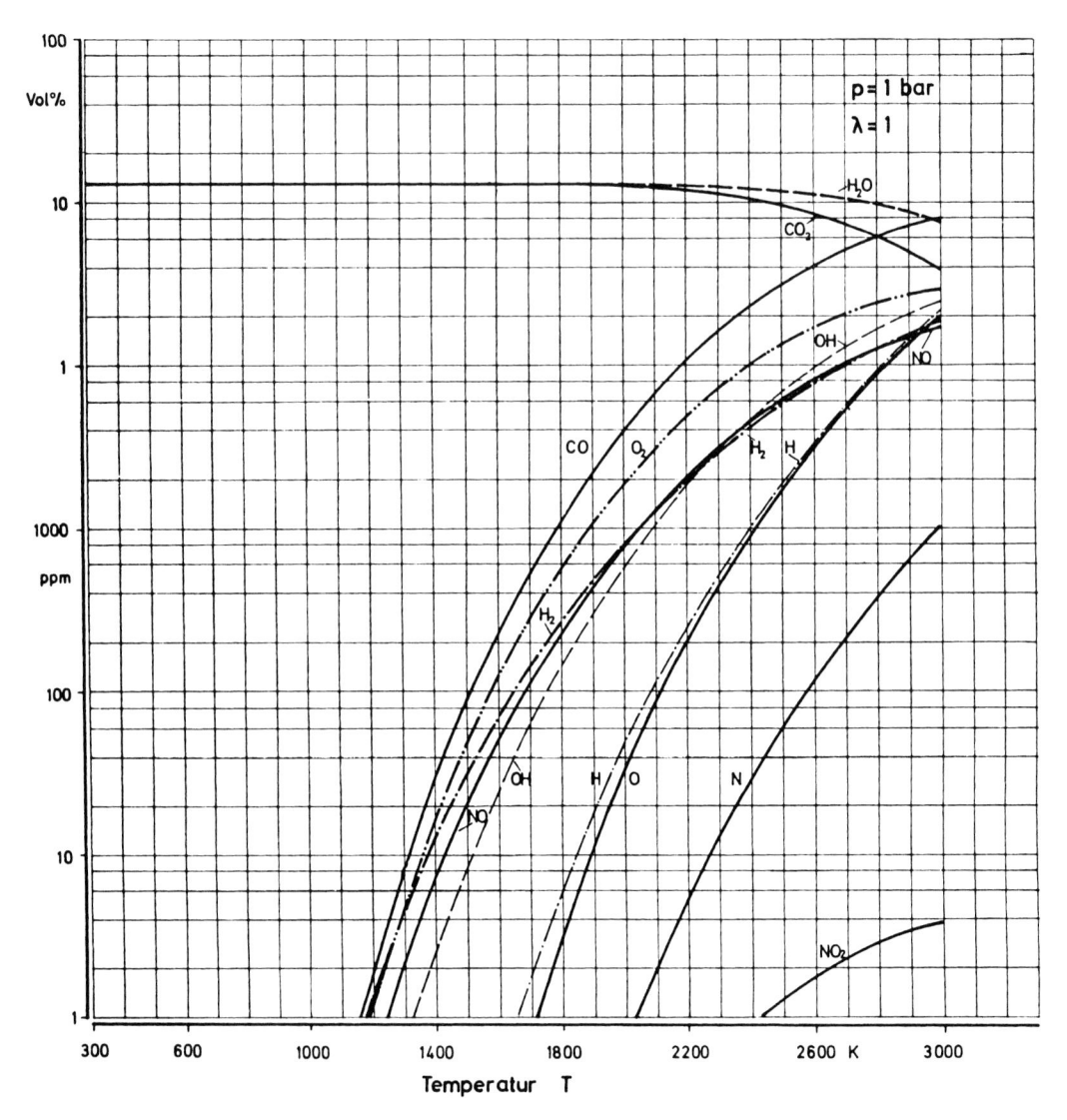

Abb. A.4. Zusammensetzung des Verbrennungsgases für $p = 1$ bar und $\lambda = 1{,}0$

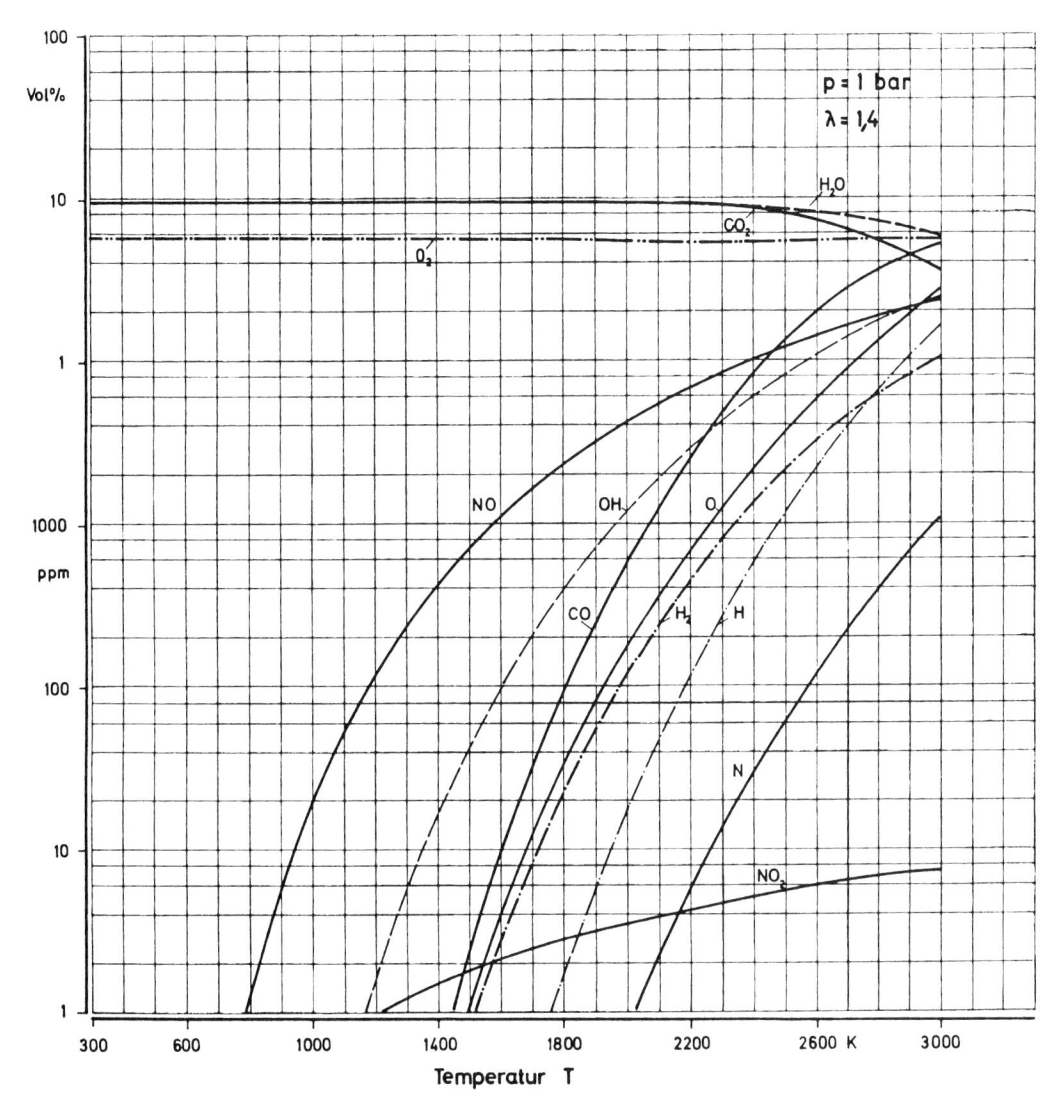

Abb. A.5. Zusammensetzung des Verbrennungsgases für $p = 1$ bar und $\lambda = 1.4$

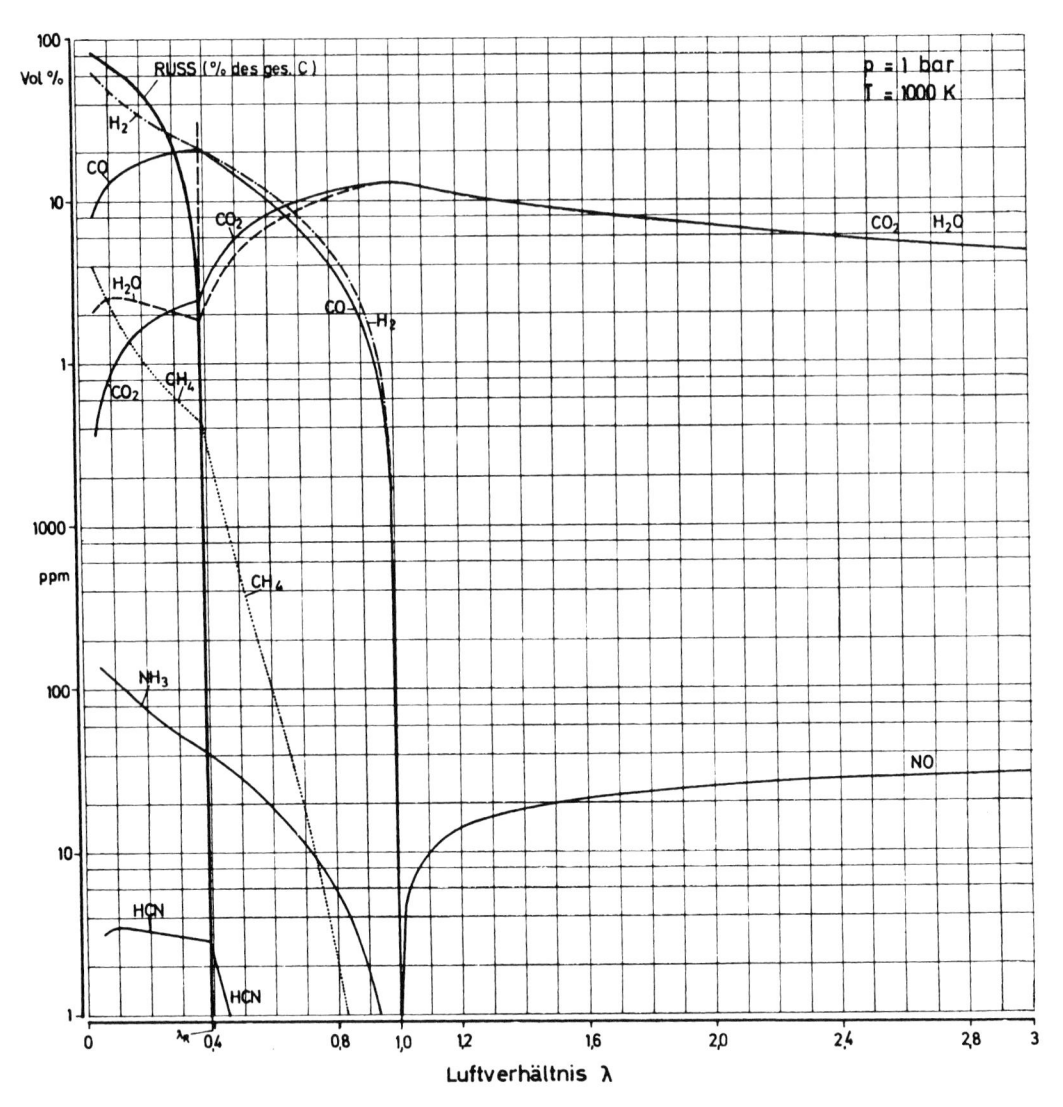

Abb. A.6. Zusammensetzung des Verbrennungsgases für $p = 1$ bar und $T = 1000$ K

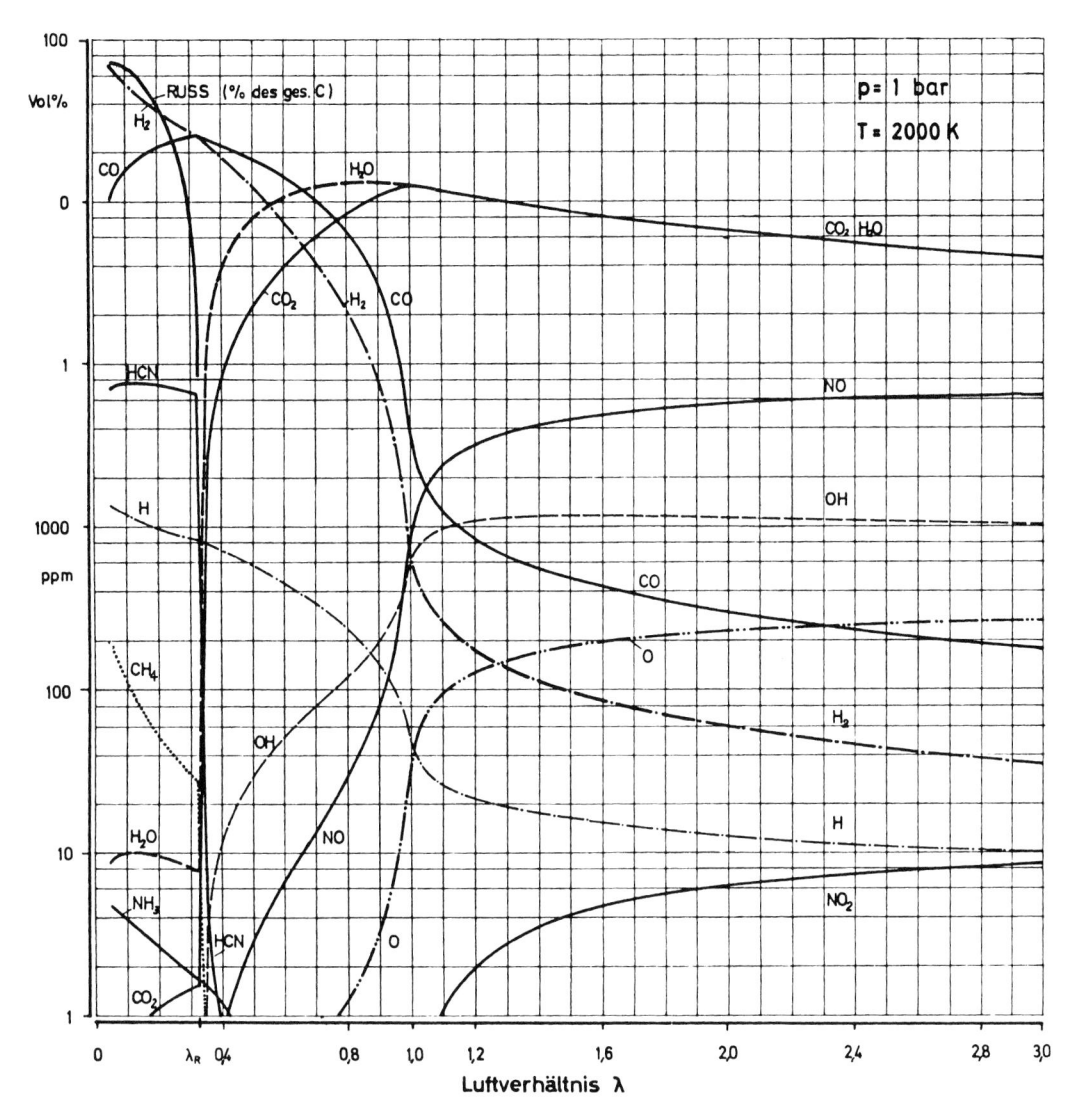

Abb. A.7. Zusammensetzung des Verbrennungsgases für $p = 1$ bar und $T = 2000$ K

Brennstoff:
C_nH_{2n}

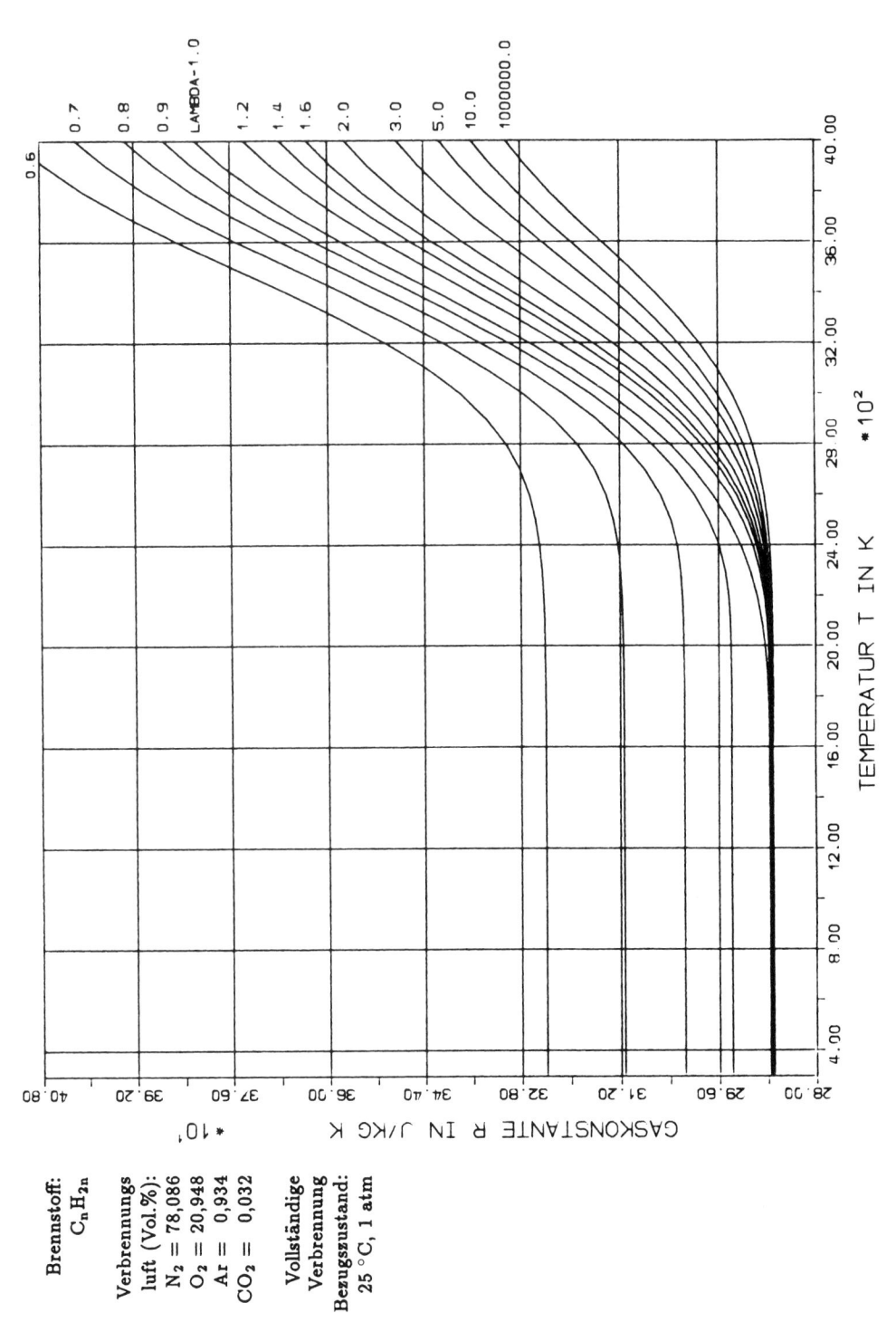

Verbrennungsluft (Vol.%):
$N_2 = 78,086$
$O_2 = 20,948$
$Ar = 0,934$
$CO_2 = 0,032$

Vollständige Verbrennung

Bezugszustand:
25 °C, 1 atm

Abb. A.8. R,T-Diagramm für Verbrennungsgas bei 1 bar

Brennstoff:
C_nH_{2n}

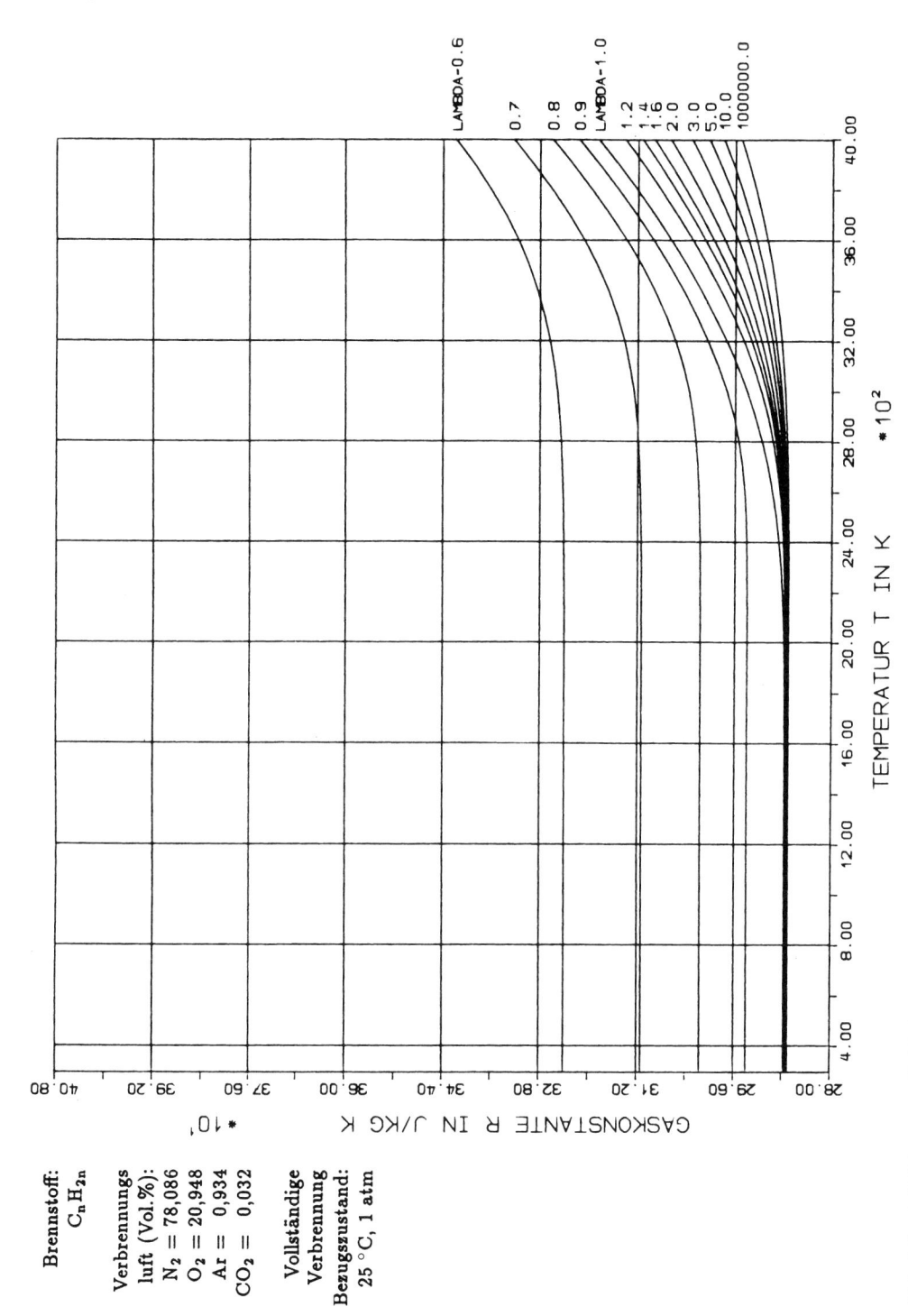

Verbrennungsluft (Vol.%):
$N_2 = 78{,}086$
$O_2 = 20{,}948$
$Ar = 0{,}934$
$CO_2 = 0{,}032$

Vollständige Verbrennung

Bezugszustand:
25 °C, 1 atm

Abb. A.9. R,T-Diagramm für Verbrennungsgas bei 100 bar

Brennstoff:
C_nH_{2n}

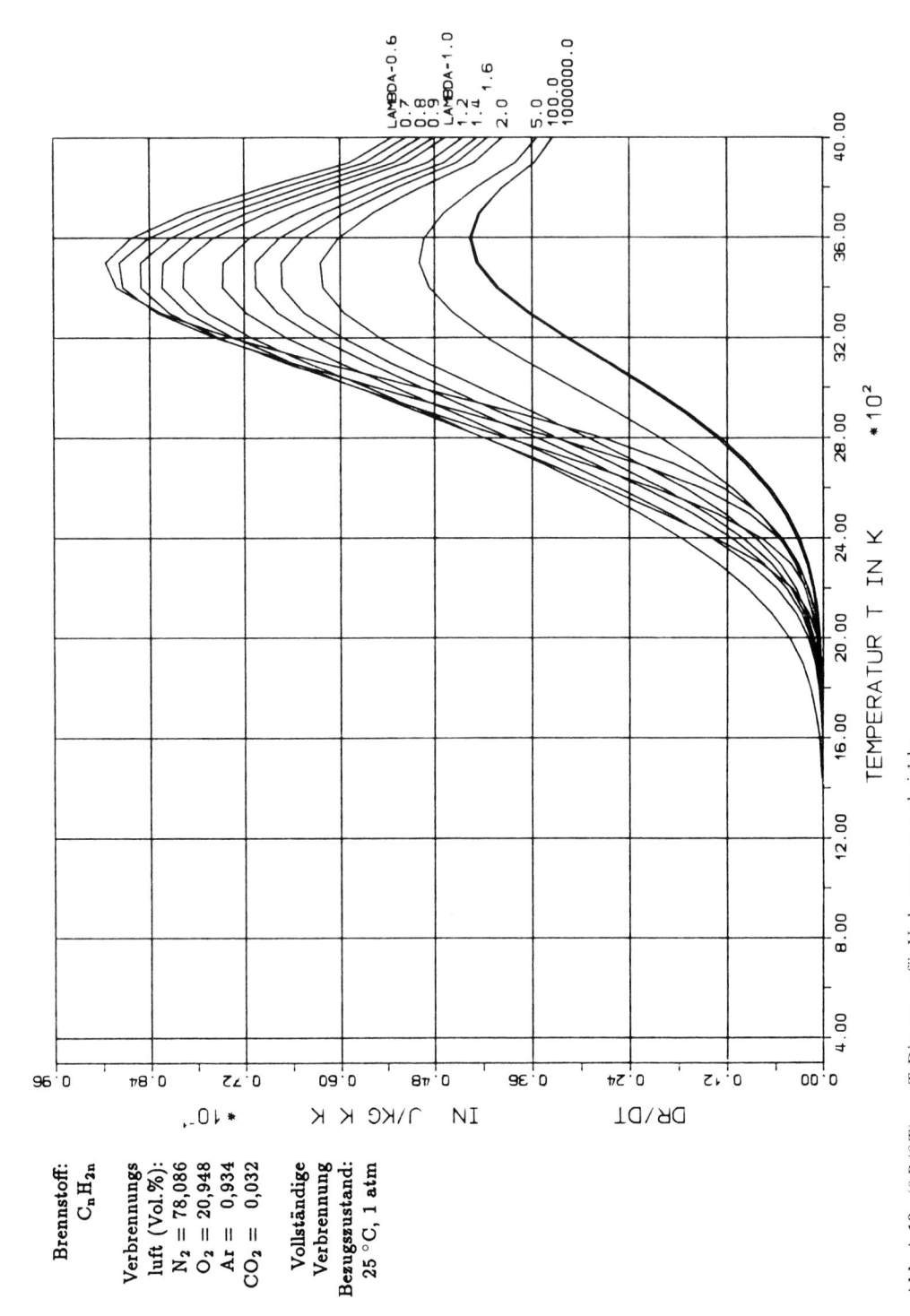

Verbrennungsluft (Vol.%):
$N_2 = 78{,}086$
$O_2 = 20{,}948$
$Ar = 0{,}934$
$CO_2 = 0{,}032$

Vollständige Verbrennung

Bezugszustand:
25 °C, 1 atm

Abb. A.10. $(\partial R/\partial T)_{p,\lambda}$-$T$-Diagramm für Verbrennungsgas bei 1 bar

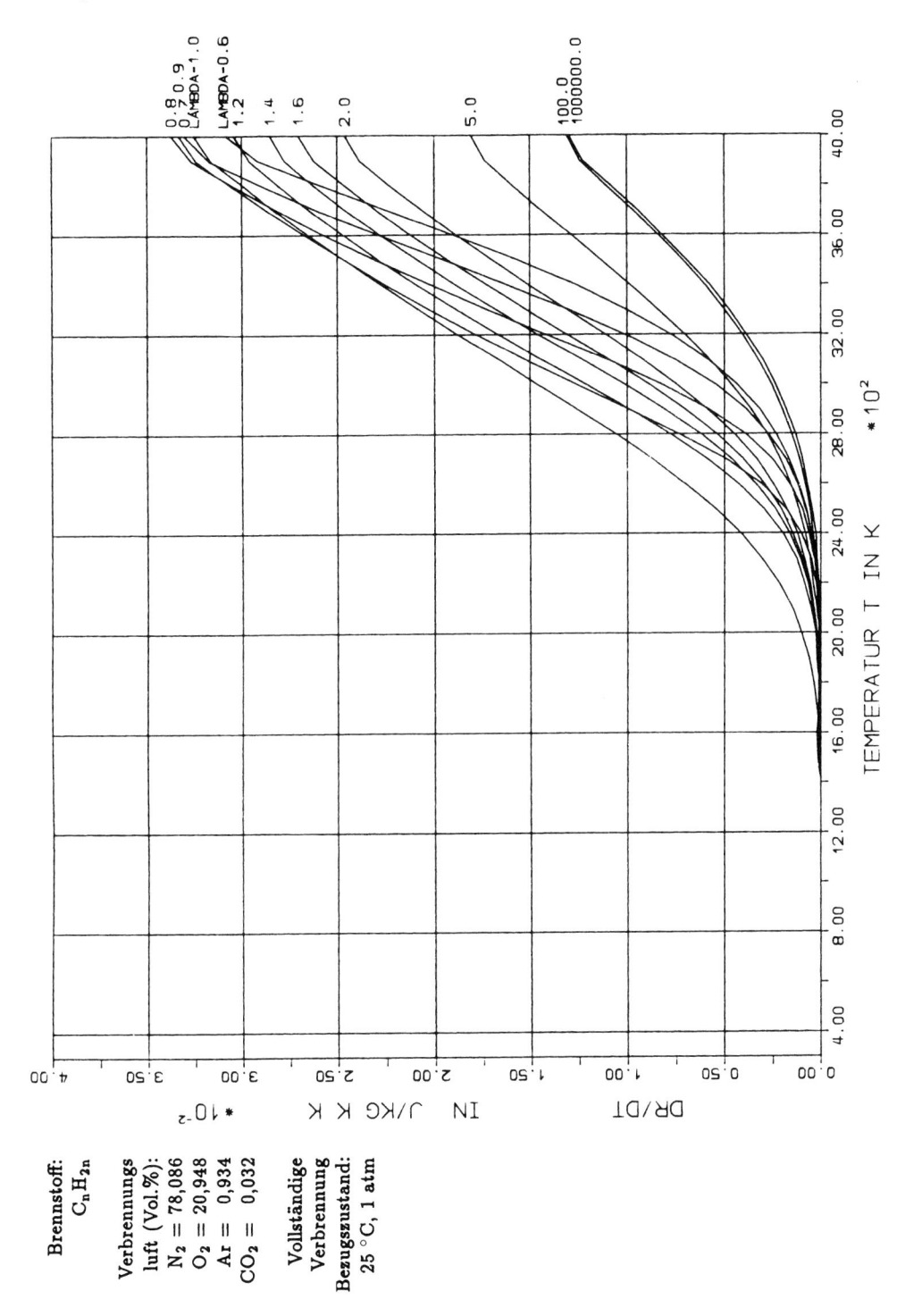

Abb. A.11. $(\partial R/\partial T)_{p,\lambda}$, T-Diagramm für Verbrennungsgas bei 100 bar

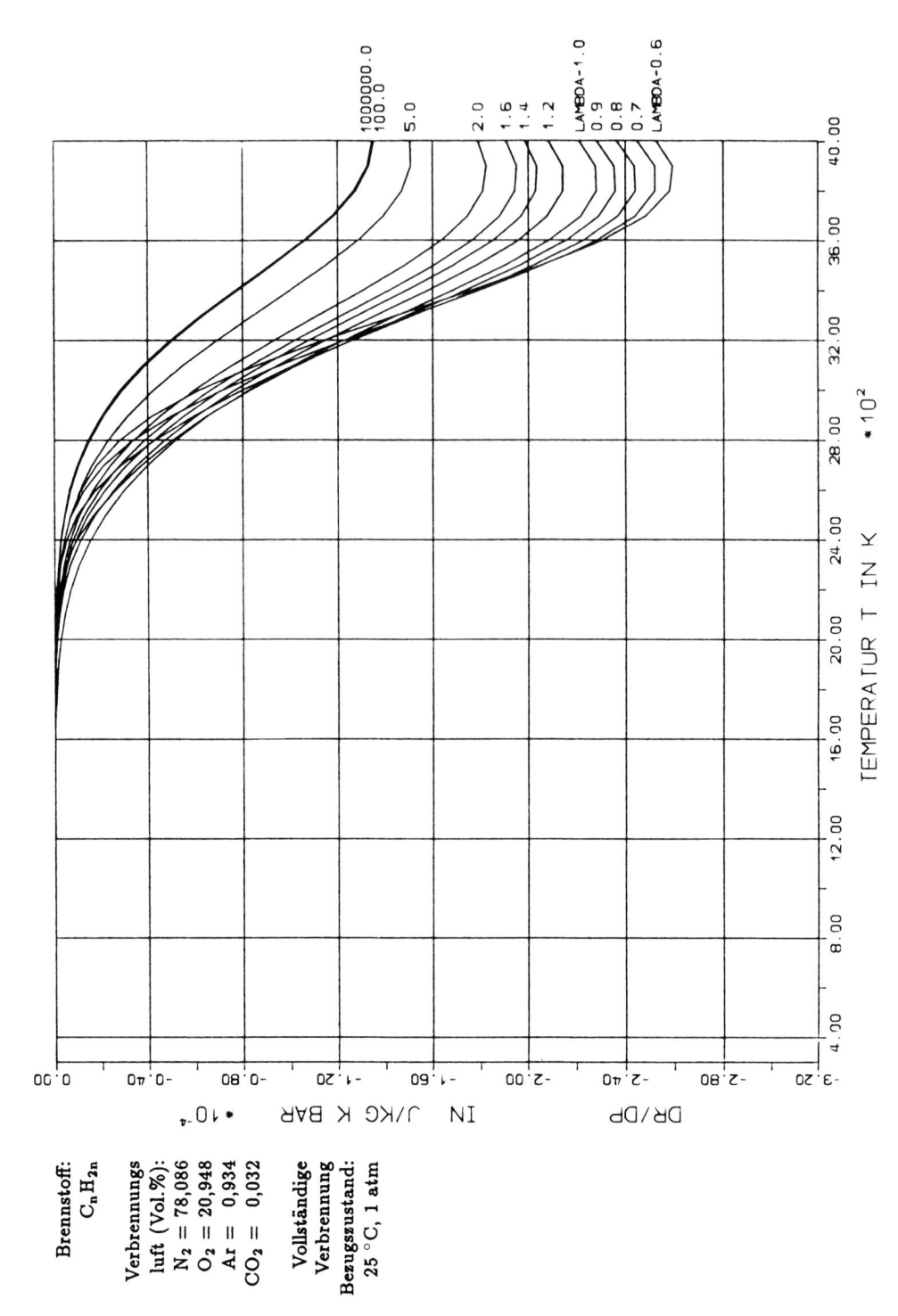

Abb. A.12. $(\partial R/\partial p)_{T,\lambda}$, T-Diagramm für Verbrennungsgas bei 1 bar

Anhang A

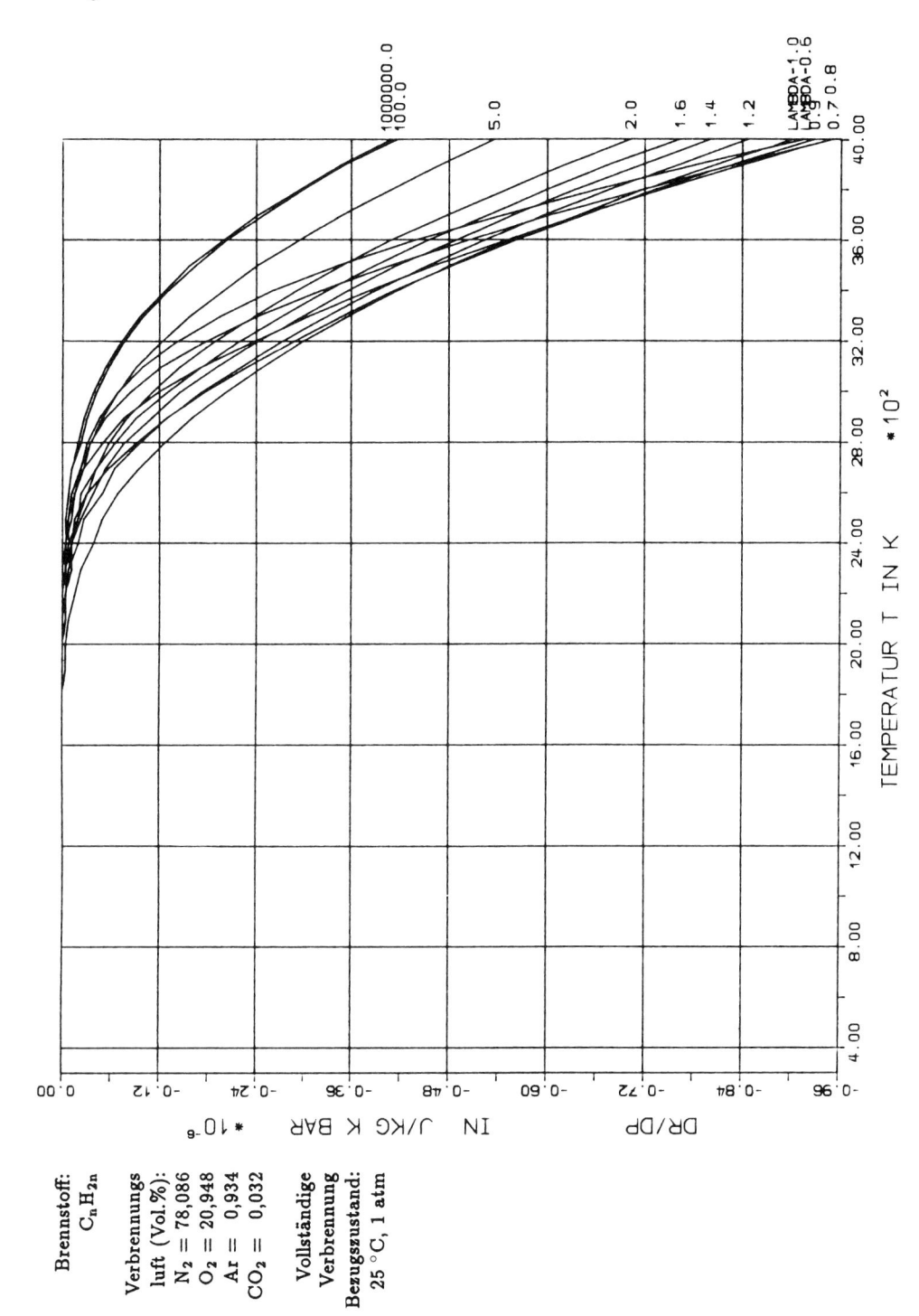

Brennstoff:
$C_n H_{2n}$

Verbrennungsluft (Vol.%):
$N_2 = 78{,}086$
$O_2 = 20{,}948$
$Ar = 0{,}934$
$CO_2 = 0{,}032$

Vollständige Verbrennung
Bezugszustand:
25 °C, 1 atm

Abb. A.13. $(\partial R/\partial p)_{T,\lambda}$, T-Diagramm für Verbrennungsgas bei 100 bar

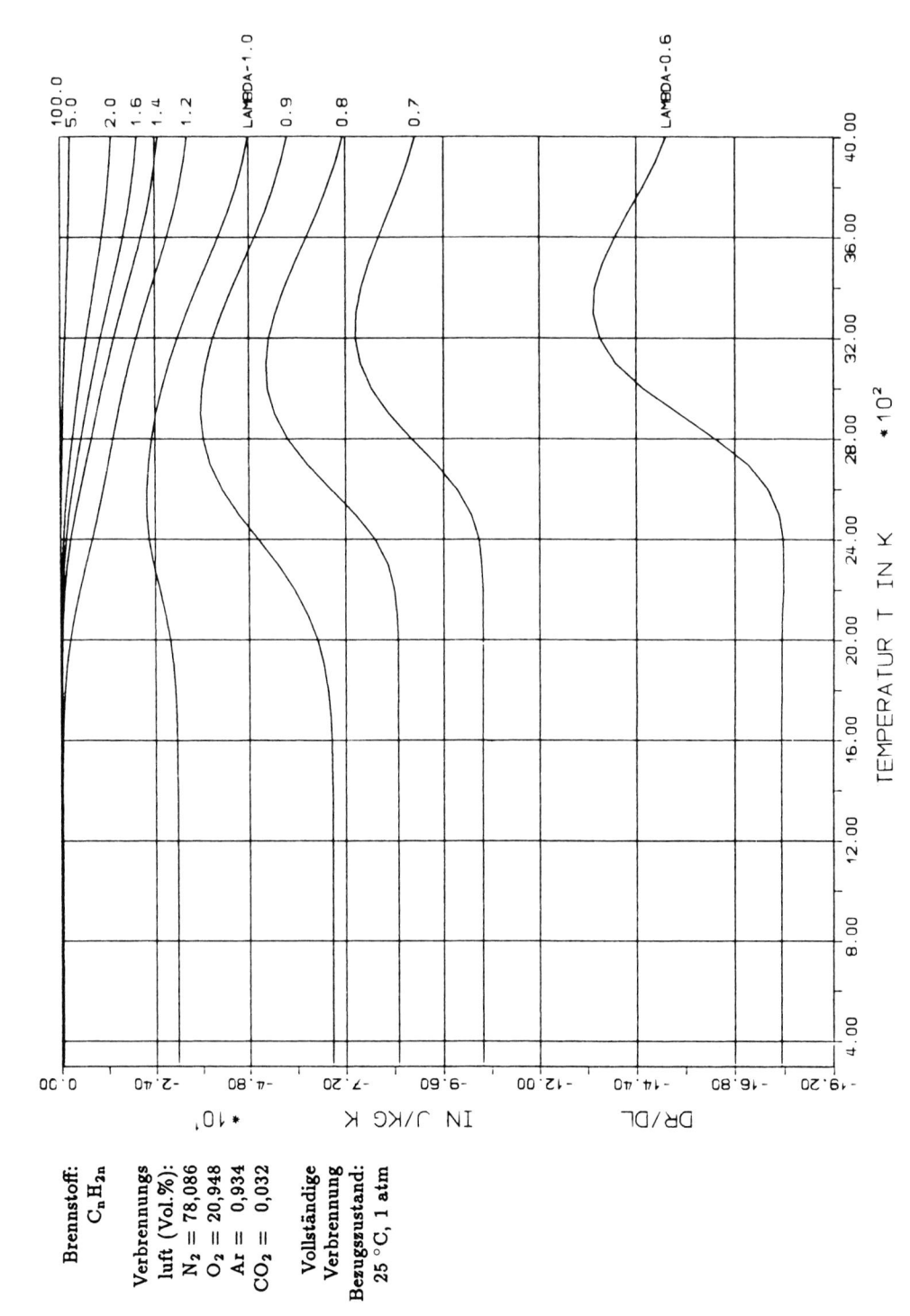

Abb. A.14. $(\partial R/\partial \lambda)_{T,p}$, T-Diagramm für Verbrennungsgas bei 1 bar

Brennstoff: C_nH_{2n}

Verbrennungsluft (Vol.%):
$N_2 = 78{,}086$
$O_2 = 20{,}948$
$Ar = 0{,}934$
$CO_2 = 0{,}032$

Vollständige Verbrennung

Bezugszustand: 25 °C, 1 atm

Anhang A

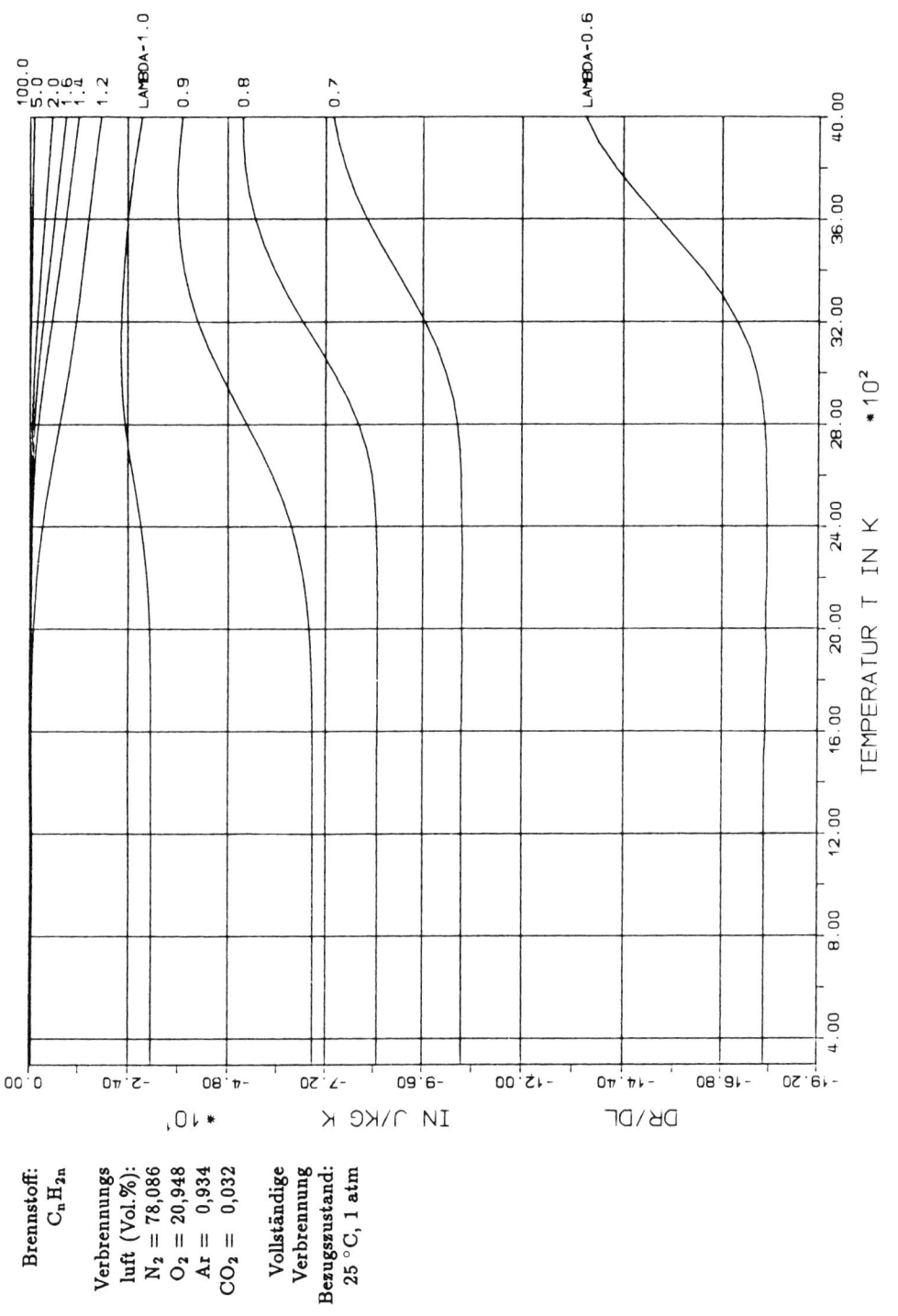

Brennstoff: C_nH_{2n}

Verbrennungsluft (Vol.%):
$N_2 = 78{,}086$
$O_2 = 20{,}948$
$Ar = 0{,}934$
$CO_2 = 0{,}032$

Vollständige Verbrennung

Bezugszustand: 25 °C, 1 atm

Abb. A.15. $(\partial R/\partial \lambda)_{T,p}$, T-Diagramm für Verbrennungsgas bei 100 bar

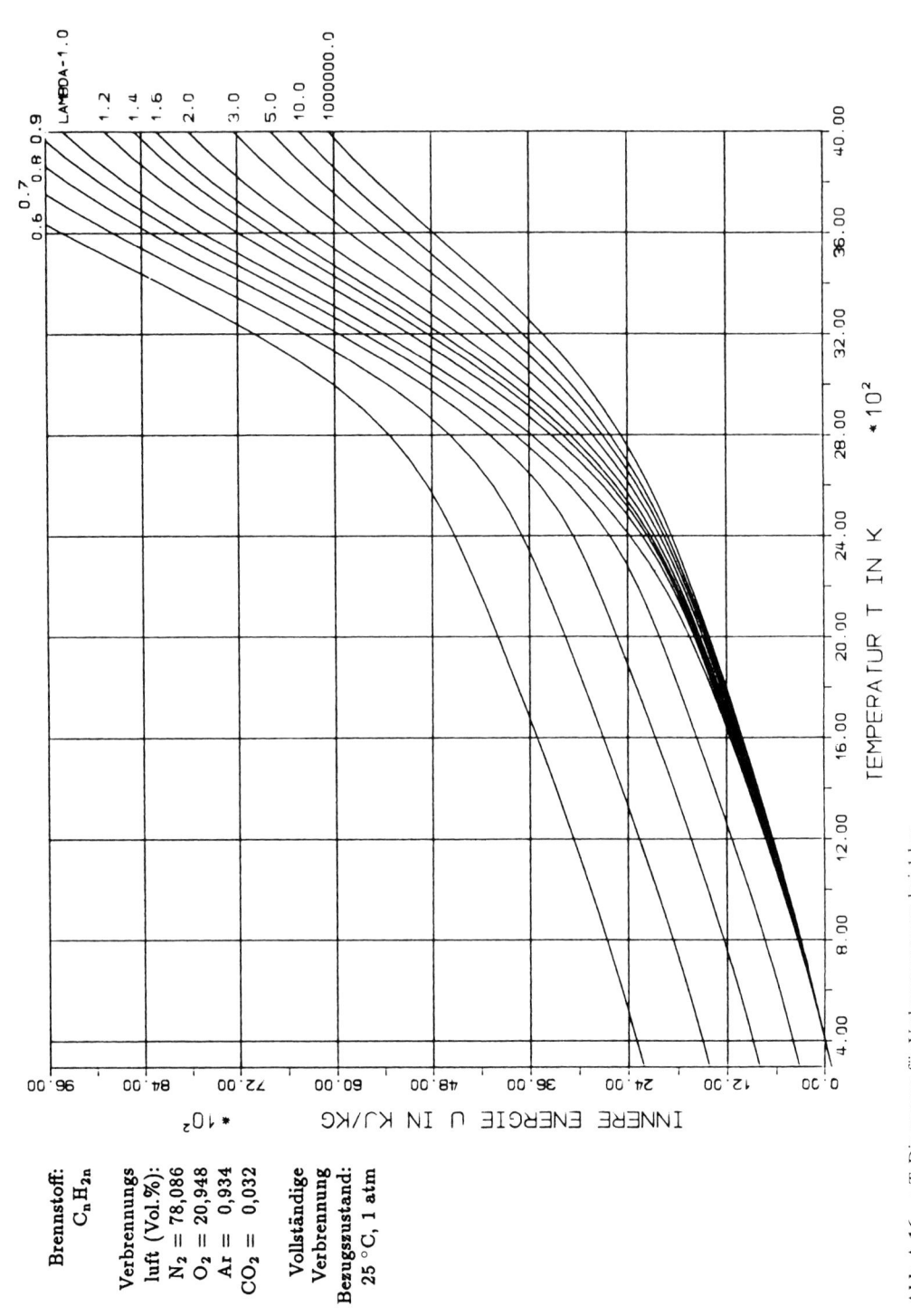

Abb. A.16. u, T-Diagramm für Verbrennungsgas bei 1 bar

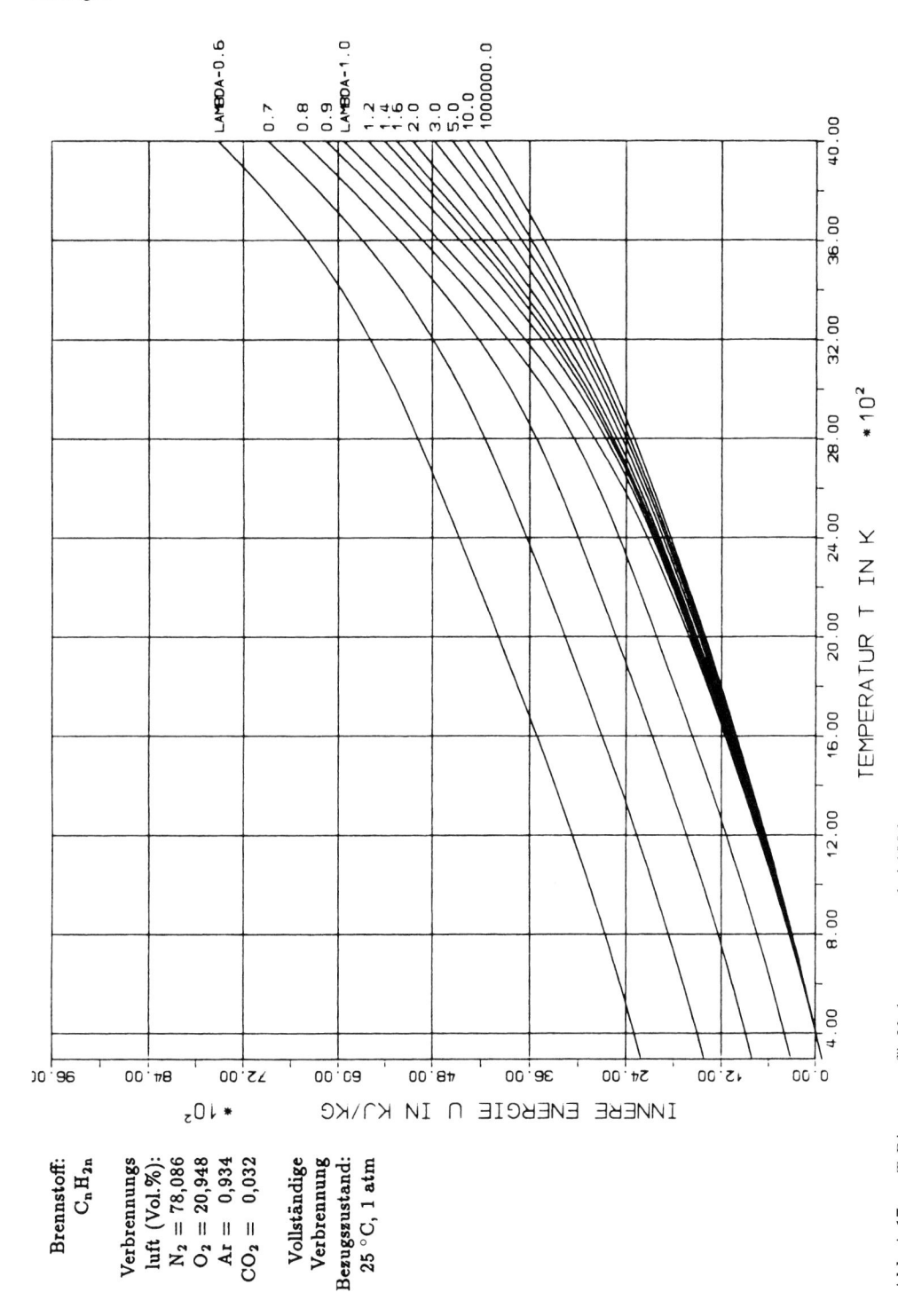

Abb. A.17. u, T-Diagramm für Verbrennungsgas bei 100 bar

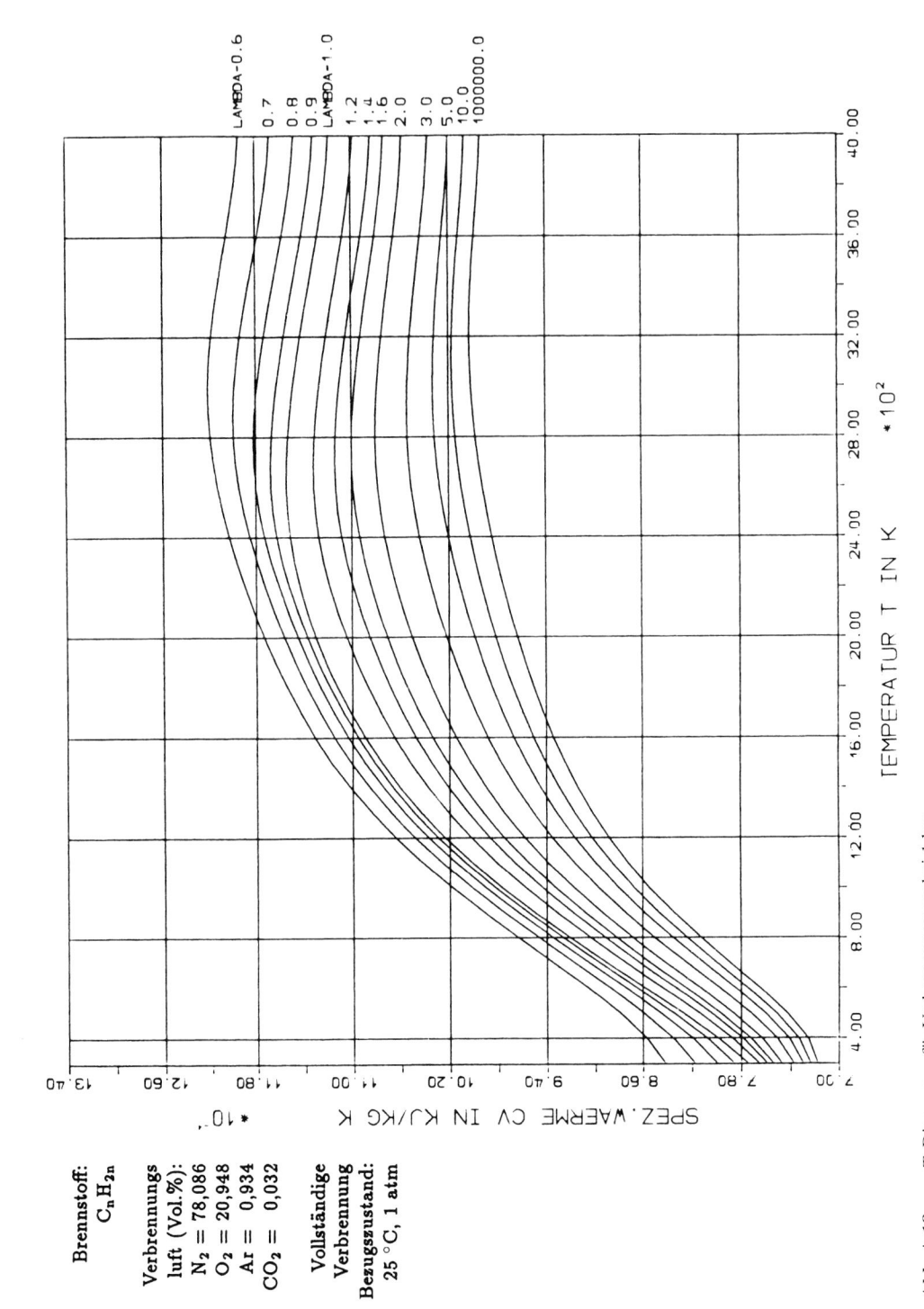

Abb. A.18. c_v, T-Diagramm für Verbrennungsgas bei 1 bar

Brennstoff:
$C_n H_{2n}$

Verbrennungsluft (Vol.%):
$N_2 = 78{,}086$
$O_2 = 20{,}948$
$Ar = 0{,}934$
$CO_2 = 0{,}032$

Vollständige Verbrennung

Bezugszustand:
25 °C, 1 atm

Anhang A

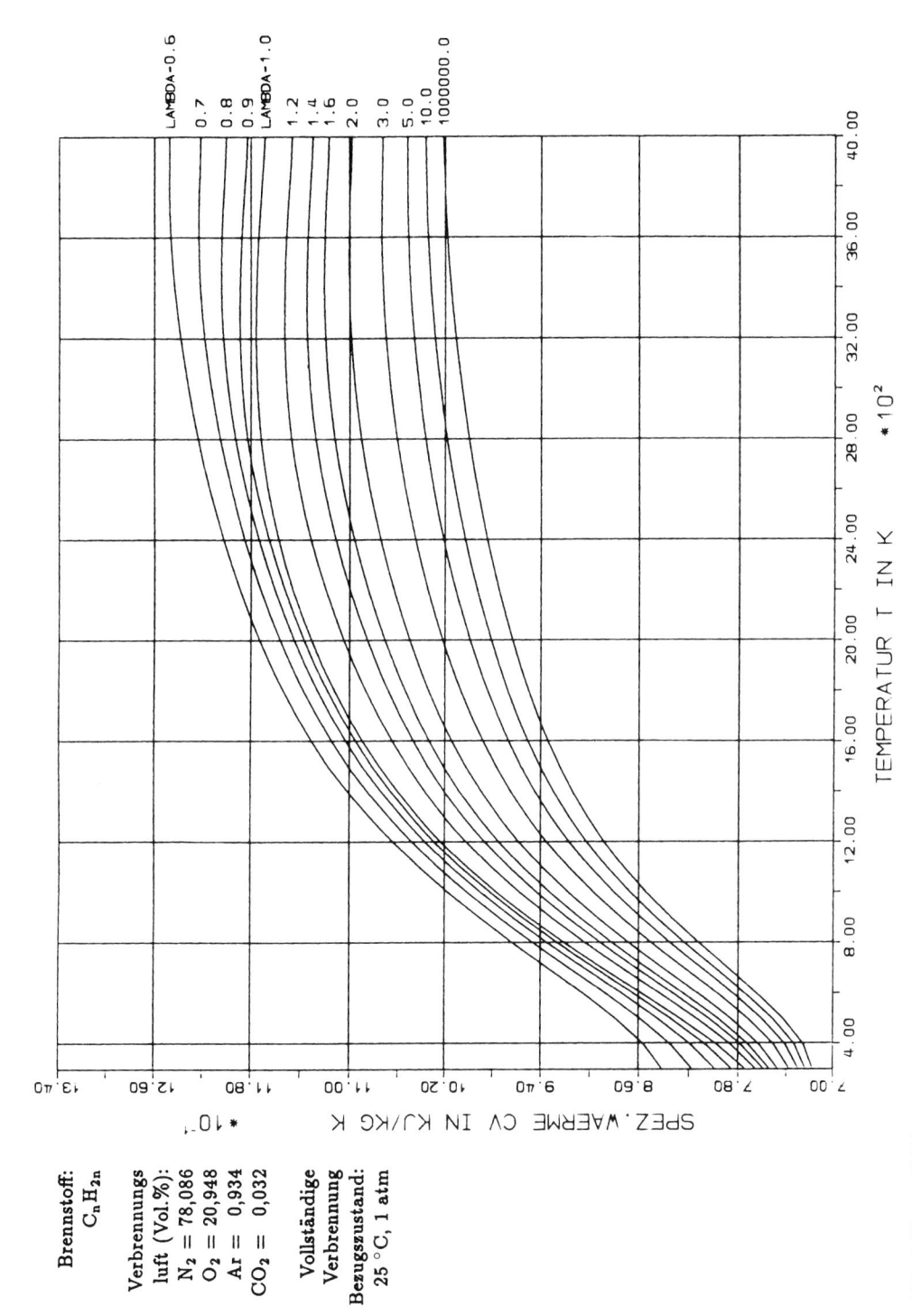

Brennstoff:
$C_n H_{2n}$

Verbrennungsluft (Vol.%):
$N_2 = 78{,}086$
$O_2 = 20{,}948$
$Ar = 0{,}934$
$CO_2 = 0{,}032$

Vollständige Verbrennung

Bezugszustand:
25 °C, 1 atm

Abb. A.19. c_v, T-Diagramm für Verbrennungsgas bei 100 bar

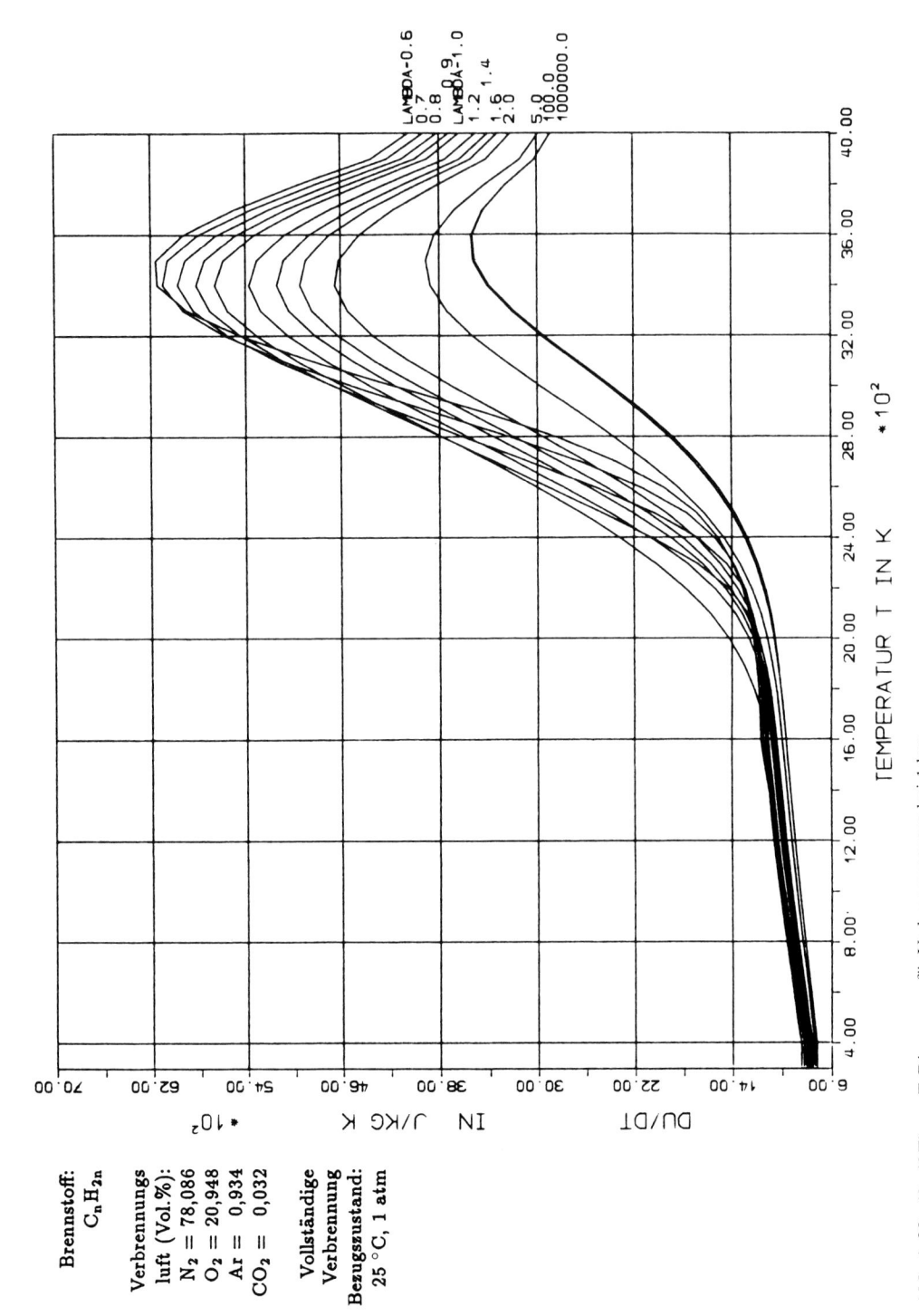

Abb. A.20. $(\partial u/\partial T)_{p,\lambda}$-$T$-Diagramm für Verbrennungsgas bei 1 bar

Anhang A

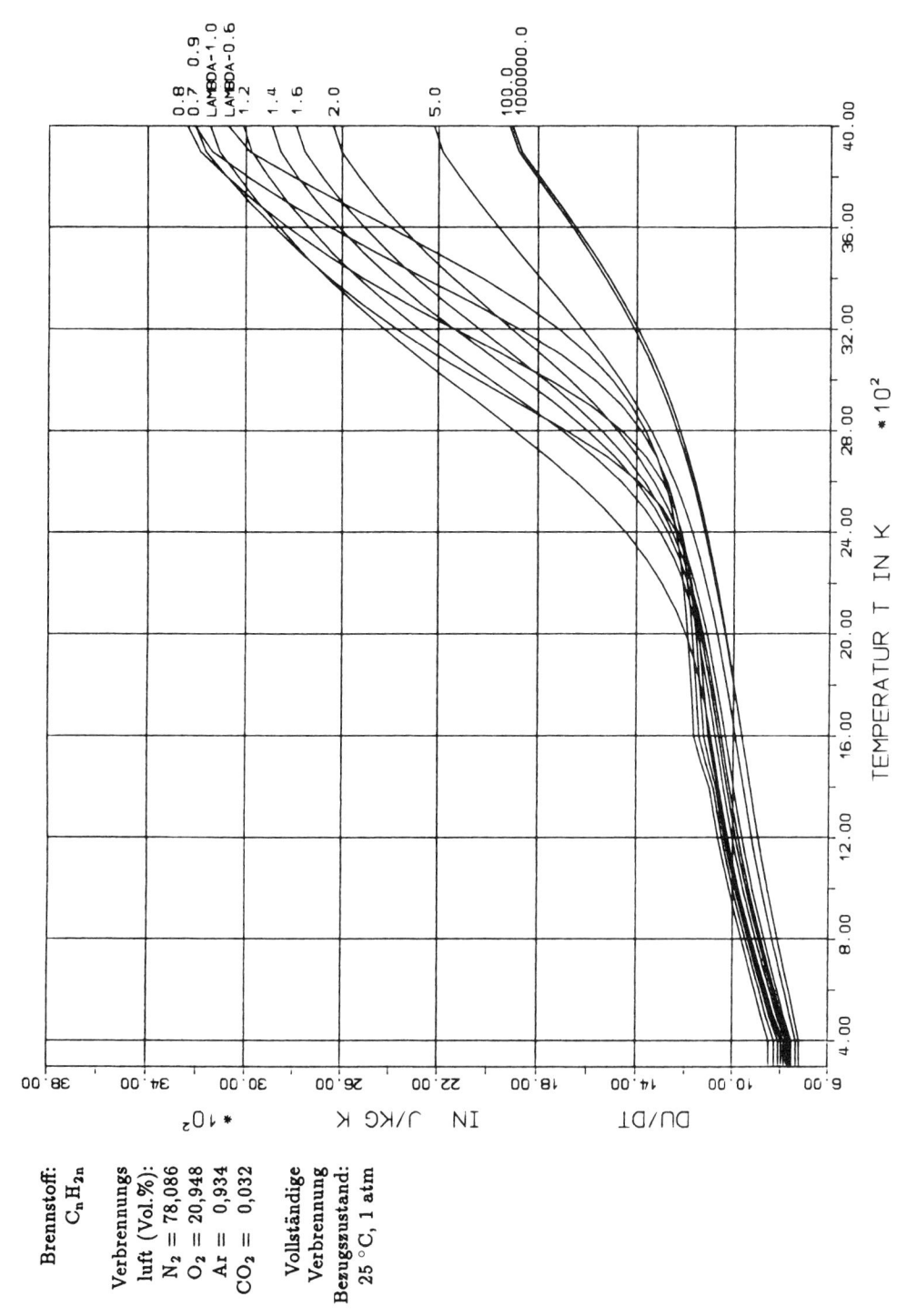

Brennstoff:
C_nH_{2n}

Verbrennungsluft (Vol.%):
$N_2 = 78{,}086$
$O_2 = 20{,}948$
$Ar = 0{,}934$
$CO_2 = 0{,}032$

Vollständige Verbrennung

Bezugszustand:
$25\,°C$, $1\,atm$

Abb. A.21. $(\partial u/\partial T)_{p,\lambda}$, T-Diagramm für Verbrennungsgas bei 100 bar

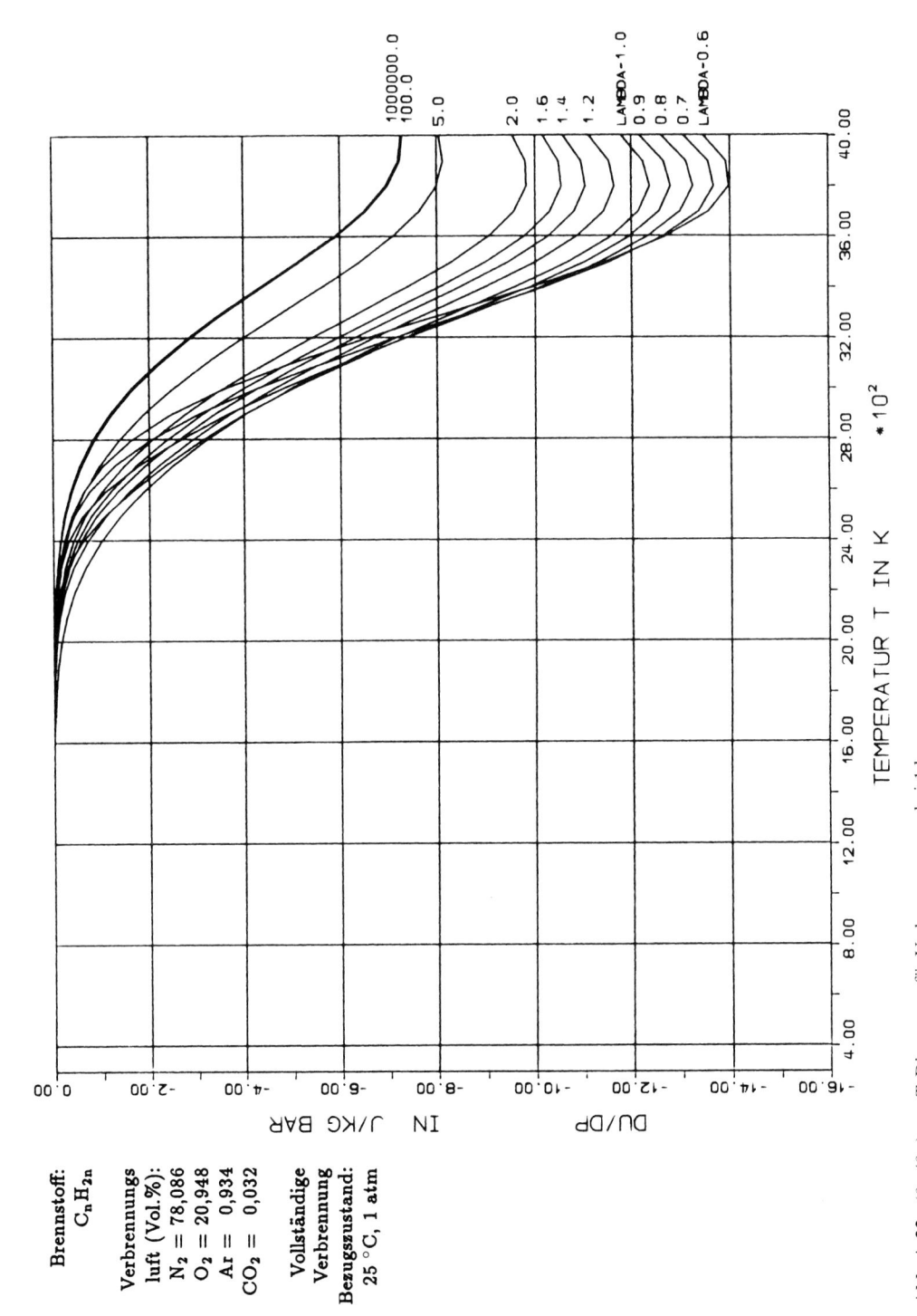

Abb. A.22. $(\partial u/\partial p)_{T,\lambda}$, T-Diagramm für Verbrennungsgas bei 1 bar

Anhang A

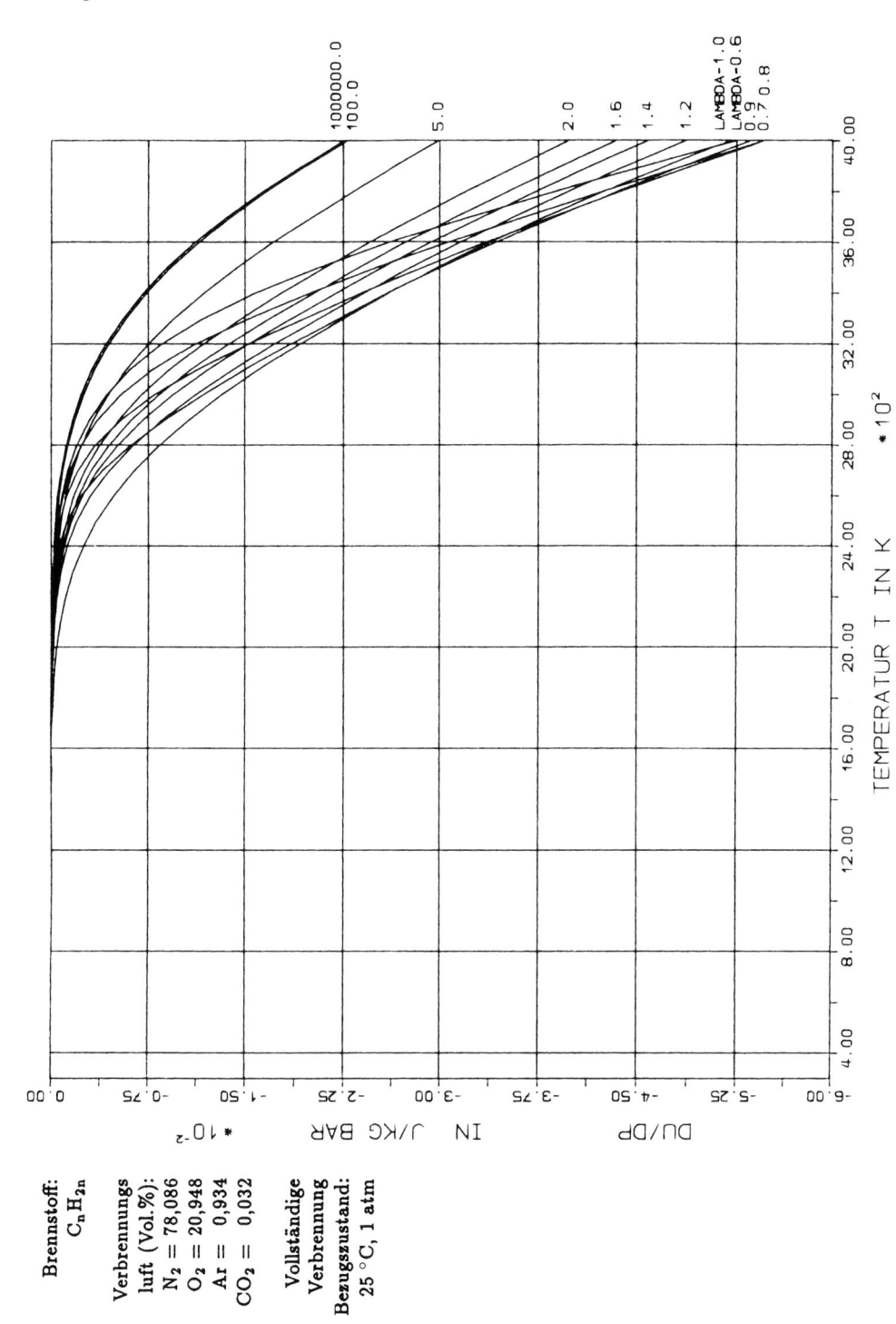

Brennstoff:
C_nH_{2n}

Verbrennungsluft (Vol.%):
$N_2 = 78{,}086$
$O_2 = 20{,}948$
$Ar = 0{,}934$
$CO_2 = 0{,}032$

Vollständige Verbrennung

Bezugszustand:
$25\ °C$, $1\ atm$

Abb. A.23. $(\partial u/\partial p)_{T,\lambda}$, T-Diagramm für Verbrennungsgas bei 100 bar

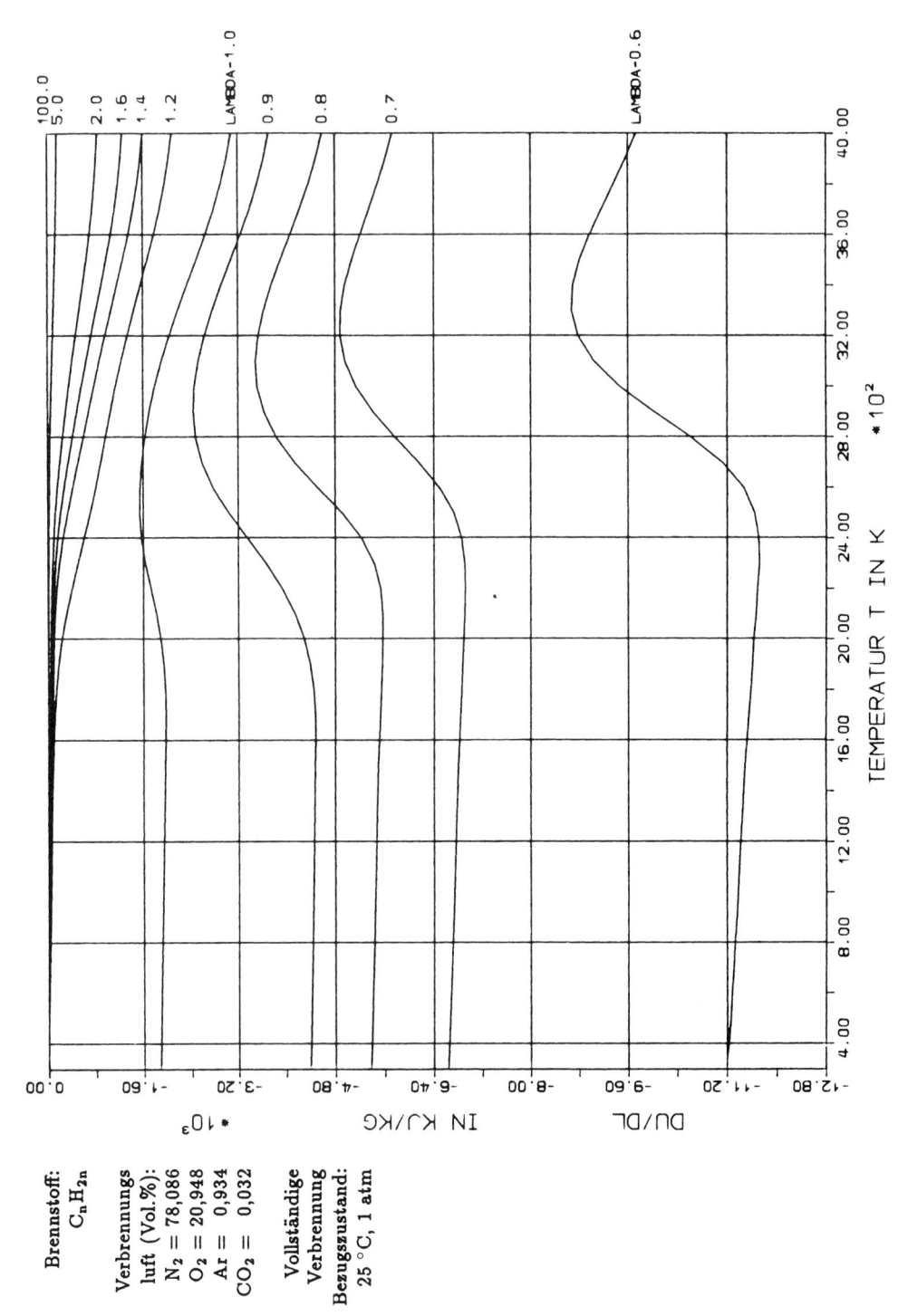

Abb. A.24. $(\partial u/\partial \lambda)_{T,p}$, T-Diagramm für Verbrennungsgas bei 1 bar

Anhang A

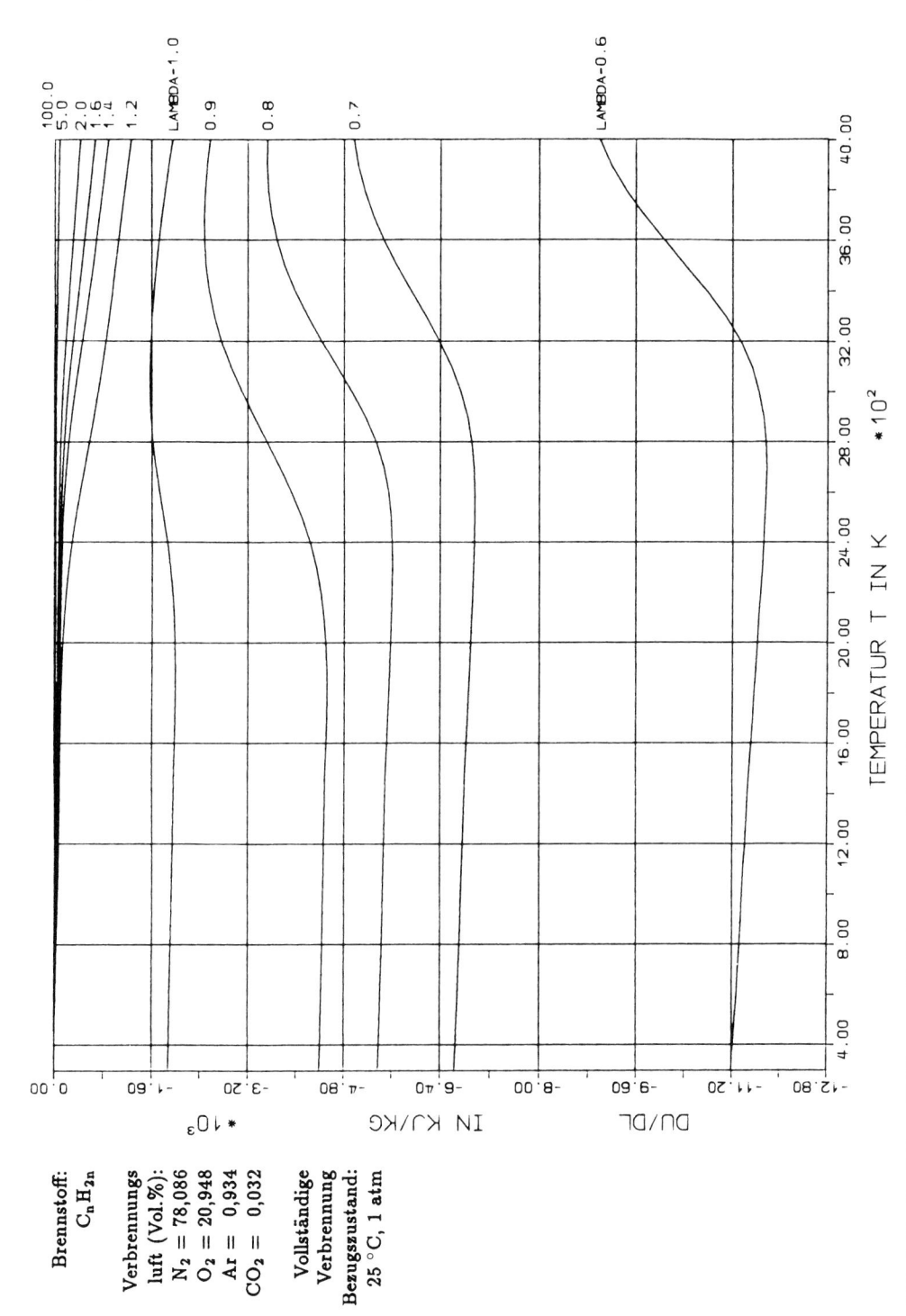

Brennstoff:
C_nH_{2n}

Verbrennungsluft (Vol.%):
$N_2 = 78{,}086$
$O_2 = 20{,}948$
$Ar = 0{,}934$
$CO_2 = 0{,}032$

Vollständige Verbrennung

Bezugszustand: 25 °C, 1 atm

Abb. A.25. $(\partial u/\partial \lambda)_{T,p}$, T-Diagramm für Verbrennungsgas bei 100 bar

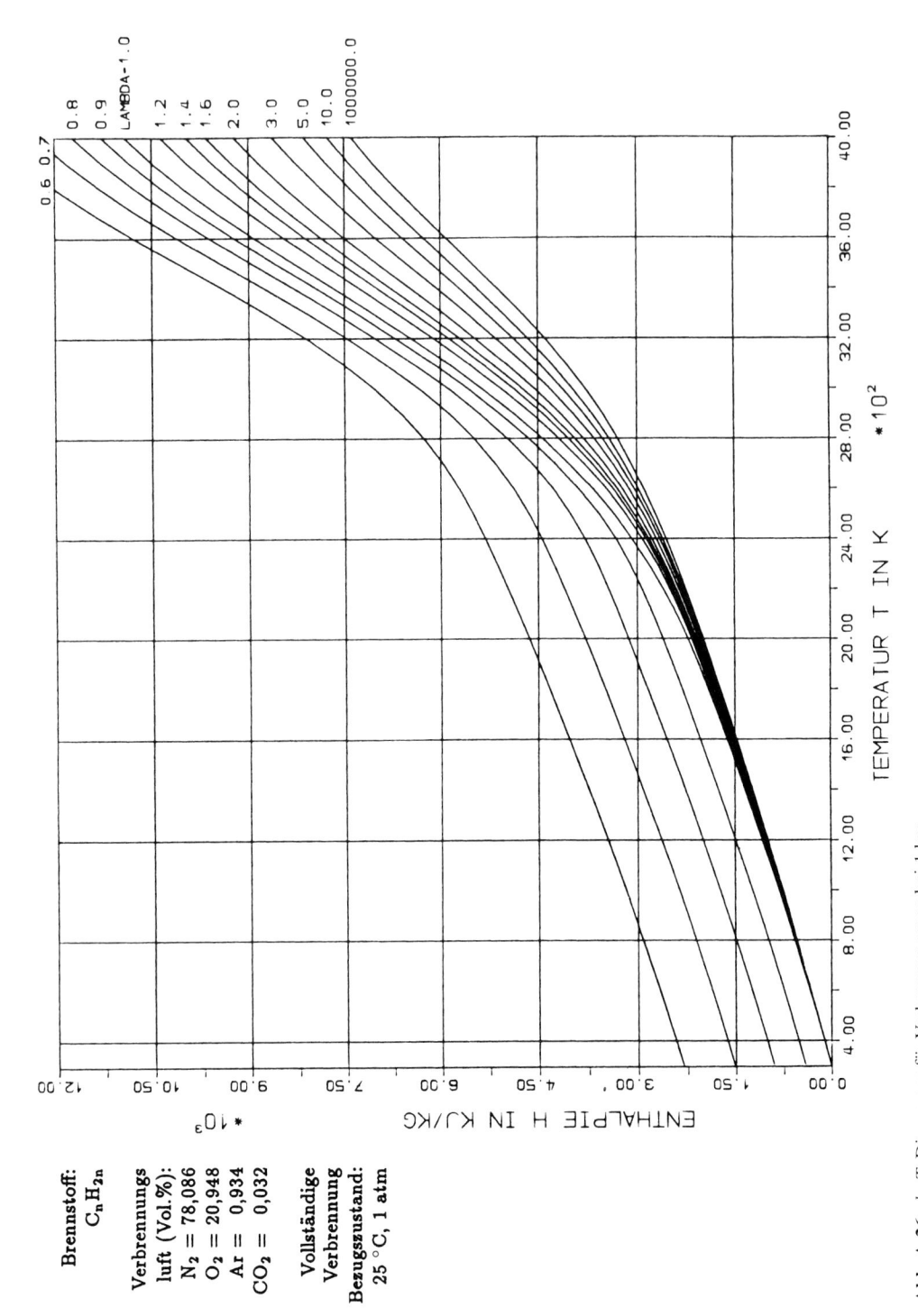

Abb. A.26. h, T-Diagramm für Verbrennungsgas bei 1 bar

Brennstoff:
C_nH_{2n}

Verbrennungsluft (Vol.%):
$N_2 = 78{,}086$
$O_2 = 20{,}948$
$Ar = 0{,}934$
$CO_2 = 0{,}032$

Vollständige Verbrennung
Bezugszustand: 25 °C, 1 atm

Anhang A

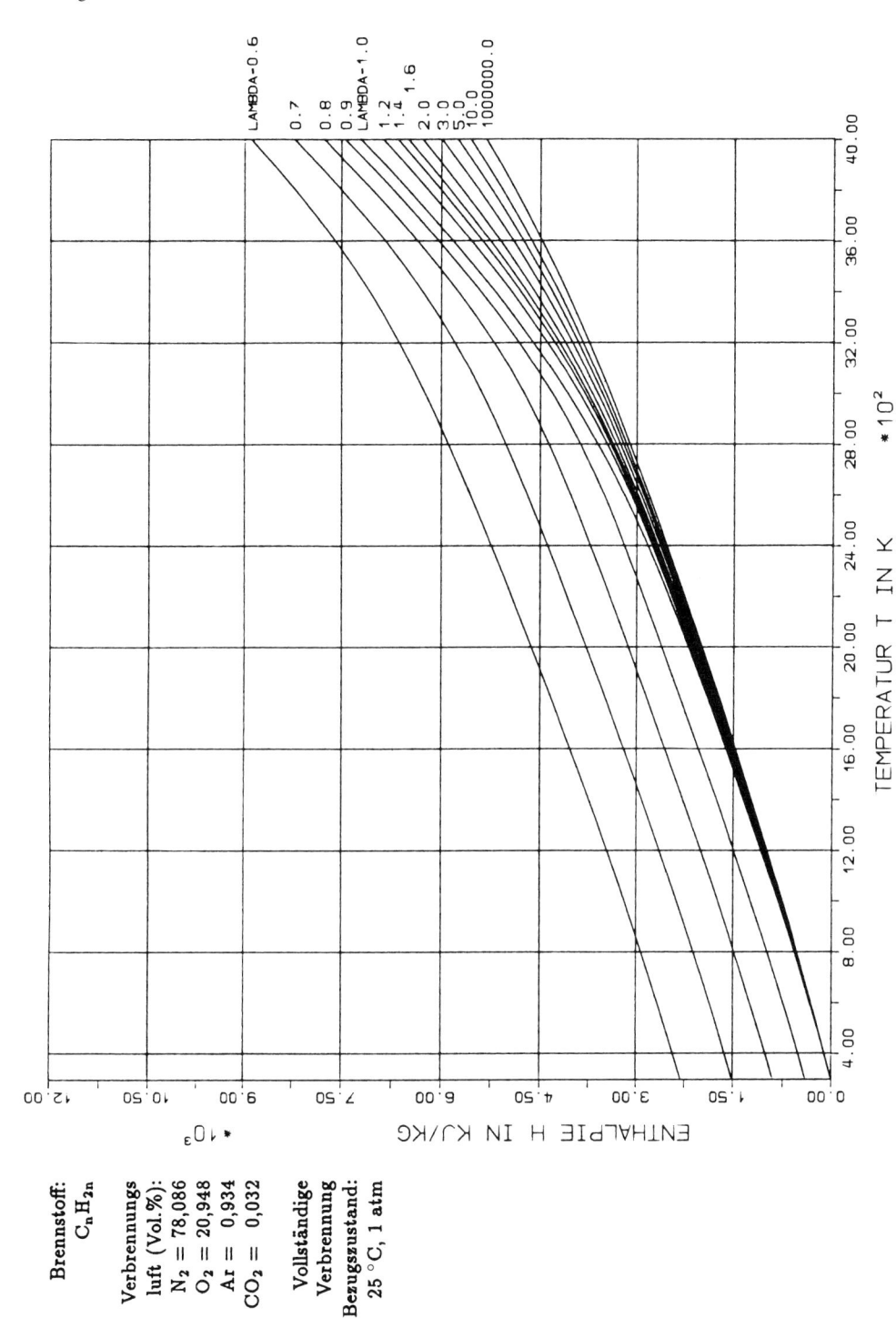

Brennstoff:
C_nH_{2n}

Verbrennungsluft (Vol.%):
$N_2 = 78{,}086$
$O_2 = 20{,}948$
$Ar = 0{,}934$
$CO_2 = 0{,}032$

Vollständige Verbrennung

Bezugszustand:
25 °C, 1 atm

Abb. A.27. h, T-Diagramm für Verbrennungsgas bei 100 bar

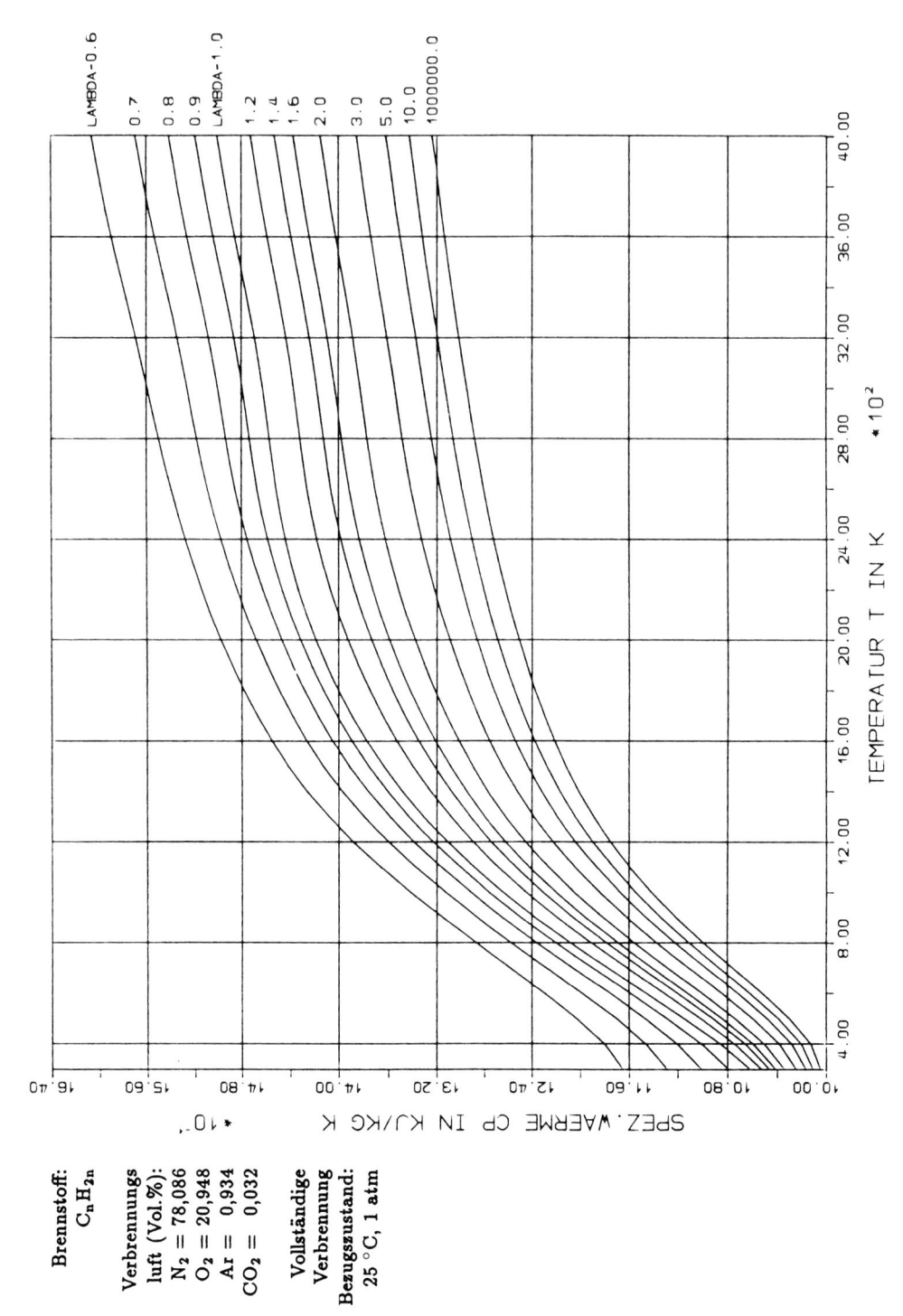

Abb. A.28. c_p, T-Diagramm für Verbrennungsgas bei 1 bar

Brennstoff:
C_nH_{2n}

Verbrennungsluft (Vol.%):
$N_2 = 78{,}086$
$O_2 = 20{,}948$
$Ar = 0{,}934$
$CO_2 = 0{,}032$

Vollständige Verbrennung

Bezugszustand:
25 °C, 1 atm

Anhang A

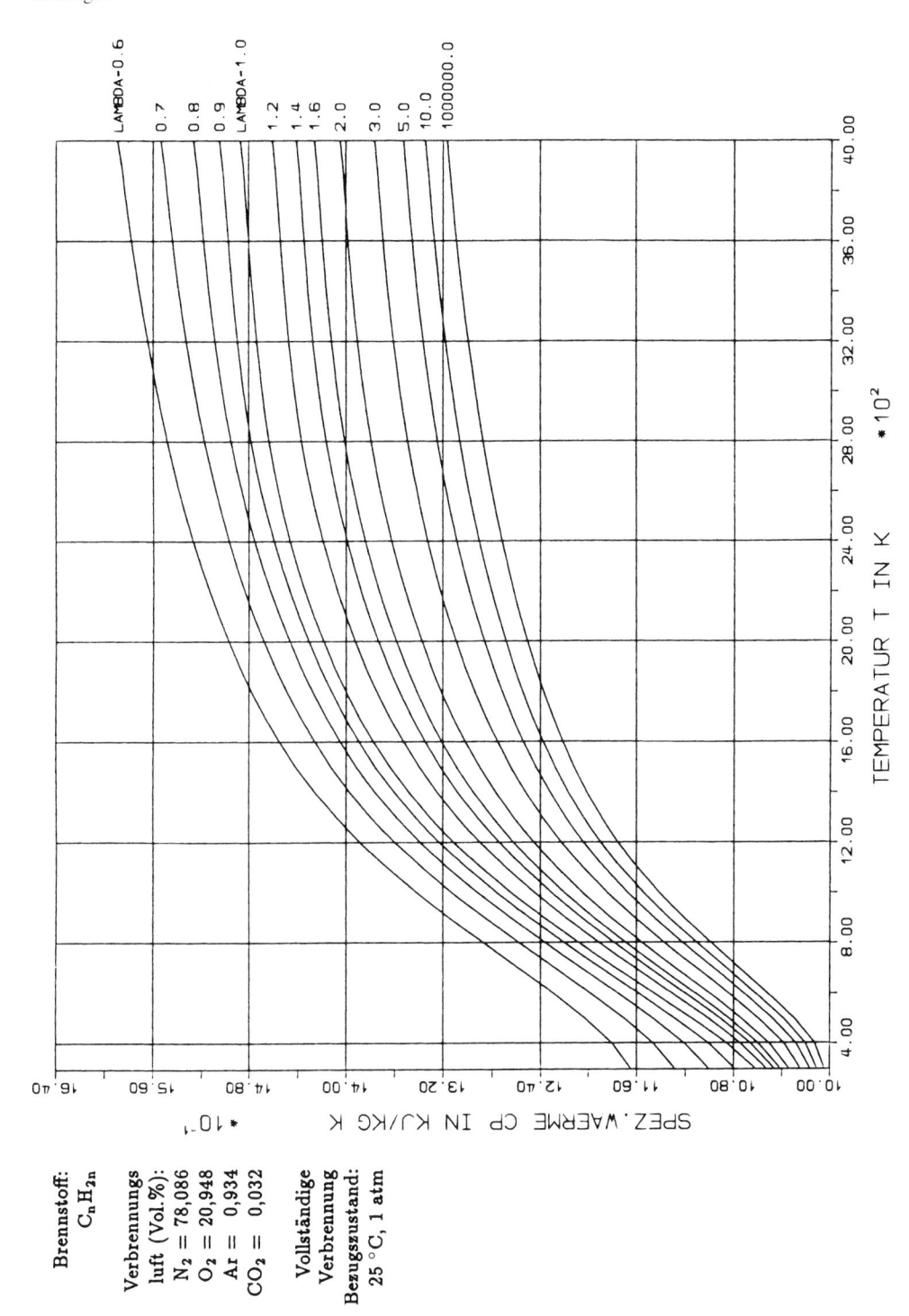

Brennstoff:
C_nH_{2n}

Verbrennungs
luft (Vol.%):
$N_2 = 78{,}086$
$O_2 = 20{,}948$
$Ar = 0{,}934$
$CO_2 = 0{,}032$

Vollständige
Verbrennung

Bezugszustand:
25 °C, 1 atm

Abb. A.29. c_p, T-Diagramm für Verbrennungsgas bei 100 bar

Tabelle A.1. Wichtige Stoffwerte einiger idealer Gase

		Atomanzahl	Dichte* ϱ [kg/m³]	molare Masse** M [kg/kmol]	Gaskonstante R [J/kg K]	molare Wärmekapazität *** C_{mp} [kJ/kmol K]	C_{mv} [kJ/kmol K]	$\kappa = \dfrac{C_{mp}}{C_{mv}}$
Helium	He	1	0,1785	4,0026	2077,3	20,9644	12,6501	1,6572
Argon	Ar	1	1,7834	39,948	208,1	20,7858	12,4715	1,6666
Wasserstoff	H$_2$	2	0,0898	2,0158	4124,5	28,7212	20,4069	1,4074
Stickstoff	N$_2$	2	1,2505	28,0134	296,8	29,1726	20,8583	1,3986
Sauerstoff	O$_2$	2	1,4289	31,999	259,8	29,2497	20,9354	1,3971
Luft	—	—	1,2928	28,953	287,2	29,1124	20,7981	1,3997
Kohlenmonoxid	CO	2	1,2500	28,0104	296,8	29,1797	20,8654	1,3984
Stickstoffmonoxid	NO	2	1,3402	30,0061	277,1	29,9309	21,6166	1,3846
Chlorwasserstoff	HCl	2	1,6391	36,4609	228,0	29,1601	20,8458	1,3988
Kohlendioxid	CO$_2$	3	1,9768	44,0098	188,9	35,9541	27,6398	1,3008
Distickstoffmonoxid	N$_2$O	3	1,9878	44,0128	188,9	37,4326	29,1183	1,2855
Schwefeldioxid	SO$_2$	3	2,9265	64,0588	129,8	38,9666	30,6523	1,2712
Wasserdampf	H$_2$O	3	—	18,0152	461,5	33,4377	25,1234	1,3309
Ammoniak	NH$_3$	4	0,7713	17,0305	488,2	34,8739	26,5596	1,3130
Acetylen	C$_2$H$_2$	4	1,1709	26,0378	319,3	39,3536	31,0393	1,2678
Methan	CH$_4$	5	0,7168	16,0427	518,3	34,6120	26,2977	1,3161
Ethylen	C$_2$H$_4$	6	1,2604	28,0527	296,4	45,1842	36,8699	1,2255
Ethan	C$_2$H$_6$	8	1,3560	30,0696	276,5	51,9556	43,6413	1,1905

* gemessen bei 0° C und 1,01325 bar
** bezogen auf das jeweilige Hauptisotop der ^{12}C-Skala
*** bei 0°C und kleinem Druck (ideales Gas)

Tabelle A.2. Mittlere molare Wärmekapazität einiger Gase

$C_{mp}\Big|_0^t$ [kJ/kmolK]

t [°C]	H	O	H_2	O_2	N_2	Luft	OH	CO	NO	H_2O	CO_2	SO_2	NH_3	CH_4
0	20,78	22,05	28,72	29,24	29,17	29,11	30,08	29,17	29,93	33,43	35,95	38,90	34,87	34,61
100	20,78	21,79	28,93	29,53	29,13	29,14	29,89	29,16	29,83	33,73	38,20	40,71	36,36	36,78
200	20,78	21,61	29,05	29,94	29,21	29,28	29,75	29,29	29,94	34,10	40,16	42,43	37,93	39,35
300	20,78	21,48	29,13	30,40	29,37	29,51	29,67	29,51	30,18	34,55	41,86	43,99	39,53	42,12
400	20,78	21,38	29,19	30,87	29,60	29,78	29,64	29,78	30,49	35,05	43,36	45,34	41,11	44,95
500	20,78	21,31	29,25	31,32	29,86	30,09	29,65	30,10	30,83	35,58	44,69	46,52	42,67	47,76
600	20,78	21,25	29,32	31,75	30,14	30,40	29,71	30,42	31,18	36,15	45,88	47,54	44,19	50,48
700	20,78	21,21	29,41	32,14	30,44	30,71	29,80	30,75	31,52	36,74	46,94	48,43	45,66	53,07
800	20,78	21,17	29,52	32,50	30,74	31,02	29,92	31,07	31,84	37,33	47,89	49,19	47,07	55,53
900	20,78	21,14	29,64	32,82	31,03	31,31	30,07	31,37	32,14	37,94	48,75	49,87	48,42	57,84
1000	20,78	21,11	29,78	33,11	31,31	31,59	30,23	31,66	32,43	38,54	49,53	50,47	49,72	60,00
1100	20,78	21,09	29,94	33,38	31,57	31,86	30,40	31,93	32,69	39,14	50,23	51,00	50,95	62,03
1200	20,78	21,07	30,10	33,63	31,83	32,11	30,58	32,19	32,93	39,72	50,88	51,48	52,12	63,93
1300	20,78	21,05	30,28	33,86	32,07	32,34	30,77	32,43	33,15	40,30	51,46	51,91	53,24	65,70
1400	20,78	21,03	30,46	34,07	32,29	32,56	30,96	32,65	33,36	40,86	52,00	52,31	54,29	67,36
1500	20,78	21,02	30,64	34,27	32,50	32,77	31,15	32,86	33,55	41,41	52,49	52,67	55,29	68,91
1600	20,78	21,01	30,83	34,47	32,70	32,96	31,33	33,05	33,73	41,93	52,95	52,99	56,23	70,37
1700	20,78	21,00	31,01	34,65	32,88	33,15	31,52	33,23	33,89	42,44	53,37	53,30	57,12	71,73
1800	20,78	20,99	31,20	34,83	33,05	33,32	31,69	33,40	34,05	42,93	53,76	53,58	57,96	73,00
1900	20,78	20,98	31,38	35,00	33,22	33,48	31,87	33,56	34,19	43,40	54,12	53,84	58,76	74,20
2000	20,78	20,97	31,57	35,16	33,37	33,64	32,04	33,71	34,33	43,85	54,46	54,09	59,52	75,32
2100	20,78	20,97	31,75	35,32	33,52	33,78	32,20	33,85	34,45	44,29	54,78	54,32	60,24	76,38
2200	20,78	20,96	31,93	35,48	33,66	33,93	32,36	33,98	34,57	44,70	55,08	54,54	60,93	77,37
2300	20,78	20,96	32,10	35,63	33,79	34,06	32,52	34,10	34,68	45,10	55,36	54,74	61,58	78,31
2400	20,78	20,95	32,27	35,78	33,91	34,19	32,67	34,22	34,79	45,49	55,62	54,94	62,22	79,19
2500	20,78	20,95	32,44	35,92	34,03	34,31	32,81	34,33	34,89	45,86	55,87	55,12	62,82	80,02
2600	20,78	20,95	32,60	36,06	34,14	34,42	32,95	34,44	34,98	46,21	56,11	55,30	63,40	80,81
2700	20,78	20,94	32,76	36,20	34,24	34,54	33,09	34,54	35,08	46,55	56,33	55,47	63,96	81,56
2800	20,78	20,94	32,91	36,34	34,35	34,64	33,22	34,64	35,16	46,88	56,54	55,64	64,50	82,28
2900	20,78	20,94	33,07	36,47	34,44	34,75	33,35	34,73	35,24	47,20	56,74	55,79	65,01	82,95
3000	20,78	20,95	33,22	36,60	34,53	34,84	33,47	34,82	35,32	47,50	56,93	55,94	65,50	83,60
3100	20,78	20,95	33,36	36,73	34,62	34,94	33,59	34,90	35,40	47,79	57,12	56,09	65,96	84,21
3200	20,78	20,95	33,51	36,85	34,70	35,03	33,70	34,98	35,47	48,07	57,29	56,23	66,39	84,79
3300	20,78	20,96	33,65	36,98	34,78	35,12	33,82	35,06	35,53	48,34	57,46	56,37	66,80	85,34
M [kg/kmol]	1,00	16,00	2,01	31,99	28,01	28,95	17,00	28,01	30,00	18,01	44,00	64,05	17,03	16,04

Tabelle A.3. Zusammensetzung der trockenen, sauberen Luft in Nähe des Meeresniveaus

Gas	Volumengehalt %	molare Masse M [kg/kmol]
Stickstoff (N_2)	78,084	28,013 4
Sauerstoff (O_2)	20,947 6	31,998 8
Argon (Ar)	0,934	39,948
Kohlendioxid (CO_2)	0,031 4 *	44,009 95
Neon (Ne)	$1,818 \cdot 10^{-3}$	20,183
Helium (He)	$524,0 \cdot 10^{-6}$	4,002 6
Krypton (Kr)	$114,0 \cdot 10^{-6}$	83,80
Xenon (Xe)	$8,7 \cdot 10^{-6}$	131,30
Wasserstoff (H_2)	$50,0 \cdot 10^{-6}$	2,015 94
Distickstoffmonoxid (N_2O)	$50,0 \cdot 10^{-6}$ *	44,012 8
Methan (CH_4)	$0,2 \cdot 10^{-3}$	16,043 03
Ozon (O_3) im Sommer	bis $7,0 \cdot 10^{-6}$ *	47,998 2
im Winter	bis $2,0 \cdot 10^{-6}$ *	47,998 2
Schwefeldioxid (SO_2)	bis $0,1 \cdot 10^{-3}$ *	64,062 8
Stickstoffdioxid (NO_2)	bis $2,0 \cdot 10^{-6}$ *	46,005 5
Jod (J_2)	bis $1,0 \cdot 10^{-6}$ *	253,808 8
Luft	100	28,964 420 **

*   Der Gasgehalt kann sich zeitlich oder räumlich wesentlich ändern.

** Dieser Wert ergibt sich aus der Zustandsgleichung für ideales Gas.

$$C_{mp}[\text{kJ/kmol K}] = A + BT + CT^2 + DT^3 + ET^4 + FT^5 + GT^6 + HT^7 + IT^8 + JT^9$$

Tabelle A.4. Potenzansatz für C_{mp} von Luft und stöchiometrischem Verbrennungsgas (bei 1 bar und 298,15 K; die Temperatur T ist in Kelvin einzusetzen)

Luft	Verbrennungsgas C : H = 1 : 2
$\lambda = \infty$	$\lambda = 1$
$M = 28{,}965$ kg/kmol	$M = 28{,}905$ kg/kmol
$R = 287{,}0$ J/kg K	$R = 287{,}6$ J/kg K
$A = 0{,}32136180 \cdot 10^2$	$A = 0{,}30279132 \cdot 10^2$
$B = -0{,}25451393 \cdot 10^{-1}$	$B = -0{,}47736470 \cdot 10^{-2}$
$C = 0{,}70983451 \cdot 10^{-4}$	$C = 0{,}26119738 \cdot 10^{-4}$
$D = -0{,}79515449 \cdot 10^{-7}$	$D = 0{,}19514613 \cdot 10^{-7}$
$E = 0{,}50415143 \cdot 10^{-10}$	$E = 0{,}17161723 \cdot 10^{-11}$
$F = -0{,}19651098 \cdot 10^{-13}$	$F = 0{,}51590738 \cdot 10^{-14}$
$G = 0{,}47688671 \cdot 10^{-17}$	$G = -0{,}32477349 \cdot 10^{-17}$
$H = -0{,}69472592 \cdot 10^{-21}$	$H = 0{,}90314007 \cdot 10^{-21}$
$I = 0{,}54551224 \cdot 10^{-25}$	$I = -0{,}12481050 \cdot 10^{-24}$
$J = -0{,}7102074 \cdot 10^{-29}$	$J = 0{,}69669953 \cdot 10^{-29}$

Tabelle A.5. Temperatur, Druck und Dichte von Luft in Abhängigkeit von der geometrischen Höhe

Geometrische Höhe h [m]	Temperatur T [K]	Druck p [bar]	Dichte ϱ [kg/m³]
0	288,15	1,013250	1,22500
200	286,85	0,989454	1,20165
400	285,55	0,966114	1,17865
600	284,25	0,943223	1,15598
800	282,95	0,920775	1,13366
1000	281,65	0,898763	1,11166
1200	280,35	0,877180	1,08999
1400	279,05	0,856020	1,06865
1600	277,75	0,835277	1,04764
1800	276,45	0,814943	1,02694
2000	275,15	0,795014	1,00655
2200	273,85	0,775483	0,98648
2400	272,55	0,756342	0,96672
2600	271,25	0,737588	0,94726
2800	269,95	0,719213	0,92811
3000	268,65	0,701212	0,90925
3200	267,36	0,683578	0,89069
3400	266,06	0,666306	0,87242
3600	264,76	0,649390	0,85444
3800	263,46	0,632825	0,83675
4000	262,16	0,616604	0,81934
4500	258,92	0,577526	0,77703
5000	255,67	0,540483	0,73642
5500	252,43	0,505393	0,69746
6000	249,18	0,472176	0,66011
6500	245,94	0,440755	0,62431
7000	242,70	0,411053	0,59001
7500	239,45	0,382997	0,55719
8000	236,21	0,356516	0,52578
8500	232,97	0,331542	0,49575
9000	229,73	0,308007	0,46706
9500	226,49	0,285847	0,43966
10000	223,25	0,264999	0,41351

Anhang A

Tabelle A.6. Auszug aus den Dampftabellen von Wasser

t [°C]	p [bar]	v' [dm³/kg]	v'' [m³/kg]	h' [kJ/kg]	h'' [kJ/kg]	r [kJ/kg]	s' [kJ/kg K]	s'' [kJ/kg K]
0,01	0,006112	1,0002	206,2	0,00	2501,6	2501,6	0,0000	9,1575
5	0,008718	1,0000	147,2	21,01	2510,7	2489,7	0,0762	9,0269
10	0,01227	1,0003	106,4	41,99	2519,9	2477,9	0,1510	8,9020
15	0,01704	1,0008	77,98	62,94	2529,1	2466,1	0,2243	8,7826
20	0,02337	1,0017	57,84	83,86	2538,2	2454,3	0,2963	8,6684
25	0,03166	1,0029	43,40	104,77	2547,3	2442,5	0,3670	8,5592
30	0,04241	1,0043	32,93	125,66	2556,5	2430,7	0,4365	8,4546
35	0,05622	1,0060	25,24	146,56	2565,4	2418,8	0,5049	8,3543
40	0,07375	1,0078	19,55	167,45	2574,4	2406,9	0,5721	8,2583
45	0,09582	1,0099	15,28	188,35	2583,3	2394,9	0,6383	8,1661
50	0,12335	1,0121	12,05	209,26	2592,2	2382,9	0,7035	8,0776
55	0,1574	1,0145	9,579	230,17	2601,0	2370,8	0,7677	7,9926
60	0,1992	1,0171	7,679	251,09	2609,7	2358,6	0,8310	7,9108
65	0,2501	1,0199	6,202	272,02	2618,4	2346,3	0,8933	7,8322
70	0,3116	1,0228	5,046	292,97	2626,9	2334,0	0,9548	7,7565
75	0,3855	1,0259	4,134	313,94	2635,4	2321,5	1,0154	7,6835
80	0,4736	1,0292	3,409	334,92	2643,8	2308,8	1,0753	7,6132
85	0,5780	1,0326	2,829	355,92	2652,0	2296,5	1,1343	7,5454
90	0,7011	1,0361	2,361	376,94	2660,1	2283,2	1,1925	7,4799
95	0,8453	1,0399	1,982	397,99	2668,1	2270,2	1,2501	7,4166
100	1,0133	1,0437	1,673	419,1	2676,0	2256,9	1,3069	7,3554
110	1,4327	1,0519	1,210	461,3	2691,3	2230,0	1,4185	7,2388
120	1,9854	1,0606	0,8915	503,7	2706,0	2202,3	1,5276	7,1293
130	2,701	1,0700	0,6681	546,3	2719,9	2173,6	1,6344	7,0261
140	3,614	1,0801	0,5085	589,1	2733,1	2144,0	1,7390	6,9284
150	4,760	1,0908	0,3924	632,2	2745,4	2113,2	1,8416	6,8358
160	6,181	1,1022	0,3068	675,5	2756,7	2081,2	1,9425	6,7475
170	7,920	1,1145	0,2426	719,1	2767,1	2048,0	2,0416	6,6630
180	10,027	1,1275	0,1938	763,1	2776,3	2013,2	2,1393	6,5819
190	12,551	1,1415	0,1563	807,5	2784,3	1976,8	2,2356	6,5036
200	15,549	1,1565	0,1272	852,4	2790,9	1938,5	2,3307	6,4278
210	19,077	1,173	0,1042	897,5	2796,2	1898,7	2,4247	6,3539
220	23,198	1,190	0,08604	943,7	2799,9	1856,2	2,5178	6,2817
230	27,976	1,209	0,07145	990,3	2802,0	1811,7	2,6102	6,2107
240	33,478	1,229	0,05965	1037,6	2802,2	1764,6	2,7020	6,1406
250	39,776	1,251	0,05004	1085,8	2800,4	1714,6	2,7935	6,0708
260	46,943	1,276	0,04213	1134,9	2796,4	1661,5	2,8848	6,0010
270	55,058	1,303	0,03559	1185,2	2789,9	1604,6	2,9763	5,9304
280	64,202	1,332	0,03013	1236,8	2780,4	1543,6	3,0683	5,8586
290	74,461	1,366	0,02554	1290,0	2767,6	1477,6	3,1611	5,7848
300	85,927	1,404	0,02165	1345,0	2751,0	1406,0	3,2552	5,7081
310	98,700	1,448	0,01833	1402,4	2730,0	1327,6	3,3512	5,6278
320	112,89	1,500	0,01548	1462,6	2703,7	1241,1	3,4500	5,5423
330	128,63	1,562	0,01299	1526,5	2670,2	1143,6	3,5528	5,4490
340	146,05	1,639	0,01078	1595,5	2626,2	1030,7	3,6616	5,3427
350	165,35	1,741	0,00880	1671,9	2567,7	895,7	3,7800	5,2177
360	186,75	1,896	0,00694	1764,2	2485,4	721,3	3,9210	5,0600
370	210,54	2,214	0,00497	1890,2	2342,8	452,6	4,1108	4,8144
374,15	221,20	3,17	0,00317	2107,4	2107,4	0,0	4,4429	4,4429

Tabelle A.7. Feuchtegrad x und relative Feuchte φ für verschiedene Paarungen t_{tr}/t_f

t_{tr} [°C]	2		6		10		14		18	
p_D' [bar]	0,00705		0,00934		0,01227		0,01597		0,02062	
$\Delta t = t_{tr} - t_f$	φ [–]	x [g/kg]	φ	x	φ	x	φ	x	φ	x
0	1,00	4,464	1,00	5,927	1,00	7,806	1,00	10,201	1,00	13,232
1	0,84	3,746	0,86	5,091	0,88	6,859	0,90	9,166	0,91	12,018
2	0,68	3,029	0,73	4,316	0,77	5,993	0,79	8,031	0,82	10,809
3	0,52	2,313	0,60	3,543	0,66	5,130	0,70	7,105	0,73	9,604
4	0,37	1,644	0,48	2,831	0,55	4,269	0,60	6,080	0,65	8,537
5	0,22	0,976	0,35	2,062	0,44	3,411	0,51	5,161	0,57	7,473
6	0,07	0,307	0,24	1,412	0,34	2,632	0,42	4,244	0,49	6,414
7			0,11	0,646	0,24	1,855	0,34	3,431	0,41	5,357
8					0,15	1,158	0,26	2,594	0,34	4,436
9					0,06	0,462	0,18	1,811	0,27	3,518
10							0,10	1,005	0,20	2,602
11									0,14	1,819
12									0,07	0,908
13										
14										
15										

t_{tr} [°C]	22		26		30		34		38	
p_D' [bar]	0,02642		0,03360		0,04241		0,05318		0,06624	
$\Delta t = t_{tr} - t_f$	φ [–]	x [g/kg]	φ	x	φ	x	φ	x	φ	x
0	1,00	17,056	1,00	21,854	1,00	27,840	1,00	35,312	1,00	44,605
1	0,92	15,657	0,92	20,049	0,93	25,811	0,93	32,710	0,94	41,749
2	0,83	14,090	0,85	18,478	0,86	23,794	0,87	30,496	0,88	38,918
3	0,76	12,878	0,78	16,915	0,79	21,789	0,81	28,297	0,82	36,110
4	0,68	11,497	0,71	15,360	0,73	20,081	0,75	26,113	0,76	33,327
5	0,61	10,294	0,64	13,812	0,67	18,381	0,69	23,944	0,71	31,025
6	0,54	9,095	0,58	12,491	0,61	16,691	0,63	21,789	0,66	28,739
7	0,47	7,901	0,51	10,957	0,55	15,010	0,58	20,004	0,61	26,469
8	0,40	6,712	0,46	9,865	0,50	13,615	0,53	18,229	0,56	24,215
9	0,34	5,696	0,40	8,561	0,44	11,950	0,48	16,464	0,51	21,977
10	0,28	4,683	0,34	7,262	0,39	10,569	0,43	14,708	0,47	20,197
11	0,22	3,673	0,29	6,183	0,35	9,468	0,39	13,310	0,43	18,427
12	0,17	2,835	0,24	5,108	0,30	8,098	0,35	11,919	0,39	16,667
13	0,11	1,831	0,19	4,037	0,25	6,734	0,30	10,188	0,35	14,916
14	0,06	0,997	0,14	2,969	0,21	5,646	0,26	8,811	0,31	13,176
15			0,10	2,118	0,17	4,563	0,23	7,781	0,27	11,444

Tabelle A.8. Thermodynamische Eigenschaften von Brennstoffen (teilweise nach [2.26])

		Euro Super	Diesel	Schweröl	Methanol	Ethanol	RME
c	[Massen-%]	84	86,3	85	37,5	52	77
h		14	13,7	14	12,5	13	12
o		2	0	0	50	35	11
n		0	0	1	0	0	0
s		0	0	0	0	0	0
M_B	[kg/kmol]	∼ 98	∼ 170	∼ 198	32,04	46,07	∼ 296
Siedetemp.	[°C] *	30÷190	170÷350	175÷450	65	78	180÷360
Verdampfungswärme	[kJ/kg] *	420	300		1110	845	
Dampfdruck	[bar]	0,45÷0,9			0,37	0,21	
Dichte	[kg/m³] **	730÷780	815÷855	∼ 950	795	789	880
L_{st}	[kg/kg]	14,5	14,5	14,6	6,46	9,0	12,7
H_u	[MJ/kg]	41,0	43	41,3	19,7	26,8	37,1
H_G	[MJ/m³] ***	3,75	3,865	3,657	3,438	3,475	3,504
Zündgrenzen	λ	0,4/1,4	0,48/1,35	0,5/1,35	0,34/2,0	0,3/2,1	
ROZ		95			114,4	111,4	
MOZ		85			94,6	94,0	
CZ			45÷55	34÷44		40÷50	54÷58

		Methan	Ethan	Propan	Butan	Wasserstoff	Erdgas (Groningen)	Biogas
CH_4	[Vol-%]	100					81,8	60
C_2H_6			100				2,7	
C_3H_8				100			0,4	
C_4H_{10}					100		0,1	
C_4H_{12}							0,1	
CO_2							0,9	40
H_2						100		
N_2							14,0	
M_B	[kg/kmol]	16,04	30,07	44,09	58,12	2,01	18,54	27
Siedetemp.	[°C] *	−162	−88	−42	−0,5	−253	−160	−130
Verdampfungswärme	[kJ/kg] *	510	489	425	385	460		
Dichte	[kg/m³] **	0,72	1,35	2,01	2,7	0,09	0,83	1,2
L_{st}	[kg/kg]	17,2	16,04	15,6	15,4	34,2	13,1	6,1
H_u	[MJ/kg]	50,0	47,5	46,3	45,6	120	38,3	17,5
H_G	[MJ/m³] ***	3,22	3,82	3,35	3,39	2,97	3,78	3,17÷3,25
Zündgrenzen	λ	0,7/2,1	0,4/2,0	0,4/2,2	0,4/2,1	0,5/10,5	0,7/2,1	0,7/2,3
MZ		100	43,5	35	2	0	90	125

* bei 1,013 bar
** bei 1,013 bar und 0 °C
*** bei λ = 1

Tabelle A.9. Innere Energie, Enthalpie und spezifische Wärmekapazität von Benzindampf in Abhängigkeit von der Temperatur. Die innere Energie wurde dabei so gewählt, dass die Enthalpie bei 298,15 K null ist

Temperatur T [K]	Innere Energie u [J/kg]	Enthalpie h [J/kg]	spezifische Wärmekapazität c_p [J/kg K]
200,00	-145588,70	-129910,70	1065,87
300,00	-20701,36	2815,64	1577,67
400,00	152137,84	183493,84	2025,85
500,00	366844,75	406039,75	2415,94
600,00	617889,94	664923,94	2753,47
700,00	900298,13	955171,13	3043,99
800,00	1209648,38	1272360,38	3293,03
900,00	1542074,50	1612625,50	3506,13
1000,00	1894264,50	1972654,50	3688,82
1100,00	2263460,50	2349689,50	3846,64
1200,00	2647459,75	2741527,75	3985,12
1300,00	2800899,75	2902806,75	4096,62
1400,00	2984423,00	3094169,00	4198,68
1500,00	3195962,50	3313547,50	4290,44
1600,00	3433533,75	3558957,75	4372,74
1700,00	3695235,50	3828498,50	4446,40
1800,00	3979249,50	4120351,50	4512,26
1900,00	4283840,50	4432781,50	4571,15
2000,00	4607356,00	4764136,00	4623,90
2100,00	4948227,00	5112846,00	4671,33
2200,00	5304967,00	5477425,00	4714,28

Die folgende Tabelle A.10. wurde entnommen aus F. Pischinger, Verbrennungsmotoren, Band 2, 6. Aufl. Vorlesungsumdruck, Lehrstuhl für angewandte Thermodynamik, Rheinisch-Westfälische Technische Hochschule Aachen, Aachen 1985.

Standardwerte der Enthalpie, Entropie und freien Enthalpie für:
O_2, N_2, CO, CO_2, H_2, H_2O, CH_4, NH_3, NO, NO_2,
C_{Gas}, $C_{Graphit}$, O, H, OH, N, C_6H_6, C_8H_{18}
Luft (als Mischung idealer Gase mit $\nu_{N_2} = 0{,}79$ und $\nu_{O_2} = 0{,}21$)

Standardzustand
für Gase: Zustand des idealen Gases bei $p_0 = 1$ atm
für Flüssigkeiten und Festkörper: Zustand der reinen Phase bei $p_0 = 1$ atm

Nullpunktfestlegung
der Standardenthalpien: die Standardenthalpien der Elemente (O_2, N_2, H_2, $C_{Graphit}$) wurden bei $T = 0$ K zu null gesetzt;
der Standardentropien: entsprechend der Nernst–Planck'schen Normierung.

Die Tabellen für aufgeführten Stoffe beziehen sich mit Ausnahme von graphitischem Kohlenstoff auf den Standardzustand von Gasen. Die Werte für C_6H_6 und C_8H_{18} wurden aus Rossini, Selected Values of Physical Properties of Hydrocarbons and Related Compounds, die für alle anderen Stoffe aus JANAF Thermochemical Tables berechnet.

Tabelle A.10. Zustandsgrößen von Verbrennungsgaskomponenten als Funktion von T

	O_2				N_2		
T [K]	H_m^0 [kJ/kmol]	S_m^0 [kJ/kmol K]	G_m^0 [kJ/kmol]	T [K]	H_m^0 [kJ/kmol]	S_m^0 [kJ/kmol K]	G_m^0 [kJ/kmol]
0	0			0	0		
298	8688	205,170	-52486	298	8675	191,630	-48461
300	8742	205,351	-52864	300	8728	191,808	-48814
400	11722	213,919	-73846	400	11637	200,175	-68433
500	14786	220,753	-95590	500	14578	206,736	-88790
600	17944	226,509	-117961	600	17569	212,187	-109743
700	21195	231,518	-140867	700	20619	216,887	-131202
800	24529	235,969	-164246	800	23732	221,044	-153103
900	27935	239,980	-188046	900	26910	224,786	-175397
1000	31402	243,632	-212230	1000	30149	228,198	-198049
1100	34918	246,983	-236763	1100	33446	231,340	-221028
1200	38475	250,078	-261618	1200	36794	234,253	-244309
1300	42066	252,951	-286771	1300	40190	236,971	-267872
1400	45685	255,634	-312202	1400	43627	239,517	-291698
1500	49331	258,149	-337892	1500	47099	241,913	-315771
1600	53001	260,517	-363827	1600	50603	244,174	-340076
1700	56695	262,756	-389991	1700	54134	246,315	-364601
1800	60412	264,881	-416374	1800	57688	248,346	-389335
1900	64153	266,904	-442964	1900	61263	250,279	-414267
2000	67919	268,836	-469752	2000	64856	252,122	-439388
2100	71710	270,685	-496728	2100	68465	253,883	-464689
2200	75525	272,460	-523886	2200	72088	255,568	-490162
2300	79365	274,166	-551218	2300	75725	257,185	-515801
2400	83228	275,810	-578717	2400	79373	258,738	-541597
2500	87114	277,397	-606378	2500	83033	260,232	-567546
2600	91022	278,930	-634195	2600	86703	261,671	-593642
2700	94951	280,413	-662163	2700	90382	263,060	-619879
2800	98901	281,849	-690276	2800	94071	264,401	-646252
2900	102870	283,242	-718531	2900	97768	265,698	-672757
3000	106858	284,594	-746923	3000	101472	266,954	-699390
3100	110864	285,907	-775448	3100	105184	268,171	-726147
3200	114889	287,185	-804103	3200	108902	269,352	-753023
3300	118931	288,429	-832884	3300	112626	270,498	-780016
3400	122991	289,641	-861788	3400	116356	271,611	-807122
3500	127069	290,823	-890811	3500	120091	272,694	-834337
3600	131164	291,976	-919952	3600	123831	273,747	-861660
3700	135275	293,103	-949206	3700	127576	274,773	-889086
3800	139401	294,203	-978571	3800	131325	275,773	-916613
3900	143543	295,279	-1008046	3900	135079	276,748	-944240
4000	147697	296,331	-1037626	4000	138837	277,700	-971962

\multicolumn{4}{c}{CO}				\multicolumn{4}{c}{CO_2}			
T [K]	H_m^0 [kJ/kmol]	S_m^0 [kJ/kmol K]	G_m^0 [kJ/kmol]	T [K]	H_m^0 [kJ/kmol]	S_m^0 [kJ/kmol K]	G_m^0 [kJ/kmol]
0	-113881			0	-393413		
298	-105206	197,676	-164145	298	-384043	213,828	-447798
300	-105152	197,854	-164509	300	-383974	214,058	-448191
400	-102237	206,240	-184733	400	-380035	225,363	-470180
500	-99279	212,838	-205698	500	-375730	234,955	-493207
600	-96261	218,338	-227264	600	-371125	243,343	-517131
700	-93175	223,094	-249341	700	-366273	250,819	-541846
800	-90018	227,308	-271865	800	-361215	257,569	-567270
900	-86794	231,106	-294789	900	-355988	263,724	-593340
1000	-83505	234,570	-318075	1000	-350617	269,382	-619999
1100	-80160	237,758	-341694	1100	-345127	274,614	-647202
1200	-76764	240,713	-365619	1200	-339535	279,478	-674909
1300	-73324	243,466	-389829	1300	-333858	284,022	-703087
1400	-69845	246,044	-414306	1400	-328107	288,284	-731704
1500	-66334	248,466	-439033	1500	-322293	292,295	-760735
1600	-62795	250,750	-463995	1600	-316425	296,082	-790156
1700	-59232	252,910	-489179	1700	-310509	299,668	-819945
1800	-55648	254,958	-514573	1800	-304553	303,072	-850083
1900	-52045	256,906	-540167	1900	-298561	306,312	-880554
2000	-48426	258,763	-565951	2000	-292536	309,402	-911341
2100	-44792	260,536	-591917	2100	-286483	312,355	-942430
2200	-41145	262,232	-618056	2200	-280405	315,183	-973808
2300	-37485	263,859	-644361	2300	-274304	317,895	-1005463
2400	-33815	265,421	-670826	2400	-268181	320,501	-1037383
2500	-30134	266,924	-697443	2500	-262039	323,008	-1069559
2600	-26443	268,371	-724209	2600	-255879	325,424	-1101982
2700	-22744	269,767	-751116	2700	-249703	327,755	-1134641
2800	-19037	271,116	-778160	2800	-243511	330,007	-1167530
2900	-15322	272,419	-805337	2900	-237304	332,185	-1200640
3000	-11601	273,681	-832643	3000	-231084	334,294	-1233965
3100	-7873	274,903	-860072	3100	-224850	336,338	-1267497
3200	-4139	276,088	-887622	3200	-218605	338,320	-1301230
3300	-400	277,239	-915289	3300	-212348	340,246	-1335159
3400	3344	278,357	-943069	3400	-206080	342,117	-1369278
3500	7093	279,444	-970959	3500	-199802	343,937	-1403581
3600	10847	280,501	-998957	3600	-193514	345,708	-1438063
3700	14606	281,531	-1027058	3700	-187217	347,434	-1472721
3800	18369	282,534	-1055262	3800	-180910	349,116	-1507549
3900	22137	283,513	-1083565	3900	-174594	350,756	-1542543
4000	25909	284,468	-1111964	4000	-168269	352,357	-1577699

Tabelle A.10. (Fortsetzung)

	H_2				H_2O		
T [K]	H_m^0 [kJ/kmol]	S_m^0 [kJ/kmol K]	G_m^0 [kJ/kmol]	T [K]	H_m^0 [kJ/kmol]	S_m^0 [kJ/kmol K]	G_m^0 [kJ/kmol]
0	0			0	-239079		
298	8474	130,662	-30484	298	-229169	188,850	-285476
300	8527	130,837	-30725	300	-229107	189,057	-285824
400	11412	139,133	-44242	400	-225710	198,824	-305240
500	14337	145,659	-58493	500	-222236	206,572	-325522
600	17278	151,022	-73335	600	-218663	213,083	-346513
700	20229	155,571	-88670	700	-214977	218,763	-368111
800	23190	159,524	-104429	800	-211169	223,847	-390246
900	26168	163,031	-120560	900	-207233	228,481	-412866
1000	29169	166,193	-137024	1000	-203170	232,761	-435931
1100	32203	169,084	-153790	1100	-198979	236,754	-459408
1200	35275	171,757	-170834	1200	-194666	240,506	-483273
1300	38389	174,250	-188135	1300	-190234	244,053	-507503
1400	41549	176,591	-205679	1400	-185689	247,421	-532078
1500	44755	178,803	-223449	1500	-181038	250,629	-556982
1600	48008	180,902	-241435	1600	-176288	253,695	-582199
1700	51305	182,901	-259626	1700	-171445	256,630	-607716
1800	54644	184,809	-278013	1800	-166517	259,447	-633521
1900	58023	186,636	-296585	1900	-161510	262,154	-659602
2000	61439	188,388	-315337	2000	-156430	264,759	-685949
2100	64891	190,072	-334261	2100	-151284	267,270	-712551
2200	68375	191,693	-353350	2200	-146076	269,692	-739400
2300	71890	193,255	-372597	2300	-140812	272,032	-766486
2400	75434	194,764	-391999	2400	-135497	274,294	-793803
2500	79007	196,222	-411549	2500	-130133	276,484	-821343
2600	82607	197,634	-431242	2600	-124726	278,605	-849098
2700	86233	199,002	-451074	2700	-119278	280,661	-877062
2800	89885	200,331	-471041	2800	-113792	282,656	-905228
2900	93561	201,621	-491139	2900	-108271	284,593	-933591
3000	97262	202,875	-511364	3000	-102717	286,476	-962145
3100	100985	204,096	-531713	3100	-97133	288,307	-990884
3200	104730	205,285	-552182	3200	-91520	290,089	-1019805
3300	108496	206,444	-572769	3300	-85879	291,825	-1048901
3400	112283	207,574	-593470	3400	-80213	293,516	-1078168
3500	116089	208,677	-614283	3500	-74524	295,165	-1107602
3600	119913	209,755	-635204	3600	-68811	296,775	-1137200
3700	123756	210,808	-656233	3700	-63078	298,346	-1166956
3800	127618	211,838	-677365	3800	-57324	299,880	-1196868
3900	131498	212,845	-698600	3900	-51551	301,379	-1226931
4000	135397	213,833	-719934	4000	-45761	302,845	-1257142

	CH$_4$				NH$_3$		
T [K]	H_m^0 [kJ/kmol]	S_m^0 [kJ/kmol K]	G_m^0 [kJ/kmol]	T [K]	H_m^0 [kJ/kmol]	S_m^0 [kJ/kmol K]	G_m^0 [kJ/kmol]
0	-66951			0	-39197		
298	-56920	186,271	-112458	298	-29174	192,455	-86556
300	-56853	186,493	-112801	300	-29109	192,670	-86910
400	-53015	197,502	-132016	400	-25471	203,119	-106718
500	-48669	207,178	-152258	500	-21551	211,854	-127478
600	-43757	216,118	-173428	600	-17335	219,531	-149054
700	-38273	224,561	-195465	700	-12823	226,481	-171360
800	-32242	232,606	-218327	800	-8021	232,889	-194332
900	-25707	240,298	-241975	900	-2943	238,867	-217923
1000	-18718	247,657	-266375	1000	2396	244,490	-242094
1100	-11329	254,696	-291495	1100	7978	249,808	-266811
1200	-3588	261,430	-317304	1200	13786	254,860	-292047
1300	4459	267,870	-343771	1300	19801	259,674	-317775
1400	12775	274,031	-370869	1400	26008	264,273	-343974
1500	21325	279,929	-398569	1500	32389	268,675	-370623
1600	30081	285,580	-426846	1600	38928	272,894	-397703
1700	39021	290,999	-455677	1700	45611	276,945	-425197
1800	48124	296,201	-485039	1800	52423	280,839	-453087
1900	57373	301,202	-514911	1900	59353	284,585	-481359
2000	66754	306,013	-545273	2000	66388	288,194	-510000
2100	76253	310,648	-576107	2100	73517	291,672	-538994
2200	85858	315,116	-607397	2200	80731	295,028	-568330
2300	95558	319,427	-639125	2300	88022	298,269	-597996
2400	105341	323,591	-671277	2400	95383	301,401	-627980
2500	115199	327,615	-703839	2500	102806	304,431	-658272
2600	125124	331,508	-736796	2600	110287	307,366	-688863
2700	135106	335,275	-770136	2700	117821	310,209	-719743
2800	145140	338,924	-803847	2800	125403	312,966	-750902
2900	155219	342,461	-837917	2900	133030	315,642	-782333
3000	165341	345,892	-872336	3000	140698	318,242	-814028
3100	175501	349,224	-907092	3100	148402	320,768	-845979
3200	185698	352,461	-942177	3200	156141	323,225	-878179
3300	195928	355,609	-977582	3300	163911	325,616	-910622
3400	206192	358,673	-1013296	3400	171709	327,944	-943300
3500	216488	361,658	-1049314	3500	179533	330,212	-976209
3600	226814	364,566	-1085625	3600	187382	332,423	-1009341
3700	237168	367,403	-1122224	3700	195253	334,580	-1042691
3800	247548	370,172	-1159104	3800	203146	336,684	-1076255
3900	257952	372,874	-1196257	3900	211060	338,740	-1110027
4000	268375	375,513	-1233676	4000	218992	340,748	-1144001

Tabelle A.10. (Fortsetzung)

	NO				NO_2		
T [K]	H_m^0 [kJ/kmol]	S_m^0 [kJ/kmol K]	G_m^0 [kJ/kmol]	T [K]	H_m^0 [kJ/kmol]	S_m^0 [kJ/kmol K]	G_m^0 [kJ/kmol]
0	89832			0	35948		
298	99030	210,793	36180	298	46143	240,084	-25441
300	99085	210,977	35792	300	46211	240,311	-25883
400	102074	219,575	14245	400	50076	251,410	-50487
500	105098	226,320	-8062	500	54254	260,720	-76106
600	108185	231,947	-30983	600	58711	268,839	-102592
700	111348	236,820	-54426	700	63405	276,070	-129844
800	114586	241,143	-78328	800	68294	282,596	-157783
900	117896	245,041	-102641	900	73341	288,538	-186344
1000	121270	248,595	-127325	1000	78511	293,985	-215474
1100	124698	251,862	-152350	1100	83780	299,006	-245127
1200	128172	254,884	-177689	1200	89126	303,657	-275263
1300	131683	257,694	-203320	1300	94534	307,986	-305847
1400	135225	260,320	-229222	1400	99994	312,031	-336850
1500	138794	262,782	-255378	1500	105496	315,828	-368245
1600	142385	265,099	-281774	1600	111035	319,402	-400008
1700	145996	267,288	-308394	1700	116605	322,779	-432119
1800	149624	269,362	-335227	1800	122202	325,978	-464558
1900	153268	271,332	-362263	1900	127823	329,017	-497309
2000	156927	273,209	-389491	2000	133464	331,910	-530357
2100	160599	275,001	-416902	2100	139122	334,671	-563687
2200	164284	276,714	-444488	2200	144794	337,310	-597287
2300	167979	278,357	-472242	2300	150478	339,836	-631145
2400	171685	279,934	-500158	2400	156173	342,260	-665251
2500	175400	281,451	-528227	2500	161876	344,588	-699594
2600	179123	282,911	-556446	2600	167588	346,828	-734165
2700	182852	284,319	-584808	2700	173308	348,987	-768957
2800	186588	285,677	-613308	2800	179035	351,070	-803960
2900	190329	286,990	-641942	2900	184770	353,082	-839168
3000	194075	288,260	-670705	3000	190511	355,028	-874574
3100	197826	289,490	-699592	3100	196258	356,913	-910172
3200	201581	290,682	-728601	3200	202011	358,739	-945955
3300	205341	291,839	-757728	3300	207767	360,511	-981918
3400	209106	292,963	-786968	3400	213527	362,230	-1018056
3500	212876	294,056	-816319	3500	219289	363,900	-1054362
3600	216651	295,119	-845778	3600	225053	365,524	-1090834
3700	220431	296,155	-875342	3700	230821	367,104	-1127466
3800	224215	297,164	-905008	3800	236593	368,644	-1164254
3900	228004	298,148	-934774	3900	242370	370,144	-1201193
4000	231797	299,108	-964637	4000	248148	371,607	-1238281

| \multicolumn{4}{c}{C_{Gas}} | \multicolumn{4}{c}{$C_{Graphit}$} |

T [K]	H_m^0 [kJ/kmol]	S_m^0 [kJ/kmol K]	G_m^0 [kJ/kmol]	T [K]	H_m^0 [kJ/kmol]	S_m^0 [kJ/kmol K]	G_m^0 [kJ/kmol]
0	709981			0	0		
298	716521	158,098	669382	298	1055	5,690	-641
300	716559	158,226	669091	300	1071	5,745	-652
400	718643	164,223	652954	400	2128	8,763	-1377
500	720726	168,869	636291	500	3474	11,755	-2404
600	722807	172,664	619209	600	5052	14,626	-3724
700	724888	175,872	601778	700	6816	17,342	-5324
800	726969	178,650	584048	800	8728	19,894	-7187
900	729049	181,101	566058	900	10758	22,283	-9297
1000	731130	183,293	547837	1000	12881	24,519	-11638
1100	733210	185,276	529407	1100	15076	26,611	-14196
1200	735291	187,086	510787	1200	17329	28,571	-16956
1300	737372	188,752	491994	1300	19627	30,410	-19906
1400	739453	190,294	473041	1400	21961	32,139	-23034
1500	741535	191,731	453939	1500	24323	33,769	-26331
1600	743618	193,075	434698	1600	26708	35,308	-29785
1700	745703	194,339	415327	1700	29113	36,766	-33390
1800	747791	195,532	395833	1800	31534	38,150	-37136
1900	749882	196,663	376222	1900	33969	39,467	-41017
2000	751976	197,737	356502	2000	36417	40,722	-45027
2100	754075	198,761	336677	2100	38876	41,922	-49160
2200	756179	199,740	316751	2200	41345	43,071	-53410
2300	758288	200,677	296730	2300	43824	44,173	-57772
2400	760404	201,578	276617	2400	46313	45,232	-62243
2500	762526	202,444	256416	2500	48810	46,251	-66817
2600	764655	203,279	236129	2600	51315	47,234	-71492
2700	766791	204,085	215761	2700	53828	48,182	-76263
2800	768935	204,865	195313	2800	56349	49,099	-81127
2900	771087	205,620	174789	2900	58876	49,985	-86082
3000	773246	206,352	154190	3000	61410	50,845	-91123
3100	775414	207,063	133519	3100	63951	51,678	-96250
3200	777589	207,753	112778	3200	66497	52,486	-101458
3300	779772	208,425	91969	3300	69050	53,272	-106746
3400	781963	209,079	71093	3400	71609	54,036	-112112
3500	784162	209,717	50153	3500	74174	54,779	-117553
3600	786368	210,338	29151	3600	76745	55,503	-123067
3700	788581	210,945	8086	3700	79322	56,209	-128653
3800	790802	211,537	-13038	3800	81906	56,898	-134308
3900	793030	212,115	-34221	3900	84496	57,571	-140032
4000	795264	212,681	-55461	4000	87094	58,229	-145822

Tabelle A.10. (Fortsetzung)

	O				H		
T [K]	H_m^0 [kJ/kmol]	S_m^0 [kJ/kmol K]	G_m^0 [kJ/kmol]	T [K]	H_m^0 [kJ/kmol]	S_m^0 [kJ/kmol K]	G_m^0 [kJ/kmol]
0	246975			0	216173		
298	253708	161,058	205687	298	222374	114,685	188179
300	253748	161,194	205390	300	222412	114,813	187968
400	255930	167,474	188941	400	224492	120,797	176173
500	258075	172,262	171944	500	226572	125,438	163853
600	260196	176,128	154519	600	228652	129,230	151114
700	262301	179,373	136739	700	230732	132,437	138026
800	264397	182,172	118659	800	232812	135,214	124641
900	266488	184,636	100316	900	234892	137,664	110994
1000	268578	186,838	81740	1000	236972	139,855	97116
1100	270668	188,830	62955	1100	239052	141,838	83030
1200	272758	190,648	43980	1200	241132	143,648	68755
1300	274848	192,321	24830	1300	243212	145,313	54305
1400	276938	193,870	5520	1400	245292	146,854	39696
1500	279029	195,313	-13940	1500	247372	148,289	24938
1600	281118	196,661	-33539	1600	249452	149,632	10041
1700	283207	197,927	-53270	1700	251532	150,893	-4985
1800	285294	199,120	-73122	1800	253612	152,081	-20135
1900	287380	200,248	-93091	1900	255692	153,206	-35400
2000	289464	201,317	-113170	2000	257772	154,273	-50774
2100	291548	202,334	-133353	2100	259852	155,288	-66252
2200	293630	203,302	-153635	2200	261932	156,255	-81830
2300	295712	204,228	-174012	2300	264012	157,180	-97502
2400	297795	205,114	-194480	2400	266092	158,065	-113265
2500	299878	205,965	-215034	2500	268172	158,914	-129114
2600	301962	206,782	-235671	2600	270252	159,730	-145046
2700	304049	207,570	-256389	2700	272332	160,515	-161059
2800	306138	208,329	-277184	2800	274412	161,272	-177149
2900	308229	209,063	-298054	2900	276492	162,001	-193312
3000	310323	209,773	-318996	3000	278572	162,707	-209548
3100	312421	210,461	-340008	3100	280652	163,389	-225853
3200	314522	211,128	-361088	3200	282732	164,049	-242225
3300	316626	211,776	-382233	3300	284812	164,689	-258662
3400	318734	212,405	-403442	3400	286892	165,310	-275162
3500	320845	213,017	-424713	3500	288972	165,913	-291723
3600	322959	213,612	-446045	3600	291052	166,499	-308344
3700	325077	214,193	-467435	3700	293132	167,069	-325023
3800	327198	214,758	-488883	3800	295212	167,624	-341757
3900	329322	215,310	-510387	3900	297292	168,164	-358547
4000	331450	215,849	-531945	4000	299372	168,690	-375390

	OH				N		
T [K]	H_m^0 [kJ/kmol]	S_m^0 [kJ/kmol K]	G_m^0 [kJ/kmol]	T [K]	H_m^0 [kJ/kmol]	S_m^0 [kJ/kmol K]	G_m^0 [kJ/kmol]
0	38824			0	471099		
298	47646	183,876	-7179	298	477299	153,295	431593
300	47701	184,060	-7517	300	477338	153,423	431311
400	50678	192,626	-26373	400	479418	159,408	415655
500	53630	199,214	-45977	500	481498	164,049	399473
600	56577	204,588	-66176	600	483578	167,841	382873
700	59536	209,149	-86868	700	485658	171,048	365924
800	62518	213,130	-107986	800	487738	173,825	348678
900	65532	216,679	-129480	900	489818	176,275	331170
1000	68583	219,894	-151311	1000	491898	178,466	313431
1100	71677	222,842	-173450	1100	493978	180,449	295484
1200	74814	225,572	-195872	1200	496058	182,259	277347
1300	77996	228,119	-218558	1300	498138	183,924	259037
1400	81223	230,510	-241491	1400	500218	185,465	240567
1500	84493	232,765	-264655	1500	502298	186,900	221948
1600	87804	234,903	-288040	1600	504378	188,243	203190
1700	91155	236,934	-311632	1700	506458	189,504	184302
1800	94543	238,870	-335423	1800	508538	190,693	165291
1900	97966	240,721	-359404	1900	510618	191,817	146165
2000	101421	242,493	-383565	2000	512698	192,884	126930
2100	104905	244,193	-407900	2100	514779	193,899	107590
2200	108417	245,826	-432401	2200	516860	194,867	88152
2300	111953	247,398	-457063	2300	518941	195,793	68618
2400	115513	248,913	-481879	2400	521023	196,679	48994
2500	119094	250,375	-506844	2500	523107	197,529	29284
2600	122694	251,787	-531952	2600	525192	198,347	9490
2700	126313	253,153	-557200	2700	527279	199,135	-10385
2800	129949	254,475	-582582	2800	529368	199,894	-30336
2900	133602	255,757	-608094	2900	531460	200,629	-50363
3000	137269	257,000	-633732	3000	533556	201,339	-70461
3100	140950	258,207	-659492	3100	535657	202,028	-90630
3200	144645	259,380	-685372	3200	537762	202,696	-110866
3300	148353	260,521	-711367	3300	539873	203,346	-131168
3400	152073	261,632	-737475	3400	541991	203,978	-151535
3500	155806	262,714	-763693	3500	544116	204,594	-171964
3600	159549	263,768	-790017	3600	546250	205,195	-192453
3700	163304	264,797	-816446	3700	548393	205,782	-213002
3800	167068	265,801	-842976	3800	550546	206,357	-233609
3900	170843	266,782	-869605	3900	552710	206,919	-254273
4000	174627	267,740	-896331	4000	554887	207,470	-274993

Tabelle A.10. (Fortsetzung)

	C_6H_6				Luft		
T [K]	H_m^0 [kJ/kmol]	S_m^0 [kJ/kmol K]	G_m^0 [kJ/kmol]	T [K]	H_m [kJ/kmol]	S_m [kJ/kmol K]	G_m [kJ/kmol]
0	100421			0	0		
298	114660	269,38	34342	298	8678	198,75	-50549
300	114811	269,88	33847	300	8731	198,93	-50947
400	124545	297,68	5473	400	11655	207,34	-71279
500	137056	325,48	-25684	500	14622	213,95	-92355
600	151856	352,40	-59584	600	17648	219,47	-114033
700	168528	378,07	-96121	700	20740	224,23	-136223
800	186719	402,35	-135161	800	23899	228,45	-158863
900	206180	425,25	-176545	900	27125	232,25	-181900
1000	226707	446,86	-220153	1000	30412	235,71	-205301
1100	248131	467,29	-265888	1100	33755	238,90	-229034
1200	270363	486,59	-313545	1200	37147	241,85	-253073
1300	293181	504,89	-363176	1300	40584	244,60	-277396
1400	316627	522,26	-414537	1400	44059	247,18	-301986
1500	340534	538,76	-467606	1500	47568	249,61	-326841

	C_8H_{18}		
T [K]	H_m^0 [kJ/kmol]	S_m^0 [kJ/kmol K]	G_m^0 [kJ/kmol]
0	-170634		
298	-139714	423,5	-265985
300	-139383	424,6	-266763
400	-117252	489,0	-312852
500	-89870	549,7	-364720
600	-58092	606,7	-422112
700	-22672	660,7	-485162
800	15260	711,3	-553780
900	55872	759,5	-627678
1000	98996	805,1	-706104

Tabelle A.11. Stoffwerte des Verbrennungsgases als Funktion von T, p und λ. Chemisches Gleichgewicht, Bezugszustand: 25 °C, 1 atm

	$p = 1$ bar							
	$\lambda = 0{,}7$				$\lambda = 0{,}8$			
T [K]	R [J/kg K]	c_v [kJ/kg K]	u [kJ/kg]	s [J/kg K]	R [J/kg K]	c_v [kJ/kg K]	u [kJ/kg]	s [J/kg K]
298,15	311,4	0,8170	1420,3	7461,0	301,6	0,7990	807,2	7265,2
300,00	311,4	0,8173	1421,9	7468,0	301,6	0,7993	808,7	7272,0
400,00	311,4	0,8348	1504,4	7794,9	301,6	0,8190	889,5	7591,2
500,00	311,4	0,8587	1589,0	8053,1	301,6	0,8446	972,7	7843,9
600,00	311,4	0,8865	1676,3	8268,9	301,6	0,8735	1058,5	8055,4
700,00	311,4	0,9159	1766,4	8455,7	301,6	0,9038	1147,4	8238,8
800,00	311,4	0,9454	1859,5	8621,5	301,6	0,9338	1239,3	8401,8
900,00	311,4	0,9739	1955,4	8771,2	301,6	0,9625	1334,1	8549,0
1000,00	311,4	1,0006	2054,2	8908,1	301,6	0,9894	1431,7	8683,6
1100,00	311,4	1,0252	2155,5	9034,3	301,6	1,0141	1531,9	8807,8
1200,00	311,4	1,0474	2259,2	9151,5	301,6	1,0363	1634,4	8923,2
1300,00	311,4	1,0674	2364,9	9261,1	301,6	1,0562	1739,1	9031,1
1400,00	311,4	1,0852	2472,6	9363,9	301,6	1,0739	1845,6	9132,4
1500,00	311,4	1,1010	2581,9	9460,8	301,6	1,0896	1953,8	9227,8
1600,00	311,4	1,1143	2696,0	9554,6	301,6	1,1030	2065,8	9319,6
1700,00	311,4	1,1262	2810,8	9643,1	301,6	1,1150	2178,8	9406,4
1800,00	311,4	1,1371	2926,6	9727,1	301,6	1,1258	2292,8	9488,8
1900,00	311,4	1,1470	3043,7	9807,2	301,7	1,1356	2408,1	9567,5
2000,00	311,4	1,1560	3162,5	9884,2	301,7	1,1446	2525,3	9643,1
2100,00	311,5	1,1643	3284,0	9958,7	301,8	1,1527	2645,6	9716,5
2200,00	311,6	1,1718	3409,7	10031,8	301,9	1,1601	2771,1	9789,1
2300,00	311,9	1,1786	3542,3	10104,8	302,2	1,1667	2906,3	9862,9
2400,00	312,3	1,1847	3686,3	10179,8	302,7	1,1724	3059,0	9941,5
2500,00	313,0	1,1899	3848,8	10259,5	303,7	1,1768	3241,0	10028,9
2600,00	314,1	1,1941	4040,7	10348,2	305,4	1,1799	3465,9	10130,6
2700,00	316,0	1,1971	4275,4	10450,5	307,9	1,1814	3743,2	10249,3
2800,00	318,8	1,1986	4565,8	10570,3	311,3	1,1816	4075,9	10384,9
2900,00	322,6	1,1989	4919,5	10709,5	315,7	1,1805	4463,2	10536,1
3000,00	327,6	1,1978	5337,7	10867,2	321,0	1,1786	4902,9	10701,3
3100,00	333,7	1,1958	5817,4	11041,3	327,2	1,1760	5392,7	10878,7
3200,00	340,8	1,1931	6351,9	11228,8	334,4	1,1727	5927,8	11066,2
3300,00	348,8	1,1897	6930,2	11425,3	342,3	1,1691	6499,8	11260,5
3400,00	357,4	1,1860	7536,6	11625,5	350,7	1,1653	7094,8	11456,8
3500,00	366,2	1,1821	8150,3	11822,7	359,3	1,1614	7694,0	11649,4
3600,00	374,9	1,1783	8748,5	12010,4	367,7	1,1576	8276,3	11832,1
3700,00	383,1	1,1745	9310,1	12182,8	375,5	1,1540	8822,0	11999,7
3800,00	390,3	1,1714	9820,0	12336,4	382,5	1,1510	9317,0	12148,9
3900,00	396,5	1,1689	10271,0	12470,0	388,5	1,1486	9755,0	12278,7
4000,00	401,7	1,1675	10664,1	12584,8	393,5	1,1473	10137,1	12390,3

Tabelle A.11. (Fortsetzung)

	$p = 1$ bar							
	$\lambda = 0,9$				$\lambda = 1,0$			
T [K]	R [J/kg K]	c_v [kJ/kg K]	u [kJ/kg]	s [J/kg K]	R [J/kg K]	c_v [kJ/kg K]	u [kJ/kg]	s [J/kg K]
298,15	293,9	0,7850	316,5	7095,8	287,6	0,7740	−85,8	6936,6
300,00	293,9	0,7854	317,9	7102,4	287,6	0,7743	−84,3	6943,1
400,00	293,9	0,8072	397,5	7415,7	287,6	0,7982	−5,8	7251,8
500,00	293,9	0,8343	479,6	7664,3	287,6	0,8267	75,5	7497,1
600,00	293,9	0,8642	564,5	7872,6	287,6	0,8575	159,7	7702,9
700,00	293,9	0,8951	652,4	8053,4	287,6	0,8890	247,0	7881,8
800,00	293,9	0,9255	743,5	8214,2	287,6	0,9197	337,4	8040,9
900,00	293,9	0,9545	837,5	8359,5	287,6	0,9490	430,9	8184,8
1000,00	293,9	0,9815	934,3	8492,5	287,6	0,9760	527,1	8316,5
1100,00	293,9	1,0062	1033,7	8615,2	287,6	1,0007	626,0	8438,2
1200,00	293,9	1,0284	1135,5	8729,3	287,6	1,0228	727,2	8551,2
1300,00	293,9	1,0482	1239,3	8835,9	287,6	1,0425	830,6	8657,0
1400,00	293,9	1,0658	1345,0	8936,1	287,6	1,0600	936,0	8756,5
1500,00	293,9	1,0814	1452,4	9030,4	287,7	1,0754	1043,7	8850,6
1600,00	293,9	1,0949	1562,5	9120,4	287,7	1,0890	1153,8	8940,2
1700,00	293,9	1,1070	1673,7	9205,7	287,7	1,1012	1267,4	9026,6
1800,00	293,9	1,1179	1786,1	9286,7	287,9	1,1118	1385,7	9110,8
1900,00	293,9	1,1278	1900,2	9364,3	288,1	1,1213	1510,9	9194,2
2000,00	294,0	1,1366	2016,9	9439,3	288,4	1,1297	1645,9	9278,6
2100,00	294,1	1,1446	2138,4	9513,0	288,9	1,1368	1794,4	9365,6
2200,00	294,3	1,1518	2270,2	9588,2	289,7	1,1428	1960,5	9457,0
2300,00	294,9	1,1577	2422,1	9669,3	290,8	1,1475	2149,0	9554,8
2400,00	295,9	1,1623	2606,1	9761,2	292,3	1,1510	2364,4	9660,4
2500,00	297,5	1,1654	2830,9	9866,7	294,3	1,1532	2610,9	9774,9
2600,00	299,9	1,1669	3099,2	9985,9	296,9	1,1541	2891,9	9899,2
2700,00	302,9	1,1672	3411,1	10118,0	300,0	1,1540	3209,8	10033,6
2800,00	306,7	1,1664	3766,5	10262,1	303,8	1,1529	3566,1	10177,9
2900,00	311,3	1,1647	4165,7	10417,5	308,4	1,1511	3962,2	10332,1
3000,00	316,6	1,1623	4608,8	10583,7	313,6	1,1486	4398,8	10495,9
3100,00	322,8	1,1595	5095,1	10759,8	319,6	1,1457	4875,6	10668,6
3200,00	329,8	1,1562	5621,7	10944,3	326,4	1,1424	5390,0	10848,9
3300,00	337,5	1,1525	6181,3	11134,4	333,8	1,1389	5935,4	11034,3
3400,00	345,6	1,1488	6761,3	11325,9	341,7	1,1351	6499,8	11220,8
3500,00	354,0	1,1449	7344,1	11513,3	349,8	1,1314	7066,6	11403,2
3600,00	362,1	1,1412	7909,9	11690,9	357,6	1,1278	7616,6	11575,9
3700,00	369,7	1,1377	8439,9	11853,8	365,0	1,1244	8132,1	11734,4
3800,00	376,4	1,1348	8921,0	11998,8	371,5	1,1216	8600,7	11875,8
3900,00	382,2	1,1325	9347,2	12125,2	377,1	1,1194	9016,5	11999,2
4000,00	387,0	1,1313	9719,7	12234,1	381,8	1,1182	9380,7	12105,7

	\multicolumn{4}{c	}{$p = 1$ bar}				
	\multicolumn{4}{c	}{$\lambda = 1,2$}	\multicolumn{4}{c	}{$\lambda = 1,4$}
T [K]	R [J/kg K]	c_v [kJ/kg K]	u [kJ/kg]	s [J/kg K]	R [J/kg K]	c_v [kJ/kg K]	u [kJ/kg]	s [J/kg K]
298,15	287,5	0,7651	-85,7	6953,5	287,5	0,7586	-85,7	6955,5
300,00	287,5	0,7654	-84,3	6960,0	287,5	0,7589	-84,3	6961,9
400,00	287,5	0,7868	-6,8	7265,7	287,5	0,7784	-7,5	7265,4
500,00	287,5	0,8134	73,2	7508,2	287,5	0,8037	71,6	7505,9
600,00	287,5	0,8428	156,0	7711,5	287,5	0,8321	153,3	7707,4
700,00	287,5	0,8730	241,8	7888,0	287,5	0,8614	238,0	7882,1
800,00	287,5	0,9027	330,6	8044,9	287,5	0,8902	325,6	8037,4
900,00	287,5	0,9308	422,3	8186,7	287,5	0,9175	416,0	8177,8
1000,00	287,5	0,9567	516,7	8316,5	287,5	0,9427	509,1	8306,1
1100,00	287,5	0,9804	613,6	8436,3	287,5	0,9655	604,6	8424,5
1200,00	287,5	1,0015	712,9	8547,7	287,5	0,9859	702,4	8534,6
1300,00	287,5	1,0203	814,3	8651,8	287,5	1,0041	802,3	8637,6
1400,00	287,5	1,0368	917,7	8749,7	287,5	1,0201	904,2	8734,4
1500,00	287,5	1,0517	1023,0	8842,2	287,5	1,0343	1008,0	8825,8
1600,00	287,6	1,0646	1130,2	8930,0	287,5	1,0468	1113,7	8912,6
1700,00	287,6	1,0762	1239,5	9013,7	287,5	1,0580	1221,6	8995,4
1800,00	287,6	1,0866	1351,5	9094,2	287,5	1,0680	1332,0	9075,0
1900,00	287,7	1,0959	1467,2	9172,3	287,6	1,0770	1445,8	9152,1
2000,00	287,8	1,1042	1588,4	9249,4	287,7	1,0851	1564,5	9227,8
2100,00	288,0	1,1116	1718,5	9327,1	287,9	1,0923	1690,4	9303,5
2200,00	288,5	1,1179	1861,9	9407,7	288,3	1,0986	1827,1	9380,8
2300,00	289,2	1,1232	2025,0	9493,7	288,8	1,1040	1979,8	9462,1
2400,00	290,4	1,1272	2214,4	9587,7	289,8	1,1082	2154,7	9549,7
2500,00	292,0	1,1298	2436,0	9691,6	291,1	1,1113	2358,2	9645,9
2600,00	294,2	1,1312	2694,1	9806,5	293,0	1,1131	2596,0	9752,5
2700,00	297,0	1,1314	2990,9	9932,5	295,5	1,1138	2871,8	9870,2
2800,00	300,5	1,1306	3327,1	10069,1	298,7	1,1134	3187,1	9998,8
2900,00	304,7	1,1290	3702,9	10215,8	302,6	1,1121	3542,3	10137,9
3000,00	309,6	1,1267	4118,1	10371,8	307,2	1,1102	3936,7	10286,4
3100,00	315,3	1,1240	4571,6	10536,4	312,5	1,1077	4368,8	10443,6
3200,00	321,7	1,1208	5060,5	10708,1	318,5	1,1049	4835,3	10607,7
3300,00	328,6	1,1176	5578,5	10884,4	325,0	1,1020	5329,9	10776,3
3400,00	336,0	1,1141	6114,3	11061,6	332,0	1,0987	5841,8	10945,9
3500,00	343,6	1,1106	6652,3	11235,0	339,2	1,0954	6356,2	11111,9
3600,00	351,0	1,1072	7174,9	11399,4	346,1	1,0923	6856,8	11269,6
3700,00	357,8	1,1042	7665,8	11550,5	352,7	1,0894	7328,1	11414,9
3800,00	364,0	1,1015	8113,4	11685,7	358,5	1,0869	7759,4	11545,3
3900,00	369,3	1,0994	8512,3	11804,2	363,6	1,0850	8145,3	11660,0
4000,00	373,8	1,0984	8863,2	11906,9	367,9	1,0840	8486,3	11759,9

Tabelle A.11. (Fortsetzung)

				$p = 1$ bar				
		$\lambda = 1,6$				$\lambda = 2,0$		
T [K]	R [J/kg K]	c_v [kJ/kg K]	u [kJ/kg]	s [J/kg K]	R [J/kg K]	c_v [kJ/kg K]	u [kJ/kg]	s [J/kg K]
298,15	287,4	0,7538	-85,7	6954,0	287,4	0,7468	-85,7	6948,1
300,00	287,4	0,7540	-84,3	6960,4	287,4	0,7469	-84,3	6954,5
400,00	287,4	0,7721	-8,1	7262,3	287,4	0,7631	-8,9	7254,1
500,00	287,4	0,7964	70,3	7501,2	287,4	0,7860	68,6	7490,9
600,00	287,4	0,8240	151,3	7701,2	287,4	0,8124	148,5	7688,9
700,00	287,4	0,8526	235,1	7874,7	287,4	0,8401	231,1	7860,5
800,00	287,4	0,8808	321,8	8028,8	287,4	0,8674	316,5	8012,8
900,00	287,4	0,9074	411,3	8168,0	287,4	0,8932	404,5	8150,3
1000,00	287,4	0,9320	503,3	8295,2	287,4	0,9169	495,1	8276,0
1100,00	287,4	0,9543	597,7	8412,6	287,4	0,9384	588,0	8391,9
1200,00	287,4	0,9742	694,4	8521,7	287,4	0,9574	683,1	8499,7
1300,00	287,4	0,9918	793,2	8623,7	287,4	0,9744	780,2	8600,4
1400,00	287,4	1,0074	893,9	8719,7	287,4	0,9893	879,2	8695,0
1500,00	287,4	1,0211	996,5	8810,3	287,4	1,0024	980,1	8784,5
1600,00	287,4	1,0333	1101,1	8896,3	287,4	1,0140	1083,0	8869,4
1700,00	287,5	1,0441	1207,8	8978,5	287,4	1,0244	1188,0	8950,5
1800,00	287,5	1,0538	1317,0	9057,3	287,4	1,0338	1295,5	9028,4
1900,00	287,5	1,0626	1429,5	9133,7	287,5	1,0422	1406,1	9103,8
2000,00	287,6	1,0705	1546,5	9208,6	287,5	1,0498	1520,8	9177,4
2100,00	287,8	1,0776	1670,0	9283,0	287,7	1,0566	1641,4	9250,4
2200,00	288,1	1,0838	1803,2	9358,7	288,0	1,0627	1770,3	9324,0
2300,00	288,6	1,0892	1950,4	9437,4	288,4	1,0680	1911,2	9399,9
2400,00	289,4	1,0935	2117,1	9521,4	289,0	1,0726	2068,6	9479,8
2500,00	290,6	1,0968	2309,6	9613,0	290,1	1,0760	2248,1	9565,9
2600,00	292,3	1,0990	2533,8	9714,0	291,5	1,0785	2455,4	9660,0
2700,00	294,6	1,1000	2794,1	9825,6	293,5	1,0800	2695,3	9763,5
2800,00	297,5	1,1000	3092,9	9947,9	296,1	1,0804	2971,1	9877,1
2900,00	301,1	1,0991	3431,1	10080,7	299,3	1,0801	3284,4	10000,7
3000,00	305,5	1,0974	3808,1	10223,0	303,2	1,0790	3635,3	10133,7
3100,00	310,5	1,0953	4222,2	10373,9	307,8	1,0773	4022,2	10275,2
3200,00	316,1	1,0928	4670,2	10531,8	313,0	1,0752	4441,8	10423,4
3300,00	322,4	1,0899	5145,5	10694,1	318,7	1,0729	4887,8	10576,1
3400,00	329,0	1,0870	5637,7	10857,4	324,9	1,0702	5350,5	10730,0
3500,00	335,9	1,0839	6133,1	11017,4	331,2	1,0675	5817,1	10881,1
3600,00	342,5	1,0809	6615,8	11169,7	337,4	1,0648	6273,5	11025,3
3700,00	348,8	1,0781	7071,6	11310,3	343,2	1,0623	6706,7	11159,2
3800,00	354,4	1,0758	7490,1	11437,0	348,5	1,0601	7106,7	11280,4
3900,00	359,3	1,0740	7866,0	11548,8	353,2	1,0584	7468,4	11388,1
4000,00	363,5	1,0730	8199,4	11646,5	357,1	1,0576	7791,1	11482,8

	$p = 1$ bar							
	$\lambda = 5{,}0$				$\lambda = 1\,000\,000$			
T [K]	R [J/kg K]	c_v [kJ/kg K]	u [kJ/kg]	s [J/kg K]	R [J/kg K]	c_v [kJ/kg K]	u [kJ/kg]	s [J/kg K]
298,15	287,2	0,7296	−85,6	6914,9	287,0	0,7179	−85,6	6864,1
300,00	287,2	0,7297	−84,3	6921,2	287,0	0,7179	−84,3	6870,3
400,00	287,2	0,7409	−10,8	7215,1	287,0	0,7257	−12,2	7160,2
500,00	287,2	0,7603	64,2	7446,4	287,0	0,7426	61,2	7387,8
600,00	287,2	0,7839	141,4	7639,5	287,0	0,7643	136,5	7577,5
700,00	287,2	0,8092	221,0	7806,5	287,0	0,7880	214,1	7741,3
800,00	287,2	0,8342	303,2	7954,5	287,0	0,8115	294,1	7886,4
900,00	287,2	0,8578	387,9	8088,0	287,0	0,8336	376,4	8017,1
1000,00	287,2	0,8795	474,8	8209,9	287,0	0,8538	460,8	8136,3
1100,00	287,2	0,8989	563,9	8322,2	287,0	0,8719	547,3	8246,1
1200,00	287,2	0,9161	655,0	8426,4	287,0	0,8878	635,7	8347,9
1300,00	287,2	0,9313	748,0	8523,8	287,0	0,9017	725,9	8443,1
1400,00	287,2	0,9445	842,9	8615,4	287,0	0,9137	817,7	8532,4
1500,00	287,2	0,9562	939,6	8701,9	287,0	0,9245	911,3	8616,8
1600,00	287,2	0,9666	1038,1	8784,0	287,0	0,9340	1006,7	8696,8
1700,00	287,2	0,9758	1138,7	8862,4	287,0	0,9424	1103,8	8773,1
1800,00	287,2	0,9842	1241,5	8937,6	287,0	0,9501	1202,8	8846,1
1900,00	287,2	0,9918	1347,2	9010,3	287,1	0,9570	1303,9	8916,3
2000,00	287,3	0,9986	1456,2	9081,0	287,1	0,9634	1407,6	8984,2
2100,00	287,4	1,0049	1569,7	9150,5	287,1	0,9694	1514,2	9050,3
2200,00	287,6	1,0106	1689,2	9219,6	287,2	0,9748	1624,8	9115,2
2300,00	287,9	1,0157	1817,0	9289,5	287,4	0,9798	1740,5	9179,5
2400,00	288,3	1,0202	1955,7	9361,2	287,6	0,9843	1863,1	9244,2
2500,00	289,0	1,0240	2109,1	9436,2	288,0	0,9884	1994,7	9310,0
2600,00	289,9	1,0272	2281,0	9515,9	288,5	0,9920	2138,1	9378,1
2700,00	291,2	1,0297	2475,7	9601,7	289,3	0,9951	2296,3	9449,4
2800,00	293,0	1,0313	2696,9	9694,4	290,4	0,9977	2473,0	9525,3
2900,00	295,2	1,0324	2947,4	9794,9	291,8	0,9999	2671,5	9606,6
3000,00	298,0	1,0327	3228,7	9903,1	293,7	1,0014	2895,4	9694,3
3100,00	301,4	1,0325	3540,8	10018,6	296,1	1,0023	3146,9	9788,8
3200,00	305,3	1,0317	3881,5	10140,3	299,0	1,0026	3427,1	9890,1
3300,00	309,7	1,0306	4246,5	10266,5	302,4	1,0024	3734,9	9997,4
3400,00	314,5	1,0290	4629,2	10394,8	306,2	1,0016	4066,2	10109,3
3500,00	319,4	1,0273	5020,7	10522,4	310,4	1,0004	4414,3	10223,3
3600,00	324,4	1,0254	5410,7	10646,4	314,8	0,9988	4769,4	10336,5
3700,00	329,3	1,0234	5788,9	10763,9	319,1	0,9972	5120,8	10445,8
3800,00	333,8	1,0216	6145,9	10872,5	323,2	0,9956	5458,0	10548,5
3900,00	337,9	1,0201	6475,4	10970,8	327,0	0,9942	5773,1	10642,6
4000,00	341,4	1,0195	6774,6	11058,8	330,4	0,9935	6061,7	10727,3

Tabelle A.11. (Fortsetzung)

	$p = 10$ bar							
	$\lambda = 0,7$				$\lambda = 0,8$			
T [K]	R [J/kg K]	c_v [kJ/kg K]	u [kJ/kg]	s [J/kg K]	R [J/kg K]	c_v [kJ/kg K]	u [kJ/kg]	s [J/kg K]
298,15	311,4	0,8170	1420,3	6744,0	301,6	0,7990	807,2	6570,6
300,00	311,4	0,8173	1421,8	6751,0	301,6	0,7993	808,6	6577,4
400,00	311,4	0,8347	1504,3	7077,9	301,6	0,8190	889,5	6896,6
500,00	311,4	0,8587	1589,0	7336,1	301,6	0,8446	972,6	7149,4
600,00	311,4	0,8865	1676,2	7551,9	301,6	0,8735	1058,5	7360,9
700,00	311,4	0,9159	1766,3	7738,7	301,6	0,9038	1147,4	7544,3
800,00	311,4	0,9454	1859,4	7904,6	301,6	0,9338	1239,3	7707,2
900,00	311,4	0,9739	1955,4	8054,3	301,6	0,9625	1334,1	7854,4
1000,00	311,4	1,0006	2054,2	8191,1	301,6	0,9894	1431,7	7989,0
1100,00	311,4	1,0252	2155,5	8317,3	301,6	1,0141	1531,9	8113,2
1200,00	311,4	1,0474	2259,1	8434,6	301,6	1,0363	1634,4	8228,7
1300,00	311,4	1,0674	2364,9	8544,1	301,6	1,0562	1739,1	8336,6
1400,00	311,4	1,0852	2472,5	8647,0	301,6	1,0739	1845,6	8437,8
1500,00	311,4	1,1010	2581,8	8743,9	301,6	1,0896	1953,8	8533,3
1600,00	311,4	1,1143	2695,9	8837,6	301,6	1,1030	2065,8	8625,0
1700,00	311,4	1,1262	2810,6	8926,0	301,6	1,1150	2178,6	8711,7
1800,00	311,4	1,1371	2926,1	9009,8	301,6	1,1258	2292,3	8794,0
1900,00	311,4	1,1470	3042,4	9089,5	301,6	1,1357	2407,0	8872,3
2000,00	311,4	1,1560	3159,8	9165,7	301,6	1,1446	2522,7	8947,1
2100,00	311,4	1,1643	3278,4	9238,8	301,7	1,1528	2639,9	9019,0
2200,00	311,5	1,1718	3398,7	9309,3	301,7	1,1603	2759,0	9088,5
2300,00	311,5	1,1788	3521,4	9377,7	301,8	1,1671	2881,1	9156,3
2400,00	311,6	1,1851	3647,8	9444,9	301,9	1,1733	3008,1	9223,3
2500,00	311,8	1,1908	3779,5	9511,6	302,2	1,1786	3143,1	9291,0
2600,00	312,2	1,1958	3919,3	9579,0	302,6	1,1834	3290,8	9361,2
2700,00	312,7	1,2002	4071,2	9648,5	303,4	1,1871	3457,6	9436,3
2800,00	313,4	1,2040	4240,2	9722,2	304,5	1,1899	3650,5	9518,6
2900,00	314,6	1,2068	4432,9	9801,9	306,1	1,1918	3874,8	9609,6
3000,00	316,2	1,2089	4655,5	9889,6	308,3	1,1927	4132,5	9709,5
3100,00	318,3	1,2102	4912,7	9986,5	310,9	1,1928	4422,8	9817,5
3200,00	321,1	1,2107	5206,4	10092,7	314,2	1,1921	4744,0	9932,6
3300,00	324,5	1,2105	5536,3	10207,5	317,9	1,1911	5093,7	10053,6
3400,00	328,6	1,2095	5900,3	10329,9	322,1	1,1896	5469,9	10179,7
3500,00	333,2	1,2081	6295,1	10458,5	326,8	1,1877	5870,6	10309,9
3600,00	338,3	1,2062	6717,0	10591,9	332,0	1,1855	6292,9	10443,3
3700,00	343,9	1,2037	7161,2	10728,5	337,5	1,1828	6733,3	10578,7
3800,00	349,8	1,2010	7621,8	10866,6	343,3	1,1799	7187,0	10714,6
3900,00	356,0	1,1982	8092,0	11004,1	349,4	1,1770	7648,0	10849,3
4000,00	362,3	1,1957	8564,3	11139,0	355,5	1,1746	8109,3	10981,2

	\multicolumn{4}{c}{$p = 10$ bar}				
	\multicolumn{4}{c}{$\lambda = 0{,}9$}	\multicolumn{4}{c}{$\lambda = 1{,}0$}
T [K]	R [J/kg K]	c_v [kJ/kg K]	u [kJ/kg]	s [J/kg K]	R [J/kg K]	c_v [kJ/kg K]	u [kJ/kg]	s [J/kg K]
298,15	293,9	0,7850	316,5	6419,0	287,6	0,7740	-85,8	6274,3
300,00	293,9	0,7854	317,9	6425,7	287,6	0,7743	-84,3	6280,8
400,00	293,9	0,8072	397,5	6739,0	287,6	0,7982	-5,8	6589,5
500,00	293,9	0,8343	479,5	6987,5	287,6	0,8267	75,5	6834,7
600,00	293,9	0,8642	564,4	7195,8	287,6	0,8575	159,7	7040,6
700,00	293,9	0,8951	652,4	7376,7	287,6	0,8890	247,0	7219,5
800,00	293,9	0,9255	743,4	7537,4	287,6	0,9197	337,4	7378,6
900,00	293,9	0,9545	837,5	7682,8	287,6	0,9490	430,9	7522,5
1000,00	293,9	0,9815	934,3	7815,7	287,6	0,9760	527,1	7654,2
1100,00	293,9	1,0062	1033,7	7938,4	287,6	1,0007	626,0	7775,8
1200,00	293,9	1,0284	1135,4	8052,5	287,6	1,0228	727,2	7888,9
1300,00	293,9	1,0482	1239,3	8159,2	287,6	1,0425	830,5	7994,6
1400,00	293,9	1,0658	1345,0	8259,3	287,6	1,0600	935,8	8094,0
1500,00	293,9	1,0814	1452,4	8353,6	287,6	1,0755	1043,0	8187,8
1600,00	293,9	1,0949	1562,4	8443,6	287,7	1,0891	1152,2	8276,8
1700,00	293,9	1,1070	1673,5	8528,8	287,7	1,1012	1263,6	8361,8
1800,00	293,9	1,1179	1785,7	8609,7	287,7	1,1121	1378,0	8443,7
1900,00	293,9	1,1278	1898,9	8686,8	287,8	1,1218	1496,3	8523,3
2000,00	293,9	1,1367	2013,5	8760,7	288,0	1,1304	1619,7	8601,5
2100,00	294,0	1,1448	2130,0	8831,9	288,2	1,1381	1750,1	8679,4
2200,00	294,0	1,1522	2249,5	8901,2	288,6	1,1448	1889,6	8758,1
2300,00	294,2	1,1588	2374,5	8970,0	289,1	1,1505	2040,6	8838,5
2400,00	294,4	1,1646	2509,2	9040,1	289,9	1,1552	2205,5	8921,8
2500,00	294,9	1,1695	2660,1	9114,2	290,8	1,1591	2386,9	9008,6
2600,00	295,8	1,1732	2833,9	9194,7	292,1	1,1619	2587,0	9099,8
2700,00	297,0	1,1759	3035,0	9283,0	293,7	1,1637	2807,7	9195,6
2800,00	298,7	1,1775	3264,2	9378,9	295,6	1,1648	3050,0	9296,4
2900,00	300,8	1,1782	3521,0	9481,6	297,8	1,1651	3314,7	9401,9
3000,00	303,4	1,1780	3804,0	9590,3	300,4	1,1647	3601,5	9511,9
3100,00	306,3	1,1774	4111,9	9704,2	303,4	1,1638	3910,1	9626,0
3200,00	309,7	1,1763	4443,7	9822,7	306,8	1,1625	4240,0	9743,8
3300,00	313,5	1,1747	4798,2	9945,2	310,6	1,1608	4590,5	9864,9
3400,00	317,8	1,1729	5174,6	10071,2	314,7	1,1590	4961,0	9988,9
3500,00	322,4	1,1709	5571,7	10200,3	319,2	1,1569	5350,5	10115,5
3600,00	327,5	1,1684	5987,6	10331,6	324,1	1,1545	5757,3	10244,1
3700,00	332,9	1,1658	6419,4	10464,3	329,4	1,1517	6178,8	10373,7
3800,00	338,5	1,1630	6862,8	10597,2	334,9	1,1489	6611,1	10503,4
3900,00	344,4	1,1601	7312,3	10728,7	340,5	1,1462	7049,0	10631,5
4000,00	350,3	1,1577	7761,5	10857,1	346,3	1,1439	7486,3	10756,7

Tabelle A.11. (Fortsetzung)

	$p = 10$ bar							
	$\lambda = 1,2$				$\lambda = 1,4$			
T [K]	R [J/kg K]	c_v [kJ/kg K]	u [kJ/kg]	s [J/kg K]	R [J/kg K]	c_v [kJ/kg K]	u [kJ/kg]	s [J/kg K]
298,15	287,5	0,7651	-85,7	6291,4	287,5	0,7586	-85,7	6293,5
300,00	287,5	0,7654	-84,3	6297,9	287,5	0,7589	-84,3	6300,0
400,00	287,5	0,7868	-6,8	6603,6	287,5	0,7784	-7,5	6603,5
500,00	287,5	0,8134	73,2	6846,1	287,5	0,8037	71,6	6844,0
600,00	287,5	0,8428	156,0	7049,4	287,5	0,8321	153,3	7045,4
700,00	287,5	0,8730	241,8	7225,9	287,5	0,8614	238,0	7220,2
800,00	287,5	0,9027	330,6	7382,8	287,5	0,8902	325,6	7375,5
900,00	287,5	0,9308	422,3	7524,6	287,5	0,9175	416,0	7515,8
1000,00	287,5	0,9567	516,7	7654,4	287,5	0,9427	509,1	7644,1
1100,00	287,5	0,9804	613,6	7774,2	287,5	0,9655	604,6	7762,6
1200,00	287,5	1,0015	712,9	7885,6	287,5	0,9859	702,4	7872,7
1300,00	287,5	1,0203	814,3	7989,7	287,5	1,0041	802,3	7975,6
1400,00	287,5	1,0369	917,6	8087,6	287,5	1,0201	904,1	8072,4
1500,00	287,5	1,0517	1022,8	8180,0	287,5	1,0343	1007,8	8163,7
1600,00	287,5	1,0647	1129,8	8267,6	287,5	1,0468	1113,3	8250,4
1700,00	287,6	1,0762	1238,6	8351,0	287,5	1,0580	1220,7	8332,9
1800,00	287,6	1,0866	1349,3	8430,7	287,5	1,0680	1330,0	8411,8
1900,00	287,6	1,0960	1462,3	8507,4	287,5	1,0771	1441,6	8487,7
2000,00	287,6	1,1044	1578,2	8581,6	287,6	1,0852	1555,9	8561,2
2100,00	287,7	1,1121	1698,0	8654,2	287,6	1,0927	1673,8	8632,8
2200,00	287,9	1,1189	1823,4	8726,1	287,8	1,0993	1796,5	8703,3
2300,00	288,2	1,1249	1956,8	8798,4	288,0	1,1053	1925,7	8773,8
2400,00	288,6	1,1301	2101,4	8872,6	288,3	1,1105	2063,8	8845,2
2500,00	289,2	1,1344	2260,7	8950,1	288,8	1,1149	2214,0	8918,7
2600,00	290,1	1,1377	2438,4	9032,0	289,6	1,1184	2379,7	8995,8
2700,00	291,4	1,1400	2637,6	9119,4	290,6	1,1211	2564,1	9077,3
2800,00	293,0	1,1414	2860,1	9212,5	292,0	1,1228	2770,0	9164,2
2900,00	295,0	1,1420	3106,5	9311,3	293,7	1,1238	2999,2	9256,6
3000,00	297,4	1,1418	3376,5	9415,2	295,8	1,1241	3252,0	9354,3
3100,00	300,1	1,1412	3669,2	9523,7	298,3	1,1238	3527,8	9457,0
3200,00	303,3	1,1400	3983,3	9636,2	301,2	1,1229	3825,6	9564,0
3300,00	306,8	1,1385	4317,7	9752,0	304,5	1,1217	4144,0	9674,5
3400,00	310,7	1,1367	4671,4	9870,6	308,1	1,1202	4481,6	9788,1
3500,00	314,9	1,1348	5043,0	9991,7	312,1	1,1184	4837,0	9904,0
3600,00	319,5	1,1325	5430,8	10114,4	316,4	1,1163	5208,2	10021,8
3700,00	324,4	1,1301	5832,4	10238,2	321,0	1,1141	5592,8	10140,5
3800,00	329,6	1,1274	6243,9	10361,8	325,9	1,1116	5987,0	10259,1
3900,00	334,9	1,1248	6660,7	10484,0	330,9	1,1092	6386,3	10376,4
4000,00	340,3	1,1228	7076,9	10603,3	336,0	1,1072	6785,4	10491,0

	$p = 10$ bar							
	$\lambda = 1,6$				$\lambda = 2,0$			
T [K]	R [J/kg K]	c_v [kJ/kg K]	u [kJ/kg]	s [J/kg K]	R [J/kg K]	c_v [kJ/kg K]	u [kJ/kg]	s [J/kg K]
298,15	287,4	0,7538	-85,7	6292,1	287,4	0,7468	-85,7	6286,5
300,00	287,4	0,7540	-84,3	6298,6	287,4	0,7469	-84,3	6292,9
400,00	287,4	0,7721	-8,1	6600,5	287,4	0,7631	-8,9	6592,4
500,00	287,4	0,7964	70,3	6839,4	287,4	0,7860	68,6	6829,2
600,00	287,4	0,8240	151,3	7039,4	287,4	0,8124	148,5	7027,2
700,00	287,4	0,8526	235,1	7212,9	287,4	0,8401	231,1	7198,8
800,00	287,4	0,8808	321,8	7367,0	287,4	0,8674	316,5	7351,2
900,00	287,4	0,9074	411,3	7506,1	287,4	0,8932	404,5	7488,7
1000,00	287,4	0,9320	503,3	7633,4	287,4	0,9169	495,1	7614,4
1100,00	287,4	0,9543	597,7	7750,8	287,4	0,9384	588,0	7730,3
1200,00	287,4	0,9742	694,4	7859,9	287,4	0,9574	683,1	7838,0
1300,00	287,4	0,9918	793,2	7961,9	287,4	0,9744	780,2	7938,7
1400,00	287,4	1,0074	893,8	8057,8	287,4	0,9893	879,2	8033,4
1500,00	287,4	1,0211	996,4	8148,4	287,4	1,0025	980,0	8122,7
1600,00	287,4	1,0333	1100,7	8234,3	287,4	1,0140	1082,7	8207,6
1700,00	287,4	1,0442	1206,9	8316,1	287,4	1,0244	1187,2	8288,4
1800,00	287,5	1,0539	1315,1	8394,4	287,4	1,0338	1293,8	8365,7
1900,00	287,5	1,0626	1425,6	8469,7	287,4	1,0422	1402,6	8440,1
2000,00	287,5	1,0706	1538,8	8542,5	287,4	1,0499	1514,0	8512,0
2100,00	287,6	1,0778	1655,3	8613,4	287,5	1,0569	1628,6	8582,0
2200,00	287,7	1,0844	1776,2	8683,2	287,6	1,0632	1747,3	8650,7
2300,00	287,9	1,0902	1903,1	8752,5	287,8	1,0689	1871,2	8718,7
2400,00	288,2	1,0954	2037,8	8822,4	288,0	1,0740	2002,0	8786,8
2500,00	288,6	1,0998	2183,2	8893,9	288,4	1,0784	2141,7	8856,0
2600,00	289,3	1,1034	2342,1	8968,2	288,9	1,0821	2293,0	8927,2
2700,00	290,2	1,1063	2517,8	9046,4	289,7	1,0851	2458,5	9001,3
2800,00	291,4	1,1083	2713,1	9129,2	290,7	1,0875	2640,9	9079,2
2900,00	292,9	1,1096	2930,2	9217,1	292,0	1,0891	2842,7	9161,5
3000,00	294,8	1,1102	3170,0	9310,3	293,7	1,0900	3065,1	9248,5
3100,00	297,1	1,1102	3432,5	9408,4	295,7	1,0904	3308,9	9340,1
3200,00	299,8	1,1096	3716,9	9510,8	298,1	1,0903	3573,7	9436,0
3300,00	302,9	1,1086	4021,9	9616,9	300,8	1,0898	3858,7	9535,6
3400,00	306,3	1,1073	4346,0	9726,2	303,9	1,0889	4162,5	9638,4
3500,00	310,1	1,1057	4687,8	9838,0	307,4	1,0876	4483,7	9743,8
3600,00	314,2	1,1039	5045,3	9951,6	311,1	1,0861	4820,2	9851,1
3700,00	318,6	1,1018	5415,8	10066,1	315,2	1,0843	5169,5	9959,4
3800,00	323,2	1,0995	5795,8	10180,7	319,4	1,0824	5528,2	10067,8
3900,00	328,0	1,0973	6181,0	10294,0	323,9	1,0803	5892,1	10175,1
4000,00	332,8	1,0955	6566,2	10404,7	328,4	1,0787	6256,7	10280,2

Tabelle A.11. (Fortsetzung)

| $p = 10$ bar | | | | | | | | |

T [K]	$\lambda = 5{,}0$				$\lambda = 1\,000\,000$			
	R [J/kg K]	c_v [kJ/kg K]	u [kJ/kg]	s [J/kg K]	R [J/kg K]	c_v [kJ/kg K]	u [kJ/kg]	s [J/kg K]
298,15	287,2	0,7296	-85,6	6253,7	287,0	0,7179	-85,6	6203,1
300,00	287,2	0,7297	-84,3	6260,0	287,0	0,7179	-84,3	6209,4
400,00	287,2	0,7409	-10,8	6553,8	287,0	0,7257	-12,2	6499,2
500,00	287,2	0,7603	64,2	6785,2	287,0	0,7426	61,2	6726,9
600,00	287,2	0,7839	141,4	6978,2	287,0	0,7643	136,5	6916,5
700,00	287,2	0,8092	221,0	7145,2	287,0	0,7880	214,1	7080,3
800,00	287,2	0,8342	303,2	7293,3	287,0	0,8115	294,1	7225,4
900,00	287,2	0,8578	387,9	7426,8	287,0	0,8336	376,4	7356,1
1000,00	287,2	0,8795	474,8	7548,6	287,0	0,8538	460,8	7475,4
1100,00	287,2	0,8989	563,9	7660,9	287,0	0,8719	547,3	7585,1
1200,00	287,2	0,9161	655,0	7765,2	287,0	0,8878	635,7	7687,0
1300,00	287,2	0,9313	748,0	7862,6	287,0	0,9017	725,9	7782,1
1400,00	287,2	0,9445	842,9	7954,1	287,0	0,9137	817,8	7871,5
1500,00	287,2	0,9562	939,5	8040,6	287,0	0,9245	911,4	7955,9
1600,00	287,2	0,9666	1037,9	8122,6	287,0	0,9340	1006,7	8035,9
1700,00	287,2	0,9758	1138,1	8200,8	287,0	0,9424	1103,7	8112,1
1800,00	287,2	0,9842	1240,4	8275,7	287,0	0,9501	1202,5	8185,0
1900,00	287,2	0,9918	1344,7	8347,6	287,0	0,9571	1303,2	8254,9
2000,00	287,2	0,9987	1451,5	8417,2	287,1	0,9634	1405,8	8322,3
2100,00	287,3	1,0050	1561,1	8484,7	287,1	0,9694	1510,6	8387,5
2200,00	287,3	1,0109	1674,0	8550,6	287,1	0,9749	1617,8	8450,7
2300,00	287,4	1,0162	1790,8	8615,4	287,1	0,9800	1727,7	8512,4
2400,00	287,6	1,0210	1912,7	8679,7	287,2	0,9846	1840,9	8572,8
2500,00	287,9	1,0252	2040,6	8743,9	287,3	0,9889	1958,0	8632,4
2600,00	288,2	1,0291	2176,2	8808,7	287,5	0,9927	2079,7	8691,7
2700,00	288,7	1,0324	2321,1	8874,7	287,8	0,9962	2207,3	8750,9
2800,00	289,3	1,0352	2477,2	8942,6	288,1	0,9994	2341,7	8810,6
2900,00	290,2	1,0375	2646,1	9012,9	288,6	1,0022	2484,4	8871,3
3000,00	291,3	1,0393	2829,6	9086,1	289,2	1,0048	2636,9	8933,4
3100,00	292,6	1,0408	3028,9	9162,3	290,0	1,0070	2800,5	8997,3
3200,00	294,3	1,0417	3244,7	9241,8	291,1	1,0088	2976,7	9063,5
3300,00	296,2	1,0424	3477,2	9324,4	292,4	1,0103	3166,7	9132,3
3400,00	298,4	1,0426	3726,2	9409,8	293,9	1,0114	3371,6	9203,7
3500,00	301,0	1,0424	3990,8	9497,7	295,7	1,0122	3591,8	9277,9
3600,00	303,8	1,0419	4269,6	9587,6	297,8	1,0125	3827,3	9354,7
3700,00	306,9	1,0411	4560,8	9678,8	300,2	1,0124	4077,1	9433,7
3800,00	310,2	1,0400	4861,7	9770,6	302,9	1,0119	4339,7	9514,4
3900,00	313,6	1,0387	5169,4	9862,1	305,7	1,0112	4612,6	9596,0
4000,00	317,2	1,0378	5480,4	9952,4	308,7	1,0106	4892,5	9677,7

	$p = 100$ bar							
	$\lambda = 0,7$				$\lambda = 0,8$			
T [K]	R [J/kg K]	c_v [kJ/kg K]	u [kJ/kg]	s [J/kg K]	R [J/kg K]	c_v [kJ/kg K]	u [kJ/kg]	s [J/kg K]
298,15	311,3	0,8171	1420,1	6027,0	301,6	0,7990	807,1	5876,0
300,00	311,3	0,8173	1421,6	6033,9	301,6	0,7993	808,6	5882,8
400,00	311,3	0,8348	1504,1	6360,8	301,6	0,8190	889,4	6202,1
500,00	311,3	0,8588	1588,8	6619,1	301,6	0,8446	972,6	6454,8
600,00	311,3	0,8866	1676,0	6834,8	301,6	0,8735	1058,4	6666,3
700,00	311,3	0,9160	1766,1	7021,7	301,6	0,9037	1147,3	6849,7
800,00	311,3	0,9455	1859,2	7187,5	301,6	0,9338	1239,2	7012,6
900,00	311,3	0,9740	1955,2	7337,2	301,6	0,9625	1334,0	7159,8
1000,00	311,3	1,0007	2053,9	7474,0	301,6	0,9894	1431,6	7294,4
1100,00	311,3	1,0253	2155,3	7600,2	301,6	1,0141	1531,8	7418,6
1200,00	311,3	1,0475	2258,9	7717,5	301,6	1,0363	1634,3	7534,1
1300,00	311,3	1,0675	2364,7	7827,0	301,6	1,0562	1739,0	7642,0
1400,00	311,3	1,0853	2472,3	7929,9	301,6	1,0739	1845,5	7743,3
1500,00	311,3	1,1011	2581,7	8026,8	301,6	1,0896	1953,7	7838,7
1600,00	311,4	1,1143	2695,7	8120,5	301,6	1,1030	2065,7	7930,5
1700,00	311,4	1,1262	2810,5	8208,9	301,6	1,1150	2178,5	8017,1
1800,00	311,4	1,1371	2925,9	8292,7	301,6	1,1258	2292,2	8099,3
1900,00	311,4	1,1470	3042,0	8372,3	301,6	1,1357	2406,6	8177,5
2000,00	311,4	1,1560	3158,9	8448,3	301,6	1,1446	2521,9	8252,1
2100,00	311,4	1,1643	3276,6	8520,9	301,6	1,1529	2638,1	8323,5
2200,00	311,4	1,1719	3395,2	8590,6	301,7	1,1603	2755,3	8392,1
2300,00	311,4	1,1789	3515,0	8657,7	301,7	1,1672	2873,9	8458,3
2400,00	311,5	1,1853	3636,3	8722,6	301,7	1,1735	2994,3	8522,4
2500,00	311,5	1,1911	3759,5	8785,7	301,8	1,1791	3117,2	8585,0
2600,00	311,6	1,1963	3885,4	8847,4	301,9	1,1842	3244,0	8646,6
2700,00	311,8	1,2011	4015,0	8908,2	302,1	1,1888	3376,3	8708,1
2800,00	312,0	1,2054	4149,7	8968,7	302,4	1,1928	3516,7	8770,5
2900,00	312,3	1,2092	4291,4	9029,7	302,9	1,1962	3668,3	8834,8
3000,00	312,7	1,2127	4442,4	9091,9	303,6	1,1990	3834,6	8902,1
3100,00	313,4	1,2156	4605,6	9156,3	304,5	1,2013	4018,6	8973,3
3200,00	314,3	1,2182	4783,8	9223,7	305,8	1,2028	4222,1	9048,9
3300,00	315,4	1,2202	4979,6	9294,8	307,4	1,2039	4445,4	9128,6
3400,00	316,8	1,2218	5195,0	9370,0	309,2	1,2045	4687,6	9212,0
3500,00	318,6	1,2227	5430,5	9449,2	311,4	1,2044	4947,3	9298,4
3600,00	320,7	1,2231	5685,9	9532,3	313,8	1,2041	5222,7	9387,2
3700,00	323,2	1,2229	5960,1	9618,7	316,5	1,2032	5512,2	9477,8
3800,00	325,9	1,2224	6251,6	9707,8	319,4	1,2021	5814,4	9569,8
3900,00	329,0	1,2215	6558,6	9799,0	322,6	1,2009	6128,0	9662,8
4000,00	332,3	1,2211	6879,4	9891,9	326,0	1,2001	6451,9	9756,3

Tabelle A.11. (Fortsetzung)

	$p = 100$ bar							
	$\lambda = 0,9$				$\lambda = 1,0$			
T [K]	R [J/kg K]	c_v [kJ/kg K]	u [kJ/kg]	s [J/kg K]	R [J/kg K]	c_v [kJ/kg K]	u [kJ/kg]	s [J/kg K]
298,15	293,9	0,7850	316,4	5742,2	287,6	0,7740	-85,8	5612,0
300,00	293,9	0,7854	317,9	5748,9	287,6	0,7743	-84,3	5618,5
400,00	293,9	0,8072	397,5	6062,2	287,6	0,7982	-5,8	5927,1
500,00	293,9	0,8343	479,5	6310,7	287,6	0,8267	75,5	6172,4
600,00	293,9	0,8642	564,4	6519,1	287,6	0,8575	159,7	6378,3
700,00	293,9	0,8951	652,6	6699,9	287,6	0,8890	247,0	6557,2
800,00	293,9	0,9255	743,4	6860,7	287,6	0,9197	337,4	6716,3
900,00	293,9	0,9545	837,4	7006,0	287,6	0,9490	430,9	6860,2
1000,00	293,9	0,9815	934,3	7138,9	287,6	0,9760	527,1	6991,9
1100,00	293,9	1,0062	1033,7	7261,7	287,6	1,0007	626,0	7113,5
1200,00	293,9	1,0284	1135,4	7375,8	287,6	1,0228	727,2	7226,6
1300,00	293,9	1,0482	1239,3	7482,4	287,6	1,0425	830,5	7332,3
1400,00	293,9	1,0658	1345,0	7582,5	287,6	1,0600	935,7	7431,6
1500,00	293,9	1,0814	1452,4	7676,9	287,6	1,0755	1042,7	7525,2
1600,00	293,9	1,0949	1562,4	7766,9	287,6	1,0891	1151,4	7614,0
1700,00	293,9	1,1070	1673,5	7852,0	287,7	1,1013	1261,9	7698,4
1800,00	293,9	1,1179	1785,5	7932,9	287,7	1,1122	1374,4	7779,2
1900,00	293,9	1,1278	1898,6	8009,9	287,7	1,1220	1489,3	7856,9
2000,00	293,9	1,1367	2012,5	8083,4	287,8	1,1307	1607,3	7932,2
2100,00	293,9	1,1449	2127,6	8153,9	287,9	1,1387	1729,1	8005,8
2200,00	294,0	1,1523	2244,1	8221,8	288,1	1,1457	1855,7	8078,3
2300,00	294,0	1,1590	2362,5	8287,5	288,4	1,1519	1988,5	8150,3
2400,00	294,0	1,1652	2483,9	8351,7	288,7	1,1575	2128,5	8222,6
2500,00	294,2	1,1706	2610,0	8415,4	289,2	1,1621	2277,4	8295,6
2600,00	294,4	1,1755	2743,8	8479,6	289,8	1,1661	2436,3	8369,9
2700,00	294,8	1,1795	2888,6	8545,7	290,6	1,1692	2606,5	8445,8
2800,00	295,4	1,1828	3048,3	8615,1	291,5	1,1718	2789,1	8523,8
2900,00	296,2	1,1854	3225,2	8688,4	292,7	1,1736	2984,8	8603,8
3000,00	297,4	1,1872	3420,4	8765,7	294,0	1,1749	3194,0	8686,1
3100,00	298,8	1,1884	3633,2	8846,7	295,6	1,1756	3416,7	8770,3
3200,00	300,4	1,1892	3862,6	8930,7	297,4	1,1759	3652,7	8856,4
3300,00	302,3	1,1894	4107,2	9017,1	299,4	1,1759	3901,2	8944,0
3400,00	304,5	1,1892	4365,9	9105,5	301,5	1,1755	4161,5	9032,9
3500,00	306,8	1,1887	4637,2	9195,4	303,9	1,1748	4432,8	9122,7
3600,00	309,4	1,1878	4920,1	9286,3	306,4	1,1738	4714,2	9213,1
3700,00	312,1	1,1867	5213,6	9378,0	309,2	1,1724	5004,8	9303,9
3800,00	315,1	1,1852	5517,0	9470,2	312,1	1,1710	5304,1	9394,9
3900,00	318,3	1,1838	5829,3	9562,7	315,2	1,1695	5611,4	9485,9
4000,00	321,6	1,1829	6150,0	9655,3	318,4	1,1685	5926,1	9576,8

	\multicolumn{4}{c}{$p = 100$ bar}				
	\multicolumn{4}{c}{$\lambda = 1{,}2$}	\multicolumn{4}{c}{$\lambda = 1{,}4$}
T [K]	R [J/kg K]	c_v [kJ/kg K]	u [kJ/kg]	s [J/kg K]	R [J/kg K]	c_v [kJ/kg K]	u [kJ/kg]	s [J/kg K]
298,15	287,5	0,7651	−85,7	5629,3	287,5	0,7586	−85,7	5631,6
300,00	287,5	0,7654	−84,3	5635,8	287,5	0,7589	−84,3	5638,0
400,00	287,5	0,7868	−6,8	5941,5	287,5	0,7784	−7,5	5941,6
500,00	287,5	0,8134	73,2	6184,0	287,5	0,8037	71,6	6182,0
600,00	287,5	0,8428	156,0	6387,3	287,5	0,8321	153,3	6383,5
700,00	287,5	0,8730	241,8	6563,8	287,5	0,8614	238,0	6558,3
800,00	287,5	0,9027	330,6	6720,7	287,5	0,8902	325,6	6713,6
900,00	287,5	0,9308	422,3	6862,5	287,5	0,9175	416,0	6853,9
1000,00	287,5	0,9567	516,7	6992,3	287,5	0,9427	509,1	6982,2
1100,00	287,5	0,9804	613,6	7112,1	287,5	0,9655	604,6	7100,6
1200,00	287,5	1,0015	712,9	7223,5	287,5	0,9859	702,4	7210,7
1300,00	287,5	1,0203	814,3	7327,6	287,5	1,0041	802,3	7313,7
1400,00	287,5	1,0369	917,6	7425,5	287,5	1,0201	904,1	7410,4
1500,00	287,5	1,0517	1022,7	7517,9	287,5	1,0343	1007,8	7501,8
1600,00	287,5	1,0647	1129,6	7605,4	287,5	1,0468	1113,2	7588,3
1700,00	287,5	1,0763	1238,1	7688,6	287,5	1,0580	1220,3	7670,7
1800,00	287,5	1,0867	1348,3	7768,0	287,5	1,0680	1329,1	7749,4
1900,00	287,6	1,0960	1460,3	7844,1	287,5	1,0771	1439,8	7824,7
2000,00	287,6	1,1045	1574,2	7917,3	287,5	1,0853	1552,5	7897,3
2100,00	287,6	1,1123	1690,3	7988,0	287,5	1,0928	1667,3	7967,4
2200,00	287,7	1,1192	1809,2	8056,8	287,6	1,0996	1784,8	8035,5
2300,00	287,8	1,1256	1931,7	8124,1	287,7	1,1057	1905,5	8102,0
2400,00	287,9	1,1313	2059,0	8190,7	287,8	1,1113	2030,2	8167,4
2500,00	288,2	1,1362	2192,4	8257,1	288,0	1,1162	2159,9	8232,3
2600,00	288,5	1,1405	2333,8	8324,2	288,3	1,1205	2296,2	8297,3
2700,00	289,0	1,1441	2485,2	8392,7	288,7	1,1242	2440,4	8363,0
2800,00	289,7	1,1470	2648,5	8463,3	289,2	1,1273	2594,5	8430,1
2900,00	290,6	1,1492	2825,4	8536,4	289,9	1,1299	2760,1	8499,1
3000,00	291,7	1,1509	3016,8	8612,3	290,8	1,1318	2938,7	8570,3
3100,00	293,0	1,1520	3223,1	8690,8	291,9	1,1332	3131,1	8644,1
3200,00	294,5	1,1526	3444,0	8771,8	293,3	1,1341	3337,7	8720,3
3300,00	296,3	1,1527	3678,6	8854,9	294,8	1,1346	3558,2	8798,7
3400,00	298,3	1,1525	3925,9	8939,6	296,6	1,1347	3791,7	8879,1
3500,00	300,5	1,1519	4184,7	9025,5	298,6	1,1343	4037,3	8960,9
3600,00	302,9	1,1510	4453,8	9112,1	300,8	1,1336	4293,6	9043,7
3700,00	305,4	1,1498	4732,2	9199,3	303,2	1,1326	4559,5	9127,2
3800,00	308,2	1,1483	5018,9	9286,7	305,7	1,1314	4834,1	9211,1
3900,00	311,0	1,1471	5313,2	9374,0	308,4	1,1302	5116,2	9295,0
4000,00	314,1	1,1461	5614,4	9461,2	311,3	1,1294	5405,3	9378,9

Tabelle A.11. (Fortsetzung)

	$p = 100$ bar							
	$\lambda = 1,6$				$\lambda = 2,0$			
T [K]	R [J/kg K]	c_v [kJ/kg K]	u [kJ/kg]	s [J/kg K]	R [J/kg K]	c_v [kJ/kg K]	u [kJ/kg]	s [J/kg K]
298,15	287,4	0,7538	-85,7	5630,3	287,4	0,7468	-85,7	5624,8
300,00	287,4	0,7540	-84,3	5636,8	287,4	0,7469	-84,3	5631,2
400,00	287,4	0,7721	-8,1	5938,6	287,4	0,7631	-8,9	5930,8
500,00	287,4	0,7964	70,3	6177,6	287,4	0,7860	68,6	6167,6
600,00	287,4	0,8240	151,3	6377,6	287,4	0,8124	148,5	6365,5
700,00	287,4	0,8526	235,2	6551,1	287,4	0,8401	231,1	6537,2
800,00	287,4	0,8808	321,8	6705,2	287,4	0,8674	316,5	6689,5
900,00	287,4	0,9074	411,3	6844,3	287,4	0,8932	404,5	6827,0
1000,00	287,4	0,9320	503,3	6971,6	287,4	0,9169	495,1	6952,7
1100,00	287,4	0,9543	597,8	7089,0	287,4	0,9384	588,0	7068,6
1200,00	287,4	0,9742	694,4	7198,1	287,4	0,9574	683,1	7176,4
1300,00	287,4	0,9918	793,2	7300,1	287,4	0,9744	780,2	7277,1
1400,00	287,4	1,0074	893,8	7396,0	287,4	0,9893	879,2	7371,7
1500,00	287,4	1,0211	996,3	7486,5	287,4	1,0025	980,0	7461,1
1600,00	287,4	1,0333	1100,5	7572,3	287,4	1,0141	1082,5	7545,8
1700,00	287,4	1,0442	1206,5	7654,0	287,4	1,0245	1186,9	7626,5
1800,00	287,4	1,0539	1314,3	7732,0	287,4	1,0338	1293,0	7703,6
1900,00	287,4	1,0627	1423,9	7806,8	287,4	1,0422	1401,1	7777,5
2000,00	287,5	1,0707	1535,5	7878,9	287,4	1,0499	1511,1	7848,7
2100,00	287,5	1,0780	1649,4	7948,4	287,4	1,0570	1623,4	7917,6
2200,00	287,5	1,0847	1765,8	8016,0	287,5	1,0634	1738,2	7984,4
2300,00	287,6	1,0907	1885,2	8081,9	287,5	1,0693	1855,8	8049,5
2400,00	287,7	1,0961	2008,3	8146,7	287,6	1,0745	1976,9	8113,3
2500,00	287,9	1,1010	2136,1	8210,8	287,8	1,0792	2102,0	8176,3
2600,00	288,1	1,1053	2269,5	8274,6	288,0	1,0835	2232,2	8238,8
2700,00	288,5	1,1090	2410,0	8338,9	288,3	1,0872	2368,3	8301,4
2800,00	288,9	1,1122	2559,1	8404,0	288,6	1,0905	2511,7	8364,4
2900,00	289,5	1,1149	2718,4	8470,7	289,1	1,0933	2663,6	8428,3
3000,00	290,3	1,1170	2889,2	8539,2	289,8	1,0956	2825,3	8493,6
3100,00	291,3	1,1186	3072,6	8609,9	290,6	1,0975	2997,9	8560,6
3200,00	292,5	1,1197	3269,3	8682,8	291,6	1,0989	3182,2	8629,3
3300,00	293,9	1,1205	3479,4	8757,8	292,8	1,1000	3378,5	8699,9
3400,00	295,5	1,1208	3702,3	8834,8	294,3	1,1005	3586,7	8772,2
3500,00	297,4	1,1206	3937,1	8913,3	295,9	1,1007	3806,4	8846,1
3600,00	299,4	1,1201	4182,9	8992,9	297,6	1,1007	4036,8	8921,1
3700,00	301,6	1,1194	4438,4	9073,4	299,6	1,1002	4276,9	8997,0
3800,00	304,0	1,1183	4702,7	9154,3	301,8	1,0994	4525,7	9073,6
3900,00	306,5	1,1173	4974,7	9235,5	304,1	1,0986	4782,4	9150,4
4000,00	309,2	1,1166	5253,7	9316,6	306,5	1,0982	5046,1	9227,3

	$p = 100$ bar							
	$\lambda = 5,0$				$\lambda = 1\,000\,000$			
T [K]	R [J/kg K]	c_v [kJ/kg K]	u [kJ/kg]	s [J/kg K]	R [J/kg K]	c_v [kJ/kg K]	u [kJ/kg]	s [J/kg K]
298,15	287,2	0,7296	-85,6	5592,5	287,0	0,7179	-85,6	5542,2
300,00	287,2	0,7297	-84,3	5598,8	287,0	0,7179	-84,3	5548,4
400,00	287,2	0,7409	-10,8	5892,6	287,0	0,7257	-12,2	5838,3
500,00	287,2	0,7603	64,2	6124,0	287,0	0,7426	61,2	6065,9
600,00	287,2	0,7839	141,4	6317,0	287,0	0,7643	136,5	6255,5
700,00	287,2	0,8092	221,0	6484,0	287,0	0,7880	214,1	6419,4
800,00	287,2	0,8342	303,2	6632,1	287,0	0,8115	294,1	6564,5
900,00	287,2	0,8578	387,9	6765,5	287,0	0,8336	376,4	6695,2
1000,00	287,2	0,8795	474,8	6887,4	287,0	0,8538	460,9	6814,4
1100,00	287,2	0,8989	563,9	6999,7	287,0	0,8719	547,4	6924,2
1200,00	287,2	0,9161	655,1	7104,0	287,0	0,8878	635,7	7026,1
1300,00	287,2	0,9313	748,1	7201,4	287,0	0,9017	725,9	7121,2
1400,00	287,2	0,9445	842,9	7292,9	287,0	0,9138	817,8	7210,6
1500,00	287,2	0,9562	939,5	7379,3	287,0	0,9245	911,4	7295,0
1600,00	287,2	0,9666	1037,8	7461,3	287,0	0,9340	1006,7	7375,0
1700,00	287,2	0,9758	1137,9	7539,4	287,0	0,9424	1103,7	7451,2
1800,00	287,2	0,9842	1239,8	7614,1	287,0	0,9501	1202,5	7524,0
1900,00	287,2	0,9918	1343,7	7685,8	287,0	0,9571	1303,0	7593,9
2000,00	287,2	0,9987	1449,6	7754,8	287,0	0,9635	1405,4	7661,1
2100,00	287,2	1,0051	1557,5	7821,5	287,0	0,9695	1509,6	7726,0
2200,00	287,2	1,0110	1667,8	7886,2	287,0	0,9750	1615,7	7788,7
2300,00	287,3	1,0163	1780,7	7949,2	287,1	0,9799	1723,8	7849,5
2400,00	287,3	1,0213	1896,3	8010,7	287,1	0,9847	1834,0	7908,6
2500,00	287,4	1,0258	2015,2	8071,0	287,1	0,9890	1946,4	7966,3
2600,00	287,6	1,0298	2137,6	8130,5	287,2	0,9929	2061,3	8022,7
2700,00	287,8	1,0335	2264,3	8189,3	287,3	0,9967	2178,8	8077,9
2800,00	288,0	1,0368	2395,8	8247,8	287,4	0,9999	2299,4	8132,4
2900,00	288,3	1,0397	2532,8	8306,3	287,5	1,0031	2423,4	8186,1
3000,00	288,7	1,0423	2676,1	8365,1	287,7	1,0059	2551,2	8239,4
3100,00	289,2	1,0447	2826,3	8424,3	288,0	1,0085	2683,3	8292,4
3200,00	289,9	1,0466	2984,2	8484,3	288,3	1,0110	2820,2	8345,3
3300,00	290,6	1,0484	3150,3	8545,1	288,8	1,0132	2962,5	8398,4
3400,00	291,5	1,0498	3324,8	8606,8	289,3	1,0151	3110,6	8451,8
3500,00	292,6	1,0508	3507,9	8669,4	289,9	1,0169	3264,9	8505,6
3600,00	293,8	1,0515	3699,6	8732,9	290,7	1,0182	3426,1	8559,9
3700,00	295,2	1,0519	3899,5	8797,1	291,5	1,0195	3594,3	8614,8
3800,00	296,7	1,0521	4107,3	8861,9	292,5	1,0203	3769,7	8670,4
3900,00	298,4	1,0521	4322,5	8927,2	293,7	1,0210	3952,6	8726,7
4000,00	300,2	1,0522	4544,4	8992,7	295,0	1,0217	4142,8	8783,6

B Zylindervolumen und Volumenänderung

Das Volumen des Brennraums V in Abhängigkeit vom Kurbelwinkel φ berechnet sich gemäß der Triebwerkskinematik nach Abb. B.1 als Summe aus Kompressionsvolumen V_c und Kolbenfläche A_K mal dem Weg des Kolbens vom OT:

$$V = V_c + A_K [r(1 - \cos\varphi) + l(1 - \cos\psi)].$$

Mit

$$\lambda = \frac{r}{l} = \frac{\sin\psi}{\sin\varphi}, \quad \cos\psi = \sqrt{1 - \lambda^2 \sin^2\varphi}, \quad A_K = \frac{V_h}{2r}$$

wird daraus

$$V = V_c + \frac{V_h}{2r}\left[r(1 - \cos\varphi) + l\left(1 - \sqrt{1 - \lambda^2 \sin^2\varphi}\right)\right]. \tag{B.1}$$

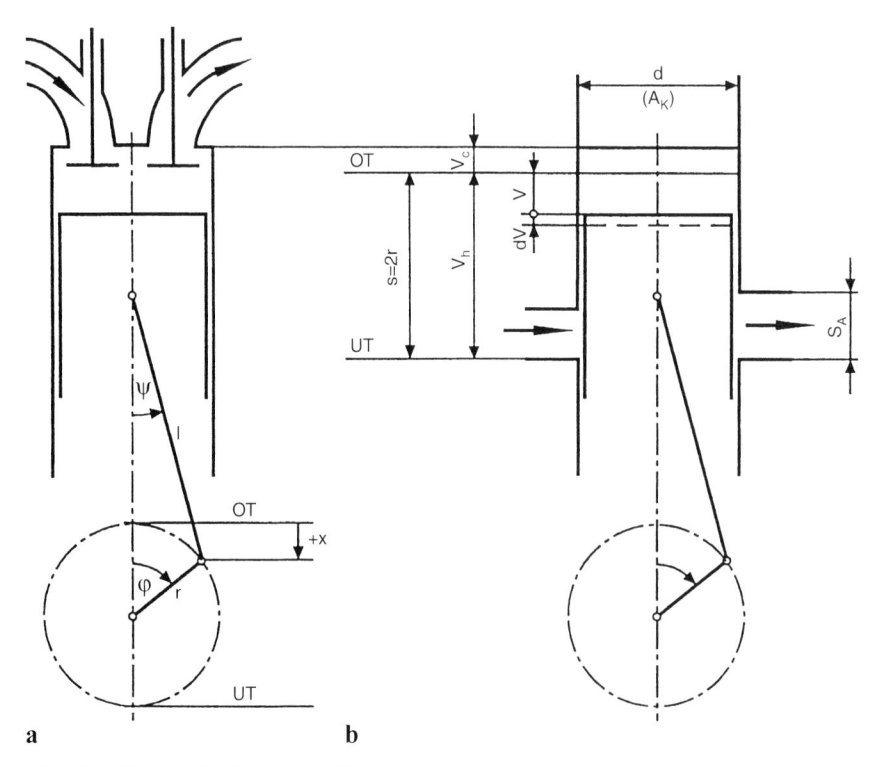

Abb. B.1. Triebwerkskinematik: **a** Viertaktmotor, **b** Zweitaktmotor

Die Ableitung nach dem Kurbelwinkel ergibt nach trigonometrischer Umformung:

$$\frac{dV}{d\varphi} = V_h \left(\frac{\sin \varphi}{2} + \frac{\lambda}{4} \frac{\sin 2\varphi}{\sqrt{1 - \lambda^2 \sin^2 \varphi}} \right). \tag{B.2}$$

Bei der Berechnung der Volumenänderung wird im Allgemeinen von starren Triebwerksteilen und spielfreien Lagern ausgegangen. Elastische Verformungen, Bewegungen im Lagerspiel und die Wärmedehnung der Bauteile können jedoch bei modernen leichtgebauten und hochverdichteten Motoren geringfügige Abweichungen verursachen. Eine näherungsweise Berücksichtigung dieser Einflüsse kann über empirische Ansätze erfolgen (siehe [4.53]). Bei Gleitlagern können die Verlagerungsbahnen von Kolbenbolzen-, Pleuel- und Hauptlager in entsprechenden Berechnungsprogrammen bestimmt [4.1] und daraus über die kinematischen Zusammenhänge die Volumenabweichungen abgeschätzt werden.

Literatur

1 Allgemeine Grundlagen

1.1 AVL List GmbH: BOOST Manual. AVL List GmbH, Graz, 1998
1.2 Baehr, H. D.: Thermodynamik, 9. Aufl. Springer, Berlin Heidelberg New York Tokyo, 1996
1.3 Benson, R. S.: The thermodynamics and gas dynamics of internal-combustion engines, Bd. 1. Hrsg. von J. H. Horlock und D. E. Winterbone. Clarendon Press, Oxford, 1982
1.4 Blasius, H.: Das Ähnlichkeitsgesetz bei Reibungsvorgängen in Flüssigkeiten. VDI-Heft 131, 1913
1.5 Colburn, A. P.: A method of correlating forced convection heat transfer data and a comparison with fluid friction. Trans. AIChE 29, 1933
1.6 Courant, R., Friedrichs, K. O., Lewy, H.: Über die partiellen Differenzengleichungen der mathematischen Physik. Math. Ann. 100, 1928
1.7 DIN ISO 2533, Normatmosphäre. Beuth, Berlin, 1979
1.8 Döring, E., Schedwill, H.: Grundlagen der technischen Thermodynamik, 2. Aufl. B. G. Teubner, Stuttgart, 1982
1.9 Favre, A.: Equations des gaz turbulents compressibles. J. Mec. 4, 1965
1.10 Giannattasio, P., Dadone, A.: Application of a high resolution shock-capturing schemes to the unsteady flow computation in engine ducts. In: Computers in engine technology. Mechanical Engineering Publications, Bury St Edmunds, 1991
1.11 Grigull, U. (Hrsg): Properties of water and steam in SI-units, 4., erweiterter Nachdr. Springer, Berlin Heidelberg New York Tokyo, 1989
1.12 Hinze, J. O.: Turbulence. McGraw-Hill, New York, 1979
1.13 Holman, J. P.: Heat transfer. McGraw-Hill, New York, 1997
1.14 Jankov, R.: Mathematische Modellierung von thermodynamischen und strömungsmechanischen Prozessen und Betriebscharakteristiken von Dieselmotoren, 2 Bd. IRO Naucna Knjiga, Beograd, 1984
1.15 Karman, T.: Über laminare und turbulente Reibung. Z. Angew. Math. Mech. 1, 1921
1.16 Kruse, F., Görg, K. A., Stark, W.: Programmsystem PROMO: Verfahren zur Berechnung der instationären Rohrströmung. FVV-Forschungsbericht, Heft 238-5, 1977
1.17 Launder, B. E., Spalding, D. B.: Lectures in mathematical models of turbulence. Academic Press, London, 1972
1.18 Lax, P., Wendroff, B.: Difference schemes for hyperbolic equations with high order accuracy. Commun. Pure Appl. Math. 17, 1964
1.19 Nikuradse, J.: Untersuchungen über die Geschwindigkeitsverteilung in turbulenten Strömungen. VDI-Heft 281, 1926; VDI-Heft 356, 1932; VDI-Heft 361, 1933
1.20 Nunner, W.: Der Wärmeübergang an einen turbulenten Flüssigkeits- oder Gasstrom. VDI-Heft 455, 1956
1.21 Nusselt, W.: Der Wärmeübergang im Rohr. Z. VDI 61, 1917
1.22 Patankar, S.: Numerical heat transfer and fluid flow. Hemisphere Pub., 1980
1.23 Pischinger, A.: Gemischbildung und Verbrennung im Dieselmotor. Springer, Wien, 1957 (Die Verbrennungskraftmaschine, Bd. 7)
1.24 Pischinger, A.: Technische Thermodynamik. Springer, Wien, 1951
1.25 Prandtl, L., Oswatitsch, K., Wieghardt, K.: Führer durch die Strömungslehre. Vieweg, Braunschweig, 1990
1.26 Prandtl, L.: Über den Reibungswiderstand strömender Luft. In: Gesammelte Abhandlungen, Bd. 2. Springer, Berlin Heidelberg New York, 1961
1.27 Prandtl, L.: Über Flüssigkeitsbewegung bei sehr kleiner Reibung. In: Gesammelte Abhandlungen, Bd. 2. Springer, Berlin Göttingen Heidelberg, 1961
1.28 Prandtl, W.: Neuere Erkenntnisse der Turbulenzforschung. Z. VDI 77, 1931

1.29 Reynolds, O.: On the motion of water. Philos. Trans. R. Soc. 174, 1884
1.30 Schlichting, H., Gersten, K.: Grenzschicht-Theorie. 9. Aufl. Springer, Berlin Heidelberg New York Tokyo, 1997
1.31 Seifert, H., und Mitarbeiter: Die Berechnung instationärer Strömungsvorgänge in den Rohrleitungs-Systemen von Mehrzylindermotoren. MTZ 33, 1972
1.32 Seifert, H.: Instationäre Strömungsvorgänge in Rohrleitungen an Verbrennungskraftmaschinen. Springer, Berlin Göttingen Heidelberg, 1962
1.33 Spurk, J. H.: Dimensionsanalyse in der Strömungslehre. Springer, Berlin Heidelberg New York Tokyo, 1992
1.34 Stephan, K., Mayinger, F.: Thermodynamik, Bd. 2: Mehrstoffsysteme und chemische Reaktionen, 14. Aufl. Springer, Berlin Heidelberg New York Tokyo, 1999
1.35 Stephan, K., Mayinger, F.: Thermodynamik, Bd. 1: Einstoffsysteme, 15. Aufl. Springer, Berlin Heidelberg New York Tokyo, 1998
1.36 Stokes, G. G.: On the theories of the internal friction of fluids in motion. Trans. Cambridge Philos. Soc. 8, 1845
1.37 Stull, D. R., Prophet, H.: Janaf thermochemical tables. National Bureau of Standards, Washington, D.C., 1971
1.38 Truckenbrodt, E.: Fluidmechanik, Bd. 1 und 2, 4. Aufl. Springer, Berlin Heidelberg New York Tokyo, 1996 und 1999
1.39 Zacharias, F.: Mollier-*IS*-Diagramme für Verbrennungsgase in der Datenverarbeitung. MTZ 31, 1970

2 Verbrennung

2.1 Arrhenius, S.: Phys. Chem. 4, 1889
2.2 Atkins, P. W.: Physikalische Chemie. VCH, Weinheim, 1990
2.3 Bamford, C. H., Tipper, C. F. H.: Comprehensive chemical kinetics, vol. 17: gas-phase-combustion. Elsevier, Amsterdam, 1977
2.4 Becker, H., et al.: Investigation of extinction in unsteady flames in turbulent combustion. 23rd Symp. (Int.) Combust., The Combustion Institute, Pittsburgh, 1991
2.5 Brettschneider, J.: Berechnung des Luftverhältnisses λ von Luft-Kraftstoff-Gemischen und des Einflusses von Messfehlern auf λ. Bosch Tech. Ber. 6, 1979
2.6 Curran, H. J., Gaffuri, P., Pitz, W. J., Westbrook, C. K.: A comprehensive modeling study of n-Heptane oxidation. Combust. Flame 114, 1998
2.7 De Jaegher, P.: Das thermodynamische Gleichgewicht von Verbrennungsgasen unter Berücksichtigung der Rußbildung. Dissertation, Technische Universität Graz, Graz, Österreich, 1976
2.8 De Jaegher, P.: Einfluss der Stoffeigenschaften der Verbrennungsgase auf die Motorprozessrechnung. Habilitationsschrift, Technische Universität Graz, Graz, Österreich, 1984
2.9 DIN-Taschenbuch 20, Mineralöle und Brennstoffe 1: Grundnormen, Normen über Eigenschaften und Anforderungen. Beuth, Berlin, 1984
2.10 Douaud, A. M., Eyzat, P.: Four-octane-number method for predicting the anti-knock behaviour of fuels and engines. SAE Pap. 780080, 1978
2.11 Frank, D., Wolf, J.: Wasserstoff als Kraftstoff für Hubkolbenmotoren – ein Zukunftskonzept? In: Tagung „Motor & Umwelt", AVL List GmbH Graz, Graz, 1999
2.12 Frank-Kamenetskii, D. A.: Diffusion and heat exchange in chemical kinetics. Princeton University Press, Princeton, N.J., 1958
2.13 Flynn, P. F., et al.: Diesel combustion: an integrated view combining laser diagnostics, chemical kinetics, and empirical validation. SAE Pap. 1999-01-0509
2.14 Ganser, J.: Untersuchungen zum Einfluss der Brennraumströmung auf die klopfende Verbrennung. Dissertation, Rheinisch-Westfälische Technische Hochschule Aachen, Aachen, Deutschland, 1994
2.15 Glassman, I.: Combustion. Academic Press, San Diego, 1996
2.16 Gordon, S., McBride, B. J.: Computer program for computation of complex chemical equilibrium compositions, rocket performance, incident and reflected shocks and Chapman-Jouget detonations. NASA SP-273, 1971
2.17 Halstead, M. P., Kirsch, L. J., Quinn, C. P.: Autoignition of hydrocarbon fuels at high temperatures and pressures: fitting of a mathematical model. Combust. Flame 30, 1977
2.18 Homann, K. H.: Reaktionskinetik. Steinkopff, Darmstadt, 1975
2.19 Kato, S.: Umweltschutz auf dem Weg ins 21. Jahrhundert – Toyotas Linie. In: Lenz, H. P. (Hrsg.): 19. Internationales Wiener Motorensymposium. VDI Verlag, Düsseldorf, 1998
2.20 Kordesch, K., et al.: Alkaline fuel cells for electric vehicles. In: 3rd International Fuel Cell Conference, Nagoya, Japan, 1999
2.21 Kordesch, K., Simader, G.: Fuel cells and their applications. VCH, Weinheim, 1996
2.22 Kordesch, V.: Berechnung des Luftverhältnisses aus

Abgasmessungen. Diplomarbeit, Technische Universität Graz, Graz, Österreich, 1987

2.23 Libby, P. A., Williams, F. A.: Turbulent reacting flows. Academic Press, New York, 1994

2.24 Magnussen, B. F., Hjertager, B. H.: On mathematical modelling of turbulent combustion with special emphasis on soot formation and combustion. In: 16th Symposium (International) on Combustion. Combustion Institute, Pittsburgh, 1977

2.25 Marus, K.: Strategic alliances for the development of fuel cell vehicles. KFB-Rapport 1998: 37, ISBN 91-88371-11-5, Göteborg University, Göteborg, 1998

2.26 Pischinger, S.: Verbrennungsmotoren, 2 Bd., 21 Aufl. Vorlesungsumdruck, Lehrstuhl für Angewandte Thermodynamik, Rheinisch-Westfälische Technische Hochschule Aachen, Aachen, Deutschland 2000

2.27 Priesching, P.: Numerical simulation of inhomogeneous turbulent combustion: Development of a multi species PDF model. Dissertation, Technische Universität Graz, Graz, Österreich, 1999

2.28 Pucher, G. R., Gardiner, D. P., Bardon, M. F., Battista, V.: Alternative combustion systems for piston engines involving homogeneous charge compression ignition concepts – a review of studies using methanol, gasoline and diesel fuel. SAE Pap. 962063, 1996

2.29 Reynolds, W. C.: The potential and limitations of direct and large eddy simulation. In: Lumley, J. L.: Whither turbulence? Turbulence at the crossroads. Springer, Berlin Heidelberg New York Tokyo, 1990

2.30 Semenov, N. N.: Chemical kinetics and chain reactions. Oxford University Press, London, 1935

2.31 Semenov, N. N.: Some problems in chemical kinetics and reactivity. Princeton University Press, Princeton, N. J., 1958

2.32 Simons, W.: Gleichungen zur Bestimmung der Luftzahl von Ottomotoren. MTZ 46, 1985

2.33 Spalding, D. B.: Mixing and chemical reaction in steady confined turbulent flames. In: 13th Symposium (International) on Combustion. Combustion Institute, Pittsburgh, 1970

2.34 Stull, D. R., Prophet, H.: Janaf thermochemical tables. National Bureau of Standards, Washington, D.C., 1971

2.35 Warnatz, J., Maas, U., Dibble, R. W.: Verbrennung: physikalisch-chemische Grundlagen, Modellierung und Simulation, Experimente, Schadstoffentstehung, 2. Aufl. Springer, Berlin Heidelberg New York Tokyo, 1997

2.36 Zerbe, C.: Mineralöle und verwandte Produkte, 2 Bd., 2. Aufl. Springer, Berlin Heidelberg New York, 1969

3 Idealisierte Motorprozesse

3.1 DIN 1940 Hubkolbenmotoren: Begriffe, Formelzeichen, Einheiten. Beuth, Berlin, 1976

3.2 Hirschbichler, F.: Die Thermodynamik des vollkommenen Motors für beliebige Brennstoffe. Dissertation, Technische Universität Graz, Graz, Österreich, 1979

3.3 List, H.: Thermodynamik der Verbrennungskraftmaschine. Springer, Wien, 1939

3.4 Pflaum, W.: Mollier-Diagramme für Verbrennungsgase, Teil II. VDI, Düsseldorf, 1974

3.5 Schmidt, F. A. F.: Verbrennungskraftmaschinen, 4. Aufl. Springer, Berlin Heidelberg New York, 1967

4 Analyse und Simulation

4.1 Affenzeller, J., Gläser, H.: Lagerung und Schmierung von Verbrennungsmotoren. Springer, Wien New York, 1996 (Die Verbrennungskraftmaschine, N.F., Bd. 8)

4.2 Albers, H. et al.: Dieselmotorische Verbrennung mit niedriger Verdichtung und Aufladung. FVV-Abschlussbericht Nr. 237, 1981

4.3 Annand, W.: Heat transfer in the cylinder of reciprocating internal combustion engines. Proc. I. Mech. E. 177, 1963

4.4 Barba, C., Burkhardt, C., Boulouchos, K., Bargende, M.: Empirisches Modell zur Vorausberechnung des Brennverlaufes bei Common-Rail-Dieselmotoren. MTZ 60, 1999

4.5 Bargende, M., Hohenberg, G., Woschni, G.: Ein Gleichungsansatz zur Berechnung der instationären Wandwärmeverluste im Hochdruckteil von Ottomotoren. In: 3. Tagung „Der Arbeitsprozess des Verbrennungsmotors", Mitteilungen des Instituts für Verbrennungskraftmaschinen und Thermodynamik, Graz, 1991

4.6 Bargende, M.: Ein Gleichungsansatz zur Berechnung der instationären Wandwärmeverluste im Hochdruckteil von Ottomotoren. Dissertation,

Technische Hochschule Darmstadt, Darmstadt, Deutschland 1991

4.7 Bartsch, P., Graf, G., Hrauda, G.: Auslegung eines Hochlast-AGR-Systems mittels thermodynamischer Kreisprozessrechnung und CFD-Simulation einschließlich Messungsvergleiche. MTZ 60, 1999

4.8 Bazari, Z.: A DI Diesel combustion and emission predictive capacity for use in cycle simulation. SAE Pap. 920462, 1992

4.9 Beran, R., Kesgin, U.: Einfluss von Geometrie und Drehzahl auf den Arbeitsprozess eines Großgasmotors. In: 6. Tagung „Der Arbeitsprozess des Verbrennungsmotors", Mitteilungen des Instituts für Verbrennungskraftmaschinen und Thermodynamik, Graz, 1997

4.10 Beran, R., Wimmer, A.: Application of 3D-CFD methods to optimize a gaseous fuelled engine with respect to charge motion, combustion and knocking. SAE Pap. 2000-01-0277, 2000

4.11 Betz, A., Woschni, G.: Umsetzungsgrad und Brennverlauf aufgeladener Dieselmotoren im instationären Betrieb. MTZ 47, 1986

4.12 Blizard, N. S., Keck, J. C.: Experimental and theoretical investigation of a turbulent burning model for internal combustion engines. SAE Pap. 740191, 1974

4.13 Bockhorn, H. (Hrsg.): Soot formation in combustion: mechanisms and models. Springer, Berlin Heidelberg New York Tokyo, 1994

4.14 Bogensperger, M.: Simulation der innermotorischen Stickoxidbildung mit FIRE. In: 6. Tagung „Der Arbeitsprozess des Verbrennungsmotors", Mitteilungen des Instituts für Verbrennungskraftmaschinen und Thermodynamik, Graz, 1997

4.15 Bohac, S., Baker, D., Assanis, D.: A global model for steady state and transient s.i. engine heat transfer studies. SAE Pap. 960073, 1996

4.16 Borgnakke, C., Arpaci, V. S., Tabaczynski, R. J.: A model for the instantaneous heat transfer and turbulence in a spark ignition engine. SAE Pap. 800287, 1980

4.17 Bryzik, W., Kamo, R.: TACOM/Cummins adiabatic engine program. SAE Pap. 830314, 1983

4.18 Buddha: Sutra vom Herzen der Weisheit (Prajnaparamita-Sutra). In: Thich Nhat Hanh: Mit dem Herzen verstehen. Theseus, Berlin, 1996

4.19 Campbell, N. A. F., Charlton, S. J., Wong, L.: Designing towards nucleate boiling in combustion engines. I. Mech E., C496/092 1995

4.20 Chmela, F., Orthaber, G., Engelmayer, M.: Integrale Indiziertechnik am DI-Dieselmotor zur vertieften Verbrennungsanalyse und als Simulationsbasis. In: 4. Internationales Symposium für Verbrennungsdiagnostik, AVL Deutschland, Baden-Baden, 2000

4.21 Chmela, F., Orthaber, G.: Rate of heat release prediction for direct injection Diesel engines based on purely mixing controlled combustion. SAE Pap. 1999-01-0186, 1999

4.22 Collatz, L.: Numerische Behandlung von Differentialgleichungen, 2. Aufl. Springer, Berlin Göttingen Heidelberg, 1955

4.23 Constien, M., Woschni, G.: Vorausberechnung des Brennverlaufs aus dem Einspritzverlauf für einen direkteinspritzenden Dieselmotor. MTZ 53, 1992

4.24 Constien, M.: Ermittlung des Einspritzverlaufes am schnelllaufenden Dieselmotor. MTZ 52, 1991

4.25 Csallner, P., Woschni, G.: Zur Vorausberechnung des Brennverlaufes von Ottomotoren bei geänderten Betriebsbedingungen. MTZ 43, 1982

4.26 Davis, G. C., Borgnakke, C.: The effect of in-cylinder flow processes (swirl, squish and turbulence intensity) on engine efficiency: model predictions. SAE Pap. 820045, 1982

4.27 De Jaegher, P.: Einfluss der Stoffeigenschaften des Verbrennungsgases auf die Motorprozessrechnung. Habilitationsschrift, Technische Universität Graz, Graz, Österreich, 1984

4.28 Dent, J. C., Suliaman, S. L.: Convective and radiative heat transfer in a high swirl direct injection Diesel engine. SAE Pap. 770407, 1977

4.29 Easley, W. L., Mellor, A. M., Plee, S. L.: NO formation and decomposition models for DI Diesel engines. SAE Pap. 2000-01-0582, 2000

4.30 Ebner, H., Jaschek, A.: Die Blow-by-Messung: Anforderungen und Messprinzipien. MTZ 59, 1998

4.31 Eichelberg, G.: Some new investigations on old combustion engine problems. Engineering 148, 1939

4.32 Eichelberg, G.: Temperaturverlauf und Wärmespannungen in Verbrennungsmotoren. Forschungsarb. Geb. Ingenieurwes. 163, 1923

4.33 Eiglmeier, C., Merker, G. P.: Neue Ansätze zur phänomenologischen Modellierung des gasseitigen Wandwärmeübergangs im Dieselmotor. MTZ 61, 2000

4.34 Elser, K.: Der instationäre Wärmeübergang in Dieselmotoren. Mitteilungen des Institutes für Thermodynamik und Verbrennungskraftmaschinen Nr. 15, Eidgenössische Technische Hochschule. Zürich, 1954

4.35 Ferziger, J. H., Peric, M.: Computational methods for fluid dynamics. Springer, Berlin Heidelberg New York Tokyo, 1996

4.36 Fessler, H.: Berechung des Motorprozesses mit Einpassung wichtiger Parameter. Dissertation, Technische Universität Graz, Graz, Österreich, 1988

4.37 AVL List: FIRE. AVL List GmbH, Graz, Österreich, siehe www.avl.com

4.38 Glanz, R.: Differentielle Erfassung von Tumble-Strömungsfeldern. MZT 61, 2000

4.39 Hardenberg, H. O., Hase, F. W.: An empirical formula for computing the pressure rise delay of a fuel from its cetane number and from the relevant parameters of direct-injection engines. SAE Pap. 790493, 1973

4.40 Haworth, D. C.: Large-eddy simulation of in-cylinder flows. Oil Gas Sci. Technol. 54, 1999

4.41 Heisenberg, W.: Unschärferelation. Z. Phys. 43, 1927

4.42 Heywood, J. B.: Internal combustion engine fundamentals. McGraw-Hill, New York, 1988

4.43 Hiroyasu, H., Kadota, T.: Development and use of a spray combustion modeling to predict Diesel engine efficiency and pollutant emissions. Bull. JSME, 26(214), 1983

4.44 Hohenberg, G.: Experimentelle Erfassung der Wandwärme von Kolbenmotoren. Habilitationsschrift, Technische Universität Graz, Graz, Österreich, 1983

4.45 Hottel, H. C., Sarofim, A. F.: Radiative heat transfer. McGraw-Hill, New York, 1967

4.46 European Research Community on Flows, Turbulence and Combustion, http://ercoftac.mech.surrey.ac.uk/dns/homepage.html

4.47 Huber, K.: Der Wärmeübergang schnellaufender, direkt einspritzender Dieselmotoren. Dissertation, Technische Universität München, München, Deutschland 1990

4.48 Huttmann, E.: Ein Verfahren zur Ermittlung der Wandwärme in Kolbenmotoren. Habilitationsschrift, Technische Universität Graz, Graz, Österreich, 1973

4.49 Jungbluth, G., Noske, G.: Ein quasidimensionales Modell zur Beschreibung des ottomotorischen Verbrennungsablaufes. MZT 52, 1991

4.50 Keck, J. C., Heywood, J. B., Noske, G.: Flame development and burning rates in spark ignition engines and their cyclic variability. SAE Pap. 870164, 1987

4.51 Kennedy, I. M., Kollmann, W., Chen, J. Y.: A model for soot formation in laminar diffusion flame. Combust. Flame 81, 1990

4.52 Los Alamos National Laboratory: KIVA. Los Alamos National Laboratory, Los Alamos, N.M., siehe www.gnarly.lanl.gov

4.53 Kleinschmidt, W., Hebel, M.: Instationäre Wärmeübertragung in Verbrennungsmotoren. Universität Gesamthochschule Siegen, 1995

4.54 Kleinschmidt, W.: Untersuchung des Arbeitsprozesses und der NO-, NO_2- und CO-Bildung in Ottomotoren. Dissertation, Rheinisch-Westfälische Technische Hochschule Aachen, Aachen, Deutschland

4.55 Kleinschmidt, W.: Zur Theorie und Berechnung der instationären Wärmeübertragung in Verbrennungsmotoren. In: 4. Tagung „Der Arbeitsprozess des Verbrennungsmotors", Mitteilungen des Instituts für Verbrennungskraftmaschinen und Thermodynamik, Graz, 1993

4.56 Klell, M., Wimmer, A.: Ein Verfahren zur thermodynamischen Bewertung von Druckaufnehmern. MTZ 50, 1989

4.57 Klell, M.: Messung und Berechnung instationärer Oberflächentemperaturen und Wandwärmeströme in Verbrennungskraftmaschinen. Mitteilungen des Instituts für Verbrennungskraftmaschinen und Thermodynamik, Heft 52, Technische Universität Graz, 1989

4.58 Knight, B. E.: The problem of predicting heat transfer in Diesel engines. Proc. Inst. Mech. Eng. 179, 1964/65

4.59 Kouremenos, D. A., Rakopoulos, C. D., Hountalas, D. T.: Multi-zone combustion modeling for the prediction of pollutant emissions and performance of DI Diesel engines. SAE Pap. 970635, 1997

4.60 Krenn, M.: Automatische Nachbildung realer Brennverläufe mit Vibe-Funktionen. Diplomarbeit, Technische Universität Graz, Graz, Österreich 1991

4.61 Laimböck, F., Meister, G., Grilc, S.: CFD application in compact engine development. SAE Pap. 982016, 1998

4.62 Laimböck, F.: The potential of small loop-scavenged spark-ignition single cylinder two-stroke engines. Habilitationsschrift, Technische Universität Graz, SAE SP-847, 1990

4.63 Laimböck, F., Kirchberger, R.: Numerical flow and spray simulation in small engines. In: CFD User Meeting, AVL Graz, 1999

4.64 Lavoi, G. A., Heywood, J. B., Keck, J. C.: Experimental and theoretical study of nitric oxide formation in internal combustion engines. Combust. Sci. Technol. 1, 1970

4.65 Limbach, S., Wimmer, A.: Mehrdimensionale Simulation des konvektiven Wärmeübergangs in Verbrennungsmotoren. In: 6. Tagung „Der Arbeitsprozess des Verbrennungsmotors", Mitteilungen des Instituts für Verbrennungskraftmaschinen und Thermodynamik, Graz, 1997

4.66 Limbach, S: Multi-dimensional computation of transient convective heat transfer: application to a reciprocating engine. Dissertation, Technische Universität Graz, Graz, Österreich 1997

4.67 List, H.: Der Ladungswechsel der Verbrennungskraftmaschine; Teil 1: Grundlagen; Teil 2:

der Zweitakt; Teil 3: der Viertakt. Springer, Wien, 1949–1952 (Die Verbrennungskraftmaschine, Bd. 4)

4.68 List, H.: Thermodynamik der Verbrennungskraftmaschine. Springer, Wien, 1939 (Die Verbrennungskraftmaschine, Heft 2)

4.69 Mattes, P., Remmels, W., Sudmanns, H.: Untersuchungen zur Abgasrückführung am Hochleistungsdieselmotor. MTZ 60, 1999

4.70 Morel, T., Keribar, R.: Heat radiation in D.I. Diesel engines. SAE Pap. 860445, 1986

4.71 Morel, T., Keribar, R.: Model for predicting spatially and time resolved convective heat transfer in bowl-in-piston combustion chambers. SAE Pap. 850204, 1985

4.72 Morel, T., Rackmil, C. I., Keribar, R., Jennings M. J.: Model for heat transfer and combustion in spark ignited engines and its comparison with experiments. SAE Pap. 880198, 1988

4.73 N. N.: Produktinformation Heat Flux Sensor, Vatell Corporation, Christiansburg, VA 24073, USA. Vertretung in Europa: JBMEurope, F 13011 Marseille, 1998

4.74 Noske, G.: Ein quasidimensionales Modell zur Beschreibung des ottomotorischen Verbrennungsablaufes. VDI-Fortschrittsber. 211, 1988

4.75 Nusselt, W.: Der Wärmeübergang in der Verbrennungskraftmaschine. Forschungsarb. Geb. Ingenieurwes. 264, 1923

4.76 Pflaum, W., Mollenhauer, K.: Wärmeübergang in der Verbrennungskraftmaschine. Springer, Wien New York, 1977 (Die Verbrennungskraftmaschine, Bd. 3)

4.77 Pflaum, W.: Der Wärmeübergang bei Dieselmotoren mit und ohne Aufladung. Jahrb. Schiffbautech. Ges. 54, 1960

4.78 Pflaum, W.: Mollier- (I,S-) Diagramme für Verbrennungsgase, Teil II, 2. Aufl. VDI, Düsseldorf, 1974

4.79 Pfriem, H.: Nichtstationäre Wärmeübertragung in Gasen insbesondere in Kolbenmaschinen. VDI-Forschungsh. 413, 1942

4.80 Pischinger, A., Pischinger, F.: Gemischbildung und Verbrennung im Dieselmotor. Springer, Wien, 1957 (Die Verbrennungskraftmaschine, Bd. 7)

4.81 Pischinger, R.: Verbrennungskraftmaschinen, vertiefte Ausbildung. Vorlesungsumdruck, Institut für Verbrennungskraftmaschinen und Thermodynamik, Graz, 1999

4.82 Pischinger, R., Kraßnig, G., Lorenz, M.: Die thermodynamische Analyse des Wirbelkammermotors. In: XX. FISITA-Congress, SAE P-143, Wien, 1984

4.83 Pischinger, R., Krassnig, G., Taucar G., Sams, Th.: Thermodynamik der Verbrennungskraftmaschine. Springer, Wien New York, 1989 (Die Verbrennungskraftmaschine, N.F., Bd. 5)

4.84 Pivec, R., Sams, Th., Wimmer, A.: Wärmeübergang im Ein- und Auslasssystem. MTZ 59, 1998

4.85 Pomraning, E., Rutland, Ch.: Testing and development of LES models for use in multidimensional modeling. In: Proceedings of the 10th International Multidimensional Engine Modeling Users Group Meeting, Detroit, 2000

4.86 Poulos, S. G., Heywood, J. B.: The effect of chamber geometry on spark ignition engine combustion. SAE Pap. 830334, 1983

4.87 Rhodes, D. B., Keck, J. C.: Laminar burning speed of indolene-air-dilutant mixtures at high pressure and temperature. SAE Pap. 850047, 1985

4.88 Salzgeber, K., Almer, W., Sams, Th., Wimmer, A.: Verifikation eines Rußbildungsmodells für die technische Verbrennungssimulation. In: 5. Tagung „Der Arbeitsprozess des Verbrennungsmotors", Mitteilungen des Instituts für Verbrennungskraftmaschinen und Thermodynamik, Graz, 1995

4.89 Samhaber, C., Wimmer, A., Loibner, E., Bartsch, P.: Simulation des Motoraufwärmverhaltens. In: Lenz, H. P. (Hrsg.): 21. Internationales Wiener Motorensymposium. VDI, Düsseldorf, 2000

4.90 Sams, Th.: Thermodynamischer Vergleich der Arbeitsprozesse von Verbrennungsmotoren. Dissertation, Technische Universität Graz, Graz, Österreich, 1985

4.91 Sams, Th.: Wichtige Fragen bei der praxisbezogenen Motorprozessrechnung. Habilitationsschrift, Technische Universität Graz, Graz, Österreich, 1990

4.92 Schmidt, F. A. F.: Verbrennungskraftmaschinen 4. Aufl. Springer, Berlin Heidelberg New York, 1967

4.93 Schreiner, K.: Der Polygon-Hyperbel-Ersatzbrennverlauf: Untersuchungen zur Kennfeldabhängigkeit der Parameter. In: 5. Tagung „Der Arbeitsprozess des Verbrennungsmotors", Mitteilungen des Instituts für Verbrennungskraftmaschinen und Thermodynamik, Graz, 1995

4.94 Schreiner, K.: Untersuchungen zum Ersatzbrennverlauf und Wärmeübergang bei schnelllaufenden Hochleistungsdieselmotoren. MTZ 54, 1993

4.95 Searles, R. A.: Exhaust aftertreatment: challenges and opportunities. In: „Motor und Umwelt", Tagung AVL Graz, 1999

4.96 Sitkei, G.: Beitrag zur Theorie des Wärmeüberganges im Motor. Konstruktion 14, 1962

4.97 Sitkei, G.: Kraftstoffaufbereitung und Verbrennung bei Dieselmotoren. Springer, Berlin Göttingen Heidelberg, 1964

4.98 Computational Dynamics: STAR-CD. Computational Dynamics Limited, London, siehe www.cd.co.uk

4.99 Stiefel, E.: Einführung in die numerische Mathematik. B.G. Teubner, Stuttgart, 1961

4.100 Stiesch, G., Eiglmeier, C., Merker, G. P., Wirbeleit, F.: Möglichkeiten und Anwendung der phänomenologischen Modellbildung im Dieselmotor. MTZ 60, 1999

4.101 Tabaczynski, R. J. et al.: Further refinement and validation of a turbulent flame propagation model for spark ignition engines. Combust. Flame 39, 1980

4.102 Tatschl, R., Cartellieri, P., Riediger, H., Priesching, P.: 3D Simulation der Diesel-Verbrennung mit FIRE. In: 7. Symposium „Dieselmotorentechnik", Ostfildern, 1999

4.103 Tatschl, R., Pachler, K., Fuchs, H., Almer, W.: Mehrdimensionale Simulation der dieselmotorischen Verbrennung – Modellierung und experimentelle Absicherung. In: 5. Tagung „Der Arbeitsprozess des Verbrennungsmotors", Mitteilungen des Instituts für Verbrennungskraftmaschinen und Thermodynamik, Graz, 1995

4.104 Thien, G.: Entwicklungsarbeiten an Ventilkanälen von Viertakt-Dieselmotoren. Oesterr. Ing. Z. 8(9), 1965

4.105 Varde, K. S., Popa, D. M., Varde, L. K.: Spray angle and atomization in Diesel sprays. SAE Pap. 841055, 1984

4.106 VDI-Wärmeatlas, Berechnungsblätter für den Wärmeübergang, 2. Aufl. VDI, Düsseldorf, 1974

4.107 Vibe, I. I.: Brennverlauf und Kreisprozess von Verbrennungsmotoren. VEB Verlag Technik, Berlin, 1970

4.108 Warnatz, J., El-Gamal, M.: Soot formation in combustion processes. In: 5. Tagung „Der Arbeitsprozess des Verbrennungsmotors", Mitteilungen des Instituts für Verbrennungskraftmaschinen und Thermodynamik, Graz, 1995

4.109 Wehinger, D.: Thermodynamische Probleme bei der ottomotorischen Prozessrechnung. Dissertation, Technische Universität Graz, Graz, Österreich, 1983

4.110 Weiß, M.: Ein neuer Berechnungsansatz zur thermodynamischen Analyse des Wirbelkammermotors und praktische Anwendungen. Dissertation, Technische Universität Graz, Graz, Österreich, 1988

4.111 Weisser, G., Boulouchos, K.: NOEMI – Ein Werkzeug zur Vorabschätzung der Stickoxidemissionen direkteinspritzender Dieselmotoren. In: 5. Tagung „Der Arbeitsprozess des Verbrennungsmotors", Mitteilungen des Instituts für Verbrennungskraftmaschinen und Thermodynamik, Graz, 1995

4.112 Wimmer, A.: Analyse und Simulation des Arbeitsprozesses von Verbrennungsmotoren. Habilitationsschrift, Technische Universität Graz, Graz Österreich

4.113 Wimmer, A.: Oberflächentemperaturaufnehmer zur experimentellen Bestimmung des instationären Wärmeübergangs in Verbrennungsmotoren. Dissertation, Technische Universität Graz, Graz, Österreich, 1992

4.114 Wimmer, A., Pivec, R., Sams, Th.: Heat transfer to the combustion chamber and port walls of IC engines – measurement and prediction. SAE Pap. 2000-01-0568, 2000

4.115 Witt, A.: Analyse der thermodynamischen Verluste eines Ottomotors unter den Randbedingungen variabler Steuerzeiten. Dissertation, Technische Universität Graz, Graz, Österreich, 1998

4.116 Wolfer, H.: Der Zündverzug im Dieselmotor. VDI-Forschungsarb. 392, 1938

4.117 Woschni, G., Anisits, F.: Eine Methode zur Vorausberechnung des Brennverlaufs mittelschneller Dieselmotoren bei geänderten Betriebsbedingungen. MTZ 34, 1973

4.118 Woschni, G., Fieger, J.: Experimentelle Bestimmung des örtlich gemittelten Wärmeübergangskoeffizienten im Ottomotor. MTZ 42, 1981

4.119 Woschni, G., Kolesa, K., Spindler, W.: Isolierung der Brennraumwände: ein lohnendes Entwicklungsziel bei Verbrennungsmotoren? MTZ 47, 1986

4.120 Woschni, G.: Beitrag zum Problem des Wärmeüberganges im Verbrennungsmotor. MTZ 26, 1965

4.121 Woschni, G.: Die Berechnung der Wandverluste und der thermischen Belastung der Bauteile von Dieselmotoren. MTZ 31, 1970

4.122 Woschni, G.: Einfluss von Rußablagerungen auf den Wärmeübergang zwischen Arbeitsgas und Wand im Dieselmotor. In: 3. Tagung „Der Arbeitsprozess des Verbrennungsmotors", Mitteilungen des Instituts für Verbrennungskraftmaschinen und Thermodynamik, Graz, 1991

4.123 Woschni, G.: Elektronische Berechnung von Verbrennungsmotor-Kreisprozesses. MTZ 26, 1965

4.124 Wrobel, R.: Einfluss des Realgasverhaltens auf die Motorprozessrechnung. Diplomarbeit, Technische Universität Graz, Graz, Österreich, 1985

4.125 Yoshizaki, K., Nishida, T., Hiroyasu, H.: Approach to low nox and smoke emission engines by using phenomenological simulation. SAE Pap. 930612, 1993

4.126 Zacharias, F.: Mollier- (H,S-) Diagramme für Verbrennungsgase in der Datenverarbeitung. MTZ 31, 1970

4.127 Zapf, H.: Beitrag zur Untersuchung des Wärmeüberganges während des Ladungswechsels in einem Viertakt-Dieselmotor. MTZ 30, 1969

4.128 Zeldovich, Y. B.: The oxidation of nitrogen in combustion and explosions. Acta Physicochim. URSS 21, 1946

4.129 Zurmühl, R.: Praktische Mathematik für Ingenieure und Physiker. Springer, Wien New York, 1965

5 Ein- und Auslasssystem

5.1 Autorenkollektiv: Beschreibung des Programmsystems PROMO. FVV Forschungsbericht, Hefte 160-1 bis 160-9 1974 und 238-1 bis 238-6, Frankfurt, 1977

5.2 Beineke, E., Woschni, G.: Rechnerische Untersuchung des Betriebsverhaltens ein- und zweistufig aufgeladener mittelschnellaufender Viertaktdieselmotoren. MTZ 39, 1978

5.3 Betz, A., Woschni, G.: Umsetzungsgrad und Brennverlauf aufgeladener Dieselmotoren im instationären Betrieb. MTZ 47, 1986

5.4 AVL List: BOOST: user manual. AVL List GmbH, Graz, Graz, Österreich, 1997

5.5 Bulaty, T.: Spezielle Probleme der schrittweisen Ladungswechselrechnungen bei Verbrennungsmotoren mit Abgasturboladern. MTZ 35, 1974

5.6 Deutschmann, H., Wolters, G. M.: Neue Verfahren zur Mitteldrucksteigerung abgasturboaufgeladener Dieselmotoren. MTZ 44, 1983

5.7 Deutschmann, H., Klotz, H.: Der zweistufig aufgeladene Dieselmotor mit 30 bar Mitteldruck. In: 1. Tagung „Der Arbeitsprozess des Verbrennungsmotors", Mitteilungen des Institutes für Verbrennungskraftmaschinen und Thermodynamik, Heft 49, Technische Universität Graz, 1987

5.8 Durst, B., Thams, J., Görg, K. A.: Frühzeitige Beurteilung des Einflusses komlexer Bauteile auf den Ladungswechsel mittels gekoppelter 1D/3D Strömungsberechnung. MTZ 61, 2000

5.9 Fiala, E., Willumeit, H. P.: Schwingungen in Gaswechselleitungen von Kolbenmaschinen. MTZ 28, 1967

5.10 Groth, K., Thiele, E.: Ermittlung und Erfassung der mechanischen Verluste in Verbrennungsmotoren, 1. Teilabschlussbericht zum Forschungsvorhaben der FVV, Heft 258, Frankfurt, 1979

5.11 Hiereth, H., Prenninger, P.: Die Aufladung der Verbrennungskraftmaschine. Springer, Wien New York, 2002 (Der Fahrzeugantrieb)

5.12 Gamma Technologies, http://www.gtisoft.com

5.13 Klell, M., Sams, Th., Wimmer, A.: Berechnung der Strömung in Rohrverzweigungen. MTZ 59, 1998

5.14 Körner, W.-D., Bergmann, H., Holloh, K.-D., Heumann, W.: Neue Wege beim Turbocompoundantrieb. ATZ 93, 1991

5.15 Lang, O., Silvestri, J., Crawford, B.: Rechnerische Untersuchung eines motornahen Katalysators mittels gekoppelter 1D/3D Berechnungen. In: 6. Tagung „Der Arbeitsprozess des Verbrennungsmotors", Mitteilungen des Institutes für Verbrennungskraftmaschinen und Thermodynamik, Heft 70, Technische Universität Graz, 1997

5.16 List, H.: Der Ladungswechsel der Verbrennungskraftmaschine, 2. Teil: der Zweitakt. Springer, Wien, 1950 (Die Verbrennungskraftmaschine, Bd. 4, Teil 2)

5.17 Lutz, T. W., Scholz, R.: Über die Aufladung von Fahrzeug-Dieselmotoren mittels des Comprex-Drucktauschers. MTZ 28, 1967

5.18 Mau, G.: Handbuch Dieselmotoren im Kraftwerks- und Schiffsbetrieb. Vieweg, Braunschweig, 1984

5.19 Mayer, A., El-Nashar, I., Komauer, C.: Kennfeldverhalten und Auslegungsmethode beim Druckwellenlader Comprex, Teil 1 und 2. ATZ 87, 1985

5.20 Melchior, J., Andre-Talamon, T.: Hyperbar system of high super-charging. SAE Pap. 740723, 1974

5.21 Sams, Th.: Der Motorprozess aufgeladener Dieselmotoren bei instationären Betriebszuständen. In: 1. Tagung „Der Arbeitsprozess des Verbrennungsmotors", Mitteilungen des Institutes für Verbrennungskraftmaschinen und Thermodynamik, Heft 49, Technische Universität Graz, 1987

5.22 Seifert, H.: Erfahrungen mit einem mathematischen Modell zur Simulation von Arbeitsverfahren in Verbrennungsmotoren. MTZ 39, 1978

5.23 Seifert, H.: Die charakteristischen Merkmale der Schwingrohr- und Resonanzaufladung bei Verbrennungsmotoren. SAE Pap. 82032, 1982

5.24 Seifert, H.: Instationäre Strömungsvorgänge in Rohrleitungen an Verbrennungskraftmaschinen. Springer, Berlin Heidelberg New York, 1962

5.25 Traupel, W.: Thermische Turbomaschinen, Bd. 1: thermodynamisch-strömungstechnische Berechnung, 3. Aufl. Springer, Berlin Heidelberg New York Tokyo, 1977

5.26 Watson, N., Janota, M. S.: Turbocharging the internal combustion engine. Macmillan, London, 1982

5.27 Wachter, W.: Untersuchungen zur Auslasssystemgestaltung aufgeladener LKW Dieselmotoren. Dissertation, Technische Universität Graz, Graz, Österreich, 1985

5.28 Woschni, G., Bergbauer, F.: Verbesserung von Kraftstoffverbrauch und Betriebsverhalten von Verbrennungsmotoren durch Turbocompounding. MTZ 51, 1990

5.29 Zinner, K.: Aufladung von Verbrennungsmotoren, 3. Aufl. Springer, Berlin Heidelberg New York Tokyo, 1985

6 Ausgeführte Motoren

6.1 Andriesse, D., Ferrari, A.: Bewertung der stöchiometrischen Benzindirekteinspritzer-Motortechnologie. In: Tagung „Motor und Umwelt", AVL Graz, 1997

6.2 Bargende, M., Burkhardt, Ch., Frommelt, A.: Besonderheiten der thermodynamischen Analyse von DE-Ottomotoren. MTZ 62, 2001

6.3 Bargende, M.: Schwerpunkt-Kriterium und automatische Klingelerkennung. MTZ 54, 1993

6.4 Pischinger, R., Klell, M.: Potenzial neuer Motorkonzepte aus thermodynamischer Sicht. In: 8. Tagung „Der Arbeitsprozess des Verbrennungsmotors", Mitteilungen des Instituts für Verbrennungskraftmaschinen und Thermodynamik, Graz, 2001

7 Anwendung der Simulation

7.1 The MathWorks, http://www.mathworks.com/products/simulink

7.2 List, O. H., Schöggl, P.: Objective evaluation of vehicle driveability. SAE Pap. 980204, 1998

7.3 Morel, T., Keribar, R., Silvestri, J., Wahiduzzaman, S.: Integrated engine/vehicle simulation and control. SAE Pap. 1999-01-0907, 1999

7.4 Moser, F., Kriegler, W., Zrim, A.: Motor- und Antriebsstrangoptimierung mit Hilfe von Simulationswerkzeugen. In: Lenz, H. P. (Hrsg.): 21. Internationales Wiener Motorensymposium. VDI, Düsseldorf, 2000

7.5 Nefischer, P., Honeder, J., Kranawetter, E., Landerl, C.: Simulation instationärer Betriebszustände von Fahrzeugen mit aufgeladenen Dieselmotoren. In: 7. Tagung „Der Arbeitsprozeß des Verbrennungsmotors", Mitteilungen des Institutes für Verbrennungskraftmaschinen und Thermodynamik, Heft 77, Technische Universität Graz, 1999

7.6 Rainer, G., Marquard, R.: Leichtbau fordert Simulation im Motorenentwicklungsprozess. In: Lenz, H. P. (Hrsg.): 21. Internationales Wiener Motorensymposium. VDI, Düsseldorf, 2000

7.7 Rauscher, M., Fieweger, K., Schernus, C., Lang, O., Pischinger, S.: Simulation des transienten Motorbetriebsverhaltens eines aufgeladenen DI-Dieselmotors als Basis für die virtuelle Reglerentwicklung. In: 7. Tagung „Der Arbeitsprozeß des Verbrennungsmotors", Mitteilungen des Institutes für Verbrennungskraftmaschinen und Thermodynamik, Heft 77, Technische Universität Graz, 1999

7.8 Sams, Th., Regner, G., Chmela, F.: Integration von Simulationswerkzeugen zur Optimierung von Motorkonzepten. MTZ 61, 2000

Namen- und Sachverzeichnis

Abgas 79
   feuchtes 84, 88
   getrocknetes 88
   trockenes 84, 89
Abgasanalyse 85, 87
Abgasgehalt 239
Abgasrückführrate 239
Abgasrückführung 238, 366
Abgasturboaufladung 146, 314
Abgasturbolader 329
Ablösung 57
Ähnlichkeitstheorie 17, 201
Aktivierungsenergie 97
Akustik 31
Analyse 343
Anergie 6
Annand, W. 202
Ansaugdruck 141
Ansaugtemperatur 140
Arbeit 122
   effektive 122
   indizierte (innere) 122
Arbeitsprozess 344
Arrhenius-Ansatz 97
Aufladegrad 144, 150
Aufladung
   mechanische 144, 312
   zweistufige 337
Aufwärmverhalten 223
Auslassbehälter 326

Benzin 65
Bernoulli-Gleichung 24, 47
Berußung 218
Betriebslinien 314
Betriebszustand
   instationärer 330
   stationärer 326
bezogene Größen 320
Blasensieden 198
Blende 33
Brennstoffe 63, 433
Brennstoffelektrode 115
Brennstoffzelle 114

Brennverlauf 173, 243, 277
Brennverlaufsanalyse 377

Carnot-Prozess 6
Charakteristiken-Verfahren 34, 304
chemische Reaktion 48
chemisches Gleichgewicht 74
Comprex-Druckwellenlader 336
Computational Fluid Dynamics (CFD) 48, 289

Dalton, Satz von 14
Damköhler-Zahl 106
Dampf 14
Deflagration 105
Detonation 110
Dichteeinfluss 18
Dieselkraftstoff 66
Dieselmotor 362
   LKW 370
   PKW 368
Differenzenverfahren 40, 304
Differenzial, totales 17
Dimensionsanalyse 18
direkte Einspritzung 368
Diskretisierung 40
Dissipation 52
Dissoziation 79
Doppel-Vibe-Funktion 178
Drall 267
Drehmoment 123
Driveability 393
Druckverhältnis 320
Durchflussfunktion 25
Durchflussgleichung 229, 260
Durchflusskennwert 232
Durchflusszahl 27, 231

Eichelberg, G. 201
Einlassbehälter 328
Einspritzverlauf 189
Einzonenmodell 160, 242
Elser, K. 202
Emissionsverhältnis 210
Endgas 110

Energie
    innere 170
    innere spezifische 8
Energiebilanz 343, 345
Energiegleichung 31, 47, 161, 242, 247, 260
Enthalpie 3, 47, 172
    freie (Gibbs) 75
    spezifische 8
Entropie 4, 9
Entropieänderung 31
Ersatzbrennverlauf 175, 185
Euler, L. 16
Euler'sche Bewegungsgleichung 47
Exergie 6
Exergiebilanz 152
Exergieverlust 26
Expansionsverlust 356
Explosion
    chemische 99, 101
    thermische 99, 100
Explosionsdiagramm 104
Explosionsgrenze 104

Fanggrad 227
Feldgrößen 16
Feuchte
    absolute 15
    relative 15
Feuchtegrad 14
Finite-Differenzen-Verfahren 42
Finite-Volumen-Verfahren 44
Flammenausbreitung 105
    laminare 107
    turbulente 108, 273
Flammengeschwindigkeit
    laminare 108, 272
    turbulente 109
Flammpunkt 67
Fließprozess, stationärer 3
Fourierkoeffizienten 214
Fourier'sche Wärmeleitungsgleichung 197
Frischladung 225
Füll- und Entleermethode 304
Füllungsregelung 125

Gas
    ideales 7
    reales 13, 172
Gas-Dampf-Gemische 14
gasdynamische Betrachtung 303
Gasgemische aus idealen Gasen 11
Gaskonstante 7, 169
    allgemeine 7
    spezifische 7, 12

Gasstrahlung 209
Gasturbine, ideale 11
Gemischaufbereitung 113
Gemischheizwert 72
Gemischregelung 125
Gesamtsystemsimulation 391
Geschwindigkeit, charakteristische 269
Geschwindigkeitsbeiwert 27
Geschwindigkeitsfunktion 24
Geschwindigkeitsprofile 56, 59
Gleichdruckprozess 127
Gleichdruckverbrennung 69, 70, 135
Gleichgewichtskonstante 77, 78
Gleichgewichtszustand 4
Gleichraumgrad 150
Gleichraumprozess 127
Gleichraumverbrennung 69, 70, 134
Grashof-Zahl 22
Grenzschichttheorie 54
Großmotoren 371
Gütegrad 380

Haftbedingung 54
Hardware in the Loop (HIL) 392
Hauptsatz der Thermodynamik, erster 2, 6
Hauptsatz der Thermodynamik, zweiter 4, 6
Heizverlauf 346
Heizwert 69
Hohenberg, G. 203
Huber, K. 203
Hubvolumen 121, 460
Hybridfahrzeug 118
Hyperbaraufladung 339

Impulsgleichung 31, 46
Indizierverfahren 359
integrale Länge 53, 265
Isentrope 10
Isentropenexponent 8
Isolierung 194

Kammermotoren 258
Katalysator 98, 282
Katalyse 98
Kennfelddarstellung 320
Kennzahlen 18, 226
$k\varepsilon$-Modell 51
Kettenreaktion 99
Klopfen 110
Klopfhärte 111
Kohlendioxid 280
Kohlenmonoxid 280, 285
Kohlenwasserstoffe 64, 102, 280, 286

Kolbenweg 460
Kolmogorov-Länge 53
Kompressionsverlust 356
Konstruktionsphase 390
Kontinuitätsgleichung 31, 45, 160, 242, 246, 260
Kontraktionszahl 27
Konvektion 22
Konvergenz- und Stabilitätskriterium 44
Konzeptphase 387
Kraftstoff 63, 142, 433
Kraftstoffverbrauch, spezifischer 124
Kreisprozess 5, 126
kritische Geschwindigkeit 26
kritisches Druckverhältnis 25
Kurzschlussspülung 237

Ladeluftkühlung 311
Ladesystem 308
Ladungsbewegung 264
Ladungswechsel 224, 348
Ladungswechselverlust 356, 384
Lagediagramm 36
Lagrange, J.-L. 16
Lavaldüse 26
Leckage 161, 355
Leistung 122
Liefergrad 226
Luftaufwand 226
Luftbedarf, stöchiometrischer 67
Luftdurchsatz 308
Lufteinbringung 275
Luftmangelbereich 93
Luftverhältnis 68, 87, 163, 240, 249, 261
    lokales 252
    des Verbrennungsgases 166, 249

Machzahl 18
Masseanteil 11
Massenaufteilung 249
Massenerhaltung s. Kontinuitätsgleichung
Mehrzonenmodell 257
Messfehler 346
Mikrolänge 53
Miller-Verfahren 338
Mischungsbruch 107
Mitteldruck 122, 379
    effektiver 122, 125, 381
    indizierter (innerer) 122, 125
Mittelung
    dichtegewichtete zeitliche (Favre-Mittelung) 49
    zeitliche 49
Modell
    dreidimensionales 287
    nulldimensionales 159

    phänomenologisches 157
    physikalisches 157, 206
    quasidimensionales 163
Molanteil 12
Motor
    gemischansaugender 127, 138, 166, 169, 253
    luftansaugender 128, 138, 166, 169, 242, 253
Motorbetriebslinien 313
Motorprozess 344

Nachflammenreaktionen 283
Navier–Stokes'sche Bewegungsgleichung 46
Newton'scher Ansatz 22, 196, 200
newtonsches Fluid 19
Newton'sches Grundgesetz 46
Niederdruckverlust 356
Nullpunkt 3
Nusselt, W. 200
Nusselt-Zahl 22

Oberflächentemperaturmethode 213
Oberflächenwärmestrommethode 216
Ottomotor 362, 364, 366

Partialdruck 12
Partikelstrahlung 209
Peclet-Zahl 22
Pflaum, W. 201
Phasenverschiebung 217
Poldiagramm 37
Potenzgesetz 60
Prandtl-Zahl 21
Prototypenphase 390
Prozessgrößen 47
psychrometrische Methode 15
Pumpgrenze 323
pV-Diagramm 5

Quetschströmung 266

Rand- und Anfangsbedingungen 48
Reaktionsarten 95
Reaktionsenthalpie 76
Reaktionsgeschwindigkeit 94, 97
Reaktionskinetik 94
reale Ladung 351
realer Verbrennungsablauf 353, 383
Realgasfaktor 13, 173
Reflexion an Blende 40
Registeraufladung 340
Reibungseinfluss 19
Reibungskraft 45
Reibungsmitteldruck 122, 359

Reibungswärme 4, 26
Resonanzaufladung 333
Restgasanteil 227, 236
Restgasgehalt 141
Reynolds-Analogie 58, 205
Reynolds-Gleichung 50
Reynolds-Spannung-Modell 52
Reynolds-Zahl 20
　turbulente 54, 106
Rohrende
　geschlossenes 33
　offenes 33
Roots-Gebläse 313
Rückkühlung 149
Ruß 286
Rußstrahlung 209

Sauerstoffbedarf, stöchiometrischer 67
Sauerstoffelektrode 116
Sauterdurchmesser 190
Schadstoffbildung 279
Schallgeschwindigkeit 18, 26, 34, 317
Schalltheorie 31, 36, 304
Schwankungsgeschwindigkeit 51, 271
Schwingrohraufladung 333
Seiliger-Prozess 130
Siedetemperatur 64
Simulation 388
Sitkei, G. 202
Spülgrad 227, 238, 319
Spülkurven 238
Spülmasse 225
Spülung 234
Spülverfahren 236
Stauaufladung 315
Stefan–Boltzmann'sches Strahlungsgesetz 196, 210
Stickoxide 283
Stoffeigenschaften 86, 163, 398–459
Stoffumwandlung 6
Stokes'sches Reibungsgesetz 46
Stoßaufladung 317
Strahlausbreitung 275
Strahlungskonstante 210
Strömung
　dreidimensionale 45
　instationäre eindimensionale 27
　laminare 20
　stationäre eindimensionale 23
　turbulente 20
Strömungsfeld 16
Strömungswiderstand 20

System
　geschlossenes 3
　offenes 2
　thermodynamisches 1

Teillast 142
Temperaturfeld 217
Temperaturgrenzschicht 55
Temperaturprofile 56
thermische Stickoxidbildung 283
thermisches Netzwerk 223
Transportgleichung 17
TS-Diagramm 4
Tumble 267
Turbinenkennfeld 321
Turbocompound 341
Turbokompressor, idealer 10
turbulente kinetische Energie 51
Turbulenzintensität 51
Turbulenzmodell 49, 264

Überschallströmung 19
Überströmverlust 261, 356
Umschlagpunkt 55
Umsetzrate 174
Umsetzungsgrad 92
Unterschallströmung 18
unverbrannte Zone 248

Variationsparameter 389
Ventilüberschneidung 228
Ventilkanal 232
verbrannte Zone 248
Verbrennung 73, 74
　ideale 174
　mischungskontrollierte 192, 271
　nicht-vorgemischte 113, 189, 274
　unvollkommene 92, 347, 352
　unvollständige 68, 92
　vollständige 80
　vorgemischte 105, 271
Verbrennungsbeginn 176
Verbrennungsdauer 176
Verbrennungsgas 79, 83, 399–459
Verbrennungsgaszonen 257
Verbrennungsluftverhältnis 163
Verbrennungssimulation 189, 271
Verdampfung 14
Verdichterkennfeld 323
Verdichtungsverhältnis 121
Verdichtungswelle 38
Verdrängungsspülung 236
Verdünnungsspülung 236

Verdünnungswelle 38
vereinfachter Vergleichsprozess 125
Verlustanalyse 6, 350, 382
Verlustbeiwert 24
Verluste
   mechanische 359, 385
   thermodynamische 150, 152
Vibe-Brennverlauf 176
Vibe-Formfaktor 176
Vibe-Parameter 176
Viskosität 19
   dynamische 19
   kinematische 20
   molekulare 19
   turbulente 52
vollkommener Motor 132
   aufgeladen 144
Volumänderungsarbeit 3
Volumenänderung 460
Volumenstrom-Kennfeld 309, 311
Vorzeichenfestlegung 2

Wandwärme 181, 194, 347
Wandwärmeverlust 354, 384
Wärme 4
   äußere 4
   reversible 4
Wärmedurchgangszahl 199
Wärmeeinfluss 21
Wärmekapazität
   spezifische 8
   spezifische mittlere 11
Wärmeleitfähigkeit 21
Wärmemanagement 223
Wärmestrom 45
Wärmestromfeld 217

Wärmeübergang
   gasseitiger 196, 200, 254, 277, 354
   kühlmittelseitiger 197
   durch Strahlung 209
Wärmeübergangskoeffizient 22, 200, 233, 277
Wassergasgleichgewicht 83
Wasserstoff 118
Weber-Zahl 23
Willans-Linien 360
Wirkungsgrad 5, 117, 123, 137, 349, 379
   effektiver 123, 125, 381
   indizierter (innerer) 123, 125
   thermodynamischer 5
   des vollkommen Motors 137, 351, 379
Woschni, G. 202

Zeldovich-Mechanismus 283
Zündgrenzen 103
Zündkammer 259
Zündprozesse 100
Zündtemperatur 67
Zündverzug(szeit) 102, 187
Zusammensetzung des Verbrennungsgases 79, 399–403
Zustandsdiagramm 36
Zustandsgleichung 2, 162, 246, 260
   thermische 2, 7
Zustandsgrößen 1, 47, 162
   extensive 1
   intensive 1
   kalorische 2, 8, 12
   molar 2, 9
   spezifische 1
Zweizonenmodell 160, 246, 248
Zylindervolumen 460

SpringerTechnik

Hermann Hiereth,
Peter Prenninger

Aufladung der Verbrennungskraftmaschine

2002. Etwa 280 Seiten.
Gebunden EUR 118,–, sFr 178,50
ISBN 3-211-83747-7
Der Fahrzeugantrieb, hg. von Helmut List
Erscheint voraussichtlich September 2002

Das Buch behandelt die Aufladung der Kolben-Verbrennungskraftmaschine. Dabei wird auf die Aufladegeräte und -systeme selbst, die theoretischen Zusammenhänge des Zusammenwirkens Motor und Auflade-Systeme sowie schlussendlich auf die Kriterien des Zusammenwirkens dieser System-Kombination – unter besonderer Berücksichtigung des Betriebsverhaltens – eingegangen. Es werden neue Erkenntnisse bei der Entwicklung und Adaption von Aufladesystemen, neue Darstellungsformen sowie die heute angewandten Berechnungs- und Simulationsverfahren vorgestellt, mit Beispielen erläutert und bewertet.

Einen Schwerpunkt bildet das Betriebs- und Regelverhalten aufgeladener Verbrennungsmotoren in den verschiedenen Anwendungs- bzw. Einsatzgebieten.

Eine Reihe ausgewählter Anwendungsbeispiele sowie ein Ausblick auf mögliche Weiterentwicklungen des Systems „Auflade-Motor" beschließen die Abhandlung.

SpringerWienNewYork

Springer-Verlag und Umwelt

Als internationaler wissenschaftlicher Verlag sind wir uns unserer besonderen Verpflichtung der Umwelt gegenüber bewußt und beziehen umweltorientierte Grundsätze in Unternehmensentscheidungen mit ein.

Von unseren Geschäftspartnern (Druckereien, Papierfabriken, Verpackungsherstellern usw.) verlangen wir, daß sie sowohl beim Herstellungsprozeß selbst als auch beim Einsatz der zur Verwendung kommenden Materialien ökologische Gesichtspunkte berücksichtigen.

Das für dieses Buch verwendete Papier ist aus chlorfrei hergestelltem Zellstoff gefertigt und im pH-Wert neutral.